KoSFoST TERMINOLOGY of
FOOD SCIENCE and
TECHNOLOGY

제3판

식품과학 용어집

KoSFoST TERMINOLOGY of
FOOD SCIENCE and
TECHNOLOGY

제3판

식품과학 용어집

사단법인 한국식품과학회
Korean Society of Food Science and Technology

교 문 사

정확한 용어의 사용은 학문의 소통과 발전에 매우 중요합니다. 하물며 학문 사이의 융·복합이 화두가 되는 현 시대에서의 올바른 용어의 통일된 사용은 더할 나위 없이 필수적입니다.

한국식품과학회는 1968년 6월 창립한 이래 식품과학 용어의 정립을 위하여 1979년 8월 학회 안에 식품과학용어위원회를 설치하였고, 초대 위원장이셨던 고 이서래 교수(당시 이화여자대학교)의 집념과 노력으로 4년 뒤인 1983년에 《식품과학용어집》 초판을 발간하였습니다. 그 뒤 제6,7대 위원장이셨던 정동효 교수(당시 중앙대학교)의 노력으로 1994년에 증보판을 발간하였습니다. 2000년대에 접어들어 《식품과학기술대사전》 (2003), 《식품과학용어사전》 (2006), 《식품과학사전》 (2012)을 발간하였고, 올해 《식품과학용어집》의 제3판을 출간하게 되었습니다.

이번에 발간하는 《식품과학용어집》은 한국어 용어 약 25,517개를 정리하여 수록하였으며 식품과학뿐만 아니라 인접 학문 사이의 용어통일 의지를 담아낸 성과물입니다. 이 용어집의 발간으로 학계, 연구기관, 식품 산업계, 그리고 정부기관에서 사용하는 용어가 통일되어 표현됨으로써 모두 이해를 함께하고 나아가 식품과학은 물론 식품산업 발전에 기여하길 바랍니다.

이번 제3판을 간행하기까지 헌신적으로 봉사해 주신 역대 위원장과 여러 위원의 노고에 깊은 감사를 드립니다. 특히 지난 4년간 정열적으로 《식품과학용어집》의 개정 작업을 진두지휘해 주신 김성곤 위원장과 정동효, 경규항, 최은옥, 신성균, 김대중 위원들께 각별한 감사를 드립니다.

2014년 12월
사단법인 한국식품과학회
회장 이 호

사단법인 한국식품과학회가 식품과학 용어의 제정과 통일을 위한 작업을 위하여 1979년 8월 1일에 설치한 식품과학 용어위원회는 1983년에 《식품과학용어집》(용어 수 5,124개)을 발간하였고, 1994년에 관능검사, 축산식품, 곡물과 발효식품 관련 용어를 추가하여 증보판(용어 수 약 7,500개)을 발간하였습니다.

그동안 식품 분야뿐만 아니라 인접 학문 분야의 발전에 따른 변화를 수용하기 위해서는 새로운 용어의 소개는 물론 용어의 통일이 절실하게 되었습니다. 특기할 사항은 2012년에 교육부가 교과서 편수 용어 지침에서 화합물의 명명법을 대한화학회의 화합물 명명법에 따르도록 함으로써 식품 성분은 물론 첨가물, 무기물 등의 표기법이 완전히 새롭게 변하였다는 점입니다.

이번에 발간하는 용어집은 위와 같은 변화를 수용하면서 초판과 증보판의 용어에다가 그동안 학회가 발간한 사전의 용어는 물론, 참고 자료에서 새로운 용어를 추가하여 한국어 25,517개, 영어 28,382개의 용어를 정리한 것입니다. 이 용어집의 가장 큰 특징은 교과서 편수 용어에 따라 용어를 통일하고, 한 용어는 한 가지 뜻만 나타냈다는 것입니다. 용어는 가능한 한 한글로 표기하였으며 한자로 된 용어는 한자도 병기하였습니다. 또한 동물과 식물의 학명에는 명명자와 연도, 그리고 과를 표시하여 도움을 주고자 하였고, 미생물 학명은 로마자 발음대로 표기하였습니다.

이 용어집은 앞으로도 지속적으로 수정, 보완될 것입니다. 이 작업을 위하여 수고한 위원과 일부 학문별 용어를 검토해 주신 여러분께 감사드립니다. 또한 위원회의 활동을 위하여 여러 지원을 해주신 회장단과 집행부에 감사 말씀을 드립니다.

2014년 12월

식품과학 용어위원회

위원장 김성곤

학문의 보급과 발전을 위해서는 용어가 정확하게 제정되어 있어야 하고 이것이 관련 분야에서 공통적으로 사용되어야 함은 주지의 사실입니다.

그래서 본 학회에서는 1983년에 통일된 식품과학 용어집을 편집, 발간하였습니다. 그리고 계속하여 학회 내에 설치된 식품과학 용어위원회가 새로운 용어 제정과 보완에 많은 노력을 기울여 왔습니다.

이제 식품과학 용어집을 발간한 지 어언 10년이 지났습니다. 그리고 그 동안 식품과학에 관련되는 주변 학문 분야에서의 용어 제정도 활발하게 진행되었을 뿐만 아니라 식품공학기술의 발달 등이 식품과학의 영역을 넓혀 나가는 등 주변 환경의 변화가 많이 일어났기 때문에 새롭게 제정되고 보완된 용어, 개정된 용어의 정리가 시급했습니다.

그래서 여기에 식품과학 용어집의 1차 증보판을 간행하게 되었습니다. 이 증보판이 간행되기까지 식품과학 용어위원회의 전임 위원장, 이서래 박사, 손태화 박사를 비롯한 위원 여러분의 노고가 컸고, 현 위원장 정동효 박사와 회원 여러분의 집념과 의욕이 크게 공헌하였음을 밝히면서 그 노고에 깊이 감사드립니다.

끝으로 우리나라 식품산업의 발전을 책임지고 있는 업계는 물론 지도 감독을 담당하는 당국, 연구 발전에 정진하고 있는 학계 모두가 이 용어집을 기준으로 해서 생각의 표현과 이해의 일치를 가져올 수 있도록 이 용어집을 활용하는 데 만전을 기할 것을 당부드리고자 합니다.

1994년 12월 20일
한국식품과학회
회장 이학박사 최춘언

본 학회가 1968년에 발족된 후 1979년 용어위원회가 발족하여 초대, 2대 위원장에 이서래 박사가 위촉되었으며, 1983년 식품과학용어집을 처음으로 발간하였습니다.

그 후 3대, 4대, 5대, 6대, 7대 용어위원회에서는 1983년에 발간된 용어집을 기간으로 하여 관능검사, 축산식품, 곡물 및 발효식품에 관련된 용어를 심의하여 본 학회의 기술정보지인 식품과학 산업 19권 제3호(1986), 22권 제1호(1989), 25권 제1호(1992), 26권 제3호(1993), 27권 제3호(1994), 27권 제4호(1994)에 6차례에 걸쳐 게재하였습니다. 이에 많은 회원들의 의견을 수렴하여 새로운 용어를 초판에 추가하여 증보판으로 발간하기로 하였습니다. 그러나 수산가공 관련과 식품공학 관련 용어는 아직 심의하지 못한 상태에 있으며 곧 이어 증보 발간하여야 할 것입니다.

본 용어집 증보판은 초판 용어집의 기본 원칙에 따라 편찬하였고 특히 보급의 목적과 경비 등을 감안하여 초판과 달리 제본하였습니다. 끝으로 지금까지 용어 심의에 수고하신 역대 용어위원에게 감사를 드리는 바입니다.

1994년 12월 20일
식품과학용어위원회
제6·7대 위원장 정동효

식품은 인류가 지구상에 태어나면서 생겨났으나 식품을 다루는 과학기술은 근년에 와서 식품과학으로 정립되어 가고 있다. 학문의 정립에 이어서 용어가 정확하게 만들어지고 편리하게 씌어짐은 매우 중요한 일이라 아니할 수 없다.

본 학회에서는 1972년 한국과학기술단체 총연합회의 요청에 따라 식품용어를 수집, 심의하였으나 시간적 제한으로 충분한 검토가 이루어지지 못하였다. 그 후 학회에서는 많은 회원의 요청도 있고 하여 1979년 8월부터 상설위원회로서 식품과학기술 용어위원회를 설치하여 식품용어의 제정 및 통일을 위한 장기적인 사업을 추진하여 왔다.

용어는 시대적 요청에 따라 변천되는 것이며 교육 배경이나 연배가 다른 회원들 사이에서 완전한 합의를 보는 것은 기대하기 어렵다. 그러나 현 상태를 그대로 방치할 수 없다는 생각에서 그 동안에 정리된 용어를 책자로 인쇄하여 여러 회원이 사용 중 문제가 발생하는 경우에는 신중한 검토를 거쳐 다듬어가야 할 것이다. 이 나라에 식품과학을 조속히 정립한다는 뜻에서 회원과 식품업계에 종사하는 여러분께서는 이 용어집을 널리 활용해 주기를 부탁하는 바이다.

끝으로 이 용어집을 간행함에 있어 깊은 관심과 헌신적인 노력을 아끼지 않은 이서래 위원장을 비롯한 용어위원, 간사장 그리고 회원 여러분께 깊이 감사하는 바이다.

1983년 3월
사단법인 한국식품과학회
회장 유태종

본 학회가 1968년 발족된 후 식품용어의 제정 및 통일을 위한 작업은 1972년 한국과학기술단체 총연합회의 요청에 따라 당시 간사장이던 유태종 박사의 주관하에 시작되었다. 그 때 간사회에서는 매우 제한된 기간 내에 용어 2,577개를 수집, 심의 후 이를 총연합회에 제출한 바 있다. 그 결과는 1976년 발간된 과학기술용어집 제1집에 수록되어 있다.

그러나 1979년도 간사장인 최춘언 박사는 이들 용어에 대한 수정, 보완 및 보급의 필요성을 절실하게 느껴 동년 8월 1일부터 용어위원회를 설치하여 작업에 착수토록 하였다. 그리하여 초대 및 2대 위원장에는 본인이 위촉되었고 6명의 위원이 각각 위촉되어 3년이라는 기간 중 26회에 걸친 회의를 개최하여 이 용어집을 준비하기에 이르렀다.

본 위원회에서는 우선 용어의 제정 원칙을 다음과 같이 확정하였다.

① 식품이공학 분야에서 비교적 빈번하게 사용되는 용어를 제정한다.

② 인접 분야에서 사용되는 용어는 해당 학회나 정부(문교부, 과기처 등)에서 채택한 것을 그대로 따르되 현저하게 불합리하거나 부적당한 용어는 재검토하여 수 정하기로 한다.

③ 용어는 가능한 한 한글로만 표기해도 통용될 수 있는 것으로 제정한다.

④ 두 가지 이상의 용어가 같은 뜻으로 사용되는 경우는 보다 합리적인 것 하나만 을 선택하되 선택이 어려운 것은 두 가지를 병용한다.

⑤ 재래적으로 사용되어온 용어로서 혼동되기 쉽거나 불합리하여 사용되지 않기를 원유하는 용어는 당분간 [ ]안에 표시하도록 하되 점차적으로 소멸시킨다.

⑥ 외래어는 이미 통용되는 것을 제외하고 되도록 국문으로 번역한다. 외래어 표기법은 문교부 방침에 따른다.

이와 같이 원칙을 정한 다음 각종 용어집과 식품분야 교과서를 널리 수집하여 가능한 대로 많은 용어를 검색, 정리하였고 용어 하나하나를 심사숙고하여 채택하였다. 심의 과정에서는 용어와 통일성, 통용 상태, 표기나 발음상의 편의도, 어원, 혼도의 회피, 젊은 세대에 의한 활용도 등을 특별히 감안하였다.

이상과 같이 하여 일차적으로 심의가 끝난 용어는 4회에 나누어 본 학회에서 간행되는 식품과학에 게재함으로서 모든 회원의 의견 청취를 시도하였다. 이에 더하여 1981년 3월과 1982년 3월 2회에 걸쳐 많은 회원에게 설문서를 돌려 의견을 요청한 바 있다. 이와 같은 과정을 거치는 동안 여러 회원이 적극적으로 참여하여 건설적인 의견을 제시하였으므로 이러한 용어는 재심사를 거쳐 가능한 한 그대로 받아들였다.

용어 중 식품 성분 명명법은 대한화학회가 제정한 화학술어집(1979년판)을 참고하였는바 모순점이 발견된 것은 우리 나름대로 고치도록 시도하였다. 원래 식품의 화학 성분은 그 수가 막대한 것이겠으나 명명법의 원칙과 자주 사용되는 성분을 한군데 모아서 소개함으로써 어떠한 식품 성분이라도 바르게 국문으로 표기할 수 있는 길잡이가 되도록 노력하였다.

식품 미생물의 계통명은 로마자 발음으로 표기하였는바 곰팡이, 효모, 세균 중에서 각각 중요하다고 생각되는 10여 개씩을 표본으로 채택하였다. 또한 미생물에 관한 일반 용어는 서로의 혼동을 피하고 비교를 용이하게 하기 위하여 한군데 모아서 소개하였다.

앞으로 새로운 용어가 더 보완되기를 바라면서 우선 심의가 완료된 5,124단어를 여기에 소개한다.

마지막으로 용어 심의 과정에서 수고가 많았던 용어 위원을 다음에 밝혀두고자 한다.

김성곤(단국대), 변유량(연세대), 신효선(동국대), 이계호(서울대), 이일하(중앙대), 이준식(과기원)

1983년 3월

식품과학기술 용어위원회

위원장 이서래

I. 체제

1. 앞에는 한국어(한자)-영어를 한국어의 가나다 순서로, 뒤에는 영어-한국어를 영어의 알파벳 순서로 배열하였다.
2. 접두어를 갖는 영어 용어는 접두어의 한국어 발음에 따라 가나다 순서로 배열하였다. 다만, 접두어가 아라비아 숫자인 경우에는 그 숫자의 발음에 따라 배열하였다.
   (보기) 알파나선 α-helix
   2-프로판올은 이프로판올에 배열
3. 생물의 학명은 한국어-영어에서는 한국어 이름, 영어, 학명, 명명자, (연도), 과(family)로 표기하였다. 다만 미생물은 학명만 표기하였다. 영어-한국어에서는 영어 이름과 학명만을 분리하여 표기하였다.
   (보기) 가다랑어 skipjack tuna, *Katsuwonus pelamis* (Linnaeus, 1758) 고등엇과
   사카로미세스 세레비시아에 *Saccharomyces cerevisiae*
   skipjack tuna 가다랑어
   Katsuwonus pelamis 가다랑어
   Saccharomyces cerevisiae 사카로미세스 세레비시아에

II. 용어의 표준화와 통일 원칙

1. 용어는 교육과학기술부가 2011년 12월에 발표한 교과서 편수 자료와 한국과학창의재단(www.kofac.re.kr)이 2012년 3월에 발표한 교과서 편수 자료 〈기초과학 편〉에 실린 용어를 표준으로 하여 통일한다. 화합물은 교과서 편수 자료 〈기초과학 편〉의 화합물 명명법에 따라 통일한다.
2. 용어는 편수 자료가 아닌 국립국어원(www.korean.go.kr)의 표준국어대사전(인터넷 판)에 따라 통일한다.
3. 편수 자료 또는 사전에 없는 용어는 참고 자료에 제시한 관련 학회에서 발간한 사

전에 따라 통일한다.

4. 어류의 학명은 《한국 어류 검색 도감》, 식물의 학명은 《원예학 용어 및 작물명집》과 《세계의 식용 식물》, 버섯의 학명은 《한국의 식용, 독버섯 도감》, 동물의 학명은 위키피디아(www.wikipedia.org)에 따른다.
5. 쇠고기와 돼지고기의 부위별 영어 명칭은 《알기 쉬운 식육 도감》에 따른다.
6. 식품첨가물은 《식품첨가물공전》(2013년 12월 16일 기준)에 따르되, 다음은 예외로 한다.
   가. 자연계에 존재하는 아미노산은 모두 엘-형(L-form)이므로, 엘-아미노산은 단순히 아미노산으로 표기한다.
   (보기) 엘-라이신(L-lysine) → 라이신(lysine)
   나. 식용색소의 이름은 III. 4에 따른다.
   다. 화합물 이름이 화합물 명명법과 다른 경우에는 화합물 명명법에 따른다.

III. 용어 표기 원칙

1. 고유의 한국어가 있는 것은 한국어로 바꾼다.
   (보기) 정백미 → 아주먹이
   육류 → 고기붙이
2. '항(抗)', '탈(脫)' 따위의 한자어 용어는 가능한 한 쉽게 풀어 쓴다.
   (보기) 항균제 → 미생물억제물질
   항미생물 활성 → 미생물 억제 활성
   탈수소효소 → 수소제거효소
3. 가능한 한 '○○성' 또는 '○○적' 같은 표현은 쓰지 않는다.
   (보기) 수용성 단백질 → 수용 단백질
4. 식품 색소는 기본 색의 한국어(빨강, 노랑, 파랑, 초록)로 표기한다.
   (보기) Food blue No. 1 식용 파랑 1호
   Food red No. 2 식용 빨강 2호
   Food yellow No. 4 식용 노랑 4호
5. 한두 글자로 된 식품의 이름 또는 성분은 다음과 같이 한다.
   가. 식(食)은 음식, 식사 또는 식품, 육(肉)은 고기, 유(乳)는 젖으로 표기한다.
   나. 우유를 나타내는 유(乳)는 우유로 표기한다.
   다. 기름을 나타내는 유(油, oil)는 기름으로 표기한다.
   라. 단당, 다당, 단백은 각각 단당류, 다당류, 단백질로 한다.
   마. 국자(麹子 또는 麯子)는 누룩으로 한다.
   바. 국(麹)은 고지(koji)로 한다.

6. 널리 통용되는 영어로 된 약어는 발음대로 한국어로 표기한다.
   (보기) 유니세프(UNICEF), 햇섭(HACCP), 젝파(JECFA)
7. 'homo-'와 'hetero-'로 시작하는 영어 용어는 '호모-'와 '헤테로-'로 표기한다.
   (보기) homopolysaccharide 호모다당류
   heteropolysaccharide 헤테로다당류
8. 영어 단어에 자음이 2개인 경우(nn 또는 mm 따위)가 있는 경우에는 하나만 발음하는 것을 원칙으로 한다. 다만, 암모니아와 암민은 예외로 한다.
   (보기) tannin 타닌
   mannose 마노스
   ammonia 암모니아(예외)
   ammine 암민(예외)
9. 한 용어에는 통일된 한 가지 뜻만 표기하며 동의어는 표기하지 않는다. 다만, 영어 용어가 한국어로 두 가지 이상의 뜻을 가지는 경우에는 이를 모두 표기한다.
   (보기) concentration 농도(濃度)
   concentration 농축(濃縮)
10. 뜻이 같은 영어 용어는 이를 모두 표기한다.
   (보기) glycerol 글리세롤
   glycerin 글리세린
11. 서로 다른 뜻을 가진 영어 가운데 한국어로는 하나의 용어로 표시되는 경우에는 이를 모두 표기한다.
   (보기) 부추 Chinese chive, garlic chive
   부추 buchu, round leaf buchu
12. 영어 용어는 단수로 표기함을 원칙으로 한다.
   (보기) 세균 bacterium (복수는 bacteria)
13. 미생물 표기법
   가. fungus는 진균, mold는 곰팡이, yeast는 효모, bacterium은 세균으로 표기한다.
      (보기) lactic acid bacterium 젖산 세균(젖산균이 아님)
   나. 학명은 로마자 발음대로 표기한다. 다만, *Acetobacer*와 같이 'oobacter'로 끝나는 속은 예외로 하였다.
      (보기) *Asperugillus sojae* 아스페루길루스 소자에
      Rhizopus delemar 리조푸스 델레마르
      Acetobacter 아세토박터
14. 효소 표기법
   가. 효소는 가능한 한 한국어로 표기한다.

(보기) cellulase 셀룰로스가수분해효소

나. 'de-'로 시작하는 효소는 '○○제거' 효소로 한다.

(보기) decarboxylase 카복실기제거효소

다. 'endo-'와 'exo-효소'는 '내부-'와 '말단-' 효소로 한다.

(보기) endonuclease 핵산내부가수분해효소
exopeptidase 펩타이드말단가수분해효소

15. 한국 음식의 외국어 표기는 로마자 표기법에 따른다.
16. 외국어 또는 외래어로서 한국어로 정하여진 것이 없는 경우에는 영어의 미국식 발음에 따라 한국어로 표기한다.
17. 한국어 용어는 모두 붙여씀을 원칙으로 하였다. 다만 미생물 학명과 법률 용어는 예외로 하였다.
18. 한국어 용어에는 하이픈을 쓰지 않는다. 다만 화합물의 구조 특성을 나타내는 기호(D, L, *d*, *l*, *dl*, *S*, *N*, 1-, 1,4- 따위)가 있는 경우와 2명 이상의 이름이 있는 용어는 예외로 한다.

(보기) L-amino acid 엘-아미노산
glucose-6-phosphate 포도당-6-인산
Boyle-Charles' law 보일-샤를법칙

IV. 화합물 명명법

1 화학 술어와 화합물 명명법 통일의 기본 원칙

1. 외래어 표기는 원칙적으로 '외래어 표기법'을 따르되, 초·중등 교육과 고등 교육 및 산업계의 원만한 연계를 위하여 대한화학회에서 새로 정한 화학 술어와 명명법 통일의 원칙을 최대한 존중한다. 그러나 단순한 외래어 표기 원칙만으로는 화합물의 이름들이 서로 구별이 되지 않는 경우도 생기게 되고, 국제적으로 통용되는 이름과 너무 동떨어지게 되는 문제가 발생하기 때문에 화합물의 이름을 위해서는 어쩔 수 없이 대한화학회에서 확장한 '외래어 표기법'을 인정한다.
2. 다른 언어에서 사용하는 자음과 모음을 모두 우리글로 정확하게 표기할 수는 없지만, 화학 술어와 화합물 이름도 궁극적으로는 우리말에 동화되어 우리말과 글의 발전에 기여할 수 있도록 제정되어야 한다. 따라서 화학 술어와 화합물 이름을 정하는 원칙은 우리말과 글의 관행과 크게 어긋나지 않아야 하며, 일반적으로 사용하지 않는 기호는 쓸 수 없으며, 로마자 표기를 함께 적는 것도 최대한 줄여야 한다.
3. 대한화학회에서 당분간 혼용을 허용하기로 한 경우에도 초·중등 교육에서의 혼란을 최소화하기 위하여 일반적으로 가장 널리 쓰일 수 있는 것만을 제시하기로 한다.

4. 이미 우리말로 정착된 원소의 이름은 그대로 사용하고, 그렇지 않은 경우에는 IUPAC의 이름을 사용한다.

5. 화합물의 구조적 특성을 충실하게 나타내려는 IUPAC 명명법의 원칙을 존중하되, 수식어가 앞에 오는 우리말 조어 원칙에 따라 염의 경우에 전기적 음성 성분의 이름을 앞에 두는 우리말 명명 원칙은 그대로 사용한다. 또한 유기 화합물과 무기 화합물 이름의 일관성을 유지하기 위하여 원칙적으로 IUPAC 명명법의 띄어쓰기를 따르기로 하되, '~산'의 경우에는 앞의 단어에 붙여서 표기한다.

2 우리말 명명법의 일반 원칙

세계적으로 통용되는 IUPAC 명명법에 따른 화합물의 이름은 분자의 구조를 바탕으로 하고 있다. 물론 화합물의 이름을 결정하는 원칙은 단순한 것이 바람직하지만, 화합물의 이름은 사용하는 목적에 따라서 화합물의 구조 중에서 특별히 강조하는 부분이 달라지기 때문에 여러 가지 방법으로 붙일 수 있는 경우가 많다. 화합물 이름이 가지고 있는 그런 특성을 무시하고 과도하게 단일화하게 되면 화학을 배우는 과정에서 생각의 범위가 좁아질 위험이 있다. 따라서 이 자료에서 소개하는 명명법은 특별히 제한된 경우가 아니면 모든 화합물에 적용된다.

우리말 이름이 널리 쓰이고 있는 간단한 무기화합물과 유기화합물을 제외한 대부분의 화합물의 경우에는 로마자로 표기된 IUPAC 이름을 우리글로 옮겨서 표시한다. 일반적인 경우에서와는 달리 화합물의 이름은 서로 다른 화합물을 확실하게 구별되어야 하기 때문에 기존의 '외래어 표기법'만으로는 IUPAC 이름을 우리글로 표기하는 데에는 충분하지 않다. 또한 화합물의 이름을 우리글로 표기할 때에도 국제적인 통용성이 강조되는 현대의 특성을 반영해야 한다는 점을 고려해서 한 가지 모음의 경우에도 여러 가지 표기가 가능하도록 허용하였다. 그러나 한글이 아무리 뛰어난 문자라고 하더라도 모든 외래어의 표기를 정확하게 나타낼 수는 없다는 한계를 인정하고, 가능한 한 국제적으로 통용되는 발음에 가까우면서도 우리글과 잘 어울릴 수 있어야 한다는 점을 고려하여 결정하였다.

1. 화학식은 일반적으로 화학 반응식에서만 사용하는 것이 원칙이며, 특별한 경우가 아니면 문장에서는 사용하지 않도록 한다. 단, 문장 속에서는 화합물 이름 옆에 화학식을 병기할 수 있다.

2. 독일어 이름이나 독일어식 표기로 나타내던 원소의 이름은 모두 IUPAC 이름으로 바꾼다. 그러나 나트륨(sodium)과 칼륨(potassium)의 경우는 지금까지 사용해오던 이름을 당분간 그대로 사용하기로 하되, IUPAC 이름인 '소듐'과 '포타슘'으로

부를 수 있음을 알 수 있도록 한다.

(보기) F 플루오르 → 플루오린 (fluorine)
Ti 티탄 → 타이타늄 (titanium)
Cr 크롬 → 크로뮴 (chromium)
Mn 망간 → 망가니즈 (manganese)
Ge 게르마늄 → 저마늄 (germanium)
Se 셀렌 → 셀레늄 (selenium)
Br 브롬 → 브로민 (bromine)
Nb 니오브 → 나이오븀 (niobium)
Mo 몰리브덴 → 몰리브데넘 (molybdenum)
Sb 안티몬 → 안티모니 (antimony)
Te 텔루르 → 텔루륨 (tellurium)
I 요오드 → 아이오딘 (iodine)
Xe 크세논 → 제논 (xenon)
La 란탄 → 란타넘 (lanthanum)
Tb 테르븀 → 터븀 (terbium)
Yb 이테르븀 → 이터븀 (ytterbium)
Ta 탄탈 → 탄탈럼 (tantalum)
Cf 칼리포르늄 → 캘리포늄 (californium)
Es 아인시타이늄 → 아인슈타이늄 (einsteinium)

3. 화합물의 이름에서도 가능하면 구성 원소 이름이 드러나도록 표기하고, IUPAC 명명법의 띄어쓰기 원칙을 따른다.

(보기) BF_3 플루오르화붕소 → 플루오린화 붕소 (boron fluoride)
KBr 브롬화칼륨 → 브로민화 칼륨 (potassium bromide)
NaI 요오드화나트륨 → 아이오딘화 나트륨 (sodium iodide)
MnO_2 이산화망간 → 이산화 망가니즈 (manganese dioxide)
$KMnO_4$ 과망간산칼륨 → 과망가니즈산 칼륨 (potassium permanganate)
K_2CrO_4 크롬산칼륨 → 크로뮴산 칼륨 (potassium chromate)
K_2Cr2O_7 중크롬산칼륨 → 다이크로뮴산 칼륨 (potassium dichromate)

4. 화합물에 포함된 원자 또는 원자단의 수는 '모노~', '다이~', '트라이~', '테트라~' 등의 접두사를 사용하여 표기하는 것을 원칙으로 하지만, 원자 또는 원자단의 이름이 우리말인 경우에는 '일~', '이~', '삼~', '사~' 등으로 표기한다.

(보기) diethyl ether 디에틸 에테르 → 다이에틸 에테르
carbon dioxide 이산화탄소 → 이산화 탄소

5. 여러 가지 산화 상태가 가능한 원소로 구성된 화합물의 경우에는 원소의 수를 나타내는 접두사를 사용하거나, 원소의 산화 상태를 나타내는 로마 숫자를 소괄호에 넣어 표시한다. 두 명명법은 동등한 것이고, '제일~', '제이~', '중~' 등으로 표기하는 방법은 더 이상 사용하지 않는다.

(보기) FeO 산화제일철 → 일산화 철 또는 산화 철(II)
Fe_2O_3 산화제이철 → 삼산화 이철 또는 산화 철(III)
NO_2 이산화질소 → 이산화 질소 또는 산화 질소(IV)
PCl_5 오염화인 → 오염화 인 또는 염화 인(V)
$Na_2Cr_2O_7$ 중크롬산나트륨 → 다이크로뮴산 나트륨

6. 다가 산의 수소 이온의 일부가 금속 양이온으로 치환된 경우에는 수소 이온을 음이온의 일부로 생각하고 음이온의 이름에 '수소'를 붙여서 표기한다. 남아 있는 수소 이온의 수에 따라 '제일~' 또는 '제이~' 등으로 표기하는 방법과 '중~'을 붙이는 방법은 더 이상 사용하지 않는다.

(보기) K_2HPO_4 제일인산칼륨 → 인산수소 칼륨
KH_2PO_4 제이인산칼륨 → 인산이수소 칼륨
$NaHCO_3$ 중탄산나트륨 → 탄산수소 나트륨

7. 탄화수소에서 '~ane', '~ene', '~yne'은 각각 '~에인', '~엔', '~아인'으로 나타낸다. 단, 탄화수소의 유도체 등에서 '~an'은 '~ane'와 구별하여 '~안'으로 표기한다.

(보기) methane 메테인
ethene 에텐
ethyne 에타인
butane 뷰테인
borane 보레인
silane 실레인
ethanol 에탄올
furan 퓨란
silanyl 실란일

8. 모체 화합물의 이름에 붙이는 접미사는 독립적으로 표기한다. 다만, '~오', '~이오', '~윰'은 앞의 자음에 연음하여 표기한다. (유기산의 관용명의 경우에는 아래의 7항 참고)

(보기) ethanol 에탄올
hexanal 헥산알
pentenyl 펜텐일
butano 뷰타노

phenol 페놀
anilino 아닐리노
pyridinium 피리디늄

9. 유기산의 이름에서 '~ic acid' 또는 '~oic acid'는 '~산'으로 붙여 표기한다.
(보기) acetic acid 아세트산
maleic acid 말레산
pentanoic acid 펜탄산
benzoic acid 벤조산
thioic acid 싸이오산

10. '~ide'는 '~아이드'로 표기하지만, 'imide', 'amido', 'imido'는 각각 '이미드', '아미도', '이미도'로 표기한다.
(보기) succinamide 석신아마이드
hydride 하이드라이드 또는 수소화
carbazide 카바자이드
halide 할라이드 또는 할로젠화
sulfide 설파이드 또는 황화
cyanide 사이아나이드
succinimide 석신이미드

11. 'bi~', 'di~', 'tri~', 'iso~'는 각각 '바이~', '다이~', '트라이~', '아이소~'로 표기한다.
(보기) bicyclo 바이사이클로
dimethyl 다이메틸
dioxin 다이옥신
trimethyl 트라이메틸

12. 'cy~', 'hy~', 'ty~', 'vi~', 'xy~'는 각각 '사이~', '하이~', '타이~', '바이~', '자이~'로 표기한다. 단, 'gly~'는 '글리~'로 표기한다.
(보기) cyanide 사이아나이드
cylcohexane 사이클로헥세인
aldehyde 알데하이드
hydride 하이드라이드
styrene 스타이렌
vitamin 바이타민
vinyl 바이닐
xylene 자일렌
xylitol 자일리톨
glycol 글리콜

13. 'u'는 일반적으로 '우'로 표기하지만, '어' 또는 '유'로 표기하는 경우도 있다.
(보기) toluene 톨루엔
sulfane 설페인
sulfide 설파이드
succinic acid 석신산
lanthanum 란타넘
urea 유레아 (요소)
furan 퓨란
butane 뷰테인

14. 'g' 다음에 모음이 오는 경우에는 'ㅈ'으로 표기할 수 있다.
(보기) halogen 할로젠
chalcogen 칼코젠

15. 모음과 자음 사이의 'r'은 표기하지 않는 것을 원칙으로 하지만, 필요한 경우에는 '~르'로 표기할 수 있다. 단, 처음에 'ar~'로 시작되는 경우에는 '아르~'로 표기한다.
(보기) carboxylic acid 카복실산
carbazide 카바자이드
carbaldehyde 카브알데하이드
formic acid 폼산 (개미산)
morphin 모르핀
chloroform 클로로폼
lauric acid 로르산
tartaric acid 타타르산
arginine 아르지닌
argon 아르곤
arsine 아르신[1)]

15. 'th'는 '트'로 표기하는 것이 원칙이지만, 'thio~', 'thy~' 와 'ortho~'는 각각 '싸이오~', '티~'와 '오쏘~'로 표기한다.[2)]
(보기) threonine 트레오닌
thiosulfate 싸이오황산
orthoester 오쏘에스터
thymol 티몰

1) '아(亞)~산' 과의 혼동을 피하기 위해서 '아르-' 로 표기한다.
2) 된소리를 쓰는 것이 바람직하지는 않지만, '사이오' 로 표기하면 HCN에 해당하는 '사이안산' 으로, '오토' 로 표기하면 자동을 의미하는 영어 표현으로 오해할 가능성이 커서 '싸이오~' 와 '오쏘~' 로 표기하기로 한다.

3 원소의 이름

원자번호	원소기호	원소명	IUPAC 표기	원자번호	원소기호	원소명	IUPAC 표기
1	H	수소	hydrogen	55	Cs	세슘	cesium
1	D	중수소	deuterium	56	Ba	바륨	barium
1	T	삼중수소	tritium	57	La	란타넘	lanthanum
2	He	헬륨	helium	58	Ce	세륨	cerium
3	Li	리튬	lithium	59	Pr	프라세오디뮴	praseodymium
4	Be	베릴륨	beryllium	60	Nd	네오디뮴	neodymium
5	B	붕소	boron	61	Pm	프로메튬	promethium
6	C	탄소	carbon	62	Sm	사마륨	samarium
7	N	질소	nitrogen	63	Eu	유로퓸	europium
8	O	산소	oxygen	64	Gd	가돌리늄	gadolinium
9	F	플루오린	fluorine	65	Tb	터븀	terbium
10	Ne	네온	neon	66	Dy	디스프로슘	dysprosium
11	Na	나트륨[1]	sodium	67	Ho	홀뮴	holmium
12	Mg	마그네슘	magnesium	68	Er	어븀	erbium
13	Al	알루미늄	aluminium	69	Tm	툴륨	thulium
14	Si	규소	silicon	70	Yb	이터븀	ytterbium
15	P	인	phosphorus	71	Lu	루테튬	lutetium
16	S	황	sulfur	72	Hf	하프늄	hafnium
17	Cl	염소	chlorine	73	Ta	탄탈럼	tantalum
18	Ar	아르곤	argon	74	W	텅스텐	tungsten
19	K	칼륨[1]	potassium	75	Re	레늄	rhenium
20	Ca	칼슘	calcium	76	Os	오스뮴	osmium
21	Sc	스칸듐	scandium	77	Ir	이리듐	iridium
22	Ti	타이타늄	titanium	78	Pt	백금	platinum
23	V	바나듐	vanadium	79	Au	금	gold
24	Cr	크로뮴	chromium	80	Hg	수은	mercury
25	Mn	망간	manganese	81	Tl	탈륨	thallium
26	Fe	철	iron	82	Pb	납	lead
27	Co	코발트	cobalt	83	Bi	비스무트	bismuth
28	Ni	니켈	nickel	84	Po	폴로늄	polonium
29	Cu	구리	copper	85	At	아스타틴	astatine
30	Zn	아연	zinc	86	Rn	라돈	Ladon
31	Ga	갈륨	gallium	87	Fr	프랑슘	francium
32	Ge	저마늄	germanium	88	Ra	라듐	radium
33	As	비소	arsenic	89	Ac	악티늄	actinium
34	Se	셀레늄	selenium	90	Th	토륨	thorium
35	Br	브로민	bromine	91	Pa	프로악티늄	protactinium
36	Kr	크립톤	krypton	92	U	우라늄	uranium
37	Rb	루비듐	rubidium	93	Np	넵투늄	neptunium
38	Sr	스트론튬	strontium	94	Pu	플루토늄	plutonium
39	Y	이트륨	yttrium	95	Am	아메리슘	americium
40	Zr	지르코늄	zirconium	96	Cm	퀴륨	curium
41	Nb	나이오븀	niobium	97	Bk	버클륨	berkelium
42	Mo	몰리브데넘	molybdenum	98	Cf	캘리포늄	californium
43	Tc	테크네튬	technetium	99	Es	아인슈타이늄	einsteinium
44	Ru	루테늄	ruthenium	100	Fm	페르뮴	fermium
45	Rh	로듐	rhodium	101	Md	멘델레븀	endelevium
46	Pd	팔라듐	palladium	102	No	노벨륨	nobelium
47	Ag	은	silver	103	Lr	로렌슘	lawrencium
48	Cd	카드뮴	cadmium	104	Rf	러더포듐	rutherfordium
49	In	인듐	indium	105	Db	더브늄	dubnium
50	Sn	주석	tin	106	Sg	시보귬	seaborgium
51	Sb	안티몬	antimony	107	Bh	보륨	bohrium
52	Te	텔루륨	tellurium	108	Hs	하슘	bohrium
53	I	아이오딘	iodine	109	Mt	마이트너늄	meitnerium
54	Xe	제논	xenon				

[1] 본문에는 '나트륨'과 '칼륨'을 사용하지만, '소듐'과 '포타슘'으로 부를 수 있음을 알도록 한다.

4 무기화합물 명명법

1. 화학식의 체계

(1) 화학식에서 원소기호를 배열하는 순서는 임의적이지만, 일반적으로 전기 음성도가 작은 성분을 앞에 쓰고, 전기 음성도가 비슷한 경우에는 알파벳 순서로 적는다. 또한, 한 글자로 표시되는 원소는 같은 알파벳으로 시작하면서 두 글자로 표시되는 원소보다 앞에 놓는다. 원자단은 하나의 기호로 여기고, 숫자를 나타내는 지수가 작은 원자단을 앞에 놓는다.

(보기) KCl, HBr, H_2SO_4, $CaSO_4$, $NaHSO_4$, $IBrCl_2$, $KMgF_3$

(2) 비금속 원소들로 구성된 이성분 화합물에서는 관례에 따라 다음의 순서로 원소기호를 배열한다.

Rn, Xe, Kr, Ar, Ne, He, B, Si, C, Sb, As, P, N, H, Te, Se, S, At, I, Br, Cl, O, F

(보기) NH_3, H_2S, Cl_2O, BH_3, PH_3

(3) 산소산의 경우에는 수소를 가장 앞에 쓰고, 그 뒤에 중심 원자와 중심 원자에 결합된 산소 원자를 표시한다.

(보기) H_2SO_4, H_2SO_3, H_2SO_2

(4) 셋 이상의 서로 다른 원소들로 구성된 사슬 화합물이나 배위 화합물의 경우에는 중심 원자를 먼저 적고, 나머지 원소들은 실제 결합한 원자들을 알파벳 순서로 적는다. 다만 산성 화합물의 경우에는 수소 원자를 가장 앞에 적는다.

(보기) $HOCN$, $HONC$, SO_4^{2-}, H_3PO_4

(5) 배위체의 화학식은 전하에 상관없이 대괄호로 묶어서 표시한다.

(보기) $[Co(NH_3)_6]Cl_3$, $K_2[PdCl_4]$, $[CoCl(NH_3)_5]Cl_2$, $[Co(en)_3]Cl_3$

(6) 화학식에서 동일한 원자나 원자단의 수는 원소기호의 오른쪽 또는 원자단을 표시하는 괄호의 오른쪽에 아라비아 숫자를 아래 첨자로 나타낸다.

(보기) $CaCl_2$, $Ca_3(PO_4)_2$, $[\{Fe(CO)_3\}_3(CO)_2]^{2-}$

(7) 루이스 산과 염기의 첨가 생성물, 전하 이동 화합물, 그리고 용매화된 화합물들은 중간점(·) 다음에 첨가물의 수를 아라비아 숫자로 표시해서 나타낸다.

(보기) $Na_2CO_3 \cdot 10H_2O$, $8H_2S \cdot 46H_2O$, $NH_3 \cdot B(CH_3)_3$

(8) 원소의 산화 상태는 원소기호의 오른쪽에 로마 숫자를 위첨자로 사용하여 표시한다. 산화 상태가 0인 경우에는 아라비아 숫자 0을 쓴다. 같은 화학식에서 동일한 원소가 서로 다른 산화 상태를 가진 경우에는 원소기호를 반복하여 쓰고, 각 기호에 낮은 산화 상태부터 높은 산화 상태로 산화 상태를 표기한다.

(보기) $[P^{V}_{2}Mo_{18}O_{62}]^{6-}$, $Pb^{II}_{2}Pb^{IV}O_4$, $[Os^{0}(CO)_5]$

(9) 이온전하는 A^{n+} 또는 A^{n-}처럼 오른쪽 위첨자로 표시한다. 배위 화합물과 같이 원자단을 괄호로 묶어서 표시하는 경우에는 괄호의 바깥에 전하를 나타내는 기호를 위 첨자로 적는다. 괄호를 사용하지 않는 경우에는 $X_xY_y^{n+}$으로 나타낸다.
(보기) Cu^{2+}, NO^{+}, $[Al(H_2O)_6]^{3+}$

(10) 라디칼의 경우에는 원자단을 나타내는 괄호 바깥이나 원소기호의 오른쪽 위첨자 위치에 점으로 라디칼을 나타낸다. 라디칼이 이온인 경우는 전하를 표시하는 숫자의 앞에 라디칼을 나타내는 점(·)을 표시한다. 짝짓지 않은 전자가 2개일 경우는 점을 2개 또는 2 · 을 위첨자로, 3개 이상일 경우는 n · 을 위첨자로 표시한다.
(보기) Br, (NO_2), $(O_2)^{2}$, $[FeCl_4]^{4\ 2-}$

(11) 유기화합물의 경우에는 원자들의 결합 상태를 구체적으로 표시하는 구조식을 이용하는 것을 권장한다.
(보기) ,

2. 이온과 라디칼의 이름

(1) 양이온

① 양전하를 가진 단원자 또는 원자단은 화학종의 이름 뒤에 '이온' 또는 '양이온'을 붙여서 표기한다. 양이온의 전하는 아라비아 숫자에 '+' 부호를 붙여서 괄호에 넣어 표시하지만, 양이온의 전하가 명확할 때 전하의 표기를 생략할 수 있다.

(보기)		
H^{+}	수소 이온	hydrogen ion
Na^{+}	나트륨 이온	sodium ion
O_2^{+}	이산소(1+) 이온	dioxygen(1+) ion

② 수소화물, 산소산, 유기산, 유기물에 양성자가 결합되어 생성되는 양이온은 수소화물의 이름에 '~윰'(~ium)을 붙여서 나타낸다. 수소화물의 경우에는 '~오늄'(~onium)을 붙이기도 한다.

(보기)		
NH_4^{+}	암모늄 이온	ammonium ion
H_3O^{+}	하이드로늄 이온	hydronium ion
PH_4^{+}	포스포늄 이온	phosphonium ion
$N2H_5^{+}$	하이드라지늄 이온	hydrazinium ion
$C_5H_5NH^{+}$	피리디늄 이온	pyridinium ion

③ 다음의 경우에는 관용명을 사용한다.

(보기) NO^+ 나이트로실 양이온 nitrosyl cation

NO_2^+ 나이트릴 양이온 nitryl cation

(2) 음이온

(i) 음전하를 가진 단원자 또는 원자단은 화학종의 어간에 '~화'(-ide) 이온, '~산'(-ate) 이온을 붙여서 표기한다. 다만, 염소와 산소의 경우에는 '소'를 생략한다. 다양성자산에서 양성자(H^+)가 제거되어 생긴 음이온은 산의 이름 뒤에 '수소' 또는 '이수소' 등을 붙여서 표시한다.

(보기)

화학식	이름	영문명
H^-	수소화 이온	hydride ion
F^-	플루오린화 이온	fluoride ion
Cl^-	염화 이온	chloride ion
Br^-	브로민화 이온	bromide ion
I^-	아이오딘화 이온	iodide ion
N^-	질소화 이온	nitride ion
O^{2-}	산화 이온	oxide ion
S^{2-}	황화 이온	sulfide ion
I_3^-	트라이아이오딘화 이온	triiodide ion
NO_3^-	질산 이온	nitrate ion
SO_4^{2-}	황산 이온	sulfate ion
HSO_4^-	황산수소 이온	hydrogensulfate ion
HCO_3^-	탄산수소 이온	hydrogencarbonate ion
$H_2PO_4^-$	인산이수소 이온	dihydrogenphosphate ion

(ii) 다음의 경우에는 관용명을 허용한다.

(보기)

화학식	이름	영문명
O_2^{2-}	과산화 이온	peroxide ion
O_2^-	초과산화 이온	superoxide ion
O_3^-	오존화 이온	ozonide ion
OH^-	수산화 이온	hydroxide ion
CN^-	사이안화 이온	cyanide ion
C_2^{2-}	아세틸렌화 이온	acetylide ion
N_3^-	아자이드화 이온	azide ion
NH^{2-}	이미드화 이온	imide ion
NH_2^-	아마이드화 이온	amide ion
NCS^-	싸이오사이안산 이온	thiocyanate ion

(3) 라디칼

(i) 짝을 짓지 않은 전자를 가지고 있는 원자 또는 원자단은 모체의 이름에 '~일'를 붙여서 나타낸다.

(보기) CH_3 메틸 methyl

(ii) 산소를 포함하고 있는 라디칼의 경우에는 '~일'(~yl)로 끝나는 특별한 관용명을 사용한다.

(보기)		
HO	하이드록실	hydroxyl
CO	카보닐	carbonyl
NO	나이트로실	nitrosyl
NO_2	나이트릴	nitryl
SO_2	설퓨릴	sulfuryl

3. 화학량론적 이름

화합물의 이름은 필요에 따라 여러 가지 방법으로 붙일 수 있다. 그러나 배위 화합물을 제외한 무기화합물의 경우에는 화합물을 구성하는 원소들의 종류와 조성비를 명백하게 나타내는 화학량론적 이름이 편리한 경우가 많다.

(1) 전기적 양성인 성분과 전기적 음성인 성분이 하나씩 있는 경우에는 음성 성분을 먼저 표시하고, 두 성분을 빈칸으로 구별해서 나타낸다. 단원자 양이온의 경우에는 원소의 이름을 그대로 쓰고, 다원자 원자단의 경우에는 양이온의 이름을 그대로 사용한다. 단원자 음이온의 이름은 원소의 이름에 '~화'를 붙인다. 단, 염소와 산소의 경우에는 '소'를 생략한다. 다원자 산소산의 경우에는 중심원자의 어미에 '~산'을 붙여서 쓴다.

(보기)		
HCl	염화 수소 또는 염산	hydrogen chloride or hydrochloric acid
NaCl	염화 나트륨	sodium chloride
NiO	산화 니켈	nickel oxide
NaH	수소화 나트륨	sodium hydride
NH_4Cl	염화 암모늄	ammonium chloride
KCN	사이안화 칼륨	potassium cyanide
NaOH	수산화 나트륨	sodium hydroxide
Na_2SO_4	황산 나트륨	sodium sulfate
NaN_3	아자이드화 나트륨	sodium azide

(2) 화합물에 포함된 원자나 원자단의 수는 수 접두사를 붙여서 표시한다. 원자나 원자단의 이름이 우리말일 경우에는 '일~', '이~', '삼~', '사~'와 같은 우리말 접두사를 사용하고, 그렇지 않은 경우에는 '모노~', '다이~', '트라이~', '테트

라~' 등의 접두사를 사용한다. 혼동의 우려가 없을 경우에는 수 접두사를 생략할 수 있다.

(보기)			
(보기)	CO	일산화 탄소	carbon monoxide
	CO_2	이산화 탄소	carbon dioxide
	N_2O	산화 이질소	dinitrogen monoxide
	NO_2	이산화 질소	mononitrogen dioxide
	N_2O_3	삼산화 이질소	dinitrogen trioxide
	N_2O_4	사산화 이질소	dinitrogen tetraoxide
	FeO	일산화 철	iron monoxide
	Fe_2O_3	삼산화 이철	diiron trioxide
	CrO_2	이산화 크로뮴	chromium dioxide
	MnO_2	이산화 망가니즈	manganese dioxide
	Mn_2O_3	삼산화 다이망가니즈	dimanganese trioxide
	$Al_2(CO_3)_3$	삼탄산 다이알루미늄	dialuminium tricarbonate
	Na_2SO_4	황산 나트륨	sodium sulfate
	$CaCl_2$	염화 칼슘	calcium chloride
	$K_2Cr_2O_7$	다이크로뮴산 칼륨	potassium dichromate
	CCl_4	사염화 탄소	carbon tetrachloride
	SF_4	테트라플루오린화 황	sulfur tetrfluoride

(3) 여러 가지 산화 상태가 가능한 원소의 경우에는 원소의 수를 접두사로 나타내는 대신 산화 상태를 나타내는 로마 숫자를 소괄호에 넣어 표시하기도 한다. 산화 수가 명백할 경우에는 생략할 수 있다.

(보기)			
(보기)	CO	산화 탄소(II)	carbon(II) oxide
	CO_2	산화 탄소(IV)	carbon(IV) oxide
	N_2O	산화 질소(I)	nitrogen(I) oxide
	NO	산화 질소(II)	nitrogen(II) oxide
	N_2O_3	산화 질소(III)	nitrogen(III) oxide
	NO_2	산화 질소(IV)	nitrogen(IV) oxide
	N_2O_5	산화 질소(V)	nitrogen(V) oxide
	FeO	산화 철(II)	iron(II) oxide
	Fe_2O_3	산화 철(III)	iron(III) oxide
	CrO_2	산화 크로뮴(IV)	chromium dioxide
	Mn_2O_3	산화 망가니즈(III)	dimanganese trioxide
	MnO_2	산화 망가니즈(IV)	manganese dioxide

(4) 전기적 양성 성분이나 음성 성분이 하나 이상일 경우에는 IUPAC 이름의 알파벳 순서로 적는다. 수소가 음성 성분의 일부인 경우에는 '인산수소'처럼 음성 성분의 뒤에 붙여서 표시한다.

(보기)	$KMgF_3$	플루오린화 마그네슘 칼륨	magnesium potassium fluoride
	$LiAlH_4$	수소화 알루미늄 리튬	aluminium lithium hydride
	NaH_2PO_4	인산이수소 나트륨	sodium dihydrogenphosphate
	$NaHCO_3$	탄산수소 나트륨	sodium hydrogencarbonate
	NaHS	황화수소 나트륨	sodium hydrogensulfide

(5) 수화물의 경우에는 '수화물'이라고 표시한다.

(보기) $Na_2CO_3 \cdot 10H_2O$ 탄산 나트륨 십수화물 sodium carbonate decahydrate

(6) 13~16족 비금속 원소의 수소화물은 '~에인'을 붙여서 표시하지만, 관용명을 쓰는 경우도 많다. PH_3의 경우에는 '포스핀'(phosphine)이라는 관용명을 허용한다.

(보기)	BH_3	보레인	borane
	SiH_4	실레인	silane
(보기)	NH_3	암모니아	ammonia
	H_2O	물	water
	PH_3	포스핀	phosphine
	B_2H_6	다이보레인	diborane
	NH_2NH_2	하이드라진	hydrazine

(7) 다음의 경우에는 관용명을 허용한다.

(보기)	H_2O_2	과산화 수소	hydrogen peroxide
	CaC_2	칼슘 카바이드	calcium carbide
	$KMnO_4$	과망가니즈산 칼륨	potassium permanganate

4. 산소산과 그 유도체

(1) 산소에 결합된 수소를 잃어버림으로써 짝염기를 생성할 수 있는 산소산의 경우에는 관용명을 허용한다.

(보기)	HNO_3	질산	nitric acid
	H_2SO_4	황산	sulfuric acid
	H_2CO_3	탄산	carbonic acid
	H_3BO_3	붕산	boric acid
	H_3PO_4	인산	phosphoric acid
	$HClO_3$	염소산	chloric acid
	HIO_3	아이오딘산	iodic acid

H_2MnO_4	망가니즈산	manganic acid
H_2CrO_4	크로뮴산	chromic acid
H_2Cr2O_7	다이크로뮴산	dichromic acid

(2) 여러 가지 산화 상태가 가능한 원소의 산소산의 경우에는 기준이 되는 산소산보다 산화 상태가 높은 경우는 '과~산'으로 표기하고, 기준이 되는 산소산보다 산화 상태가 낮은 것은 '아(亞)~산'과 '하이포~산'으로 표기하는 관용명을 허용한다.

(보기)		
HNO_2	아질산	nitrous acid
HNO	하이포질산	hyponitrous acid
H_2SO_3	아황산	sulfurous acid
H_2SO_2	하이포황산	hyposulfurous acid
H_3PO_3	아인산	phosphorous acid
H_3PO_2	하이포인산	hypophosphorous acid
$HClO_4$	과염소산	perchloric acid
$HClO_2$	아염소산	chlorous acid
HClO	하이포염소산	hypochlorous acid
H_2MnO_4	망가니즈산	manganic acid
$HMnO_4$	과망가니즈산	permanganic acid

(3) 산소산의 산소가 다른 산소나 황으로 치환된 유도체는 '과산화~'와 '싸이오~'로 표기하는 관용명을 허용한다.

(보기)		
HNO_4	과산화질산	peroxonitric acid
H_3PO_5	과산화인산	peroxophosphoric acid
$H_2S_2O_3$	싸이오황산	thiosulfuric acid
HSCN	싸이오사이안산	thiocyanic acid

(4) 산소산의 OH가 전부 할로젠으로 치환된 경우에는 '나이트로실'(NO), '포스포릴'(PO), '설퓨릴'(SO_2), '싸이오닐'(SO)과 같은 관용명을 사용할 수 있다.

(보기)		
NOCl	염화 나이트로실	nitrosyl chloride
$SOCl_2$	염화 싸이오닐	thionyl chloride
SO_2Cl_2	염화 설퓨릴	sulfuryl chloride
$POCl_3$	염화 포스포릴	phosphoryl chloride

(5) 무기산의 무수물은 산화물로 이름을 붙이고, '~산 무수물'이라는 이름은 더 이상 사용하지 않는다.

(보기)		
SO_3	삼산화 황	sulfur trioxide
N_2O_5	오산화 이질소	dinitrogen pentoxide

5. 배위 화합물의 이름

(1) '~화', '아~산', '~산' 등으로 끝나는 음이온이 리간드로 작용하는 경우에는 음이온의 어미 대신 '~오'를 붙여서 '~이도', '~이토' 또는 '~에이토' 등으로 표시하거나, 관용명을 사용하기도 한다.

(보기)		
$-F^-$	플루오로	fluoro
$-Cl^-$	클로로	chloro
$-Br^-$	브로모	bromo
$-I^-$	아이오도	iodo
$-O^{2-}$	옥시도	oxido
$-S^{2-}$	설피도	sulfido
$-N^{3-}$	나이트리도	nitrido
$-OH^-$	하이드록시	hydroxy
$-CN^-$	사이아노	cyano
$C_2O_4^{2-}-$	옥살레이토	oxalato
CH_3O^--	메톡소	methoxo
CH_3COO^--	아세테이토	acetato
CH_3CONH^--	아세트아미도	acetamido

(2) 중성과 양이온성 리간드는 어미를 변화시키지 않고 사용하거나, 관용명을 사용한다.

(보기)		
$-NH_2$	아미노	amino
$-NH_2NH_2$	하이드라진	hydrazine
$-COOH$	카복시	carboxy
$-NO_2$	나이트로	nitro
$-NO$	나이트로소	nitroso
$-CN$	사이아노	cyano
$-CS$	싸이오카보닐	thiocarbonyl
CH_3NH_2-	메틸아민	methylamine
$-NH_2CH_2CH_2NH_2-$	에틸렌다이아민	ethylenediamine
$-NH_3$	암민	ammine
$-C{=}O$	카보닐	carbonyl
$-N{=}N-$	아조	azo
H_2O-	아콰	aqua

(3) 유기 화합물이 리간드로 작용할 경우에는 다음과 같은 이름을 사용한다.

(보기)		
CH_3-	메틸	methyl

CH_3CH_2-	에틸	ethyl
$(CH_3)_2CH-$	아이소프로필	isopropyl
$(CH_3)_2CHCH_2-$	아이소뷰틸	isobutyl
C_6H_5-	페닐	phenyl
$-CHO$	포밀	formyl

(4) 중심 금속 원자에 여러 종류의 리간드가 결합된 경우에는 화학식에 표시된 순서로 리간드의 이름을 적은 후에 금속의 이름을 붙여서 표기한다. 같은 리간드가 한 개 이상일 경우에는 리간드의 이름 앞에 수 접두사를 붙인다. 치환된 리간드의 이름은 괄호로 묶고, 그 앞에 '비스~', '트리스~', '테트라키스~' 등의 수 접두사를 사용한다.

(보기)

$[Fe(CO)_5]$	펜타카보닐철	pentacarbonyliron
$[B(OCH_3)_3]$	트라이메톡시붕소	trimethoxyboron

(5) 음이온성 배위체에는 어미 '~산'(-ate)을 붙이고, 양이온성 또는 중성 배위체의 경우에는 특별히 구분하는 어미를 사용하지 않는다. 중심 원자의 산화수가 확실한 경우에는 중심 원자의 이름 바로 뒤에 로마자 또는 아라비아 숫자를 소괄호로 묶어서 산화수나 전하를 표시한다.

(보기)

$K_4[Fe(CN)_6]$	헥사사이아노철(II)산 칼륨	potassium hexacyanoferrate(II)
$[Co(NH_3)_6]Cl_3$	염화 헥사암민코발트(III)	hexaamminecobalt(III) chloride
$K_2[PdCl_4]$	테트라클로로팔라듐(II)산 칼륨	potassium tetrachloropalladate(II)
$[Co(H_2O)_2(NH_3)_4]Cl_3$	염화 테트라암민다이아쿠아코발트(III)	tetraamminediaquacobalt(III) chloride

6. 기타 관용명

(1) 동소체는 다음과 같이 표기한다.

(보기)

흑연	graphite	C
다이아몬드	diamond	C
풀러렌	fullerene	C_{60}
흰인	white phosphorous	P
붉은인	red phosphorous	P

(2) 다음의 관용명은 허용한다.

(보기)

백반	alum	$K_2SO_4 \cdot Al_2(SO_4)_3 \cdot 24H_2O$
붕사	borax	$Na_2B_4O_7 \cdot 10H_2O$
석회수	lime water	$Ca(OH)_2$ 포화 용액
생석회	quicklime	CaO

석회죽	milk of lime	$Ca(OH)_2$을 물에 녹인 죽
소석회	slaked lime	$Ca(OH)_2$
세탁 소다	washing soda	$Na_2CO_3 \cdot 10H_2O$
실리카	silica	SiO_2
알루미나	alumina	Al_2O_3
인회석	apatite	$Ca_5(PO_4)_3OH$
제빵 가루	baking powder	$NaHCO_3$와 타타르산의 염 혼합물
제빵 소다	baking soda	$NaHCO_3$
하이포	hypo	$Na_2S_2O_3 \cdot 5H_2O$ (싸이오황산 나트륨 오수화물)

5 유기화합물 명명법

1. IUPAC 명명법의 일반 원칙

(1) 화합물에서 특별한 구조의 위치를 표시하기 위해서 사용하는 숫자 또는 문자로 된 위치 번호는 명칭에서 관련된 부분 바로 앞에 쓰고 '–'으로 연결한다. 혼동의 가능성이 없을 경우에는 생략할 수도 있으며, 여러 개의 위치 번호는 쉼표 ','로 구분한다.

(보기) $CH_3CH{=}CHCH_2CH_2CH_3$ 2–헥센 2–hexene

$CH_3CH{=}CH_2$ 프로펜 propene

$ClCH_2CH_2Cl$ 1,2–다이클로로에테인 1,2–dichloroethane

(2) 동일한 원자 또는 원자단이 하나 이상 있을 경우에는 '모노~', '다이~', '트라이~', '테트라~' 등의 수 접두사를 사용한다. 원자나 원자단의 이름이 우리말로 시작되는 경우에는 '일~', '이~', '삼~', '사~' 등의 접두사를 사용한다.

(보기)

```
        CH3
        |
CH3CH2CCH2CH3
        |
        CH3
```

3,3–다이메틸펜테인 3,3–dimethylpentane

(3) 사슬형 화합물에서는 불포화 결합이 가장 많은 사슬, 가장 긴 사슬, 이중결합의 수가 가장 많은 사슬, 주 원자단의 위치 번호가 가장 작은 사슬 등의 순서로 주 사슬을 결정한다.

```
          CH2CH3
          |
(보기) CH3CH2CHCH=CH2
```

3–에틸–1–펜텐 3–ethyl–1–pentene

(4) 사슬이나 고리를 구성하는 원자에 붙이는 위치 번호는 치환기나 특성기의 위치가 가장 작은 번호로 표시되도록 결정한다. 여러 가지 선택이 가능할 경우에는

주 원자단, 다중 결합, 알파벳 순으로 가장 앞에 오는 치환기의 순서로 위치 번호가 가장 작게 되도록 한다.

(보기) $CH_3CH(CH_3)CH_2CH_2CH_3$ 2-메틸펜테인 2-methylpentane

2. 탄화수소의 이름

(1) 사슬형 포화 탄화수소의 이름에는 접미사 '~에인'을 사용한다.

(보기) CH_4		메테인	methane
CH_3CH_3	(C_2H_6)	에테인	ethane
$CH_3CH_2CH_3$	(C_3H_8)	프로페인	propane
$CH_3(CH_2)_2CH_3$	(C_4H_{10})	뷰테인	butane
$CH_3(CH_2)_3CH_3$	(C_5H_{12})	펜테인	pentane
$CH_3(CH_2)_4CH_3$	(C_6H_{14})	헥세인	hexane
$CH_3(CH_2)_5CH_3$	(C_7H_{16})	헵테인	heptane
$CH_3(CH_2)_6CH_3$	(C_8H_{18})	옥테인	octane
$CH_3(CH_2)_7CH_3$	(C_9H_{20})	노네인	nonane
$CH_3(CH_2)_8CH_3$	($C_{10}H_{22}$)	데케인	decane

(2) 다음의 관용명은 그대로 사용한다.

(보기)

$CH_3CH(CH_3)CH_3$	아이소뷰테인	isobutane
$CH_3CH(CH_3)CH_2CH_3$	아이소펜테인	isopentane
$CH_3C(CH_3)_2CH_3$	네오펜테인	neopentane

(3) 이중결합을 가진 탄화수소의 이름은 같은 구조의 포화 탄화수소의 이름에서 어미 '~에인'을 '~엔'으로 바꾸어 준다. 관용명을 사용하기도 한다.

(보기) $CH_2=CH_2$	에텐 또는 에틸렌	ethene or ethylene
$CH_3CH=CHCH_2CH_3$	2-펜텐	2-pentene
$CH_2=CHCH=CH_2$	1,3-뷰타다이엔	1,3-butadiene

(4) 삼중결합을 가진 탄화수소의 이름은 같은 구조의 포화 탄화수소의 이름에서 어미 '~에인'을 '~아인'으로 바꾸어 준다. 관용명을 사용하기도 한다.

(보기) $CH\equiv CH$ 에타인 또는 아세틸렌 ethyne or acetylene

$CH_3CH_2C \equiv CCH_3$　　2–펜타인　　2–pentyne

(5) 고리형 탄화수소의 경우에는 같은 수의 탄소 원자를 가진 사슬형 탄화수소의 이름에 접두사 '사이클로~'를 붙여서 나타낸다.

(보기)

구조식		이름	
H_2C–CH_2 (–CH_2–)	또는 (구조식)	사이클로프로페인	cyclopropane
H_2C–CH_2–CH_2–CH_2–CH_2–CH_2 (고리)	또는 (구조식)	사이클로헥세인	cyclohexane
H_2C–CH_2–CH=CH–CH_2–CH_2 (고리)	또는 (구조식)	사이클로헥센	cyclohexene

(6) 방향족 탄화수소의 경우에는 관용명을 허용한다.

(보기)

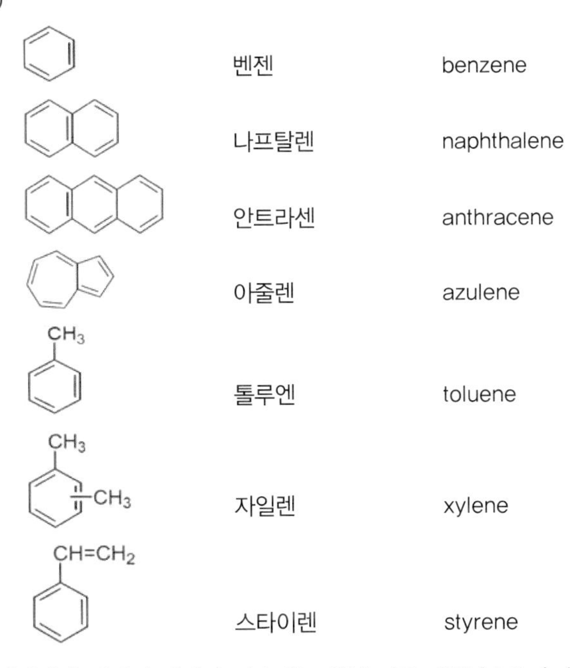

(7) 2개의 치환기가 결합된 벤젠의 경우에는 위치 번호 대신 '오쏘–', '메타–', '파라–' 를 사용할 수 있다.

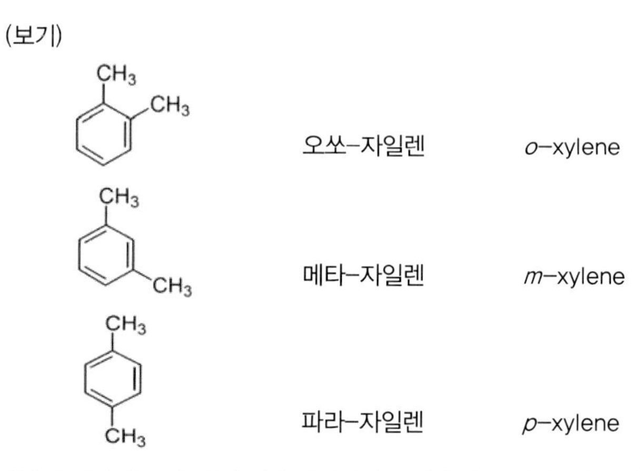

(8) 탄화수소에서 수소가 제거되어 만들어지는 작용기는 어미를 '~일'로 바꾸어 준다. 관용명을 사용하기도 한다.

(보기)		
CH_3-	메틸	methyl
$CH_3CH(CH_3)-$	아이소프로필	isopropyl
$CH_3CH_2CH_2CH_2-$	노말뷰틸	*n*-butyl
$CH_3CH(CH_3)CH_2-$	아이소뷰틸	isobutyl
$CH_3CH_2CH(CH_3)-$	이차-뷰틸	*sec*-butyl
$CH_3C(CH_3)_2-$	삼차-뷰틸	*tert*-butyl
C_6H_5-	페닐	phenyl
$CH_2{=}CH-$	바이닐	vinyl

(9) 고리형 탄화수소에서 탄소 대신 N, O, S 등이 치환된 헤테로고리 화합물의 경우에는 관용명을 허용한다.

(보기)		
(O 고리)	퓨란	furan
(S 고리)	싸이오펜	thiopene

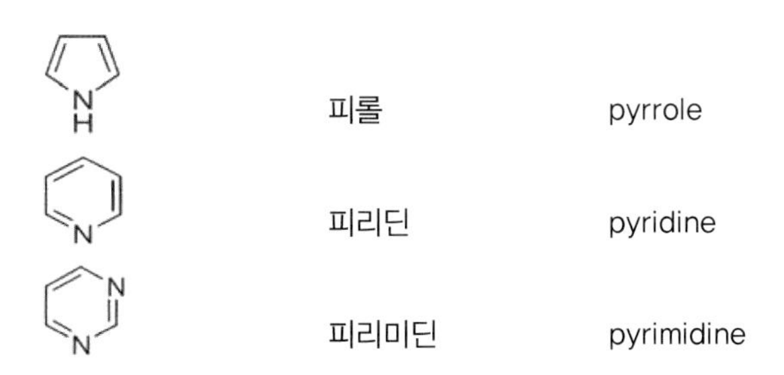

3. 산소를 포함하는 유기화합물의 이름

(1) 알코올과 페놀

① 모체에 접미사 '~올'(-ol)을 붙이고, 하이드록시기가 결합된 탄소의 위치는 위치 번호를 이용해서 표시한다.

(보기)

CH_3OH	메탄올	methanol
CH_3CH_2OH	에탄올	ethanol
$CH_3CH(OH)CH_3$	2-프로판올	2-propanol

② 모체의 이름에서 유도되는 작용기의 이름에 '알코올'을 붙이기도 한다.

(보기)

CH_3OH	메틸 알코올	methyl alcohol
$CH_3CH_2CH_2CH_2CH_2CH_2OH$	헥실 알코올	hexyl alcohol

③ 다음과 같은 관용명을 사용하기도 한다.

(보기)

$CH_2(OH)-CH_2(OH)$	에틸렌 글리콜	ethylene glycol
$CH_2(OH)-CH(OH)-CH_2(OH)$	글리세롤 또는 글리세린	glycerol or glycerin
$HOCH_2CH(OH)-CH(OH)-CH(OH)CH_2OH$	자일리톨	xylithol
C_6H_5-OH	페놀	phenol
$HO-C_6H_4-OH$	하이드로퀴논	hydroquinone
$CH_3-C_6H_4-OH$	크레솔	cresol

④ 알코올 또는 페놀에서 유도된 음이온은 '~올산 음이온'으로 표시한다.

(보기)

CH_3ONa	메탄올산 나트륨	sodium methanolate

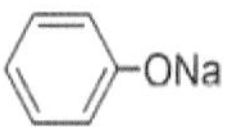

ONa　페놀산 나트륨　sodium phenolate

(2) 에테르[3)]

두 알킬기를 IUPAC 이름의 알파벳 순으로 나열한 후에 '에테르'를 붙인다.

(보기) $CH_3CH_2OCH_3$　에틸 메틸 에테르　ethyl methyl ether

$CH_3CH_2OCH_2CH_3$　다이에틸 에테르　diethyl ether

(3) 알데하이드

① 모체의 이름에 접미사 '~알'을 붙이거나, 관용명에 '~알데하이드'를 붙여서 나타낸다.

(보기) HCHO　메탄알 또는 폼알데하이드　methanal or formaldehyde

CH_3CHO　에탄알 또는 아세트알데하이드 ethanal or acetaldehyde

CH_3CH_2CHO　프로판알　propanal

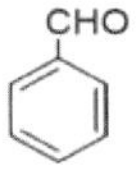

CHO　벤즈알데하이드　benzaldehyde

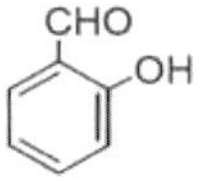

CHO, OH　살리실알데하이드　salicyladehyde

(4) 케톤

① 모체의 이름에 접미사 '~온'을 붙여서 표기한다.

(보기) $CH_3\overset{O}{\overset{\|}{C}}CH_3$　2-프로판온 또는 아세톤　2-propanone or acetone

$CH_3\overset{O}{\overset{\|}{C}}CH_2CH_3$　2-뷰탄온　2-butanone

② 두 알킬기의 이름을 IUPAC 이름의 알파벳 순으로 나열한 후에 '케톤'을 붙여서 나타낸다.

(보기) $CH_3\overset{O}{\overset{\|}{C}}CH_3$　다이메틸 케톤　dimethyl ketone

$CH_3\overset{O}{\overset{\|}{C}}CH_2CH_3$　에틸 메틸 케톤　ethyl methyl ketone

---

3) 대한화학회에서는 '이더'와 '이써'는 국제적으로 통용되는 발음과 정확하게 일치하지도 않고, 국어 표기에 어울리지 않아서 불가피하게 독일어 발음에 가까운 '에터'를 선택하였지만, 이미 정착되어 널리 사용되고 있다는 점에서 기존의 '에테르'를 사용하기로 하였다.

③ 다음과 같은 관용명을 사용하기도 한다.

(보기)	$\overset{O}{\overset{\|}{C}}-CH_3$ (벤젠 고리 결합)	아세토페논	acetophenone
	$\overset{O}{\overset{\|}{C}}$ (양쪽에 벤젠 고리 결합)	벤조페논	benzophenone

(5) 카복실산

① 탄화수소의 이름에 어미 '~산'을 붙여서 나타낸다. 단, IUPAC 이름의 조어 규칙 때문에 어미의 '~e'가 생략되어 '~an'이 된 경우에는 '~안산'으로 나타낸다. 포화탄화수소에서 유도된 산의 경우에는 어미를 '~탄'으로 바꾼 후에 '~산'을 붙인다.

(보기)	$HCOOH$	메탄산	methanoic acid
	CH_3COOH	에탄산	ethanoic acid
	CH_3CH_2COOH	프로판산	propanoic acid
	$HOOCCH_2COOH$	프로페인이산	propanedioic acid

② 다음과 같은 관용명을 사용하기도 한다.

(보기)	$HCOOH$	폼산	formic acid
	CH_3COOH	아세트산	acetic acid
	$HOOC\overset{OH}{\overset{\|}{C}}HCH_2COOH$	말산	malic acid
	$HOOC\overset{OH}{\overset{\|}{C}}H\overset{OH}{\overset{\|}{C}}HCOOH$	타타르산	tartaric acid
	$CH_3(CH_2)_3COOH$	발레르산	valeric acid
	$CH_3(CH_2)_{14}COOH$	팔미트산	palmitic acid
	$CH_3(CH_2)_{16}COOH$	스테아르산	stearic acid
	$CH_3\overset{OH}{\overset{\|}{C}}HCOOH$	젖산	lactic acid
	$HOOCCOOH$	옥살산	oxalic acid
	$HOOCCH_2COOH$	말론산	malonic acid
	$HOOC(CH_2)_2COOH$	석신산	succinic acid
	$HOOC(CH_2)_3COOH$	글루타르산	glutaric acid
	$HOOC(CH_2)_4COOH$	아디프산	adipic acid
	$HOOCCH_2\underset{COOH}{\overset{OH}{C}}CH_2COOH$	시트르산	citric acid

C_6H_5–C(=O)–OH	벤조산	benzoic acid
C_6H_4(OH)–C(=O)–OH	살리실산	salicylic acid

③ 카복실산에서 수소가 제거되어 만들어진 음이온은 '~산 음이온'으로 표기하며, 그 염의 이름은 다음과 같이 붙인다.

(보기)			
(보기)	CH_3COONa	아세트산 나트륨	sodium acetate
	$HCOONa$	폼산 나트륨	sodium formate

④ 카복실산에서 하이드록시기가 제거되어 만들어지는 아실기는 '~오일' 또는 '~카보닐'이라고 표기한다.

(보기)			
(보기)	HC(=O)–	포밀	formyl
	CH_3C(=O)–	아세틸	acetyl
	C_6H_5–C(=O)–	벤조일	benzoyl

⑤ 카복실산의 축합반응으로 만들어진 무수물은 산의 이름 뒤에 '무수물'이라고 표시한다.

(보기) $(CH_3CO)_2O$ 아세트산 무수물 acetic anhydride

⑥ 카복실산의 수소 대신에 아미노기가 치환된 아미노산의 경우에는 관용명을 허용한다.

(보기)			
(보기)	NH_2CH_2COOH	글리신	glycine
	$CH_3CH(NH_2)COOH$	알라닌	alanine
	$CH_3CH(CH_3)–CH(NH_2)COOH$	발린	valine
	$CH_3CH(CH_3)CH_2CH(NH_2)COOH$	루신	leucine
	$CH_3CH_2CH(CH_3)–CH(NH_2)COOH$	아이소루신	isoleucine

$\underset{OH}{CH_2}\cdot\underset{NH_2}{CH}COOH$	세린	serine
$CH_3\underset{OH}{CH}-\underset{NH_2}{CH}COOH$	트레오닌	threonine
$\underset{SH}{CH_2}-\underset{NH_2}{CH}COOH$	시스테인	cysteine
$CH_3SCH_2CH_2\underset{NH_2}{C}HCOOH$	메싸이오닌	methionine
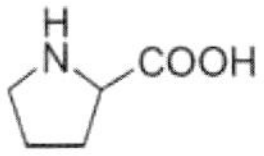 $\overset{H}{N}$ COOH	프롤린	proline
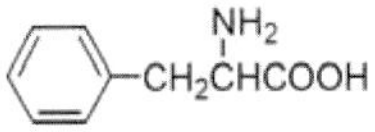 $-CH_2\overset{NH_2}{C}HCOOH$	페닐알라닌	phenylalanine
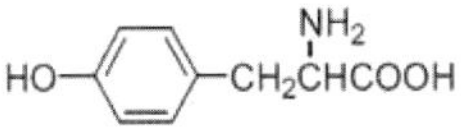 HO– $-CH_2\overset{NH_2}{C}HCOOH$	타이로신	tyrosine
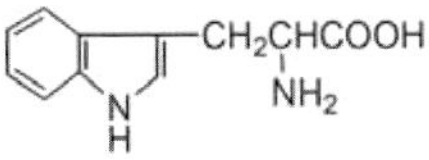 $-CH_2\underset{NH_2}{C}HCOOH$, $\underset{H}{N}$	트립토판	tryptophan
$NH_2\underset{\overset{\|}{O}}{C}CH_2\underset{NH_2}{C}HCOOH$	아스파라진	asparagine
$NH_2\underset{\overset{\|}{O}}{C}CH_2CH_2\underset{NH_2}{C}HCOOH$	글루타민	glutamine
$HO_2C-CH_2\cdot\underset{NH_2}{C}HCO_2H$	아스파트산	aspartic acid
$HOOCCH_2CH_2\underset{NH_2}{C}HCOOH$	글루탐산	glutamic acid
$\underset{NH_2}{CH_2}CH_2CH_2CH_2\underset{NH_2}{C}HCOOH$	라이신	lysine
$NH_2\underset{\overset{\|}{NH}}{C}NHCH_2CH_2CH_2\underset{NH_2}{C}HCOOH$	아르지닌	arginine
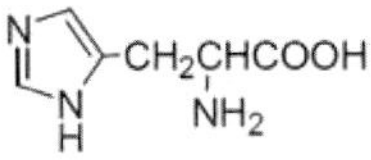 N, $\underset{H}{N}$, $-CH_2\underset{NH_2}{C}HCOOH$	히스티딘	histidine

(6) 에스터

카복실산의 음이온 이름에 알킬기의 이름을 붙여서 표시한다.

(보기) $CH_3COCH_2CH_3$ (C=O on second C) 아세트산 에틸 ethyl acetate

$CH_3CH_2OCCH_2COCH_2CH_3$ (two C=O) 말론산 다이에틸 diethyl malonate

(7) 탄수화물

① 다음과 같은 관용명을 허용한다.

(보기) 과당	fructose
포도당	glucose
엿당	maltose
슈크로스	sucrose
젖당	lactose
마노스	mannose
펜토스	pentose
헥소스	hexose
갈락토스	galactose
셀룰로스	cellulose
글리코젠	glycogen
덱스트린	dextrin
녹말	starch
키틴	chitin

4. 질소를 포함하는 유기화합물의 이름

(1) 아민

① 아민은 모체 화합물의 이름에 접미사 '~아민'을 붙여서 나타낸다.

(보기) $CH_3CH_2NH_2$	에틸아민	ethylamine
$(CH_3CH_2)_2NH$	다이에틸아민	diethylamine
$(CH_3CH_2)_3N$	트라이에틸아민	triethylamine
CH_3CHNH_2 with CH_3 on C2	아이소프로필아민	isopropylamine
CH_3CNH_2 with CH_3 above and CH_3 below	삼차-뷰틸아민	*tert*- butylamine

② 다음과 같은 관용명을 사용하기도 한다.

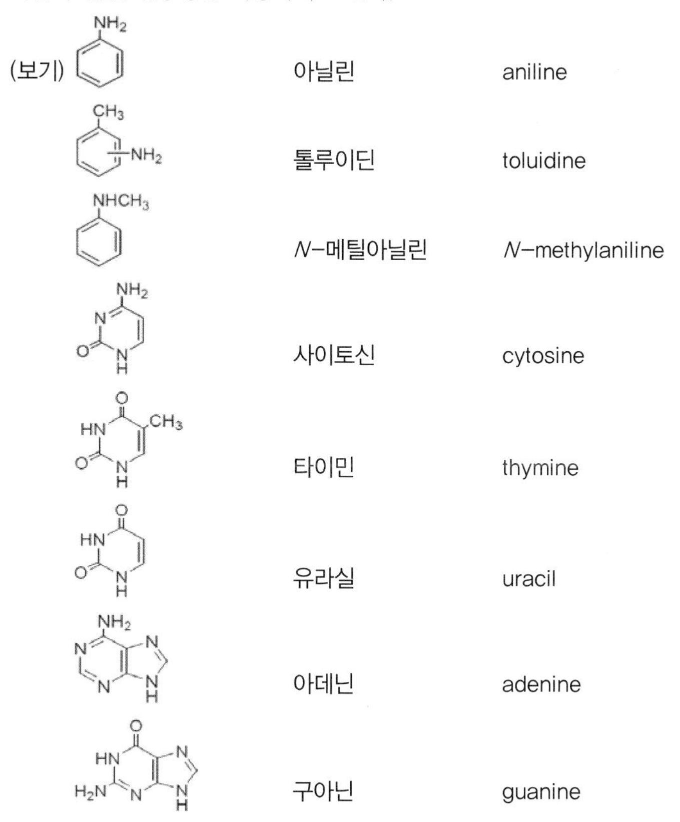

(2) 아마이드

① 아민의 질소 원자에 아실기(RC(=O)–)가 결합된 아마이드는 접미사 '~아마이드'를 붙여서 표기한다. 관용명을 쓰기도 한다.

(보기) $CH_3\overset{O}{\overset{\|}{C}}NH_2$ 에탄아마이드/아세트아마이드 ethanamide/acetamide

$N(\overset{O}{\overset{\|}{C}}CH_3)_3$ 트라이아세트아마이드 triacetamide

(3) 하이드록실아민

① 아민의 질소 원자에 하이드록시기(–OH)가 결합된 하이드록실아민은 접미사 '~하이드록실아민'을 붙여서 표기한다.

(보기) C_6H_5–NHOH 페닐하이드록실아민 phenylhydroxylamine

(4) 나이트릴

① 사이안기(−CN)가 결합된 나이트릴 화합물은 모체의 이름에 '~나이트릴'을 붙여서 표기하거나, 사이안화물로 표기한다. 관용명을 쓰기도 한다.

(보기) CH_3CN 에테인나이트릴 ethanenitrile
사이안화 메틸 methyl cyanide
아세토나이트릴 acetonitrile

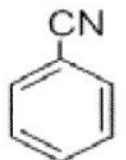

벤조나이트릴 benzonitrile
사이안화 페닐 phenyl cyanide

(5) 나이트로 화합물

① 접두사 '나이트로~'를 붙여서 표기한다.

(보기) CH_3NO_2 나이트로메테인 nitromethane

(6) 아조 화합물

① 모체의 이름에 접두사 '아조~'를 붙여서 표기한다.

(보기) $CH_3N{=}NCH_3$ 아조메테인 azomethane

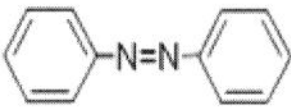

아조벤젠 azobenzene

(7) 하이드라진 화합물

① 하이드라진의 유도체로 이름을 붙인다.

(보기) 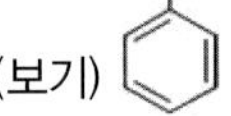

페닐하이드라진 phenylhydrazine

5. 황을 포함하는 유기화합물의 이름

(1) 싸이올

① 접미사 '~싸이올'을 붙여서 나타낸다.

(보기) CH_3CH_2SH 에테인싸이올 ethanethiol

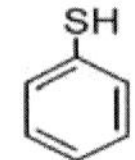

벤젠싸이올 benzenethiol

② 싸이올의 염은 알코올의 염과 마찬가지로 '싸이올산'이라고 나타낸다.

(보기) CH_3CH_2SNa 에테인싸이올산 나트륨 sodium ethanethiolate

(2) 설파이드(황화물)

① '설파이드'를 띄어 쓰거나, 접두사 '싸이오~'를 붙여서 표기한다.

(보기) $CH_3CH_2SCH_2CH_3$	다이에틸 설파이드	diethyl sulfide
$CH_3SCH_2CH_3$	(메틸싸이오)에테인	(methylthio)ethane

6. 할로젠을 포함하는 유기화합물의 이름

(1) 할로젠 치환기의 이름을 붙여서 표기한다.

(보기) CH_3F	플루오로메테인	fluoromethane
CH_3Cl	클로로메테인	chloromethane
CH_3Br	브로모메테인	bromomethane
CH_3I	아이오도메테인	iodomethane
CHF_3	트라이플로오로메테인	trifluoromethane
$CHCl_3$	트라이클로로메테인	trichloromethane

(2) 다음의 관용명은 그대로 사용한다.

(보기) CH_2Cl_2	염화 메틸렌	methylene chloride
CHF_3	플루오로폼	fluoroform
$CHCl_3$	클로로폼	chloroform
$CHBr_3$	브로모폼	bromoform
CHI_3	아이오도폼	iodoform
CCl_4	사염화 탄소	carbon tetrachloride
$CH_2=CHCl$	염화 바이닐	vinyl chloride
$COCl_2$	포스젠	phosgene
$CSCl_2$	싸이오포스젠	thiophosgene

7. 고분자의 이름

(1) 단량체의 이름 앞에 접두사 '폴리~'를 붙여서 표기한다. 단량체의 이름이 두 단어 이상일 경우에는 소괄호로 묶어준다.

(보기) $-\!\!(CH_2CH_2)\!\!-_n$	폴리에틸렌	polyethylene
$-\!\!(CH_2CH(CH_3))\!\!-_n$	폴리프로필렌	polypropylene
$-\!\!(CH_2CH(Cl))\!\!-_n$	폴리(염화 바이닐)	poly(vinyl chloride)
$-\!\!(CH_2CH(CN))\!\!-_n$	폴리아크릴로나이트릴	polyacrylonitrile

$-\!\!(CH_2CH)_n\!-$ (benzene ring attached to CH)　　폴리스타이렌　　polystyrene

(2) 천연 고분자의 경우에는 관용명을 허용한다.

(보기)	녹말	starch
	셀룰로오스	cellulose
	키틴	chitin
	단백질	protein
	지방(질)	lipid
	케라틴	keratin
	핵산	nucleic acid

(3) 합성 고분자의 관용명도 허용한다.

(보기)	나일론	nylon
	멜라민	melamine
	바이닐론	vinylon
	아크릴	acryl
	테플론	teflon

8. 기타 관용명

(1) 다음의 관용명은 그대로 사용한다.

(보기)	알리자린 옐로	alizarin yellow
	티몰프탈레인	thymolphthalein
	티몰 블루	thymol blue
	페놀프탈레인	phenolphthalein
	페놀 레드	phenol red
	메틸 오렌지	methyl orange
	메틸 바이올렛	methyl violet
	브로모티몰 블루	bromothymol blue
	브로모크레솔 그린	bromocresol green
	브로모페놀 블루	bromophenol blue
	인디고 카민	indigo carmine
	니코틴	nicotine
	다이옥신	dioxin
	모르핀	morphin
	아이오딘 팅크처	iodine tincture

안토사이아닌	anthocyanine
요소	urea
잔토필	xanthophyll
카로텐	carotene
카페인	caffeine
캡사이신	capsaicin
클로로플루오로탄소(CFC)	chlorofluorocarbon
퀴닌	quinine
타닌	tannin
파라핀	paraffin

V. 참고 자료

- (사)한국식품과학회
  식품과학용어집 (1983)
  식품과학용어집(증보판), 대광서림 (1994)
  식품과학기술대사전, 광일문화사 (2003)
  식품과학용어사전, 광일문화사 (2006)
  식품과학사전, (주)교문사 (2012)
- 대한의사협회 : 의학용어집 (제5판), 도서출판 아카데미아 (2009)
- 대한화학회 : 유기화합물 명명법 I, II, 청문각 (2000)
- 식품의약품안전처 : 식품첨가물공전(2013년 12월 16일 기준)
- 식품의약품안전처 : 식품공전(2011년 기준)
- 식품의약품안전처 : 건강기능식품의 기준 및 규격(2014년 기준)
- 영양학, 임상영양학, 급식관리, 조리원리, 식품화학, 식품가공학, 식품저장학 따위에 관한 대학 교재
- 윤창호 : 한국 어류 검색 도감, 아카데미서적 (2002)
- 이영로 : 한국식물도감(I. II), (주)교학사 (2006)
- 이우철 : 한국식물명의 유래, 일조각 (2005)
- 전라북도축산진흥연구소 : 알기 쉬운 식육 도감, 휴먼 21 (2006)
- 조덕현 : 한국의 식용, 독버섯 도감, 일진사 (2009)
- 한국과학기술한림원 : 핵심과학기술용어집, 진명인쇄공사 (2005)
- 한국동물자원과학회 : 축산용어사전 (제2판), 한림원 (2011)
- 한국생물과학협회 : 생물학용어집 (제2판), (주)아카데미서적 (2005)

- 한국원예학회 : 원예학 용어 및 작물명집, 도서출판 한림원 (2003)
- 한국조리과학회 : 식품조리과학용어사전, (주)교문사 (2007)
- 한국화학공학회 : 화학공학술어집 (제3판), 청문각 (2001)
- 한국해양학회 : 해양과학용어사전, (주)아카데미서적 (2005)
- 황금택(역) : 세계의 식용 식물, 도서출판 신일북스 (2010)
- Davis Joachim and Andrew Schloss : The Science of Good Food, Robert Ross Inc., Toronto, Ontario, Canada (2008)
- International Food Information Service : Dictionary of Food Science and Technology (2nd ed.), Wiley-Blackwell (2009)

Ⅵ. 용어 검토자

- 관능분야 : 구경형 박사(관능검사분과위원회 위원장, 한국식품연구원)
- 기능식품분야 : 김정상 교수(기능식품분과위원회 위원장, 경북대학교 생명식품공학과)
- 수산분야 : 이남혁 박사(수산물분과위원회 위원장, 한국식품연구원)
- 식품위생분야 : 권훈정 교수(서울대학교 식품영양학과)
  오상석 교수(이화여자대학교 공과대학)
- 급식분야 : 양일선 교수(연세대학교 식품영양학과)
- 영양학 분야 : 민혜선 교수(한국영양학회 회장, 한남대학교 식품영양학과)
- 한국음식용어 : 한국식생활문화학회 임원
  이영은 교수(한국식생활문화학회 회장, 원광대학교 식품영양학과)
  이효지 한양대학교 명예교수
  정해정 교수(대진대학교 식품영양학과)
  조미숙 교수(이화여자대학교 식품영양학과)
- 일반 의견
  김주성 박사(한국식품연구원 선임연구원)
  오원택 푸드원텍(주) 대표
  이지현 교수(부산대학교 식품영양학과)

식품과학용어위원회 위원

연 도	위원장	위 원
1979.8~1981.7	이서래	변유량, 신효선, 이계호, 이일하, 이준식
1981.8~1983.7	이서래	김성곤, 변유량, 송계원, 이계호, 이응호, 이일하, 이준식
1984.3.11~1986.12.31	이서래	김성곤, 김영배, 김우정, 신동호, 이준식
1987~1988	이서래	경규항, 고영태, 김성곤, 김영배, 김우정, 박관화
1989~1990	손태화	경규항, 고영태, 김광수. 김성곤, 김영배, 박관화, 심기환, 이종욱
1991~1992	정동효	김광옥, 변유량, 양 융, 이강호, 윤서식, 장지현, 조재선, 하덕모
1993~1994	정동효	김광옥, 변유량, 양 융, 이강호, 윤서식, 장지현, 조재선, 하덕모
1995~1996	조재선	김영명, 김영배, 김철재, 이종미, 장지현, 전재근
1997~1998	이종욱	곽해수, 김영명, 김영배, 원경풍, 이민철, 이종미, 지의상
1999~2000	변유량	고경희, 곽해수, 김병용, 김성곤, 문태화, 박현진, 장학길, 한대석
2001~2002	변유량	고경희, 곽해수, 김병용, 김성곤, 문태화, 박현진, 장학길, 한대석
2003~2004	김성곤	권영안, 고경희, 고봉경, 김광훈, 박종현, 이영은, 홍성희
2005~2006	김성곤	김석신, 손동화, 유병승, 이애랑, 이영택, 이 호, 최은옥, 경규항, 박종현, 이인형, 이재환, 정수현
2007~2008	김성곤	경규항, 고봉경, 박종현, 이인형, 이애랑, 이재환, 이 호, 정수현, 최은옥
2009~2010	김성곤	경규항, 고봉경, 이애랑, 최은옥
2011~2013	김성곤	경규항, 신성균, 정동효, 최은옥
2014	김성곤	경규항, 김대중, 신성균, 정동효, 최은옥

ㄱ

가공(加工) processing
가공고기 processed meat
가공기기(加工機器) processing equipment
가공라인 processing line
가공버터 processed butter
가공보조제(加工補助劑) processing aid
가공소금 processed salt
가공식초(加工食醋) processed vinegar
가공식품(加工食品) processed food
가공우유(加工牛乳) processed milk
가공우유크림 processed milk cream
가공유지(加工油脂) processed fat and oil
가공적성(加工適性) processing suitability
가공치즈 processed cheese
가금(家禽) poultry
가금가슴 poultry breast
가금고기 poultry meat
가금내장(家禽內臟) giblet
가금산업(家禽産業) poultry industry
가금소시지 poultry sausage
가금지방(家禽脂肪) poultry fat
가금학(家禽學) poultry science
가나슈 ganache
가는납작벌레과 Silvanidae
가는납작벌레속 *Oryzaephilus*
가는살갈퀴 common vetch, *Vicia angustifolia* L. 콩과
가는살갈퀴씨앗 vetch seed
가는필라멘트 thin filament
가니시 garnish
가다랑어 skipjack tuna, *Katsuwonus pelamis* (Linnaeus, 1758) 고등엇과
가다랑어기름담금통조림 canned skipjack tuna in oil
가다랑어통조림 canned skipjack tuna
가당농축버터밀크 sweetened condensed butter milk
가당농축알 sweetened condensed egg
가당농축크림 sweetened condensed cream
가당농축유청(加糖濃縮乳淸) sweetened condensed whey
가당분유(加糖粉乳) sweetened milk powder
가당알 sweetened egg
가당연유(加糖煉乳) sweetened condensed milk
가당전지연유(加糖全脂煉乳) sweetened condensed whole milk
가당탈지연유(加糖脫脂煉乳) sweetened condensed skim milk
가동률(稼動率) operation rate
가두리양식 cage culture
가래 sputum
가래나무 Manchurian walnut, *Juglans mandshurica* Maxim. 가래나뭇과
가래나무목 Juglandales
가래나무속 *Juglans*
가래나뭇과 Juglandaceae
가래떡 garaetteok
가로단면 cross section
가로막 diaphragm
가로무늬근육 striated muscle
가로잘록창자 transverse colon
가루 flour
가루같은 mealy
가루기 mealiness
가루된장 powdered doenjang
가루바이타민에이 dry formed vitamin A
가루배지 dehydrated medium
가루설탕 powdered sugar
가루셀룰로스 powdered cellulose
가루수프 powdered soup
가루식품 powdered food
가루진드깃과 Acaridae
가루차 powdered tea
가루포도당 powdered glucose
가르시니아캄보지아 garcinia cambogia, *Garcinia gummi-gutta* (L.) Roxb. (= *Garcinia cambogia* (Gaertn.) Desr.) 물레나물과
가르시니아캄보지아추출물 garcinia cambogia extract
가리 gari
가리맛조개 constricted tagelus, *Sinonovacula constricta* (Lamarck, 1818) 작두콩가리맛조개과

가리비 scallop
가리빗과 Pectinidae
가마보코 kamaboko
가맹계약자(加盟契約者) franchisee
가맹사업자(加盟事業者) franchiser
가무락조개 Chinese cyclina, *Cyclina sinensis* (Gmelin, 1791) 백합과
가물치 northern snakehead, *Channa argus* (Cantor, 1842) 가물칫과
가물칫과 Channidae
가뭄피해 drought damage
가밀봉(假密封) clinching
가밀봉기(假密封機) clincher
가바 GABA
가벼운사슬 light chain
가벼운캔 light can
가벼운팽창 soft swell
가색혼합(加色混合) additive color synthesis
가설(假說) hypothesis
가설검정(假說檢定) hypothesis test
가성결핵세균(假性結核細菌) *Yersinia pseudotuberculosis*
가성당뇨병(假性糖尿病) diabetes decipiens
가성소다 caustic soda, sodium hydroxide
가성소다용액 sodium hydroxide solution
가세리신 gassericin
가소올 gasohol
가소제(可塑劑) plasticizer
가소화(可塑化) plasticization
가속냉동건조(加速冷凍乾燥) accelerated freeze drying
가속도(加速度) acceleration
가속질량분석기(加速質量分析器) accelerator mass spectrometer
가수분해(加水分解) hydrolysis
가수분해반응(加水分解反應) hydrolysis reaction
가수분해산물(加水分解産物) hydrolysate
가수분해효소(加水分解酵素) hydrolase
가스 gas
가스감지기 gas sensor
가스고체크로마토그래피 gas-solid chromatography
가스교환 gas exchange
가스도축 gas slaughter
가스레인지 gas range
가스발생능력 gas production capacity
가스밥솥 gas rice cooker
가스배출구 gas outlet
가스버너 gas burner
가스보유능력 gas retention capacity
가스부피측정기 gas volume tester
가스빼기 punching
가스살균 gas sterilization
가스생성세균 gas-producing bacterium
가스손상 gas injury
가스액체크로마토그래피 gas-liquid chromatography, GLC
가스오븐 gas oven
가스조성 gas composition
가스차단성 gas barrier property
가스충전살충 disinfestation with controlled atmosphere
가스충전포장 modified atmosphere packaging
가스충전포장저장 modified atmosphere package storage
가스치환제 gas exchange agent
가스치환포장 gas exchange packaging
가스치환포장기 gas exchange packaging machine
가스크로마토그래프 gas chromatograph
가스크로마토그래피 gas chromatography, GC
가스트린 gastrin
가슴 chest
가슴림프관 thoracic duct
가슴막 pleura
가슴막염 pleurisy
가슴샘 thymus
가슴샘염 thymitis
가슴안 thoracic cavity
가슴통증 chest pain
가습(加濕) humidification
가습기(加濕器) humidifier
가시광선(可視光線) visible ray
가시광역(可視光域) visible light spectrum
가시굴 kegaki oyster, *Saccostrea kegaki* (Torigoe & Inaba, 1981) 굴과
가시꼬막 spiny cockle, *Acanthocardia*

aculeata, Linnaeus, 1758 새조갯과

가시발새우 red-banded lobster, *Metanephrops thomsoni* (Bate, 1888) 가시발새웃과

가시발새웃과 Nephropidae

가시복 longspined porcupinefish, *Diodon holocanthus* (Linnaeus, 1758) 가시복과

가시배 prickly pear, cactus pear, Indian fig, *Opuntia ficus-indica* (L.) Mill. 선인장과

가시복과 Diodontidae

가시복사(可視輻射) visible radiation

가시선인장과 Echinoptilidae

가시스펙트럼 visible spectrum

가시없는블랙베리 thornless blackberry, *Rubus canadensis* L. 장미과

가시여지 soursop, *Annona muricata* L. 포포나뭇과

가시연꽃 gorgon plant, fox nut, *Euryale ferox* Salisb. 수련과

가시연꽃씨 gorgon plant seed

가시오갈피나무 Siberian ginseng, *Acanthopanax senticosus* (Rupr. & Maxim.) Harms 두릅나뭇과

가시분자결합화(可視分子結合化) *in situ* hybridization

가시지방(可視脂肪) visible fat

가시파래 gasiparae, *Enteromorpha prolifera* (Müller) J. Agardh 갈파랫과

가쓰오부시 katsuobushi

가압거르개 pressure filter

가압거르기 pressure filtration

가압건조(加壓乾燥) pressure drying

가압냉각(加壓冷却) pressure cooling

가압분무(加壓噴霧) pressure spraying

가압조리(加壓調理) pressure cooking

가압해동(加壓解凍) pressure thawing

가얄 gayal, *Bos frontalis* (Lambert, 1804) 솟과

가얄고기 gayal meat

가양주(家釀酒) gayangju

가역과정(可逆過程) reversible process

가역반응(可逆反應) reversible reaction

가역변화(可逆變化) reversible change

가역성(可逆性) reversibility

가역콜로이드 reversible colloid

가역현상(可逆現象) reversible phenomenon

가연성(可燃性) flammability

가연가스 flammable gas

가연물질(可燃物質) flammable material

가열(加熱) heating

가열건조법(加熱乾燥法) heat drying method

가열고기제품 cooked meat product

가열곡선(加熱曲線) heating curve

가열공정(加熱工程) heating process

가열로(加熱爐) heating furnace

가열맨틀 heating mantle

가열박피(加熱剝皮) thermopeeling

가열배기(加熱排氣) heat exhaust

가열배기법(加熱排氣法) heat exhaust method

가열법(加熱法) heating method

가열살균(加熱殺菌) heat sterilization

가열살균기(加熱殺菌機) heat sterilizer

가열살균법(加熱殺菌法) heat sterilization method

가열시험(加熱試驗) heating test

가열유지관(加熱維持管) holding tube

가열이취(加熱異臭) warmed-over flavor, WOF

가열저장(加熱貯藏) heating storage

가열접착(加熱接着) heat seal

가열접착세기 heat seal strength

가열접착기(加熱接着機) heat sealer

가열접착성(加熱接着性) heat sealability

가열중합(加熱重合) heat polymerization

가열치사시간(加熱致死時間) thermal death time, TDT

가열치사시간곡선(加熱致死時間曲線) thermal death time curve

가열향(加熱香) cooked aroma

가염(加鹽) salting

가염가열보수성(加鹽加熱保水性) water holding capacity by salting and heating

가염버터 salted butter

가오리 ray

가온(加溫) warming

가온검사(加溫檢査) incubation test

가온처리(加溫處理) thermization

가온큐어링법 hot curing method

가용고체(可溶固體) soluble solid
가용녹말(可溶綠末) soluble starch
가용단백질(可溶蛋白質) soluble protein
가용라이신 available lysine
가용무질소물(可溶無窒素物) nitrogen free extract
가용성(可用性) availability
가용성(可溶性) soluble
가용식품섬유(可溶食品纖維) soluble dietary fiber
가용에너지 available energy
가용염류(可溶鹽類) soluble salts
가용영양소(可用營養素) available nutrient
가용질소(可溶窒素) soluble nitrogen
가용칼로리 available calorie
가용화(可溶化) solubilization
가우르 gaur, Indian bison, *Bos gaurus* Smith, 1827 솟과
가우스분포 Gaussian distribution
가운데귀 middle ear
가운데귀염 otitis media
가이거-뮐러계수기 Geiger-Müller counter
가이민대구 south Pacific hake, *Merluccius gayi gayi* (Guichenot, 1848) 메를루사과
가자미류 righteye flounders
가자미목 Pleuronectiformes
가자미식해 gajamisikhae
가자밋과 Pleuronectidae
가재 crayfish, *Cambaroides similis* (Koelbel, 1892) 가잿과
가재색소 crayfish color
가잿과 Cambaridae
가정사용검사(家庭使用檢査) home use test
가정식사대용음식(家庭食事代用飮食) home meal replacement, HMR
가정용냉동고 home freezer
가정용밀가루 household flour
가정용시머 home seamer
가정하수(家庭下水) domestic sewage
가젤 gazelle
가젤고기 gazelle meat
가젤라속 *Gazella*
가족(家族) family
가족계획(家族計劃) family planning
가족력(家族歷) family history
가족복지(家族福祉) family welfare
가족복지서비스 family welfare service
가족생활주기(家族生活週期) family life cycle
가종피(假種皮) aril
가죽나무 tree of heaven, *Ailanthus altissima* (Mill.) Swingle 소태나뭇과
가중값 weight
가중평균(加重平均) weighted mean
가지 aubergine, eggplant, *Solanum melongena* L. 가짓과
가지곰팡이속 *Thamnidium*
가지달린둥근바닥플라스크 round bottom flask with side arm
가지달린삼각플라스크 Erlenmeyer flask with side arm
가지달린시험관 test tube with side arm
가지달린플라스크 flask with side arm
가지돌기 dendrite
가지속 *Solanum*
가짓과 Solanaceae
가청주파수(可聽周波數) audio frequency
가축(家畜) domestic animal
가축전염병(家畜傳染病) contagious animal disease
가축전염병예방법(家畜傳染病豫防法) Act on the Prevention of Contagious Animal Diseases
가축분뇨(家畜糞尿) animal wastes
가티검 gum ghatti
가향곡주(加香穀酒) gahyanggokju
각(角) angle
각가속도(角加速度) angular acceleration
각기병(脚氣病) beriberi
각막(角膜) cornea
각막연화증(角膜軟化症) keratomalacia
각막염(角膜炎) keratitis
각설탕(角雪糖) cube sugar
각속도(角速度) angular velocity
각시마 thinstiped yam, *Dioscorea tenuipes* Franch. & Sav. 맛과
각시흰새우 Siberian prawn, *Exopalaemon modestus* (Heller) 징거미새웃과
각지방(角脂肪) cube fat

각질(角質) horny
각질층(角質層) horny layer
각질화(角質化) keratinization
각피(角皮) cuticle
각홀씨 conchospore
각화종(角化腫) keratoma
간(肝) liver
간경화(肝硬化) liver cirrhosis, LC
간극(間隙) clearance
간독성(肝毒性) hepatotoxicity
간독소(肝毒素) hepatotoxin
간모세선충(肝毛細線蟲) hepatic capillary worm, *Capillaria hepatica* (Bancroft, 1893) 모세선충과
간문(肝門) porta hepatis
간문맥(肝門脈) hepatic portal vein
간보호효과(肝保護效果) hepatoprotective effect
간비대(肝肥大) hepatomegaly
간섭(干涉) interference
간성복수(肝性腹水) hepatic ascites
간성악취(肝性惡臭) fetor hepaticus
간성혼수(肝性昏睡) hepatic coma
간세포(肝細胞) hepatocyte
간소시지 liver sausage
간소엽(肝小葉) hepatic lobule
간수 bittern
간암(肝癌) hepatoma
간염(肝炎) hepatitis
간염바이러스 hepatitis virus
간유(肝油) liver oil
간이고지발효기 simple koji fermentor
간이굴절계(簡易屈折計) hand refractometer
간이열량계(簡易熱量計) simple calorimeter
간장 soy sauce
간장 ganjang
간장(肝腸) liver and intestine
간장게장 ganjanggejang
간장고지 soy sauce koji
간장덧 soy sauce mash
간장박 soy sauce cake
간접가열(間接加熱) indirect heating
간접가열법(間接加熱法) indirect heating method
간접감염(間接感染) indirect infection
간접냉동(間接冷凍) indirect freezing
간접비(間接費) indirect cost
간접스팀가열시스템 indirect steam heating system
간접압출(間接押出) indirect extrusion
간접열교환기(間接熱交換機) indirect heat exchanger
간접접촉냉동(間接接觸冷凍) indirect contact freezing
간접흡연(間接吸煙) passive smoking
간정맥(肝靜脈) hepatic vein
간지 kanji
간질(肝蛭) cattle liver fluke, sheep liver fluke, *Fasciola hepatica* Linnaeus, 1758 간질과
간질과(肝蛭科) Fasciolidae
간질속(肝蛭屬) *Fasciola*
간질환(肝疾患) liver disease
간척(干拓) reclamation
간척지(干拓地) reclaimed field
간페이스트 liver paste
간헐가온(間歇加溫) intermittent warming
간헐살균(間歇殺菌) intermittent sterilization
간흡충(肝吸蟲) Chinese liver fluke, *Clonorchis sinensis* (Looss, 1907) 후고흡충과
갈갈 galgal
갈고등어 amberstripe scad, *Decapterus muroadsi* (Temminck & Schlegel, 1844) 전갱잇과
갈고리 hook
갈근(葛根) Puerariae radix
갈근차(葛根茶) Puerariae radix tea
갈대 common reed, *Phragmites australis* (Cav.) Trin. ex Steudel 벗과
갈돔과 Lethrinidae
갈락타르산 galactaric acid
갈락탄 galactan
갈락탄가수분해효소 galactanase
갈락테이스 galactase
갈락토마난 galactomannan
갈락토사민 galactosamine
갈락토사이드 galactoside
갈락토세레브로사이드 galactocerebroside

갈락토스 galactose
갈락토스인산 galactose phosphate
갈락토스-1-인산 galactose-1-phosphate
갈락토스뇨 galactosuria
갈락토스오페론 galactose operon
갈락토스인산화효소 galactokinase
갈락토스혈증 galactosemia
갈락토시데이스 galactosidase
갈락토실글루콘산 galactosylgluconic acid
갈락토실글리세롤 galactosyl glycerol
갈락토실기전달효소 galactosyltransferase
갈락토올리고당 galactooligosaccharide
갈락토지방질 galactolipid
갈락투론산 galacturonic acid
갈락티톨 galactitol
갈랑갈 galangal
갈래곰보 seaweed papulosa, *Meristotheca papulosa* (Montagne) J. Agardh 솔리에리아과
갈래꽃 choripetalous flower
갈래꽃아강 Archichlamiidae
갈레이트 gallate
갈로잔틴 galloxanthin
갈로카테킨갈레이트 gallocatechin gallate
갈로타닌 gallotannin
갈매기살 thin skirt
갈매나무목 Rhamnales
갈매나뭇과 Rhamnaceae
갈매보리수나무 common sea buckthorn, *Hippophae rhamnoides* L. 보리수나뭇과
갈매보리수나무기름 sea buckthorn oil
갈변(褐變) browning
갈변반응(褐變反應) browning reaction
갈변억제제(褐變抑制劑) browning inhibitor
갈변화제(褐變化劑) browning agent
갈분(葛粉) kudzu flour
갈분개떡 galbungaetteok
갈비 rib
갈비구이 galbigui
갈비뼈 rib
갈비사이근육 intercostal muscle
갈비살 finger meat, rib finger
갈비찜 galbijjim
갈비탕 galbitang
갈산 gallic acid
갈산아이소아밀 isoamyl gallate
갈산프로필 propyl gallate, PG
갈색거저리 mealworm beetle, *Tenebrio molitor* Linnaeus, 1758 거저릿과
갈색거저리애벌레 mealworm
갈색근육(褐色筋肉) dark muscle
갈색근육물고기 dark muscle fish
갈색달걀 brown egg
갈색보로니아 brown boronia, *Boronia megastigma* Nees 운향과
갈색부식(褐色腐蝕) brown rot
갈색부식진균(褐色腐蝕眞菌) brown rot fungus
갈색설탕(褐色雪糖) brown sugar
갈색속썩음병 brown heart
갈색어분(褐色魚粉) brown fish meal
갈색지방(褐色脂肪) brown fat
갈색지방조직(褐色脂肪組織) brown adipose tissue
갈색털뿔나팔버섯 yellow foot, *Craterellus lutescens* (Fr.) Fr. 꾀꼬리버섯과
갈수 galsu
갈오페론 gal operon
갈조(褐潮) brown tide
갈조강(褐藻綱) Phaeophyceae
갈조류(褐藻類) brown algae
갈조류글리코사미노글리칸 glycosaminoglycan in brown algae
갈조식물문(褐藻植物門) Phaeophyta
갈증(渴症) thirst
갈참나무 oriental white oak, *Quercus aliena* Blume 콩과
갈치 largehead hairtail, *Trichiurus lepturus* (Linnaeus, 1758) 갈칫과
갈칫과 Trichiuridae
갈퀴나물 galquinamul, *Vicia amoena* Fisch. ex DC. 콩과
갈퀴덩굴 false cleavers, *Galium spurium* var. *echinospermon* (Wallr.) Hayek 꼭두서닛과
갈퀴덩굴속 *Galium*
갈파래강 Ulvophyceae
갈파래목 Ulvales
갈파래속 *Ulva*
갈파랫과 Ulvaceae

감 persimmon
감각(感覺) sense
감각기관(感覺器官) sensory organ
감각상실(感覺喪失) sensory loss
감각상피(感覺上皮) sensory epithelium
감각세포(感覺細胞) sensory cell
감각신경(感覺神經) sensory nerve
감각신경세포(感覺神經細胞) sensory neuron
감각유두(感覺乳頭) sensory papilla
감각응답(感覺應答) sensory response
감각이상(感覺異常) paresthesia
감각장애(感覺障碍) sensory disorder
감각저하(感覺低下) hypesthesia
감각적응(感覺適應) sensory adaptation
감각중추(感覺中樞) sensorium
감광(感光) photosensitization
감광성(感光性) photosensitivity
감광산화(感光酸化) photosensitized oxidation
감광수지(感光樹脂) photosensitive resin
감광제(感光劑) photosensitizer
감국(甘菊) Indian chrysanthemum, *Chrysanthemum indicum* L. 국화과
감귤(柑橘) citrus
감귤껍질 citrus peel
감귤당밀(柑橘糖蜜) citrus molasses
감귤류(柑橘類) citrus fruits
감귤방향유(柑橘芳香油) citrus essential oil
감귤술 citrus wine
감귤음료(柑橘飮料) citrus beverage
감귤주스 citrus juice
감귤펙틴 citrus pectin
감귤플라보노이드 citrus flavonoid
감귤향미(柑橘香味) citrus flavor
감극(減極) depolarization
감극작용(減極作用) depolarization
감극제(減極劑) depolarizer
감나무 Asian persimmon, *Diospyros kaki* Thunb. 감나뭇과
감나무목 Ebenales
감나무속 *Diospyros*
감나무아목 Ebenaneae
감나뭇과 Ebenaceae
감도(感度) sensitivity
감도계수(感度係數) sensitivity coefficient
감도문턱값 sensitivity threshold
감도시험(感度試驗) sensitivity test
감람과(橄欖科) Bruseraceae
감량(感量) reciprocal sensitivity
감로(甘露) honeydew
감로꿀 honeydew honey
감로멜론 honeydew melon
감로수(甘露水) gamrosu
감로주(甘露酒) gamroju
감률건조기간(減率乾燥期間) falling rate drying period
감마글로불린 γ-globulin
감마글루탐일가수분해효소 γ-glutamyl hydrolase
감마글루탐일전달효소 γ-glutamyl transferase
감마노나락톤 γ-nonalactone
감마데카락톤 γ-decalactone
감마락톤 γ-lactone
감마리놀렌산 γ-linolenic acid
감마리놀렌산함유유지 γ-linolenic acid containing fat and oil
감마선 γ-ray
감마선량측정 γ-ray dosimetry
감마선방출 γ-ray emission
감마선복사 γ-radiation
감마선소독 disinfection by γ-irradiation
감마선조사 γ-irradiation
감마선조사고기 γ-irradiated meat
감마셀룰로스 γ-cellulose
감마아미노뷰티르산 γ-aminobutyric acid, GABA
감마아미노뷰티르산차 γ-aminobutyric acid tea
감마오리자놀 γ-oryzanol
감마운데카락톤 γ-undecalactone
감마카세인 γ-casein
감미도(甘味度) sweetness
감미료(甘味料) sweetener
감비에르디스쿠스 톡시쿠스 *Gambierdiscus toxicus*
감색소 persimmon color
감성돔 black porgy, black sea bream, *Acanthopagrus schlegeli* (Bleeker, 1854) 도밋과

감송향(甘松香) gamsonghyang, *Nardostachys chinensis* Batal 마타릿과
감송향(甘松香) Nardostachytis rhizoma
감쇠(減衰) attenuation
감쇠계수(減衰係數) attenuation coefficient
감쇠조절인자(減衰調節因子) attenuator
감수성(感受性) susceptibility
감식(減食) reduced diet
감식요법(減食療法) reduced diet therapy
감식초 persimmon vinegar
감압(減壓) reduced pressure
감압가열(減壓加熱) heating under reduced pressure
감압거르개 vacuum filter
감압거르기 vacuum filtration
감압건조(減壓乾燥) vacuum drying
감압건조기(減壓乾燥機) vacuum dryer
감압건조법(減壓乾燥法) vacuum drying method
감압냉각(減壓冷却) vacuum cooling
감압농축(減壓濃縮) vacuum concentration
감압데시케이터 vacuum desiccator
감압밀봉기(減壓密封機) vacuum sealer
감압배기(減壓排氣) vacuum exhausting
감압밸브 pressure reducing valve
감압병(減壓病) decompression sickness
감압선반건조기 vacuum shelf dryer
감압시머 vacuum seamer
감압실(減壓室) decompression chamber
감압저온살균(減壓低溫殺菌) vacuum pasteurization
감압저장(減壓貯藏) storage under reduced pressure
감압증류(減壓蒸溜) vacuum distillation
감압증발(減壓蒸發) vacuum evaporation
감압증발기(減壓蒸發器) vacuum evaporator
감압충전기(減壓充塡機) vacuum filler
감압탈수(減壓脫水) vacuum dehydration
감압탈취(減壓脫臭) vacuum deodorization
감압팬 vacuum pan
감압포장(減壓包裝) vacuum packaging
감압포장기(減壓包裝機) vacuum packaging machine
감압해동(減壓解凍) vacuum thawing
감열테이프 heat sensitive tape
감염(感染) infestation
감염(感染) infection
감염경로(感染經路) route of infection
감염량(感染量) infective dose
감염력(感染力) infectivity
감염력분석(感染力分析) infectivity test
감염병(感染病) communicable disease
감염병예방 및 관리에 관한 법률 Communicable Diseases Control and Prevention Act
감염성(感染性) infectiousness
감염성설사(感染性泄瀉) infectious diarrhea
감염성알레르기 infectious allergy
감염원(感染源) source of infection
감염증(感染症) infection symptom
감잎차 persimmon leaf tea
감자 potato, *Solanum tuberosum* L. 가짓과
감자가루 potato flour
감자그라탱 potato gratin
감자껍질 potato peel
감자녹말 potato starch
감자반점병 potato scab
감자비중계 potato hydrometer
감자샐러드 potato salad
감자잎마름병 potato blight
감자튀김 fried potato
감자포도당우무배지 potato glucose agar, potato dextrose agar
감자퓌레 potato puree
감전사(感電死) electrocution
감주스 persimmon juice
감지기(感知器) sensor
감초(甘草) Chinese licorice, *Glycyrrhiza uralensis* Fisch. 콩과
감초(甘草) licorice
감초추출물(甘草抽出物) licorice extract
감타닌 persimmon tannin
감탕나뭇과 Aquifoliaceae
감태 gamtae, *Ecklonia cava* Kjellman 미역과
감태속 *Ecklonia*
감홍로(甘紅露) gamhongro
갑각강(甲殼綱) Crustacea
갑각류(甲殼類) crustaceans
갑각류독소(甲殼類毒素) crustacean toxin
갑상샘 thyroid gland

갑상샘글로불린 thyroglobulin
갑상샘기능 thyroid function
갑상샘분비호르몬 thyroid releasing hormone
갑상샘비대 thyromegaly
갑생샘소포 thyroid follicle
갑상샘암 thyroid cancer
갑상샘억제물질 antithyroid agent
갑상샘염 thyroiditis
갑상샘자극호르몬 thyroid stimulating hormone, TSH
갑상샘자극호르몬분비호르몬 thyroid stimulating hormone releasing hormone
갑상샘저하증 hypothyroidism
갑상샘종 goiter
갑상샘종유발물질 goitrogen
갑상샘항진 hyperthyroidism
갑상샘항진증 thyrotoxicosis
갑상샘호르몬 thyroid hormone
갑오징어 common cuttlefish, European cuttlefish, *Sepia officinalis* (Linnaeus, 1758) 갑오징엇과
갑오징어목 Sepioidea
갑오징엇과 Sepiidae
값 value
갓 mustard greens, *Brassica juncea* (L.) Czern. *var. integrifolia* Sinsk. 십자화과
갓굴 suminoe oyster, *Crassostrea ariakensis* (Fujta & Wakiya, 1929) 굴과
갓김치 gatkimchi
갓대 gatdae, *Sasa borealis* var. *chiisanensis* (Nakai) Lee 볏과
갓버섯과 Lapiotaceae
갓버섯속 *Lepiota*
강(綱) class
강관(鋼管) steel pipe
강글리오사이드 ganglioside
강낭콩 common bean, *Phaseolus vulgaris* L. 콩과
강력밀 strong wheat
강력밀가루 strong wheat flour
강물고기 river fish
강산(强酸) strong acid
강설량(降雪量) snowfall
강성(剛性) rigidity
강성도(剛性度) stiffness
강성률(剛性率) rigidity
강수량(降水量) precipitation
강아지풀속 *Setaria*
강암모니아수 strong ammonium solution
강열함 sharpness
강염기(强鹽基) strong base
강장동물(腔腸動物) coelenterates
강장제(强壯劑) tonic
강전해질(强電解質) strong electrolyte
강정 gangjeong
강제대류(强制對流) forced convection
강제선택검사(强制選擇檢査) forced choice test
강제순환(强制循環) forced circulation
강제순환보일러 forced circulation boiler
강제순환증발기(强制循環蒸發器) forced circulation evaporator
강제영양(强制營養) forced feeding
강제택일변법(强制擇一變法) alternative forced choice
강제통풍(强制通風) forced draft
강제통풍오븐 air-forced oven
강제환기(强制換氣) forced ventilation
강철(鋼鐵) steel
강판(薑板) grater
강하물고기 catadromous fish
강한결합 strong bond
강화(强化) enhancement
강화(强化) enrichment
강화(强化) fortification
강화마가린 fortified margarine
강화밀가루 enriched wheat flour
강화분유(强化粉乳) enriched milk powder
강화식품(强化食品) fortified food, enriched food
강화쌀 fortified rice
강화영양소(强化營養素) fortifying nutrient
강화우유(强化牛乳) enriched milk
강화유전자(强化遺傳子) intensifier
강화저지방우유(强化低脂肪牛乳) enriched lowfat milk
강화제(强化劑) fortifying agent
강화플라스틱 reinforced plastic
강황(薑黃) turmeric, *Curcuma longa* L. 생

강과

강황색소(薑黃色素) turmeric oleoresin

강회 ganghoe

갖춘꽃 complete flower

개 domestic dog, *Carnis lupus familiaris* 갯과

개각충(介殼蟲) scale insect

개관검사(開罐檢査) open test of can

개구리 frog

개구리다리 frog leg

개구리목 Salientia

개구릿과 Ranidae

개다래 fruit of silver vine

개다래나무 silver vine, *Actinidia polygama* (Siebold & Zucc.) Planch. ex Maxim. 다래나뭇과

개떡 gaetteok

개량조개 sunray surf clam, *Mactra chinensis* (Philippi, 1846) 개량조갯과

개량조갯과 Mactridae

개리 swan goose, *Anser cygnoides* (Linnaeus, 1758) 오릿과

개머위 gaemeowi, *Petasites saxatile* (Turcz.) Komar. 국화과

개먼 gammon

개미 ant

개미나리 gaeminari, *Oenanthe javanica* var. *japonica* (Maxim.) Honda 산형과

개미탑과 Haloragaceae

개밋과 Formicidae

개박하 catnip, catmint, *Nepeta cataria* L. 꿀풀과

개방냉각탑(開放冷却塔) open type cooling tower

개방발효조(開放醱酵槽) open fermentor

개방팬증발기 open pan evaporator

개별급속냉동(個別急速冷凍) individual quick freezing, IQF

개별급속냉동식품(個別急速冷凍食品) individual quick frozen food

개별급속데치기 individual quick blanching

개별저장(個別貯藏) individual storage

개별포장(個別包裝) individual packaging

개복치 ocean sunfish, *Mola mola* (Linnaeus, 1758) 개복칫과

개복칫과 Molidae

개봉날짜표기법 open dating

개불 gaebul, *Urechis unicinctus* (von Drasche, 1881) 개불과

개불강 Echiuroidea

개불과 Urechidae

개불속 *Urechis*

개비름 wild amaranth, *Amaranthus lividus* L. 비름과

개사철쑥 gaesacheolssuk, *Artemisia apiacea* Hance ex Walp. 국화과

개서대 robust tonguefish, *Cynoglossus robustus* Günther, 1873 참서대과

개성보쌈김치 Gaeseong bossamkimchi

개스킷 gasket

개시(開始) initiation

개시인자(開始因子) initiation factor

개시코돈 initiation codon

개암 hazelnut, filbert nut

개암기름 hazelnut oil

개암나무 hazel

개암나무(미국계) American hazel, *Corylus americana* Marsh. 자작나뭇과

개암나무(아시아계) Asian hazel, *Corylus heterophylla* Fisch. 자작나뭇과

개암나무(유럽계) common hazel, European hazel, *Corylus avellana* L. 자작나뭇과

개암나무(중국계) Chinese hazel, *Corylus chinensis* Franch 자작나뭇과

개암나무(한국계) Korean filbert, *Corylus heterophylla* var. *thunbergii* Blume 자작나뭇과

개암버섯 gaeambeoseot, *Naematoloma sublateritium* (Fr.) Karst 독청버섯과

개인위생(個人衛生) personal hygiene

개인음식(個人飮食) individual meal

개인이력(個人履歷) personal history

개장국 gaejangguk

개장미 dog rose, *Rosa canina* L. 장미과

개체(個體) individual

개체군(個體群) population

개체군밀도(個體群密度) population density

개체군생장(個體群生長) population growth

개체변이(個體變移) individual variation

개체형성능력(個體形成能力) totipotency

개피떡 gaepitteok
객관분석(客觀分析) objective analysis
객혈(喀血) hemoptysis
갤런 gallon
갯가재 Japanese squillid mantis shrimp, *Oratosquilla oratoria* (Da Haan, 1844) 갯가잿과
갯가잿과 Squillidae
갯것 gaetgeot
갯과 Carnidae
갯기름나물 getgireumnamul, *Peucedanum japonicum* Thunb. 산형과
갯벌 mud flat
갯양배추 seakale, *Crambe maritima* L. 십자화과
갯완두 beach pea, sea pea, *Lathyrus japonicus* Willd. 콩과
갯장어 dagger-tooth pike conger, conger pike, *Muraenesox cinereus* (Forsskål, 1775) 갯장어과
갯장어과 Muraenesocidae
갯질경이과 Plumbaginaceae
갱(羹) gaeng
갱년기(更年期) climacteric
갱년기관절염(更年期關節炎) climacteric arthritis
거대란(巨大卵) giant egg
거대씨눈쌀 giant embryo rice
거대분자(巨大分子) macromolecule
거대세포(巨大細胞) giant cell
거대염색체(巨大染色體) giant chromosome
거대적혈구(巨大赤血球) megalocyte
거대적혈구모세포(巨大赤血球母細胞) megaloblast
거대적혈구빈혈(巨大赤血球貧血) megalocytic anemia
거대적혈구모세포빈혈(巨大赤血球母細胞貧血) magaloblastic anemia
거래명세서(去來明細書) invoice
거르개 filter
거르기 filtration
거른액 filtrate
거름 manure
거름보조제 filter aid
거름살균 sterilization by filtration
거름종이 filter paper
거름케이크 filter cake
거름헝겊 filter cloth
거머리강 Hirudinea
거머리류 hirudineans, leeches
거머릿과 Hirudinidae
거미강 Arachnida
거미류 arachnids
거미목 Araneae
거미불가사리강 Ophiurae
거미불가사리아강 Ophiuroidea
거미줄곰팡이속 *Rhizopus*
거미혈관종 spider angioma
거봉포도 yoho grape
거북 turtle
거북목 Testudinata
거북손 common stalked barnacle, Japanese goose barnacle, *Capitulum mitella* (Linnaeus,1758) (= *Pollicipes mitella* Sowerby, 1833) 거북손과
거북손과 Pollicipedidae
거세돼지 barrow
거세수탉 capon
거시상태(巨視狀態) macroscopic state
거울반응 mirror reaction
거울상 mirror image
거울상선택성 enantioselectivity
거울상이성질체 enantiomer
거울상이성질현상 enantiomerism
거위 domestic goose, *Anser anser domesticus* Linnaeus, 1758 오릿과
거위고기 goose meat
거인증(巨人症) giantism
거저릿과 Tenebrionidae
거즈 gauze
거친분쇄 coarse crushing
거친입자 coarse particle
거친호밀빵 pumpernickel
거칠기 roughness
거침 coarseness
거품 foam
거품기 beater
거품내기 frothing
거품모양의 foamy

거품발생 foaming
거품발생능력 foaming capacity
거품발생성질 foaming property
거품분무 foam spraying
거품분무건조 foam spray drying
거품분출 gushing
거품성 foaminess
거품안정성 foam stability
거품억제작용 antifoaming activity
거품억제제 antifoaming agent
거품이이는 effervescent
거품제거제 defoaming agent
거품케이크 foam cake
거품형성 bubble formation
거피팥 dehulled azuki bean
거피팥떡 geopipattteok
건강(健康) health
건강강조표시(健康强調表示) health claim
건강관리(健康管理) health care
건강기능식품(健康機能食品) health functional food
건강기능식품공전(健康機能食品公典) Health Functional Foods Code
건강기능식품에 관한 법률 Health Functional Foods Act
건강기록(健康記錄) health record
건강보조식품(健康補助食品) health supplement food
건강상태지수(健康狀態指數) health status index
건강식품(健康食品) health food
건강위험요소(健康危險要素) health hazard
건강음료(健康飮料) health beverage
건강증진(健康增進) health promotion
건강진단(健康診斷) health examination
건구(乾球) dry-bulb
건구온도(乾球溫度) dry-bulb temperature
건구온도계(乾球溫度計) dry-bulb thermometer
건더기 geondeogi
건더기무게 drained weight
건량기준(乾量基準) dry basis
건류(乾溜) dry distillation
건빵 hardtack
건생식물(乾生植物) xerophyte
건성기름 drying oil
건성젤 xerogel
건습구습도계(乾濕球濕度計) wet and dry bulb hygrometer
건습구온도계(乾濕球溫度計) psychrometer
건식공기청정기(乾式空氣淸淨機) dry air cleaner
건식도정(乾式搗精) dry milling
건식라미네이션 dry lamination
건식믹서 dry mixer
건식박피(乾式剝皮) dry peeling
건식분급(乾式分級) dry classification
건식분쇄(乾式粉碎) dry grinding
건식분해(乾式分解) dry digestion
건식세정(乾式洗淨) dry cleaning
건식렌더링 dry rendering
건식증발기(乾式蒸發器) dry type evaporator
건식회화법(乾式灰化法) dry ashing method
건식흡수(乾式吸收) dry absorption
건어물(乾魚物) dried fish
건열(乾熱) dry heat
건열살균(乾熱殺菌) dry heat sterilization
건열살균기(乾熱殺菌機) dry heat sterilizer
건열조리법(乾熱調理法) dry heat cooking
건염햄 dry cured ham
건위제(健胃劑) stomachic
건전성(健全性) soundness
건조(乾燥) drying
건조각막염(乾燥角膜炎) xerotic keratitis
건조곡선(乾燥曲線) drying curve
건조기(乾燥機) drier, dryer
건조단위중량(乾燥單位重量) dried unit weight
건조도(乾燥度) dryness
건조물(乾燥物) dry matter
건조법(乾燥法) drying method
건조보조제(乾燥補助劑) drying aid
건조속도(乾燥速度) drying rate
건조수축(乾燥收縮) drying shrinkage
건조실(乾燥室) drying chamber
건조압축(乾燥壓縮) dry compression
건조장치(乾燥裝置) drying apparatus
건조저장(乾燥貯藏) dry storage
건조제(乾燥劑) desiccant
건조포화증기(乾燥飽和蒸氣) dry saturated vapor

건지젖소 Guernsey cattle
건진국수 geonjinguksu
건포(乾脯) geonpo
건포도(乾葡萄) raisin
건포도빵 raisin bread
검 gum
검같은 gummy
검게됨 darkening
검물벼룩과 Cyclopidae
검물벼룩목 Cyclopoida
검물벼룩속 *Cyclops*
검버섯 age spot
검복 purple puffer, *Takifugu porphyreus* (Temminck & Schlegel, 1850) 참복과
검사(檢査) examination
검사(檢査) inspection
검사식사(檢査食事) test meal
검사원(檢査員) inspector
검색어(檢索語) key word
검성 gumminess
검식(檢食) evaluation of test meal
검역(檢疫) quarantine
검역법(檢疫法) Quarantine Act
검역소(檢疫所) quarantine house
검은꼬리누 blue wildbeest, brindled gnu, *Connochaetes taurinus* (Burchell, 1823) 솟과
검은점병 black spot
검정(檢定) assay
검정가자미 Greenland halibut, *Reinhardtius hippoglossoides* (Walbaum, 1792) 가자밋과
검정강낭콩 black bean
검정겨자 black mustard, *Brassica nigra* (L.) Koch 십자화과
검정녹두 black gram, urd bean, *Vigna mungo* (L.) Hepper 콩과
검정곰 black bear
검정곰보버섯 black morel, *Morchella elata* Fr. 곰보버섯과
검정곰팡이 black mold
검정깨 black sesame
검정단풍나무 black maple, *Acer nigrum* F. Michx. 무환자나뭇과
검정라즈베리 black raspberry, *Rubus occidentalis* L. 장미과
검정비늘버섯 *Pholiota adiposa* (Fr.) Kummer 독청버섯과
검정뽕나무 black mulberry, *Morus nigra* L. 뽕나뭇과
검정사포테 black sapote, chocolate pudding fruit, *Diospyros digyna* Jacq. 감나뭇과
검정선모 black salsify, *Scorzonera hispanica* L. 국화과
검정식초 black vinegar
검정씨호박 fig-leaf gourd, Malabar gourd, *Cucurbita ficifolia* Bouché 박과
검정오디 black mulberry
검정올리브 black olive
검정이끼아강 Andreaeidae
검정줄오징어 black-striped squid
검정초크베리 black chokeberry, *Aronia melanocarpa* (Michx.) Elliott 장미과
검정콩 black soybean
검정코지 black koji
검정코지곰팡이 black koji mold, *Aspergillus niger*
검정쿠민 black cumin, *Bunium bulbocastanum* L. 산형과
검정트뤼플 black truffle, *Tuber melanosporum* Vittad. 1831 덩이버섯과
검정포니오 black fonio, *Digitaria iburua* Stapf 볏과
검정푸딩 black pudding
검정호두나무 eastern black walnut, *Juglans nigra* L. 가래나뭇과
검정후추 black pepper
검정후춧가루 black pepper powder
검제거 degumming
검제거공정 degumming process
검제거제 degumming agent
검증(檢證) verification
검출(檢出) detection
검출기(檢出器) detector
검출한계(檢出限界) detection limit
겉껍질 hull
겉넓이 surface area
겉마르기 case hardening

겉모양 appearance
겉보기밀도 apparent density
겉보기밝기 apparent brightness
겉보기부피 apparent volume
겉보기비중 apparent specific gravity
겉보기성질 apparent property
겉보기소화율 apparent digestibility
겉보기점성 apparent viscosity
겉보기팽창 apparent expansion
겉보리 husked barley, *Hordeum vulgare* var. *hexasticon* 볏과
겉씨식물 gymnosperms
겉씨식물문 Gymnospermae
겉절이 geotjeolyi
겉질 cortex
겉질뼈 cortical bone
겉튀김두부 surface fried soybean curd
겉포장 external packaging
겉포장씌우기 overwrapping
게 crab
게딱지 crab shell
게딱지버섯과 Discinaceae
게르버시험 Gerber test
게르치 gnomefish, *Scombrops boops* (Houttuyn, 1782) 게르칫과
게르칫과 Pomatomidae
게르킨 bur gherkin, West Indian gherkin, *Cucumis anguria* L. 박과
게박쥐나물 gebakjwinamul, *Cacalia adenostyloides* (Fr. et Sav.) Matsumura 국화과
게발 crab leg
게비캔 Geebee can
게살 crab meat
게맛살 imitation crab meat
게살아날로그 crab meat analog
게살청변 blue meat of crab
게오바실루스 서모데니트리피칸스 *Geobacillus thermodenitrificans*
게오바실루스 서모레오보란스 *Geobacillus thermoleovorans*
게오바실루스속 *Geobacillus*
게오바실루스 스테아로서모필루스 *Geobacillus stearothermophilus*
게오스민 geosmin
게오카르파땅콩 geocarpa groundnut, Hausa groundnut, Kersting's groundnut, *Macrotyloma geocarpum* (Harms) Maréchal & Baudet 콩과
게오트리쿰속 *Geotrichum*
게오트리쿰 시트리아우란티이 *Geotrichum citri-aurantii*
게오트리쿰 칸디듐 *Geotrichum candidum*
게오트리쿰 클레바니이 *Geotrichum klebahnii*
게이-뤼삭법칙 Gay-Lussac's law
게이지 gauge
게이지압력 gauge pressure
게이트밸브 gate valve
게장 gejang
게토 gateaux
겐타마이신 gentamicin
겐티오바이에이스 gentiobiase
겐티오바이오스 gentiobiose
겨 bran
겨기름 rice bran oil
겨우살이 mistletoe, *Viscum album* var. *coloratum* (Kom.) Ohwi 겨우살잇과
겨우살잇과 Loanthaceae
겨우살이속 *Viscum*
겨울밀 winter wheat
겨울사보리 winter savory, *Satureja montana* L. 꿀풀과
겨울작물 winter crop
겨울잠 hibernation
겨자 Indian mustard, leaf mustard, *Brassica juncea* (L.) Czern. 십자화과
겨자 mustard
겨자글리코사이드 mustard glycoside
겨자기름 mustard oil
겨자무 horseradish, *Armoracia rusticana* P. G. Gaertner 십자화과
겨자무속 *Armoracia*
겨자방향유 mustard essential oil
겨자선 gyejaseon
겨자소스 mustard sauce
겨자씨 mustard seed
겨자잎 mustard leaf
겨제거 debranning

겨층 bran layer
격자(格子) lattice
격자상수(格子常數) lattice constant
격자에너지 lattice energy
격자점(格子點) lattice point
견과(堅果) nut
견과가루 nut flour
견과기름 nut oil
견과껍질 nut shell
견과살 nutmeat
견과아이스크림 nut ice cream
견과페이스트 nut paste
견과향미(堅果香味) nut flavor
견본(見本) sample
견본등급(見本等級) sample grade
결과(結果) result
결구(結球) heading
결구배추 head baechu
결구상추 crisphead lettuce
결로(結露) dew condensation
결로수(結露水) condensation water
결막(結膜) conjunctiva
결막염(結膜炎) conjunctivitis
결명자(決明子) cassia seed
결명차(決明茶) sickle wild sensitive-plant, *Cassia tora* L. 콩과
결빙계수(結氷係數) ice-forming factor
결석증(結石症) calculosis
결속기(結束機) binding machine
결속법(結束法) binding method
결손유전자(缺損遺傳子) deficit gene
결절구멍장이버섯 *Polyporus tuberaster* Pers.:Fr. 구멍장이버섯과
결정(結晶) crystal
결정(決定) determination
결정격자(結晶格子) crystal lattice
결정계(結晶系) crystallographic system
결정계수(決定系數) coefficient of determination
결정고체(結晶固體) crystalline solid
결정과당(結晶果糖) crystalline fructose
결정구조(結晶構造) crystal structure
결정녹말(結晶綠末) crystalline starch
결정도(結晶度) crystallinity
결정성장(結晶成長) crystal growth
결정세포(結晶細胞) crystal cell
결정속도(結晶速度) rate of crystallization
결정수(結晶水) water of crystallization
결정식품(結晶食品) crystalline food
결정영역(結晶領域) crystalline region
결정입자(結晶粒子) crystal grain
결정입자미세화법(結晶粒子微細化法) crystal grain refining process
결정입자성장(結晶粒子成長) crystal grain growth
결정중합체(結晶重合體) crystalline polymer
결정포도당(結晶葡萄糖) crystalline glucose
결정학(結晶學) crystallography
결정핵(結晶核) crystal nucleus
결정형(結晶形) crystal form
결정화(結晶化) crystallization
결정화도(結晶化度) degree of crystallinity
결정화법(結晶化法) crystallization method
결정화열(結晶化熱) heat of crystallization
결착고기 bind meat
결착제(結着劑) binding agent
결핍(缺乏) deficiency
결핍병(缺乏病) deficiency disease
결핍증(缺乏症) deficiency
결핍증후군(缺乏症候群) deficit syndrome
결함(缺陷) defect
결합(結合) bond
결합각(結合角) bond angle
결합극성(結合極性) bond polarity
결합길이 bond length
결합단백질(結合蛋白質) binding protein
결합력(結合力) binding capacity
결합세기 bond strength
결합수(結合數) bond number
결합수(結合水) bound water
결합수분(結合水分) bound moisture
결합에너지 bond energy
결합오비탈 bonding orbital
결합자리 binding site
결합조직(結合組織) connective tissue
결합조직단백질(結合組織蛋白質) connective tissue protein
결합조직섬유(結合組織纖維) connective tissue

fiber
결합조직세포(結合組織細胞) connective tissue cell
결핵(結核) tuberculosis
결핵세균(結核細菌) *Mycobacterium tuberculosis*
결핵약(結核藥) antituberculosis drug
겹잎 compound leaf
겹주름위 omasum
겹체 gyeopche
경계(境界) boundary
경계면(境界面) interface
경계층(境界層) boundary layer
경골어강(硬骨魚綱) Osteichthyes
경골어류(硬骨魚類) bony fish, osteichthyans
경공업(輕工業) light industry
경구감염(經口感染) oral infection
경구섭취(經口攝取) oral intake
경구수분보충요법(經口水分補充療法) oral rehydration therapy, ORT
경구영양보충(經口營養補充) oral nutrition supplement
경구투약(經口投藥) oral medication
경구투여(經口投與) oral administration
경구포도당부하검사(經口葡萄糖負荷檢査) oral glucose tolerance test
경구혈당강하제(經口血糖降下劑) oral hypoglycemic agent
경금속(輕金屬) light metal
경단(瓊團) gyeongdan
경도(硬度) hardness
경도계(硬度計) hardness tester
경도시험(硬度試驗) hardness test
경랍(鯨蠟) spermaceti
경련(痙攣) convulsion
경로(經路) pathway
경막열전달계수(硬膜熱傳達係數) film coefficient of heat transfer
경비(經費) expenditure
경수(輕水) light water
경수로(輕水爐) light water reactor
경엽식물(莖葉植物) cormophytes
경유(輕油) light oil
경장영양(經腸營養) enteral nutrition
경장영양액(經腸營養液) enteral formula
경쟁(競爭) competition
경쟁억제(競爭抑制) competitive inhibition
경쟁입찰(競爭入札) competitive bidding
경제작물(經濟作物) commercial crop
경제주문량(經濟注文量) economic order quantity, EOQ
경제협력개발기구(經濟協力開發機構) Organization for Economic Cooperation and Development, OECD
경직변비(硬直便秘) spastic constipation
경직측정기(硬直測定器) rigorometer
경직풀림 resolution of rigor, rigor off
경질가공치즈 hard processed cheese
경질건조소시지 hard dry sausage
경질단백질(硬質蛋白質) scleroprotein
경질밀 hard wheat
경질밀가루 hard wheat flour
경질붉은겨울밀 hard red winter wheat, HRW
경질붉은봄밀 hard red spring wheat, HRS
경질옥수수 flint corn
경질치즈 hard cheese
경질폴리염화바이닐 rigid polyvinyl chloride
경질흰밀 hard white wheat
경험패널 experienced panel
경화(硬化) cirrhosis
경화(硬化) hardening
경화기름 hardened oil
경화내 hardening odor
경화증(硬化症) sclerosis
곁가지 lateral branch
곁눈 lateral bud
곁뿌리 lateral root
곁사슬 side chain
곁주머니 diverticulum
곁주머니염 diverticulitis
곁주머니증 diverticulosis
계(界) kingdom
계기(計器) instrument
계기측정(計器測定) instrumentation
계기판(計器板) instrument panel
계대배양(繼代培養) subculture
계량기(計量器) meter
계량부위(計量部位) metering zone

계량스크루 metering screw
계량스푼 measuring spoon
계량컵 measuring cup
계량펌프 metering pump
계면각(界面角) interfacial angle
계면장력(界面張力) interfacial tension
계면적(界面積) interfacial area
계면특성(界面特性) interfacial property
계명주(鷄鳴酒) gyemyungju
계수(係數) coefficient
계수기(計數器) counter
계수나무 katsura tree, *Cercidiphyllum japonicum* Siebold & Zucc. 계수나뭇과
계수나무속 *Cercidiphyllum*
계수나뭇과 Cercidiphyllaceae
계약재배(契約栽培) contract cultivation
계열(系列) series
계지(桂枝) gyeji
계측(計測) measurement
계측기(計測器) measurement instrument
계통(系統) system
계통(系統) line
계통분류학(系統分類學) phylogenetic systematics
계통생물학(系統生物學) phylobiology
계통오차(系統誤差) systematic error
계통추출법(系統抽出法) systematic sampling
계피(桂皮) cinnamon
계획메뉴 intentional menu
고객가치(顧客價値) customer value
고객만족(顧客滿足) customer satisfaction
고객충성도(顧客忠誠度) customer royalty
고경질치즈 very hard cheese
고과당시럽 high fructose syrup
고과당옥수수시럽 high fructose corn syrup, HFCS
고구마 sweet potato, *Ipomoea batatas* (L.) Lam. 메꽃과
고구마녹말 sweet potato starch
고구마잼 sweet potato jam
고구마줄기 sweet potato stalk
고글로불린혈증 hyperglobulinemia
고급약주(高級藥酒) premium yakju
고기 meat
고기가공적성 processing quality of meat
고기단백질 meat protein
고기대용물 meat substitute
고기덤플링 meat dumpling
고기매개기생충 meat-borne parasite
고기민스 meat mince
고기붙이 meats
고기색깔 meat color
고기색깔고정 meat color fixation
고기소 beef cattle
고기소스 meat sauce
고기수프 meat soup
고기쌈 gokissam
고기에멀션 meat emulsion
고기연화제 meat tenderizer
고기유사품 meat analog, imitation meat
고기정제기 meat refiner
고기제품 meat product
고기증량제 meat extender
고기지방 meat fat
고기초퍼 meat chopper
고기추출물 meat extract
고기추출성분 meat extractive
고기파이 meat pie
고기패티 meat patty
고기풀 meat paste
고기품질 meat quality
고기향미 meat flavor
고기혼합기 meat blender
고깃점 meat piece
고농도양조(高濃度釀造) high gravity brewing
고니아우락스 카테넬라 *Gonyaulax catenella*
고니아우락스 타마렌시스 *Gonyaulax tamarensis*
고니아톡신 gonyautoxin
고다치즈 Gouda cheese
고단백질빵 high protein bread
고단백질식사(高蛋白質食事) high protein diet
고단백질식사요법(高蛋白質食事療法) high protein diet therapy
고단백질식품(高蛋白質食品) high protein food
고도불포화지방(高度不飽和脂肪) polyunsaturated fat
고도불포화지방산(高度不飽和脂肪酸) polyunsaturated fatty acid, PUFA
고도표백분(高度漂白粉) calcium hypochlorite

고두밥 godubap
고둥 gastropods
고들빼기 godeulppaegi, *Youngia sonchifolia* Max. 국화과
고들빼기김치 godeulppaegikimchi
고등동물(高等動物) higher animal
고등식물(高等植物) higher plant
고등어 mackerel
고등어기름 mackerel oil
고등어통조림 canned mackerel
고등엇과 Scombridae
고란초과(皐蘭草科) Polypodiaceae
고래 whale
고래고기 whale meat
고래기름 whale oil
고래목 Cetacea
고래지방 blubber
고래회충 *Anisakis simplex* Rudolphi, 1809 고래회충과
고래회충과 Anisakidae
고래회충속 *Anisakis*
고래회충증 anisakiasis
고랭지(高冷地) highland
고랭지재배(高冷地栽培) culture in highland
고량주(高粱酒) kaoliang wine
고려엉겅퀴 Korean thistle, *Cirsium setidens* (Dunn) Nakai 국화과
고려인삼 Korean ginseng, *Panax ginseng* C. A. Mey. 두릅나뭇과
고령석(高嶺石) kaolinite
고령토(高嶺土) kaolin
고로쇠나무 painted maple, mono maple, *Acer mono* Max. 단풍나뭇과
고로쇠수액 painted maple sap
고르곤졸라치즈 Gorgonzola cheese
고리 gori
고리구아니딘인산 cyclic guanidine monophosphate, cGMP
고리디엔에이 circular DNA
고리모양근육 ring muscle
고리에이엠피 cyclic AMP
고리중합 cyclopolymerization
고리지방산 cyclic fatty acid
고리탄화수소 cyclic hydrocarbon
고리형산소화효소 cyclooxygenase
고리화 cyclization
고리화합물 cyclic compound
고립계(孤立系) isolated system
고막(鼓膜) tympanic membrane
고메톡실펙틴 high methoxyl pectin
고명 gomyung
고무 rubber
고무관 rubber tube
고무그물 rubber netting
고무나무 rubber tree, Para rubber tree, *Hevea brasiliensis* Müll. Arg. 대극과
고무나무씨 rubber seed
고무나무씨기름 rubber seed oil
고무라이닝 rubber lining
고무마개 rubber stopper
고무마개뚫이 rubber stopper borer
고무버섯목 Helotiales
고물 gomul
고밀도지방질단백질(高密度脂肪質蛋白質) high density lipoprotein, HDL
고밀도지방질단백질콜레스테롤 high density lipoprotein cholesterol
고밀도폴리에틸렌 high density polyethylene
고바이타민식사 high vitamin diet
고병원성조류인플루엔자 highly pathogenic avian influenza
고본(藁本) Chinese lovage, *Angelica tenuissima* Nakai 산형과
고분자(高分子) macromolecule
고분자전해질(高分子電解質) polyelectrolyte
고분자화합물(高分子化合物) high molecular weight compound
고비 royal fern, flowering fern, *Osmunda japonica* Thunb. 고빗과
고비나물 gobinamul
고빗과 Osmundaceae
고사리 common bracken, bracken fern, *Pteridium aquilinum* (L.) Kuhn 고사릿과
고사리나물 gosarinamul
고사릿과 Pteridaceae
고산물망초 alpine forget-me-not, *Myosotis alpestris* F. W. Schmidt 지칫과
고산식물(高山植物) alpine plant

고삼투압성(高滲透壓性) hyperosmoticity
고삼투압비케토산혼수 hyperosmolar nonketotic coma
고생자낭균강(古生子囊菌綱) Archiascomycetes
고설탕케이크 high ratio cake
고섬유질식사(高纖維質食事) high-fiber diet
고성능액체크로마토그래피 high performance liquid chromatography, HPLC
고성능입자공기필터 high efficiency particulate air filter, HEPA filter
고성능포장재(高性能包裝材) high performance packaging material
고세균(古細菌) Archaea
고세균역(古細菌域) domain Archaea
고셰병 Gaucher disease
고속다기통압축기(高速多氣筒壓縮機) high speed multicylinder compressor
고속진공절단기(高速眞空切斷機) high speed vacuum cutter
고수 coriander, cilantro, Chinese parsley, *Coriandrum sativum* L. 산형과
고수속 *Coriandrum*
고수씨 coriander seed
고시폴 gossypol
고아밀로스옥수수 amylomaize, high amylose corn
고아밀로스옥수수녹말 high amylose corn starch
고압(高壓) high pressure
고압가공(高壓加工) high pressure processing
고압균질기(高壓均質機) high pressure homogenizer
고압레토르트 high pressure retort
고압멜라민수지 high pressure melamine resin
고압변성(高壓變性) high pressure denaturation
고압증기살균기(高壓蒸氣殺菌機) autoclave
고압증기살균법(高壓蒸氣殺菌法) autoclaving
고에너지결합 high energy bond
고에너지인산결합 high energy phosphate bond
고에너지인산화합물 high energy phosphate compound
고에너지화합물 high energy compound
고열(高熱) hyperthermia
고열량식품(高熱量食品) high calorie food
고열량식사(高熱量食事) high calorie diet
고엿당시럽 high maltose syrup
고영양경제식품(高營養經濟食品) high nutrition-low cost food
고온가공(高溫加工) high temperature processing
고온가압(高溫加壓) hot pressing
고온계(高溫計) pyrometer
고온담금법 hot pack
고온미생물(高溫微生物) thermophilic microorganism
고온살균(高溫殺菌) high temperature sterilization
고온생물(高溫生物) thermophile
고온세균(高溫細菌) thermophilic bacterium
고온순간파스퇴르살균 high temperature short time pasteurization
고온장해(高溫障害) high temperature injury
고온충전(高溫充塡) hot filling
고온컨디셔닝 high temperature conditioning
고요산혈증(高尿酸血症) hyperuricemia
고욤 date plum
고욤나무 date plum tree, *Diospyros lotus* L. 감나뭇과
고용체(固溶體) solid solution
고운가루 fines
고유광회전도(固有光回轉度) specific rotation
고유이온화도 specific ionization
고유점성(固有粘性) intrinsic viscosity
고유활성도(固有活性度) specific activity
고인산혈증(高燐酸血症) hyperphosphatemia
고인슐린증 hyperinsulinism
고인슐린혈증 hyperinsulinemia
고장률(故障率) failure rate
고장액(高張液) hypertonic solution
고점성녹말(高粘性綠末) thick-boiling starch
고정(固定) fixation
고정동물세포(固定動物細胞) immobilized animal cell
고정메뉴 fixed menu
고정세포(固定細胞) immobilized cell
고정형파우치 standing pouch
고정화(固定化) immobilization
고정효소(固定酵素) immobilized enzyme
고젖산혈증 hyperlactacidemia
고주파(高周波) high frequency
고주파가열(高周波加熱) high frequency heating

고주파건조(高周波乾燥) high frequency drying
고주파살충(高周波殺蟲) high frequency disinfestation
고주파유도가열(高周波誘導加熱) high frequency induction heating
고주파전자기오븐 high frequency electromagnetic oven
고주파접착(高周波接着) high frequency sealing
고주파접착법(高周波接着法) high frequency sealing method
고주파증폭기(高周波增幅器) high frequency amplifier
고중성지방혈증(高中性脂肪血症) hypertriacylglycerolemia
고중합체(高重合體) high polymer
고지 goji
고지 koji
고지가루 koji powder
고지곰팡이 koji mold
고지방물고기 fatty fish
고지방식사(高脂肪食事) high fat diet
고지방어분(高脂肪魚粉) high fat fish meal
고지방질단백질혈증(高脂肪質蛋白質血症) hyperlipoproteinemia
고지방질혈증(高脂肪質血症) hyperlipemia
고지산 kojic acid
고지상자법 koji tray method
고지아밀레이스 koji amylase
고지제조 kojimaking
고차구조(高次構造) higher order structure
고차나선(高次螺旋) superhelix
고체(固體) solid
고체고지법 solid koji method
고체마찰(固體摩擦) solid friction
고체배양(固體培養) solid culture
고체배지(固體培地) solid medium
고체배지배양(固體培地培養) solid medium culture
고체상(固體相) solid phase
고체상미량추출(固體相微量抽出) solid phase microextraction
고체상발효(固體狀醱酵) solid state fermentation
고체상추출(固體狀抽出) solid phase extraction
고체상태(固體狀態) solid state
고체성(固體性) solidity
고체액체추출(固體液體抽出) solid-liquid cxtraction
고체연료(固體燃料) solid fuel
고추 hot pepper, *Capsicum annuum* L. 가짓과
고추나뭇과 Staphyleaceae
고추나물 gochunamul
고추나물 gochunamul, *Hypericum erectum* Thunb. 물레나물과
고추나물목 Hypericales
고추냉이 Korean horseradish, *Wasabia koreana* Nakai 십자화과
고추냉이속 *Wasabia*
고추선 gochuseon
고추속 *Capsicum*
고추씨 hot pepper seed
고추장 gochujang
고춧가루 hot pepper powder
고춧잎 hot pepper leaf
고칼슘혈증 hypercalcemia
고콜레스테롤혈증 hypercholesterolemia
고탄소스테인리스강 high carbon stainless steel
고페닐알라닌혈증 hyperphenylalaninemia
고포타슘혈증 hyperpotassemia
고품질단백질(高品質蛋白質) high quality protein
고프르 gaufre
고피오 gofio
고혈당(高血糖) hyperglycemia
고혈당당뇨(高血糖糖尿) hyperglycemic glycosuria
고혈당증(高血糖症) hyperglycemia
고혈당혼수(高血糖昏睡) hyperglycemic coma
고혈압(高血壓) hypertension
고혈압강하활성(高血壓降下活性) antihypertensive activity
고혈압약(高血壓藥) antihypersensitive
고형물(固形物) solid matter
고형물함량(固形物含量) solid content
고형식품(固形食品) solid food
고형음식(固形飮食) solid diet
고형지방(固形脂肪) solid fat
고형지방함량(固形脂肪含量) solid fat index

고형초콜릿 solid chocolate
고형추출차(固形抽出茶) solid extracted tea
고형화(固形化) solidification
고환(睾丸) testicle, testis
곡류(穀類) cereals
곡류가공품(穀類加工品) cereal product
곡류검사(穀類檢査) cereal inspection
곡류녹말(穀類綠末) cereal starch
곡류단백질(穀類蛋白質) cereal protein
곡립(穀粒) grain
곡립경도(穀粒硬度) grain hardness
곡립무게 grain weight
곡립절단기(穀粒切斷機) grain cutter
곡립텍스처 grain texture
곡물(穀物) grain
곡물건조기(穀物乾燥機) grain dryer
곡물건조저장시설(穀物乾燥貯藏施設) grain drying and storage facility
곡물겨 cereal bran
곡물바 cereal bar
곡물바구미 grain weevil, granary weevil, wheat weevil, *Sitophilus granarius* (Linnaeus, 1758) 바구밋과
곡물부산물(穀物副産物) grain byproduct
곡물부피 grain capacity
곡물분쇄기(穀物粉碎機) grain grinder
곡물선별기(穀物選別機) grain separator
곡물순환건조기(穀物循環乾燥機) circulating grain drier
곡물식초(穀物食醋) grain vinegar
곡물식품(穀物食品) grain food
곡물알코올 grain alcohol
곡물엘리베이터 grain elevator
곡물자급률(穀物自給率) self-sufficiency rate of grain
곡물정선(穀物精選) grain cleaning
곡물정선기(穀物精選機) grain cleaner
곡물제품(穀物製品) grain product
곡물증류주(穀物蒸溜酒) grain spirit
곡물콩 pulse
곡물투구벌레 grain beetle
곡물해충(穀物害蟲) grain insect pest
곡분(穀粉) cereal flour
곡주(穀酒) gokju
곡차(穀茶) gokcha
곤달비 gondalbi, *Ligularia stenocephala* (Maxim.) Matsum. & Koidz. 국화과
곤들매기 dolly varden trout, *Salvelinus malma* (Walbaum, 1792) 연어과
곤약(菎蒻) konjac
곤약속(菎蒻屬) *Amorphophalus*
곤쟁이 gonjaengi
곤쟁이목 Mysidacea
곤쟁이젓 gonjaengijeot
곤쟁잇과 Mysidae
곤죽성 mushiness
곤충(昆蟲) insect
곤충강(昆蟲綱) Insecta
곤충매개감염(昆蟲媒介感染) insectborne infection
곤충식품(昆蟲食品) insect food
곧창자 rectum
곧창자검사 rectal examination
골동반(骨董飯) goldongban
골드햄스터 golden hamster, Syrian hamster, *Mesocricetus auratus* Waterhouse, 1839 비단털쥣과
골마지 golmaji
골무꽃 golmukkoch, *Scutellaria indica* L. 꿀풀과
골무꽃속 *Scutellaria*
골반(骨盤) pelvis
골반골절(骨盤骨折) pelvic fracture
골뱅이 golbaengi, *Monoplex australasiae* Perry, 1811 수염고둥과
골수(骨髓) bone marrow
골수백혈병(骨髓白血病) myelogenous leukemia
골수세포(骨髓細胞) marrow cell, myelocyte, myeloid cell
골수이식(骨髓移植) bone marrow transplantation
골수종(骨髓腫) myeloma
골수종증(骨髓腫症) myelomatosis
골절(骨折) fracture
골지복합체 Golgi complex
골지장치 Golgi apparatus
골지체 Golgi body
골탄(骨炭) bone charcoal
골파 chive, *Allium schoenoprasum* L. 백합과
골판지 corrugated cardboard

골풀 common rush, *Juncus effusus* var. *decpiens* Buchen. 골풀과
골풀과 Juncaceae
골회(骨灰) bone ash
곰 bear
곰고기 bear meat
곰과 Ursidae
곰보버섯 common morel, morel, yellow morel, *Morchella esculenta* Fr. 곰보버섯과
곰보버섯과 Morchellaceae
곰보버섯속 *Morchella*
곰쥐 black rat, *Rattus rattus* Linnaeus, 1758 쥣과
곰취 gomchwi, *Ligularia fischeri* (Ledeb.) Turcz. 국화과
곰취속 *Ligularia*
곰치 kidako moray, *Gymnothorax kidako* (Temminck & Schlegel, 1846) 곰칫과
곰치국 gomchiguk
곰치류 morays
곰칫과 Muraenidae
곰탕 gomtang
곰파 ramsons, wild garlic, bear's garlic, *Allium ursinum* L. 백합과
곰팡내 mustiness
곰팡이 mold
곰팡이단백질 mold protein
곰팡이단백질가수분해효소 mold protease
곰팡이스타터 mold culture
곰팡이아밀레이스 mold amylase
곰팡이가핀 moldy
곰팡이홀씨 mold spore
곰팡이효소 mold enzyme
곰피 gompi, *Ecklonia stolonifera* Okamura 미역과
곱 product
곱사연어 pink salmon, humpback salmon, *Oncorhynchus gorbuscha* (Walbaum, 1792) 연어과
곱상어 spiny dogfish, *Squalus acanthias* Linnaeus, 1758 돔발상엇과
곱슬잎케일 curly-leaf kale, Scotch kale, *Brassica oleracea* L. var. *sabellica* L. 십자화과
곱창 marrow gutt
곱창구이 gopchanggui
곱창전골 gopchangjeongol
공간격자(空間格子) space lattice
공간시간수율(空間時間收率) space time yield
공극(孔隙) void
공극부피 void volume
공극비(孔隙比) void ratio
공급기(供給機) feeder
공기(空氣) air
공기(空器) bowl
공기거르개 air filter
공기건조(空氣乾燥) air drying
공기건조기(空氣乾燥機) air dryer
공기건조법(空氣乾燥法) air drying method
공기냉각(空氣冷却) air cooling
공기냉각기(空氣冷却器) air cooler
공기냉각방식(空氣冷却方式) air cooling system
공기냉동(空氣冷凍) air freezing
공기냉동법(空氣冷凍法) air freezing method
공기냉동장치(空氣凍結裝置) air freezer
공기매개감염(空氣媒介感染) airborne infection
공기매개병(空氣媒介病) airborne disease
공기믹서 air mixer
공기배출구(空氣排出口) air outlet
공기밸브 air valve
공기분급(空氣分級) air classification
공기분급기(空氣分級機) air classifier
공기뿌리 aerial root
공기산화(空氣酸化) air oxidation
공기색전증(空氣塞栓症) air embolism
공기세척기(空氣洗滌器) air washer
공기송풍기(空氣送風機) air blower
공기실(空氣室) air cell
공기압축기(空氣壓縮機) air compressor
공기엘리베이터 pneumatic elevator
공기예비냉각(空氣豫備冷却) air precooling
공기정화(空氣淨化) air cleaning
공기제거(空氣除去) deaeration
공기제분기(空氣製粉機) pneumatic mill
공기조절기(空氣調節器) pneumatic controller
공기조절저장(空氣調節貯藏) controlled atmosphere storage, CA storage
공기조절포장(空氣調節包裝) controlled

atmosphere packaging
공기조화(空氣調和) air conditioning
공기주머니 air sac
공기청정기(空氣清淨機) air cleaner
공기커튼 air curtain
공기컨베이어 pneumatic conveyer
공기투과성(空氣透過性) air permeability
공기펌프 air pump
공기품질(空氣品質) air quality
공기해동(空氣解凍) air thawing
공기해동장치(空氣解凍裝置) air thawing equipment
공기해머 air hammer
공기흡입구(空氣吸入口) air inlet
공동(空洞) cavity
공동과(空胴果) puffy fruit
공동구매(共同購買) group purchase
공동농업정책(共同農業政策) Common Agricultural Policy, CAP
공동조리장(共同調理場) central kitchen
공동조리학교급식(共同調理學校給食) central commissary school foodservice system
공동화(空洞化) cavitation
공막(鞏膜) sclera
공명(共鳴) resonance
공명구조(共鳴構造) resonance structure
공명에너지 resonance energy
공명전이(共鳴轉移) resonance transition
공명혼성체(共鳴混成體) resonance hybrid
공복(空腹) empty stomach
공복감(空腹感) hunger sensation
공복저혈당(空腹低血糖) fasting hypoglycemia
공복혈당장애(空腹血糖障碍) impaired fasting glucose
공분산(共分散) covariance
공분산분석(共分散分析) analysis of covariance, ANCOVA
공생(共生) symbiosis
공수병(恐水病) hydrophobia
공식(公式) formula
공압식(空壓式) pneumatic type
공업용돌연변이균주(工業用突然變異菌株) industrial mutant
공업용수(工業用水) industrial water
공업용식물유지(工業用植物油脂) industrial vegetable fat and oil
공업우무 industrial agar
공예작물(工藝作物) industrial crop
공유결합(共有結合) covalent bond
공유결합에너지 covalent bond energy
공유원잣값 covalence
공유전자(共有電子) shared electron
공유전자쌍(共有電子雙) shared electron pair
공융얼음 eutectic ice
공융온도(共融溫度) eutectic temperature
공융점(共融點) eutectic point
공융혼합물(共融混合物) eutectic mixture
공인영양사(公人營養士) registered dietitian
공작야자나무 solitary fishtail palm, toddy palm, wine palm, jaggery palm, *Caryota urens* L. 야자과
공장자동화(工場自動化) factory automation
공정(工程) process
공정관리(工程管理) process management
공정관리제어(工程管理制御) process management control
공정도(工程圖) process chart
공정분석(工程分析) process analysis
공정분석법(公定分析法) official method of analysis
공정서(公定書) official compendium
공정자동제어(工程自動制御) automatic process control
공정제어(工程制御) process control
공중미생물(空中微生物) airborne microorganism
공중보건(公衆保健) public health
공중보건영양사(公衆保健營養士) public health nutritionist
공중보건영양학(公衆保健營養學) public health nutrition
공중보건학(公衆保健學) public health
공중세균(空中細菌) airborne bacterium
공중영양(公衆營養) public nutrition
공중영양사(公衆營養士) public nutritionist
공중위생(公衆衛生) public hygiene
공중위생학(公衆衛生學) public hygiene
공중티끌 dust in air
공중합(共重合) copolymerization

공중합체(共重合體) copolymer
공중합폴리에틸렌 copolymerized polyethylene
공침(共沈) coprecipitation
공침전물(共沈澱物) coprecipitate
공침현상(共沈現像) coprecipitation phenomenon
공칭냉동속도(公稱冷凍速度) nominal rate of freezing
공칭냉동시간(公稱冷凍時間) nominal freezing time
공학(工學) engineering
공해(公害) pollution
곶감 dried persimmon
곶감쌈 gotgamssam
과(科) family
과나코 guanaco, *Lama guanicoe* (Müller, 1776) 낙타과
과냉각(過冷却) supercooling
과냉각수(過冷却水) supercooled water
과냉각액체(過冷却液體) supercooled liquid
과다활동(過多活動) hyperactivity
과당(果糖) fructose
과당못견딤증 fructose intolerance
과당시럽 fructose syrup
과당-6-인산 fructose-6-phosphate
과당이인산알돌레이스 fructose bisphosphate aldolase
과당인산화효소(果糖燐酸化酵素) fructokinase
과당-1,6-이인산 fructose-1,6-diphosphate
과라나 guarana, *Paullinia cupana* Kunth 무환자나뭇과
과립(顆粒) granule
과립백혈구(顆粒白血球) granulocyte, granular leukocyte
과립상(顆粒狀) grainy
과립세포질그물 rough endoplasmic reticulum
과립차(顆粒茶) granulated tea
과립화(顆粒化) granulation
과망가니즈산 permanganic acid
과망가니즈산포타슘 potassium permanganate
과매기 gwamaegi
과민대장증후군(過敏大腸症候群) irritable bowel syndrome, IBS
과민반응(過敏反應) hypersensitivity reaction
과민증(過敏症) hypersensitivity
과민현상(過敏現象) hypersensitivity phenomenon
과부하(過負荷) overload
과분쇄(過粉碎) over grinding
과산성소화불량(過酸性消化不良) acid dyspepsia
과산화(過酸化) peroxidation
과산화라디칼 peroxy radical
과산화물(過酸化物) peroxide
과산화물값 peroxide value, POV
과산화반응(過酸化反應) peroxidation reaction
과산화벤조일 benzoyl peroxide
과산화수소(過酸化水素) hydrogen peroxide
과산화아세트산 peroxyacetic acid, PAA
과산화이온 peroxide ion
과산화인산(過酸化燐酸) peroxyphosphoric acid
과산화질소(過酸化窒素) peroxonitric acid
과산화효소(過酸化酵素) peroxidase
과수산업(果樹產業) fruit industry
과수원(果樹園) orchard
과수원예학(果樹園藝學) fruit science, pomology
과수재배(果樹栽培) fruit culture
과숙(過熟) overripening
과숙기(過熟期) over ripened stage
과식(過食) overeating
과식주의(果食主義) fruitarianism
과식증(過食症) hyperphagia
과실오차(過失誤差) mistake error
과실파리 fruit fly
과실파리과 Tephritidae
과열(過熱) overheating
과열기(過熱器) superheater
과열농축우유(過熱濃縮牛乳) superheated condensed milk
과열스팀 superheated steam
과열압축(過熱壓縮) superheating compression
과열용매증기(過熱溶媒蒸氣) superheated solvent vapor
과열증기(過熱蒸氣) superheated vapor
과염소산(過鹽素酸) perchloric acid
과염소산포타슘 potassium perchlorate
과용해도곡선(過溶解度曲線) supersolubility curve
과육(果肉) fruit flesh

과육음료(果肉飮料) fruit flesh beverage
과이어크 guaiac
과이어레트산 guaiaretic acid
과이어콜 guaiacol
과이어콜반응 guaiacol reaction
과이어크검 gum guaiac
과이어크수지 guaiac resin
과일 fruit
과일갈변 browning of fruit
과일같음 fruitiness
과일검 fruit gum
과일경도계 fruit pressure tester
과일껍질 fruit peel
과일내 fruity odor
과일넥타 fruit nectar
과일디저트 fruit dessert
과일리큐어 fruit liqueur
과일무게선별기 fruit weight grader
과일버터 fruit butter
과일부산물 fruit byproduct
과일브랜디 fruit brandy
과일빵 fruit bread
과일샐러드 fruit salad
과일선별 fruit grading, fruit sorting
과일선별기 fruit grader, fruit sorter
과일선별포장시설 packing house
과일세척기 fruit washer
과일셔벗 fruit sherbet
과일수확기 fruit harvester
과일시럽 fruit syrup
과일식초 fruit vinegar
과일요구르트 fruit yoghurt
과일음료 fruit beverage
과일주 fruit wine
과일주스 fruit juice
과일주의자 frutarian
과일즙 fruit juice
과일즙거르개 fruit juice filter
과일즙음료 fruit juice beverage
과일즙향기성분회수 recovery of fruit juice volatile component
과일차 fruit tea
과일채소건조기 fruit and vegetable dryer
과일채소음료 fruit and vegetable beverage
과일추출물 fruit extract
과일케이크 fruitcake
과일코디얼 fruit cordial
과일콤포트 fruit compote
과일크기선별기 fruit sizer
과일통조림 canned fruit
과일파쇄기 fruit crusher
과일파이 fruit pie
과일펄퍼 fruit pulper
과일펄프 fruit pulp
과일페이스트 fruit paste
과일편 gwailpyeon
과일포 fruit leather
과일퓌레 fruit puree
과일프레스 fruit press
과일프리서브 fruit preserve
과일향미 fruit flavor
과일향우유 fruit flavored milk
과잉공기(過剩空氣) excess air
과자류(菓子類) confectionery
과자속 confectionery filling
과자크림 confectionery cream
과자페이스트 confectionery paste
과줄 gwajul
과체중(過體重) overweight
과편(果片) gwapyun
과포화(過飽和) supersaturation
과포화도(過飽和度) degree of supersaturation
과포화용액(過飽和溶液) supersaturated solution
과학(科學) science
과학기술논문인용색인(科學技術論文引用索引) science citation index, SCI
과홀씨 carpospore
과홀씨체 carposporophyte
과황산암모늄 ammonium persulfate
관(管) column
관개(灌漑) irrigation
관계식(關係式) relational expression
관능검사(官能檢査) sensory evaluation, organoleptic test, sensory assessment
관능검사실(官能檢査室) sensory evaluation room
관능검사장(官能檢査長) master taster
관능과학(官能科學) sensory science

관능기호도(官能嗜好度) sensory preference
관능문턱값 sensory threshold
관능분석(官能分析) sensory analysis
관능성질(官能性質) sensory property, organoleptic property
관능전문요원(官能專門要員) sensory professional
관능점수(官能點數) sensory score
관능특성(官能特性) sensory attribute, sensory characteristics
관능패널 sensory panel
관능품질(官能品質) sensory quality
관다발 vascular bundle
관다발식물 vascular plant
관리도(管理圖) management chart, control chart
관리자(管理者) manager
관리표준(管理標準) management standard
관석(罐石) scale
관석제거(罐石除去) scaling
관세 및 무역에 관한 일반협정 General Agreement on Trade and Tariffs, GATT
관장(灌腸) enema
관절(關節) joint
관절염(關節炎) arthritis
관절운동(關節運動) joint movement
관절증(關節症) arthrosis
관족(管足) ambulacral foot, tube feet
관측값 observed value
관크로마토그래피 column chromatography
관형거르개 tubular filter
관형냉각기(管形冷却器) tubular cooler
관형열교환기(管形熱交換機) tubular heat exchanger
관형원심분리기(管形遠心分離機) tubular bowl centrifuge
관형히터 tubular heater
광감지기(光感知器) optical sensor
광검출기(光檢出器) photo detector
광견병(狂犬病) rabies
광구병(廣口甁) wide-mouth bottle
광귤(廣橘) bitter orange, sour orange, Seville orange
광귤나무 bitter orange, sour orange, Seville orange, *Citrus aurantium* L. 운향과
광귤방향유(廣橘芳香油) bitter orange oil
광대버섯 fly agaric, fly amanita, *Amanita muscaria* (L.) Lam. 광대버섯과
광대버섯과 Amanitaceae
광대버섯속 *Amanita*
광도(光度) luminous intensity
광도계(光度計) photometer
광도적정(光度滴定) photometric titration
광도측정법(光度測定法) photometry
광독립영양생물(光獨立營養生物) photoautotroph
광독성(光毒性) phototoxicity
광루미네선스 photoluminescence
광물기름 mineral oil
광물자원(鑛物資源) mineral resource
광물질(鑛物質) mineral
광받개 photoreceptor
광받개세포 photoreceptor cell
광범위항생물질(廣範圍抗生物質) broad spectrum antibiotic
광분해(光分解) photolysis
광분해플라스틱 photodegradable plastic
광산화(光酸化) photooxidation
광선(光線) ray of light
광섬유(光纖維) optical fiber
광식동물(廣食動物) polyphagous animal
광식성(廣食性) polyphagous
광양자(光量子) light quantum
광역스펙트럼 broad spectrum
광역학(光力學) photodynamics
광염생물(廣鹽生物) euryhaline organism
광영양미생물(光營養微生物) phototrophic microorganism
광영양생물(光營養生物) phototroph
광영양세균(光營養細菌) phototrophic bacterium
광온동물(廣溫動物) eurythermal animal
광온생물(廣溫生物) eurythermal organism
광우병(狂牛病) mad cow disease
광이성질화(光異性質化) photoisomerization
광이온화 photoionization
광인산화(光燐酸化) photophosphorylation
광인산화반응(光燐酸化反應) photophosphorylation
광자(光子) photon
광전광도계(光電光度計) photoelectric photometer

광전도도(光傳導度) photoelectric conductivity
광전분광광도계(光電分光光度計) photoelectric spectrophotometer
광전비색계(光電比色計) photoelectric colorimeter
광전자형(光電子形) photoelectron form
광전지(光電池) photocell, photoelectric cell
광전효과(光電效果) photoelectric effect
광절열두조충(廣節裂頭條蟲) broad tapeworm, *Diphyllobothrium latum* Dunus, 1952 열두조충과
광택(光澤) gloss
광파(光波) light wave
광학밀도(光學密度) optical density
광학성질(光學性質) optical property
광학이성질(光學異性質) optical isomerism
광학이성질체(光學異性質體) optical isomer
광학이성질현상(光學異性質現象) optical isomerism
광학이성질화(光學異性質化) optical isomerization
광학특이성(光學特異性) optical specificity
광학현미경(光學顯微鏡) optical microscope
광학활성(光學活性) optical activity
광합성(光合成) photosynthesis
광합성계수(光合成係數) photosynthetic quotient
광합성미생물(光合成微生物) photosynthetic microorganism
광합성색소(光合成色素) photosynthetic pigment
광합성세균(光合成細菌) photosynthetic bacterium
광합성속도(光合成速度) photosynthetic rate
광합성식물(光合成植物) photosynthetic plant
광호흡(光呼吸) photorespiration
광화학(光化學) photochemistry
광화학반응(光化學反應) photochemical reaction
광회복(光回復) photoreactivation
광회전(光回轉) optical rotation
광회전력(光回轉力) optical rotatory power
광회전분산(光回轉分散) optical rotatory dispersion
괭이밥과 Oxalidaceae
괭이밥속 *Oxalis*
괴각(槐角) Sophorae fructus
괴도라치 fringed blenny, *Chirolophis japonicus* Herzenstein, 1890 장갱잇과
괴르트너세균 Gärtner bacillus
괴사(壞死) necrosis
괴혈병(壞血病) scurvy
교감신경(交感神經) sympathetic nerve
교감신경계통(交感神經系統) sympathetic nerve system
교류(交流) alternating current
교목(喬木) tree
교반(攪拌) agitation
교반레토르트 agitated retort
교반솥 agitated kettle
교반유화기(攪拌乳化機) agitated emulsifier
교반재킷증발기 agitated jacketed-kettle evaporator
교반피막증발기(攪拌皮膜蒸發器) agitated film evaporator
교반추출기(攪拌抽出器) agitated extractor
교배불화합성(交配不和合性) cross incompatibility
교차감염(交叉感染) cross infection
교차강화(交叉强化) cross potentiation
교차면역(交叉免疫) cross immunity
교차반응(交叉反應) cross reaction
교차반응성(交叉反應性) cross reactivity
교차오염(交叉汚染) cross contamination
교차적응(交叉適應) cross adaptation
교환기(交換機) exchanger
교환반응(交換反應) exchange reaction
교환시스템 exchange system
구간척도(區間尺度) interval scale
구간추정(區間推定) interval estimation
구갈돔 Chinese emperor, *Lethrinus haematopterus* Temminck & Schlegel, 1844 갈돔과
구강미생물학(口腔微生物學) oral microbiology
구강보건(口腔保健) oral health
구강세균학(口腔細菌學) oral bacteriology
구강외과(口腔外科) oral surgery
구강위생(口腔衛生) oral hygiene
구과(毬果) cone
구과식물(毬果植物) conifer
구과식물군(毬果植物群) Coniferopsida
구과식물목(毬果植物目) Coniferales
구과식물문(毬果植物門) Coniferophyta
구과식물아문(毬果植物亞門) Coniferophytina

구기자(枸杞子) goji berry, wolfberry
구기자나무 Chinese boxthorn, Chinese matrimony-vine, *Lycium chinense* Mill. 가짓과
구기자속 *Lycium*
구기주(枸杞酒) gugiju
구기차(枸杞茶) gugicha
구내식당(構內食堂) canteen
구내식당음식(構內食堂飮食) canteen meal
구두항목척도(口頭項目尺度) verbal category scale
구루병(佝僂病) rickets
구르다니 gurdani
구름버섯 turkey tail, *Trametes versicolor* (L.) Lloyd (= *Coriolus versicolor* (L.) Quél.) 구멍장이버섯과
구름버섯속 *Coriolus*
구리 copper
구리결핍빈혈 copper deficiency anemia
구리선 copper wire
구리엽록소 copper chlorophyll
구리클로로필린소듐 sodium copper chlorophyllin
구리클로로필린포타슘 potassium copper chlorophyllin
구매(購買) purchasing
구매빈도(購買頻度) purchasing frequency
구멍장이버섯 dryad's saddle, pheasant's back mushroom, *Polyporus squamosus* (Huds.) Fr. 구멍장이버섯과
구멍장이버섯과 Polyporaceae
구멍장이버섯목 Polyporales
구멍장이버섯속 *Polyporus*
구불창자 sigmoid colon
구성유전자(構成遺傳子) household gene
구성효소(構成酵素) constitutive enzyme
구스베리 gooseberry, *Ribes grossularia* L. 까치밥나뭇과
구슬말과 Nostocaceae
구슬말목 Nostocales
구슬말속 *Nostoc*
구심력(求心力) centripetal force
구아 guar, cluster bean, *Cyamopsis tetragonoloba* (L.) Taub. 콩과
구아검 guar gum
구아검가수분해물 guar gum hydrolysate
구아노신 guanosine
구아노신삼인산 guanosine triphosphate
구아노신 5'-인산 guanosine 5'-monophosphate, 5'-GMP
구아노신이인산 guanosine diphosphate
구아노신일인산 guanosine monophosphate, GMP
구아니디노화합물 guanidino compound
구아니딘 guanidine
구아닌 guanine
구아닌데옥시리보사이드 guanine deoxyriboside
구아닐 guanyl
구아닐산 guanylic acid
구아닐산고리형성효소 guanylate cyclase
구아닐산소듐 sodium guanylate
구아버 guava, *Psidium guajava* L. 미르타과
구아버베리 guavaberry, rumberry, *Myrciaria floribunda* Berg. 미르타과
구아버스틴 guavasteen
구아버잎추출물 guava leaf extract
구아버주스 guava juice
구아버펄프 guava pulp
구아버퓌레 guava puree
구아이아쿰속 *Guaiacum*
구아카몰 guacamole
구약가루 konjac powder
구약구(蒟蒻球) konjac bulb
구약글루코마난 konjac glucomannan
구약나물 elephant yam, elephant foot, devil's tongue, *Amorphophalus konjac* K. Koch 천성남과
구약마난 konjac mannan
구운사과 baked apple
구운커스터드 baked custard
구운콩 baked bean
구이 gui
구절초(九節草) gujeolcho, *Chrysanthemum zawadskii* var. *latilobum* Kitamura 국화과
구절판(九折坂) gujeolpan
구점기호척도(九點嗜好尺度) nine-point hedonic scale
구제역(口蹄疫) foot-and-mouth disease

구조(構造) structure
구조단백질(構造蛋白質) structural protein
구조식(構造式) structural formula
구조유전자(構造遺傳子) structural gene
구조이성질체(構造異性質體) structural isomer
구조점성(構造粘性) structural viscosity
구조지방질(構造脂肪質) structured lipid
구조파괴이온 structure breaking ion
구조형성이온 structure forming ion
구충(鉤蟲) hookworm
구충과(鉤蟲科) Ancylostomatidae
구충제(驅蟲劑) anthelmintic
구터 gouter
구토(嘔吐) vomiting
구토과일 vomit fruit
구토독소(嘔吐毒素) vomitoxin
구포자충과(球胞子蟲科) Eimeriidae
구형단백질(球形蛋白質) globular protein
구형액틴 globular actin
구황작물(救荒作物) emergency crop
국 guk
국가식품소비량(國家食品消費量) national food consumption
국가표준기본법(國家標準基本法) Framework Act on National Standards
국내총생산(國內總生産) gross domestic product, GDP
국물 gukmul
국물김치 gukmulkimchi
국민건강보험(國民健康保險) national health insurance
국민건강영양조사(國民健康營養調査) national health and nutrition survey
국민건강증진법(國民健康增進法) National Health Promotion Act
국민보건서비스 national health services
국민사망지수(國民死亡指數) national death index
국민영양관리법(國民營養管理法) National Nutrition Management Act
국민영양섭취조사(國民營養攝取調査) national nutrition intake survey
국민영양조사(國民營養調査) national nutrition survey
국민총생산(國民總生産) gross national product, GNP
국소가열(局所加熱) localized heating
국소감염(局所感染) localized infection
국소마취(局所痲醉) local anesthesia
국소마취제(局所痲醉劑) local anesthetic
국수 noodle
국수류 noodles
국수뱅어 ariake icefish, *Salanx ariakensis* (Kishinouye, 1901) 뱅엇과
국수버섯 fairy fingers, white worm coral, white spindles, *Clavaria vermicularis* Swartz:Fr. (= *Clavaria fragilus* Holnsk. :Fr.) 국수버섯과
국수버섯과 Clavariaceae
국수버섯속 *Clavaria*
국수사리 guksusari
국수장국 guksujangguk
국수전골 guksujeongol
국수첨가알칼리제 alkali agent for noodlemaking
국자가리비 Japanese baking scallop, *Pecten albicans albicans* (Schröter, 1802) 큰집가리빗과
국제규격(國際規格) international standard
국제낙농연합회(國際酪農聯合會) International Dairy Federation, IDF
국제단위(國際單位) International Unit, IU
국제단위계(國際單位系) System of International Unit, SI unit
국제벼연구소 International Rice Research Institute, IRRI
국제식품규격위원회(國際食品規格委員會) Codex Alimentarius Commission, CAC
국제암연구기관(國際癌硏究機關) International Agency for Research on Cancer, IARC
국제옥수수밀개량센터 International Maize and Wheat Improvement Center, IMWIC
국제원자력기구(國際原子力機構) International Atomic Energy Agency, IAEA
국제조명위원회(國際照明委員會) Commission Internationale de I'Eclairage (International Commission on Illumination)
국제조명위원회색체계(國際照明委員會色體系) Commission Internationale de I'Eclairage color system

국제표준화기구(國際標準化機構) International Standard Organization, ISO
국화(菊花) chrysanthemum, florist's daisy, *Chrysanthemum morifolium* Ramat. 국화과
국화과(菊花科) Asteraceae, Compositae
국화마 gukwhama, *Dioscorea septemloba* Thunb. 맛과
국화면(菊花麵) gukhwamyeon
국화목(菊花目) Asterales
국화속(菊花屬) *Chrysanthemum*
국화빵 gukhwapang
국화주(菊花酒) gukhwaju
군(群) group
군고구마 baked sweet potato
군내 stale odor
군대레스토랑 military restaurant service
군밤 roasted chestnut
군소 sea hare, *Aplysia kurodai* (Baba, 1937) 군솟과
군소목 Aplysiomorpha
군소속 *Aplysia*
군솟과 Aplysiidae
군집분석(群集分析) cluster analysis
굴 oyster
굴과 Ostreidae
굴뚝버섯과 Phylacteriaceae, Thelephoraceae
굴로스 gulose
굴목 Ostreoida
굴비 gulbi
굴비고추장 gulbigochujang
굴소스 oyster sauce
굴소테 oyster saute
굴전 guljeon
굴절(屈折) refraction
굴절각(屈折角) angle of refraction
굴절계(屈折計) refractometer
굴절계법(屈折計法) refractometry
굴절광(屈折光) refracted light
굴절당도계(屈折糖度計) sugar refractometer
굴절률(屈折率) refractive index
굴젓 guljeot
굴족강(掘足綱) Scaphopoda
굴토끼 European rabbit, common rabbit, *Oryctolagus cuniculus* (Linnaeus, 1758) 토낏과
굴토끼속 *Oryctolagus*
굴통조림 canned oyster
굴통조림녹변 greening of canned oyster
굴훈제통조림 canned smoked oyster
굵은설탕 granulated sugar
굵은필라멘트 thick filament
굶주림 starvation
굼벵이 grub
굽기 baking
굿킹헨리 good king Henry, *Chenopodium bonus-henricus* L. 명아줏과
궁궁이 gunggungi, *Angelica polymorpha* Maxim. 산형과
권장섭취량(勸奬攝取量) recommended intake, RI
궤양(潰瘍) ulcer
궤양식도염(潰瘍食道炎) ulcerative esophagitis
궤양잘록창자염 ulcerative colitis
귀 ear
귀각(龜殼) tortoise shell
귀관 auditory tube, eustachian tube
귀꼴뚜기 morse's bobtail, *Euprymna morsei* (Verrill, 1881) 꼴뚜깃과
귀뚜라미 cricket
귀뚜라미 gwiddurami, *Velarifictorus aspersus* (Walker, 1869) 귀뚜라밋과
귀뚜라미상과 Grylloidea
귀뚜라밋과 Gryllidae
귀리 oat, *Avena sativa* L. 볏과
귀리가루 oat flour
귀리검 oat gum
귀리겨 oat bran
귀리기름 oat oil
귀리녹말 oat starch
귀리속 *Avena*
귀리식품섬유 oat dietary fiber
귀무가설(歸無假說) null hypothesis
귀밑샘 parotid gland
귀밝이술 gwibalgisul
귀상어 hammerhead shark, *Sphyma zygaena* (Linnaeus, 1758) 귀상엇과
귀상엇과 Sphyrnidae

귀족도미 gilthead bream, *Sparus aurata* (Linnaeus, 1758) 도밋과
귀화식물(歸化植物) naturalized plant
귀화종(歸化種) naturalized species
귓속뼈 ear ossicle
규격(規格) specification
규사(硅砂) silica sand
규산(硅酸) silicic acid
규산마그네슘 magnesium silicate
규산소듐 sodium silicate
규산염(硅酸鹽) silicate
규산칼슘 calcium silicate
규소(硅素) silicon
규소수지(硅素樹脂) silicone resin
규조토(硅藻土) diatomaceous earth
규폐증(硅肺症) silicosis
균(菌) germ
균근(菌根) mycorrhiza
균사(菌絲) hypha
균사체(菌絲體) mycelium
균상재배(菌床栽培) mushroom bed culture
균심강(菌蕈綱) Hymenomycetes
균열(龜裂) crack
균온냉동(均溫冷凍) even temperature freezing
균일계(均一系) homogeneous system
균일반응(均一反應) homogeneous reaction
균일성(均一性) uniformity
균일촉매작용(均一觸媒作用) homogeneous catalysis
균일평형(均一平衡) homogeneous equilibrium
균일혼합물(均一混合物) homogeneous mixture
균일화학반응(均一化學反應) homogeneous chemical reaction
균주(菌株) strain
균질기(均質器) homogenizer
균질성(均質性) homogeneity
균질액(均質液) homogenate
균질우유(均質牛乳) homogenized milk
균질화(均質化) homogenization
균핵(菌核) sclerotium
균핵버섯과 Sclerotiniaceae
균핵버섯속 *Sclerotinia*
균핵병(菌核病) sclerotium rot
균핵병균(菌核病菌) *Sclerotinia sclerotiorum*
균형격자설계(均衡格子設計) balanced lattice design
균형기준시료(均衡基準試料) balanced reference
균형불완전블록설계 balanced incomplete block design
균형식사(均衡食事) balanced diet
균형영양상태(均衡營養狀態) balanced nutritional state
균형저열량식사(均衡低熱量食事) balanced low calorie diet
그늘쑥 woodland wormwood, *Artemisia sylvatica* Maxim. 국화과
그라나 grana
그라나틸라코이드 grana thylakoid
그라나치즈 grana cheese
그라놀라 granola
그라비새우 Chinese ditch prawn, *Palaemon gravieri* (Yu, 1930) 징거미새웃과
그라스 GRAS, Generally Recognized as Safe
그라스목록 GRAS list
그라스물질 GRAS substance
그라스자격 GRAS status
그라스호프수 Grashof number
그라야노톡신 grayanotoxin
그라운드커피 ground coffee
그라탱 gratin
그라파 grappa
그람양성 Gram positive
그람양성세균 Gram-positive bacterium
그람염색 Gram stain
그람음성 Gram negative
그람음성세균 Gram-negative bacterium
그래눌로메트리 granulometry
그래인오브파라다이스 grains of paradise, Guinea pepper, *Aframomum melegueta* K. Schum. 생강과
그래프 graph
그램 gram
그램당량 gram equivalent
그램분자량 gram molecular weight
그램원자량 gram atomic weight
그램칼로리 gram calorie
그램화학식량 gram formula weight
그레나딘 grenadine

그레이 gray
그레이브스병 Graves disease
그레이비 gravy
그레이비가루 gravy powder
그레이비과립 gravy granule
그레이비소스 gravy sauce
그레이엄밀가루 Graham flour
그레이엄법칙 Graham's law
그레이팅 grating
그레이프프루트 grapefruit, *Citrus paradisi* Macfad. 운향과
그레이프프루트껍질 grapefruit peel
그레이프프루트방향유 grapefruit oil
그레이프프루트씨추출물 grapefruit seed extract
그레이프프루트주스 grapefruit juice
그레인 grain
그레인위스키 grain whisky
그로트 groat
그루퍼 grouper
그룹오차 group error
그룹효과 group effect
그뤼에르치즈 Gruyere cheese
그리들 griddle
그리세오풀빈 griseofulvin
그리스 grease
그리시니 grissini
그리츠 grits
그린게이지 greengage, *Prunus domestica* ssp. *italica* var. *claudiana* (Poiret) Gams 장미과
그린게이지자두 greengage plum
그린란드대구 Greenland cod, *Gadus ogac* (Richardson, 1836) 대구과
그린마테 green mate
그린베이컨 green bacon
그린후추 green pepper
그릴 grill
그릴링 grilling
그물구조 network structure
그물균충문 Labyrinthomorpha
그물버섯 cep, *Boletus edulis* Bull. 그물버섯과
그물버섯과 Boletaceae
그물버섯목 Boletales
그물버섯속 *Boletus*
그물적혈구 reticulocyte
극(極) pole
극단식품섭취량(極端食品攝取量) extreme food intake
극물(劇物) deleterious substance
극미립자(極微粒子) microparticle
극성(極性) polarity
극성결합(極性結合) polar bond
극성공유결합(極性共有結合) polar covalent bond
극성물질(極性物質) polar material
극성반응(極性反應) polar reaction
극성분자(極性分子) polar molecule
극성아미노산 polar amino acid
극성용매(極性溶媒) polar solvent
극성원자단(極性原子團) polar group
극성지방질(極性脂肪質) polar lipid
극성화합물(極性化合物) polar compound
극저온냉동(極低溫冷凍) cryogenic refrigeration
극저온보존(極低溫保存) cryopreservation
극저온보존기술(極低溫保存技術) cryopreservation technology
극저온분쇄(極低溫粉碎) cryomilling, cryogenic grinding
극저온학(極低溫學) cryogenics
극지대구(極地大口) arctic cod, *Boreogadus saida* (Lepechin, 1774) 대구과
극지식물(極地植物) arctic plant
극초단파(極超短波) ultrahigh frequency, UHF
극피동물(棘皮動物) echinoderm
극피동물문(棘皮動物門) Echinodermata
극한법(極限法) method of limits
극한점성(極限粘性) limiting viscosity
근대 Swiss chard, *Beta vulgaris* var. *cicla* L. 명아줏과
근두암종(根頭癌腫) crown gall
근두암종병(根頭癌腫病) crown gall disease
근두암종세균(根頭癌腫細菌) crown gall bacterium, *Agrobacterium tumefaciens*
근력(筋力) muscle force
근사식(近似式) approximate expression, approximate formula

근사오차(近似誤差) proximity error
근사적합척도(近似適合尺度) just about right scale
근삿값 approximate value
근육(筋肉) muscle
근육감각(筋肉感覺) muscle sense
근육경련(筋肉痙攣) cramp
근육계통(筋肉系統) muscular system
근육다발 muscle bundle
근육다발막 perimysium
근육단백질(筋肉蛋白質) muscle protein
근육단위(筋肉單位) muscle unit
근육디스트로피 muscular dystrophy
근육모세포(筋肉母細胞) myoblast
근육바깥막 epimysium
근육뼈대계통 musculoskeleton system
근육사이막 intermuscular septum
근육사이지방 intermuscular fat
근육색소(筋肉色素) myochrome
근육섬유(筋肉纖維) muscle fiber
근육섬유단백질(筋肉纖維蛋白質) muscle fiber protein
근육세기 muscle strength
근육세포막(筋肉細胞膜) sarcolemma
근육세포질(筋肉細胞質) sarcoplasm
근육세포질그물 sarcoplasmic reticulum
근육세포질단백질(筋肉細胞質蛋白質) sarcoplasmic protein
근육속막 endomysium
근육수축(筋肉收縮) muscular contraction
근육안지방 intramuscular fat
근육운동(筋肉運動) muscular motion
근육원섬유(筋肉原纖維) myofibril
근육원섬유단백질(筋肉原纖維蛋白質) myofibrillar protein
근육원섬유마디 myomere, sarcomere
근육위축(筋肉萎縮) muscular atrophy
근육이완제(筋肉弛緩劑) muscle relaxant
근육조직(筋肉組織) muscular tissue
근육지구력(筋肉持久力) muscle endurance
근육포자충과(筋肉胞子蟲科) Sarcocystidae
근적외선(近赤外線) near infrared
근적외선분광광도계(近赤外線分光光度計) near infrared spectrophotometer
근적외선분광법(近赤外線分光法) near infrared spectroscopy
글라세 glacé
글라스 glace
글라신종이 glassine
글레이즈 glaze
글레이징 glazing
글로불린 globulin
글로불린에이 globulin A
글로불린혈증 globulinemia
글로브밸브 globe valve
글로브아티초크 globe artichoke, *Cynara cardunculus* var. *scolymus* L. 국화과
글로빈 globin
글루시톨 glucitol
글루카곤 glucagon
글루카곤유사인슐린자극펩타이드 glucagon-like insulinotropic peptide
글루카곤유사펩타이드 glucagon-like peptide
글루칸 glucan
글루칸가수분해효소 glucanase
글루칸-1,4-알파글루코시데이스 glucan-1,4-α-glucosidase
글루칸내부-1,3-베타-디-글루코시데이스 glucan endo-1,3-β-D-glucosidase
글루코네이트 gluconate
글루코노델타락톤 glucono-δ-lactone
글루코노락톤 gluconolactone
글루코노박터속 *Gluconobacter*
글루코노아세토박터속 *Gluconoacetobacter*
글루코노아세토박터 유로파에우스 *Gluconoacetobacter europaeus*
글루코라파닌 glucoraphanin
글루코마난 glucomannan
글루코바닐라 glucovanilla
글루코브라시신 glucobrassicin
글루코사민 glucosamine
글루코사이드 glucoside
글루코사이드가수분해효소 glucoside hydrolase
글루코사이드결합 glucosidic linkage
글루코산 glucosan
글루코세레브로사이드 glucocerebroside
글루코시놀레이스 glucosinolase
글루코시놀레이트 glucosinolate

글루코시데이스 glucosidase
글루코실기전달효소 glucosyltransferase
글루코아밀레이스 glucoamylase
글루코올리고당 glucooligosaccharide
글루코코티코이드 glucocorticoid
글루콘산 gluconic acid
글루콘산구리 copper gluconate
글루콘산마그네슘 magnesium gluconate
글루콘산망가니즈 manganese gluconate
글루콘산발효 gluconic acid fermentation
글루콘산소듐 sodium gluconate
글루콘산아연 zinc gluconate
글루콘산철(II) iron(II) gluconate, ferrous gluconate
글루콘산칼슘 calcium gluconate
글루콘산포타슘 potassium gluconate
글루쿠로나이드 glucuronide
글루쿠론산 glucuronic acid
글루타르산 glutaric acid
글루타메이트 glutamate
글루타민 glutamine
글루타민가수분해효소 glutaminase
글루타민발효 glutamine fermentation
글루타민합성효소 glutamine synthetase
글루타싸이온 glutathione
글루타싸이온과산화효소 glutathione peroxidase
글루타싸이온전달효소 glutathione transferase
글루타싸이온에스전달효소 glutathione *S*-transferase
글루타싸이온환원효소 glutathione reductase
글루탐산 glutamic acid
글루탐산발효 glutamic acid fermentation
글루탐산생합성경로 glutamic acid biosynthesis pathway
글루탐산수소제거효소 glutamate dehydrogenase
글루탐산 5-아마이드 glutamic acid 5-amide
글루탐산옥살아세트산전달효소 glutamate-oxaloacetate transferase, GOT
글루탐산제조법 glutamic acid manufacturing method
글루탐산카복실기제거효소 glutamate decarboxylase
글 루 탐 산 피 루 브 산 아 미 노 기 전 달 효 소 glutamate-pyruvate transaminase, GTP
글루탐산합성효소 glutamate synthase
글루탐산회수 glutamic acid recovery
글루테닌 glutenin
글루텐 gluten
글루텐가루 gluten meal
글루텐단백질 gluten protein
글루텐민감작은창자병 gluten sensitive enteropathy
글루텐빵 gluten bread
글루텐사료 gluten feed
글루텐제한식사 gluten restricted diet
글루텐형성 gluten development
글루텔린 glutelin
글리세라이드 glyceride
글리세로스 glycerose
글리세로인산 glycerophosphoric acid
글리세로인산칼슘 calcium glycerophosphate
글리세로인산포타슘 potassium glycerophosphate
글리세로지방질 glycerolipid
글리세롤 glycerol
글리세롤모노로레이트 glycerol monolaurate
글리세롤모노스테아레이트 glycerol monostearate, GMS
글리세롤분해 glycerolysis
글리세롤이녹말 distarch glycerol
글리세롤지방산에스터 glycerol fatty acid ester
글리세롤트라이카프릴레이트 glycerol tricaprylate
글리세르산 glyceric acid
글리세르알데하이드 glyceraldehyde
글리세린 glycerin
글리세릴락토스테아레이트 glyceryl lactostearate
글리세릴리시놀레에이트 glyceryl ricinoleate
글리세릴모노스테아레이트 glyceryl monostearate
글리세릴에테르 glyceryl ether
글리세릴트라이스테아레이트 glyceryl tristearate
글리세릴트라이아세테이트 glyceryl triacetate
글리세릴트라이올레에이트 glyceryl trioleate
글리세릴트라이팔미테이트 glyceryl tripalmitate
글리세올린 glyceollin
글리시닌 glycinin

글리시르레틴산 glycyrrhetinic acid
글리시리즈산 glycyrrhizic acid
글리시리진 glycyrrhizin
글리시리진산소듐 sodium glycyrrhizinate
글리시리진산다이소듐 disodium glycyrrhizinate
글리시리진산트라이소듐 trisodium glycyrrhizinate
글리시테인 glycitein
글리시틴 glycitin
글리신 glycine
글리신베타인 glycine betaine
글리신올 glycinol
글리아딘 gliadin
글리오클라듐속 *Gliocladium*
글리오톡신 gliotoxin
글리옥살 glyoxal
글리옥살레이트 glyoxalate
글리옥시솜 glyoxysome
글리옥실산 glyoxylic acid
글리옥실산회로 glyoxylate cycle
글리칸 glycan
글리코마크로펩타이드 glycomacropeptide
글리코믹스 glycomics
글리코사미노글리칸 glycosaminoglycan
글리코사이드 glycoside
글리코사이드결합 glycosidic bond
글리코시데이스 glycosidase
글리코실기전달반응 transglycosylation
글리코실기전달효소 glycosyltransferase
글리코실화 glycosylation
글리코실화반응 glycosylation
글리코알데하이드 glycoaldehyde
글리코알칼로이드 glycoalkaloid
글리코젠 glycogen
글리코젠가수분해효소 glycogenase
글리코젠과립 glycogen granule
글리코젠분해 glycogenolysis
글리코젠증 glycogenosis
글리코젠축적병 glycogen storage disease
글리코포스포펩타이드 glycophosphopeptide, GPP
글리코젠합성 glycogenesis
글리코칼릭스 glycocalyx
글리코콜산 glycocholic acid
글리콜 glycol
글리콜레이트 glycolate
글리콜산 glycolic acid
글리콜산경로 glycolate pathway
글리콜알데하이드 glycolaldehyde
글리포세이트 glyphosate
금(金) gold
금감(金柑) kumquat
금감설탕절임 sugared kumquat
금감속 *Fortunella*
금눈돔 alfonsino, *Beryx decadactylus* Couvier, 1829 금눈돔과
금눈돔과 Berycidae
금눈돔목 Beryciformes
금박(金箔) gold leaf
금불초(金佛草) inula, *Inula britannica* var. *japonica* (Thunb.) Franch. & Sav. 국화과
금불초속(金佛草屬) *Inula*
금빛비늘버섯 *Pholiota aurivella* (Batsch:Fr.) Kummer 독청버섯과
금속(金屬) metal
금속검출기(金屬檢出器) metal detector
금속결정(金屬結晶) metallic crystal
금속결합(金屬結合) metallic bond
금속광택(金屬光澤) metallic luster
금속단백질(金屬蛋白質) metalloprotein
금속단백질가수분해효소(金屬蛋白質加水分解酵素) metalloproteinase
금속라이닝 metal lining
금속맛 metallic taste
금속박(金屬薄) metal foil
금속산화물(金屬酸化物) metal oxide
금속아마이드 metal amide
금속오븐 metal oven
금속원소(金屬元素) metal element
금속이온 metal ion
금속이온봉쇄제 sequestrant
금속이취(金屬異臭) metallic off-odor
금속제거제(金屬除去劑) metal scavenger
금속착염(金屬錯鹽) metal complex salt
금속캔 metallic can
금속효소(金屬酵素) metalloenzyme
금수(金數) gold number
금수휘나뭇과 Malpighiaceae
금수휘나무목 Malpighiales

금앵자(金櫻子) Cherokee rose, *Rosa laevigata* Michx. 장미과
금은화(金銀花) Lonicerae flos
금잔화(金盞花) field marigold, *Calendula arvensis* L. 국화과
금형(金型) metallic mold
급성간염(急性肝炎) acute hepatitis
급성골수성백혈병(急性骨髓性白血病) acute myeloid leukemia, AML
급성독성(急性毒性) acute toxicity
급성독성검사(急性毒性檢査) acute toxicity test
급성막창자꼬리염 acute appendicitis
급성쓸개염 acute cholecystitis
급성알코올중독 acute alcohol intoxication
급성위염(急性胃炎) acute gastritis
급성이자염 acute pancreatitis
급성중독(急性中毒) acute poisoning, acute intoxication
급성창자염 acute enteritis
급성콩팥기능상실 acute renal failure
급성콩팥염 acute nephritis
급성토리콩팥염 acute glomerular nephritis
급성편도염(急性扁桃炎) acute tonsillitis
급성폐렴(急性肺炎) acute pneumonia
급속거르기 rapid filtration
급속냉각(急速冷却) rapid cooling
급속해동(急速解凍) rapid thawing
급수(給水) brine for liquid mash
급수(給水) water supply
급수장치(給水裝置) water supply equipment
급식(給食) foodservice
급식경영(給食經營) foodservice management
급식경영시스템 foodservice management system
급식경영학(給食經營學) foodservice management
급식산업(給食産業) foodservice industry
급식시스템 foodservice system
급식시스템모형 foodservice system model
긋기배양 streak culture
긋기평판 streak plate
긋기평판법 streak plate method
기 ghee
기가 giga
기각(棄却) rejection
기각영역(棄却領域) rejection region
기계(機械) machine
기계국수 machine noodle
기계냉동법(機械冷凍法) mechanical refrigerating method
기계냉동시스템 mechanical refrigeration system
기계냉동차(機械冷凍車) mechanical refrigerator truck
기계밀봉(機械密封) mechanical sealing
기계박막증발기(機械薄膜蒸發器) mechanical thin film evaporator
기계박피(機械剝皮) mechanical peeling
기계발골(機械發骨) mechanical deboning
기계발골기(機械發骨機) mechanical deboner
기계배기(機械排氣) mechanical exhaust
기계배기법(機械排氣法) mechanical exhausting method
기계선별(機械選別) mechanical sorting
기계성질(機械性質) mechanical property
기계소화(機械消化) mechanical digestion
기계손상(機械損傷) mechanical damage
기계수확(機械收穫) mechanical harvest
기계연화(機械軟化) mechanical tenderization
기계조직(機械組織) mechanical tissue
기계크기선별 mechanical sizing
기계착유(機械搾乳) machine milking
기공(氣孔) stoma
기관(器官) organ
기관계통(器官系統) organ system
기균사체 aerial mycelium
기근(饑饉) famine
기기(機器) instrument
기기분석(機器分析) instrumental analysis
기기분석법(機器分析法) instrumental analysis method
기기오차(機器誤差) instrumental error
기내음식(機內飮食) in-flight meal
기능(機能) function
기능불량(機能不良) malfunction
기능성(機能性) functionality
기능성질(機能性質) functional property
기능식품(機能食品) functional food

기능올리고당 functional oligosaccharide
기능유전체학(機能遺傳體學) functional genomics
기능특성(機能特性) functional characteristics
기능펩타이드 functional peptide
기능항진(機能亢進) hyperfunction
기니피그 guinea pig, *Cavia porcellus* (Linnaeus, 1758) 기니피그과
기니피그과 Caviidae
기니피그속 *Cavia*
기니피그아목 Caviomorpha
기대여명(期待餘命) life expectancy
기대오차(期待誤差) expected error
기댓값 expected value
기도(氣道) respiratory tract
기러기목 Anseriformes
기록계(記錄計) recorder
기록분광광도계(記錄分光光度計) recording spectrophotometer
기류건조기(氣流乾燥機) pneumatic dryer
기류성질(氣流性質) airflow property
기름 oil
기름가자미 blackfin flounder, *Glyptocephalus stelleri* (Schmidt, 1904) 가자밋과
기름거르개 oil filter
기름골 chufa, tiger nut, *Cyperus esculentus* L. 사초과
기름기 greasiness
기름기 oiliness
기름나물속 *Peucedanum*
기름내물고기 oily odor fish
기름담금생선 fish in oil
기름담금통조림 canned food in oil
기름방울 oil droplet
기름변색 oil discoloration
기름분리기 oil separator
기름샘 oil gland
기름속물에멀션 water in oil emulsion
기름속물형 water in oil
기름식물 oil plant
기름씨앗 oilseed
기름씨앗단백질 oilseed protein
기름야자나무 African oil palm, *Elaeis guineensis* Jacq. 야자과
기름익스펠러 oil expeller
기름작물 oil crop
기름종이 oil paper
기름중탕 oil bath
기름진 greasy
기름추출 oil extraction
기름추출기 oil extractor
기름추출법 oil extraction method
기름틀 oil press
기름헝겊 oil cloth
기름흡수능력 oil absorption capacity
기립고혈압(起立高血壓) orthostatic hypertension
기립저혈압(起立低血壓) orthostatic hypotension
기밀(氣密) airtight
기밀시험(氣密試驗) airtight test
기밀작용(氣密作用) airtight action
기밀저장(密閉貯藏) airtight storage
기본단위(基本單位) fundamental unit
기본맛 basic taste
기본배지(基本培地) basal medium
기본재료빵 lean bread
기본조직계통(基本組織系統) fundamental tissue system
기본품질(基本品質) primary quality
기상학(氣象學) meteorology
기생(寄生) parasitism
기생뿌리 parasitic root
기생생물(寄生生物) biotroph, parasite
기생식물(寄生植物) parasitic plant
기생아메바과 Entamoebidae
기생아메바속 *Entamoeba*
기생영양생물(寄生營養生物) paratroph
기생영양성(寄生營養性) paratrophy
기생충(寄生蟲) parasite
기생충병(寄生蟲病) parasitic disease
기압(氣壓) atmospheric pressure
기압계(氣壓計) barometer
기압응축기(氣壓凝縮機) barometric condenser
기어펌프 gear pump
기억비세포 memory B cell
기억상실조개독 amnestic shellfish poison
기억상실조개중독 amnesic shellfish poisoning
기억세포(記憶細胞) memory cell
기업윤리(企業倫理) business ethics
기억표준(記憶標準) memory standard

기와버섯 green-cracking Russula, quilted green Russula, *Russula virescens* (Schaeff.) Fr. 무당버섯과
기울기 gradient
기울기원심분리 gradient centrifugation
기장 common millet, proso millet, *Panicum miliaceum* L. 벼과
기장가루 common millet flour
기장기름 common millet oil
기장쌀 pearled common millet
기절(氣絶) stunning
기준단백질(基準蛋白質) reference protein
기준량(基準量) basic quantity
기준물질(基準物質) reference substance
기준시료(基準試料) reference sample
기준전극(基準電極) reference electrode
기준차이검사(基準差異檢査) difference from control test
기준척도(基準尺度) standard scale
기지떡 gijitteok
기질(基質) substrate
기질수준인산화(基質水準燐酸化) substrate level phosphorylation
기질특이성(基質特異性) substrate specificity
기체(氣體) gas
기체법칙(氣體法則) gas law
기체분석(氣體分析) gas analysis
기체불투과성(氣體不透過性) gas impermeability
기체상(氣體相) gas phase
기체상수(氣體常數) gas constant
기체연료(氣體燃料) gaseous fuel
기체저장(氣體貯藏) gas storage
기체투과계수(氣體透過係數) gas permeability coefficient
기체투과도(氣體透過度) gas permeability
기체퍼짐 gas diffusion
기체흡수(氣體吸收) gas absorption
기초과학(基礎科學) basic science
기초대사(基礎代謝) basal metabolism
기초대사율(基礎代謝率) basal metabolic rate, BMR
기초식사(基礎食事) basal diet
기초식품(基礎食品) basic food
기초식품군(基礎食品群) basic food group
기초체온(基礎體溫) basal body temperature
기층(基層) substratum
기침 cough
기침약 antitussive, cough medicine
기포(氣泡) bubble
기포과자(氣泡菓子) aerated confectionery
기포력(氣泡力) foaming power
기포성(氣泡性) foamability
기포제(氣泡劑) foaming agent
기포캔디 aerated candy
기포펌프 airlift pump
기피제(忌避劑) repellent
기하이성질(幾何異性質) geometrical isomerism
기하이성질체(幾何異性質體) geometrical isomer
기하이성질현상(幾何異性質現象) geometrical isomerism
기형발생(畸形發生) teratogenesis
기형발생능력(畸形發生能力) teratogenicity
기형발생시험(畸形發生試驗) teratogenicity test
기형유발물질(畸形誘發物質) teratogen
기호(記號) symbol
기호검사(嗜好檢査) affective test
기호도(嗜好度) acceptability
기호료(嗜好料) stimulant
기호료작물(嗜好料作物) stimulant crop
기호성(嗜好性) palatability
기호식품(嗜好食品) favorite food
기호음료(嗜好飮料) favorite beverage
기호척도(嗜好尺度) hedonic scale
기화(氣化) vaporization
기화숨은열 latent heat of vaporization
기화열(氣化熱) heat of vaporization
기회감염(機會感染) opportunistic infection
기후(氣候) climate
긴발딱총새우 Japanese snapping shrimp, *Alpheus japonicus* (Miers, 1879) 딱총새웃과
긴부리참돌고래 long-beaked common dolphin, *Delphinus capensis* Gray, 1828 돌고랫과
긴뿔민새우 spear shrimp, *Parapenaeopsis hardwickii* (Miers, 1878) 보리새웃과
긴사슬지방산 long-chain fatty acid

긴털가루진드기 mold mite, *Tyrophagus putrescentiae* (Schrank, 1781) 가루진드깃과
길거리음식 street food
길이 length
길항물질(拮抗物質) antagonist
길항작용(拮抗作用) antagonism
길항효과(拮抗效果) antagonistic effect
김 gim
김구이 gimgui
김네마 gymnema, cowplant, Australian cowplant, *Gymnema sylvestre* R. Br. 박주가릿과
김네마제닌 gymnemagenin
김넴산 gymnemic acid
김밥 gimbap
김색소 gim color
김속 *Porphyra*
김자반 gimjaban
김치 kimchi
김치볶음밥 kimchibokkeumbap
김치산업진흥법 Kimchi Industry Promotion Act
김치전 kinchijeon
김치찌개 kimchijjigae
김칫국 kimchiguk
김파래 gimparae, *Bangia atropurpurea* (Roth.) C. Agardh 김파랫과
김파랫과 Bangiaceae
깁스식 Gibbs equation
깁스자유에너지 Gibbs free energy
깃싸리버섯과 Pterulaceae
깃털 feather
깃털제거 defeathering
까나리 sand lance, *Ammodytes personatus* Girard, 1856 까나릿과
까나리간장 kkanariganjang
까나리액젓 kkanariaekjeot
까나리젓 kkanarijeot
까나릿과 Ammodytidae
까마귀쪽나무 fiwa, *Litsea japonica* (Thunb.) Juss. 녹나뭇과
까마귀쪽나무속 *Litsea*
까마중 black nightshade, wonder berry, *Solanum nigrum* L. 가짓과
까막전복 disk abalone, *Haliotis discus* Reeve, 1846 전복과
까치밥나무속 *Ribes*
까치밥나뭇과 Grossulariaceae
까치복 striped puffer, *Takifugu xanthopterus* (Temminck et Schlegel, 1850) 참복과
까치수염속 *Lysimachia*
깍두기 kkakdugi
깍지벌레 cochineal insect, *Dactylopius coccus* Costa, 1835 (= *Coccus cacti* Linnaeus, 1758) 깍지벌렛과
깍지벌렛과 Diaspididae
깔깔함 harshness
깔때기 funnel
깔때기염 pyelitis
깜부기 smut
깜부기병균과 Ustilaginaceae
깜부기병균목 Ustilaginales
깜부기진균 smut fungus
깜부기홀씨 ustilispore
깜부깃병 smut
깨소금 kkaesogeum
깨죽 kkaejuk
깨짐 fracture
깨짐성질 fracture property
깻묵 oil cake
깻잎장아찌 kkaennipjangajji
꺼끌복 starry puffer, *Arothron stellatus* (Bloch et Schneider, 1801) 참복과
꺽짓과 Centropomidae
꺽지속 *Creoperca*
꺾쇠 clamp
껄껄이그물버섯속 *Leccinum*
껌 chewing gum
껌과자 gum confectionery
껌베이스 chewing gum base
껍데기제거 shelling
껍질 peel
껍질 skin
껍질막 rind
껍질방향유 peel oil
껍질벗기기 shucking
껍질부풀음 rind puffing
껍질질 cutin

껍질질가수분해효소 cutinase
꼬리 tail
꼬리곰탕 kkorigomtang
꼬마새웃과 Hyppolytidae
꼬막 cockle
꼬막 granular ark, blood cockle, *Tegillarca granosa* (Linnaeus, 1758) 돌조갯과
꼬시래기 sewing thread, sea string, *Gracilaria verrucosa* (Hudson) Papenfuss 꼬시래깃과
꼬시래기속 *Gracilaria*
꼬시래깃과 Gracilariaceae
꼬치고기 brown barracuda, *Sphyraena pinguis* Cuvier, 1829 꼬치고깃과
꼬치고깃과 Sphyraenidae
꼬투리 pod
꼬투리강낭콩 green bean, string bean, snap bean
꼭두서니 madder, *Rubia akane* Nakai 꼭두서닛과
꼭두서니목 Rubiales
꼭두서니색소 madder color
꼭두서니속 *Rubia*
꼭두서닛과 Rubiaceae
꼴뚜기 kkolttugi
꼴뚜기목 Sepiolida
꼴뚜기젓 kkolttugijeot
꼴뚜깃과 Sepiolidae
꼼치 glassfish, Tanaka's snailfish, *Liparis tanakai* (Gilbert & Bürke, 1912) 꼼칫과
꼼칫과 Liparidae
꽁치 Pacific saury, *Cololabis saira* (Brevoort, 1856) 꽁칫과
꽁치기름 Pacific saury oil
꽁치통조림 canned saury
꽁칫과 Scomberesocidae
꽃 flower
꽃가루 pollen
꽃가루과민증 pollen hypersensitivity
꽃가루관 pollen tube
꽃가루관핵 pollen tube nucleus
꽃가루모세포 pollen mother cell
꽃가루받이 pollination
꽃가루배양 pollen culture
꽃가루알레르기 pollen allergy
꽃게 swimming crab, *Portunus trituberculatus* (Miers, 1876) 꽃겟과
꽃게장 kkotgejang
꽃게탕 kkotgetang
꽃겟과 Portunidae
꽃꿀 flower nectar
꽃내 floral odor
꽃눈 flower bud
꽃등심살 rib eye roll
꽃무지과 Cetoniidae
꽃받침 calyx
꽃밥 anther
꽃밥배양 anther culture
꽃밥세포 anther cell
꽃상추 endive, *Cichorium endivia* L. 국화과
꽃상추속 *Cichorium*
꽃새우 southern rough shrimp, *Trachysalambria curvirostris* (Stimpson, 1860) 보리새웃과
꽃송이버섯 cauliflower mushroom, *Sparassis crispa* Wulf.:Fr. 꽃송이버섯과
꽃송이버섯과 Sparassidaceae
꽃송이버섯속 *Sparassis*
꽃식물 flowering plant, phanerogams
꽃양배추 cauliflower, *Brassica oleracea* L. var. *botrytis* L. 십자화과
꽃잎 floral leaf
꽃잎차 floral leaf tea
꽃자루 flower stalk
꽃채소 flower vegetable
꽃향기 flower scent
꽈리속 *Physalis*
꾀꼬리버섯 chanterelle, golden chanterelle, *Cantharellus cibarius* Fr. 꾀꼬리버섯과
꾀꼬리버섯과 Cantharellaceae
꾀꼬리버섯목 Cantharellales
꾀꼬리버섯속 *Cantharellus*
꾀장어과 Myxinidae
꾸리살 chuck tender
꾸미 kkumi
꿀 honey
꿀물 honeyed water
꿀벌 honeybee, *Apis mellifera* Linnaeus, 1758 꿀벌과

꿀벌과 Apidae
꿀벌밤 bee balm
꿀브랜디 honey brandy
꿀빵 honey bread
꿀샘 nectar gland
꿀술 mead
꿀음료 honey beverage
꿀풀 self-heal, *Prunella vulgaris* var. *lilacina* Nakai 꿀풀과
꿀풀과 Lamiaceae, Labiatae
꿀풀목 Lamiales
꿈틀운동 peristalsis
꿩 pheasant, *Phasianus colchicus* Linnaeus, 1758 꿩과
꿩고기 pheasant meat
꿩과 Phasianidae
끄덕새우 camel shrimp, dancing shrimp, *Rhynchocinetes uritai* Kubo, 1942 끄덕새웃과
끄덕새웃과 Rhynchocinetidae
끈적끈적 sliminess
끈적끈적한 slimy
끓는점 boiling point
끓는점오름 boiling point elevation
끓음 boiling
끓임 boiling
끓임공정 boiling process
끓임살균 sterilization by boiling
끓임응고시험 clot-on-boiling test
끓임쪽 boiling chip
끝마름 tipburn
끝분절 telomere
끝분절복원효소 telomerase
끝속도 terminal velocity

ㄴ

나가미금감 oval kumquat, nagami kumquat, *Fortunella margarita* (Lour.) Swingle 운향과
나노 nano
나노거르기 nanofiltration
나노과학 nanoscience
나노그램 nanogram
나노기계 nanomachine
나노기술 nanotechnology
나노물질 nanomaterial
나노미터 nanometer
나노화학 nanochemistry
나도밤나뭇과 Sabiaceae
나도팽나무버섯 nameko, *Pholiota nameko* (T. Itô) S. Ito & S. Imai 독청버섯과
나라쓰케 narazuke
나랑히야 naranjilla, lulo, *Solanum quitoense* Lam. 가짓과
나래박쥐나물 narebakjwinamul, *Cacalia auriculata* var. *kamtschatica* Matsumura 국화과
나레스시 naresushi
나린제닌 naringenin
나린진 naringin
나린진가수분해효소 naringinase
나무 tree
나무껍질 bark
나무내 woody odor
나무딸기 bramble, *Rubus matsumuranus* var. *concolor* (Kom.) Kitag. 장미과
나문재 seepweed, *Suaeda glauca* (Bunge) Bunge 명아줏과
나문재속 *Suaeda*
나물 namul
나박김치 nabakkimchi
나방 moth
나복자(蘿蔔子) radish seed
나비가오리 butterfly ray, *Gymnura japonica* (Temminck & Schlegel, 1850) 나비가오릿과
나비가오릿과 Gymnuridae
나비나물속 *Vicia*
나비목 Lepidoptera
나비응애과 Galumnidae
나선구조(螺旋構造) helical structure
나선세균(螺旋細菌) spiral bacterium
나선세균속(螺旋細菌屬) *Spirillum*
나이아신 niacin

나이아신당량 niacin equivalent
나이아신아마이드 niacinamide
나이트로 nitro
나이트로글리세린 nitroglycerin
나이트로글리콜 nitroglycol
나이트로기 nitro group
나이트로메테인 nitromethane
나이트로벤젠 nitrobenzene
나이트로사민 nitrosamine
나이트로셀룰로스 nitrocellulose
나이트로소 nitroso
나이트로소구아니딘 nitrosoguanidine
나이트로소기 nitroso group
나이트로소마이오글로빈 nitrosomyoglobin
나이트로소색소 nitroso pigment
나이트로소헤모글로빈 nitrosohemoglobin
나이트로소헤모크롬 nitrosohemochrome
나이트로소화반응 nitrosation
나이트로소화합물 nitroso compound
나이트로실 nitrosyl
나이트로페놀 nitrophenol
나이트릴 nitrile
나일론 nylon
나일틸라피아 Nile tilapia, *Oreochromis niloticus* (Linnaeus, 1758) 키크리과
나타마이신 natamycin
나토 natto
나토세균 natto bacterium
나토세균파지 natto bacterium phage
나토추출물 natto extract
나트륨 natrium
나파배추 napa cabbage, *Brassica rapa* ssp. *perkinensis* 십자화과
나팔버섯과 Gomphaceae
나프타 naphtha
나프타퀴논 naphthaquinone
나프탈렌 naphthalene
나프탈렌아세트산 naphthaleneacetic acid
나프토퀴논 naphthoquinone
나프톨 naphthol
나프트산 naphthoic acid
나프틸메틸카바메이트 naphthylmethyl carbamate
나핀 napin
나한과(羅漢果) luo han guo, Buddha fruit, monk fruit, *Siraitia grosvenorii* (Swingle) C. Jeffery ex A. M. Lu & Z. Y. Zhang 박과
낙규과(落葵科) Basellaceae
낙농기계(酪農機械) dairy machinery
낙농기술(酪農技術) dairy technology
낙농디저트 dairy dessert
낙농미생물학(酪農微生物學) dairy microbiology
낙농산업(酪農産業) dairy industry
낙농세정제(酪農洗淨劑) dairy cleaning agent
낙농스타터 dairy starter
낙농스프레드 dairy spread
낙농업(酪農業) dairy farming, dairying
낙농음료(酪農飮料) dairy beverage
낙농젖산세균 dairy lactic acid bacterium
낙농제품(酪農製品) dairy, dairy product
낙농제품공장(酪農製品工場) dairy
낙농진흥법(酪農振興法) Dairy Promotion Act
낙농학(酪農學) dairy science
낙엽버섯과 Marasmiaceae
낙엽수(落葉樹) deciduous tree
낙엽침엽수(落葉針葉樹) deciduous conifer
낙엽활엽수(落葉闊葉樹) deciduous broad-leaf tree
낙우송과(落羽松科) Taxodiaceae
낙지 long arm octopus, *Octopus minor* (Sasaki, 1920) 문어과
낙지볶음 nakjibokkeum
낙지전골 nakjijeongol
낙지호롱 nakjihorong
낙타 camel
낙타고기 camel meat
낙타과 Camelidae
낙타속 *Camelus*
낙타젖 camel milk
낙하시험(落下試驗) drop test
낚시지렁잇과 Lumbricidae
난 nan
난관(卵管) oviduct
난괴법(亂塊法) randomized block design
난균강(卵菌綱) Oomycetes
난균목(卵菌目) Oomycetales
난균문(卵菌門) Oomycota

난류(亂流) turbulent flow
난막(卵膜) egg membrane
난모세포(卵母細胞) oocyte
난바다곤쟁이목 Euphausiacea
난바다곤쟁잇과 Euphausiidae
난버섯과 Pluteaceae
난생(卵生) oviparity
난세포(卵細胞) egg cell
난센스돌연변이 nonsense mutation
난센스코돈 nonsense codon
난소(卵巢) ovary
난소암(卵巢癌) ovarian cancer
난소호르몬 ovarian hormone
난소화말토덱스트린 indigestible maltodextrin
난수표(亂數表) table of random numbers
난자(卵子) ovum
난초과(蘭草科) Orchidaceae
난초목(蘭草目) Ochidales
난태생(卵胎生) ovoviviparity
난태생어(卵胎生魚) ovoviviparous fish
난포자극호르몬 follicle stimulating hormone, FSH
낟알 grain
날개다랑어 albacore, albacore tuna, *Thunnus alalunga* (Bonnaterre, 1788) 고등엇과
날개콩 winged bean, goa bean, asparagus pea, *Psophocarpus tetragonolobus* (L.) DC. 콩과
날개피치 flight pitch
날리딕스산 nalidixic acid
날문 pylorus
날문구멍 pyloric orifice
날문반사 pyloric reflex
날문조임근육 pyloric sphincter
날새기 cobia, *Rachycentron canadum* (Linnaeus, 1766) 날새깃과
날새깃과 Rachycentridae
날숨 exhalation, expiration
날신경 efferent nerve
날신경세포 efferent neuron
날짜기입 dating, date marking
날짜기호표기 code dating
날짜도장 date stamp
날치 flyingfish, *Cheilopogon agoo* (Temminck & Schlegel, 1846) 날칫과
날칫과 Exocoetidae
남가샛과 Zygophyllaceae
남구슬말과 Chroococcaceae
남구슬말목 Chroococales
남극암치과 Nototheniidae
남극암치아목 Notothenioidei
남미공동시장(南美共同市場) Southern Common Market (Mercado Comun del Sur), Mercosur
남방개 Chinese water chestnut, *Eleocharis dulcis* (Burm.f.) Henschel 사초과
남방긴수염고래 southern right whale, *Eubalaena australis* (Desmoulins, 1822) 참고래과
남방달고기 smooth oreo, *Pseudocyttus maculatus* Gilchrist, 1906 남방달고깃과
남방달고깃과 Oreosomatidae
남방부시리 yellowtail kingfish, southern kingfish, *Seriola lalandi lalandi* Valenciennes, 1833 전갱잇과
남방참다랑어 southern bluefin tuna, *Thunnus maccoyii* (Castelnau, 1872) 고등엇과
남성형비만(男性型肥滿) android obesity
남성호르몬 male hormone
남세균(藍細菌) cyanobacterium
남조강(藍藻綱) Cyanophyceae
남조녹말(藍藻綠末) cyanophyte starch
남조류(藍藻類) blue-green algae
남조식물문(藍藻植物門) Cyanophyta
납 lead
납서대 bamboo sole, *Heteromysteris japonicus* (Temminck & Schlegel, 1846) 납서댓과
납서대류 soles
납서댓과 Soleidae
납작고기 flatfish
납작귀리 rolled oat
납작금눈돔과 Trachichthyidae
납작보리 rolled barley
납중독 lead poisoning
낫적혈구 sickle cell
낫적혈구빈혈 sickle cell anemia
낫적혈구혈증 sicklemia

낭미충속(囊尾蟲屬) *Cysticercus*
낭미충증(囊尾蟲症) cysticercosis
낭비회로(浪費回路) futile cycle
낭성섬유증(囊性纖維症) cystic fibrosis
내건성(耐乾性) drought resistance, drought tolerance
내과(內科) department of internal medicine
내과의사(內科醫師) internist, physician
내구성(耐久性) durability
내독소(內毒素) endotoxin
내림잘록창자 descending colon
내마멸성(耐磨滅性) wear resistance
내면부식(內面腐蝕) internal corrosion
내배엽(內胚葉) endoderm
내배엽(內胚葉) endoblast
내배엽형(內胚葉型) endomorph
내부검사(內部檢查) internal inspection
내부기생생물(內部寄生生物) endoparasite
내부마찰(內部摩擦) internal friction
내부에너지 internal energy
내부온도(內部溫度) internal temperature
내부저항(內部抵抗) internal resistance
내부퍼짐 internal diffusion
내부표준(內部標準) internal standard
내분비(內分泌) internal secretion
내분비계통(內分泌系統) endocrine system
내분비교란물질(內分泌攪亂物質) endocrine disrupter
내분비교란의심물질(內分泌攪亂疑心物質) suspected endocrine disrupter
내분비기관(內分泌器官) endocrine organ
내분비샘 endocrine gland
내분비신호전달(內分泌信號傳達) endocrine signaling
내분비인자(內分泌因子) endocrine factor
내분비학(內分泌學) endocrinology
내분비학자(內分泌學者) endocrinologist
내분비호르몬 endocrine hormone
내산성(耐酸性) acid resistant
내산소성(耐酸素性) aerotolerant
내산합금(耐酸合金) acid resisting alloy
내산화성(耐酸化性) oxidation resistance
내생홀씨 endospore
내성(耐性) resistance, tolerance
내성미생물(耐性微生物) resistant microorganism
내성세균(耐性細菌) resistant bacterium
내성식물(耐性植物) tolerant plant
내성유전자(耐性遺傳子) resistance gene
내성플라스미드 resistance plasmid, R plasmid
내수성(耐水性) water resistance
내수시험(耐水試驗) water proof test
내시경(內視鏡) endoscope
내시경검사(內視鏡檢查) endoscopy
내압(內壓) internal pressure
내압세균(耐壓細菌) baroduric bacterium
내압시험(耐壓試驗) pressure proof test
내열곡선(耐熱曲線) thermal resistance curve
내열성(耐熱性) heat resistance
내열세균(耐熱細菌) thermoduric bacterium
내열시험(耐熱試驗) heat resistance test
내열유리용기 heat resistant glassware
내열접시 ovenable tray
내열포장(耐熱包裝) heat resistant package
내열효소(耐熱酵素) thermostable enzyme
내염미생물(耐鹽微生物) salt tolerant microorganism
내염성(耐鹽性) salt tolerance
내염세균(耐鹽細菌) salt tolerant bacterium
내염식물(耐鹽植物) salt tolerant plant
내염효모(耐鹽酵母) salt tolerant yeast
내유성(耐油性) oil resistance
내유종이 oil proof paper
내유플라스틱 oil resistant plastic
내인인자(內因因子) intrinsic factor
내인성질환(內因性疾患) endogenous disease
내장(內臟) viscera
내장근육(內臟筋肉) visceral muscle
내장동맥(內臟動脈) splanchnic artery
내장비만(內臟肥滿) visceral fat obesity
내장뼈대 visceral skeleton
내장색소(內臟色素) viscera pigment
내장제거(內臟除去) evisceration
내장지방(內臟脂肪) visceral fat
내장탕(內臟湯) naejangtang
내재성막단백질(內在性膜蛋白質) integral membrane protein
내출혈(內出血) internal bleeding
내충격폴리스타이렌 high impact polystyrene

내포화합물(內包化合物) inclusion compound
내피(內皮) endodermis
내피(內皮) endothelium
내피세포(內皮細胞) endothelial cell
내한성(耐寒性) cold resistance
내한품종(耐寒品種) cold resistant variety
내한작물(耐寒作物) hardy crop
내한플라스틱 cold proof plastic
내호흡(內呼吸) internal respiration
냄새 odor
냄새맡기 sniffing
냄새문턱값 odor threshold
냄새물질 odorant
냄새반작용 odor counteraction
냄새샘 pungent gland
냄새성분 odor component
냄새식별검사 olfactory discrimination test
냄새측정법 odorimetry
냄새프리즘 odor prism
냄새활성값 odor activity value
냉각(冷覺) cold sense
냉각(冷却) cooling
냉각건조(冷却乾燥) cooling drying
냉각건조기(冷却乾燥機) cooling dryer
냉각곡선(冷却曲線) cooling curve
냉각공정(冷却工程) cooling process
냉각기(冷却器) cooler
냉각다이 cooling die
냉각롤러 cooling roller
냉각속도(冷却速度) cooling rate
냉각손실(冷却損失) cooling loss
냉각수(冷却水) cooling water
냉각수축(冷却收縮) cold contraction
냉각수펌프 cooling water pump
냉각시험(冷却試驗) cold test
냉각원심분리기(冷却遠心分離機) refrigerated centrifuge
냉각장치(冷却裝置) cooling system
냉각재킷 cooling jacket
냉각저장(冷却貯藏) chilling storage
냉각저장법(冷却貯藏法) chilling storage method
냉각제(冷却劑) coolant
냉각주석판(冷却朱錫板) cold-rolled tin plate
냉각코일 cooling coil
냉각탑 cooling tower
냉각탱크 cooling tank
냉각팬 cooling fan
냉각혼탁(冷却混濁) chill haze
냉과(冷果) cold fruit
냉국 naengguk
냉도체(冷屠體) cold carcass
냉도체발골(冷屠體拔骨) cold deboning
냉동(冷凍) freezing
냉동건조(冷凍乾燥) freeze drying, lyophilization
냉동건조기(冷凍乾燥機) freeze drier
냉동건조법(冷凍乾燥法) freeze drying method
냉동건조식품(冷凍乾燥食品) freeze dried food
냉동고(冷凍庫) freezer
냉동고기 frozen meat
냉동곡선(冷凍曲線) freezing curve
냉동공정(冷凍工程) freezing process
냉동과일 frozen fruit
냉동기(冷凍機) refrigerating machine
냉동낙농제품(冷凍酪農製品) frozen dairy product
냉동노른자위 frozen yolk
냉동농축(冷凍濃縮) freeze concentration
냉동농축과일즙 frozen concentrated juice
냉동농축우유(冷凍濃縮牛乳) frozen concentrated milk
냉동능력(冷凍能力) refrigerating capacity
냉동두부 frozen soybean curd
냉동디저트 frozen dessert
냉동란(冷凍卵) frozen egg
냉동률(冷凍率) freezing ratio
냉동반죽 frozen dough
냉동법(冷凍法) freezing method
냉동변성(冷凍變性) freeze denaturation
냉동변성방지제(冷凍變性防止劑) protective agent for freeze denaturation
냉동변질(冷凍變質) freezer burn
냉동보존(冷凍保存) freeze preservation
냉동보호물질(冷凍保護物質) cryoprotectant
냉동부하(冷凍負荷) refrigeration load
냉동사이클 refrigeration cycle
냉동산업(冷凍産業) freezing industry
냉동속도(冷凍速度) freezing rate

냉동쇠고기 frozen beef
냉동수리미 frozen surimi
냉동수산물(冷凍水産物) frozen fishery produce
냉동생선고기풀 frozen fish paste
냉동숨은열 latent heat of freezing
냉동시간(冷凍時間) freezing time
냉동식품(冷凍食品) frozen food
냉동액란(冷凍液卵) frozen liquid egg
냉동어(冷凍魚) frozen fish
냉동요구량(冷凍要求量) refrigeration requirement
냉동요구르트 frozen yoghurt
냉동음료(冷凍飮料) frozen beverage
냉동음식(冷凍飮食) frozen meal
냉동장치(冷凍裝置) freezing equipment
냉동저장(冷凍貯藏) frozen storage
냉동저장법(冷凍貯藏法) freezing storage method
냉동전란(冷凍全卵) frozen whole egg
냉동주스 frozen juice
냉동창고(冷凍倉庫) refrigerated warehouse
냉동채소(冷凍菜蔬) frozen vegetable
냉동크림 frozen cream
냉동탈수법(冷凍脫水法) freezing dehydration method
냉동터널 freezing tunnel
냉동톤 refrigeration ton
냉동팽창(冷凍膨脹) freezing expansion
냉동포장식품(冷凍包裝食品) frozen packaged food
냉동품(冷凍品) frozen product
냉동필릿 frozen fillet
냉동해동안정성(冷凍解凍安定性) freeze-thaw stability
냉동효과(冷凍效果) refrigerating effect
냉동흰자위 frozen egg white
냉매(冷媒) refrigerant
냉매건조기(冷媒乾燥器) refrigerant dryer
냉매분사증발기(冷媒噴射蒸發器) refrigerant injection type evaporator
냉면(冷麵) naengmyeon
냉밀봉(冷密封) cold seal
냉방부하(冷房負荷) cooling load
냉살균(冷殺菌) cold sterilization
냉수냉각(冷水冷却) hydrocooling
냉압착(冷壓搾) cold press
냉이 shepherd's purse, *Capsella bursa-pastoris* (L.) Med. 십자화과
냉이속 *Capsella*
냉장(冷藏) refrigeration
냉장고(冷藏庫) refrigerator
냉장고기 refrigerated meat
냉장냉동차(冷藏冷凍車) refrigerated cargo truck
냉장법(冷藏法) refrigerating method
냉장부하(冷藏負荷) cold storage loading
냉장식품(冷藏食品) refrigerated food
냉장실(冷藏室) cold storage room
냉장운반(冷藏運搬) refrigerated transport
냉장저장(冷藏貯藏) refrigerated storage
냉장컨테이너 refrigerated container
냉점(冷點) cold point
냉차(冷茶) iced tea
냉채(冷菜) naengchae
냉침전(冷沈澱) cold precipitation
냉커피 iced coffee
냉포장(冷包裝) cold pack
냉풍건조(冷風乾燥) cold air drying
냉풍건조기(冷風乾燥機) cold air dryer
냉풍건조법(冷風乾燥法) cold air drying method
냉해(冷害) chilling injury, cold weather damage
냉해저항성(冷害抵抗性) chilling resistance, cold weather resistance
냉훈제(冷燻製) cold smoking
냉훈제법(冷燻製法) cold smoking method
냉훈제연어(冷燻製鰱魚) cold smoked salmon
냉훈제청어(冷燻製青魚) cold smoked herring
너깃 nugget
너도밤나무 Korean beech, *Fagus multinervis* Nakai 참나뭇과
너도밤나무감로 beech honeydew
너도밤나무속 *Fagus*
너도밤나무열매기름 beech nut oil
너비아니 neobiani
넓은갓젖버섯 *Lactarius hygrophoroides* Berk. & Curt. 무당버섯과
넓은잎쥐오줌풀 dageletiana, *Valeriana dageletiana* Nakai & F. Maek. 마타릿과

넓이 area
넓이보정법 normalized area method
넓적바닥플라스크 flat bottom flask
넘쳐흐름 overflow
넙다리뼈 femur
넙치 olive flounder, bastard halibut, *Paralichthys olivaceus* (Temminck & Schlegel, 1846) 넙칫과
넙칫과 Paralicthyidae
넛셀수 Nusselt number
넝쿨식물 vine
네덜란드치즈 Dutch cheese
네덜란드코코아 Dutch cocoa
네랄 neral
네롤 nerol
네배수체 tetraploid
네본산 nevonic acid
네슬러시약 Nessler's reagent
네알세균 tetracoccus
네오마이신 neomycin
네오사르토리아 피쉐리 *Neosartorya fischeri*
네오삭시톡신 neosaxitoxin
네오잔틴 neoxanthin
네오칼리마스틱스과 Neocallimastigaceae
네오칼리마스틱스속 *Neocallimastix*
네오칼리마스틱스 파트리시아룸 *Neocallimastix patriciarum*
네오칼리마스틱스 프론탈리스 *Neocallimastix frontalis*
네오탐 Neotame
네오테트라졸륨 neotetrazolium
네오펜테인 neopentane
네오프렌 neoprene
네오플룰라네이스 neopullulanase
네오헤스페리도스 neohesperidose
네오헤스페리딘 neohesperidin
네오헤스페리딘다이하이드로칼콘 neohesperidin dihydrochalcone
네온 neon
네우로스포라 시토필라 *Neurospora sitophila*
네이블오렌지 navel orange
네이세리아과 Neisseriaceae
네타과 Gnetaceae
네타목 Gnetales
네툼속 *Gnetum*
넥타 nectar
넥트리아속 *Nectria*
넥트리옵시스속 *Nectriopsis*
노(爐) furnace
노가리 nogari
노간주나무 temple juniper, *Juniperus rigida* Siebold & Zucc. 측백나뭇과
노간주나무속 *Juniperus*
노구솥 nogusot
노균병(露菌病) downy mildew
노나클로르 nonachlor
노난알 nonanal
노난알데하이드 nonanaldehyde
노네인 nonane
노넨알 nonenal
노년기(老年期) old age
노년치매(老年癡呆) senial dementia
노노 nono
노니 noni, Indian mulberry, *Morinda citrifolia* L. 꼭두서닛과
노다이하이드로과이어레트산 nordihydroguaiaretic acid
노던블롯팅 Northern blotting
노던와일드라이스 northern wild rice, *Zizania palustris* L. 볏과
노란강낭콩 yellow bean
노란꼬리각시가자미 yellowtail flounder, *Limanda ferruginea* (Storer fr, 1839) **가자밋과**
노란덱스트린 canary dextrin
노란딸기구아바 yellow strawberry guava, *Psidium littorale* Raddi var. *lucidum* 도금양과
노란랜턴칠리 yellow lantern chili, *Capsicum chinense* Jacq. 가짓과
노란루핀 European yellow lupin, *Lupinus luteus* L. 콩과
노란양파 yellow onion
노란용과 yellow pitaya, *Hylocereus megalanthus* (K. Schumann ex Vaupel) Ralf Bauer 선인장과
노랑가오리 red stingray, *Dasyatis akajei* (Müller & Henle, 1841) 색가오릿과
노랑가자미 barfin flounder, *Verasper*

moseri Jordan & Gilbert, 1898 가자밋과

노랑각시서대 many-banded sole, *Zebrias fasciatus* (Basilewsky, 1855) 납서댓과

노랑느타리 gold oyster mushroom, *Pleurotus cornucopiae* var. *citrinopileatus* (Sing.) Ohira 느타릿과

노래기강 Diplopoda

노래미 spotty belly greenling, *Hexagrammos agrammus* (Temminck & Schlegel, 1843) 쥐노래밋과

노로바이러스 norovirus

노루궁뎅이 lion's mane mushroom, beared tooth mushroom, *Hericium erinaceus* (Bull.) Pers. 노루궁뎅이과

노루궁뎅이과 Hericiaceae

노루궁뎅이속 *Hericium*

노루귀 hepatica, liverleaf, *Hepatica asiatica* Nakai 미나리아재빗과

노루귀속 *Hepatica*

노루털버섯속 *Sarcodon*

노른자위 yolk

노른자위가루 yolk powder

노른자위계수 yolk index

노른자위막 yolk membrane

노른자위액 liquid yolk

노리 nori

노린재나뭇과 Symplocaceae

노린재목 Hemiptera

노린잿과 Pentatomidae

노말 normal

노말농도 normality

노말발레르산 *n*-valeric acid

노말뷰틸 *n*-butyl

노말뷰틸알코올 *n*-butyl alcohol

노말아밀알코올 *n*-amyl alcohol

노말옥탄알 *n*-octanal

노말전극 normal electrode

노말탄화수소 *n*-hydrocarbon

노말헥세인 *n*-hexane

노말헵타데실산 *n*-heptadecylic acid

노말헵테인 *n*-heptane

노모그래프 nomograph

노모그램 nomogram

노밀린 nomilin

노박덩굴 Oriental staff vein, Oriental bittersweet, *Celastrus orbiculatus* Thunb. 노박덩굴과

노박덩굴과 Celastraceae

노박덩굴목 Celastrales

노박덩굴속 *Celastrus*

노박덩굴아목 Celastrineae

노보비옥신 novobioxin

노빅신 norbixin

노새 mule

노아드레날린 noradrenalin

노에피네프린 norepinephrine

노웍바이러스 Norwalk virus

노인뼈엉성증 senile osteoporosis

노주 noju

노즐 nozzle

노즐가스충전포장기 nozzle type gas flush packaging machine

노출(露出) exposure

노출선량(露出線量) exposure dose

노출평가(露出評價) exposure assessment

노카르디아과 Nocardiaceae

노카르디아속 *Nocardia*

노카르디옵시스과 Nocardiopsaceae

노카르디옵시스 다손빌레이 *Nocardiopsis dassonvillei*

노카르디옵시스속 *Nocardiopsis*

노타임반죽법 no time dough method

노티 noti

노펀치반죽법 no punch dough method

노하만 norharman

노화(老化) senescence

노화(老化) aging

노화(老化) staling

노화(老化) retrogradation

노화기(老化期) senescence phase

노화녹말(老化綠末) retrograded starch

노화방지제(老化防止劑) antistaling agent

녹 rust

녹각(鹿角) antler

녹나무 camphor tree, camphorwood, camphor laurel, *Cinnamomum camphora* (L.) J. Presl. 녹나뭇과

녹나무목 Laurales

녹나무속 *Cinnamomum*
녹나뭇과 Lauraceae
녹농세균(綠膿細菌) *Pseudomonas aeruginosa*
녹는점 melting point
녹는점내림 melting point depression
녹두(綠豆) mung bean, green gram, *Phaseolus radiatus* (L.) R. Wilczek 콩과
녹두묵 nokdumuk
녹두빈대떡 nokdubindaetteok
녹두죽 nokdujuk
녹말(綠末) starch
녹말가수분해물(綠末加水分解物) starch hydrolysate
녹말가수분해시럽 hydrolyzed starch syrup
녹말가수분해시험(綠末加水分解試驗) starch hydrolysis test
녹말가수분해효소(綠末加水分解酵素) amylolytic enzyme
녹말값 starch value
녹말결정화(綠末結晶化) starch crystallization
녹말공업(綠末工業) starch industry
녹말공장(綠末工場) starch mill
녹말국수 starch noodle
녹말당(綠末糖) starch sugar
녹말당량(綠末當量) starch equivalent
녹말박(綠末粕) starch pulp
녹말발효(綠末醱酵) starch fermentation
녹말분해(綠末分解) starch degradation
녹말분해세균(綠末分解細菌) amylolytic bacterium
녹말수율(綠末收率) starch recovery rate
녹말슬러리 starch slurry
녹말앙금 starch sediment
녹말에스터 starch ester
녹말에테르 starch ether
녹말용액(綠末溶液) starch solution
녹말유도체(綠末誘導體) starch derivative
녹말인산모노에스터 starch phosphate monoester
녹말인산소듐 sodium starch phosphate
녹말인산화(綠末燐酸化) starch phosphorylation
녹말입자(綠末粒子) starch granule
녹말정량(綠末定量) starch determination
녹말젖 starch milk
녹말젤 starch gel
녹말젤전기이동 starch gel electrophoresis
녹말체(綠末體) amyloplast
녹말페이스트 starch paste
녹말필름 starch film
녹말합성효소(綠末合成酵素) starch synthase
녹반병(綠斑病) green spot disease
녹병(綠病) rust
녹병균(綠病菌) rust fungus
녹병균강(綠病菌綱) Urediniomycetes
녹병균목(綠病菌目) Uredinales
녹새치 Indo-Pacific blue marlin, *Makaria mazara* (Jordan & Snyder, 1901) 황새칫과
녹색링 green ring
녹색세균(綠色細菌) green bacterium
녹색소구체과(綠色小球體科) Chlorococcaceae
녹색소구체목(綠色小球體目) Chlorococcales
녹색소비자(綠色消費者) green consumer
녹색식물(綠色植物) green plant
녹색채소(綠色菜蔬) green vegetable
녹색혁명(綠色革命) Green Revolution
녹색황세균(綠色黃細菌) green sulfur bacterium
녹신(鹿腎) deer penis
녹용(鹿茸) deer antlers
녹음 melting
녹음곡선 melting curve
녹음열 heat of fusion
녹조(綠藻) green tide
녹조강(綠藻綱) Chlorophyceae
녹조류(綠藻類) green algae
녹조류글리코사미노글리칸 glycosaminoglycan of green algae
녹조식물(綠藻植物) chlorophyte
녹조식물문(綠藻植物門) Chlorophyta
녹차(綠茶) green tea
녹차폴리페놀 green tea polyphenol
녹청색(綠青色) academy blue
녹청중독(綠青中毒) patina poisoning
녹편모조강(綠鞭毛藻綱) Chloromonadophyceae
녹황색채소(綠黃色菜蔬) green and yellow vegetable
논리오차(論理誤差) logical error
논 paddy field, rice field
논농사 paddy farming, rice farming
논벼 irrigated rice, paddy rice
논아논 nonanone

논우렁이 Chinese mystery snail, *Cipangopaludina chinensis malleata* (Reeve, 1863) 논우렁이과
논우렁이과 Viviparidae
논피 early barnyard grass, *Echinochloa oryzoides* (Ard.) Fritsch. 벼과
놋쇠 brass
농경(農耕) agronomy
농경지(農耕地) cultivated area
농기계(農機械) agricultural machinery
농담(濃淡) tint
농도(濃度) concentration
농도계수(濃度係數) concentration factor
농도기울기 concentration gradient
농도분극(濃度分極) concentration polarization
농림수산식품과학기술육성법(農林水産食品科學技術育成法) Act on the Promotion of Science and Technology for Food, Agriculture, Forestry and Fisheries
농림축산식품부(農林畜産食品部) Ministry of Agriculture, Food and Rural Affairs
농산물(農産物) agricultural produce
농산물가공(農産物加工) agricultural produce processing
농산물가공기계(農産物加工機械) agricultural produce processing machine
농산물건조기(農産物乾燥機) agricultural produce dryer
농산물유통구조(農産物流通構造) agricultural marketing structure
농산물유통시설(農産物流通施設) agricultural marketing facility
농산물저장시설(農産物貯藏施設) agricultural produce storage facility
농산물통조림 canned agricultural product
농수산물(農水産物) agricultural and fishery produce
농수산물유통 및 가격안정에 관한 법률 Act on Distribution and Price Stabilization of Agricultural and Fishery Products
농수산물품질관리법(農水産物品質管理法) Agricultural and Fishery Products Quality Control Act
농약(農藥) pesticide
농약사용우수농산물관리기준(農藥使用優秀農産物管理基準) good agricultural practice in the use of pesticide
농약중독(農藥中毒) pesticide poisoning
농어 Japanese seabass, *Lateolabrax japonicus* (Cuvier, 1928) 농엇과
농어목 Perciformes
농어업, 농어촌 및 식품산업기본법 Framework Act on Agriculture, Fisheries, Rural Areas and Food Industry
농업(農業) agriculture
농업기술(農業技術) agrotechnology
농업보호관세(農業保護關稅) protective tariff in agriculture
농업생물학(農業生物學) agrobiology
농업생산물(農業生産物) agriproduct
농업생태계(農業生態系) agro-ecosystem
농업생태학(農業生態學) agroecology
농업용수(農業用水) agricultural water
농업용필름 agricultural film
농업용항생물질(農業用抗生物質) agricultural antibiotics
농업혁명(農業革命) agricultural revolution
농업협동조합(農業協同組合) agricultural cooperative
농업협동조합(農業協同組合) National Agricultural Cooperative Federation
농엇과 Moronidae
농작물(農作物) agricultural crop
농주(農酒) nongju
농촌진흥청(農村振興廳) Rural Development Administration, RDA
농축(濃縮) concentration
농축감귤즙 citrus juice concentrate
농축과일즙 fruit juice concentrate, concentrated fruit juice
농축기(濃縮機) concentrator
농축낙농제품(濃縮酪農製品) concentrated dairy product
농축냉동스타터 ready-set starter
농축단백질(濃縮蛋白質) protein concentrate
농축디-알파토코페롤 *d*-α-tocopherol concentrate
농축발효우유(濃縮醱酵牛乳) concentrated fermented milk
농축버터밀크 condensed buttermilk
농축브라인 concentrated brine

농축사과즙 apple juice concentrate
농축사워탈지우유 concentrated sour skim milk
농축스모크 concentrated smoke
농축어육단백질(濃縮魚肉蛋白質) fish protein concentrate, FPC
농축영양액(濃縮營養液) condensed formula
농축오렌지즙 orange juice concentrate
농축완두콩단백질 pea protein concentrate
농축우유(濃縮牛乳) concentrated milk
농축유동식사(濃縮流動食事) pureed diet
농축유청(濃縮乳清) whey concentrate
농축유청단백질(濃縮乳清蛋白質) whey protein concentrate
농축음료(濃縮飮料) beverage concentrate
농축인삼(濃縮人蔘) ginseng concentrate
농축잎단백질 leaf protein concentrate, LPC
농축정제머스트 concentrated rectified must
농축추출물(濃縮抽出物) concentrated extract
농축콩단백질 soy protein concentrate, SPC
농축토마토 tomato concentrate
농축토마토페이스트 concentrated tomato paste
농축포도즙 grape juice concentrate
농축홍삼(濃縮紅蔘) red ginseng concentrate
농학(農學) agricultural science
높이 height
뇌(腦) brain
뇌경색(腦梗塞) brain infarct
뇌경색증(腦梗塞症) cerebral infarction
뇌경화(腦硬化) cerebrosclerosis
뇌내출혈(腦內出血) intracerebral bleeding
뇌사(腦死) brain death
뇌색전증(腦塞栓症) cerebral embolism
뇌성마비(腦性麻痺) cerebral palsy
뇌신경(腦神經) cranial nerve
뇌연화증(腦軟化症) encephalomalacia
뇌염(腦炎) encephalitis
뇌전증(腦電症) epilepsy
뇌조(雷鳥) grouse
뇌조(雷鳥) rock ptarmigan, ptarmigan, *Lagopus mutus* (Montin, 1781) 들꿩과
뇌졸중(腦卒中) stroke
뇌중풍(腦中風) cerebral apoplexy
뇌진탕(腦震蕩) cerebral concussion
뇌하수체(腦下垂體) pituitary gland
뇌하수체생식샘자극호르몬 pituitary gonadotrophin
뇌하수체앞엽 anterior pituitary
뇌하수체자극호르몬 hypophysiotropic hormone
뇌하수체항진증(腦下垂體亢進症) hyperpituitarism
뇌하수체호르몬 pituitary hormone
뇌하수체뒤엽 posterior pituitary
뇌혈관병(腦血管病) cerebrovascular disease
뇌혈관사고(腦血管事故) cerebrovascular accident, CVA
뇌혈전증(腦血栓症) cerebral thrombosis
뇌호르몬 brain hormone
뇨키 gnocchi
누 gnu, wildebeest
누가 nougat
누드마우스 nude mouse
누런누룩곰팡이 *Aspergillus oryzae*
누룩 nuruk
누룩곰팡이속 *Aspergillus*
누룩방 nurukbang
누룽지 nurungji
누름돌 stone weight
누리장나무 harlequin glorybower, *Clerodendron trichotomum* Thunb. 마편초과
누리장나무색소 harlequin glorybower color
누린내 smell of animal fat
누린내 burnt smell of animal protein or hair
누설검사(漏泄檢査) leakage inspection
누설시험(漏泄試驗) leakage test
누설손실(泄漏損失) leakage loss
누속 *Connochaetes*
누에고치 cocoon
누에콩 broad bean, faba bean, field bean, *Vicia faba* L. 콩과
누에콩중독증 favism
누적단백질곡선(累積蛋白質曲線) cumulative protein curve
누적도수(累積度數) cumulative frequency
누적도수그래프 cumulative frequency graph
누적회분곡선(累積灰分曲線) cumulative ash curve

누치 barbel steed, *Hemibarbus labeo* (Pallas, 1776) 잉엇과
눅눅한 soggy
눅눅함 sogginess
눈 bud
눈 eye
눈강달이 bighead croaker, *Collichthys niveatus* Jordan & Starks, 1906 민어과
눈금 scale
눈금스포이트 measuring spuit
눈금실린더 measuring cylinder
눈금자 graduation measure
눈금플라스크 measuring flask
눈금피펫 measuring pipet
눈깔사탕 ball-shaped candy
눈다랑어 bigeye tuna, ahi, *Thunnus obesus* (Lowe, 1839) 고등엇과
눈떨림 nystagmus
눈물샘 lacrimal gland
눈물버섯과 Psathyrellaceae
눈물버섯속 *Psathyrella*
눈퉁멸 round herring, bigeye sardine, *Etrumeus teres* (Dekay, 1842) 청어과
눋내 scorched odor
뉘 rough rice in milled rice
뉴그린 new green
뉴라민산 neuraminic acid
뉴럴네트워크 neural network
뉴만가젤 Neumann's gazelle, *Gazella erlangeri* (Neumann, 1906) 솟과
뉴욕스테이크 New York steak
뉴질랜드초록홍합 New Zealand green-lipped mussel, greenshell mussel, *Perna canaliculus* Gmelin, 1791 홍합과
뉴캐슬병 Newcastle disease
뉴클레오사이드 nucleoside
뉴클레오사이드가수분해효소 nucleosidase
뉴클레오솜 nucleosome
뉴클레오캡시드 nucleocapsid
뉴클레오타이드 nucleotide
뉴클레오타이드가수분해효소 nucleotidase
뉴클레오타이드순서 nucleotide sequence
뉴클레오타이드쌍 nucleotide pair
뉴클레오타이드전달효소 nucleotidyltransferase
뉴클레오히스톤 nucleohistone
뉴턴 newton
뉴턴냉각법칙 Newton's law of cooling
뉴턴법칙 Newton's law
뉴턴역학 Newtonian mechanics
뉴턴운동법칙 Newton's law of motion
뉴턴제삼법칙 Newton's third law
뉴턴제이법칙 Newton's second law
뉴턴제일법칙 Newton's first law
뉴턴유체 Newtonian fluid
뉴턴점성 Newtonian viscosity
뉴턴점성법칙 Newton's law of viscosity
뉴턴흐름 Newtonian flow
뉴트라슈티컬식품 nutraceutical food
뉴트리아 nutria, coypu, *Myocastor coypus* (Molina, 1782) 뉴트리아과
뉴트리아과 Myocastoridae
느낌열 sensible heat
느릅나무 Japanese elm, *Ulmus davidiana* var. *japonica* Rehder 느릅나뭇과
느릅나무속 *Ulmus*
느릅나뭇과 Ulmaceae
느타리 oyster mushroom, *Pleurotus ostreatus* (Jacq.:Fr.) Kummer 느타릿과
느타리속 *Pleurotus*
느타릿과 Pleurotaceae
느티만가닥버섯 *Hypsizigus marmoreus* (Peck) Bigelow 송이과
능금 crabapple
능금나무 Chinese pearleaf crabapple, *Malus asiatica* Nakai 장미과
능동면역(能動免疫) active immunity
능동운반(能動運搬) active transport
능동포타슘펌프 active potassium pump
능동흡수(能動吸收) active absorption
능성어 convict grouper, *Epinephelus septemfasciatus* (Thunberg, 1793) 바릿과
능소화과(凌霄花科) Bignoniaceae
능이(能耳) neungi, *Sarcodon aspratus* (Berk.) S. Ito 굴뚝버섯과
늦음계수 lag factor
니게란 nigeran
니게로스 nigerose
니겔라 nigella, *Nigella sativa* L. 미나리아

재빗과
니발렌올 nivalenol
니스토스 nystose
니신 nisin
니제르 niger, nyjer, *Guizotia abyssinica* (L. f.) Cass. 국화과
니제르씨 niger seed
니켈 nickel
니코틴 nicotine
니코틴산 nicotinic acid
니코틴산아마이드 nicotinic acid amide
니코틴아마이드 nicotinamide
니코틴아마이드아데닌다이뉴클레오타이드 nicotinamide adenine dinucleotide, NAD
니코틴아마이드아데닌다이뉴클레오타이드인산 nicotinamide adenine dinucleotide phosphate, NADP
니크롬 nichrome
니트로소모나스과 Nitrosomonadaceae
니트로소모나스속 *Nitrosomonas*
니트로소모나스 유로파에아 *Nitrosomonas europaea*
니트로화 nitration
니트로화반응 nitration
니파속 *Nypa*
니파야자나무 nipa palm, *Nypa fruticans* Wurmb. 야자과
닉스타말화 nixtamalization
닌하이드린 ninhydrin
닌하이드린반응 ninhydrin reaction

다가산(多價酸) polybasic acid
다가알코올 polyhydric alcohol
다각형(多角形) polygon
다공고체식품(多孔固體食品) porous solid food
다공막(多孔膜) porous membrane
다공성(多孔性) porosity
다공질(多孔質) porousness
다공판탑(多孔板塔) perforated plate tower
다공폴리에틸렌 perforated polyethylene
다과(茶菓) tea and confectionery
다금바리 sawedged perch, *Niphon spinosus* Cuvier, 1828 바릿과
다뇨(多尿) polyuria
다닥냉이 poor man's pepper, *Lepidium apetalum* Willd. 십자화과
다당류(多糖類) polysaccharide
다당류가수분해효소(多糖類加水分解酵素) polysaccharase
다듬기 trimming
다듬이벌레과 Psocidae
다듬이벌레목 Psocoptera
다랑어 tuna
다랑어기름 tuna oil
다랑어통조림 canned tuna
다래 hardy kiwifruit, kiwi berry, baby kiwi
다래나무 hardy kiwi, *Actinidia arguta* (Siebold & Zucc.) Planch. ex Miq. 다래나뭇과
다래나무속 *Actinidia*
다래나뭇과 Actinidiaceae
다래아목 Dilleniineae
다량무기질(多量無機質) macromineral
다량영양소(多量營養素) macronutrient
다량원소(多量元素) macroelement
다량조리(多量調理) quantity food production
다르질링차 Darjeeling tea
다른네배수체 allotetraploid
다른배수체 alloploid
다른세배수체 allotriploid
다른자리입체성 allosteric
다른자리입체성단백질 allosteric protein
다른자리입체성억압 allosteric repression
다른자리입체성조절 allosteric regulation
다른자리입체성효과 allosteric effect
다른자리입체성효소 allosteric enzyme
다리결합 cross-linkage
다리결합녹말 cross-linked starch
다리결합현상 cross linkage phenomenon
다마르 dammar
다마르검 dammar gum
다면체(多面體) polyhedron

다모강(多毛綱) Polychaeta
다목적밀가루 all-purpose flour
다목적식품(多目的食品) multipurpose food
다미노자이드 daminozide
다바나 davana, *Artemisia pallens* Wall. ex DC 국화과
다바나방향유 davana essential oil
다발 bundle
다발골수종(多發骨髓腫) multiple myeloma
다변량분석(多變量分析) multivariate analysis
다브로민화다이페닐에테르 polybrominated diphenyl ether
다브로민화바이페닐류 polybrominated biphenyls
다색벚꽃버섯 *Hygrophorus russula* (Schaeff.:Fr.) Qüel. 벚꽃버섯과
다섯가지기본맛 five basic tastes
다세포생물(多細胞生物) multicellular organism
다세포식물(多細胞植物) metaphyte, multicellular plant
다수확작물(多收穫作物) high yielding crop
다수확품종(多收穫品種) high yielding variety
다슬기 melania snail, *Semisulcospira libertina* (Gould, 1859) 다슬깃과
다슬깃과 Pleuroceridae
다시 DASH, dietary approaches to stop hypertension
다시마 dasima, *Laminaria japonica* J. E. Areschoung 다시맛과
다시마목 Laminariales
다시마속 *Laminaria*
다시마차 dasimacha
다시맛과 Laminariaceae
다식(茶食) dasik
다식과(茶食菓) dasikgwa
다식증(多食症) polyphagia
다양성(多樣性) diversity
다우덤증발기 Dowtherm vaporizer
다운증후군 Down syndrome
다육과일 succulent fruit
다육식물(多肉植物) succulent plant
다음증(多飮症) polydipsia
다이 die
다이갈락토실다이아실글리세롤 digalactosyl diacylglycerol
다이갈산 digallic acid
다이글루코사이드 diglucoside
다이글리세라이드 diglyceride
다이메토에이트 dimethoate
다이메틸 dimethyl
다이메틸나이트로사민 dimethyl nitrosamine
다이메틸다이설파이드 dimethyl disulfide
다이메틸다이카보네이트 dimethyl dicarbonate
다이메틸설파이드 dimethyl sulfide
다이메틸설폭사이드 dimethyl sulfoxide, DMSO
다이메틸설폰 dimethyl sulfone
다이메틸아르신산 dimethylarsinic acid
다이메틸아민 dimethylamine
다이메틸케톤 dimethyl ketone
다이메틸트라이설파이드 dimethyl trisulfide
다이메틸폴리실록세인 dimethylpolysiloxane
다이벤조일티아민 dibenzoyl thiamin
다이벤조일티아민염산염 dibenzoyl thiamin hydrochloride
다이서 dicer
다이스 dice
다이아민 diamine
다이아민산화효소 diamine oxidase
다이아세트산소듐 sodium diacetate
다이아세틸 diacetyl
다이아스테이스 diastase
다이아실글리세롤 diacylglycerol
다이아실글리세롤라이페이스 diacylglycerol lipase
다이아실글리세롤3-인산 diacylglycerol 3-phosphate
다이아제팜 diazepam
다이아조늄염 diazonium salt
다이아조메테인 diazomethane
다이아조사이클로펜타다이엔 diazocyclopentadiene
다이아조화반응 diazotization
다이아지논 diazinon
다이아토잔틴 diatoxanthin
다이알데하이드녹말 dialdehyde starch
다이알릴다이설파이드 diallyl disulfide
다이어트 diet
다이어트식품 dietetic food

다이어프램펌프 diaphragm pump
다이얼게이지 dial gauge
다이얼온도계 dial thermometer
다이에틸나이트로사민 diethylnitrosamine
다이에틸다이카보네이트 diethyl dicarbonate
다이에틸렌글리콜 diethylene glycol
다이에틸설파이드 diethyl sulfide
다이에틸아민 diethylamine
다이에틸에테르 diethyl ether
다이에틸피로카보네이트 diethylpyrocarbonate, DEPC
다이엔화합물 diene compound
다이엘드린 dieldrin
다이오드 diode
다이오스 diose
다이옥세인 dioxane
다이옥신 dioxin
다이올 diol
다이제인 daidzein
다이진 daidzin
다이케톤 diketone
다이크로뮴산 dichromic acid
다이크로뮴산포타슘 potassium dichromate
다이클로로다이페닐트라이클로로에테인 dichlorodiphenyltrichloroethane, DDT
다이클로로벤젠 dichlorobenzene
다이클로보스 dichlorvos
다이클로삭실린 dicloxacillin
다이클로프롭 dichlorprop
다이클로플루아니드 dichlofluanid
다이터펜 diterpene
다이페놀산화효소 diphenol oxidase
다이페닐 diphenyl
다이페닐아민 diphenylamine
다이펩타이드 dipeptide
다이펩타이드가수분해효소 dipeptidase
다이펩타이드감미료 dipeptide sweetener
다이플레이트 die plate
다이피리딜 dipyridyl
다이피콜린산 dipicolinic acid
다이하이드로스트렙토마이신 dihydrostreptomycin
다이하이드로에피안드로스테론 dihydroepiandrosterone, DHEA
다이하이드로칼콘 dihydrochalcone
다이하이드로캡사이신 dihydrocapsaicin
다이하이드록시베타카로텐 dihydroxy β-carotene
다이하이드록시석신산 dihydroxy succinic acid
다이하이드록시아세톤 dihydroxyacetone
다인 dyne
다일레이턴시 dilatancy
다중검정(多重檢定) multiple range test
다중결합(多重結合) multiple bond
다중도(多重度) multiplicity
다중비교검사(多重比較檢査) multiple comparison test
다중비교법(多重比較法) multiple comparison method
다중상관계수(多重相關係數) multiple correlation coefficient
다중선형상관계수(多重線形相關係數) coefficient of linear multiple correlation
다중선형회귀분석(多重線形回歸分析) multiple linear regression analysis
다중이점비교검사(多重二點比較檢査) multiple paired comparison test
다중인자분석(多重因子分析) multiple factor analysis
다중차이검사(多重差異檢査) multiple difference test
다중클론 polyclone
다중클론항체 polyclonal antibody
다중표준시료검사(多重標準試料檢査) multiple standard sample test
다중회귀분석(多重回歸分析) multiple regression analysis
다중효용증발기(多重效用蒸發機) multiple effect evaporator
다즙(多汁) succulence
다즙과일 juicy fruit
다즙성(多汁性) juiciness
다지기 chopping
다진고기 ground meat
다진돼지고기 ground pork
다진쇠고기 ground beef
다진칠면조고기 ground turkey
다차원척도(多次元尺度) multidimensional scale

다청채 dacheongchae
다축압출기(多軸壓出機) multi-screw extruder
다코닐 daconil
다크노던스프링 dark northern spring, DNS
다크초콜릿 dark chocolate
다크커팅결함 dark cutting defect
다크펌드라이결함 dark, firm, dry defect
다판강(多板綱) Polyplacophora
다핵세포(多核細胞) multinuclear cell
다형성(多形性) polymorphism
다히 dahi
단가(單價) unit price
단각류(端脚類) amphipods
단각목(端脚目) Amphipoda
단감 sweet persimmon
단계묽힘 serial dilution
단계회귀(段階回歸) stepwise regression
단계회귀분석(段階回歸分析) stepwise regression analysis
단고추 sweet pepper
단과자 sweets
단과자반죽 sweet dough
단과자빵 sweet dough bread
단내 sweet flavor
단단백질 sweet protein
단단한 firm
단단함 firmness
단당류(單糖類) monosaccharide
단독세균(丹毒細菌) erysipelas bacterium, *Erysipelothrix rhusiopathiae*
단맛 sweet taste
단무지 danmuji
단물 soft water
단물화공정 water-softening process
단발효(單醱酵) single step fermentation
단발효주(單醱酵酒) single step fermented alcoholic beverage
단밤 sweet chestnut
단방조충(單房條蟲) hydatid worm, hyper tape-worm, *Echinococcus granulosus* Batsch, 1786 조충과
단백광(蛋白光) opalescence
단백질(蛋白質) protein
단백질가수분해(蛋白質加水分解) proteolysis
단백질가수분해물(蛋白質加水分解物) protein hydrolysate
단백질가수분해효소(蛋白質加水分解酵素) protease, proteinase
단백질가수분해효소억제제(蛋白質加水分解酵素抑制劑) proteinase inhibitor
단백질값 protein score
단백질결핍증(蛋白質缺乏症) protein deficiency
단백질결합아이오딘 protein-bound iodine, PBI
단백질공학(蛋白質工學) protein engineering
단백질글루타민감마글루탐일전달효소 protein glutamine γ-glutamyltransferase
단백질뇨(蛋白質尿) proteinuria
단백질대사(蛋白質代謝) protein metabolism
단백질변성(蛋白質變性) protein denaturation
단백질분산지수(蛋白質分散指數) protein dispersibility index
단백질분해활성(蛋白質分解活性) proteolytic activity
단백질분해세균(蛋白質分解細菌) proteolytic bacterium
단백질분해제(蛋白質分解劑) proteolytic agent
단백질분해효소복합체(蛋白質分解酵素複合體) proteasome
단백질사차구조(蛋白質四次構造) quaternary structure of protein
단백질삼차구조(蛋白質三次構造) tertiary structure of protein
단백질상호보충효과(蛋白質相互補充效果) complementary effect of proteins
단백질생합성(蛋白質生合成) protein biosynthesis
단백질섬유(蛋白質纖維) protein fiber
단백질소단위(蛋白質小單位) protein subunit
단백질소화율보정아미노산값 protein digestibility corrected amino acid score, PDCAAS
단백질식품(蛋白質食品) protein food
단백질알갱이 protein granule
단백질에너지영양불량 protein-energy malnutrition, PEM
단백질염(蛋白質鹽) proteinate
단백질유사물질(蛋白質類似物質) proteinoid
단백질이차구조(蛋白質二次構造) secondary structure of protein
단백질인산가수분해효소(蛋白質燐酸加水分解

酵素) protein phosphorylase
단백질인산화효소(蛋白質燐酸化酵素) protein kinase
단백질일차구조(蛋白質一次構造) primary structure of protein
단백질절약작용(蛋白質節約作用) protein sparing action
단백질제거(蛋白質除去) deproteinization
단백질지방질(蛋白質脂肪質) proteolipid
단백질지수(蛋白質指數) protein quotient
단백질체(蛋白質體) protein body
단백질체학(蛋白質體學) proteomics
단백질칩 protein chip
단백질칩어레이 protein chip array
단백질칼로리영양불량 protein-calorie malnutrition, PCM
단백질품질(蛋白質品質) protein quality
단백질프로필링 protein profiling
단백질합성(蛋白質合成) protein synthesis
단백질합성억제제(蛋白質合成抑制劑) protein synthesis inhibitor
단백질합성인자(蛋白質合成因子) protein synthesis factor
단백질혈증(蛋白質血症) proteinemia
단백질혼탁(蛋白質混濁) protein cloudiness
단백질혼탁도(蛋白質混濁度) protein turbidity
단백질효율(蛋白質效率) protein efficiency ratio, PER
단보치즈 Danbo cheese
단봉낙타(單峯駱駝) dromedary camel, Arabian camel, *Camelus dromedarius* Linnaeus, 1758 낙타과
단분자막(單分子膜) monomolecular film
단분자층(單分子層) monolayer
단분자층수분(單分子層水分) monolayer moisture
단분자층수분함량(單分子層水分含量) monolayer moisture content
단분자층흡착(單分子層吸着) monomolecular adsorption
단비스킷 sweet biscuit
단빵 sweet bread
단삼(丹參) danshen, red sage, Chinese sage, *Salvia miltiorrhiza* Bunge 꿀풀과
단색광(單色光) monochromatic light
단색광기(單色光器) monochromator
단성생식(單性生殖) parthenogenesis
단세포(單細胞) single cell
단세포기름 single cell oil
단세포단백질(單細胞蛋白質) single cell protein, SCP
단세포동물(單細胞動物) unicellular animal
단세포배양(單細胞培養) single cell culture
단세포생물(單細胞生物) unicellular organism
단세포식물(單細胞植物) unicellular plant
단수수 sweet sorghum, *Sorghum bicolor* var. *dulciusculum* Ohwi 볏과
단순격자(單純格子) simple lattice
단순단백질(單純蛋白質) simple protein
단순당(單純糖) simple sugar
단순상관(單純相關) simple correlation
단순상관계수(單純相關係數) simple correlation coefficient
단순이점대비법(單純二點對比法) simple paired comparison
단순이점차이검사(單純二點差異檢査) simple paired difference test
단순입방격자(單純立方格子) simple cubic lattice
단순증류(單純蒸溜) simple distillation
단순지방질(單純脂肪質) simple lipid
단순차이검사(單純差異檢査) simple difference test
단순탄수화물(單純炭水化物) simple carbohydrate
단술 dansul
단시간발효법(短時間醱酵法) short fermentation system
단식(斷食) fasting
단식동물(單食動物) monophagous animal
단식성(單食性) monophagia
단식증류기(單式蒸溜器) pot still
단식품 sweet food
단씨 sweetcorn
단양법(單釀法) danyangbeop
단양주(單釀酒) danyangju
단열(斷熱) heat insulation
단열곡선(斷熱曲線) adiabatic curve
단열변화(斷熱變化) adiabatic change
단열압축(斷熱壓縮) adiabatic compression

단열재(斷熱材) heat insulator
단열팽창(斷熱膨脹) adiabatic expansion
단우유 sweet milk
단위(單位) unit
단위격자(單位格子) unit cell
단위결실(單爲結實) parthenocarpy
단위결실과일 parthenocarpic fruit
단위계(單位系) system of unit
단위공정(單位工程) unit process
단위길이 unit length
단위넓이 unit area
단위무게 test weight
단위벡터 unit vector
단위부피 unit volume
단위조작(單位操作) unit operation
단위체(單位體) monomer
단일결합(單一結合) single bond
단일메뉴 nonselective menu
단일불포화지방(單一不飽和脂肪) monounsaturated fat
단일불포화지방산(單一不飽和脂肪酸) monounsaturated fatty acid
단일시장(單一市場) single market
단일염기다형성(單一鹽基多形性) single nucleotide polymorphism, SNP
단일재배(單一栽培) monoculture
단일클론항체 monoclonal antibody
단일효용증발기(單一效用蒸發機) single effect evaporator
단자 danja
단지 jug
단차 dancha
단축압출성형기(短軸壓出成形機) single screw extruder
단측가설(單側假說) one-sided hypothesis
단측검정(單側檢定) one-sided test
단층배양(單層培養) monolayer culture
단층상피(單層上皮) unilayer epithelium
단치 danchi, prickly sesban, *Sesbania bispinosa* (Jacq.) W. Wight 콩과
단팥죽 danpatjuk
단포도주 sweet wine
단풍나무속 *Acer*
단풍나무수액 maple sap
단풍나뭇과 Aceraceae
단풍마 quinqueloba, *Dioscorea quinqueloba* Thunb. 맛과
단풍시럽 maple syrup
단풍시럽뇨병 maple syrup urine disease
단핵구(單核球) monocyte
단핵모세포(單核母細胞) monoblast
단행복발효(單行復醱酵) sequential saccharification and alcohol fermentation
단향과(檀香科) Santalaceae
단향목(檀香目) Santalales
단향아목(檀香亞目) Santalineae
단황란(端黃卵) telolecithal egg
닫힌계 closed system
닫힌회로 closed circuit
닫힌회로분쇄시스템 closed-circuit grinding system
달 dhal, dal
달걀 egg, hen egg
달걀가루 egg powder
달걀감압흡착기 vacuum egg sucker
달걀거품기 eggbeater
달걀껍데기 eggshell
달걀껍데기가루 eggshell powder
달걀껍데기색깔 eggshell color
달걀껍데기세기 eggshell strength
달걀껍데기막 eggshell membrane
달걀껍데기큐티클 eggshell cuticle
달걀노른자위 egg yolk
달걀노른자위액 liquid egg yolk
달걀단백질 egg protein
달걀버섯 half-dyed slender Caesar, *Amanita hemibapha* (Berk. & Broome) Sacc. 광대버섯과
달걀변색 discoloration of egg
달걀선별기 egg grader
달걀유화성 emulsifying property of egg
달걀응고 coagulation of egg
달걀찜 dalgyaljjim
달걀통조림 canned egg
달걀파스타 egg pasta
달걀흰자위 egg white
달걀흰자위라이소자임 egg white lysozyme
달걀흰자위액 liquid egg white

달래 Korean wild chive, *Allium monanthum* Maxim. 백합과
달맞이꽃 evening primrose, *Oenothera odorata* Jacquin. 바늘꽃과
달맞이꽃기름 evening primrose oil
달맞이꽃씨 evening primrose seed
달맞이꽃씨추출물 evening primrose seed extract
달스소시지 Darls sausage
달임 decoction
달지않은 dry
달팽이 land snail, *Acusta despecta sieboldiana* (Pfeiffer, 1850) 달팽잇과
달팽이고기 snail meat
달팽이관 cochlear canal
달팽잇과 Bradybaenidae
닭 chicken, *Gallus gallus domesticus* (Linnaeus, 1758) 꿩과
닭가슴살 chicken breast
닭간 chicken liver
닭강정 dakgangjeong
닭고기 chicken meat
닭고기민스 chicken mince
닭곰탕 dakgomtang
닭껍질 chicken skin
닭날개 chicken wing
닭다리 chicken thigh
닭다리살 chicken leg quarter
닭모래주머니 chicken gizzard
닭모래주머니피클 chicken gizzard pickle
닭목 Galliformes
닭발 chicken feet
닭백숙 dakbaeksuk
닭뼈 chicken bone
닭새우 Japanese spiny lobster, *Panulirus japonicus* Von Siebold, 1824 닭새웃과
닭새웃과 Palinuridae
닭소시지 chicken sausage
닭어깨살 breast quarter
닭의덩굴속 *Fallopia*
닭의장풀 Asiatic dayflower, *Commelina communis* L. 닭의장풀과
닭의장풀과 Commelinaceae
닭의장풀목 Commelinales
닭죽 dakjuk
닭찜 dakjjim
닭패티 chicken patty
닮음 similarity
닮음조건 condition of similarity
담그기 dipping
담근먹이 ensilage
담금 mashing
담금농도 mash concentration
담금액 mash
담금용수 mashing water
담금질 quenching
담금통 mash tun
담녹조강(淡綠藻綱) Prasinophyceae
담녹조식물문(淡綠藻植物門) Prasinophyta
담륜자(擔輪子) trochophore
담배 tobacco plant, *Nicotiana tabacum* L. 가짓과
담배꽃 cigar flower, *Cuphea lanceolata* Aiton 부처꽃과
담백한맛 bland taste
담북장 dambukjang
담색맥주(淡色麥酒) pale beer
담자균강(擔子菌綱) Basidiomycetes
담자균아문(擔子菌亞門) Basidiomycotina
담자기(擔子器) basidium
담자홀씨 basidiospore
담자홀씨생성효모 basidiosporogenous yeast
담치류 mussels
당(糖) sugar
당과제품(糖菓製品) confection
당귀(當歸) danggui
당귀속(當歸屬) *Angelica*
당귀차(當歸茶) dangguicha
당귤나무 sweet orange, *Citrus sinensis* (L.) Osbeck 운향과
당근 carrot, *Daucus carota* L. 산형과
당근속 *Daucus*
당근주스 carrot juice
당근칩 carrot chip
당근펄프 carrot pulp
당나귀 donkey, ass, *Equus asinus* Linnaeus, 1758 말과
당나귀젖 donkey milk

당내성(糖耐性) sugar tolerance
당내성효모(糖耐性酵母) sugar tolerant yeast
당뇨(糖尿) glycosuria
당뇨망막병증(糖尿網膜病症) diabetic retinopathy
당뇨병(糖尿病) diabetes, diabetes mellitus
당뇨병당뇨(糖尿病糖尿) diabetic glycosuria
당뇨병식사(糖尿病食事) diabetic diet
당뇨병유발물질(糖尿病誘發物質) diabetogenic
당뇨병케톤산증 diabetic ketoacidosis
당뇨병혼수(糖尿病昏睡) diabetic coma
당뇨병환자(糖尿病患者) diabetic
당뇨빵 diabetic bread
당뇨식품(糖尿食品) diabetic food
당뇨신경병증(糖尿神經病症) diabetic neuropathy
당뇨콩팥병증 diabetic nephropathy
당단백질(糖蛋白質) glycoprotein
당도(糖度) sugar concentration
당도계(糖度計) saccharimeter
당량(當量) equivalent
당량수(當量數) equivalent number
당량점(當量點) equivalent point
당류(糖類) saccharides
당면(唐麵) dangmyeon
당밀(糖蜜) molasses
당밀시럽 molasses syrup
당발효(糖醱酵) sugar fermentation
당산비율(糖酸比率) sugar acid ratio
당삽주 dangsapju, *Atractylis koreana* Nakai 국화과
당시럽 sugar syrup
당아욱 tree mallow, *Malva sylvestris* L. var. *mauritiana* Boiss. 아욱과
당알코올 sugar alcohol
당에스터 sugar ester
당절임 sugaring
당접합체(糖接合體) glycoconjugate
당제거(糖除去) desugarization
당조성(糖組成) sugar composition
당지방질(糖脂肪質) glycolipid
당지방질단백질(糖脂肪質蛋白質) glycolipoprotein
당펩타이드 glycopeptide
당화(糖化) saccharification
당화력(糖化力) saccharification power
당화반응(糖化反應) glycation
당화아밀레이스 saccharifying amylase
당화율(糖化率) ratio of saccharification
당화제(糖化劑) saccharifying agent
당화헤모글로빈 glycosylated hemoglobin, HbA1c
당화활성(糖化活性) diastatic activity
당화효소(糖化酵素) saccharifying enzyme
대 bamboo
대게 snow crab, *Chinoecetes opilio* (Fabricius, 1788) 물맞이겟과
대구(大口) cod
대구간(大口肝) cod liver
대구간기름 cod liver oil
대구과(大口科) Gadidae
대구류(大口類) codfish
대구목(大口目) Gadiformes
대구탕 daegutang
대극과(大戟科) Euphorbiaceae
대극목(大戟目) Euphorbiales
대극아목(大戟亞目) Euphorbiineae
대기(大氣) atmosphere
대기생물학(大氣生物學) aerobiology
대기오염(大氣汚染) air pollution
대기오염방지(大氣汚染防止) air pollution prevention
대나무 bamboo
대나무상어 bamboo shark
대나무아과 Bambusoideae
대나무통밥 daenamutongbap
대뇌(大腦) cerebrum
대뇌겉질 cerebrum cortex
대뇌반구(大腦半球) cerebral hemisphere
대뇌속질 cerebrum medulla
대니시우무 Danish agar
대동맥(大動脈) aorta
대동맥판막(大動脈瓣膜) aortic valve
대량배양(大量培養) mass culture
대량생산(大量生産) mass production
대량소비(大量消費) mass consumption
대롱수염새우 bighead shrimp, *Solenocera melantho* De Man, 1907 대롱수염새웃과
대롱수염새웃과 Solenoceridae
대류(對流) convection
대류열전달(對流熱傳達) convection heat

transfer
대류열전달속도(對流熱傳達速度) convection heat transfer rate
대류오븐 convection oven
대립가설(對立假說) alternative hypothesis
대립유전자(對立遺傳子) allele
대립형질(對立形質) allelomorph
대립형질형(對立形質型) allelotype
대만송어(臺灣松魚) formosa landlocked salmon, *Oncorhynchus masou formosanus* (D. S. Jordan & Ōshima, 1919) 연어과
대문짝넙치 turbot, *Scophthalmus maximus* (Linnaneus, 1758) 스코프탈미데과
대물렌즈 objective lens
대변(大便) feces
대변(大便) stool
대변검사(大便檢査) stool examination
대변내 fecal odor
대변대장균(大便大腸菌) fecal coliform bacterium
대변대장균군(大便大腸菌郡) fecal coliform group
대변오염지표생물(大便汚染指標生物) indicator organism of fecal contamination
대사(代謝) metabolism
대사결함(代謝缺陷) metabolic defect
대사경로(代謝經路) metabolic pathway
대사경로도(代謝經路圖) metabolic map
대사과정(代謝過程) metabolic process
대사균형(代謝均衡) metabolic balance
대사대항물질(代謝對抗物質) antimetabolite
대사돌연변이체(代謝突然變異體) metabolic mutant
대사병(代謝病) metabolic disease
대사불균형(代謝不均衡) metabolic imbalance
대사비만(代謝肥滿) endogenous obesity
대사산물(代謝産物) metabolite
대사산증(代謝酸症) metabolic acidosis
대사산혈증(代謝酸血症) metabolic acidemia
대사수(代謝水) metabolic water
대사알칼리증 metabolic alkalosis
대사알칼리혈증 metabolic alkalemia
대사억제제(代謝抑制劑) metabolic inhibitor
대사율(代謝率) metabolic rate
대사장애(代謝障碍) metabolic disorder
대사조절(代謝調節) metabolic regulation
대사조절발효(代謝調節醱酵) metabolism regulated fermentation
대사증후군(代謝症候群) metabolic syndrome
대사지름길 metabolic shunt
대사체(代謝體) metabolome
대사체학(代謝體學) metabolomics
대사평형(代謝平衡) metabolic equilibrium
대사풀 metabolic pool
대사항진(代謝亢進) hypermetabolism
대사혼수(代謝昏睡) metabolic coma
대사활성화(代謝活性化) metabolic activation
대사회전(代謝回轉) metabolic turnover
대상포진(帶狀疱疹) herpes zoster
대서양가자미 halibut, Atlantic halibut, *Hippoglossus hippoglossus* (Linnaeus, 1758) 가자밋과
대서양고등어 Atlantic mackerel, *Scomber scombrus* Linnaeus, 1758 고등엇과
대서양대구(大西洋大口) Atlantic cod, *Gadus morhua* Linnaeus, 1758 대구과
대서양돛새치 Atlantic sailfish, *Istiophorus albicans* (Latreille, 1804) 돛새칫과
대서양보니토 Atlantic bonito, *Sarda sarda* (Bloch, 1793) 고등엇과
대서양연어(大西洋鰱魚) Atlantic salmon, *Salmo salar* Linnaeus, 1758 연어과
대서양청새치 Atlantic blue marlin, *Makaira nigricans* Lacépède, 1802 돛새칫과
대서양청어(大西洋靑魚) Atlantic herring, *Clupea harengus* Linnaeus, 1758 청어과
대악류(大顎類) mandibulates
대악아문(大顎亞門) Mandibulata
대왕고래 blue whale, *Balaenoptera musculus* Linnaeus, 1758 수염고랫과
대왕고래속 *Balaenoptera*
대용밀술 mitsul substitute
대용소금 salt substitute
대용식품(代用食品) food substitute
대용우유(代用牛乳) milk replacer
대장균(大腸菌) *Escherichia coli*
대장균군(大腸菌群) coliform, coliform group
대장균군계수(大腸菌群計數) coliform count
대장균군막대세균 coliform bacillus
대장균군세균(大腸菌群細菌) coliform bacterium

대장균군시험(大腸菌群試驗) coliform test
대장균파지 coliphage
대정맥(大靜脈) vena cava
대조(對照) contrast
대조구(對照區) control
대조군(對照群) control group
대조시료(對照試料) control sample
대조오차(對照誤差) contrast error
대조자극법(對照刺戟法) contrast stimulus method
대조효과(對照效果) contrast effect
대증요법(對症療法) symptomatic therapy
대짜은행게 Dungeness crab, *Metacarcinus magister* (Dana, 1852) 은행겟과
대창(大腸) daechang
대창젓 daechangjeot
대체감미료(代替甘味料) alternative sweetener, sugar substitute
대체에너지 alternative energy
대추 jujube
대추나무 jujube tree, *Ziziphus jujuba* var. *inermis* (Bunge) Rehder 갈매나뭇과
대추나무속 *Ziziphus*
대추야자나무 date palm, *Phoenix dactylifera* L. 야자과
대추야자열매 date
대추차 jujube tea
대치요법(代置療法) replacement therapy
대칭(對稱) symmetry
대파 daepa
대푯값 representative value
대하(大蝦) fleshy prawn, Chinese white shrimp, oriental shrimp, *Penaeus chinensis* (Osbeck, 1765) 보리새웃과
대한약전(大韓藥典) Korean Pharmacopia, KP
대향류냉각탑(對向流冷却塔) counterflow cooling tower
대형마켓 hypermarket
대황(大黃) rhubarb, *Rheum undulatum* L. 마디풀과
댐슨 damson, damson plum, *Prunus domesticus* ssp. *insititia* (L.) C. K. Schneid 장미과
댓잎 bamboo leaf
더덕 deodeok, *Codonopsis lanceolata* (Siebold & Zucc.) Trautv. 초롱꽃과
더덕구이 deodeokgui
더덕속 *Codonopsis*
더덕장아찌 deodeokjangajji
더뎅잇병 scab
더럼발효관 Durham fermentation tube
더미스틱소시지 domestic sausage
더부신경 accessory nerve
더블크림 double cream
더비비스킷 Derby biscuit
더치오븐 Dutch oven
덖음 deogeum
던컨시험 Duncan's multiple range test
덤프트럭 dump truck
덤플링 dumpling
덤핑증후군 dumping syndrome
덧가루 dusting flour
덧장 deotjang
덩굴뿌리 climbing root
덩굴손 tendril
덩굴식물 climbing plant
덩굴팥 rice bean, *Vigna umbellata* (Thunb.) Ohwi & Ohashi 콩과
덩어리 agglomerate
덩어리고기 meat block
덩어리녹말 lump starch
덩어리설탕 lump sugar
덩어리식품 lumpy food
덩어리엿 lump yeot
덩어리진 lumpy
덩어리짐 lumpiness
덩이버섯과 Tuberaceae
덩이뿌리 tuberous root
덩이줄기 tuber
덮개유리 cover glass
데니시블루 Danish blue, danablu
데니시페이스트리 Danish pastry
데바리오미세스속 *Debaryomyces*
데바리오미세스 한세니이 *Debaryomyces hansenii*
데브리오미세스 글로보수스 *Debryomyces globosus*
데블스푸드케이크 devil's food cake
데센산 decenoic acid

데스모스테롤 desmosterol
데스몰레이스 desmolase
데스민 desmin
데스옥시콜레이트젖당우무배지 desoxycholate lactose agar
데술포비브리오과 Desulfovibrionaceae
데술포비브리오속 *Desulfovibrio*
데술포토마쿨룸속 *Desulfotomaculum*
데술포토마쿨룸 니그리칸스 *Desulfotomaculum nigricans*
데시케이터 desiccator
데실알데하이드 decyl aldehyde
데실알코올 decyl alcohol
데어리로 Dairy-lo
데옥시 deoxy
데옥시뉴클레오사이드 deoxynucleoside
데옥시뉴클레오타이드 deoxynucleotide
데옥시니발렌올 deoxynivalenol
데옥시당 deoxysugar
데옥시리보뉴클레오사이드 deoxyribonucleoside
데옥시리보뉴클레오타이드 deoxyribonucleotide
데옥시리보스 deoxyribose
데옥시리보핵산 deoxyribonucleic acid, DNA
데옥시리보핵산가수분해효소 deoxyribonuclease, DNase
데옥시리보핵산단백질 deoxyribonucleoprotein
데옥시코티코스테론 deoxycorticosterone
데옥시콜레이트 deoxycholate
데옥시콜산 deoxycholic acid
데옥시콜산우무배지 deoxycholate agar medium
데옥시피리독신 deoxypyridoxine
데이터뱅크 databank
데이터베이스 database
데치기 blanching
데칸산 decanoic acid
데칸산에틸 ethyl decanoate
데칸알 decanal
데칸올 decanol
데커레이션 decoration
데커레이션케이크 decoration cake
데케라 브루셀렌시스 *Dekkera bruxellensis*
데케라속 *Dekkera*
데케라 아노말라 *Dekkera anomala*
데케인 decane
데하이드로아세트산 dehydroacetic acid
데하이드로아세트산소듐 sodium dehydroacetate
데하이드로아스코브산 dehydroascorbic acid
데하이드로아스코브산환원효소 dehydroascorbic acid reductase
덱스트란 dextran
덱스트란가수분해효소 dextranase
덱스트란슈크레이스 dextransucrase
덱스트로스 dextrose
덱스트로스당량 dextrose equivalent, DE
덱스트린 dextrin
덱스트린가수분해효소 dextrinase
덱스트린값 dextrin value
덱스트린글리코실전달효소 dextrin glycosyltransferase
덱스트린분 dextrin residue
덱스트린화 dextrinization
덱오븐 deck oven
덴시토메트리 densitometry
덴시토미터 densitometer
델로비브리오과 Bdellovibrionaceae
델로비브리오속 *Bdellovibrio*
델리 deli
델리음식 deli food
델리카트 delicatessen
델리카트샐러드 delicatessen salad
델리카트음식 delicatessen food
델타메트린 deltamethrin
델피니딘 delphinidin
뎀푸라 tempura
뎁사이드 depside
뎁시펩타이드 depsipeptide
뎅기열 dengue fever
뎅기열바이러스 dengue fever virus
뎅기출혈열 dengue hemorrhagic fever
도가니 knuckle
도가니 crucible
도가니로 crucible furnace
도가니살 knuckle round
도가니집게 crucible tong
도가니탕 doganitang
도금(鍍金) plating
도꼬로마 tokoro yam, *Dioscorea tokoro* Makino 맛과

도너케밥 doner kebab
도넌평형 Donnan equilibrium
도넛 doughnut
도다리 ridged-eye flounder, *Pleuronichthys cornutus* (Temminck. & Schlegel, 1846) 가자미과
도데실황산소듐 sodium dodecyl sulfate, SDS
도데칸산 dodecanoic acid
도라지 Chinese bellflower, *Platycodon grandiflorum* (Jacq.) A. DC 초롱꽃과
도라지나물 dorajinamul
도라지모싯대 dorajimositdae, *Adenophora grandiflora* Nakai 초롱꽃과
도라지생채 dorajisaengchae
도라지속 *Platycodon*
도량형기(度量衡器) measuring instrument
도료(塗料) coating material
도루묵 sailfin sandfish, *Arctoscopus japonicus* (Steindachner, 1881) 도루묵과
도루묵과 Trichodontidae
도마 chopping board
도말평판(塗抹平板) spread plate
도매(都賣) wholesale
도매가격(都賣價格) wholesale price
도매상(都賣商) wholesaler
도매시장(都賣市場) wholesale market
도매업(都賣業) wholesale business
도매업자(都賣業者) wholesale dealer
도미 porgy, sea bream
도미아티치즈 domiati cheese
도밋과 Sparidae
도병(搗餠) dobyeong
도복(倒伏) lodging
도사 dosa
도사이 dosai
도소주(屠蘇酒) dosoju
도수분포(度數分布) frequency distribution
도수분포곡선(度數分布曲線) frequency distribution curve
도수분포도(度數分布圖) frequency distribution graph
도시화(都市化) urbanization
도열병(稻熱病) blast
도열병균강(稻熱病菌綱) Hyphomycetes
도움체 complement
도움체결합 complement fixation
도움체결합반응 complement fixation reaction
도움체계통 complement system
도움티림프구 helper T lymphocyte
도움티세포 helper T cell
도입종(導入種) introduced species
도입품종(導入品種) introduced variety
도정(搗精) milling
도정기(搗精機) mill
도정률(搗精率) degree of milling
도정시설(搗精施設) milling facility
도체(屠體) carcass
도체부산물(屠體副産物) carcass byproduct
도체율(屠體率) carcass ratio, dressing percentage, carcass percentage
도축(屠畜) slaughter
도축검사(屠畜檢査) meat inspection
도축부산물(屠畜副産物) abattoir byproduct
도축장(屠畜場) abattoir, slaughterhouse
도치 Pacific spiny lumpsucker, *Eumicrotremus orbis* (Günther, 1861) 도칫과
도칫과 Cyclopteridae
도코사펜타엔산 docosapentaenoic acid, DPA
도코사헥사엔산 docosahexaenoic acid, DHA
도코산산 docosanoic acid
도코센산 docosenoic acid
도클라 dhokla
도토리 acorn
도토리떡 dotoritteok
도토리묵 dotorimuk
도토리스쿼시 acorn squash, *Cucurbita pepo* L. var. *turbinata* Paris 박과
도파민 dopamine
도표(圖表) chart
도표평점척도(圖表評點尺度) graphic rating scale
도화돔 Japanese soldierfish, *Ostichthys japonicus* (Valenciennes, 1829) 얼게돔과
도화망둑 pinkgray goby, *Chaeturichthys hexanema* Bleeker, 1853 망둑엇과
도화새우 coonstripe shrimp, *Pandalus hypsinotus* Brandt, 1851 도화새웃과

도화새웃과 Pandalidae
독 earthenware pot
독(毒) venom
독가스 poisonous gas
독가시치 mottled spinefoot, rabbitfish, *Siganus fuscescens* (Houttuyn, 1782) 독가시치과
독가시치과 Siganidae
독극물(毒劇物) toxic agent
독립변수(獨立變數) independent variable
독립영양(獨立營養) autotrophism
독립영양미생물(獨立營養微生物) autotrophic microorganism
독립영양생물(獨立營養生物) autotroph
독립영양세균(獨立營養細菌) autotrophic bacterium
독물(毒物) toxicant
독물동태론(毒物動態論) toxicokinetics
독버섯 poisonous mushroom
독샘 venom gland
독성(毒性) toxicity
독성물고기 toxic fish
독성발현론(毒性發現論) toxicodynamics
독성시험(毒性試驗) toxicity test
독성식물(毒性植物) poisonous plant
독성진균(毒性眞菌) toxic fungus
독성폐기물(毒性廢棄物) hazardous waste
독성플랑크톤 toxic plankton
독성학(毒性學) toxicology
독소(毒素) toxin
독소단백질(毒素蛋白質) toxoprotein
독소불활성화(毒素不活性化) inactivation of toxin
독소생성능력(毒素生成能力) toxigenicity
독소식품중독(毒素食品中毒) toxin food poisoning
독소항독소반응(毒素抗毒素反應) toxin-antitoxin reaction
독소혈증(毒素血症) toxemia
독소호르몬 toxohormone
독송이 doksongi, *Tricholoma muscarium* Kawam. & Hongo 송이과
독시사이클린 doxycycline
독약(毒藥) poison
독일바퀴 German cockroach, *Blattella germanica* Linnaeus, 1767 바퀴과
독일살라미소시지 German salami sausage
독일카모마일 German chamomile, *Matricaria chamomilla* L. (= *Matricaria recutita* L.) 국화과
독점규제 및 공정거래에 관한 법률 Monopoly Regulation and Fair Trade Act
독청버섯과 Strophariaceae
독활(獨活) dokhwal, *Aralia cordata* Thunb. 두릅나뭇과
독활(獨活) Araliae cordata radix
돈나뭇과 Pittosporaceae
돌 calculus, stone
돌가사리 dolgasari, *Gigartina tenella* Harvey 돌가사릿과
돌가사리목 Gigartinales
돌가사리속 *Gigartina*
돌가사릿과 Gigartinaceae
돌가자미 stone flounder, *Kareius bicoloratus* (Basilewsky, 1855) 가자밋과
돌고래 dolphin
돌고랫과 Delphinidae
돌꽃속 *Rhodiola*
돌나물 stringy stone crop, *Sedum sarmentosum* Bunge 돌나물과
돌나물과 Crassulaceae
돌나물속 *Sedum*
돌돔 striped beakfish, barred knifejaw, *Oplegnathus fasciatus* (Temminck & Schlegel, 1844) 돌돔과
돌돔과 Oplegnathidae
돌돔류 knifejaws
돌려짓기 crop rotation, farming rotation
돌림근육 circular muscle
돌막창자 ileocecum
돌말강 Bacillariophyta
돌말류 diatom
돌맛조개 date shell, date mussel, *Lithophaga lithophaga* (Linnaeus, 1758) 홍합과
돌배나무 sand pear tree, *Pyrus pyrifolia* (Burm. f.) Nak. 장미과
돌세포 stone cell
돌솥밥 dolsotbap
돌솥비빔밥 dolsotbibimbap
돌연변이(突然變異) mutation

돌연변이억제물질(突然變異抑制物質) antimutagen
돌연변이원(突然變異原) mutagen
돌연변이유발(突然變異誘發) mutagenesis
돌연변이유발성(突然變異誘發性) mutagenicity
돌연변이유발성시험(突然變異誘發性試驗) mutagenicity test
돌연변이유발성억제능력(突然變異誘發性抑制能力) antimutagenicity
돌연변이체(突然變異體) mutant
들오리 mallard, wild duck, Anas platyrhynchos Linnaeus, 1758 오릿과
돌외 jiaogulan, five leaf ginseng, *Gynostemma pentaphyllum* (Thunb.) Makino 박과
돌절구 stone grinder
돌조개 hazelnut ark, *Arca avellana* Lamarck, 1819 돌조갯과
돌조개목 Arcoida
돌조갯과 Arcidae
돌창자 ileum
돌창자염 ileitis
돌출변형(突出變形) protruded deformation
돌콩 wild soybean, *Glycine soja* Siebold & Zucc. 콩과
돌콩속 *Glycine*
돌턴 dalton
돌턴분압법칙 Dalton's partial pressure law
돔발상엇과 Squalidae
돔산 domoic acid
돗대기새우 lesser glass shrimp, *Leptochela gracilis* Stimoson, 1860 돗대기새웃과
돗대기새웃과 Pasiphaeidae
돗돔 striped jewfish, sea bass, *Stereolepis doederleini* Lingberg & Krasyukova, 1969 반딧불게르칫과
돗돔중독 striped jewfish poisoning
동갈치 needlefish, Pacific needlefish, *Strongylura anastomella* (Valenciennes, 1846) 동갈칫과
동갈칫과 Belonidae
동갈치목 Beloniformes
동규자(冬葵子) Chinese mallow seed
동동주 dongdongju
동력(動力) power
동맥(動脈) artery
동맥경화증(動脈硬化症) arteriosclerosis
동맥자루 aneurysm
동물(動物) animal
동물계(動物界) Animalia, animal kingdom
동물기름 animal oil
동물기생체(動物寄生體) zooparasite
동물단백질(動物蛋白質) animal protein
동물레닛 animal rennet
동물모델 animal model
동물바이러스 animal virus
동물복지 animal welfare
동물성섬유(動物性纖維) animal fiber
동물성식품(動物性食品) animal food
동물유지(動物性油脂) animal fat and oil
동물지방(動物性脂肪) animal fat
동물실험(動物實驗) animal experiment
동물오염물질(動物汚染物質) contaminant from animal
동물의약품(動物醫藥品) veterinary drug
동물의약품잔류물(動物醫藥品殘留物) veterinary drug residue
동물조직(動物組織) animal tissue
동물플랑크톤 zooplankton
동반식품(同伴食品) carrier
동반질병(同伴疾病) comorbidity
동백가자미 ring flounder, *Psettina iijimae* (Jordan & Starks, 1904) 둥글넙칫과
동백기름 camellia oil
동백나무 camellia, *Camellia japonica* L. 차나뭇과
동백나무속 *Camellia*
동부 cowpea, black-eyed pea, *Vigna unguiculata* (L.) Walp. 콩과
동부가루 cowpea meal
동부가시배 eastern prickly pear, *Opuntia humifusa* (Raf.) Raf. 선인장과
동부속 *Vigna*
동부회색캥거루 eastern grey kangaroo, *Macropus giganteus* (Shaw, 1790) 캥거루과
동서대 milkyspotted sole, *Aseraggodes kobensis* (Steindachner, 1869) 납서대과
동소체(同素體) allotrope
동시발효(同時醱酵) cofermentation

동시압출(同時押出) coextrusion
동심원기둥점성계 concentric cylinder viscometer
동아 winter melon, wax gourd, *Benincasa hispida* Thunb. 박과
동양호박 butternut squash, musk pumpkin, *Cucurbita moschata* (Duchesne) Poiret 박과
동역학(動力學) dynamics
동위원소(同位元素) isotope
동위원소원자(同位元素原子) isotopic atom
동위원소추적자(同位元素追跡子) isotopic tracer
동위원소표지(同位元素標識) isotropic labeling
동유(桐油) tung oil
동인도레몬그라스 east Indian lemon grass, malabar grass, *Cymbopogon flexuosus* (Steud.) Watts 볏과
동인도제라늄 east Indian geranium
동일배열중합체(同一配列重合體) isotactic polymer
동적압력(動的壓力) dynamic pressure
동적점탄성(動的粘彈性) dynamic viscoelasticity
동적평형(動的平衡) dynamic equilibrium
동점성률(動粘性率) kinematic viscosity
동점성률계수(動粘性率係數) coefficient of kinematic viscosity
동정(同定) identification
동족계열(同族系列) homologous series
동족원소(同族元素) homologous element
동족체(同族體) homologue
동죽 sulf clam, *Mactra veneriformis* Reeve 1853 개량조갯과
동중원소(同重元素) isobar
동지팥죽 dongjipatjuk
동질여러배수체 autopolyploid
동질효소(同質酵素) isoenzyme, isozyme
동축원기둥점성계 coaxial cylinder viscometer
동충하초(冬蟲夏草) vegetable worm
동충하초과(冬蟲夏草科) Clavicitipitaceae
동치미 dongchimi
동태(凍太) frozen Alaska pollack
동태매운탕 dongtaemaeuntang
동할립(胴割粒) cracked kernel
동해(凍害) freezing damage
동화작용(同化作用) assimilation
돛새치 Indo-Pacific sailfish, *Istiophorus platypterus* (Shaw & Nodder, 1972) 돛새칫과
돛새칫과 Istiophoridae
돛새치속 *Istiophorus*
돼지 pig, hog, *Sus scrofa domesticus* Erxleben 1777 멧돼짓과
돼지 swine
돼지간 pig liver
돼지갈비 swine rib
돼지갈비구이 dwaejigalbigui
돼지고기 pork
돼지곱창 chitterlings, chitlings
돼지근육 swine muscle
돼지근육포자충 *Sarcocystis suihominis* Heydorn 근육포자충과
돼지기름 lard
돼지껍질 swine skin
돼지단독 swine erysipelas
돼지도체 pork carcass
돼지등갈비 swine back rib
돼지등심 swine loin
돼지등심살 swine loin
돼지목심 swine shoulder butt
돼지보섭살 swine rump round
돼지볼기살 swine inside round
돼지사태살 swine shank
돼지설깃살 swine outside round
돼지스트레스증후군 porcine stress syndrome, PSS
돼지안심 swine tenderloin
돼지알등심살 swine eye of loin
돼지앞다리 swine picnic
돼지앞다리살 swine picnic
돼지열병 swine cholera, swine fever
돼지유산세균 *Brucella suis*
돼지콩팥 swine kidney
되먹임 feedback
되먹임억압 feedback repression
되먹임억제 feedback inhibition
되먹임조절 feedback control
되비지탕 doebijitang
되새김동물 ruminant

되새김위 ruminant stomach
된장 doenjang
된장국 doenjangguk
된장가루 doenjang powder
된장떡 doenjangtteok
된장찌개 doenjangjjigae
두가닥말단 blunt end
두갑강 Cephalaspidomorphi
두견전병(杜鵑煎餠) dugyeonjeonbyeong
두견주(杜鵑酒) dugyeonju
두견화전(杜鵑花煎) dugyeonhwajeon
두께 thickness
두나리엘라과 Dunaliellaceae
두나리엘라 살리나 *Dunaliella salina*
두날리엘라속 *Dunaliella*
두덩뼈 pubis
두드러기 urticaria
두루미냉이 Chinese artichoke, chorogi, *Stachys sieboldii* Miq. (= *Stachys affinis* Bunge) 꿀풀과
두루치기 duruchigi
두릅 dureup
두릅나무 Japanese angelica tree, *Aralia elata* (Miq.) Seem. 두릅나뭇과
두릅나물 dureupnamul
두릅나뭇과 Araliaceae
두릅회 dureuphoe
두리안 durian, *Durio zibethinus* Murray 아욱과
두반장 duobanjang
두배수체 diploid
두부(豆腐) soybean curd
두부선(豆腐膳) dubuseon
두부전골 dubujeongol
두부튀김 fried soybean curd
두삭동물아문(頭索動物亞門) Cephalochordata
두삭류(頭索類) cephalochordates
두송(杜松) common juniper, *Juniperus communis* L. 측백나뭇과
두송자(杜松子) juniper berry
두시 dusi
두엄 compost
두엄화 composting
두유(豆乳) soymilk
두유내 soymilk odor
두유제품(豆乳製品) soymilk product
두족강(頭足綱) Cephalopoda
두족류(頭足類) cephalopods
두족류침샘독 salivary toxin of cephalopod
두줄보리 two-rowed barley
두추르피 dudh churpi
두충(杜冲) eucommia, *Eucommia ulmoides* Oliv. 두충과
두충과(杜冲科) Eucommiaceae
두충차(杜冲茶) duchungcha
두텁떡 duteoptteok
두해살이식물 biennial plant
두해살이작물 biennial crop
두해살이풀 biennial grass
둑중개 alphine bullhead, Sieberian bullhead, *Cottus poecilopus* Heckel, 1837 둑중갯과
둑중개류 sculpins
둑중갯과 Cottidae
둔화(鈍化) fatigue
둘시톨 dulcitol
둘시트 dulcite
둘신 dulcin
둘코사이드 dulcoside
둥굴레 dunggulle, *Polygonatum odoratum* var. *pluriflorum* (Miq.) Ohwi 백합과
둥굴레속 *Polygonatum*
둥근금감 round kumquat, marumi kumquat, *Fortunella japonica* (Thunb.) Swingle 운향과
둥근마 air potato, *Dioscorea bulbifera* L. 맛과
둥근바닥플라스크 round bottom flask
둥근캔 round can
둥글넙칫과 Bothidae
뒤집게 turner
뒤콩팥 metanephros
뒤통수엽 occipital lobe
뒤틀린보트형 twist-boat form
뒷다리 hind leg
뒷맛 aftertaste
뒷사골 back leg bone
뒷사태 hind shank
듀럼밀 durum wheat, *Triticum durum*

Desf. 벗과
듀베리 dewberry
드노보 *de novo*
드노보합성 *de novo* synthesis
드라이맥주 dry beer
드라이브인서비스 drive-in service
드라이아이스 dry ice
드라이아이스냉동 dry ice freezing
드라이진 dry gin
드라이키친시스템 dry kitchen system
드라이큐어링 dry-curing
드라이팩 dry pack
드라제 dragee
드럼 drum
드럼건조 drum drying
드럼건조기 drum dryer
드럼건조녹말 drum dried starch
드럼건조법 drum drying method
드럼보일러 drum boiler
드럼세척기 drum washer
드럼스틱 drumstick
드렁허리 Asian swamp eel, white ricefield eel, *Monopterus albus* (Zuiew, 1793) 드렁허릿과
드렁허리목 Synbranchiformes
드렁허릿과 Synbranchidae
드레싱 dressing
드롭비스킷 drop biscuit
드롭스 drops
드롭쿠키 drop cookie
드리핑 dripping
드립 drip
드립손실 drip loss
드립커피 drip coffee
들기름 perilla oil
들깨 perilla, *Perilla frutescens* (L.) Britton var. *japonica* (Hassk.) Hara 꿀풀과
들깨 perilla seed
들깨속 *Perilla*
들깻잎 perilla leaf
들꿩과 Tetraonidae
들나물 deulnamul
들뜬분자 excited molecule
들뜬상태 excited state
들뜸에너지 excitation energy
들러붙음 sticking
들문 cardia
들문구멍 cardiac orifice
들신경 afferent nerve
들신경세포 afferent neuron
들숨 inspiration
들오리 wild duck
들쭉나무 bog bilberry, *Vaccinium uliginosum* L. 진달랫과
등 dosal
등가원리(等價原理) equivalence principle
등급(等級) grade
등급기준(等級基準) grade standard
등급매기기 grading
등급선별기(等級選別機) grading machine
등급척도법(等級尺度法) rating scale method
등급표지(等級標識) grade labeling
등록상표(登錄商標) registered trademark
등록품종(登錄品種) registered variety
등방성(等方性) isotropy
등뼈 thoracic vertebrae
등색껄걸이그물버섯 orange birch bolete, *Leccinum versipelle* (Fr.) Snell 그물버섯과
등속가속도(等速加速度) uniform acceleration
등속운동(等速運動) uniform motion
등속원운동(等速圓運動) uniform circular motion
등속전기이동(等速電氣移動) isotachophoresis
등숙(登熟) grain filling
등숙기(登熟期) grain filling period
등시성(等時性) isochronism
등심 loin
등압과정(等壓過程) isobaric process
등온건조기(等溫乾燥機) isothermal drying oven
등온냉각(等溫冷却) isothermal cooling
등온변화(等溫變化) isothermal change
등온선(等溫線) isotherm
등온압축(等溫壓縮) isothermal compression
등온탈습곡선(等溫脫濕曲線) moisture desorption isotherm
등온팽창(等溫膨脹) isothermal expansion

등온흡습곡선(等溫吸濕曲線) moisture sorption isotherm
등온흡착곡선(等溫吸着曲線) sorption isotherm
등외(等外) off-grade
등유(燈油) kerosene
등자뼈 stapes
등장식염수(等張食鹽水) isotonic sodium chloride solution
등장액(等張液) isotonic solution
등장음료(等張飮料) isotonic drink
등전점(等電點) isoelectric point
등전점전기이동(等電點電氣移動) isoelectric focusing
등전점침전법(等電點沈澱法) isoelectric point precipitation method
등지방 backfat
등지방두께 backfat thickness
등화방향유(橙花芳香油) neroli oil
디값 *D* value
디곡신 digoxin
디-글루시톨 D-glucitol
디기탈리스 foxglove, purple foxglove, lady's glove, *Digitalis purpurea* L. 현삼과
디기탈리스속 *Digitalis*
디기탈린 digitalin
디기토게닌 digitogenin
디기토닌 digitonin
디기톡소스 digitoxose
디기톡시게닌 digitoxigenin
디기톡신 digitoxin
디너 dinner
디노피시스 아쿠미나타 *Dinophysis acuminata* 와편모조
디디티 DDT, dichlorodipenyltrichloroethane
디-리보스 D-ribose
디-리보-2-헥술로스 D-ribo-2-hexulose
디-말티톨 D-maltitol
디-소비톨 D-sorbitol
디-소비톨용액 D-sorbitol solution
디스크검사법 disc assay
디스토마 distoma
디스트로피 dystrophy
디스펜서 dispenser
디스펜싱 dispensing
디-아미노산 D-amino acid
디-알파토코페롤 *D*-α-tocopherol
디-알파토코페릴석신산 *d*-α-tocopheryl acid succinate
디-알파토코페릴아세테이트 *d*-α-tocopheryl acetate
디에노코쿠스 라디오두란스 *Dienococcus radiodurans*
디-에리트로펜토스 D-erythropentose
디엔에이 DNA
디엔에이결합단백질 DNA-binding protein
디엔에이기술 DNA technique
디엔에이다형태 DNA polymorphism
디엔에이데이터베이스 DNA database
디엔에이메틸화 DNA methylation
디엔에이메틸화효소 DNA methylase
디엔에이바이러스 DNA virus
디엔에이변형 DNA modification
디엔에이복제 DNA replication
디엔에이분석 DNA analysis
디엔에이분해효소 DNase
디엔에이블롯팅 DNA blotting
디엔에이손상 DNA damage
디엔에이수선 DNA repair
디엔에이아르엔에이혼성체 DNA-RNA hybrid
디엔에이연결효소 DNA ligase
디엔에이염기순서결정 DNA sequencing
디엔에이염기순서분석 DNA sequence analysis
디엔에이염기순서분석법 DNA sequencing technique
디엔에이운반체 DNA vector
디엔에이이중나선 DNA double helix
디엔에이잡종화 DNA hybridization
디엔에이제한 DNA restriction
디엔에이제한효소 DNA restriction enzyme
디엔에이주형 DNA template
디엔에이중합효소 DNA polymerase
디엔에이지문 DNA fingerprint
디엔에이지문분석 DNA fingerprinting
디엔에이지문분석법 DNA fingerprint technique
디엔에이진단 DNA diagnosis
디엔에이칩 DNA chip
디엔에이클로닝 DNA cloning

디엔에이타이핑 DNA typing
디엔에이프로브 DNA probe
디엔에이프로필 DNA profile
디엔에이프로필링 DNA profiling
디엔에이합성기 DNA synthesizer
디엔에이합성효소 DNA synthetase
디엘-말산 DL-malic acid
디엘-말산소듐 sodium DL-malate
디엘-메싸이오닌 DL-methionine
디엘-박하뇌 *dl*-menthol
디엘-알라닌 DL-alanine
디엘-알파토코페롤 *dl*-α-tocopherol
디엘-알파토코페릴아세테이트 *dl*-α-tocopheryl acetate
디엘-타타르산 DL-tartaric acid
디엘-타타르산수소포타슘 potassium DL-bitartrate
디엘-타타르산다이소듐 disodium DL-tartrate
디엘-트레오닌 DL-threonine
디엘-트립토판 DL-tryptophan
디엘-페닐알라닌 DL-phenylalanine
디오스코린 dioscorin
디우론 diuron
디자이너식품 designer food
디자이너유전자 designer gene
디-자일로스 D-xylose
디-자일룰로스환원효소 D-xylulose reductase
디저트 dessert
디저트믹스 dessert mix
디저트와인 dessert wine
디지털 digital
디지털신호 digital signal
디지털플래니미터 digital planimeter
디카너트 dika nut
디캄바 dicamba
디캔터 decanter
디캔터원심분리기 decanter conveyor-bowl centrifuge
디코폴 dicofol
디타니 dittany of Crete, *Origanum dictamnus* L. 꿀풀과
디포다스카과 Dipodascaceae
디프테리아 diphtheria
디프테리아세균 *Corynebacterium diphtheriae*
디프테리아세균독소 diphtherin
디플로디아 나탈렌시스 *Diplodia natalensis*
디플로디아속 *Diplodia*
디플로카르폰 로사에 *Diplocarpon rosae*
디형간염 hepatitis D
디-효소 D-enzyme
딕티오스텔리오균문 Dictyoteliomycota
딜 dill, *Anethum graveolens* L. 산형과
딜씨 dill seed
딜레이니조항 Delaney Clause
딜에테르 dill ether
딜피클 dill pickle
딤섬 dim sum
딥 dip
딥테로카르파과 Dipterocarpaceae
따개비 barnacle
따개빗과 Balanidae
따기 picking
딱정벌레 beetle
딱정벌레목 Coleoptera
딱정벌렛과 Carabidae
딱총나무 Korean elder, *Sambucus williamsii* var. *coreana* (Nakai) Nakai 인동과
딱총나무속 *Sambucus*
딱총새우 teppo snapping shrimp, *Alpheus brevicristatus* De Haan, 1884 딱총새웃과
딱총새웃과 Alpheidae
딸기 strawberry
딸기 *Fragaria* spp.
딸기 garden strawberry, *Fragaria ananassa* Duchesne 장미과
딸기구아버 strawberry guava, *Psidium littorale* Raddi (= *Psidium cattleianum* Sabine) 미르타과
딸기나무 strawberry tree, *Arbutus unedo* L. 진달랫과
딸기나무열매 strawberry tree fruit
딸기뱀눈무늬병 leaf spot
딸기뱀눈무늬병곰팡이 common leaf spot, *Mycosphaerella fragariae*
딸기속 *Fragaria*
딸기술 strawberry wine
딸기잼 strawberry jam
딸기주스 strawberry juice
딸기퓨라논 strawberry furanone

딸꾹질 hiccup
딸세포 daughter cell
딸핵 daughter nucleus
땀 sweat
땀샘 sweat gland
땅고기 demersal fish
땅속식물 cryptophyte, geophyte
땅찌만가닥버섯 *Lyophyllum shimeji* (Kawam.) Hongo 만가닥버섯과
땅콩 peanut, groundnut, *Arachis hypogaea* L. 콩과
땅콩가공품 peanut product
땅콩가루 peanut meal
땅콩기름 peanut oil
땅콩내 nutty odor
땅콩단백질 peanut protein
땅콩버터 peanut butter
땅콩버터쿠키 peanut butter cookie
땅콩색소 peanut color
땅콩우유 peanut milk
땅콩죽 ddangkongjuk
땅콩페이스트 peanut paste
떡 tteok
떡갈나무 daimyo oak, *Quercus dentata* Thunb. ex Murray 참나뭇과
떡갈비 tteokgalbi
떡국 tteokguk
떡돼지 hard fat pig
떡만둣국 tteokmanduguk
떡메 tteokme
떡볶이 tteokbokki
떡소 tteokso
떡심 back strap
떡잎 cotyledon
떡조개 Japanese dosinia, *Dosinorbis japonicus* (Reeve, 1850) 백합과
떨기나무 shrub
떨림 tremor
떫은감 astringent persimmon
떫은맛 astringent taste
떫음 astringency
뗏목말과 Scenedesmaceae
뗏목말속 *Scenedesmus*
뚫기시험기 puncture tester
뚱딴지 Jerusalem artichoke, *Helianthus tuberosus* L. 국화과
뜬고기 pelagic fish
뜸부기 tteumbugi, *Silvetia siliquosa* (Tseng & Chang) 뜸부깃과
뜸부깃과 Fucaceae
띠 cogongrass, *Imperata cylindrica* var. *koenigii* (Retz.) Durand & Schinz. 벼과
띠건조기 band dryer
띠속 *Imperata*
띠스펙트럼 band spectrum
띠원심분리 zonal centrifugation
띠원심분리기 zonal centrifuge
띠전기이동법 zonal electrophoresis

라거 lager
라구 ragout
라구사노치즈 ragusano cheese
라군법 lagoon process
라기타파이 ragi tapai
라놀린 lanoline
라돈 radon
라듐 radium
라디안 radian
라디에이터 radiator
라디오파 radio wave
라디칼 radical
라디칼제거제 radical scavenger
라디칼제거활성 radical scavenging activity
라디칼중합 radical polymerization
라만분광법 Raman spectroscopy
라멜라 lamella
라멜라구조 lamella structure
라면 ramyeon
라미나리네이스 laminarinase
라미나린 laminarin
라바디 rabadi
라반 laban, labban
라벤더 lavender, English lavender, *Lavandula*

angustifolia Mill. 꿀풀과
라벤더방향유 lavender oil
라벨 label
라벨붙이기 labelling
라불베니아균강 Laboulbeniomycetes
라불베니아균목 Laboulbeniales
라브리 rabri
라비린튤라균목 Labyrinthulales
라비올리 ravioli
라살로시드 lasalocid
라세미체 racemate
라세미혼합물 racemic mixture
라세미화 racemization
라세미화합물 racemic compound
라세미화효소 racemase
라소골라 rasogolla
라스치즈 ras cheese
라야씨앗 raya seed
라오론 Laoron
라오차오 lao-chao
라울법칙 Raoult's law
라이닝 lining
라이머빈 lima bean, *Phaseolus lunatus* L. 콩과
라이베리아커피 Liberian coffee, *Coffea liberica* Hiern 꼭두서닛과
라이소자임 lysozyme
라이스캔디 rice candy
라이스페이퍼 rice paper
라이시노알라닌 lysinoalanine
라이신 lysine
라이신강화 lysine fortification
라이신발효 lysine fermentation
라이트레드메란티 light red meranti, *Shorea stenoptera* Burck. 딥테로카르파과
라이트비어 light beer
라이트식품 light food
라이트와인 light wine
라이트위스키 light whisky
라이트음료 light beverage
라이트커피 light coffee
라이페이스 lipase
라이페이스/에스터레이스 lipase/esterase
라이헤르트-마이슬값 Reichert-Meissl value
라인위버-버크식 Lineweaver-Burk equation
라인포도주 Rhine wine
라임 lime, key lime, *Citrus aurantiifolia* (Christm.) Swingle 운향과
라임방향유 lime essential oil
라임베리 limeberry, *Triphasia trifolia* (Burm. f.) P. Wilson 운향과
라임주스 lime juice
라자니아 lasagne
라즈베리 raspberry, *Rubus idaeus* L. 장미과
라즈베리주스 raspberry juice
라키 raki
라키아 rakia
라텍스 latex
라툰단바나나 latundan banana, silk banana, *Musa acuminata* × *balbisiana* (AAB Group) 'Silk' 파초과
라틴정방설계 Latin square design
라파초 lapacho
라프틸린 raftiline
라피노스 raffinose
락교쯔케 rakkyozuke
락카산 laccaic acid
락케이스 laccase
락타신 lactacin
락탐 lactam
락테이트 lactate
락토글로불린 lactoglobulin
락토바실루스 가세리 *Lactobacillus gasseri*
락토바실루스과 Lactobacillaceae
락토바실루스 델브루엑키이 *Lactobacillus delbrueckii*
락토바실루스 델브루엑키이 아종 불가리쿠스 *Lactobacillus delbrueckii* subsp. *bulgaricus*
락토바실루스 람노수스 *Lactobacillus rhamnosus*
락토바실루스 루테리 *Lactobacillus reuteri*
락토바실루스 불가리쿠스 *Lactobacillus bulgaricus*
락토바실루스 사케이 *Lactobacillus sakei*
락토바실루스 살리바리우스 *Lactobacillus salivarius*
락토바실루스속 *Lactobacillus*
락토바실루스 아밀로보루스 *Lactobacillus amylovorus*

락토바실루스 아시도필루스 *Lactobacillus acidophillus*
락토바실루스 카세이 *Lactobacillus casei*
락토바실루스 케피라노파시엔스 *Lactobacillus kefiranofaciens*
락토바실루스 파라카세이 *Lactobacillus paracasei*
락토바실루스 페르멘툼 *Lactobacillus fermentum*
락토바실루스 플란타룸 *Lactobacillus plantarum*
락토바실루스 헬베티쿠스 *Lactobacillus helveticus*
락토바이온산 lactobionic acid
락토슈크로스 lactosucrose
락토신 lactocin
락토코쿠스 락티스 *Lactococcus lactis*
락토코쿠스 락티스 변종 디아세티락티스 *Lactococcus lactis* var. *diacetylactis*
락토코쿠스 락티스 아종 락티스 *Lactococcus lactis* subsp. *lactis*
락토코쿠스 락티스 아종 크레모리스 *Lactococcus lactis* subsp. *cremoris*
락토코쿠스속 *Lactococcus*
락토콕신 lactococcin
락토트랜스페린 lactotransferrin
락토파민 ractopamine
락토퍼옥시데이스 lactoperoxidase
락토퍼옥시데이스시스템 lactoperoxidase system
락토페린 lactoferrin
락토페린농축물 lactoferrin concentrate
락토플래빈 lactoflavin
락톤 lactone
락투세린 lactucerin
락투신 lactucin
락툴로스 lactulose
락트알부민 lactalbumin
락티신 lacticin
락티톨 lactitol
락틸레이트 lactylate
란싸이오닌 lanthionine
란타넘 lanthanum
란타넘족 lanthanide, lanthanoid
란타넘파랑반응 lanthanum blue reaction
란티바이오틱 lantibiotic
람노리피드 rhamnolipid
람노스 rhamnose
람누스속 *Rhamnus*
람바녹 lambanog
람베르트법칙 Lambert's law
람베르트-비어법칙 Lambert-Beer law
람부탄 rambutan, *Nephelium lappaceum* L. 무환자나뭇과
람블편모충 *Giardia lamblia* (Stile, 1915) 육편모충과
람블편모충증 lambliasis
람빅 lambic
랑게르한스섬 Langerhans islet
랑게르한스세포 Langerhans cell
랑사트 langsat, *Lansium domesticum* Corrêa 멀구슬나뭇과
래드 rad
래미네이션 lamination
래미네이트 laminate
래미네이트종이 laminated paper
래미네이트코팅 laminated coating
래미네이트필름 laminated film
래커 lacquer
래커캔 lacquered can
래킹 racking
랙 lac
랙깍지진디 lac insect, *Kerria lacca* (Kerr, 1782) 랙깍지벌레과
랙깍지벌레과 Kerriidae
랙색소 lac color
램 lamb
램간 lamb liver
램민스 lamb mince
램소시지 lamb sausage
램커틀릿 lamb cutlet
램콩팥 lamb kidney
램킨 ramekin
램프 ramp, wild leek, *Allium tricoccum* Aiton 백합과
랩 wrap
랩핑 wrapping
랩핑장치 wrapping machine
랩핑종이 wrapping paper

러너빈 runner bean, *Phaseolus coccineus* L. 콩과
러비지 lovage, *Levisticum officinale* Koch 꿀풀과
러스크 rusk
럭스 lux
런던브로일 London broil
런천미트 luncheon meat
럼베리 rumberry
럼주 rum
레구멜린 legumelin
레구민 legumin
레귤러커피 regular coffee
레귤러햄 regular ham
레그혼 Leghorn
레닌 rennin
레닌검사식사 renin test diet
레닌앤지오텐신알도스테론계통 renin-angiotensin-aldosterone system
레닛 rennet
레닛대용물 rennet substitute
레닛성 rennetability
레닛시험 rennet test
레닛우유 renneted milk
레닛응고 rennet coagulation
레닛응고시험 rennet coagulation test
레닛카세인 rennet casein
레드커런트 red currant, *Ribes rubrum* L. 까치밥나뭇과
레드커런트주스 red currant juice
레모네이드 lemonade
레몬 lemon, *Citrus limon* (L.) Burm. f. 운향과
레몬그라스 lemongrass
레몬그라스방향유 lemongrass oil
레몬기름 lemon oil
레몬껍질 lemon peel
레몬밤 lemon balm, *Melissa officinalis* L. 꿀풀과
레몬방향유 lemon essential oil
레몬버베나 lemon verbena, *Aloysia triphylla* (L'Hér.) Britton 마편초과
레몬스쿼시 lemon squash
레몬주스 lemon juice
레몬차 lemon tea
레몬타임 lemon thyme, *Thymus citriodorus* (Pers.) Schreb. 꿀풀과
레몬향 lemon scent
레바우다이오사이드 rebaudioside
레반 levan
레반가수분해효소 levanase
레반슈크레이스 levansucrase
레벤 leben, lebben
레불로스 levulose
레불린산 levulinic acid
레소루핀 resorufin
레소시놀 resorcinol
레스베라트롤 resveratrol
레스터종 leicester
레스토랑 restaurant
레시틴 lecithin
레시틴가공식품 lecithin processed food
레시틴가수분해효소비 lecithinase B
레시피 recipe
레아 greater rhea, *Rhea americana* (Linnaeus, 1758) 레아과
레아고기 rhea meat
레아과 Rheidae
레아목 Rheiformes
레오미터 rheometer
레오바이러스과 Reoviridae
레오펙시 rheopexy
레오펙티 rheopecty
레오펙틱물질 rheopectic substance
레오펙틱유체 rheopectic fluid
레이놀즈수 Reynolds number
레이더 radar
레이디스맨틀 lady's mantle, *Alchemilla mollis* (Buyser) Rothm. 장미과
레이아웃 layout
레이어케이크 layer cake
레이온 rayon
레이저 laser
레이저라만분광법 laser Raman spectroscopy
레이저빔 laser beam
레이크 lake
레인지 range
레자주린 resazurin

레자주린시험 resazurin test
레지스토그래프 Resistograph
레지오넬라과 Legionellaceae
레지오넬라 뉴모필라 *Legionella pneumophila*
레지오넬라목 Legionellales
레지오넬라속 *Legionella*
레지오넬라증 legionellosis
레토르트 retort
레토르트살균 retort sterilization
레토르트식품 retort food
레토르트파우치 retort pouch
레토르트파우치포장 retort pouch packaging
레토르팅 retorting
레트로바이러스 retrovirus
레트로바이러스과 Retroviridae
레트시나 retsina
레티넨 retinene
레티노이드 retinoid
레티놀 retinol
레티놀결합단백질 retinol-binding protein
레티놀당량 retinol equivalent, RE
레티닐아세테이트 retinyl acetate
레티닐팔미테이트 retinyl palmitate
레틴산 retinoic acid
레틴알 retinal
렉스햄 lacks ham
렉틴 lectin
렌더링 rendering
렌즈 lens
렌즈콩 lentil, *Lens culinaris* Medicus 콩과
렌클로드 Reine Claude
렌트신 lentsin
렌티나신 lentinacin
렌티난 lentinan
렌티바이러스 lentivirus
렌티바이러스속 *Lentivirus*
렌틴산 lentinic acid
렙토세팔루스 leptocephalus
렙토스피라과 Leptospiraceae
렙토스피라속 *Leptospira*
렙토스피라 인테로간스 *Leptospira interrogans*
렙토스피라증 leptospirosis
렙틴 leptin
로건베리 loganberry, *Rubus loganobaccus* L. Bailey 장미과
로그 log
로그 logarithm
로그기 logarithmic phase
로그방정식 logarithmic equation
로그정규분포 logarithmic normal distribution
로그생장기 logarithmic growth phase
로그평균온도 logarithmic average temperature
로그함수 logarithmic function
로다민 rhodamine
로다민비 rhodamine B
로도박터속 *Rhodobacter*
로도박터 스파에로이데스 *Rhodobacter sphaeroides*
로도박터과 Rhodobacteraceae
로도코쿠스속 *Rhodococcus*
로도코쿠스 에리트로폴리스 *Rhodococcus erythropolis*
로도테르무스 마리누스 *Rhodothermus marinus*
로도테르무스속 *Rhodothermus*
로도토룰라 글루티니스 *Rhodotorula glutinis*
로도토룰라 무실라기노사 *Rhodotorula mucilaginosa*
로도토룰라속 *Rhodotorula*
로돕신 rhodopsin
로드밀 rod mill
로렌시아속 *Laurencia*
로르산 lauric acid
로르산지방 lauric fat
로리 lorry
로릴알코올 lauryl alcohol
로릴황산소듐 sodium lauryl sulfate
로마노치즈 Romano cheese
로부스타커피 robusta coffee, *Coffea canephora* Pierre ex A. Froehner 꼭두서닛과
로비올라치즈 robiola cheese
로셀라과 Roccellaceae
로셸염 Rochelle salt
로스구이 roseugui
로스마린산 rosmarinic acid
로스터 roaster
로스트 roast
로스트비프 roast beef
로스트제품 roast product

로스트햄 roast ham
로스팅 roasting
로스팅법 roasting method
로열젤리 royal jelly
로열젤리가공식품 royal jelly processed food
로열티 royalty
로완 rowan, mountain-ash, *Sorbus aucuparia* L. 장미과
로완베리 rowanberry
로우부시블루베리 lowbush blueberry, *Vaccinium angustifolium* Aiton 진달랫과
로인햄 loin ham
로제와인 rose wine
로젠지 lozenge
로젤 roselle, *Hibiscus sabdariffa* L. 아욱과
로즈메리 rosemary, *Rosmarinus officinalis* L. 꿀풀과
로즈메리방향유 rosemary oil
로즈벵갈 rose bengal
로즈애플 rose apple, *Syzygium jambos* L.(Alston) 미르타과
로즈힙 rose hip
로진 rosin
로커스트콩 locust bean
로커스트콩검 locust bean gum
로케포르치즈 Roquefort cheese
로케포틴 roquefortine
로켓 rocket, arugula, *Eruca sativa* Mill. 십자화과
로코토 rocoto, *Capsicum pubescens* Ruiz & Pav. 가짓과
로쿰 lokum
로타과 Lotidae
로타바이러스 rotavirus
로타우스트랄린 lotaustralin
로터미터 rotameter
로토셀추출기 rotocel extractor
로트 lot
로티 roti
로프 loaf
로프 rope
로프빵 loaf bread
로프빵부피 loaf volume
로프빵비부피 specific loaf volume
론칼치즈 Roncal cheese
롤 roll
롤러 roller
롤러건조 roller drying
롤러밀 roller mill
롤러선별기 roller sorter
롤러착즙기 roller juice extractor
롤러컨베이어 roller conveyor
롤러파쇄기 roller crusher
롤몹 rollmop
롤밀 roll mill
롤분리기 roll separator
롤빵 roll bread
롤스크레이퍼 roll scraper
롤인쇼트닝 roll in shortening
롤추출기 roll extractor
롤케이크 roll cake
롱라이프식품 long life food
롱톤 long ton
뢴트겐 roentgen
루 roux
루멘 lumen
루미노코쿠스속 *Ruminococcus*
루미노코쿠스 알부스 *Ruminococcus albus*
루미노코쿠스 플라베파시엔스 *Ruminococcus flavefaciens*
루미플래빈 lumiflavin
루미플래빈형광법 lumiflavin fluorescence method
루베리트르산 ruberythric acid
루부소사이드 rubusoside
루브라톡신 rubratoxin
루소스 roux sauce
루시페레이스 luciferase
루시페린 luciferin
루신 leucine
루유 rouille
루이보스 rooibos, *Aspalathus linearis* (N. L. Burm.) R. Dahlgr. 콩과
루이보스차 rooibose tea
루이스산염기 Lewis acid-base
루이스수 Lewis number
루이지애나핫소시지 Louisiana hot sausage
루타 rue, herb of grace, *Ruta graveolens*

L. 운향과
루테아용담 great yellow gentian, *Gentiana lutea* L. 용담과
루테오스카이린 luteoskyrin
루테올린 luteolin
루테인 lutein
루트비어 root beer
루티노스 rutinose
루틴 rutin
루풀론 lupulone
루풀린 lupulin
루프 loop
루피닌 lupinine
루핀 lupin
루핀단백질 lupin protein
루핀씨 lupin seed
루핀씨기름 lupin seed oil
룸바 lumbah, *Curculigo latifolia* 노란별수선과
류머티스관절염 rheumatoid arthritis
류머티스병 rheumatic disease
류머티스심장병 rheumatic carditis
류머티스열 rheumatic fever
류머티즘 rheumatism
류세놀 leucenol
류카에나속 *Leucaena*
류코노스톡과 Leuconostocaceae
류코노스톡 겔리둠 *Leuconostoc gelidum*
류코노스톡 락티스 *Leuconostoc lactis*
류코노스톡 메센테로이데스 *Leuconostoc mesenteroides*
류코노스톡속 *Leuconostoc*
류코노스톡 카르노숨 *Leuconostoc carnosum*
류코노스톡 크레모리스 *Leuconostoc cremoris*
류코델피니딘 leucodelphinidin
류코사이아니딘 leucocyanidin
류코시딘 leucocidin
류코사이안 leucocyan
류코신 leucosin
류코안토사이아니딘 leucoanthocyanidin
류코안토사이아닌 leucoanthocyanin
류코안토사이안 leucoanthocyan
류코트라이엔 leukotriene
류크로스 leucrose
류테린 reuterin
르샤틀리에원리 Le Chatelier's principle
리간드 ligand
리그난 lignan
리그노세르산 lignoceric acid
리그노셀룰로스 lignocellulose
리그닌 lignin
리그닌과산화효소 lignin peroxidase
리그닌분해효소 ligninase
리나마레이스 linamarase
리나마린 linamarin
리날로올 linalool
리넨 linen
리노바이러스 rhinovirus
리노바이러스속 *Rhinovirus*
리놀레산 linoleic acid
리놀레산메틸 methyl linoleate
리놀레에이트 linoleate
리놀렌산 linolenic acid
리놀렌산기름 linolenic oil
리누론 linuron
리덕톤 reductone
리머 reamer
리머주스추출기 reamer juice extractor
리모넨 limonene
리모노이드 limonoid
리모노이드글루코사이드 limonoid glucoside
리모닌 limonin
리모트컨트롤 remote control
리몬첼로 limoncello
리베르만반응 Liebermann's reaction
리보뉴클레오사이드 ribonucleoside
리보뉴클레오타이드 ribonucleotide
리보뉴클레오타이드5'-인산 ribonucleotide 5'-monophosphate
리보솜 ribosome
리보솜단백질 ribosomal protein
리보솜디엔에이 ribosomal DNA
리보솜리보핵산 ribosomal ribonucleic acid
리보솜아르엔에이 ribosomal RNA, rRNA
리보스 ribose
리보스-5-인산 ribose-5-phosphate
리보자임 ribozyme
리보타이핑 ribotyping

리보플래빈 riboflavin
리보플래빈결핍 ariboflavinosis
리보플래빈결핍증 ariboflavinosis
리보플래빈인산 riboflavin phosphate
리보플래빈5'-인산소듐 riboflavin 5'-phosphate sodium
리보핵산 ribonucleic acid, RNA
리보핵산가수분해효소 ribonuclease, RNase
리본혼합기 ribbon blender
리불로스 ribulose
리불로스일인산 ribulose monosphosphate
리불로스-1,5-이인산 ribulose-1, 5-bisphosphate
리불로스-5-인산 ribulose-5-phosphate
리비톨 ribitol
리비히냉각기 Liebig condenser
리빙스톤감자 livingstone potato, *Plectranthus esculentus* N. E. Br. 꿀풀과
리소레시틴 lysolecithin
리소인지방질 lysophospholipid
리소좀 lysosome
리소토 risotto
리소포스파티드 lysophosphatide
리소포스파티드산 lysophosphatidic acid
리소포스파티딜콜린 lysophosphatidylcholine
리소포스포라이페이스 lysophospholipase
리솔 rissole
리스테리아과 Listeriaceae
리스테리아 모노시토게네스 *Listeria monocytogenes*
리스테리아증 listeriosis
리스테리아속 *Listeria*
리스테리오리신 listeriolysin
리시놀레산 ricinoleic acid
리신 lysin
리에이스 lyase
리에종 liaison
리올로지 rheology
리올로지성질 rheological property
리조무코르 미에헤이 *Rhizomucor miehei*
리조무코르속 *Rhizomucor*
리조무코르 푸실루스 *Rhizomucor pusillus*
리조븀 파세올리 *Rhizobium phaseoli*
리조푸스 델레마르 *Rhizopus delemar*
리조푸스 스톨로니페르 *Rhizopus stolonifer*
리조푸스 오리자에 *Rhizopus oryzae*
리조푸스 올리고스포루스 *Rhizopus oligosporus*
리족토니아속 *Rhizoctonia*
리족토니아 솔라니 *Rhizoctonia solani*
리체네이스 lichenase
리체니네이스 licheninase
리치 lychee, *Litchi chinensis* Sonn. 무환자나뭇과
리치브레드 rich bread
리친 ricin
리카덱스 Lycadex
리카신 lycasin
리케차 rickettsia
리케차과 Rickettsiaceae
리케차속 *Rickettsia*
리코린 lycorine
리코타치즈 ricotta cheese
리코펜 lycopene
리쿼 liquor
리큐어 liqueur
리크 leek, *Allium ampeloprasum* L. var. *porrum* (= *Allium porrum* L.) 수선화과
리키버터 leaky butter
리터 liter
리테세 Litesse
리튬 lithium
리트머스 litmus
리트머스우유 litmus milk
리트머스이끼 roccella, *Roccella tinctoria*
리트머스종이 litmus paper
리파마이신 rifamycin
리포비텔린 lipovitellin
리포산 lipoic acid
리포솜 liposome
리포스셀리스속 *Liposcelis*
리포이드 lipoid
리포트로핀 lipotropin
리포푸신 lipofuscin
리폭시데이스 lipoxidase
리폭시제네이스 lipoxygenase
리폭신 lipoxin, LX
리프터 lifter
린데인 lindane
린코마이신 lincomycin

린트너녹말 Lintner starch
릴 reel
릴오븐 reel oven
림버그치즈 Limburg cheese
림포카인 lymphokine
림프 lymph
림프계통 lymphatic system
림프관 lymph duct
림프구 lymphocyte
림프절 lymph node
림프종 lymphoma
링 common ling, *Molva molva* (Linnaeus, 1758) 로타과
링거액 Ringer's solution
링코드 lingcod, *Ophiodon elongatus* Girard, 1854 쥐노래밋과

마 yam
마 Korean yam, *Dioscorea oppositifolia* Turcz. (= *Dioscorea opposita* Thunb.) 맛과
마가루 yam flour
마가르산 margaric acid
마가린 margarine
마가목 Japanese rowan, *Sorbus commixta* Hedl. 장미과
마감 closure
마개 stopper
마개달린깔때기 funnel with stopper
마개달린병 stoppered bottle
마구리 rib cartilages
마귀곰보버섯 false morel, *Gyromitra esculenta* (Pers.) Fr. 안장버섯과
마귀곰보버섯속 *Gyromitra*
마그네슘 magnesium
마그네슘결핍 magnesium deficiency
마그네시아 magnesia
마그네트론 magnetron
마난 mannan
마난가수분해효소 mannanase, mannase
마난내부-1,4-베타-마노시데이스 mannan endo-1,4-β-mannosidase
마노단백질 mannoprotein
마노미터 manometer
마노사민 mannosamine
마노스 mannose
마노스가수분해효소 mannosidase
마녹말 yam starch
마늘 garlic, *Allium sativum* L. 백합과
마늘가루 garlic powder
마늘방향유 garlic oil
마늘소금 garlic salt
마늘소시지 garlic sausage
마늘장아찌 maneuljangajji
마늘절임 preserved garlic
마늘종 garlic flower stalk
마니톨 mannitol
마닐라삼 Manila hemp, abaca, *Musa textilis* Née 파초과
마대 jute bag
마데이라 madeira
마데이라화 madeirization
마디응앳과 Brachychthoniidae
마디풀 common knotgrass, *Polygonum aviculare* L. 마디풀과
마디풀과 Polygonaceae
마디풀목 Polygonales
마라스무스 marasmus
마라스믹콰시오커 marasmic kwashiorkor
마라스키노 maraschino
마라스카 marasca, *Prunus cerasus* L. var. *marasca* 장미과
마란타과 Marantaceae
마력(馬力) horse power
마롱 marron
마롱글라세 marron glace
마루민꽃새우 lancer rose shrimp, *Parapenaeus lanceolatus* Kubo, 1949 보리새웃과
마룰라 marula, *Sclerocarya birrea* (A. Rich.) Hochst. 옻나뭇과
마르 marc
마르멜로 quince

마르멜로나무 quince, *Cydonia oblonga* Mill. 장미과
마르멜로잼 quince jam
마르멜로주스 quince juice
마르미트 marmite
마른간법 dry salting
마른고기 dried meat
마른고기제품 dried meat product
마른공기 dry air
마른국수 dried noodle
마른과일 dried fruit
마른낙농제품 dried dairy product
마른노른자위 dried yolk
마른다시마 dried kelp
마른달걀제품 dried egg product
마른멸치 dried anchovy
마른무게 dry weight
마른무화과 dried fig
마른미역 dried sea mustard
마른반찬 mareunbanchan
마른상어지느러미 dried shark's fin
마른소시지 dry sausage
마른수산제품 dried marine product
마른식품 dried food
마른안주 mareunanju
마른엿기름 dried malt
마른오징어 dried squid
마른완두콩 dried pea
마른유청 dried whey
마른인삼 dried ginseng
마른자두 dried plum
마른전복 dried abalone
마른제품 dried product
마른채소 dried vegetable
마른코코넛 dried coconut
마른크림 dried cream
마른탈지우유 dried skim milk
마른패각근육 dried adductor muscle
마른햄 dry ham
마른효모 dry yeast
마른후추 peppercorn
마른흰자위 dried egg white
마른풀 hay
마른풀내 hay-like odor
마름 water chestnut, *Trapa japonica* Flerow. 마름과
마름과 Trapaceae
마름병 blight
마름속 *Trapa*
마름증 xerosis
마리골드 marigold
마리골드색소 Tagetes extract
마리네이드 marinade
마리네이드담금생선 fish in marinade
마리네이션 marination
마리보치즈 Maribo cheese
마멀레이드 marmalade
마메이사포테 mamey sapote, *Pouteria sapota* (Jacq.) H. E. Moore & Stearn 사포타과
마모분쇄기 attrition mill
마미애플 mammy apple, mamey, *Mammea americana* L. 칼로필라과
마분지(馬糞紙) strawboard
마블링 marbling
마블링고기 marbled meat
마블링도 degree of marbling
마블케이크 marble cake
마비(痲痺) paralysis
마비조개독 paralytic shellfish poison
마비조개중독 paralytic shellfish poisoning
마빈랑(馬檳榔) mabinlang, *Capparis masaikai* Levl. 풍접초과
마빈린 mabinlin
마사 masa
마세레이션 maceration
마속 *Dioscorea*
마슈아 mashua, *Tropaeolum tuberosum* Ruíz & Pavón 한련과
마스킹 masking
마시는 요구르트 drinking yoghurt
마시는 초콜릿 drinking chocolate
마시멜로 marshmallow, *Althaea officinalis* L. 아욱과
마오타이 maotai
마와 mawa
마요네즈 mayonnaise
마요네즈드레싱 mayonnaise dressing

마요네즈소스 mayonnaise sauce
마우스 mouse
마유주(馬乳酒) kumis
마이다 maida
마이셀 micelle
마이셀라 miscella
마이셀콜로이드 micelle colloid
마이오겐 myogen
마이오글로불린 myoglobulin
마이오글로빈 myoglobin
마이오신 myosin
마이오신가벼운사슬 myosin light chain
마이오신무거운사슬 myosin heavy chain
마이오신필라멘트 myosin filament
마이오알부민 myoalbumin
마이크로 micro
마이크로그램 microgram
마이크로모노스포라과 Micromonosporaceae
마이크로모노스포라 셀룰롤리티쿰 *Micromonospora cellulolyticum*
마이크로모노스포라속 *Micromonospora*
마이크로모노스포라 찰세아 *Micromonospora chalcea*
마이크로미터 micrometer
마이크로박테륨과 Microbacteriaceae
마이크로박테륨 락티쿰 *Microbacterium lacticum*
마이크로박테륨 서모스팍툼 *Microbacterium thermosphactum*
마이크로박테륨속 *Microbacterium*
마이크로박테륨 임페리알레 *Microbacterium imperiale*
마이크로박테륨 플라붐 *Microbacterium flavum*
마이크로뷰렛 microburet
마이크로솜 microsome
마이크로솜에탄올산화시스템 microsomal ethanol oxidizing system, MEOS
마이크로스피어 microsphere
마이크로시스티스속 *Microcystis*
마이크로시스티스 아에루기노사 *Microcystis aeruginosa*
마이크로시스틴 microcystin
마이크로어레이 microarray
마이크로에멀션 microemulsion
마이크로칩 microchip
마이크로캐리어배양 microcarrier culture
마이크로캡슐 microcapsule
마이크로캡슐화 microencapsulation
마이크로켈달법 micro-Kjeldahl method
마이크로코쿠스과 Micrococcaceae
마이크로코쿠스 바리안스 *Micrococcus varians*
마이크로코쿠스속 *Micrococcus*
마이크로톰 microtome
마이크로파 microwave
마이크로파가열 microwave heating
마이크로파발열체 microwave susceptor
마이크로파살균 microwave sterilization
마이크로파조리 microwave cooking
마이크로파조리법 microwave cookery
마이크로파팝콘 microwave popcorn
마이크로피브릴 microfibril
마저럼 marjoram, *Origanum majorana* L. 꿀풀과
마저럼방향유 marjoram oil
마전(馬錢) strychnine tree, nux vomica, poison nut, *Strychnos nux-vomica* L. 마전과
마전과(馬錢科) Loganiaceae
마전자(馬錢子) seed of *Strychnos nux-vomica*
마지판 marzipan
마지판비스킷 marzipan biscuit
마찰(摩擦) friction
마찰계수(摩擦係數) coefficient of friction
마찰력(摩擦力) frictional force
마찰롤러 friction roller
마찰분쇄(摩擦粉碎) friction milling
마찰선별기(摩擦選別機) friction separator
마찰손실(摩擦損失) frictional loss
마찰열(摩擦熱) frictional heat
마찰저항(摩擦抵抗) frictional resistance
마취(痲醉) anesthesia
마취제(痲醉劑) anesthetic
마취통증의학과(痲醉痛症醫學科) anesthesiology
마카 maca, *Lepidium meyenii* Walp. 십자화과
마카다미아너트 macadamia nut
마카다미아너트나무 macadamia nut,

Queensland nut, *Macadamia integrifolia* Maiden & Betche, *Macadamia tetraphylla* L. A. S. Johnson 프로테아과

마카다미아속 *Macadamia*

마카로니 macaroni

마카롱 macaroon

마커 marker

마커단백질 marker protein

마커유전자 marker gene

마케팅 marketing

마쿨로톡신 maculotoxin

마크로라이드항생물질 macrolide antibiotics

마크로시스티스속 *Macrocystis*

마크로시스티스 피리페라 *Macrocystis pyrifera*

마타리 matari, *Patrinia scabiosaefolia* Fisch. & Trevir. 마타릿과

마타리속 *Patrinia*

마타릿과 Valerianaceae

마타이 matai

마테 mate

마테차나무 yerba mate, *Ilex paraguariensis* A. St. Hill. 감탕나뭇과

마티니 martini

마틴법 Martin process

마편초과(馬鞭草科) Verbenaceae

마편초아목(馬鞭草亞目) Verbeneneae

마황(麻黃) Chinese ephedra, *Ephedra sinica* Stapf. 마황과

마황(麻黃) Ephedra herb

마황과(麻黃科) Ephedraceae

마황목(麻黃目) Ephedrales

마황문(麻黃門) Gnetophyta

막(膜) membrane

막거르개 membrane filter

막거르기 membrane filtration

막걸리 makgeolli

막관통단백질(膜貫通蛋白質) transmembrane protein

막국수 makguksu

막기술(膜技術) membrane technology

막단백질(膜蛋白質) membrane protein

막대도표 bar chart

막대그래프 bar graph

막대모양세균 rod-shaped bacterium

막대빵 breadstick

막대사탕 lollipop

막대사탕과자 confectionery bar

막대세균 bacillus

막대세포 rod cell

막대아이스크림 ice cream bar

막대저울 Swedish balance

막분리(膜分離) membrane separation

막분리법(膜分離法) membrane separation method

막생물반응기(膜生物反應器) membrane bioreactor

막소주 maksoju

막자 pestle

막자사발 mortar

막장 makjang

막증발(膜蒸發) pervaporation

막창자 cecum

막창자꼬리 appendix, vermiform appendix

막창자꼬리염 appendicitis

막칸 makkhan

막투과계수(膜透過係數) membrane permeability coefficient

막투과성(膜透過性) membrane permeability

막퍼텐셜 membrane potential

막평형(膜平衡) membrane equilibrium

막효소(膜酵素) membrane enzyme

만가닥버섯 beech mushroom, *Lyophyllum cinerascens* Konr. & Maubl. 송이과

만능연삭기(萬能硏削機) universal grinder

만능이중시머 universal double seamer

만능재료시험기(萬能材料試驗機) universal material testing machine

만능지시약(萬能指示藥) universal indicator

만능피에이치시험지 universal pH paper

만다린 mandarin, mandarin orange, *Citrus reticulata* Blanco 운향과

만다린방향유 mandarin oil

만다린주스 mandarin juice

만두(饅頭) mandu

만두과(饅頭菓) mandugwa

만두소 manduso

만두전골 mandujeongol

만두피(饅頭皮) mandupi

만둣국 manduguk

만삼(蔓蔘) poor man's ginseng, *Codonopsis pilosula* (Franch.) Nannf. 초롱꽃과
만새기 mahi-mahi, common dolphinfish, *Coryphaena hippurus* (Linnaeus, 1758) 만새깃과
만새깃과 Coryphaenidae
만생종(晩生種) late ripening variety
만성간염(慢性肝炎) chronic hepatitis
만성골수세포백혈병(慢性骨髓細胞白血病) chronic myelocytic leukemia
만성독성(慢性毒性) chronic toxicity
만성독성시험(慢性毒性試驗) chronic toxicity test
만성위염(慢性胃炎) chronic gastritis
만성이자염 chronic pancreatitis
만성중독(慢性中毒) chronic intoxication
만성창자염 chronic enteritis
만성콩팥기능상실 chronic renal failure
만성호흡기병(慢性呼吸氣病) chronic respiratory disease
만수국(萬壽菊) French marigold, *Tagetes patula* L. 국화과
만유인력(萬有引力) universal gravitation
만유인력법칙(萬有引力法則) law of universal gravitation
만족도(滿足度) satisfaction
만주 manju
만코제브 mancozeb
말(馬) horse, *Equus caballus* Linnaeus, 1758 말과
말고기 horse meat
말과 Equidae
말굽버섯 tinder fungus, *Fomes fomentarius* (L.) Fr. 구멍장이버섯과
말굽버섯속 *Fomes*
말굽캔 horse shoe-shaped can
말기감염(末期感染) terminal infection
말단문턱값 terminal threshold
말단비대증(末端肥大症) acromegaly
말단-1,4-베타자일로시데이스 exo-1,4-β-xylosidase
말뚝망둑어 shuttles hoppfish, *Periophthalmus modestus* Cantor, 1842 망둑엇과
말뚝버섯과 Phallaceae
말뚝버섯목 Phallales
말라리아 malaria
말라바밤나무 malabar chestnut, Guiana chestnut, saba nut, *Pachira aquatica* Aublet 아욱과
말라바시금치 malabar spinach, *Basella alba* L. 낙규과
말라카이트그린 malachite green
말라티온 malathion
말레산 maleic acid
말레산하이드라자이드 maleic hydrazide
말레이사과 Malay apple, *Syzygium malaccense* (L.) Merr. & Perry 미르타과
말로닐보조효소에이 malonyl-CoA
말로락트발효 malolactic fermentation
말론다이알데하이드 malondialdehyde
말론산 malonic acid
말론알데하이드 malonaldehyde
말미잘목 Zoanthidea
말발산 malvalic acid
말불버섯 common puffball, *Lycoperdon perlatum* Pers. 주름버섯과
말불버섯과 Lycoperdaceae
말불버섯목 Lycoperdales
말불버섯속 *Lycoperdon*
말비딘 malvidin
말빈 malvin
말산 malic acid
말산소듐 sodium malate
말산수소제거효소 malate dehydrogenase
말산합성효소 malate synthetase
말산효소 malic enzyme
말속 *Equus*
말오줌때 common Euscaphis, *Euscaphis japonica* (Thunb.) Kanitz 고추나뭇과
말오줌때속 *Euscaphis*
말이씨 dent corn
말이집 myelin sheath
말전복 Siebold's abalone, *Haliotis gigantea* Gmelin, 1791 전복과
말젖 mare milk
말쥐치 black scraper, filefish, *Thamnaconus modestus* (Günther, 1877) 쥐칫과
말초신경(末梢神經) peripheral nerve
말초신경계통(末梢神經系統) peripheral nervous

system
말초신경병(末梢神經病) peripheral neuropathy
말초정맥영양(末梢靜脈營養) peripheral parenteral nutrition
말코손바닥사슴 moose, *Alces alces* (Linnaeus, 1758) 사슴과
말코손바닥사슴고기 moose meat
말콩 horse gram, *Macrotyloma uniflorum* (Lam.) Verdc. 콩과
말토덱스트린 maltodextrin
말토올리고당 maltooligosaccharide
말토테트라오스 maltotetraose
말토트라이오스 maltotriose
말토트라이오하이드롤레이스 maltotriohydrolase
말토헥사오스 maltohexaose
말톨 maltol
말티톨 maltitol
말티톨시럽 maltitol syrup
맑기 clarity
맑은술 clear rice wine
맑은액체음식 clear liquid diet
맑음 clearness
맘대로근육 voluntary muscle
맛 taste
맛감각 sense of taste
맛과 Dioscoreaceae
맛보기 tasting
맛보기시료 warm up sample
맛봉오리 taste bud
맛세포 taste cell
맛소금 seasoned salt
맛상호작용 taste interaction
맛젖버섯 saffron milk cap, red pine mushroom, *Lactarius deliciosus* (L.:Fr.) S. F. Gray 무당버섯과
맛조개 jacknife clam, *Solen corneus* Lamarck, 1818 죽합과
맛지속성 persistency of taste
맛패널 taste panel
망가니즈 manganese
망가니즈과산화효소 manganese peroxidase
망가니즈산 manganic acid
망고 mango
망고나무 mango tree, *Mangifera indica* L. 옻나뭇과
망고넥타 mango nectar
망고스틴 mangosteen, *Garcinia mangostana* L. 물푸레나뭇과
망고잼 mango jam
망고주스 mango juice
망고펄프 mango pulp
망고퓌레 mango puree
망고피클 mango pickle
망고핵 mango kernel
망기페린 mangiferin
망둑어 goby
망둑엇과 Gobiidae
망막(網膜) retina
망초 horseweed, Canadian fleabane, *Conyza canadensis* (L.) Cronquist 국화과
망태버섯 bamboo fungus, long net stinkhorn, veiled lady, *Dictyophora indusiata* (Vent.:Pers.) Fisch. 말뚝버섯과
망태버섯속 *Dictyophora*
맞섬도피반응 fight-or-flight reaction
매가오리 eagle ray, *Myliobatis tobijei* Bleeker, 1854 매가오릿과
매가오릿과 Myliobatidae
매개감염(媒介感染) carrier infection
매개곤충(媒介昆蟲) insect vector
매끄러움 smoothness
매끈한롤 smooth roll
매니옥 manioc
매로 marrow
매리복 vermiculated puffer, *Takifugu vermicularis* (Temminck & Schlegel, 1850) 참복과
매미새웃과 Scyllaridae
매부리콩 chickpea, Bengal gram, *Cicer arietinum* L. 콩과
매부리콩가루 chickpea flour
매생이 maesaengi, *Capsosiphon fulvescens* (C. Agardh.) Setchell & Gardner 매생잇과
매생이국 maesaengiguk
매생이속 *Capsosiphon*
매생잇과 Capsosiphonaceae
매시트포테이토 mashed potato
매실(梅實) Japanese apricot

매실나무 Japanese apricot, *Prunus mume* Siebold & Zucc. 장미과
매실장아찌 maesiljangajji
매실주(梅實酒) maesilju
매실추출물(梅實抽出物) Japanese apricot extract
매운고추 spicy hot pepper
매운맛 hot taste
매운탕 maeuntang
매자 barberry
매자나무 Korean barberry, *Berberis koreana* Palib. 매자나뭇과
매자나뭇과 Berberidaceae
매자나무속 *Berberis*
매잡과(梅雜菓) maejabgwa
매질(媒質) medium
매출(賣出) sales
매퉁이 lizardfish, brushtooth lizardfish, *Saurida undosquamis* (Richardson, 1848) 매퉁잇과
매퉁잇과 Synodontidae
매트릭스 matrix
맥각(麥角) ergot
맥각균(麥角菌) ergot fungus, *Claviceps purpurea*
맥각균목(麥角菌目) Claviceptales
맥각독(麥角毒) ergotoxin
맥각중독(麥角中毒) ergotism
맥락막(脈絡膜) choroid
맥류(麥類) barleys
맥문동(麥門冬) snake's beard, *Liriope platyphylla* Wang & Tang 백합과
맥박(脈搏) pulse
맥스웰모델 Maxwell model
맥일베인완충용액 McIlvaine's buffer solution
맥적(貊炙) maegjeok
맥주(麥酒) beer
맥주공장폐수(麥酒工場廢水) brewery effluent
맥주보리 barley for brewing
맥주부가물(麥酒附加物) brewing adjunct
맥주부산물(麥酒副産物) brewing byproduct
맥주제조(麥酒製造) beermaking
맥주증류관(麥酒蒸溜管) beer still
맥주폐기물(麥酒廢棄物) brewers spent grain
맥주효모(麥酒酵母) brewers yeast
맷돌 millstone
맹그로브 mangrove
머랭 meringue
머루 crimson glory vine, *Vitis coignetiae* Pulliat & Planch. 포도과
머루주 meoruju
머리대장가는납작벌레 sawtoothed grain beetle, *Oryzaephilus surinamensis* (Linnaeus, 1758) 가는납작벌레과
머리뼈 skull
머무름 retention
머무름부피 retention volume
머무름시간 retention time
머스캣 muscat
머스코비오리 muscovy duck, *Cairina moschata* (Linnaeus, 1758) 오릿과
머스크멜론 muskmelon
머스트 must
머위 butterbur, *Petasites japonicus* (Siebold & Zucc.) Maxim. 국화과
머틀 common myrtle, *Myrtus communis* L. 미르타과
머플로 muffle furnace
머핀 muffin
머핀케이크 muffin cake
먹는물 drinking water
먹는물관리법 Management of Drinking Water Act
먹는물수질기준 quality standards of drinking water
먹는샘물 drinking spring water
먹물버섯 shaggy ink cap, *Coprinus comatus* (Müller:Fr.) Pers. 먹물버섯과
먹물버섯과 Coprinaceae
먹물버섯속 *Coprinus*
먹물샘 ink gland
먹물주머니 ink sac
먹이그물 food web
먹이사슬 food chain
먹이생물 food organism
먹이순환 food cycle
먹이피라미드 food pyramid
먹장어 inshore hagfish, *Eptatretus burgeri* (Girard, 1855) 꾀장어과

먹장어강 Myxini
먹장어류 hagfish
먹장어목 Myxiniformes
먹장어속 *Eptatretus*
먼셀기호 Munsell signal
먼셀표색계 Munsell color system
먼쪽세관 distal tubule
멀구슬나뭇과 Meliaceae
멀드와인 mulled wine
멀릿 mullet
멀칭 mulching
멀칭필름 mulching film
멀티팩 multipack
멀티필라멘트 multifilament
멍게 sea pineapple, *Halocynthia roretzi* (Von Drasche, 1884) 멍겟과
멍게류 sea squirt
멍겟과 Pyuridae
멍고 mungo
멍에살 chuck crest
메가 mega
메가용량 megadose
메가헤르츠 megahertz
메기 amur catfish, *Silurus asotus* Linnaeus, 1758 메깃과
메기류 catfishes
메기목 Siluriformes
메깃과 Siluridae
메꽃과 Convolvulaceae
메꽃속 *Calystegia*
메꽃아목 Convolvulineae
메나다이온 menadione
메나퀴논 menaquinone
메뉴 menu
메뉴공학 menu engineering
메뉴믹스비율 menu mix ratio
메뉴평가 menu evaluation
메니스커스 meniscus
메니피데과 Menippidae
메도우스위트 meadowsweet, mead wort, *Filipendula ulmaria* (L.) Maxim. 장미과
메뚜기 grasshopper
메뚜기목 Orthoptera
메뚜깃과 Acrididae
메를루사 hake
메를루사과 Merlucciidae
메리클론 mericlone
메밀 buckwheat, *Fagopyrum esculentum* Moench 마디풀과
메밀가루 buckwheat flour
메밀국수 buckwheat noodle
메밀기름 buckwheat oil
메밀녹말 buckwheat starch
메밀묵 memilmuk
메밀속 *Fagopyrum*
메밀쌀 buckwheat groats
메발론산 mevalonic acid
메벼 non-waxy rice, non-glutinous rice
메센테리신 mesentericin
메스키트꼬투리 mesquite pod
메스키트씨검 mesquite seed gum
메시 mesh
메시번호 mesh number
메싸이오닌 methionine
메싸이오닌설폭사이드 methionine sulfoxide
메싸이온알 methional
메싸이온올 methionol
메이스 mace
메이타우자 meitauza
메일라드반응 Maillard reaction
메일라드반응생성물 Maillard reaction product
메일라드중합체 Maillard polymer
메일라드형반응 Maillard-type reaction
메주 meju
메주콩 mejukong
메짐 brittleness
메짐점 brittle point
메추라기 quail, *Coturnix japonica* Temminck & Schlegel, 1849 꿩과
메추라기고기 quail meat
메추라기알 quail egg
메캅탄 mercaptan
메캅토기 mercapto group
메캅토아세트산 mercaptoacetic acid
메커니즘 mechanism
메타규산소듐 sodium metasilicate
메타단백질 metaprotein
메타미도포스 methamidophos

메타아황산수소소듐 sodium metabisulfite
메타아황산수소염 metabisulfite
메타아황산수소포타슘 potassium metabisulfite
메타인산소듐 sodium metaphosphate
메타인산염 metaphosphate
메타인산포타슘 potassium metaphosphate
메타자일렌 *m*-xylene
메타포스 metaphos
메탄산 methanoic acid
메탄알 methanal
메탄올 methanol
메탄올첨가분해 methanolysis
메탈락실 metalaxyl
메탈로싸이오네인 metallothionein
메탈릴 methallyl
메테인 methane
메테인가스 methane gas
메테인탄화수소 methane hydrocarbon
메테인발효 methane fermentation
메테인생성 methanogenesis
메테인생성세균 methanogenic bacterium
메테인싸이올 methanethiol
메테인아르손산 methanearsonic acid
메테인화반응 methanation
메토밀 methomyl
메토트렉세이트 methotrexate
메토프렌 methoprene
메톡사이드소듐 sodium methoxide
메톡소 methoxo
메톡시 methoxy
메톡시클로르 methoxychlor
메톡실펙틴 methoxyl pectin
메톨라클로르 metolachlor
메트로자일론속 *Metroxylon*
메트리부진 metribuzin
메트미오글로빈 metmyoglobin
메트미오크로모젠 metmyochromogen
메트부르스트 Mettwurst
메트헤모글로빈 methemoglobin
메트헤모글로빈혈증 methemoglobinemia
메티다싸이온 methidathion
메티마졸 methimazole
메티실린내성황색포도알세균 methicillin-resistant *Staphylococcus aureus*, MRSA
메틸 methyl
메틸글루코사이드 methylglucoside
메틸글리옥살 methylglyoxal
메틸기 methyl group
메틸기전달효소 methyltransferase
메틸렌 methylene
메틸렌기 methylene group
메틸렌블루환원시험 methylene blue reduction test
메틸로모나스 메타니카 *Methylomonas methanica*
메틸로모나스속 *Methylomonas*
메틸로바실루스속 *Methylobacillus*
메틸로코쿠스과 Methylococcaceae
메틸로코쿠스속 *Methylococcus*
메틸로코쿠스 캅술라투스 *Methylococcus capsulatus*
메틸로필라과 Methylophilaceae
메틸메캅탄 methyl mercaptan
메틸바이올렛 methyl violet
메틸베타나프틸케톤 methyl *β*-naphthyl ketone
메틸벤젠 methyl benzene
메틸뷰탄올 methyl butanol
메틸렌석신산 methylenesuccinic acid
메틸설파이드 methyl sulfide
메틸설포닐메테인 methyl sulfonylmethane, MSM
메틸셀룰로스 methyl cellulose
메틸수은 methyl mercury
메틸싸이오파네이트 methylthiophanate
메틸아르손산 methylarsonic acid
메틸아민 methylamine
메틸알데하이드 methylaldehyde
메틸알코올 methyl alcohol
메틸에틸셀룰로스 methylethylcellulose
메틸에틸케톤 methyl ethyl ketone, MEK
메틸오렌지 methyl orange
메틸잔틴 methylxanthine
메틸파라벤 methylparaben
메틸파라싸이온 methylparathion
메틸펜토스 methylpentose
메틸프로판올 methyl propanol
메틸헤스페리딘 methyl hesperidin
메틸화 methylation

메틸히스타민 methylhistamine
메틸히스티딘 methylhistidine
멕시코오리가노 Mexican oregano, *Lippia graveolens* Kunth 마편초과
멘델법칙 Mendelism, Mendelian law
멘톤 menthone
멜라노이드 melanoid
멜라노이딘 melanoidin
멜라닌 melanin
멜라닌세포자극호르몬 melanocyte-stimulating hormone, MSH
멜라민 melamine
멜라민수지 melamine resin
멜라민수지용기 melamine resin ware
멜라토닌 melatonin
멜레지토스 melezitose
멜로린 mellorine
멜로멜 melomel
멜론 melon, *Cucumis melo* L. 박과
멜론씨 melon seed
멜리바이에이스 melibiase
멜리바이오스 melibiose
멜린조 melinjo, *Gnetum gnemon* L. 네타과
멥쌀 non-glutinous rice, non-waxy rice
멧대추 wild jujube
멧대추나무 wild jujube tree, *Zizyphus jujuba* Mill. 갈매나뭇과
멧돼지 wild boar, *Sus scrofa* Linnaeus, 1758 멧돼짓과
멧돼지고기 wild boar meat
멧돼지속 *Sus*
멧돼짓과 Suidae
멧미나리 metminari, *Ostericum sieboldii* (Miq.) Nakai 산형과
멧미나리속 *Ostericum*
멧밭쥐 Eurasian harvest mouse, *Micromys minutus* (Pallas, 1771) 쥣과
며느리배꼽 mile-a-minute weed, *Persicaria perfoliata* (L.) H. Gross 마디풀과
멱법칙(冪法則) power law
멱법칙유체(冪法則流體) power law of fluid
면(綿) cotton
면역(免疫) immunity
면역결핍(免疫缺乏) immune deficiency, immunodeficiency
면역결핍병(免疫缺乏病) immunodeficiency disease
면역계통(免疫系統) immune system
면역글로불린 immunoglobulin, Ig
면역글로불린디 immunoglobulin D
면역글로불린에이 immunoglobulin A
면역글로불린에프 immunoglobulin F
면역글로불린엠 immunoglobulin M
면역글로불린와이 immunoglobulin Y
면역글로불린이 immunoglobulin E
면역글로불린지 immunoglobulin G
면역기술(免疫技術) immunological technique
면역단백질(免疫蛋白質) immunoprotein
면역독소(免疫毒素) immunotoxin
면역매개당뇨병(免疫媒介糖尿病) immune-mediated diabetes
면역반응(免疫反應) immune response, immune reaction
면역분석(免疫分析) immunoassay
면역사람혈청글로불린 immune human serum globulin
면역세포(免疫細胞) immunocyte
면역원(免疫原) immunogen
면역원성(免疫原性) immunogenicity
면역유전학(免疫遺傳學) immunogenetics
면역자기분리(免疫磁氣分離) immunomagnetic separation
면역장애(免疫障碍) immune disorder
면역전기이동법(免疫電氣移動法) immunoelectrophoresis
면역조절(免疫調節) immunoregulation
면역친화크로마토그래피 immunoaffinity chromatography
면역퍼짐 immunodiffusion
면역학(免疫學) immunology
면역항체(免疫抗體) immune antibody
면역혈청(免疫血淸) immune serum
면역혈청글로불린 immune serum globulin
면역형광법(免疫螢光法) immunofluorescencc
면역화학(免疫化學) immunochemistry
멸굿과 Delphacidae
멸치 anchovy
멸치기름 anchovy oil

멸치볶음 myeolchibokkeum
멸치속 *Engraulis*
멸치액젓 myeolchiaekjeot
멸치젓 myeolchijeot
멸치페이스트 anchovy paste
멸칫과 Engraulidae
명나방과 Pyralidae
명도(明度) luminosity
명란(明卵) pollack roe
명란젓 myeongranjeot
명명법(命名法) nomenclature
명목척도(名目尺度) nominal scale
명반응(明反應) light reaction
명세서(明細書) specification
명순응(明順應) light adaptation
명아주 goosefoot, *Chenopodium album* var. *centrorubrum* Makino 명아줏과
명아주속 *Chenopodium*
명아주아목 Chenopodiineae
명아줏과 Chenopodiaceae
명자나무속 *Chaenomeles*
명주(明紬) silk
명태(明太) Alaska pollack, *Theregra chalcogramma* (Pallas, 1814) 대구과
명태간기름 pollack liver oil
명포 myengpo
모결정(母結晶) seed crystal
모과(木瓜) Chinese quince
모과나무 Chinese quince, *Chaenomeles sinensis* (Thouin) Koehne 장미과
모과차(木瓜茶) mogwacha
모과편 mogwapyeon
모근(茅根) cogongrass root
모나스신 monascin
모나스코루빈 monascorubin
모나스쿠스노랑 Monascus yellow
모나스쿠스빨강 Monascus red
모나스쿠스색소 Monascus color
모나스쿠스속 *Monascus*
모나스쿠스 루베르 *Monascus ruber*
모나스쿠스 안카 *Monascus anka*
모나스쿠스 푸르푸레우스 *Monascus purpureus*
모나스쿠스 필로수스 *Monascus pilosus*
모나틴 monatin
모넨신 monensin
모넬린 monellin
모노갈락토실다이아실글리세롤 monogalactosyl diacylglycerol
모노글리세라이드 monoglyceride
모노글리세롤 monoglycerol
모노뉴클레오타이드 mononucleotide
모노로린 monolaurin
모노박탐 monobactam
모노아민 monoamine
모노아민산화효소 monoamine oxidase
모노아민산화효소억제제 monoamine oxidase inhibitor
모노아실글리세롤 monoacylglycerol
모노아조염료 monoazo dye
모노엔산 monoenoic acid
모노옥시제네이스 monooxygenase
모노카복실산 monocarboxylic acid
모노크로토포스 monocrotophos
모노터페노이드 monoterpenoid
모노터펜 monoterpene
모노페놀모노옥시제네이스 monophenol monooxygenase
모노필라멘트 monofilament
모니터링 monitoring
모닐리니아속 *Monilinia*
모닐리니아 프룩티콜라 *Monilinia fructicola*
모닐리아속 *Monilia*
모닐리엘라 폴리니스 *Moniliella pollinis*
모닐리포민 moniliformin
모델식품 model food
모도리 modori
모락셀라과 Moraxellaceae
모락셀라속 *Moraxella*
모래 sand
모래같은 gritty
모래같음 sandiness
모래거르개 sand filter
모래기 grittiness
모래무지 goby minnow, *Pseudogobio esocinus* (Temminck & Schlegel, 1846) 잉엇과
모래주머니 gizzard
모래중탕 sand bath
모렐로버찌 morello cherry

모로미 moromi
모로헤이야 moroheiya
모록트산 moroctic acid
모르가넬라 모르가니이 *Morganella morganii*
모르가넬라속 *Morganella*
모르모트 guinea pig
모르법 Mohr's method
모르핀 morphine
모린 morin
모린가 moringa, drumstick tree, horseradish tree, ben oil tree, *Moringa oleifera* Lam. 모린가과
모린가과 Moringaceae
모모니 momoni
모모다이코사이드에이 momordicoside A
모발습도계(毛髮濕度計) hair hygrometer
모분산(母分散) population variance
모비율(母比率) population ratio
모세공극(毛細空隙) capillary pore
모세관(毛細管) capillary tube
모세관서림 capillary condensation
모세관작용(毛細管作用) capillary action
모세관전기이동(毛細管電氣移動) capillary electrophoresis
모세관점성계(毛細管粘性計) capillary viscometer
모세관칼럼 capillary column
모세관현상(毛細管現象) capillary phenomenon
모세관흐름 capillary flow
모세선충과(毛細線蟲科) Capillaridae
모세선충속(毛細線蟲屬) *Capillaria*
모세선충증(毛細線蟲症) capillariasis
모세포(母細胞) mother cell
모세혈관(毛細血管) capillary
모세혈관그물 capillary bed
모수(母數) population parameter
모시풀 ramie, Chinese grass, *Boehmeria nivea* (L.) Gaudich. 쐐기풀과
모시풀속 *Boehmeria*
모싯대 mositdae, *Adenophora remotiflora* (Siebold & Zucc.) Miq. 초롱꽃과
모악동물문(毛顎動物門) Chaetognatha
모액(母液) mother liquor
모약과 moyakgwa
모오캐 burbot, *Lota lota* (Linnaeus, 1758) 대구과
모유(母乳) breast milk
모유(母乳) mother's milk
모유대용물(母乳代用物) human milk substitute
모유수유(母乳授乳) breast feeding
모유오염(母乳汚染) contamination of human milk
모유우유(母乳牛乳) humanized milk
모의위상태 simulated gastric condition
모이모이 moyi-moyi
모인모인 moin moin
모자반 mojaban, *Sargassum fulvellum* (Turner) C. Agardh 모자반과
모자반과 Sargassaceae
모자반목 Fucales
모자반속 *Sargassum*
모자이크구조 mosaic structure
모자이크소시지 mosaic sausage
모자이크쿠키 mosaic cookie
모잠비크틸라피아 Mozambique tilapia, *Oreochromis mossambicus* (Peters, 1852) 시클릿과
모젤와인 Moselle wine
모조낙농제품(模造酪農製品) imitation dairy product
모조니어변법 modified Mojonnier method
모조수산식품(模造水産食品) imitation seafood
모조식품(模造食品) imitation food, analog, artificial food
모조아이스크림 imitation ice cream
모조우유(模造牛乳) imitation milk
모조치즈 imitation cheese
모조크림 imitation cream
모주(母酒) moju
모집난(母集團) population
모집단분포(母集團分布) population distribution
모차렐라치즈 Mozarella cheese
모카 mocha
모카봉봉 mocha bonbon
모카빵 mocha bread
모카커피 mocha coffee
모카케이크 mocha cake
모커넛히코리 mockernut hickory, *Carya tomentosa* Sarg. 가래나뭇과

모타델라 mortadella
모터 motor
모평균(母平均) population mean
모폴린 morpholine
모폴린지방산염 morpholine salt of fatty acid
모표준편차(母標準偏差) population standard deviation
모형(模型) model
목(目) order
목 neck
목과(木瓜) dried Japanese quince
목동맥 carotid artery
목련강(木蓮綱) Magnoliatae
목련과(木蓮科) Magnoliaceae
목련목(木蓮目) Magnoliales
목련아강(木蓮亞綱) Magnoliidae
목본(木本) woody plant
목서(木犀) sweet osmanthus, sweet olive, tea olive, *Osmanthus fragrans* (Thunb.) Lour. 물푸레나뭇과
목서속(木犀屬) *Osmanthus*
목심 neck
목심살 neck
목이(木耳) Jew's ear, wood ear, *Auricularia auricula* (Hook.) Undrew 목이과
목이과(木耳科) Auriculariaceae
목이목(木耳目) Auriculariales
목이속(木耳屬) *Auricularia*
목이식품섬유(木耳食品纖維) Jew's ear dietary fiber
목장우유(牧場牛乳) farm milk
목재(木材) wood
목재연기(木材煙氣) wood smoke
목재연기향(木材煙氣香) wood smoke flavor
목젖 uvula
목정맥 jugular vein
목질화(木質化) lignification
목초산(木醋酸) wood vinegar, pyroligneous acid
목탁가자미 Japanese left eye flounder, *Arnoglossus japonicus* Hubbs, 1915 둥글넙칫과
목화(木花) cotton plant, *Gossypium arboreum* L. var. *indium* (Lam.) Thunb. 아욱과
목화속(木花屬) *Gossypium*
목화씨 cottonseed
목화씨기름 cottonseed oil
목화씨깻묵 cottonseed meal
목화씨단백질 cottonseed protein
목화씨샐러드기름 cottonseed salad oil
몬모릴로나이트 montmorillonite
몬스테라 fruit salad plant, Swiss cheese plant, *Monstera deliciosa* Liebm. 천남성과
몬탄산 montanic acid
몬테칼로시뮬레이션모델 Monte Carlo simulation model
몬트벨리아르 Montbeliard
몰 mole
몰기화열 molar heat of vaporization
몰녹음열 molar heat of fusion
몰농도 molarity
몰랄내림상수 molal depression constant
몰랄농도 molality
몰랄오름상수 molal elevation constant
몰리브데넘 molybdenum
몰리브데넘산소듐 sodium molybdate
몰리브데넘산암모늄 ammonium molybdate
몰리시반응 Molisch reaction
몰리어선도 Mollier diagram
몰부피 molar volume
몰분율 mole fraction
몰비열 molar heat
몰식자(沒食子) gallnut
몰액화열 molar heat of liquefaction
몰약(沒藥) myrrh
몰열용량 molar heat capacity
몰응고열 molar heat of solidification
몰증발열 molar heat of evaporation
몰질량 molar mass
몰트위스키 malt whisky
몰흡광계수 molar extinction coefficient
몸세포 somatic cell
몸세포복제 somatic cell cloning
못견딤 intolerance
못견딤증 intolerance
몽공고나무 mongongo tree, *Schinziophyton rautanenii* (Schinz) Radcl.-Sm. (=

Ricinodendron rautanenii Schinz) 대극과
몽공고너트 mongongo nut, manketti nut
몽치다래 bullet tuna, *Auxis rochei* (Risso, 1810) 고등엇과
몽크피시 monkfish
묑스테르 munster
물치다래속 *Auxis*
묘사모델 descriptive model
묘사법(描寫法) profile method
묘사분석(描寫分析) descriptive analysis
묘사요인분석(描寫要因分析) descriptive factor analysis
무 radish, *Raphanus sativus* L. 십자화과
무각란(無殼卵) shell-less egg
무감각증(無感覺症) agnosia
무게 weight
무게검사 weight inspection
무게법 weight method
무게분석 gravimetric analysis
무게분석법 weight analysis method
무게선별 grading by weight, sorting by weight
무게선별기 weight sorter
무게측정 gravimetry
무경험패널 inexperienced panel
무공기분사기(無空氣噴射機) airless injector
무과립세포질그물 smooth endoplasmic reticulum
무구조충(無鉤條蟲) beef tapeworm, *Taenia saginata* Goeze, 1782 조충과
무균(無菌) asepsis
무균(無菌) germ-free, sterile
무균가공법(無菌加工法) aseptic processing
무균거르기 sterile filtration
무균공기(無菌空氣) sterile air
무균공정(無菌工程) aseptic process
무균동물(無菌動物) germ-free animal
무균돼지 germ-free pig
무균배양(無菌培養) sterile culture
무균상자(無菌箱子) sterile box
무균상태(無菌狀態) aseptic condition
무균실(無菌室) sterile room
무균우유(無菌牛乳) aseptic milk
무균조작(無菌操作) aseptic handling
무균충전포장기(無菌充塡包裝機) aseptic filling packaging machine
무균통조림법 aseptic canning
무균포장(無菌包裝) aseptic packaging
무균포장식품(無菌包裝食品) aseptically packaged food
무극성(無極性) nonpolar
무극성결합(無極性結合) nonpolar bond
무극성공유결합(無極性共有結合) nonpolar covalent bond
무극성물질(無極性物質) nonpolar material
무극성분자(無極性分子) nonpolar molecule
무극성용매(無極性溶媒) nonpolar solvent
무글루텐빵 gluten-free bread
무글루텐식품 gluten-free food
무기물(無機物) inorganic material
무기산(無機酸) inorganic acid
무기염(無機鹽) inorganic salt
무기영양생물(無機營養生物) lithotroph
무기영양세균(無機營養細菌) lithotrophic bacterium
무기영양소(無機營養素) mineral nutrient
무기용해물질(無機溶解物質) inorganic dissolved substance
무기질(無機質) mineral
무기질결핍증(無機質缺乏症) mineral deficiency
무기질대사(無機質代謝) mineral metabolism
무기질비료(無機質肥料) inorganic fertilizer
무기질코티코이드 mineral corticoid
무기촉매(無機觸媒) inorganic catalyst
무기화(無機化) mineralization
무기화학(無機化學) inorganic chemistry
무기화합물(無機化合物) inorganic compound
무긴장변비(無緊張便秘) atonic constipation
무나물 munamul
무농약농산물(無農藥農産物) agricultural produce without pesticide
무농약재배(無農藥栽培) cultivation without pesticide
무뇌증(無腦症) anencephaly
무뇨(無尿) anuria
무늬망둑 dusky frillgoby, *Bathygobius fuscus* (Rüppel, 1830) 망둑엇과
무늬퉁돔 one-spot snapper, *Lutjanus*

monostigma (Couvier, 1828) 퉁돔과
무니다과 Munididae
무당버섯 *Russula olivacea* (Schaeff.) Fr. 무당버섯과
무당버섯과 Russulaceae
무당버섯목 Russulales
무당버섯속 *Russula*
무드 mood
무람산 muramic acid
무름병 soft rot
무릎뼈 patella
무말랭이 mumallengi
무미(無味) flat taste
무베타지방질단백질혈증 abetalipoproteinemia
무사분열(無絲分裂) amitosis
무산소대사(無酸素代謝) anaerobic metabolism
무산소미생물(無酸素微生物) anaerobic microorganism
무산소발효(無酸素醱酵) anaerobic fermentation
무산소배양(無酸素培養) anaerobic culture
무산소분해(無酸素分解) anaerobic decomposition
무산소산화(無酸素酸化) anaerobic oxidation
무산소생물(無酸素生物) anaerobe
무산소생화학처리(無酸素生化學處理) anaerobic biochemical treatment
무산소생활(無酸素生活) anaerobiosis
무산소성(無酸素性) anaerobic
무산소세균(無酸素細菌) anaerobic bacterium
무산소소화(無酸素消化) anaerobic digestion
무산소운동(無酸素運動) anaerobic exercise
무산소증(無酸素症) anoxia
무산소해당작용(無酸素解糖作用) anaerobic glycolysis
무산소호흡(無酸素呼吸) anaerobic respiration
무선주파수(無線周波數) radio frequency
무설탕식품 sugar-free food
무성(無性) asexuality
무성번식(無性繁殖) asexual propagation
무성생식(無性生殖) asexual reproduction
무성세대(無性世代) asexual generation
무성세포(無性細胞) asexual cell
무세포계(無細胞系) cell-free system
무세포추출물(無細胞抽出物) cell-free extract
무수결정포도당(無水結晶葡萄糖) anhydrous crystalline glucose
무수결합(無水結合) anhydrous bond
무수당(無水糖) anhydrous sugar
무수덱스트로스 anhydrous dextrose
무수물(無水物) anhydride
무수알코올 absolute alcohol
무수에테르 absolute ether
무수염화칼슘 anhydrous calcium chloride
무수우유지방(無水牛乳脂肪) anhydrous milk fat
무수탄산포타슘 anhydrous potassium carbonate
무순 radish sprout
무스 mousse
무스카딘 muscadine, *Vitis rotundifolia* Michx. 포도과
무스카딘포도 muscadine grape
무스카리딘 muscaridine
무스카린 muscarine
무시되는위해 *de minimis* risk
무씨 radish seed
무악상강(無顎上綱) Agnatha
무악어류(無顎魚類) agnathans, jawless fish
무알레르기식품 allergen-free food
무알코올음료 alcohol-free beverage
무염버터 unsalted butter
무염식사(無鹽食事) salt-free diet
무자극식사(無刺戟食事) bland diet
무작위(無作爲) random
무작위증폭다형성디엔에이 randomly amplified polymorphic DNA
무작위추출(無作爲抽出) random sampling
무작위코일모형 random coil model
무작위표본(無作爲標本) random sample
무작위화(無作爲化) randomization
무장 mujang
무정란(無精卵) unfertilized egg
무조건반사(無條件反射) unconditioned reflex
무주석강철캔 tin-free steel can
무중력(無重力) weightlessness
무증상결핍(無症狀缺乏) subclinical deficiency
무증상병(無症狀病) subclinical disease
무지개떡 mujigaetteok
무지개송어 rainbow trout, *Oncorhynchus mykiss* (Walbaum, 1792) 연어과

무지고형물(無脂固形物) solids not fat, SNF
무질서도(無秩序度) degree of disorder
무짠지 mujjanji
무차원수(無次元數) dimensionless number
무채색(無彩色) achromatic color
무척추동물(無脊椎動物) invertebrate
무청 radish leaf and stem
무취(無臭) odorlessness
무침 muchim
무코르 라세모수스 *Mucor racemosus*
무코르 룩시아이 *Mucor rouxii*
무코르 무세도 *Mucor mucedo*
무코르 미에헤이 *Mucor miehei*
무코르 시르시넬로이데스 *Mucor circinelloides*
무코르 푸실루스 *Mucor pusillus*
무코르 히에말리스 *Mucor hiemalis*
무태장어 giant mottled eel, *Anguilla marmorata* Auoy & Gaimard, 1824 뱀장어과
무표백밀가루 unbleached flour
무플론 mouflon, *Ovis orientalis* Linnaeus, 1758 솟과
무피소시지 skinless sausage
무핵세포(無核細胞) akaryote, anucleate cell
무홀씨균강 Agonomycetes
무홀씨균목 Mycelia Sterilia
무화과(無花果) fig
무화과나무 fig, *Ficus carica* L. 뽕나뭇과
무화과속 *Ficus*
무화과잼 fig jam
무환자나무목 Sapindales
무환자나무아목 Sapinineae
무환자나뭇과 Sapindaceae
묵 muk
묵은김치 aged kimchi
묵은내 musty odor
묵은쌀 aged rice
묶기 trussing
문(門) Phylum
문배주 munbaeju
문손-워커법 Munson-Walker method
문어(文魚) giant Pacific octopus, north Pacific giant octopus, *Enteroctopus dofleini* (Wülker, 1910) 문어과
문어과(文魚科) Octopodidae
문어목(文魚目) Octopoda
문절망둑 yellowfin goby, *Acanthogobius flavimanus* (Temminck & Schlegel, 1845) 망둑엇과
문턱값 threshold, threshold value
문턱값결정시험 threshold determining test
문턱값에너지 threshold energy
문턱값진동수 threshold frequency
물 water
물간법 brine salting
물개 fur seal
물개목 Pinnipedia
물갯과 Otariidae
물결합능력 water binding capacity
물경도 water hardness
물고기 finfish, fish
물곰팡이 water mold
물곰팡이목 Saprolegniales
물관 xylem
물관리 water management
물기많음 wateriness
물냉면 mulnaengmyeon
물냉이 watercress, *Rorippa nasturtium-aquaticum* (L.) Hayek (= *Nasturtium officinale* R. Br.) 십자화과
물달팽이과 Lymnaeidea
물레고둥 finely-striate buccinum, *Buccinum striatissimum* G.S. Sowerby Ⅲ, 1899, 물레고둥과
물레고둥과 Buccinidae
물레나물 great St. John's wort, *Hypericum ascyron* L. 물레나물과
물레나물과 Cluciaceae, Guttiferae
물레나물목 Guttiferales
물레나물속 *Hypericum*
물류비용(物流費用) distribution cost
물리변화(物理變化) physical change
물리성질(物理性質) physical property
물리소화(物理消化) physical digestion
물리자극(物理刺戟) physical stimulus
물리학(物理學) physics
물리학자(物理學者) physicist
물리화학(物理化學) physical chemistry

물맛 water taste
물망초(勿忘草) forget-me-not
물물망초 water forget-me-not, true forget-me-not, *Myosotis scorpioides* L. 지칫과
물맞이게과 Majidae
물매 pitch, slope
물매개감염 waterborne infection
물미모사 water mimosa, *Neptunia oleracea* Lour. 콩과
물미역 wet sea mustard
물범 Okhotsk seal, *Phoca hispida ochotensis* Pallas, 1811 물범과
물범과 Phocidae
물범속 *Phoca*
물벼룩 daphnid
물벼룩과 Daphniidae
물부추 quillwort, *Isoetes japonica* A. Braun 물부춧과
물부추목 Isoetales
물부추속 *Isoetes*
물부춧과 Isoetaceae
물새 waterfowl
물소 water buffalo, *Bubalus bubalis* (Linnaeus, 1758) 솟과
물소고기 buffalo meat
물소독 disinfection of water
물소모차렐라치즈 buffalo Mozzarella cheese
물소버터 buffalo butter
물소요구르트 buffalo yoghurt
물소젖 buffalo milk
물소치즈 buffalo cheese
물속기름에멀션 oil in water emulsion
물속기름형 oil in water
물속체중측정법 underwater weighing
물송편 mulsongpyeon
물시금치 water spinach, kangkong, *Ipomoea aquatica* Forssk. 메꽃과
물얼음 water ice
물연화제 water softener
물열량계 water calorimeter
물엿 starch syrup
물오염 water pollution
물오염물질 water pollutant
물유리 water glass
물이 fish louse
물이끼 sphagnum moss
물이끼목 Sphagnales
물이끼아강 Sphagnidae
물재배 water culture
물중독 water intoxication
물중탕 water bath
물질(物質) matter
물질(物質) substance
물질(物質) material
물질대사(物質代謝) metabolism
물질수지(物質收支) mass balance
물질순환(物質循環) cycle of material
물질이동(物質移動) mass transfer
물질이동계수(物質移動係數) mass transfer coefficient
물질이동메커니즘 mass transfer mechanism
물질전달(物質傳達) mass transport
물참나무 Japanese oak, *Quercus grosseserrata* Bl. 참나뭇과
물처리 water treatment
물체(物體) body
물치다래 frigate tuna, *Auxis thazard* (Lacepède, 1800) 고등엇과
물통 canteen
물돼지 pale, soft, exudative pork, PSE pork
물퉁돔 blubberlip snapper, *Lutjanus rivulatus* (Couvier, 1828) 퉁돔과
물편 mulpyeon
물푸레나무목 Oleales
물푸레나뭇과 Oleaceae
물해동 thawing in water
물해동장치 water thawing equipment
물호박떡 mulhobaktteok
물회 mulhoe
묽어짐 thinning
묽은과산화벤조일 diluted benzoyl peroxide
묽은시럽 thin syrup
묽은용액 dilute solution
묽은용액성질 property of dilute solution
묽은휘핑크림 light whipping cream
묽힘 dilution
묽힘법 dilution method
묽힘열 heat of dilution

묽힘제 diluent
묽힘향미프로필검사 dilution flavor profile test
묽힘효과 dilution effect
뭉치사태 heal meat
뮌스터치즈 muenster cheese
뮤신 mucin
뮤즐리 muesli
뮤즐리바 muesli bar
뮤코이드 mucoid
뮤타노리신 mutanolysin
뮤타로테이스 mutarotase
뮤타스테인 mutastein
뮤테인 mutein
미각(味覺) gustation
미각기관(味覺器官) taste organ
미각문턱값 taste threshold
미각반응(味覺反應) gustatory response
미각받개 taste receptor
미각변형물질(味覺變形物質) taste modifying substance
미각세포(味覺細胞) gustatory cell
미각소실(味覺消失) ageusia
미각신경(味覺神經) gustatory nerve
미각이상(味覺異狀) parageusia
미각저하(味覺低下) hypogeusia
미각중추(味覺中樞) gustatory center
미국가재 red swamp crayfish, Louisiana crayfish, *Procambarus clarki* (Girard, 1852) 가잿과
미국감나무 American persimmon, *Diospyros virginiana* L. 감나뭇과
미국곡류화학자협회(美國穀類化學者協會) American Association of Cereal Chemists International, AACC International
미국농무부(美國農務部) United States Department of Agriculture, USDA
미국당뇨병학회(美國糖尿病學會) American Diabetes Association, ADA
미국식품기술자협회(美國食品技術者協會) Institute of Food Technologists, IFT
미국식품의약국(美國食品醫藥局) Food and Drug Administration, FDA
미국안젤리카 American angelica, purplestem angelica, *Angelica atropurpurea* L. 산형과
미국약전(美國藥典) US Pharmacopia, USP
미국연방규격기준집(美國聯邦規格基準集) Code of Federal Regulations, CFR
미국연방식품의약품화장품법(美國聯邦食品醫藥品化粧品法) Federal Food, Drug and Cosmetic Act, FFDCA
미국위스키 American whisky
미국유지화학회(美國油脂化學會) American Oil Chemists' Society, AOCS
미국재료시험학회(美國材料試驗學會) American Society for Testing and Materials, ASTM
미국치즈 American cheese
미국환경보호국(美國環境保護局) Environmental Protection Agency, EPA
미기후(微氣候) microclimate
미꾸라지 mud loach, *Misgurnus mizolepis* Günther, 1888 미꾸릿과
미꾸리 pond loach, oriental weather loach, *Misgurnus anguillicaudatus* (Cantor, 1842) 미꾸릿과
미꾸리속 *Misgurnus*
미꾸릿과 Cobitidae
미끌거림 slipperiness
미나리 water dropwort, water celery, *Oenanthe javanica* (Blume) DC. 산형과
미나리속 *Oenanthe*
미나리아재비목 Ranunculales
미나리아재비아목 Ranunculineae
미나리아재빗과 Ranunculaceae
미나마타병 Minamata disease
미네랄워터 mineral water
미더덕 stalked sea squirt, *Styela clava* Herdman, 1881 미더덕과
미더덕과 Styelidae
미더덕찜 mideodeokjjim
미들링 middling
미들베이컨 middle bacon
미라큘린 miraculin
미량금속(微量金屬) trace metal
미량무기질(微量無機質) micromineral, trace mineral
미량배양(微量培養) microculture
미량분석(微量分析) microanalysis

미량영양소(微量營養素) micronutrient
미량원소(微量元素) trace element, microelement
미량호흡계(微量呼吸計) microrespirometer
미러클과일나무 miracle fruit, *Synsepalum dulcificum* (Schumach. & Thonn.) Daniell 사포타과
미로시네이스 myrosinase
미로신 mirosin
미로테슘 로디둠 *Myrothecium rodidum*
미로테슘 베루카리아 *Myrothecium verrucaria*
미로테슘속 *Myrothecium*
미르센 myrcene
미르타과 Myrtaceae
미르타목 Myrtales
미리세틴 myricetin
미리스트산 myristic acid
미리스티신 myristicin
미린(味醂) mirin
미립자(微粒子) corpuscle
미맹(味盲) taste blindness
미모사 mimosa, *Mimosa pudica* L. 콩과
미모신 mimosine
미분쇄(微粉碎) fine grinding
미분쇄기(微粉碎機) micro crusher
미삭동물아문(尾索動物亞門) Urochordata
미삭류(尾索類) urochordates
미생물(微生物) microorganism
미생물감지기(微生物感知器) microbial sensor
미생물공학(微生物工學) microbial technology
미생물농약(微生物農藥) microbial pesticide
미생물단백질(微生物蛋白質) microbial protein
미생물레닛 microbial rennet
미생물명명법(微生物命名法) nomenclature of microorganism
미생물바이오매스 microbial biomass
미생물변질(微生物變質) microbial spoilage
미생물살충제(微生物殺蟲劑) microbial insecticide
미생물상(微生物相) microflora
미생물생산(微生物生産) microbial production
미생물생태계(微生物生態界) microbial ecosystem
미생물수(微生物數) microbial count
미생물억제물질(微生物抑制物質) antimicrobial substance
미생물억제포장필름 antimicrobial packaging film
미생물억제활성(微生物抑制活性) antimicrobial activity
미생물억제활성검정법(微生物抑制活性檢定法) method of antimicrobial activity assay
미생물억제효과(微生物抑制效果) antimicrobial effect
미생물예측모델 predictive microbiology model
미생물유전학(微生物遺傳學) microbiological genetics
미생물적검정(微生物的檢定) microbioassay
미생물적검정법(微生物的檢定法) microbioassay
미생물적기술(微生物的技術) microbiological technique
미생물적품질(微生物的品質) microbiological quality
미생물학(微生物學) microbiology
미생물학자(微生物學者) microbiologist
미생물홀씨 microbial spore
미생물활성(微生物活性) microbial activity
미세거르기 microfiltration
미세결정셀룰로스 microcrystalline cellulose
미세관(微細管) microtubule
미세관관련단백질(微細管關聯蛋白質) microtubule associated protein
미세구조(微細構造) microstructure, fine structure
미세동맥꽈리 microaneurysm
미세분자(微細分子) micromolecule
미세섬유(微細纖維) microfilament
미세섬유상셀룰로스 microfibrillated cellulose
미세소기관(微細小器官) microorganelle
미세알부민뇨 microalbuminuria
미세융털 microvillus
미세저울 microbalance
미세조류(微細藻類) microalgae
미세조작(微細操作) micromanipulation
미세주입(微細注入) microinjection
미세화(微細化) micronization
미세환경(微細環境) microenvironment
미소 miso
미소고지 miso koji
미소스트치즈 Mysost cheese

미소척도(微笑尺度) smiley scale
미수 misu
미숙(未熟) immaturity
미숙립(未熟粒) immature kernel
미숙성밀가루 green flour
미숙성반죽 green dough
미숙아(未熟兒) preterm infant
미숫가루 misugaru
미시시피악어 American alligator, *Alligator mississippiensis* (Daudin, 1802) 앨리게이터과
미식(美食) gastronomy
미식가(美食家) gourmet, epicure
미엘린 myelin
미역 sea mustard, *Undaria pinnatifida* (Harvey) Suringar, 1873 미역과
미역과 Alariaceae
미역국 miyeokguk
미역속 *Undaria*
미오이노시톨 *myo*-inositol
미오이노시톨헥사키스 *myo*-inositol hexakis
미용식품(美容食品) beauty food
미음 mieum
미인주(美人酒) miinju
미주신경(迷走神經) vagus nerve
미치광이풀 Japanese belladonna, *Scopolia japonica* Maxim. 가짓과
미치광이풀속 *Scopolia*
미코박테륨과 Mycobacteriaceae
미코박테륨속 *Mycobacterium*
미코박테륨 파라투베르쿨로시스 *Mycobacterium paratuberculosis*
미코스파에렐라과 Mycosphaerellaceae
미코플라스마과 Mycoplasmataceae
미코플리스미 보비스 *Mycoplasma bovis*
미코플라스마속 *Mycoplasma*
미터 meter
미터법 metric system
미터톤 metric ton
미토콘드리아 mitochondria
미토콘드리아디엔에이 mitochondrial DNA
미토콘드리아막 mitochodrial membrane
미토콘드리온 mitochondrion
미투제품 me-too product
미트로프 meat loaf
미트볼 meatball
미포자충강(微胞子蟲綱) Microsporea
미포자충류(微胞子蟲類) microsporidians
미포자충목(微胞子蟲目) Microsporida
미포자충문(微胞子蟲門) Microspora
미하엘리스-멘텐식 Michaelis-Menten equation
미하엘리스상수 Michaelis constant
미학(美學) aesthetics
믹서 mixer
믹소그래프 mixograph
믹소바이러스 myxovirus
믹소잔토필 mixoxanthophyll
믹스 mix
민간요법(民間療法) folk medicine
민꽃식물 cryptogam
민달걀버섯 Caesar's mushroom, *Amanita caesarea* (Scop.) Pers. 광대버섯과
민들레 dandelion, *Taraxacum platycarpum* Dahlst 국화과
민들레속 *Taraxacum*
민무늬근육 smooth muscle
민무늬근육섬유 smooth muscle fiber
민물 freshwater
민물고기 freshwater fish
민물새우 freshwater shrimp
민물생물 limnobios
민물세균 freshwater bacterium
민물송어 trout
민물장어 freshwater eel
민물조류 freshwater algae
민물호수 freshwater lake
민물화 desalination
민물화설비 desalination facility
민새우 smoothshell shrimp, *Parapenaeopsis tenella* (Bate, 1889) 보리새웃과
민서 mincer
민스 mince
민싱 mincing
민어(民魚) miiuy croaker, brown croaker, *Miichthys miiuy* (Basilewsky, 1855) 민어과
민어과(民魚科) Sciaenidae

민어류(民魚類) croakers
민태 Belingerüs jawfish, belangers croaker, *Johnius grypotus* (Richardson, 1846) 민어과
민탯과 Macrouridae
밀(蜜) beeswax
밀 meal
밀 wheat, *Triticum aestivum* L. 볏과
밀가루 wheat flour
밀가루세기 flour strength
밀가루개선제 flour improver
밀가루누룩 wheat flour nuruk
밀가루믹스 flour mix
밀가루반죽 flour dough
밀가루수율 flour yield
밀가루숙성 flour aging
밀가루숙성제 flour maturing agent
밀가루줄명나방 meal moth, *Pyralis farinalis* (Linnaeus, 1758) 명나방과
밀가루표백제 flour bleaching agent
밀가루품질 flour quality
밀국수 wheat noodle
밀글루텐 wheat gluten
밀기울 wheat bran
밀깜부기병 Karnal bunt
밀깜부기진균 wheat smut fungus, *Tilletia indica* 틸레티아과
밀녹말 wheat starch
밀대 rolling pin
밀도(密度) density
밀도기울기 density gradient
밀도기울기원심분리 density gradient centrifugation
밀도분석(密度分析) density analysis
밀도측정(密度測定) density measure
밀랍(蜜蠟) beeswax
밀론시험 Millon test
밀리 milli
밀리그램 milligram
밀리그램백분율 milligram percentage
밀리당량 milliequivalent
밀리리터 milliliter
밀리몰 millimole
밀리몰농도 millimolar concentration
밀리바 millibar
밀맥주 wheat beer
밀배아 wheat germ
밀배아가루 wheat germ meal
밀배아기름 wheat germ oil
밀복 lunartail puffer, moontail puffer, *Lagocephalus lunaris* (Bloch & Schneider, 1801) 참복과
밀봉(密封) sealing
밀봉기(密封機) sealer
밀봉두께 seam thickness
밀봉부위검사(密封部位檢查) can seam inspection
밀봉저장(密封貯藏) sealed storage, seal storage
밀부꾸미 milbukkumi
밀빵 wheat bread
밀새우 ridgetail prawn, *Exopalaemon carinicauda* Holthuis, 1950 징거미새웃과
밀식재배(密植栽培) high density culture
밀식품섬유 wheat dietary fiber
밀쌈 milssam
밀알 wheat berry
밀애기버섯 *Collybia confluens* (Pers.:Fr.) Kummer 송이과
밀어(密魚) amur goby, common freshwater goby, *Rhinogobius brunneus* (Temminck & Schlegel, 1845) 망둑엇과
밀어속 *Rhinogobius*
밀엿기름 wheat malt
밀원식물(蜜源植物) honey plant
밀전병 miljeonbyeong
밀크셰이크 milk shake
밀크시슬 milk thistle, *Silybum marianum* (L.) Gaertn. 국화과
밀크시슬추출물 milk thistle extract
밀크아이스 milk ice
밀크초콜릿 milk chocolate
밀크캐러멜 milk caramel
밀크커피 milk coffee
밀크티 milk tea
밀톤 miltone
밀폐냉각탑(密閉冷却塔) close type cooling tower
밀폐밀봉(密閉密封) hermetical sealing

밀폐용기(密閉容器) hermetical container
밀폐저장(密閉貯藏) gas-tight storage
밑거름 basal fertilizer
밑넓이 area of base
밑술 mitsul
밑씨 ovule

바 bar
바 var
바게트 baguette
바구니 basket
바구미 weevil
바구밋과 Curculionidae
바깥난각막 outer shell membrane
바깥막 outer membrane
바깥묽은흰자위 outer thin egg white
바깥뼈대 exoskeleton
바깥지름 outside diameter
바나나 banana, *Musa x paradisiaca* L. 파초과
바나나껍질 banana peel
바나나에센스 banana essence
바나나주스 banana juice
바나나패션프루트 banana passionfruit, *Passiflora mollissima* (Kunth) L. Bailey 시계꽃과
바나나펄프 banana pulp
바나나퓌레 banana puree
바나듐 vanadium
바나바 banaba plant, pride of India, queen's crape-myrtle, *Lagerstroemia speciosa* (L.) Pers. 부처꽃과
바나바잎추출물 banaba leaf extract
바나바차 banaba tea
바나스파티 vanaspati
바녹크 bannock
바늘골속 *Eleocharis*
바늘꽃과 Onagraceae
바니시 varnish
바닐라 vanilla, flat-leaved vanilla, *Vanilla planifolia* Andrews 난초과
바닐라수플레 vanilla souffle
바닐라에센스 vanilla essence
바닐라콩 vanilla bean
바닐린 vanillin
바닐산 vanillic acid
바다거미강 Pycnogonida
바다나리 sea lily
바다나리강 Crinoidea
바다나리목 Comatulidae
바다나리아문 Crinozoa
바다동물 marine animal
바다미생물 marine microorganism
바다미생물학 marine microbiology
바다빙어목 Osmeriformes
바다빙엇과 Osmeridae
바다세균 marine bacterium
바다소금 sea salt
바다식물 marine plant
바다심층수 deep sea water
바다양식 marine aquaculture
바다오염 marine pollution
바다자원 marine resource
바다제비 Swinhoe's storm petrel, *Oceanodroma monorhis* (Swinhoe, 1867) 바다제빗과
바다제빗과 Hydrobatidae
바다코끼리 walrus, *Odobenus rosmarus* Linnaeus, 1758 바다코끼릿과
바다코끼릿과 Odobenidae
바다포도 green caviar, sea grapes, *Caulerpa lentillifera* J. Agardh 옥덩굴과
바다포유류 marine mammals
바다표범 seal
바다표범고기 seal meat
바다표범기름 seal oil
바다표범지방 seal blubber
바다표범지방기름 seal blubber oil
바닥물고기 groundfish
바닥상태 ground state
바닥세포 basal cell
바닷가재 lobster
바닷말 marine algae
바닷말양식 marine algae culture

바닷물 sea water
바닷물고기 sea fish
바닷물민물화 demineralization of sea water
바디 body
바디물질 bodying agent
바람들이 pithiness
바람떡 baramtteok
바레트식도 Barrett's esophagus
바륨 barium
바르부르크장치 Warburg apparatus
바릿과 Serranidae
바바로인 Barbaloin
바바루아 bavarois
바바리신 bavaricin
바바수기름 babassu oil
바바수야자나무 babassu palm, *Attalea speciosa* Mart. 야자과
바바수야자핵 babassu palm kernel
바바코 babaco, *Carica pentagona* Heilborn (= *Vasconcellea* x *heilbornii* (V. M. Badillo) V. M. Badillo 파파야과
바비큐 barbecue
바비큐소스 barbecue sauce
바비큐음식 barbecued food
바비큐폭찹 barbecued pork chop
바비투레이트 barbiturate
바비투르산 barbituric acid
바삭바삭 crispness
바삭바삭한빵 crispy bread
바셀린 vaseline
바소프레신 vasopressin
바스켓원심분리기 basket centrifuge
바시트라신 bacitracin
바실루스과 Bacillaceae
바실루스 리케니포르미스 *Bacillus licheniformis*
바실루스 마세란스 *Bacillus macerans*
바실루스 메가테륨 *Bacillus megaterium*
바실루스 서모프로테올리티쿠스 *Bacillus thermoproteolyticus*
바실루스 세레우스 *Bacillus cereus*
바실루스속 *Bacillus*
바실루스 수린기엔시스 *Bacillus thuringiensis*
바실루스 수브틸리스 *Bacillus subtilis*
바실루스 스테아로서모필루스 *Bacillus stearothermophilus*
바실루스 코아굴란스 *Bacillus coagulans*
바실루스 페포 *Bacillus pepo*
바실루스 푸밀루스 *Bacillus pumilus*
바오밥나무 baobab, monkey bread tree, *Adansonia digitata* L. 뽕나뭇과
바오밥나무씨 baobab seed
바움쿠헨 baumkuchen
바위게 stone crab
바위겟과 Grapsidae
바위돌꽃 golden root, *Rhodiola rosea* L. 돌나물과
바이구아나이드 biguanide
바이닐 vinyl
바이닐기 vinyl group
바이닐론 vinylon
바이닐리덴 vinylidene
바이닐알코올 vinyl alcohol
바이러스 virus
바이러스간염 viral hepatitis
바이러스관절염 viral arthritis
바이러스뇌염 viral encephalitis
바이러스목 Virales
바이러스병 viral disease
바이러스설사병 viral diarrhea disease
바이러스억제물질 antiviral agent
바이러스억제활성 antiviral activity
바이러스유전자 virogene
바이러스이질 viral dysentery
바이러스창자염 viral enteritis
바이러스학 virology
바이러스학자 virologist
바이리디카톨 viridicatol
바이리디카틴 viridicatin
바이리디톡신 viriditoxin
바이리온 virion
바이메탈 bimetal
바이메탈온도계 bimetal thermometer
바이벤질 bibenzyl
바이사이클로 bicyclo
바이스부르스트 Weisswurst
바이슨 bison
바이슨고기 bison meat
바이신 vicine

바이실린 vicilin
바이어스 bias
바이오가스 biogas
바이오거트 bioghurt
바이오과학 bioscience
바이오너서리 bionursery
바이오마이신 viomycin
바이오매스 biomass
바이오매스연료 biomass fuel
바이오메커니즘 biomechanism
바이오메트릭스 biometrics
바이오멜레인 viomellein
바이오산업 bioindustry
바이오센서 biosensor
바이오소자 bio-cell
바이오식품 biofood
바이오에너지 bioenergy
바이오에탄올 bioethanol
바이오연료 biofuel
바이오연료전지 biofuel cell
바이오오토그래피 bioautography
바이오의약품 biomedicine
바이오칩 biochip
바이오컴퓨터 biocomputer
바이오클린룸 bioclean room
바이오틴 biotin
바이오플라보노이드 bioflavonoid
바이오필름 biofilm
바이오화장품 biocosmetics
바이올라잔틴 violaxanthin
바이타민 vitamin
바이타민강화달걀 vitamin fortified egg
바이타민강화우유 vitamin enriched milk
바이타민결핍 vitamin deficiency
바이타민결핍증 avitaminosis, hypovitaminosis
바이타민과다증 hypervitaminosis
바이타민길항제 vitamin antagonist
바이타민디 vitamin D
바이타민디결핍증 vitamin D deficiency
바이타민디스리 vitamin D_3, cholecalciferol
바이타민디투 vitamin D_2, calciferol, ergocalciferol
바이타민물질 vitamer
바이타민비 vitamin B
바이타민비그룹 vitamin B group
바이타민비복합체 vitamin B complex
바이타민비서틴 vitamin B_{13}
바이타민비식스 vitamin B_6
바이타민비식스염산염 pyridoxine hydrochloride
바이타민비원 vitamin B_1, thiamin
바이타민비원나프탈렌-1,5-다이설폰산염 thiamin naphthalene-1,5-disulfonate
바이타민비원나프탈렌-2,6-다이설폰산염 thiamin naphthalene-2,6-disulfonate
바이타민비원다이로릴황산염 thiamin dilaurylsulfate
바이타민비원싸이오사이안산염 thiamin thiocyanate
바이타민비원염산염 thiamin hydrochloride
바이타민비원질산염 thiamin mononitrate
바이타민비원페놀프탈린염 thiamin phenolphthalinate
바이타민비투 vitamin B_2, riboflavin
바이타민비투인산소듐 riboflavin 5'-phosphate sodium
바이타민비트웰브 vitamin B_{12}, cyanocobalamin
바이타민시 vitamin C, L-ascorbic acid
바이타민에이 vitamin A
바이타민에이지방산에스터 fatty acid ester of vitamin A
바이타민에이팔미테이트 vitamin A palmitate
바이타민영양장애 dysvitaminosis
바이타민이 vitamin E, *dl*-α-tocopherol
바이타민이아세테이트 vitamin E acetate
바이타민케이 vitamin K
바이타민케이스리 vitamin K_3
바이타민케이원 vitamin K_1, phylloquinone, phytonadione
바이타민케이투 vitamin K_2
바이타민피 vitamin P
바이텔린 vitellin
바이페닐 biphenyl
바이피리딘 bipyridine
바작바작 crunchiness
바제도병 Basedow's disease
바지락 littleneck clam, Filipino venus, *Ruditapes philippinarum* (Adams & Reeve) 백합과
바질 basil, sweet basil, *Ocimum basilicum*

L. 꿀풀과
바질기름 basil oil
바코드 bar code
바쿠키 bar cookie
바퀴 cockroach
바퀴목 Blattodea
바퀸과 Blattellidae
바탕계수 background counting
바탕방사선 background radiation
바탕색 ground color
바탕선 baseline
바탕시험 blank test
바틸알코올 batyl alcohol
박 gourd
박(箔) foil
박과 Cucurbitaceae
박낭양치강(薄囊羊齒綱) Leptosporangiopsida
박대 tongue sole, *Cynoglosus semilaevis* Günther, 1873 참서대과
박력밀 weak wheat
박력밀가루 weak wheat flour
박막(薄膜) thin film
박목 Cucurbitales
박센산 vaccenic acid
박속 *Lagenaria*
박씨 common gourd seed
박주가릿과 Asclepiadaceae
박쥐나물 bakgwinamul, *Cacalia hastata* var. *orientalis* Kitamura 국화과
박쥐나물속 *Parasenecio*
박테로이데스과 Bacteroidaceae
박테로이데스속 *Bacteroides*
박테로이드 bacteroid
박테리오신 bacteriocin
박테리오파지 bacteriophage
박테리오파지저항력 bacteriophage resistance
박트리스속 *Bactris*
박편(薄片) flake
박편상의 flaky
박피(剝皮) peeling
박피(剝皮) skinning
박피기(剝皮器) peeler
박피지육(剝皮枝肉) skinned carcass meat
박하(薄荷) mint, cornmint, *Mentha arvensis* L. 꿀풀과
박하뇌(薄荷腦) menthol
박하방향유(薄荷芳香油) mint oil
박하사탕 mint candy
박하속 *Mentha*
박하향미 mint flavor
반감기(半減期) halflife
반건성기름 semidrying oil
반건조국수 semidried noodle
반건조소시지 semidried sausage
반결구상추 butterhead lettuce
반결정(半結晶) semicrystalline
반결정중합체(半結晶重合體) semicrystalline polymer
반경질치즈 semihard cheese
반고리관 semicircular canal
반고체배지(半固體培地) semisolid medium
반고체우무배지 semisolid agar medium
반고체식품(半固體食品) semisolid food
반구(半球) hemisphere
반균강(盤菌綱) Discomycetes
반달가슴곰 Asiatic black bear, *Ursus thibetanus* (G. Cuvier, 1823) 곰과
반대기 bandaegi
반도체(半導體) semiconductor
반딧불게르칫과 Acropomatidae
반땅속식물 hemicryptophyte
반려동물(伴侶動物) companion animal
반로그종이 semi-log paper
반발력(反撥力) repulsive force
반발효차(半醱酵茶) semi-fermented tea
반복단위(反復單位) repeated unit
반복돌연변이(反復突然變異) recurrent mutation
반복디엔에이 repetitive DNA
반복성(反復性) repeatability
반복수(反復數) number of replication
반복측정(反復測定) repeated measure
반사(反射) reflection
반사각(反射角) angle of reflection
반사광(反射光) reflected light
반사광선(反射光線) reflected ray
반사율(反射率) reflectivity
반사율계(反射率計) reflectometer
반상치(斑狀齒) mottled tooth

반성유전(伴性遺傳) sex-linked inheritance
반성유전병(伴性遺傳病) sex-linked disease
반성유전자(伴性遺傳子) sex-linked gene
반송풍냉동기(半送風冷凍機) semi-airblast freezer
반수종양생성량(半數腫瘍生成量) tumorigenic dose for 50% test animals, TD_{50}
반수체(半數體) haploid
반수체세포(半數體細胞) haploid cell
반수치사량(半數致死量) median lethal dose, LD_{50}
반숙달걀 semi-cooked egg
반연속냉동건조(半連續冷凍乾燥) semicontinuous freeze drying
반연속추출기(半連續抽出器) semicontinuous extractor
반연질치즈 semisoft cheese
반왜성(半矮性) semidwarf
반유동체(半流動體) semifluid
반응(反應) reaction
반응경로(反應經路) reaction path
반응계(反應系) reactive system
반응기(反應器) reactor
반응기구(反應器具) reaction equipment
반응메커니즘 reaction mechanism
반응물질(反應物質) reactant
반응생성물(反應生成物) reaction product
반응성(反應性) reactivity
반응속도(反應速度) reaction rate
반응속도결정단계(反應速度決定段階) reaction rate determining step
반응속도론(反應速度論) reaction kinetics
반응속도상수(反應速度常數) reaction rate constant
반응속도식(反應速度式) rcaction rate equation
반응시간(反應時間) reaction time
반응식(反應式) reaction equation
반응엔탈피 reaction enthalpy
반응열(反應熱) heat of reaction
반응저혈당(反應低血糖) reactive hypoglycemia
반응중간물질(反應中間物質) reaction intermediate
반응차수(反應次數) reaction order
반응탑(反應塔) reaction tower
반응표면분석법(反應表面分析法) response surface methodology
반자낭균강(半子囊菌綱) Hemiascomycetes
반자낭균아강(半子囊菌亞綱) Hemiascomycetae
반자낭홀씨 hemiascospore
반점버터 specked butter
반제품(半製品) semi-processed food
반죽 dough
반죽기 kneader
반죽리올로지 dough rheology
반죽믹서 dough mixer
반죽숙성제 dough maturing agent
반죽스타터법 preferment dough method
반죽시트기 dough sheeter
반죽시험 dough test
반죽점조도 dough consistency
반죽컨디셔너 dough conditioner
반죽팽창력 dough raising power
반죽형성 dough development
반죽형성시간 dough development time
반죽혼합성질 dough mixing property
반지름 radius
반쪽반응 half reaction
반쪽반응식 half reaction equation
반쪽전지 half cell
반찬 banchan
반코마이신 vancomycin
반코마이신내성창자알세균 vancomycin-resistant enterococci, VRE
반코마이신내성황색포도알세균 vancomycin-resistant *Staphylococcus aureus*, VRSA
반탈지우유(半脫脂牛乳) semi-skimmed milk
반탈지치즈 half fat cheese
반투과성(半透過性) semipermeability
반투막(半透膜) semipermeable membrane
반투명(半透明) translucence
반투명성(半透明性) translucency
반투명체(半透明體) translucent body
반합성배지(半合成培地) semisynthetic medium
반향류추출(半向流抽出) semi-countercurrent extraction
받개 acceptor
받개 receptor
받침유리 slide glass
발 foot

발골(發骨) deboning
발골기(發骨器) deboner
발광(發光) luminescence
발광기관(發光器官) luminous organ
발광단백질(發光蛋白質) photoprotein
발광동물(發光動物) luminous animal
발광세균(發光細菌) photogenic bacterium
발광식물(發光植物) luminous plant, photogenic plant
발광원(發光源) photogen
발광측정기(發光測定器) luminometer
발근(發根) rooting
발근율(發根率) rooting percentage
발달(發達) development
발라디 balady
발레르산 valeric acid
발레르알데하이드 valeraldehyde
발레리안 valerian, *Valeriana officinalis* L. 마타릿과
발렌시아오렌지 Valencia orange
발로리미터값 valorimeter value
발린 valine
발병력(發病歷) virulence
발병률(發病率) attack rate
발병인자(發病因子) virulence factor
발삼 balsam
발삼나무 balsam fir, north American fir, *Abies balsamea* (L.) Mill. 소나뭇과
발삼식초 balsamic vinegar
발색(發色) color formation, color fixation
발색단(發色團) chromophore
발색반응(發色反應) color reaction
발색제(發色劑) color fixing agent
발색촉진제(發色促進劑) cure accelerator
발생(發生) development
발생건수(發生件數) number of outbreak
발생공학(發生工學) development engineering
발생률(發生率) incidence rate
발생빈도(發生頻度) incidence
발생생물학(發生生物學) developmental biology
발생생물학자(發生生物學者) developmental biologist
발생학(發生學) embryology
발생학자(發生學者) embryologist
발아(發芽) germination
발아(發芽) sprouting
발아(發芽) budding
발아기(發芽機) germinator
발아력(發芽力) germination power, germinability
발아시험(發芽試驗) germination test
발아억제(發芽抑制) inhibition of sprouting
발아억제물질(發芽抑制物質) germination inhibitor
발아온도(發芽溫度) germination temperature
발아율(發芽率) germination percentage, percent germination
발아촉진물질(發芽促進物質) germination promotor
발아콩 sprouted bean
발아현미(發芽玄米) sprouted brown rice
발암(發癌) carcinogenesis
발암물질(發癌物質) carcinogen
발암성(發癌性) carcinogenicity
발암시험(發癌試驗) carcinogenicity test
발암억제물질(發癌抑制物質) anticarcinogen
발암억제성(發癌抑制性) anticarcinogenicity
발연점(發煙點) smoke point
발연질산(發煙窒酸) fuming nitric acid
발연황산(發煙黃酸) fuming sulfuric acid
발열(發熱) pyrexia
발열반응(發熱反應) exothermic reaction
발열세균(發熱細菌) thermal bacterium
발열원(發熱原) pyrogen
발열체(發熱體) exothermic material
발육(發育) development
발육란(發育卵) embryonated egg
발작(發作) attack, seizure
발정기(發情期) estrus
발진티푸스 typhus, typhus fever
발췌검사(拔萃檢查) sampling inspection
발톱 toenail
발트호프발효기 Waldhof fermentor
발포음료(發泡飮料) sparkling beverage
발포포도주(發泡葡萄酒) sparkling wine
발포포도주제조(發泡葡萄酒製造) sparkling winemaking
발포플라스틱 foamed plastic
발현(發現) expression

발현벡터 expression vector
발현유전자단편(發現遺傳子斷片) expressed sequence tag
발화열(發火熱) ignition heat
발화온도(發火溫度) ignition temperature
발화점(發火點) ignition point
발효(醱酵) fermentation
발효가공(醱酵加工) fermentation processing
발효공업(醱酵工業) fermentation industry
발효공정(醱酵工程) fermentation process
발효기술(醱酵技術) fermentation technology
발효낙농제품(醱酵酪農製品) fermented dairy product
발효당(醱酵糖) fermentable sugar
발효도(醱酵度) degree of fermentation
발효두부(醱酵豆腐) fermented soybean curd
발효력(醱酵力) fermentation power
발효물고기 fermented fish
발효미생물학(醱酵微生物學) fermentation microbiology
발효버터밀크 cultured buttermilk
발효빵 fermented bread
발효사료(醱酵飼料) fermented feed
발효성(醱酵性) fermentability
발효소시지 fermented sausage
발효속도(醱酵速度) fermentation rate
발효시간(醱酵時間) fermentation time
발효시험(醱酵試驗) fermentation test
발효식초(醱酵食醋) fermented vinegar
발효식품(醱酵食品) fermented food
발효실(醱酵室) fermentation room
발효양념 fermented seasoning
발효열(醱酵熱) fermentation heat
발효우유(醱酵牛乳) fermented milk
발효음료(醱酵飮料) fermented beverage
발효우유가공품(醱酵牛乳加工品) fermented milk product
발효제(醱酵劑) ferment
발효제품(醱酵製品) fermented product
발효조(醱酵槽) fermentor
발효조절물질(醱酵調節物質) fermentation regulating agent
발효차(醱酵茶) fermented tea
발효채소(醱酵菜蔬) fermented vegetable
발효콩 fermented bean
발효크림 cultured cream
발효햄 fermented ham
발효효율(醱酵效率) fermentation efficiency
밝기 brightness
밝기대조 brightness contrast
밝은띠 isotropic band
밤 chestnut
밤나무 Japanese chestnut, *Castanea crenata* Siebold & Zucc. 참나뭇과
밤나무(미국계) American chestnut, *Castanea dentata* (Marsh.) Borkh. 참나뭇과
밤나무(유럽계) sweet chestnut, Spanish chestnut, *Castanea sativa* Mill. 참나뭇과
밤나무(중국계) Chinese chestnut, *Castanea mollissima* Blume 참나뭇과
밤바라땅콩 bambara groundnut, *Vigna subterranea* (L.) Verdc. 콩과
밤버섯 St. George's mushroom, *Calocybe gambosa* (Fr.) Donk 만가닥버섯과
밤버섯속 *Calocybe*
밤빛쌀도둑 red flour beetle, *Tribolium castaneum* (Herbst, 1797) 거저릿과
밤초 bamcho
밤콩 brown soybean
밥 bap
밥맛 eating quality of bap
밥밑콩 bapmitkong
방가지똥 common sowthistle, sow thistle, *Sonchus oleraceus* L. 국화과
방가지똥속 *Sonchus*
방게 three-spined shore crab, *Helice tridens* (De Haan, 1835) 바위겟과
방광(膀胱) urinary bladder
방광돌 bladder stone
방광암(膀胱癌) bladder cancer
방광염(膀胱炎) cystitis
방류수(放流水) effluent water
방사(紡絲) spinning
방사능(放射能) radioactivity
방사능낙진(放射能落塵) fallout
방사능반감기(放射能半減期) radioactive halflife
방사능비 radioactive rain
방사능에너지 radioactive energy

방사능연대측정법(放射能年代測定法) radioactive dating, radiometric dating
방사능오염(放射能汚染) radioactive contamination
방사면역분석시험(放射免疫分析試驗) radioimmunoassay
방사무늬김 bangsamuni gim, *Porphyra yezoensis* Ueda 보라털과
방사법(放射法) radiation method
방사분광분석법(放射分光分析法) radiation spectroscopic analysis
방사선(放射線) radiation
방사선감수성(放射線感受性) radiosensitivity
방사선검사(放射線檢査) radiologic examination
방사선과학(放射線科學) radiology
방사선량(放射線量) radiation dosage
방사선량계(放射線量計) dosimeter
방사선량측정법(放射線量測定法) dosimetry
방사선병리학(放射線病理學) radiation pathology
방사선병원균살균(放射線病原菌殺菌) radicidation
방사선보존(放射線保存) irradiation preservation
방사선부분살균(放射線部分殺菌) radurization
방사선분해(放射線分解) radiolysis
방사선사진(放射線寫眞) radiograph
방사선살균(放射線殺菌) radiosterilization
방사선살균법(放射線殺菌法) radiosterilization
방사선살충(放射線殺蟲) disinfestation by irradiation
방사선생물학(放射線生物學) radiobiology
방사선소독(放射線消毒) disinfection by irradiation
방사선완전살균(放射線完全殺菌) radappertization
방사선유발돌연변이(放射線誘發突然變異) radiation-induced mutation
방사선유발암(放射線誘發癌) radiation-induced cancer
방사선유전학(放射線遺傳學) radiation genetics
방사선육종(放射線育種) radiation breeding
방사선이용저장(放射線利用貯藏) radiation preservation
방사선자동사진법(放射線自動寫眞法) autoradiography
방사선조사(放射線照射) irradiation
방사선조사선량(放射線照射線量) irradiation dose
방사선조사식품(放射線照射食品) irradiated food
방사선조사이취(放射線照射異臭) irradiation off-flavor
방사선종양학과(放射線腫瘍學科) radiation oncology
방사선치료(放射線治療) radiotherapy, radiation therapy
방사선치료법(放射線治療法) radiation therapy
방사선투과시험(放射線透過試驗) radiographic testing
방사선조사폴리에틸렌 irradiated polyethylene
방사선흡수선량(放射線吸收線量) radiation absorbed dose
방사성낙진(放射性落塵) radioactive fallout
방사성동위원소(放射性同位元素) radioisotope, radioactive isotope
방사성물질(放射性物質) radioactive material
방사성원소(放射性元素) radioactive element, radioelement
방사성추적자(放射性追跡子) radiotracer
방사성탄소(放射性炭素) radioactive carbon
방사성탄소연대측정법(放射性炭素年代測定法) radiocarbon dating
방사성폐기물(放射性廢棄物) radioactive waste
방사성핵종(放射性核種) radionuclide
방사측정(放射測定) radioassay
방사측정법(放射測定法) radioassay
방사학(放射學) actinology
방사화분석(放射化分析) radioactivation analysis
방사화학(放射化學) radiochemistry
방사화학분석(放射化學分析) radiochemical analysis
방선세균(放線細菌) actinomyces
방선세균과(放線細菌科) Actinomycetaceae
방선세균류(放線細菌類) actinomycetes
방선세균목(放線細菌目) Actinomycetales
방선세균문(放線細菌門) Actinobacteria
방선세균속(放線細菌屬) *Actinomyces*
방선세균증(放線細菌症) actinomycosis
방습셀로판 moisture proof cellophane
방습포장(防濕包裝) moisture proof package
방아풀 bangapul, *Isodon japonicus* (Burm.) Hara 꿀풀과
방어(魴魚) Japanese amberjack, yellowtail, *Seriola quinqueradiata* Temminck & Schlegel, 1845 전갱잇과
방역(防疫) prevention of epidemics

방울다다기양배추 Brussels sprouts, *Brassica oleracea* L. var. *gemmifera* DC. 십자화과
방울토마토 cherry tomato, *Solanum lycopersicum* var. *cerasiforme* (Dunal) Spooner, G. J. Anderson & R. K. Jansen 가짓과
방정식(方程式) equation
방제(防除) control
방청제(防錆劑) rust preventives, anti-rust additive
방추사(紡錘絲) spindle fiber
방추체(紡錘體) spindle body
방출(放出) emission
방출분광법(放出分光法) emission spectroscopy
방출스펙트럼 emission spectrum
방충망(防蟲網) insect-proof net
방충포장(防蟲包裝) insect-proof packaging
방풍(防風) bangpung, *Ledebouriella seseloides* (Hoffm.) Wolff 산형과
방풍죽 bangpungjuk
방향(芳香) fragrance
방향(芳香) aroma
방향농축액(芳香濃縮液) aroma concentrate
방향물질(芳香物質) aromatic substance
방향성(芳香性) aromaticity
방향식물(芳香植物) aromatic plant
방향유(芳香油) essential oil
방향족(芳香族) aromatic
방향족고리 aromatic ring
방향족산(芳香族酸) aromatic acid
방향족아미노산 aromatic amino acid
방향족알데하이드 aromatic aldehyde
방향족알코올 aromatic alcohol
방향족카복실산 aromatic carboxylic acid
방향족탄화수소(芳香族炭化水素) aromatic hydrocarbon
방향족화합물(芳香族化合物) aromatic compound
방향차이식별검사(芳香差異識別檢査) aroma difference test
방향포도주(芳香葡萄酒) aromatized wine
방향화(芳香化) aromatization
방향화합물(芳香化合物) aroma compound
방혈(放血) bleeding
밭벼 upland rice
밭작물 upland crop
밭토양 upland soil
배 abdomen
배 pear
배관(配管) piping
배근육 abdominal muscle
배기(排氣) exhaustion
배기가스 exhaust gas
배기관(排氣管) exhaust pipe
배기밸브 exhaust valve
배기함(排氣函) exhaust box
배기펌프 exhaust pump
배꼽썩음병 blossom end rot
배꼽열매 pome fruit
배나무 pear tree
배나무속 *Pyrus*
배대동맥 abdominal aorta
배란(排卵) ovulation
배란기(排卵期) ovulation phase
배란주기(排卵週期) ovulation cycle
배럴 barrel
배럴압착기 barrel press
배럴재킷 barrel jacket
배반(胚盤) scutellum
배브콕법 Babcok method
배설(排泄) excretion
배설계통(排泄系統) excretory system
배설기관(排泄器官) excretory organ
배설작용(排泄作用) excretory activity
배수(排水) drain
배수밸브 drain valve
배수비례법칙(倍數比例法則) law of multiple proportions
배수펌프 drain pump
배스 bass
배아(胚芽) germ
배아기(胚芽期) embryonic stage
배아기름 germ oil
배아기름식품 germ oil food
배아분리기(胚芽分離機) degerminator
배아식품(胚芽食品) germ food
배아줄기세포 embryonic stem cell
배안 abdominal cavity
배양(培養) culture

배양(培養) incubation
배양공정(培養工程) culture process
배양기(培養器) incubator
배양기간(培養期間) incubation period
배양세포(培養細胞) cultured cell
배양실(培養室) incubation room
배양효모(培養酵母) culture yeast
배열(配列) configuration
배엽(胚葉) germinal layer
배위결합(配位結合) coordination bond
배위공유결합(配位共有結合) coordinate covalent bond
배위수(配位數) coordination number
배위화합물(配位化合物) coordination compound
배율(倍率) magnification
배젖 endosperm
배젖버섯 weeping milk cap, voluminous-latex milky, *Lactarius volemus* (Fr.) Fr. 무당버섯과
배주스 pear juice
배지(培地) medium, culture medium
배초향(排草香) Korean mint, wrinkled giant hyssop, *Agastache rugosa* (Fisch. & Mey) Kuntze 꿀풀과
배초향속 *Agastache*
배추 baechu, *Brassica campestris* L. ssp. *pekinensis* (Lour.) Rupr. 십자화과
배추김치 baechukimchi
배추속 *Brassica*
배추속씨 *Brassica* seed
배추속채소 *Brassica* vegetables
배축(胚軸) embryonal axis
배출구(排出口) discharge slot
배출농도(排出濃度) discharge concentration
배출농도규제(排出濃度規制) regulation of discharge concentration
배출밸브 discharge valve
배출손실(排出損失) exit loss
배출액(排出液) effluent
배치공정 batch process
배치냉동기 batch freezer
배치믹서 batch mixer
배치반응기 batch reactor
배치발효 batch fermentation
배치배양 batch culture
배치법 batch method
배치살균기 batch sterilizer
배치선반건조기 batch tray dryer
배치식 batch type
배치정류 batch rectification
배치추출 batch extraction
배치추출기 batch extractor
배타원리(排他原理) exclusion principle
배터 batter
배합기(配合機) mixing machine
배합비료(配合肥料) mixed fertilizer
배합사료(配合飼料) formula feed
백강균(白殭菌) *Beauveria bassiana*
백강병(白殭病) white muscardine
백강잠(白殭蠶) baeggangjam
백관(白管) plain can
백금(白金) platinum
백금루프 inoculating loop
백금접시 platinum dish
백김치 baekkimchi
백내장(白內障) cataract
백다랑어 longtail tuna, northern bluefin tuna, *Thunnus tonggol* (Bleeker, 1851) 고등엇과
백단향(白檀香) Indian sandalwood, *Santalum album* L. 단향과
백단향방향유(白檀香芳香油) sandalwood oil
백도라지 white bellflower, *Platycodon grandiflorum* for. *albiflorum* (Honda) H. Hara 초롱꽃과
백리향(百里香) common thyme, garden thyme, *Thymus vulgaris* L. 꿀풀과
백리향속(百里香屬) *Thymus*
백립중(百粒重) hundred seed weight
백만분율(百萬分率) parts per million, ppm
백미(白米) milled rice
백미(白味) white taste
백미속 *Cynanchum*
백반(白礬) alum
백본 backbone
백분율(百分率) percentage
백분율농도(百分率濃度) percentage concentration
백삼(白蔘) baeksam

백새치 black marlin, *Makaira indica* (Couvier, 1832) 돛새칫과
백색광(白色光) white light
백설기 baekseolgi
백신 vaccine
백열등(白熱燈) incandescent lamp
백옥분 baekokbun
백일해(百日咳) pertussis
백일해세균(百日咳細菌) *Bordetella pertussis*
백자인(柏子仁) Thujae semen
백주(白酒) baegju
백차(白茶) baegcha
백출(白朮) Atractylodes rhizoma alba
백포도주(白葡萄酒) white wine
백합(百合) lily
백합(百合) Easter lily, *Lilium longiflorum* Thunb. 백합과
백합(白蛤) common oriental clam, *Meretrix lusoria* (Roeding, 1789) 백합과
백합강(百合綱) Liliatae
백합과(百合科) Liliaceae
백합과(白蛤科) Veneridae
백합목(白合目) Liliales
백합목(白蛤目) Veneroida
백합속(百合屬) *Lilium*
백합아강(百合亞綱) Lillidae
백혈구(白血球) white blood cell, leukocyte
백혈구바이러스 leukovirus
백혈구용해(白血球溶解) leucocytolysis
백혈구응집(白血球凝集) leucoagglutinization
백혈병(白血病) leukemia
밴댕이 Japanese sardinella, *Sardinella zunasi* (Bleeker, 1854) 청어과
밴드캡 band cap
밸브 valve
뱀 snake
뱀과 Colubridae
뱀딸기 Indian strawberry, *Duchesnea chrysantha* (Zoll. & Mor.) Miq. 장미과
뱀딸기속 *Duchesnea*
뱀오이 snake gourd, *Trichosanthes cucumerina* var. *anguina* (L.) Haines (= *Trichosanthes anguina* L.) 박과
뱀장어 eel
뱀장어 Japanese eel, *Anguilla japonica* Temminck & Schlegel, 1846 뱀장어과
뱀장어과 Anguillidae
뱀장어기름 eel oil
뱀장어목 Anguilliformes
뱅드샹파뉴 vin de Champagne
뱅어 Jaspanese icefish, *Salangichthys microdon* (Bleeker, 1860) 뱅엇과
뱅어류 noodlefish
뱅어포 baengeopo
뱅엇과 Salangidae
버거 burger
버개스 bagasse
버드나무 willow, *Salix koreensis* Andersson 버드나뭇과
버드나무목 Salicales
버드나뭇과 Salicaceae
버밍햄선게이지 Birmingham Wire Gauge
버번위스키 Bourbon whisky
버섯 mushroom
버섯균사체 mushroom mycelium
버섯독 mushroom poison
버섯알코올 mushroom alcohol
버섯통조림 canned mushroom
버지니아마이신 virginiamycin
버지니아딸기 virginia strawberry, *Fragaria virginiana* Duchesne 장미과
버진올리브기름 virgin olive oil
버찌 cherry
버찌주스 cherry juice
버크셔 Berkshire
버클관 buckled can
버클링 buckling
버킷 bucket
버킷엘리베이터 bucket elevator
버킷착유기 bucket milking machine
버킷컨베이어 bucket conveyor
버터 butter
버터가루 butter powder
버터균질기 butter homogenizer
버터기름 butter oil
버터나이프 butter knife
버터너트 butternut, white walnut, *Juglans cinerea* L. 가래나뭇과

버터대용물 butter substitute
버터대합 butter clam, *Saxidomus giganteus* (Deshayes, 1839) 백합과
버터롤 butter roll
버터린 butterine
버터밀크 buttermilk
버터버섯속 *Rhodocollybia*
버터빈 butter bean
버터색소 butter color
버터스카치 butterscotch
버터스타터 butter starter
버터스프레드 butter spread
버터알갱이 butter grain, butter granule
버터애기버섯 buttery collibia, *Rhodocollybia butyracea* (Bull.:Fr.) Lennox 낙엽버섯과
버터오일 butter oil
버터제조 buttermaking
버터지방 butterfat
버터차 butter tea
버터천 butter churn
버터컵스쿼시 buttercup squash
버터케이크 butter cake
버터크림 buttercream
버터포장지 butter parchment paper
버터플라이밸브 butterfly valve
버팀물질 supporting material
버팀세포 supporting cell
버팀조직 supporting tissue
버펄로호박 buffalo gourd, *Cucurbita foetidissima* Kunth 박과
번 bun
번데기 pupa
번식(繁殖) propagation
번역(飜譯) translation
번역억제단백질(飜譯抑制蛋白質) translation inhibitory protein
번역종결코돈 translation termination codon
번역틀이동 reading-frame shift
번철 beoncheol
번행초(蕃杏草) New Zealand spinach, *Tetragonia tetragonoides* (Pallos) Kuntze 석류풀과
벌구르 bulgur
벌독소 apitoxin
벌레 worm
벌류트펌프 volute pump
벌사상자 monnier's snowparsley, *Cnidium monnieri* (L.) Cusson 산형과
벌집 honeycomb
벌집구조 honeycomb structure
벌집위 honeycomb stomach
벌크건조기 bulk dryer
벌크발효 bulk fermentation
벌크스타터배양 bulk starter culture
벌크저장 bulk storage
벌크컨테이너 bulk container
범벅 beombeok
범위(範圍) range
범의귀목 Saxifragales
범의귀아목 Saxigragineae
범의귓과 Saxifragaceae
법랑(琺瑯) porcelain enamel
법랑용기(琺瑯容器) porcelain enamel ware
법정감염병(法定感染病) nationally notifiable communicable diseases
법정복리후생(法定福利厚生) legally required fringe benefits
법주(法酒) beopju
벗풀 arrowhead, *Sagittaria trifolia* L. 택사과
벙커시유 bunker C fuel
벚꽃버섯과 Hygrophoraceae
벚꽃버섯속 *Hygrophorus*
벚나무 oriental cherry, *Prunus serrulata* Lindl. var. *spontanea* Max. 장미과
벚나무속 *Prunus*
베가모트방향유 bergamot oil
베가모트오렌지 bergamot orange, *Citrus bergamia* (Risso) Wright & Arn. 운향과
베갑텐 bergapten
베고니아과 Begoniaceae
베네딕트반응 Benedict reaction
베네딕트시험 Benedict's test
베네딕트용액 Benedict's solution
베네루핀 venerupin
베노니아기름 vernonia oil
베노밀 benomyl
베놀산 vernolic acid
베도라치 tidepool gunnel, *Pholis nebulosa*

(Temminck & Schlegel, 1845) 황줄베도라칫과
베라트릴알코올 veratryl alcohol
베레루피스속 *Venerupis*
베로독소 verotoxin
베로세포독소 verocytotoxin
베루코시딘 verrucosidin
베루쿨로겐 verruculogen
베르노니아속 *Vernonia*
베르누이방정식 Bernouilli equation
베르누이정리 Bernouilli theorem
배르니케-코르사코프증후군 Wernicke-Korsakoff syndrome
베르열매 ber fruit
베르트랑법 Bertrand method
베르티실륨속 *Verticillium*
베르흐카제치즈 Bergkaese cheese
베리 berry
베리류 berries
베리류색소 berries color
베리주스 berry juice
베릴륨 beryllium
베무트 vermouth
베미첼리 vermicelli
베바스코스 verbascose
베샤멜소스 bechamel sauce
베시콜로린 versicolorin
베어베리 bearberry, *Arctostaphylos uva-ursi* (L.) Spreng 진달랫과
베오베리신 beauvericin
베이글 bagel
베이비콘 baby corn
베이스팅 basting
베이커리 bakery
베이커리제품 bakery product
베이커리제품믹스 bakery product mix
베이커리첨가제 bakery additive
베이컨 bacon
베이컨돼지 bacon pig
베이컨버거 bacon burger
베이컨빗 bacon comb
베이컨에그 bacon and eggs
베일로넬라과 Veillonellaceae
베일로넬라속 *Veillonella*
베타갈락토시데이스 β-galactosidase
베타결합 β-bond
베타구조 β-structure
베타글루칸가수분해효소 β-glucanase
베타글루칸 β-glucan
베타글루코마난 β-glucomannan
베타글루코시데이스 β-glucosidase
베타글루쿠로니데이스 β-glucuronidase
베타글리코시데이스 β-glycosidase
베타니딘 betanidin
베타닌 betanin
베타디-포도당 β-D-glucose
베타디-프럭토피라노스 β-D-fructopyranose
베타락타메이스 β-lactamase
베타락탐항생물질 β-lactam antibiotic
베타락토글로불린 β-lactoglobulin
베타레인 betalain
베타마노시데이스 β-mannosidase
베타병풍구조 β-pleated sheet
베타붕괴 β-decay
베타사이아닌 β-cyanin
베타사이클로덱스트린 β-cyclodextrin
베타산 β-acid
베타산화 β-oxidation
베타선 β-ray
베타세포 β-cell
베타시토스테롤 β-sitosterol
베타아드레날린작용약 β-adrenergic agonist
베타아미노산 β-amino acid
베타아밀레이스 β-amylase
베타아포-8'-카로텐알 β-apo-8'-carotenal
베타이오논 β-ionone
베타입자 β-particle
베타자일로시데이스 β-xylosidase
베타잔틴 betaxanthin
베타카로텐 β-carotene
베타카로텐식품 β-carotene food
베타카볼린 β-carboline
베타카세인 β-casein
베타카소모르핀 β-casomorphin
베타케라틴 β-keratin
베타코쿠스속 *Betacoccus*
베타콘글리시닌 β-conglycinin
베타크립토잔틴 β-cryptoxanthin

베타프럭토퓨라노시데이스 β-fructofuranosidase
베타필로퀴논 β-phylloquinone
베타한계텍스트린 β-limit dextrin
베테인 betaine
베텔 betel, *Piper betle* L. 후춧과
베텔잎 betel leaf
베트남고수 Vietnamese coriander, Vietnamese mint, *Persicaria odorata* (Lour.) Soják 마디풀과
베트남인삼 Vietnamese ginseng, *Panax vietnamensis* Ha & Grushv. 두릅나뭇과
베헨산 behenic acid
벡터 vector
벤기름 ben oil
벤잘아세토페논 benzalacetophenone
벤젠 benzene
벤젠고리 benzene ring
벤젠싸이올 benzenethiol
벤젠아세트산 benzeneacetic acid
벤젠-1,3-다이올 benzene-1,3-diol
벤젠카복실산 benzene carboxylic acid
벤젠핵 benzene nucleus
벤젠헥사클로라이드 benzene hexachloride
벤조나이트릴 benzonitrile
벤조산 benzoic acid
벤조산메틸 methyl benzoate
벤조산소듐 sodium benzoate
벤조산칼슘 calcium benzoate
벤조산포타슘 potassium benzoate
벤조싸이아졸 benzothiazole
벤조에이트 benzoate
벤조일 benzoyl
벤조일아미노아세트산 benzoylamino acetic acid
벤조퀴논 benzoquinone
벤조페논 benzophenone
벤조피렌 benzo[a]pyrene
벤졸 benzol
벤즈아미노아세트산 benzamino acetic acid
벤즈알데하이드 benzaldehyde
벤즈이미다졸 benzimidazole
벤즈이미다졸살진균제 benzimidazole fungicide
벤지딘 benzidine
벤질 benzyl
벤질기 benzyl group
벤질아데닌 benzyladenine
벤질알코올 benzyl alcohol
벤질페니실린 benzylpenicillin
벤치마크량 benchmark dose, BMD
벤치마킹 benchmarking
벤타존 bentazone
벤토나이트 bentonite
벨 bael, Bengal quince, *Aegle marmelos* (L.) Corrêa 운향과
벨루가 beluga, European sturgeon, *Huso huso* (Linnaeus, 1758) 철갑상엇과
벨루가캐비아 beluga caviar
벨리햄 belly ham
벨벳콩 velvet bean, *Mucuna pruriens* (L.) DC. 콩과
벨트건조 belt drying
벨트건조기 belt dryer
벨트건조법 belt drying method
벨트공급기 belt feeder
벨트냉동기 belt freezer
벨트드라이브 belt drive
벨트착즙기 belt juice extractor
벨트컨베이어 belt conveyer
벨페퍼 bell pepper
벼 rice, Asian rice, *Oryza sativa* L. 볏과
벼 husked rice, rough rice
벼메뚜기 rice hopper, *Oxya chinensis sinuosa* Mistshenko, 1951 메뚜깃과
벼목 Poales, Graminales
벼속 *Oryza*
벼저장 husked rice storage
벽돌차 brick tea
벽세포 parietal cell
벽오동과(碧梧桐科) Sterculiaceae
벽향주(碧香酒) byeokhyangju
변경유전자(變更遺傳子) modifier gene
변광회전(變光回轉) mutarotation
변동계수(變動係數) coefficient of variation
변동메뉴 changing menu
변비(便秘) constipation
변색(變色) discoloration
변성(變性) denaturation
변성녹말(變性綠末) modified starch

변성단백질(變性蛋白質) denatured protein
변성독소(變性毒素) toxoid
변성알코올 denatured alcohol
변성제(變性劑) denaturant, denaturing agent
변성홉추출물 modified hop extract
변수(變數) variable
변압기(變壓器) transformer
변온동물(變溫動物) poikilotherm
변이(變異) variation
변이계수(變異係數) coefficient of variability
변이성(變異性) variability
변이체(變異體) variant
변종(變種) variety
변질(變質) deterioration
변질(變質) spoilage
변질미생물(變質微生物) spoilage microorganism
변질세균(變質細菌) spoilage bacterium
변질시작단계(變質始作段階) initial stage of spoilage
변질쌀 spoiled rice
변질효모(變質酵母) spoilage yeast
변형(變形) deformation
변형과일 deformed fruit
변형력(變形力) stress
변형력스트레인곡선 stress strain curve
변형력완화(變形力緩和) stress relaxation
변형력완화시간(變形力緩和時間) stress relaxation time
변형체(變形體) plasmodium
변형캔 deformed can
변환기(變換機) transducer
별꽃 chickweed, *Stellaria media* (L.) Vill. 석죽과
별꽃속 *Stellaria*
별미(別味) delicacy
별성대 spotted armoured-gurnard, *Satyrichthys rieffeli* (Kaup, 1859) 성댓과
볏과 Poaceae, Gramineae
볏과작물 gramineous crop
볏짚버섯 straw mushroom, *Agrocybe praecox* (Pers.) Fayod 소똥버섯과
볏짚버섯속 *Agrocybe*
병(甁) bottle
병(病) disease
병검사기(甁檢査器) bottle inspector
병꽃풀 ground-ivy, *Glechoma hederacea* L. 꿀풀과
병력(病歷) case history
병류(竝流) concurrent flow
병리과(病理科) department of pathology
병리학(病理學) pathology
병리학자(病理學者) pathologist
병마개 bottle cap
병목효과 bottleneck effect
병세척기(甁洗滌機) bottle washer
병어 silver pomfret, *Pampus argenteus* (Euphrasen, 1788) 병엇과
병엇과 Stromateidae
병용경로(竝用經路) amphibolic pathway
병원급식(病院給食) hospital feeding
병원대장균(病原大腸菌) pathogenic *Escherichia coli*
병원미생물(病原微生物) pathogenic microorganism
병원미생물학(病原微生物學) pathogenic microbiology
병원생물(病原生物) pathotype
병원성(病原性) pathogenicity
병원세균(病原細菌) pathogenic bacterium
병원우유(病原牛乳) pathogenic milk
병원진균(病原眞菌) pathogenic fungus
병원식사(病院食事) hospital diet
병원체(病原體) pathogen
병인(病因) etiology
병인학(病因學) etiology
병입(甁入) bottling
병조림 bottling
병조림 bottled food
병조림기 bottling machine
병조림저온살균 in-bottle pasteurization
병충전기(甁充塡機) bottle filler
병충해(病蟲害) damage by disease and insect pest
병태영양학(病態營養學) pathological nutrition
병풍구조 pleated sheet structure
병풍쌈 byeongpungssam, *Cacalia firma* Kom. 국화과
병해(病害) damage by disease
병해충(病害蟲) disease and insect pest

병해충방제(病害蟲防除) disease and insect pest control
병해충종합관리(病害蟲綜合管理) integrated pest management
병행복발효(竝行複醱酵) simultaneous saccharification and alcohol fermentation
병행흐름 parallel flow
볕에탐 sunburn
보건관리(保健管理) health care
보건교육(保健敎育) health education
보건물리학(保健物理學) health physics
보건복지(保健福祉) health and welfare
보건복지부(保健福祉部) Ministry of Health and Welfare
보건소(保健所) health center
보건정책(保健政策) health policy
보건행정(保健行政) health administration
보결분자단(補缺分子團) prosthetic group
보고유전자(報告遺傳子) reporter gene
보구치 white croaker, *Argyrosomus argentatus* (Houttyn, 1782) 민어과
보균자(保菌者) carrier
보니토 bonito
보드카 vodka
보디훅 body hook
보디훅길이 body hook length
보라버섯 *Russula subdepallens* Peck
보라털강 Bangiophyceae
보라털목 Bangiales
보라털속 *Bangia*
보라털아강 Bangiophycidae
보라털아과 Bangioideae
보레이트 borate
보레인 borane
보르네오지방질 borneo tallow
보르네올 borneol
보르도액 Bordeaux mixture
보르도포도주 Bordeaux wine
보리 barley, *Hordeum vulgare* L. 볏과
보리고래 sei whale, *Balaenoptera borealis* Lesson, 1828 수염고랫과
보리고지 barley koji
보리녹말 barley starch
보리미숫가루 parched barley powder
보리새우 kuruma prawn, *Marsupenaeus japonicus* (Spence Bate, 1885) 보리새웃과
보리새웃과 Penaeidae
보리수나무 autumn elaeagnus, autumn olive, *Elaeagnus umbellata* Thunb. 보리수나뭇과
보리수나무목 Elaeagnales
보리수나무속 *Elaeagnus*
보리수나뭇과 Elaeagnaceae
보리식품섬유 barley dietary fiber
보리쌀 pearled barley
보리엿기름 barley malt
보리지 borage, *Borago officinalis* L. 지칫과
보리지기름 borage oil
보리차 boricha
보릿가루 barley flour
보릿잎농축물 barley leaf concentrate
보메 Baumé
보메도 Baumé degree
보메비중계 Baume hydrometer
보색(補色) complementary color
보색광(補色光) complementary light
보세위스키 bonded whisky
보수력(保水力) water-holding capacity
보스웰리아속 *Boswellia*
보스웰산 boswellic acid
보스윅컨시스토미터 Bostwick consistometer
보쌈 bossam
보쌈김치 bossamkimchi
보온고(保溫庫) food warming cabinet
보온병(保溫甁) vacuum bottle
보온살균(保溫殺菌) holding pasteurization
보온살균법(保溫殺菌法) holding pasteurization method
보온저장(保溫貯藏) storage by heat insulation
보우만-버크억제제 Bowman-Birk inhibitor
보우만주머니 Bowman's capsule
보은대추나무 Boeun jujube, *Zizyphus jujuba* var. *hoonensis* (T. H. Chung) T. B. Lee 갈매나뭇과
보이디이질세균 *Shigella boydii*
보이젠베리 boysenberry, *Rubus ursinus* × *R. idaeus* 장미과
보이차(普洱茶) Puerh tea

보일드통조림 boiled can
보일러 boiler
보일법칙 Boyle's law
보일-샤를법칙 Boyle-Charles' law
보일인파우치 boil in pouch
보자 boza
보정(補正) calibration
보정계수(補正係數) correction factor
보정선(補正線) calibration curve
보조라이페이스 colipase
보조색소(補助色素) accessory pigment
보조인자(補助因子) cofactor
보조제(補助劑) adjuvant
보조효소(補助酵素) coenzyme
보조효소아르 coenzyme R
보조효소에이 coenzyme A
보조효소큐 coenzyme Q
보조효소큐텐 coenzyme Q10
보족유전자(補足遺傳子) complementary gene
보존(保存) preservation
보존균주(保存菌株) stock culture
보존료(保存料) preservative
보존미생물(保存微生物) stock microorganism
보존배지(保存培地) maintenance medium
보존법칙(保存法則) conservation law
보존성(保存性) preservative quality
보존시험(保存試驗) preservation test
보존음식(保存飮食) preserved food
보존치료(保存治療) conservative treatment
보증우유(保證牛乳) certified milk
보충(補充) supplement
보충식품(補充食品) supplementary food
보충식사프로그램 supplementary feeding program, SFP
보테이터 votator
보테이터열교환기 votator heat exchanger
보통량분석(普通量分析) macroanalysis
보통쇠고기 standard
보통염색체(普通染色體) autosome
보통음식(普通飮食) normal diet
보툴로톡신 botulotoxin
보툴리누스 botulinus
보툴리누스독소 botulinus toxin
보툴리누스세균 *Clostridium botulinum*
보툴리누스중독 botulism
보툴리눔 botulinum
보툴리스모톡신 botulismotoxin
보툴린 botulin
보트리오스파에리아과 Botryosphaeriaceae
보트리티스속 *Botrytis*
보푸라기 bopuragi
보풀속 *Sagittaria*
보호배양(保護培養) nurse culture
보호살진균제(保護殺眞菌劑) protective fungicide
보호작용(保護作用) protective action
보호콜로이드 protective colloid
복강병(腹腔病) celiac disease
복굴절(複屈折) birefringence
복굴절소실온도(複屈折消失溫度) birefringence end point temperature
복귀돌연변이(復歸突然變異) back mutation, reverse mutation
복귀유전자(復歸遺傳子) revertant
복대립유전자(複對立遺傳子) multiple allele
복령(茯苓) hoelen, *Wolfiporia cocos* (Schw.) Kyu & Glbn. 구멍장이버섯과
복리후생(福利厚生) fringe benefit
복막(腹膜) peritoneum
복막염(腹膜炎) peritonitis
복막투석(腹膜透析) peritoneal dialysis
복발효(複醱酵) saccharification and alcohol fermentation
복발효주(複醱酵酒) saccharified and fermented alcoholic beverage
복부(腹部) ventral side
복부비만(腹部肥滿) abdominal obesity
복분자(覆盆子) bokbunja
복분자딸기 Korean black raspberry, *Rubus coreanus* Miq. 장미과
복분자주(覆盆子酒) bogbunjaju
복분해(複分解) double decomposition
복사(輻射) radiation
복사가열(輻射加熱) radiant heating
복사기(複絲期) diplotene
복사나무 peach tree, *Prunus persica* (L.) Batsch 장미과
복사뼈 talus

복사선(輻射線) radiant ray
복사에너지 radiant energy
복사열(輻射熱) radiant heat
복사열전달(輻射熱傳達) radiation heat transfer
복사원(輻射源) radiant source
복사율(輻射率) emissivity
복사장(輻射場) radiation field
복사측정법(輻射測定法) radiometry
복수(腹水) ascites
복숭아 peach
복숭아넥타 peach nectar
복숭아야자나무 peach-palm, *Bactris gasipaes* Kunth 야자과
복숭아잼 peach jam
복숭아주스 peach juice
복숭아타르트 peach tart
복숭아통조림 canned peach
복숭아펄프 peach pulp
복숭아퓌레 peach puree
복쌈 bokssam
복양법(復釀法) bokyangbeop
복어 pufferfish, globe fish
복어독소 pufferfish toxin
복어매운탕 bokeomaeuntang
복어목 Tetraodontiformes
복어중독 pufferfish poisoning
복염(複鹽) double salt
복원(復元) reconstitution
복원(復元) renaturation
복원(復元) restoration
복원고기제품 reconstituted meat product
복원식품(復元食品) reconstituted food
복원주스 reconstituted juice
복제(複製) replication
복제동물(複製動物) cloned animal
복제효소(複製酵素) replicase
복족강(腹足綱) Gaspropoda
복족류(腹足類) gastropods
복지후생관리(福祉厚生管理) welfare management
복합다당류(複合多糖類) complex polysaccharide
복합단백질(複合蛋白質) conjugated protein
복합막(複合膜) complex membrane
복합맛 multiple taste
복합바이타민 multivitamin
복합배지(複合培地) complex medium
복합분(複合粉) composite flour
복합비료(複合肥料) compound fertilizer
복합에멀션 multiple emulsion
복합지방질(複合脂肪質) compound lipid
복합천 combined churn
복합탄수화물(複合炭水化物) complex carbohydrate
볶은내 roasted odor
볶은땅콩 roasted peanut
볶은밀 roasted wheat
볶은보릿가루 roasted barley flour
볶은식품 roasted food
볶은차 roasted tea
볶은커피 roasted coffee
볶은콩가루 roasted soy flour
볶음 bokkeum
본배양(本培養) main culture
본태고혈압(本態高血壓) essential hypertension
본태과당뇨증(本態果糖尿症) essential fructosuria
본태저혈압(本態低血壓) essential hypotension
볼거리 mumps
볼기 buttocks
볼기살 rump
볼기우럭 silverbelly seaperch, *Malakichthys wakiyae* Jordan & Hubbs, 1925 반딧불게르칫과
볼락 dark-banded rockfish, *Sebastes inermis* Couvier, 1829 양볼락과
볼로냐 Bologna
볼만추출기 Ballmann extractor
볼밀 ball mill
볼바톡신 volvatoxin
볼밸브 ball valve
볼베어링 ball bearing
볼점도계 ball-type viscometer
봄밀 spring wheat
봄열량계 bomb calorimeter
봉봉 bonbon
봉선화(鳳仙花) garden balsam, *Impatiens balsamina* L. 봉선화과
봉선화과(鳳仙花科) Balsaminaceae
봉선화족(鳳仙花族) Balsamineae
봉선화추출물(鳳仙花抽出物) garden balsam extract

봉술(蓬茂) zedoary, *Curcuma zedoaria* (Christm.) Roscoe 생강과
봉우리떡 bonguritteok
봉출(蓬朮) rhizome of zedoary
봉치떡 bongchitteok
봉크레크 bongkrek
봉크레크산 bongkrekic acid
부가가치(附加價値) value added
부가가치세(附加價値稅) value added tax, VAT
부가물배양(附加物培養) adjunct culture
부각 bugak
부갑상샘 parathyroid, parathyroid gland
부갑상샘저하증 hypoparathyroidism
부갑상샘항진증 hyperparathyroidism
부갑상샘호르몬 parathyroid hormone
부고환(副睾丸) epididymis
부교감신경(副交感神經) parasympathetic nerve
부교감신경계통(副交感神經系統) parasympathetic nervous system
부껍질 subshell
부꾸미 bukkumi
부댕 boudin
부동단백질(不凍蛋白質) antifreeze protein
부동액(不凍液) antifreeze
부두 budu
부드러운 soft
부들과 Typhaceae
부들어묵 chikuwa
부등편모(不等鞭毛) heterokontous flagellation
부등편모조식물문(不等鞭毛藻植物門) Heterokontophyta
부라트부르스트 Bratwurst
부럼 bureom
부레(浮囊) air bladder
부레풀 isinglass
부력(浮力) buoyancy
부르고뉴 burgundy
부르세라과 Burceraceae
부르크홀데리아과 Burkholderiaceae
부르크홀데리아 글라디올리 *Burkholderia gladioli*
부르크홀데리아 세파시아 *Burkholderia cepacia*
부르크홀데리아속 *Burkholderia*
부르페 burfee
부분냉동(部分冷凍) partial freezing
부분냉동법(部分冷凍法) partial freezing method
부분선택메뉴 partially selective menu
부분압력(部分壓力) partial pressure
부분응축(部分凝縮) partial condensation
부분후각결여(部分嗅覺缺如) merosmia
부산물(副産物) byproduct
부상(浮上) flotation
부생식물(腐生植物) saprophyte
부서짐성 fracturability
부세(富世) yellow croaker, *Larimichthys crocea* (Richardson, 1846) 민어과
부셸 bushel
부속샘 accessory gland
부스 booth
부스러기 debris
부스러짐 crumbling
부시리 yellowtail amberjack, *Seriola lnlandi* Valenciennes, 1833 전갱잇과
부식(腐蝕) corrosion
부식(腐植) humus
부식(副食) side dish
부식성(腐蝕性) corrosiveness
부신(副腎) adrenal gland
부신겉질 adrenal cortex
부신겉질자극호르몬 adrenocorticotrophic hormone, ACTH
부신겉질호르몬 adrenocortical hormone
부신속질 adrenal medulla
부신속질호르몬 adrenomedullary hormone
부신스테로이드 adrenal steroid
부야베스 bouillabaisse
부영양(富營養) eutrophy
부영양화(富營養化) eutrophication
부욘 bouillon
부유물(浮遊物) floating matter
부유고형물(浮遊固形物) suspended solid
부유분진(浮遊粉塵) airborne dust
부의주(浮蟻酒) buuiju
부적합률(不適合率) violation rate
부정맥(不整脈) arrythmia
부정색소(不正色素) unlawful color additive
부정식품(不正食品) unlawful food
부족강(斧足綱) Pelecypoda

부종(浮腫) edema
부착(附着) adhesion
부착단백질(附着蛋白質) adhesion protein
부착력(附着力) adhesive force
부착방지제(附着防止劑) adhesion preventer
부착생물(附着生物) periphyton
부착성(附着性) adhesiveness
부착세균(附着細菌) attached bacterium, periphytic bacterium
부착소(附着素) adhesin
부착포(附着布) patch
부채겟과 Xanthidae
부채마 buchaema, *Dioscorea nipponica* Makino 맛과
부채살 top blade, oyster blade
부채새우 Japanese fan lobster, *Ibacus ciliatus* (von Siebold, 1824) 매미새웃과
부처꽃과 Lythraceae
부추 Chinese chive, garlic chive, *Allium tuberosum* Rottler ex Spreng. 백합과
부추 buchu, round leaf buchu, *Agathosma betulina* (Berg.) Pillans 운향과
부추방향유 buchu oil
부침개 buchimgae
부케 bouquet
부패(腐敗) rot
부패(腐敗) putrefaction
부패내 putrid odor
부패성(腐敗性) putrefactive
부패세균(腐敗細菌) putrefactive bacterium
부패세균과(腐敗細菌科) Pythiaceae
부패시험(腐敗試驗) putrefaction test
부패아민 putrid amine
부패하기쉬운식품 perishable food
부편 bupyeon
부피 volume
부피계 volumeter
부피밀도 bulk density
부피분석 volumetric analysis
부피분석법 volume analysis method
부피유량계 volume flow meter
부피점성 volume viscosity
부피충전기 bulk filling machine
부피탄성률 bulk modulus
부피팽창 cubical expansion
부피팽창계수 cubical expansion coefficient
부피퍼센트 percent by volume
부피플라스크 volumetric flask
부피피펫 volumetric pipette
부하(負荷) load
부형제(浮衡劑) excipient
부호화(符號化) coding
부화(孵化) hatching
부흐너깔때기 Büchner funnel
북극곤들매기 Arctic char, *Salvelinus alpinus* (Linnaeus, 1758) 연어과
북극곰 polar bear, *Thalarctos maritimus* Phipps, 1774 곰과
북대서양대구(北大西洋大口) saithe, *Pollachius virens* (Linnaeus, 1758) 대구과
북대서양참고래 north Atlantic right whale, *Eubalaena glacialis* (Müller, 1776) 참고랫과
북아메리카가재속 *Cambarus*
북어 dried Alaska pollack
북태평양참고래 north Pacific right whale, *Eubalaena japonica* (Lacépéde, 1818) 참고랫과
분광계(分光計) spectrometer
분광광도계(分光光度計) spectrophotometer
분광광도법(分光光度法) spectrophotometry
분광기(分光器) spectroscope
분광법(分光法) spectroscopy
분광분석법(分光分析法) spectrometry
분광형광법(分光螢光法) spectrofluorometry
분극(分極) polarization
분급(分級) classification
분급기(分級機) classifier
분뇨(糞尿) excreta
분뇨처리(糞尿處理) excreta treatment
분뇨처리설비(糞尿處理設備) excreta treatment facility
분류(分類) classification
분류학(分類學) taxonomy
분류학자(分類學者) taxonomist
분리(分離) isolation
분리(分離) segregation
분리(分離) separation

분리계수(分離係數) separation factor
분리균(分離菌) isolate
분리기(分離機) separator
분리깔때기 separatory funnel
분리단백질(分離蛋白質) protein isolate
분리막(分離膜) separation membrane
분리유청단백질(分離乳淸蛋白質) whey protein isolate
분리정제공정(分離精製工程) separation and purification process
분리콩단백질 soy protein isolate, SPI
분리효율(分離效率) separation efficiency
분말(粉末) powder
분무(噴霧) spray
분무가수기(噴霧加水機) atomizer damper
분무건조(噴霧乾燥) spray drying
분무건조기(噴霧乾燥機) spray dryer
분무건조법(噴霧乾燥法) spray drying method
분무건조식품(噴霧乾燥食品) spray dried food
분무기(噴霧機) atomizer
분무기(噴霧機) sprayer
분무냉동(噴霧冷凍) spray freezing
분무노즐 spray nozzle
분무법(噴霧法) atomization
분무볼 spray ball
분무살균장치(噴霧殺菌裝置) spray sterilization apparatus
분무세정(噴霧洗淨) spray cleaning
분무세척기(噴霧洗滌機) spray washer
분무실(噴霧室) spray chamber
분무탑(噴霧塔) spray tower
분밀당(分蜜糖) molasses-free sugar
분배(分配) partition
분배계수(分配係數) partition coefficient
분배상수(分配常數) partition constant
분배크로마토그래피 partition chromatography
분별(分別) fractionation
분별결정(分別結晶) fractional crystallization
분별증류(分別蒸溜) fractional distillation
분별침전(分別沈澱) fractional precipitation
분비(分泌) secretion
분비기관(分泌器官) secretory organ
분비물(分泌物) secretion
분비샘 secretory gland
분비세포(分泌細胞) secretory cell
분비소포(分泌小胞) secretory vesicle
분비조직(分泌組織) secretory tissue
분비학(分泌學) eccrinology
분비효소(分泌酵素) secretive enzyme
분사냉각장치(噴射冷却裝置) injection cooling device
분사노즐 injection nozzle
분사밸브 injection valve
분사건조장치(噴射乾燥裝置) injection dryer
분사주입법(噴射注入法) injection process
분사펌프 injection pump
분산(分散) variance
분산(分散) dispersion
분산계수(分散係數) dispersion coefficient
분산계통(分散系統) disperse system
분산도(分散度) dispersibility
분산매(分散媒) dispersion medium
분산배식(分散配食) decentralized service
분산분석(分散分析) analysis of variance, ANOVA
분산상(分散相) disperse phase
분산성(分散性) dispersability
분산유체(分散流體) dispersed fluid
분산제(分散劑) dispersing agent
분산질(分散質) dispersoid
분산콜로이드 dispersed colloid
분상질립(粉狀質粒) mealy kernel
분생홀씨 conidium
분생홀씨자루 conidiophore
분석(分析) analysis
분석관능검사(分析官能檢査) analytical sensory evaluation
분석기(分析器) analyzer
분석기술(分析技術) analytical technique
분석오차(分析誤差) analytical error
분석원심분리(分析遠心分離) analytical centrifugation
분석저울 analytical balance
분석전자현미경(分析電子顯微鏡) analytical electron microscope
분석초원심분리기(分析超遠心分離機) analytical ultracentrifuge
분석화학(分析化學) analytical chemistry

분쇄(粉碎) comminution, grinding
분쇄공정(粉碎工程) reduction process
분쇄기(粉碎機) grinder
분쇄롤 reduction roll
분쇄비율(粉碎比率) ratio of size reduction
분쇄효율(粉碎效率) grinding efficiency
분열(分裂) fission
분열균강(分裂菌綱) Schizomycetes
분열균문(分裂菌門) Schizomycophyta
분열법(分裂法) fission
분열조직(分裂組織) meristem
분열조직배양(分裂組織培養) meristem culture
분열진균(分裂眞菌) fission fungus
분열효모(分裂酵母) fission yeast
분유(粉乳) powdered milk, dry milk
분율(分率) fraction
분자(分子) molecule
분자결정(分子結晶) molecular crystal
분자구조(分子構造) molecular structure
분자내염(分子內鹽) inner salt
분자량(分子量) molecular weight
분자모형(分子模型) molecular model
분자배열(分子配列) molecular arrangement
분자사슬 molecular chain
분자사이인력 intermolecular attraction
분자사이자리옮김 intermolecular rearrangement
분자사이중합 intermolecular polymerization
분자사이힘 intermolecular force
분자생물학(分子生物學) molecular biology
분자시계(分子時計) molecular clock
분자식(分子式) molecular formula
분자오비탈 molecular orbital
분자요리(分子料理) molecular gastronomy
분자운동(分子運動) molecular motion
분자유전학(分子遺傳學) molecular genetics
분자이론(分子理論) molecular theory
분자점성(分子粘性) molecular viscosity
분자조성(分子組成) molecular composition
분자증류(分子蒸溜) molecular distillation
분자진화(分子進化) molecular evolution
분자질량(分子質量) molecular mass
분자체 molecular sieve
분자체크로마토그래피 molecular sieve chromatography
분자클로닝 molecular cloning
분자퍼짐 molecular diffusion
분자회합(分子會合) molecular association
분절(分節) fragmentation
분절염색체(分節染色體) fragment chromosome
분절운동(分節運動) segmentation movement
분절홀씨 arthrospore
분절홀씨주머니 merosporangium
분젠버너 Bunsen burner
분지제거효소(分枝除去酵素) debranching enzyme
분지중합체(分枝重合體) branched polymer
분지지방산(分枝脂肪酸) branched fatty acid
분지탄화수소(分枝炭化水素) branched hydrocarbon
분지효소(分枝酵素) branching enzyme
분진(粉塵) dust
분진폭발(粉塵爆發) dust explosion
분출(噴出) effusion
분출속도(噴出速度) rate of effusion
분취량(分取量) aliquot
분포(分布) distribution
분포계수(分布係數) distribution coefficient
분포곡선(分布曲線) distribution curve
분필내 chalky odor
분할(分割) splitting
분할구설계(分割區設計) split plot design
분할기(分割器) divider
분할유전자(分割遺傳子) split gene
분할표(分割表) contingency table
분해(分解) decomposition
분해(分解) degradation
분해대사(分解代謝) catabolism
분해대사물질(分解代謝物質) catabolite
분해대사억압(分解代謝抑壓) catabolic repression
분해반응(分解反應) decomposition reaction
분해열(分解熱) heat of decomposition
분해자(分解者) decomposer
분홍느타리 pink oyster mushroom, *Pleurotus salmoneostramineus* (L.) Vass 느타릿과
분홍치과 Rhodymeniaceae
분홍치목 Rhodymeniales
분화(分化) differentiation
분획(分劃) fraction

분획수집기(分劃收集器) fraction collector
불가리아밀크 Bulgarian milk
불가사리 starfish
불가사리강 Stelleroidea
불가사리문 Pelmatozoa
불가사리아강 Asteroidea
불가사릿과 Asteriidae
불건성기름 nondrying oil
불고기 bulgogi
불균일계통(不均一系統) heterogeneous system
불균일반응(不均一反應) heterogeneous reaction
불균일촉매(不均一觸媒) heterogeneous catalyst
불균일촉매반응(不均一觸媒反應) heterogeneous catalysis
불균일평형(不均一平衡) heterogeneous equilibrium
불균일혼합물(不均一混合物) heterogeneous mixture
불균형생장(不均衡生長) unbalanced growth
불꽃광도계 flame photometer
불꽃광도법 flame photometry
불꽃반응 flame reaction
불꽃방출분광법 flame emission spectrometry
불꽃분광광도법 flame spectrophotometry
불꽃분광법 flame spectrometry
불꽃분석 flame analysis
불꽃살균 flame sterilization
불꽃살균법 flame sterilization
불꽃세포 flame cell
불꽃이온화검출기 flame ionization detector, FID
불꽃흡광법 flame absorption method
불등풀가사리 seaweed furcata, *Gloiopeltis furcata* (Postels & Ruprecht) J. Agardh 풀가사릿과
불량(不良) adulteration
불량식품(不良食品) adulterated food
불량우유(不良牛乳) adulterated milk
불량화제(不良化劑) adulterant
불로초과(不老草科) Ganodermataceae
불로초속(不老草屬) *Ganoderma*
불변끓는점 azeotropic point
불변끓음 azeotropy
불변끓음증류 azeotropic distillation
불변끓음혼합물 azeotrope, azeotropic mixture
불상화(佛桑花) Chinese hibiscus, China rose, *Hibiscus rosa-sinensis* L. 아욱과
불수과(佛手瓜) chayote, vegetable pear, *Sechium edule* (Jacq.) Sw. 박과
불순물(不純物) impurity
불안정성(不安定性) instability
불완전균강(不完全菌綱) Deuteromycetes
불완전균류(不完全菌類) imperfect fungi
불완전균아문(不完全菌亞門) Deuteromycotina
불완전단백질(不完全蛋白質) incomplete protein
불완전블록설계 incomplete block design
불완전쌀 imperfect rice grain
불완전연소(不完全燃燒) incomplete combustion
불완전칼슘경직 incomplete tetany
불용디엔에이 junk DNA
불용성(不溶性) insolubility
불용식품섬유(不溶食品纖維) insoluble dietary fiber
불임(不姙) sterility
불임(不姙) infertility
불친소 steer
불쾌한맛 unpleasing taste
불투과성(不透過性) impermeability
불투명도(不透明度) opacity
불투명주스 cloudy juice
불편분산(不偏分散) unbiased variance
불포화(不飽和) unsaturation
불포화결합(不飽和結合) unsaturated bond
불포화도(不飽和度) degree of unsaturation
불포화반응(不飽和反應) desaturation
불포화상태(不飽和狀態) unsaturated condition
불포화용액(不飽和溶液) unsaturated solution
불포화점(不飽和點) point of unsaturation
불포화증기압(不飽和蒸氣壓) unsaturated vapor pressure
불포화지방(不飽和脂肪) unsaturated fat
불포화지방산(不飽和脂肪酸) unsaturated fatty acid
불포화탄화수소(不飽和炭化水素) unsaturated hydrocarbon
불포화화합물(不飽和化合物) unsaturated compound
불포화효소(不飽和酵素) desaturase

불활성화(不活性化) inactivation
붉나무 Chinese sumac, nutgall tree, *Rhus chinensis* Mill. 옻나뭇과
붉나무속 *Rhus*
붉돔 crimson seabream, *Evynnis japonica* Tanaka, 1931 도밋과
붉바리 Hong Kong grouper, *Epinephelus akaara* (Temminck & Schlegel, 1842) 바릿과
붉은가시딸기 wineberry, wine raspberry, *Rubus phoenicolasius* Maxim. 장미과
붉은강낭콩 red bean
붉은게 red crab, langostilla, *Pleuroncodes planipes* Stimpson, 1860 무니다과
붉은고기 red meat
붉은고지 red koji
붉은고추 red pepper
붉은근육 red muscle
붉은근육섬유 red muscle fiber
붉은대게 red snow crab, *Chionoecetes japonicus* Rathbun, 1932 물맞이겟과
붉은동충하초 red vegetable worm, *Cordyceps militaris* (Vuill.) Fr. 동충하초과
붉은무색소 red radish color
붉은비트 red beet
붉은빵곰팡이 red bread mold, *Neurospora crassa*
붉은빵곰팡이속 *Neurospora*
붉은뽕나무 red mulberry, *Morus rubra* L. 뽕나뭇과
붉은살물고기 red flesh fish
붉은쌀 red rice
붉은아마란트 red amaranth, purple amaranth, Mexican grain amaranth, *Amaranthus cruentus* L. 비름과
붉은양배추 red cabbage, *Brassica oleracea* L. var. *capitata* f. *rubra* 십자화과
붉은양배추색소 red cabbage color
붉은양파 red onion
붉은완두 red pea, *Pisum sativum* var. *arvense* (L.) Trautv. 콩과
붉은용과 white-fleshed pitaya, *Hylocereus undatus* (Haw.) Britton & Rose 선인장과
붉은초코베리 red chokeberry, *Aronia arbutifolia* (L.) Pers. 장미과
붉은칠리고추 red chilli
붉은캥거루 red kangaroo, *Macropus rufus* Desmarest, 1822 캥거루과
붉은토끼풀 red clover, *Trifolium pratense* L. 콩과
붉은효모 red yeast
붉평치 opha, *Lampris guttatus* (Brünnich, 1788) 붉평치과
붉평치과 Lampridae
붉평치목 Lampriformes
붉평치속 *Lampris*
붓기평판법 pour plate method
붓꽃과 Iridaceae
붓꽃아목 Iridineae
붓순나무 Japanese star anise, *Illicium anisatum* L. 붓순나뭇과
붓순나무속 *Illicium*
붓순나뭇과 Illiciaceae
붕괴(崩壞) decay
붕괴상수(崩壞常數) decay constant
붕사(硼砂) borax
붕산(硼酸) boric acid
붕소(硼素) boron
붕어 crusian carp, *Carassius auratus* (Linnaeus, 1758) 잉엇과
붕장어 whitespotted conger, *Conger myriaster* (Brevoort, 1856) 붕장어과
붕장어과 Congridae
붕화물(硼化物) boride
뷔페 buffet
뷰렛 biuret
뷰렛반응 biuret reaction
뷰타노 butano
뷰타다이엔 butadiene
뷰탄산 butanoic acid
뷰탄온 butanone
뷰탄올 butanol
뷰탄올발효 butanol fermentation
뷰테인 butane
뷰티레이트 butyrate
뷰티로필린 butyrophilin
뷰티르산 butyric acid
뷰티르산메틸 methyl butyrate
뷰티르산발효 butyric acid fermentation

뷰티르산뷰틸 butyl butyrate
뷰티르산세균 butyric acid-producing bacterium
뷰티르산아이소아밀 isoamyl butyrate
뷰티르산에틸 ethyl butyrate
뷰틸 butyl
뷰틸렌 butylene
뷰틸아민 butylamine
뷰틸알데하이드 butylaldehyde
뷰틸알코올 butyl alcohol
뷰틸틴 butyltin
뷰틸하이드록시아니솔 butylated hydroxyanisole, BHA
뷰틸하이드록시톨루엔 butylated hydroxytoluene, BHT
브라벤더단위 Brabender Units, BU
브라시노스테로이드 brassinosteroid
브라시카스테롤 brassicasterol
브라신 brassin
브라우니 brownie
브라우저 browser
브라운운동 Brownian motion
브라운크랩 brown crab, *Cancer pagurus* Linnaeus, 1758 은행겟과
브라인 brine
브라인냉각기 brine cooler
브라인냉동 brine freezing
브라인믹서 brine mixer
브라인얼음 brine ice
브라인주사기 brine injector
브라인주사법 brine injection method
브라인처리 brining
브라인큐어링 brine curing
브라질너트 Brazil nut, *Bertholletia excelsa* Humb. & Bonpl. 오예과
브라질너트기름 Brazil nut oil
브래킷 bracket
브랜더스터 bran duster
브랜디 brandy
브랜피니셔 bran finisher
브러시 brush
브레딩 breading
브레베독소 brevetoxin
브레비박테륨 리넨스 *Brevibacterium linens*
브레비박테륨 아우란티아쿰 *Brevibacterium aurantiacum*
브레비박테륨 플라붐 *Brevibacterium flavum*
브레비박테륨과 Brevibacteriaceae
브레비박테륨속 *Brevibacerium*
브레비박테륨 아미노게네스 *Brevibacterium aminogenes*
브레이징 braising
브레이크 break
브레이크롤 break roll
브레이크밀가루 break flour
브레타노미세스속 *Brettanomyces*
브로메이트 bromate
브로멜라인 bromelain
브로모메테인 bromomethane
브로모사이클렌 bromocyclen
브로모크레솔그린 bromocresol green
브로모티몰블루 bromothymol blue
브로모페놀블루 bromophenol blue
브로목시닐 bromoxynil
브로민 bromine
브로민산 bromic acid
브로민산포타슘 potassium bromate
브로민화메틸 methyl bromide
브로민화물 bromide
브로민화반응 bromination
브로민화이온 bromide ion
브로스 broth
브로일 broil
브로일러 broiler
브로일러고기 broiler meat
브로일러근육 broiler muscle
브로일링 broiling
브로코트릭스 서모스팍타 *Brochothrix thermosphacta*
브로코트릭스속 *Brochothrix*
브로콜리 broccoli, *Brassica oleracea* L. var. *italica* Plenck 십자화과
브로콜리라베 broccoli rabe, rapini, broccoli raab
브로콜리줄기 broccoli stem
브루셀라과 Brucellaceae
브루셀라증 brucellosis
브루셀라속 *Brucella*
브루신 brucine

브르에부르스트 Bruehwurst
브리드방법 Breed method
브리오슈 brioche
브리치즈 Brie cheese
브리케팅 briquetting
브리티시검 British gum
브릭스 Brix
브릭스값 Brix value
브릭치즈 brick cheese
브림 bream, carp bream, *Abramis brama* (Linnaeus, 1758) 잉엇과
블라망주 blancmange
블라스토미세스강 Blastomycetes
블라인드테스트 blind test
블라케슬레아속 *Blakeslea*
블래더랙 bladder wrack, *Fucus vesiculosus* L. 뜸부깃과
블랙버터 black butter
블랙베리 blackberry
블랙베리 common blackberry, *Rubus fruticosus* L. 장미과
블랙커런트 blackcurrant, *Ribes nigrum* L. 까치밥나뭇과
블랙커런트주스 blackcurrant juice
블랙커피 black coffee
블랙허클베리 black huckleberry, *Gaylussacia baccata* (Wangenh.) K. Koch 진달랫과
블렌더 blender
블렌디드위스키 blended whisky
블렌디드그래인위스키 blended grain whisky
블렌딩 blending
블로잉 blowing
블록 block
블록다이어그램 block diagram
블론드사일륨 blond psyllium, desert Indianwheat, *Plantago ovata* Forssk. 질경잇과
블롯 blot
블롯팅 blotting
블루베리 blueberry
블루치즈 blue cheese
블루치즈소스 blue cheese sauce
블루트부르스트 Blutwurst
블룸 bloom

비 vee
비(比) ratio
비가시지방(非可視脂肪) invisible fat
비가역과정(非可逆過程) irreversible process
비가역반응(非可逆反應) irreversible reaction
비감염병(非感染病) non-communicable disease
비건 vegan
비건식사 vegan diet
비건식품 vegan food
비겉넓이 specific surface area
비결정(非結晶) amorphism
비결정고분자(非結晶高分子) amorphous polymer
비결정고체(非結晶固體) amorphous solid
비결정물질(非結晶物質) amorphous material
비결정상태(非結晶狀態) amorphous state
비결정성(非結晶性) amorphous
비경구감염(非經口感染) parenteral infection
비경쟁억제(非競爭抑制) noncompetitive inhibition
비경쟁억제제(非競爭抑制劑) noncompetitive inhibitor
비고리화합물 acyclic compound
비공유전자(非共有電子) unshared electron
비공유전자쌍(非共有電子雙) unshared electron pair
비교문턱값 comparative threshold
비교평가(比較評價) comparative judgement
비구간척도(非區間尺度) unstructured scale
비균형척도(非均衡尺度) unbalanced scale
비금속(非金屬) nonmetal
비낙농아이스크림 nondairy ice cream
비낙농크리머 nondairy creamer
비너 Viener
비녹말다당류(非綠末多糖類) non-starch polysaccharide
비뇨계통(泌尿系統) urinary system
비뇨기과(泌尿器科) urology
비뇨기관(泌尿器管) urinary organ
비뇨생식기계통(泌尿生殖器系統) urogenital system
비누맛 soapy taste
비누내 soapy odor
비누화 saponification
비누화지방질 saponifiable lipid

비누홧값 saponification number, saponification value
비뉴턴유체 non-Newtonian fluid
비뉴턴점성 non-Newtonian viscosity
비뉴턴흐름 non-Newtonian flow
비늘 scale
비늘결정 scaly crystal
비늘버섯속 *Pholiota*
비늘우무 scale agar
비늘잎 scaly leaf
비늘줄기 scaly bulb
비늘줄기채소 scaly vegetable
비닐하우스 plastic film greenhouse
비단가리비 Farrer's scallop, *Chlamys farreri* (Jones & Preston, 1904) 큰집가리빗과
비단그물버섯 slippery jack, sticky bun, *Suillus luteus* (L.:Fr.) Gray 그물버섯과
비단그물버섯속 *Suillus*
비단단호박 silk gourd, angled ruffa, *Luffa acutangula* (L.) Roxb. 박과
비단백질질소(非蛋白質窒素) nonprotein nitrogen, NPN
비단백질질소화합물(非蛋白質窒素化合物) nonprotein nitrogenous compound
비단잉어 colored carp, fancy carp
비단털쥣과 Cricetidae
비단풀과 Ceramiaceae
비단풀목 Ceramiales
비단풀속 *Ceramium*
비대(肥大) hypertrophy
비대립유전자(非對立遺傳子) null allele
비대성비만(肥大性肥滿) hypertrophic obesity
비대칭(非對稱) asymmetry
비대칭막(非對稱膜) asymmetric membrane
비대칭융합(非對稱融合) asymmetric fusion
비대칭탄소(非對稱炭素) asymmetric carbon
비대칭탄소원자(非對稱炭素原子) asymmetric carbon atom
비둘기 pigeon, dove
비둘기고기 pigeon meat
비둘기콩 pigeon pea, red gram, Congo pea, *Cajanus cajan* (L.) Millsp. 콩과
비둘기목 Cplumbiformes
비둘깃과 Columbidae
비료(肥料) fertilizer
비름 bireum, *Amaranthus mangostanus* L. 비름과
비름과 Amaranthaceae
비름속 *Amaranthus*
비리보솜펩타이드 nonribosomal peptide
비림프구 B lymphocyte
비막치어 Patagonian toothfish, Chilean seabass, mero, *Dissostichus eleginoides* Smitt, 1898 남극암치과
비만(肥滿) obesity
비만세포(肥滿細胞) mast cell
비발효당(非醱酵糖) non-fermentable sugar
비발효빵 unfermented bread
비발효차(非醱酵茶) unfermented tea
비배수성(非倍數性) aneuploidy
비병원세균(非病原細菌) non-pathogenic bacterium
비부피 specific volume
비브리오 vibrio
비브리오과 Vibrionaceae
비브리오병 Vibrio disease
비브리오속 *Vibrio*
비브리오패혈증 vibrio septicemia, *Vibrio vulnificus* septicemia
비비누화물질 unsaponifiable matter
비비누화지방질 unsaponifiable lipid
비빔국수 bibimguksu
비빔냉면 bibimnaengmyeon
비빔밥 bibimbap
비상식량(非常食量) emergency food
비색계(比色計) colorimeter
비색법(比色法) colorimetry
비생물환경(非生物環境) abiotic environment
비생체물질(非生體物質) abiotic substance
비선택제초제(非選擇除草劑) non-selective herbicide
비선형점탄성(非線型粘彈性) nonlinear viscoelasticity
비선형탄성체(非線型彈性體) nonlinear elastic body
비선형프로그래밍 nonlinear programming
비세포 B cell
비소(砒素) arsenic

비소산(砒素酸) arsenic acid
비소산소듐 sodium arsenite
비소산염(砒素酸鹽) arsenate
비소중독(砒素中毒) arsenic poisoning
비소클라미스속 *Byssochlamys*
비소클라미스 니베아 *Byssochlamys nivea*
비소클라미스 풀바 *Byssochlamys fulva*
비소클람산 byssochlamic acid
비술나무 Sieberian elm, *Ulmus pumila* L. 느릅나뭇과
비스무트 bismuth
비스아조염료 bis azo dye
비스코스 viscose
비스코스레이온 viscose rayon
비스크 bisque
비스킷 biscuit
비스킷공장 biscuit factory
비스킷반죽 biscuit dough
비스페놀에이 bisphenol A
비스페놀에이다이글리시딜에테르 bisphenol A diglycidyl ether
비스포스포네이트 bisphosphonate
비습(比濕) specific humidity
비시광천수 Vichy water
비시스와즈 vichyssoise
비시피첨가평판우무배지 plate count agar with BCP
비쑥 redstem wormwood, *Artemisia scoparia* Waldst. & Kit. 국화과
비압축성(非壓縮性) incompressibility
비압축유체(非壓縮流體) incompressible fluid
비어법칙 Beer's law
비어부르스트 Bierwurst
비엔나빵 Vienna bread
비엔나소시지 Vienna sausage
비엔나커피 Vienna coffee
비열(比熱) specific heat
비열공정(非熱工程) nonthermal process
비열량물질(非熱量物質) non-caloric substance
비염(鼻炎) rhinitis
비영양감미료(非營養甘味料) non-nutritive sweetener
비오디부하 BOD loading
비오트수 Biot number
비운동활동열생성(非運動活動熱生成) nonexercise activity thermogenesis, NEAT
비유탕면(非油湯麵) non-fried noodle
비육(肥育) fattening
비육돼지 pork pig, fattening pig
비육소 fattening cattle
비율(比率) ratio
비율척도(比率尺度) ratio scale
비이온계면활성제 nonionic surfactant
비이온세제 nonionic detergent
비이티단분자막수분함량 BET monolayer moisture content
비이티방정식 BET equation
비이행가소제(非移行可塑劑) non-migrative plasticizer
비자(榧子) bija
비자기(非自己) non-self
비자나무 bijanamu, *Torreya nucifera* (L.) Siebold & Zucc. 주목과
비자나무속 *Torreya*
비전도도(比傳導度) specific conductivity
비전해질(非電解質) non-electrolyte
비점성(比粘性) specific viscosity
비정상발효(非正常醱酵) abnormal fermentation
비정상부식(非正常腐蝕) abnormal corrosion
비정상상태(非定常狀態) unsteady state
비정상숙성(非正常熟成) abnormal ripening
비정상우유(非正常牛乳) abnormal milk
비정상향미(非正常香味) off flavor
비조정우유(非調整牛乳) non-standardized milk
비중(比重) specific gravity
비중가림 separation by specific gravity
비중검사(比重檢査) specific gravity test
비중계(比重計) hydrometer
비중당도계(比重糖度計) saccharometer
비중량(比重量) specific weight
비중병(比重甁) pycnometer
비중선별(比重選別) gravity separation
비중저울 specific gravity balance
비중측정법(比重測定法) hydrometry
비지 biji
비지엘비배지 BGLB broth, brilliant green lactose bile broth
비지장 bijijang

비지죽 bijijuk
비지찌개 bijijjigae
비축식량(備蓄食糧) food reserve
비츄 bichiew
비커 beaker
비탁계(比濁計) nephelometer
비탁법(比濁法) nephelometry
비토론관능검사(非討論官能檢查) closed panel test
비트 beet, *Beta vulgaris* L. 명아줏과
비트당밀 beet molasses
비트레드 beet red
비트루트 beetroot
비트루트즙 beetroot juice
비트설탕 beet sugar
비트설탕공장 beet sugar factory
비트설탕시럽 beet sugar syrup
비트설탕제품 beet sugar product
비트설탕즙 beet sugar juice
비특이면역(非特異免疫) nonspecific immunity
비특이성(非特異性) nonspecificity
비틀림저울 torsion balance
비티농약 BT pesticide, *Bacillus thuringiensis* pesticide
비파(枇杷) loquat
비파괴검사(非破壞檢查) nondestructive inspection
비파괴시험(非破壞試驗) nondestructive test
비파나무 loquat, *Eriobotrya japonica* (Thunb.) Lindley 장미과
비파잎 leaf of loquat
비팽창빵 unleavened bread
비프로스트 beef roast
비프로프 beef loaf
비프스테이크 beef steak
비프스튜 beef stew
비프커틀릿 beef cutlet
비프패티 beef patty
비피도박테륨과 Bifidobacteriaceae
비피도박테륨 락티스 *Bifidobacterium lactis*
비피도박테륨 론굼 *Bifidobacterium longum*
비피도박테륨 브레베 *Bifidobacterium breve*
비피도박테륨 비피둠 *Bifidobacterium bifidum*
비피도박테륨속 *Bifidobacterium*
비피도박테륨 아니말리스 아종 락티스 *Bifidobacterium animalis* subsp. *lactis*
비피도박테륨 아돌레센티스 *Bifidobaterium adelescentis*
비피도박테륨 인판티스 *Bifidobacterium infantis*
비피두스우유 bifidus milk
비피두스인자 bifidus factor
비필수아미노산 nonessential amino acid
비헴철 nonheme iron
비형간염 hepatitis B
비형간염바이러스 hepatitis B virus, HBV
비환원당(非還元糖) nonreducing sugar
비활성기체(非活性氣體) inert gas
비활성원소(非活性元素) inert element
비효소갈변(非酵素褐變) nonenzymatic browning
비효소갈변반응(非酵素褐變反應) nonenzymatic browning reaction
비후크탄성체 non-Hook elastic body
비훈제마른소시지 nonsmoked dry sausage
비휘발성(非揮發性) nonvolatile
비휘발잔사(非揮發殘渣) nonvolatile residue
빅나이 bignay, *Antidesma bunius* (L.) Spreng. 여우주머닛과
빅사과 Bixaceae
빅신 bixin
빈 bin
빈대떡 bindaetteok
빈도(頻度) frequency
빈도곡선(頻度曲線) frequency curve
빈랑(檳榔) areca nut, betel nut
빈랑나무 areka palm, areca nut palm, betel palm, *Areca catechu* L. 야자과
빈모강(貧毛綱) Oligochaeta
빈사과 binsagwa
빈영양(貧營養) oligotrophy
빈영양생물(貧營養生物) oligotroph
빈영양세균(貧營養細菌) oligotrophic bacterium
빈영양호(貧營養湖) oligotrophic lake
빈창자 jejunum
빈창자염 jejunitis
빈티지 vintage
빈혈(貧血) anemia
빌리루빈 bilirubin

빌리루빈과다혈증 hyperbilirubinemia
빌리베딘 biliverdin
빌리아 vilia
빌림비 bilimbi, *Averrhoa bilimbi* L. 괭이밥과
빌베리 bilberry, *Vaccinium myrtillus* L. 진달랫과
빌베리주스 bilberry juice
빌슈테터-슈델법 Willstätter-Schudel method
빌통 biltong
빔 beam
빗장밑정맥 subclavian vein
빙과류(氷菓類) frozen sweets
빙어 pond smelt, *Hypomesus olidus* Pallas, 1814 바다빙엇과
빙어속 *Hypomesus*
빙장(氷藏) storage in ice
빙초산(氷醋酸) glacial acetic acid
빙햄소성유체 Bingham plastic fluid
빛 light
빛깔 luster and color
빛산란 light scattering
빛속도 velocity of light
빛에너지 light energy
빛투과 light transmission
빨강오징어 neon flying squid, red squid, *Ommastrephes bartramii* (Lesueur, 1821) 살오징엇과
빨대 drinking straw
빵 bread
빵가루 breadcrumb
빵결점 bread fault
빵껍질 bread crust
빵나무 breadfruit, *Artocarpus altilis* (Parkinson) Fosberg 뽕나뭇과
빵노화 bread staling
빵롤 bread roll
빵밀 bread wheat
빵밀가루 bread flour
빵반죽 bread dough
빵살 bread crumb
빵속 bakery filling
빵속감 bread stuffing
빵유연제 crumb softener
빵접시 bread dish
빵칼 bread knife
빵텍스처 bread texture
빵평가 bread scoring
빵향미 bread flavor
빵효모 baker's yeast
빻기 pulverization
뼈 bone
뼈감소증 osteopenia
뼈관절염 osteoarthritis
뼈기름 bone oil
뼈대 skeleton
뼈대계통 skeletal system
뼈대근육 skeletal muscle
뼈대근육조직 skeletal muscle tissue
뼈무기질밀도 bone mineral density
뼈밀도 bone density
뼈발리기 boning
뼈뺀햄 boneless ham
뼈아교 bone glue
뼈엉성증 osteoporosis
뼈연화증 osteomalacia
뼈조직 osseous tissue
뼈파괴세포 osteoclast
뼈햄 bone-in ham, regular ham
뼛가루 bone meal
뽕나무 white mulberry, *Morus alba* L. 뽕나뭇과
뽕나무버섯 honey fungus, *Armillariella mellea* (Vahl:Fr.) Karst. 송이과
뽕나무버섯속 *Armillaria*
뽕나뭇과 Moraceae
뽕잎 mulberry leaf
뿌리 root
뿌리골무 root cap
뿌리끝 root tip
뿌리배양 root culture
뿌리썩음 root rot
뿌리작물 root crop
뿌리줄기 rhizome
뿌리채소 root vegetable
뿌리털 root hair
뿌리혹 root nodule
뿌리혹박테리아 root nodule bacteria
뿌리혹세균과 Rhizobiaceae

뿌리혹세균속 *Rhizobium*
뿔나팔버섯 horn of plenty, *Craterellus cornucopioides* (L.:Fr.) Pers. 꾀꼬리버섯과
뿔나팔버섯속 *Craterellus*
뿔닭 guineafowl
뿔닭아과 Numidinae
뿔멜론 horned melon, kiwano, African horned cucumber, jelly melon, *Cucumis metuliferus* E. Mey & Naudin 박과
뿔이끼강 Anthocerotopsida
뿔이끼목 Anthocerotales
뿔이끼속 *Anthoceros*

사각캔 square can
사각포장(四角包裝) brick package
사고 sago
사고녹말 sago starch
사고야자나무 true sago palm, *Metroxylon sagu* Rottb. 야자과
사골(四骨) leg bone
사과 apple
사과기름 apple oil
사과껍질 apple peel
사과나무 apple tree, *Malus domestica* Borkh. 장미과
사과머스트 apple must
사과브랜디 apple brandy
사과사이다 apple cider
사과소스 applesauce
사과술 apple wine
사과식초 apple vinegar
사과잼 apple jam
사과주스 apple juice
사과찌꺼기 apple pomace
사과펄프 apple pulp
사과펙틴 apple pectin
사과퓌레 apple puree
사기그릇 porcelain
사냥 hunting
사냥감 game
사다리신경계통 ladder-like nervous system
사당류(四糖類) tetrasaccharide
사던블롯팅 Southern blotting
사라수(沙羅樹) sal, shala tree, *Shorea robusta* Roth. 딥테로카르프과
사라수지방(沙羅樹脂肪) sal fat
사란 Saran
사람동물공통감염병 zoonosis
사람면역결핍바이러스 human immunodeficiency virus, HIV
사람심리물리학 human psychophysics
사람유두종바이러스 human papilloma virus
사람유전체기구 human genome organization
사람유전체사업 Human Genome Project
사례대조군연구(事例對照郡硏究) case-control study
사료(飼料) feed
사료계수(飼料係數) feed coefficient
사료내 feed odor
사료밀 feed wheat
사료분석(飼料分析) feed analysis
사료섭취량(飼料攝取量) feed consumption
사료성분(飼料成分) feed composition
사료요구량(飼料要求量) feed requirement
사료용(飼料用) feed grade
사료작물(飼料作物) forage crop
사료첨가물(飼料添加物) feed additive
사료효모(飼料酵母) fodder yeast
사료효율(飼料效率) feed efficiency
사르다속 *Sarda*
사르시나 벤트리쿨리 *Sarcina ventriculi*
사르시나속 *Sarcina*
사르코시스티스속 *Sarcocystis*
사막야생포도(沙漠野生葡萄) desert wild grape, *Vitis girdiana* Munson 포도과
사망률(死亡率) death rate
4-메틸발레르산 4-methylvaleric acid
4-메틸펜탄산 4-methylpentanoic acid
사면배양(斜面培養) slant culture
사면배지(斜面培地) slant medium
사면체(四面體) tetrahedron
사멸곡선(死滅曲線) death curve

사멸기(死滅期) death phase
사멸률(死滅率) death rate
사물기생(死物寄生) saprophytism
사물기생균(死物寄生菌) saprophyte
사물기생동물(死物寄生動物) saprozoite
사물기생생물(死物寄生生物) saprophagous organism
사물기생식물(死物寄生植物) hysterophyte
사바나 savanna
4-베타-디-자일란자일로하이드롤레이스 4-β-D-xylan xylohydrolase
사보리 savory
사보리방향유 savory oil
사보이양배추 savoy cabbage
사비넨 sabinene
사사파릴라 sarsaparilla, Jamaican sarsaparilla, *Smilax regelii* Killip & C. V. Morton 청미래 덩굴과
사산화이질소(四酸化二窒素) dinitrogen tetroxide
사삼(沙蔘) Adenophorae radix
사상불완전균강(絲狀不完全菌綱) Hypomycetes
사상세균(絲狀細菌) filamentous bacterium
사상자(蛇床子) Japanese hedge parsley, *Torilis japonica* (Houtt.) DC. 산형과
사상자(蛇床子) Cnidi fructus
사스카툰 saskatoon, *Amelanchier alnifolia* (Nutt.) Nutt. 장미과
사스카툰열매 saskatoon fruit, western juneberry, western serviceberry
사슬길이 chain length
사슬막대세균 streptobacillus
사슬알세균 streptococcus
사슬알세균감염 streptococcal infection
사슬화합물 chain compound
사슴 deer
사슴고기 venison
사슴과 Cervidae
4-알파글루카노트랜스퍼레이스 4-α-glucanotransferase
사염화탄소(四鹽化炭素) carbon tetrachloride
4-옥소펜탄산 4-oxopentanoic acid
사용검사(使用檢査) use test
사우전드아일랜드드레싱 thousand island dressing
사워밀크 sour milk
사워밀크치즈 sour milk cheese
사워반죽 sourdough
사워반죽빵 sourdough bread
사워버터 sour butter
사워브리튼 sauerbraten
사워치즈 sour cheese
사워캔디 sour candy
사워크라우트 sauerkraut
사워크림 sour cream
사워크림버터 sour cream butter
사워피클 sour pickle
사육(飼育) rearing
사이뇌 diencephalon, interbrain
사이다 cider
사이다사과 cider apple
사이다식초 cider vinegar
사이다효모 cider yeast
사이리스터 thyristor
사이막 septum
사이세포 interstitial cell
사이신경세포 interneuron
사이아나진 cyanazine
사이아노 cyano
사이아노기 cyano group
사이아노젠 cyanogen
사이아노젠글리코사이드 cyanogenic glycoside
사이아노코발라민 cyanocobalamin
사이아노화 cyanogation
사이아니딘 cyanidin
사이아닌 cyanin
사이안 cyan
사이안기 cyan group
사이안화메틸 methyl cyanide
사이안화물 cyanide
사이안화수소 hydrogen cyanide
사이안화수소산 hydrocyanic acid
사이안화이온 cyanide ion
사이안화페닐 phenyl cyanide
사이안화포타슘 potassium cyanide
사이즈 size
사이질액 interstitial fluid
사이징 sizing
사이카신 cycacin

사이크로박터속 *Psychrobacter*
사이크로박터 이모빌리스 *Psychrobacter immobilis*
사이클라메이트 cyclamate
사이클람산 cyclamic acid
사이클람산소듐 sodium cyclamate
사이클로덱스트린 cyclodextrin
사이클로덱스트린시럽 cyclodextrin syrup
사이클로말토덱스트린가수분해효소 cyclomaltodextrinase
사이클로말토덱스트린글루카노트랜스퍼레이스 cyclomaltodextrin glucanotransferase
사이클로세린 cycloserine
사이클로클로로틴 cyclochlorotine
사이클로프로페인 cyclopropane
사이클로프로페인지방산 cyclopropane fatty acid
사이클로피아존산 cyclopiazonic acid
사이클로헥세인 cyclohexane
사이클로헥세인프로피온산알릴 allyl cyclohexanepropionate
사이클로헥센 cyclohexene
사이클로헥실뷰티레이트 cyclohexylbutyrate
사이클로헥실설팜산 cyclohexylsulfamic acid
사이클로헥실설팜산소듐 sodium cyclohexyl sulfamate
사이클로헥실아민 cyclohexylamine
사이클론 cyclone
사이클론분리기 cyclone separator
사이클리톨 cyclitol
사이클리톨미오이노시톨 cyclitol *myo*-inositol
사이클메뉴 cycle menu
사이토신 cytosine
사이토신리보사이드 cytosine riboside
사이토카인 cytokine
사이토칼라신 cytochalasin
사이토크로뮴 cytochromium
사이토크로뮴산화효소 cytochromium oxidase
사이토크로뮴시 cytochromium c
사이토크로뮴시산화효소 cytochromium c oxidase
사이토크롬피-450 cytochrome P-450
사이토키닌 cytokinin
사이토키닌산화효소 cytokinin oxidase
사이티딘 cytidine
사이티딘삼인산 cytidine triphosphate
사이티딘5'-인산이소듐 disodium cytidine 5'-phosphate
사이티딘이인산 cytidine diphosphate
사이티딘일인산 cytidine monophosphate
사이티딜산 cytidylic acid
사이펀 siphon
사인(砂仁) amomum seed
사일런트커터 silent cutter
사일로 silo
사일륨 psyllium
사일륨씨검 psyllium seed gum
사일륨씨껍질식품섬유 psyllium seed husk dietary fiber
사일리지 silage
4,1',6'-트라이클로로갈락토슈크로스 4,1',6'-trichlorogalactosucrose
사중극자(四重極子) quadrupole
사중극자질량분석기(四重極子質量分析器) quadrupole mass spectrometer
사차구조(四次構造) quaternary structure
사차방정식(四次方程式) quartic equation
사차암모늄염 quaternary ammonium salt
사철쑥 capillary wormwood, *Artemisia capillaris* Thunb. 국화과
사초과(莎草科) Cyperaceae
사초목(莎草目) Cyperales
사춘기(思春期) puberty
사출기(射出機) injection machine
사출성형(射出成形) injection molding
사출성형기(射出成形機) injection molding machine
사출홀씨 ballistospore
사카구치반응 Sakaguchi's reaction
사카레이스 saccharase
사카로미세스과 Saccharomycetaceae
사카로미세스 락티스 *Saccharomyces lactis*
사카로미세스 세레비시아에 *Saccharomyces cerevisiae*
사카로미세스속 *Saccharomyces*
사카로미세스 엘립소이데우스 *Saccharomyces ellipsoideus*
사카로미세스 칼스베르겐시스 *Saccharomyces*

carlsbergensis
사카로미세스 프라길리스 *Saccharomyces fragilis*
사카로미코데스 루드위기이 *Saccharomycodes ludwigii*
사카로미코데스속 *Saccharomycodes*
사카로미콥시스속 *Saccharomycopsis*
사카로미콥시스 피불리게라 *Saccharomycopsis fibuligera*
사카로스 saccharose
사카린 saccharin
사카린소듐 sodium saccharin
사카린소듐제제 sodium saccharin formulation
사카신 sakacin
사케 sake
사케고지 sake koji
사케효모 sake yeast
사코신 sarcosine
사탕단풍나무 sugar maple tree, *Acer saccharum* Marshall 무환자나뭇과
사탕무 sugar beet, *Beta vulgaris* L. 명아줏과
사탕수수 sugarcane, *Saccharum officinarum* L. 볏과
사탕수수당밀 sugarcane molasses
사탕수수설탕 sugarcane sugar
사탕수수시럽 sugarcane syrup
사탕수수즙 sugarcane juice
사탕야자나무 sugar palm, *Arenga pinnata* (Wurmb.) Merr. 야자과
사태 shank
4-테트라데센산 4-tetradecenoic acid
사트라톡신 satratoxin
사포게닌 sapogenin
사포닌 saponin
사포딜라 sapodilla, *Manilkara zapota* (L.) P. Royen (= *Achras zapota* L.) 사포타과
사포타과 Sapotaceae
사프라닌 safranine
사프란 saffron, *Crocus sativus* L. 붓꽃과
사프란색소 saffron color
사프롤 safrole
4-하이드록시페닐알라닌 4-hydroxyphenylalanine
사합체(四合體) tetramer
사향(麝香) musk
사향내 foxy flavor
사향노루 Siberian musk deer, *Moschus moschiferus* Linnaeus, 1758 사향노룻과
사향노룻과 Moshidae
사향딸기 musk strawberry, *Fragaria moschata* Duchesne 장미과
4-헥실레소신올 4-hexylresorcinol
사후검사(死後檢査) postmortem inspection
사후경직(死後硬直) rigor mortis
사후변화(死後變化) postmortem change
삭과(蒴果) capsule
삭시톡신 saxitoxin
산(酸) acid
산가수분해(酸加水分解) acidolysis
산값 acid value, acid number
산겨릅나무 Manchu striped maple, *Acer tegmentosum* Maxim. 단풍나뭇과
산경직(酸硬直) acid rigor
산광(散光) diffused light
산그물버섯 yellow-cracked bolete, *Xerocomus subtomentosus* (L.) Quél. 그물버섯과
산그물버섯속 *Xerocomus*
산나리 goldband lily, *Lilium auratum* Lindl. 백합과
산나물 sannamul
산느타리 Indian oyster, Phoenix mushroom, *Pleurotus pulmonarius* (Fr.) Quél. 느타릿과
산당화(酸糖化) acid saccharification
산당화법(酸糖化法) acid saccharification method
산도(酸度) acidity
산도검사(酸度檢査) acidity examination
산돌배나무 Ussurian pear, *Pyrus ussuriensis* Maxim 장미과
산딸기 Korean raspberry, *Rubus crataegifolius* Bunge 장미과
산딸기속 *Rubus*
산란(散亂) scattering
산란계수(散亂係數) scattering coefficient
산란광(散亂光) scattered light
산란기(產卵期) spawning period
산란능력(產卵能力) egg-laying ability
산마늘 Alpine leek, *Allium victorialis* L. var. *platyphyllum* Makino 백합과

산막효모(産膜酵母) film yeast
산모양깔깔새우 kishi velvet shrimp, *Metapenaeopsis dalei* (Rathbun, 1902) 보리새웃과
산무수물(酸無水物) acid anhydride
산미료(酸味料) acidulant
산박하속 *Isodon*
산부인과(産婦人科) obstetrics and gynecology
산분비세포(酸分泌細胞) oxyntic cell
산분비억제제(酸分泌抑制劑) oxyntic inhibitor
산분해간장 acid hydrolyzed soy sauce
산분해법(酸分解法) acid hydrolysis method
산분해총당(酸分解總糖) acid hydrolyzable total sugar
산불용물(酸不溶物) acid insoluble
산불용회분(酸不溶灰分) acid insoluble ash
산사기름 sansa oil
산사나무 Chinese hawthorn, *Crataegus pinnatifida* Bunge 장미과
산사자(山査子) Crataegi fructus
산사자주스 Crataegi fructus juice
산삼(山蔘) sansam
산생성세균(酸生成細菌) acidogenic bacterium
산성가수분해효소(酸性加水分解酵素) acid hydrolase
산성기(酸性基) acid group
산성단백질(酸性蛋白質) acidic protein
산성매질(酸性媒質) acidic medium
산성배지(酸性培地) acid medium
산성백토(酸性白土) acid clay
산성비 acid rain
산성아미노산 acidic amino acid
산성알루미늄인산소듐 acidic sodium aluminum phosphate
산성염(酸性鹽) acid salt
산성염료(酸性染料) acidic dye
산성용액(酸性溶液) acid solution
산성인산가수분해효소(酸性燐酸加水分解酵素) acid phosphatase
산성토양(酸性土壤) acid soil
산성통조림 acidic canned food
산성파이로인산소듐 disodium dihydrogen diphosphate, disodium dihydrogen pyrophosphate, sodium acid pyrophosphate (SAPP)
산성피에이치 acidic pH
산성화(酸性化) acidification
산성화우유(酸性化牛乳) acidified milk
산소(酸素) oxygen
산소대사(酸素代謝) aerobic metabolism
산소미생물(酸素微生物) aerobic microorganism
산소발효(酸素醱酵) aerobic fermentation
산소산(酸素酸) oxyacid, oxygen acid
산소산화(酸素酸化) aerobic oxidation
산소생물(酸素生物) aerobe
산소생물화학처리(酸素生物化學處理) aerobic biochemical treatment
산소세균(酸素細菌) aerobic bacterium
산소소화(酸素消化) aerobic digestion
산소요구량(酸素要求量) oxygen demand
산소제거제(酸素除去劑) deoxygenation agent
산소포화도(酸素飽和度) oxygen saturation
산소해리곡선(酸素解離曲線) oxygen dissociation curve
산소호흡(酸素呼吸) aerobic respiration
산소흡수속도(酸素吸收速度) oxygen uptake rate
산소흡수율(酸素吸收率) oxygen absorption rate
산소흡수제(酸素吸收劑) oxygen absorbent
산쇼올 sanshool
산수유(山茱萸) Corni fructus
산수유나무 Japanese cornel, Japanese cornelian cherry, *Cornus officinalis* Siebold & Zucc. 층층나뭇과
산술평균(算術平均) arithmetic mean
산쑥 sanssuk, *Artemisia montana* (Nakai) Ramp. 국화과
산아마이드 acid amide
산앵두나무속 *Vaccinium*
산약(山藥) Dioscorea rhizome
산업(産業) industry
산업공해(産業公害) industrial pollution
산업구조(産業構造) industrial structure
산업규격(産業規格) industrial standard
산업미생물학(産業微生物學) industrial microbiology
산업발효(産業醱酵) industrial fermentation
산업의학과(産業醫學科) occupational and

environmental medicine
산업재해(産業災害) industrial accident
산업폐기물(産業廢棄物) industrial waste
산업폐수(産業廢水) industrial wastewater
산업표준화법(産業標準化法) Industrial Standardization Act
산없음증 anacidity
산염기반응(酸鹽基反應) acid base reaction
산염기적정(酸鹽基滴定) acid base titration
산염기지시약(酸鹽基指示藥) acid base indicator
산염기평형(酸鹽基平衡) acid base equilibrium
산유청(酸乳淸) acid whey
산자(饊子) sanja
산적(散炙) sanjeok
산적정(酸滴定) acid titration
산적정법(酸滴定法) acidimetry
산제거(酸除去) deacidification
산제거공정(酸除去工程) deacidification process
산조인(酸棗仁) wild jujube
산증(酸症) acidosis
산지(産地) production area
산채비빔밥 sanchaebibimbap
산처리녹말(酸處理綠末) thin-boiling starch
산천어(山川魚) masu salmon, cherry salmon, *Oncorhynchus masou* (Brevoort, 1856) 연어과
산초(山椒) sancho
산초나무 mastic-leaved prickly-ash, *Zanthoxylum schinifolium* Siebold & Zucc. 운향과
산초나무속 *Zanthoxylum*
산침지(酸浸漬) acid immersion
산카세인 acid casein
산커드치즈 acid curd cheese
산탈린 santalin
산탈산 santalic acid
산토끼 hare
산토끼고기 hare meat
산토끼꽃과 Dipsacaceae
산토끼꽃목 Dipsacales
산패(酸敗) rancidity
산패내 rancid odor
산패치즈 rancid cheese
산포도(散布度) degree of scattering
산혈증(酸血症) acidemia
산형과(繖形科) Apiaceae, Umbelliferae
산호(珊瑚) coral
산호초(珊瑚礁) coral reef
산호충강(珊瑚蟲綱) Anthozoa
산호침버섯과 Hericiaceae
산호침버섯속 *Hericium*
산화(酸化) oxidation
산화광물(酸化鑛物) oxide mineral
산화내 oxidized odor
산화녹말(酸化綠末) oxidized starch
산화력(酸化力) oxidizing power
산화마그네슘 magnesium oxide
산화망가니즈(III) dimanganese trioxide
산화망가니즈(IV) dimanganese dioxide
산화막(酸化膜) oxide film
산화물(酸化物) oxide
산화반응(酸化反應) oxidation reaction
산화발효(酸化醱酵) oxidation fermentation
산화방지성질(酸化防止性質) antioxidative property
산화방지제(酸化防止劑) antioxidant
산화방지화합물(酸化防止化合物) antioxidative compound
산화방지활성(酸化防止活性) antioxidative activity
산화방지효과(酸化防止效果) antioxidative effect
산화산패(酸化酸敗) oxidative rancidity
산화수(酸化數) oxidation number
산화스트레스 oxidative stress
산화아연 zinc oxide
산화안정성(酸化安定性) oxidative stability
산화알루미늄 aluminum oxide
산화에틸렌 ethylene oxide
산화에틸렌살균 ethylene oxide sterilization
산화에틸렌가스살균 ethylene oxide gas sterilization
산화이온 oxide ion
산화이질소(酸化二窒素) dinitrogen monoxide
산화인산화(酸化燐酸化) oxidative phosphorylation
산화적정(酸化滴定) oxidimetry

산화제(酸化劑) oxidant, oxidizing agent
산화질소(I)(酸化窒素I) nitrogen(I) oxide
산화질소(II)(酸化窒素II) nitrogen(II) oxide, nitrogen monoxide, nitric oxide
산화질소(III)(酸化窒素III) nitrogen(III) oxide
산화질소(IV)(酸化窒素IV) nitrogen(IV) oxide
산화철(II)(酸化鐵II) iron(II) oxide, ferrous oxide
산화철(III)(酸化鐵III) iron(III) oxide, ferric oxide, iron sesquioxide
산화촉진제(酸化促進劑) prooxidant
산화카복실기제거반응 oxidative decarboxylation
산화칼슘 calcium oxide
산화크로뮴(IV) chromium dioxide
산화타이타늄 titanium oxide
산화탄소(II)(酸化炭素II) carbon(II) oxide
산화퍼텐셜 oxidation potential
산화프로필렌 propylene oxide
산화환원계통(酸化還元系統) oxidation-reduction system, redox system
산화환원반응(酸化還元反應) oxidation-reduction reaction, redox reaction
산화환원적정(酸化還元滴定) oxidation-reduction titration, redox titration
산화환원퍼텐셜 oxidation-reduction potential, redox potential
산화환원제(酸化還元劑) redox agent
산화환원지시약(酸化還元指示藥) redox indicator
산화환원효소(酸化還元酵素) oxidoreductase
산화효소(酸化酵素) oxidase
살 flesh
살구 apricot
살구나무 apricot tree, *Prunus armeniaca* L. 장미과
살구넥타 apricot nectar
살구브랜디 apricot brandy
살구술 apricot wine
살구씨 apricot seed
살구씨알맹이 apricot kernel
살구잼 apricot jam
살구주스 apricot juice
살구펄프 apricot pulp
살구편 salgupyeon
살구퓌레 apricot puree
살균(殺菌) sterilization
살균기(殺菌器) sterilizer
살균등(殺菌燈) germicidal lamp
살균법(殺菌法) sterilization method
살균소독(殺菌消毒) sterilization and disinfection
살균소독제(殺菌消毒劑) antiseptic
살균소시지 sterilized sausage
살균시유(殺菌市乳) sterilized market milk
살균실(殺菌室) sterilizing chamber
살균온도도달시간(殺菌溫度到達時間) come-up time
살균우유(殺菌牛乳) sterilized milk
살균율(殺菌率) sterility rate
살균작용(殺菌作用) germicidal action
살균장치(殺菌裝置) sterilization apparatus
살균제(殺菌劑) germicide
살균화합물(殺菌化合物) microbicidal compound
살라미 salami
살라이 Indian frankincense, salai, *Boswellia serrata* Triana & Planch. 부르세라과
살라트림 salatrim
살락 salak, *Salacca zalacca* (Gaertner) Voss 야자과
살락열매 salak fruit, snake fruit
살람잎 salam leaf, Indonesian bay leaf, *Syzygium polyanthum* (Wight) Walpers 미르타과
살리노마이신 salinomycin
살리실산 salicylic acid
살리실산메틸 methyl salicylate
살리실알데하이드 salicylaldehyde
살모넬라 salmonella
살모넬라속 *Salmonella*
살모넬라위창자염 salmonella gastroenteritis
살모넬라증 salmonellosis
살모넬라 콜레라에수이스 *Salmonella choleraesuis*
살모넬라 콜레라에수이스 아종 아리조나에 *Salmonella choleraesuis* subsp. *arizonae*
살모넬라 티피무륨 *Salmonella* Typhimurium
살베리누스속 *Salvelinus*
살부타몰 salbutamol
살사 salsa
살생물제(殺生物劑) biocide

살선충제(殺線蟲劑) nematocide
살세균작용(殺細菌作用) bactericidal action
살세균제(殺細菌劑) bactericide
살오징어 Pacific flying squid, *Todarodes pacificus* (Steenstrup, 1880) 살오징엇과
살오징엇과 Ommastrephidae
살오징어목 Teuthoidea
살진균작용(殺眞菌作用) fungicidal action
살진균제(殺眞菌劑) fungicide
살충(殺蟲) disinfestation
살충제(殺蟲劑) insecticide
살치살 chuck flap tail
살코기 lean meat
살타나건포도 saltana raisin
살피콩 salpicon
삶은고기 boiled meat
삶은소시지 boiled sausage
삶은햄 boiled ham
삼 hemp, *Cannabis sativa* L. 삼과
삼각생식순좀진드기과 Parasitidae
삼각석쇠 triangle
삼각플라스크 Erlenmeyer flask
삼겹살 belly
삼계탕(蔘鷄湯) samgyetang
삼과 Cannabaceae
삼나무 Japanese cedar, *Cryptomeria japonica* (L. f.) D. Don 낙우송과
삼나무속 *Cryptomeria*
삼나무향 cedar scent
삼당류(三糖類) trisaccharide
삼대영양소(三大營養素) three major nutrients
3-데옥시글루코손 3-deoxyglucosone
3-(메틸싸이오)-1-프로판올 3-(methylthio)-1-propanol
3-(메틸싸이오)프로피온알데하이드 3-(methylthio) propionaldehyde
3-메틸히스티딘 3-methylhistidine
삼발이 tripod
삼백초(三白草) sanbekcho, *Saururus chinensis* Ball. 삼백초과
삼백초과(三白草科) Saururaceae
삼부카 sambuca
3,4-다이하이드록시페닐알라닌 3,4-dihydroxyphenylalanine
3,4-다이하이드록시페닐에탄올 3,4-dihydroxyphenylethanol
3,4,5-트라이하이드록시벤조산 3,4,5-trihydroxybenzoic acid
삼산화이비소(三酸化二砒素) arsenic trioxide
삼산화이질소(三酸化二窒素) dinitrogen trioxide
삼산화이철(三酸化二鐵) diiron trioxide
삼산화황(三酸化黃) sulfur trioxide
삼색나물 samsaeknamul
삼소치즈 Samso cheese
삼씨 hemp seed
삼씨기름 hemp seed oil
삼양주(三釀酒) samyangju
삼염기산(三鹽基酸) tribasic acid
삼엽인삼(三葉人參) dwarf ginseng, *Panax trifolius* L. 두릅나뭇과
삼오주(三午酒) samoju
삼원광(三原光) three primary lights
삼원배치(三元配置) three way layout
삼원색(三原色) three primary colors
삼원자동원심분리기(三原自動遠心分離機) triple purpose automatic centrifuge
삼인산염(三燐酸鹽) triphosphate
삼자극색도계(三刺戟色度計) tristimulus colorimeter
삼자극치(三刺戟値) tristimulus
삼자택일검사(三者擇一檢査) 3-alternative forced choice test
삼점세기검사 triangle intensity test
삼점검사(三點檢査) triangle test
삼중결합(三重結合) triple bond
삼중나선(三重螺線) triple helix
삼중수소(三重水素) tritium
삼중점(三中點) triple point
삼중항산소(三重項酸素) triplet oxygen
삼차구조(三次構造) tertiary structure
삼차방정식(三次方程式) cubic equation
삼차뷰틸 *tert*-butyl
삼차뷰틸아민 *tert*-butylamine
삼차뷰틸알코올 *tert*-butyl alcohol
삼차뷰틸하이드로퀴논 *tert*-butylhydroquinone, TBHQ
삼차소비자(三次消費者) tertiary consumer
삼차신경(三次神經) trigeminal nerve

삼차신경감각(三次神經感覺) trigeminal sensation
삼차원(三次元) three dimension
삼출(滲出) exudation
삼출물(滲出物) exudate
삼출설사(滲出泄瀉) exudative diarrhea
삼치 Japanese Spanish mackerel, *Scomberomorus niphonius* (Cuvier, 1832) 고등엇과
삼키기 swallowing
삼킴곤란 dysphagia
삼투(滲透) osmosis
삼투건조(滲透乾燥) osmotic drying
삼투계수(滲透係數) osmotic coefficient
삼투농도(滲透濃度) osmotic concentration
삼투몰농도 osmolarity
삼투몰랄농도 osmolality
삼투설사(滲透泄瀉) osmotic diarrhea
삼투침출법(滲透浸出法) percolation leaching process
삼투압(滲透壓) osmotic pressure
삼투영양생물(滲透榮養生物) osmotroph
삼투작용(滲透作用) osmotic action
삼투조절(滲透調節) osmoregulation
삼투탈수(滲透脫水) osmotic dehydration
삼투효과(滲透效果) osmotic effect
삼합체(三合體) trimer
삼해주(三亥酒) samhaeju
3-헥센-1-올 3-hexen-1-ol
삽입순서(挿入順序) insertion sequence
삽주 Japanese atractylodes, *Atractylodes japonica* (Koidz. & Kitagawa) 국화과
상(相) phase
상각 sangak
상관(相關) correlation
상관계수(相關係數) correlation coefficient
상관관계(相關關係) correlation
상관도(相關圖) correlation diagram
상관분석(相關分析) correlation analysis
상그리아 Sangria
상급쇠고기 choice
상대감미도(相對甘味度) relative sweetness
상대도수(相對度數) relative frequency
상대머무름 relative retention
상대밀도(相對密度) relative density
상대습도(相對濕度) relative humidity, RH
상대오차(相對誤差) relative error
상대점성(相對黏性) relative viscosity
상대질량(相對質量) relative mass
상댓값 relative value
상동기관(相同器官) homologous organ
상동염색체(相同染色體) homologous chromosome
상록과수(常綠果樹) evergreen fruit tree
상률(相律) phase rule
상면발효(上面醱酵) top fermentation
상면발효맥주(上面醱酵麥酒) top fermented beer
상면발효효모(上面醱酵酵母) top fermenting yeast
상면효모(上面酵母) top yeast
상미기간(賞味期間) best before date
상변태(相變態) phase transformation
상변화(相變化) phase change
상보가닥 complementary strand
상보결합(相補結合) complementary bond
상보단백질(相補蛋白質) complementary protein
상보디엔에이 complementary DNA
상보성(相補性) complementation
상보순서(相補順序) complementary sequence
상보원리(相補原理) complementarity principle
상보아르엔에이 complementary RNA
상보염기쌍(相補鹽基雙) complementary base pair
상부식도조임근육 upper esophageal sphincter
상분리(相分離) phase separation
상사기관(相似器官) analogous organ
상쇄(相殺) compensation
상쇄간섭(相殺干涉) destructive interference
상수(常數) constant
상수리나무 sawtooth oak, *Quercus acutissima* Carruth. 참나뭇과
상승녹는점 open tube melting point
상승막증발기(上昇膜蒸發器) rising film evaporator
상승작용(上昇作用) synergy, synergism
상승제(上昇劑) synergist
상승효과(上昇效果) synergistic effect
상아색다발송이 *Tricholoma giganteum* Mass. 송이과
상압가열건조법(常壓加熱乾燥法) atmospheric heating drying method

상압증발기(常壓蒸發器) atmospheric evaporator
상어 shark
상어아목 Pleurotremata
상어연골 shark cartilage
상어지느러미 shark's fin
상업급식(商業給食) commercial foodservice
상업살균(商業殺菌) commercial sterilization
상업살균도(商業殺菌度) commercial sterility
상온(常溫) ordinary temperature
상용로그 common logarithm
상자(箱子) box
상자건조기(箱子乾燥機) box dryer
상자구조(箱子構造) box structure
상자성(常磁性) paramagnetism
상자성체(常磁性體) paramagnetic substance
상자속자루포장 bag in box packaging
상전이(相轉移) phase transition
상전환(相轉換) phase inversion
상점(商店) shop
상처(傷處) bruising
상처(傷處) wound
상체비만(上體肥滿) upper-body obesity
상추 lettuce, *Lactuca sativa* L. 국화과
상층액(上層液) supernatant
상태(狀態) state
상태도(狀態圖) state diagram
상태방정식(狀態方程式) equation of state
상태변화(狀態變化) change of state
상태함수(狀態函數) state function
상평형(相平衡) phase equilibrium
상평형그림 phase diagram
상표(商標) brand
상표표지(商標標識) brand labeling
상표화(商標化) branding
상품(商品) goods
상품성(商品性) marketability
상품수명(商品壽命) life cycle
상품수명평가(商品壽命評價) life cycle assessment
상품작물(商品作物) cash crop
상피(上皮) epithelium
상피세포(上皮細胞) epithelial cell
상피조직(上皮組織) epithelial tissue
상하회전(上下回轉) end-over-end rotation
상한값 upper limit
상한섭취량(上限攝取量) tolerable upper intake level, UL
상해(傷害) injury
상행동(相行動) phase behavior
상호교환(相互交換) interchange
상호작용(相互作用) interaction
상화떡 sanghwatteok
상황(桑黃) sanghwang, *Phellinus linteus* (Berk. & Curt.) Teng. 소나무비늘버섯과
새 bird
새각강(鰓脚綱) Branchiopoda
새꼬막 ark shell, *Scapharca subcrenata* (Lischke, 1869) 돌조갯과
새로운식품 novel food
새먼베리 salmonberry, *Rubus spectabilis* Pursh 장미과
새모래덩굴과 Menispermaceae
새뱅이 saebengi, *Neocardina denticulata* 새뱅잇과
새뱅잇과 Atyidae
새삼 Japanese dodder, *Cuscuta japonica* Choisy 메꽃과
새삼속 *Cuscuta*
새송이 king trumpet mushroom, king oyster mushroom, *Pleurotus eryngii* (DC.:Fr.) Ohira 느타릿과
새우 shrimp, prawn
새우그라탱 shrimp gratin
새우알레르기 shrimp allergy
새우유사식품 shrimp analog
새우젓 saeujeot
새우크래커 shrimp cracker
새우탈각기 shrimp peeler
새조개 egg cockle, *Fulvia mutica* (Reeve, 1844) 새조갯과
새조갯과 Cardiidae
새치 marlin
색(色) color
색가오릿과 Dasyatidae
색고정(色固定) color fixation
색도(色度) chromaticity
색도도(色度圖) chromaticity chart
색도좌표(色度座標) chromaticity coordinate
색맹(色盲) color blindness

색맹검사(色盲檢査) color blindness test
색비름 Josep's coat, *Amaranthus tricolor* L. 비름과
색상(色相) hue
색상대비(色相對比) hue contrast
색소(色素) pigment
색소결합법(色素結合法) dye-binding method
색소고정(色素固定) pigment fixation
색소단백질(色素蛋白質) chromoprotein
색소생성세균(色素生成細菌) pigment-producing bacterium
색소세포(色素細胞) pigment cell
색소쓸갯돌 pigment gallstone
색소지방질(色素脂肪質) chromolipid
색소체(色素體) plastid
색소층(色素層) pigment layer
색소형성(色素形成) chromogenesis
색소환원시험(色素還元試驗) dye reduction test
색순응(色順應) color adaptation
색원체(色原體) chromogen
색전(塞栓) embolus
색전증(塞栓症) embolism
색조(色調) color tone, tint
색조계(色調計) tintometer
색조절(色調節) toning
색차(色差) color difference
색차계(色差計) color difference meter
색채관리(色彩管理) color control
색채색차계(色彩色差計) color and color difference meter
색채선별기(色彩選別機) color sorter
색채조절(色彩調節) color conditioning
색채차트 color chart
색체계(色體系) color system
색택(色澤) color and gloss
샌드비스킷 sand biscuit
샌드위치 sandwich
샌드위치비스킷 sandwich biscuit
샌드위치빵 sandwich bread
샌드케이크 sand cake
샌딩슈거 sanding sugar
샐러드 salad
샐러드기름 salad oil
샐러드드레싱 salad dressing
샐러드바 salad bar
샐러드채소 salad vegetable
샐러드크림 salad cream
샐러맨더 salamander
샐비어 salvia
샐비어속 *Salvia*
샘 gland
샘물 spring water
샘세포 gland cell
샘창자 duodenum
샘창자궤양 duodenal ulcer
샘창자샘 duodenal gland
샘창자염 duodenitis
샘창자절제술 duodenectomy
샘파이어 samphire, *Crithmum maritimum* L. 산형과
샘프 samp
샛돔 butterfish, *Psenopsis anomala* (Temminck & Schlegel, 1844) 샛돔과
샛돔과 Centrolophidae
샛비늘치 pearly lanternfish, *Myctophum nitidulum* Garman, 1899 샛비늘칫과
샛비늘치목 Myctophiformes
샛비늘칫과 Myctophidae
생간장 raw soy sauce
생강(生薑) ginger, *Zingiber officinale* Rosscoe 생강과
생강과(生薑科) Zingiberaceae
생강나무 Japanese spicebush, *Lindera obtusiloba* Blume 녹나뭇과
생강목(生薑目) Zingiberales
생강방향유(生薑芳香油) ginger oil
생강빵 ginger bread
생강아강(生薑亞綱) Zingiberidae
생강주(生薑酒) ginger wine
생강차(生薑茶) ginger tea
생강편 saenggangpyeon
생검(生檢) biopsy
생고기 raw meat
생과일디저트 fresh fruit dessert
생균수(生菌數) viable cell count
생글루텐 wet gluten
생녹말(生綠末) raw starch
생녹말분해아밀레이스 raw starch digesting

amylase
생리기능(生理機能) physiological function
생리빈혈(生理貧血) physiological anemia
생리식염수(生理食鹽水) physiological saline
생리심리학(生理心理學) physiological psychology
생리욕구(生理欲求) physiological needs
생리작용(生理作用) physiological reaction
생리장애(生理障碍) physiological disorder
생리체학(生理體學) physiomics
생리학(生理學) physiology
생리학자(生理學者) physiologist
생리활성물질(生理活性物質) biologically active substance
생리효과(生理效果) physiological effect
생맥주(生麥酒) draft beer
생면(生麵) wet noodle
생명(生命) life
생명공학(生命工學) biotechnology
생명공학육성법(生命工學育成法) Biotechnology Support Act
생명과학(生命科學) life science
생명수(生命水) aqua vitae
생명윤리(生命倫理) bioethics
생명윤리 및 안전에 관한 법률 Bioethics and Safety Act
생명윤리학(生命倫理學) bioethics
생물(生物) organism
생물값 biological value, BV
생물검정법(生物檢定法) bioassay
생물계면활성제(生物界面活性劑) biosurfactant
생물공학(生物工學) bioengineering
생물공학제품(生物工學製品) bioengineering product
생물교란(生物攪亂) bioturbation
생물군계(生物群系) biome
생물권(生物圈) biosphere
생물기능(生物機能) biological function
생물농약(生物農藥) biopesticide
생물농축(生物濃縮) biological concentration
생물다양성(生物多樣性) biodiversity
생물독소(生物毒素) biotoxin
생물막법(生物膜法) biomembrane method
생물물리학(生物物理學) biophysics
생물물질변환(生物物質變換) biotransformation
생물반감기(生物半減期) biological halflife
생물반응기(生物反應器) bioreactor
생물발광(生物發光) bioluminescence
생물발생학(生物發生學) biogenetics
생물방제(生物防除) biocontrol
생물변질(生物變質) biodeterioration
생물병원체(生物病源體) biological pathogen
생물봉쇄(生物封鎖) biological blockade
생물산소요구량(生物酸素要求量) biological oxygen demand, BOD
생물산소요구량부하(生物酸素要求量負荷) biological oxygen demand loading, BOD loading
생물살충제(生物殺蟲劑) biotic insecticide
생물생활권(生物生活圈) biotope
생물소재(生物素材) biomaterial
생물속생(生物續生) biogenesis
생물시계(生物時計) biological clock
생물식품중독(生物食品中毒) biological food poisoning
생물에너지학 bioenergetics
생물오손(生物汚損) biofouling
생물온도계(生物溫度計) biothermometer
생물유화제(生物乳化劑) bioemulsifier
생물재해(生物災害) biohazard
생물적거르기 biological filtration
생물적처리(生物的處理) biological treatment
생물전자공학(生物電子工學) bioelectronics
생물전환(生物轉換) bioconversion
생물정보학(生物情報學) bioinformatics
생물정화(生物淨化) bioremediation
생물종(生物種) biological species
생물증폭(生物增幅) biomagnification
생물지구화학순환(生物地球化學循環) biogeochemical cycle
생물지표(生物指標) bio-indicator, biomarker
생물진화(生物進化) biological evolution
생물테러리즘 bioterrorism
생물통계학(生物統計學) biostatistics
생물폐수처리(生物廢水處理) biological treatment of wastewater
생물학(生物學) biology
생물화학(生物化學) biological chemistry
생물환경(生物環境) biotic environment
생물활성(生物活性) biological activity

생물활성펩타이드 bioactive peptide
생물활성화합물(生物活性化合物) bioactive compound
생물흡착(生物吸着) biosorption
생분해(生分解) biodegradation
생분해성(生分解性) biodegradability
생분해중합체(生分解重合體) biodegradable polymer
생분해플라스틱 biodegradable plastic
생분해필름 biodegradable film
생산(生産) production
생산계획(生産計劃) production plan
생산관리(生産管理) production management
생산기술(生産技術) production technology
생산량(生産量) production
생산비(生産費) production cost
생산성(生産性) productivity
생산자(生産者) producer
생산자가격(生産者價格) producer price
생산자중심시장(生産者中心市場) seller market
생산주기(生産週期) production cycle
생석회(生石灰) quicklime
생선(生鮮) fresh fish
생선가수분해물(生鮮加水分解物) fish hydrolysate
생선간(生鮮肝) fish liver
생선간기름 fish liver oil
생선구이 saengseongui
생선내장제거(生鮮內臟除去) gutting
생선부산물(生鮮副産物) fish byproduct
생선비린내 fishy odor
생선수프 fish soup
생선전 saengseonjeon
생선조림 saengseonjorim
생선찌개 saengseonjjigae
생선튀김 fried fish
생선프리서브 fish preserve
생선필릿 fish fillet
생선회(生鮮膾) saengseonhoe
생성물(生成物) product
생성반응(生成反應) formation reaction
생성열(生成熱) heat of formation
생식(生食) saengsik
생식(生殖) reproduction
생식기관(生殖器官) reproductive organ
생식독성시험(生殖毒性試驗) reproductive toxicity test
생식샘 gonad
생식샘자극호르몬 gonadotropic hormone, GTH
생식샘자극호르몬분비호르몬 gonadotropic releasing hormone
생식생장(生殖生長) reproductive growth
생식세포(生殖細胞) gamete, germ cell
생식세포분열(生殖細胞分裂) meiosis
생식용포도(生食用葡萄) table grape
생어방법 Sanger method
생열귀나무 saengyeolgwinamu, *Rosa davurica* Pall. 장미과
생우유(生牛乳) raw milk
생육(生育) growth and development
생육기간(生育期間) growing period
생이 sengi, *Paratya compressa* (De Haan, 1844) 새뱅잇과
생이젓 saengijeot
생장(生長) growth
생장곡선(生長曲線) growth curve
생장기(生長期) growth period
생장단계(生長段階) growth stage
생장률(生長率) growth rate
생장배지(生長培地) growth medium
생장억제(生長抑制) growth inhibition
생장억제물질(生長抑制物質) growth inhibition substance
생장인자(生長因子) growth factor
생장조절제(生長調節劑) growth regulator
생장촉진제(生長促進劑) growth stimulator
생장호르몬 growth hormone, somatotropin, somatotropic hormone
생장효율(生長效率) growth efficiency
생존곡선(生存曲線) survival curve
생존력(生存力) viability
생존율(生存率) survival rate
생쥐 house mouse, *Mus musculus* Linnaeus, 1758 쥣과
생채(生菜) saengchae
생체검사(生體檢査) antemortem inspection
생체공학(生體工學) bioengineering bionics
생체리듬 biorhythm

생체막(生體膜) biomembrane
생체모방기술(生體模倣技術) biomimetics
생체밖 *in vitro*
생체밖배양 *in vitro* culture
생체분자(生體分子) biomolecule
생체산화(生體酸化) biological oxidation
생체아민 biogenic amine
생체안 *in vivo*
생체안배양 *in vivo* culture
생체이물(生長異物) xenobiotic
생체이용률(生體利用率) bioavailability
생체전기저항분석법(生體電氣抵抗分析法) bioelectrical impedance analysis, BIA
생체조절기능(生體調節機能) body modulating function
생체중합체(生體重合體) biopolymer
생체촉매(生體觸媒) biocatalyst
생치구이 saengchigui
생치장 saengchijang
생치즈 fresh cheese, green cheese
생크림 raw cream
생탈곡(生脫穀) wet grain threshing
생태계(生態系) ecosystem
생태계복원(生態系復原) ecosystem restoration
생태학(生態學) ecology
생태형(生態型) ecotype
생합성(生合成) biosynthesis
생화학(生化學) biochemistry
생화학분석(生化學分析) biochemical analysis
생화학적산소요구량(生化學的酸素要求量) biochemical oxygen demand, BOD
생활사(生活史) life history
생활용수(生活用水) water for living
생활주기(生活週期) life cycle
생활폐기물(生活廢棄物) living waste, household waste, domestic waste
생황장(生黃醬) saenghwangjang
샤그바크히커리 shagbark hickory, *Carya ovata* (Mill.) K. Koch. 가래나뭇과
샤딩거덱스트린 Schardinger dextrin
샤르도네 chardonnay
샤르트뢰즈 chartreuse
샤를법칙 Charles' law
샤부샤부 syabu syabu
샤실리크 shashlik
샤알오븐테스트 Schaal oven test
샤토브리앙 châteaubriand
샤토포도주 Château wine
샤페로닌 chaperonin
샤프롱 chaperone
샤프리스원심분리기 Sharples centrifuge
샬레 Schale
샴페인 Champagne
샹피뇽 champignon
섄디 shandy
서덜 seodeol
서머소시지 summer sausage
서모모노스포라과 Thermomonosporaceae
서모모노스포라속 *Thermomonospora*
서모미세스 라누기노수스 *Thermomyces lanuginosus*
서모미세스속 *Thermomyces*
서모아나에로박터속 *Thermoanaerobacter*
서모아나에로박테륨 서모사카롤리티쿰 *Thermoanaerobacterium thermosaccharolyticum*
서모아나에로박테륨속 *Thermoanaerobacterium*
서모아나에로박테륨과 Thermoanaerobacteriaceae
서모아스쿠스속 *Thermoascus*
서모아스쿠스 아우란티아쿠스 *Thermoascus aurantiacus*
서모코쿠스과 Thermococcaceae
서모토가과 Thermotogaceae
서모토가 네아폴리타나 *Thermotoga neapolitana*
서모토가 마리티마 *Thermotoga maritima*
서모토가속 *Thermotoga*
서몰리신 thermolysin
서무스 서모필루스 *Thermus thermophilus*
서무스목 Thermales
서무스속 *Thermus*
서무스 아쿠아티쿠스 *Thermus aquaticus*
서미스터 thermistor
서미스터온도계 thermistor thermometer
서부회색캥거루 western grey kangaroo, *Macropus fuliginosus* Desmarest, 1817 캥거루과
서비스 service
서비스왜건 service wagon
서스펜션 suspension

서스펜션배양 suspension culture
서식지(棲息地) habitat
서양겨자 brown mustard, *Brassica juncea* (L.) Czern. var. *juncea* 십자화과
서양꼭두서니 common madder, *Rubia tinctorum* L. 꼭두서닛과
서양모과(西洋木瓜) medler, *Mespilus germanica* L. 장미과
서양민들레 common dandelion, *Taraxacum officinale* F. H. Wigg 국화과
서양쐐기풀 stinging nettle, *Urtidca dioica* L. 쐐기풀과
서양잎갈나무 Western larch, *Larix occidentalis* Nutt. 소나뭇과
서양채소(西洋菜蔬) western vegetable
서양톱풀 yarrow, *Achillea millefolium* L. 국화과
서양호박 winter squash, *Cucurbita maxima* Duchesne 박과
서인도레몬그라스 west Indian lemongrass, *Cymbopogon citratus* (DC.) Stapf 볏과
서지탱크 surge tank
서팩틴 surfactin
석류(石榴) pomegranate, *Punica granatum* L. 석류나뭇과
석류나뭇과 Punicaceae
석류병(石榴餠) seokryubyeong
석류풀과 Aizoaceae
석면(石綿) asbestos
석면폐증(石綿肺症) asbestosis
석묵 seokmuk, *Campylaephora hypnaeoides* J. Agardh 비단풀과
석발기(石拔機) stoner
석송강(石松綱) Lycopodiopsida
석송과(石松科) Lycopodiaceae
석송목(石松目) Lycopodiales
석시노글루칸 succinoglucan
석시닐화 succinylation
석신산 succinic acid
석신산다이소듐 disodium succinate
석신산소듐 sodium succinate
석신산수소제거효소 succinate dehydrogenase
석신아마이드 succinamide
석신이미드 succinimide
석영(石英) quartz
석유(石油) petroleum
석유왁스 petroleum wax
석유효모(石油酵母) petroleum yeast
석이(石耳) seogi, *Umbilicaria esculenta* (Miyoshi) Minks 석이과
석이과(石耳科) Umbilicariaceae
석잠풀속 *Stachys*
석죽과(石竹科) Caryophyllaceae
석죽목(石竹目) Caryophyllales
석죽아목(石竹亞目) Caryophyllianea
석죽하강(石竹下綱) Caryophlliatae
석창포(石菖蒲) Japanese rush, Japanese sweet flag, *Acorus gramineus* Soland. 천남성과
석출(析出) eduction
석탄병(惜呑餠) seoktanbyeong
석회(石灰) lime
석회석(石灰石) limestone
석회수(石灰水) lime water
석회죽 milk of lime
석회질소(石灰窒素) lime nitrogen
석회처리(石灰處理) liming
석회화(石灰化) calcification
섞박지 seokbakji
섞이지않는액체 immiscible liquid
섞임도 miscibility
선 seon
선(線) line
선(線) ray
선가속도(線加速度) linear acceleration
선도(鮮度) freshness
선도판정(鮮度判定) freshness assessment
선량(線量) dose
선량당량(線量當量) dose equivalent
선류강(蘚類綱) Bryopsida
선모(腺毛) pilus
선모(仙茅) salsify, purple salsify, oyster plant, *Tragopogon porrifolius* L. 국화과
선모충(旋毛蟲) *Trichinella spiralis* (Owen, 1836) Railliet, 1895 선모충과
선모충과(旋毛蟲科) Trichinellidae
선모충증(旋毛蟲症) trichinosis
선모충속(旋毛蟲屬) *Trichinella*
선별(選別) sorting

선별검사(選別檢査) screening test
선별기(選別機) sorter
선별시험(選別試驗) sorting test
선셋노랑 sunset yellow
선속도(線速度) linear velocity
선스펙트럼 line spectrum
선식(禪食) seonsik
선운동량(線運動量) linear momentum
선인장(仙人掌) cactus
선인장과(仙人掌科) Cactaceae
선인장목(仙人掌目) Cactales
선입선출(先入先出) first-in-first-out
선지해장국 seonjihaejangguk
선척도(線尺度) line scale
선천결함(先天缺陷) congenital defect
선천대사장애(先天代謝障碍) inborn errors of metabolism
선천면역(先天免疫) innate immunity
선천부신과다형성(先天副腎過多形成) congenital adrenal hyperplasia
선천심장병(先天心臟病) congenital heart disease
선초(仙草) seoncho, *Mesona procumbens* Hemsley 꿀풀과
선충(線蟲) nematode
선태식물(蘚苔植物) bryophytes
선태식물문(蘚苔植物門) Bryophyta
선택(選擇) selection
선택메뉴 selective menu
선택배양(選擇培養) selective culture
선택배지(選擇培地) selective medium
선택제초제(選擇除草劑) selective herbicide
선택증균배지(選擇增菌培地) selective enrichment medium
선택투과성(選擇透過性) selective permeability
선택투과막(選擇透過膜) selectively permeable membrane
선형(線形) linear
선형구조(線形構造) linear structure
선형동물문(線形動物門) Nematoda
선형디엔에이 linear DNA
선형알킬벤젠설폰산염 linear alkyl benzene sulfonate, LAS
선형점탄성(線形粘彈性) linear viscoelasticity
선형점탄성이론(線形粘彈性理論) theory of linear viscoelasticity
선형중합체(線形重合體) linear polymer
선형회귀분석(線形回歸分析) linear regression analysis
선호(選好) preference
선호검사(選好檢査) preference test
선호도(選好度) preference degree
선호돗값 preference score
선호영역(選好領域) region of preference
설계(設計) design
설기 seolgi
설깃살 bottom round
설도(泄道) bottom round
설렁탕 seolleongtang
설루구니치즈 suluguni cheese
설사(泄瀉) diarrhea
설사식품중독(泄瀉食品中毒) diarrhetic food poisoning
설사조개독소 diarrhetic shellfish poison
설사조개중독 diarrhetic shellfish poisoning
설치(設置) installation
설치류(齧齒類) rodents
설치목(齧齒目) Rodentia
설치비(設置費) installation cost
설타나 sultana
설탕 sugar
설탕공정 sugar process
설탕과자 sugar confectionery
설탕대용물 sugar substitute
설탕완두 sugar pea, snap pea, *Pisum sativum* var. *macrocarpon* ser. cv. 콩과
설탕작물 sugar crop
설탕절임과일 candied fruit
설탕정제 defecation
설탕즙 sugar juice
설탕첨가 chaptalization
설탕팬 sugar pan
설파닐산 sulfanilic acid
설파닐아마이드 sulfanilamide
설파다이아진 sulfadiazine
설파메이트 sulfamate
설파메타진 sulfamethazine
설파싸이아졸 sulfathiazole

설파이드 sulfide
설파타이드 sulfatide
설페이트 sulfate
설페인 sulfane
설포닐유레아 sulfonylurea
설포라판 sulforaphane
설폭사이드 sulfoxide
설폰산 sulfonic acid
설폰아마이드 sulfonamide
설폰화반응 sulfonation
설퓨릴 sulfuryl
설프하이드릴기 sulfhydryl group
섬광(閃光) scintillation
섬광계수기(閃光計數器) scintillation counter
섬누룩 seomnuruk
섬모(纖毛) cilium
섬모상피(纖毛上皮) ciliated epithelium
섬모운동(纖毛運動) ciliary movement
섬모체(纖毛體) ciliary body
섬모충(纖毛蟲) ciliate
섬쑥부쟁이 *Aster glehni* F. Schmidt 국화과
섬유(纖維) fiber
섬유모세포(纖維母細胞) fibroblast
섬유상구조(纖維狀構造) fibrous structure
섬유상단백질(纖維狀蛋白質) fibrous protein
섬유상식품(纖維狀食品) fibrous food
섬유상조직(纖維狀組織) fibrous tissue
섬유상콩단백질 fibrous soy protein
섬유상텍스처 fibrous texture
섬유작물(纖維作物) fiber crop
섬유증(纖維症) fibrosis
섬유질식품(纖維質食品) roughage
섬유측정기(纖維測定器) fibrometer
섬유캔 fiber can
섬유판(纖維版) fiberboard
섭식중추(攝食中樞) feeding center
섭씨온도(攝氏溫度) Celsius temperature
섭취(攝取) intake
섭취량(攝取量) intake
섭취율(攝取率) uptake rate
성(性) sex
성게 sea urchin
성게강 Echinoidea
성게목 Echinoida
성게알집 sea urchin gonad
성게젓 seonggejeot
성능(性能) performance
성대 spiny red gurnard, *Chelidonichthys spinosus* (McClelland, 1844) 성댓과
성댓과 Triglidae
성베난트체 St. Venant body
성분(成分) component
성분식사(成分食事) elementary diet
성분조정우유(成分調整牛乳) toned milk
성숙(成熟) maturation
성숙기(成熟期) maturation period
성숙도(成熟度) maturity, ripeness
성숙호르몬 ripening hormone
성에 frost
성에제거 defrosting
성염색체(性染色體) sex chromosome
성인(成人) adult
성인비만(成人肥滿) adult obesity
성장기용조제식(成長期用調製食) follow-up formula
성질(性質) property
성체(成體) adult
성체줄기세포 adult stem cell
성층살균법 strata cook process
성형(成形) moulding
성형(成形) forming
성형(成形) shaping
성형기(成形機) moulder
성형다이 forming die
성호르몬 sex hormone
성홍열(猩紅熱) scarlet fever
세계무역기구(世界貿易機構) World Trade Organization, WTO
세계보건기구(世界保健機構) World Health Organization, WHO
세공분포(細孔分布) pore distribution
세균(細菌) bacterium, bacteria(복수)
세균감염(細菌感染) bacterial infection
세균거르개 bacteriological filter
세균검사(細菌檢查) bacteriological examination
세균내생홀씨 bacterial endospore
세균단백질가수분해효소(細菌蛋白質加水分解酵素) bacterial protease

세균독소(細菌毒素) bacterial toxin
세균바이러스 bacterial virus
세균바이오매스 bacterial biomass
세균배양(細菌培養) cultivation of bacterium
세균변성독소(細菌變性毒素) bacterial toxoid
세균살충제(細菌殺蟲劑) bacterial insecticide
세균생장억제작용(細菌生長抑制作用) bacteriostatic action
세균생장억제제(細菌生長抑制劑) bacteriostatic agent
세균생장억제활성(細菌生長抑制活性) bacteriostatic activity
세균성마름병 bacterial blight
세균성무름병 bacterial rot
세균성변질(細菌性變質) bacterial spoilage
세균성시듦병 bacterial wilt
세균성알레르기 bacterial allergy
세균성잎마름병 bacterial leaf blight
세균성질병(細菌性疾病) bacterial disease
세균세포막(細菌細胞膜) bacterial cytoplasmic membrane
세균수(細菌數) bacterial count
세균식품중독(細菌食品中毒) bacterial food poisoning
세균알파아밀레이스 bacterial α-amylase
세균억제단백질(細菌抑制蛋白質) antibacterial protein
세균억제작용(細菌抑制作用) antibacterial action
세균억제제(細菌抑制劑) antibacterial agent
세균억제화합물(細菌抑制化合物) antibacterial compound
세균억제활성(細菌抑制活性) antibacterial activity
세균염색(細菌染色) bacterial staining
세균오염(細菌汚染) bacterial contamination
세균유전학(細菌遺傳學) bacterial genetics
세균응집(細菌凝集) bacterial agglutination
세균이질(細菌痢疾) bacillary dysentery
세균제거원심분리(細菌除去遠心分離) bactofugation
세균클로로필 bacteriochlorophyll
세균학(細菌學) bacteriology
세균적선도측정법(細菌的鮮度測定法) bacteriological method for assessing freshness
세균적품질(細菌的品質) bacteriological quality
세균홀씨 bacterial spore
세균효소(細菌酵素) bacterial enzyme
세그먼트 segment
세기 intensity
세기 strength
세기성질 intensive property
세기척도 intensity scale
세달 trimester
세대기간(世代期間) generation time
세도헵툴로스 sedoheptulose
세도헵툴로스-1,7-이인산 sedoheptulose-1,7-bisphosphate
세동맥(細動脈) arteriole
세동맥경화증(細動脈硬化症) arteriolosclerosis
세라노햄 Serrano ham
세라마이드 ceramide
세라믹 ceramic
세라믹막 ceramic membrane
세라믹오븐 ceramic oven
세라믹칼 ceramic knife
세라토시스티스속 *Ceratocystis*
세라토시스티스 파라독사 *Ceratocystis paradoxa*
세라토시스티스 핌브리아타 *Ceratocystis fimbriata*
세라티아 리퀘파시엔스 *Serratia liquefaciens*
세라티아 마르세스센스 *Serratia marcescens*
세라티아속 *Serratia*
세레브로사이드 cerebroside
세레울라이드 cereulide
세로근육 longitudinal muscle
세로토닌 serotonin
세로트산 cerotic acid
세룰레닌 cerulenin
세룰로플라스민 ceruloplasmin
세륨 cerium
세르블라 cervelat
세리신 sericin
세린 serine
세린단백질가수분해효소 serine protease
세모편모충속 *Trichomonas*
세몰리나 semolina
세몰리나푸딩 semolina pudding
세미(洗米) rice washing
세미기(洗米機) rice washing machine

세미퀴논 semiquinone
세방향조절밸브 three way control valve
세배수체 triploid
세사몰 sesamol
세사몰린 sesamolin
세사민 sesamin
세슘 cesium
세스바니아속 *Sesbania*
세스퀴탄산소듐 sodium sesquicarbonate
세스퀴터페노이드 sesquiterpenoid
세스퀴터펜 sesquiterpene
세실과(細實果) sesilgwa
세염기조합 triplet code
세이지 sage, *Salvia officinalis* L. 꿀풀과
세이지방향유 sage oil
세인트넥타르치즈 Saint Nectaire cheese
세인트폴치즈 Saint Paulin cheese
세절채소(細切菜蔬) shredded vegetable
세정(洗淨) cleaning
세정맥(細靜脈) venule
세정용액(洗淨溶液) cleaning solution
세정제(洗淨劑) cleaning agent
세제(洗劑) detergent
세척(洗滌) washing
세척기(洗滌器) washer
세척병(洗滌甁) washing bottle
세척솔 washing brush
세척효과(洗滌效果) washing effect
세칼린 secalin
세크레틴 secretin
세탁소다 washing soda
세트메뉴 set menu
세트포인트 set point
세틸알코올 cetyl alcohol
세팅 setting
세파피린 cephapirin
세팔로스포륨속 *Cephalosporium*
세팔로스포륨 카에룰렌스 *Cephalosporium caerulens*
세팔로스포린 cephalosporin
세팔린 cephalin
세포(細胞) cell
세포공학(細胞工學) cell engineering
세포구조(細胞構造) cell structure
세포군(細胞群) cell population
세포독성(細胞毒性) cytotoxicity
세포독성반응(細胞毒性反應) cytotoxic reaction
세포독성티림프구 cytotoxic T lymphocyte
세포독성티세포 cytotoxic T cell
세포독성항체(細胞毒性抗體) cytotoxic antibody
세포독성효과(細胞毒性效果) cytotoxic effect
세포독소(細胞毒素) cytotoxin
세포막(細胞膜) cell membrane
세포면역(細胞免疫) cellular immunity
세포매개면역(細胞媒介免疫) cell-mediated immunity
세포미세구조(細胞微細構造) cell ultrastructure
세포밀도(細胞密度) cell density
세포밖기질 extracellular matrix, ECM
세포밖냉동 extracellular freezing
세포밖다당류 exopolysaccharide
세포밖액 extracellular fluid
세포밖효소 exoenzyme, extracellular enzyme
세포배양(細胞培養) cell culture
세포배출(細胞排出) exocytosis
세포벽(細胞壁) cell wall
세포분리기(細胞分離器) cell sorter
세포분쇄액(細胞粉碎液) cell homogenate
세포분열(細胞分裂) cell division
세포분화(細胞分化) cell differentiation
세포뼈대 cytoskeleton
세포사이공간 intercellular space
세포사이물질 intercellular substance
세포생리학(細胞生理學) cell physiology
세포생물학(細胞生物學) cell biology
세포서스펜션배양 cell suspension culture
세포섭취(細胞攝取) endocytosis
세포소기관(細胞小器官) cell organelle
세포손상(細胞損傷) cell damage
세포수(細胞數) cell count
세포식작용(細胞食作用) cytophagy
세포안냉동 intracellular freezing
세포안소화 intracellular digestion
세포안액 intracellular fluid
세포안효소 endoenzyme, intracellular enzyme
세포액(細胞液) cell sap
세포용해(細胞溶解) cell lysis
세포운동(細胞運動) cell movement

세포유전학(細胞遺傳學) cytogenetics
세포융합(細胞融合) cell fusion
세포자살(細胞自殺) apoptosis
세포주(細胞株) cell line
세포주기(細胞週期) cell cycle
세포증식(細胞增殖) cell proliferation
세포질(細胞質) cytoplasm
세포질그물 endoplasmic reticulum, ER
세포질분열(細胞質分裂) cytokinesis
세포질액(細胞質液) cytosol
세포체(細胞體) cell body
세포클로닝 cell cloning
세포학(細胞學) cytology
세포핵(細胞核) cell nucleus
세포호흡(細胞呼吸) cell respiration
세포화학(細胞化學) cytochemistry
센물 hard water
센베이 senbei
센티미터 centimeter
센티스토크스 centistokes
센티푸아즈 centipoise
셀러리 celery, *Apium graveolens* var. *dulce* (Mill.) Pers. 산형과
셀러리씨 celery seed
셀러리씨방향유 celery seed oil
셀러리액 celeriac, turnip-rooted celery, *Apium graveolens* L. var. *rapaceum* (Mill.) Gaud. 산형과
셀레노메싸이오닌 selenomethionine
셀레노시스테인 selenocysteine
셀레늄 selenium
셀레늄산소듐 sodium selenate
셀로믹스 cellomics
셀로바이에이스 cellobiase
셀로바이오스 cellobiose
셀로바이오하이드롤레이스 cellobiohydrolase
셀로올리고당 cellooligosaccharide
셀로판 cellophane
셀로판지 cellophane paper
셀룰로모나스속 *Cellulomonas*
셀룰로솜 cellulosome
셀룰로스 cellulose
셀룰로스가수분해효소 cellulase
샐룰로스검 cellulose gum
셀룰로스분해효소 cellulolytic enzyme
셀룰로스빵 cellulose bread
셀룰로스섬유 cellulose fiber
셀룰로스소시지케이싱 cellulose sausage casing
셀룰로스아세테이트 cellulose acetate
셀룰로스에테르 cellulose ether
셀룰로스유도체 cellulose derivative
셀룰로스-1,4-베타셀로바이오시데이스 cellulose-1,4-β-cellobiosidase
셀룰로스젤 cellulose gel
셀룰로스필름 cellulose film
셀룰로이드 celluloid
셀룰로플라스민 celluloplasmin
셀비브리오 믹스투스 *Cellvibrio mixtus*
셀비브리오속 *Cellvibrio*
셀프라이징밀가루 self-rising flour
셀프서비스 self service
셉신 sepsin
셉토리아속 *Septoria*
셉토리아 아피이콜라 *Septoria apiicola*
셋백 set-back
셔벗 sherbet
셔틀밸브 shuttle valve
셔틀벡터 shuttle vector
셰리 sherry
셰이크 shake
셰프 chef
셸락 shellac
셸롤산 shellolic acid
셸코일응축기 shell and coil condenser
셸코일증발기 shell and coil evaporator
셸튜브열교환기 shell and tube heat exchanger
셸튜브증발기 shell and tube evaporator
소 so
소(牛) cattle, cow, *Bos taurus* (Linnaeus, 1758) 솟과
소각(燒却) incineration
소각로(燒却爐) incinerator
소결핵세균 *Mycobaterium bovis*
소국주(小麴酒) sogukju
소귀나무 yangmei, Chinese bayberry, *Myrica rubra* Siebold & Zucc. 소귀나뭇과
소귀나무목 Myricales

소귀나뭇과 Myricaceae
소규모양조장(小規模釀造場) microbrewery
소근육 bovine muscle, cattle muscle
소금 salt
소금기 saltness
소금물 saline water
소금변성 salt burning
소금산업진흥법 Salt Industry Promotion Act
소금용액 saline solution
소금절이고기 salted meat
소금절이고지 salted koji
소금절이달걀 salted egg
소금절이대구 salt cod
소금절이돼지고기 salt pork, white bacon
소금절이멸치 salted anchovy
소금절이미역 salted sea mustard
소금절이생강 salted ginger
소금절이수산물병조림 bottled salted marine food
소금절이식품 salted food
소금절이연어알 salted salmon roe
소금절이오이 salted cucumber
소금절이청어알 salted herring roe
소금절이제품 salted product
소금절이해파리 salted jellyfish
소금제거 desalting
소금큐어링 salt curing
소금호수 salt lake
소기관 organelle
소나무 pine
소나무 Korean red pine, *Pinus densiflora* Siebold & Zucc. 소나뭇과
소나무비늘버섯과 Hymenochaetaceae
소나뭇과 Pinaceae
소뇌(小腦) cerebellum
소다 soda
소다빵 soda bread
소다석회 soda lime
소다수 soda water
소다크래커 soda cracker
소다회 soda ash
소단위(小單位) subunit
소독(消毒) disinfection
소독기(消毒器) disinfector
소독부산물(消毒副産物) disinfection byproduct
소독제(消毒劑) disinfectant
소듐 sodium
소듐이온 sodium ion
소듐펌프 sodium pump
소듐포타슘교환펌프 sodium potassium exchange pump
소듐포타슘펌프 sodium potassium pump, Na^{+}-K^{+} pump
소똥버섯과 Bolbitiaceae
소라 spiny top shell, *Batillus cornutus* (Lightfoot, 1786) 소랏과
소랄렌 psoralen
소랏과 Trubinidae
소르다리아강 Sordariomycetes
소르다리아과 Sordariaceae
소르바 sorva, *Couma macrocarpa* Barb. Rodr. 협죽도과
소르베 sorbet
소리쟁이속 *Rumex*
소마토스타틴 somatostatin
소매(小賣) retail
소매가격(小賣價格) retail price
소매상(小賣商) retailer
소매시장(小賣市場) retail market
소면(素麵) somyeon
소면역결핍바이러스 bovine immunodeficiency virus
소모기법 Somogyi method
소모병(消耗病) wasting disease
소모증후군(消耗症候群) wasting syndrome
소믈리에 sommelier
소박이 sobagi
소방자낭균강(小房子囊菌綱) Loculoascomycetes
소백반(燒白礬) burnt alum
소베스트린 sorbestrin
소베이트 sorbate
소보로 streusel
소보스 sorbose
소브산 sorbic acid
소브산칼슘 calcium sorbate
소브산포타슘 potassium sorbate
소비(消費) consumption

소비자(消費者) consumer
소비자가격(消費者價格) consumer price
소비자검사(消費者檢查) consumer test
소비자검사원(消費者檢查員) consumer panel
소비자관능검사원(消費者官能檢查員) consumer taste panel
소비자교육(消費者教育) consumer education
소비자구매행동(消費者購買行動) consumer buying behavior
소비자기본법(消費者基本法) Framework Act on Consumers
소비자물가지수(消費者物價指數) consumer price index
소비자반응(消費者反應) consumer response
소비자보호(消費者保護) consumer protection
소비자불만(消費者不滿) consumer complaint
소비자선호도(消費者選好度) consumer preference
소비자선호도검사(消費者選好度檢查) consumer preference test
소비자수용도(消費者受容度) consumer acceptability
소비자수용도검사(消費者受容度檢查) consumer acceptability test
소비자식품위생감시원(消費者食品衛生監視員) food sanitation consumer inspector
소비자연구(消費者硏究) consumer research
소비자운동(消費者運動) consumers movement
소비자정보(消費者情報) consumer information
소비자조사(消費者調查) consumer survey
소비자지향시장(消費者指向市場) consumer oriented market
소비탄 sorbitan
소비탄에스터 sorbitan ester
소비탄지방산에스터 sorbitan fatty acid ester
소비톨 sorbitol
소비톨수소제거효소 sorbitol dehydrogenase
소비톨액 sorbitol solution
소석회(消石灰) slaked lime, calcium hydroxide
소성(塑性) plasticity
소성변형(塑性變形) plastic deformation
소성유체(塑性流體) plastic fluid
소생장호르몬 bovine growth hormone, BGH
소성지방(塑性脂肪) plastic fat
소성지수(塑性指數) plasticity index
소성크림 plastic cream
소성흐름 plastic flow
소소마토트로핀 bovine somatotropin, BST
소수결합(疏水結合) hydrophobic bond
소수기(疏水基) hydrophobic group
소수물질(疏水物質) hydrophobic material
소수상호작용(疏水相互作用) hydrophobic interaction
소수성(疏水性) hydrophobicity
소수수화(疏水水和) hydrophobic hydration
소수콜로이드 hydrophobic colloid
소스 sauce
소스담금생선 fish in sauce
소스믹스 sauce mix
소스팬 saucepan
소스펀지뇌병증 bovine spongiform encephalopathy, BSE
소시지 sausage
소시지고기 sausage meat
소시지에멀션 sausage emulsion
소시지케이싱 sausage casing
소실율(消失率) disappearance rate
소아고혈압(小兒高血壓) juvenile hypertension
소아당뇨병(小兒糖尿病) juvenile diabetes
소아비만(小兒肥滿) juvenile obesity
소아사망률(小兒死亡率) child death rate
소아청소년과(小兒青少年科) pediatrics
소약과(小藥果) soyakgwa
소염제(消炎劑) antiinflammatory drug
소염진통제(消炎鎭痛劑) antiinflammatory analgesic drug
소염활성(消炎活性) antiinflammatory activity
소엽(蘇葉) perilla, *Perilla frutescens* (L.) Britton var. *crispa* 꿀풀과
소엽방향유(蘇葉芳香油) perilla essential oil
소엽색소(蘇葉色素) perilla color
소용돌이 vortex
소유산세균 *Brucella abortus*
소음(騷音) noise
소인증(小人症) dwarfism
소자(素子) device
소작농(小作農) tenant
소작농업(小作農業) tenant farming
소조직 cattle tissue

소주(燒酒) soju
소줏고리 sojugori
소중합체(小重合體) oligomer
소철(蘇鐵) sago palm, king sago, *Cycas revoluta* Thunb. 소철과
소철과(蘇鐵科) Cycadaceae
소철류(蘇鐵類) cycads
소철목(蘇鐵目) Cycadales
소철문(蘇鐵門) Cycadophyta
소철속(蘇鐵屬) *Cycas*
소철아문(蘇鐵亞門) Cycadophytina
소철씨 cycad seed
소케이싱 beef casing
소콩팥 cattle kidney
소태나무 quassia wood, India quassia, *Picrasma quassioides* (D. Don) Benn. 소태나뭇과
소태나뭇과 Simaroubaceae
소테 saute
소테른 Sauternes
소테잉 sauteing
소포(小胞) follicle
소프트드링크 soft drink
소프트롤 soft roll
소프트비스킷 soft biscuit
소프트아이스크림 soft ice cream
소프트캐러멜 soft caramel
소프트캔디 soft candy
소프트커스터드 soft custard
소합향(蘇合香) styrax
소합향기름 oriental sweetgum oil
소합향나무 oriental sweetgum, *Liquidambar orientalis* L. 조록나뭇과
소핵(小核) micronucleus
소핵검사(小核檢査) micronucleus assay
소혀버섯 beefsteak fungus, ox tongue, *Fistulina hepatica* Schaeff.:Fr. 소혀버섯과
소혀버섯과 Fistulinaceae
소혀버섯속 *Fistulina*
소혈청알부민 bovine serum albumin
소화(消化) digestion
소화계수(消化係數) digestibility coefficient
소화계통(消化系統) digestive system
소화관(消化管) alimentary canal
소화기관(消化器管) digestive organ
소화불량(消化不良) dyspepsia, indigestion
소화샘 digestive gland
소화성궤양(消化性潰瘍) peptic ulcer
소화성단백질(消化性蛋白質) digestible protein
소화성에너지 digestible energy, DE
소화성영양소(消化性營養素) digestible nutrient
소화성조단백질(消化性粗蛋白質) digestible crude protein, DCP
소화식채유법(消化式採油法) digestive rendering process
소화액(消化液) digestive juice
소화율(消化率) digestibility
소화율계수(消化率係數) digestion coefficient
소화제(消化劑) digestant
소화조(消化槽) digestion tank
소화중독제(消化中毒劑) stomach poison
소화효소(消化酵素) digestive enzyme
소흥주(紹興酒) Shaoxing chiew
속 filling
속(屬) genus
속귀 inner ear
속단(續斷) sogdan, *Phlomis umbrosa* Turcz. 꿀풀과
속단(續斷) Dipsaci radix
속단속(續斷屬) *Phlomis*
속도(速度) velocity
속도결정단계(速度決定段階) rate-determining step
속도기울기 velocity gradient
속도분포(速度分布) velocity distribution
속도상수(速度常數) rate constant
속력(速力) speed
속막 inner membrane
속명(屬名) genus name
속벽 inner wall
속빈섬유배양 hollow fiber culture
속빈유리 hollow glass
속뼈대 endoskeleton
속새 rough horsetail, scouring rush, *Equisetum hyemale* L. 속샛과
속새강 Equisetopsida
속새목 Equisetales

속새속 *Equisetum*
속샛과 Equisetaceae
속성(屬性) attribute
속성반죽법 accelerated dough method
속성빵 quick bread
속성식초(速成食醋) quick vinegar
속성식초발효조(速成食醋醱酵槽) quick vinegar fermentor
속성양조법(速成釀造法) quick brewing process
속성염장(速成鹽藏) quick salting
속성주(速成酒) sokseongju
속성훈제법(速成燻製法) quick smoking
속슬렛추출기 Soxhlet extraction apparatus
속슬렛추출법 Soxhlet extraction method
속쓰림 heartburn
속씨식물 angiosperm
속씨식물문 Amgiospermae
속열매껍질 endocarp
속포장 inner packaging
속힘 internal force
솎기 thinning
손끝촉감 finger feel
손네이이질세균 *Shigella sonnei*
손대칭성 chirality
손댄흔적이남는마개 tamper-evident closure
손댄흔적이남는포장 tamper-evident packaging
손목 wrist
손박피 hand peeling
손상(損傷) damage
손상녹말(損傷綠末) damaged starch
손실(損失) loss
손익분기점(損益分岐點) break-even point
손촉감 hand feel
손톱 fingernail
솔라니딘 solanidine
솔라닌 solanine
솔레노이드 solenoid
솔레노이드밸브 solenoid valve
솔리에리아과 Solieriaceae
솔방울 strobilus
솔방울샘 pineal gland
솔방울캡 pinecone cap, *Strobilurus tenacellus* (Pers.) Singer 피살라크리아과
솔잎 pine needle
솔잎난 skeleton fork fern, *Psilotum nudum* (L.) P. Beauv. 솔잎난과
솔잎난강 Psilotopsida
솔잎난과 Psilotaceae
솔잎난목 Psilotales
솔잎난속 *Psilotum*
솜대 somdae, *Phllostachys nigra* Munro var. *henonis* Stapf. 볏과
솜마개 cotton plug
솜사탕 cotton candy
솟과 Bovidae
송사리 Asiatic rice fish, *Oryzias latipes* (Temminck & Schlegel, 1846) 송사릿과
송사릿과 Adrianichthyidae
송아지 calf
송아지고기 veal
송아지근육 calf muscle
송아지레닛 calf rennet
송어(松魚) cherry salmon, masu salmon, *Oncorhynchus masou* (Brevoort, 1856) 연어과
송이(松栮) matsutake, *Tricholoma matsutake* (S. Ito & S. Imai) Singer 1943 송이과
송이과(松栮科) Tricholomataceae
송이속 *Tricholoma*
송이알코올 matsutake alcohol
송편 songpyeon
송풍기(送風機) blower
송풍냉동(送風冷凍) air blast freezing
송풍냉동기(送風冷凍機) air blast freezer
송풍냉동법(送風冷凍法) air blast freezing method
송풍해동기(送風解凍機) air blast thawer
송화(松花) pine pollen
송화다식(松花茶食) songhwadasik
송화단(松花蛋) songwhadan
쇄립(碎粒) broken kernel
쇄빙(碎氷) crushed ice
쇄빙기(碎氷器) ice crusher
쇠가리 beef rib
쇠간 beef liver
쇠고기 beef
쇠고기근육 beef muscle
쇠고기민스 beef mince

쇠고기베이컨 beef bacon
쇠고기소시지 beef sausage
쇠고기조미통조림 seasoned and canned beef
쇠고기추출물 beef extract
쇠고기통조림 canned beef
쇠고기햄버거 beefburger
쇠고기향미 beef-like flavor
쇠귀나물 old world arrowhead, *Sagittaria trifolia* L. var. *edulis* (Sieb.) Ohwi 택사과
쇠그물 wire gauze
쇠기름 beef tallow
쇠꼬리 oxtail
쇠뜨기 field horsetail, common horsetail, *Equisetum arvense* L. 속샛과
쇠렌센완충용액 Sørensen's buffer solution
쇠무릎 soemureup, *Achyranthes japonica* (Miq.) Nakai 비름과
쇠비름 purslane, pigweed, *Portulaca oleracea* L. 쇠비름과
쇠비름과 Portulacaceae
쇠비름아목 Portulacineae
쇠서 beef tongue
쇠심 beef tendon
쇠염통 cow heart
쇠족 ox-hoof
쇠족기름 ox-hoof oil
쇼가올 shogaol
쇼츠 shorts
쇼크 shock
쇼트닝 shortening
쇼트닝값 shortening value
쇼트닝성질 shortening property
쇼트미터 shortmeter
쇼트브레드 shortbread
쇼트케이크 shortcake
쇼트톤 short ton
쇼트패턴트 short patent
수과(瘦果) achaenium
수관계통(水管系統) water vascular system
수교의 sugyoui
수국(水菊) bigleaf hydrangea, hortensia, *Hydrangea macrophylla* (Thunb.) Ser. 수국과
수국과(水菊科) Hydrangeaceae
수국속(水菊屬) *Hydrangea*
수그루 male plant
수꽃 male flower
수단(水團) sudan
수돗물 tap water
수동면역(受動免疫) passive immunity
수동운반(受動運搬) passive transport
수동퍼짐 passive diffusion
수동흡수(受動吸收) passive absorption
수두(水痘) chicken pox
수란(水卵) poached egg
수랭(水冷) water cooling
수랭냉각장치(水冷冷却裝置) water cooled cooling system
수랭법(水冷法) water cooling method
수랭응축기(水冷凝縮器) water cooled condenser
수레국화 cornflower, bachelor's button, *Centaurea cyanus* L. 국화과
수련(睡蓮) water lily, *Nymphaea tetragona* George 수련과
수련과(睡蓮科) Nymphaeaceae
수련목(睡蓮目) Nymphaeales
수련아목(睡蓮亞目) Nymphaeineae
수렴(收斂) convergence
수리남버찌 surinam cherry, pitanga, *Eugenia uniflora* L. 미르타과
수리모델 mathematical model
수리미 surimi
수리취 surichwi, *Synurus deltoides* (Aiton) Nakai 국화과
수리취떡 surichwitteok
수리취속 *Synurus*
수막염(髓膜炎) meningitis
수면제(睡眠劑) hypnotic
수명(壽命) lifespan
수목(樹木) tree
수박 watermelon, *Citrullus vulgaris* Schrad. 박과
수박씨 watermelon seed
수분(水分) moisture
수분기준(水分基準) moisture basis
수분대사(水分代謝) water metabolism
수분손실(水分損失) water loss

수분스트레스 water stress
수분열처리(水分熱處理) heat-moisture treatment
수분이동(水分移動) moisture transfer
수분측정기(水分測定器) moisture meter
수분평형(水分平衡) water balance
수분함량(水分含量) moisture content
수분함량측정(水分含量測定) moisture content measurement
수분활성도(水分活性度) water activity, a_w
수분흡수(水分吸收) water absorption
수분흡수건조(水分吸水乾燥) moisture absorption drying
수분흡수능력(水分吸收能力) water absorption capacity
수분흡수비율(水分吸收比率) water absorption ratio
수분흡착(水分吸着) moisture sorption
수분흡착제(水分吸着製) moisture absorbent
수브틸리신 subtilisin
수브틸린 subtilin
수비 sous-vide
수비식품 sous-vide food
수비음식 sous-vide meal
수사슴 buck
수산가공(水產加工) fishery processing
수산가공업(水產加工業) fishery processing industry
수산가공품(水產加工品) fishery product
수산기름 marine oil
수산물(水產物) fishery produce
수산물품질인증제도(水產物品質認證制度) quality certification system for fishery produce
수산생물(水產生物) aquatic organism
수산생물질병관리법(水產生物疾病管理法) Aquatic Animal Disease Management Act
수산식품저장(水產食品貯藏) fishery produce storage
수산양식(水產養殖) aquaculture
수산양식제품(水產養殖製品) aquaculture product
수산업(水產業) fishery
수산업협동조합(水產業協同組合) Fisheries Cooperative Association
수산업협동조합중앙회(水產業協同組合中央會) National Federation of Fisheries Cooperatives
수산자원(水產資源) fishery resource
수산전통식품품질인증(水產傳統食品品質認證) traditional fishery product quality certification
수산특산물품질인증(水產特產物品質認證) indigenous fishery product quality certification
수산화마그네슘 magnesium hydroxide
수산화물(水酸化物) hydroxide
수산화소듐 sodium hydroxide
수산화소듐용액 sodium hydroxide solution
수산화암모늄 ammonium hydroxide
수산화이온 hydroxide ion
수산화칼슘 calcium hydroxide
수산화포타슘 potassium hydroxide
수삼(水蔘) susam
수상새아목 Dendrobranchiata
수생동물(水生動物) aquatic animal
수생생물(水生生物) hydrobios
수생세균(水生細菌) aquatic bacterium
수생식물(水生植物) hydrophyte
수생식품(水生食品) aquatic food
수생채소(水生菜蔬) aquatic vegetable
수선(修繕) repair
수선화과(水仙花科) Amaryllidaceae
수선효소(修繕酵素) repair enzyme
수세(水洗) water washing
수세미외 sponge gourd, *Luffa cylindrica* M. Roem. 박과
수세수축(水洗收縮) shrinkage by washing
수소 bull
수소(水素) hydrogen
수소결합(水素結合) hydrogen bond
수소근육 bull muscle
수소다리구조 hydrogen-bridged structure
수소에너지 hydrogen energy
수소운반체(水素運搬體) hydrogen carrier
수소원자(水素原子) hydrogen atom
수소이온 hydrogen ion
수소이온농도 hydrogen ion concentration
수소이온농도지수 hydrogen ion concentration exponent
수소전극(水素電極) hydrogen electrode
수소전달효소(水素傳達酵素) transhydrogenase

수소제거반응(水素除去反應) dehydrogenation
수소제거효소(水素除去酵素) dehydrogenase
수소차단제(水素遮斷劑) hydrogen blocker
수소팽창(水素膨脹) hydrogen swell
수소화(水素化) hydrogenation
수소화기름 hydrogenated oil
수소화분해(水素化分解) hydrogenolysis
수소화지방(水素化脂肪) hydrogenated fat
수소화포도당시럽 hydrogenated glucose syrup
수소화합물(水素化合物) hydrogen compound
수소화효소(水素化酵素) hydrogenase
수송나물 saltwort, *Salsola komarovii* Iljin 명아줏과
수송나물속 *Salsola*
수수 sorghum, milo, kaoling, *Sorghum bicolor* (L.) Moench 볏과
수수경단 susugyeongdan
수수꽃다리속 *Syringa*
수수녹말 sorghum starch
수수맥주 sorghum beer
수수색소 sorghum color
수수시럽 sorghum syrup
수수엿기름 sorghum malt
수술(手術) operation
수시장(水豉醬) susijang
수압(水壓) hydraulic pressure
수압기(水壓機) hydraulic press
수압수중펌프 hydraulic submerged pump
수액(樹液) sap
수어트 suet
수염고둥과 Cymatiidae
수염고래아목 Mysticeti
수염고랫과 Balaenopteridae
수염대구과 Phycidae
수염상어목 Orectolobiformes
수영 sorrel, *Rumex acetosa* L. 마디풀과
수요예측(需要豫測) demand forecasting
수용(受容) acceptance
수용가능위해도(受容可能危害度) acceptable level of risk
수용다당류(水溶多糖類) water-soluble polysaccharide
수용단백질(水溶蛋白質) water-soluble protein
수용도(受容度) acceptability
수용바이타민 water-soluble vitamin
수용성(水溶性) water-soluble
수용식품섬유(水溶食品纖維) water-soluble dietary fiber
수용아나토 water-soluble annatto
수용액(水溶液) aqueous solution
수용영양소(水溶營養素) water-soluble nutrient
수용타르색소 water-soluble tar dye
수용펜토산 water-soluble pentosan
수용필름 water-soluble film
수원그물버섯 butter-foot bolete, *Boletus auripes* Peck 그물버섯과
수원무당버섯 *Russula mariae* Peck 무당버섯과
수유검사(受乳檢査) platform test
수유부(授乳婦) lactating woman
수유전문컨설턴트 certified lactation consultant
수유탱크 milk receiving tank
수육 suyuk
수율(收率) yield
수은(水銀) mercury
수은기둥 mercury column
수은기압계(水銀氣壓計) mercury barometer
수은등(水銀燈) mercury lamp
수은압력계(水銀壓力計) mercury manometer
수은온도계(水銀溫度計) mercury thermometer
수은중독(水銀中毒) mercury poisoning
수익성(收益性) profitability
수입품(輸入品) imported goods
수자원(水資源) water resource
수저 spoon and chopsticks
수정(受精) fertilization
수정과(水正果) sujeonggwa
수정관(受精管) fertilization tube
수정능력(受精能力) fertility
수정란(受精卵) fertilized egg
수정막(受精膜) fertilization membrane
수정소(受精素) fertilizin
수제비 sujebi
수제차(手製茶) handmade tea
수조기 yellow drum, spotted maigre, *Nibea albiflora* (Richardson, 1846) 민어과

수죽 sujuk
수증기(水蒸氣) water vapor
수증기압력(水蒸氣壓力) water vapor pressure
수지(樹脂) resin
수지(獸脂) tallow
수지산(樹脂酸) resin acid
수지세포(樹脂細胞) resin cell
수지화(樹脂化) resinification
수직건조기(垂直乾燥機) vertical dryer
수직단관증발기(垂直短管蒸發器) vertical short-tube evaporator
수직믹서 vertical mixer
수직변형력(垂直變形力) normal stress
수직스크루믹서 vertical screw mixer
수질(水質) water quality
수질검사(水質檢査) water analysis
수질기준(水質基準) water standard
수축(收縮) contraction
수축(收縮) shrinkage
수축가공(收縮加工) shrinkage treatment
수축기(收縮期) contraction period
수축기혈압(收縮期血壓) systolic pressure
수축단백질(收縮蛋白質) contractile protein
수축라벨 shrinkable label
수축생선필릿 shrinked fish fillet
수축손실(收縮損失) contraction loss
수축터널 shrink tunnel
수축포 contractile vacuole
수축포장필름 shrink packaging
수축필름 shrink film
수치등급(數値等級) numerical grade
수컷 male
수컷불임 male sterility
수쿡 sucuk
수타면(手打麵) handmade noddle
수태(受胎) conception
수퇘지 boar
수퇘지고기 boar meat
수퇘지냄새 boar taint, boar odor
수평관증발기(水平管蒸發器) horizontal tube evaporator
수평레토르트 horizontal retort
수평믹서 horizontal mixer
수평분무건조기(水平噴霧乾燥機) horizontal spray dryer
수평셸튜브응축기 horizontal type shell and tube condenser
수푸 sufu
수프 soup
수프믹스 soup mix
수프베이스 soup base
수프스톡 soup stock
수플레 souffle
수학(數學) mathematics
수혈(輸血) blood transfusion
수화(水化) hydration
수화물(水化物) hydrate
수화셀룰로스 hydrocellulose
수화열(水和熱) heat of hydration
수화이온 hydrated ion
수확(收穫) harvest
수확적기(收穫適期) optimal harvesting stage
수확전농약살포일수(收穫前農藥撒布日數) preharvest interval
수확후관리기술(收穫後管理技術) postharvest technology
수확후농약(收穫後農藥) postharvest pesticide
수확후병해(收穫後病害) postharvest disease
수확후처리(收穫後處理) postharvest treatment
숙련패널 trained panel
숙성(熟成) aging
숙성(熟成) ripening
숙성공정(熟成工程) ripening process
숙성도(熟成度) degree of ripeness
숙성쇠고기 aged beef
숙성실(熟成室) ripening room
숙성제(熟成劑) maturing agent
숙성치즈 ripened cheese
숙성크림 ripened cream
숙성크림버터 ripened cream butter
숙성탱크 aging tank
숙성향미(熟成香味) aged flavor
숙수(熟手) cook
숙수(熟水) suksu
숙실과(熟實果) suksilgwa
숙주(宿主) host
숙주기생생물관계(宿主寄生生物關係) host-parasite relationship

숙주나물 sukjunamul
숙주벡터계통 host vector system
숙주세포(宿主細胞) host cell
숙주특이성기생생물(宿主特異性寄生生物) host-specific parasite
숙취(熟醉) hangover
숙회(熟膾) sukhoe
순간가속도(瞬間加速度) instantaneous acceleration
순간건조기(瞬間乾燥機) flash dryer
순간반응속도(瞬間反應速度) instantaneous reaction rate
순간살균(瞬間殺菌) flash pasteurization
순간속도(瞬間速度) instantaneous velocity
순간속력(瞬間速力) instantaneous speed
순간스트레인 instantaneous strain
순간증류(瞬間蒸溜) flash distillation
순간증발(瞬間蒸發) flash evaporation
순간증발기(瞬間蒸發器) flash evaporator
순간탄성(瞬間彈性) instantaneous elasticity
순간탄성률(瞬間彈性率) instantaneous elasticity modulus
순계(純系) pure line
순대 sundae
순도(純度) purity
순두부 sundubu
순두부찌개 sundubujjigae
순록(馴鹿) reindeer, caribou, *Rangifer tarandus* (Linnaeus, 1758) 사슴과
순록고기 reindeer meat
순무 turnip, *Brassica rapa* L. var. *rapa* 십자화과
순물질(純物質) pure substance
순방향(順方向) forward direction
순방향급액(順方向給液) forward feeding
순서결정(順序決定) sequencing
순서오차(順序誤差) order error
순서척도(順序尺度) ordinal scale
순서통계량(順序統計量) order statistics
순서효과(順序效果) order effect
순수(純水) pure water
순수배양(純粹培養) pure culture
순위(順位) rank order
순위검사(順位檢査) ranking test
순위법(順位法) ranking method
순위상관계수(順位相關係數) rank correlation coefficient
순종(純種) purebred
순차분석(順次分析) sequential analysis
순채(蓴菜) water-shield, *Brasenia schreberi* J. F. Gmelin 수련과
순채속(蓴菜屬) *Brasenia*
순환(循環) circulation
순환계통(循環系統) circulatory system
순환광인산화(循環光燐酸化) cyclic photophosphorylation
순환기관(循環器官) circulatory organ
순환펌프 circulation pump
술 alcoholic beverage
술감주 sulgamju
술덧 suldeot
술밑 sulmit
술지게미 suljigemi
술통 cask
술폴로부스과 Sulfolobaceae
술폴로부스속 *Sulfolobus*
술폴로부스 솔파타리쿠스 *Sulfolobus solfataricus*
숨골 medulla oblongata
숨골반사 reflex of medulla
숨관 trachea
숨관가지 bronchus, tracheal branch
숨관가지염 bronchitis
숨관가지천식 bronchial asthma
숨구멍 spiracle
숨은열 latent heat
숫양 ram
숫양고기 ram meat
숫양근육 ram muscle
숭늉 sungnyung
숭어 flathead mullet, grey mullet, *Mugil cephalus* Linnaeus, 1758 숭엇과
숭어목 Mugiliformes
숭엇과 Mugilidae
숯 charcoal
숲물망초 wood forget-me-not, *Myosotis sylvatica* Ehrh. 지칫과
쉰내 sour odor
쉽싸리 shipssari, *Lycopus lucidus* Turcz.

꿀풀과
쉽싸리속 *Lycopus*
슈 choux
슈거블룸 sugar bloom
슈거아몬드 sugar almond
슈거애플 sugar-apple, *Annona squamosa* L. 포포나뭇과
슈거콘 sugar cone
슈도니츠쉬아속 *Pseudo-nitzschia*
슈도모나스과 Pseudomonadaceae
슈도모나스속 *Pseudomonas*
슈도모나스 스투트제리 *Pseudomonas stutzeri*
슈도모나스 신시아네아 *Pseudomonas syncyanea*
슈도모나스 아에루기노사 *Pseudomonas aeruginosa*
슈도모나스 프라기 *Pseudomonas fragi*
슈도모나스 플루오레센스 *Pseudomonas fluorescens*
슈도테라노바속 *Pseudoterranova*
슈리칸드 shrikhand
슈미트수 Schmidt number
슈크랄로스 sucralose
슈크레이스 sucrase
슈크로스 sucrose
슈크로스아세테이트아이소뷰티레이트 sucrose acetate isobutyrate
슈크로스알파글루코시데이스 sucrose α-glucosidase
슈크로스에스터 sucrose ester
슈크로스인산합성효소 sucrose-phosphate synthase
슈크로스1-프럭토실전달효소 sucrose 1-fructosyltransferase
슈크로스지방산에스터 sucrose fatty acid ester
슈크로스폴리에스터 sucrose polyester
슈크로스합성효소 sucrose synthase
슈크림 choux à la créme
슈타우딩거식 Staudinger's equation
슈퍼마우스 super mouse
슈퍼마켓 supermarket
슈퍼박테리아 superbacteria
슈퍼알로스파스장치 Super Allospas system
슈페이스트리 choux pastry
슐체-하디법칙 Schulze-Hardy's law
스낵 snack
스낵바 snack bar
스낵식품 snack food
스냅쿠키 snap cookie
스노우완두 snow pea, *Pisum sativum* L. var. *macrocarpon* 콩과
스닢컨소시엄 SNP consortium, single nucleotide polymorphism consortium
스로틀밸브 throttle valve
스르렙토미세스과 Streptomycetaceae
스메타나 smetana
스멘 smen
스모가스보드 smorgasbord
스모그 smog
스모크 smoke
스모크발생기 smoke generator
스모크향 smoke flavor
스모크향미료 smoke flavoring
스무디 smoothy, smoothie
스물네시간회상법 24-hour recall method
스미어치즈 smear cheese
스베드베리단위 Svedberg unit
스왓분석 SWOT analysis, strengths, weaknesses, opportunities, and threats analysis
스웨드 swedes, rutabaga, Swedish turnip, *Brassica napobrassica* (L.) Mill. 십자화과
스위스롤 Swiss roll
스위스모카 Swiss mocha
스위스치즈 Swiss cheese
스위트라임 sweet lime, *Citrus limettioides* Tanaka 운향과
스위트레몬 sweet lemon, *Citrus limetta* Risso 운향과
스위트마저럼 sweet marjoram
스위트버터 sweet butter
스위트브레드 sweetbread
스위트소스 sweet sauce
스위트아몬드 sweet almond
스위트어니언 sweet onion
스위트오렌지 sweet orange
스위트크림 sweet cream
스위트크림버터 sweet cream butter

스위트피클 sweet pickle
스카치비프소시지 Scotch beef sausage
스카치위스키 Scotch whisky
스카톨 skatole
스캘드 scald
스캠피 scampi
스커트 skirt
스케일 scale
스컴 scum
스코빌스케일 Scoville scale
스코빌열단위 Scoville heat unit
스코폴레틴 scopoletin
스코폴린 scopolin
스코풀라리옵시스 브레비카울리스 *Scopulariopsis brevicaulis*
스코풀라리옵시스속 *Scopulariopsis*
스코프달미네과 Scophthalmidae
스코플라민 scoplamine
스콘 scone
스콤브로이드중독 scombroid toxicosis
스콸렌 squalene
스쿼시 squash
스쿼시씨 squash seed
스퀴저 squeezer
스크래피 scrapie
스크램블드에그 scrambled egg
스크레이퍼 scraper
스크루 screw
스크루공급기 screw feeder
스크루믹서 screw mixer
스크루압축기 screw compressor
스크루캡 screw cap
스크루컨베이어 screw conveyor
스크루프레스 screw press
스크루프레스탈수기 screw press type dewatering machine
스쿠르피치 screw pitch
스크린 screen
스크린원심분리기 screen centrifuge
스클레로티니아 프룩티콜라 *Sclerotinia fructicola*
스키닝머신 skinning machine
스킨드햄 skinned ham
스킨스폿 skin spot
스킨포장기 skin packaging machine
스타구스베리 star gooseberry, Otaheite gooseberry, Tahitian gooseberry, *Phyllanthus acidus* (L.) Skeels 여우주머닛과
스타아니스 star anise, star aniseed, Chinese star anise, *Illicium verum* Hook. f. 오미자과
스타아니스방향유 star anise oil
스타애플 star apple, caimito, *Chrysophyllum cainito* L. 사포타과
스타우트 stout
스타이렌 styrene
스타이렌수지 styrene resin
스타이렌종이 styrene paper
스타이로폼 styrofoam
스타키보트리스 아트라 *Stachybotrys atra*
스타키보트리스 카르타룸 *Stachybotrys chartarum*
스타키오스 stachyose
스타터 starter
스타필로코쿠스 에피데르미디스 *Staphylococcus epidermidis*
스타필로코쿠스 크로모게네스 *Staphylococcus chromogenes*
스탄올 stanol
스탄올에스터 stanol ester
스터프라잉 stir frying
스터핑 stuffing
스테노트로포모나스 니트리티레두센스 *Stenotrophomonas nitritireducens*
스테노트로포모나스 말토필리아 *Stenotrophomonas maltophilia*
스테노트로포모나스속 *Stenotrophomonas*
스테라디안 steradian
스테로이드 steroid
스테로이드호르몬 steroid hormone
스테롤 sterol
스테롤에스터 sterol ester
스테리그마토시스틴 sterigmatocystin
스테비아 stevia, *Stevia rebaudiana* (Bertoni) Bertoni 국화과
스테비오사이드 stevioside
스테비올 steviol
스테비올글리코사이드 steviol glycoside

스테비올바이오사이드 steviolbioside
스테아로일락틸레이트 stearoyl lactylate
스테아로일젖산소듐 sodium stearoyl lactylate, SSL
스테아로일젖산칼슘 calcium stearoyl lactylate, CSL
스테아르산 stearic acid
스테아르산마그네슘 magnesium stearate
스테아르산칼슘 calcium stearate
스테아리돈산 stearidonic acid
스테아린 stearin
스테압신 steapsin
스테이크 steak
스테쿨리아검 sterculia gum
스테쿨산 sterculic acid
스테인리스강 stainless steel
스텔라 stellar
스토르크공정 Stork process
스토리텔링마켓팅 story-telling marketing
스토마커 stomacher
스토브 stove
스토크스 stokes
스토크스법칙 Stokes' law
스톡 stock
스튜 stew
스튜던트티검정 student's t test
스튜통조림 canned stew
스트럭투로믹스 structuromics
스트럭투롬 structurome
스트레스 stress
스트레스감수성돼지 stress susceptible pig
스트레스단백질 stress protein
스트레스반응 stress response
스트레스저항성 stress resistance
스트레이너 strainer
스트레이트밀가루 straight flour, straight grade flour
스트레이트위스키 straight whisky
스트레이트커피 straight coffee
스트레인 strain
스트레인계수 strain coefficient
스트레인변형 strain deformation
스트레칭 stretching
스트렙토마이신 streptomycin
스트렙토미세스 그리세우스 *Streptomyces griseus*
스트렙토미세스 글로비스포루스 *Streptomyces globisporus*
스트렙토미세스 나탈렌시스 *Streptomyces natalensis*
스트렙토미세스 린콜넨시스 *Streptomyces lincolnensis*
스트렙토미세스 메디테라네이 *Streptomyces mediterranei*
스트렙토미세스 비르기니아에 *Streptomyces virgineae*
스트렙토미세스속 *Streptomyces*
스트렙토미세스 스펙타빌리스 *Streptomyces spectabilis*
스트렙토미세스 안티비오티쿠스 *Streptomyces antibioticus*
스트렙토미세스 알불루스 *Streptomyces albulus*
스트렙토미세스 암보파시엔스 *Streptomyces ambofaciens*
스트렙토미세스 오르키다세우스 *Streptomyces orchidaceus*
스트렙토미세스 프라디아에 *Streptomyces fradiae*
스트렙토베르티실륨 모바라엔세 *Streptoverticillium mobaraense*
스트렙토코쿠스과 Streptococcaceae
스트렙토코쿠스 락티스 *Streptococcus lactis*
스트렙토코쿠스 무탄스 *Streptococcus mutans*
스트렙토코쿠스 살리바리우스 아종 서모필루스 *Streptococcus salivarius* subsp. *thermophilus*
스트렙토코쿠스 서모필루스 *Streptococcus thermophilus*
스트렙토코쿠스속 *Streptococcus*
스트렙토코쿠스 아갈락티아에 *Streptococcus agalactiae*
스트렙토코쿠스 우베리스 *Streptococcus uberis*
스트렙토코쿠스 피오게네스 *Streptococcus pyogenes*
스트로마 stroma
스트로마단백질 stroma protein
스트로빌루린 strobilurin
스트론튬 strontium
스트루델 strudel
스트루바이트 struvite

스트리크닌 strychnine
스티그마스타다이엔 stigmastadiene
스티그마스테롤 stigmasterol
스티븐법칙 Steven's law
스틱 stick
스틱형포장기 stick packaging machine
스틸벤 stilbene
스틸와인 still wine
스틸톤치즈 Stilton cheese
스팀 steam
스팀구이 steam baking
스팀렌더링법 steam rendering method
스팀베이커리오븐 steam bakery oven
스팀분사밀봉 steam-flow sealing
스팀살균 steam sterilization
스팀살균기 steam sterilizer
스팀솥 steam cooker
스팀오븐 steam oven
스팀이젝터 steam ejector
스팀재킷 steam jacket
스팀증류 steam distillation
스팀테이블 steam table
스팀트랩 steam trap
스팀해머 steam hammer
스파게티 spaghetti
스파게티스쿼시 spaghetti squash, *Cucurbita pepo* var. *fastigata* 박과
스파이럴냉동기 spiral freezer
스파이럴랙 spiral wrack, *Fucus spiralis* L. 뜸부깃과
스파이럴반죽기 spiral kneader
스파이럴선별기 spiral separator
스펀지 sponge
스펀지단백질 spongy protein
스펀지반죽법 sponge dough method
스펀지상 sponginess
스펀지식품 sponge food
스펀지조직 spongy tissue
스펀지케이크 sponge cake
스페로플라스트 spheroplast
스페미딘 spermidine
스페민 spermine
스페인양파 Spanish onion
스펙 speck
스펙트럼 spectrum
스펙트럼묘사분석 spectrum descriptive analysis
스펙트럼분포 spectrum distribution
스펙트로그램 spectrogram
스펙티노마이신 spectinomycin
스펠트 spelt, *Triticum spelta* L. 볏과
스포로디오볼라목 Sporidiobolales
스포로볼로미세스과 Sporobolomycetaceae
스포로볼로미세스 로세우스 *Sporobolomyces roseus*
스포로볼로미세스속 *Sporobolomyces*
스포로스릭스 서모필레 *Sporothrix thermophile*
스포로스릭스속 *Sporothrix*
스포로트리쿰속 *Sporotrichum*
스포로트리쿰 프루이노숨 *Sporotrichum pruinosum*
스포리디오볼루스과 Sporidiobolaceae
스포이트피펫 spuit pipet
스포츠빈혈 sports anemia
스포츠식품 sports food
스포츠음료 sports drink
스포츠의학 sports medicine
스폿변질 spot spoilage
스폿분석 spot analysis
스푼 spoon
스푼법 spoon test
스프레드 spread
스프루 sprue
스프링복 springbok, *Antidorcas marsupialis* (Zimmermann, 1780) 솟과
스프링복고기 springbok meat
스프링어 springer
스피라마이신 spiramycin
스피로놀락톤 spironolactone
스피로헤타목 Spirochaetales
스피로헤타속 *Spirochaeta*
스피로헤타증 spirochetosis
스피룰리나 spirulina
스피룰리나색소 spirulina color
스피룰리나속 *Spirulina*
스피릴룸과 Spirillaceae
스피릴룸 미누스 *Spirillum minus*
스피어민트 spearmint, *Mentha spicata* L.

꿀풀과
스피어민트방향유 spearmint oil
스핀양자수 spin quantum number
스핑고모나스과 Sphingomonadaceae
스핑고모나스속 *Sphingomonas*
스핑고모나스 파우시모빌리스 *Sphingomonas paucimobilis*
스핑고미엘린 sphingomyelin
스핑고박테륨과 Sphingobacteriaceae
스핑고신 sphingosine
스핑고지방질 sphingolipid
스핑고포스파타이드 sphingophosphatide
슬라이드 slide
슬라이드배양 slide culture
슬라이서 slicer
슬라이스베이컨 sliced bacon
슬라이스치즈 sliced cheese
슬라이스햄 sliced ham
슬라이싱 slicing
슬러리 slurry
슬러리운반 slurry transportation
슬러지 sludge
슬러지제거 desludging
슬렌디드 slendid
슬로 sloe, blackthorn, *Prunus spinosa* L. 장미과
슬로우쿠커 slow cooker
슬로우푸드 slow food
슬로진 sloe gin
슬릿 slit
슴새류 albatrosses
슴새목 Procellariiformes
슴샛과 Procellariidae
습공기선도(濕空氣線圖) psychrometric chart
습공기표(濕空氣表) psychrometric table
습관(習慣) habit
습관변비(習慣便秘) habitual constipation
습관오차(習慣誤差) error of habitation
습구(濕球) wet-bulb
습구온도(濕球溫度) wet-bulb temperature
습구온도계(濕球溫度計) wet-bulb thermometer
습기부식(濕氣腐蝕) wet corrosion
습도(濕度) humidity
습도검출기(濕度檢出機) humidity detector
습도계(濕度計) hygrometer
습도조절(濕度調節) humidity control
습도조절기(濕度調節器) humidistat
습도차트 humidity chart
습량기준(濕量基準) wet basis
습생식물(濕生植物) hygrophyte
습식도정(濕式搗精) wet milling
습식렌더링 wet rendering
습식분급(濕式分級) wet classification
습식분쇄(濕式粉碎) wet grinding
습식분해법(濕式分解法) wet digestion method
습식세정(濕式洗淨) wet cleaning
습식라미네이션 wet lamination
습식큐어링법 wet curing method, brine curing method
습열(濕熱) moist heat
습열살균법(濕熱殺菌法) moist heat sterilization
습열조리법(濕熱調理法) moist heat cookery
습윤제(濕潤劑) humectant
습지작물(濕地作物) wetland crop
습한공기 humid air
승강기(昇降機) elevator
승온크로마토그래피 temperature programmed chromatography
승화(昇華) sublimation
승화곡선(昇華曲線) sublimation curve
승화열(昇華熱) heat of sublimation
시(豉) si
시가독소 Shiga toxin
시각(視覺) vision
시각기관(視覺器官) visual organ
시각받개 visual receptor
시각색소(視覺色素) visual pigment
시각세포(視覺細胞) visual cell
시각순응(視覺順應) visual accommodation
시각시스템 vision system
시각신경(視覺神經) optic nerve
시각장애(視覺障碍) visual disturbance
시각중추(視覺中樞) visual center
시간세기 time intensity
시간세기묘사분석 time intensity descriptive test
시간순서오차(時間順序誤差) time order error
시간오차(時間誤差) time error

시간온도집적기(時間溫度集積器) time temperature integrator
시간온도표시기(時間溫度表示器) time temperature indicator
시간온도한계(時間溫度限界) time-temperature tolerance
시간의존유체(時間依存流體) time-dependent fluid
시겔라속 *Shigella*
시겔라증 shigellosis
시계꽃 common passion flower, blue passion flower, *Passiflora caerulea* L. 시계꽃과
시계꽃과 Passifloraceae
시계꽃목 Passiflorales
시계꽃속 *Passiflora*
시계접시 watch glass
시구아테라 ciguatera
시구아테린 ciguaterin
시구아톡신 ciguatoxin
시구아테라중독 ciguatera toxicosis
시그마결합 σ-bond
시그마오비탈 σ-orbital
시그마인자 sigma factor
시금치 spinach, *Spinacea oleracea* L. 명아줏과
시금치나물 sigeumchinamul
시나몬 cinnamon
시나몬가루 cinnamon powder
시나몬방향유 cinnamon oil
시나핀 sinapine
시나핀산 sinapinic acid
시날빈 sinalbin
시남산 cinnamic acid
시남산메틸 methyl cinnamate
시남산에틸 ethyl cinnamate
시남알데하이드 cinnamaldehyde
시남일알코올 cinnamyl alcohol
시납산 sinapic acid
시냅스 synapse
시냅스소포 synaptic vesicle
시냅시스 synapsis
시너레시스 syneresis
시네올 cineole
시네초시스티스속 *Synechocystis*
시네초코쿠스과 Synechococcaceae
시네초코쿠스속 *Synechococcus*
시누스샘 sinus gland
시니그린 sinigrin
시니그린가수분해효소 sinigrinase
시데로필린 siderophilin
시데리티스속 *Sideritis*
시듦 wilting
시듦병 fusarium wilt, wilt disease
시럽 syrup
시레로키톤 일리시폴리우스 *Schlerochiton ilicifolius*
시로미 crowberry, *Empetrum nigrum* var. *japonicum* K.Koch 시로밋과
시로미속 *Empetrum*
시로밋과 Empetraceae
시료(試料) sample
시료채취(試料採取) sampling
시료채취기(試料採取器) sampler
시료평균(試料平均) sample mean
시료표준편차(試料標準偏差) sample standard deviation
시루 siru
시루떡 sirutteok
시링산 syringic acid
시마진 simazine
시마테롤 cimaterol
시말단 C-terminus
시머 seamer
시머링 simmering
시멘 cymene
시몬드신 simmondsin
시밍 seaming
시밍롤 seaming roll
시밍롤세팅게이지 seaming roll setting gauge
시밍척 seaming chuck
시밍헤드 seaming head
시바빈 Shiva bean
시상(視床) thalamus
시상하부(視床下部) hypothalamus
시설재배(施設栽培) protected cultivation
시성식(示性式) rational formula
시소닌 shisonin
시스-9-옥타데센산 (9Z)-octadecenoic acid

시스-9-옥타데센산 *cis*-9-octadecenoic acid
시스뷰텐이산 *cis*-butenedioic acid
시스시스루파닌 *cis*, *cis*-lupanine
시스이성질체 *cis*-isomer
시스타싸이오닌 cystathionin
시스타싸이온베타합성효소 cystathione β-synthase
시스타틴 cystatin
시스테옴 systeome
시스테인 cysteine
시스테인단백질가수분해효소 cysteine protease
시스테인설폭사이드 cysteine sulfoxide
시스템분석 systems analysis
시스템생물학 system biology
시스트랜스이성질체 *cis-trans* isomer
시스트랜스이성질현상 *cis-trans* isomerism
시스트론 cistron
시스틴 cystine
시스틴뇨 cystinuria
시슬리 cicely, sweet cicely, *Myrrhis odorata* (L.) Scop. 산형과
시아그루스속 *Syagrus*
시아이이색체계 CIE color system
시알산 sialic acid
시약(試藥) reagent
시약병(試藥甁) reagent bottle
시어나무 shea tree, *Vitellaria paradoxa* C. F. Gaetrn. 사포타과
시어너트 shea nut
시어너트버터 shea nut butter
시어너트색소 shea nut color
시에이저장 CA storage
시오카라 shiokara
시와넬라과 Shewanellaceae
시와넬라속 *Shewanella*
시와넬라 푸트레파시엔스 *Shewanella putrefaciens*
시완니오미세스속 *Schwanniomyces*
시유(市乳) market milk, city milk
시장(市場) market
시장가격(市場價格) market price
시장조사(市場調査) market research
시조사카로미세스강 Schizosaccharomycetes
시조사카로미세스속 *Schizosaccharomyces*
시조사카로미세스 폼베 *Schizosaccharomyces pombe*
시즈오카멜론 Shizuoka melon
시지에스단위계 CGS system of unit
시차열분석(示差熱分析) differential thermal analysis, DTA
시차주사열량계법(示差走査熱量計法) differential scanning calorimetry, DSC
시클로스포라속 *Cyclospora*
시클릿과 Cichlidae
시킴산 shikimic acid
시킴올 shikimol
스테비올 steviol
스테비올글리코사이드 steviol glycoside
시토스탄올 sitostanol
시토스테롤 sitosterol
시토파가과 Cytophagaceae
시토파가속 *Cytophaga*
시토필루스속 *Sitophilus*
시트 sheet
시트라나잔틴 citranaxanthin
시트랄 citral
시트레이트 citrate
시트로넬라그라스 citronella grass, *Cymbopogon nardus* (L.) Rendle 볏과
시트로넬라방향유 citronella essential oil
시트로넬랄 citronellal
시트로넬롤 citronellol
시트로박터 디베르수스 *Citrobacter diversus*
시트로박터속 *Citrobacter*
시트로박터 프레운디이 *Citrobacter freundii*
시트론 citron, *Citrus medica* L. 운향과
시트루스빨강2 citrus red 2
시트루스속 *Citrus*
시트룰린 citrulline
시트르산 citric acid
시트르산리튬완충용액 lithium citrate buffer
시트르산망가니즈 manganese citrate
시트르산발효 citric acid fermentation
시트르산소듐 sodium citrate
시트르산아이소프로필 isopropyl citrate
시트르산철(III) iron(III) citrate, ferric citrate
시트르산철(III)암모늄 ammonium iron(III)

citrate, ferric ammonium citrate, ammonium ferric citrate
시트르산칼슘 calcium citrate
시트르산트라이소듐 trisodium citrate
시트르산포타슘 potassium citrate
시트르산합성효소 citrate synthase
시트르산회로 citric acid cycle
시트리닌 citrinin
시트린 citrin
시펩타이드 C-peptide
시폰 chiffon
시폰케이크 Chiffon cake
시폰파이 Chiffon pie
시프로플록삭신 ciprofloxacin
시프반응 Schiff reaction
시프시약 Schiff's reagent
시프터 sifter
시프팅 sifting
시험관(試驗管) test tube
시험제분(試驗製粉) test milling
시험제분기(試驗製粉機) test mill
시형간염 hepatitis C
시형간염바이러스 hepatitis C virus, HCV
식기(食器) table ware
식기건조기(食器乾燥機) dish dryer
식기세척기(食器洗滌器) dishwasher
식단(食單) dietary formula
식도(食道) esophagus
식도구멍 esophageal hiatus
식도구멍탈장 esophageal hiatal hernia
식도암(食道癌) esophageal cancer
식도염(食道炎) esophagitis
식도정맥(食道靜脈) esophageal vein
식도조임근육 esophageal sphincter
식량(食糧) food
식량생산(食糧生産) food production
식량안보(食糧安保) food security
식량자급률(食量自給率) self-sufficiency rate of food
식량자원(食糧資源) food resource
그로서리스토어 grocery store
식료품(食料品) foodstuff
식물(植物) plant
식물가수분해물(植物加水分解物) vegetable hydrolysate
식물검역(植物檢疫) plant quarantine
식물계(植物界) Plantae
식물군락(植物群落) plant community
식물기름 vegetable oil
식물단백질(植物蛋白質) plant protein
식물단백질가수분해물(植物蛋白質加水分解物) hydrolyzed vegetable protein, HVP
식물단백질가수분해효소(植物蛋白質加水分解酵素) plant protease
식물독(植物毒) plant poison
식물독소(植物毒素) phytotoxin
식물렉틴 phytolectin
식물레닛 vegetable rennet
식물바이러스 plant virus
식물반구(植物半球) vegetal hemisphere
식물방역법(植物防疫法) Plant Protection Act
식물병(植物病) plant disease
식물병리학(植物病理學) phytopathology
식물병원체(植物病院體) phytopathogen
식물생리학(植物生理學) plant physiology, phytophysiology
식물생장(植物生長) plant growth
식물생장물질(植物生長物質) plant growth substance
식물생장억제물질(植物生長抑制物質) plant growth inhibitor
식물생장조절물질(植物生長調節物質) plant growth regulator
식물생장촉진물질(植物生長促進物質) plant growth promotor
식물생장호르몬 plant growth hormone
식물생태학(植物生態學) plant ecology
식물생화학(植物生化學) plant biochemistry
식물성식품(植物性食品) plant food
식물성섬유(植物性纖維) plant fiber
식물세포막(植物細胞膜) plasmalemma
식물스탄올 phytostanol
식물스테롤 phytosterol
식물스테롤에스터 phytosterol ester
식물안티시핀 phytoanticipin
식물알렉신 phytoalexin
식물에스트로겐 phytoestrogen
식물영양(植物營養) plant nutrition

식물영양소(植物營養素) phytonutrient
식물왁스 plant wax
식물유지(植物油脂) vegetable fat and oil
식물종(植物種) plant species
식물인슐린 vegetable insulin
식물장애(植物障碍) plant disorder
식물조직배양(植物組織培養) plant tissue culture
식물지방(植物脂肪) vegetable fat
식물지방질(植物脂肪質) plant lipid
식물지베렐린 plant gibberellin
식물카세인 vegetable casein
식물크림 vegetable cream
식물플랑크톤 phytoplankton
식물플루엔 phytofluene
식물학(植物學) botany, plant science
식물혈구응집소(植物血球凝集所) phytohemagglutinin
식물호르몬 phytohormone
식물화학(植物化學) phytochemistry
식미(食味) eating quality
식미분석기(食味分析器) taste analyzer
식사(食事) meal
식사(食事) diet
식사계획(食事計劃) meal planning
식사관리(食事管理) meal management
식사구성안(食事構成案) food guide
식사기록(食事記錄) dietary record
식사대용물(食事代用物) meal replacement
식사보충제 dietary supplement
식사생활(食事生活) dietary life
식사습관(食事習慣) dietary habit
식사양식(食事樣式) diet pattern
식사에따른열발생 diet-induced thermogenesis, DIT
식사요법(食事療法) diet therapy
식사요법식품(食事療法食品) dietetic food
식사요법학(食事療法學) dietetics
식사이력(食事履歷) dietary history
식사일기(食事日記) food diary
식사장애(食事障碍) eating disorder
식사조절(食事調節) diet adjustment
식사지침(食事指針) dietary guideline
식사처방(食事處方) diet order
식사폴산당량 dietary folate equivalent, DFE
식사행동(食事行動) eating behavior
식생(植生) vegetation
식욕(食慾) appetite
식욕과다(食慾過多) hyperorexia
식욕부진(食慾不振) anorexia
식욕억제반응(食慾抑制反應) anorectic reaction
식욕억제제(食慾抑制劑) anorectic agent
식욕이상(食慾異常) dysorexia
식욕조절중추(食慾調節中樞) appestat
식용개구리 edible frog
식용경화기름 edible hardened oil
식용고기 meat
식용기름 edible oil
식용꽃 edible flower
식용꽈리 cape gooseberry, *Physalis peruviana* L. 가짓과
식용노랑4호 food yellow No. 4, tartrazine
식용노랑4호알루미늄레이크 food yellow No. 4 aluminum lake, tartrazine aluminum lake
식용노랑5호 food yellow No. 5, sunset yellow FCF
식용노랑5호알루미늄레이크 food yellow No. 5 aluminum lake, sunset yellow FCF aluminum lake
식용누에번데기 edible silkworm pupa
식용달팽이 edible snail
식용땅콩기름 edible peanut oil
식용란(食用卵) edible egg
식용면실기름 edible cottonseed oil
식용부위(食用部位) edible portion
식용버섯 edible mushroom
식용빨강102호 food red No. 102, new coccine, ponceau 4R
식용빨강40호 food red No. 40, allula red
식용빨강40호알루미늄레이크 food red No. 40 aluminium lake, allula red aluminum lake
식용빨강3호 food red No. 3, erythrosine
식용빨강2호 food red No. 2, amaranth
식용빨강2호알루미늄레이크 food red No. 2 aluminum lake, amaranth aluminum lake
식용사료효모(食用飼料酵母) food and fodder

yeast
식용산(食用酸) edible acid
식용색소(食用色素) food color
식용소금 edible salt
식용야생식물(食用野生植物) edible wild plant
식용야자기름 edible coconut oil
식용얼음 edible ice
식용옥수수기름 edible corn oil
식용용기(食用容器) edible container
식용유지(食用油脂) edible fat and oil
식용유지원료(食用油脂原料) raw material for edible fat and oil
식용작물(食用作物) food crop
식용장기(食用臟器) offal
식용진균(食用眞菌) edible fungus
식용초록3호 food green No. 3, fast green FCF
식용초록3호알루미늄레이크 food green No. 3 aluminum lake, fast green FCF aluminum lake
식용카세인 edible casein
식용타르색소 food tar color
식용타르색소알루미늄레이크 food tar color aluminum lake
식용파랑2호 food blue No. 2, indigo carmine
식용파랑2호알루미늄레이크 food blue No. 2 aluminum lake, indigo carmine aluminum lake
식용파랑1호 food blue No. 1, brilliant blue FCF
식용파랑1호알루미늄레이크 food blue No. 1 aluminum lake, brilliant blue FCF aluminum lake
식용팜유 edible palm oil
식용팜핵기름 edible palm kernel oil
식용평지씨기름 edible rapeseed oil
식용포도씨기름 edible grape seed oil
식용포장(食用包裝) edible pack
식용필름 edible film
식용해바라기씨기름 edible sunflower seed oil
식용혼합기름 edible blended oil
식용효모(食用酵母) food yeast
식육목(食肉目) Carnivora
식초(食醋) vinegar
식초스타터 vinegar starter
식충식물(食蟲植物) insectivorous plant
식탁(食卓) food table
식탁나이프 table knife
식탁소금 table salt
식포(食胞) food vacuole
식품(食品) food
식품가공(食品加工) food processing
식품가공학(食品加工學) food processing
식품가루 food powder
식품감염(食品感染) food infection
식품검사(食品調査) food inspection
식품공업원료(食品工業原料) raw material in food industry
식품공장폐기물(食品工場廢棄物) food factory waste
식품공장폐수(食品工場廢水) food factory effluent
식품공전(食品公典) Korean Food Code, KFC
식품공학(食品工學) food engineering
식품공학자(食品工學者) food engineer
식품과민반응(食品過敏反應) food hypersensitivity
식품과학(食品科學) food science
식품과학자(食品科學者) food scientist
식품교환(食品交換) food exchange
식품교환표(食品交換表) food exchange list
식품구성안피라미드 food guide pyramid
식품군(食品群) food group
식품금기(食品禁忌) food taboo
식품기능(食品技能) food function
식품기술(食品技術) food technology
식품기술자(食品技術者) food technologist
식품독성학(食品毒性學) food toxicology
식품독소(食品毒素) food toxin
식품매개감염(食品媒介感染) foodborne infection
식품매개기생충(食品媒介寄生蟲) foodborne parasite
식품매개병원균(食品媒介病原菌) foodborne pathogen
식품미생물(食品微生物) food microorganism
식품미생물학(食品微生物學) food microbiology
식품미생물학자(食品微生物學者) food micro-biologist
식품민감도(飮食敏感度) food sensitivity

식품바이오과학 food bioscience
식품변질(食品變質) food spoilage
식품변질세균(食品變質細菌) food spoilage bacterium
식품보존(食品保存) food preservation
식품보존료(食品保存料) food preservative
식품보존법(食品保存法) food preservation method
식품보충제(食品補充劑) food supplement
식품보호(食品保護) food protection
식품분석(食品分析) food analysis
식품산업(食品産業) food industry
식품산업진흥법(食品産業振興法) Food Industry Promotion Act
식품산화방지제(食品酸化防止劑) food antioxidant
식품색깔 food color
식품섬유(食品纖維) dietary fiber
식품섭취(食品攝取) food intake
식품섭취량(食品攝取量) food intake
식품섭취빈도(食品攝取頻度) food intake frequency
식품섭취빈도설문조사(食品攝取頻度設問調査) food frequency questionnaire
식품소비(食品消費) food consumption
식품소비패턴 food consumption pattern
식품수급표(食品需給表) food balance sheet
식품안전(食品安全) food safety
식품안전기본법(食品安全基本法) Framework Act on Food Safety
식품안정제(食品安定劑) food stabilizer
식품알레르기 food allergy
식품에너지 food energy
식품에멀션 food emulsion
식품영양소강화(食品營養素强化) food fortification
식품영업(食品營業) food business
식품오염(食品汚染) food pollution
식품오염물질(食品汚染物質) food contaminant
식품용(食品用) food grade
식품용기(食品容器) food container
식품용기름 food grade oil
식품원료(食品原料) food material
식품위생(食品衛生) food sanitation
식품위생감시원(食品衛生監視員) food sanitation inspector
식품위생감시체계(食品衛生監視體系) food sanitation inspection system
식품위생검사(食品衛生檢査) food sanitation inspection
식품위생관리인(食品衛生管理人) food sanitation manager
식품위생법(食品衛生法) Food Sanitation Act
식품위생법시행규칙(食品衛生法施行規則) Ministrial Ordinance of Food Sanitation Act
식품위생법시행령(食品衛生法施行領) Presidential Decree in Food Sanitation Act
식품위생시설(食品衛生施設) food sanitation facility
식품위생학(食品衛生學) food hygiene
식품위생행정(食品衛生行政) food sanitation administration
식품유행(食品流行) food faddism
식품유화제(食品乳化劑) food emulsifier
식품의삼차기능 tertiary function of food
식품의약품안전처(食品醫藥品安全處) Ministry of Food and Drug Safety
식품의이차기능 secondary function of food
식품의일차기능 primary function of food
식품이력추적관리(食品履歷追跡管理) food traceability management
식품이용대사량(食品利用代謝量) thermic effect of food, TEF
식품재료(食品材料) food ingredient
식품재료비(食品材料費) food ingredient cost
식품저장(食品貯藏) food storage
식품점성증가제(食品粘性增加劑) food thickener
식품접객업(食品接客業) restaurant business
식품정책(食品政策) food policy
식품제조(食品製造) food manufacture
식품조사(食品照射) food irradiation
식품조사장치(食品照射裝置) food irradiator
식품조성(食品組成) food composition
식품조성표(食品組成表) food composition table
식품중독(食品中毒) food poisoning, foodborne disease, foodborne illness
식품중독역학조사(食品中毒疫學調査) epide-miological survey of food poisoning
식품중독예방(食品中毒豫防) prevention of

food poisoning
식품착색제(食品着色劑) food colorant
식품첨가물(食品添加物) food additive
식품첨가물공전(食品添加物公典) Korean Food Additives Code, KFAC
식품첨가물독성평가(食品添加物毒性評價) toxicological assessment of food additive
식품첨가물일반사용기준(食品添加物一般使用基準) general standard on food additive
식품취급자(食品取扱者) food handler
식품평가(食品評價) food evaluation
식품포장(食品包裝) food packaging
식품포장재(食品包裝材) food packaging material
식품포장필름 food packaging film
식품표시(食品表示) food labeling
식품표준국(食品標準局) Food Standards Agency
식품품질(食品品質) food quality
식품해충(食品害蟲) insect pest of food
식품행동척도(食品行動尺度) food action scale
식품향미료(食品香味料) food flavoring agent
식품혐오(食品嫌惡) food aversion
식품화학(食品化學) food chemistry
식품화학자(食品化學者) food chemist
식품회수(食品回收) food recall
식해(食醢) sikhae
식혜(食醯) sikhye
식후저혈당(食後低血糖) postprandial hypoglycemia
식후저혈당증(食後低血糖症) postprandial hypoglycemia
신감채(辛甘菜) angelica plant, *Ostericum grosseserratum* (Maxim.) Kitag. 산형과
신경(神經) nerve
신경계통(神經系統) nervous system
신경과(神經科) department of neurology
신경관(神經管) neural tube
신경관결손(神經管缺損) neural tube defect
신경내분비세포(神經內分泌細胞) neuroendocrine cell
신경독소(神經毒素) neurotoxin
신경독성(神經毒性) neurotoxicity
신경섬유(神經纖維) nerve fiber
신경성식욕부진증(神經性食慾不振症) anorexia nervosa
신경성조개중독 neurological shellfish poisoning
신경성폭식증(神經性暴食症) bulimia nervosa
신경세포(神經細胞) nerve cell, neuron
신경세포체(神經細胞體) nerve cell body
신경시냅스 nerve synapse
신경신호(神經信號) nerve impulse
신경아교(神經阿膠) neuroglia
신경아교세포(神經阿膠細胞) neuroglial cell, glial cell
신경안정제(神經安靜劑) tranquilizer
신경외과(神經外科) neurosurgery
신경전달(神經傳達) neural transmission
신경전달물질(神經傳達物質) neurotransmitter
신경절(神經節) ganglion
신경절이전신경세포(神經節以前神經細胞) preganglionic neuron
신경절이후신경세포(神經節以後神經細胞) postganglionic neuron
신경조직(神經組織) nervous tissue
신경중추(神經中樞) nerve center
신경통(神經痛) neuralgia
신경펩타이드 neuropeptide
신경펩타이드와이 neuropeptide Y
신경호르몬 neurohormone
신과일즙 verjuice
신뢰구간(信賴區間) confidence interval
신뢰도(信賴度) reliability
신뢰수준(信賴水準) confidence level
신뢰한계(信賴限界) confidence limit
신맛 sourness
신무화과 sour fig, *Carpobrotus edulis* (L.) L. Bolus 석류풀과
신바이오틱스 synbiotics
신버찌 sour cherry, *Prunus cerasus* L. 장미과
신생물(新生物) neoplasm
신생아기(新生兒期) neonatal stage
신선고기 fresh meat
신선란(新鮮卵) fresh egg
신선로(神仙爐) sinseollo
신선소시지 fresh sausage
신선우유(新鮮牛乳) fresh milk
신선초(神仙草) ashitaba, *Angelica keiskei*

Ito 산형과
신속점도계(迅速粘度計) Rapid Visco Analyser, RVA
신장(伸長) extension
신장(伸張) elongation
신장률(伸張率) elongation percentage
신체(身體) body
신체질량지수(身體質量指數) body mass index, BMI
신체측정(身體測定) somatometry
신체측정법(身體測定法) somatometry
신체겉넓이 body surface area, BSA
신체활동대사량(身體活動代謝量) thermic effect of exercise
신체활동량(身體活動量) physical activity
실란일 silanyl
실레인 silane
실론계피나무 true cinnamon, Ceylon cinnamon, Sri Lanka cinnamon, *Cinnamomum verum* J. Presl (= *Cinnamonum zeylanicum* Blume) 녹나뭇과
실론구스베리 Ceylon gooseberry, kitembilla, *Dovyalis hebecarpa* (Gardener) Warb. 버드나뭇과
실론차 Ceylon tea
실리마린 silymarin
실리비닌 silibinin
실리카 silica
실리카젤 silica gel
실리코알루민산소듐 sodium silicoaluminate
실리콘오일 silicone oil
실백 silbaek
실뱀장어 elver
실뽑힘성 spinnability
실온(室溫) room temperature
실온가공(室溫加工) room temperature processing
실온저장(室溫貯藏) room temperature storage
실유카 Adam's needle, silk-grass, *Yucca filamentosa* L. 아스파라거스과
실조(失調) ataxia
실체현미경(實體顯微鏡) dissecting microscope
실험(實驗) experiment
실험동물(實驗動物) laboratory animal
실험설계(實驗設計) experimental design
실험식(實驗式) empirical formula
실험실(實驗室) laboratory
실험실패널 laboratory panel
실험오차(實驗誤差) experimental error
실험조건(實驗條件) experimental condition
심리리올로지 psychorheology
심방(心房) atrium
심백미(心白米) white core rice kernel
심복백(心腹白) chalkiness
심부병(心腐病) heart rot
심색효과(深色效果) bathochromic effect
심실(心室) ventricle
심장(心臟) heart
심장근육(心臟筋肉) myocardium
심장근육경색증(心臟筋肉梗塞症) myocardial infraction
심장근육기능상실(心臟筋肉機能喪失) myocardial failure
심장근육병(心臟筋肉病) cardiomyopathy
심장기능상실(心臟機能喪失) heart failure
심장동맥(心臟動脈) coronary artery
심장동맥경화증(心臟動脈硬化症) coronary arteriosclerosis
심장동맥병(心臟動脈病) coronary artery disease
심장마비(心臟痲痺) cardioplegia
심장박출량(心臟搏出量) cardiac output
심장발작(心臟發作) cardiac crisis
심장병(心臟病) heart disease
심장부정맥(心臟不整脈) cardiac arrhythmia
심장혈관계통(心臟血管系統) cardiovascular system
심장혈관질환(心臟血管疾患) cardiovascular disease, CVD
심전계(心電計) electrocardiograph
심전도(心電圖) electrocardiogram, ECG, EKG
심층수(深層水) deep water
심폐지구력(心肺持久力) cardiorespiratory endurance
심폐소생술(心肺蘇生術) cardiopulmonary resuscitation
심플레세 Simplesse
심피(心皮) carpel
심한팽창 hard swell
심해어(深海魚) deep sea fish

십각류(十角類) decapods
십각목(十角目) Decapoda
십이디개념 12D concept
십일에스글로불린 11S globulin
십자니콜 cross nicol
십자화과(十字花科) Brassicaceae, Cruciferae
십자흐름 cross current flow
싱글몰트위스키 single malt whisky
싱글크림 single cream
싱어 Osbeck's grenadier anchovy, *Coilia mystus* (Linnaeus, 1758) 멸칫과
싱크 sink
싸라기 broken rice
싸리버섯 clustered coral, pink-tipped coral mushroom, *Ramaria botrytis* (Pers.) Ricken 싸리버섯과
싸리버섯과 Ramariaceae
싸리버섯속 *Ramaria*
싸이아민 thiamin
싸이아민가수분해효소 thiaminase
싸이아민나프탈렌-1,5-다이설폰산염 thiamin naphthalene-1,5-disulfonate
싸이아민나프탈렌-2,6-다이설폰산염 thiamin naphthalene-2,6-disulfonate
싸이아민다이로릴황산염 thiamin dilaurylsulfate
싸이아민싸이오사이안산염 thiamin thiocyanate
싸이아민염 thiamin salt
싸이아민염산염 thiamin hydrochloride
싸이아민질산염 thiamin mononitrate
싸이아민페놀프탈린염 thiamin phenolphthalinate
싸이아민파이로인산 thiamin pyrophosphate, TPP
싸이아벤다졸 thiabendazole
싸이아졸 thiazole
싸이아졸리딘다이온 thiazolidinedion
싸이암페니콜 thiamphenicol
싸이오 thio
싸이오글루코시데이스 thioglucosidase
싸이오글리코사이드 thioglycoside
싸이오글리콜산 thioglycolic acid
싸이오닌 thionin
싸이오바비투르산 thiobarbituric acid, TBA
싸이오바비투르산값 thiobarbituric acid value, TBA value
싸이오바비투르산시험 thiobarbituric acid test
싸이오사이안산 thiocyanic acid
싸이오사이안산염 thiocyanate
싸이오사이안산이온 thiocyanate ion
싸이오산 thioic acid
싸이오설페이트 thiosulfate
싸이오알코올 thioalcohol
싸이오에스터 thioester
싸이오에스터가수분해효소 thioester hydrolase
싸이오에테르 thioether
싸이오유라실 thiouracil
싸이오유레아 thiourea
싸이오인산화효소 thiokinase
싸이오카보닐 thiocarbonyl
싸이오파네이트메틸 thiophanate-methyl
싸이오펜 thiophene
싸이오프로판알황산화물 thiopropanal S-oxide
싸이오황산 thiosulfuric acid
싸이오황산소듐 sodium thiosulfate
싸이옥트산 thioctic acid
싸이올 thiol
싸이올기 thiol group
싸이올단백질가수분해효소 thiolprotease
싹 sprout
쌀 rice
쌀 ssal
쌀가루 rice flour, rice powder
쌀겨 rice bran
쌀겨왁스 rice bran wax
쌀고지 rice koji
쌀과자 rice cookie
쌀국수 rice noodle
쌀녹말 rice starch
쌀누룩 rice nuruk
쌀바구미 rice weevil, *Sitophilus oryzae* (Linnaeus, 1763) 왕바구밋과
쌀밥 ssalbap
쌀배아 rice germ
쌀배아기름 rice germ oil
쌀보리 hulless barley, naked barley, *Hordeum vulgare* var. *nudum* 볏과
쌀보유량 rice stocks
쌀빵 rice bread

쌀술 rice wine
쌀식초 rice vinegar
쌀연도 rice year
벼종합처리장 rice processing complex, RPC
쌀크래커 rice cracker
쌀푸딩 rice pudding
쌈 ssam
쌈장 ssamjang
쌍곡선(雙曲線) hyperbola
쌍구흡충증(雙口吸蟲症) paramphistomiasis
쌍극성(雙極性) bipolarity
쌍극성이온 dipolar ion
쌍극자(雙極子) dipole
쌍극자모멘트 dipole moment
쌍극자인력(雙極子引力) dipole attraction
쌍떡잎 dicotyledon
쌍떡잎식물 dicotyledons
쌍떡잎식물강 Dicotyledoneae
쌍봉낙타(雙峯駱駝) Bactrian camel, *Camelus bactrianus* Linnaeus, 1758 낙타과
쌍알세균 diplococcus
쌍화탕(雙和湯) ssanghwatang
썩음 rotting
쏘가리 golden mandarin fish, *Siniperca scherzeri* Steindachner, 1892 꺽짓과
쏘팔메토 saw palmetto, *Serenoa repens* (Bartram) J. K. Small 야자과
쏘팔메토열매추출물 saw palmetto fruit extract
쏨뱅이 scorpion fish, marbled rockfish, *Sebastiscus marmoratus* (Covier, 1829) 양볼락과
쏨뱅이목 Scorpaeniformes
쐐기풀 nettle, *Urtica thunbergiana* Siebold. & Zucc. 쐐기풀과
쐐기풀과 Urticaceae
쐐기풀목 Uricales
쑥 mugwort, *Artemisia princeps* Pamp. 국화과
쑥갓 garland chrysanthemum, chrysanthemum greens, crown daisy, *Chrysanthemum coronarium* L. 국화과
쑥개피떡 ssukgaepitteok
쑥경단 ssukgyeongdan
쑥구리단자 ssukguridanja
쑥떡 ssuktteok
쑥설기 ssukseolgi
쑥속 *Artemisia*
쓰리에이위생규격 3-A sanitary standard
쓰촨후추 Sichuan pepper
쓴맛 bitter taste, bitterness
쓴맛그물버섯속 *Tylopilus*
쓴맛제거 debittering
쓴물질 bitter substance
쓴박하 white horehound, common horehound, *Marrubium vulgare* L. 꿀풀과
쓴산 bitter acid
쓴술 bitters
쓴쑥 wormwood, *Artemisia absinthium* L. 국화과
쓴아몬드 bitter almond, *Prunus dulcis* var. *amara* 장미과
쓴아몬드기름 bitter almond oil
쓴잎 bitterleaf, *Vernonia amygdalina* Delile 국화과
쓴콜라 bitter kola, *Garcinia kola* Heckel 물레나물과
쓴펩타이드 bitter peptide
쓴화합물 bitter compound, bitter principle
쓸개 gallblader
쓸개관 bile duct
쓸개모세관 bile canaliculus
쓸개염 cholecystitis
쓸개즙 bile
쓸개즙산 bile acid
쓸개즙색소 bile pigment
쓸개즙염 bile salt
쓸개즙염가수분해효소 bile salt hydrolase
쓸갯돌 gallstone, biliary stone
쓸갯돌증 cholelithiasis
씀바귀 ssembagwi, *Ixeris dentata* (Thunb.) Nakai 국화과
씀바귀속 *Ixeris*
씨 seed
씨감자 seed potato
씨껍질 seed coat, testa
씨눈 embryo
씨눈배양 embryo culture
씨눈세포 embryo cell

씨눈쌀 embryo-retaining rice
씨마늘 seed garlic
씨방 ovary
씨방배양 ovary culture
씨알맹이 kernel
씨앗 seed
씨앗번식 seed propagation
씨앗보존 seed preservation
씨앗소독 seed disinfection
씨앗소독제 seed disinfectant
씨앗은행 seed bank
씨앗치환시험 seed displacement test
씨없는포도 seedless grape
씹힘성 chewiness

아가레이스 agarase
아가로스 agarose
아가로스젤 agarose gel
아가로스젤전기이동 agarose gel electrophoresis
아가로스젤크로마토그래피 agarose gel chromatography
아가로올리고당 agarooligosaccharide
아가로펙틴 agaropectin
아가리틴 agaritine
아가미 gill
아가미젓 agamijeot
아가미호흡 branchial respiration
아가베 agave
아강(亞綱) subclass
아교(阿膠) glue
아귀 blackmouth angler, *Lophiomus setigerus* (Vahl, 1797) 아귓과
아귀목 Lophiiformes
아귀찜 agwijjim
아귓과 Lophiidae
아그로박테륨 라디오박터 *Agrobacterium radiobacter*
아그로박테륨루비 *Agrobacterium rubi*
아그로박테륨 리조게네스 *Agrobacterium rhizogenes*
아그로박테륨속 *Agrobacterium*
아그리모니 common agrimony, church steeples, *Agrimonia eupatoria* L. 장미과
아그마틴 agmatine
아글리콘 aglycone
아급성(亞急性) subacute
아급성독성(亞急性毒性) subacute toxicity
아급성독성검사(亞急性毒性檢査) subacute toxicity test
아까시나무 black locust, *Robinia pseudoacacia* L. 콩과
아나다나 anardana
아나바에나속 *Anabaena*
아나바에나 시르시날리스 *Anabaena circinalis*
아나바에나 플로스아쿠아에 *Anabaena flos-aquae*
아나사지 anasazi
아나시스티스속 *Anacystis*
아나토 annatto
아나토색소 annato extract
아나톡신 anatoxin
아나필락시스 anaphylaxis
아낙필라시스쇼크 anaphylactic shock
아날로그 analog
아날로그시스템 analog system
아네톨 anethole
아노머 anomer
아노머탄소원자 anomeric carbon atom
아뉴리네이스 aneurinase
아뉴린 aneurin
아니셋 anisette
아니솔 anisole
아니스 anise, *Pimpinella anisum* L. 산형과
아니스방향유 aniseed oil
아니스술 anis
아니스씨 aniseed
아니스알데하이드 anisaldehyde
아니스추출물 anise extract
아니시딘 anisidine
아니시딘값 anisidine value
아닐리노 anilino
아닐린 aniline
아디이싸이온산소듐 sodium dithionite
아데노바이러스 adenovirus

아데노바이러스과 Adenoviridae
아데노신 adenosine
아데노신삼인산 adenosine triphosphate, ATP
아데노신아미노기제거효소 adenosine deaminase
아데노신아미노기제거효소결핍 adenosine deaminase deficiency
아데노신이인산 adenosine diphosphate, ADP
아데노신이인산포도당 adenosine diphosphate glucose, ADP glucose
아데노신인산 adenosine phosphate
아데노신일인산 adenosine monophosphate, AMP
아데노신삼인산가수분해효소 adenosine triphosphatase, ATPase
아데닌 adenine
아데닌뉴클레오타이드 adenine nucleotide
아데닌데옥시리보사이드 adenine deoxyriboside
아데닌리보사이드 adenine riboside
아데닐 adenyl
아데닐산 adenylic acid
아데닐산고리화효소 adenylate cyclase
아동복지법(兒童福祉法) Children's Welfare Act
아드레날린 adrenaline
아드레날린차단제 adrenaline blocking agent
아드미법 ADMI method
아디포넥틴 adiponectin
아디프산 adipic acid
아라미드 aramid
아라반 araban
아라베스크 arabesque
아라보아스코브산 araboascorbic acid
아라비난 arabinan
아라비노갈락탄 arabinogalactan
아라비노스 arabinose
아라비노스이성질화효소 arabinose isomerase
아라비노시데이스 arabinosidase
아라비노자일란 arabinoxylan
아라비아검 gum arabic
아라비아검나무 gum acacia, gum Arabic tree, gum Senegal tree, *Acacia senegal* (L.) Willd. 콩과
아라비아빵 Arabic bread
아라비아재스민 Arabian jasmine, *Jasminum sambac* (L.) Aiton 물푸레나뭇과
아라비카커피나무 arabica coffee, mountain coffee, *Coffea arabica* L. 꼭두서닛과
아라비톨 arabitol
아라카차 arracacha, *Arracacia xanthorrhiza* Bancr. 산형과
아라키돈산 arachidonic acid
아라키드산 arachidic acid
아라키스기름 arachis oil
아라킨 arachin
아락주 arak, arrack
아래대동맥 aorta descendens
아래대정맥 inferior vena cava
아래등심살 bottom sirloin
아레니우스식 Arrhenius equation
아레카속 *Areca*
아레카스트룸속 *Arecastrum*
아레콜린 arecoline
아레파 arepa
아로니아속 *Aronia*
아로마요법 aromatherapy
아롱사태 center heel of shank
아르간 argan, *Argania spinosa* (L.) Skeels 사포타과
아르곤 argon
아르마냐크 Armagnac
아르아이플라스미드 Ri plasmid
아르에스이결함 RSE defect
아르에프값 Rf value
아르엔에이 RNA
아르엔에이복제효소 RNA replicase
아르엔에이연결효소 RNA ligase
아르엔에이의존디엔에이중합효소 RNA-dependent DNA polymerase
아르엔에이잡종화 RNA hybridization
아르엔에이전사 RNA transcription
아르엔에이중합효소 RNA polymerase
아르엔에이합성 RNA synthesis
아르엔에이합성효소 RNA synthetase
아르엔오믹스 RNomics
아르엔옴 RNome
아르인덱스분석 R-index analysis

아르주아치즈 Arzua cheese
아르지네이스 arginase
아르지닌 arginine
아르지닌인산 arginine phosphate
아르코박터 니트로피길리스 *Arcobacter nitrofigilis*
아르코박터 부트즐레리 *Arcobacter butzleri*
아르코박터속 *Arcobacter*
아르코박터 크리아에로필루스 *Arcobacter cryaerophilus*
아르트로박터 니코티아나에 *Arthrobacter nicotianae*
아르트로박터속 *Arthrobacter*
아르피코에리트린 R-phycoerythrin
아르헨티나메를루사 Argentine hake, *Merluccius hubbsi* Marini, 1933 메를루사과
아리조나세균군 Arizona group
아린맛 acrid taste
아릴 aryl
아릴알코올산화효소 arylalcohol oxidase
아마(亞麻) flax, linseed, *Linum usitatissimum* L. 아마과
아마과(亞麻科) Linaceae
아마니타톡신 amanitatoxin
아마니틴 amanitin
아마도리자리옮김 Amadori rearrangement
아마도리화합물 Amadori compound
아마란트 amaranth
아마란트가루 amaranth flour
아마란트녹말 amaranth starch
아마란트씨앗 amaranth grain, grain amaranth
아마속 *Linum*
아마이드 amide
아마이드기 amide group
아마이드기제거반응 deamidation
아마이드화 amidation
아마이드화질소 amide nitrogen
아마이드화이온 amide ion
아마이드화펙틴 amidated pectin
아마인(亞麻仁) flaxseed
아마인가루 flaxseed flour
아마인기름 flaxseed oil
아마인깻묵 flaxseed cake
아마톡신 amatoxin
아만성독성(亞慢性毒性) subchronic toxicity
아만성독성시험(亞慢性毒性試驗) subchronic toxicity test
아만틴 amantine
아말감 amalgam
아메리카들소 American bison, American buffalo, *Bison bison* (Linnaeus, 1758) 솟과
아메리카딱총나무 American elder, *Sambucus canadensis* L. 연복초과
아메리카땅콩 American groundnut
아메리카라즈베리 American red raspberry, *Rubus strigosus* Michx. 장미과
아메리카로완 American mountain ash, American rowan, *Sorbus americana* Marshall 장미과
아메리카바닷가재 American lobster, *Homarus americanus* H. Milne-Edwards, 1837 가시발새웃과
아메리카인삼 American ginseng, *Panax quinquefolius* L. 두릅나뭇과
아메리카크랜베리 American cranberry, large cranberry, *Vaccinium macrocarpon* Aiton 진달랫과
아메리카퉁퉁마디 American glasswort, *Salicornia virginica* L. 명아줏과
아메리카흑곰 American black bear, *Ursus americanus* (Pallas, 1780) 곰과
아메바 ameba
아메바목 Amoebida
아메바운동 ameboid movement
아메바이질 amebic dysentery
아메바증 amebiasis
아목(亞目) suborder
아목시실린 amoxicillin
아몬드 almond, *Prunus dulcis* (Mill.) D. A. Webb (= *Prunus amygdalus* (L.) Batsch) 장미과
아몬드기름 almond oil
아몬드페이스트 almond paste
아문(亞門) subphylum
아미그달린 amygdalin
아미노 amino

아미노글리코사이드 aminoglycoside
아미노기 amino group
아미노기전달반응 transamination
아미노기전달효소 transaminase, aminotransferase
아미노기제거 deamination
아미노기제거반응 deamination reaction
아미노기제거효소 deaminase
아미노당 amino sugar
아미노말단 amino-terminus
아미노벤젠 aminobenzene
아미노벤조산 aminobenzoic acid
아미노산 amino acid
아미노산값 amino acid score
아미노산발효 amino acid fermentation
아미노산분석 amino acid analysis
아미노산분석기 amino acid analyzer
아미노산산화효소 amino acid oxidase
아미노산순서 amino acid sequence
아미노산순서결정 amino acid sequencing
아미노산자동분석기 amino acid autoanalyzer
아미노산잔기 amino acid residue
아미노산조성 amino acid composition
아미노산카복실기제거효소 amino acid decarboxylase
아미노산패턴 amino acid pattern
아미노산풀 amino acid pool
아미노석신산 aminosuccinic acid
아미노수지 amino resin
아미노실린 aminocillin
아미노아실레이스 aminoacylase
아미노에톡시바이닐글리신 aminoethoxyvinylglycine
아미노질소 amino nitrogen
아미노카보닐반응 amino-carbonyl reaction
아미노트라이아졸 aminotriazole
아미노펩디데이스 aminopeptidase
아미노하이드록시뷰티르산 aminohydroxybutyric acid
아미노화 amination
아미노화반응 amination
아미놉테린 aminopterin
아미데이스 amidase
아미딘 amidine
아미린 amyrin
아미콜라톱시스 리파미시니카 *Amycolatopsis rifamycinica*
아미콜라톱시스속 *Amycolatopsis*
아미콜라톱시스 오리앤탈리스 *Amycolatopsis orientalis*
아미트라즈 amitraz
아민 amine
아민기 amine group
아민산화효소 amine oxidase
아밀레이스 amylase
아밀레이스억제제 amylase inhibitor
아밀로고지법 amylo-koji process
아밀로그래프 Amylograph
아밀로그램 amlyogram
아밀로글루코시데이스 amyloglucosidase
아밀로덱스트린 amylodextrin
아밀로미세스 룩시이 *Amylomyces rouxii*
아밀로법 amylo process
아밀로보린 amylovorin
아밀로스 amylose
아밀로이드 amyloid
아밀로이드단백질 amyloid protein
아밀로이드증 amyloidosis
아밀로펙틴 amylopectin
아밀롭신 amylopsin
아밀알코올 amyl alcohol
아베굴절계 Abbe refractometer
아베나스테롤 avenasterol
아베난트라마이드 avenanthramide
아베날린 avenalin
아베닌 avenin
아베멕틴 avermectin
아보가드로법칙 Avogadro's law
아보가드로수 Avogadro's number
아보카도 avocado, *Persea americana* Mill. 녹나뭇과
아보카도기름 avocado oil
아보파신 avoparcin
아본댄스치즈 Abondance cheese
아부라게 aburage
아부틴 arbutin
아브레이 abrey, abreh
아브린 abrin

아브시스산 abscisic acid
아비딘 avidin
아비산 arsenious acid
아비셀 avicel
아사이베리 açai berry
아사이야자나무 açai palm, *Euterpa oleracea* Mart. 야자과
아산화질소(亞酸化窒素) nitrous oxide
아삼차 Assam tea
아삼차나무 Assam tea plant, *Camellia sinensis* var. *assamica* (Masters) 차나뭇과
아세롤라 acerola, Barbados cherry, *Malpighia emarginata* DC. 금수휘나뭇과
아세롤라주스 acerola juice
아세설팜 acesulfame
아세설팜포타슘 acesulfame K
아세탄 acetan
아세탈 acetal
아세탈수지 acetal resin
아세탈화 acetalization
아세테이터 Acetator
아세테이토 acetato
아세테이트 acetate
아세테이트필름 acetate film
아세토나이트릴 acetonitrile
아세토락트산카복실기제거효소 acetolactate decarboxylase
아세토락트산합성효소 acetolactate synthase
아세토모나스속 *Acetomonas*
아세토박터과 Acetobacteraceae
아세토박터속 *Acetobacter*
아세토박터 수브옥시단스 *Acetobacter suboxydans*
아세토박터 쉿젠바키이 *Acetobacter schuetzenbachii*
아세토박터 아세티 *Acetobacter aceti*
아세토박터 자일리눔 *Acetobacter xylinum*
아세토박터 파스테우리아누스 *Acetobacter pasteurianus*
아세토아세트산 acetoacetic acid
아세토아세트산에틸 ethyl acetoacetate
아세토인 acetoin
아세토카민 acetocarmine
아세토페논 acetophenone
아세톤 acetone
아세톤뷰탄올발효 acetone butanol fermentation
아세톤체 acetone body
아세톤혈증 acetonemia
아세트산 acetic acid
아세트산녹말 starch acetate
아세트산리날릴 linalyl acetate
아세트산메틸 methyl acetate
아세트산무수물 acetic anhydride
아세트산바이닐 vinyl acetate
아세트산발효 acetic acid fermentation
아세트산벤질 benzyl acetate
아세트산분해 acetolysis
아세트산뷰틸 butyl acetate
아세트산사이클로헥실 cyclohexyl acetate
아세트산생성세균 acetogenic bacterium
아세트산세균 acetic acid bacterium
아세트산소듐 sodium acetate
아세트산시남일 cinnamyl acetate
아세트산시트로넬릴 citronellyl acetate
아세트산아이소아밀 isoamyl acetate
아세트산에틸 ethyl acetate
아세트산이온 acetate ion
아세트산제라닐 geranyl acetate
아세트산칼슘 calcium acetate
아세트산터피닐 terpinyl acetate
아세트산페닐에틸 phenylethyl acetate
아세트아마이드 acetamide
아세트아미노펜 acetaminophen
아세트아미도 acetamido
아세트알데하이드 acetaldehyde
아세트알데하이드수소제거효소 acetaldehyde dehydrogenase, ALDH
아세틸 acetyl
아세틸값 acetyl value
아세틸글루코사미니데이스 acetylglucosaminidase
아세틸글루코사민 acetylglucosamine
아세틸기 acetyl group
아세틸기전달효소 acetyltransferase
아세틸기제거반응 deacetylation
아세틸레이스 acetylase
아세틸렌 acetylene
아세틸메틸카비놀 acetylmethylcarbinol

아세틸보조효소에이 acetyl coenzyme A, acetyl CoA
아세틸아디프산이녹말 acetylated distarch adipate
아세틸아세톤 acetylacetone
아세틸인산이녹말 acetylated distarch phosphate
아세틸콜린 acetylcholine
아세틸콜린에스터레이스 acetylcholinesterase, AChE
아세틸화 acetylation
아세페이트 acephate
아셀레늄산소듐 sodium selenite
아스코베이스 ascorbase
아스코베이트 ascorbate
아스코브산 ascorbic acid
아스코브산지방산에스터 fatty acid ester of ascorbic acid
아스코브산칼슘 calcium ascorbate
아스코빌팔미테이트 ascorbyl palmitate
아스코치타속 *Ascochyta*
아스코치타 피시 *Ascochyta pisi*
아스타센 astacene
아스타신 astacin
아스타잔틴 astaxanthin
아스트라갈린 astragalin
아스트로바이러스과 Astroviridae
아스트로카리윰속 *Astrocaryum*
아스파라거스 asparagus, *Asparagus officinalis* L. 아스파라거스과
아스파라거스과 Asparagaceae
아스파라거스목 Asparagales
아스파라거스완두 asparagus pea, *Lotus tetragonolobus* L. 콩과
아스파라거스줄기 asparagus stem
아스파라거스콩 asparagus bean, yardlong bean, snake bean, *Vigna unguiculata* subsp. *sesquipedalis* (L.) Verdc. 콩과
아스파라진 asparagine
아스파라진가수분해효소 asparaginase
아스파탐 aspartame
아스파테이스 aspartase
아스파트산 aspartic acid
아스파트산아미노기전달효소 aspartate transaminase, AST
아스파틸페닐알라닌메틸에스터 aspartyl phenylalanine methyl ester
아스페길산 aspergillic acid
아스페르길루스 비리디누탄스 *Aspergillus viridinutans*
아스페르길루스 소자에 *Aspergillus sojae*
아스페르길루스 시로우사미이 *Aspergillus shirousamii*
아스페르길루스 아와모리 *Aspergillus awamori*
아스페르길루스 오크라세우스 *Aspergillus ochraceus*
아스페르길루스 우스투스 *Aspergillus ustus*
아스페르길루스 테레우스 *Aspergillus terreus*
아스페르길루스 파라시티쿠스 *Aspergillus parasiticus*
아스페르길루스 푸미가투스 *Aspergillus fumigatus*
아스페르길루스 플라부스 *Aspergillus flavus*
아스피레이션 aspiration
아스피레이터 aspirator
아스피린 aspirin
아스픽 aspic
아시네토박터 라디오레시스텐스 *Acinetobacter radioresistens*
아시네토박터속 *Acinetobacter*
아시네토박터 칼코아세티쿠스 *Acinetobacter calcoaceticus*
아시다미노코쿠스과 Acidaminococaceae
아시도신 acidocin
아시도필루스밀크 acidophilus milk
아시도필루스페이스트 acidophilus paste
아시도필린 acidophilin
아시아국수 Asian noodle
아시아바퀴 Asian cockroach, *Blattella asahinai* Mizukubo, 1981 바퀴과
아시아셀러리 Asian celery
아시아초록홍합 Asian green mussel, *Perna viridis* Linnaeus, 1758 홍합과
아실글리세롤 acylglycerol
아실글리세롤조성 acylglycerol composition
아실기 acyl group
아실기전달반응 transacylation
아실기전달효소 acyltransferase
아실레이스 acylase
아실로마회의 Asilomar Conference

아실아미노 acylamino
아실화 acylation
아연(亞鉛) zinc
아열대과수(亞熱帶果樹) subtropical fruit tree
아열대우림(亞熱帶雨林) subtropical rain forest
아염소산(亞鹽素酸) chlorous acid
아염소산소듐 sodium chlorite
아염소산염(亞鹽素酸鹽) chlorite
아요완 ajowan, *Trachyspermum ammi* Sprague 산형과
아우라민 auramine
아우레오바시듐속 *Aureobasidium*
아우레오바시듐 풀룰란스 *Aureobasidium pullulans*
아욱 Chinese mallow, *Malva verticillata* L. 아욱과
아욱과 Malvaceae
아욱목 Malvales
아욱속 *Malva*
아욱아목 Malvineae
아욱죽 awukjuk
아웃소싱 outsourcing
아위(阿魏) asafoetida, *Ferula assa-foetida* L. 산형과
아이띠 I band, isotropic band
아이리시모스 Irish moss, carrageen moss, *Chondrus crispus* Stackh. 돌가사릿과
아이리시위스키 Irish whisky
아이리시커피 Irish coffee
아이소글루코스 isoglucose
아이소나이아지드 isoniazid
아이소나이트릴 isonitrile
아이소니코틴산 isonicotinic acid
아이소니코틴산하이드라자이드 isonicotinic acid hydrazide
아이소람네틴 isorhamnetin
아이소루신 isoleucine
아이소루신발효 isoleucine fermentation
아이소리놀레산 isolinoleic acid
아이소말테이스 isomaltase
아이소말토스 isomaltose
아이소말토올리고당 isomaltooligosaccharide
아이소말툴로스 isomaltulose
아이소말트 isomalt
아이소발레르산 isovaleric acid
아이소발레르산메틸 methyl isovalerate
아이소발레르산아이소아밀 isoamyl isovalerate
아이소발레르산에틸 ethyl isovalerate
아이소발레르알데하이드 isovaleraldehyde
아이소발린 isovaline
아이소뷰탄알 isobutanal
아이소뷰탄올 isobutanol
아이소뷰테인 isobutane
아이소뷰티르산 isobutyric acid
아이소뷰티르알데하이드 isobutyraldehyde
아이소뷰틸 isobutyl
아이소뷰틸렌 isobutylene
아이소뷰틸알코올 isobutyl alcohol
아이소사이아네이트 isocyanate
아이소시럽 isosyrup
아이소시트르산 isocitric acid
아이소시트르산발효 isocitric acid fermentation
아이소시트르산수소제거효소 isocitrate dehydrogenase
아이소싸이오사이안산벤질 benzyl isothiocyanate
아이소싸이오사이안산알릴 allyl isothiocyanate
아이소싸이오사이아네이트 isothiocyanate
아이소아밀레이스 isoamylase
아이소아밀알코올 isoamyl alcohol
아이소아스코브산 isoascorbic acid
아이소알파산 iso-α-acid
아이소옥테인 isooctane
아이소유제놀 isoeugenol
아이소카프로산 isocaproic acid
아이소쿠마린 isocoumarin
아이소클로로겐산 isochlorogenic acid
아이소펜탄올 isopentanol
아이소펜테인 isopentane
아이소펜틸알코올 isopentyl alcohol
아이소프레노이드 isoprenoid
아이소프레노이드지방질 isoprenoid lipid
아이소프렌 isoprene
아이소프로판올 isopropanol
아이소프로필 isopropyl
아이소프로필아민 isopropylamine
아이소프로필알코올 isopropylalcohol
아이소플라보노이드 isoflavonoid

아이소플라본 isoflavone
아이소플라본글리코사이드 isoflavone glycoside
아이소후물론 isohumulone
아이스 ice
아이스밀크 ice milk
아이스바인 Eiswein
아이스박스 icebox
아이스박스쿠키 icebox cookie
아이스와인 ice wine
아이스케이크 ice lolly, ice pop, popsicle
아이스크림 ice cream
아이스크림가루 ice cream powder
아이스크림냉동기 ice cream freezer
아이스크림믹스 ice cream mix
아이스크림믹스가루 ice cream mix powder
아이스크림웨이퍼 ice cream wafer
아이스크림콘 ice cream cone
아이스크림파이 ice cream pie
아이싱 icing
아이싱설탕 icing sugar
아이언위드 ironweed, *Vernonia galamensis* (Cass.) Less. 국화과
아이에이이에이 IAEA
아이엘레과일 aiele fruit
아이엘레나무 aiele tree, African elemi, canarium, *Canarium schweinfurthii* Engl. 감람과
아이오도 iodo
아이오도메테인 iodomethane
아이오도포르 iodophor
아이오도폼 iodoform
아이오도폼반응 iodoform reaction
아이오데이트 iodate
아이오딘 iodine
아이오딘값 iodine number, iodine value
아이오딘결핍 iodine deficiency
아이오딘녹말반응 iodine-starch reaction
아이오딘산 iodic acid
아이오딘산포타슘 potassium iodate
아이오딘적정 iodometric titration
아이오딘적정법 iodometry
아이오딘첨가소금 iodized salt
아이오딘파랑값 iodine blue value
아이오딘친화력 iodine affinity
아이오딘팅크처 iodine tincture
아이오딘화포타슘 potassium iodide
아이오딘화메틸 methyl iodide
아이오딘화물 iodide
아이오딘화소듐 sodium iodide
아이오딘화이온 iodide ion
아인산(亞燐酸) phosphorous acid
아인슈타인점성식 Einstein's viscosity formula
아자스피라시드 azaspiracid
아자이드 azide
아자이드화수소 hydrogen azide
아자이드화이온 azide ion
아자페론 azaperone
아자프라닐로속 *Azafranillo*
아자프린 azafrin
아조 azo
아조기 azo group
아조다이카본아마이드 azodicarbonamide
아조루빈 azorubin
아조메테인 azomethane
아조벤젠 azobenzene
아조시스트로빈 azoxystrobin
아조안료 azo pigment
아조염료 azo dye
아조토박터과 Azotobacteraceae
아조토박터속 *Azotobacter*
아조화합물 azo compound
아종(亞種) subspecies
아주먹이 polished rice
아줄렌 azulene
아진포스메틸 azinphos-methyl
아진포스에틸 azinphos-ethyl
아질산 nitrous acid
아질산변색 nitrite burn
아질산세균 nitrite bacterium
아질산소듐 sodium nitrite
아질산염 nitrite
아질산질소 nitrite nitrogen
아질산포타슘 potassium nitrite
아질산환원효소 nitrite reductase
아침빵제품 morning goods
아침식사 breakfast
아침식사용곡물 breakfast cereal
아침식사용식품 breakfast food

아카라 akara
아카무 akamu
아카시아 acacia
아카시아검 acacia gum
아카시아속 *Acacia*
아코니트산 aconitic acid
아콰 aqua
아콰리신 aqualysin
아콰비트 aquavit
아콰스피릴룸속 *Aquaspirillum*
아크라시균문 Acrasiomycota
아크레모늄 말칼로필룸 *Acremonium malcalophilum*
아크레모늄 셀룰롤리티쿠스 *Acremonium cellulolyticus*
아크레모늄속 *Acremonium*
아크로덱스트린 achrodextrin
아크로모박터속 *Achromobacter*
아크로신 acrosin
아크로코미아속 *Acrocomia*
아크롤레인 acrolein
아크릴 acryl
아크릴로나이트릴 acrylonitrile
아크릴산 acrylic acid
아크릴섬유 acrylic fiber
아크릴수지 acrylic resin
아크릴아마이드 acrylamide
아크릴알데하이드 acrylaldehyde
아키 ackee, *Blighia sapida* K. D. König 무환자나뭇과
아키라 achira, edible canna, Queensland arrowroot, *Canna edulis* Ker-Gawler 칸나과
아키오테 achiote, *Bixa orellana* L. 빅사과
아킬레스힘줄 Achilles' tendon
아타 atta
아탈레아속 *Attalea*
아토피 atopy
아토피알레르기 atopic allergy
아토피천식 atopic asthma
아토피피부염 atopic dermatitis
아트라진 atrazine
아트로핀 atropine
아트워터계수 Atwater's calorie factor
아티초크 artichoke, *Cynara scolymus* L. 국화과
아페리티프 aperitif
아펜젤러치즈 Appenzeller cheese
아편(阿片) opium
아편유사제(阿片類似劑) opioid
아편제제(阿片製劑) opiate
아포노게톤과 Aponogetonaceae
아포단백질 apoprotein
아포지방질단백질 apolipoprotein
아포카로텐알 apocarotenal
아포페리틴 apoferritin
아포핀알칼로이드 aporphine alkaloid
아포효소 apoenzyme
아프가점수 Afgar score
아프리카기장 finger millet, ragi, wimbi, *Eleusine coracana* (L.) Gaertn. 볏과
아프리카로커스트콩 African locust bean, *Parkia biglobosa* (Jacq.) R. Br. ex G. Don 콩과
아프리카망고 African mango, dika, wild mango, *Irvingia gabonensis* (Aubry-Lecomte ex O'Rorke) Baill. 어빙기아과
아프리카망고스틴 African mangosteen, *Garcinia livingstonei* T. Anderson 물레나물과
아프리카물소 African buffalo, *Syncerus caffer* (Sparrman, 1779) 솟과
아프리카벼 African rice, *Oryza glaberrima* Steud. 볏과
아프리카쓴쑥 African wormwood, *Artemisia afra* Jack. ex Willd. 국화과
아프리카얌콩 African yambean, *Sphenostylis stenocarpa* (Hochst. ex A. Rich) Harms 콩과
아픈감각 pain sensation
아플라톡신 aflatoxin
아플라톡신디원 aflatoxin D_1
아플라톡신비스리 aflatoxin B_3
아플라톡신비원 aflatoxin B_1
아플라톡신비투 aflatoxin B_2
아플라톡신생성진균 aflatoxin-producing fungus
아플라톡신엠원 aflatoxin M_1
아플라톡신엠투 aflatoxin M_2

아플라톡신중독증 aflatoxicosis
아플라톡신지원 aflatoxin G_1
아플라톡신지투 aflatoxin G_2
아플라톡신큐원 aflatoxin Q_1
아플라톡신피원 aflatoxin P_1
아피게닌 apigenin
아피인 apiin
아황산(亞黃酸) sulfurous acid
아황산소듐 sodium sulfite
아황산수소염(亞黃酸水素鹽) bisulfite
아황산수소소듐 sodium bisulfite
아황산염(亞黃酸鹽) sulfite
아황산염처리(亞黃酸鹽處理) sulfitation
아황산제거(亞黃酸除去) desulfitation
아황산펄프폐액 sulfite waste liquor
아황산환원효소(亞黃酸還元酵素) sulfite reductase
아히아마릴로 aji amarillo, amarillo chili, *Capsicum baccatum* L. 가짓과
악구충과(顎口蟲科) Gnathostomatidae
악구충속(顎口蟲屬) *Gnathostoma*
악구충증(顎口蟲症) gnathostomiasis
악상어 salmon shark, *Lamna ditropis* Hubbs & Follett, 1947 악상엇과
악상어목 Lamniformes
악상엇과 Lamnidae
악성고열(惡性高熱) malignant hyperthermia
악성고혈압(惡性高血壓) malignant hypertension
악성빈혈(惡性貧血) malignant anemia, pernicious anemia
악성종양(惡性腫瘍) malignant tumor
악어류(鰐魚類) crocodilians
악어목(鰐魚目) Crocodilia
악취(惡臭) offensive odor
악취문턱값 offensive odor threshold
악취물고기 offensive odor fish
악취물질(惡臭物質) malodorous substance
악티노마이신 actinomycin
악티노뮤코르속 *Actinomucor*
악티노뮤코르 엘레간스 *Actinomucor elegans*
악티노뮤코르 타이와넨시스 *Actinomucor taiwanensis*
악티노미세스 이스라엘리 *Actinomyces israelli*
악티노미세스 피오게네스 *Actinomyces pyogenes*
악티노스펙타신 actinospectacin
악티노플라네스과 Actinoplanaceae
악티노플라네스 미소우리엔시스 *Actinoplanes missouriensis*
악티노플라네스속 *Actinoplanes*
악티늄 actinium
악티늄족 actinides
안갖춘꽃 incomplete flower
안과(眼科) ophthalmology
안구(眼球) eyeball
안구건조증(眼球乾燥症) xerophthalmia
안동소주(安東燒酒) Andongsoju
안동식혜(安東食醯) Andongsikhye
안드레드식 Andrade's formula
안드로스테논 androstenone
안드로스테론 androsterone
안드로젠 androgen
안반 anban
안심 tenderloin
안심햄 tenderloin ham
안장버섯 slate grey saddle, *Helvella lacunosa* (Afzel.) 안장버섯과
안장버섯과 Helvellaceae
안전(安全) safety
안전계수(安全係數) safety factor
안전밸브 safety valve
안전성(安全性) safety
안전성평가(安全性評價) safety evaluation
안점(眼點) eye-spot
안정도(安定度) degree of stability
안정도상수(安定度常數) stability constant
안정상태(安定狀態) stable state
안정성(安定性) stability
안정제(安定劑) stabilizer
안정화(安定化) stabilization
안정화에너지 stabilization energy
안젤리카 garden angelica, *Angelica archangelica* L. 산형과
안지름 inside diameter
안짱다리 knock-knee
안창살 outside skirt
안카플래빈 ankaflavin
안토사이아니딘 anthocyanidin
안토사이아닌 anthocyanin

안토사이안 anthocyan
안토사이안가수분해효소 anthocyanase
안토잔틴 anthoxanthin
안트라닐산 anthranilic acid
안트라닐산메틸 methyl anthranilate
안트라센 anthracene
안트라퀴논 anthraquinone
안트라퀴논염료 anthraquinone dye
안티모니 antimony
안티모니중독 antimony poisoning
안티바이타민 antivitamin
안티센스기술 antisense technology
안티센스디엔에이 antisense DNA
안티센스아르엔에이 antisense RNA
안티코돈 anticodon
알 egg
알값 egg score
알갱이고지 granular koji
알갱이같음 graininess
알갱이모양의 granular
알갱이식품 grainy food
알곡 grain
알광대버섯 death cap, *Amanita phalloides* (Fr.) Link 광대버섯과
알기네이트 alginate
알기네이트젤 alginate gel
알긴 algin
알긴산 alginic acid
알긴산리에이스 alginate lyase
알긴산소듐 sodium alginate
알긴산암모늄 ammonium alginate
알긴산칼슘 calcium alginate
알긴산포타슘 potassium alginate
알긴산프로필렌글리콜 propylene glycol alginate
알끈 chalaza
알데하이드 aldehyde
알데하이드수소제거효소 aldehyde dehydrogenase
알데하이드환원효소 aldehyde reductase
알덴테 al dente
알도스 aldose
알도스-1-에피머화효소 aldose-1-epimerase
알도스뮤타로테이스 aldose mutarotase
알도스테론 aldosterone
알도펜토스 aldopentose
알도헥소스 aldohexose
알돈산 aldonic acid
알돌레이스 aldolase
알돌축합 aldol condensation
알드린 aldrin
알디카브 aldicarb
알디톨 alditol
알라 alar
알라닌 alanine
알라닌라세미화효소 alanine racemase
알라닌아미노기전달효소 alanine transaminase, ALT
알라잔 alazan
알라카르트 a la carte
알라클로르 alachlor
알란토인 allantoin
알란토인가수분해효소 allantoinase
알레르기 allergy
알레르기반응 allergic reaction
알레르기병 allergic disease
알레르기억제활성 antiallergic activity
알레르기유발성 allergenicity
알레르기음식중독 allergic food poisoning
알레르기증 allergosis
알레르기질환용식품 food for allergic disease
알레르기천식 allergic asthma
알레르기피부염 allergic dermatitis
알레르기항원 allergen
알레포고추 aleppo pepper
알렉산드륨 미누툼 *Alexandrium minutum*
알렉산드륨속 *Alexandrium*
알렉산드륨 카테넬라 *Alexandrium catenella*
알렉산드륨 타마렌세 *Alexandrium tamarense*
알렉신 alexine
알로스 allose
알로에 aloe
알로에베라 *Aloe vera*
알로에속 *Aloe*
알로에식품 aloe food
알로아젤 aloa gel
알로인 aloin
알루미나 alumina
알루미나피막 alumina film

알루미늄 aluminum
알루미늄레이크색소 aluminum lake dye
알루미늄박 aluminum foil
알루미늄박용기 aluminum foil container
알루미늄박적층필름 aluminum foil laminated film
알루미늄조리기구 aluminum cookware
알루미늄증착필름 aluminum metallized film
알루미늄캔 aluminum can
알루미늄합금 aluminum alloy
알루미늄화합물 aluminum compound
알리시클로바실루스속 *Alicyclobacillus*
알리시클로바실루스 아시도칼다리우스 *Alicyclobacillus acidocaldarius*
알리시클로바실루스 아시도테레스트리스 *Alicyclobacillus acidoterrestris*
알리신 allicin
알리싸이아민 allithiamin
알리인 alliin
알리인가수분해효소 alliinase
알리인리에이스 alliin lyase
알리자린 alizarin
알리자린옐로우 alizarin yellow
알리탐 alitame
알릴 allyl
알릴알코올 allyl alcohol
알벤다졸 albendazole
알부멘 albumen
알부미노이드 albuminoid
알부민 albumin
알부민글로불린비율 albumin-globulin ratio
알부민뇨 albuminuria
알비노 albino
알비오그래프 Alveograph
알비오그램 alveogram
알뿌리 bulb
알뿌리식물 bulbous plant
알세균 coccus
알약 pill
알젓 aljeot
알주머니말과 Oocystaceae
알줄기 corm
알짜단백질값 net protein value
알짜단백질비율 net protein ratio
알짜단백질이용률 net protein utilization, NPU
알짜동화량 net assimilation
알짜무게 net weight
알짜반응식 net equation
알짜생산량 net production
알짜생산력 net productivity
알짜수익 net income
알짜에너지 net energy
알짜이온 net ion
알짜이온반응식 net ion equation
알짜전하 net charge
알짜함량 net content
알츠하이머병 Alzheimer's disease
알츠하이머치매 Alzheimer's dementia
알카넷 alkanet, *Auchusa tinctoria* (L.) Tausch. 지칫과
알카닌 alkannin
알카인 alkyne
알칼로이드 alkaloid
알칼리 alkali
알칼리강직 alkaline rigor
알칼리게네스과 Alcaligenaceae
알칼리게네스 비스코락티스 *Alcaligenes viscolactis*
알칼리게네스속 *Alcaligenes*
알칼리게네스 파에칼리스 *Alcaligenes faecalis*
알칼리금속 alkaline metal
알칼리뇨 alkaluria
알칼리달걀 alkaline egg
알칼리도 alkalinity
알칼리맛 alkaline taste
알칼리박피 lye peeling
알칼리배지 alkaline medium
알칼리산화물 alkali oxide
알칼리성 alkaline
알칼리성단백질가수분해효소 alkaline protease
알칼리성인산가수분해효소 alkaline phosphatase, ALP
알칼리세정 alkali cleaning
알칼리세제 alkali detergent
알칼리수 alkali number
알칼리수세 alkali washing
알칼리역류위염 alkaline reflux gastritis

알칼리용액 lye
알칼리이온수 alkaline ion water
알칼리적정 alkalimetric titration
알칼리증 alkalosis
알칼리처리 alkali treatment
알칼리침출 alkali leaching
알칼리토금속 alkaline earth metal
알칼리피에이치 alkaline pH
알칼리혈증 alkalemia
알칼리화 alkalization
알캅톤뇨증 alkaptonuria
알케인 alkane
알켄 alkene
알코올 alcohol
알코올간경화 alcoholic cirrhosis
알코올간염 alcoholic hepatitis
알코올간질환 alcoholic liver disease
알코올강화포도주 fortified wine
알코올계 alcoholmeter
알코올남용 alcohol abuse
알코올램프 alcohol lamp
알코올못견딤증 alcohol intolerance
알코올발효 alcohol fermentation
알코올발효우유 alcohol fermented milk
알코올분해 alcoholysis
알코올불안정우유 alcohol sensitive milk
알코올불용물질 alcohol insoluble substance
알코올산화효소 alcohol oxidase
알코올성혼수 alcoholic coma
알코올수소제거효소 alcohol dehydrogenase, ADH
알코올시험 alcohol test
알코올식초 alcohol vinegar
알코올온도계 alcohol thermometer
알코올용해물질 alcohol soluble substance
알코올의존증 alcohol dependence
알코올중독자 alcoholic
알코올증류 alcohol distillation
알코올지방간 alcoholic fatty liver
알코올첨가소프트드링크 alcoholic soft drink
알코올탈삽 removal of astringency by alcohol treatment
알코올효모 distiller's yeast
알콕사이드 alkoxide
알콕시 alkoxy
알콕시글리세롤 alkoxy glycerol
알콕시글리세롤함유상어간유 alkoxy glycerol containing shark liver oil
알킬 alkyl
알킬기 alkyl group
알킬레소시놀 alkylresorcinol
알킬벤젠설포네이트 alkylbenzene sulfonate
알킬사이클로뷰탄온 alkylcyclobutanone
알킬페놀 alkylphenol
알킬화 alkylation
알킬화제 alkylation agent
알탕 altang
알테나리올 alternariol
알테난 alternan
알테난슈크레이스 alternansucrase
알테로모나스과 Alteromonadaceae
알테로모나스속 *Alteromonas*
알테로모나스 푸트레파시엔스 *Alteromonas putrefaciens*
알테르나리아속 *Alternaria*
알테르나리아 솔라니 *Alternaria solani*
알테르나리아 시트리 *Alternaria citri*
알테르나리아 알타나리아 *Alternaria altanaria*
알테르나리아 알테르나타 *Alternaria alternata*
알테르나리아 테누이스 *Alternaria tenuis*
알파결합 α-bond
알파-1,4-글루코시데이스 α-1,4-glucosidase
알파갈락토시데이스 α-galactosidase
알파글루코시데이스 α-glucosidase
알파글루코시데이스억제제 α-glucosidase inhibitor
알파글루쿠로니데이스 α-glucuronidase
알파글리아딘 α-gliadin
알파나선 α-helix
알파나선구조 α-helix structure
알파나프톨 α-naphthol
알파녹말 α-starch
알파다이카보닐화합물 α-dicarbonyl compound
알파덱스트린내부-1,6-알파글루코시데이스 α-dextrin-endo-1,6-α-glucosidase
알파락트알부민 α-lactalbumin
알파리놀렌산 α-linolenic acid
알파리포산 α-lipoic acid

알파마노시데이스 α-mannosidase
알파메캅토아세트산 α-mercaptoacetic acid
알파바이닐구아이아콜 α-vinyl guaiacol
알파벳수프 alphabet soup
알파붕괴 α-decay
알파산 α-acid
알파선 α-ray
알파세포 α-cell
알파솔라닌 α-solanine
알파아미노산 α-amino acid
알파아밀레이스 α-amylase
알파아밀레이스억제제 α-amylase inhibitor
알파아밀시남알데하이드 α-amylcinnamaldehyde
알파아세토락테이트카복실기제거효소 α-acetolactate decarboxylase
알파아세토락트산 α-acetolactic acid
알파아이소루파닌 α-isolupanine
알파알부민 α-albumin
알파알파트레할로스가수분해효소 α,α-trehalase
알파액티닌 α-actinin
알파에스카세인 α_s-casein
알파-엔-아라비노퓨라노시데이스 α-*N*-arabinofuranosidase
알파-엘-람노시데이스 α-L-rhamnosidase
알파이오논 α-ionone
알파-1,4-결합글루칸 α-1,4-linked glucan
알파입자 α-particle
알파카 alpaca, *Vicugna pacos* (Linnaeus, 1758) 낙타과
알파카로텐 α-carotene
알파케라틴 α-keratin
알파케토글루타르산 α-ketoglutaric acid
알파케토산 α-keto acid
알파케토산카복실화효소 α-keto acid carboxylase
알파터피닐아세테이트 α-terpinyl acetate
알파토코페롤 α-tocopherol
알파토코페롤아세테이트 α-tocopherol acetate
알파토코페릴아세테이트 α-tocopheryl acetate
알파파 α-wave
알파피넨 α-pinene
알파필로퀴논 α-phylloquinone
알폰소망고 Alphonso mango
알프스딸기 alpine strawberry, woodland strawberry, *Fragaria vesca* L. 장미과
암(癌) cancer
암그루 female plant
암꽃 female flower
암모늄 ammonium
암모늄백반 ammonium alum
암모늄제빵가루 ammonium baking powder
암모늄이온 ammonium ion
암모늄화합물 ammonium compound
암모니아 ammonia
암모니아질소 ammonium nitrogen
암민 ammine
암바렐라 ambarella, *Spondias cytherea* Sonn. 옻나뭇과
암반응(暗反應) dark reaction
암세포(癌細胞) cancer cell
암소 cow
암소치즈 cow cheese
암수딴그루 dioecism
암수딴몸 gonochorism
암수한그루 monoecism
암수한몸 hermaphrodite
암순응(暗順應) dark adaptation
암술 pistil
암술머리 stigma
암실(暗室) dark room
암양 ewe
암염(巖鹽) rock salt
암종(癌腫) carcinoma
암죽 chyle
암죽관 chyle duct
암죽미립 chylomicron
암촉진(癌促進) cancer promotion
암컷 female
암컷호르몬 female hormone
암탉 hen
암퇘지 female pig
암페어 ampere
암페타민 amphetamine
암피실린 ampicillin
압력(壓力) pressure
압력감각(壓力感覺) pressure sense
압력감지기 pressure sensor
압력검출기(壓力檢出器) pressure detector
압력게이지 pressure gauge

압력노즐 pressure nozzle
압력손실(壓力損失) pressure loss
압력솥 pressure cooker
압력에너지 pressure energy
압력조절기(壓力調節器) pressure controller
압력조절밸브 pressure regulating valve
압력지시계(壓力指示計) pressure indicator
압력측정기(壓力測定器) pressure tester
압력측정법(壓力測定法) manometry
압력평형상수(壓力平衡常數) pressure equilibrium constant
압력헤드 pressure head
압맥(壓麥) pressed pearled barley
압맥기(壓麥機) barley press
압생트 absinthe
압시디아 글라우카 *Absidia glauca*
압시디아 아트로스포라 *Absidia atrospora*
압시디아 코에룰레아 *Absidia coerulea*
압연(壓延) rolling
압연공정(壓延工程) rolling process
압연기(壓延機) rolling machine
압착(壓搾) pressing
압착건조(壓搾乾燥) compression drying
압착법(壓搾法) pressing method
압착소금절이법 pressed salting
압착주스 press juice
압착찌꺼기 pomace
압착쿠키 pressed cookie
압착탈수법(壓搾脫水法) pressed dehydration method
압착효모(壓搾酵母) compressed yeast
압축(壓縮) compression
압축계(壓縮計) compressometer
압축계수(壓縮係數) compressibility coefficient
압축공기(壓縮空氣) compressed air
압축공기성형(壓縮空氣成形) compression air forming
압축기(壓縮機) compressor
압축냉동기(壓縮冷凍機) compression refrigerator
압축력(壓縮力) compression force
압축률(壓縮率) compressibility
압축변형력(壓縮變形力) compressive stress
압축비(壓縮比) compression ratio
압축세기 compressive strength
압축수압기(壓縮水壓機) compression hydrostatic press
압축시험(壓縮試驗) compression test
압축압력(壓縮壓力) compressive pressure
압축압력계(壓縮壓力計) compression pressure gauge
압축유체(壓縮流體) compressible fluid
압축천연가스 compressed natural gas, CNG
압축침강(壓縮沈降) compression settling
압출(壓出) extrusion
압출기(壓出機) extruder
압출녹말(壓出綠末) extruded starch
압출드립 expressible drip
압출라미네이션 extrusion lamination
압출성형(壓出成型) extrusion molding
압출성형물(壓出成型物) extrudate
압출조리(壓出調理) extrusion cooking
압출코팅 extrusion coating
압출플라스토미터 extrusion plastometer
압편기(壓扁機) press roller
앙고라토끼 Angora
앙금 sediment
앙뜨레 entree
앙칵 angkak
앞가슴샘 prothoracic gland
앞다리 shoulder clod
앞다리살 shoulder clod
앞다리베이컨 picnic bacon
앞맛 antetaste
앞사골 front leg bone
앞사태 fore shank
애그리비즈니스 agribusiness
애기꾀꼬리버섯 *Cantharellus minor* Peck 꾀꼬리버섯과
애기버섯 *Collybia dryophila* (Bull.: Fr.) Kummer 송이과
애기버섯속 *Collybia*
애기수영 sheep's sorrel, red sorrel, *Rumex acetosella* L. 마디풀과
애기우산나물 *Syneilesis aconitifolia* (Bunge) Maxim. 국화과
애기월귤 small cranberry, *Oxycoccus microcarpus* Turcz. & Rupr. 진달랫과
애기장대 thale cress, mouse-ear cress,

Arabidopsis thaliana (L.) Heynh. 십자화과
애너하임고추 Anaheim pepper, Anaheim chili pepper
애덤스컨시스토미터 Adams consistometer
애드후물론 adhumulone
애디슨병 Addison's disease
애로루트 arrowroot
애로루트 arrowroot, *Maranta arundinacea* L. 마란타과
애버딘앵거스 Aberdeen Angus
애벌레 larva
애완동물(愛玩動物) pet
애완동물먹이 pet food
애저 piglet
애주름버섯과 Mycenaceae
애주름버섯속 *Mycena*
애플민트 apple mint, *Mentha suaveolens* Ehrh. (= *Mentha rotundifolia* (L.) Huds.) 꿀풀과
애플버터 apple butter
애플잭 applejack
애플파이 apple pie
애피타이저 appetizer
액과(液果) sap fruit
액당(液糖) liquid sugar
액란(液卵) liquid egg
액량(液量) weight of liquid
액면검출기(液面檢出器) level inspector
액비(液肥) liquid fertilizer, liquid manure
액상쇼트닝 liquid shortening
액상스펀지 liquid sponge
액상식품(液狀食品) liquid food
액상요구르트 liquid yoghurt
액상우유(液狀牛乳) liquid milk
액상우유제품(液狀牛乳製品) liquid milk product
액상추출차(液狀抽出茶) extracted liquid tea
액상포도당(液狀葡萄糖) liquid glucose
액적(液滴) droplet
액젓 aekjeot
액체(液體) liquid
액체고체크로마토그래피 liquid-solid chromatography
액체금속(液體金屬) liquid metal
액체막(液體膜) liquid membrane
액체발효법(液體醱酵法) liquid fermentation
액체배양(液體培養) liquid culturc
액체배지(液體培地) liquid medium
액체상(液體相) liquid phase
액체서스펜션배양 liquid suspension culture
액체암모니아 liquid ammonia
액체액체추출(液體液體抽出) liquid-liquid extraction
액체액체크로마토그래피 liquid-liquid chromatography, LC
액체연료(液體燃料) liquid fuel
액체이산화탄소(液體二酸化炭素) liquid carbon dioxide
액체질소(液體窒素) liquid nitrogen
액체질소냉동(液體窒素冷凍) liquid nitrogen freezing
액체크로마토그래피 liquid chromatography, LC
액체훈제(液體燻製) liquid smoking
액체훈제법(液體燻製法) liquid smoking method
액침고지배양 submerged culture of koji
액침발효(液浸醱酵) submerged fermentation
액침배양(液浸培養) submerged culture
액침배양탱크 submerged culturing tank
액토마이오신 actomyosin
액티니대인 actinidain
액티니딘 actinidine
액티닌 actinin
액틴 actin
액틴마이오신복합체 actin-myosin complex
액틴필라멘트 actin filament
액포(液胞) vacuole
액포막(液胞膜) tonoplast, vacuole membrane
액화(液化) liquefaction
액화력(液化力) liquefying power
액화석유가스 liquefied petroleum gas, LPG
액화아밀레이스 liquefying amylase
액화어류단백질(液化魚類蛋白質) liquefied fish protein
액화열(液化熱) heat of liquefaction
액화천연가스 liquefied natural gas, LNG
액화프로페인가스 liquefied propane gas,

LPG
액화효소(液化酵素) liquefying enzyme
앤더슨익스펠러 Anderson expeller
앤서린 anserine
앤지오텐시노겐 angiotensinogen
앤지오텐신 angiotensin
앤지오텐신원 angiotensin I
앤지오텐신원전환효소 angiotensin I converting enzyme
앤지오텐신전환효소 angiotensin converting enzyme, ACE
앤지오텐신전환효소억제제 angiotensin converting enzyme inhibitor
앤지오텐신투 angiotensin II
앨리게이터 alligator
앨리게이터고기 alligator meat
앨리게이터과 Alligatoridae
앨리게이터속 *Alligator*
앰버듀럼 amber durum
앰풀 ampule
앳킨스다이어트 Atkins diet
앵글밸브 angle valve
앵두 Korean cherry
앵두나무 nanking cherry, Korean cherry, *Prunus tomentosa* Thunb. 장미과
앵두편 aengdupyeon
앵초(櫻草) primrose, *Primula sieboldii* E. Morren 앵초과
앵초과(櫻草科) Primulaceae
앵초속(櫻草屬) *Primula*
앵커병 anchor cap jar
앵커캡 anchor cap
야낭 yanang, *Tiliacora triandra* (Colebr.) Diels 새모래덩굴과
야드파운드법 yard pound method
야로위아 리폴리티카 *Yarrowia lipolytica*
야로위아속 *Yarrowia*
야마 llama, *Lama glama* (Linnaeus, 1758) 낙타과
야맹증(夜盲症) night blindness
야생당근 wild carrot, *Daucus carota* L. 산형과
야생대추야자나무 wild date palm, date sugar palm, *Phoenix sylvestris* (L.) Roxb. 야자과
야생동물(野生動物) wild animal
야생동물고기 bushmeat, game meat, wildmeat
야생버섯 wild mushroom
야생생물(野生生物) wildlife
야생식물(野生植物) wild plant
야생암퇘지 wild sow
야생양배추 wild cabbage, *Brassica oleracea* L. 십자화과
야생염소 wild goat
야생안젤리카 wild angelica, *Angelica sylvestris* L. 산형과
야생종(野生種) wild species
야생타임 wild thyme, creeping thyme, *Thymus serpyllum* L. 꿀풀과
야생토끼병 rabbit fever, tularemia
야생형(野生形) wild type
야생화(野生花) wildflower
야생효모(野生酵母) wild yeast
야식(夜食) night eating
야식증후군(夜食症候群) night eating syndrome
야자과(椰子科) Arecaceae, Palmae
야자설탕 palm sugar
야자술 toddy
야자아강(椰子亞綱) Arecidae
야콘 yacon, *Smallanthus sonchifolia* (Poepp. & Endl.) H. Robinson 국화과
야쿨트 Yakult
야크 yak, *Bos grunniens* Linnaeus, 1766 솟과
야크고기 yak meat
야크젖 yak milk
약(藥) drug, medicine
약과(藥果) yakgwa
약량(藥量) dose
약리학(藥理學) pharmacology
약모밀 lizard tail, fishwort, *Houttuynia cordata* Thunb. 삼백초과
약물(藥物) drug
약물간염(藥物肝炎) drug-induced hepatitis
약물과량투여(藥物過量投與) drug overdose
약물남용(藥物濫用) drug abuse
약물내성(藥物耐性) drug resistance
약물내성세균(藥物耐性細菌) drug resistant

bacterium
약물반응(藥物反應) drug reaction
약물복용시험(藥物服用試驗) doping test
약물알레르기 drug allergy
약물요법(藥物療法) drug therapy
약물유해반응(藥物有害反應) adverse drug reaction
약물의존성(藥物依存性) drug dependence
약물중독(藥物中毒) drug addiction
약물치료(藥物治療) drug treatment
약밥 yakbap
약사(藥師) pharmacist
약산(弱酸) weak acid
약술 yaksul
약염기(弱鹽基) weak base
약용나무 medicinal tree
약용식물(藥用植物) medicinal plant
약용작물(藥用作物) medicinal crop
약전해질(弱電解質) weak electrolyte
약제소독법(藥劑消毒法) chemical disinfection
약주(藥酒) yakju
약초(藥草) medicinal herb
약해(藥害) phytotoxicity
얄라핀 yalapin
얇은막크로마토그래피 thin layer chromatography, TLC
양(羊) sheep, *Ovis aries* Linnaeus, 1758 솟과
양(䏜) tripe
양고기 mutton
양고기소시지 mutton sausage
양곡(糧穀) food grain
양곡관리법(糧穀管理法) Grains Management Act
양곡도매시장(糧穀都賣市場) grain wholesale market
양구슬냉이 camelina, gold of pleasure, *Camelina sativa* (L.) Crantz 십자화과
양귀비(楊貴妃) opium poppy, *Papaver somniferum* L. 양귀비과
양귀비과(楊貴妃科) Papaveraceae
양귀비목(楊貴妃目) Papaverales
양귀비씨 poppy seed
양귀비씨기름 poppy seed oil
양균형(陽均衡) positive balance
양극(陽極) anode
양극성물질(兩極性物質) amphipathic substance
양극성분자(兩極性分子) amphipathic molecule
양극성체(兩極性體) amphiphile
양극성화합물(兩極性化合物) amphipathic compound
양근육(羊筋肉) sheep muscle
양기름 mutton tallow
양념 seasoning
양념소금 seasoned salt
양다래 Chinese gooseberry, *Actinidia chinensis* Planch. 다래나뭇과
양돈(養豚) swine farming, hog farming
양마(洋麻) kenaf, *Hibiscus cannabinus* L. 아욱과
양마씨 kenaf seed
양막(羊膜) amnion
양막공간(羊膜空間) amniotic cavity
양막주머니 amniotic sac
양미리 sand eel, *Hypoptychus dybowskii* Steindachner, 1880 양미릿과
양미리속 *Hypoptychus*
양미릿과 Hypoptychidae
양배추 cabbage, *Brassica oleracea* L. var. *capitata* L. 십자화과
양벚나무 sweet cherry, *Prunus avium* L. 장미과
양볼락과 Scorpaenidae
양봉(養蜂) apiculture
양분(養分) nutrient
양브루셀라세균 *Brucella melitensis*
양상(樣相) modality
양상관관계(陽相關關係) positive correlation
양생(養生) care of health
양서강(兩棲綱) Amphibia
양서류(兩棲類) amphibians
양성자(陽性子) proton
양성자받개 proton acceptor
양성자자기공명(陽性子磁氣共鳴) proton magnetic resonance
양성자주개 proton donor
양성자펌프억제제 proton-pump inhibitor
양성종양(良性腫瘍) benign tumor
양송이(洋松栮) common mushroom, button

mushroom, *Agaricus bisporus* (J. Lange) Imbach 주름버섯과
양수(羊水) amniotic fluid
양식물고기 farmed fish
양식수산물(養殖水産物) aquaculture fisheries product
양식시설(養殖施設) cultural facilities
양식업(養殖業) aquaculture business
양식조개 farmed shellfish
양어(養魚) fish farming
양어사료(養魚飼料) feed for fish farming
양에너지균형 positive energy balance
양이온 cation
양이온계면활성제 cationic surfactant
양이온교환수지 cation exchange resin
양이온교환능력 cation exchange capacity, CEC
양이온녹말 cationic starch
양이온세제 cationic detergent
양자(量子) quantum
양자수(量子數) quantum number
양자수율(量子收率) quantum yield
양자에너지 quantum energy
양자역학(量子力學) quantum mechanics
양자이론(量子理論) quantum theory
양장(羊腸) sheep casing
양적유전학(量的遺傳學) quantitative genetics
양적형질(量的形質) quantitative trail
양적형질자리 quantitative trail locus
양전자(陽電子) positron
양전자방출단층촬영(陽電子放出斷層撮影) positron emission tomography, PET
양전하(陽電荷) positive charge
양젖 ewe milk, sheep milk
양젖치즈 ewe milk cheese, sheep milk cheese
양조(釀造) brewing
양조곡주(釀造穀酒) brewed cereal wine
양조식초(釀造食醋) brewed vinegar
양조용수(釀造用水) brewing water
양조장(釀造場) brewery
양조주(釀造酒) fermented liquor
양즙(胖汁) yangjeup
양지 brisket and flank
양지머리 brisket point end
양질미(良質米) high quality rice
양질소평형(陽窒素平衡) positive nitrogen balance
양쪽성계면활성제 amphoteric surfactant
양쪽성산화물 amphoteric oxide
양쪽성원소 amphoteric element
양쪽성이온 amphoteric ion, zwitterion
양쪽성전해질 ampholyte, amphoteric electrolyte
양쪽성콜로이드 amphoteric colloid
양쪽성화합물 amphoteric compound
양쪽접시저울 double pan balance
양철(洋鐵) tin plate
양철캔 tin plate can
양측가설(兩側假說) two-sided hypothesis
양측검정(兩側檢定) two-sided test
양치류(羊齒類) ferns
양치목(羊齒目) Filicales
양치식물(羊齒植物) pteridophytes
양치식물강(羊齒植物綱) Pteropsida
양치식물문(羊齒植物門) Pteridophyta
양콜로이드 positive colloid
양태 bartail flathead, *Platycephalus indicus* (Linnaeus, 1758) 양탯과
양탯과 Platycephalidae
양털같음 woolliness
양파 onion, *Allium cepa* L. 백합과
양파방향유 onion oil
양파색소 onion color
양파잎노랑병 white rot
양파피클 onion pickle
양팔저울 equal-arm balance
양피지(羊皮紙) parchment
양하(蘘荷) myoga, *Zingiber mioga* (Thunb.) Roscoe 생강과
어간장 fish sauce
어금니에끼는성질 toothpacking
어깨뼈 scapula
어깨지방 chuck fat
어는점 freezing point
어는점검사 freezing point test
어는점내림 freezing point depression
어는점내림법 cryoscopy
어는점내림상수 cryoscopic constant

어는점측정기 cryoscope
어닐링 annealing
어단(魚團) fish ball
어란(魚卵) roe
어류(魚類) fish
어류가죽 fish skin
어류기생충(魚類寄生蟲) fish parasite
어류독(魚類毒) fish poison
어류독액(魚類毒液) fish venom
어류무기질(魚類無機質) fish mineral
어류변질(魚類變質) fish spoilage
어류선별기(魚類選別機) fish grader
어류세척기(魚類洗滌器) fish washer
어류아교 fish glue
어리굴젓 eoriguljeot
어리병풍 eoribyeongpung, *Cacalia pseudo-taimingasa* Nakai 국화과
어리쌀도둑거저리 confused flour beetle, *Tribolium confusum* Jacquelin du Val, 1863 거저릿과
어린암소 heifer
어린암퇘지 gilt
어린이식생활안전관리특별법 Special Act on Safety Control of Children's Dietary Life
어림수 round number
어림저울 rough balance
어묵 eomuk
어묵제조라인 eomuk production line
어묵튀김 fried eomuk
어미돼지 sow
어복쟁반 eobokjaengban
어분(魚粉) fish meal
어비(魚肥) fish manure
어빙기아과 Irvingiaceae
어유(魚油) fish oil
어육(魚肉) fish meat
어육국수 fish noodle
어육너깃 fish nugget
어육단백질(魚肉蛋白質) fish protein
어육마쇄기(魚肉磨碎機) fish mincer
어육민스 fish mince
어육분쇄기(魚肉粉碎機) fish grinder
어육소시지 fish sausage
어육장(魚肉醬) eoyukjang
어육채취기(魚肉採取機) fish extractor
어육충전기(魚肉充塡機) fish meat filling machine
어육크래커 fish cracker
어육파테 fish pate
어육풀 fish paste
어육햄 fish ham
어육햄버거 fish hamburger
어저귀 China jute, Indian marrow, *Abutilon theophrasti* Medik. 아욱과
어죽 eojug
어지럼증 dizziness
어창(魚艙) fish hold
어탕(魚湯) eotang
어패류(魚貝類) fish and shellfishes
어포(魚脯) eopo
억압(抑壓) suppression
억압단백질(抑壓蛋白質) repressor protein
억압물질(抑壓物質) repressor
억압유전자(抑壓遺傳子) suppressor gene
억압인자(抑壓因子) suppressor
억압티세포 repressor T cell
억제(抑制) inhibition
억제작용(抑制作用) inhibitory action
억제제(抑制劑) inhibitor
얼간 light salting
얼게돔 north Pacific squirrelfish, *Sargocentron spinosissimum* (Tmminck & Schlegel, 1843) 얼게돔과
얼게돔과 Holocentridae
얼굴신경 facial nerve
얼그레이 earl grey
얼룩상어 slender bamboo shark, *Chiloscyllium indicum* (Gmelin, 1789) 얼룩상엇과
얼룩상엇과 Hemiscylliidae
얼룩새우 giant tiger prawn, *Penaeus monodon* (Fabricius, 1798) 보리새웃과
얼음 ice
얼음결정 ice crystal
얼음결정생성대 zone of ice crystal formation
얼음결정성장 ice crystal growth
얼음물 iced water
얼음물법 cooling in ice water

얼음섭취증 pagophagia
얼음압력 ice pressure
얼음옷 ice glaze
얼음저장 ice storage
얼음저장고 ice storage house
얼음저장실 ice storage room
얼지않은수분 non-frozen moisture
업진살 brisket navel end
엉겅퀴 Japanese thistle, *Cirsium japonicum* var. *maackii* (Maxim.) Matsum 국화과
엉겅퀴속 *Cirsium*
엉김 flocculation
엉김제 flocculant
엉김효모 flocculent yeast
엉덩관절 hip joint
엉덩관절골절 fracture of hip joint
엉덩뼈 ilium
엉덩이기울기 rump slope
엉치뼈 sacrum
에고스테롤 ergosterol
에고칼시페롤 ergocalciferol
에고타민 ergotamine
에구시 egusi
에그노그 egg nog
에그롤 egg roll
에그커스터드 egg custard
에그크림 egg cream
에그트론 Agtron
에나멜 enamel
에나멜캔 enamel can
에나멜헤어 enamel hair
에난트산에틸 ethyl enanthate
에너지 energy
에너지값 energy value
에너지대사 energy metabolism
에너지대사율 energy metabolic rate
에너지론 energetics
에너지밀도 energy density
에너지발생반응 exergonic reaction
에너지보존 energy conservation
에너지보존법칙 law of energy conservation
에너지생산영양소 energy-yielding nutrient
에너지소비량 energy expenditure
에너지수지 energy budget
에너지식품 energy food
에너지양자 energy quantum
에너지원 energy source
에너지음료 energy drink
에너지자원 energy resource
에너지장벽 energy barrier
에너지전달 energy transfer
에너지전환 energy transformation
에너지준위 energy level
에너지질량관계식 energy-mass relation
에너지질량보존법칙 energy-mass conservation law
에너지충전 energy charge, EC
에너지평형 energy balance
에너지피라미드 energy pyramid
에너지환산계수 energy conversion factor
에너지효율 energy efficiency
에너지흐름 energy flow
에너지흡수반응 endergonic reaction
에노사이아닌 enocyanin
에니아틴 enniatin
에닌 oenin
에담치즈 Edam cheese
에데스틴 edestin
에데인 edein
에드와드시엘라속 *Edwadsiella*
에드와드시엘라 타르다 *Edwadsiella tarda*
에레모테슘속 *Eremothecium*
에레모테슘 아쉬비이이 *Eremothecium ashbyii*
에렙신 erepsin
에루스산 erucic acid
에루스산계기름 erucic acid group oil
에르그 erg
에르위니아속 *Erwinia*
에르위니아 아밀로보라 *Erwinia amylovora*
에르위니아 카로토보라 *Erwinia carotovora*
에리시펠로트리차과 Erysipelotrichaceae
에리시펠로트릭스속 *Erysipelothrix*
에리오딕티올 eriodictyol
에리타데닌 eritadenine
에리토베이트 erythorbate
에리토브산 erythorbic acid
에리토브산소듐 sodium erythorbate
에리트로덱스트린 erythrodextrin

에리트로마이신 erythromycin
에리트로신 erythrosine
에리트롤 crythrol
에리트리톨 erythritol
에마멕틴 emamectin
에머밀 emmer wheat, hulled wheat, *Triticum dicoccum* Schrank 볏과
에멀션 emulsion
에멀션안정성 emulsion stability
에멘탈치즈 Emmental cheese
에모딘 emodin
에뮤 emu, *Dromaius novaehollandiae* (Latham, 1790) 에뮤과
에뮤고기 emu meat
에뮤과 Dromaiidae
에뮤속 *Dromaius*
에뮤알 emu egg
에볼라바이러스 Ebola virus
에센스 essence
에셰리키아속 *Escherichia*
에스닉푸드 ethnic food
에스디에스폴리아크릴아마이드젤전기이동 SDS-polyacrylamide gel electrophoresis
에스-메틸메싸이오닌 *S*-methylmethionine
에스-아데노실메싸이오닌 *S*-adenosylmethionine
에스-아데노실호모시스테인 *S*-adenosylhomocysteine
에스-알릴시스테인 *S*-allylcysteine
에스에이치기 SH group
에스카롤 escarole
에스쿨레틴 esculetin
에스터 ester
에스터가수분해효소 esterase
에스터검 ester gum
에스터결합 ester linkage
에스터교환 interesterification
에스터결합전달반응 transesterification
에스터축합 ester condensation
에스터화반응 esterification
에스트라골 estragole
에스트라다이올 estradiol
에스트라이올 estriol
에스트로겐 estrogen
에스트로겐활성 estrogen activity
에스트론 estron
에스파타 espata
에스피에스협정 SPS Agreement
에스프레소커피 espresso coffee
에어로리신 aerolysin
에어로모나스과 Aeromonadaceae
에어로모나스속 *Aeromonas*
에어로모나스 히드로필라 *Aeromonas hydrophila*
에어로박터속 *Aerobacter*
에어로졸 aerosol
에어로졸캔 aerosol can
에어로졸팩 aerosol pack
에어로코쿠스과 Aerococcaceae
에어로코쿠스 비리단스 *Aerococcus viridans*
에어로코쿠스속 *Aerococcus*
에어캡 air cap
에어테스터 air tester
에오신 eosin
에이드 ade
에이디피 ADP, adenosine diphosphate
에이디피포도당파이로포스포릴레이스 ADP-glucose pyrophosphorylase
에이띠 A band
에이메리아속 *Eimeria*
에이비에스수지 ABS resin
에이비에이검사 A not A test
에이셔 Ayrshire
에이엠피 AMP, adenosine monophosphate
에이오에이시인터내셔널 AOAC International
에이오에이시인터내셔널공정분석법 Official Methods of Analysis of AOAC International
에이치시에이치 HCH
에이커 acre
에이코사노이드 eicosanoid
에이코사테트라엔산 eicosatetraenoic acid, ETA
에이코사펜타엔산 eicosapentaenoic acid, EPA
에이코센산 eicosenoic acid
에이티피 ATP, adenosine triphosphate
에이티피감도 ATP sensitivity

에이티피광측정법 ATP photometry
에이티피에이스 ATPase
에이티피합성효소 ATP synthetase
에이형간염 hepatitis A
에이형간염바이러스 hepatitis A virus, HAV
에일 ale
에임스시험 Ames test
에클레어 eclair
에키노코쿠스속 *Echinococcus*
에타인 ethyne
에탄산 ethanoic acid
에탄알 ethanal
에탄올 ethanol
에탄올미터 ethanol meter
에탄올발효 ethanolic fermentation
에탄올아민 ethanolamine
에탄올첨가분해 ethanolysis
에테르 ether
에테르내 ethereal odor
에테르추출물 ether extract
에테르화반응 etherification
에테인 ethane
에테인싸이올 ethanethiol
에테인싸이올산소듐 sodium ethanethiolate
에테폰 ethephon
에텐 ethene
에톡시퀸 ethoxyquin
에티오피아겨자 Ethiopian mustard, *Brassica carinata* A. Braun 십자화과
에티오피아바나나 Ethiopian banana, Abyssinian banana, false banana, *Ensete ventricosum* (Welw.) Cheeseman 파초과
에싸이온 ethion
에틸 ethyl
에틸렌 ethylene
에틸렌가스 ethylene gas
에틸렌계탄화수소 ethylene hydrocarbon
에틸렌글리콜 ethylene glycol
에틸렌기 ethylene group
에틸렌다이브로마이드 ethylene dibromide
에틸렌다이아민 ethylenediamine
에틸렌다이아민테트라아세트산 ethylenediaminetetraacetic acid, EDTA
에틸렌다이아민사아세트산다이소듐 disodium ethylenediaminetetraacetate, EDTA disodium
에틸렌다이아민테트라아세트산칼슘다이소듐 calcium disodium ethylenediamine tetraacetate, EDTA calcium disodium
에틸렌바이닐아세테이트공중합체 ethylene vinyl acetate copolymer
에틸렌바이닐아세테이트필름 ethylene vinyl acetate film
에틸렌분해제 ethylene decomposer
에틸렌생성 ethylene production
에틸렌처리 ethylene treatment
에틸렌흡수제 ethylene absorbent
에틸메틸에테르 ethyl methyl ether
에틸메틸케톤 ethyl methyl ketone
에틸바닐린 ethyl vanillin
에틸벤젠 ethylbenzene
에틸셀룰로스 ethyl cellulose
에틸아민 ethylamine
에틸아세틸렌 ethylacetylene
에틸알코올 ethyl alcohol
에틸에테르 ethylether
에폭시 epoxy
에폭시수지 epoxy resin
에폭시에테인 epoxyethane
에폭시화 epoxidation
에폭시화물 epoxide
에프값 *F* value
에프검정 F-test
에프디시노랑 FDC yellow
에프디시빨강 FDC red
에프디시색소 FDC color
에프디시파랑 FDC blue
에프디에이규정 FDA regulations
에프분포 *F*-distribution
에프액틴 F-actin
에프에이오 FAO
에프투독소 F2 toxin
에피갈로카테킨 epigallocatechin, EGC
에피갈로카테킨갈레이트 epigallocatechin gallate, EGCG
에피네프린 epinephrine
에피데민 epidermin
에피머 epimer

에피머화 epimerization
에피머화효소 epimerase
에피솜 episome
에피카테킨 epicatechin, EC
에피카테킨갈레이트 epicatechin gallate, ECG
엑소말토테트라하이드롤레이스 exomalto-tetrahydrolase
엑손 exon
엑스선 X-ray
엑스선결정학 X-ray crystallography
엑스선형광분석법 X-ray fluorescence spectroscopy
엑스선회절 X-ray diffraction
엑스선회절법 X-ray diffraction method
엑스아르관리도 $\bar{x}$-R chart
엑스염색체 X chromosome
엑스텐소그래프 Extensograph
엑스텐시그래프 extensigraph
엑스텐시미터 extensimeter
엑스트라드라이 extra dry
엑스트라버진올리브기름 extra virgin olive oil
엑스판소그래프 Expansograph
엑스팬신 expansin
엔-나이트로소다이메틸아민 *N*-nitrosodimethylamine
엔-나이트로소다이에틸아민 *N*-nitrosodiethylamine
엔-나이트로소피롤리딘 *N*-nitrosopyrrolidine
엔-나이트로소화합물 *N*-nitroso compound
엔도르핀 endorphin
엔도미세스속 *Endomyces*
엔도미세스 피불리게르 *Endomyces fibuliger*
엔도미콥시스 부르토니이 *Endomycopsis burtonii*
엔도미콥시스속 *Endomycopsis*
엔도설판 endosulfan
엔드린 endrin
엔드후크 end hook
엔로플록사신 enrofloxacin
엔말단 N-terminus
엔말단아미노산 N-terminal amino acid
엔-메틸글리신 *N*-methylglycine
엔-메틸니코틴아마이드 *N*-methyl nicotinamide
엔-메틸안트라닐산메틸 methyl *N*-methylanthranilate
엔-메틸카바메이트살충제 *N*-methylcarbamate insecticide
엔-베타알라닐-1-메틸히스티딘 *N*-β-alanyl-1-methylhistidine
엔-벤조일글리신 *N*-benzoyl glycine
엔-아세틸갈락토사민 *N*-acetylgalactosamine
엔-아세틸글루코사미니데이스 *N*-acetylglucosaminidase
엔-아세틸글루코사민 *N*-acetylglucosamine
엔-아세틸뉴라민산 *N*-acetylneuraminic acid
엔-아세틸알파-디-글루코사미나이드 *N*-acetyl-α-D-glucosaminide
엔오일 N-oil
엔올레이스 enolase
엔올형 enol form
엔올화 enolization
엔젤케이크 angel cake
엔케팔린 enkephalin
엔탈피 enthalpy
엔테로가스트론 enterogastrone
엔테로바이러스속 *Enterovirus*
엔테로박터속 *Enterobacter*
엔테로박터 아에로게네스 *Enterobacter aerogenes*
엔테로박터 클로아카에 *Enterobacter cloacae*
엔테로신 enterocin
엔테로키네이스 enterokinase
엔테로코쿠스 파에슘 *Enterococcus faecium*
엔테로코쿠스 파에칼리스 *Enterococcus faecalis*
엔테로크리닌 enterocrinin
엔테로펩티데이스 enteropeptidase
엔트로피 entropy
엔트로피탄성 entropy elasticity
엘-글루탐산산화효소 L-glutamate oxidase
엘-글루탐산소듐 monosodium L-glutamate, MSG
엘-글루탐산소듐제제 monosodium L-glutamate formulation
엘-글루탐산암모늄 monoammonium L-glutamate
엘-글루탐산포타슘 monopotassium L-

glutamate
엘더베리 elderberry
엘더플라워 elderflower
엘라그산 ellagic acid
엘라기타닌 ellagitannin
엘라스틴 elastin
엘라스틴가수분해효소 elastase
엘라이드산 elaidic acid
엘-라이신-엘-아스파테이트 L-lysyl-L-aspartate
엘-라이신염산염 L-lysine monohydrochloride
엘레오스테아르산 eleostearic acid
엘리베이터 elevator
엘-박하뇌 *l*-menthol
엘-베타(파라하이드록시페닐)알라닌 L-β-(*p*-hydroxyphenyl)alanine
엘보유량계 elbow meter
엘-소보스 L-sorbose
엘-시스테인염산염 L-cysteine monohydrochloride
엘-아르지닌-엘-글루타메이트 L-arginine-L-glutamate
엘-아스코브산 L-ascorbic acid
엘-아스코브산산화효소 L-ascorbate oxidase
엘-아스코브산소듐 sodium L-ascorbate
엘-아스코빌스테아레이트 L-ascorbyl stearate
엘에이갈비 laternal axis-cut rib
엘-이디톨-2-수소제거효소 L-iditol-2-dehydrogenase
엘-젖산마그네슘 magnesium L-lactate
엘-카니틴 L-carnitine
엘크 elk, wapiti, *Cervus canadensis* (Erxleben, 1777) 사슴과
엘-타타르산 L-tartaric acid
엘-타타르산다이소듐 disodium L-tartrate
엘-타타르산수소포타슘 potassium L-bitartrate
엘-타타르산포타슘소듐 potassium sodium L-tartrate
엘-테아닌 L-theanine
엘-히스티딘염산염 L-histidine monohydrochloride
엠덴-마이어호프경로 Embden-Meyerhof pathway
엠보싱 embossing
엠에이저장 MA storage, modified atmosphere storage
엠에프피인자 MFP factor
엠케이에스단위계 MKS system of unit
엥겔계수 Engel coefficient
엥겔법칙 Engel's law
여뀌 water pepper, *Persicaria hydropiper* (L.) Spach. 마디풀과
여뀌속 *Persicaria*
여드름 acne
여러고리방향족탄화수소 polycyclic aromatic hydrocarbon, PAH
여러고리탄화수소 polycyclic hydrocarbon
여러고리화합물 polycyclic compound
여러배수체 polyploid
여러자리효소 multisited enzyme
여러항생물질저항성 multiple antibiotic resistance
여러해살이식물 perennial plant
여러해살이잡초 perennial weed
여러해살이초본식물 perennial herbaceous plant
여러해살이풀 perennial grass
여러해살이꽃식물 perennial flowering plant
여름귤나무 summer citrus, *Citrus* × *natsudaidai* Hayata 운향과
여름느타리 summer oyster mushroom, *Pleurotus sajor-caju* (Fr.) Sing. 구멍장이버섯과
여름사보리 summer savory, *Satureja hortensis* L. 꿀풀과
여름스쿼시 summer squash
여름양송이 pavement mushroom, *Agaricus bitorquis* (Quélet) Sacc. 주름버섯과
여름작물 summer crop
여성형비만(女性形肥滿) gynecoid obesity
여왕사고 queen sago, *Cycas circinalis* L. 소철과
여왕야자 queen palm, cocos palm, *Syagrus romanzoffiana* (Cham.) Glassman 야자과
여우주머닛과 Phyllanthaceae
여우콩 yeoukong, *Rhynchosia volubilis* Lour. 콩과
여우콩속 *Rhynchosia*
여주 bitter melon, bitter gourd, *Momordica charantia* L. 박과
여주속 *Momordica*

역가(力價) titer
역류(逆流) countercurrent flow
역류건조(逆流乾燥) countercurrent drying
역류다단추출(逆流多段抽出) countercurrent multistage extraction
역류식도염(逆流食道炎) reflux esophagitis
역류열교환기(逆流熱交換機) countercurrent heat exchanger
역류크로마토그래피 countercurent chromatography
역마이셀 reverse micelle
역모균강(逆毛菌綱) Hyphochytridiomycetes
역모균목(逆毛菌目) Hyphochytriales
역모균문(逆毛菌門) Hyphochytridiomycota
역반응(逆反應) reverse reaction
역변환(逆變換) inverse transformation
역삼투(逆滲透) reverse osmosis
역삼투농축(逆滲透濃縮) reverse osmosis concentration
역삼투막(逆滲透膜) reverse osmosis membrane
역삼투법(逆滲透法) reverse osmosis method
역상크로마토그래피 reverse phase chromatography
역성비누 inversed soap
역적정(逆滴定) back titration
역전사(逆轉寫) reverse transcription
역전사효소(逆轉寫酵素) reverse transcriptase
역촉매(逆觸媒) negative catalyst
역학(疫學) epidemiology
역학(力學) mechanics
역학에너지 mechanical energy
역학에너지보존 conservation of mechanical energy
역학에너지보존법칙 mechanical energy conservation law
역학조사(疫學調査) epidemiologic survey
역혼합(逆混合) back mixing
연결효소(連結酵素) ligase
연골(軟骨) cartilage
연골어강(軟骨魚綱) Chondrichthyes
연골세포(軟骨細胞) chondrocyte
연골어류(軟骨魚類) cartilaginous fish
연골조직(軟骨組織) cartilaginous tissue
연구(硏究) research
연구개발(硏究開發) research and development, R & D
연꽃 lotus, *Nelumbo nucifera* Gaertn. 수련과
연꽃속 *Nelumbo*
연두부(軟豆腐) soft soybean curd
연란(軟卵) soft shell egg
연령분포(年齡分布) age distribution
연료(燃料) fuel
연료효율(燃料效率) fuel efficiency
연리초속 *Lathyrus*
연마(硏磨) abrasion
연마기(硏磨機) scourer
연마밀 abrasion mill
연마제(鍊磨劑) abrasive
연무(煙霧) haze
연미기(硏米機) rice polishing machine
연밥 lotus seed
연복초과(連福草科) Adoxaceae
연분홍색(軟粉紅色) bright pink
연뿌리 lotus root
연삭(硏削) grinding
연삭기(硏削機) abrader
연삭정미기(硏削精米機) abrasive type rice milling machine
연상오차(聯想誤差) association error
연소(燃燒) combustion
연소반응(燃燒反應) combustion reaction
연소열(燃燒熱) heat of combustion
연속가공(連續加工) continuous processing
연속교반흐름반응기 continuous stirred flow reactor
연속냉각(連續冷却) continuous cooling
연속냉동기(連續冷凍機) continuous freezer
연속믹서 continuous mixer
연속발효(連續醱酵) continuous fermentation
연속방정식(連續方程式) continuity equation
연속배양(連續培養) continuous culture
연속분포(連續分布) continuous distribution
연속살균(連續殺菌) continuous sterilization
연속살균기(連續殺菌器) continuous sterilizer
연속상(連續相) continuous phase
연속스펙트럼 continuous spectrum
연속아이스크림냉동기 continuous ice cream

freezer
연속압력조리법(連續壓力調理法) continuous pressure cooking method
연속엿기름제조 continuous malting
연속제빵법 continuous breadmaking process
연속증류(連續蒸溜) continuous distillation
연속증류기(連續蒸溜器) continuous distillator
연속추출(連續抽出) continuous extraction
연속추출기(連續抽出器) continuous extractor
연속탈취기(連續脫臭器) continuous deodorizer
연속통기순환건조기(連續通氣循環乾燥機) continuous through-circulation dryer
연속흐름반응기 continuous flow reactor
연속흐름원심분리 continuous flow centrifuge
연쇄개시반응(連鎖開始反應) chain initiation reaction
연쇄반응(連鎖反應) chain reaction
연쇄전파반응(連鎖傳播反應) chain propagation reaction
연쇄점(連鎖點) chain store
연쇄종결반응(連鎖終結反應) chain termination reaction
연시(軟柹) soft persimmon
연신(延伸) orientation
연신나일론필름 oriented nylon film
연신폴리스타이렌 oriented polystyrene
연신폴리프로필렌 oriented polypropylene
연신필름 oriented film
연안어업(沿岸漁業) coastal fishery
연압(練壓) working
연압기(練壓器) worker
연약과(軟藥果) yeonyakgwa
연어(鰱魚) chum salmon, dog salmon, keta salmon, *Oncorhynchus keta* (Walbaum, 1792) 연어과
연어과(鰱魚科) Salmonidae
연어기름 salmon oil
연어목(鰱魚目) Salmoniformes
연어알 salmon roe
연유(煉乳) condensed milk
연지육(軟脂肉) soft pork
연질갈색설탕 soft brown sugar
연질건조소시지 soft dry sausage
연질미(軟質米) soft rice
연질밀 soft wheat
연질밀가루 soft wheat flour
연질밀품질 soft wheat quality
연질붉은밀 soft red wheat
연질식사(軟質食事) soft diet
연질유리기구(軟質琉璃器具) soft glassware
연질치즈 soft cheese
연질커드 soft curd
연질커드우유 soft curd milk
연질폴리에틸렌필름 soft polyethylene film
연질폴리염화바이닐 plasticized polyvinyl chloride
연질흰밀 soft white wheat
연질흰설탕 soft white sugar
연체동물(軟體動物) mollusc
연체동물문(軟體動物門) Mollusca
연충(蠕蟲) helminth
연충감염(蠕蟲感染) helminth infection
연충기생충(蠕蟲寄生蟲) helminth parasite
연포탕(軟泡湯) yeonpotang
연한음식 soft diet
연함 softness
연함 tenderness
연합신경세포(聯合神經細胞) association neuron
연화(軟化) softening
연화(軟化) tenderinization
연화변질(軟化變質) softening spoilage
연화점(軟化點) softening point
연화제(軟化劑) softener
열(熱) fever
열(熱) heat
열가공(熱加工) thermal processing
열가공식품(熱加工食品) thermal processed food
열건조(熱乾燥) thermal drying
열경련(熱痙攣) heat cramp
열경화수지(熱硬化樹脂) thermosetting resin
열경화플라스틱 thermosetting plastic
열과(裂果) fruit cracking
열과(裂果) dehiscent fruit
열교환(熱交換) heat exchange
열교환기(熱交換器) heat exchanger
열기관(熱機關) heat engine
열기쉬운캔 easy open can

열기전력(熱起電力) thermoelectromotive force
열당과(列當科) Orobanchaceae
열당량(熱當量) thermal equivalent
열대과수(熱帶果樹) tropical fruit tree
열대과일 tropical fruit
열대류(熱對流) heat convection
열대류계수(熱對流係數) heat convection coefficient
열대병(熱帶病) tropical disease
열대식물(熱帶植物) tropical plant
열대우림(熱帶雨林) tropical rain forest
열두조충과(裂頭條蟲科) Diphyllobothriidae
열두조충속(裂頭條蟲屬) *Diphyllobothrium*
열량(熱量) calorific value, energy value
열량결핍(熱量缺乏) caloric deficit
열량계(熱量計) calorimeter
열량단위(熱量單位) calorie unit
열량소(熱量素) energy yielding nutrient
열량측정법(熱量測定法) calorimetry
열린계 open system
열린회로 open circuit
열매 fruit
열매껍질 fruit skin, pericarp
열매나무 fruit tree
열매모양 fruit shape
열매무게 fruit weight
열매채소 fruit vegetable
열무게분석 thermogravimetry
열무김치 yeolmukimchi
열물리성질(熱物理性質) thermophysical property
열발광(熱發光) thermoluminescence
열발생(熱發生) thermogenesis
열방출(熱放出) heat release
열변성(熱變性) heat denaturation
열변성단백질(熱變性蛋白質) heat denatured protein
열병합발전(熱併合發電) cogeneration
열복사(熱輻射) thermal radiation
열분배(熱分配) heat partition
열분석(熱分析) thermal analysis
열분포(熱分布) heat distribution
열분해(熱分解) pyrolysis
열빙어 capelin, *Mallotus villosus* (Müller, 1776) 바다빙엇과
열사병(熱射病) heatstroke
열산화(熱酸化) thermal oxidation
열생성(熱生成) heat generation
열선(熱線) heat ray
열성돌연변이(劣性突然變異) recessive mutation
열성유전자(劣性遺傳子) recessive gene
열성형질(劣性形質) recessive trait
열소성(熱塑性) thermoplasticity
열소성수지(熱塑性樹脂) thermoplastic resin, thermoplastics
열손실(熱損失) heat loss
열수가공(熱水加工) hydrothermal processing
열수세균(熱水細菌) hydrothemal bacterium
열수지(熱收支) heat budget
열수축(熱收縮) heat shrinkage
열수축필름 heat shrinkable film
열수탈삽(熱水脫澁) removal of astringency by hot water
열순환(熱循環) thermal circulation
열스트레스 heat stress
열스트레스단백질 heat stress protein
열안정도(熱安定度) thermal stability
열안정성(熱安定性) thermostability
열에너지 thermal energy
열에너지방출 emission of heat energy
열에너지이동 transfer of heat energy
열에너지흡수 absorption of heat energy
열역학(熱力學) thermodynamics
열역학법칙(熱力學法則) law of thermodynamics
열역학온도(熱力學溫度) thermodynamic temperature
열역학제삼법칙(熱力學第三法則) the third law of thermodynamics
열역학제영법칙(熱力學第零法則) the zeroth law of thermodynamics
열역학제이법칙(熱力學第二法則) the second law of thermodynamics
열역학제일법칙(熱力學第一法則) the first law of thermodynamics
열역학특성(熱力學特性) thermodynamic property
열용량(熱容量) heat capacity
열운동(熱運動) thermal motion
열원(熱源) heat source

열응고(熱凝固) heat coagulation
열저장체(熱貯藏體) heat reservoir
열전기쌍(熱電氣雙) thermocouple
열전기쌍온도계(熱電氣雙溫度計) thermocouple thermometer
열전달(熱傳達) heat transfer
열전달계수(熱傳達係數) heat transfer coefficient
열전달속도(熱傳達速度) heat transfer rate
열전달장치(熱傳達裝置) heat transfer device
열전달저항(熱傳達抵抗) heat transfer resistance
열전도(熱傳導) heat conduction
열전도검출기(熱傳導檢出器) thermal conductivity detector
열전도도(熱傳導度) thermal conductivity
열전온도계(熱電溫度計) thermoelectric thermometer
열처리(熱處理) heat treatment
열충격(熱衝激) heat shock
열충격단백질(熱衝激蛋白質) heat shock protein
열충격반응(熱衝激反應) heat shock response
열충격유전자(熱衝激遺傳子) heat shock gene
열침투(熱浸透) heat penetration
열침투곡선(熱浸透曲線) heat penetration curve
열탕소독(熱湯消毒) hot water disinfection
열특성(熱特性) thermal property
열팽창(熱膨脹) thermal expansion
열팽창계수(熱膨脹係數) thermal expansion coefficient
열퍼짐 thermal diffusion
열퍼짐계수 thermal diffusion coefficient
열퍼짐도 thermal diffusivity
열평형(熱平衡) thermal equilibrium
열평형상태(熱平衡狀態) thermal equilibrium state
열풍건조(熱風乾燥) hot air drying
열풍건조기(熱風乾燥機) hot air dryer
열풍건조법(熱風乾燥法) hot air drying method
열함량(熱含量) heat content
열해(熱害) heat injury
열해리(熱解離) thermal dissociation
열화학(熱化學) thermochemistry
열화학반응식(熱化學反應式) thermochemical equation
열회수(熱回收) heat recovery
열회수시스템 heat recovery system
열효율(熱效率) thermal efficiency
열훈제법(熱燻製法) heat smoking method
염(鹽) salt
염건대구(鹽乾大口) salted and dried cod
염건품(鹽乾品) salted and dried product
염교 Chinese onion, Chinese scallion, oriental onion, *Allium chinense* G. Don. 백합과
염기(鹽基) base
염기도(鹽基度) basicity
염기상보성(鹽基相補性) base complementarity
염기성(鹽基性) basic
염기성기(鹽基性基) basic group
염기성단백질(鹽基性蛋白質) basic protein
염기성아미노산 basic amino acid
염기성알루미늄인산소듐 basic sodium aluminum phosphate
염기성알루미늄탄산소듐 basic sodium aluminum carbonate
염기성염(鹽基性鹽) basic salt
염기성염료(鹽基性染料) basic dye
염기세기 base strength
염기순서(鹽基順序) base sequence
염기쌍(鹽基雙) base pair
염기지시약(鹽基指示藥) base indicator
염기촉매반응(鹽基觸媒反應) base catalysis
염기치환(鹽基置換) base substitution
염기타르색소 basic tar dye
염다리 salt bridge
염료(染料) dye
염료작물(染料作物) dye crop
염류(鹽類) salts
염분(鹽分) saline
염분계(鹽分計) salinometer
염분농도(鹽分濃度) salinity
염분농도측정법(鹽分濃度測定法) salinity determination method
염산(鹽酸) hydrochloric acid
염색(染色) dyeing
염색(染色) staining
염색분체(染色分體) chromatid
염색사(染色絲) chromatin thread
염색질(染色質) chromatin

염색체(染色體) chromosome
염색체공학(染色體工學) chromosome engineering
염색체돌연변이(染色體突然變異) chromosomal mutation
염색체배가(染色體倍加) chromosome duplication
염색체설(染色體說) chromosome theory
염색체이상(染色體異狀) chromosome aberration
염색체이상시험(染色體異狀試驗) chromosome aberration test
염색체재조합(染色體再組合) chromosome recombination
염색체조작(染色體操作) chromosome manipulation
염색체지도(染色體地圖) chromosome map
염생생물(鹽生生物) halibios
염생세균(鹽生細菌) halobacterium
염생식물(鹽生植物) halophyte
염석(鹽析) salting out
염소 goat, *Capra hircus* Linnaeus, 1758 솟과
염소(鹽素) chlorine
염소가스 chlorine gas
염소고기 goat meat, chevon
염소산(鹽素酸) chloric acid
염소산염(鹽素酸鹽) chlorate
염소살균(鹽素殺菌) chlorine disinfection
염소수(鹽素水) chlorine water
염소원자(鹽素原子) chlorine atom
염소정량법(鹽素定量法) chlorine determination method
염소젖 goat milk
염소젖치즈 goat milk cheese
염소제거(鹽素除去) dechlorination
염소처리(鹽素處理) chlorination
염소치즈 goat cheese
염소화(鹽素化) chlorination
염소화탄화수소(鹽素化炭化水素) chlorinate hydrocarbon
염수화물(鹽水化物) salt hydrate
염용(鹽溶) salting in
염장(鹽藏) salting
염정(鹽井) salt well
염제거수(鹽除去水) demineralized water
염제거유청(鹽除去乳淸) demineralized whey
염증(炎症) inflammation
염증창자질환 inflammatory bowel syndrome
염해(鹽害) salt damage
염화구리 cupric chloride
염화나이트로실 nitrosyl chloride
염화리튬 lithium chloride
염화마그네슘 magnesium chloride
염화망가니즈 manganese chloride
염화메틸 methyl chloride
염화메틸렌 methylene chloride
염화물(鹽化物) chloride
염화바륨 barium chloride
염화바이닐 vinyl chloride
염화바이닐단량체 vinyl chloride monomer
염화바이닐리덴 vinylidene chloride
염화벤조일 benzoyl chloride
염화설퓨릴 sulfuryl chloride
염화세틸피리디늄 cetylpyridinium chloride
염화소듐 sodium chloride
염화수소 hydrogen chloride
염화싸이오닐 thionyl chloride
염화암모늄 ammonium chloride
염화이온 chloride ion
염화철(III)(鹽化鐵III) iron(III) chloride, ferric chloride
염화철(II)(鹽化鐵II) iron(II) chloride, ferrous chloride
염화칼슘 calcium chloride
염화콜린 choline chloride
염화크로뮴(III) chromium(III) chloride, chromic chloride
염화포스포릴 phosphoryl chloride
염화포타슘 potassium chloride
염효과(鹽效果) salt effect
엽록소(葉綠素) chlorophyll
엽록소가수분해효소(葉綠素加水分解酵素) chlorophyllase
엽록소비 chlorophyll *b*
엽록소에이 chlorophyll *a*
엽록소함유식물(葉綠素含有植物) chlorophyll containing plant
엽록체(葉綠體) chloroplast
엽상식물(葉狀植物) thallophyte

엽상식물과(葉狀植物科) Foliaceae
엽상식물문(葉狀植物門) Thallophyta
엽상체(葉狀體) thallus
엽조(獵鳥) gamebird
엽차(葉茶) leaf tea
엿 yeot
엿강정 yeotgangjeong
엿기름 malt
엿기름가루 malt powder
엿기름물엿 malt syrup
엿기름보리 malting barley
엿기름분유 malted milk powder
엿기름빵 malt bread
엿기름뿌리 malt clum
엿기름선별기 malt screener
엿기름술 malt liquor
엿기름식초 malt vinegar
엿기름음료 malt beverage
엿기름제조 malting
엿기름제조적성 malting property
엿기름즙 wort
엿기름즙거르기 lautering
엿기름추출물 malt extract
엿기름향미 malty flavor
엿기름효소 malt enzyme
엿당 maltose
엿당가수분해효소 maltase
엿당당량 maltose equivalent
엿당생성아밀레이스 maltogenic amylase
엿당시럽 maltose syrup
영계 pullet
영계백숙 yeonggyebaeksuk
영계알 pullet egg
영과(穎果) caryopsis
영구면역(永久免疫) permanent immunity
영구변형(永久變形) permanent deformation
영구센물 permanent hard water
영구신장(永久伸張) permanent elongation
영구자석(永久磁石) permanent magnet
영국식아침식사 English breakfast
영국열량단위(英國熱量單位) British thermal unit, BTU
영률 Young's modulus
영베리 youngberry
영상의학과(映像醫學科) radiology
영상이미지분석 video image analysis
영아(嬰兒) infant
영아기(嬰兒期) infancy
영아식품(嬰兒食品) infant food
영아조제식품(嬰兒調製食品) infant formula
영양(羚羊) antelope
영양(營養) nutrition
영양감소인자(營養減少因子) antinutritional factor
영양값 nutritional value
영양검색(營養檢索) nutrition screening
영양결핍(營養缺乏) nutritional deficiency
영양결핍병(營養缺乏病) nutritional deficiency disease
영양결핍증후군(營養缺乏症候群) nutritional deficiency syndrome
영양계획(營養計劃) nutrition planning
영양고기 antelope meat
영양공급(營養供給) nutrient supply
영양과다(營養過多) hypernutrition
영양과잉(營養過剩) overnutrition
영양관리(營養管理) nutrition care
영양관리과정(營養管理過程) nutrition care process, NCP
영양교육(營養教育) nutrition education
영양권장량(營養勸奬量) recommended dietary allowance, RDA
영양기관(營養器官) vegetative organ
영양동맥(營養動脈) feeding artery
영양모니터링 nutrition monitoring
영양배지(營養培地) nutrient broth
영양번식(營養繁殖) vegetative propagation
영양병(營養病) nutritional disease
영양병리학(營養病理學) nutritional pathology
영양보충식품(營養補充食品) nutritional supplementary food
영양보충제(營養補充劑) nutritional supplement
영양부족(營養不足) undernutrition
영양불균형(營養不均衡) nutritional imbalance
영양불량(營養不良) malnutrition
영양사(營養士) dietitian
영양상담(營養相談) nutrition consultation
영양상태(營養狀態) nutritional status

영양생리학(營養生理學) nutritional physiology
영양생식(營養生殖) vegetative reproduction
영양생장(營養生長) vegetative growth
영양생장기(營養生長期) vegetative growth period
영양생화학(營養生化學) nutritional biochemistry
영양섭취(營養攝取) nourishment
영양섭취기준(營養攝取基準) dietary reference intakes, DRIs
영양성부종(營養性浮腫) nutritional edema
영양성빈혈(營養性貧血) nutritional anemia
영양세포(營養細胞) vegetative cell
영양소(營養素) nutrient
영양소결핍(營養素缺乏) nutrient deficiency
영양소결핍병(營養素缺乏病) nutrient deficiency disease
영양소과잉(營養素過剩) nutrient excess
영양소밀도(營養素密度) nutrient density
영양소섭취량(營養素攝取量) nutrient intake
영양소섭취분석(營養素攝取分析) nutrient intake analysis, NIA
영양소이용율(營養素利用率) nutrient availability
영양소필요량(營養素必要量) nutritional requirement
영양소흡수(營養素吸收) nutrient absorption
영양실조(營養失調) malnutrition
영양아과(羚羊亞科) Antilopinae
영양액(營養液) nutrient solution
영양액재배(營養液栽培) nutriculture
영양역학(營養力學) nutritional epidemiology
영양염류(營養鹽類) nutrient salts
영양요구균주(營養要求菌株) auxotroph
영양요구돌연변이균주(營養要求突然變異菌株) auxotrophic mutant
영양요구성(營養要求性) auxotrophy
영양요구세균(營養要求細菌) auxotrophic bacterium
영양요법(營養療法) nutritional therapy
영양우무배지 nutrient agar
영양유전체학(營養遺傳體學) nutrigenomics
영양유전학(營養遺傳學) nutrigenetics
영양장애(營養障碍) nutritional disorder
영양장애궤양(營養障碍潰瘍) trophic ulcer
영양정책(營養政策) nutrition policy
영양조사(營養調査) nutrition survey
영양중재(營養仲裁) nutrition intervention
영양지원(營養支援) nutrition support
영양진단(營養診斷) nutritional diagnosis
영양치료(營養治療) nutrition therapy
영양판정(營養判定) nutritional assessment
영양평가(營養評價) nutritional evaluation
영양표시(營養標示) nutrition labelling
영양학(營養學) nutritional science
영양학자(營養學者) nutritionist
영양화학(營養化學) nutritional chemistry
영유아보육법(嬰幼兒保育法) Infant Care Act
영장류(靈長類) primate
영점(零點) zero point
영지(靈芝) lingzhi mushroom, *Ganoderma lucidum* (Curtis) P. Karst. 불로초과
영지추출물(靈芝抽出物) lingzhi mushroom extract
영차반응(零次反應) zero-order reaction
영하구기자나무 Chinese wolfberry, *Lycium barbarum* L. 가짓과
영허용량(零許容量) zero tolerance
옆이음매캔 side seam can
예비냉각(豫備冷却) precooling
예르시니아속 *Yersinia*
예르시니아 엔테로콜리티카 *Yersinia enterocolitica*
예르시니아증 yersiniosis
예방(豫防) prevention
예방위생(豫防衛生) preventive hygiene
예방의학(豫防醫學) preventive medicine
예방접종(豫防接種) vaccination
예비건조(豫備乾燥) predrying
예비건조기(豫備乾燥機) predryer
예비냉각(豫備冷却) precooling
예비냉동(豫備冷凍) prefreezing
예비수세(豫備水洗) prerinse
예비시험(豫備試驗) pretest
예비조사(豫備調査) preliminary survey
예산(豫算) budget
예소톡신 yessotoxin
예열(豫熱) preheating
예열기(豫熱器) preheater
예열탱크 preheating tank

예취(刈取) cutting, mowing
예취기(刈取機) mower
예측모델링 predictive modelling
예측미생물학(豫測微生物學) predictive microbiology
예후(豫後) prognosis
오갈피 ogalpi
오갈피나무 ogaloinamu, *Eleutherococcus sessiliflorus* (Rupr. & Maxim.) S. Y. Hu 두릅나뭇과
오갈피나무속 *Eleutherococcus*
오갈피술 ogaslpisul
오갈피차 ogalpicha
오감(五感) five senses
오곡밥 ogokbap
오골계(烏骨鷄) black-bone silky fowl, *Gallus gallus domesticus* Brisson 꿩과
5'-구아닐산소듐 sodium 5'-guanylate
5'-구아닐산다이소듐 disodium 5'-guanylate
오기 ogi
오기리 ogiri
오니틴 ornithine
오니틴회로 ornithine cycle
오더블유에멀션 o/w emulsion
오디 mulberry
오디조임근육 sphincter of Oddi
오라치 orache, *Atriplex hortensis* L. 비름과
오레오크레미스속 *Oreochromis*
오렌지 orange
오렌지과립 orange sac
오렌지껍질 orange peel
오렌지라피 orange roughy, *Hoplostethus atlanticus* Collett, 1889 납작금눈돔과
오렌지박피기 orange peeler
오렌지방향유 orange oil
오렌지색 orange color
오렌지술 orange wine
오렌지음료 orange beverage
오렌지잼 orange jam
오렌지주스 orange juice
오렌지퓌레 orange puree
오로트산 orotic acid
오로티딘 orotidine
오로티딜산 orotidylic acid
오로티딘-5'-인산 orotidine-5'-phosphate
오록스 aurochs, *Bos primigenius* (Bojanus, 1827) 솟과
오르되브르 hors d'oeuvre
오르리스타트 orlistat
오른심방 right atrium
오른심실 right ventricle
오름대동맥 ascending aorta
오름잘록창자 ascending colon
오리 duck
오리가노 oregano, *Origanum vulgare* L. 꿀풀과
오리가노방향유 oregano oil
오리간 duck liver
오리고기 duck meat
오리나무 alder tree, *Alnus japonica* (Thunb.) Steud. 자작나뭇과
오리나무속 *Alnus*
5'-리보뉴클레오타이드다이소듐 disodium 5'-ribonucleotide
5'-리보뉴클레오타이드칼슘 calcium 5'-ribonucleotide
오리알 duck egg
오리자놀 oryzanol
오리제닌 oryzenin
오리피스 orifice
오리피스믹서 orifice mixer
오리피스유량계 orifice meter
오릿과 Anatidae
오링 O ring
오메가산화 ω-oxidation
오메가-3지방산 ω-3 fatty acid
오메가-3지방산함유유지 ω-3 fatty acid containing fat and oil
오메가-6지방산 ω-6 fatty acid
오면체(五面體) pentahedron
오목렌즈 concave lens
오물(汚物) filth
오물검사(汚物檢査) filth test
오믈렛 omelette
오미(五味) five tastes
오미자(五味子) omija
오미자과(五味子科) Schisandraceae
오미자나무 omija tree, *Schizandra chinensis*

(Turcz.) Baill. 목련과
오미자차(五味子茶) omijacha
오버런 overrun
오베숨박테륨속 *Obesumbacterium*
오베숨박테륨 프로테우스 *Obesumbacterium proteus*
오보글로불린 ovoglobulin
오보뮤신 ovomucin
오보뮤코이드 ovomucoid
오보비텔린 ovovitellin
오보트랜스페린 ovotransferrin
오분자기 supertexta, *Sulculus diversicolor supertexta* (Lischke, 1870) 전복과
오분자기속 *Sulculus*
오브알부민 ovalbumin
오븐 oven
오븐건조법 oven drying method
오븐레인지 oven range
오븐스프링 oven spring
오븐토스터 oven toaster
오븐프레시베이커리 oven-fresh bakery
오블레이트 oblate
오비탈 orbital
오비탈양자수 orbital quantum number
오비탈전자 orbital electron
오사리젓 osarijeot
오산화이질소(五酸化二窒素) dinitrogen pentoxide
오소리 Eurasian badger, *Meles meles* Linnaeus, 1758 족제빗과
오수(汚水) sanitary drain
오수생물(汚水生物) saprobia
오스테오칼신 osteocalcin
오스트발트용해 Ostwald's dissolution
오스트발트점도계 Ostwald viscometer
오스트아마이드 austamide
오시곡선 OC curve
오시놀 orcinol
5'-시티딜산 5'-cytidylic acid
5'-시티딜산다이소듐 disodium 5'-cytidylate
오신채(五辛菜) osinchae
오실로그래프 oscillograph
오쏘나이트로페놀 *o*-nitrophenol
오쏘에스터 orthoester
오쏘인산 orthophosphoric acid
오쏘인산칼슘 calcium orthophosphate
오쏘자일렌 *o*-xylene
오쏘포스페이트 orthophosphate
5'-아데닐산 5'-adenylic acid
5'-아미노기제거효소 5'-deaminase
오에노코쿠스속 *Oenococcus*
오에노코쿠스 오에니 *Oenococcus oeni*
오염(汚染) contamination
오염(汚染) pollution
오염물질(汚染物質) contaminant
오염물질(汚染物質) pollutant
오염부하(汚染負荷) pollutant load
오염원(汚染源) pollution source
오염지표(汚染指標) pollution index
오예과 Lecythidaceae
오우드비 eau de vie
5'-우리딜산 5'-uridylic acid
5'-우리딜산다이소듐 disodium 5'-uridylate
오웬스제병기 Owens machine
오이 cucumber, *Cucumis sativus* L. 박과
5'-이노신산소듐 sodium 5'-inosinate
5'-이노신산다이소듐 disodium 5'-inosinate
오이선 oiseon
오이소박이 oisobagi
오이소박이김치 oisobagi kimchi
오이씨 cucumber seed
오이점검사(五二點檢査) two out of five test
오이지 oiji
오이풀 salad burnet, *Sanguisorba minor* Scop. 장미과
오이피클 cucumber pickle
오젓 ojeot
오존 ozone
오존발생장치 ozonizer
오존산화법 ozonization process
오존살균 ozone disinfection
오존수 ozone water
오존처리 ozonation
오존층 ozone layer
오존홀 ozone hole
오죽(烏竹) black bamboo, *Phyllostachys nigra* Munro 볏과
오줌 urine

오줌검사 urinalysis
오줌관 ureter
오징어 squid
오징어기름 squid oil
오징어먹물 squid ink
오징어먹물색소 sepia color
오징어압연롤러 squid press roller
오징어젓 ojingeojeot
오징엇과 Loliginidae
오차(誤差) error
오차분산(誤差分散) error variance
오카 oca, *Oxalis tuberosa* Molina 괭이밥과
오카다산 okadaic acid
오카라 okara
오크 oak
오크라 okra, lady's fingers, gumbo, *Abelmoschus esculentus* (L.) Moench 아욱과
오크라톡신 ochratoxin
오타니크 ortanique
오트림 oatrim
오트밀 oatmeal
오페론 operon
오페이크투 opaque 2
오픈샌드위치 open sandwich
오향분(五香粉) five-spice powder
옥덩굴과 Caulerpaceae
옥덩굴목 Caulerpales
옥덩굴속 *Caulerpa*
옥돔 red tilefish, *Branchiostegus japonicus* (Houttuyn, 1782) 옥돔과
옥돔과 Malacanthidae
옥로(玉露) okro
옥록차(玉綠茶) okrokcha
옥사밀 oxamyl
옥사실린 oxacillin
옥살레이트 oxalate
옥살산 oxalic acid
옥살산뇨 oxaluria
옥살석신산 oxalosuccinic acid
옥살아세트산 oxaloacetic acid
옥소늄이온 oxonium ion
옥소산 oxo acid
옥소아세트산 oxoacetic acid
옥솔린산 oxolinic acid
옥수수 corn, maize, *Zea mays* L. 볏과
옥수수가루 cornmeal
옥수수겨 corn bran
옥수수겨식품섬유 corn bran dietary fiber
옥수수그릿츠 corn grits
옥수수글루텐 corn gluten
옥수수글루텐가루 corn gluten meal
옥수수글루텐사료 corn gluten feed
옥수수기름 corn oil
옥수수깜부기진균 corn smut fungus, *Ustilago maydis*
옥수수깜부깃병 corn smut
옥수수녹말 corn starch
옥수수마사 corn masa
옥수수배아기름 corn germ oil
옥수수빵 corn bread
옥수수색소 corn color
옥수수섬유기름 corn fiber oil
옥수수속대 corn cob
옥수수수염 corn silk
옥수수스낵 corn snack
옥수수시럽 corn syrup
옥수수차 oksusucha
옥수수침지액 corn steep liquor
옥스믹서 Oakes mixer
옥스퍼드소시지 Oxford style sausage
옥시레인 oxirane
옥시마이오글로빈 oxymyoglobin
옥시스테아린 oxystearin
옥시에틸렌고급지방족알코올 oxyethylene higher aliphatic alcohol
옥시제네이스 oxygenase
옥시테트라사이클린 oxytetracycline
옥시토신 oxytocin
옥시헤모글로빈 oxyhemoglobin
옥신 auxin
옥타데센산 octadecenoic acid
옥타데카트라이엔산 octadecatrienoic acid
옥타데칸산 octadecanoic acid
옥타코산올 octacosanol
옥탄산 octanoic acid
옥탄산에틸 ethyl octanoate
옥탄알 octanal

옥탄알데하이드 octanaldehyde
옥탄온 octanone
옥탄올 octanol
옥테닐석신산소듐녹말 starch sodium octenyl succinate
옥테인 octane
옥텐올 octenol
옥토파민 octopamine
옥토파인 octopine
옥틸알데하이드 octyl aldehyde
옥틸알코올 octyl alcohol
온대과수(溫帶果樹) temperate fruit tree
온도(溫度) temperature
온도감각(溫度感覺) temperature sense
온도감수성돌연변이(溫度感受性突然變異) temperature sensitive mutation
온도검출기(溫度檢出器) temperature detector
온도계(溫度計) thermometer
온도계수(溫度係數) temperature coefficient, Q_{10}
온도계숫값 Q_{10} value
온도기록계(溫度記錄計) thermograph
온도기울기 temperature gradient
온도잘못표시기 temperature abuse indicator
온도조절(溫度調節) temperature control
온도조절기(溫度調節器) thermostat
온도조절팽창밸브 thermostatic expansion valve
온도체(溫屠體) hot carcass
온도체발골(溫屠體跋骨) hot deboning
온라인시스템 online system
온면(溫麵) onmyeon
온몸순환 systemic circulation
온순파지 temperate phage
온스 ounce
온실(溫室) greenhouse
온실가스 greenhouse gas
온실재배(溫室栽培) greenhouse culture
온실효과(溫室效果) greenhouse effect
온양법(溫釀法) warmed brewing method
온전성(穩全性) wholesomeness
온주귤나무 satsuma mandarin, satsuma orange, *Citrus unshiu* (Swingle) Marcow. 운향과
온취(溫臭) warm odor
온탕침지법(溫湯沈漬法) hot water soaking method
온풍히터 hot air heater
온훈제(溫燻製) hot smoking
온훈제법(溫燻製法) hot smoking method
올드푸스틱 old fustic, *Maclura tinctoria* (L.) Steud. 뽕나뭇과
올랜도탄젤로 Orlando tangelo
올레산 oleic acid
올레산소듐 sodium oleate
올레스트라 olestra
올레안도마이신 oleandomycin
올레오기름 oleo oil
올레오레진 oleoresin
올레오레진캡시쿰 oleoresin capsicum
올레오마가린 oleomargarine
올레오스테아린 oleostearin
올레오신 oleosin
올레우로페인 oleuropein
올레인 olein
올레일알코올 oleyl alcohol
올레핀 olefin
올리고-1,6-글루코시데이스 oligo-1,6-glucosidase
올리고뉴클레오타이드 oligonucleotide
올리고뉴클레오타이드프로브 oligonucleotide probe
올리고당 oligosaccharide
올리고리보핵산 oligoribonucleic acid
올리고마이신 oligomycin
올리고유로나이드 oligouronide
올리고펩타이드 oligopeptide
올리브 olive
올리브 olive tree, *Olea europaea* L. 물푸레나뭇과
올리브기름 olive oil
올리브박기름 olive-pomace oil
올방개 olbanggae, *Eleocharis kuroguwai* Ohwi 사초과
올스파이스 allspice
올스파이스나무 allspice tree, *Pimenta officinalis* Lindl. (= *Pimenta dioica* (L.) Merr.) 미르타과

올챙이국수 olchaengigugsu
옴 mite
옴 ohm
옴가열 ohmic heating
옴법칙 Ohm's law
옵신 opsin
옴진드기 mange mite
옷입힘 enrobing
옹기그릇 pottery
옹심이 ongsimi
옹스트롬 angstrom
옻 sap of lacquer tree
옻나무 lacquer tree, *Rhus verniciflua* Stokes. 옻나뭇과
옻나뭇과 Anacardiaceae
옻나무류 sumac
옻나무아목 Anacardiineae
옻중독 lacquer poisoning
와규 wagyu beef
와링블랜더 Waring blendor
와사비 wasabi, *Wasabia japonica* (Miq.) Matsum. 십자화과
와이셀라속 *Weissella*
와이셀라 파라메센테로이데스 *Weissella paramesenteroides*
와이염색체 Y chromosome
와인검 wine gum
와인쿨러 wine cooler
와일드라이스 wild rice, Canadian rice, water oats, *Zizania aquatica* L. 벼과
와트 watt
와파린 warfarin
와편모조강(渦鞭毛藻綱) Dinoflagellatae
와편모조독소(渦鞭毛藻毒素) dinoflagellate toxin
와편모조류(渦鞭毛藻類) dinoflagellates
와편모조목(渦鞭毛藻目) Dinophycales
와편모조식물문(渦鞭毛藻植物門) Dinophyta
와포자충(窩胞子蟲) *Cryptosporidium* sp.
와포자충과(窩胞子蟲科) Cryptosporidiidae
와포자충속(窩胞子蟲屬) *Cryptosporidium*
와포자충증(窩胞子蟲症) cryptosporidiosis
와플 waffle
왁스 wax
왁스강낭콩 wax bean
왁스사과 wax apple, wax jambu, rose apple, *Syzygium samarangense* (Blume) Merr. & Perry 미르타과
왁스에스터 wax ester
왁스제거 dewaxing
왁스종이 wax paper, paraffin paper
왁스질 waxiness
왁스처리 waxing
완두(豌豆) pea plant, *Pisum sativum* L. 콩과
완두강낭콩 pea bean
완두속(豌豆屬) *Pisum*
완두콩 pea
완두콩가루 pea meal
완두콩녹말 pea starch
완두콩단백질 pea protein
완두콩바구미 pea weevil, *Bruchus pisorum* (Linnaeus, 1758) 콩바구밋과
완만냉동(緩慢冷凍) slow freezing
완성공정(完成工程) make up process
완숙(完熟) full ripe
완숙기(完熟期) full ripe period
완숙달걀 hard boiled egg
완자 wanja
완전국균강(完全麴菌綱) Eurotiomycetes
완전국균목(完全麴菌目) Eurotiales
완전단백질(完全蛋白質) complete protein
완전독점(完全獨占) simple monopoly
완전랜덤설계 completely randomized design
완전미(完全米) head rice
완전배지(完全培地) complete medium
완전연소(完全燃燒) complete combustion
완전유동음식(完全流動飮食) full liquid diet
완전정맥영양(完全靜脈營養) total parenteral nutrition
완전탄성체(完全彈性體) perfect elastic body
완전효소(完全酵素) holoenzyme
완충능력(緩衝能力) buffering capacity
완충용액(緩衝溶液) buffer
완충작용(緩衝作用) buffer action
완충제(緩衝劑) buffering agent
완화상수(緩和常數) relaxation constant
완화시간(緩和時間) relaxation time
완화탄성률(緩和彈性率) relaxation modulus

완흉목(完胸目) Thoracica
왈레미아목 Wallemiales
왈레미아 세비 *Wallemia sebi*
왈레미아속 *Wallemia*
왕게 red king crab, Paralithodes camtschaticus (Tilesius, 1815) 왕겟과
왕겟과 Lithodidae
왕겨 rice husk, rice hull
왕겨제거 dehusking, dehulling
왕겨제거율 dehusking rate
왕고들빼기 wanggodeulppaegi, *Lactuca indica* var. *laciniata* (Houtt.) H. Hara 국화과
왕고들빼기속 *Lactuca*
왕느릅나무 large-fruited elm, *Ulmus macrocarpa* Hance 느릅나뭇과
왕대속 *Phyllostachys*
왕둥굴레 *Polygonatum robustum* (Korsh.) Nakai 백합과
왕바구밋과 Rhynchophoridae
왕바퀴과 Blattidae
왕복냉동기(往復冷凍機) reciprocating freezer
왕복압축기(往復壓縮機) reciprocating compressor
왕복펌프 reciprocating pump
왕수(王水) aqua regia
왕연어 chinook salmon, king salmon, *Oncorhynchus tshawytscha* (Walbaum, 1792) 연어과
왕잎새버섯과 Meripilaceae
왜당귀(倭當歸) Japanese angelica, *Angelica acutiloba* (Siebold & Zucc.) Kitag. 꿀풀과
왜무 Japanese radish, *Brassica campestris* var. *akana* Makino 십자화과
왜문어(倭文魚) common octopus, *Octopus vulgaris* (Cuvier, 1797) 문어과
왜지치속 *Myosotis*
외가닥말단 cohesive end
외과(外科) general surgery
외과의사(外科醫師) surgeon
외과피(外果皮) epicarp
외관검사(外觀檢査) visual inspection
외독소(外毒素) exotoxin
외떡잎식물 monocotyledons
외떡잎식물강 Monocotyledonae
외래과일 exotic fruit
외래식물(外來植物) exotic plant
외래유전자(外來遺傳子) foreign gene
외래종(外來種) exotic species
외래채소(外來菜蔬) exotic vegetable
외력(外力) external force
외배엽(外胚葉) ectoderm
외배젖 perisperm
외부지시약(外部指示藥) outside indicator
외분비샘 exocrine gland
외식산업(外食産業) foodservice industry
외알밀 einkorn wheat, *Triticum monococcum* L. 볏과
외알세균 monococcus
외인성(外因性) exogenous
외인성감염(外因性感染) exogenous infection
외재성단백질(外在性蛋白質) extrinsic protein
외짝시료 odd sample
외피단백질(外皮蛋白質) coat protein
외호흡(外呼吸) external respiration
왼심방 left atrium
왼심실 left ventricle
요각류(橈脚類) copepods
요건(要件) requirement
요구량(要求量) requirement
요구르트 yoghurt
요구르트스타터 yoghurt starter
요구르트음료 yoghurt beverage
요도(尿道) urethra
요도돌 urethral stone
요로돌증 urolithiasis
요도샘 utrthral gland
요도염(尿道炎) urethritis
요독산증(尿毒酸症) uremic acidosis
요독성(尿毒性) urotoxicity
요독소(尿毒素) urotoxin
요독증(尿毒症) uremia
요동(搖動) fluctuation
요로(尿路) urinary tract
요로감염(尿路感染) urinary tract infection
요로돌증 urolithiasis
요막(尿膜) allantois, allantoic membrane
요법(療法) therapy
요붕증(尿崩症) diabetes insipidus

요산(尿酸) uric acid
요산돌 urate stone
요산분해경로(尿酸分解經路) uricolytic pathway
요산산화효소(尿酸酸化酵素) urate oxidase, uricase
요산뇨(尿酸尿) uricosuria
요소(尿素) urea
요소가수분해효소(尿素加水分解酵素) urease
요소가수분해효소억제제(尿素加水分解酵素抑制劑) antiurease
요소수지(尿素樹脂) urea resin
요소질소(尿素窒素) urea nitrogen
요소피에이지이 urea-PAGE
요소회로(尿素回路) urea cycle
요요현상 yo-yo effect, weight cycling
요인(要因) factor
요인분석(要因分析) factorial analysis
요인설계(要因設計) factorial design
요인실험(要因實驗) factorial experiment
요인효과(要因效果) factorial effect
요충(蟯蟲) pinworm, *Enterobius vermicularis* (Linnaeus, 1758) 요충과
요충과(蟯蟲科) Oxyuridae
요충구제제(蟯蟲驅除劑) oxyuricide
요충속(蟯蟲屬) *Oxyuris*
요충증(蟯蟲症) oxyuriasis
요코가와흡충 *Metagonimus yokogawai* (Katsurada, 1912) 헤테로흡충과
요코가와흡충속 *Metagonimus*
요코가와흡충증 metagonimiasis
요크셔 Yorkshire
욕구(欲求) desire
욕지기 nausea
욕창궤양(蓐瘡潰瘍) decubitus ulcer
용과(龍果) dragon fruit, pitaya, pitayo
용균(溶菌) bacteriolysis
용균바이러스 lytic virus
용균반응(溶菌反應) lytic reaction
용균소(溶菌素) bacteriolysin
용균파지 lytic phage
용담(龍膽) Korean rough gentian, *Gentiana scabra* var. *buergeri* Maxim. 용담과
용담과(龍膽科) Gentianaceae
용담목(龍膽目) Gentianales
용담속(龍膽屬) *Gentiana*
용둥굴레 yongdunggulle, *Polygonatum involucratum* (Franch. & Sav.) Maxim. 백합과
용량(容量) capacity
용매(溶媒) solvent
용매이동거리 solvent migration distance
용매제거(溶媒除去) desolventization
용매제거법(溶媒除去法) desolventizing method
용매추출(溶媒抽出) solvent extraction
용매추출법(溶媒抽出法) solvent extraction method
용매화(溶媒化) solvation
용매효과(溶媒效果) solvent effect
용봉탕(龍鳳湯) yongbongtang
용선충(龍線蟲) Guinea worm, *Dracunculus medinensis* Linnaeus, 1758 용선충과
용선충과(龍線蟲科) Dracunculidae
용선충속(龍線蟲屬) *Dracunculus*
용선충증(龍線蟲症) dracunculiasis
용설란(龍舌蘭) century plant, American aloe, *Agave americana* L. 용설란과
용설란과(龍舌蘭科) Agavaceae
용설란속(龍舌蘭屬) *Agave*
용수 yongsu
용수철저울 spring balance
용안(龍眼) longan, *Dimocarpus longana* Lour. 무환자나뭇과
용안육(龍眼肉) longan fruit
용액(溶液) solution
용어(用語) terminology
용원바이러스 lysogenic virus
용원성(溶原性) lysogeny
용원세균(溶原細菌) lysogenic bacterium
용융로(鎔融爐) melting furnace
용존고형물(溶存固形物) dissolved solid
용존무기탄소(溶存無機炭素) dissolved inorganic carbon
용존물질(溶存物質) dissolved matter
용존산소(溶存酸素) dissolved oxygen, DO
용존산소농도(溶存酸素濃度) dissolved oxygen concentration
용존유기탄소(溶存有機炭素) dissolved organic carbon

용질(溶質) solute
용출(溶出) elution
용출곡선(溶出曲線) elution curve
용출부피 elution volume
용출액(溶出液) eluate
용해(鎔解) dissolution
용해도(溶解度) solubility
용해도계수(溶解度係數) solubility coefficient
용해도곡선(溶解度曲線) solubility curve
용해도곱 solubility product
용해도곱상수 solubility product constant
용해도시험(溶解度試驗) solubility test
용해열(溶解熱) heat of solution
용해평형(溶解平衡) equilibrium of dissolution
용혈(溶血) hemolysis
용혈빈혈(溶血貧血) hemolytic anemia
용혈사슬알세균 hemolytic streptococcus
용혈세균(溶血細菌) hemolytic bacterium
용혈소(溶血素) hemolysin
용혈항체(溶血抗體) hemolytic antibody
용혈황달(溶血黃疸) hemolytic icterus
용화(蛹化) pupation
용화호르몬 pupation hormone
우거지 ugeoji
우거지탕 ugeojitang
우그바 ugba
우기(雨期) rainy season
우동 udon
우두(牛痘) cowpox
우둔(牛臀) top round
우둔살 top round
우라늄 uranium
우량재배품종(優良栽培品種) high quality cultivar
우럭 soft-shell clam, sand gaper, *Mya arenaria* (Linnaeus, 1758) 우럭과
우럭과 Myoidae
우럭목 Myoida
우럭볼락 armorclad rockfish, *Sebastes hubbsi* (Matsubara, 1937) 양볼락과
우렁쉥이강 Ascidians
우렁이 pond snail
우레탄 urethane
우레탄수지 urethane resin
우레탄폼 urethane foam
우로빌리노겐 urobillinogen
우로키네이스 urokinase
우로칸산 urocanic acid
우로피시스속 *Urophycis*
우론산 uronic acid
우롱차(烏龍茶) oolong tea
우루과이라운드 Uruguay Round, UR
우리딘 uridine
우리딘5'-삼인산 uridine 5'-triphosphate
우리딘이인산 uridine diphosphate, UDP
우리딘이인산갈락토스 uridine diphosphate galactose, UDP-galactose
우리딘이인산포도당 uridine diphosphate glucose, UDP-glucose
우리딘일인산 uridine monophosphate, UMP
우리딜산 uridylic acid
우린감 deastringent persimmon
우린액 infusion
우림 infusion
우마미 umami
우메기떡 umegitteok
우무 agar, agar-agar
우무배양 agar culture
우무배지 agar medium
우무사면배지 agar slant
우무식물 agarophyte
우무젤 agar gel
우무젤리 agar jelly
우무평판 agar plate
우무평판묽힘법 agar plate dilution method
우뭇가사리 *Gelidium amansii* (J. V. Lamour.) 우뭇가사릿과
우뭇가사리목 Gelidiales
우뭇가사리속 *Gelidium*
우뭇가사릿과 Gelidiaceae
우베로드점도계 Ubbelohde viscometer
우산나물 wusannamul, *Syneilesis palmata* (Thunb.) Maxim. 국화과
우산소나무 umbrella pine, stone pine, *Pinus pinea* L. 소나뭇과
우산이끼류 liverworts
우생학(優生學) eugenics
우성(優性) dominance

우성대립유전자(優性對立遺傳子) dominant allele
우성돌연변이(優性突然變異) dominant mutation
우성유전자(優性遺傳子) dominant gene
우성형질(優性形質) dominant traits
우수농산물관리기준(優秀農産物管理基準) good agricultural practice, GAP
우수리반달곰 Ussuri black bear, *Ursus thibetanus ussuricus* (Heude, 1901) 곰과
우수실험실관리기준(優秀實驗室管理基準) good laboratory practice, GLP
우수위생기준(優秀衛生基準) good hygiene practice, GHP
우수저장기준(優秀貯藏基準) good storage practice, GSP
우수제조기준(優秀製造基準) good manufacturing practice, GMP
우스터소스 Worcester sauce, Worcestershire sauce
우엉 burdock, *Arctium lappa* L. 국화과
우역(牛疫) rinderpest
우역바이러스 rinderpest virus
우연오차(偶然誤差) accidential error
우연첨가물(偶然添加物) accidential additive
우울증치료제(憂鬱症治療劑) antidepressant
우유(牛乳) cow milk, milk
우유거르개 milk filter
우유검사(牛乳檢査) milk test
우유고형물(牛乳固形物) milk solid
우유공장(牛乳工場) milk plant
우유교반(牛乳攪拌) churning
우유냉각기(牛乳冷却器) milk cooler
우유농축단백질(牛乳濃縮蛋白質) milk protein concentrate
우유단백질(牛乳蛋白質) milk protein
우유단백질가수분해물(牛乳蛋白質加水分解物) hydrolysate of milk protein
우유달걀채식주의자 lacto-ovo vegetarian
우유달걀수산물채식주의자 lacto-ovo-pesco vegetarian
우유맛 milk taste
우유맛평점 milk taste score
우유매개감염(牛乳媒介感染) milkborne infection
우유못견딤 milk intolerance
우유못견딤증 milk intolerance
우유병(牛乳甁) milk bottle
우유비중계(牛乳比重計) lactometer
우유빈혈(牛乳貧血) milk anemia
우유빵 milk bread
우유사일로 milk silo
우유생산량(牛乳生産量) milk yield
우유수집(牛乳集乳) milk collection
우유수집장치(牛乳集乳裝置) milk collection machine
우유알레르기 milk allergy
우유음료(牛乳飮料) milk beverage
우유응고(牛乳凝固) milk clotting
우유응고제(牛乳凝固劑) milk clotting agent
우유응고효소(牛乳凝固酵素) milk clotting enzyme
우유저장탱크 milk storage tank
우유젓개 churn
우유죽 milk juk
우유지방(牛乳脂肪) milk fat
우유지방검사(牛乳脂肪檢査) milk fat test
우유지방검사기(牛乳脂肪檢査器) milk fat tester
우유지방측정기(牛乳脂肪測定器) butyrometer
우유지방립(牛乳脂肪粒) milk fat globule
우유지방립막(牛乳脂肪粒膜) milk fat globule membrane
우유지방율(牛乳脂肪率) milk fat percentage
우유채식주의자(牛乳菜食主義者) lacto-vegetarian
우유치즈 milk cheese
우유캔 milk can
우유크림 milk cream
우유탱크 milk tank
우유푸딩 milk pudding
우유품질(牛乳品質) milk quality
우유향미(牛乳香味) milk flavor
우제류(偶蹄類) artiodactyls
우조 ouzo
우주마이크로파 cosmic microwave
우주비행식품(宇宙飛行食品) space flight food
우주선(宇宙線) cosmic ray
우회전성(右回轉性) dextrorotatory
운데카논 undecanone
운동(運動) exercise
운동감각(運動感覺) kinesthesia, kinesthetic sense

운동량(運動量) momentum
운동량방정식(運動量方程式) momentum equation
운동량전달(運動量傳達) momentum transfer
운동마찰(運動摩擦) kinetic friction
운동마찰계수(運動摩擦係數) coefficient of kinetic friction
운동마찰력(運動摩擦力) force of kinetic friction
운동방정식(運動方程式) equation of motion
운동법칙(運動法則) law of motion
운동성(運動性) motility
운동신경(運動神經) motor nerve
운동신경세포(運動神經細胞) motor neuron
운동에너지 kinetic energy
운동완만증(運動緩慢症) bradykinesia
운동학(運動學) kinematics
운동홀씨 zoospore
운동홀씨주머니 zoosporangium
운반(運搬) transport
운반(運搬) transportation
운반기체(運搬氣體) carrier gas
운반단백질(運搬蛋白質) transport protein, transporter protein
운반숙주(運搬宿主) transport host
운반아르엔에이 transfer RNA, tRNA
운반체(運搬體) carrier
운반체단백질(運搬體蛋白質) carrier protein
운전비(運轉費) operating cost
운향과(芸香科) Rutaceae
운향목(芸香目) Rutales
운향아목(芸香亞目) Rutineae
울긋불긋부채게 *Zosimus aeneus* (Linnaeus, 1758) 부채겟과
울루코 ulluco, *Ullucus tuberosus* Caldas 바셀라과
울트라비스콘컨시스토미터 ultra Viscon consistometer
울혈(鬱血) congestion
울혈고혈압(鬱血高血壓) stasis hypertension
울혈심장기능상실(鬱血心臟機能喪失) congestive heart failure
움저장 cellar storage
웃기 utgi
웃기떡 utgitteok
웅어 Japanese grenadier anchovy, *Coilia nasus* Temminck & Schlegel, 1846 멸칫과
워크인냉장고 walk-in refrigerator
워터아이스 water ice
원구류(圓口類) cyclostomes
원기둥 cylinder
원기둥냉각기 cylindrical cooler
원기둥레토르트 cylindrical retort
원기둥반응기 cylindrical reactor
원기둥연삭기 cylindrical grinder
원당(原糖) raw sugar
원두커피 bean coffee
원료(原料) raw material
원목버섯재배 mushroom log culture
원뿔 cone
원뿔세포 cone cell
원뿔스크루 conical screw
원뿔평판점도계 cone and plate viscometer
원사체(原絲體) protonema
원삭동물(原索動物) protochordates
원삭동물아문(原索動物亞門) Protochordata
원산지(原産地) origin
원산지표시(原産地表示) origin mark
원산지표시제도(原産地表示制度) labeling system for country of origin
원색(原色) primary color
원생동물(原生動物) protozoa
원생동물병(原生動物病) protozoan disease
원생동물아계(原生動物亞界) Protozoa
원생동물증(原生動物症) protozoasis
원생동물학(原生動物學) protozoology
원생생물계(原生生物界) Protista
원생생물학(原生生物學) protistology
원생식물(原生植物) protophyta
원생자낭균강(原生子囊菌綱) Protoascomycetes
원섬유(原纖維) fibril
원소(元素) element
원소기호(元素記號) symbol of element
원소분석(元素分析) elemental analysis
원수아강(原獸亞綱) Prototheria
원시생물(原始生物) protobiont
원심거르개 centrifugal filter
원심농축기(遠心濃縮機) centrifugal evaporator
원심력(遠心力) centrifugal force

원심분류기(遠心分類機) centrifugal classifier
원심분리(遠心分離) centrifugal separation
원심분리관(遠心分離管) centrifuge tube
원심분리기(遠心分離機) centrifuge
원심분리법(遠心分離法) centrifugation
원심분무기(遠心噴霧器) centrifugal atomizer
원심분무법(遠心噴霧法) centrifugal spray method
원심송풍기(遠心送風機) centrifugal blower
원심압축기(遠心壓縮機) centrifugal compressor
원심청정기(遠心清淨機) centrifugal clarifier
원심추출기(遠心抽出器) centrifugal extractor
원심펌프 centrifugal pump
원양어업(遠洋漁業) deep sea fishery
원염(原鹽) crude salt
원영양체(原營養體) prototroph
원예(園藝) horticulture
원예생산물(園藝生産物) horticultural produce
원예작물(園藝作物) horticultural crop
원예치료(園藝治療) horticultural therapy
원예학(園藝學) horticultural science
원유(原油) crude oil
원자(原子) atom
원자각(原子殼) atomic shell
원자구조(原子構造) atomic structure
원자기호(原子記號) atomic symbol
원자단(原子團) atomic group
원자량(原子量) atomic weight
원자력(原子力) nuclear power
원자력발전(原子力發電) nuclear power generation
원자력에너지 atomic energy
원자력현미경법(原子力顯微鏡法) atomic force microscopy
원자로(原子爐) nuclear reactor
원자모형(原子模型) atomic model
원자방출분광법(原子放出分光法) atomic emission spectroscopy
원자번호(原子番號) atomic number
원자사이거리 interatomic distance
원자스펙트럼 atomic spectrum
원자오비탈 atomic orbital
원자질량(原子質量) atomic mass
원자질량단위(原子質量單位) atomic mass unit
원자핵(原子核) atomic nucleus
원자흡수(原子吸收) atomic absorption
원자흡수분광계(原子吸收分光計) atomic absorption spectrometer
원자흡수분광광도계(原子吸收分光光度計) atomic absorption spectrophotometer
원자흡수분광법(原子吸收分光法) atomic absorption spectroscopy, AAS
원자흡수분광광도법(原子吸收分光光度法) atomic absorption spectrophotometry, AAS
원잣값 valence, valency
원잣값전자 valence electron
원재료(原材料) ingredient
원적외선(遠赤外線) far infrared ray
원적외선살균(遠赤外線殺菌) far infrared sterilization
원지(遠志) wonji, *Polygala tenuifolia* Willd. 원지과
원지과(遠志科) Polygalaceae
원지속(遠志屬) *Polygala*
원추리 tawny daylily, orange daylily, *Hemerocallis fulva* (L.) L. 백합과
원판(圓板) disk
원판마찰분쇄기(圓板摩擦粉碎機) disk attrition mill
원판분리기(圓板分離機) disk separator
원판분무기(圓板噴霧器) disk atomizer
원판분쇄기(圓板粉碎機) disk mill
원판원심분리기(圓板遠心分離機) disk bowl centrifuge
원편광이색성(圓偏光異色性) circular dichroism
원포자강(原胞子綱) Cyclosporeae
원포자충(原胞子蟲) *Cyclospora cayetanensis* Otega, Gilman & Sterling, 1994 구포자충과
원포자충증(原胞子蟲症) cyclosporiasis
원푸드다이어트 one food diet
원핵생물(原核生物) prokaryote, procaryote
원핵생물계(原核生物界) Monera, Prokaryotae
원핵세포(原核細胞) prokaryotic cell, procaryotic cell
원형(原型) prototype
원형동물군(圓形動物群) Nemathelminthes
원형질(原形質) protoplasm
원형질막(原形質膜) plasma membrane

원형질복귀(原形質復歸) deplasmolysis
원형질분리(原形質分離) plasmolysis
원형질유동(原形質流動) plasma streaming
원형질융합(原形質融合) plasmogamy
원형질체(原形質體) protoplast
원형질체융합(原形質體融合) protoplast fusion
월경(月經) menstruation
월경전증후군(月經前症候群) premenstrual syndrome, PMS
월경주기(月經週期) menstrual cycle
월계수(月桂樹) bay laurel, laurel tree, *Laurus nobilis* L. 녹나뭇과
월계수잎 bay leaf
월계수잎기름 bay leaf oil
월귤(越橘) cowberry, lingonberry, *Vaccinium vitis-idaea* L. 진달랫과
웜 worm
웜기어 worm gear
웨버비율 Weber fraction
웨버-페흐너법칙 Weber-Fechner's law
웨스턴블롯팅 western blotting
웨이트트레이닝 weight training
웨이퍼 wafer
웰치세균 Welchii
위(胃) stomach
위경련(胃痙攣) stomach cramp, gastric cramp
위궤양(胃潰瘍) gastric ulcer
위내시경(胃內視鏡) gastroscope
위대정맥 superior vena cava
위돌 benzoar
위바닥 gastric fundus
위배출시간(胃排出時間) gastric emptying time
위배출시간검사식사(胃排出時間檢査食事) gastric emptying time test diet
위산(胃酸) gastric acid
위산과다(胃酸過多) gastric hyperacidity, hyperacidity
위산없음증 achlohydria
위산저하(胃酸低下) hypochlorhydria
위상차(位相差) phase difference
위상차현미경(位相差顯微鏡) phase contrast microscope
위샘 gastric gland
위식물돌 phytobezoar
위생(衛生) hygiene
위생(衛生) sanitation
위생관리(衛生管理) hygiene control
위생배관(衛生配管) sanitary pipe
위생사(衛生士) sanitarian
위생사에 관한 법률 Licensed Sanitarians Act
위생설계(衛生設計) sanitary design
위생시설(衛生施設) sanitary facility
위생지표세균(衛生指標細菌) sanitary indicative bacterium
위생캔 sanitary can
위생표준작업절차(衛生標準作業節次) sanitation standard operating procedure, SSOP
위생품질(衛生品質) hygienic quality
위생학(衛生學) hygiene
위생해충(衛生害蟲) hygienic insect pest
위성형(胃成形) gastroplasty
위수관계(胃水管系) gastrovascular system
위스키 whisky
위식도역류(胃食道逆流) gastroesophageal reflux
위식도역류병(胃食道逆流病) gastroesophageal reflux disease, GERD
위암(胃癌) stomach cancer, gastric cancer
위액(胃液) gastric juice
위억제폴리펩타이드 gastric inhibitory polypeptide, GIP
위염(胃炎) gastritis
위절제술(胃切除術) gastrectomy
위점막(胃粘膜) gastric mucosa
위조절밴드술 adjustible gastric banding
위창자길 gastrointestinal tract
위창자길이동시간 transient time in gastrointestinal tract
위창자공기참 flatulence
위창자공기참인자 flatulence factor
위창자염 gastroenteritis
위창자팽만 gastrointestinal distention
위축(萎縮) atrophy
위축위염(萎縮胃炎) atrophic gastritis
위치이성질체(位置異性質體) position isomer
위치지정돌연변이유발(位置指定突然變異誘發) site directed mutagenesis
위치편차(位置偏差) positional bias

위치효과(位置效果) position effect
위탁급식(委託給食) contract-managed food-service
위탁영농(委託營農) trusted farming
위팔뼈 humerus
위하수(胃下垂) gastroptosis
위해(危害) risk
위해결정(危害決定) risk characterization
위해관리(危害管理) risk management
위해분석(危害分析) risk analysis
위해순위(危害順位) risk priority
위해요소(危害要素) hazard
위해요소결정(危害要素決定) hazard characterization
위해요소분석(危害要素分析) hazard analysis
위해요소중점관리기준(危害要素重点管理基準) hazard analysis critical control point, HACCP
위해요소확인(危害要素確認) hazard identification
위해인자(危害因子) risk factor
위해정보교류(危害情報交流) risk communication
위해지수(危害指數) risk index
위해추정값 risk estimate
위해평가(危害評價) risk assessment
위해평가정책(危害評價政策) risk assessment policy
위해프로필 risk profile
위해물질 hazardous material
위호르몬 gastrointestinal hormone
위확장(胃擴張) gastric dilatation
윈터리제이션 winterization
윌리아속 *Willia*
윌슨병 Wilson's disease
윕 weep
위핑 weeping
윗등심살 butt sirloin
윗접시저울 top loading balance
유가배양(流加培養) fed-batch culture
유과(油菓) yugwa
유구낭미충(有鉤囊尾蟲) *Cysticercus cellulosae*
유구낭미충증(有鉤囊尾蟲症) pork measles
유구조충(有鉤條蟲) pork tapeworm, *Taenia solium* Linnaeus, 1758 조충과
유극악구충(有棘顎口蟲) *Gnathostoma spinigerum* Owen, 1836 악구충과
유글레나강 Euglenoidea
유글레나과 Euglenaceae
유글레나목 Euglenales
유글레나속 *Euglena*
유글레나식물문 Euglenophyta
유기금속화합물(有機金屬化合物) organometallic compound
유기농림산물(有機農林產物) organic agricultural and forestry produces
유기농산물(有機農產物) organic agricultural produce
유기농업(有機農業) organic farming
유기물(有機物) organic matter
유기물브라인 organic brine
유기브로민화합물 organobromine compound
유기비료(有機肥料) organic fertilizer
유기산(有機酸) organic acid
유기산발효(有機酸醱酵) organic acid fermentation
유기생장조절물질(有機生長調節物質) organic growth regulator
유기식품(有機食品) organic food
유기염소농약(有機鹽素農藥) organochlorine pesticide
유기염소살충제(有機鹽素殺蟲劑) organochlorine insecticide
유기염소제(有機鹽素劑) organochlorine
유기염소화합물(有機鹽素化合物) organochlorine compound
유기영양생물(有機營養生物) organotroph
유기영양소(有機營養素) organic nutrient
유기용매(有機溶媒) organic solvent
유기인(有機燐) organic phosphorus
유기인제(有機燐劑) organophosphate
유기인농약(有機燐農藥) organophosphorus pesticide
유기인살충제(有機燐殺蟲劑) organophosphorus insecticide
유기주석화합물(有機朱錫化合物) organotin compound
유기질소화합물(有機窒素化合物) organic nitrogen compound
유기촉매(有機觸媒) organic catalyst
유기축산물(有機畜產物) organic animal

produce
유기할로젠화합물 organic halogen compound
유기화학(有機化學) organic chemistry
유기화합물(有機化合物) organic compound
유기황화합물(有機黃化合物) organic sulfur compound
유니세프 UNICEF
유닛로드시스템 unit-load system
유도(誘導) induction
유도가열(誘導加熱) induction heating
유도결합플라스마원자방출분광법 inductively coupled plasma atomic emission spectroscopy, ICPAES
유도결합플라스마질량분석법 inductively coupled plasma mass spectroscopy, ICPMS
유도기(誘導期) lag phase
유도기간(誘導期間) induction period
유도단백질(誘導蛋白質) derived protein
유도단위(誘導單位) derived unit
유도돌연변이(誘導突然變異) induced mutation
유도물질(誘導物質) inducer
유도반응(誘導反應) induced reaction
유도인자(誘導因子) inducing factor
유도지방질(誘導脂肪質) derived lipid
유도체(誘導體) derivative
유도효소(誘導酵素) inducible enzyme
유도히터 induction heater
유동(油桐) tung tree, tung oil tree, *Aleurites fordii* (Hemsl.) 대극과
유동곡선(流動曲線) flow curve
유동도(流動度) fluidity
유동량(流動量) flux
유동모자이크막 fluid mosaic membrane
유동모자이크막모델 fluid mosaic membrane model
유동성(流動性) liquidity
유동음식(流動飮食) fluid diet
유동층(流動層) fluidized bed
유동층건조기(流動層乾燥機) fluidized bed dryer
유동층냉동기(流動層冷凍機) fluidized bed freezer
유동파라핀 liquid paraffin
유동화(流動化) fluidization
유두(乳頭) papilla
유디피갈락토스-4-에피머화효소 UDP-galactose-4-epimerase
유라실 uracil
유량계(流量計) flowmeter
유량조절기(流量調節器) flow controller
유량조절밸브 flow control valve
유럽감초 European licorice, *Glycyrrhiza glabra* L. 콩과
유럽꼬막 common cockle, *Cerastoderma edule* (Linnaeus, 1758) 새조갯과
유럽너도밤나무 European beech, common beech, *Fagus sylvatica* L. 콩과
유럽농어 European seabass, *Dicentrarchus labrax* (Linnaeus, 1758) 농엇과
유럽대구 European pollock, Atlantic pollock, *Pollachius pollachius* Linnaeus, 1758 대구과
유럽듀베리 European dewberry, *Rubus caesius* L. 장미과
유럽들소 European bison, *Bison bonasus* (Linnaeus, 1758) 솟과
유럽딱총나무 elder, European elder, *Sambucus nigra* L. 연복초과
유럽매자나무 European barberry, *Berberis vulgaris* L. 매자나뭇과
유럽메기 wels catfish, *Silurus glanis* (Linnaeus, 1758) 메깃과
유럽메를루사 European hake, *Merluccius merluccius* (Linnaeus, 1758) 메를루사과
유럽멸치 European anchovy, *Engraulis encrasicolus* (Linnaeus, 1758) 멸칫과
유럽바닷가재 European lobster, *Homarus gammarus* (Linnaeus, 1758) 가시발새웃과
유럽배 European pear, *Pyrus communis* L. 장미과
유럽새우 common prawn, *Palaemon serratus* (Pennant, 1777) 징거미새웃과
유럽연합 European Union, EU
유럽잉어 tench, *Tinca tinca* (Linnaeus, 1758) 잉엇과
유럽자두 European plum, common plum, *Prunus domestica* L. 장미과
유럽자유무역연합 European Free Trade

Association, EFTA
유럽정어리 European pilchard, *Sardina pilchardus* (Walbaum, 1792) 청어과
유럽참개구리 edible frog, common water frog, *Pelophylax* kl. *esculentus* (Linnaeus, 1758) 개구릿과
유럽피나무 common lime, common linden, *Tilia europaea* L. 피나뭇과
유로튬속 *Eurotium*
유리(琉璃) glass
유리기구(琉璃器具) glassware
유리당(遊離糖) free sugar
유리당함량(遊離糖含量) free sugar content
유리막대 glass rod
유리병(琉璃甁) glass bottle
유리산(遊離酸) free acid
유리산소흡수제(遊離酸素吸收劑) free oxygen absorber
유리섬유(琉璃纖維) glass fiber
유리솜 glass wool
유리아미노산 free amino acid
유리온실(琉璃溫室) glass greenhouse
유리용기(琉璃容器) glass container
유리적혈구프로토포피린 free erythrocyte protoporphyrin, FEP
유리전극(琉璃電極) glass electrode
유리전이(琉璃轉移) glass transition
유리전이온도(琉璃轉移溫度) glass transition temperature
유리지방산(遊離脂肪酸) free fatty acid
유리지방질(遊離脂肪質) free lipid
유리질(琉璃質) glassiness
유리질성(琉璃質性) vitreosity
유리질텍스처 glassy texture
유리체(琉璃體) vitreous body
유리화(琉璃化) vitrification
유멜라닌 eumelanin
유모동물문(有毛動物門) Ciliophora
유밀과(油蜜菓) yumilgwa
유박테륨속 *Eubacterium*
유방(乳房) breast
유방암(乳房癌) breast cancer
유방염(乳房炎) mastitis
유방염우유(乳房炎牛乳) mastitis milk
유백피(楡白皮) Ulmi cortex
유병률(有病率) prevalence rate
유부 yuba
유비퀴논 ubiquinone
유비퀴틴 ubiquitin
유사곡물(類似穀物) pseudocereal
유사균사(類似菌絲) pseudohypha
유사균사체(類似菌絲體) pseudomycelium
유사글로불린 pseudoglobulin
유사단독(類似丹毒) erysipeloid
유사분열(有絲分裂) mitosis
유사산(類似酸) pseudoacid
유사소성식품(類似塑性食品) pseudoplastic food
유사소성유체(類似塑性流體) pseudoplastic fluid
유사소성흐름 pseudoplastic flow
유사염기(類似鹽基) pseudobase
유산소운동(有酸素運動) aerobic exercise
유생생식(幼生生殖) pedogenesis
유석(乳石) milk stone
유성(有性) sexual
유성바이타민에이지방산에스터 vitamin A in oil
유성번식(有性繁殖) sexual propagation
유성생식(有性生殖) sexual reproduction
유성세대(有性世代) sexual generation
유속(流速) flow rate
유수해동(流水解凍) thawing in running water
유숙기(乳熟期) milk stage
유엔식량농업기구 Food and Agriculture Organization of the United Nations, FAO
유엔아동기금 United Nations Children's Fund, UNICEF
유엔합동식품첨가물전문가위원회 Joint FAO/WHO Expert Committee on Food Additives, JECFA
유엔합동잔류농약전문가회의 Joint FAO/WHO Meeting on Pesticide Residues, JMRP
유엔환경계획 United Nations Environment Programme, UNEP
유연성(柔軟性) flexibility
유연캔 flexible can
유연팩 flexible pack
유연포장(柔軟包裝) flexible packaging

유연필름 flexible film
유용미생물(有用微生物) beneficial microorganism
유용종(乳用種) dairy breed
유의수준(有意水準) significance level
유의차검정(有意差檢定) test of significance
유인제(誘引劑) attractant
유입(流入) inflow
유자(柚子) yuja
유자나무 yuja tree, *Citrus junos* Siebold & Tanaka 운향과
유자차(柚子茶) yujacha
유자청(柚子淸) yujacheong
유전(遺傳) heretidy
유전가열(誘電加熱) dielectric heating
유전공학(遺傳工學) genetic engineering
유전다형성(遺傳多形性) genetic polymorphism
유전독성(遺傳毒性) genotoxicity
유전독성물질(遺傳毒性物質) genotoxicant
유전독성발암물질(遺傳毒性發癌物質) genotoxic carcinogen
유전독성시험(遺傳毒性試驗) genotoxicity test
유전독성억제능력(遺傳毒性抑制能力) antigenotoxicity
유전력(遺傳力) heritability
유전마커 genetic marker
유전물질(遺傳物質) genetic material
유전변이성(遺傳變異性) genetic variability
유전병(遺傳病) hereditary disease
유전성질(遺傳性質) dielectric property
유전알고리즘 genetic algorithm
유전암호(遺傳暗號) genetic code
유전율(誘電率) dielectric constant
유전이상(遺傳異常) genetic abnormality
유전인자(遺傳因子) hereditary factor
유전자(遺傳子) gene
유전자기술(遺傳子技術) genetic technique
유전자도서관(遺傳子圖書館) gene library
유전자돌연변이(遺傳子突然變異) gene mutation
유전자량(遺傳子量) gene dosage
유전자발현(遺傳子發現) gene expression
유전자발현중지(遺傳子發現中止) gene silencing
유전자변형미생물(遺傳子變形微生物) genetically modified microorganism
유전자변형생물(遺傳子變形生物) genetically modified organism, GMO
유전자변형식품(遺傳子變形食品) genetically modified food
유전자변형종자(遺傳子變形種子) genetically modified seed
유전자변형기술(遺傳子變形技術) genetic modification technique
유전자복제(遺傳子複製) gene duplication
유전자분석(遺傳子分析) gene analysis
유전자쌍(遺傳子雙) gene pair
유전자염기순서결정(遺傳子鹽基順序決定) gene sequencing
유전자은행(遺傳子銀行) gene bank
유전자자리 gene locus
유전자재조합(遺傳子再組合) gene recombination
유전자전달(遺傳子傳達) gene transfer
유전자전사(遺傳子傳寫) gene transcription
유전자조작(遺傳子操作) gene manipulation
유전자조절(遺傳子調節) gene regulation
유전자조절단백질(遺傳子調節蛋白質) gene regulatory protein
유전자증폭(遺傳子增幅) gene amplification
유전자지도(遺傳子地圖) genetic map
유전자지도작성(遺傳子地圖作成) gene mapping
유전자지문분석(遺傳子指紋分析) genetic fingerprinting
유전자진단(遺傳子診斷) gene diagnosis
유전자총(遺傳子銃) gene gun
유전자치료(遺傳子治療) gene therapy
유전자클로닝 gene cloning
유전자클로닝운반체 gene cloning vehicle
유전자파괴(遺傳子破壞) gene disruption
유전자풀 gene pool
유전자프로브 gene probe
유전자형(遺傳子型) genotype
유전자형분석(遺傳子型分析) genotyping
유전정보(遺傳情報) genetic information
유전체정보은행(遺傳體情報銀行) Genome Data Bank, GDB
유전체(遺傳體) genome
유전체(誘電體) dielectric
유전체사업(遺傳體事業) genome project
유전체학(遺傳體學) genomics
유전학(遺傳學) genetics

유전학자(遺傳學者) geneticist
유전해동(誘電解凍) dielectric thawing
유전형(遺傳型) genetic type
유전형질(遺傳形質) genetic character
유제놀 eugenol
유조직(柔組織) parenchyma
유조직기관(柔組織器官) parenchymal organ
유조직세포(柔組織細胞) parenchymal cell
유주(乳酒) yuju
유즐동물(有櫛動物) ctenophores
유즐동물문(有櫛動物門) Ctenophora
유지(油脂) fat and oil
유지분해법(油脂分解法) fat splitting process
유창목(癒瘡木) lignum vitae, *Guaiacum officinale* L. 남가샛과
유채(油菜) rape, oilseed rape, *Brassica napus* L. 십자화과
유채기름 rapeseed oil
유채씨 rapeseed
유채씨박 rapeseed meal
유청(乳淸) whey
유청가루 whey powder
유청단백질(乳淸蛋白質) whey protein
유청단백질가수분해물(乳淸蛋白質加水分解物) whey protein hydrolysate
유청단백질치즈 whey protein cheese
유청버터 whey butter
유청빼기 whey draining
유청음료(乳淸飮料) whey beverage
유청치즈 whey cheese
유체(流體) fluid
유체(油體) oil body
유체동역학(流體動力學) fluid dynamics
유체역학(流體力學) fluid mechanics, hydrodynamics
유체흐름 fluid flow
유충호르몬 juvenile hormone, JH
유침(油浸) oil immersion
유침기름 immersion oil
유카 yucca
유카나무 Joshua tree, *Yucca brevifolia* Engelm. 아스파라거스과
유카추출물 yucca extract
유칼립톨 eucalyptol
유칼립투스 Tasmanian blue gum, *Eucalyptus globulus* Labill. 미르타과
유칼립투스방향유 eucalyptus oil
유칼립투스속 *Eucalyptus*
유케우마속 *Eucheuma*
유케우마 스피노숨 *Eucheuma spinosum*
유케우마 코토니이 *Eucheuma cottonii*
유통(流通) distribution
유통경로(流通經路) distribution route
유통기간(流通期間) shelf life
유통시설(流通施設) distributive facilities
유통업자(流通業者) distributor
유해물질(有害物質) harmful substance
유핵적혈구(有核赤血球) nucleated erythrocyte
유행병(流行病) epidemic disease
유형강(幼形綱) Larvacea
유형동물문(幼形動物門) Nemertea
유화(乳化) emulsification
유화능력(乳化能力) emulsifying capacity
유화믹서 emulsifying mixer
유화성질(乳化性質) emulsification property
유화제(乳化劑) emulsifier, emulsifying agent
유효냉동속도(有效冷凍速度) effective rate of freezing
유효냉동시간(有效冷凍時間) effective freezing time
유효농도(有效濃度) effective concentration
유효부피 effective volume
유효수분(有效水分) available moisture
유효숫자 significant figure
유효염소(有效鹽素) available chlorine
유효염소량(有效鹽素量) concentration of available chlorine
유횻값 effective value
육각형(六角形) hexagon
육개장 yukgaejang
육계(肉桂) Cinamomi cortex
육계나무 Saigon cinnamon, Vietnamese cinnamon, *Cinnamomum loureirii* Nees 녹나뭇과
육두구(肉荳蔲) nutmeg tree, *Myristica fragrans* L. 육두구과
육두구과(肉荳蔲科) Myristicaceae
육두구방향유(肉荳蔲方響油) nutmeg oil

육두구속(肉荳蔲屬) *Myristica*
육면체(六面體) hexahedron
육상동물(陸上動物) land animal
육상식물(陸上植物) land plant
육수(肉水) meat infusion
육식동물(肉食動物) carnivorous animal, carnivore
육식어류(肉食魚類) carnivorous fish
육식주의(肉食主義) creophagism
육안감별(肉眼鑑別) macroscopic identification
육안검사(肉眼檢査) macroscopic inspection
육안관측(肉眼觀測) visual observation
육용종(肉用種) meat breed
육장(肉漿) yukjang
육장(肉醬) yukjang
육젓 yukjeot
육종(育種) breeding
육종(肉腫) sarcoma
육종가(育種家) breeder
육종학(育種學) breeding science
육좌균과(肉座菌科) Hypocreaceae
육좌균목(肉座菌目) Hypocreales
육지면(陸地綿) upland cotton, *Gossypium hirsutum* L. 아욱과
육질과일 fleshy fruit
육질충상강(肉質蟲上綱) Sarcodina
육질편모동물문(肉質鞭毛動物門) Sarcomastigophora
6-케스토스 6-kestose
육탕(肉湯) yuktang
육편모충과(六鞭毛蟲科) Hexamitidae
육포(肉脯) jerky
육회 yukhoe
윤기나는 shiny
윤조강(輪藻綱) Charophyceae
윤조류(輪藻類) stoneworts
윤조목(輪藻目) Chalales
윤조식물문(輪藻植物門) Charophyta
윤충류(輪蟲類) rotifers
윤형동물문(輪蟲動物門) Rotifera
윤활유(潤滑油) lubricating oil
윤활제(潤滑劑) lubricant
율란(栗卵) yulran
율무 Job's tears, adlay, *Coix lacryma-jobi* L. 벗과
율무죽 yulmujuk
율무차 yulmucha
융모막(絨毛膜) chorion
융털 villus
융합단백질(融合蛋白質) fusion protein
융합세포(融合細胞) fused cell
으깨기 mashing
으름 fruit of chocolate vein
으름덩굴 chocolate vein, five-leaf akebia, *Akebia quinata* (Thunb.) Dence. 으름덩굴과
으름덩굴과 Lardizabalaceae
으름덩굴속 *Akebia*
으아리 Mandshurian clematis, *Clematis mandshurica* Rupr. 미나리아재빗과
은(銀) silver
은거울반응 silver mirror reaction
은단풍(銀丹楓) silver maple, *Acer saccharinum* L. 단풍나뭇과
은대구 sablefish, black cod, *Anoplopoma fimbria* (Pallas, 1814) 은대구과
은대구과 Anoplopomatidae
은민대구 southern hake, *Merluccius australis* (F. W. Hutton, 1872) 메를루사과
은빛쓴맛그물버섯 *Tylopilus eximius* (Peck) Sing. 그물버섯과
은상어 silver chimaera, *Chimaera phantasma* Jordan & Snyder, 1900 은상엇과
은상어목 Chimaeriformes
은상엇과 Chimaeridae
은어(銀魚) ayu, sweetfish, *Plecoglossus altivelis* (Temminck & Schlegel, 1846) 바다빙엇과
은연어(銀鰊魚) coho salmon, *Oncorhynchus kisutch* (Walbaum, 1792) 연어과
은적정(銀滴定) argentiometric titration
은행(銀杏) ginkgo nut
은행겟과 Cancridae
은행나무 ginkgo, maidenhair tree, *Ginkgo biloba* L. 은행나뭇과
은행나무강 Ginkgopsida
은행나무목 Ginkgoales
은행나뭇과 Ginkgoaceae
은행잎 ginkgo leaf

은행잎추출물 ginkgo leaf extract
음균형(陰均衡) negative balance
음극(陰極) cathode
음극선(陰極線) cathode ray
음극선오실로스코프 cathode ray oscilloscope
음나무 prickly castor oil tree, *Kalopanax pictus* (Thunb.) Nakai 두릅나뭇과
음나무속 *Kalopanax*
음되먹임 negative feedback
음되먹임억제 negative feedback inhibition
음되먹임조절 negative feedback control
음료(飮料) beverage, drink
음료공장(飮料工場) drink factory
음료믹스 drink mix
음료수(飮料水) drinking water
음방향(陰方向) negative direction
음부호(陰符號) negative sign
음상관관계(陰相關關係) negative correlation
음성주파수(音聲周波數) voice frequency
음수(陰數) negative number
음식(飮食) food
음식덩이 bolus
음식못견딤 food intolerance
음식문화(飮食文化) dietary culture
음식섭취(飮食攝取) dietary intake
음에너지균형 negative energy balance
음영법(陰影法) shadowing method
음용수(飮用水) drinking water
음이온 anion
음이온계면활성제 anionic surfactant
음이온교환수지 anion exchange resin
음이온교환용량 anion exchange capacity
음이온녹말 anionic starch
음이온세제 anionic detergent
음전기(陰電氣) negative electricity
음전자(陰電子) negative electron
음전하(陰電荷) negative charge
음전하콜로이드 negative colloid
음지식물(陰地植物) shade plant
음질소평형(陰窒素平衡) negative nitrogen balance
음파처리(音波處理) sonication
음향학(音響學) acoustics
응고(凝固) coagulation, clotting
응고물(凝固物) coagulum
응고억제제(凝固抑制劑) anticoagulant
응고열(凝固熱) heat of solidification
응고점(凝固點) solidifying point
응고점내림 solidifying point depression
응고제(凝固劑) coagulant
응고크림 clotted cream
응고효소(凝固酵素) coagulase
응급구조사(應急救助士) emergency medical technician
응급실(應急室) emergency room
응급의료서비스 emergency medical service
응급의료센터 emergency medical center
응급의학(應急醫學) emergency medicine
응급의학과(應急醫學科) emergency medicine
응급처치(應急處置) emergency care
응달건조 shade drying, air curing
응애류 mites
응용물리학(應用物理學) applied physics
응집(凝集) agglutination
응집(凝集) coagulation
응집기(凝集器) agglomerater
응집력(凝集力) cohesion
응집반응(凝集反應) agglutination reaction
응집성(凝集性) cohesiveness
응집소(凝集素) agglutinin
응집시험(凝集試驗) agglutination test
응집원(凝集原) agglutinogen
응집체(凝集體) floc
응집침전(凝集沈澱) coagulation sedimentation
응집효소(凝集酵素) clotting enzyme
응축(凝縮) condensation
응축기(凝縮器) condenser
응축물(凝縮物) condensate
응축수(凝縮水) steam condensate
응축열(凝縮熱) heat of condensation
응축열량(凝縮熱量) condenser calorie
응축점(凝縮點) condensation point
의료(醫療) medical care
의료법(醫療法) medical service law
의료식품(醫療食品) medical food
의무기록(醫務記錄) medical record
의무기준(義務基準) mandatory standard
의사(醫師) medical doctor

의사면허(醫師免許) medical license
의사결정(意思決定) decision making
의약(醫藥) medicine, medicinal drug
의약품(醫藥品) medicines
의자체중계(椅子體重計) chair weight scale
의족(義足) artificial leg
의충동물목(螠蟲動物目) Echiuroinea
의충동물문(螠蟲動物門) Echiura
의치(義齒) denture
의학(醫學) medicine
의학미생물학(醫學微生物學) medical microbiology
의학세균학(醫學細菌學) medical bacteriology
이강주(梨薑酒) igangju
이기기 kneading
이기작(二期作) double cropping
이끼 moss
이노시톨 inositol
이노시톨인산 inositol phosphate
이노시톨삼인산 inositol triphosphate
이노신 inosine
이노신-5'-인산 inosine-5'-monophosphate, 5'-IMP
이노신산 inosinic acid
이노신산소듐 sodium inosinate
이노신일인산 inosine monophosphate, IMP
이뇨(利尿) diuresis
이뇨억제(利尿抑制) antidiuretisis
이뇨억제제(利尿抑制劑) antidiuretic
이뇨억제호르몬 antidiuretic hormone, ADH
이뇨작용(利尿作用) diuretic action
이뇨제(利尿劑) diuretic
이눌로슈크레이스 inulosucrase
이눌린 inulin
이눌린가수분해효소 inulinase, inulase
이눌린프럭토트랜스퍼레이스(디에프에이 III 생성) inulin fructotransferase (DFA-III-forming)
이단계냉동(二段階冷凍) two-step freezing
이당류(二糖類) disaccharide, biose
이도스 idose
이동(移動) migration
이동도(移動度) mobility
이동상(移動狀) moving phase
이동시험(移動試驗) migration test
이동식당(移動食堂) mobile caterer
이동평균(移動平均) moving average
이들리 idli
이디티에이다이소듐 EDTA disodium
이디티에이칼슘다이소듐 EDTA calcium disodium
이론물리학(理論物理學) theoretical physics
이론최대하루섭취량 theoretical maximum daily intake, TMDI
이르펙스속 *Irpex*
이리 milt
이리단백질 milt protein
이리도이드 iridoid
이리듐 iridium
이마엽 frontal lobe
이마잘릴 imazalil
이매패강(二枚貝綱) Bivalvia
이매패류(二枚貝類) bivalves
2-메틸아이소보네올 2-methylisoborneol
2-메틸프로판알 2-methylpropanal
이모작(二毛作) two-crop farming
이물(異物) foreign material
이미(異味) off taste
이미노산 imino acid
이미다졸 imidazole
이미단 imidan
이미드 imide
이미드화이온 imide ion
이미지분석 image analysis
이미지처리 image processing
이미지화 imaging
이미프라민 imipramine
이방성(異方性) anisotropy
이방체(異方體) anisotropic body
이베리아햄 Iberian ham
이베멕틴 ivermectin
이분도체(二分屠體) sides
이분법(二分法) binary fission
이분자반응(二分子反應) bimolecular reaction
이비인후과(耳鼻咽喉科) otolaryngology
2,4-다이니트로페놀 2,4-dinitrophenol, 2,4-DNP
2,4-다이클로로페녹시아세트산 2,4-dichlorophenoxyacetic acid, 2,4-D

2,4,5-트라이클로로페녹시아세트산 2,4,5-trichlorophenoxyacetic acid, 2,4,5-T
이삭 ear
이삭마름병 ear blight
이삭패기 heading
이산소화효소(二酸素化酵素) dioxygenase
이산화규소(二酸化硅素) silicon dioxide
이산화망가니즈 manganese dioxide
이산화염소(二酸化鹽素) chlorine dioxide
이산화질소(二酸化窒素) mononitrogen dioxide
이산화크로뮴 chromium dioxide
이산화타이타늄 titanium dioxide
이산화탄소(二酸化炭素) carbon dioxide
이산화탄소고정(二酸化炭素固定) carbon dioxide fixation
이산화탄소기절도축(二酸化炭素氣絶屠畜) carbon dioxide stunning slaughter
이산화탄소냉동기(二酸化炭素冷凍機) carbon dioxide freezer
이산화탄소순환(二酸化炭素循環) carbon dioxide cycle
이산화탄소제거(二酸化炭素除去) decarbonation
이산화탄소취입(二酸化炭素吹入) carbonization
이산화탄소침용(二酸化炭素浸溶) carbonic maceration
이산화탄소탈삽(二酸化炭素脫澁) astringency removal with carbon dioxide
이산화탄소항온기(二酸化炭素恒溫器) CO_2-incubator
이산화황(二酸化黃) sulfur dioxide
2,3-뷰틸렌글리콜 2,3-butylene glycol
이상기체(理想氣體) ideal gas
이상기체방정식(理想氣體方程式) ideal gas equation
이상기체법칙(理想氣體法則) ideal gas law
이상용액(理想溶液) ideal solution
이상유체(理想流體) ideal fluid
이성분계(二成分界) binary system
이성분화합물(二成分化合物) binary compound
이성질체(異性質體) isomer
이성질현상(異性質現象) isomerism
이성질화(異性質化) isomerization
이성질화당(異性質化糖) isomerized sugar
이성질화효소(異性質化酵素) isomerase
이소스포라속 *Isospora*
이소스포라증 isosporiasis
이스라지나무 oriental bush cherry, *Prunus japonica* Thunb. 장미과
이스트도넛 yeast doughnut
이슬란디톡신 islanditoxin
이슬점 dew point
이슬점습도계 dew point hygrometer
이식증(異食症) pica
2-아미노뷰테인 2-aminobutane
2-아미노석시남산 2-aminosuccinamic acid
이양법(二釀法) iyangbeop
이양주(二釀酒) iyangju
이염기산(二鹽基酸) dibasic acid
이염화아이소사이아누르산소듐 sodium dichloroisocyanurate
이오노머 ionomer
이오논 ionone
이온 ion
이온결정 ionic crystal
이온결합 ionic bond
이온곱 ionic product
이온곱상수 ionic product constant
이온교환 ion exchange
이온교환거르기 ion exchange filtration
이온교환막 ion exchange membrane
이온교환셀룰로스 ion exchange cellulose
이온교환수 ion exchanged water
이온교환수지 ion exchange resin
이온교환체 ion exchanger
이온교환칼럼 ion exchange column
이온교환크로마토그래피 ion exchange chromatography
이온반응식 ionic equation
이온선택전극 ion selective electrode
이온세기 ionic strength
이온식량 ionic formula weight
이온쌍 ion pair
이온제거 deionization
이온제거수 deionized water
이온통로 ion channel
이온펌프 ion pump
이온화 ionization
이온화경향 ionization tendency

이온화도 degree of ionization
이온화방사선 ionizing radiation
이온화상수 ionization constant
이온화에너지 ionization energy
이온화열 heat of ionization
이온화평형 ionization equilibrium
이온화합물 ionic compound
이원검사(二元檢査) binary test
이원배치(二元配置) two-way layout
이원벡터 binary vector
이원자분자(二原子分子) diatomic molecule
이유(離乳) weaning
이유식(離乳食) weaning food
이음매없는캔 seamless can
이익(利益) profit
이인산모노에스터가수분해효소 diphosphoric monoester hydrolase
이인산트라이마그네슘 trimagnesium diphosphate
이인산트라이칼슘 tricalcium diphosphate
이자 pancreas
이자단백질가수분해효소 pancreatic protease
이자라이페이스 pancreatic lipase
이자베타세포 pancreatic β cell
이자섬 pancreatic islet
이자아밀레이스 pancreatic amylase
이자암 pancreatic cancer
이자액 pancreatic juice
이자염 pancreatitis
이자인지방질가수분해효소 pancreatic phospholipase
이자호르몬 pancreatic hormone
이자효소 pancreatic enzyme
이점비교(二點比較) paired comparison
이점비교검사(二點比較檢査) paired comparison test, paired difference test
이점선호검사(二點選好檢査) paired preference test
이젝터 ejector
이종곡립(異種穀粒) other grain
이중가닥아르엔에이 double strand RNA
이중가닥디엔에이 double strand DNA
이중결합(二重結合) double bond
이중나선(二重螺旋) double helix
이중나선구조(二重螺旋構造) double helical structure
이중냄비 double pan
이중막(二重膜) double membrane
이중맹검법(二重盲檢法) double-blind study
이중시밍 double seaming
이중시머 double seamer
이중시밍캔 double seamed can
이중삼점검사(二重三點檢査) double triangle test
이중에너지엑스선흡수법 dual energy X-ray absorptiometry, DEXA
이중원뿔믹서 double cone mixer
이중층(二重層) double layer
이중튜브열교환기 double-tube type heat exchanger
이즈바라 izvara
이질(痢疾) dysentery
이질동형(異質同形) allomerism
이질바퀴 American cockroach, *Periplaneta americana* (Linnaeus, 1758) 바퀴과
이질세균(痢疾細菌) dysentery bacillus
이질아메바 *Entamoeba histolytica*
이질이질세균(痢疾痢疾細菌) *Shigella dysenteriae*
이질풀 ijilpul, *Geranium thunbergii* Siebold & Zucc. 쥐손이풀과
이차감염(二次感染) secondary infection
이차결핍(二次缺乏) secondary deficiency
이차고혈압(二次高血壓) secondary hypertension
이차구조(二次構造) secondary structure
이차균사(二次菌絲) secondary hypha
이차균사체(二次菌絲體) secondary mycelium
이차근육다발 secondary muscle bundle
이차냉매(二次冷媒) secondary refrigerant
이차대사(二次代謝) secondary metabolism
이차대사산물(二次代謝産物) secondary metabolite
이차면역반응(二次免疫反應) secondary immune response
이차반응(二次反應) second order reaction
이차발효(二次醱酵) secondary fermentation
이차방정식(二次方程式) quadratic equation
이차뷰틸 *sec*-butyl
이차뷰틸알코올 *sec*-butyl alcohol

이차살균(二次殺菌) secondary sterilization
이차생산(二次生産) secondary production
이차생산비(二次生産費) secondary production cost
이차생산자(二次生産者) secondary producer
이차생장(二次生長) secondary growth
이차성징(二次性徵) secondary sexual character
이차세포벽(二次細胞壁) secondary cell wall
이차소비자(二次消費者) secondary consumer
이차아민 secondary amine
이차예방(二次豫防) secondary prevention
이차오염(二次汚染) secondary contamination
이차오염물질(二次汚染物質) secondary polluant
이차원전기이동(二次元電氣移動) two-dimensional electrophoresis
이차저혈압(二次低血壓) secondary hypotension
이차질환(二次疾患) secondary disease
이차함수(二次函數) quadratic function
이차화합물(二次化合物) secondary compound
이축압출성형기(二軸壓出成形機) twin screw extruder
이축연신(二軸延伸) biaxial orientation
이취(異臭) off odor
이코노마이저 economizer
이타이이타이병 itai itai disease
이타콘산 itaconic acid
이탄(泥炭) peat
이탈리아돼지고기소시지 Italian pork sausage
이탈리아머랭 meringue italienne
이탈리아빵 Italian bread
이탈리아살라미 Italian salami
이탈리아아이스 Italian ice
이탈플라스미드 runaway plasmid
2-펜타인 2-pentyne
이포메아마론 ipomeamarone
이프로다이온 iprodione
2-프로파논 2-propanone
2-프로판올 2-propanol
(2-하이드록시에틸)트라이메틸암모늄바이타트레이트 (2-hydroxyethyl)trimethylammonium bitartrate
(2-하이드록시에틸)트라이메틸암모늄클로라이드 (2-hydroxyethyl)trimethylammonium chloride
이합체(二合體) dimer
이항분포 binomial distribution
이항확률(二項確率) binomial probability
2-헥센알 2-hexenal
2-헵타논 2-heptanone
이형간염 hepatitis E
이형세포(異形細胞) idioblast
이화학성질(理化學性質) physicochemical property
이화학분석법(理化學分析法) physicochemical analysis method
이환(罹患) morbidity
이환율(罹患率) morbidity, morbidity rate
이황화결합(二黃化結合) disulfide bond
이황화물(二黃化物) disulfide
이황화벤조일싸이아민 benzoylthiamin disulfide
이황화탄소(二黃化炭素) carbon disulfide
익모초(益母草) honeyweed, Siberian motherwort, *Leonurus sibiricus* L. 꿀풀과
익반죽 ikbanjuk
익스펠러 expeller
익지(益智) sharp-leaf galagal, *Alpinia oxyphylla* Miq. 생강과
익지인(益智仁) Alpiniae fructus
인(燐) phosphorus
인공감미료(人工甘味料) artificial sweetener
인공건조(人工乾燥) artificial drying
인공건조법(人工乾燥法) artificial drying method
인공꽃가루받이 artificial pollination
인공돌연변이(人工突然變異) artificial mutation
인공돌연변이체(人工突然變異體) artificial mutant
인공방사능(人工放射能) artificial radioactivity
인공방사선(人工放射線) artificial radiation
인공방사성동위원소(人工放射性同位元素) artificial radioisotope
인공방사성원소(人工放射性元素) artificial radioactive element
인공부화기(人工孵化器) incubator
인공사료(人工飼料) artificial diet
인공색소(人工色素) artificial colorant
인공수정(人工受精) artificial fertilization

인공숙성(人工熟成) artificial ripening
인공신경망(人工神經網) artificial neural network
인공씨앗 artificial seed
인공유전자(人工遺傳子) artificial gene
인공장기(人工臟器) artificial organ
인공케이싱 artificial casing
인공향료(人工香料) artificial flavoring
인공호흡(人工呼吸) artificial respiration
인공효소(人工酵素) artificial enzyme, synzyme
인과(仁果) kernel fruit, pomaceous fruit
인광(燐光) phosphorescence
인광물질(燐光物質) phosphor
인광체(燐光體) phosphorescent substance
인구밀도(人口密度) population density
인구증가율(人口增加率) rate of population increase
인단백질(燐蛋白質) phosphoprotein
인덕션쿠킹 induction cooking
인덕터 inductor
인덕턴스 inductance
인도구스베리 Indian gooseberry, amla, *Phyllanthus emblica* L. 여우주머닛과
인도꼭두서니 common madder, Indian madder, *Rubia cordifolia* L.꼭두서닛과
인도네시아시나몬 Indonesian cinnamon, *Cinnamomum burmannii* (Nees & Th. Nees) Nees ex Blume 녹나뭇과
인도보리지 Indian borage, *Plectranthus amboinicus* (Lour.) Sprengel 꿀풀과
인도새우 Indian prawn, *Fenneropenaeus indicus* (H. Milne-Edwards, 1837) 보리새웃과
인도영양(印度羚羊) blackbuck, *Antilope cervicapra* (Linnaeus, 1758) 솟과
인도페놀법 indophenol method
인돌 indole
인돌-3-카비놀 indole-3-carbinol
인돌시험 indole test
인돌아세트산 indole acetic acid, IAA
인동(忍冬) Japanese honeysuckle, *Lonicera japonica* Thunb. 인동과
인동과(忍冬科) Caprifoliaceae
인동속(忍冬屬) *Lonicera*
인두(咽頭) pharynx
인두암(咽頭癌) pharyngeal cancer
인두염(咽頭炎) pharyngitis
인디고 indigo
인디고이드염료 indigoid dye
인디고카민 indigocarmine
인디고틴 indigotine
인디언감자 Indian potato, potato bean, *Apios americana* Medikus 콩과
인디언마 indian yam, cush-cush, *Dioscorea trifida* L. f. 맛과
인디언사르사 Indian sarsaparilla, *Hemidesmus indicus* (L.) R. Br. 협죽도과
인디언콜레우스 Indian coleus, *Plectranthus barbatus* Andrews (= *Coleus forskohlii* Briq.) 꿀풀과
인디카벼 Indica rice, *Oryzae sativa* L. var. *indica* 볏과
인라인거르개 in-line filter
인라인믹서 in-line mixer
인라인착즙기 in-line juice extractor
인력(引力) attractive force
인버테이스 invertase
인브루어리 inn brewery
인산(燐酸) phosphoric acid
인산가수분해효소(燐酸加水分解酵素) phosphatase
인산가수분해효소시험(燐酸加水分解酵素試驗) phosphatase test
인산결합에너지 phosphate bond energy
인산기제거(燐酸基除去) dephosphorylation
인산녹말(燐酸綠末) starch phosphate
인산이녹말(燐酸二綠末) distarch phosphate
인산다이마그네슘 dimagnesium phosphate
인산다이에스터 phosphodiester
인산다이에스터가수분해효소 phosphodiesterase
인산다이에스터결합 phosphodiester bond
인산마그네슘 magnesium phosphate
인산마그네슘암모늄 ammonium magnesium phosphate
인산모노에스터가수분해효소 phosphoric monoester hydrolase
인산소듐 sodium phosphate
인산수소다이소듐 disodium hydrogen phosphate
인산수소다이암모늄 diammonium hydrogen

phosphate
인산수소마그네슘 magnesium hydrogen phosphate
인산수소소듐 sodium hydrogen phosphate
인산수소칼슘 calcium hydrogen phosphate
인산수소포타슘 potassium hydrogen phosphate
인산암모늄 ammonium phosphate
인산염(燐酸鹽) phosphate
인산이수소소듐 sodium dihydrogen phosphate
인산이수소암모늄 ammonium dihydrogen phosphate
인산이수소칼슘 calcium dihydrogen phosphate
인산이수소포타슘 potassium dihydrogen phosphate
인산일녹말(燐酸一綠末) monostarch phosphate
인산전달효소(燐酸傳達酵素) phosphotransferase
인산철(III)(燐酸鐵III) iron(III) phosphate, ferric phosphate
인산첨가분해(燐酸添加分解) phosphorolysis
인산트라이마그네슘 trimagnesium phosphate
인산트라이소듐 trisodium phosphate
인산트라이포타슘 tripotassium phosphate
인산포타슘 potassium phosphate
인산화반응(燐酸化反應) phosphorylation
인산화인산이녹말(燐酸化燐酸二綠末) phosphated distarch phosphate
인산화합물(燐酸化合物) phosphate compound
인산화효소(燐酸化酵素) kinase
인삼(人蔘) ginseng
인삼껌 ginseng gum
인삼농축액(人蔘濃縮液) ginseng extract
인삼레토르트식품 retorted ginseng food
인삼병조림 bottled ginseng
인삼사포닌 ginseng saponin
인삼산업법(人蔘産業法) Ginseng Industry Act
인삼설탕절임 sugared ginseng
인삼엽차(人蔘葉茶) ginseng leaf tea
인삼음료(人蔘飮料) ginseng beverage
인삼정과(人蔘正果) insamjeonggwa
인삼제품(人蔘製品) ginseng product
인삼주(人蔘酒) insamju
인삼차(人蔘茶) ginseng tea
인삼캔디 ginseng candy
인삼통조림 canned ginseng
인성(靭性) toughness
인슐리네이스 insulinase
인슐린 insulin
인슐린내성 insulin tolerance
인슐린민감지수 insulin sensitivity index
인슐린받개 insulin receptor
인슐린비의존당뇨병 non-insulin dependent diabetes
인슐린쇼크 insulin shock
인슐린유사생장인자 insulin-like growth factor
인슐린의존당뇨병 insulin-dependant diabetes
인슐린저항 insulin resistance
인슐린저항당뇨병 insulin resistant diabetes
인슐린저항증후군 insulin resistance syndrome
인슐린펌프 insulin pump
인스턴타이저 instantizer
인스턴트건조밥 instant dried bap
인스턴트국수 instant noodle
인스턴트밀가루 instant flour
인스턴트수프 instant soup
인스턴트식품 instant food
인스턴트차 instant tea
인스턴트카레 instant curry
인스턴트커피 instant coffee
인스턴트푸딩 instant pudding
인스턴트화 instantization
인스트론 Instron, Instron universal testing machine
인열강도(引裂强度) tearing strength
인장(引張) tension
인장세기 tensile strength
인장력(引張力) tensile force
인장변형력(引張變形力) tensile stress
인장스트레인 tensile strain
인장시험(引張試驗) tensile test
인장학(引張學) tensiometry
인절미 injeolmi
인제라 injera
인젝터 injector
인조바닐라향 imitation vanilla flavor
인조쌀 artificial rice
인지문턱값 recognition threshold
인지방질(燐脂肪質) phospholipid

인지행동(認知行動) cognitive behavior
인지행동치료(認知行動治療) cognitive behavior therapy
인체측정학(人體測定學) anthropometry
인카파리나 incaparina
인큐베이터 incubator
인터루킨 interleukin
인터메딘 intermedin
인터페로메트리 interferometry
인터페론 interferon
인테그린 integrin
인트론 intron
인티민 intimin
인펩타이드 phosphopeptide
인프라스트럭처 infrastructure
인플랜트가공 inplant processing
인플루엔자 influenza
인플루엔자바이러스 influenza virus
인화알루미늄 aluminum phosphide
인화점(引火點) flash point
인회석(燐灰石) apatite
일 work
일각돌고랫과 Monodontidae
일광내 sunlight odor
1-나프톨 1-naphthol
일등급우유(一等級牛乳) grade A milk
일란성쌍둥이 identical twin
일런드영양 common eland, southern eland, eland antelope, *Taurotragus oryx* (Pallas, 1766) 솟과
일리페너트 illipe nut
일리페버터 illipe butter
1-메틸사이클로프로펜 1-methylcyclopropene
일모작(一毛作) single cropping
일반녹말(一般綠末) common starch
일반방법(一般方法) general method
일반버진올리브기름 ordinary virgin olive oil
일반분석(一般分析) proximate analysis
일반성분(一般成分) proximate composition
일본공업규격(日本工業規格) Japanese Industrial Standard, JIS
일본농림규격(日本農林規格) Japanese Agricultural Standard, JAS
일본뇌염(日本腦炎) Japanese encephalitis
일본뇌염바이러스 Japanese encephalitis virus
일본멸치 Japanese anchovy, *Engraulis japonicus* Temminck & Schlegel, 1846 멸칫과
일본박하 Japanese mint, *Mentha arvensis* L. var. *piperascens* Malinv. 꿀풀과
일본사슴 sika deer, Japanese deer, *Cervus nippon* Temminck, 1838 사슴과
일본송어(日本松魚) red-spotted masu salmon, *Oncorhynchus masou macrostomus* (Günther, 1877) 연어과
일본식품첨가물규격서(日本食品添加物規格書) Japanese Standards of Food Additives
일본약전(日本藥典) Japanese Pharmacopeia
일본정어리 Japanese pilchard, *Sardinops melanostictus* Temminck & Schlegel, 1846 청어과
일본호두나무 Japanese walnut, *Juglans ailantifolia* Carr. 가래나뭇과
1,4-베타자일란내부가수분해효소 endo-1,4-β-xylanase
1,4-알파글루칸분지효소 1,4-α-glucan branching enzyme
1,4-알파-디-글루칸말토테트라하이드롤레이스 1,4-α-D-glucan maltotetrahydrolase
1,4-알파-디-글루칸6-글루카노하이드롤레이스 1,4-α-D-glucan 6-glucanohydrolase
1,4-알파-디-글루칸6-알파-디-글루코실기전달효소 1,4-α-D-glucan 6-α-D-glucosyltrasferase
일산화철(一酸化鐵) iron monoxide
일산화탄소(一酸化炭素) carbon monoxide
일산화탄소중독(一酸化炭素中毒) carbon monoxide intoxication
일산화탄소헤모글로빈 carboxyhemoglobin
1,3(4)-베타글루칸내부가수분해효소 endo-1,3(4)-β-glucanase
1,3-베타자일란내부가수분해효소 endo-1,3-β-xylanase
1,3-뷰타다이엔 1,3-butadiene
일시경도(一時硬度) temporary hardness
일시센물 temporary hard water
1-아미노사이클로프로페인-1-카복실산

1-aminocyclopropane-1-carboxylic acid
1-아미노사이클로프로페인-1-카복실산합성효소 1-aminocyclopropane-1-carboxylate synthase
일염기산 monobasic acid
1-옥텐-3-올 1-octen-3-ol
일원배치(一元配置) one way layout
일원자분자(一元子分子) monoatomic molecule
1,2-다이브로모에테인 1,2-dibromoethane
1,2,3,4,5-펜타하이드록시펜테인 1,2,3,4,5-pentahydroxypentane
1,2,3,4,6-펜타갈로일포도당 1,2,3,4,6-pentagalloyl glucose
1,2,3,4,6-펜타-오-갈로일-베타-디-포도당 1,2,3,4,6-penta-O-galloyl-β-D-glucose, PGG
일이점검사(一二點檢査) duo-trio test
일인분포장(一人分包藏) portion pack
일일기준값 daily value, DV
일일섭취감내량(一日攝取堪耐量) tolerable daily intake, TDI
일일섭취허용량(一日攝取許容量) acceptable daily intake, ADI
일정부피비열 specific heat at constant volume
일정부피비열용량 specific heat capacity at constant volume
일정부피열용량 heat capacity at constant volume
일정성분비법칙(一定成分比法則) law of definite proportions
일정속도거르기 filtration at constant rate
일정속도건조(一定速度乾燥) constant rate drying
일정속도건조기간(一定速度乾燥期間) constant rate drying period
일정압력거르기 filtration at constant pressure
일정압력비열(一定壓力比熱) specific heat at constant pressure
일정압력열용량(一定壓力熱容量) heat capacity at constant pressure
일중항산소(一重項酸素) singlet oxygen
일지수 work index
일차감염(一次感染) primary infection
일차구조(一次構造) primary structure
일차균사(一次菌絲) primary hypha
일차균사체(一次菌絲體) primary mycelium
일차근육다발 primary muscle bundle
일차냉매(一次冷媒) primary refrigerant
일차대사(一次代謝) primary metabolism
일차대사산물(一次代謝産物) primary metabolite
일차면역반응(一次免疫反應) primary immune response
일차반응(一次反應) first order reaction
일차발효(一次醱酵) primary fermentation
일차방정식(一次方程式) linear equation
일차배양(一次培養) primary culture
일차보건의료(一次保健醫療) primary health care
일차산업(一次産業) primary industry
일차상품(一次商品) primary commodity
일차생산(一次生産) primary production
일차생산비(一次生産費) primary production cost
일차생산자(一次生産者) primary producer
일차성징(一次性徵) primary sexual character
일차세포(一次細胞) primary cell
일차세포벽(一次細胞壁) primary cell wall
일차소비자(一次消費者) primary consumer
일차숙주(一次宿主) primary host
일차예방(一次豫防) primary prevention
일차오염물질(一次汚染物質) primary pollutant
일차함수(一次函數) linear function
일치계수(一致係數) coefficient of concordance
1-케스토스 1-kestose
1,8-시네올 1,8-cineol
일품요리(一品料理) one-dish meal
일함수 work function
일회박출량(一回搏出量) stroke volume
일회용병(一回用甁) disposable bottle
일회용용기(一回用容器) disposable container
일회용포장(一回用包裝) disposable package
임계값 critical value
임계냉동속도(臨界冷凍速度) critical rate of freezing
임계마이셀농도 critical micelle concentration
임계밀도(臨界密度) critical density
임계부피 critical volume

임계상태(臨界狀態) critical state
임계수분(臨界水分) critical moisture
임계수분함량(臨界水分含量) critical moisture content
임계시간(臨界時間) critical time
임계압력(臨界壓力) critical pressure
임계온도(臨界溫度) critical temperature
임계온도대(臨界溫度帶) critical temperature zone
임계응력(臨界應力) critical stress
임계전단속도(臨界剪斷速度) critical shear rate
임계점(臨界點) critical point
임계질량(臨界質量) critical mass
임계하중(臨界荷重) critical load
임계현상(臨界現狀) critical phenomenon
임빅시험 IMViC test
임산물(林産物) forest product
임산부(姙産婦) pregnant and parturient woman
임산부산물(林産副産物) forest byproduct
임상미생물학(臨床微生物學) clinical microbiology
임상병리학(臨床病理學) clinical pathology
임상시험(臨床試驗) clinical test
임상실험실(臨床實驗室) clinical laboratory
임상역학(臨床力學) clinical epidemiology
임상영양(臨床營養) clinical nutrition
임상영양학(臨床營養學) clinical dietitian
임상영양사(臨床營養士) clinical nutritionist
임상의사(臨床醫師) clinician
임상의학(臨床醫學) clinical medicine
임상이력(臨床履歷) clinical history
임상증상(臨床症狀) clinical symptom
임신(姙娠) pregnancy, gestation
임신고혈압(姙娠高血壓) pregnancy-induced hypertension
임신당뇨병(姙娠糖尿病) gestational diabetes
임신부(姙娠婦) gravida
임신부종(姙娠浮腫) gestational edema
임신중독증(姙娠中毒症) gestational toxicosis
임연수어(林延壽魚) Okhotsk atka mackerel, *Pleurogrammus azonus* Jordan & Metz, 1913 쥐노래미과
임팔라 impala, *Aepyceros melampus* (Lichtenstein, 1812) 솟과
임펄스 impulse
임펄스밀봉 impulse sealing
임펄스응답 impulse response
임펠러 impeller
임펠러휘젓개 impeller agitator
임피던스 impedance
입 mouth
입꼬리염 angular stomatitis
입내 foul breath
입도(粒度) particle size
입도분석(粒度分析) particle size analysis
입도분석기(粒度分析器) particle size analyzer
입도분포(粒度分布) particle size distribution
입사각(入射角) incident angle
입사광(入射光) incident light
입사광선(入射光線) incident ray
입상(粒狀) granularity
입술염 cheilitis
입식체중계(立式體重計) stand-on weight scale
입실론폴리라이신 ε-polylysine
입안 oral cavity
입안건조 dry mouth
입안염 stomatitis
입안촉감 mouthfeel
입안코팅 mouth coating
입안텍스처 oral texture
입자(粒子) particle
입자가속기(粒子加速器) particle accelerator
입자밀도(粒子密度) particle density
입천장 palate
입체다른자리 allosteric site
입체억제(立體抑制) steric inhibition
입체이성질체(立體異性質體) stereoisomer
입체이성질현상(立體異性質現狀) stereoisomerism
입체장애(立體障碍) steric hindrance
입체특이성(立體特異性) stereospecificity
입체화학(立體化學) stereochemistry
입체효과(立體效果) steric effect
잇꽃 safflower, *Carthamus tinctorius* L. 국화과
잇꽃기름 safflower oil
잇꽃노랑 safflower yellow
잇꽃빨강 safflower red
잇꽃속 *Carthamus*

잇꽃씨 safflower seed
잇꽃씨기름 safflower seed oil
잉글리시머핀 English muffin
잉어 common carp, *Cyprinus carpio* Linnaeus, 1758 잉엇과
잉어목 Cypriniformes
잉엇과 Cyprinidae
잎 leaf
잎갈나무속 *Larix*
잎단백질 leaf protein
잎마름병 leaf blight
잎분무기 foliar spray
잎상추 leaf lettuce
잎새버섯 hen of the woods, *Grifola frondosa* (Dicks.) Gray 왕잎새버섯과
잎새버섯속 *Grifola*
잎제거 defoliation
잎줄기채소 leafy vegetable
잎채소 leaf vegetable
잎파래 ipparae, *Enteromorpha linza* (L.) J. Agardh 갈파랫과

ㅈ

자가면역(自家免疫) autoimmune
자가면역반응(自家免疫反應) autoimmune response
자가면역병(自家免疫病) autoimmune disease
자가발열압출(自家發熱壓出) autogeneous extrusion
자가분해(自家分解) autolysis
자가분해효소(自家分解酵素) autolysin
자가불화합성(自家不和合性) self-incompatibility
자가살균(自家殺菌) autosterilization
자가상표(自家商標) private brand
자가소화(自家消化) autodigestion
자가수분(自家受粉) self-pollination
자가수정(自家受精) self-fertilization
자가중독(自家中毒) autointoxication
자가품질검사(自家品質檢查) self quality test
자가항원(自家抗原) autoantigen
자가항체(自家抗體) autoantibody
자간전증(子癎前症) preeclampsis
자건품(煮乾品) boiled in sea water and dried fish
자궁(子宮) uterus
자궁경부암(子宮頸部癌) cervical cancer
자궁관(子宮管) uterine tube
자궁목 cervix
자궁암(子宮癌) uterine cancer
자귀나무 Persian silk tree, *Albizzia julibrissin* Durazz. 콩과
자극(刺戟) stimulus
자극(刺戟) pungency
자극내 pungent odor
자극오차(刺戟誤差) stimulus error
자극요소(刺戟要素) pungent principle
자극조절(刺戟調節) stimulus control
자기(自己) self
자기공명영상(磁氣共鳴映像) magnetic resonance imaging, MRI
자기모멘트 magnetic moment
자기복제(自己複製) self-replication
자기분석(磁氣分析) magnetic analysis
자기습도계(自記濕度計) hygrograph
자기에너지 magnetic energy
자기장(磁氣場) magnetic field
자기화(磁氣化) magnetization
자낭(子囊) ascus
자낭균강(子囊菌綱) Ascomycetes
자낭균문(子囊菌門) Ascomycota
자낭균아문(子囊菌亞門) Ascomycotina
자낭홀씨 ascospore
자단(紫檀) red sanders, red sandalwood, *Pterocarpus santalinus* L.f. 콩과
자단색소(紫檀色素) sandalwood red
자동고지발효기 automatic koji fermentor
자동고지제조기 automatic koji maker
자동기록온도계(自動記錄溫度計) self-registering thermometer
자동디엔에이염기순서분석기 automated DNA sequencer
자동리머 automatic reamer
자동밸브 automatic valve
자동분석기(自動分析器) autoanalyzer

자동뷰렛 automatic buret
자동산화(自動酸化) autoxidation
자동스위치 automatic switch
자동시료채취기(自動試料採取器) automatic sampler
자동시스템 automatic system
자동온도조절기(自動溫度調節器) automatic temperature regulator
자동이온화반응 autoionization
자동제어(自動制御) automatic control
자동제어방식(自動制御方式) automatic control system
자동제어장치(自動制御裝置) automatic control device
자동촉매반응(自動觸媒反應) autocatalysis
자동충전기(自動充塡器) automatic stuffer
자동충전밀봉기(自動充塡密封機) automatic filling seamer
자동판매기(自動販賣機) vending machine
자동포장기(自動包裝機) automatic packaging machine
자동화(自動化) automation
자두 plum
자두나무 plum tree, *Prunus salicina* Lindl. 장미과
자두주스 plum juice
자두케이크 plum cake
자두푸딩 plum pudding
자라 Chinese softshell turtle, *Pelodiscus sinensis* (Wiegmann, 1835) (= *Amyda sinensis* (Stejneger, 1907)) 자랏과
자랏과 Trionychidae
자력선별(磁力選別) magnetic separation
자력선별기(磁力選別機) magnetic separator
자루 bag
자루거르개 bag filter
자루두부 soybean curd in bag
자루충전기 bag-filling machine
자리돔 damselfish, *Chromis notatus* (Temminck & Schlegel, 1843) 자리돔과
자리돔과 Pomacentridae
자리바꿈 transposition
자리옮김 translocation
자리옮김효소 mutase
자매염색분체 sister chromatid
자메이카구토병 Jamaican vomiting sickness
자문 jamun, jambolan, Java plum, *Syzygium cumini* (L.) Skeels 미르다과
자바강황 Java turmeric, *Curcuma xanthorriza* L. 생강과
자바글리온 zabaglion
자바디 zabadi, zabady
자바벼 Javanica rice, *Oryza sative* L. var. *javanica* 볏과
자반 salted fish
자반고등어 salted mackerel
자반대구 salted cod
자반병어 salted silver pomfret
자반삼치 salted Japanese Spanish mackerel
자반연어 salted salmon
자반전어 salted dotted gizzard shad
자반청어 salted herring
자발기준(自發基準) voluntary standard
자발반응(自發反應) spontaneous reaction
자발변화(自發變化) spontaneous change
자발유화(自發乳化) spontaneous emulsification
자발효기 jar fermentor
자배건품(煮焙乾品) boiled, roasted and dried product
자보티카바 jaboticaba, *Myrciaria cauliflora* (Mart.) O. Berg. 미르타과
자살유전자(自殺遺傳子) suicide gene
자석(磁石) magnet
자석젓개 magnetic stirrer
자성(磁性) magnetism
자성생식(自性生殖) gynogenesis
자성체(磁性體) magnetic substance
자숙(煮熟) steaming
자실체(子實體) fruit body
자연감염(自然感染) natural infection
자연건조(自然乾燥) natural drying
자연건조법(自然乾燥法) natural drying method
자연과학(自然科學) natural science
자연광(自然光) natural light
자연내성(自然耐性) natural resistance
자연냉동법(自然冷凍法) natural freezing method
자연냉동해동법(自然冷凍解凍法) natural freezing-thawing method

자연당(自然糖) naturally occurring sugar
자연대류(自然對流) natural convection
자연대류열전달(自然對流熱傳達) natural convection heat transfer
자연독(自然毒) natural poison
자연독물(自然毒物) natural toxicant
자연독중독(自然毒中毒) natural intoxication
자연돌연변이(自然突然變異) natural mutation
자연드립 free drip
자연로그 natural logarithm
자연면역(自然免疫) natural immunity
자연발생(自然發生) abiogenesis, spontaneous generation
자연발생설(自然發生說) spontaneous generation
자연발효(自然醱酵) natural fermentation
자연방사능(自然放射能) natural radioactivity
자연방사선(自然放射線) natural radiation
자연배지(自然培地) natural medium
자연보호(自然保護) nature protection
자연붕괴(自然崩壞) spontaneous decay
자연사(自然死) natural death
자연산수산물(自然産水産物) natural fishery produce
자연살해세포(自然殺害細胞) natural killer cell
자연살해티세포 natural killer T cell
자연선택(自然選擇) natural selection
자연선택설(自然選擇說) theory of natural selection
자연숙성(自然熟成) natural ripening
자연순환(自然循環) natural circulation
자연순환증발기(自然循環蒸發器) natural circulation evaporator
자연식품(自然食品) natural food
자연식품첨가물(自然食品添加物) natural food additive
자연요법(自然療法) naturopathy
자연우무 natural agar
자연재료(自然材料) natural material
자연조명(自然照明) natural lighting
자연치즈 natural cheese
자연통풍(自然通風) natural draft
자연해동(自然解凍) natural defrosting
자연환기(自然換氣) natural ventilation
자연환기장치(自然換氣裝置) natural ventilator
자연효모(自然酵母) natural yeast
자엽초(子葉鞘) coleoptile
자외선(紫外線) ultraviolet ray, UV
자외선복사(紫外線輻射) ultraviolet radiation
자외선분광법(紫外線分光法) ultraviolet spectroscopy
자외선비 ultraviolet B
자외선비광독성억제제 ultraviolet B phototoxicity inhibitor
자외선살균(紫外線殺菌) ultraviolet sterilization
자외선살균램프 ultraviolet germicidal lamp
자외선시 ultraviolet C
자외선에이 ultraviolet A
자외선조사(紫外線照射) ultraviolet irradiation
자외선차단필름 ultraviolet proof film
자외선현미경(紫外線顯微鏡) ultraviolet microscope
자외선흡수제(紫外線吸收劑) ultraviolet absorbent
자운영(紫雲英) Chinese milkvetch, *Astragalus sinicus* L. 콩과
자원(資源) resource
자원관리(資源管理) resource management
자유도(自由度) degree of freedom
자유라디칼 free radical
자유라디칼제거제 free radical scavenger
자유부피 free volume
자유수(自由水) free water
자유수분(自由水分) free moisture
자유수분함량(自由水分含量) free moisture content
자유에너지 free energy
자유엔탈피 free enthalpy
자유이온 free ion
자유전자(自由電子) free electron
자유질소(自由窒素) free nitrogen
자율신경(自律神經) autonomic nerve
자율신경계통(自律神經系統) autonomic nervous system
자이로 gyro
자이로미트린 gyromitrin
자이로스코프 gyroscope
자이로컴퍼스 gyrocompass

자일란 xylan
자일란가수분해효소 xylanase
자일란내부-1,3-베타자일로시데이스 xylan endo-1,3-β-xylosidase
자일란분해효소 xylan degrading enzyme
자일란-1,4-베타자일로시데이스 xylan-1,4-β-xylosidases
자일레놀오렌지 xylenol orange
자일렌 xylene
자일로글루칸 xyloglucan
자일로바이에이스 xylobiase
자일로바이오스 xylobiose
자일로스 xylose
자일로스이성질화효소 xylose isomerase
자일로스환원효소 xylose reductase
자일로올리고당 xylooligosaccharide
자일룰로스 xylulose
자일리톨 xylitol
자일리톨수소제거효소 xylitol dehydrogenase
자일올 xylol
자작나무 birch, *Betula platyphylla* var. *japonica* (Miq.) Hara 자작나뭇과
자작나무속 *Betula*
자작나무수액 birch sap
자작나뭇과 Betulaceae
자정작용(自淨作用) self purification
자주개자리 alfalfa, lucerne, *Medicago sativa* L. 콩과
자주개자리바구미 alfalfa weevil, *Hypera postica* (Gyllenhal, 1813) 바구밋과
자주개자리싹 alfalfa sprout
자주개자리씨 alfalfa seed
자주개자리추출색소 alfalfa extract
자주고구마 purple sweet potato
자주고구마색소 purple sweet potato color
자주국수버섯 purple coral, purple fairy club, *Alloclavaria purpurea* (Fr.) Dent. & McL. (= *Clavaria purpurea* Muell.:Fr.) 국수버섯과
자주마 purple yam, *Dioscorea alata* L. 맛과
자주마색소 purple yam color
자주복 tiger puffer, *Takifugu rubripes* (Temminck & Schlegel, 1850) 참복과
자주새우 Japanese sand shrimp, *Crangon affinis* De Haan, 1849 자주새웃과
자주새웃과 Crangonidae
자주새우속 *Crangon*
자주샘 purple gland
자주세균(紫朱細菌) purple bacterium
자주시계꽃 maypop, purple passionflower, *Passiflora incarnata* L. 시계꽃과
자주옥수수색소 maize morado color
자주초크베리 purple chokeberry, *Aronia prunifolia* (Marshall) Rehder 장미과
자주황세균(紫朱黃細菌) purple sulfur bacterium
자초(紫草) Lithospermi radix
자파 jaffa
자포(刺胞) nematocyst
자포니카벼 Japonica rice, *Oryza sativa* L. var. *japonica* 볏과
자포동물(刺胞動物) cnidarians
자포동물문(刺胞動物門) Cnidaria
자하젓 jahajeot
작동유전자(作動遺傳子) operator
작두콩 sword bean, *Canavalia gladiata* (Jacq.) DC. 콩과
작두콩가리맛조개과 Pharidae, Pharellidae
작물(作物) crop
작물생산기술(作物生産技術) crop production technology
작물재배(作物栽培) crop cultivation
작물학(作物學) crop science
작약(芍藥) Chinese peony, common garden peony, *Paeonia lactiflora* Pall. 작약과
작약과(芍藥科) Paeoniaceae
작약속(芍藥屬) *Paeonia*
작용(作用) action
작용기(作用基) functional group
작용스펙트럼 action spectrum
작은갈랑갈 lesser galangal, *Alpinia officinarum* Hance 생강과
작은구형구조바이러스 small round structured virus
작은구형바이러스 small round virus
작은씨 pip
작은적혈구 microcyte
작은적혈구빈혈 microcytic anemia
작은적혈구저색소빈혈 microcytic hyperchromic anemia

작은창자 small intestine
작은통 keg
작황(作況) crop situation
작황지수(作況指數) crop situation index
잔기(殘基) residue
잔나비버섯과 Fomitopsidaceae
잔날개바퀴 oriental cockroach, *Blatta orientalis* Linnaeus, 1758 왕바퀴과
잔대 Japanese ladybell, *Adenophora triphylla* var. *japonica* (Regel) H. Hara 초롱꽃과
잔대속 *Adenophora*
잔류농약(殘留農藥) pesticide residue
잔류농약허용량(殘留農藥許容量) tolerance for pesticide residue
잔류당(殘留糖) residual sugar
잔류독성(殘留毒性) residual toxicity
잔류물(殘留物) residue
잔류성농약(殘留性農藥) residual pesticide
잔류용매(殘留溶媒) residual solvent
잔류허용량(殘留許容量) residue tolerance
잔류화합물(殘留化合物) chemical residue
잔반(殘飯) leftover meal
잔상(殘像) afterimage
잔치국수 janchiguksu
잔탄 xanthan
잔탄검 xanthan gum
잔토메그닌 xanthomegnin
잔토모나스과 Xanthomonadaceae
잔토모나스속 *Xanthomonas*
잔토모나스 캄페스트리스 *Xanthomonas campestris*
잔텐염료 xanthene dye
잔토프로테인반응 xanthoprotein reaction
잔토프로테인시험 xanthoprotein test
잔토필 xanthophyll
잔토휴몰 xanthohumol
잔톤 xanthone
잔톱테린 xanthopterin
잔틴 xanthine
잔틴산화효소 xanthine oxidase
잔틴수소제거효소 xanthine dehydrogenase
잘록곧창자암 colorectal cancer
잘록창자 colon
잘록창자염 colitis
잠복기(潛伏期) incubation period
잠복바이러스 masked virus
잠정주간섭취허용량(暫定週間攝取許容量) provisional tolerable weekly intake, PTWI
잠혈검사(潛血檢査) occult blood test
잡고기 variety meats
잡곡(雜穀) miscellaneous cereals
잡뼈 part bone
잡색체(雜色體) chromoplast
잡식동물(雜食動物) omnivore
잡식성(雜食性) omnivorous
잡식물고기 omnivorous fish
잡종(雜種) hybrid
잡종디엔에이 hybrid DNA
잡종형성(雜種形成) hybridization
잡콩 miscellaneous beans
잡채(雜菜) japchae
잡초(雜草) weed
잡초방제(雜草防除) weed control
잣 pine nut
잣나무 Korean pine, *Pinus koraiensis* Siebold & Zucc. 소나뭇과
잣죽 jatjuk
잣버섯속 *Lentinus*
장(場) field
장(醬) jang
장과(漿果) berry
장과 janggwa
장국 jangguk
장갱잇과 Stichaeidae
장기(臟器) organ
장기이식(臟器移植) organ transplantation
장기저장(長期貯藏) long-term storage
장뇌(樟腦) camphor
장뇌향(樟腦香) camphoraceous odor
장떡 jangtteok
장란(長卵) long egg
장려품종(奬勵品種) recommended variety
장미(薔薇) rose
장미과(薔薇科) Rosaceae
장미꽃잎 rose petal
장미목(薔薇目) Rosales
장미방향유(薔薇芳香油) rose oil

장미속(薔薇屬) *Rosa*
장미아목(薔薇亞目) Rosineae
장미향(薔薇香) rose aroma
장세기 field intensity
장수(長壽) longevity
장수(漿水) jangsu
장수금감(長壽金柑) Jangsu kumquat, *Fortunella ovovata* Tanaka 운향과
장수풍뎅이 dynastid beetle, Japanese rhinoceros beetle, *Allomyrina dichotoma* (Linnaeus, 1771) 장수풍뎅잇과
장수풍뎅이애벌레 *Allomyrina dichotoma* larva
장수풍뎅잇과 Dynastidae
장아찌 jangajji
장엽대황(掌葉大黃) Chinese rhubarb, *Rheum palmatum* L. 마디풀과
장유(醬油) shoyu
장조림 jangjorim
장치(裝置) equipment
장티푸스 typhoid, typhoid fever
장티푸스세균 *Salmonella* Typhi
장티푸스위창자염 gastroenteritis typhosa
재가열(再加熱) reheating
재거리 jaggery
재결정(再結晶) recrystalization
재고(在庫) inventory
재고관리(在庫管理) inventory control
재고관리시스템 inventory control system
재구성고기 restructured meat
재구성고기제품 restructured meat product
재구성지방질(再構成脂肪質) restructured lipid
재래종(在來種) native variety, domestic variety
재배(栽培) cultivation
재배면적(栽培面積) growing area, planted area
재배종(栽培種) cultivated species
재배품종(栽培品種) cultivar
재뺀건량 ash-free dry weight
재생(再生) regeneration
재생기(再生器) regenerator
재생섬유(再生纖維) regenerated fiber
재생셀룰로스 regenerated cellulose
재생에너지 renewable energy
재생자원(再生資源) renewable resource
재수화(再水化) rehydration
재수화식품(再水化食品) rehydrated food
재순환(再循環) recycle
재스몬산 jasmonic acid
재스민 jasmine
재스민라이스 jasmine rice
재스민속 *Jasminum*
재스민차 jasmine tea
재식(栽植) planting
재식밀도(栽植密度) planting density
재없는거름종이 ashless filter paper
재우기 proofing
재제소금 recrystallized salt
재조합(再組合) recombination
재조합단백질(再組合蛋白質) recombinant protein
재조합디엔에이 recombinant DNA
재조합디엔에이기술 recombinant DNA technology
재조합디엔에이수선 recombinational DNA repair
재조합디엔에이실험 recombinant DNA experiment
재조합디엔에이실험지침 guidelines for recombinant DNA experiment
재조합미생물(再組合微生物) recombinant microorganism
재조합유전자(再組合遺傳子) recombinant gene
재조합체(再組合體) recombinant
재조합플라스미드 recombinant plasmid
재조합효소(再組合酵素) recombinase
재첩과 Corbiculidae
재킷 jacket
재킷열교환기 jacket heat exchanger
재킷증발기 jacket type evaporator
재현성(再現性) reproducibility
재활(再活) rehabilitation
재활용(再活用) recycling
재활용시스템 recycle system
재활의학과(再活醫學科) rehabilitation medicine
잭빈 jack bean, *Canavalia ensiformis* (L.) DC. 콩과

잭스크루프레스 Jack screw press
잭프루트 jackfruit, *Artocarpus heterophyllus* Lam. 뽕나뭇과
잼 jam
잿빛곰팡이 grey mold, *Botrytis cinerea* (DeBary) Whetzel 균핵버섯과
잿빛곰팡이병 botrytis bunch rot, noble rot
잿빛만가닥버섯 fried chicken mushroom, *Lyophyllum decastes* (Fr.) Sing. 만가닥버섯과
저감마글로불린혈증 hypogammaglobulinemia
저농약농산물(低農藥農産物) agricultural produce with low pesticide
저단백질식사(低蛋白質食事) low protein diet
저단백질식품(低蛋白質食品) low protein food
저등급밀가루 low grade flour
저령(豬苓) lumpy bracket, umbrella polypore, *Polyporus umbellatus* (Pers.) Fr. 구멍장이버섯과
저마늄 germanium
저메톡실펙틴 low methoxyl pectin
저밀도(低密度) low density
저밀도배양(低密度培養) low population density culture
저밀도지방질단백질(低密度脂肪質蛋白質) low density lipoprotein, LDL
저밀도지방질단백질콜레스테롤 low density lipoprotein cholesterol
저밀도폴리에틸렌 low density polyethylene, LDPE
저병원성조류인플루엔자 low pathogenic avian influenza
저분자화합물(低分子化合物) low molecular weight compound
저산성식품(低酸性食品) low acid food
저산소사슬알세균 microaerophilic streptococcus
저산소생물(低酸素生物) microearophile
저산소성(低酸素性) microaerophilic
저산소세균(低酸素細菌) microaerophilic bacterium
저산소혈증(低酸素血症) hypoxemia
저생생물(底生生物) benthos
저설탕과자 low sugar confectionery
저설탕식품 low sugar food
저소금식사 low salt diet
저소금젓 low salt jeot
저소듐식사 low sodium diet
저소듐식품 low sodium food
저소듐혈증 hyponatremia
저소득층임산부와 영유아를 위한 특별보충식품프로그램 Special Supplemental Food Program for Women, Infants, and Children, WIC
저알레르기식품 hypoallergenic food
저알부민혈증 hypoalbuminemia
저알코올맥주 alcohol reduced beer, low alcohol beer
저알코올음료 alcohol reduced beverage, low alcohol beverage
저알코올포도주 alcohol reduced wine, low alcohol wine
저에너지식사 low energy diet
저에너지식품 low energy food
저온(低溫) low temperature
저온건조(低溫乾燥) low temperature drying
저온미생물(低溫微生物) psychrophilic microorganism
저온발효(低溫醱酵) cold fermentation
저온보존(低溫保存) cold preservation
저온살균(低溫殺菌) pasteurization
저온살균기(低溫殺菌器) pasteurizer
저온살균우유(低溫殺菌牛乳) pasteurized milk
저온살균장치(低溫殺菌裝置) pasteurization apparatus
저온살균치즈 pasteurized cheese
저온생물(低溫生物) psychrophilic organism, psychrotroph
저온세균(低溫細菌) psychrophilic bacterium
저온수축(低溫收縮) cold shortening
저온숙성(低溫熟成) low temperature ripening
저온운반(低溫運搬) low temperature transportation
저온유통체계(低溫流通體系) cold chain
저온장시간살균(低溫長時間殺菌) low temperature long time pasteurization
저온저장(低溫貯藏) low temperature storage
저온저장법(低溫貯藏法) low temperature storage method
저온저장실(低溫貯藏室) low temperature storage

room
저온증발기(低溫蒸發器) low temperature evaporator
저온처리(低溫處理) low temperature treatment
저온초전도체(低溫超電導體) chilled superconductor
저온충격(低溫衝擊) cold shock
저온충격냉각(低溫衝擊冷却) cold shock chilling
저온충격단백질(低溫衝擊蛋白質) cold shock protein
저온파쇄(低溫破碎) cold break
저온풀림 low temperature annealing
저울 scale, weighing machine
저작(咀嚼) mastication
저장(貯藏) storage
저장건조시설(貯藏乾燥施設) in-storage drying facilities
저장고(貯藏庫) storage room
저장곡물(貯藏穀物) stored grain
저장곡물해충(貯藏穀物害蟲) stored grain insect
저장기관(貯藏器官) reserve organ, storage organ
저장다당류(貯藏多糖類) storage polysaccharide
저장단백질(貯藏蛋白質) storage protein
저장방법(貯藏方法) storage method
저장병해(貯藏病害) storage disease
저장성(貯藏性) storability, storage stability
저장시설(貯藏施設) storage facility
저장시험(貯藏試驗) storage test
저장액(低張液) hypotonic solution
저장온도(貯藏溫度) storage temperature
저장장애(貯藏障碍) storage disorder
저장전처리(貯藏前處理) pretreatment before storage
저장조건(貯藏條件) storage condition
저장지방(貯藏脂肪) depot fat
저장탄성률(貯藏彈性率) storage modulus
저장탱크 storage tank
저장피해(貯藏被害) storage damage
저점성녹말(低粘性綠末) low viscosity starch
저젖당식품 low lactose food
저젖당우유 low lactose milk
저주파(低周波) low frequency
저지 Jersey
저지방고기 low fat meat
저지방물고기 lean fish
저지방브라우니 low fat browny
저지방스프레드 low fat spread
저지방식사(低脂肪食事) low fat diet
저지방식품(低脂肪食品) low fat food
저지방아이스크림 low fat ice cream
저지방우유(低脂肪牛乳) low fat milk
저지방질단백질혈증(低脂肪質蛋白質血症) hypolipoproteinemia
저지방질혈증활성(低脂肪質血症活性) hypolipaemic activity
저지방콩가루 low fat soy meal
저체온증(低體溫症) hypothermia
저체중(低體重) underweight
저체중출생아(低體重出生兒) low birth weight infant
저출생체중(低出生體重) low birth weight, LBW
저칼로리감미료 low calorie sweetener
저칼로리스프레드 low calorie spread
저칼로리식사 low calorie diet
저칼로리식품 low calorie food
저칼슘혈증 hypocalcemia
저콜레스테롤혈증활성 hypocholesterolemic activity
저포타슘혈증 hypopotassemia
저푸린식사 low purine diet
저품질단백질(低品質蛋白質) low quality protein
저항(抵抗) resistance
저항고온계(抵抗高溫計) resistance pyrometer
저항기(抵抗器) resistor
저항녹말(抵抗綠末) resistant starch
저항력(抵抗力) force of resistance
저항온도계(抵抗溫度計) resistance thermometer
저혈당(低血糖) hypoglycemia
저혈당증(低血糖症) hypoglycemia
저혈당혼수(低血糖昏睡) hypoglycemic coma
저혈당활성(低血糖活性) hypoglycemic activity
저혈색소증(低血色素症) hypochromia
저혈압(低血壓) hypotension
적(炙) jeok
적변(赤變) red coloration
적산온도(積算溫度) cumulated temperature
적온배식(適溫配食) time-temperature meal

service
적외선(赤外線) infrared ray, IR
적외선가열(赤外線加熱) infrared heating
적외선건조(赤外線乾燥) infrared drying
적외선건조기(赤外線乾燥機) infrared dryer
적외선램프 infrared lamp
적외선복사(赤外線輻射) infrared radiation
적외선분광계(赤外線分光計) infrared spectrometer
적외선분광광도계(赤外線分光光度計) infrared spectrophotometer
적외선분광법(赤外線分光法) infrared spectroscopy
적외선수분측정기(赤外線水分測定器) infrared moisture meter
적외선스펙트럼 infrared spectrum
적외선조사(赤外線照射) infrared irradiation
적응(適應) adaptation
적응대사량(適應代謝量) adaptive thermogenesis
적응성(適應性) adaptability
적응효소(適應酵素) adaptive enzyme
적정(滴定) titration
적정곡선(滴定曲線) titration curve
적정법(滴定法) titrimetry
적정산도(滴定酸度) titratable acidity
적정오차(滴定誤差) titration error
적정포장(適正包裝) appropriate packaging
적조(赤潮) red tide
적포도주(赤葡萄酒) red wine
적혈구(赤血球) red blood cell, erythrocyte
적혈구모세포(赤血球母細胞) erythroblast
적혈구모세포증(赤血球母細胞症) erythroblastosis
적혈구용혈(赤血球溶血) erythrocytolysis, erythrocyte hemolysis
적혈구응집(赤血球凝集) hemagglutination
적혈구응집소(赤血球凝集素) hemagglutinin
적혈구침강반응(赤血球沈降反應) erythrocyte sedimentation reaction
적혈구침강속도(赤血球沈降速度) erythrocyte sedimentation rate
적혈구형성인자(赤血球形成因子) erythropoietin
전(煎) jeon
전개액(展開液) eluent
전갱이 Japanese horse mackerel, *Trachurus japonicus* (Temminck & Schlegel, 1844) 전갱잇과
전갱이류 jacks
전갱잇과 Carangidae
전골 jeongol
전구물질(前驅物質) precursor
전극(電極) electrode
전극전위(電極電位) electrode potential
전기(電氣) electricity
전기가열(電氣加熱) electric heating
전기냉장고(電氣冷藏庫) electric refrigerator
전기도금(電氣鍍金) electroplating
전기량계(電氣量計) coulometer
전기량측정법(電氣量測定法) coulometry
전기로(電氣爐) electric furnace
전기밥솥 electric rice cooker
전기보온밥통 electric rice warmer
전기분해(電氣分解) electrolysis
전기분해수(電氣分解水) electrolyzed water
전기삼투(電氣滲透) electoosmosis
전기생리학(電氣生理學) electrophysiology
전기성질(電氣性質) electrical property
전기수분측정기(電氣水分測定器) electrical moisture meter
전기실신(電氣失身) electrical stunning
전기에너지 electric energy
전기오븐 electric oven
전기온도계(電氣溫度計) electrical thermometer
전기용량(電氣容量) capacitance, electric capacity
전기음성도(電氣陰性度) electronegativity
전기음성도척도(電氣陰性度尺度) electronegativity scale
전기이동(電氣移動) electrophoresis
전기자극(電氣刺戟) electrical stimulation
전기장(電氣場) electric field
전기저항(電氣抵抗) electrical resistance
전기저항온도계(電氣抵抗溫度計) electrical resistance thermometer
전기전도(電氣傳導) electrical conduction
전기전도도(電氣傳導度) conductance
전기전도도법(電氣傳導度法) conductometry
전기전도도적정(電氣傳導度滴定) conductometric titration
전기전도율(電氣傳導率) electrical conductivity, EC

전기절연체(電氣絶緣體) electric insulator
전기진동(電氣振動) electric oscillation
전기천공(電氣穿孔) electroporation
전기충격(電氣衝擊) electric shock
전기투석(電氣透析) electrodialysis
전기투석법(電氣透析法) electrodialysis method
전기해동(電氣解凍) electric thawing
전기해동장치(電氣解凍裝置) electric thawing equipment
전기형질전환(電氣形質轉換) electrotransformation
전기화학(電氣化學) electrochemistry
전기화학공업(電氣化學工業) electrochemical industry
전기화학당량(電氣化學當量) electrochemical equivalent
전기회로(電氣回路) electric circuit
전기훈제(電氣燻製) electric smoking
전기훈제법(電氣燻製法) electric smoking method
전나무버섯 *Catathelasma ventricosum* (Peck) Sing. 송이과
전단(剪斷) shear, shearing
전단값 shear value
전단세기 shear strength
전단력(剪斷力) shearing force
전단력곡선(剪斷力曲線) shearing force curve
전단묽어짐 shear thinning
전단묽어짐유체 shear thinning liquid
전단변형(剪斷變形) shearing deformation
전단변형력(剪斷變形力) shear stress
전단속도(剪斷速度) shear rate
전단스트레인 shear strain
전단압력(剪斷壓力) shear pressure
전단압축기(剪斷壓縮機) shear press
전단점성(剪斷粘性) shear viscosity
전단진해짐 shear thickening
전단진해짐유체 shear thickening liquid
전단탄성계수(剪斷彈性係數) shear modulus
전단흐름 shear flow
전달(傳達) transfer
전달계수(傳達係數) transfer coefficient
전달효소(傳達酵素) transferase
전도(傳導) conduction
전도도(傳導度) conductivity
전도체(傳導體) conductor
전두부(全豆腐) whole soybean curd
전란(全卵) whole egg
전란가루 whole egg powder
전란액(全卵液) whole egg liquid
전력(電力) electric power
전령아르엔에이 messenger RNA, mRNA
전류(電流) electric current
전류측정법(電流測定法) amperometry
전립샘 prostate
전립샘비대 prostatomegaly
전립샘암 prostate cancer
전립샘염 postatitis
전문가시스템 expert system
전문식당(專門食堂) specialty restaurant
전문패널 expert panel
전병(煎餠) jeonbyeong
전복(全鰒) abalone, ear shell
전복과(全鰒科) Haliotidae
전복느타리버섯 abalone mushroom, *Pleurotus abalonus* Y. H. Han, K, M. Chen & S. Cheng 느타릿과
전복젓 jeonbokjeot
전복죽 jeonbokjuk
전사(轉寫) transcription
전사분체(前四分體) fore quarter
전사인자(轉寫因子) transcription factor
전사체(轉寫體) transcriptome
전사체학(轉寫體學) transcriptomics
전사효소(轉寫酵素) transcriptase
전성(展性) malleability
전수검사(全數檢査) total inspection
전압(電壓) voltage
전압계(電壓計) voltmeter
전압전류법(電壓電流法) voltammetry
전약(煎藥) jeonyak
전어(錢魚) dotted gizzard shad, *Konosirus punctatus* (Temminck & Schlegel, 1846) 청어과
전열기(電熱器) electric heater
전엽체(前葉體) prothallium
전위(電位) electric potential
전위차(電位差) potential difference
전위차계(電位差計) potentiometer

전위차법(電位差法) potentiometry
전위차적정(電位差滴定) potentiometric titration
전유(前乳) fore milk
전이(轉移) metastasis
전이(轉移) transition
전이금속(轉移金屬) transition metal
전이상태(轉移狀態) transition state
전이열(轉移熱) heat of transition
전이온도(轉移溫度) transition temperature
전이원소(轉移元素) transition element
전이유전자(轉移遺傳子) transgene
전이점(轉移點) transition point
전이흐름 transitional flow
전자(電子) electron
전자공학(電子工學) electronics
전자구조(電子構造) electronic structure
전자기력(電磁氣力) electromagnetic force
전자기복사(電磁氣輻射) electromagnetic radiation
전자기스펙트럼 electromagnetic spectrum
전자기장(電磁氣場) electromagnetic field
전자기파(電磁氣波) electromagnetic wave
전자껍질 electron shell
전자레인지 microwave oven
전자레인지용식품 microwaveable food
전자레인지용용기 microwaveable container
전자레인지용포장 microwaveable packaging
전자리상어 Japanese angelshark, *Squatina japonica* Bleeker, 1858 전자리상엇과
전자리상어목 Squatiniformes
전자리상엇과 Squatinidae
전자받개 electron acceptor
전자배치(電子配置) electronic configuration
전자부껍질 electron subshell
전자빔 electron beam
전자상거래(電子商去來) electronic commerce, e-commerce
전자석(電磁石) electromagnet
전자선조사(電子線照射) electron irradiation
전자스핀공명 electron spin resonance
전자쌍(電子雙) electron pair
전자쌍결합(電子雙結合) electron pair bond
전자쌍반발(電子雙反撥) electron pair repulsion
전자쌍받개 electron pair acceptor
전자오비탈 electron orbital
전자운반체(電子運搬體) electron carrier
전자이동도(電子移動度) electron mobility
전자저울 electronic balance
전자전달(電子傳達) electron transfer
전자전달계통(電子傳達系統) electron transport system
전자전달효소(電子傳達酵素) electron transport enzyme
전자전압(電子電壓) electron volt
전자전이(電子轉移) electronic transition
전자주개 electron donor
전자총(電子銃) electron gun
전자친화도(電子親和度) electron affinity
전자코 electronic nose
전자포획(電子捕獲) electron capture
전자포획검출기(電子捕獲檢出器) electron capture detector, ECD
전자혀 electronic tongue
전자현미경(電子顯微鏡) electron microscope
전자현미경법(電子顯微鏡法) electron microscopy
전자현미경사진(電子顯微鏡寫眞) electron micrograph
전주비빔밥 Jeonjubibimbap
전지분유(全脂粉乳) whole milk powder
전지증발우유(全脂蒸發牛乳) evaporated whole milk
전지우유(全脂牛乳) whole milk
전지우유치즈 whole milk cheese
전차(煎茶) jeoncha
전처리(前處理) pretreatment
전처리공정(前處理工程) preparation process
전칠삼(田七參) notoginseng, *Panax notoginseng* (Burkill) Chen ex Wu & Feng 두릅나뭇과
전통차(傳統茶) traditional tea
전투식량(戰鬪食量) combat ration
전파(電波) electric wave
전파(傳播) propagation
전파단계(傳播段階) propagation step
전하(電荷) charge, electric charge
전하밀도(電荷密度) charge density
전하수(電荷數) charge number
전해질(電解質) electrolyte
전해질음료(電解質飮料) electrolyte drink

전해철(電解鐵) electrolytic iron
전화(轉化) inversion
전화당(轉化糖) invert sugar
전화당밀(轉化糖蜜) invert molasses
전환(轉換) conversion
전환횟수 turnover number
절간고구마 sweet potato chips
절단(切斷) cutting
절단기(切斷機) cutter
절단법(切斷法) cutting method
절단성(切斷性) cutability
절대고온생물(絶對高溫生物) obligate thermophile
절대공생(絶對共生) obligate symbiosis
절대기생생물(絶對寄生生物) obligate parasite
절대등급매기기 absolute scaling
절대무산소생물(絶對無酸素生物) obligate anaerobe
절대문턱값 absolute threshold
절대밀도(絶對密度) absolute density
절대밝기문턱값 absolute brightness threshold
절대배열(絶對配列) absolute configuration
절대산소생물(絶對酸素生物) obligate aerobe
절대속도(絶對速度) absolute velocity
절대습도(絶對濕度) absolute humidity
절대압력(絶對壓力) absolute pressure
절대염생식물(絶對鹽生植物) obligate halophyte
절대영도(絶對零度) absolute zero degree
절대오차(絶對誤差) absolute error
절대온도(絶對溫度) absolute temperature
절대저온생물(絶對低溫生物) strict psychrophile
절대저온생물(絶對低溫生物) obligate psychrophile
절대점성(絶對粘性) absolute viscosity
절대평가(絶對評價) absolute evaluation
절댓값 absolute value
절박도살(切迫屠殺) emergency slaughter
절반버터 half butter
절반크림 half cream
절약대사(節約代謝) thrifty metabolism
절연(絶緣) insulation
절연체(絶緣體) insulator
절임 jeolim
절제(節制) moderation
절지동물(節肢動物) arthropod
절지동물문(節肢動物門) Arthropoda
절편 jeolpyeon
점검(點檢) inspection
점검로트 inspection lot
점균강(粘菌綱) Myxomycetes
점균류(粘菌類) slime mold
점균문(粘菌門) Myxomycota
점다랑어 kawakawa, *Euthynnus affinis* (Cantor, 1849) 고등엇과
점막(粘膜) mucosa
점박이꽃무지속 *Protaetia*
점박이물범 harbor seal, common seal, *Phoca vitulina* Linnaeus, 1758 물범과
점박이버터버섯 spotted toughshank, *Rhodocollybia maculata* (Alb. & Schwein.) Singer 낙엽버섯과
점성(粘性) viscosity
점성계(粘性計) viscometer
점성계수(粘性係數) viscosity coefficient
점성변형(粘性變形) viscous deformation
점성붕괴도(粘性崩壞度) breakdown
점성유체(粘性流體) viscous fluid
점성증가제(粘性增加劑) thickener
점성지수(粘度指數) viscosity index
점성측정(粘度測定) viscosity measurement
점성측정법(粘度測定法) viscometry
점성흐름 viscous flow
점액(粘液) slime
점액(粘液) mucus
점액다당류(粘液多糖類) mucopolysaccharide
점액단백질(粘液蛋白質) mucoprotein
점액부종(粘液浮腫) myxedema
점액산(粘液酸) mucic acid
점액샘 mucous gland
점액세균(粘液細菌) myxobacterium, slime bacterium
점액세포(粘液細胞) mucous cell
점액세균목(粘液細胞目) Myxobacteriales
점액펩타이드 mucopeptide
점액포자동물문(粘液胞子動物門) Myxozoa
점조도(粘稠度) consistency
점조도계(粘稠度計) consistometer
점질물(粘質物) mucilage
점질세균(粘質細菌) ropy bacterium

점질우유(粘質牛乳) ropy milk
점질토(粘質土) clay soil
점질화(粘質化) ropiness
점착성(粘着性) stickiness
점추정(點推定) point estimation
점탄성(粘彈性) viscoelasticity
점탄성유체(粘彈性流體) viscoelastic fluid
점탄성측정(粘彈性測定) viscoelastic measurement
점토(粘土) clay
접선(接線) tangent line
접선변형력(接線變形力) tangental stress
접시 tray
접시버섯과 Humariaceae
접시저울 platform balance
접안렌즈 ocular lens, eyepiece
접종(接種) inoculation
접종물(接種物) inoculum
접착제(接着劑) adhesive
접촉각(接觸角) contact angle
접촉감염(接觸感染) contact infection
접촉냉동(接觸冷凍) contact freezing
접촉냉동기(接觸冷凍機) contact freezer
접촉냉동법(接觸凍結法) contact freezing method
접촉물질(接觸物質) contact material
접촉살충제(接觸殺蟲劑) contact insecticide
접촉해동(接觸解凍) contact thawing
접촉해동장치(接觸解凍裝置) contact thawing equipment
접합(接合) conjugation
접합균강(接合菌綱) Zygomycetes
접합균문(接合菌門) Zygomycota
접합영역(接合領域) junction zone
접합유전자(接合遺傳子) zygotic gene
접합자(接合子) zygote
접합자낭(接合子囊) oocyst
접합조류(接合藻類) conjugatae
접합체돌연변이(接合體突然變異) zygotic mutation
접합홀씨 zygospore
접합효모속(接合酵母屬) *Zygosaccharomyces*
접합효소(接合酵素) conjugase
접힘시험 folding test
젓 jeot
젓갈 jeotgal
젓개 stirrer
젓국 jeotguk
젓기 stirring
젓새우 Akiami paste shrimp, *Acetes japonicus* Kishinouye, 1905 젓새웃과
젓새웃과 Sergestidae
정가 epazote, wormseed, Mexican tea, *Chenopodium ambrosioides* L. 명아줏과
정강이 shin
정과(正果) jeongkwa
정규분포(正規分布) normal distribution
정규분포곡선(正規分布曲線) normal distribution curve
정규분포표(正規分布表) normal distribution table
정규화(正規化) normalization
정규확률용지(正規確率用紙) normal probability paper
정균작용(靜菌作用) germistatic action
정낭(精囊) seminal vesicle
정다각형(正多角形) regular polygon
정다면체(正多面體) regular polyhedron
정도관리(精度管理) proficiency test
정되먹임조절 positive feedback control
정량묘사분석(定量描寫分析) quantitative descriptive analysis, QDA
정량분석(定量分析) quantitative analysis
정량위해평가(定量危害評價) quantitative risk assessment
정량한계(定量限界) limit of quantitation, LOQ
정류(精溜) rectification
정류관(精溜管) rectification column
정맥(靜脈) vein
정맥(精麥) pearling
정맥기(精麥機) pearler
정맥영양(靜脈營養) parenteral nutrition
정맥영양공급(靜脈營養供給) intravenous feeding
정맥주사(靜脈注射) phleboclysis, venoclysis
정맥피 venous blood
정모세포(精母細胞) spermatocyte
정미(精米) rice milling
정미기(精米機) rice mill
정미소(精米所) rice mill

정미시설(精米施設) rice milling facility
정밀도(精密度) precision
정밀분석(精密分析) precision analysis
정밀열량계(精密熱量計) precision calorimeter
정밀화학(精密化學) fine chemistry
정반응(正反應) forward reaction
정백률(精白率) milled rice recovery from brown rice
정보(情報) information
정보가공(情報加工) information processing
정보학(情報學) informatics
정복합체포자동물문(頂複合體胞子動物門) Apicomplexa
정부미(政府米) government controlled rice
정비(整備) maintenance
정사면체(正四面體) regular tetrahedron
정상대기압력(正常大氣壓力) normal atmospheric pressure
정상상태(正常狀態) steady state
정상색소빈혈(定常色素貧血) normochromic anemia
정상색소적혈구(定常色素赤血球) normochromic erythrocyte
정상스펙트럼 normal spectrum
정상우유(正常牛乳) normal milk
정상적혈구(正常赤血球) normocyte
정상크로마토그래피 normal phase chromatography
정상흐름 steady flow
정선(精選) cleaning
정선기(精選機) cleaner
정선기(精選機) purifier
정성분석(定性分析) qualitative analysis
정성척도(定性尺度) qualitative scale
정세관(精細管) seminiferous tubule
정수(淨水) purified water
정수(淨水) water purification
정수기(淨水器) water purifier
정수압(靜水壓) hydrostatic pressure
정수압레토르트 hydrostatic retort
정수압살균기(靜水壓殺菌器) hydrostatic sterilizer
정신건강의학과(精神健康醫學科) neuropsychiatry
정신과(精神科) psychiatry
정신과의사(精神科醫師) psychiatrist
정신물리검사(精神物理檢査) psychophysical test
정신물리법칙(精神物理法則) psychophysical law
정신물리학(精神物理學) psychophysics
정신생리학(精神生理學) psychophysiology
정신생리효과(精神生理效果) psychophysiological effect
정압(靜壓) static pressure
정액(精液) semen
정어리 sardine, pilchard
정어리기름 sardine oil
정역학(靜力學) statics
정온동물(定溫動物) homoisothermal animal
정유(精油) oil refining
정육(精肉) dressed meat
정육률(精肉率) meat percent
정육면체(正六面體) regular hexahedron, cube
정자(精子) sperm
정자세포(精子細胞) sperm cell
정자은행(精子銀行) sperm bank
정장작용(整腸作用) intestinal regulation
정적평형(靜的平衡) static balance
정전기(靜電氣) static electricity
정전기상호작용(靜電氣相互作用) electrostatic interaction
정전기반발력(靜電氣反撥力) electrostatic repulsion
정전기인력(靜電氣引力) electrostatic attraction
정전기효과(靜電氣效果) electrostatic effect
정제(精製) purification
정제(精製) refining
정제(錠劑) tablet
정제겨기름 refined rice bran oil
정제기름 refined oil
정제돼지기름 refined lard
정제면실기름 refined cottonseed oil
정제설탕 refined sugar
정제소금 refined salt
정제어유가공식품(精製魚油加工食品) refined fish-oil processed food
정제올리브기름 refined olive oil
정제올리브박기름 refined olive pomace oil

정제카라기난 refined carrageenan
정제탑(精製塔) refinery tower
정제포도당(精製葡萄糖) refined glucose
정준상관계수(正準相關係數) canonical correlation coefficient
정준상관분석(正準相關分析) canonical correlation analysis
정지마찰(靜止摩擦) static friction
정지마찰력(靜止摩擦力) force of static friction
정지상(靜止相) stationary phase
정지에너지 rest energy
정촉매(正觸媒) positive catalyst
정치고체배양(靜置固體培養) static solid state fermentation
정치믹서 static mixer
정치발효(靜置醱酵) static fermentation
정치배양(靜置培養) static culture
정치살균(靜置殺菌) static sterilization
정치살균법(靜置殺菌法) static sterilization method
정치점탄성(靜置粘彈性) static viscoelasticity
정치헤드스페이스가스크로마토그래피 static headspace gas chromatography
정크푸드 junk food
정팔면체(正八面體) regular octahedron
정향(丁香) dried flower bud of clove tree
정향나무 clove tree, *Syzygium aromaticum* (L.) Merr. & Perry 미르타과
정향방향유(丁香芳香油) clove oil
정형외과(整形外科) orthopedics
정화(淨化) depuration
정확도(正確度) accuracy
젖 milk
젖꼭지 nipple
젖단백질 lactoprotein
젖당 lactose
젖당가수분해시럽 hydrolyzed lactose syrup
젖당가수분해효소 lactase
젖당견딤검사 lactose tolerance test
젖당뇨 lactosuria
젖당못견딤증 lactose intolerance
젖당발효효모 lactose-fermenting yeast
젖당분해우유 lactose hydrolyzed milk
젖당브로스배지 lactose broth medium
젖당시럽 lactose syrup
젖당오페론 lactose operon, lac operon
젖당오페론억압단백질 lac repression protein
젖당오페론억압물질 lac repressor
젖당합성효소 lactose synthase
젖먹이 suckling
젖버섯속 *Lactarius*
젖분비 lactation
젖분비곡선 lactation curve
젖분비기간 lactation period
젖분비기관 lactation organ
젖분비능력 dairy performance
젖분비단계 lactation stage
젖분비량 lactation yield
젖분비호르몬 lactogenic hormone, prolactin
젖분비횟수 lactation number
젖산 lactic acid
젖산발효 lactic acid fermentation
젖산발효음료 lactic acid fermented beverage
젖산산화효소 lactate oxidase
젖산세균 lactic acid bacterium
젖산세균음료 lactic acid bacterium beverage
젖산세균첨가우유 lactic acid bacterium-added milk
젖산소듐 sodium lactate
젖산스타터 lactic starter
젖산스트렙토코쿠스 lactic streptococcus
젖산알코올발효우유 lactic acid-alcohol fermented milk
젖산음료 lactic acid beverage
젖산2-모노옥시제네이스 lactate 2-monooxygenase
젖산철(II) iron(II) lactate, ferrous lactate
젖산카세인 lactic acid casein
젖산칼슘 calcium lactate
젖산수소제거효소 lactic dehydrogenase, LDH
젖산포타슘 potassium lactate
젖샘 mammary gland
젖샘관 mammary duct
젖소 dairy cattle
젖소내 cowy odor
젖술 milk wine
젖음성 wettability

젖음열 heat of wetting
제거(除去) elimination
제거반응(除去反應) elimination reaction
제거제(除去劑) scavenger
제곱 square
제곱합 sum of square
제너럴푸드텍스투로미터 General Foods Texturometer
제너레이터 generator
제논 xenon
제니스테인 genistein
제니스틴 genistin
제니포사이드 geniposide
제니핀 genipin
제당(製糖) sugar manufacture
제당공장(製糖工場) sugar refinery
제대로근육 involuntary muscle
제라놀 zeranol
제라늄 geranium, *Pelargonium inquinans* Aiton 쥐손이풀과
제라늄방향유 geranium oil
제라니알 geranial
제라니올 geraniol
제면기(製麵機) noodlemaking machine
제물국수 jemulguksu
제부 zebu
제분(製粉) flour milling
제분겉넓이 flour milling surface
제분공장(製粉工場) flour mill
제분공정도(製粉工程圖) flour milling diagram
제분기(製粉機) flour mill
제분선별기(製粉選別機) flour milling separator
제분성능(製粉性能) flour milling performance
제분성질(製粉性質) flour milling property
제분손실(製粉損失) flour milling loss
제분수율(製粉收率) flour milling yield
제분율(製粉率) flour extraction rate
제비꽃 Manchurian violet, *Viola mandshurica* W. Becker 제비꽃과
제비꽃과 Violaceae
제비꽃목 Violales
제비꽃속 *Viola*
제비집 edible bird's nest
제비집수프 edible bird's nest soup
제비추리 neck chain, rope meat
제빙능력(製氷能力) ice-making capacity
제빙기(製氷機) ice-making machine
제빵 breadmaking
제빵가루 baking powder
제빵공정 baking process
제빵산업 baking industry
제빵성질 baking property
제빵소다 baking soda
제빵시험 baking test
제빵오븐 baking oven
제빵적성 baking quality
제빵특성 baking characteristics
제사위(第四胃) abomasum
제산제(制酸劑) antacid
제삼위(第三胃) omasum
제습(除濕) dehumidification
제습기(除濕器) dehumidifier
제습제(除濕劑) dehumidifying agent
제시순서(提示順序) order of presentation
제아랄레논 zearalenone
제아랄레놀 zearalenol
제아잔틴 zeaxanthin
제아틴 zeatin
제어(制御) control
제어밸브 control valve
제어시스템 control system
제어실(制御室) control room
제어장치(制御裝置) control unit
제어판(制御板) control panel
제올라이트 zeolite
제왕절개(帝王切開) cesarean section
제이위(第二胃) reticulum
제이차산업(第二次産業) secondary industry
제이형당뇨병(第二型糖尿病) type 2 diabetes
제인 zein
제일위(第一胃) rumen
제일제한아미노산 first limiting amino acid
제일형당뇨병(第一型糖尿病) type 1 diabetes
제자리세정 cleaning-in-place, CIP
제조(製造) manufacture
제조공정도(製造工程圖) flow diagram, flow sheet, flow chart
제조날짜 manufacturing date

제조물배상책임(製造物賠償責任) product liability, PL
제조물책임법(製造物責任法) Product Liability Act
제조업(製造業) manufacturing industry
제조업자(製造業者) manufacturer
제조용크로마토그래피 preparative chromatography
제초제(除草劑) herbicide
제초제내성콩 herbicide tolerant soybean
제트값 z-value
제트디스크 z disc
제트믹서 jet mixer
제트분쇄기 jet mill
제트선 z line
제트응축기 jet condenser
제트쿠커 jet cooker
제품(製品) product
제품검사(製品檢查) product inspection
제품기술(製品技術) product technology
제품성숙단계(製品成熟段階) product maturity stage
제품수명주기(製品壽命週期) product life cycle, PLC
제피르 zefir
제한급식(制限給食) restricted feeding
제한단편(制限斷片) restriction fragment
제한단편길이다형성 restriction fragment length polymorphism
제한수식계통(制限修飾系統) restriction modification system
제한아미노산 limiting amino acid
제한지도작성(制限地圖作成) restriction mapping
제한효소(制限酵素) restriction enzyme, restriction endonuclease
제한효소절단자리 restriction site
제호탕(醍醐湯) jaehotang
젝파 JECFA
젠콜나무 jengkol, *Archidendron pauciflorum* (Benth.) I. C. Nielsen 콩과
젠콜산 djenkolic acid
젠콜콩 djenkol bean
젠콜콩중독 djenkolism
젤 gel
젤강도 gel strength
젤거르기 gel filtration
젤거르기법 gel filtration method
젤거르기크로마토그래피 gel filtration chromatography
젤등전점전기이동 gel electrofocusing
젤라또아이스크림 gelato ice cream
젤라틴 gelatin
젤라틴젤 gelatin gel
젤라틴젤리 gelatin jelly
젤란 gellan
젤란검 gellan gum
젤레니값 Zeleny value
젤리 jelly
젤리과자 jelly confectionery
젤리등급 jelly grade
젤리롤 jelly roll
젤리미터 Ridgelimeter
젤리빈 jelly bean
젤리세기 jelly strength
젤리시험 jelly test
젤리점 jelling point
젤리화 jellyfication
젤리화고기 jelly meat
젤분극 gel polarization
젤전기이동 gel electrophoresis
젤크로마토그래피 gel chromatography
젤투과크로마토그래피 gel permeation chromatography
젤퍼짐 gel diffusion
젤퍼짐침전반응 gel diffusion precipitation reaction
젤형성능력 gelling capacity
젤화 gelation
젤화제 gelling agent
조(粟) foxtail millet, Italian millet, *Setaria italica* (L.) P. Beauv. 벗과
조가비 shell
조강(鳥綱) Aves
조개 shellfish
조개관자 adductor muscle
조개껍데기 shell
조개독 shellfish poison
조개독화현상 shellfish toxification pheno-

menon
조개류 shellfish
조개젓 jogaejeot
조개중독 shellfish poisoning
조건(條件) condition
조건고온생물(條件高溫生物) facultative thermophile
조건무산소생물(條件無酸素生物) facultative anaerobe
조건무산소세균(條件無酸素細菌) facultative anaerobic bacterium
조건반사(條件反射) conditioned reflex
조건염생식물(條件鹽生植物) facultative halophyte
조건저온생물(條件低溫生物) facultative psychrophile
조건종속영양성(條件從屬營養性) facultative heterotrophy
조골세포(造骨細胞) osteoblast
조균강(藻菌綱) Phycomycetes
조기 croaker, yellow corvina
조기강 Actinoterygii
조기젓 jogijeot
조기출하(早期出荷) advance shipping
조단백질(粗蛋白質) crude protein
조도계(照度計) illuminometer
조란(棗卵) joran
조록나뭇과 Hamamelidaceae
조류(藻類) algae
조류(潮流) tide
조류갯벌 tidal mud flat
조류기름 algal oil
조류단백질(藻類蛋白質) algal protein
조류독소(藻類毒素) phycotoxin
조류식품(藻類食品) algae food
조류인플루엔자 avian influenza, AI
조류제거제(藻類除去劑) algicide
조류학(藻類學) phycology
조류학자(藻類學者) phycologist
조류홀씨 algal spore
조리(調理) cooking
조리과학(調理科學) science of cookery
조리기(調理器) cooker
조리기구(調理器具) cooking utensil
조리냉동급식체계(調理冷凍給食體系) cook-freeze foodservice system
조리냉동식품(調理冷凍食品) precooked frozen food
조리방법(調理方法) cooking method
조리사(調理士) cook
조리살라미 cooked salami
조리성질(調理性質) cooking property
조리소시지 cooked sausage
조리속도(調理速度) cooking rate
조리손실(調理損失) cooking loss
조리식사(調理食事) prepared meal
조리식품(調理食品) prepared food
조리온도(調理溫度) cooking temperature
조리용가위 cooking scissor
조리용기름 cooking oil
조리용믹서 food mixer
조리용숟가락 cooking spoon
조리용젓가락 cooking chopsticks
조리용지방(調理用脂肪) cooking fat
조리특성(調理特性) cooking quality
조리해동(調理解凍) thawing-cooking
조림 jorim
조립(組立) agglomeration
조립콩단백질 fabricated soy protein
조릿대 joritdae, *Sasa borealis* (Hack.) Makino 벗과
조릿대속 *Sasa*
조명(照明) lighting, illumination
조명도(照明度) illuminance
조미(調味) seasoning
조미건조제품(調味乾燥製品) seasoned and dried product
조미구이제품 seasoned and roasted product
조미김 jomigim
조미오징어 seasoned squid
조미제품(調味製品) seasoned product
조미통조림 canned seasoned food
조밀도(粗密度) crude density
조분쇄소시지 coarse-ground sausage
조색단(助色團) auxochrome
조생종(早生種) early maturing variety
조섬유(粗纖維) crude fiber
조성(組成) composition

조쇄기(粗碎機) coarse crusher
조숙(早熟) prematurity
조영제(造影劑) contrast agent, contrast media
조임근육 sphincter
조절(調節) regulation
조절나사 regulating screw
조절단백질(調節蛋白質) regulatory protein
조절유전자(調節遺傳子) regulatory gene
조절효소(調節酵素) regulatory enzyme
조제분유(調製粉乳) formulated milk powder
조제식사(造製食事) formula diet
조제우유(造製牛乳) formulated milk
조제해수염화마그네슘 crude magnesium chloride(sea water)
조지방(粗脂肪) crude fat
조직(組織) tissue
조직계통(組織系統) tissue system
조직배양(組織培養) tissue culture
조직배양인삼(組織培養人蔘) tissue cultured ginseng
조직병리학(組織病理學) histopathology
조직식물단백질(組織植物蛋白質) textured vegetable protein, TVP
조직액(組織液) tissue fluid
조직지방(組織脂肪) tissue fat
조직지방질(組織脂肪質) tissue lipid
조직콩단백질 textured soy protein
조직학(組織學) histology
조직화학(組織化學) histochemistry
조청(造淸) jocheong
조추출물(粗抽出物) crude extract
조충(條蟲) tapeworm
조충강(條蟲綱) Cestoda
조충과(條蟲科) Taeniidae
조충속(條蟲屬) *Taenia*
조치 jochi
조치(措置) measure
조치수준(措置水準) action level
조크러셔 jaw crusher
조피볼락 Schlegel's black rockfish, jacopever, *Sebastes schlegeli* Hilgendorf, 1880 양볼락과
조합(組合) combination
조해성(潮解性) deliquescence
조향사(調香師) flavorist, perfumer
조혈(造血) hematopoiesis, hemopoiesis
조혈기관(造血器官) hemopoietic organ
조혈인자(造血因子) hemopoietic factor
조혈제(造血劑) hemopoietic
조회분(粗灰分) crude ash
조효소(粗酵素) crude enzyme
족(族) group
족발 jokbal
족제빗과 Mustelidae
족편 jokpyeon
졸 sol
졸각버섯 deceiver, waxy laccaria, *Laccaria laccata* (Scop.) Cooke 졸각버섯과
졸각버섯과 Hydnangiaceae
졸각버섯속 *Laccaria*
졸복 panther puffer, *Takifugu pardalis* (Temminck & Schlegel, 1850) 참복과
졸음증 lethargy
졸젤전이 sol-gel transition
좀귀꼴뚜기 butterfly bobtail, *Sepiola birostrata* Sasaki, 1918 꼴뚜깃과
좁쌀풀 jobssalpul, *Lysimachia vulgaris* var. *davurica* (Ledeb.) R. Kunth 앵초과
좁은뿔꼬마새우 straightnose coastal shrimp, *Heptacarpus rectirostris* (Stimpson, 1860) 꼬마새웃과
좁은뿔민꽃새우 domino shrimp, *Parapenaeus sextuberculatus* Kubo, 1949 보리새웃과
종 stalk
종(種) species
종결단계(終結段階) termination step
종결반응(終結反應) termination reaction
종결자(終結子) terminator
종결코돈 stop codon, termination codon
종국(種麴) seed koji
종균배양(種菌培養) seed culture
종려목(棕櫚目) Aracales
종말점(終末點) end point
종묘산업(種苗産業) seed industry
종속변수(從屬變數) dependent variable
종속영양(從屬營養) heterotrophism
종속영양배양(從屬營養培養) heterotrophic

culture
종속영양생물(從屬營養生物) heterotroph
종속영양세균(從屬營養細菌) heterotrophic bacterium
종실(種實) seed and fruit
종양(腫瘍) tumor, neoplasm
종양개시인자(腫瘍開始因子) tumor initiator
종양마커 tumor marker
종양바이러스 oncovirus
종양발생(腫瘍發生) oncogenesis
종양억압유전자(腫瘍抑壓遺傳子) antioncogene, tumor suppressor gene
종양억압펩타이드 tumor suppressing peptide
종양유전자(腫瘍遺傳子) oncogene
종양촉진제(腫瘍促進劑) tumor promoter
종양형성억제성능(腫瘍形成抑制性能) antitumorigenicity
종이 paper
종이컵 paper cup
종이크로마토그래피 paper chromatography, PC
종점(終點) terminal point
종점온도(終點溫度) endpoint temperature
종점온도표시기(終點溫度標示器) endpoint temperature indicator
종합차이검사(綜合差異檢查) overall difference test
종합품질경영(綜合品質經營) total quality management, TQM
종합품질관리(綜合品質管理) total quality control, TQC
좌약(坐藥) suppository
좌우대칭(左右對稱) bilateral symmetry
좌회전성(左回轉性) levorotatory
주개 donor
주걱 rice scoop
주관분석(主觀分析) subjective analysis
주광성(走光性) phototaxis
주기(週期) period
주기성(週期性) periodicity
주기율(週期律) periodic law
주기율표(週期律表) periodic table
주꾸미 webfoot octopus, *Octopus ocellatus* Gray, 1849 (= *Amophioctopus fangsiao* (d'Orbigny, 1839)) 문어과
주름버섯 field mushroom, meadow mushroom, *Agaricus campestris* L. 주름버섯과
주름버섯과 Agaricaceae
주름버섯목 Agaricales
주름버섯속 *Agaricus*
주름위 abomasum
주름척도 wrinkled rate
주름펴기 refining treatment of casing film
주머니 sac
주머니홀씨 sporangiospore
주목(朱木) Japanese yew, spreading yew, *Taxus cuspidata* Siebold & Zucc. 주목과
주목강(朱木綱) Taxopsida
주목과(朱木科) Taxaceae
주목목(朱木目) Taxales
주목속(朱木屬) *Taxus*
주문(注文) order
주문량(注文量) order quantity
주문서(注文書) purchase order
주문자상표부착생산(注文者商標附着生産) original equipment manufacturing, OEM
주박 jubak
주반응(主反應) major reaction
주발버섯 cup fungi, *Peziza vesiculosa* Bull. (1970) 주발버섯과
주발버섯과 Pezizaceae
주발버섯목 Pezizales
주발효(主醱酵) main fermentation
주방(廚房) kitchen
주방저울 kitchen scale
주사(走査) scanning
주사슬 main chain
주사열현미경법(走査熱顯微鏡法) scanning thermal microscopy
주사전자현미경(走査電子顯微鏡) scanning electron microscope, SEM
주사전자현미경법(走査電子顯微鏡法) scanning electron microscopy
주사전자현미경사진(走査電子顯微鏡寫眞) scanning electron micrograph
주사터널현미경 scanning tunneling microscope, STM
주서 juicer
주석(朱錫) tin

주석영(酒石英) cream of tartar
주석중독(酒石中毒) tin poisoning
주성분분석(主成分分析) principal component analysis
주세포(主細胞) chief cell
주스 juice
주식(主食) staple food
주악 juak
주위온도(周圍溫度) ambient temperature
주의력결핍과잉행동장애(注意力缺乏過剩行動障碍) attention deficit hyperactivity disorder, ADHD
주입(注入) injection
주입구(注入口) inlet
주전자 kettle
주정(酒精) ethanol
주철(鑄鐵) cast iron
주키니 zucchini, courgette
주키니스쿼시 zucchini squash
주파수(周波數) frequency
주형(鑄型) mold
주형(鑄型) template
주화성(走化性) chemotaxis
죽 juk
죽같은 mushy
죽대 jukdae, *Polygonatum lasianthum* Maxim. 백합과
죽력(竹瀝) jukryeok
죽력죽 jukryeokjuk
죽상경화억제활성 antiatherogenic activity
죽상경화 atherosclerosis
죽순(竹筍) bamboo shoot
죽순대 moso bamboo, *Phyllostachys heterocycla* (Carr.) Mitf. 벗과
죽염(竹鹽) bamboo salt
죽절인삼(竹節人蔘) Japanese ginseng, *Panax japonicum* C. A. Meyer 두릅나뭇과
죽합과(竹蛤科) Solenidae
준강력밀가루 semistrong wheat flour
준금속(準金屬) metalloid
준안정범위(準安定範圍) metastable zone
준치 elongate ilisha, Chinese herring, *Ilisha elongata* (Bennett, 1830) 준칫과
준칫과 Pristigasteridae
준필수아미노산 semiessential amino acid
줄 joule
줄 Manchurian wild rice, *Zizania latifolia* (Griseb.) Turcz ex Stapf 벗과
줄가자미 roughscale sole, *Clidoderma asperrimum* (Temminck & Schlegel, 1846) 가자밋과
줄기 stem
줄기상추 stem lettuce
줄기세포 stem cell
줄기채소 stem vegetable
줄루감자 zulu potato, *Plectranthus rotundifolius* (Poir.) Spreng. 꿀풀과
줄무늬고등어 Indian mackerel, *Rastrelliger kanagurta* (Cuviera, 1816) 고등엇과
줄무늬꼬마새우 Indian lined shrimp, *Lysmata vittata* (Stimpson, 1860) 꼬마새웃과
줄무늬농어 striped bass, *Morone saxatilis* (Walbaum, 1792) 농엇과
줄무늬잎마름병 stripe virus disease
줄법칙 Joule's law
줄삼치 striped bonito, *Sarda orientalis* (Temminck & Schlegel, 1844) 고등엇과
줄새우 lake prawn, *Palaemon paucidens* De Haan, 1844 징거미새웃과
줄속 *Zizania*
줄알락명나방 almond moth, *Cadra cautella* (Walker, 1863) 명나방과
줄열 Joule's heat
줄열해동 thawing by Joule's heat
줄지렁이 redworm, red wiggler worm, *Eisenia fetida* (Savigny, 1826) 낚시지렁잇과
줌배이 jumbay, white leadtree, white popinac, *Leucaena leucocephala* (Lam.) de Wit 콩과
중간뇌(中間腦) midbrain
중간대사(中間代謝) intermediary metabolism
중간밀도지방질단백질(中間密度脂肪質蛋白質) intermediate density lipoprotein, IDL
중간반응(中間反應) intermediate reaction
중간발효(中間醱酵) intermediate fermentation
중간사슬지방산 medium chain fatty acid
중간산물(中間産物) intermediate product
중간산화물(中間酸化物) intermediate oxide

중간수분식품(中間水分食品) intermediate moisture food, IMF
중간숙주(中間宿主) intermediate host
중간열교환기(中間熱交換機) intermediate heat exchanger
중간재우기 intermediate proof
중간체(中間體) intermediate
중간포장(中間包裝) intermediate packaging
중간화합물(中間化合物) intermediate compound
중과피(中果皮) mesocarp
중국간장 Chinese soy sauce
중국국수 Chinese noodle
중국꽃배추 Chinese flowering cabbage, pak choy sum, *Brassica rapa* L. var. *parachinensis* (L. H. Bailey) Tsen & Lee 십자화과
중국당귀(中國當歸) dong quai, female ginseng, *Angelica sinensis* (Oliv.) Diels 산형과
중국마 Chinese yam, cinnamon vine, *Dioscorea polystachya* Turcz. (= *Dioscorea opposita* auct.) 맛과
중국배 Chinese pear
중국배추 Chinese cabbage
중국브로콜리 Chinese broccoli, gai-lan, Chinese kale, *Brassica oleracea* L. var. *alboglabra*
중국산초나무 Chinese prickly-ash, *Zanthoxylum simulans* Hance 운향과
중국생강 Chinese keys, Chinese ginger, fingerroot, *Boesenbergia rotunda* (L.) Mansf. 생강과
중국소시지 Chinese sausage
중국앨리게이터 Chinese alligator, *Alligator sinensis* Fauvel, 1878 앨리게이터과
중국음식점증후군(中國飮食店症候群) Chinese restaurant syndrome
중국장미(中國薔薇) Chinese rose, Chinese hibiscus, *Hibiscus rosa-sinensis* L. 아욱과
중국젓새우 northern mauxia shrimp, *Acetes chinensis* Hansen, 1919 젓새웃과
중국차(中國茶) Chinese tea
중국프림로즈 Chinese primrose, *Primula sinensis* Sabine & Lindley 앵초과
중국햄 Chinese ham
중금속(重金屬) heavy metal
중금속중독(重金屬中毒) heavy metal poisoning
중노동(重勞動) heavy labor
중독(中毒) intoxication
중독(中毒) poisoning
중독량(中毒量) toxic dose
중독증(中毒症) toxicosis
중등도저열량식사(中等度低熱量食事) moderate low calorie diet
중력(重力) gravity
중력가속도(重力加速度) gravitational acceleration
중력거르개 gravity filter
중력밀가루 medium flour
중력법(重力法) gravity method
중력분급기(重力分級機) gravitational classifier
중력장(重力場) gravity field
중력충전기(重力充塡機) gravity filling machine
중력침강속도(重力沈降速度) gravitational settling velocity
중력테이블 gravity table
중배엽(中胚葉) mesoderm
중복(重複) duplication
중복감염(重複感染) double infection
중생식물(中生植物) mesophyte
중생종(中生種) mid-season variety
중성(中性) neutral
중성구(中性球) neutrophil
중성백혈구(中性白血球) neutrophil leukocyte
중성세제(中性洗劑) neutral detergent
중성아미노산 neutral amino acid
중성염(中性鹽) neutral salt
중성원자(中性原子) neutral atom
중성자(中性子) neutron
중성자방사화분석(中性子放射化分析) neutron activation analysis, NAA
중성지방(中性脂肪) neutral fat
중성지방질(中性脂肪質) neutral lipid
중수(重水) heavy water
중수소(重水素) deuterium
중심(中心) center
중심비만(中心肥滿) central obesity
중심소체(中心小體) centriole
중심온도(中心溫度) core temperature

중심자목(中心子目) Centrospermae
중심절(中心節) centromere
중심지역검사(中心地域檢査) central location test
중심체(中心體) centrosome
중앙값 median
중앙경향오차(中央傾向誤差) error of central tendency
중앙공급급식체계(中央供給給食體系) commissary foodservice system
중앙제어시스템 central control system
중온미생물(中溫微生物) mesophilic micro-organism
중온생물(中溫生物) mesophile
중온세균(中溫細菌) mesophilic bacterium
중유(中油) medium oil
중점관리점(重點管理點) critical control point, CCP
중첩(重疊) superposition
중추신경계통(中樞神經系統) central nervous system, CNS
중탕(重湯) bath
중하(中蝦) shiba shrimp, *Metapenaeus joyneri* (Miers, 1880) 보리새웃과
중합(重合) polymerization
중합도(重合度) degree of polymerization
중합반응(重合反應) polymerization reaction
중합분해(重合分解) depolymerization
중합수지(重合樹脂) polymerization resin
중합체(重合體) polymer
중합체응집제(重合體凝集劑) polymer flocculating agent
중합효소(重合酵素) polymerase
중합효소연쇄반응(重合酵素連鎖反應) polymerase chain reaction, PCR
중화(中和) neutralization
중화곡선(中和曲線) neutralization curve
중화반응(中和反應) neutralization
중화열(中和熱) heat of neutralization
중화적정(中和滴定) neutralization titration
중화적정곡선(中和滴定曲線) neutralization titration curve
중화점(中和點) neutral point
중화제(中和劑) neutralizing reagent
중화항체(中和抗體) neutralizing antibody
중홧값 neutralization value
쥐 rat
쥐가오리 spinetail mobula, devilray, *Mobula japonica* (Müller & Henle, 1841) 매가오릿과
쥐노래미 greenling, *Hexagrammos otakii* Jordan & Starks, 1895 쥐노래밋과
쥐노래밋과 Hexagrammidae
쥐손이풀 jwisonipul, *Geranium sibiricum* L. 쥐손이풀과
쥐손이풀과 Geraniaceae
쥐손이풀목 Geraniales
쥐손이풀속 *Geranium*
쥐약 rodenticide
쥐오줌풀 *Valeriana fauriei* Briq. 마타릿과
쥐오줌풀속 *Valeriana*
쥐치 threadsail filefish, *Stephanolepis cirrhifer* (Temminck & Schlegel, 1850) 쥐칫과
쥐칫과 Monacanthidae
쥣과 Muridae
즈비백 Zwieback
즉석음식(卽席飮食) ready meal
즉석제공식품(卽席提供食事) ready-to-serve food
즉석조리음식(卽席調理飮食) ready-to-eat meal
즉석조리식품(卽席調理食品) ready-to-eat food
즙(汁) juice
증감작용(增感作用) sensitizing action
증건차(蒸乾茶) steamed and dried tea
증균기술(增菌技術) enrichment technique
증균배양(增菌培養) enrichment culture
증기(蒸氣) vapor
증기압력(蒸氣壓力) vapor pressure
증기압력곡선(蒸氣壓力曲線) vapor pressure curve
증기압력내림 depression of vapor pressure
증기압축냉동기(蒸氣壓縮冷凍機) vapor compression refrigerating machine
증량제(增量劑) extender
증량제(增量劑) bulking agent
증류(蒸溜) distillation
증류곡물찌꺼기 distillers (spent) grain
증류소(蒸溜所) distillery

증류소주(蒸溜燒酒) distilled soju
증류소폐수(蒸溜所廢水) distillery effluent
증류수(蒸溜水) distilled water
증류식초(蒸溜食醋) distilled vinegar, white vinegar
증류장치(蒸溜裝置) distillation apparatus
증류주(蒸溜酒) spirit, distilled spirit
증류탑(蒸溜塔) distillation column
증발(蒸發) evaporation
증발가스 evaporation gas
증발건조(蒸發乾燥) evaporation drying
증발기(蒸發器) evaporator
증발농축(蒸發濃縮) concentration by evaporation
증발우유(蒸發牛乳) evaporated milk
증발응축기(蒸發凝縮機) evaporative condenser
증발잔류물(蒸發殘留物) evaporation residue
증발접시 evaporating dish
증산(蒸散) transpiration
증산계수(蒸散係數) coefficient of transpiration
증산억제제(蒸散抑制劑) antitranspirant
증산작용(蒸散作用) transpiration
증상(症狀) symptom
증식(增殖) multiplication
증식(增殖) proliferation
증식(增殖) propagation
증식기(增殖期) proliferative phase
증식률(增殖率) reproduction rate
증식속도(增殖速度) proliferation rate
증식억제활성(增殖抑制活性) antiproliferative activity
증식형비만(增殖型肥滿) hyperplasmatic obesity
증편 jeungpyeon
증폭(增幅) amplification
증폭기(增幅器) amplifier
증후군(症候群) syndrome
증후성비만(症候性肥滿) symptomatic obesity
지각(知覺) perception
지각감퇴(知覺減退) hypoesthesia
지게미 jigemi
지고사카로미세스 룩시이 *Zygosaccharomyces rouxii*
지고사카로미세스 바일리이 *Zygosaccharomyces bailii*
지고사카로미세스 자포니쿠스 *Zygosaccharomyces japonicus*
지고피키아 미소 *Zygopichia miso*
지네강 Chilopoda
지네브 zineb
지누아리과 Halymeniaceae
지누아리목 Cryptonemiales
지느러미 fin
지단 jidan
지라 spleen
지람 ziram
지렁이 earthworm
지렁이과 Megascolecidae
지레 zireh
지레김치 jirekimchi
지레장 jirejang
지르코늄 zirconium
지름 diameter
지메이스 zymase
지모그래피 zymography
지모모나스 모빌리스 *Zymomonas mobilis*
지모모나스속 *Zymomonas*
지모모나스 아나에로비아 *Zymomonas anaerobia*
지문(指紋) fingerprint
지방(脂肪) fat
지방간(脂肪肝) fatty liver
지방간경화(脂肪肝硬化) fatty cirrhosis
지방간증후군(脂肪肝症候群) fatty liver syndrome
지방대사(脂肪代謝) fat metabolism
지방대용물(脂肪代用物) fat substitute, fat replacer, fat mimetic
지방대체우유(脂肪代替牛乳) filled milk
지방대체치즈 filled cheese
지방모세포(脂肪母細胞) lipoblast
지방변(脂肪便) fatty stool
지방변증(脂肪便症) stearorrhea
지방변증검사식사(脂肪便症檢査食事) stearorrhea test diet
지방변질(脂肪變質) fat deterioration
지방보정우유(脂肪補正牛乳) fat-corrected milk
지방분리(脂肪分離) oil separation
지방불루밍 fat blooming
지방블룸 fat bloom

지방뺀몸무게 lean body mass
지방산(脂肪酸) fatty acid
지방산대사(脂肪酸代謝) fatty acid metabolism
지방산도(脂肪酸度) fat acidity
지방산산화(脂肪酸酸化) fatty acid oxidation
지방산에스터 fatty acid ester
지방산합성(脂肪酸合成) fatty acid synthesis
지방산합성효소(脂肪酸合成酵素) fatty acid synthase
지방산화(脂肪酸化) fat oxidation
지방세포(脂肪細胞) adipocyte, fat cell
지방세포비대비만(脂肪細胞肥大肥滿) hypertropic obesity
지방세포생성(脂肪細胞生成) adipogenesis
지방세포증식비만(脂肪細胞增殖肥滿) hyperplastic obesity
지방의녹는점 melting point of fat
지방입자(脂肪粒子) fat globule
지방입자막단백질(脂肪粒子膜蛋白質) fat globule membrane protein
지방조직(脂肪組織) adipose tissue
지방족(脂肪族) aliphatic
지방족고급알코올 aliphatic higher alcohol
지방족아미노산 aliphatic amino acid
지방족알데하이드 aliphatic aldehyde
지방족알코올 aliphatic alcohol
지방족탄화수소(脂肪族炭化水素) aliphatic hydrocarbon
지방족화합물(脂肪族化合物) aliphatic compound
지방질(脂肪質) lipid
지방질과산화(脂肪質過酸化) lipid peroxidation
지방질다당류 lipopolysaccharides
지방질단백질(脂肪質蛋白質) lipoprotein
지방질단백질라이페이스 lipoprotein lipase
지방질분해(脂肪質分解) lipolysis
지방질분해세균(脂肪質分解細菌) lipolytic bacterium
지방질분해효소(脂肪質分解酵素) lipolytic enzyme
지방질산화(脂肪質酸化) lipid oxidation
지방질합성(脂肪質合成) lipogenesis
지방질혈증(脂肪質血症) lipemia
지방질활성 lipemic activity
지방체 fat body
지방함량 fat content
지베렐라 푸지쿠로이 *Gibberella fujikuroi*
지베렐린 gibberellin
지베렐산 gibberellic acid
지상식물(地上植物) phanerophyte
지속농약(持續農藥) persistent pesticide
지속농업(持續農業) sustainable agriculture
지속베이킹파우더 double acting baking powder
지속성(持續性) persistency
지수(指數) exponent
지수기(指數期) exponential phase
지수방정식(指數方程式) exponential equation
지수법칙(指數法則) law of exponent
지수분포(指數分布) exponential distribution
지수함수(指數函數) exponential function
지시약(指示藥) indicator
지시약종이 indicator paper
지시전극 indicator electrode
지시함량 GC content
지액틴 G-actin
지에밥 jiebap
지역보건법(地域保健法) Regional Public Health Act
지연시간(遲延時間) retardation time
지연탄성(遲延彈性) delayed elasticity
지연탄성변형(遲延彈性變形) retarded elastic deformation
지용성(脂溶性) fat-soluble
지용바이타민 fat-soluble vitamin
지육(枝肉) dressed carcass
지육거래규격(枝肉去來規格) transaction standard for dressed carcass
지육냉각(枝肉冷却) dressed carcass cooling
지육등급매김 dressed carcass grading
지의류(地衣類) lichen
지제로이신 gizzeroisine
지중해식사(地中海食事) Mediterranean diet
지짐 jijim
지짐이 jijimi
지치 jichi, *Lithospermum erythrorhizon* Siebold & Zucc. 지칫과
지치속 *Lithospermum*
지친반죽 over ripe dough, over fermented

dough
지칫과 Boraginaceae
지트림 z-Trim
지포(G4)생성효소 exomaltotetrahydrolase
지표생물(指標生物) indicator organism, biological indicator
지표세균(指標細菌) indicator bacterium
지표식물(指標植物) indicator plant
지표종(指標種) indicator species
지하수(地下水) groundwater
지하수오염(地下水汚染) groundwater contamination
지하저장(地下貯藏) underground storage
지혈(止血) hemostasis
지황(地黃) jihwang, *Rehmannia glutinosa* (Gaertn.) Steud. 현삼과
직류(直流) direct current
직무(職務) job
직무기술서(職務記述書) job description
직무분석(職務分析) job analysis
직사각형(直四角形) rectangle
직시분광기(直視分光器) direct vision spectroscope
직시천칭(直視天秤) direct reading balance
직접가열(直接加熱) direct heating
직접가열방식(直接加熱方式) direct heating method
직접건조기(直接乾燥機) direct dryer
직접검경법(直接檢鏡法) direct microscopic count, direct microscopy
직접냉매(直接冷媒) direct refrigerant
직접반죽법 straight dough method
직접발효법(直接醱酵法) direct fermentation method
직접분사(直接噴射) direct injection
직접스팀가열 direct steam heating
직접열량측정법(直接熱量測定法) direct calorimetry
직접접촉살충제(直接接觸殺蟲劑) direct contact insecticide
직접접촉응축기(直接接觸凝縮機) direct contact condenser
진 gin
진간장 jinganjang
진공(眞空) vacuum
진공도(眞空度) degree of vacuum
진공방법(眞空方法) vacuum method
진공펌프 vacuum pump
진균(眞菌) fungus
진균계(眞菌界) Fungi
진균단백질(眞菌蛋白質) mycoprotein
진균독소(眞菌毒素) mycotoxin
진균독소중독증(眞菌毒素症) mycotoxicosis
진균류(眞菌類) eumycetes, true fungi
진균문(眞菌門) Eumycota
진균부패(眞菌腐敗) fungal decay
진균상(眞菌相) mycoflora
진균병(眞菌病) fungal disease
진균식물문(眞菌植物門) Eumycophyta
진균억제단백질(眞菌抑制蛋白質) antifungal protein
진균억제작용(眞菌抑制作用) antifungal function
진균억제제(眞菌抑制劑) antifungal agent
진균억제화합물(眞菌抑制化合物) antifungal compound
진균억제활성(眞菌抑制活性) antifungal activity
진균증(眞菌症) mycosis
진균학(眞菌學) mycology
진균학자(眞菌學者) mycologist
진균홀씨 fungal spore
진기베렌 zingiberene
진단(診斷) diagnosis
진단검사의학과(診斷檢査醫學科) laboratory medicine
진단방사선학(診斷放射線學) diagnostic radiology
진달래 Korean rhododendron, *Rhododendron mucronulatum* Turcz. 진달랫과
진달래목 Ericales
진달랫과 Ericaceae
진도홍주(珍島紅酒) jindohongju
진동(振動) oscillation
진동(振動) vibration
진동수(振動數) frequency
진동자(振動子) oscillator
진동체 vibrating screen
진동컨베이어 vibration conveyer
진두발 curly moss, *Chondrus ocellatus* Holmes 돌가사릿과

진두발속 *Chondrus*
진드기 tick
진드기목 Acarina
진드기살충제 acaricide
진득찰 jindeugchal, *Siegesbeckia glabrescens* Makino 국화과
진들딸기 cloudberry, *Rubus chamaemorus* L. 장미과
진딧물 aphid
진딧물과 Aphididae
진딧물약 aphicide
진성글로불린 euglobulin
진세노사이드 ginsenoside
진슬링 gin sling
진실도(眞實度) trueness
진열날짜 display date
진열캐비닛 display cabinet
진저비어 ginger beer
진저에일 ginger ale
진정세균(眞正細菌) eubacterium
진정세균목(眞正細菌目) Eubacteriales
진정자낭균강(眞正子囊菌綱) Euascomycetes
진정제(鎭靜劑) sedative
진제론 zingerone
진제롤 gingerol
진주기장 pearl millet, *Pennisetum glaucum* (L.) R. Br. 볏과
진주조개 pearl oyster, *Pinctada fucata* (Gould, 1850) 진주조갯과
진주조갯과 Pteriidae
진짜임 authenticity
진코라이드 ginkgolide
진탕(振湯) shaking
진탕기(振湯器) shaker
진탕발효 shaking fermentation
진탕배양(振湯培養) shaking culture
진탕배양기(振湯培養器) shaking incubator
진탕항온수조(振湯恒溫水槽) shaking constant temperature water bath
진토닉 gin and tonic
진통제(鎭痛劑) analgesic
진폐증(塵肺症) pneumoconiosis
진폭(振幅) amplitude
진피(眞皮) corium, dermis
진피(陳皮) dried orange peel
진한발효우유 thick fermented milk
진한시럽 heavy syrup
진한크림 heavy cream
진한휘핑크림 heavy whipping cream
진한흰자위 thick albumen
진함 thickness
진해짐 thickening
진핵생물(眞核生物) eukaryote
진핵세포(眞核細胞) eukaryotic cell
진화(進化) evolution
진황정(陣黃精) Solomon's seal, *Polygonatum falcatum* A. Gray 백합과
진흙버섯 *Phellinus igniarius* (L.) Quél. 소나무비늘버섯과
진흙버섯과 Phellinaceae
진흙버섯속 *Phellinus*
질경이 Chinese plantain, *Plantago asiatica* L. 질경잇과
질경이목 Plantaginales
질경이속 *Plantago*
질경잇과 Plantaginaceae
질긴 chewy
질량(質量) mass
질량법칙(質量法則) mass law
질량보존법칙(質量保存法則) law of conservation of mass
질량분광법(質量分光法) mass spectroscopy
질량분석계(質量分析計) mass spectrometer
질량분석기(質量分析器) mass spectroscope
질량분석법(質量分析法) mass spectrometry
질량분석사진(質量分析寫眞) mass spectrograph
질량비(質量比) mass ratio
질량속도(質量速度) mass velocity
질량수(質量數) mass number
질량스펙트럼 mass spectrum
질량작용(質量作用) mass action
질량작용법칙(質量作用法則) law of mass action
질병(疾病) disease
질병예방(疾病豫防) prevention of disease
질산(窒酸) nitric acid
질산마그네슘 magnesium nitrate
질산세균(窒酸細菌) nitrate bacterium
질산소듐 sodium nitrate

질산암모늄 ammonium nitrate
질산염(窒酸鹽) nitrate
질산은(窒酸銀) silver nitrate
질산이온 nitrate ion
질산질소(窒酸窒素) nitrate nitrogen
질산포타슘 potassium nitrate
질산화(窒酸化) nitrification
질산화과정(窒酸化過程) nitrification process
질산화세균(窒酸化細菌) nitrifying bacterium
질산화작용(窒酸化作用) nitrification
질산환원(窒酸還元) nitrate reduction
질산환원시험(窒酸還元試驗) nitrate reduction test
질산환원효소(窒酸還元酵素) nitrate reductase
질소(窒素) nitrogen
질소가스치환포장 nitrogen gas flush packaging
질소결핍증상(窒素缺乏症狀) nitrogen deficiency symptom
질소계수(窒素係數) nitrogen coefficient
질소고정(窒素固定) nitrogen fixation
질소고정미생물(窒素固定微生物) nitrogen fixing microorganism
질소고정세균(窒素固定細菌) nitrogen fixing bacterium
질소고정효소(窒素固定酵素) nitrogenase
질소단백질환산계수(窒素蛋白質換算係數) nitrogen to protein conversion factor
질소대사(窒素代謝) nitrogen metabolism
질소동화(窒素同化) nitrogen assimilation
질소동화작용(窒素同化作用) nitrogen assimilation
질소순환(窒素循環) nitrogen cycle
질소용해지수(窒素溶解指數) nitrogen solubility index
질소이용률(脫窒利用率) nitrogen utilization ratio
질소정량법(脫窒定量法) nitrogen determination method
질소제거세균(窒素除去細菌) denitrifying bacterium
질소제거작용(窒素除去作用) denitrification
질소평형(窒素平衡) nitrogen balance
질소평형지수(窒素平衡指數) nitrogen balance index
질소혈증(窒素血症) azotemia
질소화이온 nitride ion
질소화합물(窒素化合物) nitrogen compound
질소환산계수(窒素換算係數) nitrogen conversion factor
집게 hermit crab
집단감염(集團感染) mass infection
집단급식(集團給食) institutional foodservice
집단급식관리(集團給食管理) institutional foodservice management
집단급식관리자(集團給食管理者) institutional foodservice manager
집단급식산업(集團給食産業) institutional foodservice industry
집단급식소(集團給食所) institutional foodservice establishment
집단급식시설(集團給食施設) institutional foodservice facility
집단식품중독(集團食品中毒) outbreak of food poisoning
집단유전학(集團遺傳學) population genetics
집산지(集散地) collection and distribution center
집오리 domestic duck, *Anas platyrhynchos domesticus* 오릿과
집장 jipjang
집중제어(集中制御) centralized control
집중치료관리(集中治療管理) intensive care management
집쥐 brown rat, Norway rat, *Rattus norvegicus* (Berkenhout, 1769) 쥣과
집진(集塵) dust collection
집진기(集塵機) dust collector
집진설비(集塵設備) dust collection facility
집청 jibcheong
집토끼 domestic rabbit, *Oryctolagus cuniculus* L. var. *domesticus* 토낏과
집파리 housefly, *Musca domestica* Linnaeus, 1758 집파릿과
집파릿과 Muscidae
집합(集合) aggregation
집합과(集合果) multiple fruit
집합체(集合體) aggregate
징거미새우 oriental river prawn, *Macrobrachium nipponense* (De Haan, 1848) 징거미새웃과
징거미새웃과 Palaemonidae

짙은엿기름 dark malt
짚신나물 hairy agrimony, *Agrimonia pilosa* Ledeb. 장미과
짚신나물속 *Agrimonia*
짚신벌레 paramecium, *Paramecium caudatum* Ehr. 짚신벌렛과
짚신벌레목 Peniculidae
짚신벌레속 *Paramecium*
짚신벌렛과 Parameciidae
짝산 conjugated acid
짝수 even number
짝쌍 conjugate pair
짝염기 conjugated base
짝진전자 paired electrons
짝풂림제 uncoupling agent
짠 briny
짠맛 saltiness
짠물고기 saltwater fish
짠지 jjanji
짠크래커 saltine cracker
짧은가락마디증 brachydactyly
짧은부리참돌고래 short-beaked common dolphin, *Delphinus delphis* Linnaeus, 1758 돌고랫과
짧은뿔새우 *Processa sulcata* Hayashi, 1975 짧은뿔새웃과
짧은뿔새웃과 Processidae
짧은사슬지방산 short chain fatty acid
짱뚱어 bluespotted mud hopper, *Boleophthalmus pectinirostris* (Linnaeus, 1758) 망둑엇과
짱뚱어속 *Boleophthalmus*
쪽파 shallot, *Allium cepa* var. *aggregatum* G. Don. (= *Allium ampeloprasum L.*) 백합과
쭉정이 abortive seed
쭉정이씨앗 empty seed
찌개 jjigae
찐빵 steamed bread
찐쌀 jjinssal
찐어묵 steamed eomuk
찔레나무 multiflora rose, baby rose, *Rosa multiflora* Thunb. 장미과
찜 jjim
찜통 steamer

차 char
차(茶) tea
차가버섯 chaga mushroom, *Inonotus ogliquus* (Ach. ex Pers) Pilát 소나무비늘버섯과
차광재배(遮光栽培) shade culture
차기름 tea seed oil
차나 chhana
차나무 tea plant, *Camellia sinensis* (L.) Kuntze 차나뭇과
차나무목 Theales
차나무방향유 tea tree oil
차나무속 *Thea*
차나뭇과 Theaceae
차단특성(遮斷特性) barrier property
차돌박이 brisket point cut
차등원심분리(差等遠心分離) differential centrifugation
차별분석(差別分析) discriminant analysis
차비신 chavicine
차우더 chowder
차원(次元) dimension
차원분석(次元分析) dimension analysis
차음료(茶飮料) tea beverage
차이 chai
차이검사(差異檢査) difference test
차이문턱값 difference threshold
차이식별검사(差異識別檢査) discriminative difference test
차전병 chajeonbyeong
차전자(車前子) Plantaginis semen
차조 glutinous foxtail millet
차조인절미 chajo injeolmi
차좁쌀 milled glutinous foxtail millet
차추출물(茶抽出物) tea extract
차카 chakka
차카테킨 tea catechin
차코닌 chaconine
차키 charqui
차파티 chapati

차풀 senna, *Chamaecrista nomame* (Siebold) H. Ohashi 콩과
차풀속 *Chamaecrista*
차향기(茶香氣) tea aroma
착각후각(錯覺嗅覺) parosmia
착물(錯物) complex
착상(着床) implantation
착색(着色) coloration, coloring
착색(着色) pigmentation
착색료(着色料) color additive
착색미(着色米) colored rice
착색안료(着色顔料) coloring pigment
착색제(着色劑) coloring agent, colorant
착색향료(着色香料) variegated flavor
착생(着生) adherence
착염(錯鹽) complex salt
착유(搾油) oil expression
착유(搾乳) milking
착유간격(搾乳間隔) milking interval
착유기(搾乳機) milking machine
착유기간(搾乳期間) milking period
착유빈도(搾乳頻度) milking frequency
착유속도(搾乳速度) milking rate
착유시간(搾乳時間) milking time
착이온 complex ion
착즙(搾汁) juice extraction
착즙기(搾汁機) juice extractor
착즙박(搾汁粕) juice extraction cake
착즙주스 straight juice
착향료(着香料) flavoring agent
착화합물(錯化合物) complex compound
찬고기샐러드 cold meat salad
찬곳 cool place
찬물에녹는녹말 cold-water soluble starch
찬물용해도 cold water solubility
찬액체음식 cold liquid diet
찰기장 glutinous millet
찰녹말 waxy starch
찰떡 chaltteok
찰리우드제빵법 Chorleywood process
찰밀 waxy wheat
찰밥 chalbap
찰보리 waxy barley
찰수수 waxy sorghum
찰씨 glutinous seed
찰옥수수 waxy corn
참가자미 flounder, brown sole, *Limanda herzensteini* Jordan & Snyder, 1901 가자밋과
참갈파래 sea lettuce, *Ulva lactuca* Linnaeus, 1753 갈파랫과
참값 truth value
참개구리속 *Pelophylax*
참게 Chinese mitten crab, *Eriocheir sinensis* H. Milne-Edwards, 1853 바위겟과
참고래 right whale
참고래속 *Eubalaena*
참고랫과 Balaenide
참굴 Pacific oyster, *Crassostrea gigas* Thunberg, 1973 굴과
참균사 true hypha
참균사체 true mycelium
참기름 sesame oil
참기름비비누화물질 sesame seed oil unsaponifiable matter
참김 chamgim, *Porphyra tenera* Kjellman, 1897 보라털과
참깨 sesame, *Sesamum indicum* L. 참깻과
참깨깻묵 sesame seed meal
참깨속 *Sesamum*
참깨씨 sesame seed
참깻과 Pedaliaceae
참꼴뚜기 beka squid, *Loligo beka* (Sasaki, 1929) 오징엇과
참나래박쥐 chamnarebagjwi, *Cacalia koraiensis* (Nakai) K. J. Kim 국화과
참나리 tiger lily, *Lilium lancifolium* Thunb. 백합과
참나무목 Fagales
참나무속 *Quercus*
참나물 chamnamul, *Pimpinella brachycarpa* (Kom.) Nakai 산형과
참나물속 *Pimpinella*
참나뭇과 Fagaceae
참느릅나무 Chinese elm, *Ulmus parvifolia* Jacq. 느릅나뭇과
참다랑어 Atlantic bluefin tuna, *Thunnus thynnus* (Linnaeus, 1758) 고등엇과

참단백질 true protein
참당귀 chamdanggui, *Angelica gigas* Nakai 산형과
참돔 red sea bream, *Pagrus major* (Temminck & Schlegel, 1843) 도밋과
참마 Japanese mountain yam, *Dioscorea japonica* Thunb. 맛과
참복 eyespot puffer, *Takifugu chinensis* (Abe, 1949) 참복과
참복과 Tetraodontidae
참부피 true volume
참붕어 stone moroko, *Pseudorasbora parva* (Temminck & Schlegel, 1846) 잉엇과
참비중 true specific gravity
참빗살나무 spindle tree, *Euonymus sieboldianus* Blume 노박덩굴과
참새 Eurasian tree sparrow, *Passer montanus* (Linnaeus, 1758) 참샛과
참새고기 sparrow meat
참샛과 Passeridae
참서대 red tongue sole, *Cynoglossus joyneri* Günther, 1878 참서댓과
참서대류 tongue fish
참서대속 *Cynoglossus*
참서댓과 Cynoglossidae
참열매 true fruit
참오징어 golden cuttlefish, *Sepia esculenta* (Hoyle, 1885) 갑오징엇과
참외 oriental melon, *Cucumis melo* var. *makuwa* Makino 박과
참용액 true solution
참이끼목 Bryales
참이끼속 *Eubrya*
참이끼아강 Bryidae
참전복 true abalone, *Haliotis discus hannai* (Ino, 1952) 전복과
참조기 small yellow croaker, *Larimichthys polyactis* (Bleeker, 1877) 민어과
참죽나무 Chinese mahogany, Chinese toon, *Cedrela sinensis* Juss. 멀구슬나뭇과
참죽나무속 *Cedrela*
참진드기과 Ixodidae
참진드기 hard tick
참취 rough aster, *Aster scaber* Thunb. 국화과
참취속 *Aster*
참치방어 rainbow runner, *Elagatis bipinnulata* (Quoy & Gaimard, 1825) 전갱잇과
참홑파래 chamhotparae, *Monostroma nitidum* Wittrock 홑파랫과
찹쌀 glutinous rice, waxy rice
찹쌀고추장 chapssalgochujang
찹쌀떡버섯 paltry puffball, *Bovista plumbea* Pers. 말불버섯과
찹쌀떡버섯속 *Bovista*
찻잎 tea leaf
찻주전자 teapot
창고(倉庫) warehouse
창난젓 changnanjeot
창면 changmyeon
창자 intestine
창자간막 mesentery
창자관 intestinal canal
창자기생충 intestinal parasite
창자독성 enterotoxicity
창자독소 enterotoxin
창자독소생성대장균 enterotoxigenic *Escherichia coli*
창자막힘증 ileus
창자모세선충 *Capillaria philippinensis* Chitwood, Valesquez & Salazar, 1968 **모세선충과**
창자미생물 intestinal microorganism
창자미생물상 intestinal microbial flora
창자병원성대장균 enteropathogenic *Escherichia coli*
창자샘 intestinal gland
창자세균 enteric bacterium
창자세균과 Enterobacteriaceae
창자세포 enterocyte
창자알세균 enterococcus
창자알세균과 Enterococcaceae
창자알세균속 *Enterococcus*
창자액 intestinal juice
창자염 enteritis
창자염비브리오 *Vibrio parahaemolyticus*
창자염비브리오식품중독 *Vibrio parahaemolyticus food poisoning*

창자염살모넬라세균 *Salmonella enteritidis*
창자용캡슐 enteric capsule
창자용해알약 enteric-coated tablet
창자융털 intestinal villus
창자출혈성대장균 enterohemorrhagic *Escherichia coli*
창자홀씨충 intestinal sporozoon
창포(菖蒲) sweet flag, calamus, *Acorus calamus* var. *angustatus* Bess. 천남성과
창포속(菖蒲屬) *Acorus*
창포방향유(菖蒲芳香油) calamus oil
채 vegetable shreds
채끝 striploin
채끝스테이크 striploin steak
채도(彩度) chroma
채소(菜蔬) vegetable
채소과(菜蔬菓) chaesogwa
채소넥타 vegetable nectar
채소단백질(菜蔬蛋白質) vegetable protein
채소버거 vegetable burger
채소부산물(菜蔬副産物) vegetable byproduct
채소샐러드 vegetable salad
채소저장(菜蔬貯藏) vegetable storage
채소절단기(菜蔬切斷機) vegetable cutter
채소즙 vegetable juice
채소즙음료 vegetable juice beverage
채소펄프 vegetable pulp
채소퓌레 vegetable puree
채소프리서브 vegetable preserve
채소피클 vegetable pickle
채식주의(菜食主義) vegetarianism
채식주의자(菜食主義者) vegetarian
채식주의자식사(菜食主義者食事) vegetarian diet
채식주의자식품(菜食主義者食品) vegetarian food
채택(採擇) accept
채택역(採擇域) acceptance region
채토늄 글로보숨 *Chaetomium globosum*
채토뮴과 Chetomiaceae
채토뮴속 *Chaetomium*
책다듬이벌레 booklouse, *Liposcelis divinatorius* Muller 책다듬이벌렛과
책다듬이벌렛과 Liposcelidae
처녑 omasum
처방식사(處方食事) prescribed diet
처빌 chervil, *Anthriscus cerefolium* (L.) Hoffm. 산형과
처음단계 initial step
처음상태 initial state
처음속도 initial velocity
처트니 chutney
척 chuck
척도(尺度) scale
척삭(脊索) notochord
척삭동물(脊索動物) chordates
척삭동물문(脊索動物門) Chordata
척수(脊髓) spinal cord
척수반사(脊髓反射) spinal reflex
척수신경(脊髓神經) spinal nerve
척수신경절(脊椎神經節) spinal ganglion
척추(脊椎) spine
척추갈림증 spina bifida
척추동물(脊椎動物) vertebrate
척추동물아문(脊椎動物亞門) Vertebrata
척추뼈 vertebra
천궁(川芎) cnidium, *Cnidium officinale* Makino 산형과
천궁(川芎) Cnidii rhizoma
천궁속(川芎屬) *Cnidium*
천남성과(天南星科) Araceae
천남성목(天南星目) Arales
천도복숭아 nectarine, *Prunus persica* var. *nectarina* (Aiton) Maxim. 장미과
천립중(千粒重) thousand kernel weight
천마(天麻) cheonma, *Gastrodia elata* Blume 난초과
천마속(天麻屬) *Gastrodia*
천문동(天門冬) Chinese asparagus, *Asparagus cochinchinensis* (Lour.) Merr. 백합과
천수국(千壽菊) Mexican marigold, African marigold, *Tagetes erecta* L. 국화과
천수국속(千壽菊屬) *Tagetes*
천식(喘息) asthma
천연가스 natural gas
천연감미료(天然甘味料) natural sweetener
천연검 natural masticatory substance
천연고무 natural rubber

천연고분자화합물(天然高分子化合物) natural high molecular weight compound
천연과일주스 natural fruit juice
천연광천수(天然鑛泉水) natural mineral water
천연녹말(天然綠末) native starch
천연단백질(天然蛋白質) native protein
천연물(天然物) natural product
천연산화방지제(天然酸化防止劑) natural antioxidant
천연색(天然色) natural color
천연색소(天然色素) natural pigment
천연섬유(天然纖維) natural fiber
천연양념 natural seasoning
천연자원(天然資源) natural resources
천연주스 natural juice
천연착색제(天然着色劑) natural colorant
천연착향료(天然着香料) natural flavoring substance
천연케이싱 natural casing
천연향미료(天然香味料) natural flavoring
천연향신료(天然香辛料) natural spice
천일건조(天日乾燥) sun drying
천일건조법(天日乾燥法) sun drying method
천일염(天日鹽) sun dried salt
천자배양(穿刺培養) stab culture
천적(天敵) natural enemy
철(鐵) iron
철갑상어 sturgeon
철갑상어 Chinese sturgeon, *Acipenser sinensis* Gray, 1835 철갑상엇과
철갑상어목 Acipenseriformes
철갑상어알 sturgeon roe
철갑상엇과 Acipenseridae
철결핍(鐵缺乏) iron deficiency
철결핍빈혈(鐵缺乏貧血) iron deficiency anemia
철고리 iron still
철과다(鐵過多) iron overload
철단백질(鐵蛋白質) ferroprotein
철독성(鐵毒性) iron toxicity
철(III)이온 ferric ion
철세균(鐵細菌) iron bacterium
철운반단백질(鐵運搬蛋白質) iron transport protein
철(II)이온 ferrous ion
철콘스탄탄열전기쌍 iron constantan thermocouple
철클로로필린소듐 sodium iron chlorophyllin
철폐증(鐵肺症) pulmonary siderosis
첨가물(添加物) additive
첨가반응(添加反應) addition reaction
첨가생성물(添加生成物) adduct
첨가중합(添加重合) addition polymerization
첨가중합체(添加重合體) addition polymer
첨차(甛茶) cheomcha, *Rubus suavissimus* S. Lee 장미과
첨칫과 Ophidiidae
첨치목 Ophidiiformes
첫물차 first crop tea
첫시료효과 first sample effect
청각(聽覺) auditory sensation
청각(青角) green sea fingers, *Codium fragile* (Suringar) Hariot 청각과
청각과(青角科) Codiaceae
청각기관(聽覺器官) auditory organ
청각목(青角目) Codiales
청각세포(聽覺細胞) auditory cell
청각신경(聽覺神經) auditory nerve
청경채(青梗菜) pak choi, *Brassica rapa* L. var. *chinensis* (L.) Kitam 십자화과
청과물(青果物) fresh fruits and fresh vegetables
청국장(淸麴醬) cheonggukjang
청나래고사리 fiddlehead
청대구(青大口) blue whiting, *Micromesistius poutassou* (A. Risso, 1827) 대구과
청동(青銅) bronze
청둥오리 mallard, *Anas platyrhynchos* Linnaeus, 1758 오릿과
청량감(淸凉感) cooling sensation
청미래덩굴 smilax, *Smilax china* L. 청미래덩굴과
청미래덩굴과 Smilacaceae
청미래덩굴속 *Smilax*
청반(淸班) blue meat
청산(青酸) prussic acid
청상아리 shortfin mako shark, *Isurus oxyrinchus* Rafinesque, 1810 악상엇과

청새리상어 blue shark, *Prionace glauca* (Linnaeus, 1758) 흉상엇과
청새치 striped marlin, *Tetrapturus audax* (Philippi, 1887) 황새칫과
청새치속 *Tetrapturus*
청색루핀 blue lupin, *Lupinus angustifolius* L. 콩과
청색용설란(青色龍舌蘭) blue agave, tequila agave, *Agave tequilana* F. A. C. Weber 용설란과
청색왕게 blue king crab, *Paralithodes platypus* (Brandt, 1850) 왕겟과
청색우유(青色牛乳) blue milk
청색증(青色症) cyanosis
청소(淸掃) clearance
청소율(淸掃率) clearance
청어(青魚) herring
청어과(青魚科) Clupeidae
청어기름 herring oil
청어목(青魚目) Clupeiformes
청어알 herring roe
청장(淸醬) cheongjang
청전류(青錢柳) wheel wingnut, *Cyclocarya paliurus* (Batalin) IIjinsk. 가래나뭇과
청정(淸淨) clarification
청정(淸淨) fining
청정기(淸淨器) clarifier
청정에너지 clean energy
청정재배(淸淨栽培) clean culture
청정제(淸淨劑) finings, fining agent
청조(青潮) blue tide
청주(淸酒) cheongju
청차(青茶) qing cha
청치 green rice kernel
청태장 cheongtaejang
청포묵 cheongpomuk
체 sieve
체가름 sieve analysis
체강(體腔) coelom
체관 sieve tube
체관부 phloem
체내수정(體內受精) internal fertilization
체더링 cheddaring
체더치즈 Cheddar cheese
체류시간(滯留時間) residence time
체류시간분포(滯留時間分布) residence time distribution
체리로렐 cherry laurel, *Prunus laurocerasus* L. 장미과
체리모야 cherimoya, *Annona cherimola* Miller 포포나뭇과
체리브랜디 cherry brandy
체분리법 sieving method
체셔치즈 Cheshire cheese
체스터치즈 Chester cheese
체액(體液) body fluid
체액면역(體液免疫) humoral immunity
체액전해질균형(體液電解質均衡) fluid and electrolyte balance
체액평형(體液平衡) fluid balance
체액항체(體液抗體) humoral antibody
체온(體溫) body temperature
체온계(體溫計) clinical thermometer
체온조절(體溫調節) thermoregulation
체온조절중추(體溫調節中樞) thermoregulatory center
체외수정(體外受精) external fertilization
체인컨베이어 chain conveyor
체장메기 pink cusk-eel, kingklip, *Genypterus blacodes* (J. R. Foster, 1801) 첨칫과
체중(體重) body weight
체중계(體重計) body weight scale
체중순환(體重循環) body weight cycle
체중조절식품(體重調節食品) weight control food
체지방(體脂肪) body fat
체질 sieving
체크밸브 check valve
초(炒) cho
초(秒) second
초경(初經) menarche
초고온(超高溫) ultrahigh temperature, UHT
초고온살균(超高溫殺菌) ultrahigh temperature sterilization
초고온순간살균(超高溫瞬間殺菌) ultrapasteurization
초고온처리(超高溫處理) ultrahigh temperature treatment
초고온살균우유(超高溫殺菌牛乳) ultrahigh

temperature milk
초고온살균크림 ultrahigh temperature cream
초고추장 chogochujang
초과산화물(超過酸化物) superoxide
초과산화물이온 superoxide ion
초과산화물제거효소(超過酸化物除去酵素) superoxide dismutase, SOD
초냉매(超冷媒) cryogen
초단파(超短波) very high frequency, VHF
초당(焦糖) burnt sugar
초록홍합 green mussel, green-lipped mussel
초롱꽃과 Campanulaceae
초롱꽃목 Campanulales
초롱꽃속 *Campanula*
초미량분석(超微量分析) ultramicroanalysis
초미세구조(超微細構造) ultrastructure
초밥 sushi
초본식물(草本植物) herbaceous plant
초식동물(草食動物) herbivore
초어(草魚) grass carp, *Ctenopharyngodon idellus* (Valenciennes, 1844) 잉엇과
초원심분리(超遠心分離) ultracentrifugation
초원심분리기(超遠心分離機) ultracentrifuge
초유(初乳) colostrum
초음파(超音波) ultrasonic wave
초음파건조(超音波乾燥) ultrasonic drying
초음파건조기(超音波乾燥機) ultrasonic dryer
초음파검사(超音波檢査) ultrasonography
초음파균질기(超音波均質機) ultrasonic homogenizer
초음파밀봉(超音波密封) ultrasonic sealing
초음파살균법(超音波殺菌法) ultrasonic sterilization
초음파세척기(超音波洗滌器) ultrasonic washer
초음파학(超音波學) ultrasonics
초임계고속액체크로마토그래피 supercritical high performance liquid chromatography
초임계압력(超臨界壓力) supercritical pressure
초임계유체(超臨界流體) supercritical fluid
초임계유체추출(超臨界流體抽出) supercritical fluid extraction
초임계유체크로마토그래피 supercritical fluid chromatography
초임계이산화탄소추출(超臨界二酸化炭素抽出) supercritical carbon dioxide extraction
초장(醋醬) chojang
초저밀도지방질단백질(超低密度脂肪質蛋白質) very low density lipoprotein, VLDL
초저열량식사(超低熱量食事) very low-calorie diet, VLCD
초저온냉동(超低溫冷凍) deep freezing
초저온냉동기(超低溫冷凍機) deep freezer
초저온냉동식품(超低溫冷凍食品) deep frozen food
초전도(超傳導) superconduction
초전도체(超電導體) superconductor
초전도현상(超傳導現象) superconducting phenomenon
초점(焦點) focus
초점그룹연구 focus group study
초점집단(焦點集團) focus group
초점패널연구 focus panel study
초콜릿 chocolate
초콜릿가루 chocolate powder
초콜릿과자 chocolate confectionery
초콜릿디저트 chocolate dessert
초콜릿매스 chocolate mass
초콜릿모조품 imitation chocolate, chocolate substitute
초콜릿바 chocolate bar
초콜릿시럽 chocolate syrup
초콜릿액 chocolate liquor
초콜릿우유 chocolate milk
초콜릿음료 chocolate drink
초콜릿칩 chocolate chip
초콜릿커버처 chocolate couverture
초콜릿케이크 chocolate cake
초콜릿코팅 chocolate coating
초콜릿트뤼플 chocolate truffle
초콜릿필링 chocolate filling
초크베리 chokeberry
초파리 vinegar fly
초파리속 *Drosophila*
초파릿과 Drosophilidae
초퍼 chopper
초퍼밀 chopper mill
초피 chopi
초피나무 Japanese pepper, *Zanthoxylum*

piperitum (L.) DC. 운향과
초핑 chopping
촉각(觸覺) tactile sense
촉각기관(觸覺器官) tactile organ
촉각받개 tactile receptor
촉각샘 antennary gland
촉감(觸感) tactile sensation
촉매(觸媒) catalyst
촉매독(觸媒毒) catalyst poison
촉매반응(觸媒反應) catalytic reaction
촉매연소(觸媒燃燒) catalytic combustion
촉매자리 catalytic site
촉매작용(觸媒作用) catalysis
촉성재배(促成栽培) forcing culture
촉수(觸手) tentacle
촉진(促進) promotion
촉진유전자(促進遺傳子) promoter
촉진제(促進劑) accelerator, promotor
촉진퍼짐 facilitated diffusion
촉진호르몬 trophic hormone
촉촉함 moistness
총가용고형물(總可溶固形物) total soluble solid
총각김치 chonggakkimchi
총고형물(總固形物) total solid
총괄성(總括性) colligative property
총괄열전달(總括熱傳達) overall heat transfer
총괄열전달계수(總括熱傳達係數) overall heat transfer coefficient
총괄열통과(總括熱通過) overall heat transmission
총물질수지(總物質收支) total material balance
총반응(總反應) overall reaction
총산값 total acid value
총산도(總酸度) total acidity
총산소세균수(總酸素細菌數) total aerobic count
총산소요구량(總酸素要求量) total oxygen demand, TOD
총세균수(總細菌數) total bacterial count
총소화영양소(總消化營養素) total digestible nutrient
총식품섬유(總食品纖維) total dietary fiber
총알고둥 Korean common periwinkle, *Littorina brevicula* (Philippi, 1844) 총알고둥과
총알고둥과 Littorinidae
총압력(總壓力) total pressure
총에너지소비량 total energy expenditure
총우유고형물(總牛乳固形物) total milk solid
총용존고형물(總溶存固形物) total dissolved solid, TDS
총질소(總窒素) total nitrogen
총채벌레과 Thripidae
총채벌레류 thrips
총철결합능력(總鐵結合能力) total iron binding capacity, TIBC
총콜레스테롤 total cholesterol
최고온도(最高溫度) maximum temperature
최고점성(最高粘性) maximum viscosity
최고혈압(最高血壓) maximal blood pressure
최대무독성량(最大無毒性量) no observable adverse effect level, NOAEL
최대무작용량(最大無作用量) no observable effect level, NOEL
최대선량(最大線量) maximum dose
최대산소섭취량(最大酸素攝取量) maximal oxygen uptake
최대심장박동수(最大心臟搏動數) maximal heart rate
최대얼음결정생성대 zone of maximum ice crystal formation
최대용량(最大用量) maximum dose
최대잔류허용량(最大殘留許容量) maximum residue limits, MRL
최대허용농도(最大許容濃度) maximum allowable concentration
최대허용선량(最大許容線量) maximum permissible dose
최빈값 mode
최상급쇠고기 prime
최상품질기한(最上品質期限) best before date
최색(催色) degreening
최소가공(最小加工) minimal processing
최소가공식품(最小加工食品) minimally processed food
최소감지차이(最小感知差異) just noticeable difference, JND
최소배지(最小培地) minimal medium
최소억제농도(最小抑制濃度) minimum inhibitory concentration

최소유의차(最小有意差) least significance difference
최소인식냄새 minimal identifiable odor
최소제곱법 least square method
최소치사량(最小致死量) minimal lethal dose
최소필요량(最小必要量) minimum requirement
최외각전자(最外殼電子) peripheral electron
최저밀도(最低密度) lowest density
최저습도(最低濕度) minimum humidity
최저온도(最低溫度) minimum temperature
최저임금(最低賃金) minimum wage
최저혈압(最低血壓) minimal blood pressure
최적생장온도(最適生長溫度) optimum growth temperature
최적수분함량(最適水分含量) optimum moisture content
최적온도(最適溫度) optimum temperature
최적피에이치 optimum pH
최적화(最適化) optimization
최종사용날짜 use by date, expiration date
최종사용자(最終使用者) end user
최종산도(最終酸度) ultimate acidity
최종생성물(最終生成物) end product
최종생성물억제(最終生成物抑制) end product inhibition
최종소비자(最終消費者) final consumer
최종숙주(最終宿主) definitive host
최종피에이치 ultimate pH
최확수(最確數) most probable number, MPN
최확수법(最確數法) most probable number method
추어(鰍魚) mud loach
추어탕 chueotang
추적자(追跡者) tracer
추젓 chujeot
추정(推定) estimation
추정값 estimate
추정섭취량(推定攝取量) estimated daily intake, EDI
추출(抽出) extraction
추출공정(抽出工程) extraction process
추출기(抽出器) extractor
추출률(抽出率) extractability
추출물(抽出物) extract
추출발효(抽出醱酵) extractive fermentation
추출제(抽出劑) extracting agent
추출증류(抽出蒸溜) extractive distillation
추출차(抽出茶) extracted tea
추출탑(抽出塔) extractive tower
추출평형 extraction equilibrium
추파너트 chufa nut
축(軸) axis
축과병(縮果病) internal cork
축류(軸流) axial flow
축류펌프 axial flow pump
축사(縮砂) black cardamom seed, *Amomum xanthoides* Wall 생강과
축삭(軸索) axon
축산(畜産) animal husbandry, livestock breeding
축산물(畜産物) livestock product
축산물위생관리법(畜産物衛生管理法) Livestock Products Sanitary Control Act
축산부산물(畜産副産物) livestock byproduct
축산업(畜産業) livestock industry
축산학(畜産學) animal science
축산학자(畜産學者) animal scientist
축소(縮小) reduction
축소법(縮小法) reduction method
축적(蓄積) accumulation
축척(縮尺) scale
축축함 wetness
축합(縮合) condensation
축합반응(縮合反應) condensation reaction
축합중합(縮合重合) condensation polymerization
축합효소(縮合酵素) condensing enzyme
춘장 chunjang
출력(出力) output
출생률(出生率) birth rate
출아(出芽) budding
출하(出荷) shipping
출혈(出血) hemorrhage
출혈성뇌졸중(出血性腦卒中) hemorrhagic stroke
충격(衝擊) impact
충격(衝擊) shock
충격가속(衝擊加速) impacting acceleration
충격기(衝擊機) entoleter
충격력(衝擊力) impact force

충격분리기(衝擊分離機) impingement separator
충격분쇄기(衝擊粉碎機) impact mill
충격세기 impact strength
충격시험기(衝擊試驗器) impact tester
충격압출캔 impact extruded can
충격파쇄기(衝擊破碎機) impact crusher
충격피니셔 impact finisher
충돌(衝突) collision
충돌건조(衝突乾燥) impingement drying
충돌수(衝突數) collision frequency
충동구매(衝動購買) impulse buying
충분섭취량(充分攝取量) adequate intake, AI
충분조건(充分條件) sufficient condition
충전(充塡) filling
충전기(充塡機) filler
충전물(充塡物) filling material
충전제(充塡劑) filler
충전탑 packed column, packed tower
충치(蟲齒) dental caries
충치방지감미료(蟲齒防止甘味料) anticaries sweetener
충해(蟲害) insect damage
취 chwi
취급(取扱) handling
취나물 chwinamul
취반(炊飯) rice cooking
취반속도(炊飯速度) rice cooking rate
측백나무 oriental arborvitae, *Thuja orientalis* L. 측백나뭇과
측백나무속 *Thuja*
측백나뭇과 Cupressaceae
측정(測定) measurement
측정값 measured value
층(層) layer
층층나무목 Cornales
층층나뭇과 Cornaceae
층층둥굴레 *Polygonatum stenophyllum* Maxim. 백합과
층흐름 laminar flow
치과학(齒科學) dentistry
치료(治療) therapy
치료식사(治療食事) therapeutic diet
치마살 thin flank
치마양지 short plate
치매(癡呆) dementia
치밀뼈 compact bone
치사(致死) lethal
치사계수(致死係數) lethal coefficient
치사농도(致死濃度) lethal concentration
치사량(致死量) lethal dose, LD
치사범위(致死範圍) lethal range
치사선량(致死線量) lethal radiation dose
치사온도(致死溫度) lethal temperature
치사유전자(致死遺傳子) lethal gene
치사속도(致死速度) lethal rate
치사율(致死率) lethality
치아(齒牙) tooth
치아건강(齒牙健康) dental health
치어(稚魚) whitebait
치자(梔子) gardenia seed
치자나무 common gardenia, cape jasmine, *Gardenia jasminoides* Ellis 꼭두서닛과
치자나무속 *Gardenia*
치자노랑 gardenia yellow
치자빨강 gardenia red
치자파랑 gardenia blue
치즈 cheese
치즈가공솥 cheese processing machine
치즈가루 cheese powder
치즈결함 cheese defect
치즈껍질 cheese rind
치즈대용물 cheese substitute, cheese analog
치즈버거 cheeseburger
치즈소스 cheese sauce
치즈숙성 cheese aging
치즈숙성실 cheese ripening room
치즈스타터 cheese starter
치즈스틱 cheese stick
치즈스프레드 cheese spread
치즈슬라이스 cheese slice
치즈압착기 cheese press
치즈왁스 cheese wax
치즈우유 cheese milk, cheesemaking milk
치즈유청 cheese whey
치즈응고통 cheese vat
치즈제조 cheesemaking, cheese manufacture
치즈종류 cheese variety
치즈진드기 cheese mite

치즈착색제 cheese coloring agent
치즈커드 cheese curd
치즈케이크 cheesecake
치즈크래커 cheese cracker
치즈크림 cheese cream
치즈클로스 cheese cloth
치즈틀 cheese mold
치즈푸드 cheese food
치즈향 cheesy aroma
치즈향미 cheese flavor
치커리 chicory, *Cichorium intybus* L. 국화과
치커리추출물 chicory extract
치클 chicle
치클껌 chicle gum
치킨너깃 chicken nugget
치킨로프 chicken loaf
치킨크림수프 chicken cream soup
치킨햄 chicken ham
치핵(痔核) hemorrhoid
치환(置換) substitution
치환도(置換度) degree of substitution
치환반응(置換反應) substitution reaction
치환크로마토그래피 substitution chromatography
친수기(親水基) hydrophilic group
친수도(親水度) hydrophilic degree
친수분자(親水分子) hydrophilic molecule
친수성(親水性) hydrophilicity
친수졸 hydrophilic sol
친수중합체(親水重合體) hydrophilic polymer
친수친유성비율(親水親油性比率) hydrophilic-lipophilic balance, HLB
친수콜로이드 hydrocolloid
친액성(親液性) lyophilic
친액콜로이드 lyophilic colloid
친유성(親油性) lipophilic
친유기(親油基) lipophilic group
친전자시약(親電子試藥) electrophilic reagent
친전자첨가(親電子添加) electrophilic addition
친전자체(親電子體) electrophile
친전자치환(親電子置換) electrophilic substitution
친주(親株) parent strain
친지방제(親脂肪劑) lipotropic agent
친칠라 Chinchila
친카라 chinkara, Indian gazelle, *Gazella bennettii* (Skyes, 1831) 솟과
친핵성(親核性) nucleophilicity
친핵시약(親核試藥) nucleophile reagent
친핵제(親核劑) nucleophilic agent
친핵첨가(親核添加) nucleophilic addition
친핵체(親核體) nucleophile
친핵치환(親核置換) nucleophilic substitution
친화도(親和度) affinity
친화크로마토그래피 affinity chromatography
친환경공정(親環境工程) environment-friendly process
친환경농산물(親環境農産物) environment-friendly agricultural produce
친환경농업(親環境農業) environment-friendly agriculture
친환경농업육성법(親環境農業育成法) Environment-Friendly Agriculture Promotion Act
친환경시장(親環境市場) green market
친환경재료(親環境材料) environment-friendly material
친환경포장재(親環境包裝材) environment-friendly packaging material
친환경표지(親環境標識) ecolabel
칠러 chiller
칠레개암 Chilean hazelnut, *Gevuina avellana* (Molina) Gaertn. 프로테아과
칠리 chilli
칠리고추 chili pepper
칠리소스 chilli sauce
칠면조(七面鳥) turkey, *Meleagris gallopavo* Linnaeus, 1758 꿩과
칠면조간(七面鳥肝) turkey liver
칠면조고기 turkey meat
칠면조민스 turkey mince
칠면조소시지 turkey sausage
칠면조알 turkey's egg
칠면조패티 turkey patty
칠면조프랑크푸르트 turkey frankfurter
칠면조햄 turkey ham
칠분도쌀 70% milled rice
칠성장어(七星長魚) Arctic lamprey, *Lampetra japonica* (Tilesius, 1811) 칠성장어과
칠성장어과(七星長魚科) Petromyzontidae
칠성장어목(七星長魚目) Petromyzontiformes

칠에스글로불린 7S globulin
칠엽수(七葉樹) horse chestnut, *Aesculus turbinata* Blume 칠엽수과
칠엽수과(七葉樹科) Hippocastanaceae
칠엽수아과(七葉樹亞科) Hippocastanoideae
칡 kudzu, *Pueraria lobata* (Willd.) Ohwi 콩과
칡녹말 kudzu starch
칡뿌리 kudzu root
칡속 *Pueraria*
칡차 chikcha
침 saliva
침강(沈降) sedimentation
침강계수(沈降係數) sedimentation coefficient
침강반응(沈降反應) precipitation reaction
침강분리(沈降分離) sedimentation separation
침강분석(沈降分析) sedimentation analysis
침강상수(沈降常數) sedimentation constant
침강소(沈降素) precipitin
침강속도(沈降速度) sedimentation rate
침강시험(沈降試驗) sedimentation test
침강평형(沈降平衡) sedimentation equilibrium
침대체중계 in-bed weight scale
침샘 salivary gland
침수식물(浸水植物) submerged plant
침식(浸蝕) erosion
침아밀레이스 saliva amylase
침액(浸液) immersion liquid
침윤(浸潤) infiltration
침윤속도(浸潤速度) infiltration velocity
침입(侵入) invasion
침전(沈澱) precipitation
침전값 precipitation value
침전물(沈澱物) precipitate
침전법(沈澱法) precipitation method
침전보조제(沈澱補助劑) precipitation aid
침전성(沈澱性) precipitability
침전시험(沈澱試驗) sediment test
침전적정(沈澱滴定) precipitation titration
침전제(沈澱劑) preciptitant
침전탱크 settling tank
침지(浸漬) steeping
침지(浸漬) soaking
침지(浸漬) immersion
침지냉동(浸漬冷凍) immersion freezing
침지법(浸漬法) immersion method
침지수(浸漬水) steeping water
침지탱크 steeping tank
침지히터 immersion heater
침출(浸出) leaching
침출법(浸出法) leaching method
침출수(浸出水) leachate
침출주(浸出酒) leached liquor
침투(浸透) penetration
침투능력(浸透能力) penetration capacity
침투살충제(浸透殺蟲劑) systemic insecticide
침향(沈香) agilarwood, *Aquilaria agallocha* Roxb. 팥꽃나뭇과
칩 chip
칩성질 chipping property
칭량(秤量) weighing
칭량병(秤量甁) weighing bottle

카나가와현상 Kanagawa phenomenon
카나마이신 kanamycin
카나바닌 canavanine
카나우바야자나무 carnauba palm, *Copernicia cerifera* (Arruda) Mart. 야자과
카나우바왁스 carnauba wax, Brazil wax
카나우브산 carnaubic acid
카나페 canape
카넬로니 canneloni
카노솔 carnosol
카노스산 carnosic acid
카노신 carnosine
카놀라 canola
카놀라기름 canola oil
카니스텔 canistel, *Pouteria campechiana* (Kunth) Baehni 사포타과
카니틴 carnitine
카다몸 cardamom, *Elettaria cardamomum* (L.) Maton 생강과
카다몸방향유 cardamom oil

카다베린 cadaverine
카둔 cardoon, *Cynara cardunculus* L. 국화과
카드뮴 cadmium
카드뮴중독 cadmium poisoning
카라기난 carrageenan
카라기난젤 carageenan gel
카라야검 karaya gum
카라야검나무 karaya gum tree, *Sterculia urens* Roxb. 벽오동과
카람볼라 carambola, starfruit, *Averrhoa carambola* L. 괭이밥과
카레 curry
카레가루 curry powder
카레나무 curry tree, *Murraya koenigii* (L.) Sprengel 운향과
카레라이스 curried rice
카레잎 curry leaf
카렐음식 Karell diet
카로테노이드 carotenoid
카로텐 carotene
카로텐혈증 carotenemia
카르노박테륨과 Carnobacteriaceae
카르노박테륨 디베르겐스 *Carnobacterium divergens*
카르노박테륨 모빌레 *Carnobacterium mobile*
카르노박테륨속 *Carnobacterium*
카르노박테륨 피스시콜라 *Carnobacterium piscicola*
카르야속 *Carya*
카리오필렌 caryophyllene
카마렉신 camalexin
카망베르 Camembert
카모마일 chamomile, Roman chamomile, *Chamaemelum nobile* (L.) All. (= *Anthemis noblis* L.) 국화과
카모이신 carmoisine
카무카무 camu camu, *Myrciaria dubia* (Kunth) McVaugh 마르타과
카민 carmine
카민산 carminic acid
카바 kava, *Piper methysticum* G. Forst. 후춧과
카바독스 carbadox
카바릴 carbaryl
카바마이드 carbamide
카바메이트 carbamate
카바메이트농약 carbamate pesticide
카바자이드 carbazide
카바졸 carbazole
카바크롤 carvacrol
카바페넴 carbapenem
카바페넴내성창자세균 carbanepem-resistant enterobacter
카밤산 carbamic acid
카밤산메틸 methyl carbamate
카밤산에틸 ethyl carbamate
카베올 carveol
카벤다졸 carbendazole
카벤다짐 carbendazim
카보네이트 carbonate
카보닐 carbonyl
카보닐값 carbonyl value
카보닐기 carbonyl group
카보닐화합물 carbonyl compound
카보시스테인 carbocysteine
카보퓨란 carbofuran
카복시 carboxy
카복시메틸녹말 carboxymethyl starch
카복시메틸녹말소듐 sodium carboxymethyl starch
카복시메틸셀룰로스 carboxymethyl cellulose, CMC
카복시메틸셀룰로스소듐 sodium carboxymethyl cellulose
카복시메틸셀룰로스칼슘 calcium carboxymethyl cellulose
카복시펩티데이스 carboxypeptidase
카복실기 carboxyl group
카복실기전달반응 transcarboxylation
카복실기전달효소 transcarboxylase
카복실기제거반응 decarboxylation
카복실기제거효소 decarboxylase
카복실말단 carboxyl terminal
카복실산 carboxylic acid
카복실에스터가수분해효소 carboxylic ester hydrolase
카복실에스터화효소 carboxylesterase
카복실화 carboxylation

카복실화효소 carboxylase
카본 carvone
카본블랙 carbon black
카볼린 carboline
카브알데하이드 carbaldehyde
카사바 cassava, manioc, *Manihot esculenta* Crantz 대극과
카사바가루 cassava meal
카사바나나 cassabanana, *Sicana odorifera* (Vell.) Naudin 박과
카사바녹말 cassava starch
카사바칩 cassava chip
카살 kasal
카세이네이트 caseinate
카세이노마크로펩타이드 caseinomacropeptide
카세인 casein
카세인가수분해물 casein hydrolyzate
카세인공침물 casein coprecipitate
카세인마이셀 casein micelle
카세인섬유 casein fiber
카세인소듐 sodium caseinate
카세인유청 casein whey
카세인인산펩타이드 casein phosphopeptide
카세인칼슘 calcium caseinate
카세인커드 casein curd
카세인플라스틱 casein plastic
카스텔라 castella
카슨유체 Casson fluid
카시아 Chinese cinnamon, Chinese cassia, *Cinnamomum cassia* (Nees & T. Nees) J. Presl 녹나뭇과
카시아검 cassia gum
카시아방향유 cassia oil
카시아속 *Cassia*
카옌페퍼 cayenne pepper
카운터싱크 countersink
카이란 kai-lan, Chinese broccoli, Chinese kale, *Brassica oleracea* L. var. *alboglabra* (L. H. Bailey) Musil 십자화과
카이모그래프 kymograph
카이제곱분포 chi-square distribution
카임 chyme
카카두플럼 Kakadu plum, *Terminalia ferdinandiana* Exell 콤브레타과
카카오 cacao
카켁시아 cachexia
카코딜산 cacodylic acid
카타민 carthamin
카탈레이스 catalase
카터닝 cartoning
카턴 carton
카턴보드 cartonboard
카턴팩 carton pack
카테콜 catechol
카테콜산화효소 catechol oxidase
카테콜아민 catecholamine
카테킨 catechin
카테터 catheter
카템페 katamfe, *Thaumatococcus daniellii* (Benn.) Benth. 마란타과
카텝신 cathepsin
카트리지거르개 cartridge filter
카트리지히터 cartridge heater
카파카세인 κ-casein
카페 cafe
카페로열 cafe royal
카페산 caffeic acid
카페스톨 cafestol
카페오일퀸산 caffeoylquinic acid
카페올레 cafe au lait
카페인 caffeine
카페인제거 decaffeination
카페인제거차 decaffeinated tea
카페인제거커피 decaffeinated coffee
카페테리아 cafeteria
카펫조개 carpet shell, clovis
카포콜로 capocollo
카푸치노커피 cappuccino coffee
카프레닌 caprenin
카프레토 capretto
카프로락탐 caprolactam
카프로산 caproic acid
카프로산알릴 allyl caproate
카프로산에틸 ethyl caproate
카프로알데하이드 carproic aldehyde
카프르산 capric acid
카프르산에틸 ethyl caprate
카프릴산 caprylic acid

카프릴산에틸 ethyl caprylate
카프릴산트라이아실글리세롤 caprylic acid triacylglycerol
카프릴알코올 capryl alcohol
카피르라임 kaffir lime, *Citrus hystrix* DC 운향과
카피르맥주 Kaffir beer
카피린 kafirin
카피식품 copy food
칵테일 cocktail
칵테일소스 cocktail sauce
칸나과 Cannaceae
칸델라 candela
칸델릴라 candelilla, *Euphorbia antisyphilitica* Zucc. 대극과
칸델릴라왁스 candelilla wax
칸디다 리포리티카 *Candida lipolytica*
칸디다 발리다 *Candida valida*
칸디다속 *Candida*
칸디다 슈도트로피칼리스 *Candida pseudotropicalis*
칸디다 유틸리스 *Candida utilis*
칸디다 제이라노이데스 *Candida zeylanoides*
칸디다 케피르 *Candida kefir*
칸디다 트로피칼리스 *Candida tropicalis*
칸디다 파마타 *Candida famata*
칸타잔틴 canthaxanthin
칼 knife
칼국수 kalguksu
칼라만시 calamansi
칼라몬딘 calamondin, *Citrofortunella microcarpa* (Bunge) Wijnands 운향과
칼라민타속 *Calamintha*
칼라칸드 kalakand
칼란드리아 calandria
칼로리 calorie
칼로리값 caloric value
칼로리조절 calorie control
칼로리환산계수 calorie conversion factor
칼로리효과 caloric effect
칼로스 callose
칼로필라과 Calophyllaceae
칼리스테핀 callistephin
칼리시바이러스 calicivirus
칼리시바이러스과 Caliciviridae
칼모듈린 calmodulin
칼바도스 calvados
칼새과 Apodidae
칼슘 calcium
칼슘검사음식 calcium test diet
칼슘결합칼모듈린단백질 calcium binding calmodulin protein
칼슘이온 calcium ion
칼슘이온통로 calcium ion channel
칼슘통로 calcium channel
칼슘통로봉쇄제 calcium channel blocker
칼슘펌프 calcium pump
칼슘하이드록시아파타이트 calcium hydroxyapatite
칼시바이러스과 Calciviridae
칼시토닌 calcitonin
칼시트라이올 calcitriol
칼시페롤 calciferol
칼코젠 chalcogen
칼콘 chalcone
칼파스타틴 calpastatin
칼페인 calpain
칼포닌 calponin
칼피셔법 Karl Fisher's method
칼피스 Calpis
캄페스테롤 campesterol
캄페클로르 camphechlor
캄펜 camphene
캄필로박터과 Campylobacteraceae
캄필로박터속 *Campylobacter*
캄필로박터 엔테리티디스 *Campylobacter enteritidis*
캄필로박터 제주니 *Campylobacter jejuni*
캄필로박터증 campylobacteriosis
캄필로박터 콜리 *Campylobacter coli*
캅시쿰속 *Capsicum*
캐나다발삼 Canada balsam
캐나다베이컨 Canadian bacon
캐나다위스키 Canadian whisky
캐러멜 caramel
캐러멜반응 caramelization reaction
캐러멜색소 caramel color
캐러멜시럽 caramel syrup

캐러멜화 caramelization
캐러웨이 caraway, *Carum carvi* L. 운향과
캐러웨이방향유 caraway essential oil
캐러웨이씨 caraway seed
캐롭검 carob gum
캐롭꼬투리 carob pod
캐롭나무 carob tree, *Ceratonia siliqua* L. 콩과
캐롭콩 carob bean
캐비닛건조기 cabinet dryer
캐비아 caviar
캐비아대용물 caviar substitute
캐비테이터 Cavitator
캐서롤 casserole
캐셜블루 cashel blue
캐슈나무 cashew tree, *Anacardium occidentale* L. 옻나뭇과
캐슈너트 cashew nut
캐슈애플 cashew apple
캐슈애플주스 cashew apple juice
캐스케이드냉각기 cascade cooler
캐스트필름 cast film
캐터필러착즙기 caterpillar juice extractor
캐핑 capping
캔 can
캔내면부식 internal corrosion in can
캔내부압력 internal pressure in can
캔녹 can rust
캔들너트나무 candlenut tree, *Aleurites moluccana* (L.) Willd. 대극과
캔들링 candling
캔디 candy
캔디껌 candy gum
캔마크 can mark
캔몸통 can body
캔브라기름 canbra oil
캔세척기 can washer
캔압력 can pressure
캔음료 canned beverage
캔코팅 can coating
캔크기 can size
캔털루프 cantaloupe
캘러스 callus
캘러스배양 callus culture
캘리퍼스 calipers
캘리포니아날치 California flying fish, *Cheilopogon pinnatibarbatus californicus* (Cooper, 1863) 날칫과
캘리포니아멸치 California anchovy, northern anchovy, *Engraulis mordax* Girard, 1854 멸칫과
캘리포니아블랙베리 California blackberry, *Rubus ursinus* Cham. & Schldl. 장미과
캘리포니아야생포도 California wild grape, *Vitis californica* Benth. 포도과
캘빈온도 Kelvin temperature
캘빈회로 Calvin cycle
캠페롤 kaempferol
캠프너식사 Kempner's diet
캡 cap
캡사이시노이드 capsaicinoid
캡사이신 capsaicin
캡산틴 capsanthin
캡소루빈 capsorubin
캡소미어 capsomere
캡슐 capsule
캡슐화 encapsulation
캡시다이올 capsidiol
캡시드 capsid
캡시쿰 capsicum
캡시쿰올레오레진 capsicum oleoresin
캡타폴 captafol
캡탄 captan
캡토프릴 captopril
캥거루 kangaroo
캥거루고기 kangaroo meat
캥거루과 Macropodidae
커드 curd
커드가온 curd heating
커드나이프 curd knife
커드미터 curd meter
커드분쇄기 curd mill
커드성 curdiness
커드입자 curd particle
커드장력 curd tension
커드장력측정기 curd tension meter
커드치즈 curd cheese
커들란 curdlan

커런트 currant
커버처 couverture
커스터드 custard
커스터드가루 custard powder
커스터드소스 custard sauce
커스터드아이스크림 custard ice cream
커스터드애플 custard apple, *Annona reticulata* L. 포포나뭇과
커스터드크림 custard cream
커스터드푸딩 custard pudding
커틀릿 cutlet
커팅밀 cutting mill
커피 coffee
커피가루 coffee powder
커피그래뉼 coffee granule
커피대용물 coffee substitute
커피나무 coffee bush
커피리큐어 coffee liqueur
커피메이커 coffer maker
커피밀 coffee mill
커피바 coffee bar
커피백 coffee bag
커피슈거 coffee sugar
커피에센스 coffee essence
커피오일 coffee oil
커피우유 coffee milk
커피음료 coffee beverage
커피추출 coffee brewing
커피추출물 coffee extract
커피퍼컬레이터 coffee percolator
커피케이크 coffee cake
커피콩 coffee bean
커피크림 coffee cream, light cream, table cream
커피화이트너 coffee whitener
컨디셔너 conditioner
컨디셔닝 conditioning
컨베이어 conveyor
컨베이어건조기 conveyer drier
컨베이어벨트 conveyer belt
컨소시엄 consortium
컨테이너 container
컨트리소시지 country sausage
컨트리엘리베이터 country elevator
컴퓨터단층촬영기 computed tomography, CT
컴퓨터데이터분석 computerized data processing
컴프레시미터 compressimeter
컴프리 common comfrey, *Symphytum officinale* L. 지칫과
컴플라이언스 compliance
컵두부 cup soybean curd
컵라이스 cup rice
컵법 cup method
컵케이크 cup cake
케네디라운드 Kennedy Round
케노데옥시콜산 chenodeoxycholic acid
케노콜산 chenocholic acid
케라틴 keratin
케라틴가수분해효소 keratinase
케메스 kermes
케메스산 kermesic acid
케모스타트 chemostat
케밥 kebab
케스토스 kestose
케이값 K value
케이싱 casing
케이애플 kei-apple, *Dovyalis caffra* Warb. 버드나뭇과
케이지프레스 cage press
케이크 cake
케이크굽기 cake baking
케이크냉동 cake freezing
케이크도넛 cake doughnut
케이크믹스 cake mix
케이크밀가루 cake flour
케이크배터 cake batter
케이크팬 cake pan
케이킹 caking
케이킹방지제 anticaking agent
케이터링 catering
케이퍼 common caper, *Capparis spinosa* L. 카파리스과
케이퍼 caper
케이퍼베리 caper berry
케이폭기름 kapok oil
케이폭나무 kapok, *Ceiba pentandra* (L.)

Gaertn. 아욱과
케이프가래 cape pondweed, *Aponogeton distachyos* L. f. 아포노게톤과
케일 kale, *Brassica oleracea* L. var. *acephala* (DC.) Schübler & Martens 십자화과
케첩 ketchup
케캅 kecap
케토글루콘산 ketogluconic acid
케토글루타르산 ketoglutaric acid
케토산증 ketoacidosis
케토스 ketose
케토스뇨 ketosuria
케토헥소스 ketohexose
케톤 ketone
케톤기 ketone group
케톤뇨 ketonuria
케톤분해 ketolysis
케톤산 ketonic acid, keto acid
케톤생성 ketogenesis
케톤생성아미노산 ketogenic amino acid
케톤생성인자 ketogenic factor
케톤식사 ketogenic diet
케톤증 ketosis
케톤체 ketone body
케톤혈증 ketonemia
케톨 ketol
케톨기전달효소 transketolase
케피란 kefiran
케피르 kefir
케피르그레인 kefir grain
켄키 kenkey
켈달법 Kjeldahl method
켈달질소 Kjeldahl nitrogen
켈빈 Kelvin
켈프 kelp
켜떡 kyeotteok
켤레 conjugate
켤레리놀레산 conjugated linoleic acid
켤레이중결합 conjugated double bond
코끼리마늘 elephant garlic, *Allium ampeloprasum* L. var. *ampeloprasum* 수선화과
코냑 cognac
코넥틴 connectin
코니시패이스티 Cornish pasty
코덱스규격 Codex standard
코덱스분석 및 시료채취방법분과위원회 Codex Committee on Methods of Analysis and Sampling, CCMAS
코덱스식품수출입검사 및 인증제도분과위원회 Codex Committee on Food Import and Export Certification and Inspection System, CCGICS
코덱스식품오염물질분과위원회 Codex Committee on Contaminants in Foods, CCCF
코덱스식품위생분과위원회 Codex Committee on Food Hygiene, CCFH
코덱스식품첨가물분과위원회 Codex Committee on Food Additives, CCFA
코덱스식품표시분과위원회 Codex Committee on Food Labelling, CCFL
코덱스영양 및 특수용도식품분과위원회 Codex Committee on Nutrition and Foods for Special Dietary Uses, CCNFSDU
코덱스일반원칙분과위원회 Codex Committee on General Principles, CCGP
코덱스잔류농약분과위원회 Codex Committee on Pesticide Residues, CCPR
코덱스잔류동물용약품분과위원회 Codex Committee on Residues of Veterinary Drugs in Foods, CCRVDF
코돈 codon
코디얼 cordial
코로나바이러스속 *Coronavirus*
코로솔산 corosolic acid
코루풀론 colupulone
코르크 cork
코르크반점 cork spot
코르크오염 cork taint
코르크질 suberin
코르크참나무 cork oak, *Quercus suber* L. 참나뭇과
코르크층 cork layer
코리네박테륨과 Corynebacteriaceae
코리네박테륨 글루타미쿰 *Corynebacterium glutamicum*
코리네박테륨속 *Corynebacterium*
코리네형 coryneform

코리노이드 corrinoid
코리루스속 *Corylus*
코마모나스과 Comamonadaceae
코마모나스속 *Comamonas*
코마모나스 아시도보란스 *Comamonas acidovorans*
코마모나스 테리가나 *Comamonas terrigana*
코마모나스 테스토스테로니 *Comamonas testosteroni*
코메트검사 comet assay
코미사리 commissary
코미포라 미르하 *Commiphora myrrha*
코발라민 cobalamin
코발트 cobalt
코빈창자튜브급식 nasojejunal tube feeding
코샘창자튜브급식 nasoduodenal tube feeding
코셔식품 Kosher food
코아 khoa
코어링 coring
코욜야자나무 coyol palm, macaw palm, *Acrocomia aculeata* (Jack.) Lodd. & Mart. 야자과
코위삽관 nasogastric intubation
코위영양튜브 nasogastric tube
코위튜브급식 nasogastric tube feeding
코이푸 coypu
코일결정관 coil crystallizer
코일냉각기 coil condenser
코치닐 cochineal
코치닐추출색소 cochineal extract
코카나무 coca plant, *Erythroxylum coca* Lam. 코카나뭇과
코카나무속 *Erythroxylum*
코카나뭇과 Erythroxylaceae
코카인 cocaine
코코 koko
코코나 cocona, *Solanum sessiliflorum* Dunal 가짓과
코코넛 coconut
코코넛야자나무 coconut palm, *Cocos nucifera* L. 야자과
코코넛기름 coconut oil
코코넛물 coconut water
코코넛밀크 coconut milk
코코넛버터 coconut butter
코코넛원유 crude coconut oil
코코넛크림 coconut cream
코코넛토디 coconut toddy
코코넛핵기름 coconut kernel oil
코코아 cocoa
코코아가공품 cocoa product
코코아가루 cocoa powder
코코아나무 cocoa tree, *Theobroma cacao* L. 벽오동과
코코아매스 cocoa mass
코코아배젖 cocoa nibs
코코아버터 cocoa butter
코코아버터대용물 cocoa butter substitute, cocoa butter replacer
코코아버터대응물 cocoa butter equivalent
코코아버터증량제 cocoa butter extender
코코아색소 cocoa color
코코아액 cocoa liquor
코코아음료 cocoa beverage
코코아콩 cocoa bean
코코얌 cocoyam
코쿠 koku, chal-chal, cocum, *Allophyllus edulis* (St.Hil.) Radlk. 무환자나뭇과
코클로스페르마과 Cochlospermaceae
코티손 cortisone
코티솔 cortisol
코티지치즈 cottage cheese
코티코스테로이드 corticosteroid
코티코스테로이드호르몬 corticosteroid hormone
코티코이드 corticoid
코티코트로핀 corticotropin
코팅 coating
코팅제 coatings
코프라 copra
코프라기름 copra oil
코프로스테롤 coprosterol
코휴물론 cohumulone
콕 cock
콕사키바이러스 Coxsackievirus
콕시디아증 coccidiosis
콕시엘라 브루네티이 *Coxiella burnetii*
콕시엘라속 *Coxiella*
콕쏘는느낌 biting sensation

콘글리시닌 conglycinin
콘다고구검 gum kondagogu
콘도그 corn dog
콘두루스 크리스푸스 *Chondrus crispus*
콘드로이틴 chondroitin
콘드로이틴황산 chondroitin sulfate
콘드로이틴황산소듐 sodium chondroitin sulfate
콘드비프 corned beef
콘드비프해시 corned beef hash
콘디멘트 condiment
콘베이미량퍼짐분석법 Convay's microdiffusion analysis
콘비신 convicine
콘샐러드 corn salad, *Valerianella locusta* (L.) Laterr. 마타릿과
콘서브 conserve
콘스탄탄 constantan
콘스탄탄열전기쌍 constantan thermocouple
콘아라킨 conarachin
콘알부민 conalbumin
콘웨이미량퍼짐분석법 Conway microdiffusion analysis
콘칩 corn chip
콘칭 conching
콘카나발린에이 concanavalin A
콘컵 cone cup
콘투어포장 contour packaging
콘퍼프 corn puff
콘플레이크 cornflake
콜라 cola
콜라겐 collagen
콜라겐분해효소 collagenase
콜라겐소시지케이싱 collagen sausage casing
콜라나무 cola tree, kola tree, *Cola acuminata* (Pal.) Schott & Endl., *Cola nitida* (Vent.) Schott & Endl. 벽오동과
콜라너트 cola nut, kola nut
콜라드 collard
콜라비 kohlrabi, turnip cabbage, *Brassica oleracea* L. var. *gongylodes* L. 십자화과
콜라속 *Cola*
콜레라 cholera
콜레라독소 cholera toxin
콜레라비브리오 cholera vibrio
콜레라세균 *Vibrio cholerae*
콜레스테롤 cholesterol
콜레스테롤돌 cholesterol stone
콜레스테롤산화물 cholesterol oxide
콜레스테롤산화생성물 cholesterol oxidation product
콜레스테롤산화효소 cholesterol oxidase
콜레스테롤에스터 cholesterol ester
콜레스테롤에스터축적병 cholesteryl ester storage disease
콜레스테롤포화지방산지수 cholesterol-saturated fat index, CSI
콜레스테롤혈증 cholesterolemia
콜레스타이라민 cholestyramine
콜레시스토키닌 cholecystokinin, CCK
콜레칼시페롤 cholecalciferol
콜레토트리쿰 글로에스포리오이데스 *Colletotrichum gloesporioides*
콜레토트리쿰 무사에 *Colletotrichum musae*
콜레토트리쿰속 *Colletotrichum*
콜로니 colony
콜로니계수 colony counting
콜로니계수기 colony counter
콜로니생성 colonization
콜로니생성인자 colonization factor
콜로니수 colony count
콜로니형성단위 colony-forming unit, CFU
콜로니혼성화법 colony hybridization method
콜로이드 colloid
콜로이드밀 colloid mill
콜로이드분산 colloid dispersion
콜로이드삼투압 colloid osmotic pressure
콜로이드상태 colloidal state
콜로이드안정성 colloidal stability
콜로이드용액 colloidal solution
콜로이드입자 colloidal particle
콜로이드전해질 colloidal electrolyte
콜로일글리신가수분해효소 choloylglycine hydrolase
콜로칼리아속 *Collocalia*
콜리신 colicin
콜린 choline
콜린신경세포 cholinergic neuron

콜린에스터레이스 cholinesterase
콜비치즈 colby cheese
콜산 cholic acid
콜슬로 coleslaw
콜키쿰과 Colchicaceae
콜키쿰 autumn crocus, meadow saffron, naked lady, *Colchicum autumnale* L. 콜키쿰과
콜토프완충용액 Kolthoff's buffer solution
콜히친 colchicine
콤바인 combine
콤브레타과 Combretaceae
콤비네이션오븐 combination oven
콤파운드버터 compound butter
콤파운드초콜릿 compound chocolate
콤팩션 compaction
콤포지트캔 composite can
콤포트 compote
콧등치기 kotdeungchigi
콩 bean
콩 soybean, soya bean, *Glycine max* (L.) Merr. 콩과
콩가루 soybean powder
콩고레드 Congo red
콩고지 soybean koji
콩과 Fabaceae, Leguminosae
콩과식물 legume
콩국수 kongguksu
콩글로불린 soy globulin
콩글리시닌 soy glycinin
콩기름 soybean oil
콩깻묵 soybean cake
콩껍질 soybean hull
콩나물 kongnamul
콩나물국밥 kongnamulgukbap
콩단백질 soy protein
콩단백질식품 soy protein food
콩단백질음료 soy protein beverage
콩레시틴 soy lecithin
콩목 Fabales
콩바구밋과 Bruchidae
콩발효식품 fermented soybean food
콩비린내 beany flavor
콩사포닌 soy saponin
콩설기 kongseolgi
콩소메 consomme
콩소메수프 consomme soup
콩식품섬유 soy dietary fiber
콩십일에스글로불린 soy 11S globulin
콩싹 bean sprout
콩아이소플라본 soy isoflavone
콩아이스크림 soy ice cream
콩올리고당 soy oligosaccharide
콩요구르트 soy yoghurt
콩유아식품 soy infant formula
콩음료 soy beverage
콩인지방질 soybean phospholipid
콩자반 kongjaban
콩장 kongjang
콩잼 bean jam
콩제품 soy product
콩죽 kongjuk
콩치즈 soy cheese
콩칠에스글로불린 soy 7S globulin
콩카세인 soy casein
콩트립신억제인자 soy trypsin inhibitor
콩팥 kidney
콩팥강낭콩 kidney bean
콩팥겉질 renal cortex
콩팥결핵 nephrotuberculosis
콩팥고혈압 renal hypertension
콩팥구루병 renal rickets
콩팥관 nephridium
콩팥기능부족 renal failure
콩팥깔때기 renal pelvis
콩팥단위 nephron
콩팥당뇨 renal glycosuria
콩팥대체요법 renal replacement therapy
콩팥독성 nephrotoxicity
콩팥돌 renal calculus, renal stone
콩팥돌증 nephrolithiasis
콩팥동맥 renal artery
콩팥문턱값 renal threshold
콩팥병 renal disease, kidney disease
콩팥뼈형성장애 renal osteodystrophy
콩팥세포독소 nephrotoxin
콩팥소체 renal corpuscle
콩팥암 renal cancer

콩팥염 nephritis
콩팥세관 renal tubule
콩팥세관산증 renal tubular acidosis, RTA
콩팥이식 renal transplantation
콩팥장애 renal disorder
콩팥정맥 renal vein
콩팥증 nephrosis
콩팥증후군 nephrotic syndrome
콩페이스트 soy paste
콩펩타이드 soy peptide
콩퓌레 soy puree
콰시아 quassia, amargo, bitter-wood, *Quassia amara* L. 소태나뭇과
콰시오커 kwashiorkor
콰신 quassin
쾌적도(快適度) pleasantness
쿠닝하멜라속 *Cunninghamella*
쿠닝하멜라 에키눌라타 *Cunninghamella echinulata*
쿠라우스형분무건조기 Krause type spray dryer
쿠르불라리아 루나타 *Curvularia lunata*
쿠르불라리아속 *Curvularia*
쿠르젯 courgette
쿠르쿠마속 *Curcuma*
쿠르티아속 *Kurthia*
쿠르티아 좁피이 *Kurthia zopfii*
쿠마르산 coumaric acid
쿠마린 coumarin
쿠마포스 coumaphos
쿠메스트롤 coumestrol
쿠민 cumin, *Cuminum cyminum* L. 산형과
쿠민방향유 cumin oil
쿠민알데하이드 cuminaldehyde
쿠벱 cubeb, Java pepper, *Piper cubeba* L. f. 후춧과
쿠스쿠스 couscous
쿠싱증후군 Cushing's syndrome
쿠앵트로 cointreau
쿠쿠미노이드 curcuminoid
쿠쿠미신 cucumisin
쿠쿠민 curcumin, turmeric yellow
쿠쿠비타신 cucurbitacin
쿠쿨린 curculin
쿠키 cookie
쿠키프레스 cookie press
쿠킹포일 cooking foil
쿠퍼세포 Kupffer's cell
쿠페아 blue waxweed, clammy cuphea, *Cuphea viscosissima* Jacq. 부처꽃과
쿠페아속 *Cuphea*
쿠푸아수 cupuacu, *Theobroma grandiflorum* (Willld. & Spreng.) K. Schum. 아욱과
쿨란트로 culantro, Maxican coriander, *Erygium foetidum* L. 꿀풀과
쿨롬 coulomb
쿨피 kulfi
쿼크 quark
쿼트 quart
퀀 Quorn
퀘세틴 quercetin
퀘세틴-3-루티노사이드 quercetin-3-rutinoside
퀘시트린 quercitrin
퀴날포스 quinalphos
퀴노아 quinoa, *Chenopodium quinoa* Willd. 비름과
퀴노아가루 quinoa flour
퀴논 quinone
퀴놀 quinol
퀴놀론 quinolone
퀴닌 quinine
퀴리 curie
퀴멜 Kümmel
퀸산 quinic acid
퀼라야 soap bark tree, *Quillaja saponaria* Molina 퀼라야과
퀼라야과 Quillajaceae
퀼라야사포닌 quillaja saponin
퀼라야추출물 quillaja extract
큐라소 curacao
큐벳 cuvette
큐어링 curing
큐어링고기 cured meat
큐어링공정 curing process
큐어링용브라인 curing brine
큐어링제 curing agent
큐어링탱크 curing tank
큐어링효과 curing effect

큐열 Q fever
크기 size
크기선별 grading by size
크기선별기 size sorter
크기추정척도 magnitude estimation scale
크라우터치즈 krauter cheese
크라운캡 crown cap
크라이스시험 Kreis test
크라프트종이 kraft paper
크래커 cracker
크랜베리 cranberry, *Vaccinium oxycoccus* L. 진달랫과
크랜베리강낭콩 cranberry bean
크랜베리주스 cranberry juice
크러스트 crust
크런치땅콩버터 crunchy peanut butter
크럼 crumb
크럼펫 crumpet
크레브스회로 Krebs cycle
크레솔 cresol
크레송 cresson
크레아티닌 creatinine
크레아티닌청소율 creatinine clearance
크레아틴 creatine
크레아틴뇨 creatinuria
크레아틴인산 creatine phosphate
크레아틴인산화효소 creatine kinase, CK
크레아틴지수 creatine index
크레아틴포스포인산화효소 creatine phosphokinase, CPK
크레오소트 creosote
크레오소트관목 creosote bush, *Larrea tridentata* (DC.) Coville 남가샛과
크레이트 crate
크레이프 crepe
크레킹 cracking
크레틴병 cretinism
크로마토그래프 chromatograph
크로마토그래피 chromatography
크로마토그램 chromatogram
크로마튬속 *Chromatium*
크로모박테륨 비올라세움 *Chromobacterium violaceum*
크로모박테륨속 *Chromobacterium*
크로뮴 chromium
크로뮴산 chromic acid
크로뮴산포타슘 potassium chromate
크로세틴 crocetin
크로신 crocin
크로이츠펠트-야콥병 Creutzfeldt-Jakob disease, CJD
크로칸트 croquant
크로커다일 crocodile
크로커다일고기 crocodile meat
크로커다일과 Crocodylidae
크로커다일속 *Crocodylus*
크로커스속 *Crocus*
크로켓 croquette
크로톤산 crotonic acid
크로틴 crotin
크론병 Crohn's disease
크루시페린 cruciferin
크루아상 croissant
크루통 crouton
크리머 creamer
크리산테민 chrysanthemin
크리센 chrysene
크리소스포륨속 *Chrysosporium*
크리소스포륨 파노룸 *Chrysosporium pannorum*
크리스마스케이크 Christmas cake
크리스털과일 crystallized fruit
크리스프 crisp
크리프 creep
크리프시험 creep test
크리프컴플라이언스 creep compliance
크리프회복 creep recovery
크릴 Antarctic krill, *Euphausia superba* Dana, 1850 난바다곤쟁잇과
크릴색소 krill color
크림 cream
크림가루 cream powder
크림대체품 cream analog
크림라인 cream line
크림리큐어 cream liqueur
크림분리 cream separation
크림분리기 cream separator
크림빵 creamed bread

크림성 creaminess
크림소다 cream soda
크림소스 cream sauce
크림수프 cream soup
크림우유 cream milk
크림층 cream layer
크림치즈 cream cheese
크림통조림 canned cream
크림특성 cream property
크림퍼프 cream puff
크림표준화 cream standardization
크림형성 creaming
크림혼 cream horn
크립토잔틴 cryptoxanthin
클비토코쿠스과 Cryptococcaceae
크립토코쿠스 네오포르만스 *Cryptococcus neoformans*
크립토코쿠스속 *Cryptococcus*
크바스 kvass
큰가리비 yesso scallop, *Patinopecten yessoensis* Jay, 1857 가리빗과
큰갈랑갈 greater galangal, *Alpinia galanga* (L.) Willd 생강과
큰갓버섯 parasol mushroom, *Macrolepiota procera* (Scop.) Singer 갓버섯과
큰곰 brown bear, *Ursus arctos* Linnaeus, 1758 곰과
큰과자 gros gâteaux
큰다닥냉이 garden cress, *Lepidium sativum* L. 십자화과
큰동맥 large artery
큰마 greater yam, *Dioscorea alata* L. 맛과
큰목재대나무 giant timber bamboo, *Bambusa oldhamii* Munro. 볏과
큰손딱총새우 forceps snapping shrimp, *Alpheus digitalis* De Haan, 1844 딱총새웃과
큰여우콩 *Rhynchosia acuminatifolia* Makino 콩과
큰열매모자반 *Sargassum macrocarpum* C. Agardh 모자반과
큰적혈구 macrocyte
큰적혈구빈혈 macrocytic anemia
큰적혈구증가증 macrocythemia
큰적혈모구 macroblast
큰적혈모세포 macroerythroblast
큰조롱 wilford swallowwort, *Cynanchum wilfordii* (Max.) Hemsl. 박주가릿과
큰집가리빗과 Propeamussiidae
큰창자 large intestine
큰창자암 large intestine cancer
큰통 vat
큰포식세포 macrophage
큰핵 macronucleus
클라도스포륨속 *Cladosporium*
클라도스포륨 헤르바룸 *Cladosporium herbarum*
클라리세이지 clary sage, *Salvia sclarea* L. 꿀풀과
클라리세이지방향유 clary sage essential oil
클라미도모나스과 Chlamydomonadaceae
클라미도모나스속 *Chlamydomonas*
클라비셉스속 *Claviceps*
클라우지우스-클라페이론방정식 Clausius-Clapeyron equation
클라이막테릭상승 climacteric rise
클라이막테릭숙성 climacteric ripening
클라이막테릭사이클 climacteric cycle
클라이막테릭최소 climacteric minimum
클라이막테릭피크 climacteric peak
클라인펠터증후군 Klinefelter's syndrome
클라페이론방정식 Clapeyron equation
클램차우더 clam chowder
클럽밀 club wheat, *Triticum compactum* L. 볏과
클럽샌드위치 club sandwich
클레멘틴 clementine
클레브시엘라속 *Klebsiella*
클레브시엘라 옥시토카 *Klebsiella oxytoca*
클레오케라 아피쿨라타 *Kloeckera apiculata*
클렌뷰테롤 clenbuterol
클로노르키스속 *Clonorchis*
클로닝 cloning
클로닝기술 cloning technology
클로닝벡터 cloning vector
클로데인 chlordane
클로라민 chloramine
클로라민티 chloramine T
클로람페니콜 chloramphenicol
클로렐라 chlorella

클로렐라속 *Chlorella*
클로렐라식품 chlorella food
클로렐라 프로토테코이데스 *Chlorella protothecoides*
클로렐라 피레노이도사 *Chlorella pyrenoidosa*
클로로겐산 chlorogenic acid
클로로메테인 chloromethane
클로로미세틴 chloromycetin
클로로벤젠 chlorobenzene
클로로뷰타다이엔 chlorobutadiene
클로로븀과 Chlorobiaceae
클로로븀속 *Chlorobium*
클로로에텐 chloroethene
클로로에틸렌 chloroethylene
클로로코쿰속 *Chlorococcum*
클로로콜린클로라이드 chlorocholine chloride
클로로탈로닐 chlorothalonil
클로로페놀 chlorophenol
클로로포스 chlorophos
클로로폼 chloroform
클로로플루오로탄소 chlorofluorocarbon, CFC
클로로피크린 chloropicrin
클로로필린 chlorophyllin
클로르테트라사이클린 chlortetracycline
클로르펜빈포스 chlorfenvinphos
클로메쾃 chlormequat
클로삭실린 cloxacillin
클로스트리듐과 Clostridiaceae
클로스트리듐 서모셀룸 *Clostridium thermocellum*
클로스트리듐속 *Clostridium*
클로스트리듐 티로뷰티리쿰 *Clostridium tyrobutyricum*
클로스트리듐 퍼프린젠스 *Clostridium perfringens*
클로스트리듐 퍼프린젠스 식품중독 *Clostridium perfringens* food poisoning
클로에케라속 *Kloeckera*
클로프로팜 chlorpropham
클로피리포스 chlorpyrifos
클로피리포스메틸 chlorpyrifos-methyl
클론 clone
클론식물 clone plant
클루이베로미세스 락티스 *Kluyveromyces lactis*
클루이베로미세스 마르시아누스 *Kluyveromyces marxianus*
클루이베로미세스 마르시아누스 변종 마르시아누스 *Kluyveromyces marxianus* var. *marxianus*
클루이베로미세스 마르시아누스 변종 불가리쿠스 *Kluyveromyces marxianus* var. *bulgaricus*
클루이베로미세스속 *Kluyveromyces*
클린룸 clean room
클린룸기술 clean room technology
클린벤치 clean bench
키 height
키 ki
키네마 kinema
키네신 kinesin
키네틴 kinetin
키닌 kinin
키메라 chimera
키메라디엔에이 chimeric DNA
키모신 chymosin
키모트립시노겐 chymotrypsinogen
키모트립신 chymotrypsin
키모트립신억제제 chymotrypsin inhibitor
키스크 kishk
키안티 Chianti
키위 kiwi
키위주스 kiwi juice
키위프루트 kiwifruit, *Actinidia deliciosa* (Chev.) A. R. Ferg. 다래나뭇과
키조개 Korean common penshell, *Atrina pectinata* (Linnaeus, 1767) 키조갯과
키조갯과 Pinnidae
키토산 chitosan
키토산가수분해효소 chitosanase
키토올리고당 chitooligosaccharide
키틴 chitin
키틴가수분해효소 chitinase
키틴아세틸기제거효소 chitin deacetylase
키틴올리고당 chitin oligosaccharide
킥법칙 Kick's law
킬닝 kilning
킬러독소 killer toxin

킬러세포 killer cell
킬러티세포 killer T cell
킬러플라스미드 killer plasmid
킬러효모 killer yeast
킬레이트 chelate
킬레이트적정법 chelatometry
킬레이트제 chelating agent
킬레이트착물 chelate complex
킬레이트화 chelation
킬레이트화합물 chelate compound
킬로그램 kilogram
킬로리터 kiloliter
킬로미터 kilometer
킬로미크론 chylomicron
킬로줄 kilojoule
킬로칼로리 kilocalorie
킬른 kiln

타가수정(他家受精) allogamy, cross fertilization
타가토스 tagatose
타검(打檢) tapping test
타글리아텔리 tagliatelli
타누 tanoor
타는듯한느낌 burning sensation
타니아 tannia, new cocoyam, *Xanthosoma sagittifolium* (L.) Schott 천남성과
타닌 tannin
타닌가수분해효소 tannase
타닌산 tannic acid
타닌세포 tannin cell
타라검 tara gum
타라곤 tarragon, *Artemisia dracunculus* L. 국화과
타라곤방향유 tarragon essential oil
타라나무 tara tree, *Caesalpinia spinosa* (Molina) Kuntze 콩과
타라마 tarama
타락죽 tarakjuk
타르 tar
타르색소 tar color
타르색소제제 tar color formulation
타르트 tarte
타마린드 tamarind, *Tamarindus indica* L. 콩과
타마린드검 tamarind gum
타마린드색소 tamarind color
타마린드씨탄수화물 tamarind seed polysaccharide
타말리 tamale
타마릴로 tamarillo, tree tomato, *Cyphomandra betacea* (Cav.) Sendt. 가짓과
타바스코 Tabasco
타바스코고추 Tabasco sauce pepper, *Capsicum frutescens* 'Tabasco' 가짓과
타바스코소스 Tabasco sauce
타발압연캔 drawn and ironed can
타발캔 drawn can
타우로콜산 taurocholic acid
타우린 taurine
타우마틴 thaumatin
타원(橢圓) ellipse
타원오비탈 elliptic orbital
타원잎부추 oval leaf buchu, *Agathosma crenulata* (L.) Pillans 운향과
타원체(橢圓體) ellipsoid
타원캔 oval can
타이거너트 tigernut
타이로솔 tyrosol
타이로시네이스 tyrosinase
타이로신 tyrosine
타이타늄 titanium
타이타늄칼 titanium knife
타일러표준체 Tyler standard sieve
타임 thyme
타임방향유 thyme oil
타전기(打栓機) crown capper
타조(駝鳥) ostrich, *Struthio camelus* Linnaeus, 1758 타조과
타조고기 ostrich meat
타조과(駝鳥科) Struthionidae
타조목(駝鳥目) Struthioniformes
타카다이아스테이스 Taka-diastase
타카아밀레이스 Taka-amylase

타코 taco
타코셸 taco shell
타타르산 tartaric acid
타타르산수소콜린 choline bitartrate
타타르산수소포타슘 potassium bitartrate
타타르산칼슘 calcium tartrate
타타르산포타슘 potassium tartrate
타타르소스 tartar sauce
타타리메밀 tartary buckwheat, *Fagopyrum tataricum* (L.) Gaertn. 마디풀과
타타상자 TATA box
타트레이트 tartrate
타파이 tapai
타페 tape
타페스속 *Tapes*
타페케텔라 tape ketela
타프리나목 Taphrinales
타피오카 tapioca
타피오카녹말 tapioca starch
타하나 tarhana
타히보 taheebo
타히티바닐라 Tahitian vanilla, *Vanilla tahitensis* J. W. Moore 난초과
탁도(濁度) turbidity
탁도계(濁度計) turbidimeter
탁도측정법(濁度測定法) turbidimetry
탁주(濁酒) takju
탄내 burnt odor
탄력(彈力) resilience
탄력성(彈力性) springiness
탄산(炭酸) carbonic acid
탄산마그네슘 magnesium carbonate
탄산무수화효소(炭酸無水化酵素) carbonic anhydrase
탄산소듐 sodium carbonate
탄산소듐십수화물 sodium carbonate decahydrate
탄산수(炭酸水) carbonated water, club soda, sparkling water
탄산수소소듐 sodium bicarbonate
탄산수소암모늄 ammonium bicarbonate
탄산수소염(炭酸水素鹽) bicarbonate, hydrogencarbonate
탄산수소이온 hydrogencarbonate ion
탄산수소포타슘 potassium bicarbonate
탄산암모늄 ammonium carbonate
탄산염첨가(炭酸鹽添加) carbonatation
탄산음료(炭酸飮料) carbonated beverage
탄산이온 carbonate ion
탄산칼슘 calcium carbonate
탄산탈수효소(炭酸脫水酵素) carbonate dehydrase
탄산포타슘 potassium carbonate
탄산함유천연광천수(炭酸含有天然鑛泉水) naturally carbonated mineral water
탄산화(炭酸化) carbonation
탄성(彈性) elasticity
탄성계수(彈性係數) modulus of elasticity
탄성고체(彈性固體) elastic solid
탄성력(彈性力) elastic force
탄성변형(彈性變形) elastic deformation
탄성변형력(彈性變形力) elastic stress
탄성스트레인 elastic strain
탄성섬유(彈性纖維) elastic fiber
탄성신장도(彈性伸張度) elastic elongation
탄성에너지 elastic energy
탄성젤 elastic gel
탄성체(彈性體) elastic body
탄성한도(彈性限度) elastic limit
탄성회복(彈性回復) elastic recovery
탄소(炭素) carbon
탄소강(炭素鋼) carbon steel
탄소고리화합물 carbocyclic compound
탄소고정(炭素固定) carbon fixation
탄소나노튜브 carbon nanotube
탄소대사(炭素代謝) carbon metabolism
탄소동위원소(炭素同位元素) carbon isotope
탄소동화작용(炭素同化作用) carbon assimilation
탄소뼈대 carbon skeleton
탄소순환(炭素循環) carbon cycle
탄소연대측정(炭素年代測定) carbon dating
탄소전극(炭素電極) carbon electrode
탄소질소비율(炭素窒素比率) carbon-nitrogen ratio, C/N ratio
탄소화합물(炭素化合物) carbon compound
탄수화물(炭水化物) carbohydrate
탄수화물가수분해효소 carbohydrase
탄수화물감미료(炭水化物甘味料) carbohydrate sweetener

탄수화물계산법(炭水化物計算法) carbohydrate counting
탄수화물대사(炭水化物代謝) carbohydrate metabolism
탄수화물로딩 carbohydrate loading
탄수화물로딩 carbo-loading
탄저병(炭疽) anthrax
탄저병(炭疽病) anthracnose
탄저세균(炭疽細菌) *Bacillus anthracis*
탄제린 tangerine, *Citrus tangerina* Tanaka 운향과
탄제린주스 tangerine juice
탄젤로 tangelo, honeybell, *Citrus × tangelo* J. W. Ingram & H. E. Moore 운향과
탄지 common tansy, golden buttons, *Tanacetum vulgare* L. 국화과
탄화물(炭化物) scorched particle
탄화수소(炭化水素) hydrocarbon
탄화수소분해세균(炭化水素分解細菌) hydrocarbon decomposition bacterium
탄화칼슘 calcium carbide
탈각기(脫殼機) decorticator
탈곡(脫穀) threshing
탈곡기(脫穀機) thresher
탈곡롤러 threshing roller
탈라로미세스 마크로스포루스 *Talaromyces macrosporus*
탈라로미세스속 *Talaromyces*
탈라로미세스 플라부스 *Talaromyces flavus*
탈레기오치즈 taleggio cheese
탈로스 talose
탈리아강 Thaliacea
탈삽(脫澁) removal of astringency
탈색(脫色) decoloration
탈색제(脫色劑) decolorant
탈수(脫水) dewatering
탈수(脫水) dehydration
탈수건조(脫水乾燥) dehydration drying
탈수관(脫水管) dehydrating column
탈수기(脫水機) dehydrator
탈수두부(脫水豆腐) dehydrated soybean curd
탈수반응(脫水反應) dehydration reaction
탈수제(脫水劑) dehydrating agent
탈수증(脫水症) hypohydration
탈습곡선(脫濕曲線) desorption isotherm
탈우기(脫羽機) picker, picking machine
탈장(脫腸) hernia
탈지(脫脂) defatting
탈지박(脫脂粕) defatted meal
탈지분유(脫脂粉乳) skim milk powder
탈지쌀겨 defatted rice bran
탈지쌀겨추출물 defatted rice bran extract
탈지어분(脫脂魚粉) defatted fish meal
탈지연유(脫脂煉乳) condensed skim milk
탈지우유(脫脂牛乳) skim milk, fat-free milk
탈지치즈 skimm milk cheese
탈지콩 defatted soybean
탈지콩가루 defatted soy meal
탈지콩깻묵 defatted soybean cake
탈착(脫着) desorption
탈취(脫臭) deodorization
탈취기(脫臭器) deodorizer
탈취제(脫臭劑) deodorant
탈하검 gum talha
탐식광(貪食狂) phagomania
탕(湯) tang
탕수육(糖醋肉) sweet and sour pork
탕침(湯沈) scalding
태도척도(態度尺度) attitude scale
태반(胎盤) placenta
태반감염(胎盤感染) placental infection
태반호르몬 placental hormone
태생(胎生) viviparity
태아(胎兒) fetus
태아기(胎兒期) fetal period
태아빈혈(胎兒貧血) fetal anemia
태아사망(胎兒死亡) fetal death
태아사망률(胎兒死亡率) fetal death rate
태아알코올영향 fetal alcohol effect, FAE
태아알코올증후군 fetal alcohol syndrome, FAS
태양광(太陽光) solar light
태양복사(太陽輻射) solar radiation
태양복사에너지 solar radiation energy
태양에너지 solar energy
태양열(太陽熱) solar heat
태양열건조(太陽熱乾燥) solar drying
태양열건조기(太陽熱乾燥機) solar drier

태양열건조시설(太陽熱乾燥施設) solar drying facility
태양전지(太陽電池) solar cell
태운암모늄명반 burnt ammonium alum
태움용융소금 burnt or melted salt
태평양가자미 Pacific halibut, *Hippoglossus stenolepsis* P. J. Schmidt, 1904 가자밋과
태평양고등어 chub mackerel, Pacific mackerel, *Scomber japonicus* Houttuyn, 1782 고등엇과
태평양대구(太平洋大口) Pacific cod, *Gadus macrocephalus* Tilesius, 1810 대구과
태평양메를루사 Pacific hake, *Merluccius productus* Ayres, 1855 메를루사과
태평양보니토 Pacific bonito, *Sarda chiliensis lineolata* (Girard, 1858) 고등엇과
태평양정어리 Pacific sardine, *Sardinops sagax* (Jenyns, 1842) 청어과
태평양청어(太平洋青魚) Pacific herring, *Clupea pallasii* Valenciennes, 1847 청어과
태피 taffy
택사과(澤瀉科) Alismataceae
택사목(澤瀉目) Alismatales
택사아강(澤瀉亞綱) Alismatidae
택사아목(澤瀉亞目) Alismatineae
택솔 taxol
탯줄 umbilical cord
탱고르 tangor, *Citrus reticulata* × *C. sinensis* 운향과
탱자 trifoliate orange
탱자나무 trifoliate orange tree, *Poncirus trifoliata* Raf. 운향과
탱자나무속 *Poncirus*
탱크 tank
탱크로리 tank lorry
터너증후군 Turner's syndrome
터널건조기 tunnel dryer
터론 turron
터미널엘리베이터 terminal elevator
터뷰틸라진 terbuthylazine
터빈 turbine
터빈펌프 turbine pump
터빈휘젓개 turbine agitator
터키개암나무 Turkish hazel, *Corylus colurna* L. 자작나뭇과
터키시딜라이트 Turkish delight
터페노이드 terpenoid
터펜 terpene
터피네올 terpineol
터피넨 terpinene
턱 jaw
턱밑샘 submandibular gland
턱수염버섯 wood hedgehog, hedgehog mushroom, *Hydnum repandum* L. 턱수염버섯과
턱수염버섯과 Hydnaceae
턱수염버섯속 *Hydnum*
털 hair
털게 horsehair crab, *Erimacrus isenbeckii* (Brandt, 1848) 털겟과
털겟과 Atelecyclidae
털격판담치 blue mussel, *Mytilus edulis* Linnaeus, 1758 홍합과
털곰팡이과 Mucoraceae
털곰팡이목 Mucorales
털곰팡이속 *Mucor*
털머위 leopard plant, *Farfugium japonicum* (L.) Kitam 국화과
털머위속 *Farfugium*
털목이 cloud ear fungus, *Auricularia polytricha* (Mont.) Sacc. 목이과
털제거 dehairing
털진득찰 St. Paulswort, *Siegesbeckia pubescens* Makino 국화과
털집과다각화증 follicular hyperkeratosis
텀블러 tumbler
텀블링 tumbling
텀블링믹서 tumbling mixer
텃새 resident bird
텅스텐 tungsten
테누아존산 tenuazonic acid
테로카판 pterocarpan
테린 terrine
테메포스 temephos
테스토스테론 testosterone
테아닌 theanine, γ-glutamylethylamide
테아루비긴 thearubigin
테아플래빈 theaflavin
테오갈린 theogallin

테오브로민 theobromine
테오필린 theophylline
테이블젤리 table jelly
테이삭스병 Tay-Sachs disease
테이코산 teichoic acid
테이크아웃푸드 takeout food
테이크어웨이푸드 take away food
테이프 tape
테인 theine
테인트 taint
테크네튬 technetium
테킬라 tequila
테타니 tetany
테타니병 tetany disease
테트라다이폰 tetradifon
테트라데칸산 tetradecanoic acid
테트라민 tetramine
테트라보르산 tetraboric acid
테트라보르산다이소듐 disodium tetraboric acid
테트라사이클린 tetracycline
테트라엔산 tetraenoic acid
테트라졸 tetrazole
테트라졸륨 tetrazolium
테트라졸륨검사 tetrazolium test
테트라코산산 tetracosanoic acid
테트라코쿠스 소자에 *Tetracoccus sojae*
테트라코쿠스속 *Tetracoccus*
테트라클로로다이벤조파라다이옥신 tetra-chlorodibenzo-*p*-dioxine
테트라클로로메테인 tetrachloromethane
테트라키스아조염료 tetra kiss azo dye
테트라팩 Tetra Pak
테트라하이드로보르산소듐 sodium tetrahydro-borate
테트라하이드로-1,4-옥사진 tetrahydro-1,4-oxazine
테트라하이드로폴레이트 tetrahydrofolate
테트로도톡신 tetrodotoxin
테트로스 tetrose
테틸라치즈 Tetilla cheese
테파리콩 tepary bean, *Phaseolus acutifolius* A. Gray 콩과
테프 tef, teff grass, *Eragrostis tef* (Zucc.) Trotter 볏과
테프가루 teff flour
테플론 Teflon
테히네 tehineh
텍사스와일드라이스 Texas wild rice, *Zizania texana* Hitchc. 볏과
텍스처 texture
텍스처측정기 texturometer
텍스처프로필분석 texture profile analysis, TPA
텍스처화 texturization
텍스처화제 texturizer, texturizing agent
텐더로미터 tenderometer
텐시오미터 tensiometer
템퍼 temper
템퍼링 tempering
템페 tempe, tempeh
토굴 densely lamellated oyster, *Ostrea denselamellosa* Lischke, 1869 굴과
토끼 rabbit
토끼고기 rabbit meat
토끼목 Lagomorpha
토낏과 Leporidae
토닉워터 tonic water
토란(土卵) taro, *Colocasia esculenta* (L.) Schott 천남성과
토란국 toranguk
토란속(土卵屬) *Colocasia*
토론식검사(討論式檢査) open panel test
토룰라스포라 델부루에키이 *Torulaspora delbrueckii*
토룰라스포라속 *Torulaspora*
토룰라효모 torula yeast
토룰롭시스속 *Torulopsis*
토룰롭시스 우틸리스 *Torulopsis utilis*
토르 Torr
토리 glomerulus
토리경화증 glomerulosclerosis
토리세포 glomus cell
토리소체 glomus body
토리여과율 glomerular filtrate rate, GFR
토리염 glomerulitis
토리주머니 glomerular capsule
토리쪽세관 proximal tubule

토리콩팥염 glomerulonephritis
토리콩팥증 glomerulonephrosis
토마토 tomato
토마토 tomato plant, *Lycopersicon esculentum* Mill. 가짓과
토마토껍질 tomato skin
토마토색소 tomato color
토마토소스 tomato sauce
토마토속 *Lycopersicon*
토마토씨 tomato seed
토마토씨기름 tomato seed oil
토마토주스 tomato juice
토마토케첩 tomato ketchup
토마토크림스프 tomato cream soup
토마토펄퍼 tomato pulper
토마토펄프 tomato pulp
토마토페이스트 tomato paste
토마토퓌레 tomato puree
토마토피클 tomato pickle
토마티요 tomatillo, jamberry, *Physalis ixocarpa* Brot. 가짓과
토마틴 tomatine
토막썰기 dicing
토사자(兎絲子) Cuscutae semen
토사주트 tossa jute, molokhiya, Jew's mallow, *Corchorus olitorius* L. 피나뭇과
토스터 toaster
토스터오븐 toaster oven
토스트 toast
토스트빵 toast bread
토스팅 toasting
토시살 hanging tender
토양(土壤) soil
토양미생물(土壤微生物) soil microorganism
토양비옥도(土壤肥沃度) soil fertility
토양산도(土壤酸度) soil acidity
토양세균(土壤細菌) soil bacterium
토양오염(土壤汚染) soil pollution
토종(土種) native breed
토종닭 native chicken
토코트라이엔올 tocotrienol
토코페롤 tocopherol
토콜 tocol
토크 torque
토테 torte
토텔리니 tortellini
토토머 tautomer
토토머레이스 tautomerase
토토머화 tautomerism
토토머화반응 tautomerization
토티야 tortilla
토티야칩 tortilla chip
토피 toffy
토핑 topping
토혈(吐血) hematemesis
톡소포자충 *Toxoplasma gondii* (Nicolle & Manceaux, 1908) 근육포자충과
톡소포자충증 toxoplasmosis
톡소플라스마속 *Toxoplasma*
톡소플래빈 toxoflavin
톤 ton
톨렌스시약 Tollens reagent
톨루엔 toluene
톰슨가젤 Thomson's gazzelle, *Eudorcas thomsoni* Günther, 1884 솟과
톱패턴트 top patent
톳 tot
톳 hijiki, *Hijikia fusiforme* (Harvey) Okamura 모자반과
톳속 *Hijikia*
통각(痛覺) sense of pain
통계(統計) statistics
통계변이성(統計變異性) statistical variability
통계분석(統計分析) statistical analysis
통계유의성(統計有意性) statistical significance
통계유전학(統計遺傳學) biometrical genetics
통계학(統計學) statistics
통고추 whole red pepper
통곡물 whole grain
통곡물가루 wholemeal
통곡물식품 whole grain food
통기(通氣) aeration
통기교반(通氣攪拌) aeration agitation
통기배양(通氣培養) aeration culture
통기조직(通氣組織) aerenchyma
통닭구이 roast chicken
통로단백질(通路蛋白質) channel protein
통밀 whole wheat

통밀가루 whole wheat flour, wholemeal flour
통밀가루빵 whole wheat flour bread
통배추김치 tongbaechukimchi
통보리 whole barley
통조림 canned food
통조림 canning
통조림검사 inspection of canned food
통조림공장 cannery
통조림공정 canning process
통조림따개 can opener
통조림장비 canning equipment
통조림전위 can potential
통조림진공계 vacuum can tester
통조림진공도 can vacuum
통조림진공도검사 can vacuum inspection
통조림품질검사 quality inspection for canned food
통통함 plumpness
통풍(痛風) gout
통풍관절염(痛風關節炎) gouty arthritis
통풍식사(痛風食事) gouty diet
퇴행기(退行期) regression period
퇴행성질환(退行性疾患) degenerative disease
투과(透過) permeation
투과계수(透過係數) permeability coefficient
투과광선(透過光線) transmitted light
투과막(透過膜) permeable membrane
투과상수(透過常數) permeability constant
투과성(透過性) permeability
투과율(透過率) transmissivity
투과율(透過率) transmittance
투과전자현미경(透過電子顯微鏡) transmission electron microscope, TEM
투과전자현미경법(透過電子顯微鏡法) transmission electron microscopy
투라노스 turanose
투메론 turmerone
투명성(透明性) transparency
투명얼음 transparent ice
투명주스 clarified juice
투명체(透明體) transparent body
투바 tuba
투베르속 *Tuber*
투베르쿨린반응 tuberculin reaction
투석(透析) dialysis
투석거르기 diafiltration
투석기(透析器) dialyzer
투석막(透析膜) dialysis membrane
투석액(透析液) dialysate
투수성(透水性) water permeability
투습성(透濕性) moisture permeability, water vapor permeability
투시식(透視式) perspective formula
투약(投藥) medication
투여량(投與量) dosage
투여반응곡선(投與反應曲線) dose response curve
투여반응평가(投與反應評價) dose response assessment
투영도(投影圖) projected figure
투영식(投影式) projection formula
투존 thujone
투쿰 tucum, *Astrocaryum vulgare* Mart 야자과
투피스캔 two piece can
툴로뷰테롤 tulobuterol
퉁돔과 Lutjanidae
퉁돔류 snappers
퉁퉁마디 glasswort, *Salicornia europaea* L. 명아줏과
퉁퉁마디속 *Salicornia*
튀각 twigak
튀김 deep frying
튀김 fried food
튀김 frying
튀김기 fryer
튀김기름 frying oil
튀김성질 frying property
튀김시간 frying time
튀김온도 frying temperature
튀김옷 coating material for frying
튀김지방 frying fat
튜불린 tubulin
튜브 tube
튜브영양 tube feeding
트라가칸트검 gum tragacanth
트라가칸트나무 gum tragacanth milkvetch,

Astragalus gummifer Labill. 콩과
트라메테스속 *Trametes*
트라이고넬린 trigonelline
트라이글리세라이드 triglyceride
트라이리놀레인 trilinolein
트라이메토프림 trimethoprim
트라이메틸 trimethyl
트라이메틸글리신 trimethylglycine
트라이메틸라이신 trimethyllysine
트라이메틸아민 trimethylamine
트라이메틸아민옥사이드 trimethylamine oxide, TMAO
트라이뷰틸틴 tributyltin
트라이스테아린 tristearin
트라이아디메폰 triadimefon
트라이아세테이트 triacetate
트라이아세틴 triacetin
트라이아실글리세롤 triacylglycerol
트라이아실글리세롤라이페이스 triacylglycerol lipase
트라이아이오도벤조산 triiodobenzoic acid
트라이아이오도타이로닌 triiodothyronine
트라이아조염료 tri azo dye
트라이아조포스 triazophos
트라이아졸 triazole
트라이에탄올아민 triethanolamine
트라이에틸아민 triethylamine
트라이엔 triene
트라이엔산 trienoic acid
트라이오스 triose
트라이오스리덕톤 triose reductone
트라이오스인산 triose phosphate
트라이오스인산이성질화효소 triose phosphate isomerase
트라이올레인 triolein
트라이카복실산 tricarboxylic acid
트라이카복실산회로 tricarboxylic acid cycle, TCA cycle
트라이카프릴린 tricaprylin
트라이코데민 trichodermin
트라이코테센 trichothecene
트라이코테신 trichothecin
트라이코토민 trichotomine
트라이콜롬산 tricholomic acid
트라이클로로메테인 trichloromethane
트라이클로로아니솔 trichloroanisole
트라이클로로아세트산 trichloroacetic acid, TCA
트라이클로로에틸렌 trichloroethylene
트라이클로로폰 trichlorofon
트라이토데움 tritordeum
트라이팔미틴 tripalmitin
트라이펩타이드 tripeptide
트라이폴리인산소듐 sodium tripolyphosphate
트라이폴리인산염 tripolyphosphate
트라이플루랄린 trifluralin
트라이할로메테인 trihalomethane
트라피스트치즈 Trappist cheese
트라하나 trahana
트랜스글루타미네이스 transglutaminase
트랜스망가민 transmangamin
트랜스알돌레이스 transaldolase
트랜스이성질체 *trans*-isomer
트랜스지방 *trans*-fat
트랜스지방산 *trans*-fatty acid
트랜스페린 transferrin
트랜스페린포화도 transferrin saturation
트랜스포존 transposon
트랜스포존자리바꿈효소 transposase
트랜치 trench
트럭 truck
트럭건조기 truck dryer
트레드밀 treadmill
트레모겐 tremorgen
트레오닌 threonine
트레오스 threose
트레이배양 tray culture
트레이서비스 tray service
트레이팩 tray pack
트레이포장 tray package
트레할로스 trehalose
트렌볼론아세테이트 trenbolone acetate
트로포닌 troponin
트로포마이오신 tropomyosin
트로포콜라겐 tropocollagen
트롤리 trolley
트롬보엘라스토그래프 thromboelastograph
트롬보플라스틴 thromboplastin

트롬복세인 thromboxane
트롬빈 thrombin
트룹 trub
트뤼플 truffle
트리코데르마 비리디 *Trichoderma viride*
트리코데르마속 *Trichoderma*
트리코데르마 하지아눔 *Trichoderma hazianum*
트리코스포론속 *Trichosporon*
트리코코마과 Trichocomaceae
트리코테슘 로세움 *Trichothecium roseum*
트리코테슘속 *Trichothecium*
트리티케일 triticale
트리플 trifle
트립시노겐 trypsinogen
트립신 trypsin
트립신억제인자 antitrypsin factor
트립신억제제 trypsin inhibitor
트립타민 tryptamine
트립토판 tryptophan
트립토판가수분해효소 tryptophanase
트립토폴 tryptophol
트립톤 tryptone
트위스트오프캡 twist-off cap
트윈 Tween
특성(特性) characteristics
특성곡선(特性曲線) characteristic curve
특성차이(特性差異) attribute difference
특성차이검사(特性差異檢査) attribute difference test
특수경질치즈 grating cheese
특수등급(特殊等級) special grade
특수용도식품(特殊用途食品) specialty food
특용작물(特用作物) specialty crop
특이동적작용(特異動的作用) specific dynamic action
특이면역(特異免疫) specific immunity
특이성(特異性) specificity
특이체질(特異體質) idiosyncrasy
특정위험물질(特定危險物質) specified risk material, SRM
특허(特許) patent
티검정 t-test
티다이아주론 thidiazuron
티라민 tyramine
티람 thiram
티로파구스속 *Tyrophagus*
티록신 thyroxine
티록신결합글로불린 thyroxine binding globulin, TRG
티림프구 T lymphocyte
티몰 thymol
티몰블루 thymol blue
티몰프탈레인 thymolphthalein
티미딘 thymidine
티미딘인산화효소 thymidine kinase
티민 thymine
티백 tea bag
티본스테이크 T-bone steak
티분포 *t* distribution
티비에이활성물질 TBA reactive substance
티세포 T cell
티스푼 teaspoon
티아이플라스미드 Ti plasmid
티엘라비옵시스 바시콜라 *Thielaviopsis basicola*
티엘라비옵시스속 *Thielaviopsis*
티엘라비옵시 스파라독사 *Thielaviopsis paradoxa*
티투독소 T2 toxin
티투파지 T2 phage
티트리 narrow-leaved paperbark, narrow-leaved tea-tree, *Melaleuca alternifolia* (Maiden & Betche) Cheel 마르타과
티티시시험 TTC test
티틴 titin
틱소트로피 thixotropy
틱소트로피물질 thixotropic material
틱소트로피유체 thixotropic fluid
틴들현상 Tyndall phenomenon
틸라코이드 thylakoid
틸라코이드막 thylakoid membrane
틸라코이드층판 thylakoid disk
틸라피아 tilapia
틸레티아과 Tilletiaceae
틸로신 tylosin
틸미코신 tilmicosin
팀블베리 thimbleberry, *Rubus parviflorus* Nutt. 장미과

ㅍ

파 Welsh onion, bunching onion, spring onion, green onion, *Allium fistulosum* L. 백합과
파가라속 *Fagara*
파가라씨 fagara seed
파괴(破壞) breaking
파괴력(破壞力) breaking force
파괴세기 breaking strength
파네로카에테 크리소스포륨 *Phanerochaete chrysosporium*
파네센 farnesene
파네솔 farnesol
파네토네 panettone
파노스 panose
파동(波動) wave
파동성(波動性) wave property
파동에너지 wave energy
파두(巴豆) purging croton, *Croton tiglium* L. 대극과
파드득나물 Japanese wild parsley, stone parsley, *Cryptotaenia japonica* Hassk. 산형과
파드득나물속 *Cryptotaenia*
파라나이트로아닐린 *p*-nitroaniline
파라다이스너트 paradise nut, *Lecythis zabucajo* Aubl. 오예과
파라다이클로로벤젠 *p*-dichlorobenzene
파라다이하이드록시벤젠 *p*-dihydroxybenzene
파라메톡시벤즈알데하이드 *p*-methoxybenzaldehyde
파라메틸아세토페논 *p*-methyl acetophenone
파라벤 paraben
파라시티콜 parasiticol
파라아미노벤조산 *p*-aminobenzoic acid
파라알릴페닐메틸에테르 *p*-allylphenyl methyl ether
파라자일렌 *p*-xylene
파라카세인 paracasein
파라코쿠스 데니트리피칸스 *Paracoccus denitrificans*
파라코쿠스속 *Paracoccus*
파라쿠마르산 *p*-coumaric acid
파라퀫 paraquat
파라크레스 paracress, *Acmella oleracea* (L.) R. K. Jamsen 국화과
파라토르몬 parathormone
파라싸이온 parathion
파라싸이온메틸 parathion-methyl
파라티푸스 paratyphoid
파라티푸스세균 *Salmonella* Paratyphi
파라페네티딘 *p*-phenetidine
파라핀 paraffin
파라하이드록시벤조산메틸 methyl *p*-hydroxybenzoate
파라하이드록시벤조에이트 *p*-hydroxybenzoate
파라하이드록시벤조산뷰틸 butyl *p*-hydroxybenzoate
파라하이드록시벤조산아이소뷰틸 isobutyl *p*-hydroxybenzoate
파라하이드록시벤조산에틸 ethyl *p*-hydroxybenzoate
파라하이드록시벤조산아이소프로필 isopropyl *p*-hydroxybenzoate
파라하이드록시벤조산프로필 propyl *p*-hydroxybenzoate
파라하이드록시뷰틸벤조에이트 *p*-hydroxybutylbenzoate
파라하이드록시페닐에틸아민 *p*-hydroxyphenylethylamine
파래 parae
파래속 *Enteromorpha*
파로 farro
파로틴 parotin
파르마햄 Parma ham
파르메산치즈 Parmesan cheese
파르미지아노레지아노 Parmigiano Reggiano
파르페 parfait
파리 fly
파리나 farina
파리목 Diptera
파리풀과 Phrymaceae
파벤다졸 parbendazole
파보일드쌀 parboiled rice
파보일링 parboiling

파상열(波狀熱) undulant fever
파상풍(破傷風) tetanus
파상풍세균(破傷風細菌) *Clostridium tetani*
파세올루스속 *Phaseolus*
파세올린 phaseolin
파셀리 paselli
파속 *Allium*
파쇄(破碎) crushing
파쇄기(破碎機) crusher
파쇄롤러 crushing roller
파스닙 parsnip, *Pastinaca sativa* L. 산형과
파스칼 Pascal
파스칼원리 Pascal's principal
파스타 pasta
파스타필라타치즈 pasta filata cheese
파스테마 pasterma
파스퇴렐라과 Pasteurellaceae
파스퇴렐라 물토시다 *Pasteurella multocida*
파스퇴렐라속 *Pasteurella*
파스퇴렐라증 pasteurellosis
파스퇴렐라 헤몰리티카 *Pasteurella haemolytica*
파스퇴르효과 Pasteur effect
파스트라미 pastrami
파스틸 pastille
파슬리 parsley, *Petroselinum crispum* (Mill.) A. W. Hill 산형과
파슬리뿌리 parsley root
파슬리씨방향유 parsley seed oil
파에니바실루스과 Paenibacillaceae
파에니바실루스속 *Paenibacillus*
파에니바실루스 폴리믹사 *Paenibacillus polymyxa*
파에실로미세스 릴라시누스 *Paecilomyces lilacinus*
파에실로미세스 바리오티이 *Paecilomyces variotii*
파에실로미세스속 *Paecilomyces*
파열(破裂) rupture
파열시험(破裂試驗) rupture test
파우치 pouch
파우치포장 pouch packaging
파운드 pound
파운드케이크 pound cake
파울링 fouling
파이 pie
파이결합 π-bond
파이렉스 Pyrex
파이렉스용기 Pyrex ware
파이로갈롤 pyrogallol
파이로갈산 pyrogallic acid
파이로글루탐산 pyroglutamic acid
파이로산 pyro acid
파이로아황산소듐 sodium pyrosulfite
파이로아황산포타슘 potassium pyrosulfite
파이로인산 pyrophosphoric acid
파이로인산가수분해효소 pyrophosphatase
파이로인산소듐 sodium pyrophosphate
파이로인산염 pyrophosphate
파이로인산철(III) iron(III) pyrophosphate, ferric pyrophosphate
파이로인산철(III)소듐 sodium iron(III) pyrophosphate, sodium ferric pyrophosphate
파이로인산포타슘 potassium pyrophosphate
파이로카본산다이에틸에스터 pyrocarbonic acid diethyl ester
파이로카테콜 pyrocatechol
파이론 pyrone
파이반죽 pie dough
파이버옵틱스 fiber optics
파이속 pie filling
파이어반 Peyer's patch
파이오비탈 π-orbital
파이전자 π-electron
파이크러스트 pie crust
파이토나다이온 phytonadione
파이토케미컬 phytochemical
파이토크롬 phytochrome
파이프 pipe
파이프운반 pipe line transport
파인베이커리웨어 fine bakery ware
파인애플 pineapple, *Ananas comosus* (L.) Merr. 파인애플과
파인애플과 Bromeliaceae
파인애플넥타 pineapple nectar
파인애플주스 pineapple juice
파인애플통조림 canned pineapple
파인트 pint
파일럿제분기 pilot mill

파일럿플랜트 pilot plant
파장(波長) wavelength
파전 pajeon
파종(播種) seeding, sowing
파지 phage
파초과(芭蕉科) Musaceae
파초속(芭蕉屬) *Musa*
파충강(爬蟲綱) Reptilia
파충류(爬蟲類) reptiles
파코라스 pakoras
파클로뷰트라졸 paclobutrazol
파키솔렌속 *Pachysolen*
파키솔렌 타노필루스 *Pachysolen tannophilus*
파킨슨병 Pakinson's disease
파킨슨증후군 Parkinson's syndrome
파타그라스치즈 Patagras cheese
파타틴 patatin
파테 pate
파툴린 patulin
파티세리제품 Patisserie product
파티스 patis
파파야 papaya, pawpaw, *Carica papaya* L. 파파야과
파파야과 Caricaceae
파파야넥타 papaya nectar
파파인 papain
파프리카 paprika
파프리카추출색소 oleoresin paprika
파피아 로도지마 *Phaffia rhodozyma*
파피아색소 phaffia color
파피아속 *Phaffia*
판다누스과 Pandanaceae
판다누스목 Pandanales
판다누스속 *Pandanus*
판단 pandan leaves, *Pandanus amaryllifolius* Roxb. 판다누스과
판데르발스방정식 van der Waals equation
판데르발스상태방정식 van der Waals equation of state
판데르발스힘 van der Waals force
판매기한(販賣期限) sell by date
판슬라이크법 Van Slyke method
판지(板紙) cardboard
판지이취(板紙異臭) cardboard off odor
판크레아틴 pancreatin
판토텐산 pantothenic acid
판토텐산소듐 sodium pantothenate
판토텐산칼슘 calcium pantothenate
판트호프법칙 van't Hoff rule
판트호프식 van't Hoff equation
판트호프인자 van't Hoff factor
판형냉각기(板形冷却機) plate cooler
판형냉동기(板形冷凍機) plate freezer
판형수압기(板形水壓機) hydraulic plate press
판형열교환기(板形熱交換機) plate heat exchanger
판형저온살균기(板形低溫殺菌器) plate pasteurizer
판형증발기(板形蒸發器) plate evaporator
판형탑(板形塔) plate column
판형히터 plate heater
팔라티노스 Palatinose
팔라티니트 palatinit
팔리토아속 *Palythoa*
팔리톡신 palytoxin
팔마로사 palmarosa, *Cymbopogon martini* (Roxb.) Watson 볏과
팔미라야자나무 Asian palmyra palm, toddy palm, *Borassus flabellifer* L. 야자과
팔미라열매 palmyra fruit
팔미라야자속 *Borassus*
팔미톨레산 palmitoleic acid
팔미트산 palmitic acid
팔미틴 palmitin
팔손이풀 dulse, *Palmaria palmata* (L.) Kuntze 팔손이풀과
팔손이풀과 Palmariaceae
팔손이풀목 Palmariales
팔순이풀속 *Palmaria*
팜 palm
팜순 palm heart
팜스테아린 palm stearin
팜올레인 palm olein
팜유 palm oil
팜핵기름 palm kernel oil
팜핵깻묵 palm kernel cake
팝콘 popcorn
팝핑 popping
팥 azuki bean, *Vigna angularis* (Willd.) Ohwi & H. Ohashi 콩과

팥꽃나뭇과 Thymelaeaceae
팥바구미 azuki bean weevil, *Callosobruchus chinensis* (Linneus, 1758) 콩바구밋과
팥배나무 Korean mountain ash, *Sorbus alnifolia* (Siebold & Zucc.) K. Koch 장미과
팥소 patso
팥시루떡 patsirutteok
팥장 patjang
팥죽 patjuk
패널 panel
패널링 panelling
패널선발검사 panel screening
패널선택 panel selection
패널요원선발검사 penalist screening test
패널요원평가 penalist assessment
패널지도자 panel leader
패널캔 panelled can
패닝 panning
패닝방정식 Fanning equation
패닝값 Fanning number
패러데이법칙 Faraday's law
패러데이상수 Faraday constant
패럿 farad
패리노그래프 farinograph
패리노그램 farinogram
패션프루트 passion fruit, *Passiflora edulis* Sims. var. *edulis* 시계꽃과
패션프루트주스 passion fruit juice
패스트푸드 fast food
패턴 pattern
패턴트밀가루 patent flour
패턴트증류기 patent still
패티 patty
패혈증(敗血症) septicemia
패혈증비브리오세균 *Vibrio vulnificus*
팩 pack
팬 pan
팬믹서 pan mixer
팬브로일 pan broil
팬시비스킷 fancy biscuit
팬시쿠키 fancy cookie
팬케이크 pancake
팬프라잉 pan-frying
팰라펠 falafel
팹 pap
팽나무버섯 golden needle mushroom, *Flammulina velutipes* (Curt.:Fr.) Sing. 송이과
팽나무버섯속 *Flammulina*
팽압(膨壓) turgor pressure
팽윤(膨潤) swelling
팽윤력(膨潤力) swelling power
팽창(膨脹) expansion
팽창(膨脹) leavening
팽창(膨脹) swell
팽창계수(膨脹係數) expansion coefficient
팽창링 expansion ring
팽창밸브 expansion valve
팽창액체(膨脹液體) dilatant liquid
팽창제(膨脹劑) leavening agent
팽창측정법(膨脹測定法) dilatometry
팽창캔 swelled can
팽창플라스틱 expanded plastic
팽화(膨化) puffing
팽화건조(膨化乾燥) puff drying
팽화곡물(膨化穀物) puffed cereal
팽화밀 puffed wheat
팽화상(膨化狀) puffiness
팽화식품(膨化食品) puffed food
팽화쌀 puffed rice
팽화옥수수 puffed corn
팽화제 puffing agent
퍼라이트 perlite
퍼브 pub
퍼센트 percent
퍼센트농도 percent concentration
퍼센트일일기준값 percent daily value
퍼지 fudge
퍼짐 diffusion
퍼짐계수 diffusion coefficient
퍼짐공정 diffusion process
퍼짐도 diffusivity
퍼짐방정식 diffusion equation
퍼짐법칙 law of diffusion
퍼짐성 spreadability
퍼짐속도 diffusion velocity
퍼텐셜에너지 potential energy

퍼프페이스트리 puff pastry
펀치 punch
펀치볼 punch bowl
펄닭새우 Japanese spear lobster, *Linuparus trigonus* (von Siebold, 1824) 닭새웃과
펄스 pulse
펄스장젤전기이동 pulsed field gel electrophoresis
펄퍼 pulper
펄프 pulp
펄프질 pulpy
펄프판지 pulpboard
펄핑 pulping
펌프 pump
펑뒤 fendue
페가민 pergamyn
페난트렌 phenanthrene
페네트로메트리 penetrometry
페네트로미터 penetrometer
페노드 pernod
페노믹스 phenomics
페노바비탈 phenobarbital
페놀 phenol
페놀계수 phenol coefficient
페놀레드 phenol red
페놀분해효소 phenolase
페놀산 phenolic acid
페놀수지 phenol resin
페놀에테르 phenol ether
페놀프탈레인 phenolphthalein
페놈 phenome
페니실륨 그리세오풀붐 *Penicillium griseofulvum*
페니실륨 글라우쿰 *Penicillium glaucum*
페니실륨 노타툼 *Penicillium notatum*
페니실륨 디스콜로르 *Penicillium discolor*
페니실륨 로퀘포르티 *Penicillium roqueforti*
페니실륨 루브룸 *Penicillium rubrum*
페니실륨 베루코숨 *Penicillium verrucosum*
페니실륨 비리디카툼 *Penicillium viridicatum*
페니실륨 시클로퓸 *Penicillium cyclopium*
페니실륨 시트리눔 *Penicillium citrinum*
페니실륨 아우란티오그리세움 *Penicillium aurantiogriseum*
페니실륨 이스란디쿰 *Penicillium islandicum*
페니실륨 카멤베르티 *Penicillium camemberti*
페니실륨 카세이콜룸 *Penicillium caseicolum*
페니실륨 칸디듐 *Penicillium candidium*
페니실륨 크루스토숨 *Penicillium crustosum*
페니실륨 크리소게눔 *Penicillium chrysogenum*
페니실륨 폴로니쿰 *Penicillium polonicum*
페니실린 penicillin
페니실린가수분해효소 penicillinase
페니실린알레르기 penicillin allergy
페니실린지 penicillin G
페니실산 penicillic acid
페니실아민 phenicillamine
페니토인 phenytoin
페니트로싸이온 fenitrothion
페닐 phenyl
페닐메틸케톤 phenyl methyl ketone
페닐벤젠 phenylbenzene
페닐싸이오유레아 phenylthiourea
페닐싸이오카바마이드 phenylthiocarbamide
페닐아민 phenylamine
페닐아세트산 phenylacetic acid
페닐아세트산아이소뷰틸 isobutyl phenylacetate
페닐아세트산아이소아밀 isoamyl phenylacetate
페닐아세트산에틸 ethyl phenylacetate
페닐아세트알데하이드 phenylacetaldehyde
페닐알라닌 phenylalanine
페닐알라닌암모니아리에이스 phenylalanine ammonia lyase
페닐알라닌하이드록시화효소 phenylalanine hydroxylase
페닐에탄올 phenylethanol
페닐케톤뇨증 phenylketonuria
페닐프로파노이드 phenylpropanoid
페닐피루브산 phenylpyruvic acid
페닐하이드라진 phenylhydrazine
페닐하이드록실아민 phenylhydroxylamine
페디오신 pediocin
페디오코쿠스 세레비시아에 *Pediococcus cerevisiae*
페디오코쿠스속 *Pediococcus*
페디오코쿠스 아시디락티시 *Pediococcus acidilactici*
페디오코쿠스 할로필루스 *Pediococcus halophilus*
페레독신 ferredoxin

페로몬 pheromone
페로사이안 ferrocyan
페로사이안화소듐 sodium ferrocyanide
페로사이안화칼슘 calcium ferrocyanide
페로사이안화포타슘 potassium ferrocyanide
페루사과 Peruvian apple
페루사과선인장 Peruvian apple cactus, *Cereus repandus* (L.) Mill. (= *Cereus peruvianus* (L.) Mill.) 선인장과
페루홍당무 Peruvian carrot
페룰산 ferulic acid
페르시아라임 Persian lime, Tahiti lime, bearss lime, *Citrus* x *latifolia* Tanaka 운향과
페리 perry
페리틴 ferritin
페릴라틴 perillartine
페릴알데하이드 perillaldehyde
페메트린 permethrin
페미컨 pemmican
페스토 pesto
페스트 pest
페스트세균 *Yersinia pestis*
페오니딘 peonidin
페오닌 peonin
페오포바이드 pheophorbide
페오피틴 pheophytin
페이스트 paste
페이스트리 pastry
페이스트리크림 pastry cream
페이스트밀 paste mill
페이조아 feijoa, pineapple guava, *Acca sellowiana* (O. Berg.) Burret 마르타과
페인트 paint
페코리노치즈 Pecorino cheese
페킹덕 Peking duct
페타이 petai, twist bean, stink bean, *Parkia speciosa* Hassk 콩과
페타치즈 Feta cheese
페투치네 fettuccine
페튜니딘 petunidin
페튜닌 petunin
페트로셀린산 petroselinic acid
페트리접시 Petri dish
페트병 PET bottle
페티트그레인기름 petitgrain oil
페퍼로니 pepperoni
페퍼민트 peppermint, *Mentha* × *piperita* L. 꿀풀과
페퍼민트방향유 peppermint essential oil
페포호박 vegetable marrow, *Cucurbita pepo* L. 박과
페피노 pepino, melon pear, *Solanum muricatum* Aiton 가짓과
페히너법칙 Fechner's law
펙테이스 pectase
펙테이트리에이스 pectate lyase
펙테이트트랜스엘리미네이스 pectate trans-eliminase
펙토스 pectose
펙트산 pectic acid
펙티나투스 프리신겐시스 *Pectinatus frisingensis*
펙티나투스 세레비시이필루스 *Pectinatus cerevisiiphilus*
펙티나투스속 *Pectinatus*
펙티네이스 pectinase
펙틴 pectin
펙틴등급 pectin grade
펙틴리에이스 pectin lyase
펙틴분해세균 pectolytic bacterium
펙틴산 pectinic acid
펙틴에스터가수분해효소 pectinesterase
펙틴젤리 pectin jelly
펙틴질 pectic substance
펙틴효소 pectic enzyme
펜발레레이트 fenvalerate
펜벤다졸 fenbendazole
펜싸이온 fenthion
펜에틸알코올 phenethyl alcohol
펜타디플란드라과 Pentadiplandraceae
펜타디플란드라 브라제아나 *Pentadiplandra brazzeana*
펜탄산 pentanoic acid
펜탄알 pentanal
펜탄올 pentanol
펜테인 pentane
펜테인다이온 pentanedione

펜텐일 pentenyl
펜토산 pentosan
펜토산분해효소 pentosanase
펜토스 pentose
펜토스뇨증 pentosuria
펜토스인산경로 pentose phosphate pathway
펠라고니딘 pelargonidin
펠라고디닌아실글루코사이드 pelargonidin acylglucoside
펠라그라 pellagra
펠라그라예방인자 pellagra preventive factor
펠라르고늄속 *Pelargonium*
펠로디핀 felodipine
펠릿 pellet
펠링용액 Fehling's solution
펠메니 pelmeni
펠스헨키값 Pelshenke value
펠트44 Pelt 44
펩시노젠 pepsinogen
펩신 pepsin
펩타이드 peptide
펩타이드가수분해효소 peptidase
펩타이드결합 peptide bond
펩타이드기전달효소 peptidyltrasferase
펩타이드내부가수분해효소 endopeptidase
펩타이드당지방질 peptidoglycolipid
펩타이드말단가수분해효소 exopeptidase
펩타이드사슬 peptide chain
펩타이드전달 transpeptidation
펩타이드전달효소 transpeptidase
펩타이드항생물질 peptide antibiotic
펩타이드호르몬 peptide hormone
펩톤 peptone
펩티도글리칸 peptidoglycan
펩티돔 peptidome
펩티딜다이펩티데이스에이 peptidyl dipeptidase A
편 pyeon
편강(片薑) pyeongang
편광(偏光) polarized light
편광계(偏光計) polarimeter
편광기(偏光器) polariscope
편광측정법(偏光測定法) polarimetry
편광판(偏光板) polarizer
편광필터 polaroid filter
편광현미경(偏光顯微鏡) polarization microscope
편도(扁桃) tonsil
편도염(扁桃炎) tonsillitis
편두(扁豆) hyacinth bean, lablab bean, *Lablab purpureus* (L.) Sweet (= *Dolichos lablab* L.) 콩과
편두속 *Dolichos*
편두통(偏頭痛) migraine
편모(鞭毛) flagellum
편모균아문(鞭毛菌亞門) Mastigomycotina
편모세균(鞭毛細菌) flagellated bacterium
편모운동(鞭毛運動) flagella movement
편모충류(鞭毛蟲類) flagellates
편모충속(鞭毛蟲屬) *Giardia*
편모충아문(鞭毛蟲亞門) Flagellata
편모충증(鞭毛蟲症) giardiasis
편수 pyeonsu
편육(片肉) pyeonyuk
편의식품(便宜食品) convenience food
편의점(便宜店) convenience store
편차(偏差) deviation
편충(鞭蟲) whipworm, *Trichuris trichiura* (Linnaeus, 1771) 편충과
편충과(鞭蟲科) Trichuridae
편충목(鞭蟲目) Trichocephalida
편파표본(偏頗標本) biased sample
편형동물(扁形動物) platyhelminth
편형동물문(扁形動物門) Platyhelminthes
평가(評價) evaluation
평가용지(評價用紙) score sheet
평가원(評價員) assessor
평가표(評價表) scorecard
평균(平均) average, mean
평균값 mean value
평균기온(平均氣溫) mean air temperature
평균속도(平均速度) average velocity
평균수명(平均壽命) mean life span
평균온도(平均溫度) mean temperature
평균제곱 mean square
평균제곱불편분산 mean square unbiased variance
평균편차(平均偏差) mean deviation
평균필요량(平均必要量) estimated average requirement, EAR

평균혈구부피 mean corpuscular volume, MCV
평면(平面) plane
평면구조(平面構造) planar structure
평점법(評點法) rating method
평판계수(平板係數) plate count
평판도말법(平板塗抹法) spread plate method
평판배양(平板培養) plate culture
평행판플라스토미터 parallel plate plastometer
평형(平衡) equilibrium
평형감각(平衡感覺) static sense
평형기관(平衡器官) static organ
평형농도(平衡濃度) equilibrium concentration
평형상대습도(平衡相對濕度) equilibrium relative humidity
평형상수(平衡常數) equilibrium constant
평형상태(平衡狀態) equilibrium state
평형상태도(平衡狀態圖) equilibrium state diagram
평형수분(平衡水分) equilibrium moisture
평형수분함량(平衡水分含量) equilibrium moisture content
평형이동(平衡移動) equilibrium shift
평형탄성률(平衡彈性率) equilibrium modulus
폐(肺) lung
폐결핵(肺結核) pulmonary tuberculosis
폐경(閉經) menopause
폐경후뼈엉성증 postmenopausal osteoporosis
폐경후증후군(閉經後症候群) postmenopausal syndrome
폐과(閉果) indehiscent fruit
폐과균강(閉果菌綱) Plectomycetes
폐기능검사(肺技能檢查) pulmonary function test
폐기능저하(肺技能低下) pulmonary insufficiency
폐기물(廢棄物) waste
폐기물공해(廢棄物公害) waste pollution
폐기물정화(廢棄物淨化) waste purification
폐기물처리(廢棄物處理) waste disposal
폐기종(肺氣腫) emphysema
폐동맥(肺動脈) pulmonary artery
폐동맥고혈압(肺動脈高血壓) pulmonary hypertension
폐동맥판막(肺動脈板膜) pulmonary valve
폐렴(肺炎) pneumonia
폐렴막대세균 *Klebsiella pneumoniae*
폐렴사슬알세균 pneumococcus, *Streptococcus pneumoniae*
폐부종(肺浮腫) pulmonary edema
폐쇄혈관계통(閉鎖血管系統) closed blood vascular system
폐수(廢水) wastewater
폐수무산소소화(廢水無酸素消化) anaerobic digestion of waste water
폐수산화(廢水酸化) oxidation of wastewater
폐수중화(廢水中和) neutralization of wastewater
폐수처리(廢水處理) wastewater treatment
폐순환(肺循環) pulmonary circulation
폐암(肺癌) lung cancer
폐어류(肺魚類) lungfish
폐어아강(肺魚亞綱) Dipnoi
폐열(廢熱) waste heat
폐정맥(肺靜脈) pulmonary vein
폐질환(肺疾患) lung disease
폐호흡(肺呼吸) pulmonary respiration
폐활량(肺活量) vital capacity
폐흡충(肺吸蟲) lung fluke, *Paragonimus westermani* Kerbert, 1878 폐흡충과
폐흡충과(肺吸蟲科) Paragonimidae
폐흡충속(肺吸蟲屬) *Paragonimus*
폐흡충증(肺吸蟲症) paragonimiasis
포(脯) po
포게스-프로스카우어시험 Voges-Proskauer test
포공영(蒲公英) Taraxaci herba
포괄고정배양법(包括固定培養法) immobilization culture by entrapment
포기(曝氣) aeration
포기장치(曝氣裝置) aerator
포니오 fonio
포대(布袋) sack
포대저장(布袋貯藏) sack storage
포도(葡萄) grape
포도(葡萄) grapevine
포도과(葡萄科) Vitaceae
포도껍질 grape skin
포도껍질색소 grape skin extract

포도당(葡萄糖) glucose
포도당감지기(葡萄糖感知器) glucose sensor
포도당공업(葡萄糖工業) glucose industry
포도당내성(葡萄糖耐性) glucose tolerance
포도당내성시험(葡萄糖耐性試驗) glucose tolerance test
포도당내성인자(葡萄糖耐性因子) glucose tolerance factor
포도당대사(葡萄糖代謝) glucose metabolism
포도당부하장애(葡萄糖負荷障碍) impaired glucose tolerance
포도당산화효소(葡萄糖酸化酵素) glucose oxidase
포도당생성(葡萄糖生成) gluconeogenesis
포도당생성아미노산 glucogenic amino acid
포도당시럽 glucose syrup
포도당알라닌회로 glucose alanine cycle
포도당-6-인산(葡萄糖-6-燐酸) glucose-6-phosphate
포도당-6-인산수소제거효소(葡萄糖-6-燐酸水素除去酵素) glucose-6-phosphate dehydrogenase
포도당-6-인산가수분해효소(葡萄糖-6-燐酸加水分解酵素) glucose-6-phosphatase
포도당이성질화효소(葡萄糖異性質化酵素) glucose isomerase
포도당인산화효소(葡萄糖燐酸化酵素) glucokinase
포도당전달효소(葡萄糖傳達酵素) transglucosidase
포도당중합체(葡萄糖重合體) glucose polymer
포도당항상성장애(葡萄糖恒常性障碍) impaired glucose homeostasis
포도(미국종) American grape, fox grape, *Vitis labrusca* L. 포도과
포도부산물(葡萄副産物) grape byproduct
포도브랜디 grape brandy
포도속(葡萄屬) *Vitis*
포도머스트 grape must
포도시럽 grape syrup
포도씨 grape seed
포도씨기름 grape seed oil
포도씨기름식품 grape seed oil food
포도씨추출물 grape seed extract
포도알세균 staphylococcus
포도알세균감염 staphylococcal infection
포도알세균속 *Staphylococcus*
포도알세균중독 staphylococcal poisoning
포도(유럽종) common grapevine, wine grape, *Vitis vinifera* L. 포도과
포도잎 vine leaf
포도재배(葡萄栽培) viticulture
포도재배(葡萄栽培) viniculture
포도잼 grape jam
포도젤리 grape jelly
포도주(葡萄酒) wine
포도주내 wine odor
포도주박(葡萄酒粕) wine pomace
포도주식초(葡萄酒食醋) wine vinegar
포도주스 grape juice
포도주앙금 lee
포도주양조장(葡萄酒釀造場) winery
포도주제조(葡萄酒製造) winemaking
포도주증류액(葡萄酒蒸溜液) wine distillate
포도주포도(葡萄酒葡萄) winemaking grape
포도주학(葡萄酒學) enology
포도주효모(葡萄酒酵母) wine yeast
포도즙색소(葡萄汁色素) grape juice color
포도증류주(葡萄蒸溜酒) grape spirit
포도찌꺼기 grape pomace, grape marc
포도통조림 canned grape
포도파쇄기(葡萄破碎機) grape mill
포도파이 grape pie
포두련배추 poduryeon baechu
포르피리듐속 *Porphyridium*
포르피리듐 크루엔툼 *Porphyridium cruentum*
포리지 porridge
포린 porin
포마 소르그히나 *Phoma sorghina*
포마속 *Phoma*
포마잔 formazan
포마토 pomato
포마 헤르바룸 *Phoma herbarum*
포만(飽滿) satiety
포만감(飽滿感) satiety
포만중추(飽滿中樞) satiety center
포말건조(泡沫乾燥) foam-mat drying
포말건조기(泡沫乾燥機) foam-mat drier
포말린 formalin
포멜로 pomelo, shaddock, Chinese grapefruit, *Citrus maxima* (Burm.) Merr. (= *Citrus grandis* (L.) Osbeck) 운향과

포모노네틴 fromononetin
포몰 formol
포몰적정법 formol titration mcthod
포블라노 poblano, ancho chile
포비돈 povidone
포사치즈 fossa cheese
포살론 phosalone
포스메트 phosmet
포스미트 forcemeat
포스비틴 phosvitin
포스젠 phosgene
포스톡신 Phostoxin
포스파미돈 phosphamidon
포스파타이드 phosphatide
포스파티드산 phosphatidic acid
포스파티딜세린 phosphatidylserine
포스파티딜에탄올아민 phosphatidylethanol-amine
포스파티딜이노시톨 phosphatidylinositol
포스파티딜콜린 phosphatidylcholine
포스포글루코뮤테이스 phosphoglucomutase
포스포글리세라이드 phosphoglyceride
포스포글리세르산 phosphoglyceric acid, PGA
포스포글리세르알데하이드 phosphoglycer-aldehyde, PGAL
포스포글리콜산 phosphoglycolic acid
포스포덱스트린 phosphodextrin
포스포라이페이스 phospholipase
포스포라이페이스비 phospholipase B
포스포릴레이스 phosphorylase
포스포라이페이스에이투 phospholipase A2
포스포세린 phosphoserine
포스포엔올피루브산 phosphoenol pyruvate
포스핀 phosphine
포식세포(捕食細胞) phagocyte
포식세포융해(捕食細胞融解) phagocytolysis
포식자(捕食者) predator
포식작용(捕食作用) phagocytosis
포유(哺乳) sucking
포유강(哺乳綱) Mammalia
포음작용(飽飲作用) pinocytosis
포유류(哺乳類) mammals
포이 poi
포장(包裝) packaging
포장(圃場) field
포장검사(圃場檢査) field test
포장시험(圃場試驗) field trial
포장고기 packaged meat
포장기(包裝器) packer
포장날짜 pack date
포장안건조 in pack desiccation, IPD
포장두부(包裝豆腐) packaged soybean curd
포장물(包裝物) package
포장방법(包裝方法) packaging method
포장비(包裝費) packaging cost
포장쇠고기 packaged beef
포장식품(包裝食品) packaged food
포장어묵 packaged eomuk
포장재(包裝材) packaging material
포장필름 packaging film
포졸 pozol
포종차(包種茶) Pouchong tea
포춘쿠키 fortune cookie
포크 fork
포크소시지 pork sausage
포크찹 pork chop
포크커틀릿 pork cutlet
포크커틀릿소스 pork cutlet sauce
포타슘 potassium
포타주 potage
포터 porter
포테이토칩 potato chip
포테이토크리스프 potato crisp
포테이토플레이크 potato flake
포토박테륨속 *Photobacterium*
포토박테륨 포스포레움 *Photobacterium phosphoreum*
포트 port
포트와인 port wine
포트치즈 pot cheese
포포나무 pawpaw, *Asimina triloba* (L.) Dunal 포포나뭇과
포포나무속 *Asimina*
포포나뭇과 Annonaceae
포피란 porphyran
포피린 porphyrin
포피린고리 porphyrin ring

포핀 porphin
포화(飽和) saturation
포화공기(飽和空氣) saturated air
포화단열과정(飽和斷熱工程) saturation adiabatic process
포화도(飽和度) degree of saturation
포화밀도(飽和密度) saturation density
포화반응속도론(飽和反應速度論) saturation kinetics
포화상태(飽和狀態) saturation state
포화수분(飽和水分) saturated moisture
포화수증기압력(飽和水蒸氣壓力) saturated water vapor pressure
포화스팀 saturated steam
포화습도(飽和濕度) saturated humidity
포화압력(飽和壓力) saturation pressure
포화온도(飽和溫度) saturation temperature
포화용액(飽和溶液) saturated solution
포화증기(飽和蒸氣) saturated vapor
포화증기압력(飽和蒸氣壓力) saturated vapor pressure
포화지방(飽和脂肪) saturated fat
포화지방산(飽和脂肪酸) saturated fatty acid
포화탄화수소(飽和炭化水素) saturated hydrocarbon
폭발(爆發) explosion
폭발팽화(爆發膨化) explosion puffing
폭식(暴食) binge eating
폭식장애(暴食障碍) binge-eating disorder
폭식증(暴食症) bulimia
폰세우 ponceau
폰티나치즈 fontina cheese
폴라로그래피 polarography
폴라신 folacin
폴란드소시지 Polish sausage
폴레이트 folate
폴렌스키값 Polenske value
폴렌타 polenta
폴로늄 polonium
폴리갈락투로네이스 polygalacturonase
폴리감마글루탐산 poly(γ-glutamic acid)
폴리글루탐산 polyglutamic acid
폴리글리세롤폴리리시놀레에이트 polyglycerol polyricinoleate
폴리글리시톨시럽 polyglycitol syrup
폴리뉴클레오타이드 polynucleotide
폴리뉴클레오타이드인산첨가분해효소 polynucleotide phosphorylase
폴리뉴클레오타이드연결효소 polynucleotide ligase
폴리뉴클레오타이드인산화효소 polynucleotide kinase
폴리다이메틸실록세인 polydimethylsiloxane
폴리덱스트로스 polydextrose
폴리믹신 polymyxin
폴리바이닐리덴 polyvinylidene
폴리바이닐알코올 polyvinyl alcohol
폴리바이닐폴리피롤리돈 polyvinyl polypyrrolidone
폴리바이닐피롤리돈 polyvinyl pyrrolidone
폴리(베타-디-마누론산)리에이스 poly(β-D-mannuronate) lyase
폴리뷰텐 polybutene
폴리뷰틸렌 polybutylene
폴리소베이트 polysorbate
폴리소베이트20 polysorbate20
폴리소베이트60 polysorbate60
폴리소베이트65 polysorbate65
폴리소베이트80 polysorbate80
폴리솜 polysome
폴리슈거에스터 polysugar ester
폴리스시탈룸 푸스툴란스 *Polyscytalum pustulans*
폴리스타이렌 polystyrene
폴리스타이렌폼 polystyrene foam
폴리싱 polishing
폴리아마이드 polyamide
폴리아마이드수지 polyamide resin
폴리아민 polyamine
폴리아세트산바이닐 polyvinyl acetate, PVA
폴리아이소뷰텐 polyisobutene
폴리아이소뷰틸렌 polyisobutylene
폴리아이소프렌 polyisoprene
폴리아크릴로나이트릴 polyacrylonitrile
폴리아크릴산소듐 sodium polyacrylate
폴리아크릴아마이드 polyacrylamide
폴리아크릴아마이드젤 polyacrylamide gel
폴리아크릴아마이드젤전기이동 polyacrylamide

gel electrophoresis, PAGE
폴리에스터 polyester
폴리에스터수지 polyester resin
폴리에테르 polyether
폴리에틸렌 polyethylene
폴리에틸렌글리콜 polyethylene glycol
폴리에틸렌나프탈레이트 polyethylene naphthalate
폴리에틸렌백 polyethylene bag
폴리에틸렌테레프탈레이트 polyethylene terephthalate, PET
폴리에틸렌포장저장 polyethylene packing storage
폴리에틸렌폼 polyethylene foam
폴리에틸렌필름 polyethylene film
폴리엔 polyene
폴리염화다이벤조다이옥신 polychlorinated dibenzodioxin
폴리염화다이벤조퓨란 polychlorinated dibenzofuran
폴리염화바이닐 poly(vinyl chloride), PVC
폴리염화바이닐리덴 polyvinylidene chloride
폴리염화바이닐리덴케이싱 polyvinylidene chloride casing
폴리염화바이페닐 polychlorinated biphenyl, PCB
폴리오바이러스 poliovirus
폴리옥시에틸렌 polyoxyethylene
폴리옥시에틸렌(20)소비탄모노로르에이트 polyoxyethylene (20) sorbitan monolaurate
폴리옥시에틸렌(20)소비탄모노스테아레이트 polyoxyethylene (20) sorbitan monostearate
폴리옥시에틸렌(20)소비탄모노올레에이트 polyoxyethylene (20) sorbitan monooleate
폴리옥시에틸렌(20)소비탄트라이스테아레이트 polyoxyethylene (20) sorbitan tristearate
폴리올 polyol
폴리올레핀 polyolefin
폴리우레탄 polyurethane
폴리우레탄폼 polyurethane foam
폴리우로나이드 polyuronide
폴리우리딘 polyuridine
폴리인산 polyphosphoric acid
폴리인산소듐 sodium polyphosphate
폴리인산포타슘 potassium polyphosphate
폴리카보네이트 polycarbonate
폴리케타이드 polyketide
폴리클로로바이페닐 polychlorobiphenyls, PCSs
폴리클로로에텐 polychloroethene
폴리테트라플루오로에틸렌 polytetrafluoro-ethylene
폴리텐 polythene
폴리페놀 polyphenol
폴리페놀산화효소 polyphenol oxidase
폴리펩타이드 polypeptide
폴리펩타이드호르몬 polypeptide hormone
폴리포스페이트 polyphosphate
폴리프로필렌 polypropylene
폴리하이드록시알카노에이트 polyhydroxy-alkanoate, PHA
폴리(헥사메틸렌바이구아나이드)하이드로클로라이드 poly(hexamethylenebiguanide) hydro-chloride
폴린산 folinic acid
폴립 polyp
폴산 folic acid
폴산결핍증 folate deficiency
폴산결핍빈혈 folic acid deficiency anemia
폴산결합단백질 folate binding protein
폴산복합체분해효소 folate conjugase
폴펫 folpet
폼베 pombe
폼산 formic acid
폼산시트로넬릴 citronellyl formate
폼산아밀 amyl formate
폼산아이소아밀 isoamyl formate
폼산제라닐 geranyl formate
폼알데하이드 formaldehyde
폼일 formyl
퐁 fond
퐁당 fondant
퐁뒤 fondue
표(表) table
표고 shiitake, *Lentinula edodes* (Berk.) Pegler 느타릿과
표고속 *Lentinula*
표면(表面) surface
표면구조(表面構造) surface structure

표면긁기열교환기 scraped surface heat exchanger
표면냉각기(表面冷却器) surface cooler
표면반응(表面反應) surface reaction
표면발효(表面醱酵) surface fermentation
표면발효법(表面醱酵法) surface fermentation method
표면배양(表面培養) surface culture
표면변성(表面變性) surface denaturation
표면부식(表面腐蝕) surface corrosion
표면살균(表面殺菌) surface pasteurization
표면에너지 surface energy
표면열교환기(表面熱交換機) surface heat exchanger
표면열전달률(表面熱傳達率) surface heat transfer rate
표면장력(表面張力) surface tension
표면저항(表面抵抗) surface resistance
표면전하(表面電荷) surface charge
표면점성(表面粘性) surface viscosity
표면증발(表面蒸發) surface evaporation
표면처리신선채소(表面處理新鮮菜蔬) surface-treated fresh vegetable
표면화학(表面化學) surface chemistry
표면활성(表面活性) surface activity
표면활성성질(表面活性性質) surface activity property
표면활성제(表面活性劑) surface active agent, surfactant
표백(漂白) bleaching
표백녹말(漂白綠末) bleached starch
표백분(漂白粉) bleaching powder
표백제(漂白劑) bleaching agent
표본(標本) sample
표본병(標本甁) sample bottle
표본분산(標本分散) sample variance
표본조사(標本調査) sample survey
표본추출(標本抽出) sampling
표본추출검사(標本抽出檢査) sampling test
표본추출오차(標本抽出誤差) sampling error
표적기관(標的器官) target organ
표적세포(標的細胞) target cell
표적시장(標的市場) target market
표정기호척도(表情嗜好尺度) facial hedonic scale
표정척도(表情尺度) face scale
표준(標準) standard
표준곡선(標準曲線) standard curve
표준냉동사이클 standard refrigeration cycle
표준대기압(標準大氣壓) standard atmospheric pressure
표준등급(標準等級) standard grade
표준몸무게 standard body weight
표준백금루프 standard inoculating loop
표준산화퍼텐셜 standard oxidation potential
표준상태(標準狀態) standard state
표준생성열(標準生成熱) standard heat of formation
표준수소전극(標準水素電極) standard hydrogen electrode
표준시료(標準試料) standard sample
표준압력(標準壓力) standard pressure
표준엔탈피 standard enthalpy
표준오차(標準誤差) standard error
표준온도(標準溫度) standard temperature
표준용액(標準溶液) standard solution
표준자유에너지 standard free energy
표준전극퍼텐셜 standard electrode potential
표준정규분포(標準正規分布) standard normal distribution
표준체 standard sieve
표준키 standard body height
표준편차(標準偏差) standard deviation
표준평판법(標準平板法) standard plate count method
표준평판수(標準平板數) standard plate count
표준화(標準化) standardization
표준화우유(標準化牛乳) standardized milk
표준화청정기(標準化淸淨器) standardized clarifier
표준환원퍼텐셜 standard reduction potential, E°
표지부착기(標識附着器) labeler
표지화합물(標識化合物) labeled compound
표피(表皮) epidermis
표피계통(表皮系統) epidermal system
표피생장인자(表皮生長因子) epidermal growth factor, EGF
표피세포(表皮細胞) epidermal cell

표피조직(表皮組織) epidermal tissue
표현형(表現型) phenotype
푸드바 food bar
푸드뱅크 food bank
푸드스타일리스트 food stylist
푸드코디네이터 food coordinator
푸드코트 food court
푸딩 pudding
푸딩믹스 pudding mix
푸라네올 furaneol
푸라노스 furanose
푸라논 furanone
푸란졸리돈 furanzolidone
푸랄 fural
푸로마이신 puromycin
푸로세마이드 furosemide
푸로신 furosine
푸로싸이오닌 purothionin
푸로인돌린 puroindoline
푸로쿠마린 furocoumarin
푸르대콩 green soybean
푸르셀라리아속 *Furcellaria*
푸르셀라리아 파스티기아타 *Furcellaria fastigiata*
푸르알데하이드 furaldehyde
푸르푸랄 furfural
푸르푸릴알콜 furfuryl alcohol
푸른곰팡이속 *Penicillium*
푸른잎채소 green leaf vegetable
푸리 poori
푸리에법칙 Fouier's law
푸리에변환적외선분광법 Fourier transform infrared spectroscopy
푸리에수 Fourier number
푸린 purine
푸린뉴클레오타이드회로 purine nucleotide cycle
푸린리보뉴클레오타이드 purine ribonucleotide
푸린리보모노뉴클레오타이드 purine ribomono-nucleotide
푸린염기 purine base
푸린제한식사 purine restricted diet
푸마레이스 fumarase
푸마르산 fumaric acid
푸마르산수화효소 fumarate hydratase
푸마르산소듐 monosodium fumarate
푸마르산철(II) iron(II) fumarate, ferrous fumarate
푸모니신 fumonisin
푸사레논엑스 fusarenon X
푸사륨 그라미네아룸 *Fusarium graminearum*
푸사륨 니발레 *Fusarium nivale*
푸사륨독소 *Fusarium* toxin
푸사륨 모닐리포르메 *Fusarium moniliforme*
푸사륨 베네나툼 *Fusarium venenatum*
푸사륨속 *Fusarium*
푸사륨 수브글루티난스 *Fusarium subglutinans*
푸사륨 스포로트리키오이데스 *Fusarium sporotrichioides*
푸사륨중독증 *Fusarium* toxicosis
푸사륨 쿨모룸 *Fusarium culmorum*
푸사륨 트리신툼 *Fusarium tricinctum*
푸사륨 포아에 *Fusarium poae*
푸사륨 프롤리페라툼 *Fusarium proliferatum*
푸사린시 fusarin C
푸사프롤리페린 fusaproliferin
푸석푸석함 crumbliness
푸성귀 greens
푸셀레란 furcelleran
푸소박테륨속 *Fusobacterium*
푸시니아 트리티시나 *Puccinia triticina*
푸신 fuscin
푸아그라 foie gras
푸아송분포 Poisson distribution
푸아송비 Poisson's ratio
푸아즈 Poise
푸코스 fucose
푸코이단 fucoidan
푸코잔틴 fucoxanthin
푸쿠스속 *Fucus*
푸토 puto
푸트레신 putrescine
푸푸 fufu
푹신 fuchsin
풀 pool
풀가사릿과 Endocladiaceae
풀같은 pasty
풀같음 pastiness

풀내 grassy odor
풀넙칫과 Citharidae
풀룰란 pullulan
풀룰란가수분해효소 pullulanase
풀리에틸렌나프타레이트 polyethylene naphthalate
풀림 peptization
풀림제 peptizing agent
풀만빵 Pullman bread
풀무치 migratory locust, *Locusta migratoria* (Linnaeus, 1758) 메뚜깃과
풀버섯 paddy straw mushroom, straw mushroom, *Volvariella volvacea* (Bul. ex Fr.) Singer 난버섯과
풀빼기 desizing
풀완두 grass pea, *Lathyrus sativus* L. 콩과
풀제거제 desizing agent
풀카 phulka
풀케 pulque
품목포장(品目包裝) item packaging
품온(品溫) material temperature
품종(品種) breed
품종(品種) variety
품종(品種) race
품종특성(品種特性) varietal characteristics
품질(品質) quality
품질개선제(品質改善劑) quality improver
품질검사(品質檢査) quality inspection
품질관리(品質管理) quality control, QC
품질관리도구(品質管理道具) quality management tool
품질관리표준(品質管理標準) quality management standard
품질기준(品質基準) quality standard
품질보증(品質保證) quality assurance
품질유지곡선(品質維持曲線) quality keeping curve
품질척도(品質尺度) quality scale
품질특성(品質特性) quality characteristics
품질평가(品質評價) quality evaluation
풋고이트린 progoitrin
풋고추 green red pepper
풋과일 immature fruit, unripe fruit
풋나물 putnamul
풋내 greenish odor
풋단백질 proprotein
풋라이페이스 prolipase
풋마늘 green garlic
풋망고 green mango
풋바이타민 provitamin
풋바이타민디 provitamin D
풋바이타민에이 provitamin A
풋밤 unripe chestnut
풋배 unripe pear
풋스 foots
풋엿기름 green malt
풋옥수수 green corn
풋완두콩 green pea, English pea, garden pea
풋완두콩통조림 canned green pea
풋인슐린 proinsulin
풋지방세포(脂肪前驅細胞) preadipocyte
풋콜라겐 procollagen
풋콩 unripe soybean
풋키모신 prochymosin
풋펩신 propepsin
풋호르몬 prohormone
풋효소 proenzyme
풍구 winnower
풍선껌 bubble gum
풍작(豊作) bumper crop
풍접초과(風蝶草科) Capparaceae, Capparidaceae
풍진(風疹) German measles, rubella
풍토병(風土病) endemic disease
풍토병갑상샘종 endemic goiter
퓌레 puree
퓨란 furan
퓨전음식 fusion food
퓨젤유 fusel oil
프라이드치킨 fried chicken
프라이머 primer
프라이온 prion
프라이온단백질 prion protein
프라이온병 prion disease
프라이팬 frypan, frying pan
프라토치즈 prato cheese
프라페 frappe
프란시셀라 툴라렌시스 *Francisella tularensis*

프란틀수 Prandtl number
프랄린 praline
프랑스빵 French bread
프랑크푸르트소시지 frankfurter
프랑킨센스 frankincense
프랜지팬 frangipan
프랜차이즈 franchise
프랜차이즈시스템 franchise system
프랜차이징 franchising
프러시안블루 Prussian blue
프럭탄 fructan
프럭토산 fructosan
프럭토실기전달효소 fructosyltransferase
프럭토올리고당 fructooligosaccharide
프럭토푸라노실니스토스 fructofuranosylnystose
프레그네놀론 pregnenolone
프레스 press
프레스햄 pressed ham
프레온 Freon
프렌치강낭콩 French bean
프렌치다트 French dart
프렌치드레싱 French dressing
프렌치소스 French sauce
프렌치아이스크림 French ice cream
프렌치오믈렛 French omelet
프렌치토스트 French toast
프렌치파이크러스트 French pie crust
프렌치프라이 French fry, chip, fry, French-fried potato
프로그램제어 program control
프로네이스 pronase
프로마주 fromage
프로마주프레 fromage frais
프로바이오틱미생물 probiotic microorganism
프로바이오틱세균 probiotic bacterium
프로바이오틱스 probiotics
프로바이오틱식품 probiotic food
프로브 probe
프로비덴시아속 *Providencia*
프로비덴시아 알칼리파시엔스 *Providencia alcalifaciens*
프로사이아니딘 procyanidin
프로슈토 prosciutto
프로스타글란딘 prostaglandin, PG
프로스타글란딘합성효소 prostaglandin synthetase
프로스타사이클린 prostacyclin
프로스팅 frosting
프로시미돈 procymidone
프로안토사이아니딘 proanthocyanidin
프로제스틴 progestin
프로타민 protamine
프로테노이드 protenoid
프로테아과 Proteaceae
프로테아목 Proteales
프로테오글리칸 proteoglycan
프로테오박테리아문 Proteobacteria
프로테오스 proteose
프로테오스펩톤 proteose peptone
프로테옴 proteome
프로테옴프로필링 proteome profiling
프로테옴해석 proteome analysis
프로테우스불가리스 *Proteus vulgaris*
프로테우스속 *Proteus*
프로테우스 인테르메듐 *Proteus intermedium*
프로토카테츄산 protocatechuic acid
프로토펙틴 protopectin
프로토펙틴가수분해효소 protopectinase
프로토포피린 protoporphyrin
프로튬 protium
프로트롬빈 prothrombin
프로파진 propazine
프로판산 propanoic acid
프로판알 propanal
프로판온 propanone
프로판올 propanol
프로판일 propanyl
프로팜 propham
프로페인 propane
프로페인가스 propane gas
프로페인이산 propanedioic acid
프로펜 propene
프로펜알 propenal
프로펠러휘젓개 propeller agitator
프로폴리스 propolis
프로폴리스추출물 propolis extract
프로피오네이트 propionate

프로피오니박테륨과 Propionibacteriaceae
프로피오니박테륨 셰르마니이 *Propionibacterium shermanii*
프로피오니박테륨속 *Propionibacterium*
프로피오니박테륨 토에니이 *Propionibacterium thoenii*
프로피오니박테륨 프레우덴레이키이 *Propionibacterium freudenreichii*
프로피오니박테리아 propionibacteria
프로피오니신 propionicin
프로피오닐프로마진 propionylpromazine
프로피온산 propionic acid
프로피온산발효 propionic acid fermentation
프로피온산벤질 benzyl propionate
프로피온산세균 propionic acid bacterium
프로피온산소듐 sodium propionate
프로피온산아이소아밀 isoamyl propionate
프로피온산에틸 ethyl propionate
프로피온산칼슘 calcium propionate
프로피온알데하이드 propionaldehyde
프로피테롤 profiterole
프로필 profile
프로필렌 propylene
프로필렌글리콜 propylene glycol, PG
프로필렌글리콜지방산에스터 propylene glycol ester of fatty acid
프로필싸이오유라실 propylthiouracil
프로필아민 propylamine
프로필알코올 propyl alcohol
프로필파라벤 propylparaben
프롤라민 prolamine
프롤린 proline
프루나신 prunasin
프루신 prucine
프루트젤리 fruit jelly
프루트칵테일 fruit cocktail
프루트펀치 fruit punch
프루퍼 proofer
프루프 proof
프룬 prune
프룬주스 prune juice
프리물린 primulin
프리믹스 premix
프리믹싱 premixing
프리바이오틱스 prebiotics
프리바이오틱스식품 prebiotics food
프리베이크 pre-bake
프리서브 preserve
프리스테인 pristane
프리아빌리미터 friabilimeter
프리아빌린 friabilin
프리즈프루프 Freeze Proof
프리즘 prism
프리첼 pretzel
프리카델레 fricadelle
프리터 fritter
프시코스 psicose
프타퀼로사이드 ptaquiloside
프탈라이드 phthalide
프탈산 phthalic acid
프탈산에스터 phthalic acid ester
프테로일글루탐산 pteroylglutamic acid
프토마인 ptomaine
프토마인중독 ptomaine poisoning
프티가토 petit gâteaux
프티알린 ptyalin
프티코디스쿠스 브레비스 *Ptychodiscus brevis*
프티푸르 petit four
플라겔린 flagellin
플라노코카과 Planococcaceae
플라바논 flavanone
플라반올 flavanol
플라보노이드 flavonoid
플라보마이신 flavomycin
플라보박테륨과 Flavobacteriaceae
플라보박테륨속 *Flavobacterium*
플라보박테륨 아쿠아틸레 *Flavobacterium aquatile*
플라본 flavone
플라본올 flavonol
플라빌륨 flavylium
플라세보 placebo
플라세보효과 placebo effect
플라스마 plasma
플라스마분광분석법 plasma spectroscopic analysis
플라스모듐속 *Plasmodium*
플라스미노겐 plasminogen

플라스미노겐활성화인자 plasminogen activator
플라스미드 plasmid
플라스민 plasmin
플라스크 flask
플라스테인 plastein
플라스테인반응 plastein reaction
플라스토미터 plastometer
플라스토퀴논 plastoquinone
플라스틱 plastic
플라스틱그릇 plastic ware
플라스틱랩 plastic wrap
플라스틱백 plastic bag
플라스틱병 plastic bottle
플라스틱접시 plastic tray
플라스틱카세인 plastic casein
플라스틱칼 plastic knife
플라스틱필름 plastic film
플라크 plaque
플란타리신 plantaricin
플랑크상수 Planck's constant
플랑크톤 plankton
플래니미터 planimeter
플래빈 flavin
플래빈단백질 flavoprotein
플래빈모노뉴클레오타이드 flavinmononucleotide, FMN
플래빈아데닌다이뉴클레오타이드 flavin adenine dinucleotide, FAD
플래빈보조효소 flavin coenzyme
플래빈효소 flavin enzyme
플래싱 flashing
플랜 flan
플랜테이션 plantation
플랜테이션설탕 plantation sugar
플랜테인 plantain, cooking banana, *Musa* x *paradisiaca* L. 파초과
플랫브레드 flat bread
플랫사워 flat sour
플랫사워변질 flat sour spoilage
플러그흐름 plug flow
플런저 plunger
플런저펌프 plunger pump
플럼코트 plumcot
플레시오모나스속 *Plesiomonas*
플레시오모나스 시겔로이데스 *Plesiomonas shigelloides*
플레오스포라과 Pleosporaceae
플레이밍 flaming
플레이킹 flaking
플레인비스킷 plain biscuit
플레인아이스크림 plain ice cream
플레인연유 plain condensed milk
플레인요구르트 plain yoghurt
플레인케이크 plain cake
플로렌틴 florentine
플로로글루신올 phloroglucinol
플로리다바위게 Florida stone crab, *Menippe mercenaria* (Say, 1818) 메니피데과
플록신 phloxine
플루발리네이트 fluvalinate
플루오란텐 fluoranthene
플루오렌 fluorene
플루오로 fluoro
플루오로덴시토메트리 fluorodensitometry
플루오로메테인 fluoromethane
플루오로퀴놀론 fluoroquinolone
플루오르아파타이트 fluorapatite
플루오린 fluorine
플루오린증 fluorosis
플루오린첨가 fluoridation
플루오린화물 fluoride
플루오린화붕소 boron fluoride
플루오린화소듐 sodium fluoride
플루오린화이온 fluoride ion
플루토늄 plutonium
플리퍼 flipper
피 Japanese millet, shirohie millet, *Echinochloa crus-galli* var. *frumentacea* (Roxb.) Wight 벼과
피값 *p*-value
피깅 pigging
피나무 Amur linden, *Tilia amurensis* Rupr. 피나뭇과
피나뭇과 Tiliaceae
피넨 pinene
피노미터 finometer
피뇨리아 pigneria
피니셔 finisher

피니톨 pinitol
피닉스 phoenix
피닉스속 *Phoenix*
피닉스캡 Phoenix cap
피단 pidan
피떡 blood clot
피떡말과 Porphyridiaceae
피떡말목 Porphyridiales
피라노스 pyranose
피라미 pale chub, *Zacco platypus* (Temminck & Schlegel, 1846) 잉엇과
피라미드구조 pyramid structure
피라진 pyrazine
피란 pyran
피레트로이드살충제 pyrethroid insecticide
피레트린 pyrethrin
피렌 pyrene
피로(疲勞) fatigue
피로골절(疲勞骨折) stress fracture
피로코쿠스속 *Pyrococcus*
피로코쿠스 푸리오수스 *Pyrococcus furiosus*
피롤 pyrrole
피롤리돈 pyrrolidone
피롤리돈카복실산 pyrrolidone carboxylic acid
피롤리딘 pyrrolidine
피롤리지딘알칼로이드 pyrrolizidine alkaloid
피롤화합물 pyrrole compound
피루브산 pyruvic acid
피루브산수소제거효소 pyruvate dehydrogenase
피루브산인산화효소 pyruvate kinase
피루브산카복실기제거효소 pyruvate decarboxylase
피루브산카복실화효소 pyruvate carboxylase
피루브알데하이드 pyruvaldehyde
피리도인돌 pyridoindole
피리독사민 pyridoxamine
피리독살 pyridoxal
피리독살인산 pyridoxal phosphate, PLP
피리독솔 pyridoxol
피리독신 pyridoxine
피리독신염산염 pyridoxine hydrochloride
피리디늄 pyridinium
피리딘 pyridine
피리딘-2,6-다이카복실산 pyridine-2, 6-dicarboxylic acid
피리딘3-카복실산 pyridine 3-carboxylic acid
피리딘효소 pyridine enzyme
피리메타민 pyrimethamine
피리미딘 pyrimidine
피리미딘뉴클레오타이드 pyrimidine nucleotide
피리미딘염기 pyrimidine base
피리미카브 pirimicarb
피리미포스메틸 pirimiphos-methyl
피리티아민 pyrithiamin
피릴륨염 pyrylium salt
피마리신 pimaricin
피마자(蓖麻子) castor oil plant, *Ricinus communis* L. 대극과
피마자기름 castor oil
피마자씨 castor bean
피막건조법(皮膜乾燥法) film drying method
피막끓음 film boiling
피막제(皮膜劑) film-forming agent
피막증발기(皮膜蒸發器) film evaporator
피망 pimento, pimiento, cherry pepper
피멘토 pimento
피멘토방향유 pimento oil
피몰라 pimola
피부(皮膚) skin
피부감각(皮膚感覺) cutaneous sense
피부감각기관(皮膚感覺機關) cutaneous sense organ
피부계통(皮膚系統) integumentary system
피부기름 sebum
피부기름샘 sebaceous gland
피부기름층시험 fatfold test
피부과(皮膚科) dermatology
피부느낌특성 skinfeel characteristics
피부밑조직 subcutaneous tissue
피부밑주사 subcutaneous injection
피부밑지방 subcutaneous fat
피부반응(皮膚反應) skin reaction
피부반응검사(皮膚反應檢査) skin reaction test
피부병(皮膚病) dermatosis
피부샘 cutaneous gland
피부알레르기 cutaneous allergy
피부암(皮膚癌) skin cancer

피부염(皮膚炎) dermatitis
피부주름 skinfold
피부주름두께 skinfold thickness
피부주름측정 skinfold measurement
피부호흡(皮膚呼吸) cutaneous respiration
피브로박터과 Fibrobacteraceae
피브로박터속 *Fibrobacter*
피브로박터 숙시노게네스 *Fibrobacter succinogenes*
피브로인 fibroin
피브리노겐 fibrinogen
피브리노펩타이드 fibrinopeptide
피브린 fibrin
피비린내 bloodlike odor
피사틴 pisatin
피살라크리아과 Physalacriaceae
피섬유 P-fiber
피속 *Echinochloa*
피스코 pisco
피스타치오 pistachio, *Pistacia vera* L. 옻나뭇과
피스타치오너트 pistachio nut
피시버거 fishburger
피시앤칩스 fish and chips
피시케이크 fish cake
피시핑거 fish finger
피신 ficin
피어슨상관계수 Pearson correlation coefficient
피에스이결함 PSE defect
피에이치 pH
피에이치값 pH value
피에이치급변 pH jump
피에이치단위 pH unit
피에이치미터 pH meter
피에이치범위 pH range
피에이치시험지 pH paper
피에이치전극 pH electrode
피에이치지시약 pH indicator
피에프시비율 PFC ratio
피오사이아닌 pyocyanin
피임(避妊) contraception
피자 pizza
피자반죽 pizza dough
피자필링 pizza filling
피조개 Broughton's ribbed ark, *Scapharca broughtonii* (Schrenck, 1867) 돌조갯과
피층(皮層) dermal layer
피카르시험 Pekar (slick) test
피칸 pecan, *Carya illinoinensis* (Wangenh.) K. Koch 가래나뭇과
피칸기름 pecan oil
피칸너트 pecan nut
피칸너트색소 pecan nut color
피케이값 pK value
피케인 ficain
피코 pico
피코르나바이러스과 Picornaviridae
피코빌린 phycobilin
피코사이아노빌린 phycocyanobilin
피코사이아닌 phycocyanin
피코에리트로사이아닌 phycoerythrocyanin
피코에리트린 phycoerythrin
피코크롬 phycochrome
피크노제놀 pycnogenol
피클 pickle
피클로람 picloram
피클링 pickling
피클알 pickled egg
피클양파 pickled onion
피클치즈 pickled cheese
피클큐어링 pickle curing
피키아 멤브라네파시엔스 *Pichia membranefaciens*
피키아속 *Pichia*
피키아 파리노사 *Pichia farinosa*
피키아 페르멘탄스 *Pichia fermentans*
피타빵 pita bread
피테이스 phytase
피토 pito
피토관 Pitot tube
피토프토라속 *Phytophthora*
피토프토라 시린가에 *Phytophthora syringae*
피토프토라 시트로프토라 *Phytophthora citrophthora*
피토프토라 인페스탄스 *Phytophthora infestans*
피토프토라 칵토룸 *Phytophthora cactorum*
피톤치드 phytoncide
피톨 phytol

피트산 phytic acid, inositol hexakisphosphate
피트산염 phytate
피틴 phytin
피페로닐뷰톡사이드 piperonyl butoxide
피페론알 piperonal
피페리딘 piperidine
피페린 piperine
피페콜산 pipecolic acid
피펫 pipette
피피비 ppb
피피엠 ppm
피해립(被害粒) damaged kernel
픽법칙 Fick's law
픽퍼짐방정식 Fick's diffusion equation
픽퍼짐제이법칙 Fick's second law of diffusion
픽퍼짐제일법칙 Fick's first law of diffusion
핀밀 pin mill
핀밀링 pin milling
핀셋 pincette, tweezers
핀토빈 pinto bean
핀홀 pin hole
핀홀검사기 pinhole tester
필라멘트 filament
필라멘트단백질 filament protein
필라코라과 Phyllachoraceae
필레미뇽 filet mignon
필로바시디아과 Filobasidiaceae
필로퀴논 phylloquinone
필로포라속 *Phyllophora*
필름 film
필리핀오렌지 dalandan, *Citrus nobilis* (Lour) 운향과
필린 pilin
필릿 fillet
필릿만들기 filleting
필발(蓽茇) long pepper, *Piper longum* L. 후춧과
필수아미노산 essential amino acid, EAA
필수영양소(必須營養素) essential nutrient
필수원소(必須元素) essential element
필수지방산(必須脂肪酸) essential fatty acid, EFA
필요추정량(必要推定量) estimated energy requirement, EER
필터 filter
필터광도계 filter photometer
필터프레스 filter press
핍뇨(乏尿) oligouria
핑거볼 finger bowl
핑거쿠키 finger cookie
핑거푸드 finger food
핑크강낭콩 pink bean
핑크라파초 pink lapacho, *Tabebuia impetiginosa* (Mart. ex DC.) Standl. 능소화과
핑크와인 pink wine

하강박막증발기(下降薄膜蒸發器) falling film evaporator
하강시간(下降時間) falling number
하드롤 hard roll
하드비스킷 hard biscuit
하드캔디 hard candy
하마나토 hamanatto
하만 harman
하면발효(下面醱酵) bottom fermentation
하면발효맥주(下面醱酵麥酒) bottom fermented beer
하면효모(下面酵母) bottom yeast
하바네로고추 habanero chilli
하바르티치즈 Havarti cheese
하부식도조임근육 lower esophageal sphincter
하수(下水) sewage
하수세균(下水細菌) sewage bacterium
하수슬러지 sewage sludge
하수오(何首烏) Chinese knotweed, *Fallopia multiflora* (Thunb.) Haraldson 마디풀과
하수처리(下水處理) sewage treatment
하수처리시설(下水處理施設) sewage treatment facility
하수처리장(下水處理場) sewage disposal plant
하스브레드 hearth bread
하우단위 Haugh unit

하워드곰팡이계수법 Howard mold counting
하이그로마이신 hygromycin
하이드라이드 hydride
하이드라이드이온 hydride ion
하이드라진 hydrazine
하이드로게노모나스속 *Hydrogenomonas*
하이드로과산화물 hydroperoxide
하이드로과산화물리에이스 hydroperoxide lyase
하이드로사이클론 hydrocyclone
하이드로설파이트 sodium hydrosulfite
하이드로젤 hydrogel
하이드로졸 hydrosol
하이드로코티손 hydrocortisone
하이드로퀴논 hydroquinone
하이드로클로로플루오로탄소 hydrochlorofluorocarbon, HCFC
하이드로플루오로탄소 hydrofluorocarbon, HFC
하이드록삼산 hydroxamic acid
하이드록시 hydroxy
하이드록시기 hydroxy group
하이드록시메틸푸르푸랄 hydroxymethylfurfural
하이드록시베타카로텐 hydroxy-β-carotene
하이드록시벤조산 hydroxybenzoic acid
하이드록시벤조산에스터 hydroxybenzoic acid ester
하이드록시뷰테인이산 hydroxybutanedioic acid
하이드록시뷰티르산 hydroxybutyric acid
하이드록시산 hydroxy acid
하이드록시스테아르산 hydroxystearic acid
하이드록시시남산 hydroxycinnamic acid
하이드록시시트로넬랄 hydroxycitronellal
하이드록시시트로넬랄다이메틸아세탈 hydroxycitronellal dimethylacetal
하이드록시시트르산 hydroxycitric acid, HCA
하이드록시아미노산 hydroxyamino acid
하이드록시아세트산 hydroxyacetic acid
하이드록시아파타이트 hydroxyapatite
하이드록시알킬녹말 hydroxyalkyl starch
하이드록시에틸녹말 hydroxyethyl starch
하이드록시옥타데칸산 hydroxyoctadecanoic acid
하이드록시케톤 hydroxyketone
하이드록시타이로솔 hydroxytyrosol
하이드록시프로필녹말 hydroxypropyl starch
하이드록시프로필메틸셀룰로스 hydroxypropylmethyl cellulose
하이드록시프로필셀룰로스 hydroxypropyl cellulose
하이드록시프로필인산이녹말 hydroxypropyl distarch phosphate
하이드록시프롤린 hydroxyproline
하이드록시화 hydroxylation
하이드록시화반응 hydroxylation
하이드록시화효소 hydroxylase
하이드록실 hydroxyl
하이드록실기 hydroxyl group
하이드린단틴 hydrindantin
하이볼 highball
하이부시블루베리 highbush blueberry, *Vaccinium corymbosum* L. 진달랫과
하이포 hypo
하이포글리신 hypoglycine
하이포염소산 hypochlorous acid
하이포염소산소듐 sodium hypochlorite
하이포염소산수 hypochlorous acid water
하이포염소산염 hypochlorite
하이포염소산칼슘 calcium hypochlorite
하이포인산 hypophosphorous acid
하이포잔틴 hypoxanthine
하이포잔틴감지기 hypoxanthine sensor
하이포질산 hyponitrous acid
하전입자(荷電粒子) charged particle
하제(下劑) laxative
하지정맥류(下肢靜脈瘤) varicose vein
하체비만(下體肥滿) lower body obesity
하트배지 HAT medium
하포슈 happoshu
하프니아속 *Hafnia*
하프니아 알베이 *Hafnia alvei*
하프물범 harp seal, *Pagophilus groenlandicus* Erxleben, 1777 물범과
하프앤하프 half and half
학교급식(學校給食) school foodservice
학교급식법(學校給食法) National School

Foodservice Program Act
학교보건법(學校保健法) School Health Act
학꽁치 halfbeak, *Hyporhamphus sajori* (Temminck & Schlegel, 1846) 학꽁칫과
학꽁칫과 Hemiramphidae
학령기(學齡期) school age
학령기아동(學齡期兒童) school children
학령전아동(學齡前兒童) preschool children
학명(學名) scientific name
한계기준(限界基準) critical limit, CL
한계덱스트린 limit dextrin
한계덱스트린가수분해효소 limit dextrinase
한과(漢菓) hangwa
한국정맥경장영양학회(韓國靜脈經腸營養學會) Korean Society for Parenteral and Enteral Nutrition
한국과학기술단체총연합회(韓國科學技術團體總聯合會) The Korean Federation of Science and Technology Societies, KOFST
한국교정시험기관인정기구(韓國矯正試驗機關認定機構) Korea Laboratory Accreditation Scheme
한국미생물생명공학회(韓國微生物生命工學會) The Korean Society for Microbiology and Biotechnology
한국미생물학회(韓國微生物學會) The Microbiological Society of Korea
한국산업식품과학회(韓國産業食品科學會) Korean Society for Food Engineering
한국산업표준(韓國産業標準) Korean Industrial Standard, KS
한국산토끼 Korean hare, *Lepus coreanus* Thomas, 1892 토낏과
한국수산과학회(韓國水産科學會) The Korean Society of Fisheries and Aquatic Science
한국식생활문화학회(韓國食生活文化學會) Korean Society of Food Culture
한국식품과학회(韓國食品科學會) Korean Society of Food Science and Technology, KoSFoST
한국식품영양과학회(韓國食品營養科學會) Korean Society of Food Science and Nutrition
한국식품영양학회(韓國食品營養學會) Korean Society of Food and Nutrition
한국식품조리과학회(韓國食品調理科學會) The Korean Society of Food and Cookery Science
한국연구재단(韓國硏究財團) Korean National Research Foundation
한국영양학회(韓國營養學會) The Korean Nutrition Society
한국응용생명화학회(韓國應用生命化學會) Korean Society for Applied Biological Chemistry
한련(旱蓮) garden nasturtium, Indian cress, *Tropaeolum majus* L. 한련과
한련과(旱蓮科) Tropaeolaceae
한련속(旱蓮屬) *Tropaeolum*
한세눌라속 *Hansenula*
한세눌라 아노말라 *Hansenula anomala*
한세니아스포라 구일리에르몬디이 *Hanseniaspora guilliermondii*
한세니아스포라속 *Hanseniaspora*
한세니아스포라 우바룸 *Hanseniaspora uvarum*
한센병 Hansen's disease
한외거르기 ultrafiltration
한외거르기법 ultrafiltration method
한우(韓牛) hanwoo, *Bos taurus coreanae*
한제(寒劑) freezing mixture
한쪽접시저울 single pan balance
한치오징어 mitra squid, *Loligo chinensis* (Gray, 1849) 오징엇과
한탄바이러스 Hantaan virus
한파(寒波) cold wave
한해(寒害) cold damage
한해살이식물 annual plant
한해살이잡초 annual weed
한해살이풀 annual grass
한해살이화초 annual flowering plant
할라페노고추 jalapeno pepper
할랄식품 halal food
할로모나스과 Halomonadaceae
할로모나스속 *Halomonas*
할로젠 halogen
할로젠화물 halide
할로젠화화합물 halogenated compound
할로테인 halothane
할로테인감수성 halothane sensitivity
할맥(割麥) splitted pearled barley
할바 halva
할바린 halvarine

함량(含量) content
함수(函數) function
함수결정포도당(含水結晶葡萄糖) hydrated crystalline glucose
함수덱스트로스 dextrose monohydrate
함수량(含水量) water content
합금(合金) alloy
합병증(合併症) complication
합성(合成) synthesis
합성고무 synthetic rubber
합성규산마그네슘 synthetic magnesium silicate
합성대사(合成代謝) anabolism
합성대사물질(合成代謝物質) anabolic agent
합성대사스테로이드 anabolic steroid
합성대사약물(合成代謝藥物) anabolic drug
합성배지(合成培地) synthetic medium
합성보존료(合成保存料) synthetic preservative
합성섬유(合成纖維) synthetic fiber
합성섬유종이 synthetic fiber paper
합성세제(合成洗劑) synthetic detergent
합성수지(合成樹脂) synthetic resin
합성수지도료(合成樹脂塗料) synthetic resin paint
합성식품(合成食品) synthetic food
합성알코올 synthetic alcohol
합성우유(合成牛乳) synthetic milk
합성착향료(合成着香料) synthetic flavoring substance
합성크림 synthetic cream
합성효소(合成酵素) synthetase
합장(合醬) hapjang
합주(合酒) hapju
합체(合體) coalescence
합판(合板) plywood
합핵(合核) syncaryon
핫도그 hot dog
핫브레이크 hot break
핫초콜릿 hot chocolate
핫케이크 hot cake
핫크로스번 hot cross bun
항독소(抗毒素) antitoxin
항량(恒量) constant weight
항력(抗力) drag
항력계수(抗力係數) drag coefficient
항력흐름 drag flow
항목척도(項目尺度) category scale
항문(肛門) anus
항문기(肛門期) anal stage
항문조임근육 anal sphincter
항복변형력(降伏變形力) yield stress
항복점(降伏點) yield point
항상성(恒常性) homeostasis
항상성조절(恒常性調節) homeostasis regulation
항생(抗生) antibiosis
항생물질(抗生物質) antibiotic
항생물질내성(抗生物質耐性) antibiotic resistance
항생물질불활성화효소(抗生物質不活性化酵素) antibiotic inactivating enzyme
항생작용(抗生作用) antibiosis
항아리 hangari
항아리균강 Chytridiomycetes
항아리균목 Chytridiales
항아리팡이속 *Chytridium*
항암제(抗癌劑) antitumor agent
항암활성(抗癌活性) antitumor activity
항암효과(抗癌效果) antitumor effect
항온수조(恒溫水槽) constant temperature water bath
항온열처리(恒溫熱處理) constant temperature heat treatment
항온오븐 constant temperature oven
항온항습(恒溫恒濕) isothermal-isohumidity
항원(抗原) antigen
항원결정군(抗原決定群) antigenic determinant group
항원결정부위(抗原決定部位) antigenic determinant
항원받개 antigen receptor
항원성(抗原性) antigenicity
항원항체반응(抗原抗體反應) antigen-antibody reaction
항원항체복합체(抗原抗體複合體) antigen-antibody complex
항정살 jowl meat, skinless jowl
항존유전자(恒存遺傳子) housekeeping gene
항체(抗體) antibody
항체결합부위(抗體結合部位) antibody-binding site

항체매개면역(抗體媒介免疫) antibody-mediated immunity
항혈청(抗血淸) antiserum
항히스타민제 antihistamine
해기스 haggis
해녀콩속 *Canavalia*
해당경로(解糖經路) glycolytic pathway
해당작용(解糖作用) glycolysis
해당화(海棠花) rugosa rose, *Rosa rugosa* Thunb. 장미과
해덕 haddock, *Melanogrammus aeglefinus* (Linnaeus, 1758) 대구과
해도면(海島綿) sea island cotton, extra long staple cotton, *Gossypium barbadense* L. 아욱과
해독(解毒) detoxication
해독제(解毒劑) antidote
해동(解凍) thawing
해동경직(解凍硬直) thawing rigor
해동곡선(解凍曲線) thawing curve
해동기(解凍機) thawer
해동매체(解凍媒體) thawing medium
해리(解離) dissociation
해리곡선(解離曲線) dissociation curve
해리상수(解離常數) dissociation constant
해리스-베네딕트방정식 Harris-Benedict equation
해리에너지 dissociation energy
해리열(解離熱) heat of dissociation
해리효소(解離酵素) macerating enzyme
해머밀 hammer mill
해머파쇄기 hammer crusher
해면동물(海綿動物) sponges
해면동물문(海綿動物門) Porifera
해물파전 haemulpajeon
해바라기 sunflower, *Helianthus annuus* L. 국화과
해바라기기름 sunflower oil
해바라기박 sunflower meal
해바라기속 *Helianthus*
해바라기씨 sunflower seed
해부학(解剖學) anatomy
해산물(海産物) seafood
해삼(海蔘) sea cucumber, sea slug
해삼강(海蔘綱) Holothuroidea
해삼과(海蔘科) Holothuriidae
해송자(海松子) Korean pine nut
해수자원(海水資源) seawater resource
해시브라운스 hash browns, hashed browns
해안송(海岸松) maritime pine, cluster pine, *Pinus pinaster* Aiton 소나뭇과
해양(海洋) ocean
해양물리학(海洋物理學) physical oceanography
해양수산부(海洋水産部) Ministry of Oceans and Fisheries
해양어업(海洋漁業) marine fishery
해양학(海洋學) oceanography
해양환경관리법(海洋環境管理法) Marine Environment Management Act
해열제(解熱劑) antipyretic drug
해열진통제(解熱鎭痛劑) antipyretic analgesic
해장국 haejangguk
해초(海草) sea grass
해초강(海草綱) Ascidiacea
해충(害蟲) insect pest
해충관리(害蟲管理) insect pest management
해충방제(害蟲防除) insect pest control
해파리 jellyfish
해파리강 Scyphozoa
해파릿과 Aurelidae
핵(核) nucleus
핵(核) stone
핵가족(核家族) nuclear family
핵과(核果) stone fruit, drupe
핵균강(核菌綱) Pyrenomycetes
핵끓음 nuclear boiling
핵단백질(核蛋白質) nucleoprotein
핵막(核膜) nuclear membrane
핵반응(核反應) nuclear reaction
핵받개 nuclear receptor
핵분열(核分裂) nuclear fission
핵분열(核分裂) nuclear division
핵산(核酸) nucleic acid
핵산가수분해효소(核酸加水分解酵素) nuclease
핵산내부가수분해효소(核酸內部加水分解酵素) endonuclease
핵산대사(核酸代謝) nucleic acid metabolism
핵산말단가수분해효소(核酸末端加水分解酵素)

exonuclease
핵산발효(核酸醱酵) nucleic acid fermentation
핵산조미료(核酸調味料) nucleic acid seasoning
핵생성(核生成) nucleation
핵소체(核小體) nucleolus
핵액(核液) karyolymph, nuclear sap
핵양체(核樣體) nucleoid
핵에너지 nuclear energy
핵융합(核融合) nuclear fusion
핵의학(核醫學) nuclear medicine
핵의학과(核醫學科) department of nuclear medicine
핵이식(核移植) nuclear transplantation
핵자기공명(核磁氣共鳴) nuclear magnetic resonance, NMR
핵자기공명분광법(核磁氣共鳴分光法) nuclear magnetic resonance spectroscopy, NMR spectroscopy
핵질(核質) karyoplasm
핵치환(核置換) nuclear substitution
핵형(核型) karyotype
핸드리머 hand reamer
핸드믹서 hand mixer
햄 ham
햄버거 hamburger
햄버거스테이크 hamburger steak
햄스터 hamster
햄슬라이서 ham slicer
햄에그 ham and egg
햄큐어링 ham curing
햄프레스 ham press
햄프셔 Hampshire
햇빛 sunlight
햇섭 HACCP
행동효과(行動效果) behavior effect
행인(杏仁) apricot seed
향기(香氣) scent
향기대조시험(香氣對照試驗) fragrance matching test
향기제비꽃 sweet violet, *Viola odorata* L. 제비꽃과
향기차단(香氣遮斷) scent barrier
향맹(香盲) aroma blindness
향미(香味) flavor
향미개선제(香味改善劑) flavor modifier
향미결함(香味缺陷) flavor defect
향미기억(香味記憶) flavor memory
향미료(香味料) flavoring
향미문턱값 flavor threshold
향미변환(香味變換) flavor reversion
향미부족(香味不足) flat flavor
향미성분(香味成分) flavor component
향미증진제(香味增進劑) flavor enhancer
향미프로필 flavor profile
향미프로필분석 flavor profile analysis
향미화합물(香味化合物) flavor compound
향신료(香辛料) spice
향신료내 spicy odor
향신료믹스 spice mix
향신료올레오레진류 spice oleoresins
향어(香魚) leather carp
향유(香薷) Vietnamese balm, *Elsholtzia ciliata* (Thunb.) Hyl. 꿀풀과
향고래 sperm whale, *Physeter macrocephalus* (Linnaeus, 1758) 향고랫과
향고래속 *Physeter*
향고랫과 Physeteridae
향유속 *Elsholtzia*
향첨가기름 flavored oil
향첨가식초(香添加食醋) flavored vinegar
향첨가요구르트 flavored yogurt
향첨가우유(香添加牛乳) flavored milk
향첨가음료(香添加飮料) flavored beverage
허니부시 honeybush
허니부시차 honeybush tea
허들기술 hurdle technology
허리둘레 waist girth
허리엉덩이비율 waist hip ratio
허브 herb
허브음료 herbal beverage
허브차 herb tea, herbal tea
허브캔디 herb candy
허용량(許容量) allowance
허용량(許容量) tolerance
허용문턱값 threshold limit value
허용수준(許容水準) permissible level
허클베리 huckleberry
허파꽈리 alveolus

허파꽈리주머니 alveolar sac
허혈(虛血) ischemia
허혈심장병(虛血心腸病) ischemic heart disease
헌터색차계 Hunter color difference meter
헌터색체계 Hunter color system
헌팅소시지 hunting sausage
헛개나무 oriental raisin tree, *Hovenia dulcis* Thunb. 갈매나뭇과
헛개나무속 *Hovenia*
헛물관 tracheid
헛뿌리 rhizoid
헛열매 false fruit
헛제사밥 heotjesabap
헝가리살라미소시지 Hungarian salami sausage
헤너값 Hener value
헤드스페이스 headspace
헤드스페이스분석 headspace analysis
헤드스페이스추출 headspace extraction
헤드스페이스휘발성물질 headspace volatiles
헤드치즈 head cheese
헤르가르트치즈 Herrgard cheese
헤르페스 herpes
헤르페스바이러스 herpesvirus
헤르페스바이러스과 Herpesviridae
헤르페스입안염 herpetic stomatitis
헤마토코쿠스과 Hematococcaceae
헤마토코쿠스속 *Hematococcus*
헤마토코쿠스 플루비알리스 *Hematococcus pluvialis*
헤마토코쿠스추출물 *Hematococcus* extract
헤마토크릿 hematocrit
헤마토포피린 hematoporphyrin
헤마틴 hematin
헤모글로빈 hemoglobin
헤모사이아닌 hemocyanin
헤모시데린 hemociderin
헤모크롬 hemochrome
헤미셀룰로스 hemicellulose
헤미셀룰로스가수분해효소 hemicellulase
헤미아세탈 hemiacetal
헤미케탈 hemiketal
헤미크롬 hemichrome
헤민 hemin
헤쉘-벌클리모델 Herschel-Bulkley model
헤스법칙 Hess's law
헤스페레틴 hesperetin
헤스페레틴-7-루티노사이드 hesperetin-7-rutinoside
헤스페리딘 hesperidin
헤스페리딘가수분해효소 hesperidinase
헤테로고리아민 heterocyclic amine
헤테로고리화합물 heterocyclic compound
헤테로다당류 heteropolysaccharide
헤테로담자균강 Heterobasidiomycetes
헤테로담자기 heterobasidium
헤테로발효젖산세균 heterofermentative lactic acid bacterium
헤테로배우자 heterogamete
헤테로분열 hetero-type division
헤테로올리고당 heterooligosaccharide
헤테로원자 heteroatom
헤테로접합자 heterozygote
헤테로젖산발효 heterolactic acid fermentation
헤테로핵체 heterokaryon
헤테로흡충과 Heterophyidae
헤파린 heparin
헤파필터 HEPA filter
헥사데센산 hexadecenoic acid
헥사데칸산 hexadecanoic acid
헥사메타인산 hexametaphosphate
헥사클로란 hexachloran
헥사클로로바이페닐 hexachlorobiphenyl
헥사클로로벤젠 hexachlorobenzene, HCB
헥산산 hexanoic acid
헥산산알릴 allyl hexanoate
헥산산에틸 ethyl hexanoate
헥산알 hexanal
헥산알데하이드 hexanaldehyde
헥산올 hexanol
헥세인 hexane
헥센 hexene
헥센알 hexenal
헥센올 hexenol
헥소사민 hexosamine
헥소산 hexosan
헥소스 hexose
헥소스경로 hexose pathway

헥소스인산 hexose phosphate
헥소스인산화효소 hexokinase
헥소스인산회로 hexose monophosphate shunt
헥실아민 hexylamine
헥타르 hectare
헥토파스칼 hectopascal
헨레루프 Henle's loop
헨리법칙 Henry's law
헬라세포 HeLa cell
헬륨 helium
헬리안티닌 helianthinin
헬리코박터과 Helicobacteraceae
헬리코박터속 *Helicobacter*
헬리코박터 필로리 *Helicobacter pylori*
헬민토스포륨속 *Helminthosporium*
헬민토스포륨 오리자에 *Helminthosporium oryzae*
헴 heme
헴단백질 heme protein
헴색소 heme pigment
헴철 heme iron
헵타데칸산 heptadecanoic acid
헵타클로르 heptachlor
헵타클로르에폭사이드 heptachlor epoxide
헵탄산 heptanoic acid
헵탄산에틸 ethyl heptanoate
헵테인 heptane
헵텐알 heptenal
헵토스 heptose
헵툴로스 heptulose
헹굼 rinsing
혀 tongue
혀밑샘 sublingual gland
혀밑투약 sublingual medication
혀소시지 tongue sausage
혀염 glossitis
현대물리학(現代物理學) modern physics
현미(玄米) brown rice
현미경(顯微鏡) microscope
현미경검사(顯微鏡檢査) microscopy
현미기(玄米機) rice huller
현미차(玄米茶) brown rice tea
현삼과(玄蔘科) Scrophulariaceae
현삼목(玄蔘目) Scrophulariales
현탁물질(懸濁物質) suspended material
혈관(血管) blood vessel
혈관계통(血管系統) vascular system
혈관벽(血管壁) vessel wall
혈관부종(血管浮腫) angioedema
혈관생성유도인자(血管生成誘導因子) angiogenin
혈관형성(血管形成) angiogenesis
혈구(血球) hemocyte
혈구계수기(血球計數器) hemocytometer
혈구응집소(血球凝集素) conglutinin
혈뇨(血尿) hematuria
혈당(血糖) blood glucose
혈당강하제(血糖降下劑) hypoglycemic agent
혈당검사(血糖檢査) blood sugar test
혈당곡선(血糖曲線) blood glucose response curve
혈당량(血糖量) blood glucose level
혈당부하(血糖負荷) glycemic load, GL
혈당조절(血糖調節) regulation of blood glucose
혈당지수(血糖指數) glycemic index, GI
혈류(血流) blood flow
혈분(血粉) blood meal
혈소판(血小板) platelet
혈소판활성인자(血小板活性因子) platelet activating factor
혈압(血壓) blood pressure
혈압강하제(血壓降下劑) antihypertensive drug
혈압강하펩타이드 antihypertensive peptide
혈압계(血壓計) blood pressure manometer, hemodynamometer
혈액(血液) blood
혈액검사(血液檢査) blood test
혈액단백질(血液蛋白質) blood protein
혈액도핑 blood doping
혈액량(血液量) blood volume
혈액색소(血液色素) blood pigment
혈액소시지 blood sausage
혈액암(血液癌) hematologic malignancy
혈액요소질소(血液尿素窒素) blood urea nitrogen, BUN
혈액우무배지 blood agar medium
혈액은행(血液銀行) blood bank
혈액응고(血液凝固) blood coagulation

혈액응고인자(血液凝固因子) blood coagulation factor
혈액투석(血液透析) hemodialysis
혈액학(血液學) hematology
혈액형(血液型) blood group
혈액형판정(血液型判定) blood grouping
혈우병(血友病) hemophilia
혈장(血漿) plasma
혈장단백질(血漿蛋白質) plasma protein
혈장응고효소(血漿凝固酵素) plasma coagulase
혈장헤모글로빈 plasma hemoglobin
혈전(血栓) thrombus
혈전억제펩타이드 antithrombotic peptide
혈전억제활성(血栓抑制活性) antithrombotic activity
혈전용해(血栓溶解) thrombolysis
혈전증(血栓症) thrombosis
혈청(血淸) serum
혈청간염(血淸肝炎) serum hepatitis
혈청글로불린 serum globulin
혈청단백질(血淸蛋白質) serum protein
혈청반응(血淸反應) serological reaction
혈청알부민 serum albumin
혈청콜레스테롤 serum cholesterol
혈청침강반응(血淸沈降反應) serum precipitation reaction
혈청페리틴 serum ferritin
혈청학(血淸學) serology
혈청학적시험(血淸學的試驗) serological test
혈청학적형구분(血淸學的型區分) serological typing
혈청형(血淸型) serotype
혈청형구분(血淸型區分) serotyping
협과(莢果) legume
협과가루 legume meal
협과녹말(莢果綠末) legume starch
협과단백질(莢果蛋白質) legume protein
협과싹 legume sprout
협동연구(協同硏究) collaborative study
협동조합(協同組合) cooperative
협식성(挾食性) stenophagous
협심증(狹心症) angina, angina pectoris
협죽도과(夾竹桃科) Apocynaceae
협착(狹窄) stricture
협착증(狹窄症) stenosis
형개(荊芥) *Schizonepeta tenuifolia* var. *japonica* Kitagawa 꿀풀과
형광(螢光) fluorescence
형광검출기(螢光檢出器) fluorescent detector
형광광도계(螢光光度計) fluorescence spectrometer
형광등(螢光燈) fluorescent lamp
형광물질(螢光物質) fluorescent substance
형광분광법(螢光分光法) fluorescence spectroscopy
형광분석(螢光分析) fluorescence analysis
형광빛 fluorescent light
형광색소(螢光色素) fluorescent pigment
형광염료(螢光染料) fluorescent dye
형광증백제(螢光增白劑) fluorescent whitening agent
형광지시약(螢光指示藥) fluorescent indicator
형광측정법(螢光測定法) fluorimetry
형광항체(螢光抗體) fluorescent antibody
형광항체법(螢光抗體法) fluorescent antibody technique
형광현미경(螢光顯微鏡) fluorescence microscope
형광현미경법(螢光顯微鏡法) fluorescence microscopy
형질도입(形質導入) transduction
형질세포(形質細胞) plasma cell
형질전환(形質轉換) transformation
형질전환동물(形質轉換動物) transgenic animal
형질전환생물(形質轉換生物) transgenic organism
형질전환식물(形質轉換植物) transgenic plant
형태식(形態式) conformation formula
형태학(形態學) morphology
형태학자(形態學者) morphologist
호건성(好乾性) xerophilic
호그네스상자 Hogness box
호당생물(好糖生物) saccharophile
호데닌 hordenine
호데우민 hordeumin
호데인 hordein
호도싸이오닌 hordothionin
호두(胡桃) walnut
호두기름 walnut oil
호두나무 Persian walnut, common walnut, *Juglans regia* L. (= *Juglans sinensis*, Dode) 가래나뭇과

호렴(胡鹽) crude salt
호로칠 dried root of *Ligularia fischeri*
호로파(葫蘆巴) fenugreek, *Trigonella faenum-graecum* L. 콩과
호로파씨식품섬유 fenugreek seed dietary fiber
호르몬 hormone
호르몬대체요법 hormonal replacement therapy
호르몬불균형 hormone imbalance
호리병박 calabash, bottle gourd, *Lagenaria siceraria* Standl. 박과
호모겐티스산 homogentisic acid
호모다당류 homopolysaccharide
호모담자균강 Homobasidiomycetes
호모담자균아강 Homobasidiomycetidae
호모담자기 homobasidium
호모메싸이오닌 homomethionine
호모발효젖산세균 homofermentative lactic acid bacterium
호모세린 homoserine
호모시스테인 homocysteine
호모시스틴 homocystine
호모시스틴뇨 homocystinuria
호모시스틴뇨증 homocystinuria
호모젖산발효 homolactic acid fermentation
호미니 hominy
호밀 rye, *Secale cereale* L. 볏과
호밀가루 rye flour
호밀겨 rye bran
호밀녹말 rye starch
호밀빵 rye bread
호밀엿기름 rye malt
호밀위스키 rye whiskey
호박 pumpkin
호박범벅 hobakbeombeok
호박속 *Cucurbita*
호박씨 pumpkinseed
호박씨기름 pumpkinseed oil
호박죽 hobakjuk
호분(糊粉) aleurone
호분립(糊粉粒) aleurone grain
호분체(糊粉體) aleuroplast
호분층(糊粉層) aleurone layer
호분층세포(糊粉層細胞) aleurone cell
호산구(好酸球) eosinophil
호산구백혈병(好酸球白血病) eosiniphilic leukemia
호산백혈구(好酸白血球) eosinophilic leukocyte
호산생물(好酸生物) acidophile
호산세균(好酸細菌) acidophilic bacterium
호삼투미생물(好滲透微生物) osmophilic microorganism
호삼투성(好滲壓性) osmophilic
호삼투세균(好滲透細菌) osmophilic bacterium
호삼투효모(好滲透酵母) osmophilic yeast
호상균문(壺狀菌門) Chytridiomycota
호수송어(湖水松魚) lake trout, *Salvelinus namaycush* (Walbaum, 1792) 연어과
호알칼리세균 alkalophilic bacterium
호염기백혈구(好鹽基白血球) basophilic leukocyte
호염기성(好鹽基性) basophilic
호염미생물(好鹽微生物) halophilic microorganism
호염생물(好鹽生物) halophile
호염성(好鹽性) halophilic
호염세균(好鹽細菌) halophilic bacterium
호워드법 Howard method
호주경질밀 Australian hard, AH
호주표준흰밀 Australian standard white, ASW
호중성생물(好中性生物) neutrophile
호텔레스토랑 hotel restaurant
호트라이엔올 hotrienol
호퍼 hopper
호퍼계량기 hopper scale
호퍼휘젓개 hopper agitator
호호바 jojoba, *Simmondsia chinensis* (Link) C. K. Schneid. 호호바과
호호바과 Simmondsiaceae
호호바기름 jojoba oil
호호바씨 jojoba seed
호화(糊化) gelatinization
호화녹말(糊化綠末) pregelatinized starch
호화도(糊化度) degree of gelatinization
호화성질(糊化性質) pasting property
호화온도(糊化溫度) gelatinization temperature
호흡(呼吸) respiration
호흡계수(呼吸係數) respiratory coefficient

호흡계통(呼吸系統) respiratory system
호흡기관(呼吸器官) respiratory organ
호흡기관병(呼吸器官病) respiratory disease
호흡기능상실(呼吸機能喪失) respiratory failure
호흡기질(呼吸基質) respiratory substrate
호흡률(呼吸律) respiratory quotient, RQ
호흡속도(呼吸速度) respiration rate
호흡억제제(呼吸抑制劑) respiratory inhibitor
호흡연쇄(呼吸連鎖) respiratory chain
호흡열(呼吸熱) respiration heat
호흡운동(呼吸運動) respiratory movement
호흡작용(呼吸作用) respiration
호흡중추(呼吸中樞) respiratory center
호흡지수(呼吸指數) respiratory index
호흡효소(呼吸酵素) respiratory enzyme
혹위 rumen
혹위세균 rumen bacterium
혼색(混色) color mixture
혼성세포(混成細胞) hybridoma
혼성오비탈 hybrid orbital
혼성주(混成酒) compounded liquor
혼수(昏睡) coma
혼탁(混濁) clouding
혼탁점(混濁點) cloud point
혼탁제(混濁劑) clouding agent
혼합(混合) mixing
혼합간장 blended soy sauce
혼합감염(混合感染) mixed infection
혼합과일음료 blended juice beverage
혼합농축디-토코페롤 mixed *d*-tocopherol concentrate
혼합물(混合物) mixture
혼합배양(混合培養) mixed culture
혼합분유(混合粉乳) mixed milk powder
혼합소시지 mixed sausage
혼합수프 soup mixture
혼합스크루 mixing screw
혼합시료(混合試料) mixed sample
혼합식용기름 blended edible oil
혼합쓸갯돌 mixed gallstone
혼합양념소스 mixed seasoning sauce
혼합열(混合熱) heat of mixing
혼합유기산발효(混合有機酸醱酵) mixed organic acid fermentation
혼합지시약(混合指示藥) mixed indicator
혼합프레스햄 mixed pressed ham
홀란데이즈소스 hollandaise sauce
홀수 odd number
홀스타인 Holstein
홀씨 spore
홀씨생성세균 spore-forming bacterium
홀씨생식 sporogony
홀씨세포 spore cell
홀씨식물 sporic plant
홀씨잎 sporophyll
홀씨주머니 sporangium
홀씨주머니자루 sporangiophore
홀씨체 sporophyte
홀씨충 sporozoon
홀씨충류 sporozoan
홀씨충문 Sporozoa
홀씨형성 sporulation
홀씨형성효모 sporogenous yeast
홀푸드 whole food
홈발딱총새우 flathead snapping shrimp, *Alpheus bisincisus* De Haan, 1844 딱총새웃과
홉 hop, *Humulus lupulus* L. 뽕나뭇과
홉대용물 hop substitute
홉방향유 hop essential oil
홉첨가 hopping
홉추출물 hop extract
홉펠릿 hop pellet
홍과(紅瓜) ivy gourd, *Coccinia grandis* (L.) Voigt. 박과
홍귤나무 willow leaf, Mediterranean mandarin, *Citrus deliciosa* Ten. 운향과
홍두(紅豆) jequirity, rosary pea, *Abrus precatorius* L. 콩과
홍두깨살 eye of round, eye round
홍매치목 Aulopiformes
홍반(紅斑) erythema
홍살치 broadbanded thornyhead, *Sebastolobus macrochir* (Günther, 1877) 양볼락과
홍삼(紅蔘) red ginseng
홍삼액상차(紅蔘液狀茶) red ginseng liquid tea
홍삼음료(紅蔘飮料) red ginseng beverage

홍삼차(紅蔘茶) red ginseng tea
홍어(洪魚) ocellate spot skate, *Okamejei kenojei* (Müller & Henle, 1841) 홍어과
홍어류(洪魚類) skates
홍어목(洪魚目) Rajiformes
홍어삼합 hongeosamhap
홍어속 *Okamejei*
홍어과 Rajidae
홍역(紅疫) measles
홍역바이러스 measles virus
홍역바이러스속 *Morbillivirus*
홍연어(紅鰱魚) sockeye salmon, *Oncorhynchus nerka* (Wakbaum, 1792) 연어과
홍조강(紅藻綱) Rhodophyceae
홍조녹말(紅藻綠末) floridean starch
홍조류(紅藻類) red algae
홍조식물문(紅藻植物門) Rhodophyta
홍주(紅酒) anchiew
홍주(紅酒) hongju
홍차(紅茶) black tea
홍채(虹彩) iris
홍초(紅草) canna, *Canna indica* L. 칸나과
홍합(紅蛤) Korean mussel, *Mytilus coruscus* (Gould, 1861) 홍합과
홍합과(紅蛤科) Mytilidae
홍합목(紅蛤目) Mytiloida
홍합중독(紅蛤中毒) mussel poisoning
홍화(紅花) dried safflower
홑눈 ocellus, simple eye
홑알 single grain
홑원소물질 simple substance
홑잎 simple leaf, single leaf
홑전자 unpaired electron
홑파랫과 Monostromataceae
화강암(花崗巖) granite
화공녹말(化工綠末) chemically modified starch
화과자(和菓子) hwagwaja
화력건조기(火力乾燥機) heated-air dryer
화면(花麵) hwamyun
화물(貨物) cargo
화살나무 winged spindle, *Euonymus alatus* (Thunb.) Siebold 노박덩굴과
화살나무속 *Euonymus*
화상(火傷) burn
화석연료(化石燃料) fossil fuel
화식조(火食鳥) southern cassowary, *Casuarius casuarius* (Linnaeus, 1758) 화식조과
화식조과(火食鳥科) Casuariidae
화식조목(火食鳥目) Casuariformes
화씨온도(華氏溫度) Fahrenheit
화이트너 whitener
화이트사포테 white sapote, *Casimiroa edulis* Llave & Lex. 운향과
화이트소스 white sauce
화이트커런트 white currant, *Ribes sativum* Syme 까치밥나뭇과
화전(花煎) hwajeon
화채(花菜) hwachae
화학(化學) chemistry
화학감각(化學感覺) chemical sense
화학감성(化學感性) chemesthesis
화학값 chemical score
화학결합(化學結合) chemical bond
화학공학(化學工學) chemical engineering
화학당량(化學當量) chemical equivalent
화학독립영양생물(化學獨立營養生物) chemo-autotroph
화학량론(化學量論) stoichiometry
화학량종말점(化學量終末點) stoichiometric end point
화학반응(化學反應) chemical reaction
화학반응속도론 chemical kinetics
화학반응식(化學反應式) chemical equation
화학받개 chemoreceptor
화학발광(化學發光) chemiluminescence
화학방제(化學防除) chemical control
화학변화(化學變化) chemical change
화학분석(化學分析) chemical analysis
화학비료(化學肥料) chemical fertilizer
화학성분(化學成分) chemical component
화학성질(化學性質) chemical property
화학소화(化學消化) chemical digestion
화학식(化學式) chemical formula
화학식량(化學式量) formula weight
화학식량농도(化學式量濃度) formality
화학신호전달물질(化學信號傳達物質) chemical messenger
화학에너지 chemical energy

화학연화(化學軟化) chemical tenderization
화학열역학(化學熱力學) chemical thermodynamics
화학영양생물(化學營養生物) chemotroph
화학영양성(化學營養性) chemotrophy
화학요법(化學療法) chemotherapy
화학유전체학(化學遺傳體學) chemical genomics
화학자(化學者) chemist
화학자극(化學刺戟) chemical stimulus
화학저울 chemical balance
화학적산소요구량(化學的酸素要求量) chemical oxygen demand, COD
화학전달(化學傳達) chemical transmission
화학전달물질(化學傳達物質) chemical transmitter
화학전지(化學電池) chemical cell
화학팽창제(化學膨脹劑) chemical leavening agent
화학평형(化學平衡) chemical equilibrium
화학합성(化學合成) chemosynthesis
화학합성세균(化學合成細菌) chemosynthetic bacterium
화학흡착(化學吸着) chemisorption
화합물(化合物) compound
화합물농약(化合物農藥) chemical pesticide
화합물식품중독(化合物食品中毒) chemical food poisoning
화훼(花卉) flower and ornamental plant, floriculture
화훼원예학(花卉園藝學) gloricultural science
화훼작물(花卉作物) floricultural crop
확률(確率) probability
확률론방법(確率論方法) probabilistic approach
확률변수(確率變數) random variable
확률분포(確率分布) probability distribution
확률오차(確率誤差) probable error
확률용지(確率用紙) probability paper
확장기압력(擴張期壓力) diastolic pressure
확장삼점검사(擴張三點檢查) extended triangle test
환각(幻覺) hallucination
환각제(幻覺劑) hallucinogen, hallucinogenic drug
환경(環境) environment
환경공학(環境工學) environmental engineering
환경담배연기 environmental tobacco smoke, ETS
환경보전(環境保全) environment conservation
환경보호(環境保護) environmental protection
환경부(環境部) Ministry of Environment
환경영향평가(環境影響評價) evaluation of environmental effect
환경오염(環境汚染) environmental pollution
환경오염관리(環境汚染管理) environmental pollution control
환경오염물질(環境汚染物質) environmental contaminant
환경위생(環境衛生) environmental hygiene
환경위생학(環境衛生學) environmental hygiene
환기(換氣) ventilation
환기장치(換氣裝置) ventilator
환기팬 ventilating fan
환류(還流) reflux
환산압력(換算壓力) reduced pressure
환산온도(換算溫度) reduced temperature
환상박피(環狀剝皮) girdling
환원(還元) reduction
환원당(還元糖) reducing sugar
환원력(還元力) reducing power
환원반응(還元反應) reduction reaction
환원시험(還元試驗) reduction test
환원식품(還元食品) recombined food
환원우유(還元牛乳) recombined milk
환원점성(還元粘性) reduced viscosity
환원제(還元劑) reducing agent, reductant
환원철(還元鐵) reduced iron
환원퍼텐셜(還元電位) reduction potential
환원효소(還元酵素) reductase
환원효소시험(還元酵素試驗) reductase test
환자(患者) patient
환형동물(環形動物) annelid
환형동물문(環形動物門) Annelida
활석(滑石) talc
활성건조효모(活性乾燥酵母) active dry yeast
활성글루텐 vital gluten
활성기체(活性氣體) active gas
활성도(活性度) activity
활성도계수(活性度係數) activity coefficient
활성산소(活性酸素) active oxygen
활성산소법(活性酸素法) active oxygen method

활성산소종(活性酸素種) reactive oxygen species
활성상태(活性狀態) activated state
활성슬러지 activated sludge
활성슬러지법 activated sludge process
활성에너지 activation energy
활성자리 active site
활성자유에너지 free energy of activation
활성제(活性劑) activator
활성중심(活性中心) active center
활성탄(活性炭) activated carbon
활성포장(活性包裝) active packaging
활성화(活性化) activation
활어(活魚) live fish
활어운반(活魚運搬) live fish transportation
활어차(活魚車) live fish carrier
활엽수(闊葉樹) broad-leaved tree
활주세균(滑走細菌) gliding bacterium
활주세균병(滑走細菌病) myxobacterial disease
활주운동(滑走運動) gliding motility
활털곰팡이속 *Absidia*
황(黃) sulfur
황갈색(黃褐色) yellowish brown
황갈조(黃褐藻) golden-brown algae
황갈조강(黃褐藻綱) Chrysophyceae
황갈조식물문(黃褐藻植物門) Chrysophyta
황금(黃芩) baikal skullcap, *Scutellaria baicalensis* Georgi 꿀풀과
황금무당버섯 gilded brittlegill, *Russula aurea* Pers. (1796) 무당버섯과
황금쌀 golden rice
황기(黃芪) hwanggi, *Astragalus membranaceus* (Fisch.) Bunge 콩과
황기속(黃芪屬) *Astragalus*
황내 sulfurous odor
황다랑어 yellowfin tuna, ahi, *Thunnus albacares* (Bonnaterre, 1788) 고등엇과
황달(黃疸) jaundice
황돔 yellow sea bream, *Dentex tumifrons* (Temminck & Schlegel, 1832) 도밋과
황마(黃麻) jute, *Corchorus capsularis* L. 피나뭇과
황반(黃斑) macula
황반변성(黃斑變性) macular degeneration
황밤 dried shelled chestnut
황변미(黃變米) yellow rice
황변미독소(黃變米毒素) yellow rice toxin
황복 river puffer, *Takifugu obscurus* (Abe, 1949) 참복과
황산(黃酸) sulfuric acid
황산구리(II) copper(II) sulfate, cupric sulfate
황산구리(II)오수화물 copper(II) sulfate pentahydrate
황산녹말(黃酸綠末) starch sulfate
황산마그네슘 magnesium sulfate
황산망가니즈 manganese sulfate
황산소듐 sodium sulfate
황산아연 zinc sulfate
황산알루미늄암모늄 aluminum ammonium sulfate
황산알루미늄포타슘 aluminum potassium sulfate
황산암모늄 ammonium sulfate
황산에스터가수분해효소 sulfuric ester hydrolase
황산이온 sulfate ion
황산지(黃酸紙) parchment paper
황산철(II) iron(II) sulfate, ferrous sulfate
황산칼슘 calcium sulfate
황산포타슘 potassium sulfate
황산화물(黃酸化物) sulfur oxide
황새치 swordfish, *Xiphias gladius* (Linnaeus, 1758) 황새칫과
황새칫과 Xiphiidae
황색노른자위 yellow yolk
황색생선 yellow fish
황색종(黃色腫) xanthoma
황색지방세포(黃色脂肪色素) yellow fat cell
황색포도알세균 *Staphylococcus aureus*
황색포도알세균식품중독 *Staphylococcus aureus* food poisoning
황색효소(黃色酵素) yellow enzyme
황소 ox
황소개구리 American bullfrog, *Rana catesbeiana* (Shaw, 1802) 개구릿과
황열병(黃熱病) yellow fever
황열병바이러스 yellow fever virus

황적조식물강(黃赤藻植物綱) Pyrrophyceae
황적조식물문(黃赤藻植物門) Pyrrophyta
황제거장치 desulfurizer
황주(黃酒) huang chiew
황줄베도라칫과 Pholidae
황줄베도라치류 gunnels
황지방질(黃脂肪質) sulfolipid
황차(黃茶) yellow tea
황체(黃體) corpus luteum
황체형성호르몬 luteinizing hormone, LH
황체형성호르몬분비호르몬 luterinizing hormone releasing hormone, LHRH
황체호르몬 progesterone
황칠나무 hwangchil namu, *Dendropanax morbifera* Lev. 두릅나뭇과
황칠나무속 *Dendropanax*
황태구이 hwangtaegui
황토(黃土) loess
황함유아미노산 sulfur-containing amino acid
황해쑥 Chinese mugwort, *Artemisia argyi* Lév. & Vaniot 국화과
황화수소(黃化水素) hydrogen sulfide
황화수소소듐 sodium hydrogen sulfide
황화알릴 allyl sulfide
황화알킬 alkyl sulfide
황화합물(黃化合物) sulfur compound
회(膾) hoe
회귀(回歸) regression
회귀곡선(回歸曲線) regression curve
회귀분석(回歸分析) regression analysis
회귀선(回歸線) regression line
회냉면(膾冷麵) hoenaengmyeon
회로(回路) circuit
회로망(回路網) network
회복(回復) recovery
회복식사(回復食事) light diet
회분(灰分) ash
회분제거(灰分除去) demineralization
회분함량(灰分含量) ash content
회상법(回想法) recall method
회색기러기 graylag goose, *Anser anser* Linnaeus, 1758 오릿과
회색질척수염(灰色質脊髓炎) polio, poliomyelitis
회수방향유(回收芳香油) recoverable oil
회수시험(回收試驗) recovery test
회수율(回收率) recovery rate
회양목과 Buxaceae
회유(回遊) migration
회유어(回遊魚) migratory fish
회전감압거르개 rotary vacuum filter
회전건조기(回轉乾燥機) rotary drier
회전공급기(回轉供給機) rotary feeder
회전공기펌프 rotary air pump
회전드럼 rotary drum
회전분산(回轉分散) rotary dispersion
회전분할기(回轉分割機) rotary divider
회전살균기(回轉殺菌器) rotary sterilizer
회전압축기(回轉壓縮機) rotary compressor
회전에너지 rotational energy
회전운동(回轉運動) rotational motion
회전원통감압거르개 rotary drum vacuum filter
회전율(回轉率) turnover rate
회전절단기(回轉切斷機) rotary cutter
회전점도계(回轉粘度計) rotary viscometer
회전증발기(回轉蒸發器) rotary evaporator
회전진공펌프 rotary vacuum pump
회전진탕기(回轉震盪器) rotary shaker
회전척 rotary chuck
회전펌프 rotary pump
회절(回折) diffraction
회청(回青) regreening
회충(蛔蟲) giant roundworm, *Ascaris lumbricoides* Linnaeus, 1758 회충과
회충과(蛔蟲科) Ascarididae
회충목(蛔蟲目) Ascaridida
회충증(蛔蟲症) ascariasis
회합(會合) association
회합콜로이드 association colloid
회향(茴香) fennel, *Foeniculum vulgare* Mill. 산형과
회향방향유(茴香芳香油) fennel essential oil
회향씨 fennel seed
회화(灰化) ashing
회화나무 pagoda tree, Chinese scholar, *Sophora japonica* L. 콩과
회화나무속 *Sophora*
효과기(效果器) effector

효능(效能) potency
효모(酵母) yeast
효모내 yeast odor
효모단백질(酵母蛋白質) yeast protein
효모먹이 yeast food
효모바이오매스 yeast biomass
효모발효(酵母醱酵) yeast fermentation
효모발효음료(酵母醱酵飮料) yeast fermented beverage
효모배양(酵母培養) yeast culture
효모빵 yeast bread
효모식품(酵母食品) yeast-based food
효모추출물(酵母抽出物) yeast extract
효모탈수기(酵母脫水機) yeast dehydrator
효모첨가(酵母添加) pitching
효소(酵素) enzyme
효소갈변(酵素褐變) enzymatic browning
효소갈변반응(酵素褐變反應) enzymic browning reaction
효소결합면역흡착검사(酵素結合免疫吸着檢査) enzyme-linked immunosorbent assay, ELISA
효소고정막(酵素固定膜) enzyme-immobilized membrane
효소고정화(酵素固定化) enzyme immobilization
효소공학(酵素工學) enzymic engineering
효소기술(酵素技術) enzyme technique
효소기질반응(酵素基質反應) enzyme-substrate reaction
효소기질복합체(酵素基質複合體) enzyme-substrate complex
효소당화(酵素糖化) enzymic saccharification
효소당화법(酵素糖化法) enzymic saccharification
효소면역분석법(酵素免疫分析法) enzyme immunoassay
효소반응(酵素反應) enzyme reaction
효소복합체(酵素複合體) enzyme complex
효소분석(酵素分析) enzyme assay
효소분해레시틴 enzymatically decomposed lecithin
효소분해사과추출물 enzymatically decomposed apple extract
효소불활성화(酵素不活性化) enzyme inactivation
효소산화(酵素酸化) enzymatic oxidation
효소식품(酵素食品) enzyme food
효소안정화(酵素安定化) enzyme stabilization
효소억제(酵素抑制) enzyme inhibition
효소억제제(酵素抑制劑) enzyme inhibitor
효소억제제반응(酵素抑制劑反應) enzyme-inhibitor reaction
효소연화제(酵素軟化劑) enzyme tenderizer
효소원(酵素源) zymogen
효소작용(酵素作用) enzymatic reaction
효소전극(酵素電極) enzyme electrode
효소제(酵素劑) enzyme preparation
효소처리루틴 enzymatically modified rutin
효소처리스테비아 enzymatically modified stevia
효소처리헤스페리딘 enzymatically modified hespiridin
효소촉매반응(酵素觸媒反應) enzyme catalyzed reaction
효소특이성(酵素特異性) enzyme specificity
효소학(酵素學) enzymology
효소활성도(酵素活性度) enzyme activity
효소활성제(酵素活性劑) enzyme activator
효율(效率) efficiency
후각(嗅覺) olfaction
후각결합단백질(嗅覺結合蛋白質) olfactory binding protein
후각계수(嗅覺係數) olfactory coefficient
후각과민증(嗅覺過敏症) hyperosmia
후각기관(嗅覺器官) olfactory organ
후각망울 olfactory bulb
후각받개 olfactory receptor
후각받개세포 olfactory receptor cell
후각상실(嗅覺喪失) anosmia
후각상피(嗅覺上皮) olfactory epithelium
후각샘 olfactory gland
후각섬모(嗅覺纖毛) olfactory cilium
후각세포(嗅覺細胞) olfactory cell
후각신경(嗅覺神經) olfactory nerve
후각영역(嗅覺領域) olfactory region
후각예민성(嗅覺銳敏性) olfactory acuity
후각저하(嗅覺低下) hyposmia
후각조직(嗅覺組織) collenchyma
후각중추(嗅覺中樞) olfactory center
후각측정기(嗅覺測程器) olfactometer
후각측정법(嗅覺測定法) olfactometry

후각프리즘 olfactory prism
후각학(嗅覺學) olfactology
후고흡충과(後睾吸蟲科) Opisthorchiidae
후광효과(後光效果) halo effect
후구동물(後口動物) deuterostomes
후두(喉頭) larynx
후두덮개 epiglottis
후두샘 laryngeal gland
후두암(喉頭癌) laryngeal cancer
후두염(喉頭炎) laryngitis
후드 hood
후룸 hurum
후막홀씨 chlamydospore
후머스 humous, hummus
후물렌 humulene
후물론 humulone
후물린산 humulinic acid
후미콜라 라누기노사 *Humicola lanuginosa*
후미콜라 루테아 *Humicola lutea*
후미콜라속 *Humicola*
후미콜라 인솔렌스 *Humicola insolens*
후발효(後醱酵) after fermentation
후발효차(後醱酵茶) post fermented tea
후벽세포(厚壁細胞) sclerenchyma cell
후벽조직(厚壁組織) sclerenchyma
후사분체(後四分體) hind quarter
후생동물(後生動物) metazoans
후생동물아계(後生動物亞系) Metazoa
후숙(後熟) after-ripening
후유(後乳) hind milk
후천면역(後天免疫) acquired immunity
후천면역결핍(後天免疫缺乏) acquired immunity deficiency
후천면역결핍증(後天免疫缺乏症) acquired immune deficiency syndrome, AIDS
후추 pepper
후추나무 black pepper, *Piper nigrum* L. 후춧과
후추목 Piperales
후추방향유 pepper essential oil
후추속 *Piper*
후춧가루 pepper powder
후춧과 Piperaceae
후형질(後形質) metaplasm
훅법칙 Hooke's law
훈연기(燻煙器) smoker
훈연제(燻煙劑) smoking agent
훈제(燻製) smoking
훈제(燻製) smoked food
훈제간(燻製肝) smoked liver
훈제건조소세지 smoked dry sausage
훈제건조품(燻製乾燥品) smoked and dried product
훈제고기 smoked meat
훈제내 smoky odor
훈제고등어 smoked mackerel
훈제굴 smoked oyster
훈제기름담금통조림 canned smoked foods in oil
훈제다랑어 smoked tuna
훈제달걀 smoked egg
훈제닭고기 smoked chicken
훈제링 smoked ring
훈제목재(燻製木材) smoking wood
훈제물고기 smoked fish
훈제뱀장어 smoked eel
훈제법(燻製法) smoking method
훈제브로일러 smoked broiler
훈제소시지 smoked sausage
훈제실(燻製室) smokehouse
훈제액(燻製液) liquid smoke
훈제연어(燻製鰱魚) smoked salmon
훈제오리 smoked duck
훈제온도(燻製溫度) smoking temperature
훈제치즈 smoked cheese
훈제칠면조(燻製七面鳥) smoked turkey
훈제통조림 canned smoked food
훈제품(燻製品) smoked product
훈제향미(燻製香味) smoked flavor
훈증(燒蒸) fumigation
훈증법(燻蒸法) fumigation method
훈증소독(燻蒸消毒) fumigation disinfection
훈증제(燻蒸劑) fumigant
훌루폰 hulupone
휘도(輝度) luminance
휘발(揮發) volatilization
휘발고형물(揮發固形物) volatile solid
휘발산(揮發酸) volatile acid
휘발산도(揮發酸度) volatile acidity

휘발성(揮發性) volatility
휘발아민 volatile amine
휘발염기질소(揮發鹽基窒素) volatile basic nitrogen, VBN
휘발용매(揮發溶媒) volatile solvent
휘발유기화합물(揮發有機化合物) volatile organic compound
휘발지방산(揮發脂肪酸) volatile fatty acid
휘발화합물(揮發化合物) volatile compound
휘발화합물분석(揮發化合物分析) volatile compound analysis
휘퍼 whipper
휘핑 whipping
휘핑성 whipping capacity
휘핑성질 whipping property
휘핑크림 whipping cream
휨 bending
휨세기 bending strength
휨시험 bending test
휩 whip
휩크림 whipped cream
휴면(休眠) dormancy
휴면기(休眠期) dormancy period
휴면씨앗 dormant seed
휴민 humin
휴식대사량(休息代謝量) resting metabolic rate, RMR
흄산 humic acid
흉부외과(胸部外科) thoracic and cardiovascular surgery
흉상어 sandbar shark, *Carcharhinus plumbeus* (Nardo, 1827) 흉상엇과
흉상어목 Carcharhiniformes
흉상엇과 Carcharhinidae
흉작(凶作) poor crop
흐름 flow
흐림 cloudiness
흑기흉상어 blacktip reef shark, *Carcharhinus melanopterus* (Quoy & Gaimard, 1824) 흉상엇과
흑도(黑度) blackness
흑맥주(黑麥酒) dark beer
흑미(黑米) black rice
흑반점병(黑斑點病) black mildew
흑변(黑變) sulfide spoilage
흑변미(黑變米) dark colored rice
흑부병(黑腐病) black rot
흑빵 dark bread
흑색가시세포증 acanthosis nigricans
흑색증(黑色症) melanosis
흑색진균과(黑色眞菌科) Dematiaceae
흑임자(黑荏子) black sesame
흑점샛돔 silver warehou, *Seriolella punctata* (J. R. Foster, 1801) 샛돔과
흑체(黑體) blackbody
흑체복사(黑體輻射) blackbody radiation
흔적량 trace
흔적량분석 trace analysis
흙내 earthy odor
흙섭취증 geophagia
흡광(吸光) extinction
흡광계수(吸光係數) extinction coefficient
흡광광도법(吸光光度法) absorptiometry
흡광광도분석(吸光光度分析) absorptiometric analysis
흡광도(吸光度) absorbance, optical density
흡광분석(吸光分析) photometric analysis
흡수(吸收) absorption
흡수계수(吸收係數) absorption coefficient
흡수냉동기(吸收冷凍機) absorption refrigerator
흡수띠 absorption band
흡수복원성(吸收復原性) rehydration property
흡수분광광도법(吸收分光光度法) absorption spectrophotometry
흡수분광법(吸收分光法) absorption spectroscopy
흡수선량(吸收線量) absorbed dose
흡수성(吸水性) hygroscopic
흡수스펙트럼 absorption spectrum
흡수습도계(吸收濕度計) absorption hygrometer
흡수에너지 adsorbed energy
흡수율(吸收率) absorption rate
흡수장애(吸收障碍) malabsorption
흡수장애증후군(吸收障碍症候群) malabsorption syndrome
흡수제(吸收劑) absorbent
흡습(吸濕) imbibition
흡습성(吸濕性) hygroscopicity
흡습성수분(吸濕性水分) hygroscopic moisture

흡습성질(吸濕性質) hygroscopic property
흡습제(吸濕劑) deccicant
흡열반응(吸熱反應) endothermic reaction
흡입(吸入) inhalation
흡입마취(吸入痲醉) inhalation anesthesia
흡입시험(吸入試驗) sniffing test
흡입펌프 suction pump
흡입플라스크 suction flask
흡착(吸着) adsorption
흡착(吸着) sorption
흡착거르기 adsorption filtration
흡착등온선(吸着等溫線) adsorption isotherm
흡착수(吸着水) adsorption water
흡착열(吸着熱) heat of adsorption
흡착제(吸着劑) adsorbent
흡착지시약(吸着指示藥) adsorption indicator
흡착크로마토그래피 adsorption chromatography
흡착평형(吸着平衡) adsorption equilibrium
흡충(吸蟲) fluke, trematode
흡충강(吸蟲綱) Trematoda
흥분제(興奮劑) excitant, stimulant
희석아세트산 diluted glacial acetic acid
희유기체(稀有氣體) rare gas
흰가룻병 powdery mildew
흰가오리 sepia stingray, *Urolophus aurantiacus* (Müller & Henle, 1841) 흰가오릿과
흰가오릿과 Urolophidae
흰간장 white soy sauce
흰강낭콩 white bean, navy bean, haricot bean
흰갯병 white blight
흰겨자 white mustard, *Sinapis alba* L. 십자화과
흰고지곰팡이 white koji mold, *Aspergillus kawachii*
흰곰팡이 white mold, cottony rot, *Sclerotinia sclerotiorum*
흰곰팡이치즈 white mold cheese
흰구름버섯 hairy bracket, *Trametes hirsuta* (Wulfen) Pilát 구멍장이버섯과
흰꼬리누 black wilderbeest, white-tailed gnu, *Connochaetes gnou* (Zimmermann, 1780) 솟과
흰노른자위 white yolk
흰누룩 white nuruk
흰달걀 white egg
흰덱스트린 white dextrin
흰돌고래 beluga whale, white whale, *Delphinapterus leucas* (Pallas, 1776) 일각돌고랫과
흰등멸구 white-backed planthopper, *Sogatella furcifera* (Horváth) 멸굿과
흰떡 huintteok
흰루핀 white lupin, *Lupinus albus* L. 콩과
흰술 white liquor
흰마 white yam, *Dioscorea rotundata* Poir. 맛과
흰멍게속 *Styela*
흰메를루사 white hake, *Urophycis tenuis* (Mitchill, 18184) 수염대구과
흰명아주 white goosefoot, *Chenopdium album* L. var. *album* 명아줏과
흰목이 white jelly mushroom, silver ear fungus, snow fungus, *Tremella fuciformis* Berk. 흰목이과
흰목이과 Tremellaceae
흰목이목 Tremellales
흰목이속 *Tremella*
흰무리 huinmuri
흰비늘버섯 *Pholiota lenta* (Fr.) Sing. 독청버섯과
흰빵 white bread
흰살물고기 white muscle fish
흰살코기 white meat
흰새우 oriental prawn, *Exopalaemon orientis* (Holthuis, 1950) 징거미새웃과
흰색 white
흰색근육 white muscle
흰색도 whiteness
흰색반점 white spot
흰색반점현상 white spot phenomenon
흰색소포 leucophore
흰색어분 white fish meal
흰색증 albinism
흰색지방조직 white adipose tissue
흰색질 white matter
흰색참치 white tuna
흰설탕 white sugar
흰송어 vendace, European cisco, *Coregonus albula* (Linnaeus, 1758) 연어과

흰쌀 white rice
흰양배추 white cabbage
흰얼음 white ice
흰엿 huinyeot
흰자위계수 albumen index
흰자위액 liquid albumen
흰점박이꽃무지 *Protaetia brevitarsis seulensis* (Kolbe, 1879) 꽃무지과
흰점박이꽃무지애벌레 *Protaetia brevitarsis seulensis* larva
흰점복 fine patterned puffer, *Takifugu poecilonotus* (Temminck & Schlegel, 1850) 참복과
흰주름버섯 horse mushroom, *Agaricus arvensis* Schaeff. 주름버섯과
흰죽 huinjuk
흰차 white tea
흰참깨 white sesame
흰초콜릿 white chocolate
흰치즈 white cheese
흰콩 white soybean
흰통밀가루 white whole wheat flour
흰트뤼플 white truffle, *Tuber magnatum* Picco 덩이버섯과
흰포니오 fonio, hungry rice, *Digitaria exilis* (Kiffist) Stapf 벗과
흰후추 white pepper
히드라충강 Hydrazoa
히드라충목 Hydroida
히말라야인삼 pseudoginseng, Himalayan ginseng, *Panax pseudoginseng* Wall. 두릅나뭇과
히비스커스 hibiscus
히비스커스색소 hibiscus color
히비스커스속 *Hibiscus*
히솝 hyssop, *Hyssopus officinalis* L. 꿀풀과
히스타민 histamine
히스타민혈증 histaminemia
히스테리 hysteria
히스테리발작 historical seizure
히스테리시스 hysteresis
히스테리시스루프 hysteresis loop
히스테리시스특성 hysteresis characteristic
히스테리환자 histeric
히스토그램 histogram
히스톤 histone
히스톤뇨 histonuria
히스티딘 histidine
히스티딘뇨 histidinuria
히스티딘카복실기제거효소 histidine decarboxylase
히스티딘혈증 histidinemia
히아신스 common hyacinth, *Hyacinthus orientalis* L. 백합과
히알루론산 hyaluronic acid
히오치 hiochi
히오치세균 hiochi bacterium
히오치젖산세균 hiochi lactic acid bacterium
히카마 jicama, Mexican yam, yam bean, *Pachyrhizus erosus* (L.) Urb. 콩과
히커리 hickory
히커리너트 hickory nut
히커리스모크 hickory smoke
히터 heater
히포크레아속 *Hypocrea*
히폭시스과 Hypoxidaceae
히푸르산 hippuric acid
힐반응 Hill reaction
힐사 hilsa shad, *Tenualosa ilisha* (Hamilton, 1822) 청어과
힘 force
힘줄 tendon
힘줄반사 tendon reflex
힘줄세포 tendon cell

AACC International → American Association of Cereal Chemists International
AAS → atomic absorption spectrophotometry
AAS → atomic absorption spectroscopy
abaca 마닐라삼
abalone 전복
abalone mushroom 전복느타리버섯
A band 에이띠
abattoir 도축장
abattoir byproduct 도축부산물
Abbe refractometer 아베굴절계
abdomen 배
abdominal aorta 배대동맥
abdominal cavity 배안
abdominal muscle 배근육
abdominal obesity 복부비만
Abelmoschus esculentus 오크라
Aberdeen Angus 애버딘앵거스
abetalipoproteinemia 무베타지방질단백질혈증
Abies balsamea 발삼나무
abiogenesis 자연발생
abiotic environment 비생물환경
abiotic substance 비생체물질
abnormal corrosion 비정상부식
abnormal fermentation 비정상발효
abnormal milk 비정상우유
abnormal ripening 비정상숙성
abomasum 제사위
abomasum 주름위
Abondance cheese 아본댄스치즈
abortive seed 쭉정이
abrader 연삭기
Abramis brama 브림
abrasion 연마
abrasion mill 연마밀
abrasive 연마제
abrasive type rice milling machine 연삭정미기
abreh 아브레이
abrey 아브레이
abrin 아브린
Abrus precatorius 홍두
abscisic acid 아브시스산
Absidia 활털곰팡이속
Absidia atrospora 압시디아 아트로스포라
Absidia coerulea 압시디아 코에룰레아
Absidia glauca 압시디아 글라우카
absinthe 압생트
absolute alcohol 무수알코올
absolute brightness threshold 절대밝기문턱값
absolute configuration 절대배열
absolute density 절대밀도
absolute error 절대오차
absolute ether 무수에테르
absolute evaluation 절대평가
absolute humidity 절대습도
absolute pressure 절대압력
absolute scaling 절대등급매기기
absolute temperature 절대온도
absolute threshold 절대문턱값
absolute value 절댓값
absolute velocity 절대속도
absolute viscosity 절대점성
absolute zero degree 절대영도
absorbance 흡광도
absorbed dose 흡수선량
absorbent 흡수제
absorptiometric analysis 흡광광도분석
absorptiometry 흡광광도법
absorption 흡수
absorption band 흡수띠
absorption coefficient 흡수계수
absorption hygrometer 흡수습도계
absorption of heat energy 열에너지흡수
absorption rate 흡수율
absorption refrigerator 흡수냉동기
absorption spectrophotometry 흡수분광광도법
absorption spectroscopy 흡수분광법
absorption spectrum 흡수스펙트럼
ABS resin 에이비에스수지
aburage 아부라게
Abutilon theophrasti 어저귀
Abyssinian banana 에티오피아바나나
Acacia 아카시아속
acacia 아카시아

acacia gum 아카시아검
Acacia senegal 아라비아검나무
academy bluc 녹청색
açai berry 아사이베리
açai palm 아사이야자나무
Acanthocardia aculeata 가시꼬막
Acanthogobius flavimanus 문절망둑
Acanthopagrus schlegeli 감성돔
Acanthopanax senticosus 가시오갈피나무
acanthosis nigricans 흑색가시세포증
acaricide 진드기살충제
Acaridae 가루진드깃과
Acarina 진드기목
Acca sellowiana 페이조아
accelerated dough method 속성반죽법
accelerated freeze drying 가속냉동건조
acceleration 가속도
accelerator 촉진제
accelerator mass spectrometer 가속질량분석기
accept 채택
acceptability 기호도
acceptable daily intake 일일섭취허용량
acceptable level of risk 수용가능한위해도
acceptance 수용
acceptance region 채택역
acceptor 받개
accessory gland 부속샘
accessory nerve 더부신경
accessory pigment 보조색소
accidential additive 우연첨가물
accidential error 우연오차
accumulation 축적
accuracy 정확도
ACE → angiotensin converting enzyme
acephate 아세페이트
Acer 단풍나무속
Aceraceae 단풍나뭇과
Acer mono 고로쇠나무
Acer nigrum 검정단풍나무
acerola 아세롤라
acerola juice 아세롤라주스
Acer saccharinum 은단풍
Acer saccharum 사탕단풍나무
Acer tegmentosum 산겨릅나무
acesulfame 아세설팜
acesulfame K 아세설팜포타슘
acetal 아세탈
acetaldehyde 아세트알데하이드
acetaldehyde dehydrogenase 아세트알데하이드수소제거효소
acetalization 아세탈화
acetal resin 아세탈수지
acetamide 아세트아마이드
acetamido 아세트아미도
acetaminophen 아세트아미노펜
acetan 아세탄
acetate 아세테이트
acetate film 아세테이트필름
acetate ion 아세트산이온
acetato 아세테이토
Acetator 아세테이터
Acetes chinensis 중국젓새우
Acetes japonicus 젓새우
acetic acid 아세트산
acetic acid bacterium 아세트산세균
acetic acid fermentation 아세트산발효
acetic anhydride 아세트산무수물
acetoacetic acid 아세토아세트산
Acetobacter 아세토박터속
Acetobacteraceae 아세토박터과
Acetobacter aceti 아세토박터 아세티
Acetobacter pasteurianus 아세토박터 파스테우리아누스
Acetobacter schuetzenbachii 아세토박터 쉿젠바키이
Acetobacter suboxydans 아세토박터 수브옥시단스
Acetobacter xylinum 아세토박터 자일리눔
acetocarmine 아세토카민
acetogenic bacterium 아세트산생성세균
acetoin 아세토인
acetolactate decarboxylase 아세토락트산카복실기제거효소
acetolactate synthase 아세토락트산합성효소
acetolysis 아세트산분해
Acetomonas 아세토모나스속
acetone 아세톤

acetone body 아세톤체
acetone butanol fermentation 아세톤뷰탄올발효
acetonemia 아세톤혈증
acetonitrile 아세토나이트릴
acetophenone 아세토페논
acetyl 아세틸
acetylacetone 아세틸아세톤
acetylase 아세틸레이스
acetylated distarch adipate 아세틸아디프산이녹말
acetylated distarch phosphate 아세틸인산이녹말
acetylation 아세틸화
acetylcholine 아세틸콜린
acetylcholinesterase 아세틸콜린에스터레이스
acetyl CoA → acetyl coenzyme A
acetyl coenzyme A 아세틸보조효소에이
acetylene 아세틸렌
acetylglucosamine 아세틸글루코사민
acetylglucosaminidase 아세틸글루코사미니데이스
acetyl group 아세틸기
acetylmethylcarbinol 아세틸메틸카비놀
acetyltransferase 아세틸기전달효소
acetyl value 아세틸값
achaenium 수과
AChE → acetylcholinesterase
Achillea millefolium 서양톱풀
Achilles' tendon 아킬레스힘줄
achiote 아키오테
achira 아키라
achlohydria 위산없음증
Achras zapota 사포딜라
achrodextrin 아크로덱스트린
achromatic color 무채색
Achromobacter 아크로모박터속
Achyranthes japonica 쇠무릎
acid 산
acid amide 산아마이드
Acidaminococaceae 아시다미노코쿠스과
acid anhydride 산무수물
acid base equilibrium 산염기평형
acid base indicator 산염기지시약
acid base reaction 산염기반응
acid base titration 산염기적정
acid casein 산카세인
acid clay 산성백토
acid curd cheese 산커드치즈
acid dyspepsia 과산성소화불량
acidemia 산혈증
acid group 산성기
acid hydrolase 산성가수분해효소
acid hydrolysis method 산분해법
acid hydrolyzable total sugar 산분해총당
acid hydrolyzed soy sauce 산분해간장
acidic amino acid 산성아미노산
acidic canned food 산성통조림
acidic dye 산성염료
acidic medium 산성매질
acidic pH 산성피에이치
acidic protein 산성단백질
acidic sodium aluminum phosphate 산성알루미늄인산소듐
acidification 산성화
acidified milk 산성화우유
acidimetry 산적정법
acid immersion 산침지
acid insoluble 산불용물
acid insoluble ash 산불용회분
acidity 산도
acidity examination 산도검사
acid medium 산성배지
acid number 산값
acidocin 아시도신
acidogenic bacterium 산생성세균
acidolysis 산가수분해
acidophile 호산생물
acidophilic bacterium 호산세균
acidophilin 아시도필린
acidophilus milk 아시도필루스밀크
acidophilus paste 아시도필루스페이스트
acidosis 산증
acid phosphatase 산성인산가수분해효소
acid rain 산성비
acid resistant 내산성
acid resisting alloy 내산합금
acid rigor 산경직

acid saccharification 산당화
acid saccharification method 산당화법
acid salt 산성염
acid soil 산성토양
acid solution 산성용액
acid titration 산적정
acidulant 산미료
acid value 산값
acid whey 산유청
Acinetobacter 아시네토박터속
Acinetobacter calcoaceticus 아시네토박터 칼코아세티쿠스
Acinetobacter radioresistens 아시네토박터 라디오레시스텐스
Acipenseridae 철갑상엇과
Acipenseriformes 철갑상어목
Acipenser sinensis 철갑상어
ackee 아키
Acmella oleracea 파라크레스
acne 여드름
aconitic acid 아코니트산
acorn 도토리
acorn squash 도토리스쿼시
Acorus 창포속
Acorus calamus var. *angustatus* 창포
Acorus gramineus 석창포
acoustics 음향학
acquired immune deficiency syndrome 후천면역결핍증
acquired immunity 후천면역
acquired immunity deficiency 후천면역결핍
Acrasiomycota 아크라시균문
acre 에이커
Acremonium 아크레모늄속
Acremonium cellulolyticus 아크레모늄 셀룰롤리티쿠스
Acremonium malcalophilum 아크레모늄 말칼로필룸
Acrididae 메뚜깃과
acrid taste 아린맛
Acrocomia 아크로코미아속
Acrocomia aculeata 코욜야자나무
acrolein 아크롤레인
acromegaly 말단비대증
Acropomatidae 반딧불게르칫과
acrosin 아크로신
acryl 아크릴
acrylaldehyde 아크릴알데하이드
acrylamide 아크릴아마이드
acrylic acid 아크릴산
acrylic fiber 아크릴섬유
acrylic resin 아크릴수지
acrylonitrile 아크릴로나이트릴
ACTH → adrenocorticotrophic hormone
actin 액틴
actin filament 액틴필라멘트
actinidain 액티니대인
actinides 악티늄족
Actinidia 다래나무속
Actinidia arguta 다래나무
Actinidiaceae 다래나뭇과
Actinidia chinensis 양다래
Actinidia deliciosa 키위프루트
Actinidia polygama 개다래나무
actinidine 액티니딘
actinin 액티닌
actinium 악티늄
actin-myosin complex 액틴마이오신복합체
Actinobacteria 방선세균문
actinology 방사학
Actinomucor 악티노뮤코르속
Actinomucor elegans 악티노뮤코르 엘레간스
Actinomucor taiwanensis 악티노뮤코르 타이와넨시스
actinomyces 방선세균
Actinomyces 방선세균속
Actinomyces israelli 악티노미세스 이스라엘리
Actinomyces pyogenes 악티노미세스 피오게네스
Actinomycetaceae 방선세균과
Actinomycetales 방선세균목
actinomycetes 방선세균류
actinomycin 악티노마이신
actinomycosis 방선세균증
Actinoplanaceae 악티노플라네스과
Actinoplanes 악티노플라네스속
Actinoplanes missouriensis 악티노플라네스 미소우리엔시스

actinospectacin 악티노스펙타신
Actinoterygii 조기강
action 작용
action level 조치수준
action spectrum 작용스펙트럼
activated carbon 활성탄
activated sludge 활성슬러지
activated sludge process 활성슬러지법
activated state 활성상태
activation 활성화
activation energy 활성에너지
activator 활성제
active absorption 능동흡수
active center 활성중심
active dry yeast 활성건조효모
active gas 활성기체
active immunity 능동면역
active oxygen 활성산소
active oxygen method 활성산소법
active packaging 활성포장
active potassium pump 능동포타슘펌프
active site 활성자리
active transport 능동운반
activity 활성도
activity coefficient 활성도계수
actomyosin 액토마이오신
Act on Distribution and Price Stabilization of Agricultural and Fishery Products 농수산물유통 및 가격안정에 관한 법률
Act on the Prevention of Contagious Animal Diseases 가축전염병예방법
Act on the Promotion of Science and Technology for Food, Agriculture, Forestry and Fisheries 농림수산식품과학기술육성법
Acusta despecta sieboldiana 달팽이
acute alcohol intoxication 급성알코올중독
acute appendicitis 급성막창자꼬리염
acute cholecystitis 급성쓸개염
acute enteritis 급성창자염
acute gastritis 급성위염
acute glomerular nephritis 급성토리콩팥염
acute hepatitis 급성간염
acute intoxication 급성중독
acute myeloid leukemia 급성골수성백혈병
acute nephritis 급성콩팥염
acute pancreatitis 급성이자염
acute pneumonia 급성폐렴
acute poisoning 급성중독
acute renal failure 급성콩팥기능상실
acute tonsillitis 급성편도염
acute toxicity 급성독성
acute toxicity test 급성독성검사
acyclic compound 비고리화합물
acylamino 아실아미노
acylase 아실레이스
acylation 아실화
acylglycerol 아실글리세롤
acylglycerol composition 아실글리세롤조성
acyl group 아실기
acyltransferase 아실기전달효소
ADA → American Diabetes Association
Adams consistometer 애덤스컨시스토미터
Adam's needle 실유카
Adansonia digitata 바오밥나무
adaptability 적응성
adaptation 적응
adaptive enzyme 적응효소
adaptive thermogenesis 적응대사량
Addison's disease 애디슨병
addition polymer 첨가중합체
addition polymerization 첨가중합
addition reaction 첨가반응
additive 첨가물
additive color synthesis 가색혼합
adduct 첨가생성물
adductor muscle 조개관자
ade 에이드
adenine 아데닌
adenine deoxyriboside 아데닌데옥시리보사이드
adenine nucleotide 아데닌뉴클레오타이드
adenine riboside 아데닌리보사이드
Adenophora 잔대속
Adenophorae radix 사삼
Adenophora grandiflora 도라지모싯대
Adenophora remotiflora 모싯대
Adenophora triphylla var. *japonica* 잔대
adenosine 아데노신

adenosine deaminase 아데노신아미노기제거효소
adenosine deaminase deficiency 아데노신아미노기제거효소결핍
adenosine diphosphate 아데노신이인산
adenosine diphosphate glucose 아데노신이인산포도당
adenosine monophosphate 아데노신일인산
adenosine phosphate 아데노신인산
adenosine triphosphatase 아데노신삼인산가수분해효소
adenosine triphosphate 아데노신삼인산
Adenoviridae 아데노바이러스과
adenovirus 아데노바이러스
adenyl 아데닐
adenylate cyclase 아데닐산고리화효소
adenylic acid 아데닐산
adequate intake 충분섭취량
ADH → alcohol dehydrogenase
ADH → antidiuretic hormone
ADHD → attention deficit hyperactivity disorder
adherence 착생
adhesin 부착소
adhesion 부착
adhesion preventer 부착방지제
adhesion protein 부착단백질
adhesive 접착제
adhesive force 부착력
adhesiveness 부착성
adhumulone 애드후물론
ADI → acceptable daily intake
adiabatic change 단열변화
adiabatic compression 단열압축
adiabatic curve 단열곡선
adiabatic expansion 단열팽창
adipic acid 아디프산
adipocyte 지방세포
adipogenesis 지방세포생성
adiponectin 아디포넥틴
adipose tissue 지방조직
adjunct culture 부가물배양
adjustible gastric banding 위조절밴드술
adjuvant 보조제
adlay 율무
ADMI method 아드미법
Adoxaceae 연복초과
ADP 에이디피
ADP → adenosine diphosphate
ADP glucose → adenosine diphosphate glucose
ADP-glucose pyrophosphorylase 에이디피포도당파이로포스포릴레이스
adrenal cortex 부신겉질
adrenal gland 부신
adrenaline 아드레날린
adrenaline blocking agent 아드레날린차단제
adrenal medulla 부신속질
adrenal steroid 부신스테로이드
adrenocortical hormone 부신겉질호르몬
adrenocorticotrophic hormone 부신겉질자극호르몬
adrenomedullary hormone 부신속질호르몬
Adrianichthyidae 송사릿과
adsorbed energy 흡수에너지
adsorbent 흡착제
adsorption 흡착
adsorption chromatography 흡착크로마토그래피
adsorption equilibrium 흡착평형
adsorption filtration 흡착거르기
adsorption indicator 흡착지시약
adsorption isotherm 흡착등온선
adsorption water 흡착수
adult 성인
adult 성체
adulterant 불량화제
adulterated food 불량식품
adulterated milk 불량우유
adulteration 불량
adult obesity 성인비만
adult stem cell 성체줄기세포
advance shipping 조기출하
adverse drug reaction 약물유해반응
Aegle marmelos 벨
aekjeot 액젓
aengdupyeon 앵두편
Aepyceros melampus 임팔라

aerated candy 기포캔디
aerated confectionery 기포과자
aeration 통기
aeration 포기
aeration agitation 통기교반
aeration culture 통기배양
aerator 포기장치
aerenchyma 통기조직
aerial mycelium 기균사체
aerial root 공기뿌리
Aerobacter 에어로박터속
aerobe 산소생물
aerobic bacterium 산소세균
aerobic biochemical treatment 산소생물화학처리
aerobic digestion 산소소화
aerobic exercise 유산소운동
aerobic fermentation 산소발효
aerobic metabolism 산소대사
aerobic microorganism 산소미생물
aerobic oxidation 산소산화
aerobic respiration 산소호흡
aerobiology 대기생물학
Aerococcaceae 에어로코쿠스과
Aerococcus 에어로코쿠스속
Aerococcus viridans 에어로코쿠스 비리단스
aerolysin 에어로리신
Aeromonadaceae 에어로모나스과
Aeromonas 에어로모나스속
Aeromonas hydrophila 에어로모나스 히드로필라
aerosol 에어로졸
aerosol can 에어로졸캔
aerosol pack 에어로졸팩
aerotolerant 내산소성
Aesculus turbinata 칠엽수
aesthetics 미학
affective test 기호검사
afferent nerve 들신경
afferent neuron 들신경세포
affinity 친화도
affinity chromatography 친화크로마토그래피
Afgar score 아프가점수
aflatoxicosis 아플라톡신중독증
aflatoxin 아플라톡신
aflatoxin B_1 아플라톡신비원
aflatoxin B_2 아플라톡신비투
aflatoxin B_3 아플라톡신비스리
aflatoxin D_1 아플라톡신디원
aflatoxin G_1 아플라톡신지원
aflatoxin G_2 아플라톡신지투
aflatoxin M_1 아플라톡신엠원
aflatoxin M_2 아플라톡신엠투
aflatoxin P_1 아플라톡신피원
aflatoxin-producing fungus 아플라톡신생성진균
aflatoxin Q_1 아플라톡신큐원
Aframomum melegueta 그래인오브파라다이스
African buffalo 아프리카물소
African elemi 아이엘레나무
African horned cucumber 뿔멜론
African locust bean 아프리카로커스트콩
African mango 아프리카망고
African mangosteen 아프리카망고스틴
African marigold 천수국
African oil palm 기름야자나무
African rice 아프리카벼
African wormwood 아프리카 쓴 쑥
African yambean 아프리카얌콩
after fermentation 후발효
afterimage 잔상
after-ripening 후숙
aftertaste 뒷맛
agamijeot 아가미젓
agar 우무
agar-agar 우무
agarase 아가레이스
agar culture 우무배양
agar gel 우무젤
Agaricaceae 주름버섯과
Agaricales 주름버섯목
Agaricus 주름버섯속
Agaricus arvensis 흰주름버섯
Agaricus bisporus 양송이
Agaricus bitorquis 여름양송이
Agaricus campestris 주름버섯
agaritine 아가리틴

agar jelly 우무젤리
agar medium 우무배지
agarooligosaccharide 아가로올리고당
agaropectin 아가로펙틴
agarophyte 우무식물
agarose 아가로스
agarose gel 아가로스젤
agarose gel chromatography 아가로스젤크로마토그래피
agarose gel electrophoresis 아가로스젤전기이동
agar plate 우무평판
agar plate dilution method 우무평판묽힘법
agar slant 우무사면배지
Agastache 배초향속
Agastache rugosa 배초향
Agathosma betulina 부추
Agathosma crenulata 타원잎부추
Agavaceae 용설란과
agave 아가베
Agave 용설란속
Agave americana 용설란
Agave tequilana 청색용설란
aged beef 숙성쇠고기
aged flavor 숙성향미
age distribution 연령분포
aged kimchi 묵은김치
aged rice 묵은쌀
age spot 검버섯
ageusia 미각소실
agglomerate 덩어리
agglomerater 응집기
agglomeration 조립
agglutination 응집
agglutination reaction 응집반응
agglutination test 응집시험
agglutinin 응집소
agglutinogen 응집원
aggregate 집합체
aggregation 집합
agilarwood 침향
aging 노화
aging 숙성
aging tank 숙성탱크
agitated emulsifier 교반유화기
agitated extractor 교반추출기
agitated film evaporator 교반피막증발기
agitated jacketed-kettle evaporator 교반재킷증발기
agitated kettle 교반솥
agitated retort 교반레토르트
agitation 교반
aglycone 아글리콘
agmatine 아그마틴
Agnatha 무악상강
agnathans 무악어류
agnosia 무감각증
Agonomycetes 무홀씨균강
agribusiness 애그리비즈니스
agricultural and fishery produce 농수산물
Agricultural and Fishery Products Quality Control Act 농수산물품질관리법
agricultural antibiotics 농업용항생물질
agricultural cooperative 농업협동조합
agricultural crop 농작물
agricultural film 농업용필름
agricultural machinery 농기계
agricultural marketing facility 농산물유통시설
agricultural marketing structure 농산물유통구조
agricultural produce 농산물
agricultural produce dryer 농산물건조기
agricultural produce processing 농산물가공
agricultural produce processing machine 농산물가공기계
agricultural produce storage facility 농산물저장시설
agricultural produce with low pesticide 저농약농산물
agricultural produce without pesticide 무농약농산물
agricultural revolution 농업혁명
agricultural science 농학
agricultural water 농업용수
agriculture 농업
Agrimonia 짚신나물속
Agrimonia eupatoria 아그리모니

Agrimonia pilosa 짚신나물
agriproduct 농업생산물
Agrobacterium 아그로박테륨속
Agrobacterium radiobacter 아그로박테륨 라디오박터
Agrobacterium rhizogenes 아그로박테륨 리조게네스
Agrobacterium rubi 아그로박테륨 루비
Agrobacterium tumefaciens 근두암종세균
agrobiology 농업생물학
Agrocybe 볏짚버섯속
Agrocybe praecox 볏짚버섯
agroecology 농업생태학
agro-ecosystem 농업생태계
agronomy 농경
agrotechnology 농업기술
Agtron 에그트론
agwijjim 아귀찜
AH → Australian hard
ahi 눈다랑어
ahi 황다랑어
AI → adequate intake
AI → avian influenza
AIDS 에이즈
AIDS →acquired immune deficiency syndrome
aiele fruit 아이엘레과일
aiele tree 아이엘레나무
Ailanthus altissima 가죽나무
air 공기
air bladder 부레
air blast freezer 송풍냉동기
air blast freezing 송풍냉동
air blast freezing method 송풍냉동법
air blast thawer 송풍해동기
air blower 공기송풍기
airborne bacterium 공중세균
airborne disease 공기매개병
airborne dust 부유분진
airborne infection 공기매개감염
airborne microorganism 공중미생물
air cap 에어캡
air cell 공기실
air classification 공기분급
air classifier 공기분급기
air cleaner 공기청정기
air cleaning 공기정화
air compressor 공기압축기
air conditioning 공기조화
air cooler 공기냉각기
air cooling 공기냉각
air cooling system 공기냉각방식
air curing 응달건조
air curtain 공기커튼
air dryer 공기건조기
air drying 공기건조
air drying method 공기건조법
air embolism 공기색전증
air filter 공기거르개
airflow property 기류성질
air-forced oven 강제통풍오븐
air freezer 공기냉동장치
air freezing 공기냉동
air freezing method 공기냉동법
air hammer 공기해머
air inlet 공기흡입구
airless injector 무공기분사기
airlift pump 기포펌프
air mixer 공기믹서
air outlet 공기배출구
air oxidation 공기산화
air permeability 공기투과성
air pollution 대기오염
air pollution prevention 대기오염방지
air potato 둥근마
air precooling 공기예비냉각
air pump 공기펌프
air quality 공기품질
air sac 공기주머니
air tester 에어테스터
air thawing 공기해동
air thawing equipment 공기해동장치
airtight 기밀
airtight action 기밀작용
airtight storage 기밀저장
airtight test 기밀시험
air valve 공기밸브
air washer 공기세척기
Aizoaceae 석류풀과

aji amarillo 아히아마릴로
ajowan 아요완
akamu 아카무
akara 아카라
akaryote 무핵세포
Akebia 으름덩굴속
Akebia quinata 으름덩굴
Akiami paste shrimp 젓새우
a la carte 알라카르트
alachlor 알라클로르
alanine 알라닌
alanine racemase 알라닌라세미화효소
alanine transaminase 알라닌아미노기전달효소
alar 알라
Alariaceae 미역과
Alaska pollack 명태
alazan 알라잔
albacore 날개다랑어
albacore tuna 날개다랑어
albatrosses 슴새류
albendazole 알벤다졸
albinism 흰색증
albino 알비노
Albizzia julibrissin 자귀나무
albumen 알부멘
albumen index 흰자위계수
albumin 알부민
albumin-globulin ratio 알부민글로불린비율
albuminoid 알부미노이드
albuminuria 알부민뇨
Alcaligenaceae 알칼리게네스과
Alcaligenes 알칼리게네스속
Alcaligenes faecalis 알칼리게네스 파에칼리스
Alcaligenes viscolactis 알칼리게네스 비스코락티스
Alces alces 말코손바닥사슴
Alchemilla mollis 레이디스멘틀
alcohol 알코올
alcohol abuse 알코올남용
alcohol dehydrogenase 알코올수소제거효소
alcohol dependence 알코올의존증
alcohol distillation 알코올증류
alcohol fermentation 알코올발효
alcohol fermented milk 알코올발효우유
alcohol-free beverage 무알코올음료
alcoholic 알코올중독자
alcoholic beverage 술
alcoholic cirrhosis 알코올간경화
alcoholic coma 알코올성혼수
alcoholic fatty liver 알코올지방간
alcoholic hepatitis 알코올간염
alcoholic liver disease 알코올간질환
alcoholic soft drink 알코올첨가소프트드링크
alcohol insoluble substance 알코올불용물질
alcohol intolerance 알코올못견딤증
alcohol lamp 알코올램프
alcoholmeter 알코올계
alcohol oxidase 알코올산화효소
alcohol reduced beer 저알코올맥주
alcohol reduced beverage 저알코올음료
alcohol reduced wine 저알코올포도주
alcohol sensitive milk 알코올불안정우유
alcohol soluble substance 알코올용해물질
alcohol test 알코올시험
alcohol thermometer 알코올온도계
alcohol vinegar 알코올식초
alcoholysis 알코올분해
aldehyde 알데하이드
aldehyde dehydrogenase 알데하이드수소제거효소
aldehyde reductase 알데하이드환원효소
al dente 알덴테
alder tree 오리나무
ALDH → acetaldehyde dehydrogenase
aldicarb 알디카브
alditol 알디톨
aldohexose 알도헥소스
aldolase 알돌레이스
aldol condensation 알돌축합
aldonic acid 알돈산
aldopentose 알도펜토스
aldose 알도스
aldose mutarotase 알도스뮤타로테이스
aldose-1-epimerase 알도스-1-에피머화효소
aldosterone 알도스테론
aldrin 알드린
ale 에일

aleppo pepper 알레포고추
Aleurites fordii 유동
Aleurites moluccana 캔들너트나무
aleurone 호분
aleurone cell 호분층세포
aleurone grain 호분립
aleurone layer 호분층
aleuroplast 호분체
Alexandrium 알렉산드륨속
Alexandrium catenella 알렉산드륨카테넬라
Alexandrium minutum 알렉산드륨 미누툼
Alexandrium tamarense 알렉산드륨 타마렌세
alexine 알렉신
alfalfa 자주개자리
alfalfa extract 자주개자리추출색소
alfalfa seed 자주개자리씨
alfalfa sprout 자주개자리싹
alfalfa weevil 자주개자리바구미
alfonsino 금눈돔
algae 조류
algae food 조류식품
algal oil 조류기름
algal protein 조류단백질
algal spore 조류홀씨
algicide 조류제거제
algin 알긴
alginate 알기네이트
alginate gel 알기네이트젤
alginate lyase 알긴산리에이스
alginic acid 알긴산
Alicyclobacillus 알리시클로바실루스속
Alicyclobacillus acidocaldarius 알리시클로바실루스 아시도칼다리우스
Alicyclobacillus acidoterrestris 알리시클로바실루스 아시도테레스트리스
alimentary canal 소화관
aliphatic 지방족
aliphatic alcohol 지방족알코올
aliphatic aldehyde 지방족알데하이드
aliphatic amino acid 지방족아미노산
aliphatic compound 지방족화합물
aliphatic higher alcohol 지방족고급알코올
aliphatic hydrocarbon 지방족탄화수소
aliquot 분취량
Alismataceae 택사과
Alismatales 택사목
Alismatidae 택사아강
Alismatineae 택사아목
alitame 알리탐
alizarin 알리자린
alizarin yellow 알리자린옐로우
aljeot 알젓
alkalemia 알칼리혈증
alkali 알칼리
alkali agent for noodlemaking 국수첨가알칼리제
alkali cleaning 알칼리세정
alkali detergent 알칼리세제
alkali leaching 알칼리침출
alkalimetric titration 알칼리적정
alkaline 알칼리성
alkaline earth metal 알칼리토금속
alkaline egg 알칼리달걀
alkaline ion water 알칼리이온수
alkaline medium 알칼리배지
alkaline metal 알칼리금속
alkaline pH 알칼리피에이치
alkaline phosphatase 알칼리성인산가수분해효소
alkaline protease 알칼리성단백질가수분해효소
alkaline reflux gastritis 알칼리역류위염
alkaline rigor 알칼리강직
alkaline taste 알칼리맛
alkalinity 알칼리도
alkali number 알칼리수
alkali oxide 알칼리산화물
alkali treatment 알칼리처리
alkali washing 알칼리수세
alkalization 알칼리화
alkaloid 알칼로이드
alkalophilic bacterium 호알칼리세균
alkalosis 알칼리증
alkaluria 알칼리뇨
alkane 알케인
alkanet 알카넷

alkannin 알카닌
alkaptonuria 알캅톤뇨증
alkene 알켄
alkoxide 알콕사이드
alkoxy 알콕시
alkoxy glycerol 알콕시글리세롤
alkoxy glycerol containing shark liver oil 알콕시글리세롤함유상어간유
alkyl 알킬
alkylation 알킬화
alkylation agent 알킬화제
alkylbenzene sulfonate 알킬벤젠설포네이트
alkylcyclobutanone 알킬사이클로뷰탄온
alkyl group 알킬기
alkylphenol 알킬페놀
alkylresorcinol 알킬레소시놀
alkyl sulfide 황화알킬
alkyne 알카인
allantoic membrane 요막
allantoin 알란토인
allantoinase 알란토인가수분해효소
allantois 요막
allele 대립유전자
allelomorph 대립형질
allelotype 대립형질형
allergen 알레르기항원
allergen-free food 무알레르기식품
allergenicity 알레르기유발성
allergic asthma 알레르기천식
allergic dermatitis 알레르기피부염
allergic disease 알레르기병
allergic food poisoning 알레르기음식중독
allergic reaction 알레르기반응
allergosis 알레르기증
allergy 알레르기
allicin 알리신
alligator 앨리게이터
Alligator 앨리게이터속
Alligatoridae 앨리게이터과
alligator meat 앨리게이터고기
Alligator mississippiensis 미시시피악어
Alligator sinensis 중국앨리게이터
alliin 알리인
alliinase 알리인가수분해효소
alliin lyase 알리인리에이스
allithiamin 알리싸이아민
Allium 파속
Allium ampeloprasum 쪽파
Allium ampeloprasum var. *ampeloprasum* 코끼리마늘
Allium ampeloprasum var. *porrum* 리크
Allium cepa 양파
Allium cepa var. *aggregatum* 쪽파
Allium chinense 염교
Allium fistulosum 파
Allium monanthum 달래
Allium porrum 리크
Allium sativum 마늘
Allium schoenoprasum 골파
Allium tricoccum 램프
Allium tuberosum 부추
Allium ursinum 곰파
Allium victorialis var. *platyphyllum* 산마늘
Alloclavaria purpurea 자주국수버섯
allogamy 타가수정
allomerism 이질동형
Allomyrina dichotoma 장수풍뎅이
Allomyrina dichotoma larva 장수풍뎅이애벌레
Allophyllus edulis 코쿠
alloploid 다른배수체
allose 알로스
allosteric 다른자리입체성
allosteric effect 다른자리입체성효과
allosteric enzyme 다른자리입체성효소
allosteric protein 다른자리입체성단백질
allosteric regulation 다른자리입체성조절
allosteric repression 다른자리입체성억압
allosteric site 입체다른자리
allotetraploid 다른네배수체
allotriploid 다른세배수체
allotrope 동소체
allowance 허용량
alloy 합금
all-purpose flour 다목적밀가루
allspice 올스파이스
allspice tree 올스파이스나무
allula red 식용빨강40호

allula red aluminum lake 식용빨강40호알루미늄레이크
allyl 알릴
allyl alcohol 알릴알코올
allyl caproate 카프로산알릴
allyl cyclohexanepropionate 사이클로헥세인프로피온산알릴
allyl hexanoate 헥산산알릴
allyl isothiocyanate 아이소싸이오사이안산알릴
allyl sulfide 황화알릴
almond 아몬드
almond moth 줄알락명나방
almond oil 아몬드기름
almond paste 아몬드페이스트
Alnus 오리나무속
Alnus japonica 오리나무
aloa gel 알로아젤
aloe 알로에
Aloe 알로에속
aloe food 알로에식품
Aloe vera 알로에베라
aloin 알로인
Aloysia triphylla 레몬버베나
ALP → alkaline phosphatase
alpaca 알파카
alphabet soup 알파벳수프
Alpheidae 딱총새웃과
Alpheus bisincisus 홈발딱총새우
Alpheus brevicristatus 딱총새우
Alpheus digitalis 큰손딱총새우
Alpheus japonicus 긴발딱총새우
alphine bullhead 둑중개
Alphonso mango 알폰소망고
alpine forget-me-not 고산물망초
Alpine leek 산마늘
alpine plant 고산식물
alpine strawberry 알프스딸기
Alpiniae fructus 익지인
Alpinia galangal 큰갈랑갈
Alpinia officinarum 작은갈랑갈
Alpinia oxyphylla 익지
ALT → alanine transaminase
altang 알탕
alternan 알테난
alternansucrase 알테난슈크레이스
Alternaria 알테르나리아속
Alternaria altanaria 알테르나리아 알타나리아
Alternaria alternata 알테르나리아 알테르나타
Alternaria citri 알테르나리아 시트리
Alternaria solani 알테르나리아 솔라니
Alternaria tenuis 알테르나리아 테누이스
alternariol 알테나리올
alternating current 교류
alternative energy 대체에너지
alternative forced choice 강제택일변법
alternative hypothesis 대립가설
alternative sweetener 대체감미료
Alteromonadaceae 알테로모나스과
Alteromonas 알테로모나스속
Alteromonas putrefaciens 알테로모나스 푸트레파시엔스
Althaea officinalis 마시멜로
alum 백반
alumina 알루미나
alumina film 알루미나피막
aluminum 알루미늄
aluminum alloy 알루미늄합금
aluminum ammonium sulfate 황산알루미늄암모늄
aluminum can 알루미늄캔
aluminum compound 알루미늄화합물
aluminum cookware 알루미늄조리기구
aluminum foil 알루미늄박
aluminum foil container 알루미늄박용기
aluminum foil laminated film 알루미늄박적층필름
aluminum lake dye 알루미늄레이크색소
aluminum metallized film 알루미늄증착필름
aluminum oxide 산화알루미늄
aluminum phosphide 인화알루미늄
aluminum potassium sulfate 황산알루미늄포타슘
alveogram 알비오그램
Alveograph 알비오그래프
alveolar sac 허파꽈리주머니

alveolus 허파꽈리
Alzheimer's dementia 알츠하이머치매
Alzheimer's disease 알츠하이머병
Amadori compound 아마도리화합물
Amadori rearrangement 아마도리자리옮김
amalgam 아말감
Amanita 광대버섯속
Amanita caesarea 민달걀버섯
Amanitaceae 광대버섯과
Amanita hemibapha 달걀버섯
Amanita muscaria 광대버섯
Amanita phalloides 알광대버섯
amanitatoxin 아마니타톡신
amanitin 아마니틴
amantine 아만틴
amaranth 식용빨강2호
amaranth 아마란트
Amaranthaceae 비름과
amaranth aluminum lake 식용빨강2호알루미늄레이크
amaranth flour 아마란트가루
amaranth grain 아마란트씨앗
amaranth starch 아마란트녹말
Amaranthus 비름속
Amaranthus cruentus 붉은아마란트
Amaranthus lividus 개비름
Amaranthus mangostanus 비름
Amaranthus tricolor 색비름
amargo 콰시아
amarillo chili 아히아마릴로
Amaryllidaceae 수선화과
amatoxin 아마톡신
ambarella 암바렐라
amber durum 앰버듀럼
amberstripe scad 갈고등어
ambient temperature 주위온도
ambulacral foot 관족
ameba 아메바
amebiasis 아메바증
amebic dysentery 아메바이질
ameboid movement 아메바운동
Amelanchier alnifolia 사스카툰
American alligator 미시시피악어
American aloe 용설란
American angelica 미국안젤리카
American Association of Cereal Chemists International 미국곡류화학자협회
American bison 아메리카들소
American black bear 아메리카흑곰
American buffalo 아메리카들소
American bullfrog 황소개구리
American cheese 미국치즈
American chestnut 밤나무(미국계)
American cockroach 이질바퀴
American cranberry 아메리카크랜베리
American Diabetes Association 미국당뇨병학회
American elder 아메리카딱총나무
American ginseng 아메리카인삼
American glasswort 아메리카퉁퉁마디
American grape 포도(미국종)
American groundnut 아메리카땅콩
American hazel 개암나무(미국계)
American lobster 아메리카바닷가재
American mountain ash 아메리카로완
American Oil Chemists' Society 미국유지화학회
American persimmon 미국감나무
American red raspberry 아메리카라즈베리
American rowan 아메리카로완
American Society for Testing and Materials 미국재료시험학회
American whisky 미국위스키
Ames test 에임스시험
Amgiospermae 속씨식물문
amidase 아미데이스
amidated pectin 아마이드화펙틴
amidation 아마이드화
amide 아마이드
amide group 아마이드기
amide ion 아마이드화이온
amide nitrogen 아마이드화질소
amidine 아미딘
amination 아미노화
amination 아미노화반응
amine 아민
amine group 아민기
amine oxidase 아민산화효소

amino 아미노
amino acid 아미노산
amino acid analysis 아미노산분석
amino acid analyzer 아미노산분석기
amino acid autoanalyzer 아미노산자동분석기
amino acid composition 아미노산조성
amino acid decarboxylase 아미노산카복실기제거효소
amino acid fermentation 아미노산발효
amino acid oxidase 아미노산산화효소
amino acid pattern 아미노산패턴
amino acid pool 아미노산풀
amino acid residue 아미노산잔기
amino acid score 아미노산값
amino acid sequence 아미노산순서
amino acid sequencing 아미노산순서결정
aminoacylase 아미노아실레이스
aminobenzene 아미노벤젠
aminobenzoic acid 아미노벤조산
amino-carbonyl reaction 아미노카보닐반응
aminocillin 아미노실린
aminoethoxyvinylglycine 아미노에톡시바이닐글리신
aminoglycoside 아미노글리코사이드
amino group 아미노기
aminohydroxybutyric acid 아미노하이드록시뷰티르산
amino nitrogen 아미노질소
aminopeptidase 아미노펩디데이스
aminopterin 아미놉테린
amino resin 아미노수지
aminosuccinic acid 아미노석신산
amino sugar 아미노당
amino-terminus 아미노말단
aminotransferase 아미노기전달효소
aminotriazole 아미노트라이아졸
amitosis 무사분열
amitraz 아미트라즈
AML → acute myeloid leukemia
amla → Indian gooseberry
amlyogram 아밀로그램
ammine 암민
Ammodytes personatus 까나리
Ammodytidae 까나릿과
ammonia 암모니아
ammonium 암모늄
ammonium alginate 알긴산암모늄
ammonium alum 암모늄백반
ammonium baking powder 암모늄제빵가루
ammonium bicarbonate 탄산수소암모늄
ammonium carbonate 탄산암모늄
ammonium chloride 염화암모늄
ammonium compound 암모늄화합물
ammonium dihydrogen phosphate 인산이수소암모늄
ammonium ferric citrate 시트르산철(III)암모늄
ammonium hydroxide 수산화암모늄
ammonium ion 암모늄이온
ammonium iron(III) citrate 시트르산철(III)암모늄
ammonium magnesium phosphate 인산마그네슘암모늄
ammonium molybdate 몰리브데넘산암모늄
ammonium nitrate 질산암모늄
ammonium nitrogen 암모니아질소
ammonium persulfate 과황산암모늄
ammonium phosphate 인산암모늄
ammonium sulfate 황산암모늄
amnesic shellfish poisoning 기억상실조개중독
amnestic shellfish poison 기억상실조개독
amnion 양막
amniotic cavity 양막공간
amniotic fluid 양수
amniotic sac 양막주머니
Amoebida 아메바목
amomum seed 사인
Amomum xanthoides 축사
Amophioctopus fangsiao 주꾸미
amorphism 비결정
Amorphophalus 곤약속
Amorphophalus konjac 구약나물
amorphous 비결정성
amorphous material 비결정물질
amorphous polymer 비결정고분자
amorphous solid 비결정고체

amorphous state 비결정상태
amoxicillin 아목시실린
AMP → adenosine monophosphate
AMP 에이엠피
ampere 암페어
amperometry 전류측정법
amphetamine 암페타민
Amphibia 양서강
amphibians 양서류
amphibolic pathway 병용경로
amphipathic compound 양극성화합물
amphipathic molecule 양극성분자
amphipathic substance 양극성물질
amphiphile 양극성체
Amphipoda 단각목
amphipods 단각류
ampholyte 양쪽성전해질
amphoteric colloid 양쪽성콜로이드
amphoteric compound 양쪽성화합물
amphoteric electrolyte 양쪽성전해질
amphoteric element 양쪽성원소
amphoteric ion 양쪽성이온
amphoteric oxide 양쪽성산화물
amphoteric surfactant 양쪽성계면활성제
ampicillin 암피실린
amplification 증폭
amplifier 증폭기
amplitude 진폭
ampule 앰풀
amur catfish 메기
amur goby 밀어
Amur linden 피나무
Amycolatopsis 아미콜라톱시스속
Amycolatopsis orientalis 아미콜라톱시스 오리앤탈리스
Amycolatopsis rifamycinica 아미콜라톱시스 리파미시니카
Amyda sinensis 자라
amygdalin 아미그달린
amyl alcohol 아밀알코올
amylase 아밀레이스
amylase inhibitor 아밀레이스억제제
amyl formate 폼산아밀
amylodextrin 아밀로덱스트린
amyloglucosidase 아밀로글루코시데이스
Amylograph 아밀로그래프
amyloid 아밀로이드
amyloidosis 아밀로이드증
amyloid protein 아밀로이드단백질
amylo-koji process 아밀로고지법
amylolytic bacterium 녹말분해세균
amylolytic enzyme 녹말가수분해효소
amylomaize 고아밀로스옥수수
Amylomyces rouxii 아밀로미세스 룩시이
amylopectin 아밀로펙틴
amyloplast 녹말체
amylopsin 아밀롭신
amylo process 아밀로법
amylose 아밀로스
amylovorin 아밀로보린
amyrin 아미린
Anabaena 아나바에나속
Anabaena circinalis 아나바에나 시르시날리스
Anabaena flos-aquae 아나바에나 플로스아쿠아에
anabolic agent 합성대사물질
anabolic drug 합성대사약물
anabolic steroid 합성대사스테로이드
anabolism 합성대사
Anacardiaceae 옻나뭇과
Anacardiineae 옻나무아목
Anacardium occidentale 캐슈나무
anacidity 산없음증
Anacystis 아나시스티스속
anaerobe 무산소생물
anaerobic 무산소성
anaerobic bacterium 무산소세균
anaerobic biochemical treatment 무산소생화학처리
anaerobic culture 무산소배양
anaerobic decomposition 무산소분해
anaerobic digestion 무산소소화
anaerobic digestion of waste water 폐수무산소소화
anaerobic exercise 무산소운동
anaerobic fermentation 무산소발효
anaerobic glycolysis 무산소해당작용

anaerobic metabolism 무산소대사
anaerobic microorganism 무산소미생물
anaerobic oxidation 무산소산화
anaerobic respiration 무산소호흡
anaerobiosis 무산소생활
Anaheim chili pepper 애너하임고추
Anaheim pepper 애너하임고추
analgesic 진통제
analog 모조식품
analog 아날로그
analogous organ 상사기관
analog system 아날로그시스템
anal sphincter 항문조임근육
anal stage 항문기
analysis 분석
analysis of covariance 공분산분석
analysis of variance 분산분석
analytical balance 분석저울
analytical centrifugation 분석원심분리
analytical chemistry 분석화학
analytical electron microscope 분석전자현미경
analytical error 분석오차
analytical sensory evaluation 분석관능검사
analytical technique 분석기술
analytical ultracentrifuge 분석초원심분리기
analyzer 분석기
Ananas comosus 파인애플
anaphylactic shock 아낙필라시스쇼크
anaphylaxis 아나필락시스
anardana 아나다나
anasazi 아나사지
Anas platyrhynchos 청둥오리
Anas platyrhynchos domesticus 집오리
Anatidae 오릿과
anatomy 해부학
anatoxin 아나톡신
anban 안반
anchiew 홍주
ancho chile 포블라노
anchor cap 앵커캡
anchor cap jar 앵커병
anchovy 멸치
anchovy oil 멸치기름
anchovy paste 멸치페이스트
ANCOVA → analysis of covariance
Ancylostomatidae 구충과
Anderson expeller 앤더슨익스펠러
Andongsikhye 안동식혜
Andongsoju 안동소주
Andrade's formula 안드레드식
Andreaeidae 검정이끼아강
androgen 안드로젠
android obesity 남성형비만
androstenone 안드로스테논
androsterone 안드로스테론
anemia 빈혈
anencephaly 무뇌증
anesthesia 마취
anesthesiology 마취통증의학과
anesthetic 마취제
anethole 아네톨
Anethum graveolens 딜
aneuploidy 이수성
aneurin 아뉴린
aneurinase 아뉴리네이스
aneurysm 동맥자루
angel cake 엔젤케이크
Angelica 당귀속
Angelica acutiloba 왜당귀
Angelica archangelica 안젤리카
Angelica atropurpurea 미국안젤리카
Angelica gigas 참당귀
Angelica keiskei 신선초
angelica plant 신감채
Angelica polymorpha 궁궁이
Angelica sinensis 중국당귀
Angelica sylvestris 야생안젤리카
Angelica tenuissima 고본
angina 협심증
angina pectoris 협심증
angioedema 혈관부종
angiogenesis 혈관형성
angiogenin 혈관생성유도인자
angiosperm 속씨식물
angiotensin 앤지오텐신
angiotensin I 앤지오텐신원
angiotensin I converting enzyme 앤지오텐

신원전환효소
angiotensin II 앤지오텐신투
angiotensin converting enzyme 앤지오텐신전환효소
angiotensin converting enzyme inhibitor 앤지오텐신전환효소억제제
angiotensinogen 앤지오텐시노겐
angkak 앙칵
angle 각
angled ruffa 비단단호박
angle of reflection 반사각
angle of refraction 굴절각
angle valve 앵글밸브
Angora 앙고라토끼
angstrom 옹스트롬
Anguilla japonica 뱀장어
Anguilla marmorata 무태장어
Anguillidae 뱀장어과
Anguilliformes 뱀장어목
angular acceleration 각가속도
angular stomatitis 입꼬리염
angular velocity 각속도
anhydride 무수물
anhydrous bond 무수결합
anhydrous calcium chloride 무수염화칼슘
anhydrous crystalline glucose 무수결정포도당
anhydrous dextrose 무수덱스트로스
anhydrous milk fat 무수우유지방
anhydrous potassium carbonate 무수탄산포타슘
anhydrous sugar 무수당
aniline 아닐린
anilino 아닐리노
animal 동물
animal experiment 동물실험
animal fat 동물지방
animal fat and oil 동물유지
animal fiber 동물성섬유
animal food 동물성식품
animal husbandry 축산
Animalia 동물계
animal kingdom 동물계
animal model 동물모델
animal oil 동물기름
animal protein 동물단백질
animal rennet 동물레닛
animal science 축산학
animal scientist 축산학자
animal tissue 동물조직
animal virus 동물바이러스
animal wastes 가축분뇨
animal welfare 동물복지
anion 음이온
anion exchange capacity 음이온교환용량
anion exchange resin 음이온교환수지
anionic detergent 음이온세제
anionic starch 음이온녹말
anionic surfactant 음이온계면활성제
anis 아니스술
anisakiasis 고래회충증
Anisakidae 고래회충과
Anisakis 고래회충속
Anisakis simplex 고래회충
anisaldehyde 아니스알데하이드
anise 아니스
aniseed 아니스씨
aniseed oil 아니스방향유
anise extract 아니스추출물
anisette 아니셋
anisidine 아니시딘
anisidine value 아니시딘값
anisole 아니솔
anisotropic body 이방체
anisotropy 이방성
ankaflavin 안카플래빈
annato extract 아나토색소
annatto 아나토
annealing 어닐링
annelid 환형동물
Annelida 환형동물문
Annonaceae 포포나뭇과
Annona cherimola 체리모야
Annona muricata 가시여지
Annona reticulata 커스터드애플
Annona squamosa 슈거애플
annual flowering plant 한해살이화초
annual grass 한해살이풀

annual plant 한해살이식물
annual weed 한해살이잡초
anode 양극
anomer 아노머
anomeric carbon atom 아노머탄소원자
Anoplopoma fimbria 은대구
Anoplopomatidae 은대구과
anorectic agent 식욕억제제
anorectic reaction 식욕억제반응
anorexia 식욕부진
anorexia nervosa 신경성식욕부진증
anosmia 후각상실
A not A test 에이비에이검사
ANOVA → analysis of variance
anoxia 무산소증
Anser anser 회색기러기
Anser anser domesticus 거위
Anser cygnoides 개리
Anseriformes 기러기목
anserine 앤서린
ant 개미
antacid 제산제
antagonism 길항작용
antagonist 길항물질
antagonistic effect 길항효과
Antarctic krill 크릴
antelope 영양
antelope meat 영양고기
antemortem inspection 생체검사
antennary gland 촉각샘
anterior pituitary 뇌하수체앞엽
antetaste 앞맛
anthelmintic 구충제
Anthemis noblis 카모마일
anther 꽃밥
anther cell 꽃밥세포
anther culture 꽃밥배양
Anthoceros 뿔이끼속
Anthocerotales 뿔이끼목
Anthocerotopsida 뿔이끼강
anthocyan 안토사이안
anthocyanase 안토사이안가수분해효소
anthocyanidin 안토사이아니딘
anthocyanin 안토사이아닌
anthoxanthin 안토잔틴
Anthozoa 산호충강
anthracene 안트라센
anthracnose 탄저병
anthranilic acid 안트라닐산
anthraquinone 안트라퀴논
anthraquinone dye 안트라퀴논염료
anthrax 탄저
Anthriscus cerefolium 처빌
anthropometry 인체측정학
antiallergic activity 알레르기억제활성
antiatherogenic activity 죽상경화억제활성
antibacterial action 세균억제작용
antibacterial activity 세균억제활성
antibacterial agent 세균억제제
antibacterial compound 세균억제화합물
antibacterial protein 세균억제단백질
antibiosis 항생
antibiosis 항생작용
antibiotic 항생물질
antibiotic inactivating enzyme 항생물질불활성화효소
antibiotic resistance 항생물질내성
antibody 항체
antibody-binding site 항체결합부위
antibody-mediated immunity 항체매개면역
anticaking agent 케이킹방지제
anticarcinogen 발암억제물질
anticarcinogenicity 발암억제성
anticaries sweetener 충치방지감미료
anticoagulant 응고억제제
anticodon 안티코돈
antidepressant 우울증치료제
Antidesma bunius 빅나이
antidiuretic 이뇨억제제
antidiuretic hormone 이뇨억제호르몬
antidiuretisis 이뇨억제
Antidorcas marsupialis 스프링복
antidote 해독제
antifoaming activity 거품억제작용
antifoaming agent 거품억제제
antifreeze 부동액
antifreeze protein 부동단백질
antifungal activity 진균억제활성

antifungal agent 진균억제제
antifungal compound 진균억제화합물
antifungal function 진균억제작용
antifungal protein 진균억제단백질
antigen 항원
antigen-antibody complex 항원항체복합체
antigen-antibody reaction 항원항체반응
antigenic determinant 항원결정부위
antigenic determinant group 항원결정군
antigenicity 항원성
antigenotoxicity 유전독성억제능력
antigen receptor 항원받개
antihistamine 항히스타민제
antihypersensitive 고혈압약
antihypertensive activity 고혈압강하활성
antihypertensive drug 혈압강하제
antihypertensive peptide 혈압강하펩타이드
antiinflammatory activity 소염활성
antiinflammatory analgesic drug 소염진통제
antiinflammatory drug 소염제
Antilope cervicapra 인도영양
Antilopinae 영양아과
antimetabolite 대사대항물질
antimicrobial activity 미생물억제활성
antimicrobial effect 미생물억제효과
antimicrobial packaging film 미생물억제포장필름
antimicrobial substance 미생물억제물질
antimony 안티모니
antimony poisoning 안티모니중독
antimutagen 돌연변이원억제물질
antimutagenicity 돌연변이유발성억제능력
antinutritional factor 영양감소인자
antioncogene 종양억압유전자
antioxidant 산화방지제
antioxidative activity 산화방지활성
antioxidative compound 산화방지화합물
antioxidative effect 산화방지효과
antioxidative property 산화방지성질
antiproliferative activity 증식억제활성
antipyretic analgesic 해열진통제
antipyretic drug 해열제
anti-rust additive 방청제
antisense DNA 안티센스디엔에이
antisense RNA 안티센스아르엔에이
antisense technology 안티센스기술
antiseptic 살균소독제
antiserum 항혈청
antistaling agent 노화방지제
antithrombotic activity 혈전억제활성
antithrombotic peptide 혈전억제펩타이드
antithyroid agent 갑상샘억제물질
antitoxin 항독소
antitranspirant 증산억제제
antitrypsin factor 트립신억제인자
antituberculosis drug 결핵약
antitumor activity 항암활성
antitumor agent 항암제
antitumor effect 항암효과
antitumorigenicity 종양형성억제성능
antitussive 기침약
antiurease 요소가수분해효소억제제
antiviral activity 바이러스억제활성
antiviral agent 바이러스억제물질
antivitamin 안티바이타민
antler 녹각
anucleate cell 무핵세포
anuria 무뇨
anus 항문
AOAC International 에이오에이시인터내셔널
AOCS → American Oil Chemists' Society
aorta 대동맥
aorta descendens 아래대동맥
aortic valve 대동맥판막
apatite 인회석
aperitif 아페리티프
aphicide 진딧물약
aphid 진딧물
Aphididae 진딧물과
Apiaceae 산형과
Apicomplexa 정복합체포자동물문
apiculture 양봉
Apidae 꿀벌과
apigenin 아피게닌
apiin 아피인
Apios americana 인디언감자
Apis mellifera 꿀벌
apitoxin 벌독소

Apium graveolens var. *dulce* 셀러리
Apium graveolens var. *rapaceum* 셀러리액
Aplysia 군소속
Aplysia kurodai 군소
Aplysiidae 군솟과
Aplysiomorpha 군소목
apocarotenal 아포카로텐알
Apocynaceae 협죽도과
Apodidae 칼새과
apoenzyme 아포효소
apoferritin 아포페리틴
apolipoprotein 아포지방질단백질
Aponogetonaceae 아포노게톤과
Aponogeton distachyos 케이프가래
apoprotein 아포단백질
apoptosis 세포자살
aporphine alkaloid 아포핀알칼로이드
apparent brightness 겉보기밝기
apparent density 겉보기밀도
apparent digestibility 겉보기소화율
apparent expansion 겉보기팽창
apparent property 겉보기성질
apparent specific gravity 겉보기비중
apparent viscosity 겉보기점성
apparent volume 겉보기부피
appearance 겉모양
appendicitis 막창자꼬리염
appendix 막창자꼬리
Appenzeller cheese 아펜젤러치즈
appestat 식욕조절중추
appetite 식욕
appetizer 애피타이저
apple 사과
apple brandy 사과브랜디
apple butter 애플버터
apple cider 사과사이다
applejack 애플잭
apple jam 사과잼
apple juice 사과주스
apple juice concentrate 농축사과즙
apple mint 애플민트
apple must 사과머스트
apple oil 사과기름
apple pectin 사과펙틴
apple peel 사과껍질
apple pie 애플파이
apple pomace 사과찌꺼기
apple product 사과제품
apple pulp 사과펄프
apple puree 사과퓌레
applesauce 사과소스
apple tree 사과나무
apple vinegar 사과식초
apple wine 사과술
applied physics 응용물리학
appropriate packaging 적정포장
approximate expression 근사식
approximate formula 근사식
approximate value 근삿값
apricot 살구
apricot brandy 살구브랜디
apricot jam 살구잼
apricot juice 살구주스
apricot kernel 살구씨알맹이
apricot nectar 살구넥타
apricot pulp 살구펄프
apricot puree 살구퓌레
apricot seed 살구씨
apricot seed 행인
apricot tree 살구나무
apricot wine 살구술
aqua 아콰
aquaculture 수산양식
aquaculture business 양식업
aquaculture fisheries product 양식수산물
aquaculture product 수산양식제품
aqualysin 아콰리신
aqua regia 왕수
Aquaspirillum 아콰스피릴룸속
aquatic animal 수생동물
Aquatic Animal Disease Management Act 수산생물질병관리법
aquatic bacterium 수생세균
aquatic food 수생식품
aquatic organism 수산생물
aquatic vegetable 수생채소
aquavit 아콰비트
aqua vitae 생명수

aqueous solution 수용액
Aquifoliaceae 감탕나뭇과
Aquilaria agallocha 침향
araban 아라반
arabesque 아라베스크
Arabian camel 단봉낙타
Arabian jasmine 아라비아재스민
Arabic bread 아라비아빵
arabica coffee 아라비카커피나무
Arabidopsis thaliana 애기장대
arabinan 아라비난
arabinogalactan 아라비노갈락탄
arabinose 아라비노스
arabinose isomerase 아라비노스이성질화효소
arabinosidase 아라비노시데이스
arabinoxylan 아라비노자일란
arabitol 아라비톨
araboascorbic acid 아라보아스코브산
Aracales 종려목
Araceae 천남성과
arachidic acid 아라키드산
arachidonic acid 아라키돈산
arachin 아라킨
Arachis hypogaea 땅콩
arachis oil 아라키스기름
Arachnida 거미강
arachnids 거미류
arak 아락주
Arales 천남성목
Araliaceae 두릅나뭇과
Aralia cordata 독활
Araliae cordata radix 독활
Aralia elata 두릅나무
aramid 아라미드
Araneae 거미목
arbutin 아부틴
Arbutus unedo 딸기나무
Arca avellana 돌조개
Archaea 고세균
Archiascomycetes 고생자낭균강
Archichlamiidae 갈래꽃아강
Archidendron pauciflorum 젠콜나무
Arcidae 돌조갯과
Arcobacter 아르코박터속
Arcobacter butzleri 아르코박터 부트즐레리
Arcobacter cryaerophilus 아르코박터 크리아에로필루스
Arcobacter nitrofigilis 아르코박터 니트로피길리스
Arcoida 돌조개목
Arctic char 북극곤들매기
arctic cod 극지대구
Arctic lamprey 칠성장어
arctic plant 극지식물
Arctium lappa 우엉
Arctoscopus japonicus 도루묵
Arctostaphylos uva-ursi 베어베리
area 넓이
area of base 밑넓이
Areca 아레카속
Areca catechu 빈랑나무
Arecaceae 야자과
areca nut 빈랑
areca nut palm 빈랑나무
Arecastrum 아레카스트룸속
Arecidae 야자아강
arecoline 아레콜린
areka palm 빈랑나무
Arenga pinnata 사탕야자나무
arepa 아레파
argan 아르간
Argania spinosa 아르간
Argentine hake 아르헨티나메를루사
argentiometric titration 은적정
arginase 아르지네이스
arginine 아르지닌
arginine phosphate 아르지닌인산
argon 아르곤
Argyrosomus argentatus 보구치
ariake icefish 국수뱅어
ariboflavinosis 리보플래빈결핍
ariboflavinosis 리보플래빈결핍증
aril 가종피
arithmetic mean 산술평균
Arizona group 아리조나세균군
ark shell 새꼬막
Armagnac 아르마냐크
Armillaria 뽕나무버섯속

Armillariella mellea 뽕나무버섯
Armoracia 겨자무속
Armoracia rusticana 겨자무
armorclad rockfish 우럭볼락
Arnoglossus japonicus 목탁가자미
aroma 방향
aroma blindness 향맹
aroma compound 방향화합물
aroma concentrate 방향농축액
aroma difference test 방향차이식별검사
aromatherapy 아로마요법
aromatic 방향족
aromatic acid 방향족산
aromatic alcohol 방향족알코올
aromatic aldehyde 방향족알데하이드
aromatic amino acid 방향족아미노산
aromatic carboxylic acid 방향족카복실산
aromatic compound 방향족화합물
aromatic hydrocarbon 방향족탄화수소
aromaticity 방향성
aromatic plant 방향식물
aromatic ring 방향족고리
aromatic substance 방향물질
aromatization 방향화
aromatized wine 방향포도주
Aronia 아로니아속
Aronia arbutifolia 붉은초코베리
Aronia melanocarpa 검정초크베리
Aronia prunifolia 자주초크베리
Arothron stellatus 꺼끌복
arracacha 아라카차
Arracacia xanthorrhiza 아라카차
arrack 아락주
Arrhenius equation 아레니우스식
arrowhead 벗풀
arrowroot 애로루트
arrythmia 부정맥
arsenate 비소산염
arsenic 비소
arsenic acid 비소산
arsenic poisoning 비소중독
arsenic trioxide 삼산화이비소
arsenious acid 아비산
Artemisia 쑥속
Artemisia absinthium 쓴쑥
Artemisia afra 아프리카쓴쑥
Artemisia apiacea 개사철쑥
Artemisia argyi 황해쑥
Artemisia capillaris 사철쑥
Artemisia dracunculus 타라곤
Artemisia montana 산쑥
Artemisia pallens 다바나
Artemisia princeps 쑥
Artemisia scoparia 비쑥
Artemisia sylvatica 그늘쑥
arteriole 세동맥
arteriolosclerosis 세동맥경화증
arteriosclerosis 동맥경화증
artery 동맥
arthritis 관절염
Arthrobacter 아르트로박터속
Arthrobacter nicotianae 아르트로박터 니코티아나에
arthropod 절지동물
Arthropoda 절지동물문
arthrosis 관절증
arthrospore 분절홀씨
artichoke 아티초크
artificial casing 인공케이싱
artificial colorant 인공색소
artificial diet 인공사료
artificial drying 인공건조
artificial drying method 인공건조법
artificial enzyme 인공효소
artificial fertilization 인공수정
artificial flavoring 인공향료
artificial food 모조식품
artificial gene 인공유전자
artificial leg 의족
artificial mutant 인공돌연변이체
artificial mutation 인공돌연변이
artificial neural network 인공신경망
artificial organ 인공장기
artificial pollination 인공꽃가루받이
artificial radiation 인공방사선
artificial radioactive element 인공방사성원소
artificial radioactivity 인공방사능
artificial radioisotope 인공방사성동위원소

artificial respiration 인공호흡
artificial rice 인조쌀
artificial ripening 인공숙성
artificial seed 인공씨앗
artificial sweetener 인공감미료
artiodactyls 우제류
Artocarpus altilis 빵나무
Artocarpus heterophyllus 잭프루트
arugula 로켓
aryl 아릴
arylalcohol oxidase 아릴알코올산화효소
Arzua cheese 아르주아치즈
asafoetida 아위
asbestos 석면
asbestosis 석면폐증
ascariasis 회충증
Ascaridida 회충목
Ascarididae 회충과
Ascaris lumbricoides 회충
ascending aorta 오름대동맥
ascending colon 오름잘록창자
Ascidiacea 해초강
Ascidians 우렁쉥이강
ascites 복수
Asclepiadaceae 박주가릿과
Ascochyta 아스코치타속
Ascochyta pisi 아스코치타 피시
Ascomycetes 자낭균강
Ascomycota 자낭균문
Ascomycotina 자낭균아문
ascorbase 아스코베이스
ascorbate 아스코베이트
ascorbic acid 아스코브산
ascorbyl palmitate 아스코빌팔미테이트
ascospore 자낭홀씨
ascus 자낭
asepsis 무균
aseptically packaged food 무균포장식품
aseptic canning 무균통조림법
aseptic condition 무균상태
aseptic filling packaging machine 무균충전포장기
aseptic handling 무균조작
aseptic milk 무균우유
aseptic packaging 무균포장
aseptic process 무균공정
aseptic processing 무균가공법
Aseraggodes kobensis 동서대
asexual cell 무성세포
asexual generation 무성세대
asexuality 무성
asexual propagation 무성번식
asexual reproduction 무성생식
ash 회분
ash content 회분함량
ash-free dry weight 재뺀건량
ashing 회화
ashitaba 신선초
ashless filter paper 재없는거름종이
Asian celery 아시아셀러리
Asian cockroach 아시아바퀴
Asian green mussel 아시아초록홍합
Asian hazel 개암나무(아시아계)
Asian noodle 아시아국수
Asian palmyra palm 팔미라야자나무
Asian persimmon 감나무
Asian rice 벼
Asian swamp eel 드렁허리
Asiatic black bear 반달가슴곰
Asiatic dayflower 닭의장풀
Asiatic rice fish 송사리
Asilomar Conference 아실로마회의
Asimina 포포나무속
Asimina triloba 포포나무
Aspalathus linearis 루이보스
Asparagaceae 아스파라거스과
Asparagales 아스파라거스목
asparaginase 아스파라진가수분해효소
asparagine 아스파라진
asparagus 아스파라거스
asparagus bean 아스파라거스콩
Asparagus cochinchinensis 천문동
Asparagus officinalis 아스파라거스
asparagus pea 날개콩
asparagus pea 아스파라거스완두
asparagus stem 아스파라거스줄기
aspartame 아스파탐
aspartase 아스파테이스

aspartate transaminase 아스파트산아미노기전달효소
aspartic acid 아스파트산
aspartyl phenylalanine methyl ester 아스파틸페닐알라닌메틸에스터
aspergillic acid 아스페길산
Aspergillus 누룩곰팡이속
Aspergillus awamori 아스페르길루스 아와모리
Aspergillus flavus 아스페르길루스 플라부스
Aspergillus fumigatus 아스페르길루스 푸미가투스
Aspergillus kawachii 흰고지곰팡이
Aspergillus niger 검정고지곰팡이
Aspergillus ochraceus 아스페르길루스 오크라세우스
Aspergillus oryzae 누런 누룩곰팡이
Aspergillus parasiticus 아스페르길루스 파라시티쿠스
Aspergillus shirousamii 아스페르길루스 시로우사미이
Aspergillus sojae 아스페르길루스 소자에
Aspergillus terreus 아스페르길루스 테레우스
Aspergillus ustus 아스페르길루스 우스투스
Aspergillus viridinutans 아스페르길루스 비리디누탄스
aspic 아스픽
aspiration 아스피레이션
aspirator 아스피레이터
aspirin 아스피린
ass 당나귀
Assam tea 아삼차
Assam tea plant 아삼차나무
assay 검정
assessor 평가원
assimilation 동화작용
association 회합
association colloid 회합콜로이드
association error 연상오차
association neuron 연합신경세포
AST → aspartate transaminase
astacene 아스타센
astacin 아스타신
astaxanthin 아스타잔틴
Aster 참취속
Asteraceae 국화과
Asterales 국화목
Aster glehni 섬쑥부쟁이
Asteriidae 불가사릿과
Asteroidea 불가사리아강
Aster scaber 참취
asthma 천식
ASTM → American Society for Testing and Materials
astragalin 아스트라갈린
Astragalus 황기속
Astragalus gummifer 트라가칸트나무
Astragalus membranaceus 황기
Astragalus sinicus 자운영
astringency 떫음
astringency removal with carbon dioxide 이산화탄소탈삽
astringent persimmon 떫은감
astringent taste 떫은맛
Astrocaryum 아스트로카리움속
Astrocaryum vulgare 투쿰
Astroviridae 아스트로바이러스과
ASW → Australian standard white
asymmetric carbon 비대칭탄소
asymmetric carbon atom 비대칭탄소원자
asymmetric fusion 비대칭융합
asymmetric membrane 비대칭막
asymmetry 비대칭
ataxia 실조
Atelecyclidae 털겟과
atherosclerosis 죽상경화
Atkins diet 앳킨스다이어트
Atlantic bluefin tuna 참다랑어
Atlantic blue marlin 대서양청새치
Atlantic bonito 대서양보니토
Atlantic cod 대서양대구
Atlantic halibut 대서양가자미
Atlantic herring 대서양청어
Atlantic mackerel 대서양고등어
Atlantic pollock 유럽대구
Atlantic sailfish 대서양돛새치
Atlantic salmon 대서양연어
atmosphere 대기

atmospheric evaporator 상압증발기
atmospheric heating drying method 상압가열건조법
atmospheric pressure 기압
atom 원자
atomic absorption 원자흡수
atomic absorption spectrometer 원자흡수분광계
atomic absorption spectrophotometer 원자흡수분광광도계
atomic absorption spectrophotometry 원자흡수분광광도법
atomic absorption spectroscopy 원자흡수분광법
atomic emission spectroscopy 원자방출분광법
atomic energy 원자력에너지
atomic force microscopy 원자력현미경법
atomic group 원자단
atomic mass 원자질량
atomic mass unit 원자질량단위
atomic model 원자모형
atomic nucleus 원자핵
atomic number 원자번호
atomic orbital 원자오비탈
atomic shell 원자각
atomic spectrum 원자스펙트럼
atomic structure 원자구조
atomic symbol 원자기호
atomic weight 원자량
atomization 분무법
atomizer 분무기
atomizer damper 분무가수기
atonic constipation 무긴장변비
atopic allergy 아토피알레르기
atopic asthma 아토피천식
atopic dermatitis 아토피피부염
atopy 아토피
ATP 에이티피
ATP → adenosine triphosphate
ATPase 에이티피에이스
ATPase → adenosine triphosphatase
ATP photometry 에이티피광측정법
ATP sensitivity 에이티피감도
ATP synthetase 에이티피합성효소
Atractylis koreana 당삽주
Atractylodes japonica 삽주
Atractylodes rhizoma alba 백출
atrazine 아트라진
Atrina pectinata 키조개
Atriplex hortensis 오라치
atrium 심방
atrophic gastritis 위축위염
atrophy 위축
atropine 아트로핀
atta 아타
attached bacterium 부착세균
attack 발작
attack rate 발병률
Attalea 아탈레아속
Attalea speciosa 바바수야자나무
attention deficit hyperactivity disorder 주의력결핍과잉행동장애
attenuation 감쇠
attenuation coefficient 감쇠계수
attenuator 감쇠조절인자
attitude scale 태도척도
attractant 유인제
attractive force 인력
attribute 속성
attribute difference 특성차이
attribute difference test 특성차이검사
attrition mill 마모분쇄기
Atwater's calorie factor 아트워터계수
Atyidae 새뱅잇과
aubergine 가지
Auchusa tinctoria 알카넷
audio frequency 가청주파수
auditory cell 청각세포
auditory nerve 청각신경
auditory organ 청각기관
auditory sensation 청각
auditory tube 귀관
Aulopiformes 홍매치목
auramine 아우라민
Aurelidae 해파릿과
Aureobasidium 아우레오바시듐속
Aureobasidium pullulans 아우레오바시듐 풀

룰란스
Auricularia 목이속
Auricularia auricula 목이
Auriculariaceae 목이과
Auriculariales 목이목
Auricularia polytricha 털목이
aurochs 오록스
austamide 오스트아마이드
Australian cowplant 김네마
Australian hard 호주경질밀
Australian standard white 호주표준흰밀
authenticity 진짜임
autoanalyzer 자동분석기
autoantibody 자가항체
autoantigen 자가항원
autocatalysis 자동촉매반응
autoclave 고압증기살균기
autoclaving 고압증기살균법
autodigestion 자가소화
autogeneous extrusion 자가발열압출
autoimmune 자가면역
autoimmune disease 자가면역병
autoimmune response 자가면역반응
autointoxication 자가중독
autoionization 자동이온화반응
autolysin 자가분해효소
autolysis 자가분해
automated DNA sequencer 자동디엔에이염기순서분석기
automatic buret 자동뷰렛
automatic control 자동제어
automatic control device 자동제어장치
automatic control system 자동제어방식
automatic filling seamer 자동충전밀봉기
automatic koji fermentor 자동코지발효기
automatic koji maker 자동코지제조기
automatic packaging machine 자동포장기
automatic process control 공정자동제어
automatic reamer 자동리머
automatic sampler 자동시료채취기
automatic stuffer 자동충전기
automatic switch 자동스위치
automatic system 자동시스템
automatic temperature regulator 자동온도조절기
automatic valve 자동밸브
automation 자동화
autonomic nerve 자율신경
autonomic nervous system 자율신경계통
autopolyploid 동질배수체
autoradiography 방사선자동사진법
autosome 보통염색체
autosterilization 자가살균
autotroph 독립영양생물
autotrophic bacterium 독립영양세균
autotrophic microorganism 독립영양미생물
autotrophism 독립영양
autoxidation 자동산화
autumn crocus 콜키쿰
autumn elaeagnus 보리수나무
autumn olive 보리수나무
auxin 옥신
Auxis 물치다래속
Auxis rochei 몽치다래
Auxis thazard 물치다래
auxochrome 조색단
auxotroph 영양요구균주
auxotrophic bacterium 영양요구세균
auxotrophic mutant 영양요구돌연변이균주
auxotrophy 영양요구성
availability 가용성
available calorie 가용칼로리
available chlorine 유효염소
available energy 가용에너지
available lysine 가용라이신
available moisture 유효수분
available nutrient 가용영양소
Avena 귀리속
avenalin 아베날린
avenanthramide 아베난트라마이드
Avena sativa 귀리
avenasterol 아베나스테롤
avenin 아베닌
average 평균
average velocity 평균속도
avermectin 아베멕틴
Averrhoa bilimbi 빌림비
Averrhoa carambola 카람볼라

Aves 조강
avian influenza 조류인플루엔자
avicel 아비셀
avidin 아비딘
avitaminosis 바이타민결핍증
avocado 아보카도
avocado oil 아보카도기름
Avogadro's law 아보가드로법칙
Avogadro's number 아보가드로수
avoparcin 아보파신
a_w → water activity
awukjuk 아욱죽
axial flow 축류
axial flow pump 축류펌프
axis 축
axon 축삭
Ayrshire 에이셔
ayu 은어
Azafranillo 아자프라닐로속
azafrin 아자프린
azaperone 아자페론
azaspiracid 아자스피라시드
azeotrope 불변끓음혼합물
azeotropic distillation 불변끓음증류
azeotropic mixture 불변끓음혼합물
azeotropic point 불변끓는점
azeotropy 불변끓음
azide 아자이드
azide ion 아자이드화이온
azinphos-ethyl 아진포스에틸
azinphos-methyl 아진포스메틸
azo 아조
azobenzene 아조벤젠
azo compound 아조화합물
azodicarbonamide 아조다이카본아마이드
azo dye 아조염료
azo group 아조기
azomethane 아조메테인
azo pigment 아조안료
azorubin 아조루빈
azotemia 질소혈증
Azotobacter 아조토박터속
Azotobacteraceae 아조토박터과
azoxystrobin 아조시스트로빈
azuki bean 팥
azuki bean weevil 팥바구미
azulene 아줄렌

B

babaco 바바코
babassu oil 바바수기름
babassu palm 바바수야자나무
babassu palm kernel 바바수야자핵
Babcok method 배브콕법
baby corn 베이비콘
baby kiwi 다래
baby rose 찔레나무
bachelor's button 수레국화
Bacillaceae 바실루스과
Bacillariophyta 돌말강
bacillary dysentery 세균이질
bacillus 막대세균
Bacillus 바실루스속
Bacillus anthracis 탄저세균
Bacillus cereus 바실루스 세레우스
Bacillus coagulans 바실루스 코아굴란스
Bacillus licheniformis 바실루스 리케니포르미스
Bacillus macerans 바실루스 마세란스
Bacillus megaterium 바실루스 메가테륨
Bacillus pepo 바실루스 페포
Bacillus pumilus 바실루스 푸밀루스
Bacillus stearothermophilus 바실루스 스테아로서모필루스
Bacillus subtilis 바실루스 수브틸루스
Bacillus thermoproteolyticus 바실루스 서모프로테올리티쿠스
Bacillus thuringiensis 바실루스 투린기엔시스
Bacillus thuringiensis pesticide → BT pesticide
bacitracin 바시트라신
backbone 백본
backfat 등지방

backfat thickness 등지방두께
background counting 바탕계수
background radiation 바탕방사선
back leg bone 뒷사골
back mixing 역혼합
back mutation 복귀돌연변이
back strap 떡심
back titration 역적정
bacon 베이컨
bacon and eggs 베이컨에그
bacon burger 베이컨버거
bacon comb 베이컨빗
bacon pig 베이컨돼지
bacteria 세균(복수)
bacterial agglutination 세균응집
bacterial allergy 세균성알레르기
bacterial biomass 세균바이오매스
bacterial blight 세균성마름병
bacterial contamination 세균오염
bacterial count 세균수
bacterial cytoplasmic membrane 세균세포막
bacterial disease 세균성질병
bacterial endospore 세균내생홀씨
bacterial enzyme 세균효소
bacterial food poisoning 세균식품중독
bacterial genetics 세균유전학
bacterial infection 세균감염
bacterial insecticide 세균살충제
bacterial leaf blight 세균성잎마름병
bacterial protease 세균단백질가수분해효소
bacterial rot 세균성무름병
bacterial spoilage 세균성변질
bacterial spore 세균홀씨
bacterial staining 세균염색
bacterial toxin 세균독소
bacterial toxoid 세균변성독소
bacterial virus 세균바이러스
bacterial wilt 세균성시듦병
bacterial α-amylase 세균알파아밀레이스
bactericidal action 살세균작용
bactericide 살세균제
bacteriochlorophyll 세균클로로필
bacteriocin 박테리오신
bacteriological examination 세균검사
bacteriological filter 세균거르개
bacteriological method for assessing freshness 세균적선도측정법
bacteriological quality 세균적품질
bacteriology 세균학
bacteriolysin 용균소
bacteriolysis 용균
bacteriophage 박테리오파지
bacteriophage resistance 박테리오파지저항력
bacteriostatic action 세균생장억제작용
bacteriostatic activity 세균생장억제활성
bacteriostatic agent 세균생장억제제
bacterium 세균
bacteroid 박테로이드
Bacteroidaceae 박테로이데스과
Bacteroides 박테로이데스속
bactofugation 세균제거원심분리
Bactrian camel 쌍봉낙타
Bactris 박트리스속
Bactris gasipaes 복숭아야자나무
baechu 배추
baechukimchi 배추김치
baegcha 백차
baeggangjam 백강잠
baegju 백주
baekkimchi 백김치
baekokbun 백옥분
baeksam 백삼
baekseolgi 백설기
bael 벨
baengeopo 뱅어포
bag 자루
bagasse 버개스
bagel 베이글
bag-filling machine 자루충전기
bag filter 자루거르개
bag in box packaging 상자속자루포장
baguette 바게트
baikal skullcap 황금
baked apple 구운사과
baked bean 구운콩
baked custard 구운커스터드
baked sweet potato 군고구마
baker's yeast 빵효모

bakery 베이커리
bakery additive 베이커리첨가제
bakery filling 빵속
bakery product 베이커리제품
bakery product mix 베이커리제품믹스
bakgwinamul 박쥐나물
baking 굽기
baking characteristics 제빵특성
baking industry 제빵산업
baking oven 제빵오븐
baking powder 제빵가루
baking process 제빵공정
baking property 제빵성질
baking quality 제빵적성
baking soda 제빵소다
baking test 제빵시험
balady 발라디
Balaenide 참고랫과
Balaenoptera 대왕고래속
Balaenoptera borealis 보리고래
Balaenoptera musculus 대왕고래
Balaenopteridae 수염고랫과
balanced diet 균형식사
balanced incomplete block design 균형불완전블록설계
balanced lattice design 균형격자설계
balanced low calorie diet 균형저열량식사
balanced nutritional state 균형영양상태
balanced reference 균형기준시료
Balanidae 따개빗과
ball bearing 볼베어링
ballistospore 사출홀씨
Ballmann extractor 볼만추출기
ball mill 볼밀
ball-shaped candy 눈깔사탕
ball-type viscometer 볼점도계
ball valve 볼밸브
balsam 발삼
balsam fir 발삼나무
balsamic vinegar 발삼식초
Balsaminaceae 봉선화과
Balsamineae 봉선화족
bambara groundnut 밤바라땅콩
bamboo 대
bamboo 대나무
bamboo fungus 망태버섯
bamboo leaf 댓잎
bamboo salt 죽염
bamboo shark 대나무상어
bamboo shoot 죽순
bamboo sole 납서대
Bambusa oldhamii 큰목재대나무
Bambusoideae 대나무아과
bamcho 밤초
banaba leaf extract 바나바잎추출물
banaba plant 바나바
banaba tea 바나바차
banana 바나나
banana essence 바나나에센스
banana juice 바나나주스
banana passionfruit 바나나패션프루트
banana peel 바나나껍질
banana pulp 바나나펄프
banana puree 바나나퓌레
banchan 반찬
bandaegi 반대기
band cap 밴드캡
band dryer 띠건조기
band spectrum 띠스펙트럼
bangapul 방아풀
Bangia 보라털속
Bangia atropurpurea 김파래
Bangiaceae 김파랫과
Bangiales 보라털목
Bangioideae 보라털아과
Bangiophyceae 보라털강
Bangiophycidae 보라털아강
bangpung 방풍
bangpungjuk 방풍죽
bangsamuni gim 방사무늬김
bannock 바녹크
baobab 바오밥나무
baobab seed 바오밥나무씨
bap 밥
bapmitkong 밥밑콩
bar 바
baramtteok 바람떡
Barbados cherry 아세롤라

Barbaloin 바바로인
barbecue 바비큐
barbecued food 바비큐음식
barbecued pork chop 바비큐폭찹
barbecue sauce 바비큐소스
barbel steed 누치
barberry 매자
barbiturate 바비투레이트
barbituric acid 바비투르산
bar chart 막대도표
bar code 바코드
bar cookie 바쿠키
barfin flounder 노랑가자미
bar graph 막대그래프
barium 바륨
barium chloride 염화바륨
bark 나무껍질
barley 보리
barley dietary fiber 보리식품섬유
barley flour 보릿가루
barley for brewing 맥주보리
barley koji 보리고지
barley leaf concentrate 보릿잎농축물
barley malt 보리엿기름
barley press 압맥기
barleys 맥류
barley starch 보리녹말
barnacle 따개비
baroduric bacterium 내압세균
barometer 기압계
barometric condenser 기압응축기
barred knifejaw 돌돔
barrel 배럴
barrel jacket 배럴재킷
barrel press 배럴압착기
Barrett's esophagus 바레트식도
barrier property 차단특성
barrow 거세돼지
bartail flathead 양태
basal body temperature 기초체온
basal cell 바닥세포
basal diet 기초식사
basal fertilizer 밑거름
basal medium 기본배지
basal metabolic rate 기초대사율
basal metabolism 기초대사
base 염기
base catalysis 염기촉매반응
base complementarity 염기상보성
Basedow's disease 바제도병
base indicator 염기지시약
baseline 바탕선
Basella alba 말라바시금치
Basellaceae 낙규과
base pair 염기쌍
base sequence 염기순서
base strength 염기세기
base substitution 염기치환
basic 염기성
basic amino acid 염기성아미노산
basic dye 염기염료
basic food 기초식품
basic food group 기초식품군
basic group 염기성기
basicity 염기도
basic protein 염기성단백질
basic quantity 기준량
basic salt 염기성염
basic science 기초과학
basic sodium aluminum carbonate 염기성알루미늄탄산소듐
basic sodium aluminum phosphate 염기성알루미늄인산소듐
basic tar dye 염기타르색소
basic taste 기본맛
Basidiomycetes 담자균강
Basidiomycotina 담자균아문
basidiospore 담자홀씨
basidiosporogenous yeast 담자홀씨생성효모
basidium 담자기
basil 바질
basil oil 바질기름
basket 바구니
basket centrifuge 바스켓원심분리기
basophilic 호염기성
basophilic leukocyte 호염기백혈구
bass 배스
bastard halibut 넙치

basting 베이스팅
batch culture 배치배양
batch extraction 배지추출
batch extractor 배치추출기
batch fermentation 배치발효
batch freezer 배치냉동기
batch method 배치법
batch mixer 배치믹서
batch process 배치공정
batch reactor 배치반응기
batch rectification 배치정류
batch sterilizer 배치살균기
batch tray dryer 배치선반건조기
batch type 배치식
bath 중탕
bathochromic effect 심색효과
Bathygobius fuscus 무늬망둑
Batillus cornutus 소라
batter 배터
batyl alcohol 바틸알코올
Baumé 보메
Baumé degree 보메도
Baumé hydrometer 보메비중계
baumkuchen 바움쿠헨
bavaricin 바바리신
bavarois 바바루아
bay laurel 월계수
bay leaf 월계수잎
bay leaf oil 월계수잎기름
B cell 비세포
Bdellovibrio 델로비브리오속
Bdellovibrionaceae 델로비브리오과
beach pea 갯완두
beaker 비커
beam 빔
bean 콩
bean coffee 원두커피
bean jam 콩잼
bean sprout 콩싹
beany flavor 콩비린내
bear 곰
bearberry 베어베리
beared tooth mushroom 노루궁뎅이
bear meat 곰고기
bear's garlic 곰파
bearss lime 페르시아라임
beater 거품기
beauty food 미용식품
Beauveria bassiana 백강균
beauvericin 베오베리신
bechamel sauce 베샤멜소스
bee balm 꿀벌밤
beech honeydew 너도밤나무감로
beech mushroom 만가닥버섯
beech nut oil 너도밤나무열매기름
beef 쇠고기
beef bacon 쇠고기베이컨
beefburger 쇠고기햄버거
beef casing 소 케이싱
beef cattle 고기소
beef cutlet 비프커틀릿
beef extract 쇠고기추출물
beef-like flavor 쇠고기향미
beef liver 쇠간
beef loaf 비프로프
beef mince 쇠고기민스
beef muscle 쇠고기근육
beef patty 비프패티
beef rib 쇠가리
beef roast 비프로스트
beef sausage 쇠고기소시지
beef steak 비프스테이크
beefsteak fungus 소혀버섯
beef stew 비프스튜
beef tallow 쇠기름
beef tapeworm 무구조충
beef tendon 쇠심
beef tongue 쇠서
beer 맥주
beermaking 맥주제조
Beer's law 비어법칙
beer still 맥주증류관
beeswax 밀
beeswax 밀랍
beet 비트
beetle 딱정벌레
beet molasses 비트당밀
beet red 비트레드

beetroot 비트루트
beetroot juice 비트루트즙
beet sugar 비트설탕
beet sugar factory 비트설탕공장
beet sugar juice 비트설탕즙
beet sugar product 비트설탕제품
beet sugar syrup 비트설탕시럽
Begoniaceae 베고니아과
behavior effect 행동효과
behenic acid 베헨산
beka squid 참꼴뚜기
belangers croaker 민태
Belingerüs jawfish 민태
bell pepper 벨페퍼
belly 삼겹살
belly ham 벨리햄
Belonidae 동갈칫과
Beloniformes 동갈치목
belt conveyer 벨트컨베이어
belt drive 벨트드라이브
belt dryer 벨트건조기
belt drying 벨트건조
belt drying method 벨트건조법
belt feeder 벨트공급기
belt freezer 벨트냉동기
belt juice extractor 벨트착즙기
beluga 벨루가
beluga caviar 벨루가캐비아
beluga whale 흰돌고래
benchmark dose 벤치마크량
benchmarking 벤치마킹
bending 휨
bending strength 휨세기
bending test 휨시험
Benedict reaction 베네딕트반응
Benedict's solution 베네딕트용액
Benedict's test 베네딕트시험
beneficial microorganism 유용미생물
Bengal gram 매부리콩
Bengal quince 벨
benign tumor 양성종양
Benincasa hispida 동아
ben oil 벤기름
ben oil tree 모린가
benomyl 베노밀
bentazone 벤타존
benthos 저생생물
bentonite 벤토나이트
benzalacetophenone 벤잘아세토페논
benzaldehyde 벤즈알데하이드
benzamino acetic acid 벤즈아미노아세트산
benzene 벤젠
benzeneacetic acid 벤젠아세트산
benzene carboxylic acid 벤젠카복실산
benzene hexachloride 벤젠헥사클로라이드
benzene nucleus 벤젠핵
benzene ring 벤젠고리
benzenethiol 벤젠싸이올
benzene-1,3-diol 벤젠-1,3-다이올
benzidine 벤지딘
benzimidazole 벤즈이미다졸
benzimidazole fungicide 벤즈이미다졸살진균제
benzo[a]pyrene 벤조피렌
benzoar 위돌
benzoate 벤조에이트
benzoic acid 벤조산
benzol 벤졸
benzonitrile 벤조나이트릴
benzophenone 벤조페논
benzoquinone 벤조퀴논
benzothiazole 벤조싸이아졸
benzoyl 벤조일
benzoylamino acetic acid 벤조일아미노아세트산
benzoyl chloride 염화벤조일
benzoyl peroxide 과산화벤조일
benzoylthiamin disulfide 이황화벤조일싸이아민
benzyl 벤질
benzyl acetate 아세트산벤질
benzyladenine 벤질아데닌
benzyl alcohol 벤질알코올
benzyl group 벤질기
benzyl isothiocyanate 아이소싸이오사이안산벤질
benzylpenicillin 벤질페니실린
benzyl propionate 프로피온산벤질

beombeok 범벅
beoncheol 번철
beopju 법주
Berberidaceae 매자나뭇과
Berberis 매자나무속
Berberis koreana 매자나무
Berberis vulgaris 유럽매자나무
ber fruit 베르열매
bergamot oil 베가모트방향유
bergamot orange 베가모트오렌지
bergapten 베갑텐
Bergkaese cheese 베르흐카제치즈
beriberi 각기병
Berkshire 버크셔
Bernouilli equation 베르누이방정식
Bernouilli theorem 베르누이정리
berries 베리류
berries color 베리류색소
berry 베리
berry 장과
berry juice 베리주스
Bertholletia excelsa 브라질너트
Bertrand method 베르트랑법
Berycidae 금눈돔과
Beryciformes 금눈돔목
beryllium 베릴륨
Beryx decadactylus 금눈돔
best before date 상미기간
best before date 최상품질기한
Betacoccus 베타코쿠스속
betaine 베테인
betalain 베타레인
betanidin 베타니딘
betanin 베타닌
Beta vulgaris 비트
Beta vulgaris 사탕무
Beta vulgaris var. *cicla* 근대
betaxanthin 베타잔틴
betel 베텔
betel leaf 베텔잎
betel nut 빈랑
betel palm 빈랑나무
BET equation 비이티방정식
BET monolayer moisture content 비이티단분자막수분함량
Betula 자작나무속
Betulaceae 자작나뭇과
Betula platyphylla var. *japonica* 자작나무
beverage 음료
beverage concentrate 농축음료
BGH → bovine growth hormone
BGLB broth 비지엘비배지
BHA → butylated hydroxyanisole
BHT → butylated hydroxytoluene
BIA → bioelectrical impedance analysis
bias 바이어스
biased sample 편파표본
biaxial orientation 이축연신
bibenzyl 바이벤질
bibimbap 비빔밥
bibimguksu 비빔국수
bibimnaengmyeon 비빔냉면
bicarbonate 탄산수소염
bichiew 비츄
bicyclo 바이사이클로
biennial crop 두해살이작물
biennial grass 두해살이풀
biennial plant 두해살이식물
Bierwurst 비어부르스트
Bifidobacteriaceae 비피도박테륨과
Bifidobacterium 비피도박테륨속
Bifidobacterium animalis subsp. *lactis* 비피도박테륨 아니말리스 아종 락티스
Bifidobacterium bifidum 비피도박테륨 비피둠
Bifidobacterium breve 비피도박테륨 브레베
Bifidobacterium infantis 비피도박테륨 인판티스
Bifidobacterium lactis 비피도박테륨 락티스
Bifidobacterium longum 비피도박테륨 론굼
Bifidobaterium adelescentis 비피도박테륨 아돌레센티스
bifidus factor 비피두스인자
bifidus milk 비피두스우유
bigeye sardine 눈퉁멸
bigeye tuna 눈다랑어
bighead croaker 눈강달이
bighead shrimp 대롱수염새우

bigleaf hydrangea 수국
bignay 빅나이
Bignoniaceae 능소화과
biguanide 바이구아나이드
bija 비자
bijanamu 비자나무
biji 비지
bijijang 비지장
bijijjigae 비지찌개
bijijuk 비지죽
bilateral symmetry 좌우대칭
bilberry 빌베리
bilberry juice 빌베리주스
bile 쓸개즙
bile acid 쓸개즙산
bile canaliculus 쓸개모세관
bile duct 쓸개관
bile pigment 쓸개즙색소
bile salt 쓸개즙염
bile salt hydrolase 쓸개즙염가수분해효소
biliary stone 쓸갯돌
bilimbi 빌림비
bilirubin 빌리루빈
biliverdin 빌리베딘
biltong 빌통
bimetal 바이메탈
bimetal thermometer 바이메탈온도계
bimolecular reaction 이분자반응
bin 빈
binary compound 이성분화합물
binary fission 이분법
binary system 이성분계
binary test 이원검사
binary vector 이원벡터
bindaetteok 빈대떡
binding agent 결착제
binding capacity 결합력
binding machine 결속기
binding method 결속법
binding protein 결합단백질
binding site 결합자리
bind meat 결착고기
binge eating 폭식
binge-eating disorder 폭식장애
Bingham plastic fluid 빙햄소성유체
binomial distribution 이항분포
binomial probability 이항확률
binsagwa 빈사과
bioactive compound 생물활성화합물
bioactive peptide 생물활성펩타이드
bioassay 생물검정법
bioautography 바이오오토그래피
bioavailability 생체이용률
biocatalyst 생체촉매
bio-cell 바이오소자
biochemical analysis 생화학분석
biochemical oxygen demand 생화학적 산소 요구량
biochemistry 생화학
biochip 바이오칩
biocide 살생물제
bioclean room 바이오클린룸
biocomputer 바이오컴퓨터
biocontrol 생물방제
bioconversion 생물전환
biocosmetics 바이오화장품
biodegradability 생분해성
biodegradable film 생분해필름
biodegradable plastic 생분해플라스틱
biodegradable polymer 생분해중합체
biodegradation 생분해
biodeterioration 생물변질
biodiversity 생물다양성
bioelectrical impedance analysis 생체전기저항분석법
bioelectronics 생물전자공학
bioemulsifier 생물유화제
bioenergetics 생물에너지학
bioenergy 바이오에너지
bioengineering 생물공학
bioengineering 생체공학
bioengineering product 생물공학제품
bioethanol 바이오에탄올
bioethics 생명윤리
bioethics 생명윤리학
Bioethics and Safety Act 생명윤리 및 안전에 관한 법률
biofilm 바이오필름

bioflavonoid 바이오플라보노이드
biofood 바이오식품
biofouling 생물오손
biofuel 바이오연료
biofuel cell 바이오연료전지
biogas 바이오가스
biogenesis 생물속생
biogenetics 생물발생학
biogenic amine 생체아민
biogeochemical cycle 생물지구화학순환
bioghurt 바이오거트
biohazard 생물재해
bio-indicator 생물지표
bioindustry 바이오산업
bioinformatics 생물정보학
biological activity 생물활성
biological blockade 생물봉쇄
biological chemistry 생물화학
biological clock 생물시계
biological concentration 생물농축
biological evolution 생물진화
biological filtration 생물적거르기
biological food poisoning 생물식품중독
biological function 생물기능
biological halflife 생물반감기
biological indicator 지표생물
biological oxidation 생체산화
biological oxygen demand 생물산소요구량
biological oxygen demand loading 생물산소요구량부하
biological pathogen 생물병원체
biological species 생물종
biological treatment 생물적처리
biological treatment of wastewater 생물폐수처리
biological value 생물값
biologically active substance 생리활성물질
biology 생물학
bioluminescence 생물발광
biomagnification 생물증폭
biomarker 생물지표
biomass 바이오매스
biomass fuel 바이오매스연료
biomaterial 생물소재
biome 생물군계
biomechanism 바이오메커니즘
biomedicine 바이오의약품
biomembrane 생체막
biomembrane method 생물막법
biometrical genetics 통계유전학
biometrics 바이오메트릭스
biomimetics 생체모방기술
biomolecule 생체분자
bionics 생체공학
bionursery 바이오너서리
biopesticide 생물농약
biophysics 생물물리학
biopolymer 생체중합체
biopsy 생검
bioreactor 생물반응기
bioremediation 생물정화
biorhythm 생체리듬
bioscience 바이오과학
biose 이당류
biosensor 바이오센서
biosorption 생물흡착
biosphere 생물권
biostatistics 생물통계학
biosurfactant 생물계면활성제
biosynthesis 생합성
biotechnology 생명공학
Biotechnology Support Act 생명공학육성법
bioterrorism 생물테러리즘
biothermometer 생물온도계
biotic environment 생물환경
biotic insecticide 생물살충제
biotin 바이오틴
Biot number 비오트수
biotope 생물생활권
biotoxin 생물독소
biotransformation 생물물질변환
biotroph 기생생물
bioturbation 생물교란
biphenyl 바이페닐
bipolarity 쌍극성
bipyridine 바이피리딘
birch 자작나무
birch sap 자작나무수액

bird 새
birefringence 복굴절
birefringence end point temperature 복굴절소실온도
bireum 비름
Birmingham Wire Gauge 버밍햄선게이지
birth rate 출생률
bis azo dye 비스아조염료
biscuit 비스킷
biscuit dough 비스킷반죽
biscuit factory 비스킷공장
bismuth 비스무트
bison 바이슨
Bison bison 아메리카들소
Bison bonasus 유럽들소
bison meat 바이슨고기
bisphenol A 비스페놀에이
bisphenol A diglycidyl ether 비스페놀에이다이글리시딜에테르
bisphosphonate 비스포스포네이트
bisque 비스크
bisulfite 아황산수소염
biting sensation 콕쏘는느낌
bitter acid 쓴산
bitter almond 쓴아몬드
bitter almond oil 쓴아몬드기름
bitter compound 쓴화합물
bitter gourd 여주
bitter kola 쓴 콜라
bitterleaf 쓴 잎
bitter melon 여주
bittern 간수
bitterness 쓴맛
bitter orange 광귤
bitter orange 광귤나무
bitter orange oil 광귤방향유
bitter peptide 쓴펩타이드
bitter principle 쓴화합물
bitters 쓴술
bitter substance 쓴물질
bitter taste 쓴맛
bitter-wood 콰시아
biuret 뷰렛
biuret reaction 뷰렛반응
bivalves 이매패류
Bivalvia 이매패강
Bixaceae 빅사과
Bixa orellana 아키오테
bixin 빅신
bjijuk 비지죽
black bamboo 오죽
black bean 검정강낭콩
black bear 검정곰
blackberry 블랙베리
blackbody 흑체
blackbody radiation 흑체복사
black-bone silky fowl 오골계
blackbuck 인도영양
black butter 블랙버터
black cardamom seed 축사
black chokeberry 검정초크베리
black cod 은대구
black coffee 블랙커피
black cumin 검정쿠민
blackcurrant 블랙커런트
blackcurrant juice 블랙커런트주스
black-eyed pea 동부
blackfin flounder 기름가자미
black fonio 검정포니오
black gram 검정녹두
black huckleberry 블랙허클베리
black koji 검정고지
black koji mold 검정고지곰팡이
black locust 아까시나무
black maple 검정단풍나무
black marlin 백새치
black mildew 흑반점병
black mold 검정곰팡이
black morel 검정곰보버섯
blackmouth angler 아귀
black mulberry 검정뽕나무
black mulberry 검정오디
black mustard 검정겨자
blackness 흑도
black nightshade 까마중
black olive 검정올리브
black pepper 검정후추
black pepper 후추나무

black pepper powder 검정후춧가루
black porgy 감성돔
black pudding 검정푸딩
black raspberry 검정라즈베리
black rat 곰쥐
black rice 흑미
black rot 흑부병
black salsify 검정선모
black sapote 검정사포테
black scraper 말쥐치
black sea bream 감성돔
black sesame 검정깨
black sesame 흑임자
black soybean 검정콩
black spot 검은점병
black-striped squid 검정줄오징어
black tea 홍차
blackthorn 슬로
blacktip reef shark 흑기흉상어
black truffle 검정트뤼플
black vinegar 검정식초
black wilderbeest 흰꼬리누
bladder cancer 방광암
bladder stone 방광돌
bladder wrack 블래더랙
Blakeslea 블라케슬레아속
blanching 데치기
blancmange 블라망주
bland diet 무자극식사
bland taste 담백한 맛
blank test 바탕시험
blast 도열병
Blastomycetes 블라스토미세스강
Blatta orientalis 잔말개바퀴
Blattella asahinai 아시아바퀴
Blattella germanica 독일바퀴
Blattellidae 바퀫과
Blattidae 왕바퀫과
Blattodea 바퀴목
bleached starch 표백녹말
bleaching 표백
bleaching agent 표백제
bleaching powder 표백분
bleeding 방혈
blended edible oil 혼합식용기름
blended grain whisky 블렌디드그래인위스키
blended juice beverage 혼합과일음료
blended soy sauce 혼합간장
blended whisky 블렌디드위스키
blender 블렌더
blending 블렌딩
Blighia sapida 아키
blight 마름병
blind test 블라인드테스트
block 블록
block diagram 블록다이어그램
blond psyllium 블론드사일륨
blood 혈액
blood agar medium 혈액우무배지
blood bank 혈액은행
blood clot 피떡
blood coagulation 혈액응고
blood coagulation factor 혈액응고인자
blood cockle 꼬막
blood doping 혈액도핑
blood flow 혈류
blood glucose 혈당
blood glucose level 혈당량
blood glucose response curve 혈당곡선
blood group 혈액형
blood grouping 혈액형판정
bloodlike odor 피비린내
blood meal 혈분
blood pigment 혈액색소
blood pressure 혈압
blood pressure manometer 혈압계
blood protein 혈액단백질
blood sausage 혈액소시지
blood sugar test 혈당검사
blood test 혈액검사
blood transfusion 수혈
blood urea nitrogen 혈액요소질소
blood vessel 혈관
blood volume 혈액량
bloom 블룸
blossom end rot 배꼽썩음병
blot 블롯
blotting 블롯팅

blower 송풍기
blowing 블로잉
blubber 고래지방
blubberlip snapper 물퉁돔
blue agave 청색용설란
blueberry 블루베리
blue cheese 블루치즈
blue cheese sauce 블루치즈소스
blue-green algae 남조류
blue king crab 청색왕게
blue lupin 청색루핀
blue meat 청반
blue meat of crab 게살청변
blue milk 청색우유
blue mussel 털격판담치
blue passion flower 시계꽃
blue shark 청새리상어
bluespotted mud hopper 짱뚱어
blue tide 청조
blue waxweed 쿠페아
blue whale 대왕고래
blue whiting 청대구
blue wildbeest 검은꼬리누
blunt end 두가닥말단
Blutwurst 블루트부르스트
B lymphocyte 비림프구
BMD → benchmark dose
BMI → body mass index
BMR → basal metabolic rate
boar 수퇘지
boar meat 수퇘지고기
boar odor 수퇘지냄새
boar taint 수퇘지냄새
BOD → biochemical oxygen demand
BOD → biological oxygen demand
BOD loading 비오디부하
body 물체
body 바디
body 신체
body fat 체지방
body fluid 체액
body hook 보디훅
body hook length 보디훅길이
bodying agent 바디물질
body mass index 신체질량지수
body modulating function 생체조절기능
body surface area 신체겉넓이
body temperature 체온
body weight 체중
body weight cycle 체중순환
body weight scale 체중계
Boehmeria 모시풀속
Boehmeria nivea 모시풀
Boesenbergia rotunda 중국생강
Boeun jujube 보은대추나무
bog bilberry 들쭉나무
bogbunjaju 복분자주
boiler 보일러
boiled can 보일드통조림
boiled ham 삶은햄
boiled in sea water and dried fish 자건품
boiled meat 삶은고기
boiled, roasted and dried product 자배건품
boiled sausage 삶은소시지
boiling 끓음
boiling 끓임
boiling chip 끓임쪽
boiling point 끓는점
boiling point elevation 끓는점오름
boiling process 끓임공정
boil in pouch 보일인파우치
bokbunja 복분자
bokeomaeuntang 복어매운탕
bokkeum 볶음
bokssam 복쌈
bokyangbeop 복양법
Bolbitiaceae 소똥버섯과
Boleophthalmus 짱뚱어속
Boleophthalmus pectinirostris 짱뚱어
Boletaceae 그물버섯과
Boletales 그물버섯목
Boletus 그물버섯속
Boletus auripes 수원그물버섯
Boletus edulis 그물버섯
Bologna 볼로냐
bolus 음식덩이
bomb calorimeter 봄열량계
bonbon 봉봉

bond 결합
bond angle 결합각
bonded whisky 보세위스키
bond energy 결합에너지
bonding orbital 결합오비탈
bond length 결합길이
bond number 결합수
bond polarity 결합극성
bond strength 결합세기
bone 뼈
bone ash 골회
bone charcoal 골탄
bone density 뼈밀도
bone glue 뼈아교
bone-in ham 뼈햄
boneless ham 뼈뺀햄
bone marrow 골수
bone marrow transplantation 골수이식
bone meal 뼛가루
bone mineral density 뼈무기질밀도
bone oil 뼈기름
bongchitteok 봉치떡
bongkrek 봉크레크
bongkrekic acid 봉크레크산
bonguritteok 봉우리떡
boning 뼈발리기
bonito 보니토
bony fish 경골어류
booklouse 책다듬이벌레
booth 부스
bopuragi 보푸라기
borage 보리지
borage oil 보리지기름
Boraginaceae 지칫과
Borago officinalis 보리지
borane 보레인
Borassus 팔미라야자속
Borassus flabellifer 팔미라야자나무
borate 보레이트
borax 붕사
Bordeaux mixture 보르도액
Bordeaux wine 보르도포도주
Bordetella pertussis 백일해세균
Boreogadus saida 극지대구
boric acid 붕산
boricha 보리차
boride 붕화물
borneol 보르네올
borneo tallow 보르네오지방질
boron 붕소
boron fluoride 플루오린화붕소
Boronia megastigma 갈색보로니아
Bos frontalis 가얄
Bos gaurus 가우르
Bos grunniens 야크
Bos primigenius 오록스
bossam 보쌈
bossamkimchi 보쌈김치
Bos taurus 소
Bos taurus coreanae 한우
Bostwick consistometer 보스윅컨시스토미터
Boswellia 보스웰리아속
Boswellia serrata 살라이
boswellic acid 보스웰산
botany 식물학
Bothidae 둥글넙칫과
Botryosphaeriaceae 보트리오스파에리아과
Botrytis 보트리티스속
botrytis bunch rot 잿빛곰팡이병
Botrytis cinerea 잿빛곰팡이
bottle 병
bottle cap 병마개
bottled food 병조림
bottled ginseng 인삼병조림
bottled salted marine food 소금절이수산물 병조림
bottle filler 병충전기
bottle gourd 호리병박
bottle inspector 병검사기
bottleneck effect 병목효과
bottle washer 병세척기
bottling 병입
bottling 병조림
bottling machine 병조림기
bottom fermentation 하면발효
bottom fermented beer 하면발효맥주
bottom round 설깃살
bottom round 설도

bottom sirloin 아래등심살
bottom yeast 하면효모
botulin 보툴린
botulinum 보툴리늄
botulinus 보툴리누스
botulinus toxin 보툴리누스독소
botulism 보툴리누스중독
botulismotoxin 보툴리스모톡신
botulotoxin 보툴로톡신
boudin 부댕
bouillabaisse 부야베스
bouillon 부욘
boundary 경계
boundary layer 경계층
bound moisture 결합수분
bound water 결합수
bouquet 부케
Bourbon whisky 버번위스키
Bovidae 솟과
bovine growth hormone 소생장호르몬
bovine immunodeficiency virus 소면역결핍바이러스
bovine muscle 소근육
bovine serum albumin 소혈청알부민
bovine somatotropin 소소마토트로핀
bovine spongiform encephalopathy 소스펀지뇌병증
Bovista 찹쌀떡버섯속
Bovista plumbea 찹쌀떡버섯
bowl 공기
Bowman-Birk inhibitor 보우만-버크억제제
Bowman's capsule 보우만주머니
box 상자
box dryer 상자건조기
box structure 상자구조
Boyle-Charles' law 보일-샤를법칙
Boyle's law 보일법칙
boysenberry 보이젠베리
boza 보자
Brabender Units 브라벤더단위
Brachychthoniidae 마디응앳과
brachydactyly 짧은가락마디증
bracken fern 고사리
bracket 브래킷
Bradybaenidae 달팽잇과
bradykinesia 운동완만증
brain 뇌
brain death 뇌사
brain hormone 뇌호르몬
brain infarct 뇌경색
braising 브레이징
bramble 나무딸기
bran 겨
branched fatty acid 분지지방산
branched hydrocarbon 분지탄화수소
branched polymer 분지중합체
branchial respiration 아가미호흡
branching enzyme 분지효소
Branchiopoda 새각강
Branchiostegus japonicus 옥돔
brand 상표
branding 상표화
brand labeling 상표표지
bran duster 브랜더스터
brandy 브랜디
bran finisher 브랜피니셔
bran layer 겨층
Brasenia 순채속
Brasenia schreberi 순채
brass 놋쇠
Brassica 배추속
Brassica campestris ssp. *pekinensis* 배추
Brassica campestris var. *akana* 왜무
Brassica carinata 에티오피아겨자
Brassicaceae 십자화과
Brassica juncea 겨자
Brassica juncea var. *integrifolia* 갓
Brassica juncea var. *juncea* 서양겨자
Brassica napobrassica 스웨드
Brassica napus 유채
Brassica nigra 검정겨자
Brassica oleracea 야생양배추
Brassica oleracea var. *acephala* 케일
Brassica oleracea var. *alboglabra* 카이란
Brassica oleracea var. *botrytis* 꽃양배추
Brassica oleracea var. *capitata* 양배추
Brassica oleracea var. *capitata* f. *rubra* 붉은양배추

Brassica oleracea var. *gemmifera* 방울다다기양배추
Brassica oleracea var. *gongylodes* 콜라비
Brassica oleracea var. *italica* 브로콜리
Brassica oleracea var. *sabellica* 곱슬잎케일
Brassica rapa ssp. *perkinensis* 나파배추
Brassica rapa var. *parachinensis* 중국꽃배추
Brassica rapa var. *chinensis* 청경채
Brassica rapa var. *rapa* 순무
Brassica seed 배추속씨
brassicasterol 브라시카스테롤
Brassica vegetables 배추속채소
brassin 브라신
brassinosteroid 브라시노스테로이드
Bratwurst 부라트부르스트
Brazil nut 브라질너트
Brazil nut oil 브라질너트기름
Brazil wax 카나우바왁스
bread 빵
breadcrumb 빵가루
bread crumb 빵살
bread crust 빵껍질
bread dish 빵접시
bread dough 빵반죽
bread fault 빵결점
bread flavor 빵향미
bread flour 빵밀가루
breadfruit 빵나무
breading 브레딩
bread knife 빵칼
breadmaking 제빵
bread roll 빵롤
bread scoring 빵평가
bread staling 빵노화
breadstick 막대빵
bread stuffing 빵속감
bread texture 빵텍스처
bread wheat 빵밀
break 브레이크
breakdown 점성붕괴도
break-even point 손익분기점
breakfast 아침식사
breakfast cereal 아침식사용곡물
breakfast food 아침식사용식품
break flour 브레이크밀가루
breaking 파괴
breaking force 파괴력
breaking strength 파괴세기
break roll 브레이크롤
bream 브림
breast 유방
breast cancer 유방암
breast feeding 모유수유
breast milk 모유
breast quarter 닭어깨살
breed 품종
breeder 육종가
breeding 육종
breeding science 육종학
Breed method 브리드방법
Brettanomyces 브레타노미세스속
brevetoxin 브레베독소
Brevibacteriaceae 브레비박테륨과
Brevibacerium 브레비박테륨속
Brevibacterium aminogenes 브레비박테륨 아미노게네스
Brevibacterium aurantiacum 브레비박테륨 아우란티아쿰
Brevibacterium flavum 브레비박테륨 플라붐
Brevibacterium linens 브레비박테륨 리넨스
brewed cereal wine 양조곡주
brewed vinegar 양조식초
brewers spent grain 맥주폐기물
brewers yeast 맥주효모
brewery 양조장
brewery effluent 맥주공장폐수
brewing 양조
brewing adjunct 맥주부가물
brewing byproduct 맥주부산물
brewing water 양조용수
brick cheese 브릭치즈
brick package 사각포장
brick tea 벽돌차
Brie cheese 브리치즈
brightness 밝기
brightness contrast 밝기대조
bright pink 연분홍색
brilliant blue FCF 식용파랑1호

brilliant blue FCF aluminum lake 식용파랑 1호알루미늄레이크
brilliant green lactose bile broth → BGLB broth
brindled gnu 검은꼬리누
brine 브라인
brine cooler 브라인냉각기
brine curing 브라인큐어링
brine curing method 습식큐어링법
brine for liquid mash 급수
brine freezing 브라인냉동
brine ice 브라인얼음
brine injection method 브라인주사법
brine injector 브라인주사기
brine mixer 브라인믹서
brine salting 물간법
brining 브라인처리
briny 짠
brioche 브리오슈
briquetting 브리케팅
brisket and flank 양지
brisket navel end 업진살
brisket point cut 차돌박이
brisket point end 양지머리
British gum 브리티시검
British thermal unit 영국열량단위
brittleness 메짐
brittle point 메짐점
Brix 브릭스
Brix value 브릭스값
broadbanded thornyhead 홍살치
broad bean 누에콩
broad-leaved tree 활엽수
broad spectrum 광역스펙트럼
broad spectrum antibiotic 광범위항생물질
broad tapeworm 광절열두조충
broccoli 브로콜리
broccoli raab 브로콜리라베
broccoli rabe 브로콜리라베
broccoli stem 브로콜리줄기
Brochothrix 브로코트릭스속
Brochothrix thermosphacta 브로코트릭스 서모스팍타
broil 브로일
broiler 브로일러
broiler meat 브로일러고기
broiler muscle 브로일러근육
broiling 브로일링
broken kernel 쇄립
broken rice 싸라기
bromate 브로메이트
bromelain 브로멜라인
Bromeliaceae 파인애플과
bromic acid 브로민산
bromide 브로민화물
bromide ion 브로민화이온
bromination 브로민화반응
bromine 브로민
bromocresol green 브로모크레솔그린
bromocyclen 브로모사이클렌
bromomethane 브로모메테인
bromophenol blue 브로모페놀블루
bromothymol blue 브로모티몰블루
bromoxynil 브로목시닐
bronchial asthma 숨관가지천식
bronchitis 숨관가지염
bronchus 숨관가지
bronze 청동
broth 브로스
Broughton's ribbed ark 피조개
brown adipose tissue 갈색지방조직
brown algae 갈조류
brown barracuda 꼬치고기
brown bear 큰곰
brown boronia 갈색보로니아
brown crab 브라운크랩
brown croaker 민어
brown egg 갈색달걀
brown fat 갈색지방
brown fish meal 갈색어분
brown heart 갈색속썩음병
Brownian motion 브라운운동
brownie 브라우니
browning 갈변
browning agent 갈변화제
browning inhibitor 갈변억제제
browning of fruit 과일갈변
browning reaction 갈변반응

brown mustard 서양겨자
brown rat 집쥐
brown rice 현미
brown rice tea 현미차
brown rot 갈색부식
brown rot fungus 갈색부식진균
brown sole 참가자미
brown soybean 밤콩
brown sugar 갈색설탕
brown tide 갈조
browser 브라우저
Brucella 브루셀라속
Brucella abortus 소유산세균
Brucellaceae 브루셀라과
Brucella melitensis 양브루셀라세균
Brucella suis 돼지유산세균
brucellosis 브루셀라증
Bruchidae 콩바구밋과
Bruchus pisorum 완두콩바구미
brucine 브루신
Bruehwurst 브르에부르스트
bruising 상처
Bruseraceae 감람과
brush 브러시
brushtooth lizardfish 매퉁이
Brussels sprouts 방울다다기양배추
Bryales 참이끼목
Bryidae 참이끼아강
Bryophyta 선태식물문
bryophytes 선태식물
Bryopsida 선류강
BSA → body surface area
BSE → bovine spongiform encephalopathy
BST → bovine somatotropin
BT pesticide 비티농약
BTU → British thermal unit
BU → Brabender Units
Bubalus bubalis 물소
bubble 기포
bubble formation 거품형성
bubble gum 풍선껌
Buccinidae 물레고둥과
Buccinum striatissimum 물레고둥
buchaema 부채마
buchimgae 부침개
Büchner funnel 부흐너깔때기
buchu 부추
buchu oil 부추방향유
buck 수사슴
bucket 버킷
bucket conveyor 버킷컨베이어
bucket elevator 버킷엘리베이터
bucket milking machine 버킷착유기
buckled can 버클관
buckling 버클링
buckwheat 메밀
buckwheat flour 메밀가루
buckwheat groats 메밀쌀
buckwheat noodle 메밀국수
buckwheat oil 메밀기름
buckwheat starch 메밀녹말
bud 눈
Buddha fruit 나한과
budding 발아
budding 출아
budget 예산
budu 부두
buffalo butter 물소버터
buffalo cheese 물소치즈
buffalo gourd 버펄로호박
buffalo meat 물소고기
buffalo milk 물소젖
buffalo Mozzarella cheese 물소모차렐라치즈
buffalo yoghurt 물소요구르트
buffer 완충용액
buffer action 완충작용
buffering agent 완충제
buffering capacity 완충능력
buffet 뷔페
bugak 부각
bukkumi 부꾸미
bulb 알뿌리
bulbous plant 알뿌리식물
Bulgarian milk 불가리아밀크
bulgogi 불고기
bulgur 벌구르
bulimia 폭식증
bulimia nervosa 신경성폭식증

bulk container 벌크컨테이너
bulk density 부피밀도
bulk dryer 벌크건조기
bulk fermentation 벌크발효
bulk filling machine 부피충전기
bulking agent 증량제
bulk modulus 부피탄성률
bulk starter culture 벌크스타터배양
bulk storage 벌크저장
bull 수소
bullet tuna 몽치다래
bull muscle 수소근육
bumper crop 풍작
bun 번
BUN → blood urea nitrogen
bunching onion 파
bundle 다발
Bunium bulbocastanum 검정쿠민
bunker C fuel 벙커시유
Bunsen burner 분젠버너
buoyancy 부력
bupyeon 부편
burbot 모오캐
Burceraceae 부르세라과
burdock 우엉
bureom 부럼
burfee 부르페
burger 버거
bur gherkin 게르킨
burgundy 부르고뉴
Burkholderia 부르크홀데리아속
Burkholderiaceae 부르크홀데리아과
Burkholderia cepacia 부르크홀데리아 세파시아
Burkholderia gladioli 부르크홀데리아 글라디올리
burn 화상
burning sensation 타는듯한느낌
burnt alum 소백반
burnt ammonium alum 태운암모늄명반
burnt odor 탄내
burnt or melted salt 태움용융소금
burnt smell of animal protein or hair 누린내
burnt sugar 초당
bushel 부셸
bushmeat 야생동물고기
business ethics 기업윤리
butadiene 뷰타다이엔
butane 뷰테인
butano 뷰타노
butanoic acid 뷰탄산
butanol 뷰탄올
butanol fermentation 뷰탄올발효
butanone 뷰타온
butter 버터
butter bean 버터빈
butterbur 머위
butter cake 버터케이크
butter churn 버터천
butter clam 버터대합
butter color 버터색소
buttercream 버터크림
buttercup squash 버터컵스쿼시
butterfat 버터지방
butterfish 샛돔
butterfly bobtail 좀귀꼴뚜기
butterfly ray 나비가오리
butterfly valve 버터플라이밸브
butter-foot bolete 수원그물버섯
butter grain 버터알갱이
butter granule 버터알갱이
butterhead lettuce 반결구상추
butter homogenizer 버터균질기
butterine 버터린
butter knife 버터나이프
buttermaking 버터제조
buttermilk 버터밀크
butternut 버터너트
butternut squash 동양호박
butter oil 버터기름
butter oil 버터오일
butter parchment paper 버터포장지
butter powder 버터가루
butter roll 버터롤
butterscotch 버터스카치
butter spread 버터스프레드
butter starter 버터스타터
butter substitute 버터대용물

butter tea 버터차
buttery collibia 버터애기버섯
buttocks 볼기
button mushroom 양송이
butt sirloin 윗등심살
butyl 뷰틸
butyl acetate 아세트산뷰틸
butyl alcohol 뷰틸알코올
butylaldehyde 뷰틸알데하이드
butylamine 뷰틸아민
butylated hydroxyanisole 뷰틸하이드록시아니솔
butylated hydroxytoluene 뷰틸하이드록시톨루엔
butyl butyrate 뷰티르산뷰틸
butylene 뷰틸렌
butyl *p*-hydroxybenzoate 파라하이드록시벤조산뷰틸
butyltin 뷰틸틴
butyrate 뷰티레이트
butyric acid 뷰티르산
butyric acid fermentation 뷰티르산발효
butyric acid-producing bacterium 뷰티르산세균
butyrometer 우유지방측정기
butyrophilin 뷰티로필린
buuiju 부의주
Buxaceae 회양목과
BV → biological value
byeokhyangju 벽향주
byeongpungssam 병풍쌈
byproduct 부산물
byssochlamic acid 비소클람산
Byssochlamys 비소클라미스속
Byssochlamys fulva 비소클라미스 풀바
Byssochlamys nivea 비소클라미스 니베아

cabbage 양배추
cabinet dryer 캐비닛건조기
CAC → Codex Alimentarius Commission
Cacalia adenostyloides 게박쥐나물
Cacalia auriculata var. *kamtschatica* 나래박쥐나물
Cacalia firma 병풍쌈
Cacalia hastata var. *orientalis* 박쥐나물
Cacalia koraiensis 참나래박쥐
Cacalia pseudo-taimingasa 어리병풍
cacao 카카오
cachexia 카켁시아
cacodylic acid 카코딜산
Cactaceae 선인장과
Cactales 선인장목
cactus 선인장
cactus pear 가시배
cadaverine 카다베린
cadmium 카드뮴
cadmium poisoning 카드뮴중독
Cadra cautella 줄알락명나방
Caesalpinia spinosa 타라나무
Caesar's mushroom 민달걀버섯
cafe 카페
cafe au lait 카페올레
cafe royal 카페로열
cafestol 카페스톨
cafeteria 카페테리아
caffeic acid 카페산
caffeine 카페인
caffeoylquinic acid 카페오일퀸산
cage culture 가두리양식
cage press 케이지프레스
caimito 스타애플
Cairina moschata 머스코비오리
Cajanus cajan 비둘기콩
cake 케이크
cake baking 케이크굽기
cake batter 케이크배터
cake doughnut 케이크도넛
cake flour 케이크밀가루
cake freezing 케이크냉동
cake mix 케이크믹스
cake pan 케이크팬
caking 케이킹
calabash 호리병박

calamansi 칼라만시
Calamintha 칼라민타속
calamondin 칼라몬딘
calamus 창포
calamus oil 창포방향유
calandria 칼란드리아
calciferol 바이타민디투
calciferol 칼시페롤
calcification 석회화
calcitonin 칼시토닌
calcitriol 칼시트라이올
calcium 칼슘
calcium acetate 아세트산칼슘
calcium alginate 알긴산칼슘
calcium ascorbate 아스코브산칼슘
calcium benzoate 벤조산칼슘
calcium binding calmodulin protein 칼슘결합칼모듈린단백질
calcium carbide 탄화칼슘
calcium carbonate 탄산칼슘
calcium carboxymethyl cellulose 카복시메틸셀룰로스칼슘
calcium caseinate 카세인칼슘
calcium channel 칼슘통로
calcium channel blocker 칼슘통로봉쇄제
calcium chloride 염화칼슘
calcium citrate 시트르산칼슘
calcium dihydrogen phosphate 인산이수소칼슘
calcium disodium ethylenediamine tetraacetate 에틸렌다이아민사아세트산칼슘이소듐
calcium ferrocyanide 페로사이안화칼슘
calcium gluconate 글루콘산칼슘
calcium glycerophosphate 글리세로인산칼슘
calcium hydrogen phosphate 인산수소칼슘
calcium hydroxide 소석회
calcium hydroxide 수산화칼슘
calcium hydroxyapatite 칼슘하이드록시아파타이트
calcium hypochlorite 하이포염소산칼슘
calcium hypochlorite 고도표백분
calcium ion 칼슘이온
calcium ion channel 칼슘이온통로
calcium lactate 젖산칼슘
calcium orthophosphate 오쏘인산칼슘
calcium oxide 산화칼슘
calcium pantothenate 판토텐산칼슘
calcium propionate 프로피온산칼슘
calcium pump 칼슘펌프
calcium silicate 규산칼슘
calcium sorbate 소브산칼슘
calcium stearate 스테아르산칼슘
calcium stearoyl lactylate 스테아로일젖산칼슘
calcium sulfate 황산칼슘
calcium tartrate 타타르산칼슘
calcium test diet 칼슘검사음식
calcium 5'-ribonucleotide 5'-리보뉴클레오타이드칼슘
Calciviridae 칼시바이러스과
calculosis 결석증
calculus 돌
Calendula arvensis 금잔화
calf 송아지
calf muscle 송아지근육
calf rennet 송아지레닛
calibration 보정
calibration curve 보정선
Caliciviridae 칼리시바이러스과
calicivirus 칼리시바이러스
California anchovy 캘리포니아멸치
California blackberry 캘리포니아블랙베리
California flying fish 캘리포니아날치
California wild grape 캘리포니아야생포도
calipers 캘리퍼스
callistephin 칼리스테핀
callose 칼로스
Callosobruchus chinensis 팥바구미
callus 캘러스
callus culture 캘러스배양
calmodulin 칼모듈린
Calocybe 밤버섯속
Calocybe gambosa 밤버섯
Calophyllaceae 칼로필라과
caloric deficit 열량결핍
caloric effect 칼로리효과
caloric value 칼로리값
calorie 칼로리

calorie control 칼로리조절
calorie conversion factor 칼로리환산계수
calorie unit 열량단위
calorific value 열량
calorimeter 열량계
calorimetry 열량측정법
calpain 칼페인
calpastatin 칼파스타틴
Calpis 칼피스
calponin 칼포닌
calvados 칼바도스
Calvin cycle 캘빈회로
Calystegia 메꽃속
calyx 꽃받침
camalexin 카마렉신
Cambaridae 가잿과
Cambaroides similis 가재
Cambarus 북아메리카가재속
camel 낙타
Camelidae 낙타과
camelina 양구슬냉이
Camelina sativa 양구슬냉이
camellia 동백나무
Camellia 동백나무속
Camellia japonica 동백나무
camellia oil 동백기름
Camellia sinensis 차나무
Camellia sinensis var. *assamica* 아삼차나무
camel meat 낙타고기
camel milk 낙타젖
camel shrimp 끄덕새우
Camelus 낙타속
Camelus bactrianus 쌍봉낙타
Camelus dromedarius 단봉낙타
Camembert 카망베르
Campanula 초롱꽃속
Campanulaceae 초롱꽃과
Campanulales 초롱꽃목
campesterol 캄페스테롤
camphechlor 캄페클로르
camphene 캄펜
camphor 장뇌
camphoraceous odor 장뇌향
camphor laurel 녹나무
camphor tree 녹나무
camphorwood 녹나무
Campylaephora hypnaeoides 석묵
Campylobacter 캄필로박터속
Campylobacteraceae 캄필로박터과
Campylobacter coli 캄필로박터 콜리
Campylobacter enteritidis 캄필로박터 엔테리티디스
campylobacteriosis 캄필로박터증
Campylobacter jejuni 캄필로박터 제주니
camu camu 카무카무
can 캔
Canada balsam 캐나다발삼
Canadian bacon 캐나다베이컨
Canadian fleabane 망초
Canadian rice 와일드라이스
Canadian whisky 캐나다위스키
canape 카나페
canarium 아이엘레나무
Canarium schweinfurthii 아이엘레나무
canary dextrin 노란덱스트린
Canavalia 해녀콩속
Canavalia ensiformis 잭빈
Canavalia gladiata 작두콩
canavanine 카나바닌
can body 캔몸통
canbra oil 캔브라기름
cancer 암
cancer cell 암세포
Cancer pagurus 브라운크랩
cancer promotion 암촉진
can coating 캔코팅
Cancridae 은행겟과
candela 칸델라
candelilla 칸델릴라
candelilla wax 칸델릴라왁스
Candida 칸디다속
Candida famata 칸디다 파마타
Candida kefir 칸디다 케피르
Candida lipolytica 칸디다 리포리티카
Candida pseudotropicalis 칸디다 슈도트로피칼리스
Candida tropicalis 칸디다 트로피칼리스
Candida utilis 칸디다 유틸리스

Candida valida 칸디다 발리다
Candida zeylanoides 칸디다 제이라노이데스
candied fruit 설탕절임과일
candlenut tree 캔들너트나무
candling 캔들링
candy 캔디
candy gum 캔디껌
canistel 카니스텔
can mark 캔마크
canna 홍초
Cannabaceae 삼과
Cannabis sativa 삼
Cannaceae 칸나과
Canna edulis 아키라
Canna indica 홍초
canned agricultural product 농산물통조림
canned beef 쇠고기통조림
canned beverage 캔음료
canned cream 크림통조림
canned egg 달걀통조림
canned food 통조림
canned food in oil 기름담금통조림
canned fruit 과일통조림
canned ginseng 인삼통조림
canned grape 포도통조림
canned green pea 풋완두콩통조림
canned mackerel 고등어통조림
canned mushroom 버섯통조림
canned oyster 굴통조림
canned peach 복숭아통조림
canned pineapple 파인애플통조림
canned saury 꽁치통조림
canned seasoned food 조미통조림
canned skipjack tuna 가다랑어통조림
canned skipjack tuna in oil 가다랑어기름담금통조림
canned smoked food 훈제통조림
canned smoked foods in oil 훈제기름담금통조림
canned smoked oyster 굴훈제통조림
canned stew 스튜통조림
canned tuna 다랑어통조림
canneloni 카넬로니
cannery 통조림공장
canning 통조림
canning equipment 통조림장비
canning process 통조림공정
canola 카놀라
canola oil 카놀라기름
canonical correlation analysis 정준상관분석
canonical correlation coefficient 정준상관계수
can opener 통조림따개
can potential 통조림전위
can pressure 캔압력
can rust 캔녹
can seam inspection 밀봉부위검사
can size 캔크기
cantaloupe 캔털루프
canteen 구내식당
canteen 물통
canteen meal 구내식당음식
Cantharellaceae 꾀꼬리버섯과
Cantharellales 꾀꼬리버섯목
Cantharellus 꾀꼬리버섯속
Cantharellus cibarius 꾀꼬리버섯
Cantharellus minor 애기꾀꼬리버섯
canthaxanthin 칸타잔틴
can vacuum 통조림진공도
can vacuum inspection 통조림진공도검사
can washer 캔세척기
cap 캡
CAP → Common Agricultural Policy
capacitance 전기용량
capacity 용량
cape gooseberry 식용꽈리
cape jasmine 치자나무
capelin 열빙어
cape pondweed 케이프가래
caper 케이퍼
caper berry 케이퍼베리
Capillaria 모세선충속
Capillaria hepatica 간모세선충
Capillaria philippinensis 창자모세선충
capillariasis 모세선충증
Capillaridae 모세선충과
capillary 모세혈관
capillary action 모세관작용

capillary bed 모세혈관그물
capillary column 모세관칼럼
capillary condensation 모세관서림
capillary electrophoresis 모세관전기이동
capillary flow 모세관흐름
capillary phenomenon 모세관현상
capillary pore 모세공극
capillary tube 모세관
capillary viscometer 모세관점도계
capillary wormwood 사철쑥
Capitulum mitella 거북손
capocollo 카포콜로
capon 거세수탉
Capparaceae 풍접초과
Capparidaceae 풍접초과
Capparis masaikai 마빈랑
Capparis spinosa 케이퍼
capping 캐핑
cappuccino coffee 카푸치노커피
Capra hircus 염소
caprenin 카프레닌
capretto 카프레토
capric acid 카프르산
Caprifoliaceae 인동과
caproic acid 카프로산
caprolactam 카프로락탐
capryl alcohol 카프릴알코올
caprylic acid 카프릴산
caprylic acid triacylglycerol 카프릴산트라이아실글리세롤
capsaicin 캡사이신
capsaicinoid 캡사이시노이드
capsanthin 캡산틴
Capsella 냉이속
Capsella bursa-pastoris 냉이
Capsicum 고추속
capsicum 캡시쿰
Capsicum annuum 고추
Capsicum baccatum 아히아마릴로
Capsicum chinense 노란랜턴칠리
Capsicum frutescens 'Tabasco' 타바스코고추
capsicum oleoresin 캡시쿰올레오레진
Capsicum pubescens 로코토
capsid 캡시드
capsidiol 캡시다이올
capsomere 캡소미어
capsorubin 캡소루빈
Capsosiphon 매생이속
Capsosiphonaceae 매생잇과
Capsosiphon fulvescens 매생이
capsule 삭과
capsule 캡슐
captafol 캡타폴
captan 캡탄
captopril 캡토프릴
Carabidae 딱정벌렛과
carageenan gel 카라기난젤
carambola 카람볼라
caramel 캐러멜
caramel color 캐러멜색소
caramelization 캐러멜화
caramelization reaction 캐러멜반응
caramel syrup 캐러멜시럽
Carangidae 전갱잇과
Carassius auratus 붕어
caraway 캐러웨이
caraway essential oil 캐러웨이방향유
caraway seed 캐러웨이씨
carbadox 카바독스
carbaldehyde 카브알데하이드
carbamate 카바메이트
carbamate pesticide 카바메이트농약
carbamic acid 카밤산
carbamide 카바마이드
carbapenem 카바페넴
carbanepem-resistant enterobacter 카바페넴내성창자세균
carbaryl 카바릴
carbazide 카바자이드
carbazole 카바졸
carbendazim 카벤다짐
carbendazole 카벤다졸
carbocyclic compound 탄소고리화합물
carbocysteine 카보시스테인
carbofuran 카보퓨란
carbohydrase 탄수화물가수분해효소
carbohydrate 탄수화물

carbohydrate counting 탄수화물계산법
carbohydrate loading 탄수화물로딩
carbohydrate metabolism 탄수화물대사
carbohydrate sweetener 탄수화물감미료
carboline 카볼린
carbo-loading 탄수화물로딩
carbon 탄소
carbon assimilation 탄소동화작용
carbonatation 탄산염첨가
carbonate 카보네이트
carbonate dehydrase 탄산탈수효소
carbonate ion 탄산이온
carbonated beverage 탄산음료
carbonated water 탄산수
carbonation 탄산화
carbon black 카본블랙
carbon compound 탄소화합물
carbon cycle 탄소순환
carbon dating 탄소연대측정
carbon dioxide 이산화탄소
carbon dioxide cycle 이산화탄소순환
carbon dioxide fixation 이산화탄소고정
carbon dioxide freezer 이산화탄소냉동기
carbon dioxide stunning slaughter 이산화탄소기절도축
carbon disulfide 이황화탄소
carbon electrode 탄소전극
carbon fixation 탄소고정
carbon isotope 탄소동위원소
carbon metabolism 탄소대사
carbon monoxide 일산화탄소
carbon monoxide intoxication 일산화탄소중독
carbon nanotube 탄소나노튜브
carbon-nitrogen ratio 탄소질소비율
carbon(II) oxide 산화탄소(II)
carbon skeleton 탄소뼈대
carbon steel 탄소강
carbon tetrachloride 사염화탄소
carbonic acid 탄산
carbonic anhydrase 탄산무수화효소
carbonic maceration 이산화탄소침용
carbonization 이산화탄소취입
carbonyl 카보닐
carbonyl compound 카보닐화합물
carbonyl group 카보닐기
carbonyl value 카보닐값
carboxy 카복시
carboxyhemoglobin 일산화탄소헤모글로빈
carboxylase 카복실화효소
carboxylation 카복실화
carboxylesterase 카복실에스터화효소
carboxyl group 카복실기
carboxylic acid 카복실산
carboxylic ester hydrolase 카복실에스터가수분해효소
carboxyl terminal 카복실말단
carboxymethyl cellulose 카복시메틸셀룰로스
carboxymethyl starch 카복시메틸녹말
carboxypeptidase 카복시펩티데이스
carcass 도체
carcass byproduct 도체부산물
carcass percentage 도체율
carcass ratio 도체율
Carcharhinidae 흉상엇과
Carcharhiniformes 흉상어목
Carcharhinus melanopterus 흑기흉상어
Carcharhinus plumbeus 흉상어
carcinogen 발암물질
carcinogenesis 발암
carcinogenicity 발암성
carcinogenicity test 발암시험
carcinoma 암종
cardamom 카다몸
cardamom oil 카다몸방향유
cardboard 판지
cardboard off odor 판지이취
cardia 들문
cardiac arrhythmia 심장부정맥
cardiac crisis 심장발작
cardiac orifice 들문구멍
cardiac output 심장박출량
Cardiidae 새조갯과
cardiomyopathy 심장근육병
cardioplegia 심장마비
cardiopulmonary resuscitation 심폐소생술
cardiorespiratory endurance 심폐지구력
cardiovascular disease 심장혈관질환

cardiovascular system 심장혈관계통
cardoon 카둔
care of health 양생
cargo 화물
caribou 순록
Caricaceae 파파야과
Carica papaya 파파야
Carica pentagona 바바코
carmine 카민
carminic acid 카민산
carmoisine 카모이신
carnauba palm 카나우바야자나무
carnauba wax 카나우바왁스
carnaubic acid 카나우브산
Carnidae 갯과
Carnis lupus familiaris 개
carnitine 카니틴
Carnivora 식육목
carnivore 육식동물
carnivorous animal 육식동물
carnivorous fish 육식어류
Carnobacteriaceae 카르노박테륨과
Carnobacterium 카르노박테륨속
Carnobacterium divergens 카르노박테륨 디베르겐스
Carnobacterium mobile 카르노박테륨 모빌레
Carnobacterium piscicola 카르노박테륨 피스시콜라
carnosic acid 카노스산
carnosine 카노신
carnosol 카노솔
carob bean 캐롭콩
carob gum 캐롭검
carob pod 캐롭꼬투리
carob tree 캐롭나무
carotene 카로텐
carotenemia 카로텐혈증
carotenoid 카로테노이드
carotid artery 목동맥
carp bream 브림
carpel 심피
carpet shell 카펫조개
Carpobrotus edulis 신무화과
carpospore 과홀씨
carposporophyte 과홀씨체
carproic aldehyde 카프로알데하이드
carrageenan 카라기난
carrageen moss 아이리시모스
carrier 동반식품
carrier 보균자
carrier 운반체
carrier gas 운반기체
carrier infection 매개감염
carrier protein 운반체단백질
carrot 당근
carrot chip 당근칩
carrot juice 당근주스
carrot pulp 당근펄프
carthamin 카타민
Carthamus 잇꽃속
Carthamus tinctorius 잇꽃
cartilage 연골
cartilaginous fish 연골어류
cartilaginous tissue 연골조직
carton 카턴
cartonboard 카턴보드
cartoning 카터닝
carton pack 카턴팩
cartridge filter 카트리지거르개
cartridge heater 카트리지히터
Carum carvi 캐러웨이
carvacrol 카바크롤
carveol 카베올
carvone 카본
Carya 카르야속
Carya illinoinensis 피칸
Carya ovata 샤그바크히커리
Carya tomentosa 모커넛히코리
Caryophlliatae 석죽하강
Caryophyllaceae 석죽과
Caryophyllales 석죽목
caryophyllene 카리오필렌
Caryophyllianea 석죽아목
caryopsis 영과
Caryota urens 공작야자나무
cascade cooler 캐스케이드냉각기
case-control study 사례대조군연구
case hardening 겉마르기

case history 병력
casein 카세인
caseinate 카세이네이트
casein coprecipitate 카세인공침물
casein curd 카세인커드
casein fiber 카세인섬유
casein hydrolyzate 카세인가수분해물
casein micelle 카세인마이셀
caseinomacropeptide 카세이노마크로펩타이드
casein phosphopeptide 카세인인산펩타이드
casein plastic 카세인플라스틱
casein whey 카세인유청
cash crop 상품작물
cashel blue 캐셜블루
cashew apple 캐슈애플
cashew apple juice 캐슈애플주스
cashew nut 캐슈너트
cashew tree 캐슈나무
Casimiroa edulis 화이트사포테
casing 케이싱
cask 술통
cassabanana 카사바나나
cassava 카사바
cassava chip 카사바칩
cassava meal 카사바가루
cassava starch 카사바녹말
casserole 캐서롤
Cassia 카시아속
cassia gum 카시아검
cassia oil 카시아방향유
cassia seed 결명자
Cassia tora 결명차
Casson fluid 카슨유체
Castanea crenata 밤나무
Castanea dentata 밤나무(미국계)
Castanea mollissima 밤나무(중국계)
Castanea sativa 밤나무(유럽계)
castella 카스텔라
cast film 캐스트필름
cast iron 주철
CA storage 시에이저장
CA storage → controlled atmosphere storage
castor bean 피마자씨
castor oil 피마자기름
castor oil plant 피마자
Casuariformes 화식조목
Casuariidae 화식조과
Casuarius casuarius 화식조
catabolic repression 분해대사억압
catabolism 분해대사
catabolite 분해대사물질
catadromous fish 강하물고기
catalase 카탈레이스
catalysis 촉매작용
catalyst 촉매
catalyst poison 촉매독
catalytic combustion 촉매연소
catalytic reaction 촉매반응
catalytic site 촉매자리
cataract 백내장
Catathelasma ventricosum 전나무버섯
catechin 카테킨
catechol 카테콜
catecholamine 카테콜아민
catechol oxidase 카테콜산화효소
category scale 항목척도
catering 케이터링
caterpillar juice extractor 캐터필러착즙기
catfishes 메기류
cathepsin 카텝신
catheter 카테터
cathode 음극
cathode ray 음극선
cathode ray oscilloscope 음극선오실로스코프
cation 양이온
cation exchange capacity 양이온교환능력
cation exchange resin 양이온교환수지
cationic detergent 양이온세제
cationic starch 양이온녹말
cationic surfactant 양이온계면활성제
catmint 개박하
catnip 개박하
cattle 소
cattle kidney 소콩팥
cattle liver fluke 간질
cattle muscle 소근육
cattle tissue 소조직

Caulerpa 옥덩굴속
Caulerpaceae 옥덩굴과
Caulerpa lentillifera 바다포도
Caulerpales 옥덩굴목
cauliflower 꽃양배추
cauliflower mushroom 꽃송이버섯
caustic soda 가성소다
Cavia 기니피그속
Cavia porcellus 기니피그
caviar 캐비아
caviar substitute 캐비아대용물
Caviidae 기니피그과
Caviomorpha 기니피그아목
cavitation 공동화
Cavitator 캐비테이터
cavity 공동
cayenne pepper 카옌페퍼
CCCF → Codex Committee on Contaminants in Foods
CCFA → Codex Committee on Food Additives
CCFH → Codex Committee on Food Hygiene
CCFL → Codex Committee on Food Labelling
CCGICS → Codex Committee on Food Import and Export Certification and Inspection System
CCGP → Codex Committee on General Principles
CCK → cholecystokinin
CCMAS → Codex Committee on Methods of Analysis and Sampling
CCNFSDU → Codex Committee on Nutrition and Foods for Special Dietary Uses
CCP → critical control point
CCPR → Codex Committee on Pesticide Residues
CCRVDF → Codex Committee on Residues of Veterinary Drugs in Foods
CEC → 양이온교환능력
cecum 막창자
cedar scent 삼나무향
Cedrela 참죽나무속
Cedrela sinensis 참죽나무
Ceiba pentandra 케이폭나무
Celastraceae 노박덩굴과
Celastrales 노박덩굴목
Celastrineae 노박덩굴아목
Celastrus 노박덩굴속
Celastrus orbiculatus 노박덩굴
celeriac 셀러리액
celery 셀러리
celery seed 셀러리씨
celery seed oil 셀러리씨방향유
celiac disease 복강병
cell 세포
cellar storage 움저장
cell biology 세포생물학
cell body 세포체
cell cloning 세포클로닝
cell count 세포수
cell culture 세포배양
cell cycle 세포주기
cell damage 세포손상
cell density 세포밀도
cell differentiation 세포분화
cell division 세포분열
cell engineering 세포공학
cell-free extract 무세포추출물
cell-free system 무세포계
cell fusion 세포융합
cell homogenate 세포분쇄액
cell line 세포주
cell lysis 세포용해
cell-mediated immunity 세포매개면역
cell membrane 세포막
cell movement 세포운동
cell nucleus 세포핵
cellobiase 셀로바이에이스
cellobiohydrolase 셀로바이오하이드롤레이스
cellobiose 셀로바이오스
cellomics 셀로믹스
cellooligosaccharide 셀로올리고당
cellophane 셀로판
cellophane paper 셀로판지
cell organelle 세포소기관
cell physiology 세포생리학
cell population 세포군
cell proliferation 세포증식
cell respiration 세포호흡
cell sap 세포액

cell sorter 세포분리기
cell structure 세포구조
cell suspension culture 세포서스펜션배양
cellular immunity 세포면역
cellulase 셀룰로스가수분해효소
celluloid 셀룰로이드
cellulolytic enzyme 셀룰로스분해효소
cell ultrastructure 세포미세구조
Cellulomonas 셀룰로모나스속
celluloplasmin 셀룰로플라스민
cellulose 셀룰로스
cellulose acetate 셀룰로스아세테이트
cellulose bread 셀룰로스빵
cellulose derivative 셀룰로스유도체
cellulose ether 셀룰로스에테르
cellulose fiber 셀룰로스섬유
cellulose film 셀룰로스필름
cellulose gel 셀룰로스젤
cellulose gum 샐룰로스검
cellulose sausage casing 셀룰로스소시지케이싱
cellulose-1,4-β-cellobiosidase 셀룰로스-1,4-베타셀로바이오시데이스
cellulosome 셀룰로솜
Cellvibrio 셀비브리오속
Cellvibrio mixtus 셀비브리오 믹스투스
cell wall 세포벽
Celsius temperature 섭씨온도
Centaurea cyanus 수레국화
center 중심
center heel of shank 아롱사태
centimeter 센티미터
centipoise 센티푸아즈
centistokes 센티스토크스
central commissary school foodservice system 공동조리학교급식
central control system 중앙제어시스템
centralized control 집중제어
central kitchen 공동조리장
central location test 중심지역검사
central nervous system 중추신경계통
central obesity 중심비만
centrifugal atomizer 원심분무기
centrifugal blower 원심송풍기
centrifugal clarifier 원심청정기
centrifugal classifier 원심분류기
centrifugal compressor 원심압축기
centrifugal evaporator 원심농축기
centrifugal extractor 원심추출기
centrifugal filter 원심거르개
centrifugal force 원심력
centrifugal pump 원심펌프
centrifugal separation 원심분리
centrifugal spray method 원심분무법
centrifugation 원심분리법
centrifuge 원심분리기
centrifuge tube 원심분리관
centriole 중심소체
centripetal force 구심력
Centrolophidae 샛돔과
centromere 중심절
Centropomidae 꺽짓과
centrosome 중심체
Centrospermae 중심자목
century plant 용설란
cep 그물버섯
Cephalaspidomorphi 두갑강
cephalin 세팔린
Cephalochordata 두삭동물아문
cephalochordates 두삭류
Cephalopoda 두족강
cephalopods 두족류
cephalosporin 세팔로스포린
Cephalosporium 세팔로스포륨속
Cephalosporium caerulens 세팔로스포륨 카에룰렌스
cephapirin 세파피린
Ceramiaceae 비단풀과
Ceramiales 비단풀목
ceramic 세라믹
ceramic knife 세라믹칼
ceramic membrane 세라믹막
ceramic oven 세라믹오븐
ceramide 세라마이드
Ceramium 비단풀속
Cerastoderma edule 유럽꼬막
Ceratocystis 세라토시스티스속
Ceratocystis fimbriata 세라토시스티스 펌브

리아타
Ceratocystis paradoxa 세라토시스티스 파라독사
Ceratonia siliqua 캐롭나무
Cercidiphyllaceae 계수나뭇과
Cercidiphyllum 계수나무속
Cercidiphyllum japonicum 계수나무
cereal bar 곡물바
cereal bran 곡물겨
cereal flour 곡분
cereal inspection 곡류검사
cereal product 곡류가공품
cereal protein 곡류단백질
cereals 곡류
cereal starch 곡류녹말
cerebellum 소뇌
cerebral apoplexy 뇌중풍
cerebral concussion 뇌진탕
cerebral embolism 뇌색전증
cerebral hemisphere 대뇌반구
cerebral infarction 뇌경색증
cerebral palsy 뇌성마비
cerebral thrombosis 뇌혈전증
cerebrosclerosis 뇌경화
cerebroside 세레브로사이드
cerebrovascular accident 뇌혈관사고
cerebrovascular disease 뇌혈관병
cerebrum 대뇌
cerebrum cortex 대뇌겉질
cerebrum medulla 대뇌속질
cereulide 세레울라이드
Cereus peruvianus 페루사과선인장
Cereus repandus 페루사과선인장
cerium 세륨
cerotic acid 세로트산
certified lactation consultant 수유전문컨설턴트
certified milk 보증우유
cerulenin 세룰레닌
ceruloplasmin 세룰로플라스민
cervelat 세르블라
cervical cancer 자궁경부암
Cervidae 사슴과
cervix 자궁목
Cervus canadensis 엘크
Cervus nippon 일본사슴
cesarean section 제왕절개
cesium 세슘
Cestoda 조충강
Cetacea 고래목
Cetoniidae 꽃무지과
cetyl alcohol 세틸알코올
cetylpyridinium chloride 염화세틸피리디늄
Ceylon cinnamon 실론계피나무
Ceylon gooseberry 실론구스베리
Ceylon tea 실론차
CFC → chlorofluorocarbon
CFR → Code of Federal Regulations
CFU → colony-forming unit
cGMP → cyclic guanidine monophosphate
CGS system of unit 시지에스단위계
chaconine 차코닌
Chaenomeles 명자나무속
Chaenomeles sinensis 모과나무
chaesogwa 채소과
Chaetognatha 모악동물문
Chaetomium 채토뮴속
Chaetomium globosum 채토뮴 글로보숨
Chaeturichthys hexanema 도화망둑
chai 차이
chain compound 사슬화합물
chain conveyor 체인컨베이어
chain initiation reaction 연쇄개시반응
chain length 사슬길이
chain propagation reaction 연쇄전파반응
chain reaction 연쇄반응
chain store 연쇄점
chain termination reaction 연쇄종결반응
chair weight scale 의자체중계
chajeonbyeong 차전병
chajo injeolmi 차조인절미
chakka 차카
Chalales 윤조목
chalaza 알끈
chalbap 찰밥
chal-chal 코쿠
chalcogen 칼코젠
chalcone 칼콘

chalkiness 심복백
chalky odor 분필내
chaltteok 찰떡
Chamaecrista 차풀속
Chamaecrista nomame 차풀
Chamaemelum nobile 카모마일
chamdanggui 참당귀
chamgim 참김
chamnamul 참나물
chamnarebagjwi 참나래박쥐
chamomile 카모마일
Champagne 샴페인
champignon 샹피뇽
change of state 상태변화
changing menu 변동메뉴
changmyeon 창면
changnanjeot 창난젓
Channa argus 가물치
channel protein 통로단백질
Channidae 가물칫과
chanterelle 꾀꼬리버섯
chapati 차파티
chaperone 샤프롱
chaperonin 샤페로닌
chapssalgochujang 찹쌀고추장
chaptalization 설탕첨가
char 차
characteristic curve 특성곡선
characteristics 특성
charcoal 숯
chardonnay 샤르도네
charge 전하
charge density 전하밀도
charged particle 하전입자
charge number 전하수
Charles' law 샤를법칙
Charophyceae 윤조강
Charophyta 윤조식물문
charqui 차키
chart 도표
chartreuse 샤르트뢰즈
chateaubriand 샤토브리앙
Chateau wine 샤토포도주
chavicine 차비신
chayote 불수과
check valve 체크밸브
Cheddar cheese 체더치즈
cheddaring 체더링
cheese 치즈
cheese aging 치즈숙성
cheese analog 치즈대용물
cheeseburger 치즈버거
cheesecake 치즈케이크
cheese cloth 치즈클로스
cheese coloring agent 치즈착색제
cheese cracker 치즈크래커
cheese cream 치즈크림
cheese curd 치즈커드
cheese defect 치즈결함
cheese flavor 치즈향미
cheese food 치즈푸드
cheesemaking 치즈제조
cheesemaking milk 치즈우유
cheese manufacture 치즈제조
cheese milk 치즈우유
cheese mite 치즈진드기
cheese mold 치즈틀
cheese powder 치즈가루
cheese press 치즈압착기
cheese processing machine 치즈가공솥
cheese rind 치즈껍질
cheese ripening room 치즈숙성실
cheese sauce 치즈소스
cheese slice 치즈슬라이스
cheese spread 치즈스프레드
cheese starter 치즈스타터
cheese stick 치즈스틱
cheese substitute 치즈대용물
cheese variety 치즈종류
cheese vat 치즈응고통
cheese wax 치즈왁스
cheese whey 치즈유청
cheesy aroma 치즈향
chef 셰프
cheilitis 입술염
Cheilopogon agoo 날치
Cheilopogon pinnatibarbatus californicus 캘리포니아날치

chelate 킬레이트
chelate complex 킬레이트착물
chelate compound 킬레이트화합물
chelating agent 킬레이트제
chelation 킬레이트화
chelatometry 킬레이트적정법
Chelidonichthys spinosus 성대
chemesthesis 화학감성
chemical analysis 화학분석
chemical balance 화학저울
chemical bond 화학결합
chemical cell 화학전지
chemical change 화학변화
chemical component 화학성분
chemical control 화학방제
chemical digestion 화학소화
chemical disinfection 약제소독법
chemical energy 화학에너지
chemical engineering 화학공학
chemical equation 화학반응식
chemical equilibrium 화학평형
chemical equivalent 화학당량
chemical fertilizer 화학비료
chemical food poisoning 화합물식품중독
chemical formula 화학식
chemical genomics 화학유전체학
chemical kinetics 화학반응속도론
chemical leavening agent 화학팽창제
chemically modified starch 화공녹말
chemical messenger 화학신호전달물질
chemical oxygen demand 화학적 산소요구량
chemical pesticide 화합물농약
chemical property 화학성질
chemical reaction 화학반응
chemical residue 잔류화합물
chemical score 화학값
chemical sense 화학감각
chemical stimulus 화학자극
chemical tenderization 화학연화
chemical thermodynamics 화학열역학
chemical transmission 화학전달
chemical transmitter 화학전달물질
chemiluminescence 화학발광
chemisorption 화학흡착
chemist 화학자
chemistry 화학
chemoautotroph 화학독립영양생물
chemoreceptor 화학받개
chemostat 케모스타트
chemosynthesis 화학합성
chemosynthetic bacterium 화학합성세균
chemotaxis 주화성
chemotherapy 화학요법
chemotroph 화학영양생물
chemotrophy 화학영양성
chenocholic acid 케노콜산
chenodeoxycholic acid 케노데옥시콜산
Chenopodiaceae 명아줏과
Chenopodiineae 명아주아목
Chenopodium 명아주속
Chenopdium album var. *album* 흰명아주
Chenopodium album var. *centrorubrum* 명아주
Chenopodium ambrosioides 정가
Chenopodium bonus-henricus 굿킹헨리
Chenopodium quinoa 퀴노아
cheomcha 첨차
cheonggukjang 청국장
cheongjang 청장
cheongju 청주
cheongpomuk 청포묵
cheongtaejang 청태장
cheonma 천마
cherimoya 체리모야
Cherokee rose 금앵자
cherry 버찌
cherry brandy 체리브랜디
cherry juice 버찌주스
cherry laurel 체리로렐
cherry pepper 피망
cherry salmon 산천어
cherry salmon 송어
cherry tomato 방울토마토
chervil 처빌
Cheshire cheese 체셔치즈
chest 가슴
Chester cheese 체스터치즈
chestnut 밤

chest pain 가슴통증
Chetomiaceae 채토뭄과
chevon 염소고기
chewiness 씹힘성
chewing gum 껌
chewing gum base 껌베이스
chewy 질긴
chhana 차나
Chianti 키안티
chicken 닭
chicken bone 닭뼈
chicken breast 닭가슴살
chicken cream soup 치킨크림수프
chicken egg 달걀
chicken feet 닭발
chicken gizzard 닭모래주머니
chicken gizzard pickle 닭모래주머니피클
chicken ham 치킨햄
chicken leg quarter 닭다리살
chicken liver 닭간
chicken loaf 치킨로프
chicken meat 닭고기
chicken mince 닭고기민스
chicken nugget 치킨너깃
chicken patty 닭패티
chicken pox 수두
chicken sausage 닭소시지
chicken skin 닭껍질
chicken thigh 닭다리
chicken wing 닭날개
chickpea 매부리콩
chickpea flour 매부리콩가루
chickweed 별꽃
chicle 치클
chicle gum 치클껌
chicory 치커리
chicory extract 치커리추출물
chief cell 주세포
chiffon 시폰
Chiffon cake 시폰케이크
Chiffon pie 시폰파이
chikcha 칡차
chikuwa 부들어묵
child death rate 소아사망률
Children's Welfare Act 아동복지법
Chilean hazelnut 칠레개암
Chilean seabass 비막치어
chili pepper 칠리고추
chilled superconductor 저온초전도체
chiller 칠러
chill haze 냉각혼탁
chilli 칠리
chilling injury 냉해
chilling resistance 냉해저항성
chilling storage 냉각저장
chilling storage method 냉각저장법
chilli sauce 칠리소스
Chilopoda 지네강
Chiloscyllium indicum 얼룩상어
Chimaera phantasma 은상어
Chimaeridae 은상엇과
Chimaeriformes 은상어목
chimera 키메라
chimeric DNA 키메라디엔에이
China jute 어저귀
China rose 불상화
Chinchila 친칠라
Chinese alligator 중국앨리게이터
Chinese artichoke 두루미냉이
Chinese asparagus 천문동
Chinese bayberry 소귀나무
Chinese bellflower 도라지
Chinese boxthorn 구기자나무
Chinese broccoli 카이란
Chinese cabbage 중국배추
Chinese cassia 카시아
Chinese chestnut 밤나무(중국계)
Chinese chive 부추
Chinese cinnamon 카시아
Chinese cyclina 가무락조개
Chinese ditch prawn 그라비새우
Chinese elm 참느릅나무
Chinese emperor 구갈돔
Chinese ephedra 마황
Chinese flowering cabbage 중국꽃배추
Chinese ginger 중국생강
Chinese gooseberry 양다래
Chinese grapefruit 포멜로

Chinese grass 모시풀
Chinese ham 중국햄
Chinese hawthorn 산사나무
Chinese hazel 개암나무(중국계)
Chinese herring 준치
Chinese hibiscus 불상화
Chinese hibiscus 중국장미
Chinese kale 카이란
Chinese keys 중국생강
Chinese knotweed 하수오
Chinese licorice 감초
Chinese liver fluke 간흡충
Chinese lovage 고본
Chinese mahogany 참죽나무
Chinese mallow 아욱
Chinese mallow seed 동규자
Chinese matrimony-vine 구기자나무
Chinese milkvetch 자운영
Chinese mitten crab 참게
Chinese mugwort 황해쑥
Chinese mystery snail 논우렁이
Chinese noodle 중국국수
Chinese onion 염교
Chinese parsley 고수
Chinese pear 중국배
Chinese pearleaf crabapple 능금나무
Chinese peony 작약
Chinese plantain 질경이
Chinese prickly-ash 중국산초나무
Chinese primrose 중국프림로즈
Chinese quince 모과
Chinese quince 모과나무
Chinese restaurant syndrome 중국음식점증후군
Chinese rhubarb 장엽대황
Chinese rose 중국장미
Chinese sage 단삼
Chinese sausage 중국소시지
Chinese scallion 염교
Chinese scholar 회화나무
Chinese softshell turtle 자라
Chinese soy sauce 중국간장
Chinese star anise 스타아니스
Chinese sturgeon 철갑상어
Chinese sumac 붉나무
Chinese tea 중국차
Chinese toon 참죽나무
Chinese water chestnut 남방개
Chinese white shrimp 대하
Chinese wolfberry 영하구기자나무
Chinese yam 중국마
chinkara 친카라
Chinoecetes opilio 대게
chinook salmon 왕연어
Chionoecetes japonicus 붉은 대게
chip 칩
chip 프렌치프라이
chipping property 칩성질
chirality 손대칭성
Chirolophis japonicus 괴도라치
chi-square distribution 카이제곱분포
chitin 키틴
chitinase 키틴가수분해효소
chitin deacetylase 키틴아세틸기제거효소
chitin oligosaccharide 키틴올리고당
chitlings 돼지곱창
chitooligosaccharide 키토올리고당
chitosan 키토산
chitosanase 키토산가수분해효소
chitterlings 돼지곱창
chive 골파
Chlamydomonadaceae 클라미도모나스과
Chlamydomonas 클라미도모나스속
chlamydospore 후막홀씨
Chlamys farreri 비단가리비
chloramine 클로라민
chloramine T 클로라민티
chloramphenicol 클로람페니콜
chlorate 염소산염
chlordane 클로데인
chlorella 클로렐라
Chlorella 클로렐라속
chlorella food 클로렐라식품
Chlorella protothecoides 클로렐라 프로토테코이데스
Chlorella pyrenoidosa 클로렐라 피레노이도사
chlorfenvinphos 클로르펜빈포스
chloric acid 염소산

chloride 염화물
chloride ion 염화이온
chlorinate hydrocarbon 염소화탄화수소
chlorination 염소처리
chlorination 염소화
chlorine 염소
chlorine atom 염소원자
chlorine determination method 염소정량법
chlorine dioxide 이산화염소
chlorine disinfection 염소살균
chlorine gas 염소가스
chlorine water 염소수
chlorite 아염소산염
chlormequat 클로메
chlorobenzene 클로로벤젠
Chlorobiaceae 클로로븀과
Chlorobium 클로로븀속
chlorobutadiene 클로로뷰타다이엔
chlorocholine chloride 클로로콜린클로라이드
Chlorococcaceae 녹색소구체과
Chlorococcales 녹색소구체목
Chlorococcum 클로로코쿰속
chloroethene 클로로에텐
chloroethylene 클로로에틸렌
chlorofluorocarbon 클로로플루오로탄소
chloroform 클로로폼
chlorogenic acid 클로로겐산
chloromethane 클로로메테인
Chloromonadophyceae 녹편모조강
chloromycetin 클로로미세틴
chlorophenol 클로로페놀
chlorophos 클로로포스
Chlorophyceae 녹조강
chlorophyll 엽록소
chlorophyll a 엽록소에이
chlorophyllase 엽록소가수분해효소
chlorophyll b 엽록소비
chlorophyll containing plant 엽록소함유식물
chlorophyllin 클로로필린
Chlorophyta 녹조식물문
chlorophyte 녹조식물
chloropicrin 클로로피크린
chloroplast 엽록체
chlorothalonil 클로로탈로닐
chlorous acid 아염소산
chlorpropham 클로프로팜
chlorpyrifos 클로피리포스
chlorpyrifos-methyl 클로피리포스메틸
chlortetracycline 클로르테트라사이클린
cho 초
chocolate 초콜릿
chocolate bar 초콜릿바
chocolate cake 초콜릿케이크
chocolate chip 초콜릿칩
chocolate coating 초콜릿코팅
chocolate confectionery 초콜릿과자
chocolate couverture 초콜릿커버처
chocolate dessert 초콜릿디저트
chocolate drink 초콜릿음료
chocolate filling 초콜릿필링
chocolate liquor 초콜릿액
chocolate mass 초콜릿매스
chocolate milk 초콜릿우유
chocolate powder 초콜릿가루
chocolate pudding fruit 검정사포테
chocolate substitute 초콜릿모조품
chocolate syrup 초콜릿시럽
chocolate truffle 초콜릿트뤼플
chocolate vein 으름덩굴
chogochujang 초고추장
choice 상급쇠고기
chojang 초장
chokeberry 초크베리
cholecalciferol 바이타민디스리
cholecalciferol 콜레칼시페롤
cholecystitis 쓸개염
cholecystokinin 콜레시스토키닌
cholelithiasis 쓸갯돌증
cholera 콜레라
cholera toxin 콜레라독소
cholera vibrio 콜레라비브리오
cholesterol 콜레스테롤
cholesterolemia 콜레스테롤혈증
cholesterol ester 콜레스테롤에스터
cholesterol oxidase 콜레스테롤산화효소
cholesterol oxidation product 콜레스테롤산화생성물
cholesterol oxide 콜레스테롤산화물

cholesterol stone 콜레스테롤돌
cholesterol-saturated fat index 콜레스테롤포화지방산지수
cholesteryl ester storage disease 콜레스테롤에스터축적병
cholestyramine 콜레스타이라민
cholic acid 콜산
choline 콜린
choline bitartrate 타타르산수소콜린
choline chloride 염화콜린
cholinergic neuron 콜린신경세포
cholinesterase 콜린에스터레이스
choloylglycine hydrolase 콜로일글리신가수분해효소
Chondrichthyes 연골어강
chondrocyte 연골세포
chondroitin 콘드로이틴
chondroitin sulfate 콘드로이틴황산
Chondrus 진두발속
Chondrus crispus 아이리시모스
Chondrus crispus 콘두루스 크리스푸스
Chondrus ocellatus 진두발
chonggakkimchi 총각김치
chopi 초피
chopper 초퍼
chopper mill 초퍼밀
chopping 다지기
chopping 초핑
chopping board 도마
Chordata 척삭동물문
chordates 척삭동물
chorion 융모막
choripetalous flower 갈래꽃
Chorleywood process 찰리우드제빵법
chorogi 두루미냉이
choroid 맥락막
choux 슈
choux a la creme 슈크림
choux pastry 슈페이스트리
chowder 차우더
Christmas cake 크리스마스케이크
chroma 채도
chromaticity 색도
chromaticity chart 색도도
chromaticity coordinate 색도좌표
chromatid 염색분체
chromatin 염색질
chromatin thread 염색사
Chromatium 크로마튬속
chromatogram 크로마토그램
chromatograph 크로마토그래프
chromatography 크로마토그래피
chromic acid 크로뮴산
chromic chloride 염화크로뮴(III)
Chromis notatus 자리돔
chromium 크로뮴
chromium(Ⅲ) chloride 염화크로뮴(III)
chromium dioxide 산화크로뮴(IV)
chromium dioxide 이산화크로뮴
Chromobacterium 크로모박테륨속
Chromobacterium violaceum 크로모박테륨비올라세움
chromogen 색원체
chromogenesis 색소형성
chromolipid 색소지방질
chromophore 발색단
chromoplast 잡색체
chromoprotein 색소단백질
chromosomal mutation 염색체돌연변이
chromosome 염색체
chromosome aberration 염색체이상
chromosome aberration test 염색체이상시험
chromosome duplication 염색체배가
chromosome engineering 염색체공학
chromosome manipulation 염색체조작
chromosome map 염색체지도
chromosome recombination 염색체재조합
chromosome theory 염색체설
chronic enteritis 만성창자염
chronic gastritis 만성위염
chronic hepatitis 만성간염
chronic intoxication 만성중독
chronic myelocytic leukemia 만성골수세포백혈병
chronic pancreatitis 만성이자염
chronic renal failure 만성콩팥기능상실
chronic respiratory disease 만성호흡기병
chronic toxicity 만성독성

chronic toxicity test 만성독성시험
Chroococales 남구슬말목
Chroococcaceae 남구슬말과
chrysanthemin 크리산테민
chrysanthemum 국화
Chrysanthemum 국화속
Chrysanthemum coronarium 쑥갓
chrysanthemum greens 쑥갓
Chrysanthemum indicum 감국
Chrysanthemum morifolium 국화
Chrysanthemum zawadskii var. *latilobum* 구절초
chrysene 크리센
Chrysophyceae 황갈조강
Chrysophyllum cainito 스타애플
Chrysophyta 황갈조식물문
Chrysosporium 크리소스포륨속
Chrysosporium pannorum 크리소스포륨 파노룸
chub mackerel 태평양고등어
chuck 척
chuck crest 멍에살
chuck fat 어깨지방
chuck flap tail 살치살
chuck tender 꾸리살
chueotang 추어탕
chufa 기름골
chufa nut 추파너트
chujeot 추젓
chum salmon 연어
chunjang 춘장
church steeples 아그리모니
churn 우유젓개
churning 우유교반
chutney 처트니
chwi 취
chwinamul 취나물
chyle 암죽
chyle duct 암죽관
chylomicron 암죽미립
chylomicron 킬로미크론
chyme 카임
chymosin 키모신
chymotrypsin 키모트립신
chymotrypsin inhibitor 키모트립신억제제
chymotrypsinogen 키모트립시노겐
Chytridiales 항아리균목
Chytridiomycetes 항아리균강
Chytridiomycota 호상균문
Chytridium 항아리팡이속
cicely 시슬리
Cicer arietinum 메부리콩
Cichlidae 시클릿과
Cichorium 꽃상추속
Cichorium endivia 꽃상추
Cichorium intybus 치커리
cider 사이다
cider apple 사이다사과
cider vinegar 사이다식초
cider yeast 사이다효모
CIE color system 시아이이색체계
cigar flower 담배꽃
ciguatera 시구아테라
ciguatera toxicosis 시구아테라중독
ciguaterin 시구아테린
ciguatoxin 시구아톡신
cilantro 고수
ciliary body 섬모체
ciliary movement 섬모운동
ciliate 섬모충
ciliated epithelium 섬모상피
Ciliophora 유모동물문
cilium 섬모
cimaterol 시마테롤
Cinamomi cortex 육계
cineole 시네올
cinnamaldehyde 시남알데하이드
cinnamic acid 시남산
Cinnamomum 녹나무속
Cinnamomum burmannii 인도네시아시나몬
Cinnamomum camphora 녹나무
Cinnamomum cassia 카시아
Cinnamomum loureirii 육계나무
Cinnamomum verum 실론계피나무
cinnamon 계피
cinnamon 시나몬
cinnamon oil 시나몬방향유
cinnamon powder 시나몬가루

cinnamon vine 중국마
Cinnamonum zeylanicum 실론계피나무
cinnamyl acetate 아세트산시남일
cinnamyl alcohol 시남일알코올
CIP → cleaning-in-place
Cipangopaludina chinensis malleata 논우렁이
ciprofloxacin 시프로플록삭신
circuit 회로
circular dichroism 원편광이색성
circular DNA 고리디엔에이
circular muscle 돌림근육
circulating grain drier 곡물순환건조기
circulation 순환
circulation pump 순환펌프
circulatory organ 순환기관
circulatory system 순환계통
cirrhosis 경화
Cirsium 엉겅퀴속
Cirsium japonicum var. *maackii* 엉겅퀴
Cirsium setidens 고려엉겅퀴
cis-butenedioic acid 시스뷰텐이산
cis, *cis*-lupanine 시스시스루파닌
cis-isomer 시스이성질체
cis-9-octadecenoic acid 시스-9-옥타데센산
cis-trans isomer 시스트랜스이성질체
cis-trans isomerism 시스트랜스이성질현상
cistron 시스트론
Citharidae 풀넙칫과
citral 시트랄
citranaxanthin 시트라나잔틴
citrate 시트레이트
citrate synthase 시트르산합성효소
citric acid 시트르산
citric acid cycle 시트르산회로
citric acid fermentation 시트르산발효
citrin 시트린
citrinin 시트리닌
Citrobacter 시트로박터속
Citrobacter diversus 시트로박터 디베르수스
Citrobacter freundii 시트로박터 프레운디이
Citrofortunella microcarpa 칼라몬딘
citron 시트론
citronella essential oil 시트로넬라방향유
citronella grass 시트로넬라그라스
citronellal 시트로넬랄
citronellol 시트로넬롤
citronellyl acetate 아세트산시트로넬릴
citronellyl formate 폼산시트로넬릴
citrulline 시트룰린
Citrullus vulgaris 수박
citrus 감귤
Citrus 시트루스속
Citrus aurantiifolia 라임
Citrus aurantium 광귤나무
Citrus bergamia 베가모트오렌지
citrus beverage 감귤음료
Citrus deliciosa 홍귤나무
citrus essential oil 감귤방향유
citrus flavonoid 감귤플라보노이드
citrus flavor 감귤향미
citrus fruits 감귤류
Citrus grandis 포멜로
Citrus hystrix 카피르라임
citrus juice 감귤주스
citrus juice concentrate 농축감귤즙
Citrus junos 유자나무
Citrus × *latifolia* 페르시아라임
Citrus limetta 스위트레몬
Citrus limettioides 스위트라임
Citrus limon 레몬
Citrus maxima 포멜로
Citrus medica 시트론
citrus molasses 감귤당밀
Citrus × *natsudaidai* 여름귤나무
Citrus nobilis 필리핀오렌지
Citrus paradisi 그레이프프루트
citrus pectin 감귤펙틴
citrus peel 감귤껍질
citrus red 2 시트루스빨강2
Citrus reticulata 만다린
Citrus reticulata × *C. sinensis* 탱고르
Citrus sinensis 당귤나무
Citrus × tangelo 탄젤로
Citrus tangerina 탄제린
Citrus unshiu 온주귤나무
citrus wine 감귤술
city milk 시유

CJD → Creutzfeldt-Jakob disease
CK → creatine kinase
CL → critical limit
Cladosporium 클라도스포륨속
Cladosporium herbarum 클라도스포륨 헤르바룸
clam chowder 클램차우더
clammy cuphea 쿠페아
clamp 꺾쇠
Clapeyron equation 클라페이론방정식
clarification 청정
clarified juice 투명주스
clarifier 청정기
clarity 맑기
clary sage 클라리세이지
clary sage essential oil 클라리세이지방향유
class 강
classification 분급
classification 분류
classifier 분급기
Clausius-Clapeyron equation 클라우지우스-클라페이론방정식
Clavaria 국수버섯속
Clavariaceae 국수버섯과
Clavaria fragilus 국수버섯
Clavaria purpurea 자주국수버섯
Clavaria vermicularis 국수버섯
Claviceps 클라비셉스속
Claviceps purpurea 맥각균
Claviceptales 맥각균목
Clavicitipitaceae 동충하초과
clay 점토
clay soil 점질토
clean bench 클린벤치
clean culture 청정재배
clean energy 청정에너지
cleaner 정선기
cleaning 세정
cleaning 정선
cleaning agent 세정제
cleaning-in-place 제자리세정
cleaning solution 세정용액
clean room 클린룸
clean room technology 클린룸기술
clearance 간극
clearance 청소
clearance 청소율
clear liquid diet 맑은 액체음식
clearness 맑음
clear rice wine 맑은술
Clematis mandshurica 으아리
clementine 클레멘틴
clenbuterol 클렌뷰테롤
Clerodendron trichotomum 누리장나무
Clidoderma asperrimum 줄가자미
climacteric 갱년기
climacteric arthritis 갱년기관절염
climacteric cycle 클라이막테릭사이클
climacteric minimum 클라이막테릭최소
climacteric peak 클라이막테릭피크
climacteric ripening 클라이막테릭숙성
climacteric rise 클라이막테릭상승
climate 기후
climbing plant 덩굴식물
climbing root 덩굴뿌리
clincher 가밀봉기
clinching 가밀봉
clinical dietitian 임상영양사
clinical epidemiology 임상역학
clinical history 임상이력
clinical laboratory 임상실험실
clinical medicine 임상의학
clinical microbiology 임상미생물학
clinical nutrition 임상영양
clinical nutrition 임상영양학
clinical pathology 임상병리학
clinical symptom 임상증상
clinical test 임상시험
clinical thermometer 체온계
clinician 임상의사
clone 클론
cloned animal 복제동물
clone plant 클론식물
cloning 클로닝
cloning technology 클로닝기술
cloning vector 클로닝벡터
Clonorchis 클로노르키스속
Clonorchis sinensis 간흡충

closed-circuit grinding system 닫힌회로분쇄시스템
closed blood vascular system 폐쇄혈관계통
closed circuit 닫힌회로
closed panel test 비토론관능검사
closed system 닫힌계
close type cooling tower 밀폐냉각탑
Clostridiaceae 클로스트리듐과
Clostridium 클로스트리듐속
Clostridium botulinum 보툴리누스세균
Clostridium perfringens 클로스트리듐 퍼프린젠스
Clostridium perfringens food poisoning 클로스트리듐 퍼프린젠스 식품중독
Clostridium tetani 파상풍세균
Clostridium thermocellum 클로스트리듐 서모셀룸
Clostridium tyrobutyricum 클로스트리듐 티로뷰티리쿰
closure 마감
clot-on-boiling test 끓임응고시험
clotted cream 응고크림
clotting 응고
clotting enzyme 응집효소
cloudberry 진들딸기
cloud ear fungus 털목이
cloudiness 흐림
clouding 혼탁
clouding agent 혼탁제
cloud point 혼탁점
cloudy juice 불투명주스
clove oil 정향방향유
clove tree 정향나무
clovis 카펫조개
cloxacillin 클로삭실린
club sandwich 클럽샌드위치
club soda 탄산수
club wheat 클럽밀
Cluciaceae 물레나물과
Clupea harengus 대서양청어
Clupea pallasii 태평양청어
Clupeidae 청어과
Clupeiformes 청어목
cluster analysis 군집분석
cluster bean 구아
clustered coral 싸리버섯
cluster pine 해안송
CMC → carboxymethyl cellulose
CNG → compressed natural gas
Cnidaria 자포동물문
cnidarians 자포동물
Cnidi fructus 사상자
Cnidii rhizoma 천궁
cnidium 천궁
Cnidium 천궁속
Cnidium monnieri 벌사상자
Cnidium officinale 천궁
C/N ratio → carbon-nitrogen ratio
CNS → central nervous system
coagulant 응고제
coagulase 응고효소
coagulation 응고
coagulation 응집
coagulation of egg 달걀응고
coagulation sedimentation 응집침전
coagulum 응고물
coalescence 합체
coarse crusher 조쇄기
coarse crushing 거친분쇄
coarse-ground sausage 조분쇄소시지
coarseness 거침
coarse particle 거친 입자
coastal fishery 연안어업
coating 코팅
coating material 도료
coating material for frying 튀김옷
coatings 코팅제
coat protein 외피단백질
coaxial cylinder viscometer 동축원기둥점성계
cobalamin 코발라민
cobalt 코발트
cobia 날새기
Cobitidae 미꾸릿과
coca plant 코카나무
cocaine 코카인
coccidiosis 콕시디아증
Coccinia grandis 홍과

coccus 알세균
Coccus cacti 깍지벌레
cochineal 코치닐
cochineal extract 코치닐추출색소
cochineal insect 깍지벌레
cochlear canal 달팽이관
Cochlospermaceae 코클로스페르마과
cock 콕
cockroach 바퀴
cocktail 칵테일
cocktail sauce 칵테일소스
cocoa 코코아
cocoa bean 코코아콩
cocoa beverage 코코아음료
cocoa butter 코코아버터
cocoa butter equivalent 코코아버터대응물
cocoa butter extender 코코아버터증량제
cocoa butter replacer 코코아버터대용물
cocoa butter substitute 코코아버터대용물
cocoa color 코코아색소
cocoa liquor 코코아액
cocoa mass 코코아매스
cocoa nibs 코코아배젖
cocoa powder 코코아가루
cocoa product 코코아가공품
cocoa tree 코코아나무
cocona 코코나
coconut 코코넛
coconut butter 코코넛버터
coconut cream 코코넛크림
coconut kernel oil 코코넛핵기름
coconut milk 코코넛밀크
coconut oil 코코넛기름
coconut palm 코코넛야자나무
coconut toddy 코코넛토디
coconut water 코코넛물
cocoon 누에고치
Cocos nucifera 코코넛야자나무
cocos palm 여왕야자나무
cocoyam 코코얌
cocum 코쿠
cod 대구
COD → chemical oxygen demand
code dating 날짜기호표기
Code of Federal Regulations 미국연방규격기준집
Codex Alimentarius Commission 국제식품규격위원회
Codex Committee on Contaminants in Foods 코덱스식품오염물질분과위원회
Codex Committee on Food Additives 코덱스식품첨가물분과위원회
Codex Committee on Food Hygiene 코덱스식품위생분과위원회
Codex Committee on Food Import and Export Certification and Inspection System 코덱스식품수출입검사 및 인증제도분과위원회
Codex Committee on Food Labelling 코덱스식품표시분과위원회
Codex Committee on General Principles 코덱스일반원칙분과위원회
Codex Committee on Methods of Analysis and Sampling 코덱스분석 및 시료채취방법분과위원회
Codex Committee on Nutrition and Foods for Special Dietary Uses 코덱스영양 및 특수용도식품분과위원회
Codex Committee on Pesticide Residues 코덱스잔류농약분과위원회
Codex Committee on Residues of Veterinary Drugs in Foods 코덱스잔류동물용약품분과위원회
Codex standard 코덱스규격
codfish 대구류
Codiaceae 청각과
Codiales 청각목
coding 부호화
Codium fragile 청각
cod liver 대구간
cod liver oil 대구간기름
codon 코돈
Codonopsis 더덕속
Codonopsis lanceolata 더덕
Codonopsis pilosula 만삼
coefficient 계수
coefficient of concordance 일치계수
coefficient of determination 결정계수
coefficient of friction 마찰계수
coefficient of kinematic viscosity 동점성률

계수
coefficient of kinetic friction 운동마찰계수
coefficient of linear multiple correlation 다중선형상관계수
coefficient of transpiration 증산계수
coefficient of variability 변이계수
coefficient of variation 변동계수
coelenterates 강장동물
coelom 체강
coenzyme 보조효소
coenzyme A 보조효소에이
coenzyme Q 보조효소큐
coenzyme Q10 보조효소큐텐
coenzyme R 보조효소아르
coextrusion 동시압출
cofactor 보조인자
cofermentation 동시발효
Coffea arabica 아라비카커피나무
Coffea canephora 로부스타커피
Coffea liberica 라이베리아커피
coffee 커피
coffee bag 커피백
coffee bar 커피바
coffee bean 커피콩
coffee beverage 커피음료
coffee brewing 커피추출
coffee bush 커피나무
coffee cake 커피케이크
coffee cream 커피크림
coffee essence 커피에센스
coffee extract 커피추출물
coffee granule 커피그래뉼
coffee liqueur 커피리큐어
coffee maker 커피메이커
coffee milk 커피우유
coffee mill 커피밀
coffee oil 커피오일
coffee percolator 커피퍼컬레이터
coffee powder 커피가루
coffee substitute 커피대용물
coffee sugar 커피슈거
coffee whitener 커피화이트너
cogeneration 열병합발전
cognac 코냑
cognitive behavior 인지행동
cognitive behavior therapy 인지행동치료
cogongrass 띠
cogongrass root 모근
cohesion 응집력
cohesive end 외가닥말단
cohesiveness 응집성
coho salmon 은연어
cohumulone 코휴물론
coil condenser 코일냉각기
coil crystallizer 코일결정관
Coilia mystus 싱어
Coilia nasus 웅어
CO_2-incubator 이산화탄소항온기
cointreau 쿠앵트로
Coix lacryma-jobi 율무
cola 콜라
Cola 콜라속
Cola acuminata 콜라나무
Cola nitida 콜라나무
cola nut 콜라너트
cola tree 콜라나무
colby cheese 콜비치즈
Colchicaceae 콜키쿰과
colchicine 콜히친
Colchicum autumnale 콜키쿰
cold air dryer 냉풍건조기
cold air drying 냉풍건조
cold air drying method 냉풍건조법
cold break 저온파쇄
cold carcass 냉도체
cold chain 저온유통체계
cold contraction 냉각수축
cold damage 한해
cold deboning 냉도체발골
cold fermentation 저온발효
cold fruit 냉과
cold liquid diet 찬액체음식
cold meat salad 찬고기샐러드
cold pack 냉포장
cold point 냉점
cold precipitation 냉침전
cold preservation 저온보존
cold press 냉압착

cold proof plastic 내한플라스틱
cold resistance 내한성
cold resistant variety 내한품종
cold-rolled tin plate 냉각주석판
cold seal 냉밀봉
cold sense 냉각
cold shock 저온충격
cold shock chilling 저온충격냉각
cold shock protein 저온충격단백질
cold shortening 저온수축
cold smoked herring 냉훈제청어
cold smoked salmon 냉훈제연어
cold smoking 냉훈제
cold smoking method 냉훈제법
cold sterilization 냉살균
cold storage loading 냉장부하
cold storage room 냉장실
cold test 냉각시험
cold water solubility 찬물용해도
cold-water soluble starch 찬물에녹는녹말
cold wave 한파
cold weather damage 냉해
cold weather resistance 냉해저항성
Coleoptera 딱정벌레목
coleoptile 자엽초
coleslaw 콜슬로
coleslaw mediated food poisoning 콜슬로식품중독
Coleus forskohlii 인디언콜레우스
colicin 콜리신
coliform 대장균군
coliform bacillus 대장균군막대세균
coliform bacterium 대장균군세균
coliform count 대장균군계수
coliform group 대장균군
coliform test 대장균군시험
colipase 보조라이페이스
coliphage 대장균파지
colitis 잘록창자염
collaborative study 협동연구
collagen 콜라겐
collagenase 콜라겐분해효소
collagen sausage casing 콜라겐소시지케이싱
collard 콜라드
collection and distribution center 집산지
collenchyma 후각조직
Colletotrichum 콜레토트리쿰속
Colletotrichum gloesporioides 콜레토트리쿰 글로에스포리오이데스
Colletotrichum musae 콜레토트리쿰 무사에
Collichthys niveatus 눈강달이
colligative property 총괄성
collision 충돌
collision frequency 충돌수
Collocalia 콜로칼리아속
colloid 콜로이드
colloidal electrolyte 콜로이드전해질
colloidal particle 콜로이드입자
colloidal solution 콜로이드용액
colloidal stability 콜로이드안정성
colloidal state 콜로이드상태
colloid dispersion 콜로이드분산
colloid mill 콜로이드밀
colloid osmotic pressure 콜로이드삼투압
Collybia 애기버섯속
Collybia confluens 밀애기버섯
Collybia dryophila 애기버섯
Colocasia 토란속
Colocasia esculenta 토란
Cololabis saira 꽁치
colon 잘록창자
colonization 콜로니생성
colonization factor 콜로니생성인자
colony 콜로니
colony count 콜로니수
colony counter 콜로니계수기
colony counting 콜로니계수
colony-forming unit 콜로니형성단위
colony hybridization method 콜로니혼성화법
color 색
color adaptation 색순응
color additive 착색료
color and color difference meter 색채색차계
color and gloss 색택
colorant 착색제
coloration 착색
color blindness 색맹
color blindness test 색맹검사

color chart 색채차트
color conditioning 색채조절
color control 색재관리
color difference 색차
color difference meter 색차계
colorectal cancer 잘록곧창자암
colored carp 비단잉어
colored rice 착색미
color fixation 발색
color fixation 색고정
color fixing agent 발색제
color formation 발색
colorimeter 비색계
colorimetry 비색법
coloring 착색
coloring agent 착색제
coloring pigment 착색안료
color mixture 혼색
color reaction 발색반응
color sorter 색채선별기
color system 색체계
color tone 색조
colostrum 초유
Colubridae 뱀과
Columbidae 비둘깃과
column 관
column chromatography 관크로마토그래피
colupulone 코루풀론
coma 혼수
Comamonadaceae 코마모나스과
Comamonas 코마모나스속
Comamonas acidovorans 코마모나스 아시도보란스
Comamonas terrigana 코마모나스 테리가나
Comamonas testosteroni 코마모나스 테스토스테로니
Comatulidae 바다나리목
combat ration 전투식량
combination 조합
combination oven 콤비네이션오븐
combine 콤바인
combined churn 복합천
Combretaceae 콤브레타과
combustion 연소
combustion reaction 연소반응
comet assay 코메트검사
come-up time 살균온도도달시간
Commelinaceae 닭의장풀과
Commelina communis 닭의장풀
Commelinales 닭의장풀목
commercial crop 경제작물
commercial foodservice 상업급식
commercial sterility 상업살균도
commercial sterilization 상업살균
comminution 분쇄
Commiphora myrrha 코미포라 미르하
commissary 코미사리
commissary foodservice system 중앙공급급식체계
Commission Internationale de I'Eclairage (International Commission on Illumination) 국제조명위원회
Commission Internationale de I'Eclairage color system 국제조명위원회색체계
Common Agricultural Policy 공동농업정책
common agrimony 아그리모니
common bean 강낭콩
common beech 유럽너도밤나무
common blackberry 블랙베리
common bracken 고사리
common caper 케이퍼
common carp 잉어
common cockle 유럽꼬막
common comfrey 컴프리
common cuttlefish 갑오징어
common dandelion 서양민들레
common dolphinfish 만새기
common eland 일런드영양
common Euscaphis 말오줌때
common freshwater goby 밀어
common gardenia 치자나무
common garden peony 작약
common gourd seed 박씨
common grapevine 포도(유럽종)
common hazel 개암나무(유럽계)
common horehound 쓴 박하
common horsetail 쇠뜨기
common hyacinth 히아신스

common juniper 두송
common knotgrass 마디풀
common leaf spot 딸기뱀눈무늬병곰팡이
common lime 유럽피나무
common linden 유럽피나무
common ling 링
common logarithm 상용로그
common madder 서양꼭두서니
common madder 인도꼭두서니
common millet 기장
common millet flour 기장가루
common millet oil 기장기름
common morel 곰보버섯
common mushroom 양송이
common myrtle 머틀
common octopus 왜문어
common oriental clam 백합
common passion flower 시계꽃
common plum 유럽자두
common prawn 유럽새우
common puffball 말불버섯
common rabbit 굴토끼
common reed 갈대
common rush 골풀
common sea buckthorn 갈매보리수나무
common seal 점박이물범
common sowthistle 방가지똥
common stalked barnacle 거북손
common starch 일반녹말
common tansy 탄지
common thyme 백리향
common vetch 가는 살갈퀴
common walnut 호두나무
common water frog 유럽참개구리
communicable disease 감염병
Communicable Diseases Control and Prevention Act 감염병예방 및 관리에 관한 법률
comorbidity 동반질병
compact bone 치밀뼈
compaction 콤팩션
companion animal 반려동물
comparative judgement 비교평가
comparative threshold 비교문턱값
compensation 상쇄
competition 경쟁
competitive bidding 경쟁입찰
competitive inhibition 경쟁억제
complement 도움체
complementarity principle 상보원리
complementary base pair 상보염기쌍
complementary bond 상보결합
complementary color 보색
complementary DNA 상보디엔에이
complementary effect of proteins 단백질상호보충효과
complementary gene 보족유전자
complementary light 보색광
complementary protein 상보단백질
complementary RNA 상보아르엔에이
complementary sequence 상보순서
complementary strand 상보가닥
complementation 상보성
complement fixation 도움체결합
complement fixation reaction 도움체결합반응
complement system 도움체계통
complete combustion 완전연소
complete flower 갖춘꽃
completely randomized design 완전랜덤설계
complete medium 완전배지
complete protein 완전단백질
complex 착물
complex carbohydrate 복합탄수화물
complex compound 착화합물
complex ion 착이온
complex medium 복합배지
complex membrane 복합막
complex polysaccharide 복합다당류
complex salt 착염
compliance 컴플라이언스
complication 합병증
component 성분
Compositae 국화과
composite can 콤포지트캔
composite flour 복합분
composition 조성
compost 두엄

composting 두엄화
compote 콤포트
compound 화합물
compound butter 콤파운드버터
compound chocolate 콤파운드초콜릿
compounded liquor 혼성주
compound fertilizer 복합비료
compound leaf 겹잎
compound lipid 복합지방질
compressed air 압축공기
compressed natural gas 압축천연가스
compressed yeast 압착효모
compressibility 압축률
compressibility coefficient 압축계수
compressible fluid 압축유체
compressimeter 컴프레시미터
compression 압축
compression air forming 압축공기성형
compression drying 압착건조
compression force 압축력
compression hydrostatic press 압축수압기
compression pressure gauge 압축압력계
compression ratio 압축비
compression refrigerator 압축냉동기
compression settling 압축침강
compression test 압축시험
compressive pressure 압축압력
compressive strength 압축세기
compressive stress 압축변형력
compressometer 압축계
compressor 압축기
computed tomography 컴퓨터단층촬영기
computerized data processing 컴퓨터데이터 분석
conalbumin 콘알부민
conarachin 콘아라킨
concanavalin A 콘카나발린에이
concave lens 오목렌즈
concentrated brine 농축브라인
concentrated dairy product 농축낙농제품
concentrated extract 농축추출물
concentrated fermented milk 농축발효우유
concentrated fruit juice 농축과일즙
concentrated milk 농축우유
concentrated rectified must 농축정제머스트
concentrated smoke 농축스모크
concentrated sour skim milk 농축사워탈지 우유
concentrated tomato paste 농축토마토페이 스트
concentration 농도
concentration 농축
concentration by evaporation 증발농축
concentration factor 농도계수
concentration gradient 농도기울기
concentration of available chlorine 유효염 소량
concentration polarization 농도분극
concentrator 농축기
concentric cylinder viscometer 동심원기둥 점성계
conception 수태
conching 콘칭
conchospore 각홀씨
concurrent flow 병류
condensate 응축물
condensation 응축
condensation 축합
condensation point 응축점
condensation polymerization 축합중합
condensation reaction 축합반응
condensation water 결로수
condensed buttermilk 농축버터밀크
condensed formula 농축영양액
condensed milk 연유
condensed skim milk 탈지연유
condenser 응축기
condenser calorie 응축열량
condensing enzyme 축합효소
condiment 콘디멘트
condition 조건
conditioned reflex 조건반사
conditioner 컨디셔너
conditioning 컨디셔닝
condition of similarity 닮음조건
conductance 전기전도도
conduction 전도
conductivity 전도도

conductometric titration 전기전도도적정
conductometry 전기전도도법
conductor 전도체
cone 구과
cone 원뿔
cone and plate viscometer 원뿔평판점도계
cone cell 원뿔세포
cone cup 콘컵
confection 당과제품
confectionery 과자류
confectionery bar 막대사탕과자
confectionery cream 과자크림
confectionery filling 과자속
confectionery paste 과자페이스트
confidence interval 신뢰구간
confidence level 신뢰수준
confidence limit 신뢰한계
configuration 배열
conformation formula 형태식
confused flour beetle 어리쌀도둑거저리
congenital adrenal hyperplasia 선천부신과다형성
congenital defect 선천결함
congenital heart disease 선천심장병
Conger myriaster 붕장어
conger pike 갯장어
congestion 울혈
congestive heart failure 울혈심장기능상실
conglutinin 혈구응집소
conglycinin 콘글리시닌
Congo pea 비둘기콩
Congo red 콩고레드
Congridae 붕장어과
conical screw 원뿔스크루
conidiophore 분생홀씨자루
conidium 분생홀씨
conifer 구과식물
Coniferales 구과식물목
Coniferophyta 구과식물강
Coniferophytina 구과식물아문
Coniferopsida 구과식물군
conjugase 접합효소
conjugatae 접합조류
conjugate 켤레
conjugate pair 짝쌍
conjugated acid 짝산
conjugated base 짝염기
conjugated double bond 켤레이중결합
conjugated linoleic acid 켤레리놀레산
conjugated protein 복합단백질
conjugation 접합
conjunctiva 결막
conjunctivitis 결막염
connectin 코넥틴
connective tissue 결합조직
connective tissue cell 결합조직세포
connective tissue fiber 결합조직섬유
connective tissue protein 결합조직단백질
Connochaetes 누속
Connochaetes gnou 흰꼬리누
Connochaetes taurinus 검은꼬리누
conservation law 보존법칙
conservation of mechanical energy 역학에너지보존
conservative treatment 보존치료
conserve 콘서브
consistency 점조도
consistometer 점조도계
consomme 콩소메
consomme soup 콩소메수프
consortium 컨소시엄
constant 상수
constantan 콘스탄탄
constantan thermocouple 콘스탄탄열전기쌍
constant rate drying 일정속도건조
constant rate drying period 일정속도건조기간
constant temperature heat treatment 항온열처리
constant temperature oven 항온오븐
constant temperature water bath 항온수조
constant weight 항량
constipation 변비
constitutive enzyme 구성효소
constricted tagelus 가리맛조개
consumer 소비자
consumer acceptance 소비자수용도
consumer acceptance test 소비자수용도검사

consumer buying behavior 소비자구매행동
consumer complaint 소비자불만
consumer education 소비자교육
consumer information 소비자정보
consumer oriented market 소비자지향시장
consumer panel 소비자검사원
consumer preference 소비자선호도
consumer preference test 소비자선호도검사
consumer price 소비자가격
consumer price index 소비자물가지수
consumer protection 소비자보호
consumer research 소비자연구
consumer response 소비자반응
consumers movement 소비자운동
consumer survey 소비자조사
consumer taste panel 소비자관능검사원
consumer test 소비자검사
consumption 소비
contact angle 접촉각
contact freezer 접촉냉동기
contact freezing 접촉냉동
contact freezing method 접촉냉동법
contact infection 접촉감염
contact insecticide 접촉살충제
contact material 접촉물질
contact thawing 접촉해동
contact thawing equipment 접촉해동장치
contagious animal disease 가축전염병
container 컨테이너
contaminant 오염물질
contaminant from animal 동물오염물질
contamination 오염
contamination of human milk 모유오염
content 함량
contingency table 분할표
continuity equation 연속방정식
continuous breadmaking process 연속제빵법
continuous cooling 연속냉각
continuous culture 연속배양
continuous deodorizer 연속탈취기
continuous distillation 연속증류
continuous distillator 연속증류기
continuous distribution 연속분포
continuous extraction 연속추출
continuous extractor 연속추출기
continuous fermentation 연속발효
continuous flow centrifuge 연속흐름원심분리
continuous flow reactor 연속흐름반응기
continuous freezer 연속냉동기
continuous ice cream freezer 연속아이스크림냉동기
continuous malting 연속엿기름제조
continuous mixer 연속믹서
continuous phase 연속상
continuous pressure cooking method 연속압력조리법
continuous processing 연속가공
continuous spectrum 연속스펙트럼
continuous sterilization 연속살균
continuous sterilizer 연속살균기
continuous stirred flow reactor 연속교반흐름반응기
continuous through-circulation dryer 연속통기순환건조기
contour packaging 콘투어포장
contraception 피임
contract cultivation 계약재배
contractile protein 수축단백질
contractile vacuole 수축포
contraction 수축
contraction loss 수축손실
contraction period 수축기
contrast 대조
contrast agent 조영제
contrast effect 대조효과
contrast error 대조오차
contract-managed foodservice 위탁급식
contrast media 조영제
contrast stimulus method 대조자극법
control 대조구
control 방제
control 제어
control chart 관리도
control group 대조군
controlled atmosphere packaging 공기조절포장
controlled atmosphere storage 공기조절저장

control panel 제어판
control room 제어실
control sample 대조시료
control system 제어시스템
control unit 제어장치
control valve 제어밸브
Convay's microdiffusion analysis 콘베이미량퍼짐분석법
convection 대류
convection heat transfer 대류열전달
convection heat transfer rate 대류열전달속도
convection oven 대류오븐
convenience food 편의식품
convenience store 편의점
convergence 수렴
conversion 전환
conveyer belt 컨베이어벨트
conveyer drier 컨베이어건조기
conveyor 컨베이어
convicine 콘비신
convict grouper 능성어
Convolvulaceae 메꽃과
Convolvulineae 메꽃아목
convulsion 경련
Conway microdiffusion analysis 콘웨이미량퍼짐분석법
Conyza canadensis 망초
cook 숙수
cook 조리사
cooked aroma 가열향
cooked meat product 가열고기제품
cooked salami 조리살라미
cooked sausage 조리소시지
cooker 조리기
cook-freeze foodservice system 조리냉동급식체계
cookie 쿠키
cookie press 쿠키프레스
cooking 조리
cooking banana 플랜테인
cooking chopsticks 조리용젓가락
cooking fat 조리용지방
cooking foil 쿠킹포일
cooking loss 조리손실
cooking method 조리방법
cooking oil 조리용기름
cooking property 조리성질
cooking quality 조리특성
cooking rate 조리속도
cooking scissor 조리용가위
cooking spoon 조리용숟가락
cooking temperature 조리온도
cooking utensil 조리기구
coolant 냉각제
cooler 냉각기
cooling 냉각
cooling coil 냉각코일
cooling curve 냉각곡선
cooling die 냉각다이
cooling dryer 냉각건조기
cooling drying 냉각건조
cooling fan 냉각팬
cooling in ice water 얼음물법
cooling jacket 냉각재킷
cooling load 냉방부하
cooling loss 냉각손실
cooling process 냉각공정
cooling rate 냉각속도
cooling roller 냉각롤러
cooling sensation 청량감
cooling system 냉각장치
cooling tank 냉각탱크
cooling tower 냉각탑
cooling water 냉각수
cooling water pump 냉각수펌프
cool place 찬곳
coonstripe shrimp 도화새우
cooperative 협동조합
coordinate covalent bond 배위공유결합
coordination bond 배위결합
coordination compound 배위화합물
coordination number 배위수
copepods 요각류
Copernicia cerifera 카나우바야자나무
copolymer 공중합체
copolymerization 공중합
copolymerized polyethylene 공중합폴리에

틸렌
copper 구리
copper chlorophyll 구리엽록소
copper deficiency anemia 구리결핍빈혈
copper gluconate 글루콘산구리
copper(II) sulfate 황산구리(II)
copper(II) sulfate pentahydrate 황산구리(II)오수화물
copper wire 구리선
copra 코프라
copra oil 코프라기름
coprecipitate 공침전물
coprecipitation 공침
coprecipitation phenomenon 공침현상
Coprinaceae 먹물버섯과
Coprinus 먹물버섯속
Coprinus comatus 먹물버섯
coprosterol 코프로스테롤
copy food 카피식품
coral 산호
coral reef 산호초
Corbiculidae 재첩과
Corchorus capsularis 황마
Corchorus olitorius 토사주트
cordial 코디얼
Cordyceps militaris 붉은 동충하초
Coregonus albula 흰송어
core temperature 중심온도
coriander 고수
coriander seed 고수씨
Coriandrum 고수속
Coriandrum sativum 고수
coring 코어링
Coriolus 구름버섯속
Coriolus versicolor 구름버섯
corium 진피
cork 코르크
cork layer 코르크층
cork oak 코르크참나무
cork spot 코르크반점
cork taint 코르크오염
corm 알줄기
cormophytes 경엽식물
corn 옥수수
Cornaceae 층층나뭇과
Cornales 층층나무목
corn bran 옥수수겨
corn bran dietary fiber 옥수수겨식품섬유
corn bread 옥수수빵
corn chip 콘칩
corn cob 옥수수속대
corn color 옥수수색소
corn dog 콘도그
cornea 각막
corned beef 콘드비프
corned beef hash 콘드비프해시
corn fiber oil 옥수수섬유기름
cornflake 콘플레이크
cornflower 수레국화
corn germ oil 옥수수배아기름
corn gluten 옥수수글루텐
corn gluten feed 옥수수글루텐사료
corn gluten meal 옥수수글루텐가루
corn grits 옥수수그릿츠
Corni fructus 산수유
Cornish pasty 코니시패이스티
corn masa 옥수수마사
cornmeal 옥수수가루
cornmint 박하
corn oil 옥수수기름
corn puff 콘퍼프
corn salad 콘샐러드
corn silk 옥수수수염
corn smut 옥수수깜부깃병
corn smut fungus 옥수수깜부기진균
corn snack 옥수수스낵
corn starch 옥수수녹말
corn steep liquor 옥수수침지액
corn syrup 옥수수시럽
Cornus officinalis 산수유나무
coronary arteriosclerosis 심장동맥경화증
coronary artery 심장동맥
coronary artery disease 심장동맥병
Coronavirus 코로나바이러스속
corosolic acid 코로솔산
corpuscle 미립자
corpus luteum 황체
correction factor 보정계수

correlation 상관
correlation 상관관계
correlation analysis 상관분석
correlation coefficient 상관계수
correlation diagram 상관도
corrinoid 코리노이드
corrosion 부식
corrosiveness 부식성
corrugated cardboard 골판지
cortex 겉질
cortical bone 겉질뼈
corticoid 코티코이드
corticosteroid 코티코스테로이드
corticosteroid hormone 코티코스테로이드호르몬
corticotropin 코티코트로핀
cortisol 코티솔
cortisone 코티손
Corylus 코리루스속
Corylus americana 개암나무(미국계)
Corylus avellana 개암나무(유럽계)
Corylus chinensis 개암나무(중국계)
Corylus colurna 터키개암나무
Corylus heterophylla 개암나무(아시아계)
Corylus heterophylla var. *thunbergii* 개암나무(한국계)
Corynebacteriaceae 코리네박테륨과
Corynebacterium 코리네박테륨속
Corynebacterium diphtheriae 디프테리아세균
Corynebacterium glutamicum 코리네박테륨글루타미쿰
coryneform 코리네형
Coryphaena hippurus 만새기
Coryphaenidae 만새깃과
cosmic microwave 우주마이크로파
cosmic ray 우주선
cottage cheese 코티지치즈
Cottidae 둑중갯과
cotton 면
cotton candy 솜사탕
cotton plant 목화
cotton plug 솜마개
cottonseed 목화씨
cottonseed meal 목화씨깻묵
cottonseed oil 목화씨기름
cottonseed protein 목화씨단백질
cottonseed salad oil 목화씨샐러드기름
cottony rot 흰곰팡이
Cottus poecilopus 둑중개
Coturnix japonica 메추라기
cotyledon 떡잎
cough 기침
cough medicine 기침약
coulomb 쿨롬
coulometer 전기량계
coulometry 전기량측정법
Couma macrocarpa 소르바
coumaphos 쿠마포스
coumaric acid 쿠마르산
coumarin 쿠마린
coumestrol 쿠메스트롤
counter 계수기
countercurent chromatography 역류크로마토그래피
countercurrent drying 역류건조
countercurrent flow 역류
countercurrent heat exchanger 역류열교환기
countercurrent multistage extraction 역류다단추출
counterflow cooling tower 대향류냉각탑
countersink 카운터싱크
country elevator 컨트리엘리베이터
country sausage 컨트리소시지
courgette 주키니
courgette 쿠르젯
couscous 쿠스쿠스
couverture 커버처
covalence 공유원잣값
covalent bond 공유결합
covalent bond energy 공유결합에너지
covariance 공분산
cover glass 덮개유리
cow 소
cow 암소
cowberry 월귤
cow cheese 암소치즈

cow heart 쇠염통
cow milk 우유
cowpea 동부
cowpea meal 동부가루
cowplant 김네마
cowpox 우두
cowy odor 젖소내
Coxiella 콕시엘라속
Coxiella burnetii 콕시엘라 브루네티이
Coxsackievirus 콕사키바이러스
coyol palm 코욜야자나무
coypu 뉴트리아
coypu 코이푸
C-peptide 시펩타이드
CPK → creatine phosphokinase
Cplumbiformes 비둘기목
crab 게
crabapple 능금
crab leg 게발
crab meat 게살
crab meat analog 게살아날로그
crab shell 게딱지
crack 균열
cracked kernel 동할립
cracker 크래커
cracking 크레킹
Crambe maritima 갯양배추
cramp 근육경련
cranberry 크랜베리
cranberry bean 크랜베리강낭콩
cranberry juice 크랜베리주스
Crangon 자주새우속
Crangon affinis 자주새우
Crangonidae 자주새웃과
cranial nerve 뇌신경
Crassostrea ariakensis 갓굴
Crassostrea gigas 참굴
Crassulaceae 돌나물과
Crataegi fructus 산사자
Crataegi fructus juice 산사자주스
Crataegus pinnatifida 산사나무
crate 크레이트
Craterellus 뿔나팔버섯속
Craterellus cornucopioides 뿔나팔버섯
Craterellus lutescens 갈색털뿔나팔버섯
crayfish 가재
crayfish color 가재색소
cream 크림
cream analog 크림대체품
cream cheese 크림치즈
creamed bread 크림빵
creamer 크리머
cream horn 크림혼
creaminess 크림성
creaming 크림형성
cream layer 크림층
cream line 크림라인
cream liqueur 크림리큐어
cream milk 크림우유
cream of tartar 주석영
cream powder 크림가루
cream property 크림특성
cream puff 크림퍼프
cream sauce 크림소스
cream separation 크림분리
cream separator 크림분리기
cream soda 크림소다
cream soup 크림수프
cream standardization 크림표준화
creatine 크레아틴
creatine index 크레아틴지수
creatine kinase 크레아틴인산화효소
creatine phosphate 크레아틴인산
creatine phosphokinase 크레아틴포스포인산화효소
creatinine 크레아티닌
creatinine clearance 크레아티닌청소율
creatinuria 크레아틴뇨
creep 크리프
creep compliance 크리프컴플라이언스
creeping thyme 야생타임
creep recovery 크리프회복
creep test 크리프시험
Creoperca 꺽지속
creophagism 육식주의
creosote 크레오소트
creosote bush 크레오소트관목
crepe 크레이프

cresol 크레솔
cresson 크레송
cretinism 크레틴병
Creutzfeldt-Jakob disease 크로이츠펠트-야콥병
Cricetidae 비단털쥐과
cricket 귀뚜라미
crimson glory vine 머루
crimson seabream 붉돔
Crinoidea 바다나리강
Crinozoa 바다나리아문
crisp 크리스프
crisphead lettuce 결구상추
crispness 바삭바삭
crispy bread 바삭바삭한빵
Crithmum maritimum 샘파이어
critical control point 중점관리점
critical density 임계밀도
critical limit 한계기준
critical load 임계하중
critical mass 임계질량
critical micelle concentration 임계마이셀농도
critical moisture 임계수분
critical moisture content 임계수분함량
critical phenomenon 임계현상
critical point 임계점
critical pressure 임계압력
critical rate of freezing 임계냉동속도
critical shear rate 임계전단속도
critical state 임계상태
critical stress 임계응력
critical temperature 임계온도
critical temperature zone 임계온도대
critical time 임계시간
critical value 임계값
critical volume 임계부피
croaker 조기
croakers 민어류
crocetin 크로세틴
crocin 크로신
crocodile 크로커다일
crocodile meat 크로커다일고기
Crocodilia 악어목
crocodilians 악어류
Crocodylidae 크로커다일과
Crocodylus 크로커다일속
Crocus 크로커스속
Crocus sativus 사프란
Crohn's disease 크론병
croissant 크루아상
crop 작물
crop cultivation 작물재배
crop production technology 작물생산기술
crop rotation 돌려짓기
crop science 작물학
crop situation 작황
crop situation index 작황지수
croquant 크로칸트
croquette 크로켓
cross adaptation 교차적응
cross contamination 교차오염
cross current flow 십자흐름
cross fertilization 타가수정
cross incompatibility 교배불화합성
cross infection 교차감염
cross immunity 교차면역
cross linkage 다리결합
cross linkage phenomenon 다리결합현상
cross-linked starch 다리결합녹말
cross nicol 십자니콜
cross potentiation 교차강화
cross reaction 교차반응
cross reactivity 교차반응성
cross section 가로단면
crotin 크로틴
crotonic acid 크로톤산
Croton tiglium 파두
crouton 크루통
crowberry 시로미
crown cap 크라운캡
crown capper 타전기
crown daisy 쑥갓
crown gall 근두암종
crown gall bacterium 근두암종세균
crown gall disease 근두암종병
crucible 도가니
crucible furnace 도가니로

crucible tong 도가니집게
Cruciferae 십자화과
cruciferin 크루시페린
crude ash 조회분
crude coconut oil 코코넛원유
crude density 조밀도
crude enzyme 조효소
crude extract 조추출물
crude fat 조지방
crude fiber 조섬유
crude magnesium chloride(sea water) 조제해수염화마그네슘
crude oil 원유
crude protein 조단백질
crude salt 원염
crude salt 호렴
crumb 크럼
crumbliness 푸석푸석함
crumbling 부스러짐
crumb softener 빵유연제
crumpet 크럼펫
crunchiness 바작바작
crunchy peanut butter 크런치땅콩버터
crushed ice 쇄빙
crusher 파쇄기
crushing 파쇄
crushing roller 파쇄롤러
crusian carp 붕어
crust 크러스트
Crustacea 갑각강
crustacean toxin 갑각류독소
crustaceans 갑각류
cryogen 초냉매
cryogenic grinding 극저온분쇄
cryogenic refrigeration 극저온냉동
cryogenics 극저온학
cryomilling 극저온분쇄
cryopreservation 극저온보존
cryopreservation technology 극저온보존기술
cryoprotectant 냉동보호물질
cryoscope 어는점측정기
cryoscopic constant 어는점내림상수
cryoscopy 어는점내림법
Cryptococcaceae 크립토코쿠스과
Cryptococcus 크립토코쿠스속
Cryptococcus neoformans 크립토코쿠스 네오포르만스
cryptogam 민꽃식물
Cryptomeria 삼나무속
Cryptomeria japonica 삼나무
Cryptonemiales 지누아리목
cryptophyte 땅속식물
Cryptosporidiidae 와포자충과
cryptosporidiosis 와포자충증
Cryptosporidium 와포자충속
Cryptosporidium sp. 와포자충
Cryptotaenia 파드득나물속
Cryptotaenia japonica 파드득나물
cryptoxanthin 크립토잔틴
crystal 결정
crystal cell 결정세포
crystal form 결정형
crystal grain 결정입자
crystal grain growth 결정입자성장
crystal grain refining process 결정입자미세화법
crystal growth 결정성장
crystal lattice 결정격자
crystalline food 결정식품
crystalline fructose 결정과당
crystalline glucose 결정포도당
crystalline polymer 결정중합체
crystalline region 결정영역
crystalline solid 결정고체
crystalline starch 결정녹말
crystallinity 결정도
crystallization 결정화
crystallization method 결정화법
crystallized fruit 크리스털과일
crystallographic system 결정계
crystallography 결정학
crystal nucleus 결정핵
crystal structure 결정구조
CSI → cholesterol-saturated fat index
CSL → calcium stearoyl lactylate
CT → computed tomography
Ctenopharyngodon idellus 초어
Ctenophora 유즐동물문

ctenophores 유즐동물
C-terminus 시말단
cube 정육면체
cubeb 쿠벱
cube fat 각지방
cube sugar 각설탕
cubical expansion 부피팽창
cubical expansion coefficient 부피팽창계수
cubic equation 삼차방정식
cucumber 오이
cucumber pickle 오이피클
cucumber seed 오이씨
Cucumis anguria 게르킨
cucumisin 쿠쿠미신
Cucumis melo 멜론
Cucumis melo var. *makuwa* 참외
Cucumis metuliferus 뿔멜론
Cucumis sativus 오이
Cucurbita 호박속
Cucurbitaceae 박과
cucurbitacin 쿠쿠비타신
Cucurbita ficifolia 검정씨호박
Cucurbita foetidissima 버펄로호박
Cucurbitales 박목
Cucurbita maxima 서양호박
Cucurbita moschata 동양호박
Cucurbita pepo 페포호박
Cucurbita pepo var. *fastigata* 스파게티스쿼시
Cucurbita pepo var. *turbinata* 도토리스쿼시
culantro 쿨란트로
cultivar 재배품종
cultivated area 농경지
cultivated species 재배종
cultivation 재배
cultivation of bacterium 세균배양
cultivation without pesticide 무농약재배
cultural facilities 양식시설
culture 배양
cultured buttermilk 발효버터밀크
cultured cell 배양세포
cultured cream 발효크림
culture in highland 고랭지재배
culture medium 배지
culture process 배양공정
culture yeast 배양효모
cumin 쿠민
cuminaldehyde 쿠민알데하이드
cumin oil 쿠민방향유
Cuminum cyminum 쿠민
cumulated temperature 적산온도
cumulative ash curve 누적회분곡선
cumulative frequency 누적도수
cumulative frequency graph 누적도수그래프
cumulative protein curve 누적단백질곡선
Cunninghamella 쿠닝하멜라속
Cunninghamella echinulata 쿠닝하멜라 에키눌라타
cup cake 컵케이크
cup fungi 주발버섯
Cuphea 쿠페아속
Cuphea lanceolata 담배꽃
Cuphea viscosissima 쿠페아
cup method 컵법
Cupressaceae 측백나뭇과
cupric chloride 염화구리
cup rice 컵라이스
cupric sulfate 황산구리(II)
cup soybean curd 컵두부
cupuacu 쿠푸아수
curacao 큐라소
Curculigo latifolia 룸바
curculin 쿠쿨린
Curculionidae 바구밋과
Curcuma 쿠르쿠마속
Curcuma longa 강황
Curcuma xanthorriza 자바강황
Curcuma zedoaria 봉술
curcumin 쿠쿠민
curcuminoid 쿠쿠미노이드
curd 커드
curd cheese 커드치즈
curd heating 커드가온
curdiness 커드성
curd knife 커드나이프
curdlan 커들란
curd meter 커드미터
curd mill 커드분쇄기

curd particle 커드입자
curd tension 커드장력
curd tension meter 커드장력측성기
cure accelerator 발색촉진제
cured meat 큐어링고기
curie 퀴리
curing 큐어링
curing agent 큐어링제
curing brine 큐어링용브라인
curing effect 큐어링효과
curing process 큐어링공정
curing tank 큐어링탱크
curly-leaf kale 곱슬잎케일
curly moss 진두발
currant 커런트
curried rice 카레라이스
curry 카레
curry leaf 카레잎
curry powder 카레가루
curry tree 카레나무
Curvularia 쿠르불라리아속
Curvularia lunata 쿠르불라리아 루나타
Cuscuta 새삼속
Cuscutae semen 토사자
Cuscuta japonica 새삼
cush-cush 인디언마
Cushing's syndrome 쿠싱증후군
custard 커스터드
custard apple 커스터드애플
custard cream 커스터드크림
custard ice cream 커스터드아이스크림
custard powder 커스터드가루
custard pudding 커스터드푸딩
custard sauce 커스터드소스
customer royalty 고객충성도
customer satisfaction 고객만족
customer value 고객가치
cutability 절단성
cutaneous allergy 피부알레르기
cutaneous gland 피부샘
cutaneous respiration 피부호흡
cutaneous sense 피부감각
cutaneous sense organ 피부감각기관
cuticle 각피
cutin 껍질질
cutinase 껍질질가수분해효소
cutlet 커틀릿
cutter 절단기
cutting 예취
cutting 절단
cutting method 절단법
cutting mill 커팅밀
cuvette 큐벳
CVA → cerebrovascular accident
CVD → cardiovascular disease
Cyamopsis tetragonoloba 구아
cyan 사이안
cyanazine 사이아나진
cyan group 사이안기
cyanide 사이안화물
cyanide ion 사이안화이온
cyanidin 사이아니딘
cyanin 사이아닌
cyano 사이아노
cyanobacterium 남세균
cyanocobalamin 바이타민비트웰브
cyanocobalamin 사이아노코발라민
cyanogation 사이아노화
cyanogen 사이아노젠
cyanogenic glycoside 사이아노젠글리코사이드
cyano group 사이아노기
Cyanophyceae 남조강
Cyanophyta 남조식물문
cyanophyte starch 남조녹말
cyanosis 청색증
cycacin 사이카신
cycacin 사이클람산
Cycadaceae 소철과
Cycadales 소철목
Cycadophyta 소철문
Cycadophytina 소철아문
cycads 소철류
cycad seed 소철씨
Cycas 소철속
Cycas circinalis 여왕사고
Cycas revoluta 소철
cyclamate 사이클라메이트

cycle menu 사이클메뉴
cycle of material 물질순환
cyclic AMP 고리에이엠피
cyclic compound 고리화합물
cyclic fatty acid 고리지방산
cyclic guanidine monophosphate 고리구아니딘인산
cyclic hydrocarbon 고리탄화수소
cyclic photophosphorylation 순환광인산화
Cyclina sinensis 가무락조개
cyclitol myo-inositol 사이클리톨미오이노시톨
cyclitol 사이클리톨
cyclization 고리화
Cyclocarya paliurus 청전류
cyclochlorotine 사이클로클로로틴
cyclodextrin 사이클로덱스트린
cyclodextrin syrup 사이클로덱스트린시럽
cyclohexane 사이클로헥세인
cyclohexene 사이클로헥센
cyclohexyl acetate 아세트산사이클로헥실
cyclohexylamine 사이클로헥실아민
cyclohexylbutyrate 사이클로헥실뷰티레이트
cyclohexylsulfamic acid 사이클로헥실설팜산
cyclomaltodextrinase 사이클로말토덱스트린가수분해효소
cyclomaltodextrin glucanotransferase 사이클로말토덱스트린글루카노트랜스퍼레이스
cyclone 사이클론
cyclone separator 사이클론분리기
cyclooxygenase 고리형산소화효소
cyclopiazonic acid 사이클로피아존산
Cyclopidae 검물벼룩과
Cyclopoida 검물벼룩목
cyclopolymerization 고리중합
cyclopropane 사이클로프로페인
cyclopropane fatty acid 사이클로프로페인지방산
Cyclops 검물벼룩속
Cyclopteridae 도칫과
cycloserine 사이클로세린
Cyclospora 시클로스포라속
Cyclospora cayetanensis 원포자충
Cyclosporeae 원포자강
cyclosporiasis 원포자충증
cyclostomes 원구류
Cydonia oblonga 마르멜로나무
cylinder 원기둥
cylindrical cooler 원기둥냉각기
cylindrical grinder 원기둥연삭기
cylindrical reactor 원기둥반응기
cylindrical retort 원기둥레토르트
Cymatiidae 수염고둥과
Cymbopogon citratus 서인도레몬그라스
Cymbopogon flexuosus 동인도레몬그라스
Cymbopogon martini 팔마로사
Cymbopogon nardus 시트로넬라그라스
cymene 시멘
Cynanchum 백미속
Cynanchum wilfordii 큰조롱
Cynara cardunculus 카둔
Cynara cardunculus var. *scolymus* 글로브아티초크
Cynara scolymus 아티초크
Cynoglossidae 참서댓과
Cynoglossus 참서대속
Cynoglossus joyneri 참서대
Cynoglossus robustus 개서대
Cynoglosus semilaevis 박대
Cyperaceae 사초과
Cyperales 사초목
Cyperus esculentus 기름골
Cyphomandra betacea 타마릴로
Cyprinidae 잉엇과
Cypriniformes 잉어목
Cyprinus carpio 잉어
cystathione β-synthase 시스타싸이온베타합성효소
cystathionin 시스타싸이오닌
cystatin 시스타틴
cysteine 시스테인
cysteine protease 시스테인단백질가수분해효소
cysteine sulfoxide 시스테인설폭사이드
cysticercosis 낭미충증
Cysticercus 낭미충속
Cysticercus cellulosae 유구낭미충
cystic fibrosis 낭성섬유증
cystine 시스틴

cystinuria 시스틴뇨
cystitis 방광염
cytidine 사이티딘
cytidine diphosphate 사이티딘이인산
cytidine monophosphate 사이티딘일인산
cytidine triphosphate 사이티딘삼인산
cytidylic acid 사이티딜산
cytochalasin 사이토칼라신
cytochemistry 세포화학
cytochrome P-450 사이토크롬피-450
cytochromium 사이토크로뮴
cytochromium c 사이토크로뮴시
cytochromium c oxidase 사이토크로뮴시산화효소
cytochromium oxidase 사이토크로뮴산화효소
cytogenetics 세포유전학
cytokine 사이토카인
cytokinesis 세포질분열
cytokinin 사이토키닌
cytokinin oxidase 사이토키닌산화효소
cytology 세포학
Cytophaga 시토파가속
Cytophagaceae 시토파가과
cytophagy 세포식작용
cytoplasm 세포질
cytosine 사이토신
cytosine riboside 사이토신리보사이드
cytoskeleton 세포뼈대
cytosol 세포질액
cytotoxic antibody 세포독성항체
cytotoxic effect 세포독성효과
cytotoxicity 세포독성
cytotoxic reaction 세포독성반응
cytotoxic T cell 세포독성티세포
cytotoxic T lymphocyte 세포독성티림프구
cytotoxin 세포독소

D

D-α-tocopherol 디-알파토코페롤
d-α-tocopherol concentrate 농축디-알파토코페롤
d-α-tocopheryl acetate 디-알파토코페릴아세테이트
d-α-tocopheryl acid succinate 디-알파토코페릴석신산
dacheongchae 다청채
daconil 다코닐
Dactylopius coccus 깍지벌레
daechang 대창
daechangjeot 대창젓
daegutang 대구탕
daenamutongbap 대나무통밥
daepa 대파
dageletiana 넓은잎쥐오줌풀
dagger-tooth pike conger 갯장어
dahi 다히
daidzein 다이제인
daidzin 다이진
daily value 일일기준값
daimyo oak 떡갈나무
dairy 낙농제품
dairy 낙농제품공장
dairy beverage 낙농음료
dairy breed 유용종
dairy cattle 젖소
dairy cleaning agent 낙농세정제
dairy dessert 낙농디저트
dairy farming 낙농업
dairy industry 낙농산업
dairying 낙농업
dairy lactic acid bacterium 낙농젖산세균
Dairy-lo 데어리로
dairy machinery 낙농기계
dairy microbiology 낙농미생물학
dairy performance 젖분비능력
dairy product 낙농제품
Dairy Promotion Act 낙농진흥법
dairy science 낙농학
dairy spread 낙농스프레드
dairy starter 낙농스타터
dairy technology 낙농기술
dakbaeksuk 닭백숙
dakgangjeong 닭강정
dakgomtang 닭곰탕

dakjjim 닭찜
dakjuk 닭죽
dal 달
dalandan 필리핀오렌지
dalgyaljjim 달걀찜
dalton 돌턴
Dalton's partial pressure law 돌턴분압법칙
damage 손상
damage by disease 병해
damage by disease and insect pest 병충해
damaged kernel 피해립
damaged starch 손상녹말
dambukjang 담북장
D-amino acid 디-아미노산
daminozide 다미노자이드
dammar 다마르
dammar gum 다마르검
damselfish 자리돔
damson 댐슨
damson plum 댐슨
Danbo cheese 단보치즈
dancha 단차
danchi 단치
dancing shrimp 끄덕새우
dandelion 민들레
danggui 당귀
dangguicha 당귀차
dangmyeon 당면
dangsapju 당삽주
Danish agar 대니시우무
Danish blue 데니시블루
Danish pastry 데니시페이스트리
danja 단자
danmuji 단무지
danpatjuk 단팥죽
danshen 단삼
dansul 단술
danyangbeop 단양법
danyangju 단양주
daphnid 물벼룩
Daphniidae 물벼룩과
Darjeeling tea 다르질링차
dark adaptation 암순응
dark band 암대
dark-banded rockfish 볼락
dark beer 흑맥주
dark bread 흑빵
dark chocolate 다크초콜릿
dark colored rice 흑변미
dark cutting defect 다크커팅결함
darkening 검게됨
dark, firm, dry defect 다크펌드라이결함
dark malt 짙은엿기름
dark muscle 갈색근육
dark muscle fish 갈색근육물고기
dark northern spring 다크노던스프링
dark reaction 암반응
dark room 암실
Darls sausage 달스소시지
DASH 다시
DASH → dietary approaches to stop hypertension
dasik 다식
dasikgwa 다식과
dasima 다시마
dasimacha 다시마차
Dasyatidae 색가오릿과
Dasyatis akajei 노랑가오리
databank 데이터뱅크
database 데이터베이스
date 대추야자열매
date marking 날짜기입
date mussel 돌맛조개
date palm 대추야자나무
date plum 고욤
date plum tree 고욤나무
date shell 돌맛조개
date stamp 날짜도장
date sugar palm 야생대추야자나무
dating 날짜기입
Daucus 당근속
Daucus carota 당근
Daucus carota 야생당근
daughter cell 딸세포
daughter nucleus 딸핵
davana 다바나
davana essential oil 다바나방향유
DCP → digestible crude protein

ddangkongjuk 땅콩죽
DDT 디디티
DDT → dichlorodiohenyltrichloroethane
DE 디이
DE → dextrose equivalent
DE → digestible energy
deacetylation 아세틸기제거반응
deacidification 산제거
deacidification process 산제거공정
deaeration 공기제거
deamidation 아마이드기제거반응
deaminase 아미노기제거효소
deamination 아미노기제거
deamination reaction 아미노기제거반응
deastringent persimmon 우린감
death cap 알광대버섯
death curve 사멸곡선
death phase 사멸기
death rate 사망률
death rate 사멸률
Debaryomyces 데바리오미세스속
Debaryomyces hansenii 데바리오미세스 한세니이
debittering 쓴맛제거
deboner 발골기
deboning 발골
debranching enzyme 분지제거효소
debranning 겨제거
debris 부스러기
Debryomyces globosus 데브리오미세스 글로보수스
decaffeinated coffee 카페인제거커피
decaffeinated tea 카페인제거차
decaffeination 카페인제거
decanal 데칸알
decane 데케인
decanoic acid 데칸산
decanol 데칸올
decanter 디캔터
decanter conveyor-bowl centrifuge 디캔터원심분리기
Decapoda 십각목
decapods 십각류
Decapterus muroadsi 갈고등어
decarbonation 이산화탄소제거
decarboxylase 카복실기제거효소
decarboxylation 카복실기제거반응
decay 붕괴
decay constant 붕괴상수
deccicant 흡습제
deceiver 졸각버섯
decenoic acid 데센산
decentralized service 분산배식
dechlorination 염소제거
deciduous broad-leaf tree 낙엽활엽수
deciduous conifer 낙엽침엽수
deciduous tree 낙엽수
decision making 의사결정
deck oven 덱오븐
decoction 달임
decolorant 탈색제
decoloration 탈색
decomposer 분해자
decomposition 분해
decomposition reaction 분해반응
decompression chamber 감압실
decompression sickness 감압병
decoration 데커레이션
decoration cake 데커레이션케이크
decorticator 탈각기
decubitus ulcer 욕창궤양
decyl alcohol 데실알코올
decyl aldehyde 데실알데하이드
deep freezer 초저온냉동기
deep freezing 초저온냉동
deep frozen food 초저온냉동식품
deep frying 튀김
deep sea fish 심해어
deep sea fishery 원양어업
deep sea water 바다심층수
deep water 심층수
deer 사슴
deer antlers 녹용
deer penis 녹신
defatted fish meal 탈지어분
defatted meal 탈지박
defatted rice bran 탈지쌀겨
defatted rice bran extract 탈지쌀겨추출물

defatted soybean 탈지콩
defatted soybean cake 탈지콩깻묵
defatted soy meal 탈지콩가루
defatting 탈지
defeathering 깃털제거
defecation 설탕정제
defect 결함
deficiency 결핍
deficiency 결핍증
deficiency disease 결핍병
deficit gene 결손유전자
deficit syndrome 결핍증후군
definitive host 최종숙주
defoaming agent 거품제거제
defoliation 잎제거
deformation 변형
deformed can 변형캔
deformed fruit 변형과일
defrosting 성에제거
degenerative disease 퇴행성질환
degerminator 배아분리기
degradation 분해
degreening 최색
degree of crystallinity 결정화도
degree of disorder 무질서도
degree of fermentation 발효도
degree of freedom 자유도
degree of gelatinization 호화도
degree of ionization 이온화도
degree of marbling 마블링도
degree of milling 도정률
degree of polymerization 중합도
degree of ripeness 숙성도
degree of saturation 포화도
degree of scattering 산포도
degree of stability 안정도
degree of substitution 치환도
degree of supersaturation 과포화도
degree of unsaturation 불포화도
degree of vacuum 진공도
degumming 검제거
degumming agent 검제거제
degumming process 검제거공정
dehairing 털제거
dehiscent fruit 열과
dehulled azuki bean 거피팥
dehulling 왕겨제거
dehumidification 제습
dehumidifier 제습기
dehumidifying agent 제습제
dehusking 왕겨제거
dehusking rate 왕겨제거율
dehydrated medium 가루배지
dehydrated soybean curd 탈수두부
dehydrating agent 탈수제
dehydrating column 탈수관
dehydration 탈수
dehydration drying 탈수건조
dehydration reaction 탈수반응
dehydrator 탈수기
dehydroacetic acid 데하이드로아세트산
dehydroascorbic acid 데하이드로아스코브산
dehydroascorbic acid reductase 데하이드로아스코브산환원효소
dehydrogenase 수소제거효소
dehydrogenation 수소제거반응
deionization 이온제거
deionized water 이온제거수
Dekkera 데케라속
Dekkera anomala 데케라 아노말라
Dekkera bruxellensis 데케라 브루셀렌시스
Delaney Clause 딜레이니조항
delayed elasticity 지연탄성
deleterious substance 극물
deli 델리
delicacy 별미
delicatessen 델리카트
delicatessen food 델리카트음식
delicatessen salad 델리카트샐러드
deli food 델리음식
deliquescence 조해성
Delphacidae 멸굿과
Delphinapterus leucas 흰돌고래
Delphinidae 돌고랫과
delphinidin 델피니딘
Delphinus capensis 긴부리참돌고래
Delphinus delphis 짧은부리참돌고래
deltamethrin 델타메트린

demand forecasting 수요예측
Dematiaceae 흑색진균과
dementia 치매
demersal fish 땅고기
demineralization 회분제거
demineralization of sea water 바닷물민물화
demineralized water 염제거수
demineralized whey 염제거유청
de minimis risk 무시되는위해
denaturant 변성제
denaturation 변성
denatured alcohol 변성알코올
denatured protein 변성단백질
denaturing agent 변성제
dendrite 가지돌기
Dendrobranchiata 수상새아목
Dendropanax 황칠나무속
Dendropanax morbifera 황칠나무
dengue fever 뎅기열
dengue fever virus 뎅기열바이러스
dengue hemorrhagic fever 뎅기출혈열
denitrification 질소제거작용
denitrifying bacterium 질소제거세균
de novo 드노보
de novo synthesis 드노보합성
densely lamellated oyster 토굴
densitometer 덴시토미터
densitometry 덴시토메트리
density 밀도
density analysis 밀도분석
density gradient 밀도기울기
density gradient centrifugation 밀도기울기 원심분리
density measure 밀도측정
dental caries 충치
dental health 치아건강
dent corn 말이씨
Dentex tumifrons 황돔
dentistry 치과학
denture 의치
D-enzyme 디-효소
deodeok 더덕
deodeokgui 더덕구이
deodeokjangajji 더덕장아찌
deodorant 탈취제
deodorization 탈취
deodorizer 탈취기
deogeum 덖음
deotjang 덧장
deoxy 데옥시
deoxycholate 데옥시콜레이트
deoxycholate agar medium 데옥시콜산우무배지
deoxycholic acid 데옥시콜산
deoxycorticosterone 데옥시코티코스테론
deoxygenation agent 산소제거제
deoxynivalenol 데옥시니발렌올
deoxynucleoside 데옥시뉴클레오사이드
deoxynucleotide 데옥시뉴클레오타이드
deoxypyridoxine 데옥시피리독신
deoxyribonuclease 데옥시리보핵산가수분해효소
deoxyribonucleic acid 데옥시리보핵산
deoxyribonucleoprotein 데옥시리보핵산단백질
deoxyribonucleoside 데옥시리보뉴클레오사이드
deoxyribonucleotide 데옥시리보뉴클레오타이드
deoxyribose 데옥시리보스
deoxysugar 데옥시당
department of internal medicine 내과
department of neurology 신경과
department of nuclear medicine 핵의학과
department of pathology 병리과
DEPC → diethylpyrocarbonate
dependent variable 종속변수
dephosphorylation 인산기제거
deplasmolysis 원형질복귀
depolarization 감극
depolarization 감극작용
depolarizer 감극제
depolymerization 중합분해
depot fat 저장지방
depression of vapor pressure 증기압력내림
deproteinization 단백질제거
depside 뎁사이드
depsipeptide 뎁시펩타이드

depuration 정화
Derby biscuit 더비비스킷
derivative 유도체
derived lipid 유도지방질
derived protein 유도단백질
derived unit 유도단위
dermal layer 피층
dermatitis 피부염
dermatology 피부과
dermatosis 피부병
dermis 진피
D-erythropentose 디-에리트로펜토스
desalination 민물화
desalination facility 민물화설비
desalting 소금제거
desaturase 불포화효소
desaturation 불포화반응
descending colon 내림잘록창자
descriptive analysis 묘사분석
descriptive factor analysis 묘사요인분석
descriptive model 묘사모델
desert Indianwheat 블론드사일륨
desert wild grape 사막야생포도
desiccant 건조제
desiccator 데시케이터
design 설계
designer food 디자이너식품
designer gene 디자이너유전자
desire 욕구
desizing 풀빼기
desizing agent 풀제거제
desludging 슬러지제거
desmin 데스민
desmolase 데스몰레이스
desmosterol 데스모스테롤
desolventization 용매제거
desolventizing method 용매제거법
desorption 탈착
desorption isotherm 탈습곡선
desoxycholate lactose agar 데스옥시콜레이트젖당우무배지
dessert 디저트
dessert mix 디저트믹스
dessert wine 디저트와인
destructive interference 상쇄간섭
desugarization 당제거
desulfitation 아황산제거
Desulfotomaculum 데술포토마쿨룸속
Desulfotomaculum nigricans 데술포토마쿨룸 니그리칸스
Desulfovibrio 데술포비브리오속
Desulfovibrionaceae 데술포비브리오과
desulfurizer 황제거장치
detection 검출
detection limit 검출한계
detector 검출기
detergent 세제
deterioration 변질
determination 결정
detoxication 해독
deulnamul 들나물
deuterium 중수소
Deuteromycetes 불완전균강
Deuteromycotina 불완전균아문
deuterostomes 후구동물
development 발달
development 발생
development 발육
developmental biologist 발생생물학자
developmental biology 발생생물학
development engineering 발생공학
deviation 편차
device 소자
devilray 쥐가오리
devil's food cake 데블스푸드케이크
devil's tongue 구약나물
dewatering 탈수
dewaxing 왁스제거
dewberry 듀베리
dew condensation 결로
dew point 이슬점
dew point hygrometer 이슬점습도계
DEXA → dual energy X-ray absorptiometry
dextran 덱스트란
dextranase 덱스트란가수분해효소
dextransucrase 덱스트란슈크레이스
dextrin 덱스트린
dextrinase 덱스트린가수분해효소

dextrin glycosyltransferase 덱스트린글리코실전달효소
dextrinization 덱스트린화
dextrin residue 덱스트린분
dextrin value 덱스트린값
dextrorotatory 우회전성
dextrose 덱스트로스
dextrose equivalent 덱스트로스당량
dextrose monohydrate 함수덱스트로스
DFE → dietary folate equivalent
D-glucitol 디-글루시톨
DHA → docosahexaenoic acid
dhal 달
DHEA → dihydroepiandrosterone
dhokla 도클라
diabetes 당뇨병
diabetes decipiens 가성당뇨병
diabetes insipidus 요붕증
diabetes mellitus 당뇨병
diabetic 당뇨병환자
diabetic bread 당뇨빵
diabetic coma 당뇨병혼수
diabetic diet 당뇨병식사
diabetic food 당뇨식품
diabetic glycosuria 당뇨병당뇨
diabetic ketoacidosis 당뇨병케톤산증
diabetic nephropathy 당뇨콩팥병증
diabetic neuropathy 당뇨신경병증
diabetic retinopathy 당뇨망막병증
diabetogenic 당뇨병유발물질
diacetyl 다이아세틸
diacylglycerol 다이아실글리세롤
diacylglycerol lipase 다이아실글리세롤라이페이스
diacylglycerol 3-phosphate 다이아실글리세롤3-인산
diafiltration 투석거르기
diagnosis 진단
diagnostic radiology 진단방사선학
dialdehyde starch 다이알데하이드녹말
dial gauge 다이얼게이지
diallyl disulfide 다이알릴다이설파이드
dial thermometer 다이얼온도계
dialysate 투석액
dialysis 투석
dialysis membrane 투석막
dialyzer 투석기
diameter 지름
diamine 다이아민
diamine oxidase 다이아민산화효소
diammonium hydrogen phosphate 인산수소다이암모늄
diaphragm 가로막
diaphragm pump 다이어프램펌프
diarrhea 설사
diarrhetic food poisoning 설사식품중독
diarrhetic shellfish poison 설사조개독소
diarrhetic shellfish poisoning 설사조개중독
Diaspididae 깍지벌렛과
diastase 다이아스테이스
diastatic activity 당화활성
diastolic pressure 확장기압력
diatom 돌말류
diatomaceous earth 규조토
diatomic molecule 이원자분자
diatoxanthin 다이아토잔틴
diazepam 다이아제팜
diazinon 다이아지논
diazocyclopentadiene 다이아조사이클로펜타다이엔
diazomethane 다이아조메테인
diazonium salt 다이아조늄염
diazotization 다이아조화반응
dibasic acid 이염기산
dibenzoyl thiamin 다이벤조일티아민
dibenzoyl thiamin hydrochloride 다이벤조일티아민염산염
dicamba 디캄바
dice 다이스
Dicentrarchus labrax 유럽농어
dicer 다이서
dichlofluanid 다이클로플루아니드
dichlorobenzene 다이클로로벤젠
dichlorodiphenyltrichloroethane 다이클로로다이페닐트라이클로로에테인
dichlorprop 다이클로프롭
dichlorvos 다이클로보스
dichromic acid 다이크로뮴산

dicing 토막썰기
dicloxacillin 다이클로삭실린
dicofol 디코폴
dicotyledon 쌍떡잎
Dicotyledoneae 쌍떡잎식물강
dicotyledons 쌍떡잎식물
Dictyophora 망태버섯속
Dictyophora indusiata 망태버섯
Dictyoteliomycota 딕티오스텔리오균문
die 다이
dieldrin 다이엘드린
dielectric 유전체
dielectric constant 유전율
dielectric heating 유전가열
dielectric property 유전성질
dielectric thawing 유전해동
diencephalon 사이뇌
diene compound 다이엔화합물
Dienococcus radiodurans 디에노코쿠스 라디오두란스
die plate 다이플레이트
diet 다이어트
diet 식사
diet adjustment 식사조절
dietary culture 음식문화
dietary fiber 식품섬유
dietary folate equivalent 식사폴산당량
dietary formula 식단
dietary guideline 식사지침
dietary habit 식사습관
dietary history 식사이력
dietary intake 음식섭취
dietary life 식사생활
dietary record 식사기록
dietary reference intakes 영양섭취기준
dietary supplement 식사보충제
dietetic food 다이어트식품
dietetic food 식사요법식품
dietetics 식사요법학
diethylamine 다이에틸아민
diethyl dicarbonate 다이에틸다이카보네이트
diethylene glycol 다이에틸렌글리콜
diethyl ether 다이에틸에테르
diethylnitrosamine 다이에틸나이트로사민
diethylpyrocarbonate 다이에틸피로카보네이트
diethyl sulfide 다이에틸설파이드
diet-induced thermogenesis 식사에따른열발생
dietitian 영양사
diet order 식사처방
diet pattern 식사양식
diet therapy 식사요법
difference from control test 기준차이검사
difference test 차이검사
difference threshold 차이문턱값
differential centrifugation 차등원심분리
differential scanning calorimetry 시차주사열량계법
differential thermal analysis 시차열분석
differentiation 분화
diffraction 회절
diffused light 산광
diffusion 퍼짐
diffusion coefficient 퍼짐계수
diffusion equation 퍼짐방정식
diffusion process 퍼짐공정
diffusion velocity 퍼짐속도
diffusivity 퍼짐도
digalactosyl diacylglycerol 다이갈락토실다이아실글리세롤
digallic acid 다이갈산
digestant 소화제
digestibility 소화율
digestibility coefficient 소화계수
digestible crude protein 소화성조단백질
digestible energy 소화성에너지
digestible nutrient 소화성영양소
digestible protein 소화성단백질
digestion 소화
digestion coefficient 소화율계수
digestion tank 소화조
digestive enzyme 소화효소
digestive gland 소화샘
digestive juice 소화액
digestive organ 소화기관
digestive rendering process 소화식채유법
digestive system 소화계통

digital 디지털
digitalin 디기탈린
Digitalis 디기탈리스속
Digitalis purpurea 디기털리스
digital planimeter 디지털플래니미터
digital signal 디지털신호
Digitaria exilis 흰포니오
Digitaria iburua 검정포니오
digitogenin 디기토게닌
digitonin 디기토닌
digitoxigenin 디기톡시게닌
digitoxin 디기톡신
digitoxose 디기톡소스
diglucoside 다이글루코사이드
diglyceride 다이글리세라이드
digoxin 디곡신
dihydrocapsaicin 다이하이드로캡사이신
dihydrochalcone 다이하이드로칼콘
dihydroepiandrosterone 다이하이드로에피안드로스테론
dihydrostreptomycin 다이하이드로스트렙토마이신
dihydroxyacetone 다이하이드록시아세톤
dihydroxy succinic acid 다이하이드록시석신산
dihydroxy β-carotene 다이하이드록시베타카로텐
diiron trioxide 삼산화이철
dika 아프리카망고
dika nut 디카너트
diketone 다이케톤
dilatancy 다일레이턴시
dilatant liquid 팽창액체
dilatometry 팽창측정법
dill 딜
Dilleniineae 다래아목
dill ether 딜에테르
dill pickle 딜피클
dill seed 딜씨
diluent 묽힘제
dilute solution 묽은용액
diluted glacial acetic acid 희석아세트산
diluted benzoyl peroxide 묽은과산화벤조일
dilution 묽힘
dilution effect 묽힘효과
dilution flavor profile test 묽힘향미프로필검사
dilution method 묽힘법
dimagnesium phosphate 인산다이마그네슘
dimanganese dioxide 산화망가니즈(IV)
dimanganese trioxide 산화망가니즈(III)
dimension 차원
dimension analysis 차원분석
dimensionless number 무차원수
dimer 이합체
dimethoate 다이메토에이트
dimethyl 다이메틸
dimethylamine 다이메틸아민
dimethylarsinic acid 다이메틸아르신산
dimethyl dicarbonate 다이메틸다이카보네이트
dimethyl disulfide 다이메틸다이설파이드
dimethyl ketone 다이메틸케톤
dimethyl nitrosamine 다이메틸나이트로사민
dimethylpolysiloxane 다이메틸폴리실록세인
dimethyl sulfide 다이메틸설파이드
dimethyl sulfone 다이메틸설폰
dimethyl sulfoxide 다이메틸설폭사이드
dimethyl trisulfide 다이메틸트라이설파이드
Dimocarpus longana 용안
dim sum 딤섬
dinitrogen monoxide 산화이질소
dinitrogen pentoxide 오산화이질소
dinitrogen tetroxide 사산화이질소
dinitrogen trioxide 삼산화이질소
dinner 디너
Dinoflagellatae 와편모조강
dinoflagellate toxin 와편모조독소
dinoflagellates 와편모조류
Dinophycales 와편모조목
Dinophysis acuminata 디노피시스 아쿠미나타
Dinophyta 와편모조식물문
diode 다이오드
Diodon holocanthus 가시복
Diodontidae 가시복과
dioecism 암수딴그루
diol 다이올
Dioscorea 마속

Dioscorea alata 자주마
Dioscorea alata 큰마
Dioscorea bulbifera 둥근마
Dioscoreaceae 맛과
Dioscorea japonica 참마
Dioscorea nipponica 부채마
Dioscorea opposita 마
Dioscorea opposita 중국마
Dioscorea oppositifolia 마
Dioscorea poolystachya 중국마
Dioscorea quinqueloba 단풍마
Dioscorea rhizome 산약
Dioscorea rotundata 흰마
Dioscorea septemloba 국화마
Dioscorea tenuipes 각시마
Dioscorea tokoro 도꼬로마
Dioscorea trifida 인디언마
dioscorin 디오스코린
diose 다이오스
Diospyros 감나무속
Diospyros digyna 검정사포테
Diospyros kaki 감나무
Diospyros lotus 고욤나무
Diospyros virginiana 미국감나무
dioxane 다이옥세인
dioxin 다이옥신
dioxygenase 이산소화효소
dip 딥
dipeptidase 다이펩타이드가수분해효소
dipeptide 다이펩타이드
dipeptide sweetener 다이펩타이드감미료
diphenol oxidase 다이페놀산화효소
diphenyl 다이페닐
diphenylamine 다이페닐아민
diphosphoric monoester hydrolase 이인산모노에스터가수분해효소
diphtheria 디프테리아
diphtherin 디프테리아세균독소
Diphyllobothriidae 열두조충과
Diphyllobothrium 열두조충속
Diphyllobothrium latum 광절열두조충
dipicolinic acid 다이피콜린산
Diplocarpon rosae 디플로카르폰 로사에
diplococcus 쌍알세균
Diplodia 디플로디아속
Diplodia natalensis 디플로디아 나탈렌시스
diploid 두배수체
Diplopoda 노래기강
diplotene 복사기
Dipnoi 폐어아강
Dipodascaceae 디포다스카과
dipolar ion 쌍극성이온
dipole 쌍극자
dipole attraction 쌍극자인력
dipole moment 쌍극자모멘트
dipping 담그기
Dipsacaceae 산토끼꽃과
Dipsacales 산토끼꽃목
Dipsaci radix 속단
Diptera 파리목
Dipterocarpaceae 딥테로카르파과
dipyridyl 다이피리딜
direct calorimetry 직접열량측정법
direct contact condenser 직접접촉응축기
direct contact insecticide 직접접촉살충제
direct current 직류
direct dryer 직접건조기
direct fermentation method 직접발효법
direct heating 직접가열
direct heating method 직접가열방식
direct injection 직접분사
direct microscopic count 직접검경법
direct microscopy 직접검경법
direct reading balance 직시천칭
direct refrigerant 직접냉매
direct steam heating 직접스팀가열
direct vision spectroscope 직시분광기
disaccharide 이당류
disappearance rate 소실율
disc assay 디스크검사법
discharge concentration 배출농도
discharge slot 배출구
discharge valve 배출밸브
Discinaceae 게딱지버섯과
discoloration 변색
discoloration of egg 달걀변색
Discomycetes 반균강
discriminant analysis 차별분석

discriminative difference test 차이식별검사
disease 병
disease 질병
disease and insect pest 병해충
disease and insect pest control 병해충방제
dish dryer 식기건조기
dishwasher 식기세척기
disinfectant 소독제
disinfection 소독
disinfection by irradiation 방사선소독
disinfection byproduct 소독부산물
disinfection by γ-irradiation 감마선소독
disinfection of water 물소독
disinfector 소독기
disinfestation 살충
disinfestation by irradiation 방사선살충
disinfestation with controlled atmosphere 가스충전살충
disk 원판
disk abalone 까막전복
disk atomizer 원판분무기
disk attrition mill 원판마찰분쇄기
disk bowl centrifuge 원판원심분리기
disk mill 원판분쇄기
disk separator 원판분리기
disodium 5'-cytidylate 5'-시티딜산다이소듐
disodium 5'-guanylate 5'-구아닐산다이소듐
disodium 5'-inosinate 5'-이노신산다이소듐
disodium 5'-ribonucleotide 5'-리보뉴클레오타이드다이소듐
disodium 5'-uridylate 5'-우리딜산다이소듐
disodium cytidine 5'-phosphate 사이티딘 5'-인산이소듐
disodium dihydrogen diphosphate 산성파이로인산소듐
disodium dihydrogen pyrophosphate 산성파이로인산소듐
disodium DL-tartrate 디엘-타타르산다이소듐
disodium ethylenediaminetetraacetate 에틸렌다이아민테트라아세트산다이소듐
disodium glycyrrhizinate 글리시리진산다이소듐
disodium hydrogen phosphate 인산수소다이소듐
disodium L-tartrate 엘-타타르산다이소듐
disodium succinate 석신산다이소듐
disodium tetraboric acid 테트라보르산다이소듐
dispenser 디스펜서
dispensing 디스펜싱
dispersability 분산성
disperse phase 분산상
disperse system 분산계통
dispersed colloid 분산콜로이드
dispersed fluid 분산유체
dispersibility 분산도
dispersing agent 분산제
dispersion 분산
dispersion coefficient 분산계수
dispersion medium 분산매
dispersoid 분산질
display cabinet 진열캐비닛
display date 진열날짜
disposable bottle 일회용병
disposable container 일회용용기
disposable package 일회용포장
dissecting microscope 실체현미경
dissociation 해리
dissociation constant 해리상수
dissociation curve 해리곡선
dissociation energy 해리에너지
dissolution 용해
dissolved inorganic carbon 용존무기탄소
dissolved matter 용존물질
dissolved organic carbon 용존유기탄소
dissolved oxygen 용존산소
dissolved oxygen concentration 용존산소농도
dissolved solid 용존고형물
Dissostichus eleginoides 비막치어
distal tubule 먼쪽세관
distarch glycerol 글리세롤이녹말
distarch phosphate 인산이녹말
distillation 증류
distillation apparatus 증류장치
distillation column 증류탑
distilled soju 증류소주
distilled spirit 증류주

distilled vinegar 증류식초
distilled water 증류수
distillers (spent) grain 증류곡물찌꺼기
distiller's yeast 알코올효모
distillery 증류소
distillery effluent 증류소폐수
distoma 디스토마
distribution 분포
distribution 유통
distribution coefficient 분포계수
distribution cost 물류비용
distribution curve 분포곡선
distribution route 유통경로
distributive facilities 유통시설
distributor 유통업자
disulfide 이황화물
disulfide bond 이황화결합
DIT → diet-induced thermogenesis
diterpene 다이터펜
dittany of Crete 디타니
diuresis 이뇨
diuretic 이뇨제
diuretic action 이뇨작용
diuron 디우론
diversity 다양성
diverticulitis 곁주머니염
diverticulosis 곁주머니증
diverticulum 곁주머니
divider 분할기
dizziness 어지럼증
djenkol bean 젠콜콩
djenkolic acid 젠콜산
djenkolism 젠콜콩중독
DL-alanine 디엘-알라닌
DL-malic acid 디엘-말산
dl-menthol 디엘-박하뇌
DL-methionine 디엘-메싸이오닌
DL-phenylalanine 디엘-페닐알라닌
DL-tartaric acid 디엘-타타르산
DL-threonine 디엘-트레오닌
DL-tryptophan 디엘-트립토판
dl-α-tocopherol 디엘-알파토코페롤
dl-α-tocopherol 바이타민이
dl-α-tocopheryl acetate 디엘-알파토코페릴 아세테이트
D-maltitol 디-말티톨
DMSO → dimethyl sulfoxide
DNA 디엔에이
DNA → deoxyribonucleic acid
DNA analysis 디엔에이분석
DNA-binding protein 디엔에이결합단백질
DNA blotting 디엔에이블롯팅
DNA chip 디엔에이칩
DNA cloning 디엔에이클로닝
DNA damage 디엔에이손상
DNA database 디엔에이데이터베이스
DNA diagnosis 디엔에이진단
DNA double helix 디엔에이이중나선
DNA fingerprint 디엔에이지문
DNA fingerprint technique 디엔에이지문분석법
DNA fingerprinting 디엔에이지문분석
DNA hybridization 디엔에이잡종화
DNA ligase 디엔에이연결효소
DNA methylase 디엔에이메틸화효소
DNA methylation 디엔에이메틸화
DNA modification 디엔에이변형
DNA polymerase 디엔에이중합효소
DNA polymorphism 디엔에이다형태
DNA probe 디엔에이프로브
DNA profile 디엔에이프로필
DNA profiling 디엔에이프로필링
DNA repair 디엔에이수선
DNA replication 디엔에이복제
DNA restriction 디엔에이제한
DNA restriction enzyme 디엔에이제한효소
DNA-RNA hybrid 디엔에이아르엔에이혼성체
DNase → deoxyribonuclease
DNase 디엔에이분해효소
DNA sequence analysis 디엔에이염기순서분석
DNA sequencing 디엔에이염기순서결정
DNA sequencing technique 디엔에이염기순서분석법
DNA synthesizer 디엔에이합성기
DNA synthetase 디엔에이합성효소
DNA technique 디엔에이기술

DNA template 디엔에이주형
DNA typing 디엔에이타이핑
DNA vector 디엔에이운반체
DNA virus 디엔에이바이러스
DNS → dark northern spring
DO → dissolved oxygen
dobyeong 도병
docosahexaenoic acid 도코사헥사엔산
docosanoic acid 도코산산
docosapentaenoic acid 도코사펜타엔산
docosenoic acid 도코센산
dodecanoic acid 도데칸산
doebijijjigae 되비지찌개
doebijitang 되비지탕
doenjang 된장
doenjangguk 된장국
doenjangjjigae 된장찌개
doenjang powder 된장가루
doenjangtteok 된장떡
dog 개
doganitang 도가니탕
dog rose 개장미
dog salmon 연어
dokhwal 독활
doksongi 독송이
dolgasari 돌가사리
Dolichos 편두속
Dolichos lablab 편두
dolly varden trout 곤들매기
dolphin 돌고래
dolsotbap 돌솥밥
dolsotbibimbap 돌솥비빔밥
domain Archaea 고세균역
domestic animal 가축
domestic duck 집오리
domestic goose 거위
domestic rabbit 집토끼
domestic sausage 더미스틱소시지
domestic sewage 가정하수
domestic variety 재래종
domestic waste 생활폐기물
domiati cheese 도미아티치즈
dominance 우성
dominant allele 우성대립유전자
dominant gene 우성유전자
dominant mutation 우성돌연변이
dominant traits 우성형질
domino shrimp 좁은 뿔 민꽃새우
domoic acid 돔산
doner kebab 도너케밥
dongchimi 동치미
dongdongju 동동주
dongjipatjuk 동지팥죽
dong quai 중국당귀
dongtaemaeuntang 동태매운탕
donkey 당나귀
donkey milk 당나귀젖
Donnan equilibrium 도넌평형
donor 주개
dopamine 도파민
doping test 약물복용시험
dorajimositdae 도라지모싯대
dorajinamul 도라지나물
dorajisaengchae 도라지생채
dormancy 휴면
dormancy period 휴면기
dormant seed 휴면씨앗
dosa 도사
dosage 투여량
dosai 도사이
dosal 등
dose 선량
dose 약량
dose equivalent 선량당량
dose response assessment 투여반응평가
dose response curve 투여반응곡선
dosimeter 방사선량계
dosimetry 방사선량측정법
Dosinorbis japonicus 떡조개
dosoju 도소주
dotorimuk 도토리묵
dotoritteok 도토리떡
dotted gizzard shad 전어
double acting baking powder 지속베이킹파우더
double-blind study 이중맹검법
double bond 이중결합
double cone mixer 이중원뿔믹서

double cream 더블크림
double cropping 이기작
double decomposition 복분해
double helical structure 이중나선구조
double helix 이중나선
double infection 중복감염
double layer 이중층
double membrane 이중막
double pan 이중냄비
double pan balance 양쪽접시저울
double salt 복염
double seamed can 이중시밍캔
double seamer 이중시머
double seaming 이중시밍
double strand DNA 이중가닥디엔에이
double strand RNA 이중가닥아르엔에이
double triangle test 이중삼점검사
double-tube type heat exchanger 이중튜브열교환기
dough 반죽
dough conditioner 반죽컨디셔너
dough consistency 반죽점조도
dough development 반죽형성
dough development time 반죽형성시간
dough maturing agent 반죽숙성제
dough mixer 반죽믹서
dough mixing property 반죽혼합성질
doughnut 도넛
dough raising power 반죽팽창력
dough rheology 반죽리올로지
dough sheeter 반죽시트기
dough test 반죽시험
dove 비둘기
Dovyalis caffra 케이애플
Dovyalis hebecarpa 실론구스베리
Down syndrome 다운증후군
downy mildew 노균병
Dowtherm vaporizer 다우덤증발기
doxycycline 독시사이클린
DPA → docosapentaenoic acid
dracunculiasis 용선충증
Dracunculidae 용선충과
Dracunculus 용선충속
Dracunculus medinensis 용선충
draft beer 생맥주
drag 항력
drag coefficient 항력계수
dragee 드라제
drag flow 항력흐름
dragon fruit 용과
drain 배수
drained weight 건더기무게
drain pump 배수펌프
drain valve 배수밸브
drawn and ironed can 타발압연캔
drawn can 타발캔
dressed carcass 지육
dressed carcass cooling 지육냉각
dressed carcass grading 지육등급매김
dressed meat 정육
dressing 드레싱
dressing percentage 도체율
D-ribo-2-hexulose 디-리보-2-헥술로스
D-ribose 디-리보스
dried abalone 마른전복
dried adductor muscle 마른패각근육
dried Alaska pollack 북어
dried anchovy 마른멸치
dried coconut 마른코코넛
dried cream 마른크림
dried dairy product 마른낙농제품
dried egg product 마른달걀제품
dried egg white 마른흰자위
dried fig 마른무화과
dried fish 건어물
dried flower bud of clove tree 정향
dried food 마른식품
dried fruit 마른과일
dried ginseng 마른인삼
dried Japanese quince 목과
dried kelp 마른다시마
dried malt 마른엿기름
dried marine product 마른수산제품
dried meat 마른고기
dried meat product 마른고기제품
dried noodle 마른국수
dried orange peel 진피
dried pea 마른완두콩

dried persimmon 곶감
dried plum 마른자두
dried product 마른제품
dried root of *Ligularia fischeri* 호로칠
dried safflower 홍화
dried sea mustard 마른미역
dried shark's fin 마른상어지느러미
dried shelled chestnut 황밤
dried skim milk 마른탈지우유
dried squid 마른오징어
dried unit weight 건조단위중량
dried vegetable 마른채소
dried whey 마른유청
dried yolk 마른노른자위
drier 건조기
drink 음료
drink factory 음료공장
drink mix 음료믹스
drinking chocolate 마시는초콜릿
drinking spring water 먹는샘물
drinking straw 빨대
drinking water 먹는물
drinking water 음료수
drinking water 음용수
drinking yoghurt 마시는요구르트
drip 드립
drip coffee 드립커피
drip loss 드립손실
dripping 드리핑
DRIs → dietary reference intakes
drive-in service 드라이브인서비스
Dromaiidae 에뮤과
Dromaius 에뮤속
Dromaius novaehollandiae 에뮤
dromedary camel 단봉낙타
drop biscuit 드롭비스킷
drop cookie 드롭쿠키
droplet 액적
drops 드롭스
drop test 낙하시험
Drosophila 초파리속
Drosophilidae 초파릿과
drought damage 가뭄피해
drought resistance 내건성
drought tolerance 내건성
drug 약
drug 약물
drug abuse 약물남용
drug addiction 약물중독
drug allergy 약물알레르기
drug dependence 약물의존성
drug-induced hepatitis 약물간염
drug overdose 약물과량투여
drug reaction 약물반응
drug resistance 약물내성
drug resistant bacterium 약물내성세균
drug therapy 약물요법
drug treatment 약물치료
drum 드럼
drum boiler 드럼보일러
drum dried starch 드럼건조녹말
drum dryer 드럼건조기
drum drying 드럼건조
drum drying method 드럼건조법
drumstick 드럼스틱
drumstick tree 모린가
drum washer 드럼세척기
drupe 핵과
dry 달지 않은
dry absorption 건식흡수
dryad's saddle 구멍장이버섯
dry air 마른공기
dry air cleaner 건식공기청정기
dry ashing method 건식회화법
dry basis 건량기준
dry beer 드라이맥주
dry-bulb 건구
dry-bulb temperature 건구온도
dry-bulb thermometer 건구온도계
dry classification 건식분급
dry cleaning 건식세정
dry compression 건조압축
dry cured ham 건염햄
dry-curing 드라이큐어링
dry digestion 건식분해
dry distillation 건류
dryer 건조기
dry formed vitamin A 가루바이타민에이

dry gin 드라이진
dry grinding 건식분쇄
dry ham 마른햄
dry heat 건열
dry heat cooking 건열조리법
dry heat sterilization 건열살균
dry heat sterilizer 건열살균기
dry ice 드라이아이스
dry ice freezing 드라이아이스냉동
drying 건조
drying aid 건조보조제
drying apparatus 건조장치
drying chamber 건조실
drying curve 건조곡선
drying method 건조법
drying oil 건성기름
drying rate 건조속도
drying shrinkage 건조수축
dry kitchen system 드라이키친시스템
dry lamination 건식라미네이션
dry matter 건조물
dry milk 분유
dry milling 건식도정
dry mixer 건식믹서
dry mouth 입안건조
dryness 건조도
dry pack 드라이팩
dry peeling 건식박피
dry rendering 건식렌더링
dry salting 마른간법
dry saturated vapor 건조포화증기
dry sausage 마른소시지
dry storage 건조저장
dry type evaporator 건식증발기
dry weight 마른무게
dry yeast 마른효모
DSC → differential scanning calorimetry
D-sorbitol 디-소비톨
D-sorbitol solution 디-소비톨용액
DTA → differential thermal analysis
dual energy X-ray absorptiometry 이중에너지엑스선흡수법
dubujeongol 두부전골
dubuseon 두부선
Duchesnea 뱀딸기속
Duchesnea chrysantha 뱀딸기
duchungcha 두충차
duck 오리
duck egg 오리알
duck liver 오리간
duck meat 오리고기
dudh churpi 두추르피
dugyeonhwajeon 두견화전
dugyeonjeonbyeong 두견전병
dugyeonju 두견주
dulcin 둘신
dulcite 둘시트
dulcitol 둘시톨
dulcoside 둘코사이드
dulse 팔손이풀
dumping syndrome 덤핑증후군
dumpling 덤플링
dump truck 덤프트럭
Dunaliella 두날리엘라속
Dunaliellaceae 두나리엘라과
Dunaliella salina 두나리엘라 살리나
Duncan's multiple range test 던컨시험
Dungeness crab 대짜은행게
dunggulle 둥굴레
duobanjang 두반장
duodenal gland 샘창자샘
duodenal ulcer 샘창자궤양
duodenectomy 샘창자절제술
duodenitis 샘창자염
duodenum 샘창자
duo-trio test 일이점검사
duplication 중복
durability 내구성
dureup 두릅
dureuphoe 두릅회
dureupnamul 두릅나물
Durham fermentation tube 더럼발효관
durian 두리안
Durio zibethinus 두리안
duruchigi 두루치기
durum wheat 듀럼밀
dusi 두시
dusky frillgoby 무늬망둑

dust 분진
dust collection 집진
dust collection facility 집진설비
dust collector 집진기
dust explosion 분진폭발
dust in air 공중티끌
dusting flour 덧가루
Dutch cheese 네덜란드치즈
Dutch cocoa 네덜란드코코아
Dutch oven 더치오븐
duteoptteok 두텁떡
DV → daily value
D value 디값
dwaejigalbigui 돼지갈비구이
dwarf ginseng 삼엽인삼
dwarfism 소인증
D-xylose 디-자일로스
D-xylulose reductase 디-자일룰로스환원효소
dye 염료
dye-binding method 색소결합법
dye crop 염료작물
dyeing 염색
dye reduction test 색소환원시험
dynamic equilibrium 동적평형
dynamic pressure 동적압력
dynamics 동역학
dynamic viscoelasticity 동적점탄성
Dynastidae 장수풍뎅잇과
dynastid beetle 장수풍뎅이
dyne 다인
dysentery 이질
dysentery bacillus 이질세균
dysorexia 식욕이상
dyspepsia 소화불량
dysphagia 삼킴곤란
dystrophy 디스트로피
dysvitaminosis 바이타민영양장애

E

E° → standard reduction potential
EAA → essential amino acid
eagle ray 매가오리
ear 귀
ear 이삭
EAR → estimated average requirement
ear blight 이삭마름병
earl grey 얼그레이
early barnyard grass 논피
early maturing variety 조생종
ear ossicle 귓속뼈
ear shell 전복
earthenware pot 독
earthworm 지렁이
earthy odor 흙내
Easter lily 백합
eastern black walnut 검정호두나무
eastern grey kangaroo 동부회색캥거루
eastern prickly pear 동부가시배
east Indian geranium 동인도제라늄
east Indian lemon grass 동인도레몬그라스
easy open can 열기쉬운캔
eating behavior 식사행동
eating disorder 식사장애
eating quality 식미
eating quality of bap 밥맛
eau de vie 오우드비
Ebenaceae 감나뭇과
Ebenales 감나무목
Ebenaneae 감나무아목
Ebola virus 에볼라바이러스
EC → electrical conductivity
EC → energy charge
EC → epicatechin
eccrinology 분비학
ECD → electron capture detector
ECG → electrocardiogram
ECG → epicatechin gallate
Echinochloa 피속
Echinochloa crus-galli var. *frumentacea* 피
Echinochloa oryzoides 논피
Echinococcus 에키노코쿠스속
Echinococcus granulosus 단방조충
echinoderm 극피동물
Echinodermata 극피동물문

Echinoida 성게목
Echinoidea 성게강
Echinoptilidae 가시선인장과
Echiura 의충동물문
Echiuroidea 개불강
Echiuroinea 의충동물목
Ecklonia 감태속
Ecklonia cava 감태
Ecklonia stolonifera 곰피
eclair 에클레어
ECM → extracellular matrix
ecolabel 친환경표지
ecology 생태학
e-commerce 전자상거래
economic order quantity 경제주문량
economizer 이코노마이저
ecosystem 생태계
ecosystem restoration 생태계복원
ecotype 생태형
ectoderm 외배엽
Edam cheese 에담치즈
edein 에데인
edema 부종
edestin 에데스틴
EDI → estimated daily intake
edible acid 식용산
edible bird's nest 제비집
edible bird's nest soup 제비집수프
edible blended oil 식용혼합기름
edible canna 아키라
edible casein 식용카세인
edible coconut oil 식용야자기름
edible container 식용용기
edible corn oil 식용옥수수기름
edible cottonseed oil 식용면실기름
edible egg 식용란
edible fat and oil 식용유지
edible film 식용필름
edible flower 식용꽃
edible frog 식용개구리
edible frog 유럽참개구리
edible fungus 식용진균
edible grape seed oil 식용포도씨기름
edible hardened oil 식용경화기름
edible ice 식용얼음
edible mushroom 식용버섯
edible oil 식용기름
edible pack 식용포장
edible palm kernel oil 식용팜핵기름
edible palm oil 식용팜유
edible peanut oil 식용땅콩기름
edible portion 식용부위
edible rapeseed oil 식용평지씨기름
edible salt 식용소금
edible silkworm pupa 식용누에번데기
edible snail 식용달팽이
edible sunflower seed oil 식용해바라기씨기름
edible wild plant 식용야생식물
EDTA → ethylenediaminetetraacetic acid
EDTA calcium disodium 이디티에이칼슘다이소듐
EDTA calcium disodium → calcium disodium ethylenediamine tetraacetate
EDTA disodium 이디티에이다이소듐
EDTA disodium → disodium ethylenediaminetetraacetate
eduction 석출
Edwadsiella 에드와드시엘라속
Edwadsiella tarda 에드와드시엘라 타르다
eel 뱀장어
eel oil 뱀장어기름
EER → estimated energy requirement
EFA → essential fatty acid
effective concentration 유효농도
effective freezing time 유효냉동시간
effective rate of freezing 유효냉동속도
effective value 유횻값
effective volume 유효부피
effector 효과기
efferent nerve 날신경
efferent neuron 날신경세포
effervescent 거품이이는
efficiency 효율
effluent 배출액
effluent water 방류수
effusion 분출
EFTA → European Free Trade Association

EGC → epigallocatechin
EGCG → epigallocatechin gallate
EGF → epidermal growth factor
egg 달걀
egg 알
eggbeater 달걀거품기
egg cell 난세포
egg cockle 새소개
egg cream 에그크림
egg custard 에그커스터드
egg grader 달걀선별기
egg-laying ability 산란능력
egg membrane 난막
egg nog 에그노그
egg pasta 달걀파스타
eggplant 가지
egg powder 달걀가루
egg protein 달걀단백질
egg roll 에그롤
egg score 알값
eggshell 달걀껍데기
eggshell color 달걀껍데기색깔
eggshell cuticle 달걀껍데기큐티클
eggshell membrane 달걀껍데기막
eggshell powder 달걀껍데기가루
eggshell strength 달걀껍데기세기
egg white 달걀흰자위
egg white lysozyme 달걀흰자위라이소자임
egg yolk 달걀노른자위
egusi 에구시
eicosanoid 에이코사노이드
eicosapentaenoic acid 에이코사펜타엔산
eicosatetraenoic acid 에이코사테트라엔산
eicosenoic acid 에이코센산
Eimeria 에이메리아속
Eimeriidae 구포자충과
einkorn wheat 외알밀
Einstein's viscosity formula 아인슈타인점성식
Eisenia fetida 줄지렁이
Eiswein 아이스바인
ejector 이젝터
EKG → electrocardiogram
Elaeagnaceae 보리수나뭇과
Elaeagnales 보리수나무목
Elaeagnus 보리수나무속
Elaeagnus umbellata 보리수나무
Elaeis guineensis 기름야자나무
Elagatis bipinnulata 참치방어
elaidic acid 엘라이드산
eland antelope 일런드영양
elastase 엘라스틴가수분해효소
elastic body 탄성체
elastic deformation 탄성변형
elastic elongation 탄성신장도
elastic energy 탄성에너지
elastic fiber 탄성섬유
elastic force 탄성력
elastic gel 탄성젤
elasticity 탄성
elastic limit 탄성한도
elastic recovery 탄성회복
elastic solid 탄성고체
elastic strain 탄성스트레인
elastic stress 탄성변형력
elastin 엘라스틴
elbow meter 엘보유량계
elder 유럽딱총나무
elderberry 엘더베리
elderflower 엘더플라워
electoosmosis 전기삼투
electrical conduction 전기전도
electrical conductivity 전기전도율
electrical moisture meter 전기수분측정기
electrical property 전기성질
electrical resistance 전기저항
electrical resistance thermometer 전기저항온도계
electrical stimulation 전기자극
electrical stunning 전기실신
electrical thermometer 전기온도계
electric capacity 전기용량
electric charge 전하
electric circuit 전기회로
electric current 전류
electric energy 전기에너지
electric field 전기장
electric furnace 전기로

electric heater 전열기
electric heating 전기가열
electric insulator 전기절연체
electricity 전기
electric oscillation 전기진동
electric oven 전기오븐
electric potential 전위
electric power 전력
electric refrigerator 전기냉장고
electric rice cooker 전기밥솥
electric rice warmer 전기보온밥통
electric shock 전기충격
electric smoking 전기훈제
electric smoking method 전기훈제법
electric thawing 전기해동
electric thawing equipment 전기해동장치
electric wave 전파
electrocardiogram 심전도
electrocardiograph 심전계
electrochemical equivalent 전기화학당량
electrochemical industry 전기화학공업
electrochemistry 전기화학
electrocution 감전사
electrode 전극
electrode potential 전극전위
electrodialysis 전기투석
electrodialysis method 전기투석법
electrolysis 전기분해
electrolyte 전해질
electrolyte drink 전해질음료
electrolytic iron 전해철
electrolyzed water 전기분해수
electromagnet 전자석
electromagnetic field 전자기장
electromagnetic force 전자기력
electromagnetic radiation 전자기복사
electromagnetic spectrum 전자기스펙트럼
electromagnetic wave 전자기파
electron 전자
electron acceptor 전자받개
electron affinity 전자친화도
electron beam 전자빔
electron capture 전자포획
electron capture detector 전자포획검출기
electron carrier 전자운반체
electron donor 전자주개
electronegativity 전기음성도
electronegativity scale 전기음성도척도
electron gun 전자총
electronic balance 전자저울
electronic commerce 전자상거래
electronic configuration 전자배치
electronic nose 전자코
electronics 전자공학
electronic structure 전자구조
electronic tongue 전자혀
electronic transition 전자전이
electron irradiation 전자선조사
electron micrograph 전자현미경사진
electron microscope 전자현미경
electron microscopy 전자현미경법
electron mobility 전자이동도
electron orbital 전자오비탈
electron pair 전자쌍
electron pair acceptor 전자쌍받개
electron pair bond 전자쌍결합
electron pair repulsion 전자쌍반발
electron shell 전자껍질
electron spin resonance 전자스핀공명
electron subshell 전자부껍질
electron transfer 전자전달
electron transport enzyme 전자전달효소
electron transport system 전자전달계통
electron volt 전자전압
electrophile 친전자체
electrophilic addition 친전자첨가
electrophilic reagent 친전자시약
electrophilic substitution 친전자치환
electrophoresis 전기이동
electrophysiology 전기생리학
electroplating 전기도금
electroporation 전기천공
electrostatic attraction 정전기인력
electrostatic effect 정전기효과
electrostatic interaction 정전기상호작용
electrostatic repulsion 정전기반발력
electrotransformation 전기형질전환
element 원소

elemental analysis 원소분석
elementary diet 성분식사
Eleocharis 바늘골속
Eleocharis dulcis 남방개
Eleocharis kuroguwai 올방개
eleostearic acid 엘레오스테아르산
elephant foot 구약나물
elephant garlic 코끼리마늘
elephant yam 구약나물
Elettaria cardamomum 카다몸
Eleusine coracana 아프리카기장
Eleutherococcus 오갈피나무속
Eleutherococcus sessiliflorus 오갈피나무
elevator 승강기
elevator 엘리베이터
elimination 제거
elimination reaction 제거반응
ELISA 엘리사
ELISA → enzyme-linked immunosorbent assay
elk 엘크
ellagic acid 엘라그산
ellagitannin 엘라기타닌
ellipse 타원
ellipsoid 타원체
elliptic orbital 타원오비탈
elongate ilisha 준치
elongation 신장
elongation percentage 신장률
Elsholtzia 향유속
Elsholtzia ciliata 향유
eluate 용출액
eluent 전개액
elution 용출
elution curve 용출곡선
elution volume 용출부피
elver 실뱀장어
emamectin 에마멕틴
Embden-Meyerhof pathway 엠덴-마이어호프경로
embolism 색전증
embolus 색전
embossing 엠보싱
embryo 씨눈
embryo cell 씨눈세포
embryo culture 씨눈배양
embryologist 발생학자
embryology 발생학
embryonal axis 배축
embryonated egg 발육란
embryonic stage 배아기
embryonic stem cell 배아줄기세포
embryo-retaining rice 씨눈쌀
emergency care 응급처치
emergency crop 구황작물
emergency food 비상식량
emergency medical center 응급의료센터
emergency medical service 응급의료서비스
emergency medical technician 응급구조사
emergency medicine 응급의학
emergency medicine 응급의학과
emergency room 응급실
emergency slaughter 절박도살
emission 방출
emission of heat energy 열에너지방출
emission spectroscopy 방출분광법
emission spectrum 방출스펙트럼
emissivity 복사율
Emmental cheese 에멘탈치즈
emmer wheat 에머밀
emodin 에모딘
Empetraceae 시로미과
Empetrum 시로미속
Empetrum nigrum var. *japonicum* 시로미
emphysema 폐기종
empirical formula 실험식
empty seed 쭉정이씨앗
empty stomach 공복
emu 에뮤
emu egg 에뮤알
emulsification 유화
emulsification property 유화성질
emulsifier 유화제
emulsifying agent 유화제
emulsifying capacity 유화능력
emulsifying mixer 유화믹서
emulsifying property of egg 달걀유화성
emulsion 에멀션

emulsion stability 에멀션안정성
emu meat 에뮤고기
enamel 에나멜
enamel can 에나멜캔
enamel hair 에나멜헤어
enantiomer 거울상이성질체
enantiomerism 거울상이성질현상
enantioselectivity 거울상선택성
encapsulation 캡슐화
encephalitis 뇌염
encephalomalacia 뇌연화증
endemic disease 풍토병
endemic goiter 풍토병갑상샘종
endergonic reaction 에너지흡수반응
end hook 엔드후크
endive 꽃상추
endo-1,3(4)-β-glucanase 1,3(4)-베타글루칸내부가수분해효소
endo-1,3-β-xylanase 1,3-베타자일란내부가수분해효소
endo-1,4-β-xylanase 1,4-베타자일란내부가수분해효소
endoblast 내배엽
endocarp 속열매껍질
Endocladiaceae 풀가사릿과
endocrine disrupter 내분비교란물질
endocrine factor 내분비인자
endocrine gland 내분비샘
endocrine hormone 내분비호르몬
endocrine organ 내분비기관
endocrine signaling 내분비신호전달
endocrine system 내분비계통
endocrinologist 내분비학자
endocrinology 내분비학
endocytosis 세포섭취
endoderm 내배엽
endodermis 내피
endoenzyme 세포 안 효소
endogenous disease 내인질환
endogenous obesity 대사비만
endomorph 내배엽형
Endomyces 엔도미세스속
Endomyces fibuliger 엔도미세스 피불리게르
Endomycopsis 엔도미콥시스속
Endomycopsis burtonii 엔도미콥시스 부르토니이
endomysium 근육속막
endonuclease 핵산내부가수분해효소
endoparasite 내부기생생물
endopeptidase 펩타이드내부가수분해효소
endoplasmic reticulum 세포질그물
endorphin 엔도르핀
endoscope 내시경
endoscopy 내시경검사
endoskeleton 속뼈대
endosperm 배젖
endospore 내생홀씨
endosulfan 엔도설판
endothelial cell 내피세포
endothelium 내피
endothermic reaction 흡열반응
endotoxin 내독소
end-over-end rotation 상하회전
end point 종말점
endpoint temperature 종점온도
endpoint temperature indicator 종점온도표시기
end product 최종생성물
end product inhibition 최종생성물억제
endrin 엔드린
end user 최종사용자
enema 관장
energetics 에너지론
energy 에너지
energy balance 에너지평형
energy barrier 에너지장벽
energy budget 에너지수지
energy charge 에너지충전
energy conservation 에너지보존
energy conversion factor 에너지환산계수
energy density 에너지밀도
energy drink 에너지음료
energy efficiency 에너지효율
energy expenditure 에너지소비량
energy flow 에너지흐름
energy food 에너지식품
energy level 에너지준위
energy-mass conservation law 에너지질량

보존법칙
energy-mass relation 에너지질량관계식
energy metabolic rate 에너지대사율
energy metabolism 에너지대사
energy pyramid 에너지피라미드
energy quantum 에너지양자
energy resource 에너지자원
energy source 에너지원
energy transfer 에너지전달
energy transformation 에너지전환
energy value 에너지값
energy value 열량
energy yielding nutrient 열량소
energy-yielding nutrient 에너지생산영양소
Engel coefficient 엥겔계수
Engel's law 엥겔법칙
engineering 공학
English breakfast 영국식아침식사
English lavender 라벤더
English muffin 잉글리시머핀
English pea 풋완두콩
Engraulidae 멸칫과
Engraulis 멸치속
Engraulis encrasicolus 유럽멸치
Engraulis japonicus 일본멸치
Engraulis mordax 캘리포니아멸치
enhancement 강화
enkephalin 엔케팔린
enniatin 에니아틴
enocyanin 에노사이아닌
enolase 엔올레이스
enol form 엔올형
enolization 엔올화
enology 포도주학
enriched food 강화식품
enriched lowfat milk 강화저지방우유
enriched milk 강화우유
enriched milk powder 강화분유
enriched wheat flour 강화밀가루
enrichment 강화
enrichment culture 증균배양
enrichment technique 증균기술
enrobing 옷입힘
enrofloxacin 엔로플록사신
Ensete ventricosum 에티오피아바나나
ensilage 담근먹이
Entamoeba 기생아메바속
Entamoeba histolytica 이질아메바
Entamoebidae 기생아메바과
enteral formula 경장영양액
enteral nutrition 경장영양
enteric bacterium 창자세균
enteric capsule 창자용캡슐
enteric-coated tablet 창자용해알약
enteritis 창자염
Enterobacter 엔테로박터속
Enterobacter aerogenes 엔테로박터 아에로게네스
Enterobacter cloacae 엔테로박터 클로아카에
Enterobacteriaceae 창자세균과
Enterobius vermicularis 요충
enterocin 엔테로신
Enterococcaceae 창자알세균과
enterococcus 창자알세균
Enterococcus 창자알세균속
Enterococcus faecalis 엔테로코쿠스 파에칼리스
Enterococcus faecium 엔테로코쿠스 파에슘
enterocrinin 엔테로크리닌
Enteroctopus dofleini 문어
enterocyte 창자세포
enterogastrone 엔테로가스트론
enterohemorrhagic *Escherichia coli* 창자출혈성대장균
enterokinase 엔테로키네이스
Enteromorpha 파래속
Enteromorpha linza 잎파래
Enteromorpha prolifera 가시파래
enteropathogenic *Escherichia coli* 창자병원성대장균
enteropeptidase 엔테로펩티데이스
enterotoxicity 창자독성
enterotoxigenic *Escherichia coli* 창자독소생성대장균
enterotoxin 창자독소
Enterovirus 엔테로바이러스속
enthalpy 엔탈피
entoleter 충격기

entree 엔트리
entropy 엔트로피
entropy elasticity 엔트로피탄성
environment 환경
environmental contaminant 환경오염물질
environmental engineering 환경공학
environmental hygiene 환경위생
environmental hygiene 환경위생학
environmental pollution 환경오염
environmental pollution control 환경오염관리
environmental protection 환경보호
Environmental Protection Agency 미국환경보호국
environmental tobacco smoke 환경담배연기
environment conservation 환경보전
environment-friendly agricultural produce 친환경농산물
environment-friendly agriculture 친환경농업
Environment-Friendly Agriculture Promotion Act 친환경농업육성법
environment-friendly material 친환경재료
environment-friendly packaging material 친환경포장재
environment-friendly process 친환경공정
enzymatic browning 효소갈변
enzymatic oxidation 효소산화
enzymatic reaction 효소작용
enzymatically decomposed apple extract 효소분해사과추출물
enzymatically decomposed lecithin 효소분해레시틴
enzymatically modified hespiridin 효소처리헤스페리딘
enzymatically modified rutin 효소처리루틴
enzymatically modified stevia 효소처리스테비아
enzyme 효소
enzyme activator 효소활성제
enzyme activity 효소활성도
enzyme assay 효소분석
enzyme catalyzed reaction 효소촉매반응
enzyme complex 효소복합체
enzyme electrode 효소전극
enzyme food 효소식품
enzyme immobilization 효소고정화
enzyme-immobilized membrane 효소고정막
enzyme immunoassay 효소면역분석법
enzyme inactivation 효소불활성화
enzyme inhibition 효소억제
enzyme inhibitor 효소억제제
enzyme-inhibitor reaction 효소억제제반응
enzyme-linked immunosorbent assay 효소결합면역흡착검사
enzyme preparation 효소제
enzyme reaction 효소반응
enzyme specificity 효소특이성
enzyme stabilization 효소안정화
enzyme-substrate complex 효소기질복합체
enzyme-substrate reaction 효소기질반응
enzyme technique 효소기술
enzyme tenderizer 효소연화제
enzymic browning reaction 효소갈변반응
enzymic engineering 효소공학
enzymic saccharification 효소당화
enzymic saccharification 효소당화법
enzymology 효소학
eobokjaengban 어복쟁반
eojug 어죽
eomuk 어묵
eomuk production line 어묵제조라인
eopo 어포
EOQ → economic order quantity
eoribyeongpung 어리병풍
eoriguljeot 어리굴젓
eosin 에오신
eosiniphilic leukemia 호산구백혈병
eosinophil 호산구
eosinophilic leukocyte 호산백혈구
eotang 어탕
eoyukjang 어육장
EPA → eicosapentaenoic acid
EPA → Environmental Protection Agency
epazote 정가
Ephedraceae 마황과
Ephedrales 마황목
Ephedra sinica 마황
epicarp 외과피

epicatechin 에피카테킨
epicatechin gallate 에피카테킨갈레이트
epicure 미식가
epidemic disease 유행병
epidemiological survey of food poisoning 식품중독역학조사
epidemiologic survey 역학조사
epidemiology 역학
epidermal cell 표피세포
epidermal growth factor 표피생장인자
epidermal system 표피계통
epidermal tissue 표피조직
epidermin 에피데민
epidermis 표피
epididymis 부고환
epigallocatechin 에피갈로카테킨
epigallocatechin gallate 에피갈로카테킨갈레이트
epiglottis 후두덮개
epilepsy 뇌전증
epimer 에피머
epimerase 에피머화효소
epimerization 에피머화
epimysium 근육바깥막
Epinephelus akaara 붉바리
Epinephelus septemfasciatus 능성어
epinephrine 에피네프린
episome 에피솜
epithelial cell 상피세포
epithelial tissue 상피조직
epithelium 상피
epoxidation 에폭시화
epoxide 에폭시화물
epoxy 에폭시
epoxyethane 에폭시에테인
epoxy resin 에폭시수지
Eptatretus 먹장어속
Eptatretus burgeri 먹장어
equal-arm balance 양팔저울
equation 방정식
equation of motion 운동방정식
equation of state 상태방정식
Equidae 말과
equilibrium 평형
equilibrium concentration 평형농도
equilibrium constant 평형상수
equilibrium modulus 평형탄성률
equilibrium moisture 평형수분
equilibrium moisture content 평형수분함량
equilibrium of dissolution 용해평형
equilibrium relative humidity 평형상대습도
equilibrium shift 평형이동
equilibrium state 평형상태
equilibrium state diagram 평형상태도
equipment 장치
Equisetaceae 속샛과
Equisetales 속새목
Equisetopsida 속새강
Equisetum 속새속
Equisetum arvense 쇠뜨기
Equisetum hyemale 속새
equivalence principle 등가원리
equivalent 당량
equivalent number 당량수
equivalent point 당량점
Equus 말속
Equus asinus 당나귀
Equus caballus 말
ER → endoplasmic reticulum
Eragrostis tef 테프
Eremothecium 에레모테슘속
Eremothecium ashbyii 에레모테슘 아쉬비이이
erepsin 에렙신
erg 에르그
ergocalciferol 바이타민디투
ergocalciferol 에고칼시페롤
ergosterol 에고스테롤
ergot 맥각
ergotamine 에고타민
ergot fungus 맥각균
ergotism 맥각중독
ergotoxin 맥각독
Ericaceae 진달랫과
Ericales 진달래목
Erimacrus isenbeckii 털게
Eriobotrya japonica 비파나무
Eriocheir sinensis 참게
eriodictyol 에리오딕티올

eritadenine 에리타데닌
Erlenmeyer flask 삼각플라스크
Erlenmeyer flask with side arm 가지달린 삼각플라스크
erosion 침식
error 오차
error of central tendency 중앙경향오차
error of habitation 습관오차
error variance 오차분산
Eruca sativa 로켓
erucic acid 에루스산
erucic acid group oil 에루스산계기름
Erwinia 에르위니아속
Erwinia amylovora 에르위니아 아밀로보라
Erwinia carotovora 에르위니아 카로토보라
Erygium foetidum 쿨란트로
erysipelas bacterium 단독세균
erysipeloid 유사단독
Erysipelothrix 에리시펠로트릭스속
Erysipelothrix rhusiopathiae 단독세균
Erysipelotrichaceae 에리시펠로트리차과
erythema 홍반
erythorbate 에리토베이트
erythorbic acid 에리토브산
erythritol 에리트리톨
erythroblast 적혈구모세포
erythroblastosis 적혈구모세포증
erythrocyte 적혈구
erythrocyte hemolysis 적혈구용혈
erythrocyte sedimentation rate 적혈구침강속도
erythrocyte sedimentation reaction 적혈구침강반응
erythrocytolysis 적혈구용혈
erythrodextrin 에리트로덱스트린
erythrol 에리트롤
erythromycin 에리트로마이신
erythropoietin 적혈구형성인자
erythrose 식용빨강3호
erythrosine 에리트로신
Erythroxylaceae 코카나뭇과
Erythroxylum 코카나무속
Erythroxylum coca 코카나무
escarole 에스카롤
Escherichia 에셰리키아속
Escherichia coli 대장균
esculetin 에스쿨레틴
esophageal cancer 식도암
esophageal hiatal hernia 식도구멍탈장
esophageal hiatus 식도구멍
esophageal sphincter 식도조임근육
esophageal vein 식도정맥
esophagitis 식도염
esophagus 식도
espata 에스파타
espresso coffee 에스프레소커피
essence 에센스
essential amino acid 필수아미노산
essential element 필수원소
essential fatty acid 필수지방산
essential fructosuria 본태과당뇨증
essential hypertension 본태고혈압
essential hypotension 본태저혈압
essential nutrient 필수영양소
essential oil 방향유
ester 에스터
esterase 에스터가수분해효소
ester condensation 에스터축합
ester gum 에스터검
esterification 에스터화반응
ester linkage 에스터결합
estimate 추정값
estimated average requirement 평균필요량
estimated daily intake 추정섭취량
estimated energy requirement 필요추정량
estimation 추정
estradiol 에스트라다이올
estragole 에스트라골
estriol 에스트라이올
estrogen 에스트로겐
estrogen activity 에스트로겐활성
estron 에스트론
estrus 발정기
ETA → eicosatetraenoic acid
ethanal 에탄알
ethane 에테인
ethanethiol 에테인싸이올
ethanoic acid 에탄산

ethanol 에탄올
ethanol 주정
ethanolamine 에탄올아민
ethanolic fermentation 에탄올발효
ethanol meter 에탄올미터
ethanolysis 에탄올첨가분해
ethene 에텐
ethephon 에테폰
ether 에테르
ethereal odor 에테르내
ether extract 에테르추출물
etherification 에테르화반응
ethion 에싸이온
Ethiopian banana 에티오피아바나나
Ethiopian mustard 에티오피아겨자
ethnic food 에스닉푸드
ethoxyquin 에톡시퀸
ethyl 에틸
ethyl acetate 아세트산에틸
ethyl acetoacetate 아세토아세트산에틸
ethylacetylene 에틸아세틸렌
ethyl alcohol 에틸알코올
ethylamine 에틸아민
ethylbenzene 에틸벤젠
ethyl butyrate 뷰티르산에틸
ethyl caprate 카프르산에틸
ethyl caproate 카프로산에틸
ethyl caprylate 카프릴산에틸
ethyl carbamate 카밤산에틸
ethyl cellulose 에틸셀룰로스
ethyl cinnamate 시남산에틸
ethyl decanoate 데칸산에틸
ethyl enanthate 에난트산에틸
ethylene 에틸렌
ethylene absorbent 에틸렌흡수제
ethylene decomposer 에틸렌분해제
ethylenediamine 에틸렌다이아민
ethylenediaminetetraacetic acid 에틸렌다이아민테트라아세트산
ethylene dibromide 에틸렌다이브로마이드
ethylene gas 에틸렌가스
ethylene glycol 에틸렌글리콜
ethylene group 에틸렌기
ethylene hydrocarbon 에틸렌계탄화수소
ethylene oxide 산화에틸렌
ethylene oxide gas sterilization 산화에틸렌가스살균
ethylene oxide sterilization 산화에틸렌살균
ethylene production 에틸렌생성
ethylene treatment 에틸렌처리
ethylene vinyl acetate copolymer 에틸렌바이닐아세테이트공중합체
ethylene vinyl acetate film 에틸렌바이닐아세테이트필름
ethylether 에틸에테르
ethyl heptanoate 헵탄산에틸
ethyl hexanoate 헥산산에틸
ethyl isovalerate 아이소발레르산에틸
ethyl methyl ether 에틸메틸에테르
ethyl methyl ketone 에틸메틸케톤
ethyl octanoate 옥탄산에틸
ethyl phenylacetate 페닐아세트산에틸
ethyl p-hydroxybenzoate 파라하이드록시벤조산에틸
ethyl propionate 프로피온산에틸
ethyl vanillin 에틸바닐린
ethyne 에타인
etiology 병인
etiology 병인학
Etrumeus teres 눈퉁멸
ETS → environmental tobacco smoke
EU → European Union
Euascomycetes 진정자낭균강
Eubacteriales 진정세균목
Eubacterium 유박테륨속
eubacterium 진정세균
Eubalaena 참고래속
Eubalaena australis 남방긴수염고래
Eubalaena glacialis 북대서양참고래
Eubalaena japonica 북태평양참고래
Eubrya 참이끼속
eucalyptol 유칼립톨
Eucalyptus 유칼립투스속
Eucalyptus globulus 유칼립투스
eucalyptus oil 유칼립투스방향유
Eucheuma 유케우마속
Eucheuma cottonii 유케우마 코토니이
Eucheuma spinosum 유케우마 스피노숨

eucommia 두충
Eucommiaceae 두충과
Eucommia ulmoides 두충
Eudorcas thomsoni 톰슨가젤
Eugenia uniflora 수리남버찌
eugenics 우생학
eugenol 유제놀
Euglena 유글레나속
Euglenaceae 유글레나과
Euglenales 유글레나목
Euglenoidea 유글레나강
Euglenophyta 유글레나식물문
euglobulin 진성글로불린
eukaryote 진핵생물
eukaryotic cell 진핵세포
eumelanin 유멜라닌
Eumicrotremus orbis 도치
eumycetes 진균류
Eumycophyta 진균식물문
Eumycota 진균문
Euonymus 화살나무속
Euonymus alatus 화살나무
Euonymus sieboldianus 참빗살나무
Euphausiacea 난바다곤쟁이목
Euphausia superba 크릴
Euphausiidae 난바다곤쟁잇과
Euphorbia antisyphilitica 칸델릴라
Euphorbiaceae 대극과
Euphorbiales 대극목
Euphorbiineae 대극아목
Euprymna morsei 귀꼴뚜기
Eurasian badger 오소리
Eurasian harvest mouse 멧밭쥐
Eurasian tree sparrow 참새
European anchovy 유럽멸치
European barberry 유럽매자나무
European beech 유럽너도밤나무
European bison 유럽들소
European cisco 흰송어
European cuttlefish 갑오징어
European dewberry 유럽듀베리
European elder 유럽딱총나무
European Free Trade Association 유럽자유무역연합
European hake 유럽메를루사
European hazel 개암나무(유럽계)
European licorice 유럽감초
European lobster 유럽바닷가재
European mountain-ash 유럽마가목
European pear 유럽배
European pilchard 유럽정어리
European plum 유럽자두
European pollock 유럽대구
European rabbit 굴토끼
European rowan 유럽마가목
European seabass 유럽농어
European sturgeon 벨루가
European Union 유럽연합
European yellow lupin 노란루핀
Eurotiales 완전국균목
Eurotiomycetes 완전국균강
Eurotium 유로튬속
Euryale ferox 가시연꽃
euryhaline organism 광염생물
eurythermal animal 광온동물
eurythermal organism 광온생물
Euscaphis 말오줌때속
Euscaphis japonica 말오줌때
eustachian tube 귀관
eutectic ice 공융얼음
eutectic mixture 공융혼합물
eutectic point 공융점
eutectic temperature 공융온도
Euterpa oleracea 아사이야자나무
Euthynnus affinis 점다랑어
eutrophication 부영양화
eutrophy 부영양
evaluation 평가
evaluation of environmental effect 환경영향평가
evaluation of test meal 검식
evaporated milk 증발우유
evaporated whole milk 전지증발우유
evaporating dish 증발접시
evaporation 증발
evaporation drying 증발건조
evaporation gas 증발가스
evaporation residue 증발잔류물

evaporative condenser 증발응축기
evaporator 증발기
evening primrose 달맞이꽃
evening primrose oil 달맞이꽃기름
evening primrose seed 달맞이꽃씨
evening primrose seed extract 달맞이꽃씨 추출물
even number 짝수
even temperature freezing 균온냉동
evergreen fruit tree 상록과수
evisceration 내장제거
evolution 진화
Evynnis japonica 붉돔
ewe 암양
ewe milk 양젖
ewe milk cheese 양젖치즈
examination 검사
excess air 과잉공기
exchanger 교환기
exchange reaction 교환반응
exchange system 교환시스템
excipient 부형제
excitant 흥분제
excitation energy 들뜸에너지
excited molecule 들뜬분자
excited state 들뜬상태
exclusion principle 배타원리
excreta 분뇨
excreta treatment 분뇨처리
excreta treatment facility 분뇨처리설비
excretion 배설
excretory activity 배설작용
excretory organ 배설기관
excretory system 배설계통
exercise 운동
exergonic reaction 에너지발생반응
exhalation 날숨
exhaust box 배기함
exhaust gas 배기가스
exhaustion 배기
exhaust pipe 배기관
exhaust pump 배기펌프
exhaust valve 배기밸브
exit loss 배출손실
Exocoetidae 날칫과
exocrine gland 외분비샘
exocytosis 세포배출
exoenzyme 세포 밖 효소
exogenous 외인성
exogenous infection 외인성감염
exomaltotetrahydrolase 엑소말토테트라하이드롤레이스
exomaltotetrahydrolase 지포(G4)생성효소
exon 엑손
exonuclease 핵산말단가수분해효소
Exopalaemon carinicauda 밀새우
Exopalaemon modestus 각시흰새우
Exopalaemon orientis 흰새우
exopeptidase 펩타이드말단가수분해효소
exopolysaccharide 세포 밖 다당류
exoskeleton 바깥뼈대
exothermic material 발열체
exothermic reaction 발열반응
exotic fruit 외래과일
exotic plant 외래식물
exotic species 외래종
exotic vegetable 외래채소
exotoxin 외독소
exo-1,4-β-xylosidase 말단-1,4-베타자일로시데이스
expanded plastic 팽창플라스틱
expansin 엑스팬신
expansion 팽창
expansion coefficient 팽창계수
expansion ring 팽창링
expansion valve 팽창밸브
Expansograph 엑스판소그래프
expected error 기대오차
expected value 기댓값
expeller 익스펠러
expenditure 경비
experienced panel 경험패널
experiment 실험
experimental condition 실험조건
experimental design 실험설계
experimental error 실험오차
expert panel 전문패널
expert system 전문가시스템

expiration 날숨
expiration date 최종사용날짜
explosion 폭발
explosion puffing 폭발팽화
exponent 지수
exponential distribution 지수분포
exponential equation 지수방정식
exponential function 지수함수
exponential phase 지수기
exposure 노출
exposure assessment 노출평가
exposure dose 노출선량
expressed sequence tag 발현유전자단편
expressible drip 압출드립
expression 발현
expression vector 발현벡터
extended triangle test 확장삼점검사
extender 증량제
extensigraph 엑스텐시그래프
extensimeter 엑스텐시미터
extension 신장
Extensograph 엑스텐소그래프
external fertilization 체외수정
external force 외력
external packaging 겉포장
external respiration 외호흡
extinction 흡광
extinction coefficient 흡광계수
extracellular enzyme 세포밖효소
extracellular fluid 세포밖액
extracellular freezing 세포밖냉동
extracellular matrix 세포밖기질
extract 추출물
extractability 추출률
extracted liquid tea 액상추출차
extracted tea 추출차
extracting agent 추출제
extraction 추출
extraction equilibrium 추출평형
extraction process 추출공정
extractive distillation 추출증류
extractive fermentation 추출발효
extractive tower 추출탑
extractor 추출기
extra dry 엑스트라드라이
extra long staple cotton 해도면
extra virgin olive oil 엑스트라버진올리브기름
extreme food intake 극단식품섭취량
extrinsic protein 외재성단백질
extrudate 압출성형물
extruded starch 압출녹말
extruder 압출기
extrusion 압출
extrusion coating 압출코팅
extrusion cooking 압출조리
extrusion lamination 압출라미네이션
extrusion molding 압출성형
extrusion plastometer 압출플라스토미터
exudate 삼출물
exudation 삼출
exudative diarrhea 삼출설사
eye 눈
eyeball 안구
eye of round 홍두깨살
eyepiece 접안렌즈
eye round 홍두깨살
eye-spot 안점
eyespot puffer 참복

F

faba bean 누에콩
Fabaceae 콩과
Fabales 콩목
fabricated soy protein 조립콩단백질
face scale 표정척도
facial hedonic scale 표정기호척도
facial nerve 얼굴신경
facilitated diffusion 촉진퍼짐
F-actin 에프액틴
factor 요인
factorial analysis 요인분석
factorial design 요인설계
factorial effect 요인효과

factorial experiment 요인실험
factory automation 공장자동화
facultative anaerobe 조건무산소생물
facultative anaerobic bacterium 조건무산소세균
facultative halophyte 조건염생식물
facultative heterotrophy 조건종속영양성
facultative psychrophile 조건저온생물
facultative thermophile 조건고온생물
FAD → flavin adenine dinucleotide
FAE → fetal alcohol effect
Fagaceae 참나뭇과
Fagales 참나무목
Fagara 파가라속
fagara seed 파가라씨
Fagopyrum 메밀속
Fagopyrum esculentum 메밀
Fagopyrum tataricum 타타리메밀
Fagus 너도밤나무속
Fagus multinervis 너도밤나무
Fagus sylvatica 유럽너도밤나무
Fahrenheit 화씨온도
failure rate 고장률
fairy fingers 국수버섯
falafel 팰라펠
falling film evaporator 하강박막증발기
falling number 하강시간
falling rate drying period 감률건조기간
Fallopia 닭의덩굴속
Fallopia multiflora 하수오
fallout 방사능낙진
false banana 에티오피아바나나
false cleavers 갈퀴덩굴
false fruit 헛열매
false morel 마귀곰보버섯
family 가족
family 과
family history 가족력
family life cycle 가족생활주기
family planning 가족계획
family welfare 가족복지
family welfare service 가족복지서비스
famine 기근
fancy biscuit 팬시비스킷
fancy carp 비단잉어
fancy cookie 팬시쿠키
Fanning equation 패닝방정식
Fanning number 패닝값
FAO 에프에이오
FAO → Food and Agriculture Organization of the United Nations
farad 패럿
Faraday constant 패러데이상수
Faraday's law 패러데이법칙
Farfugium 털머위속
Farfugium japonicum 털머위
farina 파리나
far infrared ray 원적외선
far infrared sterilization 원적외선살균
farinogram 패리노그램
farinograph 패리노그래프
farmed fish 양식물고기
farmed shellfish 양식조개
farming rotation 돌려짓기
farm milk 목장우유
farnesene 파네센
farnesol 파네솔
Farrer's scallop 비단가리비
farro 파로
FAS → fetal alcohol syndrome
Fasciola 간질속
Fasciola hepatica 간질
Fasciolidae 간질과
fast food 패스트푸드
fast green FCF 식용초록3호
fast green FCF aluminum lake 식용초록3호 알루미늄레이크
fasting 단식
fasting hypoglycemia 공복저혈당
fat 지방
fat acidity 지방산도
fat and oil 유지
fat bloom 지방블룸
fat blooming 지방블루밍
fat body 지방체
fat cell 지방세포
fat content 지방함량
fat-corrected milk 지방보정우유

fat deterioration 지방변질
fatfold test 피부기름층시험
fat-free milk 탈지우유
fat globule 지방입자
fat globule membrane protein 지방입자막 단백질
fatigue 둔화
fatigue 피로
fat metabolism 지방대사
fat mimetic 지방대용물
fat oxidation 지방산화
fat replacer 지방대용물
fat-soluble 지용성
fat-soluble vitamin 지용바이타민
fat splitting process 유지분해법
fat substitute 지방대용물
fattening 비육
fattening cattle 비육소
fattening pig 비육돼지
fatty acid 지방산
fatty acid ester 지방산에스터
fatty acid ester of ascorbic acid 아스코브산지방산에스터
fatty acid ester of vitamin A 바이타민에이지방산에스터
fatty acid metabolism 지방산대사
fatty acid oxidation 지방산산화
fatty acid synthase 지방산합성효소
fatty acid synthesis 지방산합성
fatty cirrhosis 지방간경화
fatty fish 고지방물고기
fatty liver 지방간
fatty liver syndrome 지방간증후군
fatty stool 지방변
favism 누에콩중독증
favorite beverage 기호음료
favorite food 기호식품
FDA 에프디에이
FDA → Food and Drug Administration
FDA regulations 에프디에이규정
FDC blue 에프디시파랑
FDC color 에프디시색소
FDC red 에프디시빨강
FDC yellow 에프디시노랑
F-distribution 에프분포
feather 깃털
fecal coliform bacterium 대변대장균
fecal coliform group 대변대장균군
fecal odor 대변내
feces 대변
Fechner's law 페히너법칙
fed-batch culture 유가배양
Federal Food, Drug and Cosmetic Act 미국연방식품의약품화장품법
feed 사료
feed additive 사료첨가물
feed analysis 사료분석
feedback 되먹임
feedback control 되먹임조절
feedback inhibition 되먹임억제
feedback repression 되먹임억압
feed coefficient 사료계수
feed composition 사료성분
feed consumption 사료섭취량
feed efficiency 사료효율
feeder 공급기
feed for fish farming 양어사료
feed grade 사료용
feeding artery 영양동맥
feeding center 섭식중추
feed odor 사료내
feed requirement 사료요구량
feed wheat 사료밀
Fehling's solution 펠링용액
feijoa 페이조아
felodipine 펠로디핀
female 암컷
female flower 암꽃
female ginseng 중국당귀
female hormone 암컷호르몬
female pig 암퇘지
female plant 암그루
femur 넙다리뼈
fenbendazole 펜벤다졸
fendue 펑뒤
fenitrothion 페니트로싸이온
fennel 회향
fennel essential oil 회향방향유

fennel seed 회향씨
Fenneropenaeus indicus 인도새우
fenthion 펜싸이온
fenugreek 호로파
fenugreek seed dietary fiber 호로파씨식품섬유
fenvalerate 펜발레레이트
FEP → free erythrocyte protoporphyrin
ferment 발효제
fermentability 발효성
fermentable sugar 발효당
fermentation 발효
fermentation efficiency 발효효율
fermentation heat 발효열
fermentation industry 발효공업
fermentation microbiology 발효미생물학
fermentation power 발효력
fermentation process 발효공정
fermentation processing 발효가공
fermentation rate 발효속도
fermentation regulating agent 발효조절물질
fermentation room 발효실
fermentation technology 발효기술
fermentation test 발효시험
fermentation time 발효시간
fermented bean 발효콩
fermented beverage 발효음료
fermented bread 발효빵
fermented dairy product 발효낙농제품
fermented feed 발효사료
fermented fish 발효물고기
fermented food 발효식품
fermented ham 발효햄
fermented liquor 양조주
fermented milk 발효우유
fermented milk product 발효우유가공품
fermented product 발효제품
fermented sausage 발효소시지
fermented seasoning 발효양념
fermented soybean curd 발효두부
fermented soybean food 콩발효식품
fermented tea 발효차
fermented vegetable 발효채소
fermented vinegar 발효식초
fermentor 발효조
ferns 양치류
ferredoxin 페레독신
ferric ammonium citrate 시트르산철(III)암모늄
ferric chloride 염화철(III)
ferric citrate 시트르산철(III)
ferric ion 철(III)이온
ferric oxide 산화철(III)
ferric phosphate 인산철(III)
ferric pyrophosphate 파이로인산철(III)
ferritin 페리틴
ferrocyan 페로사이안
ferroprotein 철단백질
ferrous chloride 염화철(II)
ferrous fumarate 푸마르산철(II)
ferrous gluconate 글루콘산철(II)
ferrous ion 철(II)이온
ferrous lactate 젖산철(II)
ferrous oxide 산화철(II)
ferrous sulfate 황산철(II)
fertility 수정능력
fertilization 수정
fertilization membrane 수정막
fertilization tube 수정관
fertilized egg 수정란
fertilizer 비료
fertilizin 수정소
Ferula assa-foetida 아위
ferulic acid 페룰산
Feta cheese 페타치즈
fetal alcohol effect 태아알코올영향
fetal alcohol syndrome 태아알코올증후군
fetal anemia 태아빈혈
fetal death 태아사망
fetal death rate 태아사망률
fetal period 태아기
fetor hepaticus 간성악취
fettuccine 페투치네
fetus 태아
fever 열
FFDCA → Federal Food, Drug and Cosmetic Act
fiber 섬유

fiberboard 섬유판
fiber can 섬유캔
fiber crop 섬유작물
fiber optics 파이버옵틱스
fibril 원섬유
fibrin 피브린
fibrinogen 피브리노겐
fibrinopeptide 피브리노펩타이드
Fibrobacter 피브로박터속
Fibrobacteraceae 피브로박터과
Fibrobacter succinogenes 피브로박터 숙시노게네스
fibroblast 섬유모세포
fibroin 피브로인
fibrometer 섬유측정기
fibrosis 섬유증
fibrous food 섬유상식품
fibrous protein 섬유상단백질
fibrous soy protein 섬유상콩단백질
fibrous structure 섬유상구조
fibrous texture 섬유상텍스처
fibrous tissue 섬유상조직
ficain 피케인
ficin 피신
Fick's diffusion equation 픽퍼짐방정식
Fick's first law of diffusion 픽퍼짐제일법칙
Fick's law 픽법칙
Fick's second law of diffusion 픽퍼짐제이법칙
Ficus 무화과속
Ficus carica 무화과나무
FID → flame ionization detector
fiddlehead 청나래고사리
field 장
field 포장
field bean 누에콩
field horsetail 쇠뜨기
field intensity 장세기
field marigold 금잔화
field mushroom 주름버섯
field test 포장검사
field trial 포장시험
fig 무화과
fig 무화과나무
fight-or-flight reaction 투쟁도주반응
fig jam 무화과잼
fig-leaf gourd 검정씨호박
filament 필라멘트
filament protein 필라멘트단백질
filamentous bacterium 사상세균
filbert nut 개암
filefish 밀쥐치
filet mignon 필레미뇽
Filicales 양치목
Filipendula ulmaria 메도우스위트
Filipino venus 바지락
filled cheese 지방대체치즈
filled milk 지방대체우유
filler 충전기
filler 충전제
fillet 필릿
filleting 필릿만들기
filling 속
filling 충전
filling material 충전물
film 필름
film boiling 피막끓음
film coefficient of heat transfer 경막열전달계수
film drying method 피막건조법
film evaporator 피막증발기
film-forming agent 피막제
film yeast 산막효모
Filobasidiaceae 필로바시디아과
filter 거르개
filter 필터
filter aid 거름보조제
filter cake 거름케이크
filter cloth 거름헝겊
filter paper 거름종이
filter photometer 필터광도계
filter press 필터프레스
filth 오물
filth test 오물검사
filtrate 거른액
filtration 거르기
filtration at constant pressure 일정압력거르기
filtration at constant rate 일정속도거르기

fin 지느러미
final consumer 최종소비자
fine bakery ware 파인베이커리웨어
fine chemistry 정밀화학
fine grinding 미분쇄
finely-striate buccinum 물레고둥
fine patterned puffer 흰점복
fines 고운가루
fine structure 미세구조
finfish 물고기
finger bowl 핑거볼
finger cookie 핑거쿠키
finger feel 손끝촉감
finger food 핑거푸드
finger meat 갈비살
finger millet 아프리카기장
fingernail 손톱
fingerprint 지문
fingerroot 중국생강
fining 청정
fining agent 청정제
finings 청정제
finisher 피니셔
finometer 피노미터
firm 단단한
firmness 단단함
first crop tea 첫물차
first-in-first-out 선입선출
first limiting amino acid 제일제한아미노산
first order reaction 일차반응
first sample effect 첫시료효과
fish 물고기
fish 어류
fish and chips 피시앤칩스
fish and shellfishes 어패류
fish ball 어단
fishburger 피시버거
fish byproduct 생선부산물
fish cake 피시케이크
fish cracker 어육크래커
Fisheries Cooperative Association 수산업협동조합
fishery processing 수산가공
fishery processing industry 수산가공업
fishery produce 수산물
fishery produce storage 수산식품저장
fishery product 수산가공품
fishery resource 수산자원
fishery 수산업
fish extractor 어육채취기
fish farming 양어
fish fillet 생선필릿
fish finger 피시핑거
fish glue 어류아교
fish grader 어류선별기
fish grinder 어육분쇄기
fish ham 어육햄
fish hamburger 어육햄버거
fish hold 어창
fish hydrolysate 생선가수분해물
fish in marinade 마리네이드담금생선
fish in oil 기름담금생선
fish in sauce 소스담금생선
fish liver 생선간
fish liver oil 생선간기름
fish louse 물이
fish manure 어비
fish meal 어분
fish meat 어육
fish meat filling machine 어육충전기
fish mince 어육민스
fish mincer 어육마쇄기
fish mineral 어류무기질
fish noodle 어육국수
fish nugget 어육너깃
fish oil 어유
fish parasite 어류기생충
fish paste 어육풀
fish pate 어육파테
fish poison 어류독
fish preserve 생선프리서브
fish protein 어육단백질
fish protein concentrate 농축어육단백질
fish sauce 어간장
fish sausage 어육소시지
fish skin 어류가죽
fish soup 생선수프
fish spoilage 어류변질

fish venom 어류독액
fish washer 어류세척기
fishwort 약모밀
fishy odor 생선비린내
fission 분열
fission 분열법
fission fungus 분열진균
fission yeast 분열효모
Fistulina 소혀버섯속
Fistulinaceae 소혀버섯과
Fistulina hepatica 소혀버섯
five basic tastes 다섯가지기본맛
five-leaf akebia 으름덩굴
five leaf ginseng 돌외
five senses 오감
five-spice powder 오향분
five tastes 오미
fiwa 까마귀쪽나무
fixation 고정
fixed menu 고정메뉴
flagella movement 편모운동
Flagellata 편모충아문
flagellated bacterium 편모세균
flagellates 편모충류
flagellin 플라겔린
flagellum 편모
flake 박편
flaking 플레이킹
flaky 박편상의
flame absorption method 불꽃흡광법
flame analysis 불꽃분석
flame cell 불꽃세포
flame emission spectrometry 불꽃방출분광법
flame ionization detector 불꽃이온화검출기
flame photometer 불꽃광도계
flame photometry 불꽃광도법
flame reaction 불꽃반응
flame spectrophotometry 불꽃분광광도법
flame spectrometry 불꽃분광법
flame sterilization 불꽃살균
flame sterilization 불꽃살균법
flaming 플레이밍
flammability 가연성
flammable gas 가연가스
flammable material 가연물질
Flammulina 팽나무버섯속
Flammulina velutipes 팽나무버섯
flan 플랜
flash distillation 순간증류
flash dryer 순간건조기
flash evaporation 순간증발
flash evaporator 순간증발기
flash pasteurization 순간살균
flash point 인화점
flashing 플래싱
flask 플라스크
flask with side arm 가지달린플라스크
flat bottom flask 넓적바닥플라스크
flat bread 플랫브레드
flatfish 납작고기
flat flavor 향미부족
flathead mullet 숭어
flathead snapping shrimp 홈발딱총새우
flat-leaved vanilla 바닐라
flat sour 플랫사워
flat sour spoilage 플랫사워변질
flat taste 무미
flatulence 위창자공기참
flatulence factor 위창자공기참인자
flavanol 플라반올
flavanone 플라바논
flavin 플래빈
flavin adenine dinucleotide 플래빈아데닌다이뉴클레오타이드
flavin coenzyme 플래빈보조효소
flavin enzyme 플래빈효소
flavinmononucleotide 플래빈모노뉴클레오타이드
Flavobacteriaceae 플라보박테륨과
Flavobacterium 플라보박테륨속
Flavobacterium aquatile 플라보박테륨 아쿠아틸레
flavomycin 플라보마이신
flavone 플라본
flavonoid 플라보노이드
flavonol 플라본올
flavoprotein 플래빈단백질
flavor 맛

flavor 향미
flavor component 향미성분
flavor compound 향미화합물
flavor defect 향미결함
flavored beverage 향첨가음료
flavored milk 향첨가우유
flavored oil 향첨가기름
flavored vinegar 향첨가식초
flavored yogurt 향첨가요구르트
flavor enhancer 향미증진제
flavoring 향미료
flavoring agent 착향료
flavorist 조향사
flavor memory 향미기억
flavor modifier 향미개선제
flavor profile 향미프로필
flavor profile analysis 향미프로필분석
flavor reversion 향미변환
flavor threshold 향미문턱값
flavylium 플라빌륨
flax 아마
flaxseed 아마인
flaxseed cake 아마인깻묵
flaxseed flour 아마인가루
flaxseed oil 아마인기름
flesh 살
fleshy fruit 육질과일
fleshy prawn 대하
flexibility 유연성
flexible can 유연캔
flexible film 유연필름
flexible pack 유연팩
flexible packaging 유연포장
flight pitch 날개피치
flint corn 경질옥수수
flipper 플리퍼
floating matter 부유물
floc 응집체
flocculant 엉김제
flocculation 엉김
flocculent yeast 엉김효모
floral leaf 꽃잎
floral leaf tea 꽃잎차
floral odor 꽃내
florentine 플로렌틴
floricultural crop 화훼작물
floriculture 화훼
Florida stone crab 플로리다바위게
floridean starch 홍조녹말
florist's daisy 국화
flotation 부상
flounder 참가자미
flour 가루
flour aging 밀가루숙성
flour bleaching agent 밀가루표백제
flour dough 밀가루반죽
flour extraction rate 제분율
flour improver 밀가루개선제
flour maturing agent 밀가루숙성제
flour mill 제분공장
flour mill 제분기
flour milling 제분
flour milling diagram 제분공정도
flour milling loss 제분손실
flour milling performance 제분성능
flour milling property 제분성질
flour milling separator 제분선별기
flour milling surface 제분겉넓이
flour milling yield 제분수율
flour mix 밀가루믹스
flour quality 밀가루품질
flour strength 밀가루세기
flour yield 밀가루수율
flow 흐름
flow chart 제조공정도
flow control valve 유량조절밸브
flow controller 유량조절기
flow curve 유동곡선
flow diagram 제조공정도
flower 꽃
flower and ornamental plant 화훼
flower bud 꽃눈
flowering fern 고비
flowering plant 꽃식물
flower nectar 꽃꿀
flower scent 꽃향기
flower stalk 꽃자루
flower vegetable 꽃채소

flowmeter 유량계
flow rate 유속
flow sheet 제조공정도
fluctuation 요동
fluid 유체
fluid and electrolyte balance 체액전해질균형
fluid balance 체액평형
fluid diet 유동음식
fluid dynamics 유체동역학
fluid flow 유체흐름
fluidity 유동도
fluidization 유동화
fluidized bed 유동층
fluidized bed dryer 유동층건조기
fluidized bed freezer 유동층냉동기
fluid mechanics 유체역학
fluid mosaic membrane 유동모자이크막
fluid mosaic membrane model 유동모자이크막모델
fluke 흡충
fluoranthene 플루오란텐
fluorapatite 플루오르아파타이트
fluorene 플루오렌
fluorescence 형광
fluorescence analysis 형광분석
fluorescence microscope 형광현미경
fluorescence microscopy 형광현미경법
fluorescence spectrometer 형광광도계
fluorescence spectroscopy 형광분광법
fluorescent antibody 형광항체
fluorescent antibody technique 형광항체법
fluorescent detector 형광검출기
fluorescent dye 형광염료
fluorescent indicator 형광지시약
fluorescent lamp 형광등
fluorescent light 형광빛
fluorescent pigment 형광색소
fluorescent substance 형광물질
fluorescent whitening agent 형광증백제
fluoridation 플루오린첨가
fluoride 플루오린화물
fluoride ion 플루오린화이온
fluorimetry 형광측정법
fluorine 플루오린
fluoro 플루오로
fluorodensitometry 플루오로덴시토메트리
fluoromethane 플루오로메테인
fluoroquinolone 플루오로퀴놀론
fluorosis 플루오린증
fluvalinate 플루발리네이트
flux 유동량
fly 파리
fly agaric 광대버섯
fly amanita 광대버섯
flyingfish 날치
FMN → flavinmononucleotide
foam 거품
foamability 기포성
foam cake 거품케이크
foamed plastic 발포플라스틱
foaming 거품발생
foaming agent 기포제
foaming capacity 거품발생능력
foaming power 기포력
foaming property 거품발생성질
foaminess 거품성
foam-mat drier 포말건조기
foam-mat drying 포말건조
foam spray drying 거품분무건조
foam spraying 거품분무
foam stability 거품안정성
foamy 거품모양의
focus 초점
focus group 초점집단
focus group study 초점그룹연구
focus panel study 초점패널연구
fodder yeast 사료효모
Foeniculum vulgare 회향
foie gras 푸아그라
foil 박
folacin 폴라신
folate 폴레이트
folate binding protein 폴산결합단백질
folate conjugase 폴산복합체분해효소
folate deficiency 폴산결핍증
folding test 접힘시험
Foliaceae 엽상식물과
foliar spray 잎분무기

folic acid 폴산
folic acid deficiency anemia 폴산결핍빈혈
folinic acid 폴린산
folk medicine 민간요법
follicle 소포
follicle stimulating hormone 소포성숙호르몬
follicular hyperkeratosis 털집과다각화증
follow-up formula 성장기용조제식
folpet 폴펫
Fomes 말굽버섯속
Fomes fomentarius 말굽버섯
Fomitopsidaceae 잔나비버섯과
fond 퐁
fondant 퐁당
fondue 퐁뒤
fonio 포니오
fonio 흰포니오
fontina cheese 폰티나치즈
food 식량
food 식품
food 음식
food action scale 식품행동척도
food additive 식품첨가물
food allergy 식품알레르기
food analysis 식품분석
Food and Agriculture Organization of the United Nations 유엔식량농업기구
Food and Drug Administration 미국식품의약국
food and fodder yeast 식용사료효모
food antioxidant 식품산화방지제
food aversion 식품혐오
food balance sheet 식품수급표
food bank 푸드뱅크
food bar 푸드바
food bioscience 식품바이오과학
food blue No. 1 식용파랑1호
food blue No. 1 aluminum lake 식용파랑1호알루미늄레이크
food blue No. 2 aluminum lake 식용파랑2호알루미늄레이크
food blue No. 2식용파랑2호
foodborne disease 식품중독
foodborne illness 식품중독
foodborne infection 식품매개감염
foodborne parasite 식품매개기생충
foodborne pathogen 식품매개병원균
food business 식품영업
food chain 먹이사슬
food chemist 식품화학자
food chemistry 식품화학
food color 식용색소
food color 식품색깔
food colorant 식품착색제
food composition 식품조성
food composition table 식품조성표
food consumption 식품소비
food consumption pattern 식품소비패턴
food container 식품용기
food contaminant 식품오염물질
food coordinator 푸드코디네이터
food court 푸드코트
food crop 식용작물
food cycle 먹이순환
food diary 식사일기
food emulsifier 식품유화제
food emulsion 식품에멀션
food energy 식품에너지
food engineer 식품공학자
food engineering 식품공학
food evaluation 식품평가
food exchange 식품교환
food exchange list 식품교환표
food factory effluent 식품공장폐수
food factory waste 식품공장폐기물
food faddism 식품유행
food flavoring agent 식품향미료
food for allergic disease 알레르기질환용식품
food fortification 식품영양소강화
food frequency questionnaire 식품섭취빈도설문조사
food function 식품기능
food grade 식품용
food grade oil 식품용기름
food grain 양곡
food green No. 3 식용초록3호
food green No. 3 aluminum lake 식용초록3

호알루미늄레이크
food group 식품군
food guide 식사구성안
food guide pyramid 식품구성안피라미드
food handler 식품취급자
food hygiene 식품위생학
food hypersensitivity 식품과민반응
food industry 식품산업
Food Industry Promotion Act 식품산업진흥법
food infection 식품감염
food ingredient 식품재료
food ingredient cost 식품재료비
food inspection 식품검사
food intake 식품섭취
food intake 식품섭취량
food intake frequency 식품섭취빈도
food intolerance 음식못견딤
food irradiation 식품조사
food irradiator 식품조사장치
food labeling 식품표시
food manufacture 식품제조
food material 식품원료
food microbiologist 식품미생물학자
food microbiology 식품미생물학
food microorganism 식품미생물
food mixer 조리용믹서
food organism 먹이생물
food packaging 식품포장
food packaging film 식품포장필름
food packaging material 식품포장재
food poisoning 식품중독
food poisoning of Vibrio parahaemolyticus 창자염비브리오식품중독
food policy 식품정책
food pollution 식품오염
food powder 식품가루
food preservation 식품보존
food preservation method 식품보존법
food preservative 식품보존료
food processing 식품가공
food processing 식품가공학
food production 식량생산
food protection 식품보호
food pyramid 먹이피라미드
food quality 식품품질
food recall 식품회수
food red No. 2 식용빨강2호
food red No. 2 aluminum lake 식용빨강2호알루미늄레이크
food red No. 3 식용빨강3호
food red No. 40 식용빨강40호
food red No. 40 aluminium lake 식용빨강40호알루미늄레이크
food red No. 102 식용빨강102호
food reserve 비축식량
food resource 식량자원
food safety 식품안전
food sanitation 식품위생
Food Sanitation Act 식품위생법
food sanitation administration 식품위생행정
food sanitation consumer inspector 소비자식품위생감시원
food sanitation facility 식품위생시설
food sanitation inspection 식품위생검사
food sanitation inspection system 식품위생감시체계
food sanitation inspector 식품위생감시원
food sanitation manager 식품위생관리인
food science 식품과학
food scientist 식품과학자
food security 식량안보
food sensitivity 식품민감도
foodservice 급식
foodservice industry 급식산업
foodservice industry 외식산업
foodservice management 급식경영
foodservice management 급식경영학
foodservice management system 급식경영시스템
foodservice system 급식시스템
foodservice system model 급식시스템모형
food spoilage 식품변질
food spoilage bacterium 식품변질세균
food stabilizer 식품안정제
Food Standards Agency 식품표준국
food storage 식품저장
foodstuff 식료품
food stylist 푸드스타일리스트

food substitute 대용식품
food supplement 식품보충제
food table 식탁
food taboo 식품금기
food tar color 식용타르색소
food tar color aluminum lake 식용타르색소 알루미늄레이크
food technologist 식품기술자
food technology 식품기술
food thickener 식품점성증가제
food toxicology 식품독성학
food toxin 식품독소
food traceability management 식품이력추적 관리
food vacuole 식포
food warming cabinet 보온고
food web 먹이그물
food yeast 식용효모
food yellow No. 4 식용노랑4호
food yellow No. 4 aluminum lake 식용노랑 4호알루미늄레이크
food yellow No. 5 식용노랑5호
food yellow No. 5 aluminum lake 식용노랑 5호알루미늄레이크
foot 발
foot-and-mouth disease 구제역
foots 풋스
forage crop 사료작물
force 힘
forced circulation 강제순환
forced circulation boiler 강제순환보일러
forced circulation evaporator 강제순환증발기
forced convection 강제대류
forced draft 강제통풍
forced feeding 강제영양
forced ventilation 강제환기
forcemeat 포스미트
force of kinetic friction 운동마찰력
force of resistance 저항력
force of static friction 정지마찰력
forced choice test 강제선택검사
forceps snapping shrimp 큰손딱총새우
forcing culture 촉성재배
fore milk 전유
fore quarter 전사분체
fore shank 앞사태
foreign gene 외래유전자
foreign material 이물
forest byproduct 임산부산물
forest product 임산물
forget-me-not 물망초
fork 포크
formaldehyde 폼알데하이드
formalin 포말린
formality 화학식량농도
formation reaction 생성반응
formazan 포마잔
formic acid 폼산
Formicidae 개밋과
forming 성형
forming die 성형다이
formol 포몰
formol titration method 포몰적정법
formononetin 포모노네틴
formosa landlocked salmon 대만송어
formula 공식
formula diet 조제식사
formula feed 배합사료
formula weight 화학식량
formulated milk 조제우유
formulated milk powder 조제분유
formyl 폼일
fortification 강화
fortified food 강화식품
fortified margarine 강화마가린
fortified rice 강화쌀
fortified wine 알코올강화포도주
fortifying agent 강화제
fortifying nutrient 강화영양소
fortune cookie 포춘쿠키
Fortunella 금감속
Fortunella japonica 둥근금감
Fortunella margarita 나가미금감
Fortunella ovovata 장수금감
forward direction 순방향
forward feeding 순방향급액
forward reaction 정반응
fossa cheese 포사치즈

fossil fuel 화석연료
Fouier's law 푸리에법칙
foul breath 입내
fouling 파울링
Fourier number 푸리에수
Fourier transform infrared spectroscopy 푸리에변환적외선분광법
foxglove 디기탈리스
fox grape 포도(미국종)
fox nut 가시연꽃
foxtail millet 조
foxy flavor 사향내
FPC → fish protein concentrate
fraction 분율
fraction 분획
fraction collector 분획수집기
fractional crystallization 분별결정
fractional distillation 분별증류
fractional precipitation 분별침전
fractionation 분별
fracturability 부서짐성
fracture 골절
fracture 깨짐
fracture of hip joint 엉덩관절골절
fracture property 깨짐성질
Fragaria 딸기속
Fragaria ananassa 딸기
Fragaria moschata 사향딸기
Fragaria spp. 딸기
Fragaria vesca 알프스딸기
Fragaria virginiana 버지니아딸기
fragmentation 분절
fragment chromosome 분절염색체
fragrance 방향
fragrance matching test 향기대조시험
Framework Act on Agriculture, Fisheries, Rural Areas and Food Industry 농어업, 농어촌 및 식품산업기본법
Framework Act on Consumers 소비자기본법
Framework Act on Food Safety 식품안전기본법
Framework Act on National Standards 국가표준기본법
franchise 프랜차이즈
franchise system 프랜차이즈시스템
franchisee 가맹계약자
franchiser 가맹사업자
franchising 프랜차이징
Francisella tularensis 프란시셀라 툴라렌시스
frangipan 프랜지팬
frankfurter 프랑크푸르트소시지
frankincense 프랑킨센스
frappe 프라페
free acid 유리산
free amino acid 유리아미노산
free drip 자연드립
free electron 자유전자
free energy 자유에너지
free energy of activation 활성자유에너지
free enthalpy 자유엔탈피
free erythrocyte protoporphyrin 유리적혈구프로토포피린
free fatty acid 유리지방산
free ion 자유이온
free lipid 유리지방질
free moisture 자유수분
free moisture content 자유수분함량
free nitrogen 자유질소
free oxygen absorber 유리산소흡수제
free radical 자유라디칼
free radical scavenger 자유라디칼제거제
free sugar 유리당
free sugar content 유리당함량
free volume 자유부피
free water 자유수
freeze concentration 냉동농축
freeze denaturation 냉동변성
freeze dried food 냉동건조식품
freeze drier 냉동건조기
freeze drying 냉동건조
freeze drying method 냉동건조법
freeze preservation 냉동보존
Freeze Proof 프리즈프루프
freezer 냉동고
freezer burn 냉동변질
freeze-thaw stability 냉동해동안정성
freezing 냉동
freezing curve 냉동곡선

freezing damage 동해
freezing dehydration method 냉동탈수법
freezing equipment 냉동장치
freezing expansion 냉동팽창
freezing industry 냉동산업
freezing method 냉동법
freezing mixture 한제
freezing point 어는점
freezing point depression 어는점내림
freezing point test 어는점검사
freezing process 냉동공정
freezing rate 냉동속도
freezing ratio 냉동률
freezing storage method 냉동저장법
freezing time 냉동시간
freezing tunnel 냉동터널
French bean 프렌치강낭콩
French bread 프랑스빵
French dart 프렌치다트
French dressing 프렌치드레싱
French-fried potato 프렌치프라이
French fry 프렌치프라이
French ice cream 프렌치아이스크림
French marigold 만수국
French omelet 프렌치오믈렛
French pie crust 프렌치파이크러스트
French sauce 프렌치소스
French toast 프렌치토스트
Freon 프레온
frequency 빈도
frequency 주파수
frequency 진동수
frequency curve 빈도곡선
frequency distribution 도수분포
frequency distribution curve 도수분포곡선
frequency distribution graph 도수분포도
fresh cheese 생치즈
fresh egg 신선란
fresh fish 생선
fresh fruit dessert 생과일디저트
fresh fruits and fresh vegetables 청과물
fresh meat 신선고기
fresh milk 신선우유
freshness 선도
freshness assessment 선도판정
fresh sausage 신선소시지
freshwater 민물
freshwater algae 민물조류
freshwater bacterium 민물세균
freshwater eel 민물장어
freshwater fish 민물고기
freshwater lake 민물호수
freshwater shrimp 민물새우
friabilimeter 프리아빌리미터
friabilin 프리아빌린
fricadelle 프리카델레
friction 마찰
friction milling 마찰분쇄
friction roller 마찰롤러
friction separator 마찰선별기
frictional force 마찰력
frictional heat 마찰열
frictional loss 마찰손실
frictional resistance 마찰저항
fried chicken 프라이드치킨
fried chicken mushroom 잿빛만가닥버섯
fried eomuk 어묵튀김
fried fish 생선튀김
fried food 튀김
fried potato 감자튀김
fried soybean curd 두부튀김
frigate tuna 물치다래
fringe benefit 복리후생
fringed blenny 괴도라치
fritter 프리터
frog 개구리
frog leg 개구리다리
fromage 프로마주
fromage frais 프로마주프레
frontal lobe 이마엽
front leg bone 앞사골
frost 성에
frosting 프로스팅
frothing 거품내기
frozen Alaska pollack 동태
frozen beef 냉동쇠고기
frozen beverage 냉동음료
frozen concentrated juice 냉동농축과일즙

frozen concentrated milk 냉동농축우유
frozen cream 냉동크림
frozen dairy product 냉동낙농제품
frozen dessert 냉동디저트
frozen dough 냉동반죽
frozen egg 냉동란
frozen egg white 냉동흰자위
frozen fish 냉동어
frozen fishery produce 냉동수산물
frozen fish paste 냉동생선고기풀
frozen food 냉동식품
frozen fruit 냉동과일
frozen juice 냉동주스
frozen liquid egg 냉동액란
frozen meal 냉동음식
frozen meat 냉동고기
frozen packaged food 냉동포장식품
frozen product 냉동품
frozen soybean curd 냉동두부
frozen storage 냉동저장
frozen surimi 냉동수리미
frozen sweets 빙과류
frozen vegetable 냉동채소
frozen whole egg 냉동전란
frozen yoghurt 냉동요구르트
frozen yolk 냉동노른자위
fructan 프럭탄
fructofuranosylnystose 프럭토푸라노실니스토스
fructokinase 과당인산화효소
fructooligosaccharide 프럭토올리고당
fructosan 프럭토산
fructose 과당
fructose bisphosphate aldolase 과당이인산알돌레이스
fructose intolerance 과당못견딤증
fructose syrup 과당시럽
fructose-1,6-diphosphate 과당-1,6-이인산
fructose-6-phosphate 과당-6-인산
fructosyltransferase 프럭토실기전달효소
fruit 과일
fruit 열매
fruit and vegetable beverage 과일채소음료
fruit and vegetable dryer 과일채소건조기
fruitarianism 과식주의
fruit beverage 과일음료
fruit body 자실체
fruit brandy 과일브랜디
fruit bread 과일빵
fruit butter 과일버터
fruit byproduct 과일부산물
fruitcake 과일케이크
fruit cocktail 프루트칵테일
fruit compote 과일콤포트
fruit cordial 과일코디얼
fruit cracking 열과
fruit crusher 과일파쇄기
fruit culture 과수재배
fruit dessert 과일디저트
fruit extract 과일추출물
fruit flavor 과일향미
fruit flavored milk 과일향우유
fruit flesh 과육
fruit flesh beverage 과육음료
fruit fly 과실파리
fruit grader 과일선별기
fruit grading 과일선별
fruit gum 과일검
fruit harvester 과일수확기
fruitiness 과일같음
fruit industry 과수산업
fruit jelly 프루트젤리
fruit juice 과일주스
fruit juice 과일즙
fruit juice beverage 과일즙음료
fruit juice concentrate 농축과일즙
fruit juice filter 과일즙거르개
fruit leather 과일포
fruit liqueur 과일리큐어
fruit nectar 과일넥타
fruit of chocolate vein 으름
fruit of silver vine 개다래
fruit paste 과일페이스트
fruit peel 과일껍질
fruit pie 과일파이
fruit preserve 과일프리서브
fruit press 과일프레스
fruit pressure tester 과일경도계

fruit pulp 과일펄프
fruit pulper 과일펄퍼
fruit punch 프루트펀치
fruit puree 과일퓌레
fruit salad 과일샐러드
fruit salad plant 몬스테라
fruit science 과수원예학
fruit shape 열매모양
fruit sherbet 과일셔벗
fruit sizer 과일크기선별기
fruit skin 열매껍질
fruit sorter 과일선별기
fruit sorting 과일선별
fruit syrup 과일시럽
fruit tea 과일차
fruit tree 열매나무
fruit vegetable 열매채소
fruit vinegar 과일식초
fruit washer 과일세척기
fruit weight 열매무게
fruit weight grader 과일무게선별기
fruit wine 과일주
fruity odor 과일내
fruit yoghurt 과일요구르트
frutarian 과일주의자
fry 프렌치프라이
fryer 튀김기
frying 튀김
frying fat 튀김지방
frying oil 튀김기름
frying pan 프라이팬
frying property 튀김성질
frying temperature 튀김온도
frying time 튀김시간
frypan 프라이팬
FSH → follicle stimulating hormone
F-test 에프검정
Fucaceae 뜸부깃과
Fucales 모자반목
fuchsin 푹신
fucoidan 푸코이단
fucose 푸코스
fucoxanthin 푸코잔틴
Fucus 푸쿠스속
Fucus spiralis 스파이럴랙
Fucus vesiculosus 블래더랙
fudge 퍼지
fuel 연료
fuel efficiency 연료효율
fufu 푸푸
full liquid diet 완전유동음식
full ripe 완숙
full ripe period 완숙기
Fulvia mutica 새조개
fumarase 푸마레이스
fumarate hydratase 푸마르산수화효소
fumaric acid 푸마르산
fumigant 훈증제
fumigation 훈증
fumigation disinfection 훈증소독
fumigation method 훈증법
fuming nitric acid 발연질산
fuming sulfuric acid 발연황산
fumonisin 푸모니신
function 기능
function 함수
functional characteristics 기능특성
functional food 기능식품
functional genomics 기능유전체학
functional group 작용기
functionality 기능성
functional oligosaccharide 기능올리고당
functional peptide 기능펩타이드
functional property 기능성질
fundamental tissue system 기본조직계통
fundamental unit 기본단위
fungal decay 진균부패
fungal disease 진균병
fungal spore 진균홀씨
Fungi 진균계
fungicidal action 살진균작용
fungicide 살진균제
fungus 진균
funnel 깔때기
funnel with stopper 마개달린깔때기
fural 푸랄
furaldehyde 푸르알데하이드
furan 퓨란

furaneol 푸라네올
furanone 푸라논
furanose 푸라노스
furanzolidone 푸란졸리돈
Furcellaria 푸르셀라리아속
Furcellaria fastigiata 푸르셀라리아 파스티기아타
furcelleran 푸셀레란
furfural 푸르푸랄
furfuryl alcohol 푸르푸릴알콜
furnace 노
furocoumarin 푸로쿠마린
furosemide 푸로세마이드
furosine 푸로신
fur seal 물개
fusaproliferin 푸사프롤리페린
fusarenon X 푸사레논엑스
fusarin C 푸사린시
Fusarium 푸사륨속
Fusarium culmorum 푸사륨 쿨모룸
Fusarium graminearum 푸사륨 그라미네아룸
Fusarium moniliforme 푸사륨 모닐리포르메
Fusarium nivale 푸사륨 니발레
Fusarium poae 푸사륨 포아에
Fusarium proliferatum 푸사륨 프롤리페라툼
Fusarium sporotrichioides 푸사륨 스포로트리키오이데스
Fusarium subglutinans 푸사륨 수브글루티난스
Fusarium toxicosis 푸사륨중독증
Fusarium toxin 푸사륨독소
Fusarium tricinctum 푸사륨 트리신툼
Fusarium venenatum 푸사륨 베네나툼
fusarium wilt 시듦병
fuscin 푸신
fused cell 융합세포
fusel oil 퓨젤유
fusion food 퓨전음식
fusion protein 융합단백질
Fusobacterium 푸소박테륨속
futile cycle 낭비회로
F value 에프값
F2 toxin 에프투독소

G

GABA 가바
GABA → γ-aminobutyric acid
G-actin 지액틴
Gadidae 대구과
Gadiformes 대구목
Gadus macrocephalus 태평양대구
Gadus morhua 대서양대구
Gadus ogac 그린란드대구
gaeambeoseot 개암버섯
gaebul 개불
gaejangguk 개장국
gaemeowi 개머위
gaeminari 개미나리
gaeng 갱
gaepitteok 개피떡
gaesacheolssuk 개사철쑥
Gaeseong bossamkimchi 개성보쌈김치
gaetgeot 갯것
gaetteok 개떡
gahyanggokju 가향곡주
gai-lan 중국브로콜리
gajamisikhae 가자미식해
galactan 갈락탄
galactanase 갈락탄가수분해효소
galactaric acid 갈락타르산
galactase 갈락테이스
galactitol 갈락티톨
galactocerebroside 갈락토세레브로사이드
galactokinase 갈락토스인산화효소
galactolipid 갈락토지방질
galactomannan 갈락토마난
galactooligosaccharide 갈락토올리고당
galactosamine 갈락토사민
galactose 갈락토스
galactose operon 갈락토스오페론
galactose phosphate 갈락토스인산
galactose-1-phosphate 갈락토스-1-인산
galactosemia 갈락토스혈증
galactosidase 갈락토시데이스

galactoside 갈락토사이드
galactosuria 갈락토스뇨
galactosyl glycerol 갈락토실글리세롤
galactosylgluconic acid 갈락토실글루콘산
galactosyltransferase 갈락토실기전달효소
galacturonic acid 갈락투론산
galangal 갈랑갈
galbigui 갈비구이
galbijjim 갈비찜
galbitang 갈비탕
galbungaetteok 갈분개떡
galgal 갈갈
Galium 갈퀴덩굴속
Galium spurium var. *echinospermon* 갈퀴덩굴
gallate 갈레이트
gallblader 쓸개
gallic acid 갈산
Galliformes 닭목
gallnut 몰식자
gallocatechin gallate 갈로카테킨갈레이트
gallon 갤런
gallotannin 갈로타닌
galloxanthin 갈로잔틴
gallstone 쓸갯돌
Gallus gallus domesticus 닭
Gallus gallus domesticus 오골계
gal operon 갈오페론
galquinamul 갈퀴나물
galsu 갈수
Galumnidae 나비응앳과
Gambierdiscus toxicus 감비에르디스쿠스 톡시쿠스
game 사냥감
gamebird 엽조
game meat 야생동물고기
gamete 생식세포
gamhongro 감홍로
gammon 개먼
gamroju 감로주
gamrosu 감로수
gamsonghyang 감송향
gamtae 감태
ganache 가나슈
ganghoe 강회
gangjeong 강정
ganglion 신경절
ganglioside 강글리오사이드
ganjang 간장
ganjanggejang 간장게장
Ganoderma 불로초속
Ganoderma lucidum 영지
Ganodermataceae 불로초과
GAP → good agricultural practice
garaetteok 가래떡
garcinia cambogia 가르시니아 캄보지아
garcinia cambogia extract 가르시니아캄보지아추출물
Garcinia cambogia 가르시니아 캄보지아
Garcinia gummi-gutta 가르시니아 캄보지아
Garcinia kola 쓴 콜라
Garcinia livingstonei 아프리카망고스틴
Garcinia mangostana 망고스틴
garden angelica 안젤리카
garden balsam 봉선화
garden balsam extract 봉선화추출물
garden cress 큰다닥냉이
garden nasturtium 한련
garden pea 풋완두콩
garden strawberry 딸기
garden thyme 백리향
Gardenia 치자나무속
gardenia blue 치자파랑
Gardenia jasminoides 치자나무
gardenia red 치자빨강
gardenia seed 치자
gardenia yellow 치자노랑
gari 가리
garland chrysanthemum 쑥갓
garlic 마늘
garlic chive 부추
garlic flower stalk 마늘종
garlic oil 마늘방향유
garlic powder 마늘가루
garlic salt 마늘소금
garlic sausage 마늘소시지
garnish 가니시
Gärtner bacillus 괴르트너세균

gas 가스
gas 기체
gas absorption 기체흡수
gas analysis 기체분석
gas barrier property 가스차단성
gas burner 가스버너
gas chromatograph 가스크로마토그래프
gas chromatography 가스크로마토그래피
gas composition 가스조성
gas constant 기체상수
gas diffusion 기체퍼짐
gaseous fuel 기체연료
gas exchange 가스교환
gas exchange agent 가스치환제
gas exchange packaging 가스치환포장
gas exchange packaging machine 가스치환포장기
gas impermeability 기체불투과성
gas injury 가스손상
gasiparae 가시파래
gasket 개스킷
gas law 기체법칙
gas-liquid chromatography 가스액체크로마토그래피
gasohol 가소올
gas outlet 가스배출구
gas oven 가스오븐
gas permeability 기체투과도
gas permeability coefficient 기체투과계수
gas phase 기체상
gas-producing bacterium 가스생성세균
gas production capacity 가스발생능력
Gaspropoda 복족강
gas range 가스레인지
gas retention capacity 가스보유능력
gas rice cooker 가스밥솥
gassericin 가세리신
gas sensor 가스감지기
gas slaughter 가스도축
gas-solid chromatography 가스고체크로마토그래피
gas sterilization 가스살균
gas storage 기체저장
gas-tight storage 밀폐저장
gastrectomy 위절제술
gastric acid 위산
gastric cancer 위암
gastric cramp 위경련
gastric dilatation 위확장
gastric emptying time 위배출시간
gastric emptying time test diet 위배출시간검사식사
gastric fundus 위바닥
gastric gland 위샘
gastric hyperacidity 위산과다
gastric inhibitory polypeptide 위억제폴리펩타이드
gastric juice 위액
gastric mucosa 위점막
gastric ulcer 위궤양
gastrin 가스트린
gastritis 위염
Gastrodia 천마속
Gastrodia elata 천마
gastroenteritis 위창자염
gastroenteritis typhosa 장티푸스위창자염
gastroesophageal reflux 위식도역류
gastroesophageal reflux disease 위식도역류병
gastrointestinal distention 위창자팽만
gastrointestinal hormone 위호르몬
gastrointestinal tract 위창자길
gastronomy 미식
gastroplasty 위성형
gastropods 고둥
gastropods 복족류
gastroptosis 위하수
gastroscope 위내시경
gastrovascular system 위수관계
gas volume tester 가스부피측정기
gatdae 갓대
gateaux 게토
gate valve 게이트밸브
gatkimchi 갓김치
GATT → General Agreement on Trade and Tariffs
Gaucher disease 고셰병
gaufre 고프르

gauge 게이지
gauge pressure 게이지압력
gaur 가우르
Gaussian distribution 가우스분포
gauze 거즈
gayal 가얄
gayal meat 가얄고기
gayangju 가양주
Gaylussacia baccata 블랙허클베리
Gay-Lussac's law 게이뤼삭법칙
Gazella 가젤라속
Gazella bennettii 친카라
Gazella erlangeri 뉴만가젤
gazelle 가젤
gazelle meat 가젤고기
GC → gas chromatography
GC content 지시함량
GDB → Genome Data Bank
GDP → gross domestic product
gear pump 기어펌프
gebakjwinamul 게박쥐나물
Geebee can 게비캔
Geiger-Müller counter 가이거-뮐러계수기
gejang 게장
gel 젤
gelatin 젤라틴
gelatin gel 젤라틴젤
gelatinization 호화
gelatinization temperature 호화온도
gelatin jelly 젤라틴젤리
gelation 젤화
gelato ice cream 젤라또아이스크림
gel chromatography 젤크로마토그래피
gel diffusion 젤퍼짐
gel diffusion precipitation reaction 젤퍼짐침전반응
gel electrofocusing 젤등전점전기이동
gel electrophoresis 젤전기이동
gel filtration 젤거르기
gel filtration chromatography 젤거르기크로마토그래피
gel filtration method 젤거르기법
Gelidiaceae 우뭇가사릿과
Gelidiales 우뭇가사리목
Gelidium 우뭇가사리속
Gelidium amansii 우뭇가사리
gellan 젤란
gellan gum 젤란검
gelling agent 젤화제
gelling capacity 젤형성능력
gel permeation chromatography 젤투과크로마토그래피
gel polarization 젤분극
gel strength 젤강도
gene 유전자
gene amplification 유전자증폭
gene analysis 유전자분석
gene bank 유전자은행
gene cloning 유전자클로닝
gene cloning vehicle 유전자클로닝운반체
gene diagnosis 유전자진단
gene disruption 유전자파괴
gene dosage 유전자량
gene duplication 유전자복제
gene expression 유전자발현
gene gun 유전자총
gene library 유전자도서관
gene locus 유전자자리
gene manipulation 유전자조작
gene mapping 유전자지도작성
gene mutation 유전자돌연변이
gene pair 유전자쌍
gene pool 유전자풀
gene probe 유전자프로브
General Agreement on Trade and Tariffs 관세 및 무역에 관한 일반협정
General Foods Texturometer 제너럴푸드텍스투로미터
general method 일반방법
general standard on food additive 식품첨가물일반사용기준
general surgery 외과
generation time 세대기간
generator 제너레이터
gene recombination 유전자재조합
gene regulation 유전자조절
gene regulatory protein 유전자조절단백질
gene sequencing 유전자염기순서결정

gene silencing 유전자발현중지
gene therapy 유전자치료
genetic abnormality 유전이상
genetic algorithm 유전알고리즘
genetic character 유전형질
genetic code 유전암호
genetic engineering 유전공학
genetic fingerprinting 유전자지문분석
genetic information 유전정보
genetic map 유전자지도
genetic marker 유전마커
genetic material 유전물질
genetic modification technique 유전자변형기술
genetic polymorphism 유전다형성
genetic technique 유전자기술
genetic type 유전형
genetic variability 유전변이성
genetically modified food 유전자변형식품
genetically modified microorganism 유전자변형미생물
genetically modified organism 유전자변형생물
genetically modified seed 유전자변형종자
geneticist 유전학자
genetics 유전학
gene transcription 유전자전사
gene transfer 유전자전달
genipin 제니핀
geniposide 제니포사이드
genistein 제니스테인
genistin 제니스틴
genome 유전체
Genome Data Bank 유전체정보은행
genome project 유전체사업
genomics 유전체학
genotoxic carcinogen 유전독성발암물질
genotoxicant 유전독성물질
genotoxicity 유전독성
genotoxicity test 유전독성시험
genotype 유전자형
genotyping 유전자형분석
gentamicin 겐타마이신
Gentiana 용담속
Gentianaceae 용담과
Gentianales 용담목
Gentiana lutea 루테아용담
Gentiana scabra var. *buergeri* 용담
gentiobiase 겐티오바이에이스
gentiobiose 겐티오바이오스
genus 속
genus name 속명
Genypterus blacodes 체장메기
Geobacillus 게오바실루스속
Geobacillus stearothermophilus 게오바실루스 스테아로서모필루스
Geobacillus thermodenitrificans 게오바실루스 서모데니트리피칸스
Geobacillus thermoleovorans 게오바실루스 서모레오보란스
geocarpa groundnut 게오카르파땅콩
geometrical isomer 기하이성질체
geometrical isomerism 기하이성질
geometrical isomerism 기하이성질현상
geondeogi 건더기
geonjinguksu 건진국수
geonpo 건포
geophagia 흙섭취증
geophyte 땅속식물
geopipattteok 거피팥떡
geosmin 게오스민
geotjeolyi 겉절이
Geotrichum 게오트리쿰속
Geotrichum candidum 게오트리쿰 칸디둠
Geotrichum citri-aurantii 게오트리쿰 시트리아우란티이
Geotrichum klebahnii 게오트리쿰 클레바니이
Geraniaceae 쥐손이풀과
geranial 제라니알
Geraniales 쥐손이풀목
geraniol 제라니올
geranium 제라늄
Geranium 쥐손이풀속
geranium oil 제라늄방향유
Geranium sibiricum 쥐손이풀
Geranium thunbergii 이질풀
geranyl acetate 아세트산제라닐

geranyl formate 폼산제라닐
Gerber test 게르버시험
GERD → gastroesophageal reflux disease
germ 균
germ 배아
germ cell 생식세포
germ food 배아식품
germ oil 배아기름
germ oil food 배아기름식품
German chamomile 독일카모마일
German cockroach 독일바퀴
germanium 저마늄
German measles 풍진
German salami sausage 독일살라미소시지
germ-free 무균
germ-free animal 무균동물
germ-free pig 무균돼지
germicidal action 살균작용
germicidal lamp 살균등
germicide 살균제
germinability 발아력
germinal layer 배엽
germination 발아
germination inhibitor 발아억제물질
germination percentage 발아율
germination power 발아력
germination promotor 발아촉진물질
germination temperature 발아온도
germination test 발아시험
germinator 발아기
germistatic action 정균작용
gestation 임신
gestational diabetes 임신당뇨병
gestational edema 임신부종
gestational toxicosis 임신중독증
getgireumnamul 갯기름나물
Gevuina avellana 칠레개암
GFR → glomerular filtrate rate
ghee 기
GHP → good hygiene practice
GI → glycemic index
giant cell 거대세포
giant chromosome 거대염색체
giant egg 거대란
giant embryo rice 거대씨눈쌀
giantism 거인증
giant mottled eel 무태장어
giant Pacific octopus 문어
giant roundworm 회충
giant tiger prawn 얼룩새우
giant timber bamboo 큰목재대나무
Giardia 편모충속
Giardia lamblia 람블편모충
giardiasis 편모충증
Gibberella fujikuroi 지베렐라 푸지쿠로이
gibberellic acid 지베렐산
gibberellin 지베렐린
Gibbs equation 깁스식
Gibbs free energy 깁스자유에너지
giblet 가금내장
giga 기가
Gigartina 돌가사리속
Gigartinaceae 돌가사릿과
Gigartinales 돌가사리목
Gigartina tenella 돌고사리
gijitteok 기지떡
gilded brittlegill 황금무당버섯
gill 아가미
gilt 어린암돼지
gilthead bream 귀족도미
gim 김
gimbap 김밥
gim color 김색소
gimgui 김구이
gimjaban 김자반
gimparae 김파래
gin 진
gin and tonic 진토닉
ginger 생강
ginger ale 진저에일
ginger beer 진저비어
ginger bread 생강빵
ginger oil 생강방향유
ginger tea 생강차
ginger wine 생강주
gingerol 진제롤
ginkgo 은행나무
Ginkgoaceae 은행나뭇과

Ginkgoales 은행나무목
Ginkgo biloba 은행나무
ginkgo leaf 은행잎
ginkgo leaf extract 은행잎추출물
ginkgolide 진코라이드
ginkgo nut 은행
Ginkgopsida 은행나무강
ginseng 인삼
ginseng beverage 인삼음료
ginseng candy 인삼캔디
ginseng concentrate 농축인삼
ginseng extract 인삼농축액
ginseng gum 인삼껌
Ginseng Industry Act 인삼산업법
ginseng leaf tea 인삼엽차
ginseng product 인삼제품
ginseng saponin 인삼사포닌
ginseng tea 인삼차
ginsenoside 진세노사이드
gin sling 진슬링
GIP → gastric inhibitory polypeptide
girdling 환상박피
gizzard 모래주머니
gizzeroisine 지제로이신
GL → glycemic load
glacé 글라세
glace 글라스
glacial acetic acid 빙초산
gland 샘
gland cell 샘세포
glass 유리
glass bottle 유리병
glass container 유리용기
glass electrode 유리전극
glass fiber 유리섬유
glassfish 꼼치
glass greenhouse 유리온실
glassine 글라신종이
glassiness 유리질
glass rod 유리막대
glass transition 유리전이
glass transition temperature 유리전이온도
glassware 유리기구
glass wool 유리솜
glasswort 퉁퉁마디
glassy texture 유리질텍스처
glaze 글레이즈
glazing 글레이징
GLC → gas-liquid chromatography
Glechoma hederacea 병꽃풀
gliadin 글리아딘
glial cell 신경아교세포
gliding bacterium 활주세균
gliding motility 활주운동
Gliocladium 글리오클라듐속
gliotoxin 글리오톡신
globe artichoke 글로브아티초크
globe fish 복어
globe valve 글로브밸브
globin 글로빈
globular actin 구형액틴
globular protein 구형단백질
globulin 글로불린
globulin A 글로불린에이
globulinemia 글로불린혈증
Gloiopeltis furcata 불등풀가사리
glomerular capsule 토리주머니
glomerular filtrate rate 토리여과율
glomerulitis 토리염
glomerulonephritis 토리콩팥염
glomerulonephrosis 토리콩팥증
glomerulosclerosis 토리경화증
glomerulus 토리
glomus body 토리소체
glomus cell 토리세포
gloricultural science 화훼원예학
gloss 광택
glossitis 혀염
GLP → good laboratory practice
glucagon 글루카곤
glucagon-like insulinotropic peptide 글루카곤유사인슐린자극펩타이드
glucagon-like peptide 글루카곤유사펩타이드
glucan 글루칸
glucan endo-1,3-β-D-glucosidase 글루칸내부-1,3-베타-디-글루코시데이스
glucan-1,4-α-glucosidase 글루칸-1,4-알

파글루코시데이스
glucanase 글루칸가수분해효소
glucitol 글루시톨
glucoamylase 글루코아밀레이스
glucobrassicin 글루코브라시신
glucocerebroside 글루코세레브로사이드
glucocorticoid 글루코코티코이드
glucogenic amino acid 포도당생성아미노산
glucokinase 포도당인산화효소
glucomannan 글루코마난
gluconate 글루코네이트
gluconeogenesis 포도당생성
gluconic acid 글루콘산
gluconic acid fermentation 글루콘산발효
Gluconoacetobacter 글루코노아세토박터속
Gluconoacetobacter europaeus 글루코노아세토박터 유로파에우스
Gluconobacter 글루코노박터속
gluconolactone 글루코노락톤
glucono-δ-lactone 글루코노델타락톤
glucooligosaccharide 글루코올리고당
glucoraphanin 글루코라파닌
glucosamine 글루코사민
glucosan 글루코산
glucose 포도당
glucose alanine cycle 포도당알라닌회로
glucose industry 포도당공업
glucose isomerase 포도당이성질화효소
glucose metabolism 포도당대사
glucose oxidase 포도당산화효소
glucose polymer 포도당중합체
glucose sensor 포도당감지기
glucose syrup 포도당시럽
glucose tolerance 포도당내성
glucose tolerance factor 포도당내성인자
glucose tolerance test 포도당내성시험
glucose-6-phosphatase 포도당-6-인산가수분해효소
glucose-6-phosphate 포도당-6-인산
glucose-6-phosphate dehydrogenase 포도당-6-인산수소제거효소
glucosidase 글루코시데이스
glucoside 글루코사이드
glucoside hydrolase 글루코사이드가수분해효소
glucosidic linkage 글루코사이드결합
glucosinolase 글루코시놀레이스
glucosinolate 글루코시놀레이트
glucosyltransferase 글루코실기전달효소
glucovanilla 글루코바닐라
glucuronic acid 글루쿠론산
glucuronide 글루쿠로나이드
glue 아교
glutamate 글루타메이트
glutamate decarboxylase 글루탐산카복실기제거효소
glutamate dehydrogenase 글루탐산수소제거효소
glutamate-oxaloacetate transferase 글루탐산옥살아세트산전달효소
glutamate-pyruvate transaminase 글루탐산피루브산아미노기전달효소
glutamate synthase 글루탐산합성효소
glutamic acid 글루탐산
glutamic acid biosynthesis pathway 글루탐산생합성경로
glutamic acid fermentation 글루탐산발효
glutamic acid manufacturing method 글루탐산제조법
glutamic acid recovery 글루탐산회수
glutamic acid 5-amide 글루탐산5-아마이드
glutaminase 글루타민가수분해효소
glutamine 글루타민
glutamine fermentation 글루타민발효
glutamine synthetase 글루타민합성효소
glutaric acid 글루타르산
glutathione 글루타싸이온
glutathione peroxidase 글루타싸이온과산화효소
glutathione reductase 글루타싸이온환원효소
glutathione S-transferase 글루타싸이온에스전달효소
glutathione transferase 글루타싸이온전달효소
glutelin 글루텔린
gluten 글루텐
gluten bread 글루텐빵
gluten development 글루텐형성

gluten feed 글루텐사료
gluten-free bread 무글루텐빵
gluten-free food 무글루텐식품
glutenin 글루테닌
gluten meal 글루텐가루
gluten protein 글루텐단백질
gluten restricted diet 글루텐제한식사
gluten sensitive enteropathy 글루텐민감작은창자병
glutinous foxtail millet 차조
glutinous millet 찰기장
glutinous rice 찹쌀
glutinous seed 찰씨
glycan 글리칸
glycation 당화반응
glycemic index 혈당지수
glycemic load 혈당부하
glyceollin 글리세올린
glyceraldehyde 글리세르알데하이드
glyceric acid 글리세르산
glyceride 글리세라이드
glycerin 글리세린
glycerol 글리세롤
glycerol fatty acid ester 글리세롤지방산에스터
glycerolipid 글리세로지방질
glycerol monolaurate 글리세롤모노로레이트
glycerol monostearate 글리세롤모노스테아레이트
glycerol tricaprylate 글리세롤트라이카프릴레이트
glycerolysis 글리세롤분해
glycerophosphoric acid 글리세로인산
glycerose 글리세로스
glyceryl ether 글리세릴에테르
glyceryl lactostearate 글리세릴락토스테아레이트
glyceryl monostearate 글리세릴모노스테아레이트
glyceryl ricinoleate 글리세릴리시놀레에이트
glyceryl triacetate 글리세릴트라이아세테이트
glyceryl trioleate 글리세릴트라이올레에이트
glyceryl tripalmitate 글리세릴트라이팔미테이트
glyceryl tristearate 글리세릴트라이스테아레이트
glycine 글리신
Glycine 돌콩속
glycine betaine 글리신베타인
Glycine max 콩
Glycine soja 돌콩
glycinin 글리시닌
glycinol 글리신올
glycitein 글리시테인
glycitin 글리시틴
glycoaldehyde 글리코알데하이드
glycoalkaloid 글리코알칼로이드
glycocalyx 글리코칼릭스
glycocholic acid 글리코콜산
glycoconjugate 당접합체
glycogen 글리코젠
glycogenase 글리코젠가수분해효소
glycogenesis 글리코젠합성
glycogen granule 글리코젠과립
glycogenolysis 글리코젠분해
glycogenosis 글리코젠증
glycogen storage disease 글리코젠축적병
glycol 글리콜
glycolaldehyde 글리콜알데하이드
glycolate 글리콜레이트
glycolate pathway 글리콜산경로
glycolic acid 글리콜산
glycolipid 당지방질
glycolipoprotein 당지방질단백질
glycolysis 해당작용
glycolytic pathway 해당경로
glycomacropeptide 글리코마크로펩타이드
glycomics 글리코믹스
glycopeptide 당펩타이드
glycophosphopeptide 글리코포스포펩타이드
glycoprotein 당단백질
glycosaminoglycan 글리코사미노글리칸
glycosaminoglycan in brown algae 갈조류글리코사미노글리칸
glycosaminoglycan of green algae 녹조류글리코사미노글리칸
glycosidase 글리코시데이스
glycoside 글리코사이드

glycosidic bond 글리코사이드결합
glycosuria 당뇨
glycosylated hemoglobin 당화헤모글로빈
glycosylation 글리코실화
glycosylation 글리코실화반응
glycosyltransferase 글리코실기전달효소
glycyrrhetinic acid 글리시르레틴산
Glycyrrhiza glabra 유럽감초
Glycyrrhiza uralensis 감초
glycyrrhizic acid 글리시리즈산
glycyrrhizin 글리시리진
glyoxal 글리옥살
glyoxalate 글리옥살레이트
glyoxylate cycle 글리옥실산회로
glyoxylic acid 글리옥실산
glyoxysome 글리옥시솜
glyphosate 글리포세이트
Glyptocephalus stelleri 기름가자미
GMO → genetically modified organism
GMP → good manufacturing practice
GMP → guanosine monophosphate
GMS → glycerol monostearate
Gnathostoma 악구충속
Gnathostoma spinigerum 유극악구충
Gnathostomatidae 악구충과
gnathostomiasis 악구충증
Gnetaceae 네타과
Gnetales 네타목
Gnetophyta 마황강
Gnetum 네툼속
Gnetum gnemon 멜린조
gnocchi 뇨키
gnomefish 게르치
GNP → gross national product
gnu 누
goa bean 날개콩
goat 염소
goat cheese 염소치즈
goat meat 염소고기
goat milk 염소젖
goat milk cheese 염소젖치즈
Gobiidae 망둑엇과
gobinamul 고비나물
goby 망둑어
goby minnow 모래무지
gochujang 고추장
gochunamul 고추나물
gochuseon 고추선
godeulppaegi 고들빼기
godeulppaegikimchi 고들빼기김치
godubap 고두밥
gofio 고피오
goiter 갑상샘종
goitrogen 갑상샘종유발물질
goji 고지
goji berry 구기자
gokcha 곡차
gokissam 고기쌈
gokju 곡주
golbaengi 골뱅이
gold 금
goldband lily 산나리
golden-brown algae 황갈조
golden buttons 탄지
golden chanterelle 꾀꼬리버섯
golden cuttlefish 참오징어
golden hamster 골드햄스터
golden mandarin fish 쏘가리
golden needle mushroom 팽나무버섯
golden rice 황금쌀
golden root 바위돌꽃
gold leaf 금박
gold number 금수
gold of pleasure 양구슬냉이
goldongban 골동반
gold oyster mushroom 노랑느타리
Golgi apparatus 골지장치
Golgi body 골지체
Golgi complex 골지복합체
golmaji 골마지
golmukkoch 골무꽃
gomchiguk 곰치국
gomchwi 곰취
Gomphaceae 나팔버섯과
gompi 곰피
gomtang 곰탕
gomul 고물
gomyung 고명

gonad 생식샘
gonadotropic hormone 생식샘자극호르몬
gonadotropic releasing hormone 생식샘자극호르몬분비호르몬
gondalbi 곤달비
gonjaengi 곤쟁이
gonjaengijeot 곤쟁이젓
gonochorism 암수딴몸
Gonyaulax catenella 고니아우락스 카테넬라
Gonyaulax tamarensis 고니아우락스 타마렌시스
gonyautoxin 고니아톡신
good agricultural practice 우수농산물관리기준
good agricultural practice in the use of pesticide 농약사용우수농산물관리기준
good hygiene practice 우수위생기준
good king Henry 굿킹헨리
good laboratory practice 우수실험실관리기준
good manufacturing practice 우수제조기준
good storage practice 우수저장기준
goods 상품
gooseberry 구스베리
goosefoot 명아주
goose meat 거위고기
gopchanggui 곱창구이
gopchangjeongol 곱창전골
gorgon plant 가시연꽃
gorgon plant seed 가시연꽃씨
Gorgonzola cheese 고르곤졸라치즈
gori 고리
gosarinamul 고사리나물
Gossypium 목화속
Gossypium arboreum var. *indium* 목화
Gossypium barbadense 해도면
Gossypium hirsutum 육지면
gossypol 고시폴
GOT → glutamate-oxaloacetate transferase
gotgamssam 곶감쌈
Gouda cheese 고다치즈
gourd 박
gourmet 미식가
gout 통풍
gouter 구터
gouty arthritis 통풍관절염
gouty diet 통풍식사
government controlled rice 정부미
GPP → glycophosphopeptide
GPT → glutamate-pyruvate transaminase
Gracilaria 꼬시래기속
Gracilariaceae 꼬시래깃과
Gracilaria verrucosa 꼬시래기
grade 등급
grade A milk 일등급우유
grade labeling 등급표지
grade standard 등급기준
gradient 기울기
gradient centrifugation 기울기원심분리
grading 등급매기기
grading by size 크기선별
grading by weight 무게선별
grading machine 등급선별기
graduation measure 눈금자
Graham flour 그레이엄밀가루
Graham's law 그레이엄법칙
grain 곡립
grain 곡물
grain 그레인
grain 낟알
grain 알곡
grain alcohol 곡물알코올
grain amaranth 아마란트씨앗
grain beetle 곡물투구벌레
grain byproduct 곡물부산물
grain capacity 곡물부피
grain cleaner 곡물정선기
grain cleaning 곡물정선
grain cutter 곡립절단기
grain dryer 곡물건조기
grain drying and storage facility 곡물건조저장시설
grain elevator 곡물엘리베이터
grain filling 등숙
grain filling period 등숙기
grain food 곡물식품
grain grinder 곡물분쇄기
grain hardness 곡립경도

graininess 알갱이같음
grain insect pest 곡물해충
grain product 곡물제품
grain separator 곡물선별기
Grains Management Act 양곡관리법
grains of paradise 그래인오브파라다이스
grain spirit 곡물증류주
grain texture 곡립텍스처
grain vinegar 곡물식초
grain weevil 곡물바구미
grain weight 곡립무게
grain whisky 그레인위스키
grain wholesale market 양곡도매시장
grainy 과립상
grainy food 알갱이식품
gram 그램
gram atomic weight 그램원자량
gram calorie 그램칼로리
gram equivalent 그램당량
gram formula weight 그램화학식량
Graminales 벼목
Gramineae 볏과
gramineous crop 볏과작물
gram molecular weight 그램분자량
Gram negative 그람음성
Gram-negative bacterium 그람음성세균
Gram positive 그람양성
Gram-positive bacterium 그람양성세균
Gram stain 그람염색
grana 그라나
grana cheese 그라나치즈
granary weevil 곡물바구미
grana thylakoid 그라나틸라코이드
granite 화강암
granola 그라놀라
granular 알갱이모양의
granular ark 꼬막
granularity 입상
granular koji 알갱이고지
granular leukocyte 과립백혈구
granulated sugar 굵은설탕
granulated tea 과립차
granulation 과립화
granule 과립
granulocyte 과립백혈구
granulometry 그래놀로메트리
grape 포도
grape brandy 포도브랜디
grape byproduct 포도부산물
grapefruit 그레이프프루트
grapefruit juice 그레이프프루트주스
grapefruit oil 그레이프프루트방향유
grapefruit peel 그레이프프루트껍질
grapefruit seed extract 그레이프프루트씨추출물
grape jam 포도잼
grape jelly 포도젤리
grape juice 포도주스
grape juice color 포도즙색소
grape juice concentrate 농축포도즙
grape marc 포도찌꺼기
grape mill 포도파쇄기
grape must 포도머스트
grape pie 포도파이
grape pomace 포도찌꺼기
grape seed 포도씨
grape seed extract 포도씨추출물
grape seed oil 포도씨기름
grape seed oil food 포도씨기름식품
grape skin 포도껍질
grape skin extract 포도껍질색소
grape spirit 포도증류주
grape syrup 포도시럽
grapevine 포도
graph 그래프
graphic rating scale 도표평점척도
grappa 그라파
Grapsidae 바위겟과
GRAS 그라스
GRAS → Generally Recognized as Safe
Grashof number 그라스호프수
GRAS list 그라스목록
grass carp 초어
grasshopper 메뚜기
grass pea 풀완두
GRAS status 그라스자격
GRAS substance 그라스물질
grassy odor 풀내

grater 강판
gratin 그라탱
grating 그레이팅
grating cheese 특수경질치즈
Graves disease 그레이브스병
gravida 임신부
gravimetric analysis 무게분석
gravimetry 무게측정
gravitational acceleration 중력가속도
gravitational classifier 중력분급기
gravitational settling velocity 중력침강속도
gravity 중력
gravity field 중력장
gravity filling machine 중력충전기
gravity filter 중력거르개
gravity method 중력법
gravity separation 비중선별
gravity table 중력테이블
gravy 그레이비
gravy granule 그레이비과립
gravy powder 그레이비가루
gravy sauce 그레이비소스
gray 그레이
grayanotoxin 그라야노톡신
graylag goose 회색기러기
grease 그리스
greasiness 기름기
greasy 기름진
great St. John's wort 물레나물
great yellow gentian 루테아용담
greater galangal 큰갈랑갈
greater rhea 레아
greater yam 큰마
green algae 녹조류
green and yellow vegetable 녹황색채소
green bacon 그린베이컨
green bacterium 녹색세균
green bean 꼬투리강낭콩
green cheese 생치즈
green consumer 녹색소비자
green corn 풋옥수수
green-cracking Russula 기와버섯
green dough 미숙성반죽
green flour 미숙성밀가루
greengage 그린게이지
greengage plum 그린게이지자두
green garlic 풋마늘
green gram 녹두
greenhouse 온실
greenhouse culture 온실재배
greenhouse effect 온실효과
greenhouse gas 온실가스
greening of canned oyster 굴통조림녹변
greenish odor 풋내
Greenland cod 그린란드대구
Greenland halibut 검정가자미
green leaf vegetable 푸른잎채소
greenling 쥐노래미
green-lipped mussel 초록홍합
green malt 풋엿기름
green mango 풋망고
green market 친환경시장
green mate 그린마테
green mussel 초록홍합
green onion 파
green pea 풋완두콩
green pepper 그린후추
green plant 녹색식물
green red pepper 풋고추
Green Revolution 녹색혁명
green rice kernel 청치
green ring 녹색링
greens 푸성귀
green sea fingers 청각
greenshell mussel 뉴질랜드초록홍합
green soybean 푸르대콩
green spot disease 녹반병
green sulfur bacterium 녹색황세균
green tea 녹차
green tea polyphenol 녹차폴리페놀
green tide 녹조
green vegetable 녹색채소
grenadine 그레나딘
grey mold 잿빛곰팡이
grey mullet 숭어
griddle 그리들
Grifola 잎새버섯속
Grifola frondosa 잎새버섯

grill 그릴
grilling 그릴링
grinder 분쇄기
grinding 분쇄
grinding 연삭
grinding efficiency 분쇄효율
griseofulvin 그리세오풀빈
grissini 그리시니
grits 그리츠
grittiness 모래기
gritty 모래같은
groat 그로트
grocery store 그로서리스토어
gros gâteaux 큰 과자
gross domestic product 국내총생산
gross national product 국민총생산
Grossulariaceae 까치밥나뭇과
ground beef 다진 쇠고기
ground coffee 그라운드커피
ground color 바탕색
groundfish 바닥물고기
ground-ivy 병꽃풀
ground meat 다진 고기
groundnut 땅콩
ground pork 다진 돼지고기
ground state 바닥상태
ground turkey 다진 칠면조고기
groundwater 지하수
groundwater contamination 지하수오염
group 군
group 족
group effect 그룹효과
grouper 그루퍼
group error 그룹오차
group purchase 공동구매
grouse 뇌조
growing area 재배면적
growing period 생육기간
growth 생장
growth and development 생육
growth curve 생장곡선
growth efficiency 생장효율
growth factor 생장인자
growth hormone 생장호르몬
growth inhibition 생장억제
growth inhibition substance 생장억제물질
growth medium 생장배지
growth period 생장기
growth rate 생장률
growth regulator 생장조절제
growth stage 생장단계
growth stimulator 생장촉진제
grub 굼벵이
Gruyere cheese 그뤼에르치즈
Gryllidae 귀뚜라밋과
Grylloidea 귀뚜라미상과
GSP → good storage practice
GTH → gonadotropic hormone
guacamole 구아카몰
guaiac 과이어크
guaiac resin 과이어크수지
guaiacol 과이어콜
guaiacol reaction 과이어콜반응
Guaiacum 구아이아쿰속
Guaiacum officinale 유창목
guaiaretic acid 과이어레트산
guanaco 과나코
guanidine 구아니딘
guanidino compound 구아니디노화합물
guanine 구아닌
guanine deoxyriboside 구아닌데옥시리보사이드
guanosine 구아노신
guanosine diphosphate 구아노신이인산
guanosine monophosphate 구아노신일인산
guanosine triphosphate 구아노신삼인산
guanosine 5'-monophosphate 구아노신5'-인산
guanyl 구아닐
guanylate cyclase 구아닐산고리형성효소
guanylic acid 구아닐산
guar 구아
guarana 과라나
guar gum 구아검
guar gum hydrolysate 구아검가수분해물
guava 구아버
guavaberry 구아버베리
guava juice 구아버주스

guava leaf extract 구아버잎추출물
guava pulp 구아버펄프
guava puree 구아버퓌레
guavasteen 구아버스틴
Guernsey cattle 건지젖소
gugicha 구기차
gugiju 구기주
gui 구이
Guiana chestnut 말라바밤나무
guidelines for recombinant DNA experiment 재조합디엔에이실험지침
guineafowl 뿔닭
Guinea pepper 그래인오브파라다이스
guinea pig 기니피그
guinea pig 모르모트
Guinea worm 용선충
Guizotia abyssinica 니제르
gujeolcho 구절초
gujeolpan 구절판
guk 국
gukhwaju 국화주
gukhwamyeon 국화면
gukhwapang 국화빵
gukmul 국물
gukmulkimchi 국물김치
guksujangguk 국수장국
guksujeongol 국수전골
guksusari 국수사리
gukwhama 국화마
gulbi 굴비
gulbigochujang 굴비고추장
guljeon 굴전
guljeot 굴젓
gulose 굴로스
gum 검
gum acacia 아라비아검나무
gum arabic 아라비아검
gum Arabic tree 아라비아검나무
gumbo 오크라
gum confectionery 껌과자
gum ghatti 가티검
gum guaiac 과이어크검
gum kondagogu 콘다고구검
gumminess 검성
gummy 검 같은
gum Senegal tree 아라비아검나무
gum talha 탈하검
gum tragacanth 트라가칸트검
gum tragacanth milkvetch 트라가칸트나무
gunggungi 궁궁이
gunnels 황줄베도라치류
gurdani 구르다니
gushing 거품분출
gustation 미각
gustatory cell 미각세포
gustatory center 미각중추
gustatory nerve 미각신경
gustatory response 미각반응
Guttiferae 물레나물과
Guttiferales 물레나물목
gutting 생선내장제거
gwailpyeon 과일편
gwajul 과줄
gwamaegi 과매기
gwapyun 과편
gwibalgisul 귀밝이술
gwiddurami 귀뚜라미
gyejaseon 겨자선
gyeji 계지
gyemyungju 계명주
gyeongdan 경단
gyeopche 겹체
gymnema 김네마
Gymnema sylvestre 김네마
gymnemagenin 김네마제닌
gymnemic acid 김넴산
Gymnospermae 겉씨식물문
gymnosperms 겉씨식물
Gymnothorax kidako 곰치
Gymnura japonica 나비가오리
Gymnuridae 나비가오릿과
gynecoid obesity 여성형비만
gynogenesis 자성생식
Gynostemma pentaphyllum 돌외
gyro 자이로
gyrocompass 자이로컴퍼스
Gyromitra 마귀곰보버섯속
Gyromitra esculenta 마귀곰보버섯

gyromitrin 자이로미트린
gyroscope 자이로스코프

habanero chilli 하바네로고추
habit 습관
habitat 서식지
habitual constipation 습관변비
HACCP 햇섭
HACCP → hazard analysis critical control point
haddock 해덕
haejangguk 해장국
haemulpajeon 해물파전
Hafnia 하프니아속
Hafnia alvei 하프니아 알베이
hagfish 먹장어류
haggis 해기스
hair 털
hair hygrometer 모발습도계
hairy agrimony 짚신나물
hairy bracket 흰구름버섯
hake 메를루사
halal food 할랄식품
half and half 하프앤하프
halfbeak 학꽁치
half butter 절반버터
half cell 반쪽전지
half cream 절반크림
half-dyed slender Caesar 달걀버섯
half fat cheese 반탈지치즈
halflife 반감기
half reaction 반쪽반응
half reaction equation 반쪽반응식
halibios 염생생물
halibut 대서양가자미
halide 할로젠화물
Haliotidae 전복과
Haliotis discus 까막전복
Haliotis discus hannai 참전복
Haliotis gigantea 말전복
hallucination 환각
hallucinogen 환각제
hallucinogenic drug 환각제
halobacterium 염생세균
Halocynthia roretzi 멍게
halo effect 후광효과
halogen 할로젠
halogenated compound 할로젠화화합물
Halomonadaceae 할로모나스과
Halomonas 할로모나스속
halophile 호염생물
halophilic 호염성
halophilic bacterium 호염세균
halophilic microorganism 호염미생물
halophyte 염생식물
Haloragaceae 개미탑과
halothane 할로테인
halothane sensitivity 할로테인감수성
halva 할바
halvarine 할바린
Halymeniaceae 지누아리과
ham 햄
Hamamelidaceae 조록나뭇과
hamanatto 하마나토
ham and egg 햄에그
hamburger 햄버거
hamburger steak 햄버거스테이크
ham curing 햄큐어링
hammer crusher 해머파쇄기
hammer mill 해머밀
hammerhead shark 귀상어
ham press 햄프레스
Hampshire 햄프셔
ham slicer 햄슬라이서
hamster 햄스터
hand feel 손촉감
handling 취급
handmade noodle 수타면
handmade tea 수제차
hand mixer 핸드믹서
hand peeling 손박피
hand reamer 핸드리머
hand refractometer 간이굴절계

hangari 항아리
hanging tender 토시살
hangover 숙취
hangwa 한과
Hanseniaspora 한세니아스포라속
Hanseniaspora guilliermondii 한세니아스포라 구일리에르몬디이
Hanseniaspora uvarum 한세니아스포라 우바룸
Hansen's disease 한센병
Hansenula 한세눌라속
Hansenula anomala 한세눌라 아노말라
Hantaan virus 한탄바이러스
hanwoo 한우
hapjang 합장
hapju 합주
haploid 반수체
haploid cell 반수체세포
happoshu 하포슈
harbor seal 점박이물범
hard biscuit 하드비스킷
hard boiled egg 완숙달걀
hard candy 하드캔디
hard cheese 경질치즈
hard dry sausage 경질건조소시지
hardened oil 경화기름
hardening 경화
hardening odor 경화내
hard fat pig 떡돼지
hardness 경도
hardness test 경도시험
hardness tester 경도계
hard processed cheese 경질가공치즈
hard red spring wheat 경질붉은봄밀
hard red winter wheat 경질붉은겨울밀
hard roll 하드롤
hard swell 심한팽창
hardtack 건빵
hard tick 참진드기
hard water 센물
hard wheat 경질밀
hard wheat flour 경질밀가루
hard white wheat 경질흰밀
hardy crop 내한작물
hardy kiwi 다래나무
hardy kiwifruit 다래
hare 산토끼
hare meat 산토끼고기
haricot bean 흰강낭콩
harlequin glorybower 누리장나무
harlequin glorybower color 누리장나무색소
harman 하만
harmful substance 유해물질
harp seal 하프물범
Harris–Benedict equation 해리스-베네딕트 방정식
harshness 깔깔함
harvest 수확
hash browns 해시브라운스
hashed browns 해시브라운스
HAT medium 하트배지
hatching 부화
Haugh unit 하우단위
Hausa groundnut 게오파르파땅콩
HAV → hepatitis A virus
Havarti cheese 하바르티치즈
hay 마른풀
hay–like odor 마른풀내
hazard 위해요소
hazard analysis 위해요소분석
hazard analysis critical control point 위해요소중점관리기준
hazard characterization 위해요소결정
hazard identification 위해요소확인
hazardous material 위해물질
hazardous waste 독성폐기물
haze 연무
hazel 개암나무
hazelnut 개암
hazelnut ark 돌조개
hazelnut oil 개암기름
HbA1c → glycosylated hemoglobin
HBV → hepatitis B virus
HCA → hydroxycitric acid
HCB → hexachlorobenzene
HCFC → hydrochlorofluorocarbon
HCH 에이치시에이치
HCV → hepatitis C virus

HDL → high-density lipoprotein
head baechu 결구배추
head cheese 헤드치즈
heading 결구
heading 이삭패기
head rice 완전미
headspace 헤드스페이스
headspace analysis 헤드스페이스분석
headspace extraction 헤드스페이스추출
headspace volatiles 헤드스페이스휘발성물질
heal meat 뭉치사태
health 건강
health administration 보건행정
health and welfare 보건복지
health beverage 건강음료
health care 건강관리
health care 보건관리
health center 보건소
health claim 건강강조표시
health education 보건교육
health examination 건강진단
health food 건강식품
health functional food 건강기능식품
Health Functional Foods Act 건강기능식품에 관한 법률
Health Functional Foods Code 건강기능식품공전
health hazard 건강위험요소
health physics 보건물리학
health policy 보건정책
health promotion 건강증진
health record 건강기록
health status index 건강상태지수
health supplement food 건강보조식품
heart 심장
heartburn 속쓰림
heart disease 심장병
heart failure 심장기능상실
hearth bread 하스브레드
heart rot 심부병
heat 열
heat budget 열수지
heat capacity 열용량
heat capacity at constant pressure 일정압력열용량
heat capacity at constant volume 일정부피열용량
heat coagulation 열응고
heat conduction 열전도
heat content 열함량
heat convection 열대류
heat convection coefficient 열대류계수
heat cramp 열경련
heat denaturation 열변성
heat denatured protein 열변성단백질
heat distribution 열분포
heat drying method 가열건조법
heated-air dryer 화력건조기
heat engine 열기관
heater 히터
heat exchange 열교환
heat exchanger 열교환기
heat exhaust 가열배기
heat exhaust method 가열배기법
heat generation 열생성
heating 가열
heating curve 가열곡선
heating furnace 가열로
heating mantle 가열맨틀
heating method 가열법
heating process 가열공정
heating storage 가열저장
heating test 가열시험
heating under reduced pressure 감압가열
heat injury 열해
heat insulation 단열
heat insulator 단열재
heat loss 열손실
heat-moisture treatment 수분열처리
heat of adsorption 흡착열
heat of combustion 연소열
heat of condensation 응축열
heat of crystallization 결정화열
heat of decomposition 분해열
heat of dilution 묽힘열
heat of dissociation 해리열
heat of formation 생성열
heat of fusion 녹음열

heat of hydration 수화열
heat of ionization 이온화열
heat of liquefaction 액화열
heat of mixing 혼합열
heat of neutralization 중화열
heat of reaction 반응열
heat of solidification 응고열
heat of solution 용해열
heat of sublimation 승화열
heat of transition 전이열
heat of vaporization 기화열
heat of wetting 젖음열
heat partition 열분배
heat penetration 열침투
heat penetration curve 열침투곡선
heat polymerization 가열중합
heat ray 열선
heat recovery 열회수
heat recovery system 열회수시스템
heat release 열방출
heat reservoir 열저장체
heat resistance 내열성
heat resistance test 내열시험
heat resistant glassware 내열유리용기
heat resistant package 내열포장
heat seal 가열접착
heat sealability 가열접착성
heat sealer 가열접착기
heat seal strength 가열접착세기
heat sensitive tape 감열테이프
heat shock 열충격
heat shock gene 열충격유전자
heat shock protein 열충격단백질
heat shock response 열충격반응
heat shrinkable film 열수축필름
heat shrinkage 열수축
heat smoking method 열훈제법
heat source 열원
heat sterilization 가열살균
heat sterilization method 가열살균법
heat sterilizer 가열살균기
heat stress 열스트레스
heat stress protein 열스트레스단백질
heatstroke 열사병
heat transfer 열전달
heat transfer coefficient 열전달계수
heat transfer device 열전달장치
heat transfer rate 열전달속도
heat transfer resistance 열전달저항
heat treatment 열처리
heavy cream 진한크림
heavy labor 중노동
heavy metal 중금속
heavy metal poisoning 중금속중독
heavy syrup 진한시럽
heavy water 중수
heavy whipping cream 진한휘핑크림
hectare 헥타르
hectopascal 헥토파스칼
hedgehog mushroom 턱수염버섯
hedonic scale 기호척도
heifer 어린암소
height 높이
height 키
HeLa cell 헬라세포
helianthinin 헬리안티닌
Helianthus 해바라기속
Helianthus annuus 해바라기
Helianthus tuberosus 뚱딴지
helical structure 나선구조
Helice tridens 방게
Helicobacter 헬리코박터속
Helicobacter pylori 헬리코박터 필로리
Helicobacteraceae 헬리코박터과
helium 헬륨
helminth 연충
helminth infection 연충감염
Helminthosporium 헬민토스포륨속
Helminthosporium oryzae 헬민토스포륨 오리자에
helminth parasite 연충기생충
Helotiales 고무버섯목
helper T cell 도움티세포
helper T lymphocyte 도움티림프구
Helvellaceae 안장버섯과
Helvella lacunosa 안장버섯
hemagglutination 적혈구응집
hemagglutinin 적혈구응집소

hematemesis 토혈
hematin 헤마틴
Hematococcaceae 헤마토코쿠스과
Hematococcus 헤마토코쿠스속
Hematococcus extract 헤마토코쿠스추출물
Hematococcus pluvialis 헤마토코쿠스 플루비알리스
hematocrit 헤마토크릿
hematologic malignancy 혈액암
hematology 혈액학
hematopoiesis 조혈
hematoporphyrin 헤마토포피린
hematuria 혈뇨
heme 헴
heme iron 헴철
heme pigment 헴색소
heme protein 헴단백질
Hemerocallis fulva 원추리
hemiacetal 헤미아세탈
Hemiascomycetae 반자낭균아강
Hemiascomycetes 반자낭균강
hemiascospore 반자낭홀씨
Hemibarbus labeo 누치
hemicellulase 헤미셀룰로스가수분해효소
hemicellulose 헤미셀룰로스
hemichrome 헤미크롬
hemicryptophyte 반땅속식물
Hemidesmus indicus 인디언사르사
hemiketal 헤미케탈
hemin 헤민
Hemiptera 노린재목
Hemiramphidae 학꽁칫과
Hemiscylliidae 얼룩상엇과
hemisphere 반구
hemochrome 헤모크롬
hemociderin 헤모시데린
hemocyanin 헤모사이아닌
hemocyte 혈구
hemocytometer 혈구계수기
hemodialysis 혈액투석
hemodynamometer 혈압계
hemoglobin 헤모글로빈
hemolysin 용혈소
hemolysis 용혈
hemolytic anemia 용혈빈혈
hemolytic antibody 용혈항체
hemolytic bacterium 용혈세균
hemolytic icterus 용혈황달
hemolytic streptococcus 용혈사슬알세균
hemophilia 혈우병
hemopoiesis 조혈
hemopoietic 조혈제
hemopoietic factor 조혈인자
hemopoietic organ 조혈기관
hemoptysis 객혈
hemorrhage 출혈
hemorrhagic stroke 출혈성뇌졸중
hemorrhoid 치핵
hemostasis 지혈
hemp 대마
hemp 삼
hemp seed 삼씨
hemp seed oil 삼씨기름
hen 암탉
hen of the woods 잎새버섯
Hener value 헤너값
Henle's loop 헨레루프
Henry's law 헨리법칙
heotjesabap 헛제사밥
HEPA filter 헤파필터
heparin 헤파린
hepatica 노루귀
Hepatica 노루귀속
Hepatica asiatica 노루귀
hepatic ascites 간성복수
hepatic capillary worm 간모세선충
hepatic coma 간성혼수
hepatic lobule 간소엽
hepatic portal vein 간문맥
hepatic vein 간정맥
hepatitis 간염
hepatitis A 에이형간염
hepatitis A virus 에이형간염바이러스
hepatitis B 비형간염
hepatitis B virus 비형간염바이러스
hepatitis C 시형간염
hepatitis C virus 시형간염바이러스
hepatitis D 디형간염

hepatitis E 이형간염
hepatitis virus 간염바이러스
hepatocyte 간세포
hepatoma 간암
hepatomegaly 간비대
hepatoprotective effect 간보호효과
hepatotoxicity 간독성
hepatotoxin 간독소
Heptacarpus rectirostris 좁은뿔꼬마새우
heptachlor 헵타클로르
heptachlor epoxide 헵타클로르에폭사이드
heptadecanoic acid 헵타데칸산
heptane 헵테인
heptanoic acid 헵탄산
heptenal 헵텐알
heptose 헵토스
heptulose 헵툴로스
herb 허브
herbaceous plant 초본식물
herbal beverage 허브음료
herbal tea 허브차
herb candy 허브캔디
herbicide 제초제
herbicide tolerant soybean 제초제내성콩
herbivore 초식동물
herb of grace 루타
herb tea 허브차
hereditary disease 유전병
hereditary factor 유전인자
heretidy 유전
Hericiaceae 노루궁뎅이과
Hericiaceae 산호침버섯과
Hericium 노루궁뎅이속
Hericium 산호침버섯속
Hericium erinaceus 노루궁뎅이
heritability 유전력
hermaphrodite 암수한몸
hermetical container 밀폐용기
hermetical sealing 밀폐밀봉
hermit crab 집게
hernia 탈장
herpes 헤르페스
Herpesviridae 헤르페스바이러스과
herpesvirus 헤르페스바이러스
herpes zoster 대상포진
herpetic stomatitis 헤르페스입안염
Herrgard cheese 헤르가르트치즈
herring 청어
herring oil 청어기름
herring roe 청어알
Herschel–Bulkley model 헤쉘-벌클리모델
hesperetin 헤스페레틴
hesperetin-7-rutinoside 헤스페레틴-7-루티노사이드
hesperidin 헤스페리딘
hesperidinase 헤스페리딘가수분해효소
Hess's law 헤스법칙
heteroatom 헤테로원자
Heterobasidiomycetes 헤테로담자균강
heterobasidium 헤테로담자기
heterocyclic amine 헤테로고리아민
heterocyclic compound 헤테로고리화합물
heterofermentative lactic acid bacterium 헤테로발효젖산세균
heterogamete 헤테로배우자
heterogeneous catalysis 불균일촉매반응
heterogeneous catalyst 불균일촉매
heterogeneous equilibrium 불균일평형
heterogeneous mixture 불균일혼합물
heterogeneous reaction 불균일반응
heterogeneous system 불균일계통
heterokaryon 헤테로핵체
Heterokontophyta 부등편모조식물문
heterokontous flagellation 부등편모
heterolactic acid fermentation 헤테로젖산발효
Heteromysteris japonicus 납서대
heterooligosaccharide 헤테로올리고당
Heterophyidae 헤테로흡충과
heteropolysaccharide 헤테로다당류
heterotroph 종속영양생물
heterotrophic bacterium 종속영양세균
heterotrophic culture 종속영양배양
heterotrophism 종속영양
hetero-type division 헤테로분열
heterozygote 헤테로접합자
Hevea brasiliensis 고무나무
hexachloran 헥사클로란

hexachlorobenzene 헥사클로로벤젠
hexachlorobiphenyl 헥사클로로바이페닐
hexadecanoic acid 헥사데칸산
hexadecenoic acid 헥사데센산
hexagon 육각형
Hexagrammidae 쥐노래밋과
Hexagrammos agrammus 노래미
Hexagrammos otakii 쥐노래미
hexahedron 육면체
hexametaphosphate 헥사메타인산
Hexamitidae 육편모충과
hexanal 헥산알
hexanaldehyde 헥산알데하이드
hexane 헥세인
hexanoic acid 헥산산
hexanol 헥산올
hexenal 헥센알
hexene 헥센
hexenol 헥센올
hexokinase 헥소스인산화효소
hexosamine 헥소사민
hexosan 헥소산
hexose 헥소스
hexose monophosphate shunt 헥소스인산회로
hexose pathway 헥소스경로
hexose phosphate 헥소스인산
hexylamine 헥실아민
HFC → hydrofluorocarbon
HFCS → high fructose corn syrup
hibernation 겨울잠
hibiscus 히비스커스
Hibiscus 히비스커스속
Hibiscus cannabinus 양마
hibiscus color 히비스커스색소
Hibiscus rosa-sinensis 불상화
Hibiscus rosa-sinensis 중국장미
Hibiscus sabdariffa 로젤
hiccup 딸꾹질
hickory 히커리
hickory nut 히커리너트
hickory smoke 히커리스모크
high amylose corn 고아밀로스옥수수
high amylose corn starch 고아밀로스옥수수녹말
highball 하이볼
highbush blueberry 하이부시블루베리
high calorie diet 고열량식사
high calorie food 고열량식품
high carbon stainless steel 고탄소스테인리스강
high density culture 밀식재배
high density lipoprotein 고밀도지방질단백질
high density lipoprotein cholesterol 고밀도지방질단백질콜레스테롤
high density polyethylene 고밀도폴리에틸렌
high efficiency particulate air filter 고성능입자공기필터
high energy bond 고에너지결합
high energy compound 고에너지화합물
high energy phosphate bond 고에너지인산결합
high energy phosphate compound 고에너지인산화합물
higher animal 고등동물
higher order structure 고차구조
higher plant 고등식물
high fat diet 고지방식사
high fat fish meal 고지방어분
high-fiber diet 고섬유질식사
high frequency amplifier 고주파증폭기
high frequency disinfestation 고주파살충
high frequency drying 고주파건조
high frequency electromagnetic oven 고주파전자기오븐
high frequency heating 고주파가열
high frequency induction heating 고주파유도가열
high frequency sealing 고주파접착
high frequency sealing method 고주파접착법
high frequency 고주파
high fructose corn syrup 고과당옥수수시럽
high fructose syrup 고과당시럽
high gravity brewing 고농도양조
high impact polystyrene 내충격폴리스타이렌
highland 고랭지
highly pathogenic avian influenza 고병원성조류인플루엔자

high maltose syrup 고엿당시럽
high methoxyl pectin 고메톡실펙틴
high molecular weight compound 고분자화합물
high nutrition-low cost food 고영양경제식품
high performance liquid chromatography 고성능액체크로마토그래피
high performance packaging material 고성능포장재
high polymer 고중합체
high pressure 고압
high pressure denaturation 고압변성
high pressure homogenizer 고압균질기
high pressure melamine resin 고압멜라민수지
high pressure processing 고압가공
high pressure retort 고압레토르트
high protein bread 고단백질빵
high protein diet 고단백질식사
high protein diet therapy 고단백질식사요법
high protein food 고단백질식품
high quality cultivar 우량재배품종
high quality protein 고품질단백질
high quality rice 양질미
high ratio cake 고설탕케이크
high speed multicylinder compressor 고속다기통압축기
high speed vacuum cutter 고속진공절단기
high temperature conditioning 고온컨디셔닝
high temperature injury 고온장해
high temperature processing 고온가공
high temperature short time pasteurization 고온순간파스퇴르살균
high temperature sterilization 고온살균
high vitamin diet 고바이타민식사
high yielding crop 다수확작물
high yielding variety 다수확품종
hijiki 톳
Hijikia 톳속
Hijikia fusiforme 톳
Hill reaction 힐반응
hilsa shad 힐사
Himalayan ginseng 히말라야인삼
hind leg 뒷다리
hind milk 후유
hind quarter 후사분체
hind shank 뒷사태
hiochi 히오치
hiochi bacterium 히오치세균
hiochi lactic acid bacterium 히오치젖산세균
hip joint 엉덩관절
Hippocastanaceae 칠엽수과
Hippocastanoideae 칠엽수아과
Hippoglossus hippoglossus 대서양가자미
Hippoglossus stenolepsis 태평양가자미
Hippophae rhamnoides 갈매보리수나무
hippuric acid 히푸르산
Hirudinea 거머리강
hirudineans 거머리류
Hirudinidae 거머릿과
histamine 히스타민
histaminemia 히스타민혈증
histeric 히스테리환자
histerical seizure 히스테리발작
histidine 히스티딘
histidine decarboxylase 히스티딘카복실기제거효소
histidinemia 히스티딘혈증
histidinuria 히스티딘뇨
histochemistry 조직화학
histogram 히스토그램
histology 조직학
histone 히스톤
histonuria 히스톤뇨
histopathology 조직병리학
HIV → human immunodeficiency virus
HLB → hydrophilic-lipophilic balance
HMR → home meal replacement
hobakbeombeok 호박범벅
hobakjuk 호박죽
hoe 회
hoelen 복령
hoenaengmyeon 회냉면
hog 돼지
hog farming 양돈
Hogness box 호그네스상자
holding pasteurization 보온살균
holding pasteurization method 보온살균법

holding tube 가열유지관
hollandaise sauce 홀란데이즈소스
hollow fiber culture 속빈섬유배양
hollow glass 속빈유리
Holocentridae 얼게돔과
holoenzyme 완전효소
Holothuriidae 해삼과
Holothuroidea 해삼강
Holstein 홀스타인
Homarus americanus 아메리카바닷가재
Homarus gammarus 유럽바닷가재
home freezer 가정용냉동고
home meal replacement 가정식사대용음식
homeostasis 항상성
homeostasis regulation 항상성조절
home seamer 가정용시머
home use test 가정사용검사
hominy 호미니
Homobasidiomycetes 호모담자균강
Homobasidiomycetidae 호모담자균아강
homobasidium 호모담자기
homocysteine 호모시스테인
homocystine 호모시스틴
homocystinuria 호모시스틴뇨
homocystinuria 호모시스틴뇨증
homofermentative lactic acid bacterium 호모발효젖산세균
homogenate 균질액
homogeneity 균질성
homogeneous catalysis 균일촉매작용
homogeneous chemical reaction 균일화학반응
homogeneous equilibrium 균일평형
homogeneous mixture 균일혼합물
homogeneous reaction 균일반응
homogeneous system 균일계
homogenization 균질화
homogenized milk 균질우유
homogenizer 균질기
homogentisic acid 호모겐티스산
homoisothermal animal 정온동물
homolactic acid fermentation 호모젖산발효
homologous chromosome 상동염색체
homologous element 동족원소
homologous organ 상동기관
homologous series 동족계열
homologue 동족체
homomethionine 호모메싸이오닌
homopolysaccharide 호모다당류
homoserine 호모세린
honey 꿀
honeybee 꿀벌
honeybell 탄젤로
honey beverage 꿀음료
honey brandy 꿀브랜디
honey bread 꿀빵
honeybush 허니부시
honeybush tea 허니부시차
honeycomb 벌집
honeycomb stomach 벌집위
honeycomb structure 벌집구조
honeydew 감로
honeydew honey 감로꿀
honeydew melon 감로멜론
honeyed water 꿀물
honey fungus 뽕나무버섯
honey plant 밀원식물
honeyweed 익모초
hongeosamhap 홍어삼합
hongju 홍주
Hong Kong grouper 붉바리
hood 후드
hook 갈고리
Hooke's law 훅법칙
hookworm 구충
hop 홉
hop essential oil 홉방향유
hop extract 홉추출물
Hoplostethus atlanticus 오렌지라피
hop pellet 홉펠릿
hopper 호퍼
hopper agitator 호퍼휘젓개
hopper scale 호퍼계량기
hopping 홉첨가
hop substitute 홉대용물
hordein 호데인
hordenine 호데닌
Hordeum vulgare 보리

Hordeum vulgare var. *nudum* 쌀보리
hordeumin 호데우민
hordothionin 호도싸이오닌
horizontal mixer 수평믹서
horizontal retort 수평레토르트
horizontal spray dryer 수평분무건조기
horizontal tube evaporator 수평관증발기
horizontal type shell and tube condenser 수평셸튜브응축기
hormonal replacement therapy 호르몬대체요법
hormone 호르몬
hormone imbalance 호르몬불균형
horned melon 뿔멜론
horn of plenty 뿔나팔버섯
horny 각질
horny layer 각질층
hors d'oeuvre 오르되브르
horse 말
horse chestnut 칠엽수
horse gram 말콩
horsehair crab 털게
horse meat 말고기
horse mushroom 흰주름버섯
horse power 마력
horseradish 겨자무
horseradish tree 모린가
horse shoe-shaped can 말굽캔
horseweed 망초
hortensia 수국
horticultural crop 원예작물
horticultural produce 원예생산물
horticultural science 원예학
horticultural therapy 원예치료
horticulture 원예
hospital diet 병원식사
hospital feeding 병원급식
host 숙주
host cell 숙주세포
host-parasite relationship 숙주기생생물관계
host-specific parasite 숙주특이성기생생물
host vector system 숙주벡터계통
hot air dryer 열풍건조기
hot air drying 열풍건조
hot air drying method 열풍건조법
hot air heater 온풍히터
hot break 핫브레이크
hot cake 핫케이크
hot carcass 온도체
hot chocolate 핫초콜릿
hot cross bun 핫크로스번
hot curing method 가온큐어링법
hot deboning 온도체발골
hot dog 핫도그
hot filling 고온충전
hot pack 고온담금법
hot pepper 고추
hot pepper leaf 고춧잎
hot pepper powder 고춧가루
hot pepper seed 고추씨
hot pressing 고온가압
hot smoking 온훈제
hot smoking method 온훈제법
hot taste 매운맛
hot water disinfection 열탕소독
hot water soaking method 온탕침지법
hotel restaurant 호텔레스토랑
hotrienol 호트라이엔올
house mouse 생쥐
housefly 집파리
household flour 가정용밀가루
household gene 구성유전자
household waste 생활폐기물
housekeeping gene 항존유전자
Houttuynia cordata 약모밀
Hovenia 헛개나무속
Hovenia dulcis 헛개나무
Howard method 호워드법
Howard mold counting 하워드곰팡이계수법
HPLC → high performance liquid chromatography
HRS → hard red spring
HRW → hard red winter
huang chiew 황주
huckleberry 허클베리
hue 색상
hue contrast 색상대비

huinjuk 흰죽
huinmuri 흰무리
huintteok 흰떡
huinyeot 흰엿
hull 겉껍질
hulled barley 겉보리
hulled wheat 에머밀
hulless barley 쌀보리
hulupone 훌루폰
human genome organization 사람유전체기구
Human Genome Project 사람유전체사업
human immunodeficiency virus 사람면역결핍바이러스
humanized milk 모유우유
human milk substitute 모유대용물
human papilloma virus 사람유두종바이러스
human psychophysics 사람심리물리학
Humariaceae 접시버섯과
humectant 습윤제
humerus 위팔뼈
humic acid 훔산
Humicola 후미콜라속
Humicola insolens 후미콜라 인솔렌스
Humicola lanuginosa 후미콜라 라누기노사
Humicola lutea 후미콜라 루테아
humid air 습한공기
humidification 가습
humidifier 가습기
humidistat 습도조절기
humidity 습도
humidity chart 습도차트
humidity control 습도조절
humidity detector 습도검출기
humin 휴민
hummus 후머스
humoral antibody 체액항체
humoral immunity 체액면역
humous 후머스
humpback salmon 곱사연어
humulene 후물렌
humulinic acid 후물린산
humulone 후물론
Humulus lupulus 홉
humus 부식
hundred seed weight 백립중
Hungarian salami sausage 헝가리살라미소시지
hunger sensation 공복감
hungry rice 흰포니오
Hunter color difference meter 헌터색차계
Hunter color system 헌터색체계
hunting 사냥
hunting sausage 헌팅소시지
hurdle technology 허들기술
hurum 후룸
husked barley 겉보리
husked rice 벼
husked rice storage 벼저장
Huso huso 벨루가
HVP → hydrolyzed vegetable protein
hwachae 화채
hwagwaja 화과자
hwajeon 화전
hwamyun 화면
hwangchil namu 황칠나무
hwanggi 황기
hwangtaegui 황태구이
hyacinth bean 편두
Hyacinthus orientalis 히아신스
hyaluronic acid 히알루론산
hybrid 잡종
hybrid DNA 잡종디엔에이
hybridization 잡종형성
hybridoma 혼성세포
hybrid orbital 혼성오비탈
hydatid worm 단방조충
Hydnaceae 턱수염버섯과
Hydnangiaceae 졸각버섯과
Hydnum 턱수염버섯속
Hydnum repandum 턱수염버섯
Hydrangea 수국속
Hydrangeaceae 수국과
Hydrangea macrophylla 수국
hydrate 수화물
hydrated crystalline glucose 함수결정포도당
hydrated ion 수화이온
hydration 수화
hydraulic plate press 판형수압기

hydraulic press 수압기
hydraulic pressure 수압
hydraulic submerged pump 수압수중펌프
hydrazine 하이드라진
Hydrazoa 히드라충강
hydride 하이드라이드
hydride ion 하이드라이드이온
hydrindantin 하이드린단틴
Hydrobatidae 바다제빗과
hydrobios 수생생물
hydrocarbon 탄화수소
hydrocarbon decomposition bacterium 탄화수소분해세균
hydrocellulose 수화셀룰로스
hydrochloric acid 염산
hydrochlorofluorocarbon 하이드로클로로플루오로탄소
hydrocolloid 친수콜로이드
hydrocooling 냉수냉각
hydrocortisone 하이드로코티손
hydrocyanic acid 사이안화수소산
hydrocyclone 하이드로사이클론
hydrodynamics 유체역학
hydrofluorocarbon 하이드로플루오로탄소
hydrogel 하이드로젤
hydrogen 수소
hydrogenase 수소화효소
hydrogenated fat 수소화지방
hydrogenated glucose syrup 수소화포도당시럽
hydrogenated oil 수소화기름
hydrogenation 수소화
hydrogen atom 수소원자
hydrogen azide 아자이드화수소
hydrogen blocker 수소차단제
hydrogen bond 수소결합
hydrogen-bridged structure 수소다리구조
hydrogencarbonate 탄산수소염
hydrogencarbonate ion 탄산수소이온
hydrogen carrier 수소운반체
hydrogen chloride 염화수소
hydrogen compound 수소화합물
hydrogen cyanide 사이안화수소
hydrogen electrode 수소전극
hydrogen energy 수소에너지
hydrogen ion 수소이온
hydrogen ion concentration 수소이온농도
hydrogen ion concentration exponent 수소이온농도지수
hydrogenolysis 수소화분해
Hydrogenomonas 하이드로게노모나스속
hydrogen peroxide 과산화수소
hydrogen sulfide 황화수소
hydrogen swell 수소팽창
Hydroida 히드라충목
hydrolase 가수분해효소
hydrolysate 가수분해산물
hydrolysate of milk protein 우유단백질가수분해물
hydrolysis 가수분해
hydrolysis reaction 가수분해반응
hydrolyzed lactose syrup 젖당가수분해시럽
hydrolyzed starch syrup 녹말가수분해시럽
hydrolyzed vegetable protein 식물단백질가수분해물
hydrometer 비중계
hydrometry 비중측정법
hydroperoxide 하이드로과산화물
hydroperoxide lyase 하이드로과산화물리에이스
hydrophilic degree 친수도
hydrophilic group 친수기
hydrophilicity 친수성
hydrophilic-lipophilic balance 친수친유성비율
hydrophilic molecule 친수분자
hydrophilic polymer 친수중합체
hydrophilic sol 친수졸
hydrophobia 공수병
hydrophobic bond 소수결합
hydrophobic colloid 소수콜로이드
hydrophobic group 소수기
hydrophobic hydration 소수수화
hydrophobic interaction 소수상호작용
hydrophobicity 소수성
hydrophobic material 소수물질
hydrophyte 수생식물
hydroquinone 하이드로퀴논

hydrosol 하이드로졸
hydrostatic pressure 정수압
hydrostatic retort 정수압레토르트
hydrostatic sterilizer 정수압살균기
hydrothermal bacterium 열수세균
hydrothermal processing 열수가공
hydroxamic acid 하이드록삼산
hydroxide 수산화물
hydroxide ion 수산화이온
hydroxy 하이드록시
hydroxyacetic acid 하이드록시아세트산
hydroxy acid 하이드록시산
hydroxyalkyl starch 하이드록시알킬녹말
hydroxyamino acid 하이드록시아미노산
hydroxyapatite 하이드록시아파타이트
hydroxybenzoic acid 하이드록시벤조산
hydroxybenzoic acid ester 하이드록시벤조산에스터
hydroxybutanedioic acid 하이드록시뷰테인이산
hydroxybutyric acid 하이드록시뷰티르산
hydroxycinnamic acid 하이드록시시남산
hydroxycitric acid 하이드록시시트르산
hydroxycitronellal 하이드록시시트로넬랄
hydroxycitronellal dimethylacetal 하이드록시시트로넬랄다이메틸아세탈
hydroxyethyl starch 하이드록시에틸녹말
hydroxy group 하이드록시기
hydroxyketone 하이드록시케톤
hydroxyl 하이드록실
hydroxylase 하이드록시화효소
hydroxylation 하이드록시화
hydroxylation 하이드록시화반응
hydroxyl group 하이드록실기
hydroxymethylfurfural 하이드록시메틸푸르푸랄
hydroxyoctadecanoic acid 하이드록시옥타데칸산
hydroxyproline 하이드록시프롤린
hydroxypropyl cellulose 하이드록시프로필셀룰로스
hydroxypropyl distarch phosphate 하이드록시프로필인산이녹말
hydroxypropylmethyl cellulose 하이드록시프로필메틸셀룰로스
hydroxypropyl starch 하이드록시프로필녹말
hydroxystearic acid 하이드록시스테아르산
hydroxytyrosol 하이드록시타이로솔
hydroxy-β-carotene 하이드록시베타카로텐
hygiene 위생
hygiene 위생학
hygiene control 위생관리
hygienic insect pest 위생해충
hygienic quality 위생품질
hygrograph 자기습도계
hygrometer 습도계
hygromycin 하이그로마이신
Hygrophoraceae 벚꽃버섯과
Hygrophorus 벚꽃버섯속
Hygrophorus russula 다색벚꽃버섯
hygrophyte 습생식물
hygroscopic 흡수성
hygroscopicity 흡습성
hygroscopic moisture 흡습성수분
hygroscopic property 흡습성질
Hylocereus megalanthus 노란용과
Hylocereus undatus 붉은용과
Hymenochaetaceae 소나무비늘버섯과
Hymenomycetes 균심강
hyperacidity 위산과다
hyperactivity 과다활동
Hypera postica 자주개자리바구미
hyperbilirubinemia 빌리루빈과다혈증
hyperbola 쌍곡선
hypercalcemia 고칼슘혈증
hypercholesterolemia 고콜레스테롤혈증
hyperfunction 기능항진
hyperglobulinemia 고글로불린혈증
hyperglycemia 고혈당
hyperglycemia 고혈당증
hyperglycemic coma 고혈당혼수
hyperglycemic glycosuria 고혈당당뇨
Hypericales 고추나물목
Hypericum 물레나물속
Hypericum ascyron 물레나물
Hypericum erectum 고추나물
hyperinsulinemia 고인슐린혈증
hyperinsulinism 고인슐린증

hyperlactacidemia 고젖산혈증
hyperlipemia 고지방질혈증
hyperlipoproteinemia 고지방질단백질혈증
hypermarket 대형마켓
hypermetabolism 대사항진
hypernutrition 영양과다
hyperorexia 식욕과다
hyperosmia 후각과민증
hyperosmolar nonketotic coma 고삼투압비케토산혼수
hyperosmoticity 고삼투압성
hyperparathyroidism 부갑상샘항진증
hyperphagia 과식증
hyperphenylalaninemia 고페닐알라닌혈증
hyperphosphatemia 고인산혈증
hyperpituitarism 뇌하수체항진증
hyperplasmatic obesity 증식형비만
hyperplastic obesity 지방세포증식비만
hyperpotassemia 고포타슘혈증
hypersensitivity 과민증
hypersensitivity phenomenon 과민현상
hypersensitivity reaction 과민반응
hyper tape-worm 단방조충
hypertension 고혈압
hyperthermia 고열
hyperthyroidism 갑상샘항진
hypertonic solution 고장액
hypertriacylglycerolemia 고중성지방혈증
hypertrophic obesity 비대성비만
hypertrophy 비대
hypertropic obesity 지방세포비대비만
hyperuricemia 고요산혈증
hypervitaminosis 바이타민과다증
hypesthesia 감각저하
hypha 균사
Hyphochytriales 역모균목
Hyphochytridiomycetes 역모균강
Hyphochytridiomycota 역모균문
Hyphomycetes 도열병균강
hypnotic 수면제
hypo 하이포
hypoalbuminemia 저알부민혈증
hypoallergenic food 저알레르기식품
hypocalcemia 저칼슘혈증
hypochlorhydria 위산저하
hypochlorite 하이포염소산염
hypochlorous acid 하이포염소산
hypochlorous acid water 하이포염소산수
hypocholesterolemic activity 저콜레스테롤혈증활성
hypochromia 저혈색소증
Hypocrea 히포크레아속
Hypocreaceae 육좌균과
Hypocreales 육좌균목
hypoesthesia 지각감퇴
hypogammaglobulinemia 저감마글로불린혈증
hypogeusia 미각저하
hypoglycemia 저혈당
hypoglycemia 저혈당증
hypoglycemic activity 저혈당활성
hypoglycemic agent 혈당강하제
hypoglycemic coma 저혈당혼수
hypoglycine 하이포글리신
hypohydration 탈수증
hypolipaemic activity 저지방질혈증활성
hypolipoproteinemia 저지방질단백질혈증
Hypomesus 빙어속
Hypomesus olidus 빙어
Hypomycetes 사상불완전균강
hyponatremia 저소듐혈증
hyponitrous acid 하이포질산
hypoparathyroidism 부갑상샘저하증
hypophosphorous acid 하이포인산
hypophysiotropic hormone 뇌하수체자극호르몬
hypopotassemia 저포타슘혈증
Hypoptychidae 양미릿과
Hypoptychus 양미리속
Hypoptychus dybowskii 양미리
Hyporhamphus sajori 학꽁치
hyposmia 후각저하
hypotension 저혈압
hypothalamus 시상하부
hypothermia 저체온증
hypothesis 가설
hypothesis test 가설검정
hypothyroidism 갑상샘저하증
hypotonic solution 저장액

hypovitaminosis 바이타민결핍증
hypoxanthine 하이포잔틴
hypoxanthine sensor 하이포잔틴감지기
hypoxemia 저산소혈증
Hypoxidaceae 히폭시스과
Hyppolytidae 꼬마새웃과
Hypsizigus marmoreus 느티만가닥버섯
hyssop 히솝
Hyssopus officinalis 히솝
hysteresis 히스테리시스
hysteresis characteristic 히스테리시스특성
hysteresis loop 히스테리시스루프
hysteria 히스테리
hysterophyte 사물기생식물

I

IAA → indole acetic acid
IAEA 아이에이이에이
IAEA → International Atomic Energy Agency
IARC → International Agency for Research on Cancer
Ibacus ciliatus 부채새우
I band 아이띠
Iberian ham 이베리아햄
IBS → irritable bowel syndrome
ice 얼음
ice 아이스
icebox 아이스박스
icebox cookie 아이스박스쿠키
ice cream 아이스크림
ice cream bar 막대아이스크림
ice cream cone 아이스크림콘
ice cream freezer 아이스크림냉동기
ice cream mix 아이스크림믹스
ice cream mix powder 아이스크림믹스가루
ice cream pie 아이스크림파이
ice cream powder 아이스크림가루
ice cream wafer 아이스크림웨이퍼
ice crusher 쇄빙기
ice crystal 얼음결정
ice crystal growth 얼음결정성장
iced coffee 냉커피
iced tea 냉차
iced water 얼음물
ice-forming factor 결빙계수
ice glaze 얼음옷
ice lolly 아이스케이크
ice-making capacity 제빙능력
ice-making machine 제빙기
ice milk 아이스밀크
ice pop 아이스케이크
ice pressure 얼음압력
ice storage 얼음저장
ice storage house 얼음저장고
ice storage room 얼음저장실
ice wine 아이스와인
icing 아이싱
icing sugar 아이싱설탕
ICPAES → inductively coupled plasma atomic emission spectroscopy
ICPMS → inductively coupled plasma mass spectroscopy
ideal fluid 이상유체
ideal gas 이상기체
ideal gas equation 이상기체방정식
ideal gas law 이상기체법칙
ideal solution 이상용액
identical twin 일란성쌍둥이
identification 동정
IDF → International Dairy Federation
idioblast 이형세포
idiosyncrasy 특이체질
IDL → intermediate density lipoprotein
idli 이들리
idose 이도스
IFT → Institute of Food Technologists
igangju 이강주
ignition heat 발화열
ignition point 발화점
ignition temperature 발화온도
ijilpul 이질풀
ikbanjuk 익반죽
ileitis 돌창자염

ileocecum 돌막창자
ileum 돌창자
ileus 창자막힘증
Ilex paraguariensis 마테차나무
Ilisha elongata 준치
ilium 엉덩뼈
Illiciaceae 붓순나뭇과
Illicium 붓순나무속
Illicium anisatum 붓순나무
Illicium verum 스타아니스
illipe butter 일리페버터
illipe nut 일리페너트
illuminance 조명도
illumination 조명
illuminometer 조도계
image analysis 이미지분석
image processing 이미지처리
imaging 이미지화
imazalil 이마잘릴
imbibition 흡습
IMF → intermediate moisture food
imidan 이미단
imidazole 이미다졸
imide 이미드
imide ion 이미드화이온
imino acid 이미노산
imipramine 이미프라민
imitation cheese 모조치즈
imitation chocolate 초콜릿모조품
imitation crab meat 게맛살
imitation cream 모조크림
imitation dairy product 모조낙농제품
imitation food 모조식품
imitation ice cream 모조아이스크림
imitation meat 고기유사품
imitation milk 모조우유
imitation seafood 모조수산식품
imitation vanilla flavor 인조바닐라향
immature fruit 풋과일
immature kernel 미숙립
immaturity 미숙
immersion 침지
immersion freezing 침지냉동
immersion heater 침지히터
immersion liquid 침액
immersion method 침지법
immersion oil 유침기름
immiscible liquid 섞이지않는액체
immobilization 고정화
immobilization culture by entrapment 포괄고정배양법
immobilized animal cell 고정동물세포
immobilized cell 고정세포
immobilized enzyme 고정효소
immune antibody 면역항체
immune deficiency 면역결핍
immune disorder 면역장애
immune human serum globulin 면역사람혈청글로불린
immune-mediated diabetes 면역매개당뇨병
immune reaction 면역반응
immune response 면역반응
immune serum 면역혈청
immune serum globulin 면역혈청글로불린
immune system 면역계통
immunity 면역
immunoaffinity chromatography 면역친화크로마토그래피
immunoassay 면역분석
immunochemistry 면역화학
immunocyte 면역세포
immunodeficiency 면역결핍
immunodeficiency disease 면역결핍병
immunodiffusion 면역퍼짐
immunoelectrophoresis 면역전기이동법
immunofluorescence 면역형광법
immunogen 면역원
immunogenetics 면역유전학
immunogenicity 면역원성
immunoglobulin A 면역글로불린에이
immunoglobulin D 면역글로불린디
immunoglobulin E 면역글로불린이
immunoglobulin F 면역글로불린에프
immunoglobulin G 면역글로불린지
immunoglobulin, Ig 면역글로불린
immunoglobulin M 면역글로불린엠
immunoglobulin Y 면역글로불린와이
immunological technique 면역기술

immunology 면역학
immunomagnetic separation 면역자기분리
immunoprotein 면역단백질
immunoregulation 면역조절
immunotoxin 면역독소
IMP → inosine monophosphate
impact 충격
impact crusher 충격파쇄기
impact extruded can 충격압출캔
impact finisher 충격피니셔
impact force 충격력
impacting acceleration 충격가속
impact mill 충격분쇄기
impact strength 충격세기
impact tester 충격시험기
impaired fasting glucose 공복혈당장애
impaired glucose homeostasis 포도당항상성장애
impaired glucose tolerance 포도당부하장애
impala 임팔라
Impatiens balsamina 봉선화
impedance 임피던스
impeller 임펠러
impeller agitator 임펠러휘젓개
Imperata 띠속
Imperata cylindrica var. *koenigii* 띠
imperfect fungi 불완전균류
imperfect rice grain 불완전쌀
impermeability 불투과성
impingement drying 충돌건조
impingement separator 충격분리기
implantation 착상
imported goods 수입품
impulse 임펄스
impulse buying 충동구매
impulse response 임펄스응답
impulse sealing 임펄스밀봉
impurity 불순물
IMViC test 임빅시험
IMWIC → International Maize and Wheat Improvement Center
in pack desiccation 포장안건조
in situ hybridization 가시분자결합화
in vitro 생체밖
in vitro culture 생체밖배양
in vivo 생체안
in vivo culture 생체안배양
inactivation 불활성화
inactivation of toxin 독소불활성화
in-bed weight scale 침대체중계
inborn errors of metabolism 선천대사장애
in-bottle pasteurization 병조림저온살균
incandescent lamp 백열등
incaparina 인카파리나
incidence 발생빈도
incidence rate 발생률
incident angle 입사각
incident light 입사광
incident ray 입사광선
incineration 소각
incinerator 소각로
inclusion compound 내포화합물
incomplete block design 불완전블록설계
incomplete combustion 불완전연소
incomplete flower 안갖춘꽃
incomplete protein 불완전단백질
incomplete tetany 불완전칼슘경직
incompressibility 비압축성
incompressible fluid 비압축유체
incubation 배양
incubation period 배양기간
incubation period 잠복기
incubation room 배양실
incubation test 가온검사
incubator 배양기
incubator 인공부화기
incubator 인큐베이터
indehiscent fruit 폐과
independent variable 독립변수
India quassia 소태나무
Indian bison 가우르
Indian borage 인도보리지
Indian chrysanthemum 감국
Indian coleus 인디언콜레우스
Indian cress 한련
Indian fig 가시배
Indian frankincense 살라이
Indian gazelle 친카라

Indian gooseberry 인도구스베리
Indian lined shrimp 줄무늬꼬마새우
Indian mackerel 줄무늬고등어
Indian madder 인도꼭두서니
Indian marrow 어저귀
Indian mulberry 노니
Indian mustard 겨자
Indian oyster 산느타리
Indian potato 인디언감자
Indian prawn 인도새우
Indian sandalwood 백단향
Indian sarsaparilla 인디언사르사
Indian strawberry 뱀딸기
indian yam 인디언마
Indica rice 인디카벼
indicator 지시약
indicator bacterium 지표세균
indicator electrode 지시전극
indicator organism of fecal contamination 분변오염지표생물
indicator organism 지표생물
indicator paper 지시약종이
indicator plant 지표식물
indicator species 지표종
indigenous fishery product quality certification 수산특산물품질인증
indigestible maltodextrin 난소화말토덱스트린
indigestion 소화불량
indigo 인디고
indigo carmine 식용파랑2호
indigo carmine aluminum lake 식용파랑2호 알루미늄레이크
indigocarmine 인디고카민
indigoid dye 인디고이드염료
indigotine 인디고틴
indirect contact freezing 간접접촉냉동
indirect cost 간접비
indirect extrusion 간접압출
indirect freezing 간접냉동
indirect heat exchanger 간접열교환기
indirect heating 간접가열
indirect heating method 간접가열법
indirect infection 간접감염
indirect steam heating system 간접스팀가열시스템
individual 개체
individual meal 개인음식
individual packaging 개별포장
individual quick blanching 개별급속데치기
individual quick freezing 개별급속냉동
individual quick frozen food 개별급속냉동식품
individual storage 개별저장
individual variation 개체변이
indole 인돌
indole acetic acid 인돌아세트산
indole test 인돌시험
indole-3-carbinol 인돌-3-카비놀
Indonesian bay leaf 살람잎
Indonesian cinnamon 인도네시아시나몬
Indo-Pacific blue marlin 녹새치
Indo-Pacific sailfish 돛새치
indophenol method 인도페놀법
induced mutation 유도돌연변이
induced reaction 유도반응
inducer 유도물질
inducible enzyme 유도효소
inducing factor 유도인자
inductance 인덕턴스
induction 유도
induction cooking 인덕션쿠킹
induction heater 유도히터
induction heating 유도가열
induction period 유도기간
inductively coupled plasma atomic emission spectroscopy 유도결합플라스마원자방출분광법
inductively coupled plasma mass spectroscopy 유도결합플라스마질량분석법
inductor 인덕터
industrial accident 산업재해
industrial agar 공업우무
industrial crop 공예작물
industrial fermentation 산업발효
industrial microbiology 산업미생물학
industrial mutant 공업용돌연변이균주
industrial pollution 산업공해

industrial standard 산업규격
Industrial Standardization Act 산업표준화법
industrial structure 산업구조
industrial vegetable fat and oil 공업용식물유지
industrial waste 산업폐기물
industrial wastewater 산업폐수
industrial water 공업용수
industry 산업
inert element 비활성원소
inert gas 비활성기체
inexperienced panel 무경험패널
infancy 영아기
infant 영아
Infant Care Act 영유아보육법
infant food 영아식품
infant formula 영아조제식품
infection 감염
infection symptom 감염증
infectious allergy 감염성알레르기
infectious diarrhea 감염성설사
infectious disease 감염성질병
infectiousness 감염성
infective dose 감염량
infectivity 감염력
infectivity test 감염력분석
inferior vena cava 아래대정맥
infertility 불임
infestation 감염
infiltration 침윤
infiltration velocity 침윤속도
inflammation 염증
inflammatory bowel syndrome 염증창자질환
in-flight meal 기내음식
inflow 유입
influenza 인플루엔자
influenza virus 인플루엔자바이러스
informatics 정보학
information 정보
information processing 정보가공
infrared dryer 적외선건조기
infrared drying 적외선건조
infrared heating 적외선가열
infrared irradiation 적외선조사
infrared lamp 적외선램프
infrared moisture meter 적외선수분측정기
infrared radiation 적외선복사
infrared ray 적외선
infrared spectrometer 적외선분광계
infrared spectrophotometer 적외선분광광도계
infrared spectroscopy 적외선분광법
infrared spectrum 적외선스펙트럼
infrastructure 인프라스트럭처
infusion 우린액
infusion 우림
ingredient 원재료
inhalation 흡입
inhalation anesthesia 흡입마취
inhibition 억제
inhibition of sprouting 발아억제
inhibitor 억제제
inhibitory action 억제작용
initial stage of spoilage 변질시작단계
initial state 처음상태
initial step 처음단계
initial velocity 처음속도
initiation 개시
initiation codon 개시코돈
initiation factor 개시인자
injection 주입
injection cooling device 분사냉각장치
injection dryer 분사건조장치
injection machine 사출기
injection molding 사출성형
injection molding machine 사출성형기
injection nozzle 분사노즐
injection process 분사주입법
injection pump 분사펌프
injection valve 분사밸브
injector 인젝터
injeolmi 인절미
injera 인제라
injury 상해
ink gland 먹물샘
ink sac 먹물주머니
inlet 주입구
in-line filter 인라인거르개

in−line juice extractor 인라인착즙기
in−line mixer 인라인믹서
innate immunity 선천면역
inn brewery 인브루어리
inner ear 속귀
inner membrane 속막
inner packaging 속포장
inner salt 분자내염
inner wall 속벽
inoculating loop 백금루프
inoculation 접종
inoculum 접종물
Inonotus ogliquus 차가버섯
inorganic acid 무기산
inorganic catalyst 무기촉매
inorganic chemistry 무기화학
inorganic compound 무기화합물
inorganic dissolved substance 무기용해물질
inorganic fertilizer 무기질비료
inorganic material 무기물
inorganic salt 무기염
inosine 이노신
inosine monophosphate 이노신일인산
inosine−5'−monophosphate 이노신-5'-인산
inosinic acid 이노신산
inositol 이노시톨
inositol hexakisphosphate 피트산
inositol phosphate 이노시톨인산
inositol triphosphate 이노시톨삼인산
inplant processing 인플랜트가공
insamjeonggwa 인삼정과
insamju 인삼주
insect 곤충
insect damage 충해
insect food 곤충식품
insect pest 해충
insect pest control 해충방제
insect pest management 해충관리
insect pest of food 식품해충
insect vector 매개곤충
Insecta 곤충강
insectborne infection 곤충매개감염
insecticide 살충제
insertion sequence 삽입순서
insectivorous plant 식충식물
insect−proof net 방충망
insect−proof packaging 방충포장
inshore hagfish 먹장어
inside diameter 안지름
insolubility 불용성
insoluble dietary fiber 불용식품섬유
inspection 검사
inspection 점검
inspection lot 점검로트
inspection of canned food 통조림검사
inspector 검사원
inspiration 들숨
instability 불안정성
installation 설치
installation cost 설치비
instantaneous acceleration 순간가속도
instantaneous elasticity 순간탄성
instantaneous elasticity modulus 순간탄성률
instantaneous reaction rate 순간반응속도
instantaneous speed 순간속력
instantaneous strain 순간스트레인
instantaneous velocity 순간속도
instant coffee 인스턴트커피
instant curry 인스턴트카레
instant dried bap 인스턴트건조밥
instant flour 인스턴트밀가루
instant food 인스턴트식품
instantization 인스턴트화
instantizer 인스턴타이저
instant noodle 인스턴트국수
instant pudding 인스턴트푸딩
instant soup 인스턴트수프
instant tea 인스턴트차
Institute of Food Technologists 미국식품기술자협회
institutional foodservice 집단급식
institutional foodservice establishment 집단급식소
institutional foodservice facility 집단급식시설
institutional foodservice industry 집단급식산업

institutional foodservice management 집단급식관리
institutional foodservice manager 집단급식관리자
in-storage drying facilities 저장건조시설
Instron 인스트론
Instron universal testing machine → Instron
instrument 계기
instrument 기기
instrument panel 계기판
instrumental analysis 기기분석
instrumental analysis method 기기분석법
instrumental error 기기오차
instrumentation 계기측정
insulation 절연
insulator 절연체
insulin 인슐린
insulinase 인슐리네이스
insulin-dependant diabetes 인슐린의존당뇨병
insulin-like growth factor 인슐린유사생장인자
insulin pump 인슐린펌프
insulin receptor 인슐린받개
insulin resistance 인슐린저항
insulin resistance syndrome 인슐린저항증후군
insulin resistant diabetes 인슐린저항당뇨병
insulin sensitivity index 인슐린민감지수
insulin shock 인슐린쇼크
insulin tolerance 인슐린내성
intake 섭취
intake 섭취량
integral membrane protein 내재성막단백질
integrated pest management 병해충종합관리
integrin 인테그린
integumentary system 피부계통
intensifier 강화유전자
intensity 세기
intensity scale 세기척도
intensive care management 집중치료관리
intensive property 세기성질
intentional menu 계획메뉴
interaction 상호작용
interatomic distance 원자사이거리
interbrain 사이뇌
intercellular space 세포사이공간
intercellular substance 세포사이물질
interchange 상호교환
intercostal muscle 갈비사이근육
interesterification 에스터교환
interface 경계면
interfacial angle 계면각
interfacial area 계면적
interfacial property 계면특성
interfacial tension 계면장력
interference 간섭
interferometry 인터페로메트리
interferon 인터페론
interleukin 인터루킨
intermediary metabolism 중간대사
intermediate 중간체
intermediate compound 중간화합물
intermediate density lipoprotein 중간밀도지방질단백질
intermediate fermentation 중간발효
intermediate heat exchanger 중간열교환기
intermediate host 중간숙주
intermediate moisture food 중간수분식품
intermediate oxide 중간산화물
intermediate packaging 중간포장
intermediate product 중간산물
intermediate proof 중간재우기
intermediate reaction 중간반응
intermedin 인터메딘
intermittent sterilization 간헐살균
intermittent warming 간헐가온
intermolecular attraction 분자사이인력
intermolecular force 분자사이힘
intermolecular polymerization 분자사이중합
intermolecular rearrangement 분자사이자리옮김
intermuscular fat 근육사이지방
intermuscular septum 근육사이막
internal bleeding 내출혈
internal cork 축과병
internal corrosion 내면부식

internal corrosion in can 캔내면부식
internal diffusion 내부퍼짐
internal energy 내부에너지
internal fertilization 체내수정
internal force 속힘
internal friction 내부마찰
internal inspection 내부검사
internal pressure 내압
internal pressure in can 캔내부압력
internal resistance 내부저항
internal respiration 내호흡
internal secretion 내분비
internal standard 내부표준
internal temperature 내부온도
International Agency for Research on Cancer 국제암연구기관
International Atomic Energy Agency 국제원자력기구
International Dairy Federation 국제낙농연합회
International Maize and Wheat Improvement Center 국제옥수수밀개량센터
International Rice Research Institute 국제벼연구소
International Standard Organization 국제표준화기구
international standard 국제규격
International Unit 국제단위
interneuron 사이신경세포
internist 내과의사
interstitial cell 사이세포
interstitial fluid 사이질액
interval estimation 구간추정
interval scale 구간척도
intestinal canal 창자관
intestinal gland 창자샘
intestinal juice 창자액
intestinal microbial flora 창자미생물상
intestinal microorganism 창자미생물
intestinal parasite 창자기생충
intestinal regulation 정장작용
intestinal sporozoon 창자홀씨충
intestinal villus 창자융털
intestine 창자
intimin 인티민
intolerance 못견딤
intolerance 못견딤증
intoxication 중독
intracellular digestion 세포안소화
intracellular enzyme 세포안효소
intracellular fluid 세포안액
intracellular freezing 세포안냉동
intracellular ice formation 세포안결빙
intracerebral bleeding 뇌내출혈
intramuscular fat 근육안지방
intravenous feeding 정맥영양공급
intrinsic factor 내인인자
intrinsic viscosity 고유점성
introduced species 도입종
introduced variety 도입품종
intron 인트론
inula 금불초
Inula 금불초속
Inula britannica var. *japonica* 금불초
inulase 이눌린가수분해효소
inulin 이눌린
inulinase 이눌린가수분해효소
inulin fructotransferase (DFA-III-forming) 이눌린프럭토트랜스퍼레이스 (디에프에이 III 생성)
inulosucrase 이눌로슈크레이스
invasion 침입
inventory 재고
inventory control 재고관리
inventory control system 재고관리시스템
inversed soap 역성비누
inverse transformation 역변환
inversion 전화
invertase 인버테이스
invertebrate 무척추동물
invert molasses 전화당밀
invert sugar 전화당
invisible fat 비가시지방
invoice 거래명세서
involuntary muscle 제대로근육
iodate 아이오데이트
iodic acid 아이오딘산
iodide 아이오딘화물

iodide ion 아이오딘화이온
iodine 아이오딘
iodine affinity 아이오딘친화력
iodine blue value 아이오딘파랑값
iodine deficiency 아이오딘결핍
iodine number 아이오딘값
iodine–starch reaction 아이오딘녹말반응
iodine tincture 아이오딘팅크처
iodine value 아이오딘값
iodized salt 아이오딘첨가소금
iodo 아이오도
iodoform 아이오도폼
iodoform reaction 아이오도폼반응
iodomethane 아이오도메테인
iodometric titration 아이오딘적정
iodometry 아이오딘적정법
iodophor 아이오도포르
ion 이온
ion channel 이온통로
ion exchange 이온교환
ion exchange cellulose 이온교환셀룰로스
ion exchange chromatography 이온교환크로마토그래피
ion exchange column 이온교환칼럼
ion exchange filtration 이온교환거르기
ion exchange membrane 이온교환막
ion exchange resin 이온교환수지
ion exchanged water 이온교환수
ion exchanger 이온교환체
ionic bond 이온결합
ionic compound 이온화합물
ionic crystal 이온결정
ionic equation 이온반응식
ionic formula weight 이온식량
ionic product 이온곱
ionic product constant 이온곱상수
ionic strength 이온세기
ionization 이온화
ionization constant 이온화상수
ionization energy 이온화에너지
ionization equilibrium 이온화평형
ionization tendency 이온화경향
ionizing radiation 이온화방사선
ionomer 이오노머
ionone 이오논
ion pair 이온쌍
ion pump 이온펌프
ion selective electrode 이온선택전극
IPD → in pack desiccation
ipomeamarone 이포메아마론
Ipomoea aquatica 물시금치
Ipomoea batatas 고구마
ipparae 잎파래
iprodione 이프로다이온
IQF → individual quick freezing
IR → infrared ray
Iridaceae 붓꽃과
Iridineae 붓꽃아목
iridium 이리듐
iridoid 이리도이드
iris 홍채
Irish coffee 아이리시커피
Irish moss 아이리시모스
Irish whisky 아이리시위스키
iron 철
iron bacterium 철세균
iron constantan thermocouple 철콘스탄탄열전기쌍
iron deficiency 철결핍
iron deficiency anemia 철결핍빈혈
iron monoxide 일산화철
iron overload 철과다
iron sesquioxide 산화철(III)
iron still 철고리
iron toxicity 철독성
iron transport protein 철운반단백질
iron(II) chloride 염화철(II)
iron(II) fumarate 푸마르산철(II)
iron(II) gluconate 글루콘산철(II)
iron(II) lactate 젖산철(II)
iron(II) oxide 산화철(II)
iron(II) sulfate 황산철(II)
iron(III) chloride 염화철(III)
iron(III) citrate 시트르산철(III)
iron(III) oxide 산화철(III)
iron(III) phosphate 인산철(III)
iron(III) pyrophosphate 파이로인산철(III)
ironweed 아이언위드

Irpex 이르펙스속
irradiated food 방사선조사식품
irradiated polyethylene 방사선조사폴리에틸렌
irradiation 방사선조사
irradiation dose 방사선조사선량
irradiation off-flavor 방사선조사이취
irradiation preservation 방사선보존
irreversible process 비가역과정
irreversible reaction 비가역반응
IRRI → International Rice Research Institute
irrigated rice 논벼
irrigation 관개
irritable bowel syndrome 과민대장증후군
Irvingia gabonensis 아프리카망고
Irvingiaceae 어빙기아과
ischemia 허혈
ischemic heart disease 허혈심장병
isinglass 부레풀
islanditoxin 이슬란디톡신
ISO → International Standard Organization
isoamyl acetate 아세트산아이소아밀
isoamyl alcohol 아이소아밀알코올
isoamylase 아이소아밀레이스
isoamyl butyrate 뷰티르산아이소아밀
isoamyl formate 폼산아이소아밀
isoamyl gallate 갈산아이소아밀
isoamyl isovalerate 아이소발레르산아이소아밀
isoamyl phenylacetate 페닐아세트산아이소아밀
isoamyl propionate 프로피온산아이소아밀
isoascorbic acid 아이소아스코브산
isobar 동중원소
isobaric process 등압과정
isobutanal 아이소뷰탄알
isobutane 아이소뷰테인
isobutanol 아이소뷰탄올
isobutyl 아이소뷰틸
isobutyl alcohol 아이소뷰틸알코올
isobutylene 아이소뷰틸렌
isobutyl phenylacetate 페닐아세트산아이소뷰틸
isobutyl *p*-hydroxybenzoate 파라하이드록시벤조산아이소뷰틸
isobutyraldehyde 아이소뷰티르알데하이드
isobutyric acid 아이소뷰티르산
isocaproic acid 아이소카프로산
isochlorogenic acid 아이소클로로겐산
isochronism 등시성
isocitrate dehydrogenase 아이소시트르산수소제거효소
isocitric acid 아이소시트르산
isocitric acid fermentation 아이소시트르산발효
isocoumarin 아이소쿠마린
isocyanate 아이소사이아네이트
Isodon 산박하속
Isodon japonicus 방아풀
isoelectric focusing 등전점전기이동
isoelectric point 등전점
isoelectric point precipitation method 등전점침전법
isoenzyme 동질효소
Isoetaceae 물부춧과
Isoetales 물부추목
Isoetes 물부추속
Isoetes japonica 물부추
isoeugenol 아이소유제놀
isoflavone 아이소플라본
isoflavone glycoside 아이소플라본글리코사이드
isoflavonoid 아이소플라보노이드
isoglucose 아이소글루코스
isohumulone 아이소후물론
isolate 분리균
isolated system 고립계
isolation 분리
isoleucine 아이소루신
isoleucine fermentation 아이소루신발효
isolinoleic acid 아이소리놀레산
isomalt 아이소말트
isomaltase 아이소말테이스
isomaltooligosaccharide 아이소말토올리고당
isomaltose 아이소말토스
isomaltulose 아이소말툴로스
isomer 이성질체
isomerase 이성질화효소
isomerism 이성질현상

isomerization 이성질화
isomerized sugar 이성질화당
isoniazid 아이소나이아지드
isonicotinic acid 아이소니코틴산
isonicotinic acid hydrazide 아이소니코틴산 하이드라자이드
isonitrile 아이소나이트릴
isooctane 아이소옥테인
isopentane 아이소펜테인
isopentanol 아이소펜탄올
isopentyl alcohol 아이소펜틸알코올
isoprene 아이소프렌
isoprenoid 아이소프레노이드
isoprenoid lipid 아이소프레노이드지방질
isopropanol 아이소프로판올
isopropyl 아이소프로필
isopropyl alcohol 아이소프로필알코올
isopropylamine 아이소프로필아민
isopropyl citrate 시트르산아이소프로필
isopropyl *p*-hydroxybenzoate 파라하이드록시벤조산아이소프로필
isorhamnetin 아이소람네틴
Isospora 이소스포라속
isosporiasis 이소스포라증
isosyrup 아이소시럽
isotachophoresis 등속전기이동
isotactic polymer 동일배열중합체
isotherm 등온선
isothermal change 등온변화
isothermal compression 등온압축
isothermal cooling 등온냉각
isothermal drying oven 등온건조기
isothermal expansion 등온팽창
isothermal-isohumidity 항온항습
isothiocyanate 아이소싸이오사이아네이트
isotonic drink 등장음료
isotonic sodium chloride solution 등장식염수
isotonic solution 등장액
isotope 동위원소
isotopic atom 동위원소원자
isotopic tracer 동위원소추적자
isotropic band 밝은 띠
isotropic band 아이띠
isotropic labeling 동위원소표지
isotropy 등방성
isovaleraldehyde 아이소발레르알데하이드
isovaleric acid 아이소발레르산
isovaline 아이소발린
isozyme 동질효소
iso-α-acid 아이소알파산
Istiophoridae 돛새칫과
Istiophorus 돛새치속
Istiophorus albicans 대서양돛새치
Istiophorus platypterus 돛새치
Isurus oxyrinchus 청상아리
itaconic acid 이타콘산
itai itai disease 이타이이타이병
Italian bread 이탈리아빵
Italian ice 이탈리아아이스
Italian millet 조
Italian pork sausage 이탈리아돼지고기소시지
Italian salami 이탈리아살라미
item packaging 품목포장
IU → International Unit
ivermectin 이베멕틴
ivy gourd 홍과
Ixeris 씀바귀속
Ixeris dentata 씀바귀
Ixodidae 참진드기과
iyangbeop 이양법
iyangju 이양주
izvara 이즈바라

J

jaboticaba 자보티카바
jack bean 잭빈
jacket 재킷
jacket heat exchanger 재킷열교환기
jacket type evaporator 재킷증발기
jackfruit 잭프루트
jacknife clam 맛조개
jacks 전갱이류
Jack screw press 잭스크루프레스
jacopever 조피볼락

jaehotang 제호탕
jaffa 자파
jaggery 재거리
jaggery palm 공작야자나무
jahajeot 자하젓
jalapeno pepper 할라페뇨고추
jam 잼
Jamaican sarsaparilla 사사파릴라
Jamaican vomiting sickness 자메이카구토병
jamberry 토마티요
jambolan 자문
jamun 자문
janchiguksu 잔치국수
jang 장
jangajji 장아찌
jangguk 장국
janggwa 장과
jangjorim 장조림
jangsu 장수
Jangsu kumquat 장수금감
jangtteok 장떡
Japanese Agricultural Standard 일본농림규격
Japanese amberjack 방어
Japanese anchovy 일본멸치
Japanese angelica 왜당귀
Japanese angelica tree 두릅나무
Japanese angelshark 전자리상어
Japanese apricot 매실
Japanese apricot extract 매실추출물
Japanese apricot 매실나무
Japanese atractylodes 삽주
Japanese baking scallop 국자가리비
Japanese belladonna 미치광이풀
Japanese cedar 삼나무
Japanese chestnut 밤나무
Japanese cornel 산수유나무
Japanese cornelian cherry 산수유나무
Japanese deer 일본사슴
Japanese dodder 새삼
Japanese dosinia 떡조개
Japanese eel 뱀장어
Japanese elm 느릅나무
Japanese encephalitis 일본뇌염
Japanese encephalitis virus 일본뇌염바이러스
Japanese fan lobster 부채새우
Japanese ginseng 죽절인삼
Japanese goose barnacle 거북손
Japanese grenadier anchovy 웅어
Japanese hedge parsley 사상자
Japanese honeysuckle 인동
Japanese horse mackerel 전갱이
Japanese Industrial Standard 일본공업규격
Japanese ladybell 잔대
Japanese left eye flounder 목탁가자미
Japanese millet 피
Japanese mint 일본박하
Japanese mountain yam 참마
Japanese oak 물참나무
Japanese pepper 초피나무
Japanese Pharmacopeia 일본약전
Japanese pilchard 일본정어리
Japanese radish 왜무
Japanese rhinoceros beetle 장수풍뎅이
Japanese rowan 마가목
Japanese rush 석창포
Japanese sand shrimp 자주새우
Japanese sardinella 밴댕이
Japanese seabass 농어
Japanese snapping shrimp 긴발딱총새우
Japanese soldierfish 도화돔
Japanese Spanish mackerel 삼치
Japanese spear lobster 펄닭새우
Japanese spicebush 생강나무
Japanese spiny lobster 닭새우
Japanese squillid mantis shrimp 갯가재
Japanese Standards of Food Additives 일본식품첨가물규격서
Japanese star anise 붓순나무
Japanese sweet flag 석창포
Japanese thistle 엉겅퀴
Japanese walnut 일본호두나무
Japanese wild parsley 파드득나물
Japanese yew 주목
japchae 잡채
Japonica rice 자포니카벼
jar fermentor 자발효기
JAS → Japanese Agricultural Standard
jasmine 재스민

jasmine rice 재스민라이스
jasmine tea 재스민차
Jasminum 재스민속
Jasminum sambac 아라비아재스민
jasmonic acid 재스몬산
Jaspanese icefish 뱅어
jatjuk 잣죽
jaundice 황달
Javanica rice 자바벼
Java pepper 쿠벱
Java plum 자문
Java turmeric 자바강황
jaw 턱
jaw crusher 조크러셔
jawless fish 무악어류
JECFA 젝파
JECFA → Joint FAO/WHO Expert Committee on Food Additives
jejunitis 빈창자염
jejunum 빈창자
jelling point 젤리점
jelly 젤리
jelly bean 젤리빈
jelly confectionery 젤리과자
jellyfication 젤리화
jellyfish 해파리
jelly grade 젤리등급
jelly meat 젤리화고기
jelly melon 뿔멜론
jelly roll 젤리롤
jelly strength 젤리세기
jelly test 젤리시험
jemulguksu 제물국수
jengkol 젠콜나무
jeok 적
jeolim 절임
jeolpyeon 절편
jeon 전
jeonbokjeot 전복젓
jeonbokjuk 전복죽
jeonbyeong 전병
jeoncha 전차
jeongkwa 정과
jeongol 전골
Jeonjubibimbap 전주비빔밥
jeonyak 전약
jeot 젓
jeotgal 젓갈
jeotguk 젓국
jequirity 홍두
jerky 육포
Jersey 저지
Jerusalem artichoke 뚱딴지
jet condenser 제트응축기
jet cooker 제트쿠커
jet mill 제트분쇄기
jet mixer 제트믹서
jeungpyeon 증편
Jew's ear 목이
Jew's ear dietary fiber 목이식품섬유
Jew's mallow 토사주트
JH → juvenile hormone
jiaogulan 돌외
jibcheong 집청
jicama 히카마
jichi 지치
jidan 지단
jiebap 지에밥
jigemi 지게미
jihwang 지황
jijim 지짐
jijimi 지짐이
jindeugchal 진득찰
jindohongju 진도홍주
jinganjang 진간장
jipjang 집장
jirejang 지레장
jirekimchi 지레김치
JIS → Japanese Industrial Standard
jjanji 짠지
jjigae 찌개
jjim 찜
jjinssal 찐쌀
JMRP → Joint FAO/WHO Meeting on Pesticide Residues
JND → just noticeable difference
job 직무
job analysis 직무분석

job description 직무기술서
jobssalpul 좁쌀풀
Job's tears 율무
jocheong 조청
jochi 조치
jogaejeot 조개젓
jogijeot 조기젓
Johnius grypotus 민태
joint 관절
Joint FAO/WHO Expert Committee on Food Additives 유엔합동식품첨가물전문가위원회
Joint FAO/WHO Meeting on Pesticide Residues 유엔합동잔류농약전문가회의
joint movement 관절운동
jojoba 호호바
jojoba oil 호호바기름
jojoba seed 호호바씨
jokbal 족발
jokpyeon 족편
jomigim 조미김
joran 조란
jorim 조림
joritdae 조릿대
Josep's coat 색비름
Joshua tree 유카나무
joule 줄
Joule's heat 줄열
Joule's law 줄법칙
jowl meat 항정살
juak 주악
jubak 주박
jug 단지
Juglandaceae 가래나뭇과
Juglandales 가래나무목
Juglans 가래나무속
Juglans ailantifolia 일본호두나무
Juglans cinerea 버터너트
Juglans mandshurica 가래나무
Juglans nigra 검정호두나무
Juglans regia 호두나무
Juglans sinensis 호두나무
jugular vein 목정맥
juice 주스
juice 즙
juice extraction 착즙
juice extraction cake 착즙박
juice extractor 착즙기
juicer 주서
juiciness 다즙성
juicy fruit 다즙과일
jujube 대추
jujube tea 대추차
jujube tree 대추나무
juk 죽
jukdae 죽대
jukryeok 죽력
jukryeokjuk 죽력죽
jumbay 줌배이
Juncaceae 골풀과
junction zone 접합영역
Juncus effusus var. *decpiens* 골풀
juniper berry 두송자
Juniperus 노간주나무속
Juniperus communis 두송
Juniperus rigida 노간주나무
junk DNA 불용디엔에이
junk food 정크푸드
just about right scale 근사적합척도
just noticeable difference 최소감지차이
jute 황마
jute bag 마대
juvenile diabetes 소아당뇨병
juvenile hormone 유충호르몬
juvenile hypertension 소아고혈압
juvenile obesity 소아비만
jwisonipul 쥐손이풀

K

kaempferol 캠페롤
Kaffir beer 카피르맥주
kaffir lime 카피르라임
kafirin 카피린
kai-lan 카이란
Kakadu plum 카카두플럼

kalakand 칼라칸드
kale 케일
kalguksu 칼국수
Kalopanax 음나무속
Kalopanax pictus 음나무
kamaboko 가마보코
Kanagawa phenomenon 카나가와현상
kanamycin 카나마이신
kangaroo 캥거루
kangaroo meat 캥거루고기
kangkong 물시금치
kanji 간지
kaoliang wine 고량주
kaolin 고령토
kaoling 수수
kaolinite 고령석
kapok 케이폭나무
kapok oil 케이폭기름
karaya gum 카라야검
karaya gum tree 카라야검나무
Kareius bicoloratus 돌가자미
Karell diet 카렐음식
Karl Fisher's method 칼피셔법
Karnal bunt 밀깜부기병
karyolymph 핵액
karyoplasm 핵질
karyotype 핵형
kasal 카살
katamfe 카템페
katsuobushi 가쓰오부시
katsura tree 계수나무
Katsuwonus pelamis 가다랑어
kava 카바
kawakawa 점다랑어
kebab 케밥
kecap 케캅
kefir 케피르
kefir grain 케피르그레인
kefiran 케피란
keg 작은 통
kegaki oyster 가시굴
kei-apple 케이애플
kelp 켈프
Kelvin 켈빈
Kelvin temperature 캘빈온도
Kempner's diet 캠프너식사
kenaf 양마
kenaf seed 양마씨
kenkey 켄키
Kennedy Round 케네디라운드
keratin 케라틴
keratinase 케라틴가수분해효소
keratinization 각질화
keratitis 각막염
keratoma 각화종
kermes 케메스
kermesic acid 케메스산
kernel 씨알맹이
kernel fruit 인과
kerosene 등유
Kerria lacca 랙깍지진디
Kerriidae 랙깍지벌레과
Kersting's groundnut 게오파르파땅콩
kestose 케스토스
keta salmon 연어
ketchup 케첩
keto acid 케토산
ketoacidosis 케토산증
ketogenesis 케톤생성
ketogenic amino acid 케톤생성아미노산
ketogenic diet 케톤식사
ketogenic factor 케톤생성인자
ketogluconic acid 케토글루콘산
ketoglutaric acid 케토글루타르산
ketohexose 케토헥소스
ketol 케톨
ketolysis 케톤분해
ketone 케톤
ketone body 케톤체
ketone group 케톤기
ketonemia 케톤혈증
ketonic acid 케톤산
ketonuria 케톤뇨
ketose 케토스
ketosis 케톤증
ketosuria 케토스뇨
kettle 주전자
key lime 라임

key word 검색어
KFAC → Korean Food Additives Code
KFC → Korean Food Code
khoa 코아
ki 키
Kick's law 킥법칙
kidako moray 곰치
kidney 콩팥
kidney bean 콩팥강낭콩
kidney disease 콩팥병
killer cell 킬러세포
killer plasmid 킬러플라스미드
killer T cell 킬러티세포
killer toxin 킬러독소
killer yeast 킬러효모
kiln 킬른
kilning 킬닝
kilocalorie 킬로칼로리
kilogram 킬로그램
kilojoule 킬로줄
kiloliter 킬로리터
kilometer 킬로미터
kimchi 김치
Kimchi Industry Promotion Act 김치산업진흥법
kimchibokkeumbap 김치볶음밥
kimchiguk 김칫국
kimchijjigae 김치찌개
kinase 인산화효소
kinchijeon 김치전
kinema 키네마
kinematics 운동학
kinematic viscosity 동점성률
kinesin 키네신
kinesthesia 운동감각
kinesthetic sense 운동감각
kinetic energy 운동에너지
kinetic friction 운동마찰
kinetin 키네틴
kingdom 계
kingklip 체장메기
king oyster mushroom 새송이
king sago 소철
king salmon 왕연어
king trumpet mushroom 새송이
kinin 키닌
kishi velvet shrimp 산모양깔깔새우
kishk 키스크
kitchen 주방
kitchen scale 주방저울
kitembilla 실론구스베리
kiwano 뿔멜론
kiwi 키위
kiwi berry 다래
kiwifruit 키위프루트
kiwi juice 키위주스
Kjeldahl method 켈달법
Kjeldahl nitrogen 켈달질소
kkaejuk 깨죽
kkaennipjangajji 깻잎장아찌
kkaesogeum 깨소금
kkakdugi 깍두기
kkanariaekjeot 까나리액젓
kkanariganjang 까나리간장
kkanarijeot 까나리젓
kkolttugi 꼴뚜기
kkolttugijeot 꼴뚜기젓
kkorigomtang 꼬리곰탕
kkotgejang 꽃게장
kkotgetang 꽃게탕
kkumi 꾸미
Klebsiella 클레브시엘라속
Klebsiella oxytoca 클레브시엘라 옥시토카
Klebsiella pneumoniae 폐렴막대세균
Klinefelter's syndrome 클라인펠터증후군
Kloeckera 클로에케라속
Kloeckera apiculata 클레오케라 아피쿨라타
Kluyveromyces 클루이베로미세스속
Kluyveromyces lactis 클루이베로미세스 락티스
Kluyveromyces marxianus 클루이베로미세스 마르시아누스
Kluyveromyces marxianus var. *bulgaricus* 클루이베로미세스 마르시아누스 변종 불가리쿠스
Kluyveromyces marxianus var. *marxianus* 클루이베로미세스 마르시아누스 변종 마르시아누스

kneader 반죽기
kneading 이기기
knife 칼
knifejaws 돌돔류
knock-knee 안짱다리
knuckle 도가니
knuckle round 도가니살
KOFST → The Korean Federation of Science and Technology Societies
kohlrabi 콜라비
koji 고지
koji amylase 고지아밀레이스
kojic acid 고지산
kojimaking 고지제조
koji mold 고지곰팡이
koji powder 고지가루
koji tray method 고지상자법
koko 코코
koku 코쿠
kola nut 콜라너트
kola tree 콜라나무
Kolthoff's buffer solution 콜토프완충용액
kongguksu 콩국수
kongjaban 콩자반
kongjang 콩장
kongjuk 콩죽
kongnamul 콩나물
kongnamulgukbap 콩나물국밥
kongseolgi 콩설기
konjac 곤약
konjac bulb 구약구
konjac glucomannan 구약글루코마난
konjac mannan 구약마난
konjac powder 구약가루
Konosirus punctatus 전어
Korea Laboratory Accreditation Scheme 한국교정시험기관인정기구
Korean barberry 매자나무
Korean beech 너도밤나무
Korean black raspberry 복분자딸기
Korean cherry 앵두
Korean cherry 앵두나무
Korean common penshell 키조개
Korean common periwinkle 총알고둥
Korean elder 딱총나무
Korean filbert 개암나무(한국계)
Korean Food Additives Code 식품첨가물공전
Korean Food Code 식품공전
Korean ginseng 고려인삼
Korean hare 한국산토끼
Korean horseradish 고추냉이
Korean Industrial Standard 한국산업표준
Korean mint 배초향
Korean mountain ash 팥배나무
Korean mussel 홍합
Korean National Research Foundation 한국연구재단
Korean Pharmacopia 대한약전
Korean pine 잣나무
Korean pine nut 해송자
Korean raspberry 산딸기
Korean red pine 소나무
Korean rhododendron 진달래
Korean rough gentian 용담
Korean Society for Applied Biological Chemistry 한국응용생명화학회
Korean Society for Food Engineering 한국산업식품과학회
Korean Society for Parenteral and Enteral Nutrition 한국정맥경장영양학회
Korean Society of Food and Nutrition 한국식품영양학회
Korean Society of Food Culture 한국식생활문화학회
Korean Society of Food Science and Nutrition 한국식품영양과학회
Korean Society of Food Science and Technology 한국식품과학회
Korean thistle 고려엉겅퀴
Korean wild chive 달래
Korean yam 마
KoSFoST → Korean Society of Food Science and Technology
Kosher food 코셔식품
kotdeungchigi 콧등치기
KP → Korean Pharmacopia
kraft paper 크라프트종이
Krause type spray dryer 쿠라우스형분무건조기

krauter cheese 크라우터치즈
Krebs cycle 크레브스회로
Kreis test 크라이스시험
krill color 크릴색소
KS → Korean Industrial Standard
kudzu 칡
kudzu flour 갈분
kudzu root 칡뿌리
kudzu starch 칡녹말
kulfi 쿨피
kumis 마유주
Kümmel 퀴멜
kumquat 금감
Kupffer's cell 쿠퍼세포
Kurthia 쿠르티아속
Kurthia zopfii 쿠르티아 좁피이
kuruma prawn 보리새우
kvass 크바스
kwashiorkor 콰시오커
kyeotteok 켜떡
kymograph 카이모그래프
K value 케이값

L

laban 라반
labban 라반
label 라벨
labeled compound 표지화합물
labeler 표지부착기
labeling system for country of origin 원산지표시제도
labelling 라벨붙이기
Labiatae 꿀풀과
lablab bean 편두
Lablab purpureus 편두
laboratory 실험실
laboratory animal 실험동물
laboratory medicine 진단검사의학과
laboratory panel 실험실패널
Laboulbeniales 라불베니아균목
Laboulbeniomycetes 라불베니아균강
Labyrinthomorpha 그물균충문
Labyrinthulales 라비린툴라균목
lac 랙
laccaic acid 락카산
Laccaria 졸각버섯속
Laccaria laccata 졸각버섯
laccase 락케이스
lac color 랙색소
lac insect 랙깍지진디
lacks ham 렉스햄
lac operon 젖당오페론
lacquer 래커
lacquered can 래커캔
lacquer poisoning 옻중독
lacquer tree 옻나무
lac repression protein 젖당오페론억압단백질
lac repressor 젖당오페론억압물질
lacrimal gland 눈물샘
lactacin 락타신
lactalbumin 락트알부민
lactam 락탐
Lactarius 젖버섯속
Lactarius deliciosus 맛젖버섯
Lactarius hygrophoroides 넓은갓젖버섯
Lactarius volemus 배젖버섯
lactase 젖당가수분해효소
lactate 락테이트
lactate oxidase 젖산산화효소
lactate 2-monooxygenase 젖산2-모노옥시제네이스
lactating woman 수유부
lactation 젖분비
lactation curve 젖분비곡선
lactation number 젖분비횟수
lactation organ 젖분비기관
lactation period 젖분비기간
lactation stage 젖분비단계
lactation yield 젖분비량
lactic acid 젖산
lactic acid-alcohol fermented milk 젖산알코올발효우유
lactic acid bacterium 젖산세균

lactic acid bacterium-added milk 젖산세균첨가우유
lactic acid bacterium beverage 젖산세균음료
lactic acid beverage 젖산음료
lactic acid casein 젖산카세인
lactic acid fermentation 젖산발효
lactic acid fermented beverage 젖산발효음료
lactic dehydrogenase 젖산수소제거효소
lactic starter 젖산스타터
lactic streptococcus 젖산스트렙토코쿠스
lacticin 락티신
lactitol 락티톨
Lactobacillaceae 락토바실루스과
Lactobacillus 락토바실루스속
Lactobacillus acidophillus 락토바실루스 아시도필루스
Lactobacillus amylovorus 락토바실루스 아밀로보루스
Lactobacillus bulgaricus 락토바실루스 불가리쿠스
Lactobacillus casei 락토바실루스 카세이
Lactobacillus delbrueckii 락토바실루스 델브루엑키이
Lactobacillus delbrueckii subsp. *bulgaricus* 락토바실루스 델브루엑키이 아종 불가리쿠스
Lactobacillus fermentum 락토바실루스 페르멘툼
Lactobacillus gasseri 락토바실루스 가세리
Lactobacillus helveticus 락토바실루스 헬베티쿠스
Lactobacillus kefiranofaciens 락토바실루스 케피라노파시엔스
Lactobacillus paracasei 락토바실루스 파라카세이
Lactobacillus plantarum 락토바실루스 플란타룸
Lactobacillus reuteri 락토바실루스 루테리
Lactobacillus rhamnosus 락토바실루스 람노수스
Lactobacillus sakei 락토바실루스 사케이
Lactobacillus salivarius 락토바실루스 살리바리우스
lactobionic acid 락토바이온산
lactocin 락토신
lactococcin 락토콕신
Lactococcus 락토코쿠스속
Lactococcus lactis 락토코쿠스 락티스
Lactococcus lactis subsp. *cremoris* 락토코쿠스 락티스 아종 크레모리스
Lactococcus lactis subsp. *lactis* 락토코쿠스 락티스 아종 락티스
Lactococcus lactis var. *diacetylactis* 락토코쿠스 락티스 변종 디아세티락티스
lactoferrin 락토페린
lactoferrin concentrate 락토페린농축물
lactoflavin 락토플래빈
lactogenic hormone 젖분비호르몬
lactoglobulin 락토글로블린
lactometer 우유비중계
lactone 락톤
lacto-ovo vegetarian 우유달걀채식주의자
lacto-ovo-pesco vegetarian 우유달걀수산물채식주의자
lactoperoxidase 락토퍼옥시데이스
lactoperoxidase system 락토퍼옥시데이스 시스템
lactoprotein 젖단백질
lactose 젖당
lactose broth medium 젖당브로스배지
lactose-fermenting yeast 젖당발효효모
lactose hydrolyzed milk 젖당분해우유
lactose intolerance 젖당못견딤증
lactose operon 젖당오페론
lactose synthase 젖당합성효소
lactose syrup 젖당시럽
lactose tolerance test 젖당견딤검사
lactosucrose 락토슈크로스
lactosuria 젖당뇨
lactotransferrin 락토트랜스페린
lacto-vegetarian 우유채식주의자
Lactuca 왕고들빼기속
Lactuca indica var. *laciniata* 왕고들빼기
Lactuca sativa 상추
lactucerin 락투세린
lactucin 락투신
lactulose 락툴로스
lactylate 락틸레이트
ladder-like nervous system 사다리신경계통
lady's fingers 오크라

lady's glove 디기탈리스
lady's mantle 레이디스맨틀
Lagenaria 박속
Lagenaria siceraria 호리병박
lager 라거
Lagerstroemia speciosa 바나바
lag factor 늦음계수
Lagocephalus lunaris 밀복
Lagomorpha 토끼목
lagoon process 라군법
Lagopus mutus 뇌조
lag phase 유도기
lake 레이크
lake prawn 줄새우
lake trout 호수송어
Lama glama 야마
Lama guanicoe 과나코
lamb 램
lambanog 람바놕
lamb cutlet 램커틀릿
Lambert–Beer law 람베르트–비어법칙
Lambert's law 람베르트법칙
lambic 람빅
lamb kidney 램콩팥
lambliasis 람블편모충증
lamb liver 램간
lamb mince 램민스
lamb sausage 램소시지
lamella 라멜라
lamella structure 라멜라구조
Lamiaceae 꿀풀과
Lamiales 꿀풀목
laminar flow 층흐름
Laminaria 다시마속
Laminariaceae 다시맛과
Laminaria japonica 다시마
Laminariales 다시마목
laminarin 라미나린
laminarinase 라미나리네이스
laminate 래미네이트
laminated coating 래미네이트코팅
laminated film 래미네이트필름
laminated paper 래미네이트종이
lamination 래미네이션
Lamna ditropis 악상어
Lamnidae 악상엇과
Lamniformes 악상어목
Lampetra japonica 칠성장어
Lampridae 붉평치과
Lampriformes 붉평치목
Lampris 붉평치속
Lampris guttatus 붉평치
lancer rose shrimp 마루민꽃새우
land animal 육상동물
land plant 육상식물
land snail 달팽이
Langerhans cell 랑게르한스세포
Langerhans islet 랑게르한스섬
langostilla 붉은 게
langsat 랑사트
lanoline 라놀린
Lansium domesticum 랑사트
lanthanide 란타넘족
lanthanoid 란타넘족
lanthanum 란타넘
lanthanum blue reaction 란타넘파랑반응
lanthionine 란싸이오닌
lantibiotic 란티바이오틱
lao–chao 라오차오
Laoron 라오론
lapacho 라파초
Lapiotaceae 갓버섯과
lard 돼지기름
Lardizabalaceae 으름덩굴과
large artery 큰동맥
large cranberry 아메리카크랜베리
large–fruited elm 왕느릅나무
largehead hairtail 갈치
large intestine 큰창자
large intestine cancer 큰 창자암
L–arginine–L–glutamate 엘–아르지닌–엘–글루타메이트
Larimichthys crocea 부세
Larimichthys polyactis 참조기
Larix 잎갈나무속
Larix occidentalis 서양잎갈나무
Larrea tridentata 크레오소트관목
larva 애벌레

Larvacea 유형강
laryngeal cancern 후두암
laryngeal gland 후두샘
laryngitis 후두염
larynx 후두
LAS → linear alkyl benzene sulfonate
lasagne 라자니아
lasalocid 라살로시드
L-ascorbate oxidase 엘-아스코브산산화효소
L-ascorbic acid 바이타민시
L-ascorbic acid 엘-아스코브산
L-ascorbyl stearate 엘-아스코빌스테아레이트
laser 레이저
laser beam 레이저빔
laser Raman spectroscopy 레이저라만분광법
late ripening variety 만생종
latent heat 숨은열
latent heat of freezing 냉동숨은열
latent heat of vaporization 기화숨은열
Lateolabrax japonicus 농어
lateral branch 곁가지
lateral bud 곁눈
lateral root 곁뿌리
laternal axis-cut rib 엘에이갈비
latex 라텍스
Lathyrus 연리초속
Lathyrus japonicus 갯완두
Lathyrus sativus 풀완두
Latin square design 라틴정방설계
lattice 격자
lattice constant 격자상수
lattice energy 격자에너지
lattice point 격자점
latundan banana 라툰단바나나
Lauraceae 녹나뭇과
Laurales 녹나무목
laurel tree 월계수
Laurencia 로렌시아속
lauric acid 로르산
lauric fat 로르산지방
Laurus nobilis 월계수
lauryl alcohol 로릴알코올
lautering 엿기름즙거르기
Lavandula angustifolia 라벤더
lavender 라벤더
lavender oil 라벤더방향유
law of conservation of mass 질량보존법칙
law of definite proportions 일정성분비법칙
law of diffusion 퍼짐법칙
law of energy conservation 에너지보존법칙
law of exponent 지수법칙
law of mass action 질량작용법칙
law of motion 운동법칙
law of multiple proportions 배수비례법칙
law of thermodynamics 열역학법칙
law of universal gravitation 만유인력법칙
laxative 하제
layer 층
layer cake 레이어케이크
layout 레이아웃
LBW → low birth weight
LC → liquid chromatography
LC → liquid-liquid chromatography
LC → liver cirrhosis
L-carnitine 엘-카니틴
L-cysteine monohydrochloride 엘-시스테인일염산염
LD → lethal dose
LD_{50} → median lethal dose
LDH → lactic dehydrogenase
LDL → low density lipoprotein
LDPE → low density polyethylene
leachate 침출수
leached liquor 침출주
leaching 침출
leaching method 침출법
lead 납
lead poisoning 납중독
leaf 잎
leaf blight 잎마름병
leaf lettuce 잎상추
leaf mustard 겨자
leaf of loquat 비파잎
leaf protein 잎단백질
leaf protein concentrate 농축잎단백질
leaf spot 딸기뱀눈무늬병
leaf tea 엽차

leaf vegetable 잎채소
leafy vegetable 잎줄기채소
leakage inspection 누설검사
leakage loss 누설손실
leakage test 누설시험
leaky butter 리키버터
lean body mass 지방뺀몸무게
lean bread 기본재료빵
lean fish 저지방물고기
lean meat 살코기
least significance difference 최소유의차
least square method 최소제곱법
leather carp 향어
leavening 팽창
leavening agent 팽창제
lebben 레벤
leben 레벤
Leccinum 껄껄이그물버섯속
Leccinum versipelle 등색껄걸이그물버섯
Le Chatelier's principle 르샤틀리에원리
lecithin 레시틴
lecithinase B 레시틴가수분해효소비
lecithin processed food 레시틴가공식품
lectin 렉틴
Lecythidaceae 오예과
Lecythis zabucajo 파라다이스너트
Ledebouriella seseloides 방풍
lee 포도주앙금
leeches 거머리류
leek 리크
left atrium 왼심방
leftover 잔반
left ventricle 왼심실
legally required fringe benefits 법정복리후생
leg bone 사골
Leghorn 레그혼
Legionella 레지오넬라속
Legionella pneumophila 레지오넬라 뉴모필라
Legionellaceae 레지오넬라과
Legionellales 레지오넬라목
legionellosis 레지오넬라증
legume 콩과식물
legume 협과
legumelin 레구멜린
legume meal 협과가루
legume protein 협과단백질
legume sprout 협과싹
legume starch 협과녹말
legumin 레구민
Leguminosae 콩과
leicester 레스터종
lemon 레몬
lemonade 레모네이드
lemon balm 레몬밤
lemon essential oil 레몬방향유
lemongrass 레몬그라스
lemongrass oil 레몬그라스방향유
lemon juice 레몬주스
lemon oil 레몬기름
lemon peel 레몬껍질
lemon scent 레몬향
lemon squash 레몬스쿼시
lemon tea 레몬차
lemon thyme 레몬타임
lemon verbena 레몬버베나
length 길이
lens 렌즈
Lens culinaris 렌즈콩
lentil 렌즈콩
lentinacin 렌티나신
lentinan 렌티난
lentinic acid 렌틴산
Lentinula 표고속
Lentinula edodes 표고
Lentinus 잣버섯속
lentivirus 렌티바이러스
Lentivirus 렌티바이러스속
lentsin 렌트신
Leonurus sibiricus 익모초
leopard plant 털머위
Lepidium apetalum 다닥냉이
Lepidium meyenii 마카
Lepidium sativum 큰다닥냉이
Lepidoptera 나비목
Lepiota 갓버섯속
Leporidae 토끼과
leptin 렙틴
leptocephalus 렙토세팔루스

Leptochela gracilis 돗대기새우
Leptospira 렙토스피라속
Leptospiraceae 렙토스피라과
Leptospira interrogans 렙토스피라 인테로간스
leptospirosis 렙토스피라증
Leptosporangiopsida 박낭양치강
Lepus coreanus 한국산토끼
lesser galangal 작은갈랑갈
lesser glass shrimp 돗대기새우
lethal 치사
lethal coefficient 치사계수
lethal concentration 치사농도
lethal dose 치사량
lethal gene 치사유전자
lethality 치사율
lethal radiation dose 치사선량
lethal range 치사범위
lethal rate 치사속도
lethal temperature 치사온도
lethargy 졸음증
Lethrinidae 갈돔과
Lethrinus haematopterus 구갈돔
lettuce 상추
Leucaena 류카에나속
Leucaena leucocephala 줌배이
leucenol 류세놀
leucine 루신
leucoagglutinization 백혈구응집
leucoanthocyan 류코안토사이안
leucoanthocyanidin 류코안토사이아니딘
leucoanthocyanin 류코안토사이아닌
leucocidin 류코시딘
leucocyan 류코사이안
leucocyanidin 류코사이아니딘
leucocytolysis 백혈구용해
leucodelphinidin 류코델피니딘
Leuconostoc 류코노스톡속
Leuconostocaceae 류코노스톡과
Leuconostoc carnosum 류코노스톡 카르노숨
Leuconostoc cremoris 류코노스톡 크레모리스
Leuconostoc gelidum 류코노스톡 겔리둠
Leuconostoc lactis 류코노스톡 락티스
Leuconostoc mesenteroides 류코노스톡 메센테로이데스
leucophore 흰색소포
leucosin 류코신
leucrose 류크로스
leukemia 백혈병
leukocyte 백혈구
leukotriene 류코트라이엔
leukovirus 백혈구바이러스
levan 레반
levanase 레반가수분해효소
levansucrase 레반슈크레이스
level inspector 액면검출기
Levisticum officinale 러비지
levorotatory 좌회전성
levulinic acid 레불린산
levulose 레불로스
Lewis acid–base 루이스산염기
Lewis number 루이스수
L–glutamate oxidase 엘-글루탐산산화효소
L–histidine monohydrochloride 엘-히스티딘염산염
LH → luteinizing hormone
LHRH → luterinizing hormone releasing hormone
liaison 리에종
Liberian coffee 라이베리아커피
Licensed Sanitarians Act 위생사에 관한 법률
lichen 지의류
lichenase 리체네이스
licheninase 리체니네이스
licorice 감초
licorice extract 감초추출물
L–iditol–2–dehydrogenase 엘-이디톨-2-수소제거효소
Liebermann's reaction 리베르만반응
Liebig condenser 리비히냉각기
life 생명
life cycle 상품수명
life cycle 생활주기
life cycle assessment 상품수명평가
life expectancy 기대여명
life history 생활사
life science 생명과학
lifespan 수명

lifter 리프터
ligand 리간드
ligase 연결효소
light 빛
light adaptation 명순응
light beer 라이트비어
light beverage 라이트음료
light can 가벼운캔
light chain 가벼운사슬
light coffee 라이트커피
light cream 커피크림
light diet 회복식사
light energy 빛에너지
light food 라이트식품
light industry 경공업
lighting 조명
light metal 경금속
light oil 경유
light quantum 광양자
light reaction 명반응
light red meranti 라이트레드메란티
light salting 얼간
light scattering 빛산란
light transmission 빛투과
light water 경수
light water reactor 경수로
light wave 광파
light whipping cream 묽은 휘핑크림
light whisky 라이트위스키
light wine 라이트와인
lignan 리그난
lignification 목질화
lignin 리그닌
ligninase 리그닌분해효소
lignin peroxidase 리그닌과산화효소
lignocellulose 리그노셀룰로스
lignoceric acid 리그노세르산
lignum vitae 유창목
Ligularia 곰취속
Ligularia fischeri 곰취
Ligularia stenocephala 곤달비
Liliaceae 백합과
Liliales 백합목
Liliatae 백합강
Lilium 백합속
Lilium auratum 산나리
Lilium lancifolium 참나리
Lilium longiflorum 백합
Lillidae 백합아강
lily 백합
lima bean 라이머빈
Limanda ferruginea 노란꼬리각시가자미
Limanda herzensteini 참가자미
Limburg cheese 림버그치즈
lime 라임
lime 석회
limeberry 라임베리
lime essential oil 라임방향유
lime juice 라임주스
lime nitrogen 석회질소
limestone 석회석
lime water 석회수
liming 석회처리
limit dextrin 한계덱스트린
limit dextrinase 한계덱스트린가수분해효소
limiting amino acid 제한아미노산
limiting viscosity 극한점성
limit of quantitation 정량한계
limnobios 민물생물
limoncello 리몬첼로
limonene 리모넨
limonin 리모닌
limonoid 리모노이드
limonoid glucoside 리모노이드글루코사이드
Linaceae 아마과
linalool 리날로올
linalyl acetate 아세트산리날릴
linamarase 리나마레이스
linamarin 리나마린
lincomycin 린코마이신
lindane 린데인
Lindera obtusiloba 생강나무
line 계통
line 선
linear 선형
linear acceleration 선가속도
linear alkyl benzene sulfonate 선형알킬벤젠설폰산염

linear DNA 선형디엔에이
linear equation 일차방정식
linear function 일차함수
linear momentum 선운동량
linear polymer 선형중합체
linear regression analysis 선형회귀분석
linear structure 선형구조
linear velocity 선속도
linear viscoelasticity 선형점탄성
linen 리넨
line scale 선척도
line spectrum 선스펙트럼
Lineweaver-Burk equation 라인위버-버크식
lingcod 링코드
lingonberry 월귤
lingzhi mushroom 영지
lingzhi mushroom extract 영지추출물
lining 라이닝
linoleate 리놀레에이트
linoleic acid 리놀레산
linolenic acid 리놀렌산
linolenic oil 리놀렌산기름
linseed 아마
Lintner starch 린트너녹말
Linum 아마속
Linum usitatissimum 아마
Linuparus trigonus 펄닭새우
linuron 리누론
lion's mane mushroom 노루궁뎅이
Liparidae 꼼칫과
Liparis tanakai 꼼치
lipase 라이페이스
lipase/esterase 라이페이스/에스터레이스
lipemia 지방질혈증
lipemic activity 지방질활성
lipid 지방질
lipid oxidation 지방질산화
lipid peroxidation 지방질과산화
lipoblast 지방모세포
lipofuscin 리포푸신
lipogenesis 지방질합성
lipoic acid 리포산
lipoid 리포이드
lipolysis 지방질분해
lipolytic bacterium 지방질분해세균
lipolytic enzyme 지방질분해효소
lipophilic 친유성
lipophilic group 친유기
lipopolysaccharides 지방질다당류
lipoprotein 지방질단백질
lipoprotein lipase 지방질단백질라이페이스
Liposcelidae 책다듬이벌렛과
Liposcelis 리포스셀리스속
Liposcelis divinatorius 책다듬이벌레
liposome 리포솜
lipotropic agent 친지방제
lipotropin 리포트로핀
lipovitellin 리포비텔린
lipoxidase 리폭시데이스
lipoxin 리폭신
lipoxygenase 리폭시제네이스
Lippia graveolens 멕시코오리가조
liquefaction 액화
liquefied fish protein 액화어류단백질
liquefied natural gas 액화천연가스
liquefied petroleum gas 액화석유가스
liquefied propane gas 액화프로페인가스
liquefying amylase 액화아밀레이스
liquefying enzyme 액화효소
liquefying power 액화력
liqueur 리큐어
liquid 액체
liquid albumen 흰자위액
Liquidambar orientalis 소합향나무
liquid ammonia 액체암모니아
liquid carbon dioxide 액체이산화탄소
liquid chromatography 액체크로마토그래피
liquid culture 액체배양
liquid egg 액란
liquid egg white 달걀흰자위액
liquid egg yolk 달걀노른자위액
liquid fermentation 액체발효법
liquid fertilizer 액비
liquid food 액상식품
liquid fuel 액체연료
liquid glucose 액상포도당
liquidity 유동성
liquid-liquid chromatography 액체액체크

로마토그래피
liquid-liquid extraction 액체액체추출
liquid manure 액비
liquid medium 액체배지
liquid membrane 액체막
liquid metal 액체금속
liquid milk 액상우유
liquid milk product 액상우유제품
liquid nitrogen 액체질소
liquid nitrogen freezing 액체질소냉동
liquid paraffin 유동파라핀
liquid phase 액체상
liquid shortening 액상쇼트닝
liquid smoke 훈제액
liquid smoking 액체훈제
liquid smoking method 액체훈제법
liquid-solid chromatography 액체고체크로마토그래피
liquid sponge 액상스펀지
liquid sugar 액당
liquid suspension culture 액체서스펜션배양
liquid yoghurt 액상요구르트
liquid yolk 노른자위액
liquor 리쿼
Liriope platyphylla 맥문동
Listeria 리스테리아속
Listeriaceae 리스테리아과
Listeria monocytogenes 리스테리아 모노시토게네스
listeriolysin 리스테리오리신
listeriosis 리스테리아증
Litchi chinensis 리치
liter 리터
Litesse 리테세
lithium 리튬
lithium chloride 염화리튬
lithium citrate buffer 시트르산리튬완충용액
Lithodidae 왕겟과
Lithophaga lithophaga 돌맛조개
Lithospermi radix 자초
Lithospermum 지치속
Lithospermum erythrorhizon 지치
lithotroph 무기영양생물
lithotrophic bacterium 무기영양세균
litmus 리트머스
litmus milk 리트머스우유
litmus paper 리트머스종이
Litsea 까마귀쪽나무속
Litsea japonica 까마귀쪽나무
littleneck clam 바지락
Littorina brevicula 총알고둥
Littorinidae 총알고둥과
live fish 활어
live fish carrier 활어차
live fish transportation 활어운반
liver 간
liver and intestine 간장
liver cirrhosis 간경화
liver disease 간질환
liverleaf 노루귀
liver oil 간유
liver paste 간페이스트
liver sausage 간소시지
liverworts 우산이끼류
livestock breeding 축산
livestock byproduct 축산부산물
livestock industry 축산업
livestock product 축산물
Livestock Products Sanitary Control Act 축산물위생관리법
livingstone potato 리빙스톤감자
living waste 생활폐기물
lizardfish 매퉁이
lizard tail 약모밀
llama 야마
L-lysine monohydrochloride 엘-라이신염산염
L-lysyl-L-aspartate 엘-라이신-엘-아스파테이트
l-menthol 엘-박하뇌
LNG → liquefied natural gas
load 부하
loaf 로프
loaf bread 로프빵
loaf volume 로프빵부피
Loanthaceae 겨우살잇과
lobster 바닷가재
local anesthesia 국소마취

local anesthetic 국소마취제
localized heating 국소가열
localized infection 국소감염
Loculoascomycetes 소방자낭균강
Locusta migratoria 풀무치
locust bean 로커스트콩
locust bean gum 로커스트콩검
lodging 도복
loess 황토
log 로그
loganberry 로건베리
Loganiaceae 마전과
logarithm 로그
logarithmic average temperature 로그평균온도
logarithmic equation 로그방정식
logarithmic function 로그함수
logarithmic growth phase 로그생장기
logarithmic normal distribution 로그정규분포
logarithmic phase 로그기
logical error 논리오차
loin 등심
loin ham 로인햄
lokum 로쿰
Loliginidae 오징엇과
Loligo beka 참꼴뚜기
Loligo chinensis 한치오징어
lollipop 막대사탕
London broil 런던브로일
longan 용안
longan fruit 용안육
long arm octopus 낙지
long-beaked common dolphin 긴부리참돌고래
long-chain fatty acid 긴 사슬지방산
long egg 장란
longevity 장수
longitudinal muscle 종주근육
long life food 롱라이프식품
long net stinkhorn 망태버섯
long pepper 필발
longspined porcupinefish 가시복
longtail tuna 백다랑어
long-term storage 장기저장
long ton 롱톤
Lonicera 인동속
Lonicera japonica 인동
Lonicerae flos 금은화
loop 루프
Lophiidae 아귀과
Lophiiformes 아귀목
Lophiomus setigerus 아귀
LOQ → limit of quantitation
loquat 비파
loquat 비파나무
lorry 로리
loss 손실
lot 로트
Lota lota 모오캐
lotaustralin 로타우스트랄린
Lotidae 로타과
lotus 연꽃
lotus root 연뿌리
lotus seed 연밥
Lotus tetragonolobus 아스파라거스완두
Louisiana crayfish 미국가재
Louisiana hot sausage 루이지애나핫소시지
lovage 러비지
low acid food 저산성식품
low alcohol beer 저알코올맥주
low alcohol beverage 저알코올음료
low alcohol wine 저알코올포도주
low birth weight 저출생체중
low birth weight infant 저체중출생아
lowbush blueberry 로우부시블루베리
low calorie diet 저칼로리식사
low calorie food 저칼로리식품
low calorie spread 저칼로리스프레드
low calorie sweetener 저칼로리감미료
low density 저밀도
low density lipoprotein cholesterol 저밀도지방질단백질콜레스테롤
low density lipoprotein 저밀도지방질단백질
low density polyethylene 저밀도폴리에틸렌
low energy diet 저에너지식사
low energy food 저에너지식품
lower body obesity 하체비만
lower esophageal sphincter 하부식도조임근육
lowest density 최저밀도

low fat browny 저지방브라우니
low fat diet 저지방식사
low fat food 저지방식품
low fat ice cream 저지방아이스크림
low fat meat 저지방고기
low fat milk 저지방우유
low fat soy meal 저지방콩가루
low fat spread 저지방스프레드
low frequency 저주파
low grade flour 저등급밀가루
low lactose food 저젖당식품
low lactose milk 저젖당우유
low methoxyl pectin 저메톡실펙틴
low molecular weight compound 저분자화합물
low pathogenic avian influenza 저병원성조류인플루엔자
low population density culture 저밀도배양
low protein diet 저단백질식사
low protein food 저단백질식품
low purine diet 저푸린식사
low quality protein 저품질단백질
low salt diet 저소금식사
low salt jeot 저소금젓
low sodium diet 저소듐식사
low sodium food 저소듐식품
low sugar confectionery 저설탕과자
low sugar food 저설탕식품
low temperature 저온
low temperature annealing 저온풀림
low temperature drying 저온건조
low temperature evaporator 저온증발기
low temperature long time pasteurization 저온장시간살균
low temperature ripening 저온숙성
low temperature storage 저온저장
low temperature storage method 저온저장법
low temperature storage room 저온저장실
low temperature transportation 저온운반
low temperature treatment 저온처리
low viscosity starch 저점성녹말
lozenge 로젠지
LPC → leaf protein concentrate
LPG → liquefied petroleum gas
LPG → liquefied propane gas
L-sorbose 엘-소보스
L-tartaric acid 엘-타타르산
lubricant 윤활제
lubricating oil 윤활유
lucerne 자주개자리
luciferase 루시페레이스
luciferin 루시페린
Luffa acutangula 비단단호박
Luffa cylindrica 수세미외
lulo 나랑히야
lumbah 룸바
Lumbricidae 낚시지렁잇과
lumen 루멘
lumiflavin 루미플래빈
lumiflavin fluorescence method 루미플래빈형광법
luminance 휘도
luminescence 발광
luminometer 발광측정기
luminosity 명도
luminous animal 발광동물
luminous intensity 광도
luminous organ 발광기관
luminous plant 발광식물
lumpiness 덩어리짐
lump starch 덩어리녹말
lump sugar 덩어리설탕
lump yeot 덩어리엿
lumpy 덩어리진
lumpy bracket 저령
lumpy food 덩어리식품
lunartail puffer 밀복
luncheon meat 런천미트
lung 폐
lung cancer 폐암
lung disease 폐질환
lungfish 폐어류
lung fluke 폐흡충
luo han guo 나한과
lupin 루핀
lupinine 루피닌
lupin protein 루핀단백질
lupin seed 루핀씨
lupin seed oil 루핀씨기름

Lupinus albus 흰루핀
Lupinus angustifolius 푸른루핀
Lupinus luteus 노란루핀
lupulin 루풀린
lupulone 루풀론
luster and color 빛깔
lutein 루테인
luteinizing hormone 황체형성호르몬
luteolin 루테올린
luteoskyrin 루테오스카이린
luterinizing hormone releasing hormone 황체형성호르몬분비호르몬
Lutjanidae 퉁돔과
Lutjanus monostigma 무늬퉁돔
Lutjanus rivulatus 물퉁돔
lux 럭스
LX → lipoxin
lyase 리에이스
Lycadex 리카덱스
lycasin 리카신
lychee 리치
Lycium 구기자속
Lycium barbarum 영하구기자나무
Lycium chinense 구기자나무
lycopene 리코펜
Lycoperdaceae 말불버섯과
Lycoperdales 말불버섯목
Lycoperdon 말불버섯속
Lycoperdon perlatum 말불버섯
Lycopersicon 토마토속
Lycopersicon esculentum 토마토
Lycopodiaceae 석송과
Lycopodiales 석송목
Lycopodiopsida 석송강
Lycopus 쉽싸리속
Lycopus lucidus 쉽싸리
lycorine 리코린
lye 알칼리용액
lye peeling 알칼리박피
Lymnaeidea 물달팽이과
lymph 림프
lymphatic system 림프계통
lymph duct 림프관
lymph node 림프절
lymphocyte 림프구
lymphokine 림포카인
lymphoma 림프종
lyophilic 친액성
lyophilic colloid 친액콜로이드
lyophilization 냉동건조
Lyophyllum cinerascens 만가닥버섯
Lyophyllum decastes 잿빛만가닥버섯
Lyophyllum shimeji 땅찌만가닥버섯
Lysimachia 까치수염속
Lysimachia vulgaris var. *davurica* 좁쌀풀
lysin 리신
lysine 라이신
lysine fermentation 라이신발효
lysine fortification 라이신강화
lysinoalanine 라이시노알라닌
Lysmata vittata 줄무늬꼬마새우
lysogenic bacterium 용원세균
lysogenic virus 용원바이러스
lysogeny 용원성
lysolecithin 리소레시틴
lysophosphatide 리소포스파티드
lysophosphatidic acid 리소포스파티드산
lysophosphatidylcholine 리소포스파티딜콜린
lysophospholipase 리소포스포라이페이스
lysophospholipid 리소인지방질
lysosome 리소좀
lysozyme 라이소자임
Lythraceae 부처꽃과
lytic phage 용균파지
lytic reaction 용균반응
lytic virus 용균바이러스
L-β-(p-hydroxyphenyl)alanine 엘-베타(파라하이드록시페닐)알라닌

M

mabinlang 마빈랑
mabinlin 마빈린
maca 마카
Macadamia 마카다미아속

Macadamia integrifolia 마카다미아너트나무
macadamia nut 마카다미아너트
macadamia nut 마카다미아너트나무
Macadamia tetraphylla 마카다미아너트나무
macaroni 마카로니
macaroon 마카롱
macaw palm 코욜야자나무
mace 메이스
macerating enzyme 해리효소
maceration 마세레이션
machine 기계
machine milking 기계착유
machine noodle 기계국수
mackerel 고등어
mackerel oil 고등어기름
Maclura tinctoria 올드푸스틱
macroanalysis 보통량분석
macroblast 큰적혈모구
Macrobrachium nipponense 징거미새우
Macrocystis 마크로시스티스속
Macrocystis pyrifera 마크로시스티스 피리페라
macrocyte 큰적혈구
macrocythemia 큰적혈구증가증
macrocytic anemia 큰적혈구빈혈
macroelement 다량원소
macroerythroblast 큰적혈모세포
Macrolepiota procera 큰갓버섯
macrolide antibiotics 마크로라이드항생물질
macromineral 다량무기질
macromolecule 거대분자
macromolecule 고분자
macronucleus 큰 핵
macronutrient 다량영양소
macrophage 큰포식세포
Macropodidae 캥거루과
Macropus fuliginosus 서부회색캥거루
Macropus giganteus 동부회색캥거루
Macropus rufus 붉은 캥거루
macroscopic identification 육안감별
macroscopic inspection 육안검사
macroscopic state 거시상태
Macrotyloma geocarpum 게오카르파땅콩
Macrotyloma uniflorum 말콩
Macrouridae 민탯과
Mactra chinensis 개량조개
Mactra veneriformis 동죽
Mactridae 개량조갯과
macula 황반
macular degeneration 황반변성
maculotoxin 마쿨로톡신
mad cow disease 광우병
madder 꼭두서니
madder color 꼭두서니색소
madeira 마데이라
madeirization 마데이라화
maegjeok 맥적
maejabgwa 매잡과
maesaengi 매생이
maesaengiguk 매생이국
maesiljangajji 매실장아찌
maesilju 매실주
maeuntang 매운탕
magaloblastic anemia 거대적혈구모세포빈혈
magnesia 마그네시아
magnesium 마그네슘
magnesium carbonate 탄산마그네슘
magnesium chloride 염화마그네슘
magnesium deficiency 마그네슘결핍
magnesium gluconate 글루콘산마그네슘
magnesium hydrogen phosphate 인산수소마그네슘
magnesium hydroxide 수산화마그네슘
magnesium L-lactate 엘-젖산마그네슘
magnesium nitrate 질산마그네슘
magnesium oxide 산화마그네슘
magnesium phosphate 인산마그네슘
magnesium silicate 규산마그네슘
magnesium stearate 스테아르산마그네슘
magnesium sulfate 황산마그네슘
magnet 자석
magnetic analysis 자기분석
magnetic energy 자기에너지
magnetic field 자기장
magnetic moment 자기모멘트
magnetic resonance imaging 자기공명영상
magnetic separation 자력선별
magnetic separator 자력선별기

magnetic stirrer 자석젓개
magnetic substance 자성체
magnetism 자성
magnetization 자기화
magnetron 마그네트론
magnification 배율
magnitude estimation scale 크기추정척도
Magnoliaceae 목련과
Magnoliales 목련목
Magnoliatae 목련강
Magnoliidae 목련아강
mahi-mahi 만새기
maida 마이다
maidenhair tree 은행나무
Maillard polymer 메일라드중합체
Maillard reaction 메일라드반응
Maillard reaction product 메일라드반응생성물
Maillard-type reaction 메일라드형반응
main chain 주사슬
main culture 본배양
main fermentation 주발효
maintenance 정비
maintenance medium 보존배지
maize 옥수수
maize morado color 자주옥수수색소
Majidae 물맞이겟과
major reaction 주반응
Makaira indica 백새치
Makaira nigricans 대서양청새치
Makaria mazara 녹새치
make up process 완성공정
makgeolli 막걸리
makguksu 막국수
makjang 막장
makkhan 막칸
maksoju 막소주
malabar chestnut 말라바밤나무
Malabar gourd 검정씨호박
malabar grass 동인도레몬그라스
malabar spinach 말라바시금치
malabsorption 흡수장애
malabsorption syndrome 흡수장애증후군
Malacanthidae 옥돔과
malachite green 말라카이트그린
Malakichthys wakiyae 볼기우럭
malaria 말라리아
malate dehydrogenase 말산수소제거효소
malate synthetase 말산합성효소
malathion 말라티온
Malay apple 말레이사과
male 수컷
male flower 수꽃
male hormone 남성호르몬
maleic acid 말레산
maleic hydrazide 말레산하이드라자이드
male plant 수그루
male sterility 수컷불임
malfunction 기능불량
malic acid 말산
malic enzyme 말산효소
malignant anemia 악성빈혈
malignant hypertension 악성고혈압
malignant hyperthermia 악성고열
malignant tumor 악성종양
mallard 청둥오리
malleability 전성
Mallotus villosus 열빙어
malnutrition 영양불량
malnutrition 영양실조
malodorous substance 악취물질
malolactic fermentation 말로락트발효
malonaldehyde 말론알데하이드
malondialdehyde 말론다이알데하이드
malonic acid 말론산
malonyl-CoA 말로닐보조효소에이
Malpighia emarginata 아세롤라
Malpighiaceae 금수휘나뭇과
Malpighiales 금수휘나무목
malt 엿기름
maltase 엿당가수분해효소
malt beverage 엿기름음료
malt bread 엿기름빵
malt clum 엿기름뿌리
malted milk powder 엿기름분유
malt enzyme 엿기름효소
malt extract 엿기름추출물
malting 엿기름제조
malting barley 엿기름보리

malting property 엿기름제조적성
maltitol 말티톨
maltitol syrup 말티톨시럽
malt liquor 엿기름술
maltodextrin 말토덱스트린
maltogenic amylase 엿당생성아밀레이스
maltohexaose 말토헥사오스
maltol 말톨
maltooligosaccharide 말토올리고당
maltose 엿당
maltose equivalent 엿당당량
maltose syrup 엿당시럽
maltotetraose 말토테트라오스
maltotriohydrolase 말토트라이오하이드롤레이스
maltotriose 말토트라이오스
malt powder 엿기름가루
malt screener 엿기름선별기
malt syrup 엿기름물엿
malt vinegar 엿기름식초
malt whisky 몰트위스키
malty flavor 엿기름향미
Malus asiatica 능금나무
Malus domestica 사과나무
Malva 아욱속
Malvaceae 아욱과
Malvales 아욱목
malvalic acid 말발산
Malva sylvestris var. *mauritiana* 당아욱
Malva verticillata 아욱
malvidin 말비딘
malvin 말빈
Malvineae 아욱아목
mamey 마미애플
mamey sapote 마메이사포테
Mammalia 포유강
mammals 포유류
mammary duct 젖샘관
mammary gland 젖샘
Mammea americana 마미에플
mammy apple 마미애플
management chart 관리도
Management of Drinking Water Act 먹는물관리법
management standard 관리표준
manager 관리자
Manchurian violet 제비꽃
Manchurian walnut 가래나무
Manchurian wild rice 줄
Manchu striped maple 산겨릅나무
mancozeb 만코제브
mandarin 만다린
mandarin juice 만다린주스
mandarin oil 만다린방향유
mandarin orange 만다린
mandatory standard 의무기준
Mandibulata 대악아문
mandibulates 대악류
Mandshurian clematis 으아리
mandu 만두
manduguk 만둣국
mandugwa 만두과
mandujeongol 만두전골
mandupi 만두피
manduso 만두소
maneuljangajji 마늘장아찌
manganese 망가니즈
manganese chloride 염화망가니즈
manganese citrate 시트르산망가니즈
manganese dioxide 이산화망가니즈
manganese gluconate 글루콘산망가니즈
manganese peroxidase 망가니즈과산화효소
manganese sulfate 황산망가니즈
manganic acid 망가니즈산
mange mite 옴진드기
Mangifera indica 망고나무
mangiferin 망기페린
mango 망고
mango jam 망고잼
mango juice 망고주스
mango kernel 망고핵
mango nectar 망고넥타
mango pickle 망고피클
mango pulp 망고펄프
mango puree 망고퓌레
mangosteen 망고스틴
mango tree 망고나무
mangrove 맹그로브

Manihot esculenta 카사바
Manila hemp 마닐라삼
Manilkara zapota 사포딜라
manioc 매니옥
manioc 카사바
manju 만주
manketti nut 몽공고너트
mannan 마난
mannanase 마난가수분해효소
mannan endo-1,4-β-mannosidase 마난내부-1,4-베타-마노시데이스
mannase 마난가수분해효소
mannitol 마니톨
mannoprotein 마노단백질
mannosamine 마노사민
mannose 마노스
mannosidase 마노스가수분해효소
manometer 마노미터
manometry 압력측정법
manufacture 제조
manufacturer 제조업자
manufacturing date 제조날짜
manufacturing industry 제조업
manure 거름
many-banded sole 노랑각시서대
maotai 마오타이
maple sap 단풍나무수액
maple syrup 단풍시럽
maple syrup urine disease 단풍시럽뇨병
Maranta arundinacea 애로루트
Marantaceae 마란타과
marasca 마라스카
maraschino 마라스키노
Marasmiaceae 낙엽버섯과
marasmic kwashiorkor 마라스믹콰시오커
marasmus 마라스무스
marble cake 마블케이크
marbled meat 마블링고기
marbled rockfish 쏨뱅이
marbling 마블링
marc 마르
mare milk 말젖
mareunanju 마른안주
mareunbanchan 마른반찬
margaric acid 마가르산
margarine 마가린
Maribo cheese 마리보치즈
marigold 마리골드
marinade 마리네이드
marination 마리네이션
marine algae 바닷말
marine algae culture 바닷말양식
marine algal product 바닷말제품
marine animal 바다동물
marine aquaculture 바다양식
marine bacterium 바다세균
Marine Environment Management Act 해양환경관리법
marine fishery 해양어업
marine mammals 바다포유류
marine microbiology 바다미생물학
marine microorganism 바다미생물
marine oil 수산기름
marine plant 바다식물
marine pollution 바다오염
marine resource 바다자원
maritime pine 해안송
marjoram 마저럼
marjoram oil 마저럼방향유
marker 마커
marker gene 마커유전자
marker protein 마커단백질
market 시장
marketability 상품성
marketing 마케팅
market milk 시유
market price 시장가격
market research 시장조사
marlin 새치
marmalade 마멀레이드
marmite 마르미트
marron 마롱
marron glace 마롱글라세
marrow 매로
marrow cell 골수세포
marrow gutt 곱창
Marrubium vulgare 쓴박하
marshmallow 마시멜로

Marsupenaeus japonicus 보리새우
Martin process 마틴법
martini 마티니
marula 마룰라
marumi kumquat 둥근금감
marzipan 마지판
marzipan biscuit 마지판비스킷
masa 마사
mash 담금액
mash concentration 담금농도
mash tun 담금통
mashed potato 매시트포테이토
mashing 담금
mashing 으깨기
mashing water 담금용수
mashua 마슈아
masked virus 잠복바이러스
masking 마스킹
mass 질량
mass action 질량작용
mass balance 물질수지
mass consumption 대량소비
mass culture 대량배양
mass infection 집단감염
mass law 질량법칙
mass number 질량수
mass production 대량생산
mass ratio 질량비
mass spectrograph 질량분석사진
mass spectrometer 질량분석계
mass spectrometry 질량분석법
mass spectroscope 질량분석기
mass spectroscopy 질량분광법
mass spectrum 질량스펙트럼
mass transfer 물질이동
mass transfer coefficient 물질이동계수
mass transfer mechanism 물질이동메커니즘
mass transport 물질전달
mass velocity 질량속도
mast cell 비만세포
master taster 관능검사장
mastication 저작
mastic-leaved prickly-ash 산초나무
Mastigomycotina 편모균아문
mastitis 유방염
mastitis milk 유방염우유
MA storage 엠에이저장
masu salmon 산천어
masu salmon 송어
matai 마타이
matari 마타리
mate 마테
material 물질
material temperature 품온
mathematical model 수리모델
mathematics 수학
Matricaria chamomilla 독일카모마일
matrix 매트릭스
matsogeum 맛소금
matsutake 송이
matsutake alcohol 송이알코올
matter 물질
maturation 성숙
maturation period 성숙기
maturing agent 숙성제
maturity 성숙도
mawa 마와
Maxican coriander 쿨란트로
maximal blood pressure 최고혈압
maximal heart rate 최대심장박동수
maximal oxygen uptake 최대산소섭취량
maximum allowable concentration 최대허용농도
maximum dose 최대선량
maximum dose 최대용량
maximum permissible dose 최대허용선량
maximum residue limits 최대잔류허용량
maximum temperature 최고온도
maximum viscosity 최고점성
Maxwell model 맥스웰모델
mayonnaise 마요네즈
mayonnaise dressing 마요네즈드레싱
mayonnaise sauce 마요네즈소스
maypop 자주시계꽃
McIlvaine's buffer solution 맥일베인완충용액
MCV → mean corpuscular volume
mead 꿀술
meadow mushroom 주름버섯

meadow saffron 콜키쿰
meadowsweet 메도우스위트
mead wort 메도우스위트
meal 밀
meal 식사
mealiness 가루기
meal management 식사관리
meal moth 밀가루줄명나방
meal planning 식사계획
meal replacement 식사대용물
mealworm 갈색거저리애벌레
mealworm beetle 갈색거저리
mealy 가루같은
mealy kernel 분상질립
mean 평균
mean air temperature 평균기온
mean corpuscular volume 평균혈구부피
mean deviation 평균편차
mean life span 평균수명
mean square 평균제곱
mean square unbiased variance 평균제곱불편분산
mean temperature 평균온도
mean value 평균값
measles 홍역
measles virus 홍역바이러스
measure 조치
measured value 측정값
measurement 계측
measurement 측정
measurement instrument 계측기
measuring cup 계량컵
measuring cylinder 눈금실린더
measuring flask 눈금플라스크
measuring instrument 도량형기
measuring pipet 눈금피펫
measuring spoon 계량스푼
measuring spuit 눈금스포이트
meat 고기
meat 식용고기
meat analog 고기유사품
meatball 미트볼
meat blender 고기혼합기
meat block 덩어리고기
meat-borne parasite 고기매개기생충
meat breed 육용종
meat chopper 고기초퍼
meat color 고기색깔
meat color fixation 고기색깔고정
meat dumpling 고기덤플링
meat emulsion 고기에멀션
meat extender 고기증량제
meat extract 고기추출물
meat extractive 고기추출성분
meat fat 고기지방
meat flavor 고기향미
meat infusion 육수
meat inspection 도축검사
meat loaf 미트로프
meat mince 고기민스
meat paste 고기풀
meat patty 고기패티
meat percent 정육률
meat pie 고기파이
meat piece 고깃점
meat product 고기제품
meat protein 고기단백질
meat quality 고기품질
meat refiner 고기정제기
meats 고기붙이
meats 육류
meat sauce 고기소스
meat soup 고기수프
meat substitute 고기대용물
meat tenderizer 고기연화제
mechanical damage 기계손상
mechanical deboner 기계발골기
mechanical deboning 기계발골
mechanical digestion 기계소화
mechanical energy 역학에너지
mechanical energy conservation law 역학에너지보존법칙
mechanical exhaust 기계배기
mechanical exhausting method 기계배기법
mechanical harvest 기계수확
mechanical peeling 기계박피
mechanical property 기계성질
mechanical refrigerating method 기계냉동법

mechanical refrigeration system 기계냉동시스템
mechanical refrigerator truck 기계냉동차
mechanical sealing 기계밀봉
mechanical sizing 기계크기선별
mechanical sorting 기계선별
mechanical tenderization 기계연화
mechanical thin film evaporator 기계박막증발기
mechanical tissue 기계조직
mechanics 역학
mechanism 메커니즘
median 중앙값
median lethal dose 반수치사량
Medicago sativa 자주개자리
medical bacteriology 의학세균학
medical care 의료
medical doctor 의사
medical food 의료식품
medical license 의사면허
medical microbiology 의학미생물학
medical record 의무기록
medical service law 의료법
medication 투약
medicinal crop 약용작물
medicinal drug 의약
medicinal herb 약초
medicinal plant 약용식물
medicinal tree 약용나무
medicine 약
medicine 의약
medicine 의학
medicines 의약품
Mediterranean diet 지중해식사
Mediterranean mandarin 홍귤나무
medium 매질
medium 배지
medium chain fatty acid 중간사슬지방산
medium flour 중력밀가루
medium oil 중유
medler 서양모과
medulla oblongata 숨골
mega 메가
megadose 메가용량
megahertz 메가헤르츠
megaloblast 거대적혈구모세포
megalocyte 거대적혈구
megalocytic anemia 거대적혈구빈혈
Megascolecidae 지렁이과
meiosis 생식세포분열
meitauza 메이타우자
meju 메주
mejukong 메주콩
MEK → methyl ethyl ketone
Melaleuca alternifolia 티트리
melamine 멜라민
melamine resin 멜라민수지
melamine resin ware 멜라민수지용기
melania snail 다슬기
melanin 멜라닌
melanocyte-stimulating hormone 멜라닌세포자극호르몬
Melanogrammus aeglefinus 해덕
melanoid 멜라노이드
melanoidin 멜라노이딘
melanosis 흑색증
melatonin 멜라토닌
Meleagris gallopavo 칠면조
Meles meles 오소리
melezitose 멜레지토스
Meliaceae 멀구슬나뭇과
melibiase 멜리바이에이스
melibiose 멜리바이오스
melinjo 멜린조
Melissa officinalis 레몬밤
mellorine 멜로린
melomel 멜로멜
melon 멜론
melon pear 페피노
melon seed 멜론씨
melting 녹음
melting curve 녹음곡선
melting furnace 용융로
melting point 녹는점
melting point depression 녹는점내림
melting point of fat 지방의녹는점
membrane 막
membrane bioreactor 막생물반응기

membrane enzyme 막효소
membrane equilibrium 막평형
membrane filter 막거르개
membrane filtration 막거르기
membrane permeability coefficient 막투과계수
membrane permeability 막투과성
membrane potential 막퍼텐셜
membrane protein 막단백질
membrane separation 막분리
membrane separation method 막분리법
membrane technology 막기술
memilmuk 메밀묵
memory B cell 기억비세포
memory cell 기억세포
memory standard 기억표준
menadione 메나다이온
menaquinone 메나퀴논
menarche 초경
Mendelian law 멘델법칙
Mendelism 멘델법칙
meningitis 수막염
Menippe mercenaria 플로리다바위게
Menippidae 메니피데과
meniscus 메니스커스
Menispermaceae 새모래덩굴과
menopause 폐경
menstrual cycle 월경주기
menstruation 월경
Mentha 박하속
Mentha arvensis 박하
Mentha arvensis var. *piperascens* 일본박하
Mentha × *piperita* 페퍼민트
Mentha rotundifolia 애플민트
Mentha spicata 스피어민트
Mentha suaveolens 애플민트
menthol 박하뇌
menthone 멘톤
menu 메뉴
menu engineering 메뉴공학
menu evaluation 메뉴평가
menu mix ratio 메뉴믹스비율
meoruju 머루주
MEOS → microsomal ethanol oxidizing system
Mercado Comun del Sur 남미공동시장
mercaptan 메캅탄
mercaptoacetic acid 메캅토아세트산
mercapto group 메캅토기
Mercosur → Southern Common Market
mercury 수은
mercury barometer 수은기압계
mercury column 수은기둥
mercury lamp 수은등
mercury manometer 수은압력계
mercury poisoning 수은중독
mercury thermometer 수은온도계
Meretrix lusoria 백합
mericlone 메리클론
meringue 머랭
meringue italienne 이탈리아머랭
Meripilaceae 왕잎새버섯과
meristem 분열조직
meristem culture 분열조직배양
Meristotheca papulosa 갈래곰보
Merlucciidae 메를루사과
Merluccius australis 은민대구
Merluccius gayi gayi 가이민대구
Merluccius hubbsi 아르헨티나메를루사
Merluccius merluccius 유럽메를루사
Merluccius productus 태평양메를루사
mero 비막치어
merosmia 부분후각결여
merosporangium 분절홀씨주머니
mesentericin 메센테리신
mesentery 창자간막
mesh 메시
mesh number 메시번호
mesocarp 중과피
Mesocricetus auratus 골드햄스터
mesoderm 중배엽
Mesona procumbens 선초
mesophile 중온생물
mesophilic bacterium 중온세균
mesophilic microorganism 중온미생물
mesophyte 중생식물
Mespilus germanica 서양모과
mesquite pod 메스키트꼬투리

mesquite seed gum 메스키트씨검
messenger RNA 전령아르엔에이
metabisulfite 메타아황산수소염
metabolic acidemia 대사산혈증
metabolic acidosis 대사산증
metabolic activation 대사활성화
metabolic alkalemia 대사알칼리혈증
metabolic alkalosis 대사알칼리증
metabolic balance 대사균형
metabolic coma 대사혼수
metabolic defect 대사결함
metabolic disease 대사병
metabolic disorder 대사장애
metabolic equilibrium 대사평형
metabolic imbalance 대사불균형
metabolic inhibitor 대사억제제
metabolic map 대사경로도
metabolic mutant 대사돌연변이체
metabolic pathway 대사경로
metabolic pool 대사풀
metabolic process 대사과정
metabolic rate 대사율
metabolic regulation 대사조절
metabolic shunt 대사지름길
metabolic syndrome 대사증후군
metabolic turnover 대사회전
metabolic water 대사수
metabolism 대사
metabolism 물질대사
metabolism regulated fermentation 대사조절발효
metabolite 대사산물
metabolome 대사체
metabolomics 대사체학
Metacarcinus magister 대짜은행게
metagonimiasis 요코가와흡충증
Metagonimus 요코가와흡충속
Metagonimus yokogawai 요코가와흡충
metal 금속
metal amide 금속아마이드
metalaxyl 메탈락실
metal complex salt 금속착염
metal detector 금속검출기
metal element 금속원소
metal foil 금속박
metal ion 금속이온
metal lining 금속라이닝
metal oven 금속오븐
metal oxide 금속산화물
metal scavenger 금속제거제
metallic bond 금속결합
metallic can 금속캔
metallic crystal 금속결정
metallic luster 금속광택
metallic mold 금형
metallic off-odor 금속이취
metallic taste 금속맛
metalloenzyme 금속효소
metalloid 준금속
metalloprotein 금속단백질
metalloproteinase 금속단백질가수분해효소
metallothionein 메탈로싸이오네인
Metanephrops thomsoni 가시발새우
metanephros 뒤콩팥
Metapenaeopsis dalei 산모양깔깔새우
Metapenaeus joyneri 중하
metaphos 메타포스
metaphosphate 메타인산염
metaphyte 다세포식물
metaplasm 후형질
metaprotein 메타단백질
metastable zone 준안정범위
metastasis 전이
Metazoa 후생동물아계
metazoans 후생동물
meteorology 기상학
meter 계량기
meter 미터
metering pump 계량펌프
metering screw 계량스크루
metering zone 계량부위
methallyl 메탈릴
methamidophos 메타미도포스
methanal 메탄알
methanation 메테인화반응
methane 메테인
methanearsonic acid 메테인아르손산
methane fermentation 메테인발효

methane gas 메테인가스
methane hydrocarbon 메테인탄화수소
methanethiol 메테인싸이올
methanogenesis 메테인생성
methanogenic bacterium 메테인생성세균
methanoic acid 메탄산
methanol 메탄올
methanolysis 메탄올첨가분해
methemoglobin 메트헤모글로빈
methemoglobinemia 메트헤모글로빈혈증
methicillin-resistant *Staphylococcus aureus* 메티실린내성황색포도알세균
methidathion 메티다싸이온
methimazole 메티마졸
methional 메싸이온알
methionine 메싸이오닌
methionine sulfoxide 메싸이오닌설폭사이드
methionol 메싸이온올
method of antimicrobial activity assay 미생물억제활성검정법
method of limits 극한법
methomyl 메토밀
methoprene 메토프렌
methotrexate 메토트렉세이트
methoxo 메톡소
methoxy 메톡시
methoxychlor 메톡시클로르
methoxyl pectin 메톡실펙틴
methyl 메틸
methyl acetate 아세트산메틸
methyl alcohol 메틸알코올
methylaldehyde 메틸알데하이드
methylamine 메틸아민
methyl anthranilate 안트라닐산메틸
methylarsonic acid 메틸아르손산
methylation 메틸화
methyl benzene 메틸벤젠
methyl benzoate 벤조산메틸
methyl bromide 브로민화메틸
methyl butanol 메틸뷰탄올
methyl butyrate 뷰티르산메틸
methyl β-naphthyl ketone 메틸베타나프틸케톤
methyl carbamate 카밤산메틸
methyl cellulose 메틸셀룰로스
methyl chloride 염화메틸
methyl cinnamate 시남산메틸
methyl cyanide 사이안화메틸
methylene 메틸렌
methylene blue reduction test 메틸렌블루환원시험
methylene chloride 염화메틸렌
methylene group 메틸렌기
methylenesuccinic acid 메틸렌석신산
methylethylcellulose 메틸에틸셀룰로스
methyl ethyl ketone 메틸에틸케톤
methylglucoside 메틸글루코사이드
methylglyoxal 메틸글리옥살
methyl group 메틸기
methyl hesperidin 메틸헤스페리딘
methylhistamine 메틸히스타민
methylhistidine 메틸히스티딘
methyl iodide 아이오딘화메틸
methyl isovalerate 아이소발레르산메틸
methyl linoleate 리놀레산메틸
methyl mercaptan 메틸메캅탄
methyl mercury 메틸수은
methyl *N*-methylanthranilate 엔-메틸안트라닐산메틸
Methylobacillus 메틸로바실루스속
Methylococcaceae 메틸로코쿠스과
Methylococcus 메틸로코쿠스속
Methylococcus capsulatus 메틸로코쿠스 캅술라투스
Methylomonas 메틸로모나스속
Methylomonas methanica 메틸로모나스 메타니카
Methylophilaceae 메틸로필라과
methyl orange 메틸오렌지
methyl *p*-hydroxybenzoate 파라하이드록시벤조산메틸
methylparaben 메틸파라벤
methylparathion 메틸파라싸이온
methylpentose 메틸펜토스
methyl propanol 메틸프로판올
methyl salicylate 살리실산메틸
methyl sulfide 메틸설파이드
methyl sulfonylmethane 메틸설포닐메테인

methylthiophanate 메틸싸이오파네이트
methyltransferase 메틸기전달효소
methyl violet 메틸바이올렛
methylxanthine 메틸잔틴
metminari 멧미나리
metmyochromogen 메트미오크로모젠
metmyoglobin 메트미오글로빈
metolachlor 메톨라클로르
me-too product 미투제품
metribuzin 메트리부진
metric system 미터법
metric ton 미터톤
Metroxylon 메트로자일론속
Metroxylon sagu 사고야자나무
Mettwurst 메트부르스트
mevalonic acid 메발론산
Mexican grain amaranth 붉은아마란트
Mexican marigold 천수국
Mexican oregano 멕시코오리가노
Mexican tea 정가
Mexican yam 히카마
MFP factor 엠에프피인자
micelle 마이셀
micelle colloid 마이셀콜로이드
Michaelis constant 미하엘리스상수
Michaelis-Menten equation 미하엘리스-멘텐식
micro 마이크로
microaerophilic 저산소성
microaerophilic bacterium 저산소세균
microaerophilic streptococcus 저산소사슬알세균
microalbuminuria 미세알부민뇨
microalgae 미세조류
microanalysis 미량분석
microaneurysm 미세동맥꽈리
microarray 마이크로어레이
Microbacteriaceae 마이크로박테륨과
Microbacterium 마이크로박테륨속
Microbacterium flavum 마이크로박테륨 플라붐
Microbacterium imperiale 마이크로박테륨 임페리알레
Microbacterium lacticum 마이크로박테륨 락티쿰
Microbacterium thermosphactum 마이크로박테륨 서모스팍툼
microbalance 미세저울
microbial activity 미생물활성
microbial biomass 미생물바이오매스
microbial count 미생물수
microbial ecosystem 미생물생태계
microbial insecticide 미생물살충제
microbial pesticide 미생물농약
microbial production 미생물생산
microbial protein 미생물단백질
microbial rennet 미생물레닛
microbial sensor 미생물감지기
microbial spoilage 미생물변질
microbial spore 미생물홀씨
microbial technology 미생물공학
microbicidal compound 살균화합물
microbioassay 미생물적검정
microbioassay 미생물적검정법
microbiological genetics 미생물유전학
microbiological quality 미생물적품질
microbiological technique 미생물적기술
microbiologist 미생물학자
microbiology 미생물학
microbrewery 소규모양조장
microburet 마이크로뷰렛
microcapsule 마이크로캡슐
microcarrier culture 마이크로캐리어배양
microchip 마이크로칩
microclimate 미기후
Micrococcaceae 마이크로코쿠스과
Micrococcus 마이크로코쿠스속
Micrococcus varians 마이크로코쿠스 바리안스
micro crusher 미분쇄기
microcrystalline cellulose 미세결정셀룰로스
microculture 미량배양
microcystin 마이크로시스틴
Microcystis 마이크로시스티스속
Microcystis aeruginosa 마이크로시스티스 아에루기노사
microcyte 작은적혈구
microcytic anemia 작은적혈구빈혈

microcytic hyperchromic anemia 작은적혈구저색소빈혈
microearophile 저산소생물
microelement 미량원소
microemulsion 마이크로에멀션
microencapsulation 마이크로캡슐화
microenvironment 미세환경
microfibril 마이크로피브릴
microfibrillated cellulose 미세섬유상셀룰로스
microfilament 미세섬유
microfiltration 미세거르기
microflora 미생물상
microgram 마이크로그램
microinjection 미세주입
micro-Kjeldahl method 마이크로켈달법
micromanipulation 미세조작
Micromesistius poutassou 청대구
micrometer 마이크로미터
micromineral 미량무기질
micromolecule 미세분자
Micromonospora 마이크로모노스포라속
Micromonospora cellulolyticum 마이크로모노스포라 셀룰롤리티쿰
Micromonospora chalcea 마이크로모노스포라 찰세아
Micromonosporaceae 마이크로모노스포라과
Micromys minutus 멧밭쥐
micronization 미세화
micronucleus 소핵
micronucleus assay 소핵검사
micronutrient 미량영양소
microorganelle 미세소기관
microorganism 미생물
microparticle 극미립자
microrespirometer 미량호흡계
microscope 현미경
microscopy 현미경검사
microsomal ethanol oxidizing system 마이크로솜에탄올산화시스템
microsome 마이크로솜
microsphere 마이크로스피어
Microspora 미포자충문
Microsporea 미포자충강
Microsporida 미포자충목
microsporidians 미포자충류
microstructure 미세구조
microtome 마이크로톰
microtubule 미세관
microtubule associated protein 미세관관련단백질
microvillus 미세융털
microwave 마이크로파
microwaveable container 전자레인지용용기
microwaveable food 전자레인지용식품
microwaveable packaging 전자레인지용포장
microwave cookery 마이크로파조리법
microwave cooking 마이크로파조리
microwave heating 마이크로파가열
microwave oven 전자레인지
microwave popcorn 마이크로파팝콘
microwave sterilization 마이크로파살균
microwave susceptor 마이크로파발열체
midbrain 중간뇌
middle bacon 미들베이컨
middle ear 가운데귀
middling 미들링
mideodeokjjim 미더덕찜
mid-season variety 중생종
mieum 미음
migraine 편두통
migration 이동
migration 회유
migration test 이동시험
migratory fish 회유어
migratory locust 풀무치
Miichthys miiuy 민어
miinju 미인주
miiuy croaker 민어
milbukkumi 밀부꾸미
mile-a-minute weed 며느리배꼽
military restaurant service 군대레스토랑
miljeonbyeong 밀전병
milk 우유
milk 젖
milk allergy 우유알레르기
milk anemia 우유빈혈
milk beverage 우유음료

milkborne infection 우유매개감염
milk bottle 우유병
milk bread 우유빵
milk can 우유캔
milk caramel 밀크캐러멜
milk cheese 우유치즈
milk chocolate 밀크초콜릿
milk clotting 우유응고
milk clotting agent 우유응고제
milk clotting enzyme 우유응고효소
milk coffee 밀크커피
milk collection 우유수집
milk collection machine 우유수집장치
milk cooler 우유냉각기
milk cream 우유크림
milk fat 우유지방
milk fat globule 우유지방립
milk fat globule membrane 우유지방립막
milk fat percentage 우유지방율
milk fat test 우유지방검사
milk fat tester 우유지방검사기
milk filter 우유거르개
milk flavor 우유향미
milk ice 밀크아이스
milking 착유
milking frequency 착유빈도
milking interval 착유간격
milking machine 착유기
milking period 착유기간
milking rate 착유속도
milking time 착유시간
milk intolerance 우유못견딤
milk intolerance 우유못견딤증
milk juk 우유죽
milk of lime 석회죽
milk plant 우유공장
milk protein 우유단백질
milk protein concentrate 우유농축단백질
milk pudding 우유푸딩
milk quality 우유품질
milk receiving tank 수유탱크
milk replacer 대용우유
milk shake 밀크셰이크
milk silo 우유사일로
milk solid 우유고형물
milk stage 유숙기
milk storage tank 우유저장탱크
milk tank 우유탱크
milk taste 우유맛
milk taste score 우유맛평점
milk tea 밀크티
milk test 우유검사
milk thistle 밀크시슬
milk thistle extract 밀크시슬추출물
milk wine 젖술
milk yield 우유생산량
milkyspotted sole 동서대
mill 도정기
milled glutinous foxtail millet 차좁쌀
milled rice 백미
milled rice recovery from brown rice 정백률
milli 밀리
millibar 밀리바
milliequivalent 밀리당량
milligram 밀리그램
milligram percentage 밀리그램백분율
milliliter 밀리리터
millimolar concentration 밀리몰농도
millimole 밀리몰
milling 도정
milling facility 도정시설
Millon test 밀론시험
millstone 맷돌
milo 수수
milssam 밀쌈
milsu 밀수
milt 이리
miltone 밀톤
milt protein 이리단백질
mimosa 미모사
Mimosa pudica 미모사
mimosine 미모신
Minamata disease 미나마타병
mince 민스
mincer 민서
mincing 민싱
mineral 광물질

mineral 무기질
mineral corticoid 무기질코티코이드
mineral deficiency 무기질결핍증
mineralization 무기화
mineral metabolism 무기질대사
mineral nutrient 무기영양소
mineral oil 광물기름
mineral resource 광물자원
mineral water 미네랄워터
minimal blood pressure 최저혈압
minimal identifiable odor 최소인식냄새
minimal lethal dose 최소치사량
minimally processed food 최소가공식품
minimal medium 최소배지
minimal processing 최소가공
minimum humidity 최저습도
minimum inhibitory concentration 최소억제농도
minimum requirement 최소필요량
minimum temperature 최저온도
minimum wage 최저임금
Ministrial Ordinance of Food Sanitation Act 식품위생법시행규칙
Ministry of Agriculture, Food and Rural Affairs 농림축산식품부
Ministry of Environment 환경부
Ministry of Food and Drug Safety 식품의약품안전처
Ministry of Health and Welfare 보건복지부
Ministry of Oceans and Fisheries 해양수산부
mint 박하
mint candy 박하사탕
mint flavor 박하향미
mint oil 박하방향유
miracle fruit 미러클과일나무
miraculin 미라쿨린
mirin 미린
mirosin 미로신
mirror image 거울상
mirror reaction 거울반응
miscella 마이셀라
miscellaneous beans 잡콩
miscellaneous cereals 잡곡
miscibility 섞임도
Misgurnus 미꾸리속
Misgurnus anguillicaudatus 미꾸리
Misgurnus mizolepis 미꾸라지
miso 미소
miso koji 미소고지
mistake error 과실오차
mistletoe 겨우살이
misu 미수
misugaru 미숫가루
mite 옴
mites 응애류
mitochodrial membrane 미토콘드리아막
mitochondria 미토콘드리아
mitochondrial DNA 미토콘드리아디엔에이
mitochondrion 미토콘드리온
mitosis 유사분열
mitra squid 한치오징어
mitsul 밑술
mitsul substitute 대용밑술
mix 믹스
mixed culture 혼합배양
mixed *d*-tocopherol concentrate 혼합농축디-토코페롤
mixed fertilizer 배합비료
mixed gallstone 혼합쓸갯돌
mixed indicator 혼합지시약
mixed infection 혼합감염
mixed milk powder 혼합분유
mixed organic acid fermentation 혼합유기산발효
mixed pressed ham 혼합프레스햄
mixed sample 혼합시료
mixed sausage 혼합소시지
mixed seasoning sauce 혼합양념소스
mixer 믹서
mixing 혼합
mixing machine 배합기
mixing screw 혼합스크루
mixograph 믹소그래프
mixoxanthophyll 믹소잔토필
mixture 혼합물
miyeokguk 미역국
MKS system of unit 엠케이에스단위계

mobile caterer 이동식당
mobility 이동도
Mobula japonica 가오리
mocha 모카
mocha bonbon 모카봉봉
mocha bread 모카빵
mocha cake 모카케이크
mocha coffee 모카커피
mockernut hickory 모커넛히코리
modality 양상
mode 최빈값
model 모형
model food 모델식품
moderate low calorie diet 중등도저열량식사
moderation 절제
modern physics 현대물리학
modified atmosphere package storage가스충전포장저장
modified atmosphere packaging 가스충전포장
modified atmosphere storage → MA storage
modified hop extract 변성홉추출물
modified Mojonnier method 모조니어변법
modified starch 변성녹말
modifier gene 변경유전자
modori 모도리
modulus of elasticity 탄성계수
mogwacha 모과차
mogwapyeon 모과편
Mohr's method 모르법
moin moin 모인모인
moist heat 습열
moist heat cookery 습열조리법
moist heat sterilization 습열살균법
moistness 촉촉함
moisture 수분
moisture absorbent 수분흡착제
moisture absorption drying 수분흡수건조
moisture basis 수분기준
moisture content 수분함량
moisture content measurement 수분함량측정
moisture desorption isotherm 등온탈습곡선
moisture meter 수분측정기
moisture permeability 투습성
moisture proof cellophane 방습셀로판
moisture proof package 방습포장
moisture sorption 수분흡착
moisture sorption isotherm 등온흡습곡선
moisture transfer 수분이동
mojaban 모자반
moju 모주
Mola mola 개복치
molal depression constant 몰랄내림상수
molal elevation constant 몰랄오름상수
molality 몰랄농도
molar extinction coefficient 몰흡광계수
molar heat 몰비열
molar heat capacity 몰열용량
molar heat of evaporation 몰증발열
molar heat of fusion 몰녹음열
molar heat of liquefaction 몰액화열
molar heat of solidification 몰응고열
molar heat of vaporization 몰기화열
molarity 몰농도
molar mass 몰질량
molar volume 몰부피
molasses 당밀
molasses-free sugar 분밀당
molasses syrup 당밀시럽
mold 곰팡이
mold 주형
mold amylase 곰팡이아밀레이스
mold culture 곰팡이스타터
mold enzyme 곰팡이효소
mold mite 긴털가루진드기
mold protease 곰팡이단백질가수분해효소
mold protein 곰팡이단백질
mold spore 곰팡이홀씨
moldy 곰팡이가 핀
mole 몰
molecular arrangement 분자배열
molecular association 분자회합
molecular biology 분자생물학
molecular chain 분자사슬
molecular clock 분자시계
molecular cloning 분자클로닝
molecular composition 분자조성
molecular crystal 분자결정

molecular diffusion 분자퍼짐
molecular distillation 분자증류
molecular evolution 분자진화
molecular formula 분자식
molecular gastronomy 분자요리
molecular genetics 분자유전학
molecular mass 분자질량
molecular model 분자모형
molecular motion 분자운동
molecular orbital 분자오비탈
molecular sieve 분자체
molecular sieve chromatography 분자체크로마토그래피
molecular structure 분자구조
molecular theory 분자이론
molecular viscosity 분자점성
molecular weight 분자량
molecule 분자
mole fraction 몰분율
Molidae 개복칫과
Molisch reaction 몰리시반응
Mollier diagram 몰리어선도
mollusc 연체동물
Mollusca 연체동물문
molokhiya 토사주트
Molva molva 링
molybdenum 몰리브데넘
momentum 운동량
momentum equation 운동량방정식
momentum transfer 운동량전달
momoni 모모니
Momordica 여주속
Momordica charantia 여주
momordicoside A 모모다이코사이드에이
Monacanthidae 쥐칫과
monascin 모나스신
monascorubin 모나스코루빈
Monascus 모나스쿠스속
Monascus anka 모나스쿠스 안카
Monascus color 모나스쿠스색소
Monascus pilosus 모나스쿠스 필로수
Monascus purpureus 모나스쿠스 푸르푸레우스
Monascus red 모나스쿠스빨강
Monascus ruber 모나스쿠스 루베르
Monascus yellow 모나스쿠스노랑
monatin 모나틴
monellin 모넬린
monensin 모넨신
Monera 원핵생물계
mongongo nut 몽공고너트
mongongo tree 몽공고나무
Monilia 모닐리아속
Moniliella pollinis 모닐리엘라 폴리니스
moniliformin 모닐리포민
Monilinia 모닐리니아속
Monilinia fructicola 모닐리니아 프룩티콜라
monitoring 모니터링
monkey bread tree 바오밥나무
monk fruit 나한과
monkfish 몽크피시
monnier's snowparsley 벌사상자
monoacylglycerol 모노아실글리세롤
monoamine 모노아민
monoamine oxidase 모노아민산화효소
monoamine oxidase inhibitor 모노아민산화효소억제제
monoammonium L-glutamate 엘-글루탐산암모늄
monoatomic molecule 일원자분자
monoazo dye 모노아조염료
monobactam 모노박탐
monobasic acid 일염기산
monoblast 단핵모세포
monocarboxylic acid 모노카복실산
monochromatic light 단색광
monochromator 단색광기
monoclonal antibody 단일클론항체
monococcus 외알세균
Monocotyledonae 외떡잎식물강
monocotyledons 외떡잎식물
monocrotophos 모노크로토포스
monoculture 단일재배
monocyte 단핵구
Monodontidae 일각돌고랫과
monoecism 암수한그루
monoenoic acid 모노엔산
monofilament 모노필라멘트

monogalactosyl diacylglycerol 모노갈락토실 다이아실글리세롤
monoglyceride 모노글리세라이드
monoglycerol 모노글리세롤
monolaurin 모노로린
monolayer 단분자층
monolayer culture 단층배양
monolayer moisture 단분자층수분
monolayer moisture content 단분자층수분 함량
mono maple 로쇠나무
monomer 단위체
monomolecular adsorption 단분자층흡착
monomolecular film 단분자막
mononitrogen dioxide 이산화질소
mononucleotide 모노뉴클레오타이드
monooxygenase 모노옥시제네이스
monophagia 단식성
monophagous animal 단식동물
monophenol monooxygenase 모노페놀모노옥시제네이스
Monoplex australasiae 골뱅이
Monopoly Regulation and Fair Trade Act 독점규제 및 공정거래에 관한 법률
monopotassium L-glutamate 엘-글루탐산포타슘
Monopterus albus 드렁허리
monosaccharide 단당류
monosodium fumarate 푸마르산소듐
monosodium L-glutamate formulation엘-글루탐산소듐제제
monosodium L-glutamate 엘-글루탐산소듐
monostarch phosphate 인산일녹말
Monostroma nitidum 참홑파래
Monostromataceae 홑파랫과
monoterpene 모노터펜
monoterpenoid 모노터페노이드
monounsaturated fat 단일불포화지방
monounsaturated fatty acid 단일불포화지방산
Monstera deliciosa 몬스테라
montanic acid 몬탄산
Montbeliard 몬트벨리야르
Monte Carlo simulation model 몬테칼로시뮬레이션모델
montmorillonite 몬모릴로나이트
mood 무드
moontail puffer 밀복
moose 말코손바닥사슴
moose meat 말코손바닥사슴고기
Moraceae 뽕나뭇과
Moraxella 모락셀라속
Moraxellaceae 모락셀라과
morays 곰치류
morbidity 이환
morbidity 이환율
morbidity rate 이환율
Morbillivirus 홍역바이러스속
Morchella 곰보버섯속
Morchellaceae 곰보버섯과
Morchella elata 검정곰보버섯
Morchella esculenta 곰보버섯
morel 곰보버섯
morello cherry 모렐로버찌
Morganella 모르가넬라속
Morganella morganii 모르가넬라 모르가니이
morin 모린
Morinda citrifolia 노니
moringa 모린가
Moringaceae 모린가과
Moringa oleifera 모린가
morning goods 아침빵제품
moroctic acid 모록트산
moroheiya 모로헤이야
moromi 모로미
Morone saxatilis 줄무늬농어
Moronidae 농엇과
morphine 모르핀
morpholine 모폴린
morpholine salt of fatty acid 모폴린지방산염
morphologist 형태학자
morphology 형태학
morse's bobtail 귀꼴뚜기
mortadella 모타델라
mortar 막자사발
Morus alba 뽕나무
Morus nigra 검정뽕나무

Morus rubra 붉은 뽕나무
mosaic cookie 모자이크쿠키
mosaic sausage 모자이크소시지
mosaic structure 모자이크구조
Moschus moschiferus 사향노루
Moselle wine 모젤와인
Moshidae 사향노룻과
mositdae 모싯대
moso bamboo 죽순대
moss 이끼
most probable number 최확수
most probable number method 최확수법
moth 나방
mother cell 모세포
mother liquor 모액
mother's milk 모유
motility 운동성
motor 모터
motor nerve 운동신경
motor neuron 운동신경세포
mottled spinefoot 독가시치
mottled tooth 반상치
mouflon 무플론
moulder 성형기
moulding 성형
mountain-ash 로완
mountain coffee 아라비카커피나무
mouse 마우스
mouse-ear cress 애기장대
mousse 무스
mouth 입
mouth coating 입안코팅
mouthfeel 입안촉감
moving average 이동평균
moving phase 이동상
mower 예취기
mowing 예취
moyakgwa 모약과
moyi-moyi 모이모이
Mozambique tilapia 모잠비크틸라피아
Mozarella cheese 모차렐라치즈
MPN → most probable number
MRI → magnetic resonance imaging
MRL → maximum residue limits
mRNA → messenger RNA
MRSA → methicillin-resistant Staphylococcus aureus
MSG → monosodium L-glutamate
MSH → melanocyte-stimulating hormone
MSM → methyl sulfonylmethane
muchim 무침
mucic acid 점액산
mucilage 점질물
mucin 뮤신
mucoid 뮤코이드
mucopeptide 점액펩타이드
mucopolysaccharide 점액다당류
mucoprotein 점액단백질
Mucor 털곰팡이속
Mucoraceae 털곰팡이과
Mucorales 털곰팡이목
Mucor circinelloides 무코르 시르시넬로이데스
Mucor hiemalis 무코르 히에말리스
Mucor miehei 무코르 미에헤이
Mucor mucedo 무코르 무세도
Mucor pusillus 무코르 푸실루스
Mucor racemosus 무코르 라세모수스
Mucor rouxii 무코르 룩시아이
mucosa 점막
mucous cell 점액세포
mucous gland 점액샘
Mucuna pruriens 벨벳콩
mucus 점액
mud flat 갯벌
mud loach 미꾸라지
mud loach 추어
muenster cheese 뮌스터치즈
muesli 뮤즐리
muesli bar 뮤즐리바
muffin 머핀
muffin cake 머핀케이크
muffle furnace 머플로
Mugil cephalus 숭어
Mugilidae 숭엇과
Mugiliformes 숭어목
mugwort 쑥
mujang 무장
mujigaetteok 무지개떡

mujjanji 무짠지
muk 묵
mulberry 오디
mulberry leaf 뽕잎
mulching 멀칭
mulching film 멀칭필름
mule 노새
mulhobaktteok 물호박떡
mulhoe 물회
mulled wine 멀드와인
mullet 멀릿
mulnaengmyeon 물냉면
mulpyeon 물편
mulsongpyeon 물송편
multicellular organism 다세포생물
multicellular plant 다세포식물
multidimensional scale 다차원척도
multifilament 멀티필라멘트
multiflora rose 찔레나무
multinuclear cell 다핵세포
multipack 멀티팩
multiple allele 복대립유전자
multiple antibiotic resistance 여러항생물질저항성
multiple bond 다중결합
multiple comparison method 다중비교법
multiple comparison test 다중비교검사
multiple correlation coefficient 다중상관계수
multiple difference test 다중차이검사
multiple effect evaporator 다중효용증발기
multiple emulsion 복합에멀션
multiple factor analysis 다중인자분석
multiple fruit 집합과
multiple linear regression analysis 다중선형회귀분석
multiple myeloma 다발골수종
multiple paired comparison test 다중이점비교검사
multiple range test 다중검정
multiple regression analysis 다중회귀분석
multiple standard sample test 다중표준시료검사
multiple taste 복합맛
multiplication 증식
multiplicity 다중도
multipurpose food 다목적식품
multi-screw extruder 다축압출기
multisited enzyme 여러자리효소
multivariate analysis 다변량분석
multivitamin 복합바이타민
mumallengi 무말랭이
mumps 볼거리
munamul 무나물
munbaeju 문배주
mung bean 녹두
mungo 멍고
Munididae 무니다과
Munsell color system 먼셀표색계
Munsell signal 먼셀기호
Munson-Walker method 문손-워커법
munster 묑스테르
Muraenesocidae 갯장어과
Muraenesox cinereus 갯장어
Muraenidae 곰칫과
muramic acid 무람산
Muridae 쥣과
Murraya koenigii 카레나무
Mus musculus 생쥐
Musa 파초속
Musa acuminata × *balbisiana* (AAB Group) 'Silk' 라툰단바나나
Musaceae 파초과
Musa × *paradisiaca* 플랜테인
Musa × *paradisiaca* 바나나
Musa textilis 마닐라삼
muscadine 무스카딘
muscadine grape 무스카딘포도
Musca domestica 집파리
muscaridine 무스카리딘
muscarine 무스카린
muscat 머스캣
Muscidae 집파릿과
muscle 근육
muscle bundle 근육다발
muscle endurance 근육지구력
muscle fiber 근육섬유
muscle fiber protein 근육섬유단백질

muscle force 근력
muscle protein 근육단백질
muscle relaxant 근육이완제
muscle sense 근육감각
muscle strength 근육세기
muscle unit 근육단위
muscovy duck 머스코비오리
muscular atrophy 근육위축
muscular contraction 근육수축
muscular dystrophy 근육디스트로피
muscular motion근육운동
muscular system 근육계통
muscular tissue 근육조직
musculoskeleton system 근육뼈대계통
mushiness 곤죽성
mushroom 버섯
mushroom alcohol 버섯알코올
mushroom bed culture 균상재배
mushroom log culture 원목버섯재배
mushroom mycelium 버섯균사체
mushroom poison 버섯독
mushy 죽같은
musk 사향
muskmelon 머스크멜론
musk pumpkin 동양호박
musk strawberry 사향딸기
mussel poisoning 홍합중독
mussels 담치류
must 머스트
mustard 겨자
mustard essential oil 겨자방향유
mustard glycoside 겨자글리코사이드
mustard greens 갓
mustard leaf 겨자잎
mustard oil 겨자기름
mustard sauce 겨자소스
mustard seed 겨자씨
Mustelidae 족제빗과
mustiness 곰팡내
musty odor 묵은내
mutagen 돌연변이원
mutagenesis 돌연변이유발
mutagenicity 돌연변이유발성
mutagenicity test 돌연변이유발성시험
mutanolysin 뮤타노리신
mutant 돌연변이체
mutarotase 뮤타로테이스
mutarotation 변광회전
mutase 자리옮김효소
mutastein 뮤타스테인
mutation 돌연변이
mutein 뮤테인
mutton 양고기
mutton sausage 양고기소시지
mutton tallow 양기름
m-xylene 메타자일렌
Mya arenaria 우럭
Mycelia Sterilia 무홀씨균목
mycelium 균사체
Mycena 애주름버섯속
Mycenaceae 애주름버섯과
Mycobacteriaceae 미코박테륨과
Mycobacterium 미코박테륨속
Mycobacterium paratuberculosis 미코박테륨 파라투베르쿨로시스
Mycobacterium tuberculosis 결핵세균
Mycobaterium bovis 소결핵세균
mycoflora 진균상
mycologist 진균학자
mycology 진균학
Mycoplasma 미코플라스마속
Mycoplasma bovis 미코플라스마 보비스
Mycoplasmataceae 미코플라스마과
mycoprotein 진균단백질
mycorrhiza 균근
mycosis 진균증
Mycosphaerellaceae 미코스파에렐라과
Mycosphaerella fragariae 딸기뱀눈무늬병곰팡이
mycotoxicosis 진균독소중독증
mycotoxin 진균독소
Myctophidae 샛비늘칫과
Myctophiformes 샛비늘치목
Myctophum nitidulum 샛비늘치
myelin 미엘린
myelin sheath 말이집
myelocyte 골수세포
myelogenous leukemia 골수백혈병

myeloid cell 골수세포
myeloma 골수종
myelomatosis 골수종증
myengpo 명포
myeolchiaekjeot 멸치액젓
myeolchibokkeum 멸치볶음
myeolchijeot 멸치젓
myeongranjeot 명란젓
Myliobatidae 매가오릿과
Myliobatis tobijei 매가오리
myoalbumin 마이오알부민
myoblast 근육모세포
myocardial failure 심장근육기능상실
myocardial infraction 심장근육경색증
myocardium 심장근육
Myocastor coypus 뉴트리아
Myocastoridae 뉴트리아과
myochrome 근육색소
myofibril 근육원섬유
myofibrillar protein 근육원섬유단백질
myoga 양하
myogen 마이오겐
myoglobin 마이오글로빈
myoglobulin 마이오글로불린
Myoida 우럭목
Myoidae 우럭과
myo-inositol 미오이노시톨
myo-inositol hexakis 미오이노시톨헥사키스
myomere 근육원섬유마디
myosin 마이오신
myosin filament 마이오신필라멘트
myosin heavy chain 마이오신무거운사슬
myosin light chain 마이오신가벼운사슬
Myosotis 왜지치속
Myosotis alpestris 고산물망초
Myosotis scorpioides 물물망초
Myosotis sylvatica 숲물망초
myrcene 미르센
Myrciaria cauliflora 자보티카바
Myrciaria dubia 카무카무
Myrciaria floribunda 구아버베리
Myricaceae 소귀나무목
Myricales 소귀나무목
Myrica rubra 소귀나무
myricetin 미리세틴
myristic acid 미리스트산
Myristica 육두구속
Myristicaceae 육두구과
Myristica fragrans 육두구
myristicin 미리스티신
myrosinase 미로시네이스
Myrothecium 미로테슘속
Myrothecium rodidum 미로테슘 로디둠
Myrothecium verrucaria 미로테슘 베루카리아
myrrh 몰약
Myrrhis odorata 시슬리
Myrtaceae 미르타과
Myrtales 미르타목
Myrtus communis 머틀
Mysidacea 곤쟁이목
Mysidae 곤쟁잇과
Mysost cheese 미소스트치즈
Mysticeti 수염고래아목
Mytilidae 홍합과
Mytiloida 홍합목
Mytilus coruscus 홍합
Mytilus edulis 털격판담치
myxedema 점액부종
Myxini 먹장어강
Myxinidae 꾀장어과
Myxiniformes 먹장어목
myxobacterial disease 활주세균병
Myxobacteriales 점액세균목
myxobacterium 점액세균
Myxomycetes 점균강
Myxomycota 점균문
myxovirus 믹소바이러스
Myxozoa 점액포자동물문

N

NAA → neutron activation analysis
nabakkimchi 나박김치
N-acetylgalactosamine 엔-아세틸갈락토사민
N-acetylglucosamine 엔-아세틸글루코사민

N-acetylglucosaminidase 엔-아세틸글루코사미니데이스
N-acetylneuraminic acid 엔-아세틸뉴라민산
N-acetyl-α-D-glucosaminide 엔-아세틸알파-디-글루코사미나이드
NAD → nicotinamide adenine dinucleotide
NADP → nicotinamide adenine dinucleotide phosphate
naejangtang 내장탕
Naematoloma sublateritium 개암버섯
naengchae 냉채
naengguk 냉국
naengmyeon 냉면
nagami kumquat 나가미금감
naked barley 쌀보리
naked lady 콜키쿰
nakjibokkeum 낙지볶음
nakjihorong 낙지호롱
nakjijeongol 낙지전골
Na^+-K^+ pump 소듐포타슘펌프
nalidixic acid 날리딕스산
nameko 나도팽나무버섯
namul 나물
n-amyl alcohol 노말아밀알코올
nan 난
nanking cherry 앵두나무
nano 나노
nanochemistry 나노화학
nanofiltration 나노거르기
nanogram 나노그램
nanomachine 나노기계
nanomaterial 나노물질
nanometer 나노미터
nanoscience 나노과학
nanotechnology 나노기술
napa cabbage 나파배추
naphtha 나프타
naphthalene 나프탈렌
naphthaleneacetic acid 나프탈렌아세트산
naphthaquinone 나프타퀴논
naphthoic acid 나프트산
naphthol 나프톨
naphthoquinone 나프토퀴논
naphthylmethyl carbamate 나프틸메틸카바메이트
napin 나핀
naranjilla 나랑히야
narazuke 나라쓰케
Nardostachys chinensis 감송향
Nardostachytis rhizoma 감송향
naraebakjwinamul 나래박쥐나물
naresushi 나레스시
naringenin 나린제닌
naringin 나린진
naringinase 나린진가수분해효소
narrow-leaved paperbark 티트리
narrow-leaved tea-tree 티트리
nasoduodenal tube feeding 코샘창자튜브급식
nasogastric intubation 코위삽관
nasogastric tube 코위영양튜브
nasogastric tube feeding 코위튜브급식
nasojejunal tube feeding 코빈창자튜브급식
Nasturtium officinale 물냉이
natamycin 나타마이신
Nation School Foodservice Program Act 학교급식법
National Agricultural Cooperative Federation 농업협동조합
national death index 국민사망지수
National Federation of Fisheries Cooperatives 수산업협동조합중앙회
national food consumption 국가식품소비량
national health and nutrition survey 국민건강영양조사
national health insurance 국민건강보험
National Health Promotion Act 국민건강증진법
national health services 국민보건서비스
national nutrition intake survey 국민영양섭취조사
National Nutrition Management Act 국민영양관리법
national nutrition survey 국민영양조사
nationally notifiable communicable diseases 법정감염병
native breed 토종
native chicken 토종닭
native protein 천연단백질

native starch 천연녹말
native variety 재래종
natrium 나트륨
natto 나토
natto bacterium 나토세균
natto bacterium phage 나토세균파지
natto extract 나토추출물
natural agar 자연우무
natural antioxidant 천연산화방지제
natural casing 천연케이싱
natural cheese 자연치즈
natural circulation 자연순환
natural circulation evaporator 자연순환증발기
natural color 천연색
natural colorant 천연착색제
natural convection 자연대류
natural convection heat transfer 자연대류열전달
natural death 자연사
natural defrosting 자연해동
natural draft 자연통풍
natural drying 자연건조
natural drying method 자연건조법
natural enemy 천적
natural fermentation 자연발효
natural fiber 천연섬유
natural fishery produce 자연산수산물
natural flavoring 천연향미료
natural flavoring substance 천연착향료
natural food 자연식품
natural food additive 자연식품첨가물
natural freezing method 자연냉동법
natural freezing-thawing method 자연냉동해동법
natural fruit juice 천연과일주스
natural gas 천연가스
natural high molecular weight compound 천연고분자화합물
natural immunity 자연면역
natural infection 자연감염
natural intoxication 자연독중독
naturalized plant 귀화식물
naturalized species 귀화종
natural juice 천연주스
natural killer cell 자연살해세포
natural killer T cell 자연살해티세포
natural light 자연광
natural lighting 자연조명
natural logarithm 자연로그
naturally carbonated mineral water 탄산함유천연광천수
naturally occurring sugar자연당
natural masticatory substance 천연검
natural material 자연재료
natural medium 자연배지
natural mineral water 천연광천수
natural mutation 자연돌연변이
natural pigment 천연색소
natural poison 자연독
natural product 천연물
natural radiation 자연방사선
natural radioactivity 자연방사능
natural resistance 자연내성
natural resources 천연자원
natural ripening 자연숙성
natural rubber 천연고무
natural science 자연과학
natural seasoning 천연양념
natural selection 자연선택
natural spice 천연향신료
natural sweetener 천연감미료
natural toxicant 자연독물
natural ventilation 자연환기
natural ventilator 자연환기장치
natural yeast 자연효모
nature protection 자연보호
naturopathy 자연요법
nausea 욕지기
navel orange 네이블오렌지
navy bean 흰강낭콩
N-β-alanyl-1-methylhistidine 엔-베타알라닐-1-메틸히스티딘
N-benzoyl glycine 엔-벤조일글리신
n-butyl 노말뷰틸
n-butyl alcohol 노말뷰틸알코올
NCP → nutrition care process
near infrared 근적외선

near infrared spectrophotometer 근적외선분광광도계
near infrared spectroscopy 근적외선분광법
NEAT → nonexercise activity thermogenesis
neck 목
neck 목심
neck 목심살
neck chain 제비추리
necrosis 괴사
nectar 넥타
nectar gland 꿀샘
nectarine 천도복숭아
Nectria 넥트리아속
Nectriopsis 넥트리옵시스속
needlefish 동갈치
negative balance 음균형
negative catalyst 역촉매
negative charge 음전하
negative colloid 음전하콜로이드
negative correlation 음상관관계
negative direction 음방향
negative electricity 음전기
negative electron 음전자
negative energy balance 음에너지균형
negative feedback 음되먹임
negative feedback control 음되먹임조절
negative feedback inhibition 음되먹임억제
negative nitrogen balance 음질소평형
negative number 음수
negative sign 음부호
Neisseriaceae 네이세리아과
Nelumbo 연꽃속
Nelumbo nucifera 연꽃
Nemathelminthes 원형동물군
nematocide 살선충제
nematocyst 자포
Nematoda 선형동물문
nematode 선충
Nemertea 유형동물문
neobiani 너비아니
Neocallimastigaceae 네오칼리마스틱스과
Neocallimastix 네오칼리마스틱스속
Neocallimastix frontalis 네오칼리마스틱스 프론탈리스
Neocallimastix patriciarum 네오칼리마스틱스 파트리시아룸
Neocardina denticulata 새뱅이
neohesperidin 네오헤스페리딘
neohesperidin dihydrochalcone 네오헤스페리딘다이하이드로칼콘
neohesperidose 네오헤스페리도스
neomycin 네오마이신
neon 네온
neonatal stage 신생아기
neon flying squid 빨강오징어
neopentane 네오펜테인
neoplasm 신생물
neoplasm 종양
neoprene 네오프렌
neopullulanase 네오플룰라네이스
Neosartorya fischeri 네오사르토리아 피쉐리
neosaxitoxin 네오삭시톡신
Neotame 네오탐
neotetrazolium 네오테트라졸륨
neoxanthin 네오잔틴
Nepeta cataria 개박하
Nephelium lappaceum 람부탄
nephelometer 비탁계
nephelometry 비탁법
nephridium 콩팥관
nephritis 콩팥염
nephrolithiasis 콩팥돌증
nephron 콩팥단위
Nephropidae 가시발새웃과
nephrosis 콩팥증
nephrotic syndrome 콩팥증후군
nephrotoxicity 콩팥독성
nephrotoxin 콩팥세포독소
nephrotuberculosis 콩팥결핵
Neptunia oleracea 물미모사
neral 네랄
nerol 네롤
neroli oil 등화방향유
nerve 신경
nerve cell 신경세포
nerve cell body 신경세포체
nerve center 신경중추
nerve fiber 신경섬유

nerve impulse 신경신호
nerve synapse 신경시냅스
nervous system 신경계통
nervous tissue 신경조직
Nessler's reagent 네슬러시약
net assimilation 알짜동화량
net charge 알짜전하
net content 알짜함량
net energy 알짜에너지
net equation 알짜반응식
net income 알짜수익
net ion 알짜이온
net ion equation 알짜이온반응식
net production 알짜생산량
net productivity 알짜생산력
net protein ratio 알짜단백질비율
net protein utilization 알짜단백질이용률
net protein value 알짜단백질값
nettle 쐐기풀
net weight 알짜무게
network 회로망
network structure 그물구조
Neumann's gazelle 뉴만가젤
neungi 능이
neuralgia 신경통
neural network 뉴럴네트워크
neural transmission 신경전달
neural tube 신경관
neural tube defect 신경관결손
neuraminic acid 뉴라민산
neuroendocrine cell 신경내분비세포
neuroglia 신경아교
neuroglial cell 신경아교세포
neurohormone 신경호르몬
neurological shellfish poisoning 신경성조개중독
neuron 신경세포
neuropeptide 신경펩타이드
neuropeptide Y 신경펩타이드와이
neuropsychiatry 정신건강의학과
Neurospora 붉은 빵곰팡이속
Neurospora crassa 붉은 빵곰팡이
Neurospora sitophila 네우로스포라 시토필라
neurosurgery 신경외과
neurotoxicity 신경독성
neurotoxin 신경독소
neurotransmitter 신경전달물질
neutral 중성
neutral amino acid 중성아미노산
neutral atom 중성원자
neutral detergent 중성세제
neutral fat 중성지방
neutralization 중화
neutralization 중화반응
neutralization curve 중화곡선
neutralization of wastewater 폐수중화
neutralization titration 중화적정
neutralization titration curve 중화적정곡선
neutralization value 중홧값
neutralizing antibody 중화항체
neutralizing reagent 중화제
neutral lipid 중성지방질
neutral point 중화점
neutral salt 중성염
neutron 중성자
neutron activation analysis 중성자방사화분석
neutrophil 중성구
neutrophile 호중성생물
neutrophil leukocyte 중성백혈구
nevonic acid 네본산
Newcastle disease 뉴캐슬병
new coccine 식용빨강102호
new cocoyam 타니아
new green 뉴그린
newton 뉴턴
Newtonian flow 뉴턴흐름
Newtonian fluid 뉴턴유체
Newtonian mechanics 뉴턴역학
Newtonian viscosity 뉴턴점성
Newton's first law 뉴턴제일법칙
Newton's law 뉴턴법칙
Newton's law of cooling 뉴턴냉각법칙
Newton's law of motion 뉴턴운동법칙
Newton's law of viscosity 뉴턴점성법칙
Newton's second law 뉴턴제이법칙
Newton's third law 뉴턴제삼법칙
New York steak 뉴욕스테이크

New Zealand green-lipped mussel 뉴질랜드초록홍합
New Zealand spinach 번행초
n-hexane 노말헥세인
n-heptadecylic acid 노말헵타데실산
n-heptane 노말헵테인
n-hydrocarbon 노말탄화수소
NIA → nutrient intake analysis
niacin 나이아신
niacinamide 나이아신아마이드
niacin equivalent 나이아신당량
Nibea albiflora 수조기
nichrome 니크롬
nickel 니켈
Nicotiana tabacum 담배
nicotinamide 니코틴아마이드
nicotinamide adenine dinucleotide 니코틴아마이드아데닌다이뉴클레오타이드
nicotinamide adenine dinucleotide phosphate 니코틴아마이드아데닌다이뉴클레오타이드인산
nicotine 니코틴
nicotinic acid 니코틴산
nicotinic acid amide 니코틴산아마이드
nigella 니겔라
Nigella sativa 니겔라
niger 니제르
nigeran 니게란
nigerose 니게로스
niger seed 니제르씨
night blindness 야맹증
night eating 야식
night eating syndrome 야식증후군
Nile tilapia 나일틸라피아
nine-point hedonic scale 구점기호척도
ninhydrin 닌하이드린
ninhydrin reaction 닌하이드린반응
nipa palm 니파야자나무
Niphon spinosus 다금바리
nipple 젖꼭지
nisin 니신
nitrate 질산염
nitrate bacterium 질산세균
nitrate ion 질산이온
nitrate nitrogen 질산질소
nitrate reductase 질산환원효소
nitrate reduction 질산환원
nitrate reduction test 질산환원시험
nitration 니트로화
nitration 니트로화반응
nitric acid 질산
nitric oxide 산화질소(II)
nitride ion 질소화이온
nitrification 질산화
nitrification 질산화작용
nitrification process 질산화과정
nitrifying bacterium 질산화세균
nitrile 나이트릴
nitrite 아질산염
nitrite bacterium 아질산세균
nitrite burn 아질산변색
nitrite nitrogen 아질산질소
nitrite reductase 아질산환원효소
nitro 나이트로
nitrobenzene 나이트로벤젠
nitrocellulose 나이트로셀룰로스
nitrogen 질소
nitrogenase 질소고정효소
nitrogen assimilation 질소동화
nitrogen assimilation 질소동화작용
nitrogen balance 질소평형
nitrogen balance index 질소평형지수
nitrogen coefficient 질소계수
nitrogen compound 질소화합물
nitrogen conversion factor 질소환산계수
nitrogen cycle 질소순환
nitrogen deficiency symptom 질소결핍증상
nitrogen determination method 질소정량법
nitrogen fixation 질소고정
nitrogen fixing bacterium 질소고정세균
nitrogen fixing microorganism 질소고정미생물
nitrogen free extract 가용무질소물
nitrogen gas flush packaging 질소가스치환포장
nitrogen metabolism 질소대사
nitrogen monoxide 산화질소(II)
nitrogen solubility index 질소용해지수

nitrogen to protein conversion factor 질소단백질환산계수
nitrogen utilization ratio 질소이용률
nitrogen(I) oxide 산화질소(I)
nitrogen(II) oxide 산화질소(II)
nitrogen(III) oxide 산화질소(III)
nitrogen(IV) oxide 산화질소(IV)
nitroglycerin 나이트로글리세린
nitroglycol 나이트로글리콜
nitro group 나이트로기
nitromethane 나이트로메테인
nitrophenol 나이트로페놀
nitrosamine 나이트로사민
nitrosation 나이트로소화반응
nitroso 나이트로소
nitroso compound 나이트로소화합물
nitroso group 나이트로소기
nitrosoguanidine 나이트로소구아니딘
nitrosohemochrome 나이트로소헤모크롬
nitrosohemoglobin 나이트로소헤모글로빈
Nitrosomonadaceae 니트로소모나스과
Nitrosomonas 니트로소모나스속
Nitrosomonas europaea 니트로소모나스 유로파에아
nitrosomyoglobin 나이트로소마이오글로빈
nitroso pigment 나이트로소색소
nitrosyl 나이트로실
nitrosyl chloride 염화나이트로실
nitrous acid 아질산
nitrous oxide 아산화질소
nivalenol 니발렌올
nixtamalization 닉스타말화
N-methyl nicotinamide 엔-메틸니코틴아마이드
N-methylcarbamate insecticide 엔-메틸카바메이트살충제
N-methylglycine 엔-메틸글리신
NMR → nuclear magnetic resonance
NMR spectroscopy → nuclear magnetic resonance spectroscopy
N-nitroso compound 엔-나이트로소화합물
N-nitrosodiethylamine 엔-나이트로소다이에틸아민
N-nitrosodimethylamine 엔-나이트로소다이메틸아민
N-nitrosopyrrolidine 엔-나이트로소피롤리딘
NOAEL → no observable adverse effect level
noble rot 잿빛곰팡이병
Nocardia 노카르디아속
Nocardiaceae 노카르디아과
Nocardiopsaceae 노카르디옵시스과
Nocardiopsis 노카르디옵시스속
Nocardiopsis dassonvillei 노카르디옵시스 다손빌레이
n-octanal 노말옥탄알
NOEL → no observable effect level
nogari 노가리
nogusot 노구솥
N-oil 엔오일
noise 소음
noju 노주
nokdubindaetteok 녹두빈대떡
nokdujuk 녹두죽
nokdumuk 녹두묵
nomenclature 명명법
nomenclature of microorganism 미생물명명법
nomilin 노밀린
nominal freezing time 공칭냉동시간
nominal rate of freezing 공칭냉동속도
nominal scale 명목척도
nomogram 노모그램
nomograph 노모그래프
nonachlor 노나클로르
nonanal 노난알
nonanaldehyde 노난알데하이드
nonane 노네인
nonanone 논아논
non-caloric substance 비열량물질
noncommunicable disease 비감염병
noncompetitive inhibition 비경쟁억제
noncompetitive inhibitor 비경쟁억제제
nondairy creamer 비낙농크리머
nondairy ice cream 비낙농아이스크림
nondestructive inspection 비파괴검사
nondestructive test 비파괴시험
nondrying oil 불건성기름
non-electrolyte 비전해질

nonenal 노넨알
nonenzymatic browning 비효소갈변
nonenzymatic browning reaction 비효소갈변반응
nonessential amino acid 비필수아미노산
nonexercise activity thermogenesis 비운동활동열생성
non-fermentable sugar 비발효당
non-fried noodle 비유탕면
non-frozen moisture 얼지않은수분
nongju 농주
non-glutinous rice 메벼
non-glutinous rice 멥쌀
nonheme iron 비헴철
non-Hook elastic body 비후크탄성체
noni 노니
non-insulin dependent diabetes 인슐린비의존당뇨병
nonionic detergent 비이온세제
nonionic surfactant 비이온계면활성제
nonlinear elastic body 비선형탄성체
nonlinear programming 비선형프로그래밍
nonlinear viscoelasticity 비선형점탄성
nonmetal 비금속
non-migrative plasticizer 비이행가소제
non-Newtonian flow 비뉴턴흐름
non-Newtonian fluid 비뉴턴유체
non-Newtonian viscosity 비뉴턴점성
non-nutritive sweetener 비영양감미료
nono 노노
non-pathogenic bacterium 비병원세균
nonpolar 무극성
nonpolar bond 무극성결합
nonpolar covalent bond 무극성공유결합
nonpolar material 무극성물질
nonpolar molecule 무극성분자
nonpolar solvent 무극성용매
nonprotein nitrogen 비단백질질소
nonprotein nitrogenous compound 비단백질질소화합물
nonreducing sugar 비환원당
nonribosomal peptide 비리보솜펩타이드
non-selective herbicide 비선택제초제
nonselective menu 단일메뉴
non-self 비자기
nonsense codon 난센스코돈
nonsense mutation 난센스돌연변이
nonsmoked dry sausage 비훈제마른소시지
nonspecific immunity 비특이면역
nonspecificity 비특이성
non-standardized milk 비조정우유
non-starch polysaccharide 비녹말다당류
nonthermal process 비열공정
nonvolatile 비휘발성
nonvolatile residue 비휘발잔사
non-waxy milled rice 멥쌀
non-waxy rice 메벼
no observable adverse effect level 최대무독성량
no observable effect level 최대무작용량
noodle 국수
noodlefish 뱅어류
noodlemaking machine 제면기
noodles 국수류
no punch dough method 노펀치반죽법
noradrenalin 노아드레날린
norbixin 노빅신
nordihydroguaiaretic acid 노다이하이드로과이어레트산
norepinephrine 노에피네프린
norharman 노하만
nori 노리
normal 노말
normal atmospheric pressure 정상대기압력
normal diet 보통음식
normal distribution 정규분포
normal distribution curve 정규분포곡선
normal distribution table 정규분포표
normal electrode 노말전극
normality 노말농도
normalization 정규화
normalized area method 넓이보정법
normal milk 정상우유
normal phase chromatography 정상크로마토그래피
normal probability paper 정규확률용지
normal spectrum 정상스펙트럼
normal stress 수직변형력

normochromic anemia 정상색소빈혈
normochromic erythrocyte 정상색소적혈구
normocyte 정상적혈구
norovirus 노로바이러스
north American fir 발삼나무
north Atlantic right whale 북대서양참고래
northern anchovy 캘리포니아멸치
Northern blotting 노던블롯팅
northern bluefin tuna 백다랑어
northern mauxia shrimp 중국젓새우
northern snakehead 가물치
northern wild rice 노던와일드라이스
north Pacific giant octopus 문어
north Pacific right whale 북태평양참고래
north Pacific squirrelfish 얼게돔
Norwalk virus 노웍바이러스
Norway rat 집쥐
Nostoc 구슬말속
Nostocaceae 구슬말과
Nostocales 구슬말목
noti 노티
no time dough method 노타임반죽법
notochord 척삭
notoginseng 전칠삼
Nototheniidae 남극암치과
Notothenioidei 남극암치아목
nougat 누가
nourishment 영양섭취
novel food 새로운식품
novobioxin 노보비옥신
nozzle 노즐
nozzle type gas flush packaging machine 노즐가스충전포장기
NPN → nonprotein nitrogen
NPU → net protein utilization
N-terminal amino acid 엔말단아미노산
N-terminus 엔말단
nuclear boiling 핵끓음
nuclear division 핵분열
nuclear energy 핵에너지
nuclear family 핵가족
nuclear fission 핵분열
nuclear fusion 핵융합
nuclear magnetic resonance 핵자기공명
nuclear magnetic resonance spectroscopy 핵자기공명분광법
nuclear medicine 핵의학
nuclear membrane 핵막
nuclear power 원자력
nuclear power generation 원자력발전
nuclear reaction 핵반응
nuclear reactor 원자로
nuclear receptor 핵받개
nuclear sap 핵액
nuclear substitution 핵치환
nuclear transplantation 핵이식
nuclease 핵산가수분해효소
nucleated erythrocyte 유핵적혈구
nucleation 핵생성
nucleic acid 핵산
nucleic acid fermentation 핵산발효
nucleic acid metabolism 핵산대사
nucleic acid seasoning 핵산조미료
nucleocapsid 뉴클레오캡시드
nucleohistone 뉴클레오히스톤
nucleoid 핵양체
nucleolus 핵소체
nucleophile 친핵체
nucleophile reagent 친핵시약
nucleophilic addition 친핵첨가
nucleophilic agent 친핵제
nucleophilicity 친핵성
nucleophilic substitution 친핵치환
nucleoprotein 핵단백질
nucleosidase 뉴클레오사이드가수분해효소
nucleoside 뉴클레오사이드
nucleosome 뉴클레오솜
nucleotidase 뉴클레오타이드가수분해효소
nucleotide 뉴클레오타이드
nucleotide pair 뉴클레오타이드쌍
nucleotide sequence 뉴클레오타이드순서
nucleotidyltransferase 뉴클레오타이드전달효소
nucleus 핵
nude mouse 누드마우스
nugget 너깃
null allele 비대립유전자
null hypothesis 귀무가설

number of outbreak 발생건수
number of replication 반복수
numerical grade 수치등급
Numidinae 뿔닭아과
nurse culture 보호배양
nuruk 누룩
nurukbang 누룩방
nurungji 누룽지
Nusselt number 넛셀수
nut 견과
nut flavor 견과향미
nut flour 견과가루
nutgall tree 붉나무
nut ice cream 견과아이스크림
nutmeat 견과살
nutmeg oil 육두구방향유
nutmeg tree 육두구
nut oil 견과기름
nut paste 견과페이스트
nutraceutical food 뉴트라슈티컬식품
nutria 뉴트리아
nutriculture 영양액재배
nutrient 양분
nutrient 영양소
nutrient absorption 영양소흡수
nutrient agar 영양우무배지
nutrient availability 영양소이용율
nutrient broth 영양배지
nutrient deficiency 영양소결핍
nutrient deficiency disease 영양소결핍병
nutrient density 영양소밀도
nutrient excess 영양소과잉
nutrient intake 영양소섭취량
nutrient intake analysis 영양소섭취분석
nutrient salts 영양염류
nutrient solution 영양액
nutrient supply 영양공급
nutrigenetics 영양유전학
nutrigenomics 영양유전체학
nutrition 영양
nutritional anemia 영양성빈혈
nutritional assessment 영양판정
nutritional biochemistry 영양생화학
nutritional chemistry 영양화학
nutritional deficiency 영양결핍
nutritional deficiency disease 영양결핍병
nutritional deficiency syndrome 영양결핍증후군
nutritional diagnosis 영양진단
nutritional disease 영양병
nutritional disorder 영양장애
nutritional edema 영양성부종
nutritional epidemiology 영양역학
nutritional evaluation 영양평가
nutritional imbalance 영양불균형
nutritional pathology 영양병리학
nutritional physiology 영양생리학
nutritional requirement 영양소필요량
nutritional science 영양학
nutritional status 영양상태
nutritional supplement 영양보충제
nutritional supplementary food 영양보충식품
nutritional therapy 영양요법
nutritional value 영양값
nutrition care 영양관리
nutrition care process 영양관리과정
nutrition consultation 영양상담
nutrition education 영양교육
nutrition intervention 영양중재
nutritionist 영양학자
nutrition labelling 영양표시
nutrition monitoring 영양모니터링
nutrition planning 영양계획
nutrition policy 영양정책
nutrition screening 영양검색
nutrition support 영양지원
nutrition survey 영양조사
nutrition therapy 영양치료
nut shell 견과껍질
nutty odor 땅콩내
nux vomica 마전
n-valeric acid 노말발레르산
nyjer 니제르
nylon 나일론
Nymphaeaceae 수련과
Nymphaeales 수련목
Nymphaea tetragona 수련

Nymphaeineae 수련아목
Nypa 니파속
Nypa fruticans 니파야자나무
nystagmus 눈떨림
nystose 니스토스

O

oak 오크
Oakes mixer 옥스믹서
oat 귀리
oat bran 귀리겨
oat dietary fiber 귀리식품섬유
oat flour 귀리가루
oat gum 귀리검
oatmeal 오트밀
oat oil 귀리기름
oatrim 오트림
oat starch 귀리녹말
obesity 비만
Obesumbacterium 오베숨박테륨속
Obesumbacterium proteus 오베숨박테륨 프로테우스
objective analysis 객관분석
objective lens 대물렌즈
oblate 오블레이트
obligate aerobe 절대산소생물
obligate anaerobe 절대무산소생물
obligate halophyte 절대염생식물
obligate parasite 절대기생생물
obligate psychrophile 절대저온생물
obligate symbiosis 절대공생
obligate thermophile 절대고온생물
observed value 관측값
obstetrics and gynecology 산부인과
oca 오카
occipital lobe 후두엽
occult blood test 잠혈검사
occupational and environmental medicine 산업의학과
OC curve 오시곡선
ocean 해양
Oceanodroma monorhis 바다제비
oceanography 해양학
ocean sunfish 개복치
ocellate spot skate 홍어
ocellus 홑눈
Ochidales 난초목
ochratoxin 오크라톡신
Ocimum basilicum 바질
octacosanol 옥타코산올
octadecanoic acid 옥타데칸산
octadecatrienoic acid 옥타데카트라이엔산
octadecenoic acid 옥타데센산
octanal 옥탄알
octanaldehyde 옥탄알데하이드
octane 옥테인
octanoic acid 옥탄산
octanol 옥탄올
octanone 옥탄온
octenol 옥텐올
octopamine 옥토파민
octopine 옥토파인
Octopoda 문어목
Octopodidae 문어과
Octopus minor 낙지
Octopus ocellatus 주꾸미
Octopus vulgaris 왜문어
octyl alcohol 옥틸알코올
octyl aldehyde 옥틸알데하이드
ocular lens 접안렌즈
odd number 홀수
odd sample 외짝시료
Odobenidae 바다코끼릿과
Odobenus rosmarus 바다코끼리
odor 냄새
odor activity value 냄새활성값
odorant 냄새물질
odor component 냄새성분
odor counteraction 냄새반작용
odorimetry 냄새측정법
odorlessness 무취
odor prism 냄새프리즘
odor threshold 냄새문턱값
OECD → Organization for Economic

Cooperation and Development
OEM → original equipment manufacturing
Oenanthe 미나리속
Oenanthe javanica 미나리
Oenanthe javanica var. *japonica* 개미나리
oenin 에닌
Oenococcus 오에노코쿠스속
Oenococcus oeni 오에노코쿠스 오에니
Oenothera odorata 달맞이꽃
offal 식용장기
offensive odor 악취
offensive odor fish 악취물고기
offensive odor threshold 악취문턱값
off flavor 비정상향미
off-grade 등외
official compendium 공정서
official method of analysis 공정분석법
Official Methods of Analysis of AOAC International 에이오에이시인터내셔널공정분석법
off odor 이취
off taste 이미
ogaloinamu 오갈피나무
ogalpi 오갈피
ogalpicha 오갈피차
ogaslpisul 오갈피술
ogi 오기
ogiri 오기리
ogokbap 오곡밥
ohm 옴
ohmic heating 옴가열
Ohm's law 옴법칙
oiji 오이지
oil 기름
oil absorption capacity 기름흡수능력
oil bath 기름중탕
oil body 유체
oil cake 깻묵
oil cloth 기름헝겊
oil crop 기름작물
oil discoloration 기름변색
oil droplet 기름방울
oil expeller 기름익스펠러
oil expression 착유
oil extraction 기름추출
oil extraction method 기름추출법
oil extractor 기름추출기
oil filter 기름거르개
oil gland 기름샘
oil immersion 유침
oiliness 기름기
oil in water 물속기름형
oil in water emulsion 물속기름에멀션
oil paper 기름종이
oil plant 기름식물
oil press 기름틀
oil proof paper 내유종이
oil refining 정유
oil resistance 내유성
oil resistant plastic 내유플라스틱
oilseed 기름씨앗
oilseed protein 기름씨앗단백질
oilseed rape 유채
oil separation 지방분리
oil separator 기름분리기
oily odor fish 기름내물고기
oiseon 오이선
oisobagi 오이소박이
oisobagi kimchi 오이소박이김치
ojeot 오젓
ojingeojeot 오징어젓
okadaic acid 오카다산
Okamejei 홍어속
Okamejei kenojei 홍어
okara 오카라
Okhotsk atka mackerel 임연수어
Okhotsk seal 물범
okra 오크라
okro 옥로
okrokcha 옥록차
oksusucha 옥수수차
olbanggae 올방개
olchaengigugsu 올챙이국수
old age 노년기
old fustic 올드푸스틱
old world arrowhead 쇠귀나물
Oleaceae 물푸레나뭇과
Olea europaea 올리브나무

Oleales 물푸레나무목
oleandomycin 올레안도마이신
olefin 올레핀
oleic acid 올레산
olein 올레인
oleomargarine 올레오마가린
oleo oil 올레오기름
oleoresin 올레오레진
oleoresin capsicum 올레오레진캡시쿰
oleoresin paprika 파프리카추출색소
oleosin 올레오신
oleostearin 올레오스테아린
olestra 올레스트라
oleuropein 올레우로페인
oleyl alcohol 올레일알코올
olfaction 후각
olfactology 후각학
olfactometer 후각측정기
olfactometry 후각측정법
olfactory acuity 후각예민성
olfactory binding protein 후각결합단백질
olfactory bulb 후각망울
olfactory cell 후각세포
olfactory center 후각중추
olfactory cilium 후각섬모
olfactory coefficient 후각계수
olfactory discrimination test 냄새식별검사
olfactory epithelium 후각상피
olfactory gland 후각샘
olfactory nerve 후각신경
olfactory organ 후각기관
olfactory prism 후각프리즘
olfactory receptor 후각받개
olfactory receptor cell 후각받개세포
olfactory region 후각영역
oligo-1,6-glucosidase 올리고-1,6-글루코시데이스
Oligochaeta 빈모강
oligomer 소중합체
oligomycin 올리고마이신
oligonucleotide 올리고뉴클레오타이드
oligonucleotide probe 올리고뉴클레오타이드프로브
oligopeptide 올리고펩타이드
oligoribonucleic acid 올리고리보핵산
oligosaccharide 올리고당
oligotroph 빈영양생물
oligotrophic bacterium 빈영양세균
oligotrophic lake 빈영양호
oligotrophy 빈영양
oligouria 핍뇨
oligouronide 올리고유로나이드
olive 올리브
olive flounder 넙치
olive oil 올리브기름
olive-pomace oil 올리브박기름
olive tree 올리브
omasum 겹주름위
omasum 제삼위
omasum 처녑
omelette 오믈렛
omija 오미자
omijacha 오미자차
omija tree 오미자나무
Ommastrephes bartramii 빨강오징어
Ommastrephidae 살오징엇과
omnivore 잡식동물
omnivorous 잡식성
omnivorous fish 잡식물고기
Onagraceae 바늘꽃과
oncogene 종양유전자
oncogenesis 종양발생
Oncorhynchus gorbuscha 곱사연어
Oncorhynchus keta 연어
Oncorhynchus kisutch 은연어
Oncorhynchus masou 송어
Oncorhynchus masou 산천어
Oncorhynchus masou formosanus 대만송어
Oncorhynchus masou macrostomus 일본송어
Oncorhynchus mykiss 무지개송어
Oncorhynchus nerka 홍연어
Oncorhynchus tshawytscha 왕연어
oncovirus 종양바이러스
one-dish meal 일품요리
one food diet 원푸드다이어트
one-sided hypothesis 단측가설
one-sided test 단측검정

one-spot snapper 무늬통돔
one way layout 일원배치
ongsimi 옹심이
onion 양파
onion color 양파색소
onion oil 양파방향유
onion pickle 양파피클
o-nitrophenol 오쏘나이트로페놀
online system 온라인시스템
onmyeon 온면
oocyst 접합자낭
Oocystaceae 알주머니말과
oocyte 난모세포
oolong tea 우롱차
Oomycetales 난균목
Oomycetes 난균강
Oomycota 난균문
opacity 불투명도
opalescence 단백광
opaque 2 오페이크투
open circuit 열린회로
open dating 개봉날짜표기법
open fermentor 개방발효조
open panel test 토론식검사
open pan evaporator 개방팬증발기
open sandwich 오픈샌드위치
open system 열린계
open test of can 개관검사
open tube melting point 상승녹는점
open type cooling tower 개방냉각탑
operating characteristic curve 검사특성곡선
operating cost 운전비
operation 수술
operation rate 가동률
operator 작동유전자
operon 오페론
opha 붉평치
Ophidiidae 첨칫과
Ophidiiformes 첨치목
Ophiodon elongatus 링코드
Ophiurae 거미불가사리강
Ophiuroidea 거미불가사리아강
ophthalmology 안과
opiate 아편제제
opioid 아편유사제
Opisthorchiidae 후고흡충과
opium 아편
opium poppy 양귀비
Oplegnathidae 돌돔과
Oplegnathus fasciatus 돌돔
opportunistic infection 기회감염
opsin 옵신
optic nerve 시각신경
optical activity 광학활성
optical density 광학밀도
optical density 흡광도
optical fiber 광섬유
optical isomer 광학이성질체
optical isomerism 광학이성질
optical isomerism 광학이성질현상
optical isomerization 광학이성질화
optical microscope 광학현미경
optical property 광학성질
optical rotation 광회전
optical rotatory dispersion 광회전분산
optical rotatory power 광회전력
optical sensor 광감지기
optical specificity 광학특이성
optimal harvesting stage 수확적기
optimization 최적화
optimum growth temperature 최적생장온도
optimum moisture content 최적수분함량
optimum pH 최적피에이치
optimum temperature 최적온도
Opuntia ficus-indica 가시배
Opuntia humifusa 동부가시배
orache 오라치
oral administration 경구투여
oral bacteriology 구강세균학
oral cavity 입안
oral glucose tolerance test 경구포도당부하검사
oral health 구강보건
oral hygiene 구강위생
oral hypoglycemic agent 경구혈당강하제
oral infection 경구감염
oral intake 경구섭취
oral medication 경구투약

oral microbiology 구강미생물학
oral nutrition supplement 경구영양보충
oral rehydration therapy 경구수분보충요법
oral surgery 구강외과
oral texture 입안텍스처
orange 오렌지
orange beverage 오렌지음료
orange birch bolete 등색껄걸이그물버섯
orange color 오렌지색
orange daylily 원추리
orange jam 오렌지잼
orange juice 오렌지주스
orange juice concentrate 농축오렌지즙
orange oil 오렌지방향유
orange peel 오렌지껍질
orange peeler 오렌지박피기
orange puree 오렌지퓌레
orange roughy 오렌지라피
orange sac 오렌지과립
orange wine 오렌지술
Oratosquilla oratoria 갯가재
orbital 오비탈
orbital electron 오비탈전자
orbital quantum number 오비탈양자수
orchard 과수원
Orchidaceae 난초과
orcinol 오시놀
order 목
order 주문
order effect 순서효과
order error 순서오차
order of presentation 제시순서
order quantity 주문량
order statistics 순서통계량
ordinal scale 순서척도
ordinary temperature 상온
ordinary virgin olive oil 일반버진올리브기름
Orectolobiformes 수염상어목
oregano 오리가노
oregano oil 오리가노방향유
Oreochromis 오레오크레미스속
Oreochromis mossambicus 모잠비크틸라피아
Oreochromis niloticus 나일틸라피아
Oreosomatidae 남방달고깃과
organ 기관
organ 장기
organelle 소기관
organic acid 유기산
organic acid fermentation 유기산발효
organic agricultural and forestry produces 유기농림산물
organic agricultural produce 유기농산물
organic animal produce 유기축산물
organic brine 유기물브라인
organic catalyst 유기촉매
organic chemistry 유기화학
organic compound 유기화합물
organic farming 유기농업
organic fertilizer 유기비료
organic food 유기식품
organic growth regulator 유기생장조절물질
organic halogen compound 유기할로젠화합물
organic matter 유기물
organic nitrogen compound 유기질소화합물
organic nutrient 유기영양소
organic phosphorus 유기인
organic solvent 유기용매
organic sulfur compound 유기황화합물
organism 생물
Organization for Economic Cooperation and Development 경제협력개발기구
organobromine compound 유기브로민화합물
organochlorine 유기염소제
organochlorine compound 유기염소화합물
organochlorine insecticide 유기염소살충제
organochlorine pesticide 유기염소농약
organoleptic property 관능성질
organoleptic test 관능검사
organometallic compound 유기금속화합물
organophosphate 유기인제
organophosphorus insecticide 유기인살충제
organophosphorus pesticide 유기인농약
organotin compound 유기주석화합물
organotroph 유기영양생물
organ system 기관계통
organ transplantation 장기이식

oriental arborvitae 측백나무
Oriental bittersweet 노박덩굴
oriental bush cherry 이스라지나무
oriental cherry 벚나무
oriental cockroach 잔날개바퀴
oriental melon 참외
oriental onion 염교
oriental prawn 흰새우
oriental raisin tree 헛개나무
oriental river prawn 징거미새우
oriental shrimp 대하
Oriental staff vein 노박덩굴
oriental sweetgum 소합향나무
oriental sweetgum oil 소합향기름
oriental weather loach 미꾸리
oriental white oak 갈참나무
orientation 연신
oriented film 연신필름
oriented nylon film 연신나일론필름
oriented polypropylene 연신폴리프로필렌
oriented polystyrene 연신폴리스타이렌
orifice 오리피스
orifice meter 오리피스유량계
orifice mixer 오리피스믹서
Origanum dictamnus 디타니
Origanum majorana 마저럼
Origanum vulgare 오리가노
origin 원산지
origin mark 원산지표시
original equipment manufacturing 주문자상표부착생산
O ring 오링
Orlando tangelo 올랜도탄젤로
orlistat 오르리스타트
ornithine 오니틴
ornithine cycle 오니틴회로
Orobanchaceae 열당과
orotic acid 오로트산
orotidine 오로티딘
orotidine-5'-phosphate 오로티딘-5'-인산
orotidylic acid 오로티딜산
ORT → oral rehydration therapy
ortanique 오타니크
orthoester 오쏘에스터
orthopedics 정형외과
orthophosphate 오쏘포스페이트
orthophosphoric acid 오쏘인산
Orthoptera 메뚜기목
orthostatic hyerptension 기립고혈압
orthostatic hypotension 기립저혈압
Oryctolagus 굴토끼속
Oryctolagus cuniculus 굴토끼
Oryctolagus cuniculus var. *domesticus* 집토끼
Oryza 벼속
Oryza glaberrima 아프리카벼
Oryza sativa 벼
Oryzae sativa var. *indica* 인디카벼
Oryza sativa var. *japonica* 자포니카벼
Oryza sative var. *javanica* 자바벼
Oryzaephilus 가는납작벌레속
Oryzaephilus surinamensis 머리대장가는납작벌레
oryzanol 오리자놀
oryzenin 오리제닌
Oryzias latipes 송사리
osaceae 장미과
osarijeot 오사리젓
Osbeck's grenadier anchovy 싱어
oscillation 진동
oscillator 진동자
oscillograph 오실로그래프
osinchae 오신채
Osmanthus 목서속
Osmanthus fragrans 목서
Osmeridae 바다빙엇과
Osmeriformes 바다빙어목
osmolality 삼투몰랄농도
osmolarity 삼투몰농도
osmophilic 호삼투압성
osmophilic bacterium 호삼투세균
osmophilic microorganism 호삼투미생물
osmophilic yeast 호삼투효모
osmoregulation 삼투조절
osmosis 삼투
osmotic action 삼투작용
osmotic coefficient 삼투계수
osmotic concentration 삼투농도

osmotic dehydration 삼투탈수
osmotic diarrhea 삼투설사
osmotic drying 삼투건조
osmotic effect 삼투효과
osmotic pressure 삼투압
osmotroph 삼투영양생물
Osmundaceae 고빗과
Osmunda japonica 고비
osseous tissue 뼈조직
osteichthyans 경골어류
Osteichthyes 경골어강
osteoarthritis 뼈관절염
osteoblast 조골세포
osteocalcin 오스테오칼신
osteoclast 뼈파괴세포
osteomalacia 뼈연화증
osteopenia 뼈감소증
osteoporosis 뼈엉성증
Ostericum 멧미나리속
Ostericum grosseserratum 신감채
Ostericum sieboldii 멧미나리
Ostichthys japonicus 도화돔
Ostrea denselamellosa 토굴
Ostreidae 굴과
Ostreoida 굴목
ostrich 타조
ostrich meat 타조고기
Ostwald viscometer 오스트발트점도계
Ostwald's dissolution 오스트발트용해
Otaheite gooseberry 스타구스베리
Otariidae 물갯과
other grain 이종곡립
otitis media 가운데귀염
otolaryngology 이비인후과
ounce 온스
outbreak of food poisoning 집단식품중독
outer membrane 바깥막
outer shell membrane 비깥난각막
outer thin egg white 바깥묽은흰자위
output 출력
outside diameter 바깥지름
outside indicator 외부지시약
outside skirt 안창살
outsourcing 아웃소싱
ouzo 우조
ovalbumin 오브알부민
oval can 타원캔
oval kumquat 나가미금감
oval leaf buchu 타원잎부추
ovarian cancer 난소암
ovarian hormone 난소호르몬
ovary 난소
ovary 씨방
ovary culture 씨방배양
oven 오븐
ovenable tray 내열접시
oven drying method 오븐건조법
oven-fresh bakery 오븐프레시베이커리
oven range 오븐레인지
oven spring 오븐스프링
oven toaster 오븐토스터
overall difference test 종합차이검사
overall heat transfer 총괄열전달
overall heat transfer coefficient 총괄열전달계수
overall heat transmission 총괄열통과
overall reaction 총반응
overeating 과식
over fermented dough 지친반죽
overflow 넘쳐흐름
over grinding 과분쇄
overheating 과열
overload 과부하
overnutrition 영양과잉
over ripe dough 지친반죽
over ripened stage 과숙기
overripening 과숙
overrun 오버런
overweight 과체중
overwrapping 겉포장씌우기
oviduct 자궁관
oviparity 난생
Ovis aries 양
Ovis orientalis 무플론
ovoglobulin 오보글로불린
ovomucin 오보뮤신
ovomucoid 오보뮤코이드
ovotransferrin 오보트랜스페린

ovovitellin 오보비텔린
ovoviviparity 난태생
ovoviviparous fish 난태생어
ovulation 배란
ovulation cycle 배란주기
ovulation phase 배란기
ovule 밑씨
ovum 난자
o/w emulsion 오더블유에멀션
Owens machine 오웬스제병기
ox 황소
oxacillin 옥사실린
oxalate 옥살레이트
oxalic acid 옥살산
Oxalidaceae 괭이밥과
Oxalis 괭이밥속
Oxalis tuberosa 오카
oxaloacetic acid 옥살아세트산
oxalosuccinic acid 옥살석신산
oxaluria 옥살산뇨
oxamyl 옥사밀
Oxford style sausage 옥스퍼드소시지
ox-hoof 쇠족
ox-hoof oil 쇠족기름
oxidant 산화제
oxidase 산화효소
oxidation 산화
oxidation fermentation 산화발효
oxidation number 산화수
oxidation of wastewater 폐수산화
oxidation potential 산화퍼텐셜
oxidation reaction 산화반응
oxidation resistance 내산화성
oxidation-reduction potential 산화환원퍼텐셜
oxidation-reduction reaction 산화환원반응
oxidation-reduction system 산화환원계통
oxidation-reduction titration 산화환원적정
oxidative decarboxylation 산화카복실기제거반응
oxidative phosphorylation 산화인산화
oxidative rancidity 산화산패
oxidative stability 산화안정성
oxidative stress 산화스트레스
oxide 산화물
oxide film 산화막
oxide ion 산화이온
oxide mineral 산화광물
oxidimetry 산화적정
oxidized odor 산화내
oxidized starch 산화녹말
oxidizing agent 산화제
oxidizing power 산화력
oxidoreductase 산화환원효소
oxirane 옥시레인
oxoacetic acid 옥소아세트산
oxo acid 옥소산
oxolinic acid 옥솔린산
oxonium ion 옥소늄이온
oxtail 쇠꼬리
ox tongue 소혀버섯
Oxya chinensis sinuosa 벼메뚜기
oxyacid 산소산
Oxycoccus microcarpus 애기월귤
oxyethylene higher aliphatic alcohol 옥시에틸렌고급지방족알코올
oxygen 산소
oxygen absorbent 산소흡수제
oxygen absorption rate 산소흡수율
oxygen acid 산소산
oxygenase 옥시제네이스
oxygen demand 산소요구량
oxygen dissociation curve 산소해리곡선
oxygen saturation 산소포화도
oxygen uptake rate 산소흡수속도
oxyhemoglobin 옥시헤모글로빈
o-xylene 오쏘자일렌
oxymyoglobin 옥시마이오글로빈
oxyntic cell 산분비세포
oxyntic inhibitor 산분비억제제
oxystearin 옥시스테아린
oxytetracycline 옥시테트라사이클린
oxytocin 옥시토신
oxyuriasis 요충증
oxyuricide 요충구제제
Oxyuridae 요충과
Oxyuris 요충속
oyster 굴

oyster blade 부채살
oyster mushroom 느타리
oyster plant 선모
oyster sauce 굴소스
oyster saute 굴소테
ozonation 오존처리
ozone 오존
ozone disinfection 오존살균
ozone hole 오존홀
ozone layer 오존층
ozone water 오존수
ozonization process 오존산화법
ozonizer 오존발생장치

P

PAA → peroxyacetic acid
Pachira aquatica 말라바밤나무
Pachyrhizus erosus 히카마
Pachysolen 파키솔렌속
Pachysolen tannophilus 파키솔렌 타노필루스
Pacific bonito 태평양보니토
Pacific cod 태평양대구
Pacific flying squid 살오징어
Pacific hake 태평양메를루사
Pacific halibut 태평양가자미
Pacific herring 태평양청어
Pacific mackerel 태평양고등어
Pacific needlefish 동갈치
Pacific oyster 참굴
Pacific sardine 태평양정어리
Pacific saury 꽁치
Pacific saury oil 꽁치기름
Pacific spiny lumpsucker 도치
pack 팩
package 포장물
packaged beef 포장쇠고기
packaged eomuk 포장어묵
packaged food 포장식품
packaged meat 포장고기
packaged soybean curd 포장두부
packaging 포장
packaging cost 포장비
packaging film 포장필름
packaging material 포장재
packaging method 포장방법
pack date 포장날짜
packed column 충전탑
packed tower 충전탑
packer 포장기
packing house 과일선별포장시설
paclobutrazol 파클로뷰트라졸
paddy farming 논농사
paddy field 논
paddy rice 논벼
paddy straw mushroom 풀버섯
Paecilomyces 파에실로미세스속
Paecilomyces lilacinus 파에실로미세스 릴라시누스
Paecilomyces variotii 파에실로미세스 바리오티이
Paenibacillaceae 파에니바실루스과
Paenibacillus 파에니바실루스속
Paenibacillus polymyxa 파에니바실루스 폴리믹사
Paeonia 작약속
Paeonia lactiflora 작약
Paeoniaceae 작약과
PAGE → polyacrylamide gel electrophoresis
pagoda tree 회화나무
pagophagia 얼음섭취증
Pagophilus groenlandicus 하프물범
Pagrus major 참돔
PAH → polycyclic aromatic hydrocarbon
pain sensation 아픈감각
paint 페인트
painted maple 고로쇠나무
painted maple sap 고로쇠수액
paired comparison 이점비교
paired comparison test 이점비교검사
paired difference test 이점비교검사
paired electrons 짝진전자
paired preference test 이점선호검사
pajeon 파전
pak choi 청경채

pak choy sum 중국꽃배추
Pakinson's disease 파킨슨병
pakoras 파코라스
Palaemon gravieri 그라비새우
Palaemonidae 징거미새웃과
Palaemon paucidens 줄새우
Palaemon serratus 유럽새우
palatability 기호성
palate 입천장
palatinit 팔라티니트
Palatinose 팔라티노스
pale beer 담색맥주
pale chub 피라미
pale, soft, exudative pork 물퇘지
Palinuridae 닭새웃과
p-allylphenyl methyl ether 파라알릴페닐메틸에테르
palm 팜
Palmae 야자과
Palmaria 팔순이풀속
Palmariaceae 팔손이풀과
Palmariales 팔손이풀목
Palmaria palmata 팔손이풀
palmarosa 팔마로사
palm heart 팜순
palmitic acid 팔미트산
palmitin 팔미틴
palmitoleic acid 팔미톨레산
palm kernel cake 팜핵깻묵
palm kernel oil 팜핵기름
palm oil 팜기름
palm olein 팜올레인
palm stearin 팜스테아린
palm sugar 야자설탕
palmyra fruit 팔미라열매
paltry puffball 찹쌀떡버섯
Palythoa 팔리토아속
palytoxin 팔리톡신
p-aminobenzoic acid 파라아미노벤조산
Pampus argenteus 병어
pan 팬
Panax ginseng 고려인삼
Panax japonicum 죽절인삼
Panax notoginseng 전칠삼
Panax pseudoginseng 히말라야인삼
Panax quinquefolius 아메리카인삼
Panax trifolius 삼엽인삼
Panax vietnamensis 베트남인삼
pan broil 팬브로일
pancake 팬케이크
pancreas 이자
pancreatic amylase 이자아밀레이스
pancreatic β cell 이자베타세포
pancreatic cancer 이자암
pancreatic enzyme 이자효소
pancreatic hormone 이자호르몬
pancreatic islet 이자섬
pancreatic juice 이자액
pancreatic lipase 이자라이페이스
pancreatic phospholipase 이자인지방질가수분해효소
pancreatic protease 이자단백질가수분해효소
pancreatin 판크레아틴
pancreatitis 이자염
Pandalidae 도화새웃과
Pandalus hypsinotus 도화새우
Pandanaceae 판다누스과
Pandanales 판다누스목
pandan leaves 판단
Pandanus 판다누스속
Pandanus amaryllifolius 판단
panel 패널
panel leader 패널지도자
panelled can 패널캔
panelling 패널링
panel screening 패널선발검사
panel selection 패널선택
panettone 파네토네
pan-frying 팬프라잉
Panicum miliaceum 기장
pan mixer 팬믹서
panning 패닝
panose 파노스
panther puffer 졸복
pantothenic acid 판토텐산
Panulirus 닭새우속
Panulirus japonicus 닭새우
pap 팹

papain 파파인
Papaveraceae 양귀비과
Papaverales 양귀비목
Papaver somniferum 양귀비
papaya 파파야
papaya nectar 파파야넥타
paper 종이
paper chromatography 종이크로마토그래피
paper cup 종이컵
papilla 유두
paprika 파프리카
paraben 파라벤
paracasein 파라카세인
Paracoccus 파라코쿠스속
Paracoccus denitrificans 파라코쿠스 데니트리피칸스
paracress 파라크레스
paradise nut 파라다이스너트
parae 파래
paraffin 파라핀
paraffin paper 와스종이
parageusia 미각이상
paragonimiasis 폐흡충증
Paragonimidae 폐흡충과
Paragonimus 폐흡충속
Paragonimus westermani 폐흡충
Paralichthys olivaceus 넙치
Paralicthyidae 넙칫과
Paralithodes camtschaticus 왕게
Paralithodes platypus 청색왕게
parallel flow 병행흐름
parallel plate plastometer 평행판플라스토미터
paralysis 마비
paralytic shellfish poison 마비조개독
paralytic shellfish poisoning 마비조개중독
paramagnetic substance 상자성체
paramagnetism 상자성
Parameciidae 짚신벌렛과
paramecium 짚신벌레
Paramecium 짚신벌레속
Paramecium caudatum 짚신벌레
paramphistomiasis 쌍구흡충증
Parapenaeopsis hardwickii 긴뿔민새우
Parapenaeopsis tenella 민새우
Parapenaeus lanceolatus 마루민꽃새우
Parapenaeus sextuberculatus 좁은뿔민꽃새우
paraquat 파라
Para rubber tree 고무나무
Parasenecio 박쥐나물속
parasite 기생생물
parasite 기생충
parasitic disease 기생충병
parasiticol 파라시티콜
parasitic plant 기생식물
parasitic root 기생뿌리
Parasitidae 삼각생식순좀진드기과
parasitism 기생
parasol mushroom 큰갓버섯
parasympathetic nerve 부교감신경
parasympathetic nervous system 부교감신경계통
parathion 파라싸이온
parathion-methyl 파라싸이온메틸
parathormone 파라토르몬
parathyroid 부갑상샘
parathyroid gland 부갑상샘
parathyroid hormone 부갑상샘호르몬
paratroph 기생영양생물
paratrophy 기생영양성
Paratya compressa 생이
paratyphoid 파라티푸스
parbendazole 파벤다졸
parboiled rice 파보일드쌀
parboiling 파보일링
parched barley powder 보리미숫가루
parchment 양피지
parchment paper 황산지
parenchyma 유조직
parenchymal cell 유조직세포
parenchymal organ 유조직기관
parenteral infection 비경구감염
parenteral nutrition 정맥영양
parent strain 친주
paresthesia 감각이상
parfait 파르페
parietal cell 벽세포

Parkia biglobosa 아프리카로커스트콩
Parkia speciosa 페타이
Parkinson's syndrome 파킨슨증후군
Parma ham 파르마햄
Parmesan cheese 파르메산치즈
Parmigiano Reggiano 파르미지아노레지아노
parosmia 착각후각
parotid gland 귀밑샘
parotin 파로틴
parsley 파슬리
parsley root 파슬리뿌리
parsley seed oil 파슬리씨방향유
parsnip 파스닙
part bone 잡뼈
parthenocarpic fruit 단위결실과일
parthenocarpy 단위결실
parthenogenesis 단성생식
partial condensation 부분응축
partial freezing 부분냉동
partial freezing method 부분냉동법
partial pressure 부분압력
partially selective menu 부분선택메뉴
particle 입자
particle accelerator 입자가속기
particle density 입자밀도
particle size 입도
particle size analysis 입도분석
particle size analyzer 입도분석기
particle size distribution 입도분포
partition 분배
partition chromatography 분배크로마토그래피
partition coefficient 분배계수
partition constant 분배상수
parts per million 백만분율
Pascal 파스칼
Pascal's principal 파스칼원리
paselli 파셀리
Pasiphaeidae 돗대기새웃과
Passeridae 참샛과
Passer montanus 참새
Passiflora 시계꽃속
Passiflora caerulea 시계꽃
Passifloraceae 시계꽃과
Passiflora edulis var. *edulis* 패션프루트
Passiflora incarnata 자주시계꽃
Passiflorales 시계꽃목
Passiflora mollissima 바나나패션프루트
passion fruit 패션프루트
passion fruit juice 패션프루트주스
passive absorption 수동흡수
passive diffusion 수동퍼짐
passive immunity 수동면역
passive smoking 간접흡연
passive transport 수동운반
pasta 파스타
pasta filata cheese 파스타필라타치즈
paste 페이스트
paste mill 페이스트밀
pasterma 파스테마
Pasteur effect 파스퇴르효과
Pasteurella 파스퇴렐라속
Pasteurellaceae 파스퇴렐라과
Pasteurella haemolytica 파스퇴렐라 헤몰리티카
Pasteurella multocida 파스퇴렐라 물토시다
pasteurellosis 파스퇴렐라증
pasteurization 저온살균
pasteurization apparatus 저온살균장치
pasteurized cheese 저온살균치즈
pasteurized milk 저온살균우유
pasteurizer 저온살균기
pastille 파스틸
Pastinaca sativa 파스닙
pastiness 풀같음
pasting property 호화성질
pastrami 파스트라미
pastry 페이스트리
pastry cream 페이스트리크림
pasty 풀같은
Patagonian toothfish 비막치어
Patagras cheese 파타그라스치즈
patatin 파타틴
patch 부착포
pate 파테
patella 무릎뼈
patent 특허
patent flour 패턴트밀가루

patent still 패턴트증류기
pathogen 병원체
pathogenic bacterium 병원세균
pathogenic Escherichia coli 병원대장균
pathogenic fungus 병원진균
pathogenicity 병원성
pathogenic microbiology 병원미생물학
pathogenic microorganism 병원미생물
pathogenic milk 병원우유
pathological nutrition 병태영양학
pathologist 병리학자
pathology 병리학
pathotype 병원생물
pathway 경로
patient 환자
patina poisoning 녹청중독
Patinopecten yessoensis 큰가리비
patis 파티스
Patisserie product 파티세리제품
patjang 팥장
patjuk 팥죽
Patrinia 마타리속
Patrinia scabiosaefolia 마타리
patsirutteok 팥시루떡
patso 팥소
pattern 패턴
patty 패티
patulin 파툴린
Paullinia cupana 과라나
pavement mushroom 여름양송이
pawpaw 파파야
pawpaw 포포나무
PBI → protein-bound iodine
PC → paper chromatography
PCB → polychlorinated biphenyl
PCM → protein-calorie malnutrition
PCR → polymerase chain reaction
PCSs → polychlorobiphenyls
PDCAAS → protein digestibility corrected amino acid score
p-dichlorobenzene 파라다이클로로벤젠
p-dihydroxybenzene 파라다이하이드록시벤젠
pea 완두콩
pea bean 완두강낭콩
peach 복숭아
peach jam 복숭아잼
peach juice 복숭아주스
peach nectar 복숭아넥타
peach-palm 복숭아야자나무
peach pulp 복숭아펄프
peach puree 복숭아퓌레
peach tart 복숭아타르트
peach tree 복사나무
pea meal 완두콩가루
peanut 땅콩
peanut butter 땅콩버터
peanut butter cookie 땅콩버터쿠키
peanut color 땅콩색소
peanut meal 땅콩가루
peanut milk 땅콩우유
peanut oil 땅콩기름
peanut paste 땅콩페이스트
peanut product 땅콩가공품
peanut protein 땅콩단백질
pea plant 완두
pea protein 완두콩단백질
pea protein concentrate 농축완두콩단백질
pear 배
pear juice 배주스
pearled barley 보리쌀
pearled common millet 기장쌀
pearler 정맥기
pearling 정맥
pearl millet 진주기장
pearl oyster 진주조개
pearly lanternfish 샛비늘치
Pearson correlation coefficient 피어슨상관계수
pear tree 배나무
pea starch 완두콩녹말
peat 이탄
pea weevil 완두콩바구미
pecan 피칸
pecan nut 피칸너트
pecan nut color 피칸너트색소
pecan oil 피칸기름
Pecorino cheese 페코리노치즈

pectase 펙테이스
pectate lyase 펙테이트리에이스
pectate transeliminase 펙테이트트랜스엘리미네이스
Pecten albicans albicans 국자가리비
pectin 펙틴
pectic acid 펙트산
pectinase 펙티네이스
Pectinatus 펙티나투스속
Pectinatus cerevisiiphilus 펙티나투스 세레비시이필루스
Pectinatus frisingensis 펙티나투스 프리신겐시스
pectic enzyme 펙틴효소
pectinesterase 펙틴에스터가수분해효소
pectic substance 펙틴질
pectin grade 펙틴등급
pectinic acid 펙틴산
Pectinidae 가리빗과
pectin jelly 펙틴젤리
pectin lyase 펙틴리에이스
pectolytic bacterium 펙틴분해세균
pectose 펙토스
Pedaliaceae 참깻과
pediatrics 소아청소년과
pediocin 페디오신
Pediococcus 페디오코쿠스속
Pediococcus acidilactici 페디오코쿠스 아시디락티시
Pediococcus cerevisiae 페디오코쿠스 세레비시아에
Pediococcus halophilus 페디오코쿠스 할로필루스
pedogenesis 유생생식
pedogenesis 유석
peel 껍질
peeler 박피기
peeling 박피
peel oil 껍질방향유
Pekar (slick) test 피카르시험
Peking duct 페킹덕
pelagic fish 뜬고기
pelargonidin acylglucoside 펠라고디닌아실글루코사이드
pelargonidin 펠라고니딘
Pelargonium 펠라르고늄속
Pelargonium inquinans 제라늄
Pelecypoda 부족강
pellagra 펠라그라
pellagra preventive factor 펠라그라예방인자
pellet 펠릿
Pelmatozoa 불가사리문
pelmeni 펠메니
Pelodiscus sinensis 자라
Pelophylax 참개구리속
Pelophylax kl. *esculentus* 유럽참개구리
Pelshenke value 펠스헨키값
Pelt 44 펠트44
pelvis 골반
pelvic fracture 골반골절
PEM → protein-energy malnutrition
pemmican 페미컨
Penaeidae 보리새웃과
Penaeus chinensis 대하
Penaeus monodon 얼룩새우
penalist assessment 패널요원평가
penalist screening test 패널요원선발검사
penetration 침투
penetration capacity 침투능력
penetrometer 페네트로미터
penetrometry 페네트로메트리
penicillic acid 페니실산
penicillin 페니실린
penicillin allergy 페니실린알레르기
penicillinase 페니실린가수분해효소
penicillin G 페니실린지
Penicillium 푸른곰팡이속
Penicillium aurantiogriseum 페니실륨 아우란티오그리세움
Penicillium camemberti 페니실륨 카멤베르티
Penicillium candidium 페니실륨 칸디듐
Penicillium caseicolum 페니실륨 카세이콜룸
Penicillium chrysogenum 페니실륨 크리소게눔
Penicillium citrinum 페니실륨 시트리눔
Penicillium crustosum 페니실륨 크루스토숨
Penicillium cyclopium 페니실륨 시클로퓸
Penicillium discolor 페니실륨 디스콜로르

Penicillium glaucum 페니실륨 글라우쿰
Penicillium griseofulvum 페니실륨 그리세오풀붐
Penicillium islandicum 페니실륨 이스란디쿰
Penicillium notatum 페니실륨 노타툼
Penicillium polonicum 페니실륨 폴로니쿰
Penicillium roqueforti 페니실륨 로퀘포르티
Penicillium rubrum 페니실륨 루브룸
Penicillium verrucosum 페니실륨 베루코숨
Penicillium viridicatum 페니실륨 비리디카툼
Peniculidae 짚신벌레목
Pennisetum glaucum 진주기장
Pentadiplandra brazzeana 펜타디플란드라 브라제아나
Pentadiplandraceae 펜타디플란드라과
pentahedron 오면체
pentanal 펜탄알
pentane 펜테인
pentanedione 펜테인다이온
pentanoic acid 펜탄산
pentanol 펜탄올
Pentatomidae 노린잿과
pentenyl 펜텐일
pentosan 펜토산
pentosanase 펜토산분해효소
pentose 펜토스
pentose phosphate pathway 펜토스인산경로
pentosuria 펜토스뇨증
peonidin 페오니딘
peonin 페오닌
pepino 페피노
pepper 후추
peppercorn 마른후추
pepper essential oil 후추방향유
peppermint 페퍼민트
peppermint essential oil 페퍼민트방향유
pepperoni 페퍼로니
pepper powder 후춧가루
pepsin 펩신
pepsinogen 펩시노젠
peptic ulcer 소화성궤양
peptidase 펩타이드가수분해효소
peptide 펩타이드
peptide antibiotic 펩타이드항생물질
peptide bond 펩타이드결합
peptide chain 펩타이드사슬
peptide hormone 펩타이드호르몬
peptidoglycan 펩티도글리칸
peptidoglycolipid 펩타이드당지방질
peptidome 펩티돔
peptidyl dipeptidase A 펩티딜다이펩티데이스에이
peptidyltrasferase 펩타이드기전달효소
peptization 풀림
peptizing agent 풀림제
peptone 펩톤
PER → protein efficiency ratio
percent 퍼센트
percentage 백분율
percentage concentration 백분율농도
percent by volume 부피퍼센트
percent concentration 퍼센트농도
percent daily value 퍼센트일일기준값
percent germination 발아율
perception 지각
perchloric acid 과염소산
Perciformes 농어목
percolation leaching process 삼투침출법
perennial flowering plant 여러해살이꽃식물
perennial grass 여러해살이풀
perennial herbaceous plant 여러해살이초본식물
perennial plant 여러해살이식물
perennial weed 여러해살이잡초
perfect elastic body 완전탄성체
perforated plate tower 다공판탑
perforated polyethylene 다공폴리에틸렌
performance 성능
perfumer 조향사
pergamyn 페가민
pericarp 열매껍질
perilla 들깨
perilla 소엽
Perilla 들깨속
perilla color 소엽색소
perilla essential oil 소엽방향유
Perilla frutescens var. *crispa* 소엽
Perilla frutescens var. *japonica* 들깨

perillaldehyde 페릴알데하이드
perilla leaf 들깻잎
perilla oil 들기름
perillartine 페릴라틴
perilla seed 들깨
perimysium 근육다발막
period 주기
periodicity 주기성
periodic law 주기율
periodic table 주기율표
Periophthalmus modestus 말뚝망둥어
peripheral electron 최외각전자
peripheral nerve 말초신경
peripheral nervous system 말초신경계통
peripheral neuropathy 말초신경병
peripheral parenteral nutrition 말초정맥영양
periphytic bacterium 부착세균
periphyton 부착생물
Periplaneta americana 이질바퀴
perishable food 부패하기 쉬운 식품
perisperm 외배젖
peristalsis 꿈틀운동
peritoneal dialysis 복막투석
peritoneum 복막
peritonitis 복막염
perlite 퍼라이트
permanent deformation 영구변형
permanent elongation 영구신장
permanent hard water 영구센물
permanent immunity 영구면역
permanent magnet 영구자석
permanganic acid 과망가니즈산
permeability 투과성
permeability coefficient 투과계수
permeability constant 투과상수
permeable membrane 투과막
permeation 투과
permethrin 페메트린
permissible level 허용수준
Perna canaliculus 뉴질랜드초록홍합
Perna viridis 아시아초록홍합
pernicious anemia 악성빈혈
pernod 페노드
peroxidase 과산화효소
peroxidation 과산화
peroxidation reaction 과산화반응
peroxide 과산화물
peroxide ion 과산화이온
peroxide value 과산화물값
peroxonitric acid 과산화질소
peroxyacetic acid 과산화아세트산
peroxyphosphoric acid 과산화인산
peroxy radical 과산화라디칼
perry 페리
Persea americana 아보카도
Persian lime 페르시아라임
Persian silk tree 자귀나무
Persian walnut 호두나무
Persicaria 여뀌속
Persicaria hydropiper 여뀌
Persicaria odorata 베트남고수
Persicaria perfoliata 며느리배꼽
persimmon 감
persimmon color 감색소
persimmon juice 감주스
persimmon leaf tea 감잎차
persimmon tannin 감타닌
persimmon vinegar 감식초
persistency 지속성
persistency of taste 맛지속성
persistent pesticide 지속농약
personal history 개인이력
personal hygiene 개인위생
perspective formula 투시식
pertussis 백일해
Peruvian apple 페루사과
Peruvian apple cactus 페루사과선인장
Peruvian carrot 페루홍당무
pervaporation 막증발
pest 페스트
pesticide 농약
pesticide poisoning 농약중독
pesticide residue 잔류농약
pestle 막자
pesto 페스토
pet 애완동물
PET → polyethylene terephthalate
PET → positron emission tomography

petai 페타이
Petasites japonicus 머위
Petasites saxatile 개머위
PET bottle 페트병
pet food 애완동물먹이
petit four 프티푸르
petit gâteaux 프티가토
petitgrain oil 페티트그레인기름
Petri dish 페트리접시
petroleum 석유
petroleum wax 석유왁스
petroleum yeast 석유효모
Petromyzontidae 칠성장어과
Petromyzontiformes 칠성장어목
petroselinic acid 페트로셀린산
Petroselinum crispum 파슬리
petunidin 페튜니딘
petunin 페튜닌
Peucedanum 기름나물속
Peucedanum japonicum 갯기름나무
Peyer's patch 파이어반
Pezizaceae 주발버섯과
Pezizales 주발버섯목
Peziza vesiculosa 주발버섯
PFC ratio 피에프시비율
P-fiber 피섬유
PG → propyl gallate
PG → propylene glycol
PG → prostaglandin
PGA → phosphoglyceric acid
PGAL → phosphoglyceraldehyde
PGG → 1,2,3,4,6-penta-O-galloyl-β-D-glucose
pH 피에이치
PHA → polyhydroxyalkanoate
Phaeophyceae 갈조강
Phaeophyta 갈조식물문
Phaffia 파피아속
phaffia color 파피아색소
Phaffia rhodozyma 파피아 로도지마
phage 파지
phagocyte 포식세포
phagocytolysis 포식세포융해
phagocytosis 포식작용
phagomania 탐식광
Phallaceae 말뚝버섯과
Phallales 말뚝버섯목
Phanerochaete chrysosporium 파네로카에테 크리소스포륨
phanerogam 꽃식물
phanerophyte 지상식물
Pharellidae 작두콩가리맛조개과
Pharidae 작두콩가리맛조개과
pharmacist 약사
pharmacology 약리학
pharyngeal cancer 인두암
pharyngitis 인두염
pharynx 인두
phase 상
phase behavior 상행동
phase change 상변화
phase contrast microscope 위상차현미경
phase diagram 상평형그림
phase difference 위상차
phase equilibrium 상평형
phase inversion 상전환
phase rule 상률
phase separation 상분리
phase transformation 상변태
phase transition 상전이
phaseolin 파세올린
Phaseolus 파세올루스속
Phaseolus acutifolius 테파리콩
Phaseolus coccineus 러너빈
Phaseolus lunatus 라이머빈
Phaseolus radiatus 녹두
Phaseolus vulgaris 강낭콩
Phasianidae 꿩과
Phasianus colchicus 꿩
pheasant 꿩
pheasant meat 꿩고기
pheasant's back mushroom 구멍장이버섯
pH electrode 피에이치전극
Phellinaceae 진흙버섯과
Phellinus 진흙버섯속
Phellinus igniarius 진흙버섯
Phellinus linteus 상황
phenanthrene 페난트렌

phenethyl alcohol 펜에틸알코올
phenicillamine 페니실아민
phenobarbital 페노바비탈
phenol 페놀
phenolase 페놀분해효소
phenol coefficient 페놀계수
phenol ether 페놀에테르
phenolic acid 페놀산
phenolphthalein 페놀프탈레인
phenol red 페놀레드
phenol resin 페놀수지
phenome 페놈
phenomics 페노믹스
phenotype 표현형
phenyl 페닐
phenylacetaldehyde 페닐아세트알데하이드
phenylacetic acid 페닐아세트산
phenylalanine 페닐알라닌
phenylalanine ammonia lyase 페닐알라닌 암모니아리에이스
phenylalanine hydroxylase 페닐알라닌하이드록시화효소
phenylamine 페닐아민
phenylbenzene 페닐벤젠
phenyl cyanide 사이안화페닐
phenylethanol 페닐에탄올
phenylethyl acetate 아세트산페닐에틸
phenylhydrazine 페닐하이드라진
phenylhydroxylamine 페닐하이드록실아민
phenylketonuria 페닐케톤뇨증
phenyl methyl ketone 페닐메틸케톤
phenylpropanoid 페닐프로파노이드
phenylpyruvic acid 페닐피루브산
phenylthiocarbamide 페닐싸이오카바마이드
phenylthiourea 페닐싸이오유레아
phenytoin 페니토인
pheophorbide 페오포바이드
pheophytin 페오피틴
pheromone 페로몬
pH indicator 피에이치지시약
pH jump 피에이치급변
phleboclysis 정맥주사
Phllostachys nigra var. *henonis* 솜대
phloem 체관부
Phlomis 속단속
Phlomis umbrosa 속단
phloroglucinol 플로로글루신올
phloxine 플록신
pH meter 피에이치미터
Phoca 물범속
Phoca hispida ochotensis 물범
Phoca vitulina 점박이물범
Phocidae 물범과
phoenix 피닉스
Phoenix 피닉스속
Phoenix cap 피닉스캡
Phoenix dactylifera 대추야자나무
Phoenix mushroom 산느타리
Phoenix sylvestris 야생대추야자나무
Pholidae 황줄베도라칫과
Pholiota 비늘버섯속
Pholiota adiposa 검정비늘버섯
Pholiota aurivella 금빛비늘버섯
Pholiota lenta 흰비늘버섯
Pholiota nameko 나도팽나무버섯
Pholis nebulosa 베도라치
Phoma 포마속
Phoma herbarum 포마 헤르바룸
Phoma sorghina 포마 소르그히나
phosalone 포살론
phosgene 포스젠
phosmet 포스메트
phosphamidon 포스파미돈
phosphatase 인산가수분해효소
phosphatase test 인산가수분해효소시험
phosphate 인산염
phosphate bond energy 인산결합에너지
phosphate compound 인산화합물
phosphated distarch phosphate 인산화인산이녹말
phosphatide 포스파타이드
phosphatidic acid 포스파티드산
phosphatidylcholine 포스파티딜콜린
phosphatidylethanolamine 포스파티딜에탄올아민
phosphatidylinositol 포스파티딜이노시톨
phosphatidylserine 포스파티딜세린
phosphine 포스핀

phosphodextrin 포스포덱스트린
phosphodiester 인산다이에스터
phosphodiesterase 인산다이에스터가수분해효소
phosphodiester bond 인산다이에스터결합
phosphoenol pyruvate 포스포엔올피루브산
phosphoglucomutase 포스포글루코뮤테이스
phosphoglyceraldehyde 포스포글리세르알데하이드
phosphoglyceric acid 포스포글리세르산
phosphoglyceride 포스포글리세라이드
phosphoglycolic acid 포스포글리콜산
phospholipase 포스포라이페이스
phospholipase A2 포스포라이페이스에이투
phospholipase B 포스포라이페이스비
phospholipid 인지방질
phosphopeptide 인펩타이드
phosphoprotein 인단백질
phosphor 인광물질
phosphorescence 인광
phosphorescent substance 인광체
phosphoric acid 인산
phosphoric monoester hydrolase 인산모노에스터가수분해효소
phosphorolysis 인산첨가분해
phosphorous acid 아인산
phosphorus 인
phosphorylase 포스포릴레이스
phosphorylation 인산화반응
phosphoryl chloride 염화포스포릴
phosphoserine 포스포세린
phosphotransferase 인산전달효소
Phostoxin 포스톡신
phosvitin 포스비틴
photoautotroph 광독립영양생물
Photobacterium 포토박테륨속
Photobacterium phosphoreum 포토박테륨 포스포레움
photocell 광전지
photochemical reaction 광화학반응
photochemistry 광화학
photodegradable plastic 광분해플라스틱
photo detector 광검출기
photodynamics 광역학
photoelectric cell 광전지
photoelectric colorimeter 광전비색계
photoelectric conductivity 광전도도
photoelectric effect 광전효과
photoelectric photometer 광전광도계
photoelectric spectrophotometer 광전분광광도계
photoelectron form 광전자형
photogen 발광원
photogenic bacterium 발광세균
photogenic plant 발광식물
photoionization 광이온화
photoisomerization 광이성질화
photoluminescence 광루미네선스
photolysis 광분해
photometer 광도계
photometric analysis 흡광분석
photometric titration 광도적정
photometry 광도측정법
photon 광자
photooxidation 광산화
photophosphorylation 광인산화
photophosphorylation 광인산화반응
photoprotein 발광단백질
photoptophic bacterium 광영양세균
photoreactivation 광회복
photoreceptor 광받개
photoreceptor cell 광받개세포
photorespiration 광호흡
photosensitive resin 감광수지
photosensitivity 감광성
photosensitization 감광
photosensitized oxidation 감광산화
photosensitizer 감광제
photosynthesis 광합성
photosynthetic bacterium 광합성세균
photosynthetic microorganism 광합성미생물
photosynthetic pigment 광합성색소
photosynthetic plant 광합성식물
photosynthetic quotient 광합성계수
photosynthetic rate 광합성속도
phototaxis 주광성
phototoxicity 광독성
phototroph 광영양생물

phototrophic microorganism 광영양미생물
pH paper 피에이치시험지
Phragmites australis 갈대
pH range 피에이치범위
Phrymaceae 파리풀과
phthalic acid 프탈산
phthalic acid ester 프탈산에스터
phthalide 프탈리이드
phulka 풀카
pH unit 피에이치단위
pH value 피에이치값
Phycidae 수염대구과
phycobilin 피코빌린
phycochrome 피코크롬
phycocyanin 피코사이아닌
phycocyanobilin 피코사이아노빌린
phycoerythrin 피코에리트린
phycoerythrocyanin 피코에리트로사이아닌
phycologist 조류학자
phycology 조류학
Phycomycetes 조균강
phycotoxin 조류독소
p-hydroxybenzoate 파라하이드록시벤조에이트
p-hydroxybutylbenzoate 파라하이드록시뷰틸벤조에이트
p-hydroxyphenylethylamine 파라하이드록시페닐에틸아민
Phylacteriaceae 굴뚝버섯과
Phyllachoraceae 필라코라과
Phyllanthaceae 여우주머닛과
Phyllanthus acidus 스타구스베리
Phyllanthus emblica 인도구스베리
Phyllophora 필로포라속
phylloquinone 바이타민케이원
phylloquinone 필로퀴논
Phyllostachys 왕대속
Phyllostachys heterocycla 죽순대
Phyllostachys nigra 오죽
phylobiology 계통생물학
phylogenetic systematics 계통분류학
Phylum 문
Physalacriaceae 피살라크리아과
Physalis 꽈리속
Physalis ixocarpa 토마티요
Physalis peruviana 식용꽈리
Physeter 향고래속
Physeteridae 향고랫과
Physeter macrocephalus 향고래
physical activity 신체활동량
physical change 물리변화
physical chemistry 물리화학
physical digestion 물리소화
physical oceanography 해양물리학
physical property 물리성질
physical stimulus 물리자극
physician 내과의사
physicist 물리학자
physicochemical analysis method 이화학분석법
physicochemical property 이화학성질
physics 물리학
physiological anemia 생리빈혈
physiological disorder 생리장애
physiological effect 생리효과
physiological function 생리기능
physiological needs 생리욕구
physiological psychology 생리심리학
physiological reaction 생리작용
physiological saline 생리식염수
physiologist 생리학자
physiology 생리학
physiomics 생리체학
phytase 피테이스
phytate 피트산염
phytic acid 피트산
phytin 피틴
phytoalexin 식물알렉신
phytoanticipin 식물안티시핀
phytobezoar 위식물돌
phytochemical 파이토케미컬
phytochemistry 식물화학
phytochrome 파이토크롬
phytoestrogen 식물에스트로겐
phytofluene 식물플루엔
phytohemagglutinin 식물혈구응집소
phytohormone 식물호르몬
phytol 피톨

phytolectin 식물렉틴
phytonadione 바이타민케이원
phytonadione 파이토나다이온
phytoncide 피톤치드
phytonutrient 식물영양소
phytopathogen 식물병원체
phytopathology 식물병리학
Phytophthora 피토프토라속
Phytophthora cactorum 피토프토라 칵토룸
Phytophthora citrophthora 피토프토라 시트로프토라
Phytophthora infestans 피토프토라 인페스탄스
Phytophthora syringae 피토프토라 시린가에
phytophysiology 식물생리학
phytoplankton 식물플랑크톤
phytostanol 식물스탄올
phytosterol 식물스테롤
phytosterol ester 식물스테롤에스터
phytotoxicity 약해
phytotoxin 식물독소
pica 이식증
Pichia 피키아속
Pichia farinosa 피키아 파리노사
Pichia fermentans 피키아 페르멘탄스
Pichia membranefaciens 피키아 멤브라네파시엔스
picker 탈우기
picking 따기
picking machine 탈우기
pickle 피클
pickle curing 피클큐어링
pickled cheese 피클치즈
pickled egg 피클알
pickled onion 피클양파
pickling 피클링
picloram 피클로람
picnic bacon 앞다리베이컨
pico 피코
Picornaviridae 피코르나바이러스과
Picrasma quassioides 소태나무
pidan 피단
pie 파이
pie crust 파이크러스트
pie dough 파이반죽
pie filling 파이속
pig 돼지
pigeon 비둘기
pigeon meat 비둘기고기
pigeon pea 비둘기콩
pigging 피깅
piglet 애저
pig liver 돼지간
pigment 색소
pigmentation 착색
pigment cell 색소세포
pigment fixation 색소고정
pigment gallstone 색소쓸갯돌
pigment layer 색소층
pigment-producing bacterium 색소생성세균
pigneria 피뇨리아
pigweed 쇠비름
pilchard 정어리
pilin 필린
pill 알약
pilot mill 파일럿제분기
pilot plant 파일럿플랜트
pilus 선모
pimaricin 피마리신
Pimenta dioica 올스파이스나무
Pimenta officinalis 올스파이스나무
pimento 피망
pimento 피멘토
pimento oil 피멘토방향유
pimiento 피망
pimola 피몰라
Pimpinella 참나물속
Pimpinella anisum 아니스
Pimpinella brachycarpa 참나물
Pinaceae 소나뭇과
pincette 핀셋
Pinctada fucata 진주조개
pine 소나무
pineal gland 솔방울샘
pineapple 파인애플
pineapple guava 페이조아
pineapple juice 파인애플주스
pineapple nectar 파인애플넥타

pinecone cap 솔방울캡
pinene 피넨
pine needle 솔잎
pine nut 잣
pine pollen 송화
pin hole 핀홀
pinhole tester 핀홀검사기
pinitol 피니톨
pink bean 핑크강낭콩
pink cusk-eel 체장메기
pinkgray goby 도화망둑
pink lapacho 핑크라파초
pink oyster mushroom 분홍느타리
pink salmon 곱사연어
pink-tipped coral mushroom 싸리버섯
pink wine 핑크와인
pin mill 핀밀
pin milling 핀밀링
Pinnidae 키조갯과
Pinnipedia 물개목
pinocytosis 음세포작용
pint 파인트
pinto bean 핀토빈
Pinus densiflora 소나무
Pinus koraiensis 잣나무
Pinus pinaster 해안송
Pinus pinea 우산소나무
pinworm 요충
pip 작은씨
pipe 파이프
pipecolic acid 피페콜산
pipe line transport 파이프운반
Piper 후추속
Piperaceae 후춧과
Piperales 후추목
Piper betle 베텔
Piper cubeba 쿠벱
piperidine 피페리딘
piperine 피페린
Piper longum 필발
Piper methysticum 카바
Piper nigrum 후추나무
piperonal 피페론알
piperonyl butoxide 피페로닐뷰톡사이드
pipette 피펫
piping 배관
pirimicarb 피리미카브
pirimiphos-methyl 피리미포스메틸
pisatin 피사틴
pisco 피스코
pistachio 피스타치오
pistachio nut 피스타치오너트
Pistacia vera 피스타치오
pistil 암술
Pisum 완두속
Pisum sativum 완두
Pisum sativum var. *arvense* 붉은 완두
Pisum sativum var. *macrocarpon* 스노우완두
Pisum sativum var. *macrocarpon* ser. cv. 설탕완두
pita bread 피타빵
pitanga 수리남버찌
pitaya 용과
pitayo 용과
pitch 물매
pitching 효모첨가
pithiness 바람들이
pito 피토
Pitot tube 피토관
Pittosporaceae 돈나뭇과
pituitary gland 뇌하수체
pituitary gonadotrophin 뇌하수체생식샘자극호르몬
pituitary hormone 뇌하수체호르몬
pizza 피자
pizza dough 피자반죽
pizza filling 피자필링
pK value 피케이값
PL → product liability
placebo 플라세보
placebo effect 플라세보효과
placenta 태반
placental hormone 태반호르몬
placental infection 태반감염
plain biscuit 플레인비스킷
plain cake 플레인케이크
plain can 백관
plain condensed milk 플레인연유

plain ice cream 플레인아이스크림
plain yoghurt 플레인요구르트
planar structure 평면구조
Planck's constant 플랑크상수
plane 평면
planimeter 플래니미터
plankton 플랑크톤
Planococcaceae 플라노코카과
plant 식물
Plantae 식물계
Plantaginaceae 질경잇과
Plantaginales 질경이목
Plantaginis semen 차전자
Plantago 질경이속
Plantago asiatica 질경이
Plantago ovata 블론드사일륨
plantain 플랜테인
plantaricin 플란타리신
plantation 플랜테이션
plantation sugar 플랜테이션설탕
plant biochemistry 식물생화학
plant community 식물군락
plant disease 식물병
plant disorder 식물장애
plant ecology 식물생태학
planted area 재배면적
plant fiber 식물성섬유
plant food 식물성식품
plant gibberellin 식물지베렐린
plant growth 식물생장
plant growth hormone 식물생장호르몬
plant growth inhibitor 식물생장억제물질
plant growth promotor 식물생장촉진물질
plant growth regulator 식물생장조절물질
plant growth substance 식물생장물질
planting 재식
planting density 재식밀도
plant lipid 식물지방질
plant nutrition 식물영양
plant physiology 식물생리학
plant poison 식물독
plant protease 식물단백질가수분해효소
Plant Protection Act 식물방역법
plant protein 식물단백질
plant quarantine 식물검역
plant science 식물학
plant species 식물종
plant tissue culture 식물조직배양
plant virus 식물바이러스
plant wax 식물왁스
plaque 플라크
plasma 플라스마
plasma 혈장
plasma cell 형질세포
plasma coagulase 혈장응고효소
plasma hemoglobin 혈장헤모글로빈
plasmalemma 식물세포막
plasma membrane 원형질막
plasma protein 혈장단백질
plasma spectroscopic analysis 플라스마분광분석법
plasma streaming 원형질유동
plasmid 플라스미드
plasmin 플라스민
plasminogen 플라스미노겐
plasminogen activator 플라스미노겐활성화인자
plasmodium 변형체
Plasmodium 플라스모듐속
plasmogamy 원형질융합
plasmolysis 원형질분리
plastein 플라스테인
plastein reaction 플라스테인반응
plastic 플라스틱
plastic bag 플라스틱백
plastic bottle 플라스틱병
plastic casein 플라스틱카세인
plastic cream 소성크림
plastic deformation 소성변형
plastic fat 소성지방
plastic film 플라스틱필름
plastic film greenhouse 비닐하우스
plastic flow 소성흐름
plastic fluid 소성유체
plasticity 소성
plasticity index 소성지수
plasticization 가소화
plasticized polyvinyl chloride 연질폴리염화

바이닐
plasticizer 가소제
plastic knife 플라스틱칼
plastic tray 플라스틱접시
plastic ware 플라스틱그릇
plastic wrap 플라스틱랩
plastid 색소체
plastometer 플라스토미터
plastoquinone 플라스토퀴논
plate column 판형탑
plate cooler 판형냉각기
plate count 평판계수
plate count agar with BCP 비시피첨가평판우무배지
plate culture 평판배양
plate evaporator 판형증발기
plate freezer 판형냉동기
plate heater 판형히터
plate heat exchanger 판형열교환기
platelet 혈소판
platelet activating factor 혈소판활성인자
plate pasteurizer 판형저온살균기
platform balance 접시저울
platform test 수유검사
plating 도금
platinum 백금
platinum dish 백금접시
Platycephalidae 양탯과
Platycephalus indicus 양태
Platycodon 도라지속
Platycodon grandiflorum 도라지
Platycodon grandiflorum for. *albiflorum* 백도라지
platyhelminth 편형동물
Platyhelminthes 편형동물문
PLC → product life cycle
pleasantness 쾌적도
pleated sheet structure 병풍구조
Plecoglossus altivelis 은어
Plectomycetes 폐과균강
Plectranthus amboinicus 인도보리지
Plectranthus barbatus 인디언콜레우스
Plectranthus esculentus 리빙스톤감자
Plectranthus rotundifolius 줄루감자
Pleosporaceae 플레오스포라과
Plesiomonas 플레시오모나스속
Plesiomonas shigelloides 플레시오모나스 시겔로이데스
pleura 가슴막
pleurisy 가슴막염
Pleuroceridae 다슬깃과
Pleurogrammus azonus 임연수어
Pleuroncodes planipes 붉은게
Pleuronectidae 가자밋과
Pleuronectiformes 가자미목
Pleuronichthys cornutus 도다리
Pleurotaceae 느타릿과
Pleurotremata 상어아목
Pleurotus 느타리속
Pleurotus abalonus 전복느타리버섯
Pleurotus cornucopiae var. *citrinopileatus* 노랑느타리
Pleurotus eryngii 새송이
Pleurotus ostreatus 느타리
Pleurotus pulmonarius 산느타리
Pleurotus sajor-caju 여름느타리
Pleurotus salmoneostramineus 분홍느타리
PLP → pyridoxal phosphate
plug flow 플러그흐름
plum 자두
Plumbaginaceae 갯질경이과
plum cake 자두케이크
plumcot 플럼코트
plum juice 자두주스
plumpness 통통함
plum pudding 자두푸딩
plum tree 자두나무
plunger 플런저
plunger pump 플런저펌프
Pluteaceae 난버섯과
plutonium 플루토늄
plywood 합판
p-methoxybenzaldehyde 파라메톡시벤즈알데하이드
p-methyl acetophenone 파라메틸아세토페논
PMS → premenstrual syndrome
pneumatic controller 공기조절기
pneumatic conveyer 공기컨베이어

pneumatic dryer 기류건조기
pneumatic elevator 공기엘리베이터
pneumatic mill 공기제분기
pneumatic type 공압식
pneumococcus 폐렴사슬알세균
pneumoconiosis 진폐증
pneumonia 폐렴
p-nitroaniline 파라나이트로아닐린
po 포
Poaceae 볏과
poached egg 수란
Poales 벼목
poblano 포블라노
pod 꼬투리
poduryeon baechu 포두련배추
poi 포이
poikilotherm 변온동물
point estimation 점추정
point of unsaturation 불포화점
Poise 푸아즈
poison 독약
poisoning 중독
poison nut 마전
poisonous gas 독가스
poisonous mushroom 독버섯
poisonous plant 독성식물
Poisson distribution 푸아송분포
Poisson's ratio 푸아송비
polar amino acid 극성아미노산
polar bear 북극곰
polar bond 극성결합
polar compound 극성화합물
polar covalent bond 극성공유결합
polar group 극성원자단
polarimeter 편광계
polarimetry 편광측정법
polariscope 편광기
polarity 극성
polarization 분극
polarization microscope 편광현미경
polarized light 편광
polarizer 편광판
polar lipid 극성지방질
polar material 극성물질
polar molecule 극성분자
polarography 폴라로그래피
polaroid filter 편광필터
polar reaction 극성반응
polar solvent 극성용매
pole 극
Polenske value 폴렌스키값
polenta 폴렌타
polio 회색질척수염
poliomyelitis 회색질척수염
poliovirus 폴리오바이러스
polished rice 아주먹이
polishing 폴리싱
Polish sausage 폴란드소시지
Pollachius pollachius 유럽대구
Pollachius virens 북대서양대구
pollack liver oil 명태간기름
pollack roe 명란
pollen 꽃가루
pollen allergy 꽃가루알레르기
pollen culture 꽃가루배양
pollen hypersensitivity 꽃가루과민증
pollen mother cell 꽃가루모세포
pollen tube 꽃가루관
pollen tube nucleus 꽃가루관핵
Pollicipedidae 거북손과
Pollicipes mitella 거북손
pollination 꽃가루받이
pollutant 오염물질
pollutant load 오염부하
pollution 공해
pollution 오염
pollution index 오염지표
pollution source 오염원
polonium 폴로늄
poly(vinyl chloride) 폴리염화바이닐
poly(γ-glutamic acid) 폴리감마글루탐산
polyacrylamide 폴리아크릴아마이드
polyacrylamide gel 폴리아크릴아마이드겔
polyacrylamide gel electrophoresis 폴리아크릴아마이드겔전기이동
polyacrylonitrile 폴리아크릴로나이트릴
polyamide 폴리아마이드
polyamide resin 폴리아마이드수지

polyamine 폴리아민
polybasic acid 다가산
polybrominated biphenyls 다브로민화바이페닐류
polybrominated diphenyl ether 다브로민화다이페닐에테르
polybutene 폴리뷰텐
polybutylene 폴리뷰틸렌
polycarbonate 폴리카보네이트
Polychaeta 다모강
polychlorinated biphenyl 폴리염화바이페닐
polychlorinated dibenzodioxin 폴리염화다이벤조다이옥신
polychlorinated dibenzofuran 폴리염화다이벤조퓨란
polychlorobiphenyls 폴리클로로바이페닐
polychloroethene 폴리클로로에텐
polyclonal antibody 다중클론항체
polyclone 다중클론
polycyclic aromatic hydrocarbon 여러고리방향족탄화수소
polycyclic compound 여러고리화합물
polycyclic hydrocarbon 여러고리탄화수소
polydextrose 폴리덱스트로스
polydimethylsiloxane 폴리다이메틸실록세인
polydipsia 다음증
polyelectrolyte 고분자전해질
polyene 폴리엔
polyester 폴리에스터
polyester resin 폴리에스터수지
polyether 폴리에테르
polyethylene 폴리에틸렌
polyethylene bag 폴리에틸렌백
polyethylene film 폴리에틸렌필름
polyethylene foam 폴리에틸렌폼
polyethylene glycol 폴리에틸렌글리콜
polyethylene naphthalate 폴리에틸렌나프탈레이트
polyethylene packing storage 폴리에틸렌포장저장
polyethylene terephthalate 폴리에틸렌테레프탈레이트
Polygala 원지속
Polygalaceae 원지과
polygalacturonase 폴리갈락투로네이스
Polygala tenuifolia 원지
polyglutamic acid 폴리글루탐산
polyglycerol polyricinoleate 폴리글리세롤폴리리시놀레에이트
polyglycitol syrup 폴리글리시톨시럽
polygon 다각형
Polygonaceae 마디풀과
Polygonales 마디풀목
Polygonatum 둥굴레속
Polygonatum falcatum 진황정
Polygonatum involucratum 용둥굴레
Polygonatum lasianthum 죽대
Polygonatum odoratum var. *pluriflorum* 둥굴레
Polygonatum robustum 왕둥굴레
Polygonatum stenophyllum 층층둥굴레
Polygonum aviculare 마디풀
polyhedron 다면체
polyhydric alcohol 다가알코올
poly(hexamethylenebiguanide)hydrochloride 폴리(헥사메틸렌바이구아나이드)하이드로클로라이드
polyhydroxyalkanoate 폴리하이드록시알카노에이트
polyisobutene 폴리아이소뷰텐
polyisobutylene 폴리아이소뷰틸렌
polyisoprene 폴리아이소프렌
polyketide 폴리케타이드
poly(β-D-mannuronate) lyase 폴리(베타-디-마누론산)리에이스
polymer 중합체
polymerase 중합효소
polymerase chain reaction 중합효소연쇄반응
polymer flocculating agent 중합체응집제
polymerization 중합
polymerization reaction 중합반응
polymerization resin 중합수지
polymorphism 다형성
polymyxin 폴리믹신
polynucleotide 폴리뉴클레오타이드
polynucleotide kinase 폴리뉴클레오타이드인산화효소

polynucleotide ligase 폴리뉴클레오타이드연결효소
polynucleotide phosphorylase 폴리뉴클레오타이드인산첨가분해효소
polyol 폴리올
polyolefin 폴리올레핀
polyoxyethylene 폴리옥시에틸렌
polyoxyethylene (20) sorbitan monolaurate 폴리옥시에틸렌(20)소비탄모노로르에이트
polyoxyethylene (20) sorbitan monooleate 폴리옥시에틸렌(20)소비탄모노올레에이트
polyoxyethylene (20) sorbitan monostearate 폴리옥시에틸렌(20)소비탄모노스테아레이트
polyoxyethylene (20) sorbitan tristearate 폴리옥시에틸렌(20)소비탄트라이스테아레이트
polyp 폴립
polypeptide 폴리펩타이드
polypeptide hormone 폴리펩타이드호르몬
polyphagia 다식증
polyphagous 광식성
polyphagous animal 광식동물
polyphenol 폴리페놀
polyphenol oxidase 폴리페놀산화효소
polyphosphate 폴리포스페이트
polyphosphoric acid 폴리인산
Polyplacophora 다판강
polyploid 여러배수체
Polypodiaceae 고란초과
Polyporaceae 구멍장이버섯과
Polyporales 구멍장이버섯목
Polyporus 구멍장이버섯속
Polyporus squamosus 구멍장이버섯
Polyporus tuberaster 결절구멍장이버섯
Polyporus umbellatus 저령
polypropylene 폴리프로필렌
polysaccharase 다당류가수분해효소
polysaccharide 다당류
Polyscytalum pustulans 폴리스시탈룸 푸스툴란스
polysome 폴리솜
polysorbate 폴리소베이트
polysorbate 20 폴리소베이트 20
polysorbate 60 폴리소베이트 60
polysorbate 65 폴리소베이트 65
polysorbate 80 폴리소베이트 80
polystyrene 폴리스타이렌
polystyrene foam 폴리스타이렌폼
polysugar ester 폴리슈거에스터
polytetrafluoroethylene 폴리테트라플루오로에틸렌
polythene 폴리텐
polyunsaturated fat 고도불포화지방
polyunsaturated fatty acid 고도불포화지방산
polyurethane 폴리우레탄
polyurethane foam 폴리우레탄폼
polyuria 다뇨
polyuridine 폴리우리딘
polyuronide 폴리우로나이드
polyvinyl acetate 폴리아세트산바이닐
polyvinyl alcohol 폴리바이닐알코올
polyvinylidene 폴리바이닐리덴
polyvinylidene chloride 폴리염화바이닐리덴
polyvinylidene chloride casing 폴리염화바이닐리덴케이싱
polyvinyl polypyrrolidone 폴리바이닐폴리피롤리돈
polyvinyl pyrrolidone 폴리바이닐피롤리돈
pomace 압착찌꺼기
Pomacentridae 자리돔과
pomaceous fruit 인과
pomato 포마토
Pomatomidae 게르칫과
pombe 폼베
pome fruit 배꼽열매
pomegranate 석류
pomelo 포멜로
pomology 과수원예학
ponceau 폰세우
ponceau 4R 식용빨강102호
Poncirus 탱자나무속
Poncirus trifoliata 탱자나무
pond loach 미꾸리
pond smelt 빙어
pond snail 우렁이
pool 풀

poor crop 흉작
poori 푸리
poor man's pepper 다닥냉이
poor man's ginseng 만삼
popcorn 팝콘
popping 팝핑
poppy seed 양귀비씨
poppy seed oil 양귀비씨기름
popsicle 아이스케이크
population 개체군
population 모집단
population density 개체군밀도
population density 인구밀도
population distribution 모집단분포
population genetics 집단유전학
population growth 개체군생장
population mean 모평균
population parameter 모수
population ratio 모비율
population standard deviation 모표준편차
population variance 모분산
porcelain 사기그릇
porcelain enamel 법랑
porcelain enamel ware 법랑용기
porcine stress syndrome 돼지스트레스증후군
pore distribution 세공분포
porgy 도미
Porifera 해면동물문
porin 포린
pork 돼지고기
pork carcass 돼지도체
pork chop 포크찹
pork cutlet 포크커틀릿
pork cutlet sauce 포크커틀릿소스
pork measles 유구낭미충증
pork pig 비육돼지
pork sausage 포크소시지
pork tapeworm 유구조충
porosity 다공성
porous membrane 다공막
porousness 다공질
porous solid food 다공고체식품
porphin 포핀
Porphyra 김속
porphyran 포피란
Porphyra tenera 참김
Porphyra yezoensis 방사무늬김
Porphyridiaceae 피떡말과
Porphyridiales 피떡말목
Porphyridium 포르피리듐속
Porphyridium cruentum 포르피리듐 크루엔툼
porphyrin 포피린
porphyrin ring 포피린고리
porridge 포리지
port 포트
porta hepatis 간문
porter 포터
portion pack 일인분포장
Portulacaceae 쇠비름과
Portulaca oleracea 쇠비름
Portulacineae 쇠비름아목
Portunidae 꽃겟과
Portunus trituberculatus 꽃게
port wine 포트와인
positional bias 위치편차
position effect 위치효과
position isomer 위치이성질체
positive balance 양균형
positive catalyst 정촉매
positive charge 양전하
positive colloid 양콜로이드
positive correlation 양상관관계
positive energy balance 양에너지균형
positive feedback control 정되먹임조절
positive nitrogen balance 양질소평형
positron 양전자
positron emission tomography 양전자방출단층촬영
postatitis 전립샘염
posterior pituitary 뇌하수체뒤엽
post fermented tea 후발효차
postganglionic neuron 신경절이후신경세포
postharvest disease 수확후병해
postharvest pesticide 수확후농약
postharvest technology 수확후관리기술
postharvest treatment 수확후처리
postmenopausal syndrome 폐경후증후군
postmenopausal osteoporosis 폐경후뼈엉성증

postmortem change 사후변화
postmortem inspection 사후검사
postprandial hypoglycemia 식후저혈당
postprandial hypoglycemia 식후저혈당증
potage 포타주
potassium 포타슘
potassium alginate 알긴산포타슘
potassium benzoate 벤조산포타슘
potassium bicarbonate 탄산수소포타슘
potassium bitartrate 타타르산수소포타슘
potassium bromate 브로민산포타슘
potassium carbonate 탄산포타슘
potassium chloride 염화포타슘
potassium chromate 크로뮴산포타슘
potassium citrate 시트르산포타슘
potassium copper chlorophyllin 구리클로로필린포타슘
potassium cyanide 사이안화포타슘
potassium dichromate 다이크로뮴산포타슘
potassium dihydrogen phosphate 인산이수소포타슘
potassium DL-bitartrate 디엘-타타르산수소포타슘
potassium ferrocyanide 페로사이안화포타슘
potassium gluconate 글루콘산포타슘
potassium glycerophosphate 글리세로인산포타슘
potassium hydrogen phosphate 인산수소포타슘
potassium hydroxide 수산화포타슘
potassium iodate 아이오딘산포타슘
potassium iodide 아이오딘화포타슘
potassium lactate 젖산포타슘
potassium L-bitartrate 엘-타타르산수소포타슘
potassium metabisulfite 메타아황산수소포타슘
potassium metaphosphate 메타인산포타슘
potassium nitrate 질산포타슘
potassium nitrite 아질산포타슘
potassium perchlorate 과염소산포타슘
potassium permanganate 과망가니즈산포타슘
potassium phosphate 인산포타슘
potassium polyphosphate 폴리인산포타슘
potassium pyrophosphate 파이로인산포타슘
potassium pyrosulfite 파이로아황산포타슘
potassium sodium L-tartrate 엘-타타르산포타슘소듐
potassium sorbate 소브산포타슘
potassium sulfate 황산포타슘
potassium tartrate 타타르산포타슘
potato 감자
potato bean 인디언감자
potato blight 감자잎마름병
potato chip 포테이토칩
potato crisp 포테이토크리스프
potato dextrose agar 감자포도당우무배지
potato flake 포테이토플레이크
potato flour 감자가루
potato glucose agar 감자포도당우무배지
potato gratin 감자그라탱
potato hydrometer 감자비중계
potato peel 감자껍질
potato puree 감자퓌레
potato salad 감자샐러드
potato scab 감자반점병
potato starch 감자녹말
pot cheese 포트치즈
potency 효능
potential difference 전위차
potential energy 퍼텐셜에너지
potentiometer 전위차계
potentiometric titration 전위차적정
potentiometry 전위차법
pot still 단식증류기
pottery 옹기그릇
pouch 파우치
pouch packaging 파우치포장
Pouchong tea 포종차
poultry 가금
poultry breast 가금가슴
poultry fat 가금지방
poultry industry 가금산업
poultry meat 가금고기
poultry sausage 가금소시지
poultry science 가금학
pound 파운드

pound cake 파운드케이크
pour plate method 붓기평판법
Pouteria campechiana 카니스텔
Pouteria sapota 마메이사포테
POV → peroxide value
povidone 포비돈
powder 분말
powdered cellulose 가루셀룰로스
powdered doenjang 가루된장
powdered food 가루식품
powdered glucose 가루포도당
powdered milk 분유
powdered soup 가루수프
powdered sugar 가루설탕
powdered tea 가루차
powdery mildew 흰가룻병
power 동력
power law 멱법칙
power law of fluid 멱법칙유체
pozol 포졸
ppb 피피비
p-phenetidine 파라페네티딘
ppm 피피엠
ppm → parts per million
praline 프랄린
Prandtl number 프란틀수
Prasinophyceae 담녹조강
Prasinophyta 담녹조식물문
prato cheese 프라토치즈
prawn 새우
preadipocyte 풋지방세포
pre-bake 프리베이크
prebiotics 프리바이오틱스
prebiotics food 프리바이오틱스식품
precipitability 침전성
precipitate 침전물
precipitation 강수량
precipitation 침전
precipitation aid 침전보조제
precipitation method 침전법
precipitation reaction 침강반응
precipitation titration 침전적정
precipitation value 침전값
precipitin 침강소
preciptitant 침전제
precision 정밀도
precision analysis 정밀분석
precision calorimeter 정밀열량계
precooked frozen food 조리냉동식품
precooling 예비냉각
precursor 전구물질
predator 포식자
predictive microbiology 예측미생물학
predictive microbiology model 미생물예측모델
predictive modelling 예측모델링
predryer 예비건조기
predrying 예비건조
preeclampsis 자간전증
preference 선호
preference degree 선호도
preference score 선호돗값
preference test 선호검사
preferment dough method 반죽스타터법
prefreezing 예비냉동
preganglionic neuron 신경절이전신경세포
pregelatinized starch 호화녹말
pregnancy 임신
pregnancy-induced hypertension 임신고혈압
pregnant and parturient woman 임산부
pregnenolone 프레그네놀론
preharvest interval 수확전농약살포일수
preheater 예열기
preheating 예열
preheating tank 예열탱크
preliminary survey 예비조사
prematurity 조숙
premenstrual syndrome 월경전증후군
premium yakju 고급약주
premix 프리믹스
premixing 프리믹싱
preparation process 전처리공정
preparative chromatography 제조용크로마토그래피
prepared food 조리식품
prepared meal 조리식사
prerinse 예비수세
preschool children 학령전아동

prescribed diet 처방식사
preservation 보존
preservation test 보존시험
preservative 보존료
preservative quality 보존성
preserve 프리서브
preserved food 보존음식
preserved garlic 마늘절임
Presidential Decree in Food Sanitation Act 식품위생법시행령
press 프레스
pressed cookie 압착쿠키
pressed dehydration method 압착탈수법
pressed ham 프레스햄
pressed pearled barley 압맥
pressed salting 압착소금절이법
pressing 압착
pressing method 압착법
press juice 압착주스
press roller 압편기
pressure 압력
pressure controller 압력조절기
pressure cooker 압력솥
pressure cooking 가압조리
pressure cooling 가압냉각
pressure detector 압력검출기
pressure drying 가압건조
pressure energy 압력에너지
pressure equilibrium constant 압력평형상수
pressure filter 가압거르개
pressure filtration 가압거르기
pressure gauge 압력게이지
pressure head 압력헤드
pressure indicator 압력지시계
pressure loss 압력손실
pressure nozzle 압력노즐
pressure proof test 내압시험
pressure reducing valve 감압밸브
pressure regulating valve 압력조절밸브
pressure sense 압력감각
pressure sensor 압력감지기
pressure spraying 가압분무
pressure tester 압력측정기
pressure thawing 가압해동
preterm infant 미숙아
pretest 예비시험
pretreatment 전처리
pretreatment before storage 저장전처리
pretzel 프리첼
prevalence rate 유병률
prevention 예방
prevention of disease 질병예방
prevention of epidemics 방역
prevention of food poisoning 식품중독예방
preventive hygiene 예방위생
preventive medicine 예방의학
prickly castor oil tree 음나무
prickly pear 가시배
prickly sesban 단치
pride of India 바나바
primary cell 일차세포
primary cell wall 일차세포벽
primary color 원색
primary commodity 일차상품
primary consumer 일차소비자
primary culture 일차배양
primary fermentation 일차발효
primary function of food 식품의일차기능
primary health care 일차보건의료
primary host 일차숙주
primary hypha 일차균사
primary immune response 일차면역반응
primary industry 일차산업
primary infection 일차감염
primary metabolism 일차대사
primary metabolite 일차대사산물
primary muscle bundle 일차근육다발
primary mycelium 일차균사체
primary pollutant 일차오염물질
primary prevention 일차예방
primary producer 일차생산자
primary production 일차생산
primary production cost 일차생산비
primary quality 기본품질
primary refrigerant 일차냉매
primary sexual character 일차성징
primary structure 일차구조
primary structure of protein 단백질일차구조

primate 영장류
prime 최상급쇠고기
primer 프라이머
primrose 앵초
Primula 앵초속
Primulaceae 앵초과
Primula sieboldii 앵초
Primula sinensis 중국프림로즈
primulin 프리물린
principal component analysis 주성분분석
prion 프라이온
Prionace glauca 청새리상어
prion disease 프라이온병
prion protein 프라이온단백질
prism 프리즘
pristane 프리스테인
Pristigasteridae 준칫과
private brand 자가상표
proanthocyanidin 프로안토사이아니딘
probabilistic approach 확률론방법
probability 확률
probability distribution 확률분포
probability paper 확률용지
probable error 확률오차
probe 프로브
probiotic bacterium 프로바이오틱세균
probiotic food 프로바이오틱식품
probiotic microorganism 프로바이오틱미생물
probiotics 프로바이오틱스
Procambarus clarki 미국가재
procaryote 원핵생물
procaryotic cell 원핵세포
Procellariidae 슴샛과
Procellariiformes 슴새목
process 공정
process analysis 공정분석
process chart 공정도
process control 공정제어
process management 공정관리
process management control 공정관리제어
Processa sulcata 짧은뿔새우
processed butter 가공버터
processed cheese 가공치즈
processed fat and oil 가공유지
processed food 가공식품
processed meat 가공고기
processed milk 가공우유
processed milk cream 가공우유크림
processed product 가공품
processed salt 가공소금
processed vinegar 가공식초
Processidae 짧은뿔새웃과
processing 가공
processing aid 가공보조제
processing equipment 가공기기
processing line 가공라인
processing quality of meat 고기가공적성
processing suitability 가공적성
prochymosin 픗키모신
procollagen 픗콜라겐
procyanidin 프로사이아니딘
procymidone 프로시미돈
producer 생산자
producer price 생산자가격
product 곱
product 생성물
product 제품
product inspection 제품검사
production 생산
production 생산량
production area 산지
production cost 생산비
production cycle 생산주기
production management 생산관리
production plan 생산계획
production technology 생산기술
productivity 생산성
product liability 제조물배상책임
Product Liability Act 제조물책임법
product life cycle 제품수명주기
product maturity stage 제품성숙단계
product technology 제품기술
proenzyme 픗효소
proficiency test 정도관리
profile 프로필
profile method 묘사법
profit 이익
profitability 수익성

profiterole 프로피테롤
progesterone 황체호르몬
progestin 프로제스틴
prognosis 예후
progoitrin 풋고이트린
program control 프로그램제어
prohormone 풋호르몬
proinsulin 풋인슐린
projected figure 투영도
projection formula 투영식
Prokaryotae 원핵생물계
prokaryote 원핵생물
prokaryotic cell 원핵세포
prolactin 젖분비호르몬
prolamine 프롤라민
proliferation 증식
proliferation rate 증식속도
proliferative phase 증식기
proline 프롤린
prolipase 풋라이페이스
promoter 촉진유전자
promotion 촉진
promotor 촉진제
pronase 프로네이스
proof 프루프
proofer 프루퍼
proofing 재우기
prooxidant 산화촉진제
propagation 번식
propagation 전파
propagation 증식
propagation step 전파단계
propanal 프로판알
propane 프로페인
propanedioic acid 프로페인이산
propane gas 프로페인가스
propanoic acid 프로판산
propanol 프로판올
propanone 프로판온
propanyl 프로판일
propazine 프로파진
Propeamussiidae 큰집가리빗과
propeller agitator 프로펠러휘젓개
propenal 프로펜알
propene 프로펜
propepsin 풋펩신
property 성질
property of dilute solution 묽은 용액성질
propham 프로팜
propionaldehyde 프로피온알데하이드
propionate 프로피오네이트
propionibacteria 프로피오니박테리아
Propionibacteriaceae 프로피오니박테륨과
Propionibacterium 프로피오니박테륨속
Propionibacterium freudenreichii 프로피오니박테륨 프레우덴레이키이
Propionibacterium shermanii 프로피오니박테륨 셰르마니이
Propionibacterium thoenii 프로피오니박테륨 토에니이
propionic acid 프로피온산
propionic acid bacterium 프로피온산세균
propionic acid fermentation 프로피온산발효
propionicin 프로피오니신
propionylpromazine 프로피오닐프로마진
propolis 프로폴리스
propolis extract 프로폴리스추출물
proprotein 풋단백질
propyl alcohol 프로필알코올
propylamine 프로필아민
propylene 프로필렌
propylene glycol 프로필렌글리콜
propylene glycol alginate 알긴산프로필렌글리콜
propylene glycol ester of fatty acid 프로필렌글리콜지방산에스터
propylene oxide 산화프로필렌
propyl gallate 갈산프로필
propylparaben 프로필파라벤
propyl *p*-hydroxybenzoate 파라하이드록시벤조산프로필
propylthiouracil 프로필싸이오유라실
prosciutto 프로슈토
proso millet 기장
prostacyclin 프로스타사이클린
prostaglandin 프로스타글란딘
prostaglandin synthetase 프로스타글란딘합성효소

prostate 전립샘
prostate cancer 전립샘암
prostatomegaly 전립샘비대
prosthetic group 보결분자단
Protaetia 점박이꽃무지속
Protaetia brevitarsis seulensis 흰점박이꽃무지
Protaetia brevitarsis seulensis larva 흰점박이꽃무지애벌레
protamine 프로타민
Proteaceae 프로테아과
Proteales 프로테아목
protease 단백질가수분해효소
proteasome 단백질분해효소복합체
protected cultivation 시설재배
protective action 보호작용
protective agent for freeze denaturation 냉동변성방지제
protective colloid 보호콜로이드
protective fungicide 보호살진균제
protective tariff in agriculture 농업보호관세
protein 단백질
proteinase 단백질가수분해효소
proteinase inhibitor 단백질가수분해효소억제제
proteinate 단백질염
protein body 단백질체
protein−bound iodine 단백질결합아이오딘
protein−calorie malnutrition 단백질칼로리영양불량
protein chip 단백질칩
protein chip array 단백질칩어레이
protein cloudiness 단백질혼탁
protein concentrate 농축단백질
protein deficiency 단백질결핍증
protein denaturation 단백질변성
protein digestibility corrected amino acid score 단백질소화율보정아미노산값
protein dispersibility index 단백질분산지수
protein efficiency ratio 단백질효율
proteinemia 단백질혈증
protein−energy malnutrition 단백질에너지영양불량
protein engineering 단백질공학
protein fiber 단백질섬유
protein food 단백질식품
protein glutamine γ−glutamyltransferase 단백질글루타민감마글루탐일전달효소
protein granule 단백질알갱이
protein hydrolysate 단백질가수분해물
protein isolate 분리단백질
protein kinase 단백질인산화효소
protein metabolism 단백질대사
proteinoid 단백질유사물질
protein phosphorylase 단백질인산가수분해효소
protein profiling 단백질프로필링
protein quality 단백질품질
protein quotient 단백질지수
protein score 단백질값
protein sparing action 단백질절약작용
protein subunit 단백질소단위
protein synthesis 단백질합성
protein synthesis factor 단백질합성인자
protein synthesis inhibitor 단백질합성억제제
protein turbidity 단백질혼탁도
proteinuria 단백질뇨
protenoid 프로테노이드
Proteobacteria 프로테오박테리아문
proteoglycan 프로테오글리칸
proteolipid 단백질지방질
proteolysis 단백질가수분해
proteolytic activity 단백질분해활성
proteolytic agent 단백질분해제
proteolytic bacterium 단백질분해세균
proteome 프로테옴
proteome analysis 프로테옴해석
proteome profiling 프로테옴프로필링
proteomics 단백질체학
proteose 프로테오스
proteose peptone 프로테오스펩톤
Proteus 프로테우스속
Proteus intermedium 프로테우스 인테르메듐
Proteus vulgaris 프로테우스 불가리스
prothallium 전엽체
prothoracic gland 앞가슴샘
prothrombin 프로트롬빈
Protista 원생생물계

protistology 원생생물학
protium 프로튬
Protoascomycetes 원생자낭균강
protobiont 원시생물
protocatechuic acid 프로토카테츄산
Protochordata 원삭동물아문
protochordates 원삭동물
proton 양성자
proton acceptor 양성자받개
proton donor 양성자주개
protonema 원사체
proton magnetic resonance 양성자자기공명
proton-pump inhibitor 양성자펌프억제제
protopectin 프로토펙틴
protopectinase 프로토펙틴가수분해효소
protophyta 원생식물
protoplasm 원형질
protoplast 원형질체
protoplast fusion 원형질체융합
protoporphyrin 프로토포피린
Prototheria 원수아강
prototroph 원영양체
prototype 원형
protozoa 원생동물
Protozoa 원생동물아계
protozoan disease 원생동물병
protozoasis 원생동물증
protozoology 원생동물학
protruded deformation 돌출변형
Providencia 프로비덴시아속
Providencia alcalifaciens 프로비덴시아 알칼리파시엔스
provisional tolerable weekly intake 잠정주간섭취허용량
provitamin 프로비타민
provitamin A 프로비타민에이
provitamin D 프로비타민디
proximal tubule 토리쪽세관
proximate analysis 일반분석
proximate composition 일반성분
proximity error 근사오차
prucine 프루신
prunasin 프루나신
prune 프룬
prune juice 프룬주스
Prunella vulgaris var. *lilacina* 꿀풀
Prunus 벚나무속
Prunus amygdalus 아몬드
Prunus armeniaca 살구나무
Prunus avium 양벚나무
Prunus cerasus 신버찌
Prunus cerasus var. *marasca* 마라스카
Prunus domestica 유럽자두
Prunus domestica ssp. *italica* var. *claudiana* 그린게이지
Prunus domesticus ssp. *insititia* 댐슨
Prunus dulcis 아몬드
Prunus dulcis var. *amara* 쓴 아몬드
Prunus japonica 이스라지나무
Prunus laurocerasus 체리로렐
Prunus mume 매실나무
Prunus persica 복사나무
Prunus persica var. *nectarina* 천도복숭아
Prunus salicina 자두나무
Prunus serrulata var. *spontanea* 벚나무
Prunus spinosa 슬로
Prunus tomentosa 앵두나무
Prussian blue프러시안블루
prussic acid 청산
Psathyrella 눈물버섯속
Psathyrellaceae 눈물버섯과
PSE defect 피에스이결함
Psenopsis anomala 샛돔
PSE pork → pale, soft, exudative pork
Psettina iijimae 동백가자미
pseudoacid 유사산
pseudobase 유사염기
pseudocereal 유사곡물
Pseudocyttus maculatus 남방달고기
pseudoginseng 히말라야인삼
pseudoglobulin 유사글로불린
Pseudogobio esocinus 모래무지
pseudohypha 유사균사
Pseudomonadaceae 슈도모나스과
Pseudomonas 슈도모나스속
Pseudomonas aeruginosa 녹농세균
Pseudomonas aeruginosa 슈도모나스 아에루기노사

Pseudomonas fluorescens 슈도모나스 플루오레센스
Pseudomonas fragi 슈도모나스 프라기
Pseudomonas stutzeri 슈도모나스 스투트제리
Pseudomonas syncyanea 슈도모나스 신시아네아
pseudomycelium 유사균사체
Pseudo-nitzschia 슈도니츠쉬아속
pseudoplastic flow 유사소성흐름
pseudoplastic fluid 유사소성유체
pseudoplastic food 유사소성식품
Pseudorasbora parva 참붕어
Pseudoterranova 슈도테라노바속
psicose 프시코스
Psidium cattleianum 딸기구아버
Psidium guajava 구아버
Psidium littorale 딸기구아버
Psidium littorale var. *lucidum* 노란딸기구아버
Psilotaceae 솔잎난과
Psilotales 솔잎난목
Psilotopsida 솔잎난강
Psilotum 솔잎난속
Psilotum nudum 솔잎난
Psocidae 다듬이벌레과
Psocoptera 다듬이벌레목
Psophocarpus tetragonolobus 날개콩
psoralen 소랄렌
PSS → porcine stress syndrome
psychiatrist 정신과의사
psychiatry 정신과
psychophysical law 정신물리법칙
psychophysical test 정신물리검사
psychophysics 정신물리학
psychophysiological effect 정신생리효과
psychophysiology 정신생리학
psychorheology 심리리올로지
Psychrobacter 사이크로박터속
Psychrobacter immobilis 사이크로박터 이모빌리스
psychrometer 건습구온도계
psychrometric chart 습공기선도
psychrometric table 습공기표
psychrophilic bacterium 저온세균
psychrophilic microorganism 저온미생물
psychrophilic organism 저온생물
psychrotroph 저온생물
psyllium 사일륨
psyllium seed gum 사일륨씨검
psyllium seed husk dietary fiber 사일륨씨껍질식품섬유
ptaquiloside 프타퀼로사이드
ptarmigan 뇌조
Pteridaceae 고사릿과
Pteridium aquilinum 고사리
Pteridophyta 양치식물문
pteridophytes 양치식물
Pteriidae 진주조갯과
pterocarpan 테로카판
Pterocarpus santalinus 자단
Pteropsida 양치식물강
pteroylglutamic acid 프테로일글루탐산
Pterulaceae 깃싸리버섯과
ptomaine 프토마인
ptomaine poisoning 프토마인중독
PTWI → provisional tolerable weekly intake
ptyalin 프티알린
Ptychodiscus brevis 프티코디스쿠스 브레비스
pub 퍼브
puberty 사춘기
pubis 두덩뼈
public health 공중보건
public health 공중보건학
public health nutrition 공중보건영양학
public health nutritionist 공중보건영양사
public hygiene 공중위생
public hygiene 공중위생학
public nutrition 공중영양
public nutritionist 공중영양사
Puccinia triticina 푸시니아 트리티시나
pudding 푸딩
pudding mix 푸딩믹스
Pueraria 칡속
Pueraria lobata 칡
Puerariae radix 갈근
Puerariae radix tea 갈근차
Puerh tea 보이차

PUFA → polyunsaturated fatty acid
puff drying 팽화건조
puffed cereal 팽화곡물
puffed corn 팽화옥수수
puffed rice 팽화식품
puffed rice 팽화쌀
puffed wheat 팽화밀
pufferfish 복어
pufferfish poisoning 복어중독
pufferfish toxin 복어독소
puffiness 팽화상
puffing 팽화
puffing agent 팽화제
puff pastry 퍼프페이스트리
puffy fruit 공동과
pullet 영계
pullet egg 영계알
Pullman bread 풀만빵
pullulan 풀룰란
pullulanase 풀룰란가수분해효소
pulmonary artery 폐동맥
pulmonary circulation 폐순환
pulmonary edema 폐부종
pulmonary function test 폐기능검사
pulmonary hypertension 폐동맥고혈압
pulmonary insufficiency 폐기능저하
pulmonary respiration 폐호흡
pulmonary siderosis 철폐증
pulmonary tuberculosis 폐결핵
pulmonary valve 폐동맥판막
pulmonary vein 폐정맥
pulp 펄프
pulpboard 펄프판지
pulper 펄퍼
pulping 펄핑
pulpy 펄프질
pulque 풀케
pulse 곡물콩
pulse 맥박
pulse 펄스
pulsed field gel electrophoresis 펄스장젤전기이동
pulverization 빻기
pump 펌프
pumpernickel 거친 호밀빵
pumpkin 호박
pumpkinseed 호박씨
pumpkinseed oil 호박씨기름
punch 펀치
punch bowl 펀치볼
punching 가스빼기
puncture tester 뚫기시험기
pungency 자극
pungent gland 냄새샘
pungent odor 자극내
pungent principle 자극요소
Punicaceae 석류나뭇과
Punica granatum 석류
pupa 번데기
pupation 용화
pupation hormone 용화호르몬
purchase order 주문서
purchasing 구매
purchasing frequency 구매빈도
purebred 순종
pure culture 순수배양
puree 퓌레
pureed diet 농축유동식사
pure line 순계
pure substance 순물질
pure water 순수
purging croton 파두
purification 정제
purified water 정수
purifier 정선기
purine 푸린
purine base 푸린염기
purine nucleotide cycle 푸린뉴클레오타이드회로
purine restricted diet 푸린제한식사
purine ribomononucleotide 푸린리보모노뉴클레오타이드
purine ribonucleotide 푸린리보뉴클레오타이드
purity 순도
puroindoline 푸로인돌린
puromycin 푸로마이신
purothionin 푸로싸이오닌
purple amaranth 붉은 아마란트

purple bacterium 자주세균
purple chokeberry 자주초크베리
purple coral 자주국수버섯
purple fairy club 자주국수버섯
purple foxglove 디기탈리스
purple gland 자주샘
purple passionflower 자주시계꽃
purple puffer 검복
purple salsify 선모
purplestem angelica 미국안젤리카
purple sulfur bacterium 자주황세균
purple sweet potato 자주고구마
purple sweet potato color 자주고구마색소
purple yam 자주마
purple yam color 자주마색소
purslane 쇠비름
putnamul 풋나물
puto 푸토
putrefaction 부패
putrefaction test 부패시험
putrefactive 부패성
putrefactive bacterium 부패세균
putrescine 푸트레신
putrid amine 부패아민
putrid odor 부패내
PVA → polyvinyl acetate
p-value 피값
PVC → poly(vinyl chloride)
p-xylene 파라자일렌
pycnogenol 피크노제놀
Pycnogonida 바다거미강
pycnometer 비중병
pyelitis 깔때기염
pyeon 편
pyeongang 편강
pyeonsu 편수
pyeonyuk 편육
pyloric orifice 날문구멍
pyloric reflex 날문반사
pyloric sphincter 날문조임근육
pylorus 날문
pyocyanin 피오사이아닌
Pyralidae 명나방과
Pyralis farinalis 밀가루줄명나방
pyramid structure 피라미드구조
pyran 피란
pyranose 피라노스
pyrazine 피라진
pyrene 피렌
Pyrenomycetes 핵균강
pyrethrin 피레트린
pyrethroid insecticide 피레트로이드살충제
Pyrex 파이렉스
pyrexia 발열
Pyrex ware 파이렉스용기
pyridine 피리딘
pyridine enzyme 피리딘효소
pyridine-2, 6-dicarboxylic acid 피리딘-2,6-다이카복실산
pyridine 3-carboxylic acid 피리딘3-카복실산
pyridinium 피리디늄
pyridoindole 피리도인돌
pyridoxal 피리독살
pyridoxal phosphate 피리독살인산
pyridoxamine 피리독사민
pyridoxine 피리독신
pyridoxine hydrochloride 바이타민비식스염산염
pyridoxine hydrochloride 피리독신염산염
pyridoxol 피리독솔
pyrimethamine 피리메타민
pyrimidine 피리미딘
pyrimidine base 피리미딘염기
pyrimidine nucleotide 피리미딘뉴클레오타이드
pyrithiamin 피리티아민
pyro acid 파이로산
pyrocarbonic acid diethyl ester 파이로카본산다이에틸에스터
pyrocatechol 파이로카테콜
Pyrococcus 피로코쿠스속
Pyrococcus furiosus 피로코쿠스 푸리오수스
pyrogallic acid 파이로갈산
pyrogallol 파이로갈롤
pyrogen 발열원
pyroglutamic acid 파이로글루탐산
pyroligneous acid 목초산
pyrolysis 열분해

pyrometer 고온계
pyrone 파이론
pyrophosphatase 파이로인산가수분해효소
pyrophosphate 파이로인산염
pyrophosphoric acid 파이로인산
pyrrole 피롤
pyrrole compound 피롤화합물
pyrrolidine 피롤리딘
pyrrolidone 피롤리돈
pyrrolidone carboxylic acid 피롤리돈카복실산
pyrrolizidine alkaloid 피롤리지딘알칼로이드
Pyrrophyceae 황적조식물강
Pyrrophyta 황적조식물문
Pyrus 배나무속
Pyrus communis 유럽배
Pyrus pyrifolia 돌배나무
Pyrus ussuriensis 산돌배나무
pyruvaldehyde 피루브알데하이드
pyruvate carboxylase 피루브산카복실화효소
pyruvate decarboxylase 피루브산카복실기제거효소
pyruvate dehydrogenase 피루브산수소제거효소
pyruvate kinase 피루브산인산화효소
pyruvic acid 피루브산
pyrylium salt 피릴륨염
Pythiaceae 부패세균과
Pyuridae 멍겟과

Q

QC → quality control
QDA → quantitative descriptive analysis
Q fever 큐열
qing cha 청차
quadratic equation 이차방정식
quadratic function 이차함수
quadrupole 사중극자
quadrupole mass spectrometer 사중극자질량분석기
quail 메추라기
quail egg 메추라기알
quail meat 메추라기고기
qualitative analysis 정성분석
qualitative scale 정성척도
quality 품질
quality assurance 품질보증
quality certification system for fishery produce 수산물품질인증제도
quality characteristics 품질특성
quality control 품질관리
quality evaluation 품질평가
quality improver 품질개선제
quality inspection 품질검사
quality inspection for canned food 통조림품질검사
quality keeping curve 품질유지곡선
quality management standard 품질관리표준
quality management tool 품질관리도구
quality scale 품질척도
quality standard 품질기준
quality standards of drinking water 먹는물수질기준
quantitative analysis 정량분석
quantitative descriptive analysis 정량묘사분석
quantitative genetics 양적유전학
quantitative risk assessment 정량위해평가
quantitative trail 양적형질
quantitative trail locus 양적형질자리
quantity food production 다량조리
quantum 양자
quantum energy 양자에너지
quantum mechanics 양자역학
quantum number 양자수
quantum theory 양자이론
quantum yield 양자수율
quarantine 검역
Quarantine Act 검역법
quarantine house 검역소
quark 쿼크
quart 쿼트
quartic equation 사차방정식
quartz 석영
quassia 콰시아

Quassia amara 콰시아
quassia wood 소태나무
quassin 콰신
quaternary ammonium salt 사차암모늄염
quaternary structure 사차구조
quaternary structure of protein 단백질사차구조
queen palm 여왕야자나무
queen sago 여왕사고
queen's crape-myrtle 바나바
Queensland arrowroot 아키라
Queensland nut 마카다미아너트나무
quenching 담금질
quercetin 퀘세틴
quercetin-3-rutinoside 퀘세틴-3-루티노사이드
quercitrin 퀘시트린
Quercus 참나무속
Quercus acutissima 상수리나무
Quercus aliena 갈참나무
Quercus dentata 떡갈나무
Quercus grosseserrata 물참나무
Quercus suber 코르크참나무
quick bread 속성빵
quick brewing process 속성양조법
quicklime 생석회
quick salting 속성염장
quick smoking 속성훈제법
quick vinegar 속성식초
quick vinegar fermentor 속성식초발효조
Quillajaceae 퀼라야과
quillaja extract 퀼라야추출물
Quillaja saponaria 퀼라야
quillaja saponin 퀼라야사포닌
quillwort 물부추
quilted green Russula 기와버섯
quinalphos 퀴날포스
quince 마르멜로
quince 마르멜로나무
quince jam 마르멜로잼
quince juice 마르멜로주스
quinic acid 퀸산
quinine 퀴닌
quinoa 퀴노아
quinoa flour 퀴노아가루
quinol 퀴놀
quinolone 퀴놀론
quinone 퀴논
quinqueloba 단풍마
Quorn 퀀
Q_{10} → temperature coefficient
Q_{10} value 온도계숫값

R

rabadi 라바디
rabbit 토끼
rabbit fever 야생토끼병
rabbitfish 독가시치
rabbit meat 토끼고기
rabies 광견병
rabri 라브리
race 품종
racemase 라세미화효소
racemate 라세미체
racemic compound 라세미화합물
racemic mixture 라세미혼합물
racemization 라세미화
Rachycentridae 날새깃과
Rachycentron canadum 날새기
racking 래킹
ractopamine 락토파민
rad 래드
radappertization 방사선완전살균
radar 레이더
radian 라디안
radiant energy 복사에너지
radiant heat 복사열
radiant heating 복사가열
radiant ray 복사선
radiant source 복사원
radiation 방사선
radiation 복사
radiation absorbed dose 방사선흡수선량
radiation breeding 방사선육종
radiation dosage 방사선량

radiation field 복사장
radiation genetics 방사선유전학
radiation heat transfer 복사열전달
radiation-induced cancer 방사선유발암
radiation-induced mutation 방사선유발돌연변이
radiation method 방사법
radiation oncology 방사선종양학과
radiation pathology 방사선병리학
radiation preservation 방사선이용저장
radiation spectroscopic analysis 방사분광분석법
radiation therapy 방사선치료
radiation therapy 방사선치료법
radiator 라디에이터
radical 라디칼
radical polymerization 라디칼중합
radical scavenger 라디칼제거제
radical scavenging activity 라디칼제거활성
radicidation 방사선병원균살균
radioactivation analysis 방사화분석
radioactive carbon 방사성탄소
radioactive contamination 방사능오염
radioactive dating 방사능연대측정법
radioactive element 방사성원소
radioactive energy 방사능에너지
radioactive fallout 방사성낙진
radioactive halflife 방사능반감기
radioactive isotope 방사성동위원소
radioactive material 방사성물질
radioactive rain 방사능비
radioactive waste 방사성폐기물
radioactivity 방사능
radioassay 방사측정
radioassay 방사측정법
radiobiology 방사선생물학
radiocarbon dating 방사성탄소연대측정법
radiochemical analysis 방사화학분석
radiochemistry 방사화학
radioelement 방사성원소
radio frequency 무선주파수
radiograph 방사선사진
radiographic testing 방사선투과시험
radioimmunoassay 방사면역분석시험
radioisotope 방사성동위원소
radiologic examination 방사선검사
radiology 방사선과학
radiology 영상의학과
radiolysis 방사선분해
radiometric dating 방사능연대측정법
radiometry 복사측정법
radionuclide 방사성핵종
radiosensitivity 방사선감수성
radiosterilization 방사선살균
radiosterilization 방사선살균법
radiotherapy 방사선치료
radiotracer 방사성추적자
radio wave 라디오파
radish 무
radish leaf and stem 무청
radish seed 무씨
radish seed 나복자
radish sprout 무순
radium 라듐
radius 반지름
radon 라돈
radurization 방사선부분살균
raffinose 라피노스
raftiline 라프틸린
ragi 아프리카기장
ragi tapai 라기타파이
ragout 라구
ragusano cheese 라구사노치즈
rainbow runner 참치방어
rainbow trout 무지개송어
rainy season 우기
raisin 건포도
raisin bread 건포도빵
Rajidae 홍어과
Rajiformes 홍어목
raki 라키
rakia 라키아
rakkyozuke 락교쯔케
ram 숫양
Raman spectroscopy 라만분광법
Ramaria 싸리버섯속
Ramaria botrytis 싸리버섯
Ramariaceae 싸리버섯과

rambutan 람부탄
ramekin 램킨
ramie 모시풀
ram meat 숫양고기
ram muscle 숫양근육
ramp 램프
ramsons 곰파
ramyeon 라면
Rana catesbeiana 황소개구리
rancid cheese 산패치즈
rancidity 산패
rancid odor 산패내
random 무작위
random coil model 무작위코일모형
randomization 무작위화
randomized block design 난괴법
randomly amplified polymorphic DNA 무작위증폭다형성디엔에이
random sample 무작위표본
random sampling 무작위추출
random variable 확률변수
range 레인지
range 범위
Rangifer tarandus 순록
Ranidae 개구릿과
rank correlation coefficient 순위상관계수
ranking method 순위법
ranking test 순위검사
rank order 순위
Ranunculaceae 미나리아재빗과
Ranunculales 미나리아재비목
Ranunculineae 미나리아재비아목
Raoult's law 라울법칙
rape 유채
rapeseed 유채씨
rapeseed meal 유채씨박
rapeseed oil 유채기름
Raphanus sativus 무
rapid cooling 급속냉각
rapid filtration 급속거르기
rapid thawing 급속해동
Rapid Visco Analyser 신속점도계
rapini 브로콜리라베
rare gas 희유기체
ras cheese 라스치즈
rasogolla 라소골라
raspberry 라즈베리
raspberry juice 라즈베리주스
Rastrelliger kanagurta 줄무늬고등어
rat 쥐
rate constant 속도상수
rate-determining step 속도결정단계
rate of crystallization 결정속도
rate of effusion 분출속도
rate of population increase 인구증가율
rating method 평점법
rating scale method 등급척도법
ratio 비
ratio 비율
rational formula 시성식
ratio of saccharification 당화율
ratio of size reduction 분쇄비율
ratio scale 비율척도
Rattus norvegicus 집쥐
Rattus rattus 곰쥐
ravioli 라비올리
raw cream 생크림
raw material 원료
raw material for edible fat and oil 식용유지원료
raw material in food industry 식품공업원료
raw meat 생고기
raw milk 생우유
raw soy sauce 생간장
raw starch 생녹말
raw starch digesting amylase 생녹말분해아밀레이스
raw sugar 원당
ray 가오리
ray 선
raya seed 라야씨앗
ray of light 광선
rayon 레이온
R & D → research and development
RDA → recommended dietary allowance
RDA → Rural Development Administration
RE → retinol equivalent
reactant 반응물질

reaction 반응
reaction enthalpy 반응엔탈피
reaction equation 반응식
reaction equipment 반응기구
reaction intermediate 반응중간물질
reaction kinetics 반응속도론
reaction mechanism 반응메커니즘
reaction order 반응차수
reaction path 반응경로
reaction product 반응생성물
reaction rate 반응속도
reaction rate constant 반응속도상수
reaction rate determining step 반응속도결정단계
reaction rate equation 반응속도식
reaction time 반응시간
reaction tower 반응탑
reactive hypoglycemia 반응저혈당
reactive oxygen species 활성산소종
reactive system 반응계
reactivity 반응성
reactor 반응기
reading-frame shift 번역틀이동
ready meal 즉석음식
ready-set starter 농축냉동스타터
ready-to-eat food 즉석조리식품
ready-to-eat meal 즉석조리음식
ready-to-serve food 즉석제공식품
reagent 시약
reagent bottle 시약병
reamer 리머
reamer juice extractor 리머주스추출기
rearing 사육
rebaudioside 레바우다이오사이드
recall method 회상법
receptor 받개
recessive gene 열성유전자
recessive mutation 열성돌연변이
recessive trait 열성형질
recipe 레시피
reciprocal sensitivity 감량
reciprocating compressor 왕복압축기
reciprocating freezer 왕복냉동기
reciprocating pump 왕복펌프
reclaimed field 간척지
reclamation 간척
recognition threshold 인지문턱값
recombinant 재조합체
recombinant DNA 재조합디엔에이
recombinant DNA experiment 재조합디엔에이실험
recombinant DNA technology 재조합디엔에이기술
recombinant gene 재조합유전자
recombinant microorganism 재조합미생물
recombinant plasmid 재조합플라스미드
recombinant protein 재조합단백질
recombinase 재조합효소
recombination 재조합
recombinational DNA repair 재조합디엔에이수선
recombined food 환원식품
recombined milk 환원우유
recommended dietary allowance 영양권장량
recommended intake 권장섭취량
recommended variety 장려품종
reconstituted food 복원식품
reconstituted juice 복원주스
reconstituted meat product 복원고기제품
reconstitution 복원
recorder 기록계
recording spectrophotometer 기록분광광도계
recoverable oil 회수방향유
recovery 회복
recovery of fruit juice volatile component 과일즙향기성분회수
recovery rate 회수율
recovery test 회수시험
recrystalization 재결정
recrystallized salt 재제소금
rectal examination 곧창자검사
rectangle 직사각형
rectification 정류
rectification column 정류관
rectum 곧창자
recurrent mutation 반복돌연변이
recycle 재순환

recycle system 재활용시스템
recycling 재활용
red algae 홍조류
red amaranth 붉은아마란트
red-banded lobster 가시발새우
red bean 붉은강낭콩
red beet 붉은비트
red blood cell 적혈구
red bread mold 붉은빵곰팡이
red cabbage 붉은양배추
red cabbage color 붉은양배추색소
red chilli 붉은칠리고추
red chokeberry 붉은초코베리
red clover 붉은토끼풀
red coloration 적변
red crab 붉은게
red currant 레드커런트
red currant juice 레드커런트주스
red flesh fish 붉은살물고기
red flour beetle 밤빛쌀도둑
red ginseng 홍삼
red ginseng beverage 홍삼음료
red ginseng concentrate 농축홍삼
red ginseng liquid tea 홍삼액상차
red ginseng tea 홍삼차
red gram 비둘기콩
red kangaroo 붉은캥거루
red king crab 왕게
red koji 붉은고지
red meat 붉은고기
red mulberry 붉은뽕나무
red muscle 붉은근육
red muscle fiber 붉은근육섬유
red onion 붉은양파
redox agent 산화환원제
redox indicator 산화환원지시약
redox potential 산화환원퍼텐셜
redox reaction 산화환원반응
redox system 산화환원계통
redox titration 산화환원적정
red pea 붉은완두
red pepper 붉은고추
red pine mushroom 맛젖버섯
red radish color 붉은무색소
red rice 붉은쌀
red sage 단삼
red sandalwood 자단
red sanders 자단
red sea bream 참돔
red snow crab 붉은대게
red sorrel 애기수영
red-spotted masu salmon 일본송어
red squid 빨강오징어
redstem wormwood 비쑥
red stingray 노랑가오리
red swamp crayfish 미국가재
red tide 적조
red tilefish 옥돔
red tongue sole 참서대
reduced diet 감식
reduced diet therapy 감식요법
reduced iron 환원철
reduced pressure 감압
reduced pressure 환산압력
reduced temperature 환산온도
reduced viscosity 환원점성
reducing agent 환원제
reducing power 환원력
reducing sugar 환원당
reductant 환원제
reductase 환원효소
reductase test 환원효소시험
reduction 축소
reduction 환원
reduction method 축소법
reduction potential 환원퍼텐셜
reduction process 분쇄공정
reduction reaction 환원반응
reduction roll 분쇄롤
reduction test 환원시험
reductone 리덕톤
red vegetable worm 붉은동충하초
red wiggler worm 줄지렁이
red wine 적포도주
redworm 줄지렁이
red yeast 붉은효모
reel 릴
reel oven 릴오븐

reference electrode 기준전극
reference protein 기준단백질
reference sample 기준시료
reference substance 기준물질
refined carrageenan 정제카라기난
refined cottonseed oil 정제면실기름
refined fish-oil processed food 정제어유가공식품
refined glucose 정제포도당
refined lard 정제돼지기름
refined oil 정제기름
refined olive oil 정제올리브기름
refined olive pomace oil 정제올리브박기름
refined rice bran oil 정제겨기름
refined salt 정제소금
refined sugar 정제설탕
refinery tower 정제탑
refining 정제
refining treatment of casing film 주름펴기
reflected light 반사광
reflected ray 반사광선
reflection 반사
reflectivity 반사율
reflectometer 반사율계
reflux 환류
reflex of medulla 숨골반사
reflux esophagitis 역류식도염
refracted light 굴절광
refraction 굴절
refractive index 굴절률
refractometer 굴절계
refractometry 굴절계법
refrigerant 냉매
refrigerant dryer 냉매건조기
refrigerant injection type evaporator 냉매분사증발기
refrigerated cargo truck 냉장냉동차
refrigerated centrifuge 냉각원심분리기
refrigerated container 냉장컨테이너
refrigerated food 냉장식품
refrigerated meat 냉장고기
refrigerated storage 냉장저장
refrigerated transport 냉장운반
refrigerated warehouse 냉동창고
refrigerating capacity 냉동능력
refrigerating effect 냉동효과
refrigerating machine 냉동기
refrigerating method 냉장법
refrigeration 냉장
refrigeration cycle 냉동사이클
refrigeration load 냉동부하
refrigeration requirement 냉동요구량
refrigeration ton 냉동톤
refrigerator 냉장고
regenerated cellulose 재생셀룰로스
regenerated fiber 재생섬유
regeneration 재생
regenerator 재생기
Regional Public Health Act 지역보건법
region of preference 선호영역
registered dietitian 공인영양사
registered trademark 등록상표
registered variety 등록품종
regreening 회청
regression 회귀
regression analysis 회귀분석
regression curve 회귀곡선
regression line 회귀선
regression period 퇴행기
regular coffee 레귤러커피
regular ham 레귤러햄
regular ham 뼈햄
regular hexahedron 정육면체
regular octahedron 정팔면체
regular polygon 정다각형
regular polyhedron 정다면체
regular tetrahedron 정사면체
regulating screw 조절나사
regulation 조절
regulation of blood glucose 혈당조절
regulation of discharge concentration 배출농도규제
regulatory enzyme 조절효소
regulatory gene 조절유전자
regulatory protein 조절단백질
rehabilitation 재활
rehabilitation medicine 재활의학과
reheating 재가열

Rehmannia glutinosa 지황
rehydrated food 재수화식품
rehydration 재수화
rehydration property 흡수복원성
Reichert-Meissl value 라이헤르트-마이슬값
reindeer 순록
reindeer meat 순록고기
Reine Claude 렌클로드
reinforced plastic 강화플라스틱
Reinhardtius hippoglossoides 검정가자미
rejection 기각
rejection region 기각영역
relational expression 관계식
relative density 상대밀도
relative error 상대오차
relative frequency 상대도수
relative humidity 상대습도
relative mass 상대질량
relative retention 상대머무름
relative sweetness 상대감미도
relative value 상댓값
relative viscosity 상대점성
relaxation constant 완화상수
relaxation modulus 완화탄성률
relaxation time 완화시간
reliability 신뢰도
remote control 리모트컨트롤
removal of astringency 탈삽
removal of astringency by alcohol treatment 알코올탈삽
removal of astringency by hot water 열수탈삽
renal artery 콩팥동맥
renal calculus 콩팥돌
renal cancer 콩팥암
renal corpuscle 콩팥소체
renal cortex 콩팥겉질
renal disease 콩팥병
renal disorder 콩팥장애
renal failure 콩팥기능부족
renal glycosuria 콩팥당뇨
renal hypertension 콩팥고혈압
renal osteodystrophy 콩팥뼈형성장애
renal pelvis 콩팥깔때기
renal replacement therapy 콩팥대체요법
renal rickets 콩팥구루병
renal stone 콩팥돌
renal threshold 콩팥문턱값
renal transplantation 콩팥이식
renal tubular acidosis 콩팥세관산증
renal tubule 콩팥세관
renal vein 콩팥정맥
renaturation 복원
rendering 렌더링
renewable energy 재생에너지
renewable resource 재생자원
renin-angiotensin-aldosterone system 레닌앤지오텐신알도스테론계통
renin test diet 레닌검사식사
rennet 레닛
rennetability 레닛성
rennet casein 레닛카세인
rennet coagulation 레닛응고
rennet coagulation test 레닛응고시험
renneted milk 레닛우유
rennet substitute 레닛대용물
rennet test 레닛시험
rennin 레닌
Reoviridae 레오바이러스과
repair 수선
repair enzyme 수선효소
repeatability 반복성
repeated measure 반복측정
repeated unit 반복단위
repellent 기피제
repetitive DNA 반복디엔에이
replacement therapy 대치요법
replicase 복제효소
replication 복제
reporter gene 보고유전자
representative value 대푯값
repressor 억압물질
repressor protein 억압단백질
repressor T cell 억압티세포
reproducibility 재현성
reproduction 생식
reproduction rate 증식률
reproductive growth 생식생장

reproductive organ 생식기관
reproductive toxicity test 생식독성시험
reptiles 파충류
Reptilia 파충강
repulsive force 반발력
requirement 요건
requirement 요구량
resazurin 레자주린
resazurin test 레자주린시험
research 연구
research and development 연구개발
reserve organ 저장기관
residence time 체류시간
residence time distribution 체류시간분포
resident bird 텃새
residual pesticide 잔류성농약
residual solvent 잔류용매
residual sugar 잔류당
residual toxicity 잔류독성
residue 잔기
residue 잔류물
residue tolerance 잔류허용량
resilience 탄력
resin 수지
resin acid 수지산
resin cell 수지세포
resinification 수지화
resistance 내성
resistance 저항
resistance gene 내성유전자
resistance plasmid 내성플라스미드
resistance pyrometer 저항고온계
resistance thermometer 저항온도계
resistant bacterium 내성세균
resistant microorganism 내성미생물
resistant starch 저항녹말
Resistograph 레지스토그래프
resistor 저항기
resolution of rigor 경직풀림
resonance 공명
resonance energy 공명에너지
resonance hybrid 공명혼성체
resonance structure 공명구조
resonance transition 공명전이
resorcinol 레소시놀
resorufin 레소루핀
resource 자원
resource management 자원관리
respiration 호흡
respiration 호흡작용
respiration heat 호흡열
respiration rate 호흡속도
respiratory center 호흡중추
respiratory chain 호흡연쇄
respiratory coefficient 호흡계수
respiratory disease 호흡기관병
respiratory enzyme 호흡효소
respiratory failure 호흡기능상실
respiratory index 호흡지수
respiratory inhibitor 호흡억제제
respiratory movement 호흡운동
respiratory organ 호흡기관
respiratory quotient 호흡률
respiratory substrate 호흡기질
respiratory system 호흡계통
respiratory tract 기도
response surface methodology 반응표면분석법
restaurant 레스토랑
restaurant business 식품접객업
rest energy 정지에너지
resting metabolic rate 휴식대사량
restoration 복원
restricted feeding 제한급식
restriction endonuclease 제한효소
restriction enzyme 제한효소
restriction fragment 제한단편
restriction fragment length polymorphism 제한단편길이다형성
restriction mapping 제한지도작성
restriction modification system 제한수식계통
restriction site 제한효소절단자리
restructured lipid 재구성지방질
restructured meat 재구성고기
restructured meat product 재구성고기제품
result 결과
resveratrol 레스베라트롤

retail 소매
retailer 소매상
retail market 소매시장
retail price 소매가격
retardation time 지연시간
retarded elastic deformation 지연탄성변형
retention 머무름
retention time 머무름시간
retention volume 머무름부피
reticulocyte 그물적혈구
reticulum 제이위
retina 망막
retinal 레틴알
retinene 레티넨
retinoic acid 레틴산
retinoid 레티노이드
retinol 레티놀
retinol-binding protein 레티놀결합단백질
retinol equivalent 레티놀당량
retinyl acetate 레티닐아세테이트
retinyl palmitate 레티닐팔미테이트
retort 레토르트
retorted ginseng food 인삼레토르트식품
retort food 레토르트식품
retorting 레토르팅
retort pouch 레토르트파우치
retort pouch packaging 레토르트파우치포장
retort sterilization 레토르트살균
retrogradation 노화
retrograded starch 노화녹말
Retroviridae 레트로바이러스과
retrovirus 레트로바이러스
retsina 레트시나
reuterin 류테린
reverse micelle 역마이셀
reverse mutation 복귀돌연변이
reverse osmosis 역삼투
reverse osmosis concentration 역삼투농축
reverse osmosis membrane 역삼투막
reverse osmosis method 역삼투법
reverse phase chromatography 역상크로마토그래피
reverse reaction 역반응
reverse transcriptase 역전사효소
reverse transcription 역전사
reversibility 가역성
reversible change 가역변화
reversible colloid 가역콜로이드
reversible phenomenon 가역현상
reversible process 가역과정
reversible reaction 가역반응
revertant 복귀유전자
Reynolds number 레이놀즈수
Rf value 아르에프값
RH → relative humidity
Rhamnaceae 갈매나뭇과
Rhamnales 갈매나무목
rhamnolipid 람노리피드
rhamnose 람노스
Rhamnus 람누스속
Rhea americana 레아
rhea meat 레아고기
Rheidae 레아과
Rheiformes 레아목
rheological property 리올로지성질
rheology 리올로지
rheometer 레오미터
rheopectic fluid 레오펙틱유체
rheopectic substance 레오펙틱물질
rheopecty 레오펙티
rheopexy 레오펙시
rheumatic carditis 류머티스심장병
rheumatic disease 류머티스병
rheumatic fever 류머티스열
rheumatism 류머티즘
rheumatoid arthritis 류머티스관절염
Rheum palmatum 장엽대황
Rheum undulatum 대황
Rhine wine 라인포도주
rhinitis 비염
Rhinogobius 밀어속
Rhinogobius brunneus 밀어
rhinovirus 리노바이러스
Rhinovirus 리노바이러스속
Rhizobiaceae 뿌리혹세균과
Rhizobium 뿌리혹세균속
Rhizobium phaseoli 리조븀 파세올리
Rhizoctonia 리족토니아속

Rhizoctonia solani 리족토니아 솔라니
rhizoid 헛뿌리
rhizome 뿌리줄기
rhizome of zedoary 봉출
Rhizomucor 리조무코르속
Rhizomucor miehei 리조무코르 미에헤이
Rhizomucor pusillus 리조무코르 푸실루스
Rhizopus 거미줄곰팡이속
Rhizopus delemar 리조푸스 델레마르
Rhizopus oligosporus 리조푸스 올리고스포루스
Rhizopus oryzae 리조푸스 오리자에
Rhizopus stolonifer 리조푸스 스톨로니페르
rhodamine 로다민
rhodamine B 로다민비
Rhodiola 돌꽃속
Rhodiola rosea 바위돌꽃
Rhodobacter 로도박터속
Rhodobacteraceae 로도박터과
Rhodobacter sphaeroides 로도박터 스파에로이데스
Rhodococcus 로도코쿠스속
Rhodococcus erythropolis 로도코쿠스 에리트로폴리스
Rhodocollybia 버터버섯속
Rhodocollybia butyracea 버터애기버섯
Rhodocollybia maculata 점박이버터버섯
Rhododendron mucronulatum 진달래
Rhodophyceae 홍조강
Rhodophyta 홍조식물문
rhodopsin 로돕신
Rhodothermus 로도테르무스속
Rhodothermus marinus 로도테르무스 마리누스
Rhodotorula 로도토룰라속
Rhodotorula glutinis 로도토룰라 글루티니스
Rhodotorula mucilaginosa 로도토룰라 무실라기노사
Rhodymeniaceae 분홍치과
Rhodymeniales 분홍치목
rhubarb 대황
Rhus 붉나무속
Rhus chinensis 붉나무
Rhus verniciflua 옻나무
Rhynchocinetes uritai 끄덕새우
Rhynchocinetidae 끄덕새웃과
Rhynchophoridae 왕바구밋과
Rhynchosia 여우콩속
Rhynchosia acuminatifolia 큰여우콩
Rhynchosia volubilis 여우콩
RI → recommended intake
rib 갈비
rib 갈비뼈
ribbon blender 리본혼합기
rib cartilages 마구리
Ribes 까치밥나무속
Ribes grossularia 구스베리
Ribes nigrum 블랙커런트
Ribes rubrum 레드커런트
Ribes sativum 화이트커런트
rib eye roll 꽃등심살
rib finge 갈비살
ribitol 리비톨
riboflavin 리보플래빈
riboflavin 바이타민비투
riboflavin phosphate 리보플래빈인산
riboflavin 5'-phosphate sodium 리보플래빈5'-인산소듐
riboflavin 5'-phosphate sodium 바이타민비투인산소듐
ribonuclease 리보핵산가수분해효소
ribonucleic acid 리보핵산
ribonucleoside 리보뉴클레오사이드
ribonucleotide 리보뉴클레오타이드
ribonucleotide 5'-monophosphate 리보뉴클레오타이드5'-인산
ribose 리보스
ribose-5-phosphate 리보스-5-인산
ribosomal DNA 리보솜디엔에이
ribosomal protein 리보솜단백질
ribosomal ribonucleic acid 리보솜리보핵산
ribosomal RNA 리보솜아르엔에이
ribosome 리보솜
ribotyping 리보타이핑
ribozyme 리보자임
ribulose 리불로스
ribulose-1,5-bisphosphate 리불로스-1,5-이인산

ribulose monosphosphate 리불로스일인산
ribulose-5-phosphate 리불로스-5-인산
rice 미곡
rice 벼
rice 쌀
rice bean 덩굴팥
rice bran 쌀겨
rice bran oil 겨기름
rice bran wax 쌀겨왁스
rice bread 쌀빵
rice candy 라이스캔디
rice cookie 쌀과자
rice cooking 취반
rice cooking rate 취반속도
rice cracker 쌀크래커
rice farming 논농사
rice field 논
rice flour 쌀가루
rice germ 쌀배아
rice germ oil 쌀배아기름
rice hopper 벼메뚜기
rice hull 왕겨
rice huller 현미기
rice husk 왕겨
rice koji 쌀고지
rice mill 정미기
rice mill 정미소
rice milling 정미
rice milling facility 정미시설
rice noodle 쌀국수
rice nuruk 쌀누룩
rice paper 라이스페이퍼
rice polishing machine 연미기
rice powder 쌀가루
rice processing complex 벼종합처리장
rice pudding 쌀푸딩
rice scoop 주걱
rice starch 쌀녹말
rice stocks 쌀보유량
rice vinegar 쌀식초
rice washing 세미
rice washing machine 세미기
rice weevil 쌀바구미
rice wine 쌀술
rice year 쌀연도
rich bread 리치브레드
ricin 리친
Ricinodendron rautanenii 몽공고나무
ricinoleic acid 리시놀레산
Ricinus communis 피마자
rickets 구루병
rickettsia 리케차
Rickettsia 리케차속
Rickettsiaceae 리케차과
ricotta cheese 리코타치즈
ridged-eye flounder 도다리
Ridgelimeter 젤리미터
ridgetail prawn 밀새우
rifamycin 리파마이신
right atrium 오른심방
righteye flounders 가자미류
right ventricle 오른심실
right whale 참고래
rigidity 강성
rigidity 강성률
rigid polyvinyl chloride 경질폴리염화바이닐
rigor mortis 사후경직
rigor off 경직풀림
rigorometer 경직측정기
rind 껍질막
rinderpest 우역
rinderpest virus 우역바이러스
R-index analysis 아르인덱스분석
rind puffing 껍질부풀음
Ringer's solution 링거액
ring flounder 동백가자미
ring muscle 고리모양근육
rinsing 헹굼
ripen dough 숙성반죽
ripened cheese 숙성치즈
ripened cream 숙성크림
ripened cream butter 숙성크림버터
ripeness 성숙도
ripening 숙성
ripening hormone 성숙호르몬
ripening process 숙성공정
ripening room 숙성실
Ri plasmid 아르아이플라스미드

rising film evaporator 상승막증발기
risk 위해
risk analysis 위해분석
risk assessment 위해평가
risk assessment policy 위해평가정책
risk characterization 위해결정
risk communication 위해정보교류
risk estimate 위해추정값
risk factor 위해인자
risk index 위해지수
risk management 위해관리
risk priority 위해순위
risk profile 위해프로필
risotto 리소토
rissole 리솔
river fish 강물고기
river puffer 황복
RMR → resting metabolic rate
RNA 아르엔에이
RNA → ribonucleic acid
RNA-dependent DNApolymerase 아르엔에이의존디엔에이중합효소
RNA hybridization 아르엔에이잡종화
RNA ligase 아르엔에이연결효소
RNA polymerase 아르엔에이중합효소
RNA replicase 아르엔에이복제효소
RNase → ribonuclease
RNA synthesis 아르엔에이합성
RNA synthetase 아르엔에이합성효소
RNA transcription 아르엔에이전사
RNome 아르엔옴
RNomics 아르엔오믹스
roast 로스트
roast beef 로스트비프
roast chicken 통닭구이
roasted barley flour 볶은보릿가루
roasted chestnut 군밤
roasted coffee 볶은커피
roasted food 볶은식품
roasted odor 볶은내
roasted peanut 볶은땅콩
roasted soy flour 볶은콩가루
roasted tea 볶은차
roasted wheat 볶은밀
roaster 로스터
roast ham 로스트햄
roasting 로스팅
roasting method 로스팅법
roast product 로스트제품
Robinia pseudoacacia 아까시나무
robiola cheese 로비올라치즈
robusta coffee 로부스타커피
robust tonguefish 개서대
roccella 리트머스이끼
Roccellaceae 로셀라과
Roccella tinctoria 리트머스이끼
Rochelle salt 로셸염
rocket 로켓
rock ptarmigan 뇌조
rock salt 암염
rocoto 로코토
rod cell 막대세포
Rodentia 설치목
rodenticide 쥐약
rodents 설치류
rod mill 로드밀
rod-shaped bacterium 막대모양세균
roe 어란
roentgen 뢴트겐
roll 롤
roll bread 롤빵
roll cake 롤케이크
rolled barley 납작보리
rolled oat 납작귀리
roller 롤러
roller conveyor 롤러컨베이어
roller crusher 롤러파쇄기
roller drying 롤러건조
roller juice extractor 롤러착즙기
roller mill 롤러밀
roller sorter 롤러선별기
roll extractor 롤추출기
roll in shortening 롤인쇼트닝
rolling 압연
rolling machine 압연기
rolling pin 밀대
rolling process 압연공정
roll mill 롤밀

rollmop 롤몹
roll scraper 롤스크레이퍼
roll separator 롤분리기
Roman chamomile 카모마일
Romano cheese 로마노치즈
Roncal cheese 론칼치즈
rooibos 루이보스
rooibose tea 루이보스차
room temperature 실온
room temperature processing 실온가공
room temperature storage 실온저장
root 뿌리
root beer 루트비어
root cap 뿌리골무
root crop 뿌리작물
root culture 뿌리배양
root hair 뿌리털
rooting 발근
rooting percentage 발근율
root nodule 뿌리혹
root nodule bacteria 뿌리혹박테리아
root rot 뿌리썩음
root tip 뿌리끝
root vegetable 뿌리채소
rope 로프
rope meat 제비추리
ropiness 점질화
ropy bacterium 점질세균
ropy milk 점질우유
Roquefort cheese 로케포르치즈
roquefortine 로케포틴
Rorippa nasturtium-aquaticum 물냉이
Rosa 장미속
Rosa canina 개장미
Rosa davurica 생열귀나무
Rosa laevigata 금앵자
Rosales 장미목
Rosa multiflora 찔레나무
Rosa rugosa 해당화
rosary pea 홍두
rose 장미
rose apple 로즈애플
rose apple 왁스사과
rose aroma 장미향
rose bengal 로즈벵갈
rose hip 로즈힙
roselle 로젤
rosemary 로즈메리
rosemary oil 로즈메리방향유
rose oil 장미방향유
rose petal 장미꽃잎
roseugui 로스구이
rose wine 로제와인
rosin 로진
Rosineae 장미아목
rosmarinic acid 로스마린산
Rosmarinus officinalis 로즈메리
rot 부패
rotameter 로터미터
rotary air pump 회전공기펌프
rotary chuck 회전척
rotary compressor 회전압축기
rotary cutter 회전절단기
rotary dispersion 회전분산
rotary divider 회전분할기
rotary drier 회전건조기
rotary drum 회전드럼
rotary drum vacuum filter 회전원통감압거르개
rotary evaporator 회전증발기
rotary feeder 회전공급기
rotary pump 회전펌프
rotary shaker 회전진탕기
rotary sterilizer 회전살균기
rotary vacuum filter 회전감압거르개
rotary vacuum pump 회전진공펌프
rotary viscometer 회전점도계
rotational energy 회전에너지
rotational motion 회전운동
rotavirus 로타바이러스
roti 로티
Rotifera 윤형동물문
rotifers 윤충류
rotocel extractor 로토셀추출기
rotting 썩음
roughage 섬유질식품
rough aster 참취
rough balance 어림저울

rough endoplasmic reticulum 과립세포질그물
rough horsetail 속새
roughness 거칠기
rough rice 벼
rough rice in milled rice 뉘
roughscale sole 줄가자미
rouille 루유
round bottom flask 둥근바닥플라스크
round bottom flask with side arm 가지달린 둥근바닥플라스크
round can 둥근캔
round herring 눈퉁멸
round kumquat 둥근금감
round leaf buchu 부추
round number 어림수
route of infection 감염경로
roux 루
roux sauce 루소스
rowan 로완
rowanberry 로완베리
royal fern 고비
royal jelly 로열젤리
royal jelly processed food 로열젤리가공식품
royalty 로열티
RPC 아르피시
RPC → rice processing complex
R-phycoerythrin 아르피코에리트린
R plasmid → resistance plasmid
RQ → 호흡률
rRNA → ribosomal RNA
RSE defect 아르에스이결함
RTA → renal tubular acidosis
rubber 고무
rubber lining 고무라이닝
rubber netting 고무그물
rubber seed 고무나무씨
rubber seed oil 고무나무씨기름
rubber stopper 고무마개
rubber stopper borer 고무마개뚫이
rubber tree 고무나무
rubber tube 고무관
rubella 풍진
ruberythric acid 루베리트르산
Rubia 꼭두서니속
Rubia akane 꼭두서니
Rubiaceae 꼭두서닛과
Rubia cordifolia 인도꼭두서니
Rubiales 꼭두서니목
Rubia tinctorum 서양꼭두서니
rubratoxin 루브라톡신
Rubus 산딸기속
Rubus caesius 유럽듀베리
Rubus canadensis 가시없는블랙베리
Rubus chamaemorus 진들딸기
Rubus coreanus 복분자딸기
Rubus crataegifolius 산딸기
Rubus fruticosus 블랙베리
Rubus idaeus 라즈베리
Rubus loganobaccus 로건베리
Rubus matsumuranus var. *concolor* 나무딸기
Rubus occidentalis 검정라즈베리
rubusoside 루부소사이드
Rubus parviflorus 팀블베리
Rubus phoenicolasius 붉은 가시딸기
Rubus spectabilis 새먼베리
Rubus strigosus 아메리카라즈베리
Rubus suavissimus 첨차
Rubus ursinus 캘리포니아블랙베리
Rubus ursinus × *R. idaeus* 보이젠베리
Ruditapes philippinarum 바지락
rue 루타
rugosa rose 해당화
rum 럼주
rumberry 구아버베리
rumberry 럼베리
rumen 혹위
rumen bacterium 혹위세균
Rumex 소리쟁이속
Rumex acetosa 수영
Rumex acetosella 애기수영
ruminant 되새김동물
ruminant stomach 되새김위
Ruminococcus 루미노코쿠스속
Ruminococcus albus 루미노코쿠스 알부스
Ruminococcus flavefaciens 루미노코쿠스 플라베파시엔스
rump 볼기살

rump slope 엉덩이기울기
runaway plasmid 이탈플라스미드
runner bean 러너빈
rupture 파열
rupture test 파열시험
Rural Development Administration 농촌진흥청
rusk 러스크
Russula 무당버섯속
Russula aurea 황금무당버섯
Russulaceae 무당버섯과
Russulales 무당버섯목
Russula mariae 수원무당버섯
Russula olivacea 무당버섯
Russula subdepallens 보라버섯
Russula virescens 기와버섯
rust 녹
rust 녹병
rust fungus 녹병균
rust preventives 방청제
rutabaga 스웨드
Rutaceae 운향과
Ruta graveolens 루타
Rutales 운향목
rutin 루틴
Rutineae 운향아목
rutinose 루티노스
RVA → Rapid Visco Analyser
rye 호밀
rye bran 호밀겨
rye bread 호밀빵
rye flour 호밀가루
rye malt 호밀엿기름
rye starch 호밀녹말
rye whiskey 호밀위스키

S

saba nut 말라바밤나무
Sabiaceae 나도밤나뭇과
sabinene 사비넨
sablefish 은대구
sac 주머니
saccharase 사카레이스
saccharides 당류
saccharification 당화
saccharification and alcohol fermentation 복발효
saccharification power 당화력
saccharified and fermented alcoholic beverage 복발효주
saccharifying agent 당화제
saccharifying amylase 당화아밀레이스
saccharifying enzyme 당화효소
saccharimeter 당도계
saccharin 사카린
saccharometer 비중당도계
Saccharomyces 사카로미세스속
Saccharomyces carlsbergensis 사카로미세스 칼스베르겐시스
Saccharomyces cerevisiae 사카로미세스 세레비시아에
Saccharomyces ellipsoideus 사카로미세스 엘립소이데우스
Saccharomyces fragilis 사카로미세스 프라길리스
Saccharomyces lactis 사카로미세스 락티스
Saccharomycetaceae 사카로미세스과
Saccharomycodes 사카로미코데스속
Saccharomycodes ludwigii 사카로미코데스 루드위기이
Saccharomycopsis 사카로미콥시스속
Saccharomycopsis fibuligera 사카로미콥시스 피불리게라
saccharophile 호당생물
saccharose 사카로스
Saccharum officinarum 사탕수수
Saccostrea kegaki 가시굴
sack 포대
sack storage 포대저장
sacrum 엉치뼈
S-adenosylhomocysteine 에스-아데노실호모시스테인
S-adenosylmethionine 에스-아데노실메싸이오닌
saebengi 새뱅이

saengchae 생채
saengchigui 생치구이
saengchijang 생치장
saenggangpyeon 생강편
saenghwangjang 생황장
saengijeot 생이젓
saengseongui 생선구이
saengseonhoe 생선회
saengseonjeon 생선전
saengseonjjigae 생선찌개
saengseonjorim 생선조림
saengsik 생식
saengyeolgwinamu 생열귀나무
saeujeot 새우젓
safety 안전
safety 안전성
safety evaluation 안전성평가
safety factor 안전계수
safety valve 안전밸브
safflower 잇꽃
safflower oil 잇꽃기름
safflower red 잇꽃빨강
safflower seed 잇꽃씨
safflower seed oil 잇꽃씨기름
safflower yellow 잇꽃노랑
saffron 사프란
saffron color 사프란색소
saffron milk cap 맛젖버섯
safranine 사프라닌
safrole 사프롤
sage 세이지
sage oil 세이지방향유
Sagittaria 보풀속
Sagittaria trifolia 벗풀
Sagittaria trifolia var. *edulis* 쇠귀나물
sago 사고
sago palm 소철
sago starch 사고녹말
Saigon cinnamon 육계나무
sailfin sandfish 도루묵
Saint Nectaire cheese 세인트넥타르치즈
Saint Paulin cheese 세인트폴치즈
saithe 북대서양대구
sakacin 사카신
Sakaguchi's reaction 사카구치반응
sake 사케
sake koji 사케고지
sake yeast 사케효모
sal 사라수
Salacca zalacca 살락
salad 샐러드
salad bar 샐러드바
salad burnet 오이풀
salad cream 샐러드크림
salad dressing 샐러드드레싱
salad oil 샐러드기름
salad vegetable 샐러드채소
salai 살라이
salak 살락
salak fruit 살락열매
salamander 샐러맨더
salami 살라미
salam leaf 살람잎
Salangichthys microdon 뱅어
Salangidae 뱅엇과
Salanx ariakensis 국수뱅어
salatrim 살라트림
salbutamol 살부타몰
sales 매출
sal fat 사라수지방
salgupyeon 살구편
Salicaceae 버드나뭇과
Salicales 버드나무목
Salicornia 퉁퉁마디속
Salicornia europaea 퉁퉁마디
Salicornia virginica 아메리카퉁퉁마디
salicylaldehyde 살리실알데하이드
salicylic acid 살리실산
Salientia 개구리목
saline 염분
saline solution 소금용액
saline water 소금물
salinity 염분농도
salinity determination method 염분농도측정법
salinometer 염분계
salinomycin 살리노마이신
saliva 침

saliva amylase 침아밀레이스
salivary gland 침샘
salivary toxin of cephalopod 두족류침샘독
Salix koreensis 버드나무
S-allylcysteine 에스-알릴시스테인
salmonberry 새먼베리
salmonella 살모넬라
Salmonella 살모넬라속
Salmonella choleraesuis 살모넬라 콜레라에수이스
Salmonella choleraesuis subsp. *arizonae* 살모넬라 콜레라에수이스 아종 아리조나에
Salmonella Enteritidis 창자염살모넬라세균
salmonella gastroenteritis 살모넬라위창자염
Salmonella Paratyphi 파라티푸스세균
Salmonella Typhi 장티푸스세균
Salmonella Typhimurium 살모넬라 티피무륨
salmonellosis 살모넬라증
Salmonidae 연어과
Salmoniformes 연어목
salmon oil 연어기름
salmon roe 연어알
salmon shark 악상어
Salmo salar 대서양연어
salpicon 살피콩
salsa 살사
salsify 선모
Salsola 수송나물속
Salsola komarovii 수송나물
salt 소금
salt 염
saltana raisin 살타나건포도
salt bridge 염다리
salt burning 소금변성
salt cod 소금절이대구
salt curing 소금큐어링
salt damage 염해
salted anchovy 소금절이멸치
salted and dried cod 염건대구
salted and dried product 염건품
salted butter 가염버터
salted cod 자반대구
salted cucumber 소금절이오이
salted dotted gizzard shad 자반전어
salted egg 소금절이달걀
salted fish 자반
salted food 소금절이식품
salted ginger 소금절이생강
salted herring 자반청어
salted herring roe 소금절이청어알
salted Japanese Spanish mackerel 자반삼치
salted jellyfish 소금절이해파리
salted koji 소금절이고지
salted mackerel 자반고등어
salted meat 소금절이고기
salted product 소금절이제품
salted salmon 자반연어
salted salmon roe 소금절이연어알
salted sea mustard 소금절이미역
salted silver pomfret 자반병어
salt effect 염효과
salt-free diet 무염식사
salt hydrate 염수화물
Salt Industry Promotion Act 소금산업진흥법
saltine cracker 짠크래커
saltiness 짠맛
salting 가염
salting 염장
salting in 염용
salting out 염석
salt lake 소금호수
saltness 소금기
salt pork 소금절이돼지고기
salts 염류
salt substitute 대용소금
salt tolerance 내염성
salt tolerant bacterium 내염세균
salt tolerant microorganism 내염미생물
salt tolerant plant 내염식물
salt tolerant yeast 내염효모
saltwater fish 짠물고기
salt well 염정
saltwort 수송나물
Salvelinus 살베리누스속
Salvelinus alpinus 북극곤들매기
Salvelinus malma 곤들매기
Salvelinus namaycush 호수송어
salvia 샐비어

Salvia miltiorrhiza 단삼
Salvia officinalis 세이지
Salvia sclarea 클레이세이지
sambuca 삼부카
Sambucus 딱총나무속
Sambucus canadensis 아메리카딱총나무
Sambucus nigra 유럽딱총나무
Sambucus williamsii var. *coreana* 딱총나무
samgyetang 삼계탕
samhaeju 삼해주
samoju 삼오주
samp 샘프
samphire 샘파이어
sample 견본
sample 시료
sample 표본
sample bottle 표본병
sample grade 견본등급
sample mean 시료평균
sampler 시료채취기
sample standard deviation 시료표준편차
sample survey 표본조사
sample variance 표본분산
sampling 시료채취
sampling 표본추출
sampling error 표본추출오차
sampling inspection 발췌검사
sampling test 표본추출검사
samsaeknamul 삼색나물
Samso cheese 삼소치즈
samyangju 삼양주
sanbekcho 삼백초
sanchaebibimbap 산채비빔밥
sancho 산초
sand 모래
sandalwood oil 백단향방향유
sandalwood red 자단색소
sandbar shark 흉상어
sand bath 모래중탕
sand biscuit 샌드비스킷
sand cake 샌드케이크
sand eel 양미리
sand filter 모래거르개
sand gaper 우럭
sandiness 모래같음
sanding sugar 샌딩슈거
sand lance 까나리
sand pear tree 돌배나무
sandwich 샌드위치
sandwich biscuit 샌드위치비스킷
sandwich bread 샌드위치빵
sangak 상각
Sanger method 생어방법
sanghwang 상황
sanghwatteok 상화떡
Sangria 상그리아
Sanguisorba minor 오이풀
sanitarian 위생사
sanitary can 위생캔
sanitary design 위생설계
sanitary drain 오수
sanitary facility 위생시설
sanitary indicative bacterium 위생지표세균
sanitary pipe 위생배관
sanitation 위생
sanitation standard operating procedure 위생표준작업절차
sanja 산자
sanjeok 산적
sannamul 산나물
sansam 산삼
sansa oil 산사기름
sanshool 산쇼올
sanssuk 산쑥
Santalaceae 단향과
Santalales 단향목
santalic acid 산탈산
santalin 산탈린
Santalineae 단향아목
Santalum album 백단향
sap 수액
sap fruit 액과
Sapindaceae 무환자나뭇과
Sapindales 무환자나무목
Sapinineae 무환자나무아목
sapodilla 사포딜라
sap of lacquer tree 옻
sapogenin 사포게닌

saponifiable lipid 비누화지방질
saponification 비누화
saponification number 비누횻값
saponification value 비누횻값
saponin 사포닌
Sapotaceae 사포타과
SAPP → sodium acid pyrophosphate
saprobia 오수생물
Saprolegniales 물곰팡이목
saprophagous organism 사물기생생물
saprophyte 부생식물
saprophyte 사물기생균
saprophytism 사물기생
saprozoite 사물기생동물
Saran 사란
Sarcina 사르시나속
Sarcina ventriculi 사르시나 벤트리쿨리
Sarcocystidae 근육포자충과
Sarcocystis 사르코시스티스속
Sarcocystis suihominis 돼지근육포자충
Sarcodina 육질충상강
Sarcodon 노루털버섯속
Sarcodon aspratus 능이
sarcolemma 근육세포막
sarcoma 육종
Sarcomastigophora 육질편모동물문
sarcomere 근육원섬유마디
sarcoplasm 근육세포질
sarcoplasmic protein 근육세포질단백질
sarcoplasmic reticulum 근육세포질그물
sarcosine 사코신
Sarda 사르다속
Sarda chiliensis lineolata 태평양보니토
Sarda orientalis 줄삼치
Sarda sarda 대서양보니토
Sardina pilchardus 유럽정어리
sardine 정어리
sardine oil 정어리기름
Sardinella zunasi 밴댕이
Sardinops melanostictus 일본정어리
Sardinops sagax 태평양정어리
Sargassaceae 모자반과
Sargassum 모자반속
Sargassum fulvellum 모자반
Sargassum macrocarpum 큰열매모자반
Sargocentron spinosissimum 얼게돔
sarsaparilla 사사파릴라
Sasa 조릿대속
Sasa borealis 조릿대
Sasa borealis var. *chiisanensis* 갓대
saskatoon 사스카툰
saskatoon fruit 사스카툰열매
satiety 포만
satiety 포만감
satiety center 포만중추
satisfaction 만족도
satratoxin 사트라톡신
satsuma mandarin 온주귤나무
satsuma orange 온주귤나무
saturated air 포화공기
saturated fat 포화지방
saturated fatty acid 포화지방산
saturated humidity 포화습도
saturated hydrocarbon 포화탄화수소
saturated moisture 포화수분
saturated solution 포화용액
saturated steam 포화스팀
saturated vapor 포화증기
saturated vapor pressure 포화증기압력
saturated water vapor pressure 포화수증기압력
saturation 포화
saturation adiabatic process 포화단열과정
saturation density 포화밀도
saturation kinetics 포화반응속도론
saturation pressure 포화압력
saturation state 포화상태
saturation temperature 포화온도
Satureja hortensis 여름사보리
Satureja montana 겨울사보리
Satyrichthys rieffeli 별성대
sauce 소스
sauce mix 소스믹스
saucepan 소스팬
sauerbraten 사워브라튼
sauerkraut 사워크라우트
Saurida undosquamis 매퉁이
Saururaceae 삼백초과

Saururus chinensis 삼백초
sausage 소시지
sausage casing 소시지케이싱
sausage emulsion 소시지에멀션
sausage meat 소시지고기
saute 소테
sauteing 소테잉
Sauternes 소테른
savanna 사바나
savory 사보리
savory oil 사보리방향유
savoy cabbage 사보이양배추
sawedged perch 다금바리
saw palmetto 쏘팔메토
saw palmetto fruit extract 쏘팔메토열매추출물
sawtooth oak 상수리나무
sawtoothed grain beetle 머리대장가는납작벌레
Saxidomus giganteus 버터대합
Saxifragaceae 범의귓과
Saxifragales 범의귀목
Saxigragineae 범의귀아목
saxitoxin 삭시톡신
scab 더뎅잇병
scald 스캘드
scalding 탕침
scale 관석
scale 눈금
scale 비늘
scale 스케일
scale 저울
scale 척도
scale 축척
scale agar 비늘우무
scale insect 개각충
scaling 관석제거
scallop 가리비
scaly bulb 비늘줄기
scaly crystal 비늘결정
scaly leaf 비늘잎
scaly vegetable 비늘줄기채소
scampi 스캠피
scanning 주사
scanning electron micrograph 주사전자현미경사진
scanning electron microscope 주사전자현미경
scanning electron microscopy 주사전자현미경법
scanning thermal microscopy 주사열현미경법
scanning tunneling microscope 주사터널현미경
Scapharca broughtonii 피조개
Scapharca subcrenata 새꼬막
Scaphopoda 굴족강
scapula 어깨뼈
scarlet fever 성홍열
scattered light 산란광
scattering 산란
scattering coefficient 산란계수
scavenger 제거제
Scenedesmaceae 뗏목말과
Scenedesmus 뗏목말속
scent 향기
scent barrier 향기차단
Schaal oven test 샤알오븐테스트
Schale 샬레
Schardinger dextrin 샤딩거덱스트린
Schiff reaction 시프반응
Schiff's reagent 시프시약
Schinziophyton rautanenii 몽공고나무
Schisandraceae 오미자과
Schizandra chinensis 오미자나무
Schizomycetes 분열균강
Schizomycophyta 분열균문
Schizonepeta tenuifolia var. *japonica* 형개
Schizosaccharomyces 시조사카로미세스속
Schizosaccharomyces pombe 시조사카로미세스 폼베
Schizosaccharomycetes 시조사카로미세스강
Schlegel's black rockfish 조피볼락
Schlerochiton ilicifolius 시레로키톤 일리시폴리우스
Schmidt number 슈미트수
school age 학령기
school children 학령기아동

school foodservice 학교급식
School Health Act 학교보건법
Schulze-Hardy's law 슐체-하디법칙
Schwanniomyces 시완니오미세스속
SCI → science citation index
Sciaenidae 민어과
science 과학
science citation index 과학기술논문인용색인
science of cookery 조리과학
scientific name 학명
scintillation 섬광
scintillation counter 섬광계수기
sclera 공막
sclerenchyma 후벽조직
sclerenchyma cell 후벽세포
Sclerocarya birrea 마룰라
scleroprotein 경질단백질
sclerosis 경화증
Sclerotinia 균핵버섯속
Sclerotiniaceae 균핵버섯과
Sclerotinia fructicola 스클레로티니아 프룩티콜라
Sclerotinia sclerotiorum 균핵병균
Sclerotinia sclerotiorum 흰곰팡이
sclerotium 균핵
sclerotium rot 균핵병
Scomberesocidae 꽁치과
Scomber japonicus 태평양고등어
Scomberomorus niphonius 삼치
Scomber scombrus 대서양고등어
Scombridae 고등엇과
scombroid toxicosis 스콤브로이드중독
Scombrops boops 게르치
scone 스콘
Scophthalmidae 스코프탈미데과
Scophthalmus maximus 대문짝넙치
scoplamine 스코플라민
scopoletin 스코폴레틴
Scopolia 미치광이풀속
Scopolia japonica 미치광이풀
scopolin 스코폴린
Scopulariopsis 스코풀라리옵시스속
Scopulariopsis brevicaulis 스코풀라리옵시스 브레비카울리스
scorched odor 눋내
scorched particle 탄화물
scorecard 평가표
score sheet 평가용지
Scorpaenidae 양볼락과
Scorpaeniformes 쏨뱅이목
scorpion fish 쏨뱅이
Scorzonera hispanica 검정선모
Scotch beef sausage 스카치비프소시지
Scotch kale 곱슬잎케일
Scotch whisky 스카치위스키
scourer 연마기
scouring rush 속새
Scoville heat unit 스코빌열단위
Scoville scale 스코빌스케일
SCP → single cell protein
scrambled egg 스크램블드에그
scraped surface heat exchanger 표면긁기열교환기
scraper 스크레이퍼
scrapie 스크래피
screen 스크린
screen centrifuge 스크린원심분리기
screening test 선별검사
screw 스크루
screw cap 스크루캡
screw compressor 스크루압축기
screw conveyor 스크루컨베이어
screw feeder 스크루공급기
screw mixer 스크루믹서
screw pitch 스쿠르피치
screw press 스크루프레스
screw press type dewatering machine 스크루프레스탈수기
Scrophulariaceae 현삼과
Scrophulariales 현삼목
sculpins 둑중개류
scum 스컴
scurvy 괴혈병
Scutellaria 골무꽃속
Scutellaria baicalensis 황금
Scutellaria indica 골무꽃
scutellum 배반
Scyllaridae 매미새웃과

Scyphozoa 해파리강
SDS → sodium dodecyl sulfate
SDS-polyacrylamide gel electrophoresis
sea bass 돗돔
sea bream 도미
sea buckthorn oil 갈매보리수나무기름
sea cucumber 해삼
sea fish 바닷물고기
seafood 해산물
sea grapes 바다포도
sea grass 해초
sea hare 군소
sea island cotton 해도면
seakale 갯양배추
sea lettuce 참갈파래
sea lily 바다나리
sea mustard 미역
sea pea 갯완두
sea pineapple 멍게
sea salt 바다소금
sea slug 해삼
sea squirt 멍게류
sea string 꼬시래기
sea urchin 성게
sea urchin gonad 성게알집
sea water 바닷물
seal 바다표범
seal blubber 바다표범지방
seal blubber oil 바다표범지방기름
sealed storage 밀봉저장
sealer 밀봉기
sealing 밀봉
seal meat 바다표범고기
seal oil 바다표범기름
seal storage 밀봉저장
seam thickness 밀봉두께
seamer 시머
seaming 시밍
seaming chuck 시밍척
seaming head 시밍헤드
seaming roll 시밍롤
seaming roll setting gauge 시밍롤세팅게이지
seamless can 이음매없는캔
seasoned and canned beef 쇠고기조미통조림
seasoned and dried product 조미건조제품
seasoned and roasted product 조미구이제품
seasoned product 조미제품
seasoned salt 양념소금
seasoned squid 조미오징어
seasoning 양념
seasoning 조미
seawater resource 해수자원
seaweed furcata 불등풀가사리
seaweed papulosa 갈래곰보
sebaceous gland 피부기름샘
Sebastes hubbsi 우럭볼락
Sebastes inermis 볼락
Sebastes schlegeli 조피볼락
Sebastiscus marmoratus 쏨뱅이
Sebastolobus macrochir 홍살치
sebum 피부기름
Secale cereale 호밀
secalin 세칼린
sec-butyl 이차뷰틸
sec-butyl alcohol 이차뷰틸알코올
Sechium edule 불수과
second 초
secondary amine 이차아민
secondary cell wall 이차세포벽
secondary compound 이차화합물
secondary consumer 이차소비자
secondary contamination 이차오염
secondary deficiency 이차결핍
secondary disease 이차질환
secondary fermentation 이차발효
secondary function of food 식품의이차기능
secondary growth 이차생장
secondary hypertension 이차고혈압
secondary hypha 이차균사
secondary hypotension 이차저혈압
secondary immune response 이차면역반응
secondary industry 제이차산업
secondary infection 이차감염
secondary metabolism 이차대사
secondary metabolite 이차대사산물
secondary muscle bundle 이차근육다발
secondary mycelium 이차균사체
secondary polluant 이차오염물질

secondary prevention 이차예방
secondary producer 이차생산자
secondary production 이차생산
secondary production cost 이차생산비
secondary refrigerant 이차냉매
secondary sexual character 이차성징
secondary sterilization 이차살균
secondary structure 이차구조
secondary structure of protein 단백질이차구조
second order reaction 이차반응
secretin 세크레틴
secretion 분비
secretion 분비물
secretive enzyme 분비효소
secretory cell 분비세포
secretory gland 분비샘
secretory organ 분비기관
secretory tissue 분비조직
secretory vesicle 분비소포
sedative 진정제
sediment 앙금
sedimentation 침강
sedimentation analysis 침강분석
sedimentation coefficient 침강계수
sedimentation constant 침강상수
sedimentation equilibrium 침강평형
sedimentation rate 침강속도
sedimentation separation 침강분리
sedimentation test 침강시험
sediment test 침전시험
sedoheptulose 세도헵툴로스
sedoheptulose-1,7-bisphosphate 세도헵툴로스-1,7-이인산
Sedum 돌나물속
Sedum sarmentosum 돌나물
seed 씨
seed 씨앗
seed and fruit 종실
seed bank 씨앗은행
seed coat 씨껍질
seed crystal 모결정
seed culture 종균배양
seed disinfectant 씨앗소독제
seed disinfection 씨앗소독
seed displacement test 씨앗치환시험
seed garlic 씨마늘
seed industry 종묘산업
seeding 파종
seed koji 종국
seedless grape 씨없는포도
seed of Strychnos nux-vomica 마전자
seed plant 꽃식물
seed potato 씨감자
seed preservation 씨앗보존
seed propagation 씨앗번식
seepweed 나문재
segment 세그먼트
segmentation movement 분절운동
segregation 분리
sei whale 보리고래
seizure 발작
selection 선택
selective culture 선택배양
selective enrichment medium 선택증균배지
selective herbicide 선택제초제
selective medium 선택배지
selective menu 선택메뉴
selective permeability 선택투과성
selectively permeable membrane 선택투과막
selenium 셀레늄
selenocysteine 셀레노시스테인
selenomethionine 셀레노메싸이오닌
self 자기
self-fertilization 자가수정
self-heal 꿀풀
self-incompatibility 자가불화합성
self-pollination 자가수분
self purification 자정작용
self-registering thermometer 자동기록온도계
self-replication 자기복제
self-rising flour 셀프라이징밀가루
self quality test 자가품질검사
self service 셀프서비스
self-sufficiency rate of food 식량자급률
self-sufficiency rate of grain 곡물자급률
sell by date 판매기한

seller market 생산자중심시장
SEM → scanning electron microscope
semen 정액
semi-airblast freezer 반송풍냉동기
semicircular canal 반고리관
semiconductor 반도체
semicontinuous extractor 반연속추출기
semicontinuous freeze drying 반연속냉동건조
semi-cooked egg 반숙달걀
semi-countercurrent extraction 반향류추출
semicrystalline 반결정
semicrystalline polymer 반결정중합체
semidried noodle 반건조국수
semidried sausage 반건조소시지
semidrying oil 반건성기름
semidwarf 반왜성
semiessential amino acid 준필수아미노산
semi-fermented tea 반발효차
semifluid 반유동체
semihard cheese 반경질치즈
semi-log paper 반로그종이
seminal vesicle 정낭
seminiferous tubule 정세관
semipermeability 반투과성
semipermeable membrane 반투막
semi-processed food 반제품
semiquinone 세미퀴논
semi-skimmed milk 반탈지우유
semisoft cheese 반연질치즈
semisolid agar medium 반고체우무배지
semisolid food 반고체식품
semisolid medium 반고체배지
semistrong wheat flour 준강력밀가루
Semisulcospira libertina 다슬기
semisynthetic medium 반합성배지
semolina 세몰리나
semolina pudding 세몰리나푸딩
senbei 센베이
senescence 노화
senescence phase 노화기
sengi 생이
senial dementia 노년치매
senile osteoporosis 노인뼈엉성증
senna 차풀
sense 감각
sense of pain 통각
sense of taste 맛감각
sensible heat 느낌열
sensitivity 감도
sensitivity coefficient 감도계수
sensitivity test 감도시험
sensitivity threshold 감도문턱값
sensitizing action 증감작용
sensor 감지기
sensorium 감각중추
sensory adaptation 감각적응
sensory analysis 관능분석
sensory assessment 관능검사
sensory attribute 관능특성
sensory cell 감각세포
sensory characteristics 관능특성
sensory disorder 감각장애
sensory epithelium 감각상피
sensory evaluation 관능검사
sensory evaluation room 관능검사실
sensory loss 감각상실
sensory nerve 감각신경
sensory neuron 감각신경세포
sensory organ 감각기관
sensory panel 관능패널
sensory papilla 감각유두
sensory preference 관능기호도
sensory professional 관능전문요원
sensory property 관능성질
sensory quality 관능품질
sensory response 감각응답
sensory science 관능과학
sensory score 관능점수
sensory threshold 관능문턱값
seodeol 서덜
seogi 석이
seokbakji 섞박지
seokmuk 석묵
seokryubyeong 석류병
seoktanbyeong 석탄병
seolgi 설기
seolleongtang 설렁탕

seomnuruk 섬누룩
seon 선
seoncho 선초
seonggejeot 성게젓
seonjihaejangguk 선지해장국
seonsik 선식
separation 분리
separation and purification process 분리정제공정
separation by specific gravity 비중가림
separation efficiency 분리효율
separation factor 분리계수
separation membrane 분리막
separator 분리기
separatory funnel 분리깔때기
sepia color 오징어먹물색소
Sepia esculenta 참오징어
Sepia officinalis 갑오징어
sepia stingray 흰가오리
Sepiidae 갑오징엇과
Sepioidea 갑오징어목
Sepiola birostrata 좀귀꼴뚜기
Sepiolida 꼴뚜기목
Sepiolidae 꼴뚜깃과
sepsin 셉신
septicemia 패혈증
Septoria 셉토리아속
Septoria apiicola 셉토리아 아피이콜라
septum 사이막
sequencing 순서결정
sequential saccharification and alcohol fermentation 단행복발효
sequential analysis 순차분석
sequestrant 금속이온봉쇄제
Serenoa repens 쏘팔메토
Sergestidae 젓새웃과
serial dilution 단계묽힘
sericin 세리신
series 계열
serine 세린
serine protease 세린단백질가수분해효소
Seriola lnlandi 부시리
Seriola lalandi lalandi 남방부시리
Seriola quinqueradiata 방어
Seriolella punctata 흑점샛돔
serological reaction 혈청반응
serological test 혈청학적시험
serological typing 혈청학적 형구분
serology 혈청학
serotonin 세로토닌
serotype 혈청형
serotyping 혈청형구분
Serranidae 바릿과
Serrano ham 세라노햄
Serratia 세라티아속
Serratia liquefaciens 세라티아 리퀘파시엔스
Serratia marcescens 세라티아 마르세스센스
serum 혈청
serum albumin 혈청알부민
serum cholesterol 혈청콜레스테롤
serum ferritin 혈청페리틴
serum globulin 혈청글로불린
serum hepatitis 혈청간염
serum precipitation reaction 혈청침강반응
serum protein 혈청단백질
service 서비스
service wagon 서비스왜건
sesame 참깨
sesame oil 참기름
sesame seed 참깨씨
sesame seed meal 참깨깻묵
sesame seed oil unsaponifiable matter 참기름비비누화물질
sesamin 세사민
sesamol 세사몰
sesamolin 세사몰린
Sesamum 참깨속
Sesamum indicum 참깨
Sesbania 세스바니아속
Sesbania bispinosa 단치
sesilgwa 세실과
sesquiterpene 세스퀴터펜
sesquiterpenoid 세스퀴터페노이드
Setaria 강아지풀속
Setaria italica 조
set-back 셋백
set menu 세트메뉴
set point 세트포인트

setting 세팅
settling tank 침전탱크
Seville orange 광귤
Seville orange 광귤나무
sewage 하수
sewage bacterium 하수세균
sewage disposal plant 하수처리장
sewage sludge 하수슬러지
sewage treatment 하수처리
sewage treatment facility 하수처리시설
sewing thread 꼬시래기
sex 성
sex chromosome 성염색체
sex hormone 성호르몬
sex-linked disease 반성유전병
sex-linked gene 반성유전자
sex-linked inheritance 반성유전
sexual 유성
sexual generation 유성세대
sexual propagation 유성번식
sexual reproduction 유성생식
SFP → supplementary feeding program
shaddock 포멜로
shade culture 차광재배
shade drying 응달건조
shade plant 음지식물
shadowing method 음영법
shagbark hickory 샤그바크히커리
shaggy ink cap 먹물버섯
shake 셰이크
shaker 진탕기
shaking 진탕
shaking constant temperature water bath 진탕항온수조
shaking culture 진탕배양
shaking fermentation 진탕발효
shaking incubator 진탕배양기
shala tree 사라수
shallot 쪽파
shandy 섄디
shank 사태
Shaoxing chiew 소흥주
shaping 성형
shared electron 공유전자
shared electron pair 공유전자쌍
shark 상어
shark cartilage 상어연골
shark's fin 상어지느러미
sharp-leaf galagal 익지
Sharples centrifuge 샤프리스원심분리기
sharpness 강열함
shashlik 샤실리크
shea nut 시어너트
shea nut butter 시어너트버터
shea nut color 시어너트색소
shear 전단
shear flow 전단흐름
shearing 전단
shearing deformation 전단변형
shearing force 전단력
shearing force curve 전단력곡선
shear modulus 전단탄성계수
shear press 전단압축기
shear pressure 전단압력
shear rate 전단속도
shear strain 전단스트레인
shear strength 전단세기
shear stress 전단변형력
shear thickening 전단진해짐
shear thickening liquid 전단진해짐유체
shear thinning 전단묽어짐
shear thinning liquid 전단묽어짐유체
shear value 전단값
shear viscosity 전단점성
shea tree 시어나무
sheep 양
sheep casing 양장
sheep liver fluke 간질
sheep milk 양젖
sheep milk cheese 양젖치즈
sheep muscle 양근육
sheep's sorrel 애기수영
sheet 시트
shelf life 유통기간
shell 조가비
shell 조개껍데기
shellac 셸락
shell and coil condenser 셸코일응축기

shell and coil evaporator 셸코일증발기
shell and tube heat exchanger 셸튜브열교환기
shell and tube evaporator 셸튜브증발기
shellfish 조개
shellfish 소개류
shellfish poison 조개독
shellfish poisoning 조개중독
shellfish toxification phenomenon 조개독화현상
shelling 껍데기제거
shell-less egg 무각란
shellolic acid 셸롤산
shepherd's purse 냉이
sherbet 셔벗
sherry 셰리
Shewanella 시와넬라속
Shewanellaceae 시와넬라과
Shewanella putrefaciens 시와넬라 푸트레파시엔스
SH group 에스에이치기
shiba shrimp 중하
Shiga toxin 시가독소
Shigella 시겔라속
Shigella boydii 보이디이질세균
Shigella dysenteriae 이질이질세균
Shigella sonnei 손네이이질세균
shigellosis 시겔라증
shiitake 표고
shikimic acid 시킴산
shikimol 시킴올
shin 정강이
shiny 윤기나는
shiokara 시오카라
shipping 출하
shipssari 쉽싸리
shirohie millet 피
shisonin 시소닌
Shiva bean 시바빈
Shizuoka melon 시즈오카멜론
shock 쇼크
shock 충격
shogaol 쇼가올
shop 상점
Shorea robusta 사라수
Shorea stenoptera 라이트레드메란티
short-beaked common dolphin 짧은부리참돌고래
shortbread 쇼트브레드
shortcake 쇼트케이크
short chain fatty acid 짧은사슬지방산
shortening 쇼트닝
shortening property 쇼트닝성질
shortening value 쇼트닝값
short fermentation system 단시간발효법
shortfin mako shark 청상아리
shortmeter 쇼트미터
short patent 쇼트패턴트
short plate 치마양지
shorts 쇼츠
short ton 쇼트톤
shoulder clod 앞다리
shoulder clod 앞다리살
shoyu 장유
shredded vegetable 세절채소
shrikhand 슈리칸드
shrimp 새우
shrimp allergy 새우알레르기
shrimp analog 새우유사식품
shrimp cracker 새우크래커
shrimp gratin 새우그라탱
shrimp peeler 새우탈각기
shrinkable label 수축라벨
shrinkage 수축
shrinkage by washing 수세수축
shrinkage treatment 수축가공
shrinked fish fillet 수축생선필릿
shrink film 수축필름
shrink packaging 수축포장필름
shrink tunnel 수축터널
shrub 떨기나무
shucking 껍질벗기기
shuttles hoppfish 말뚝망둑어
shuttle valve 셔틀밸브
shuttle vector 셔틀벡터
si 시
sialic acid 시알산
Siberian ginseng 가시오갈피나무

Siberian motherwort 익모초
Siberian musk deer 사향노루
Siberian prawn 각시흰새우
Sicana odorifera 카사바나나
Sichuan pepper 쓰촨후추
sickle cell 낫적혈구
sickle cell anemia 낫적혈구빈혈
sicklemia 낫적혈구혈증
sickle wild sensitive-plant 결명차
side chain 곁사슬
side dish 부식
Sideritis 시데리티스속
siderophilin 시데로필린
sides 이분도체
side seam can 옆이음매캔
Sieberian bullhead 둑중개
Sieberian elm 비술나무
Siebold's abalone 말전복
Siegesbeckia glabrescens 진득찰
Siegesbeckia pubescens 털진득찰
sieve 체
sieve analysis 체가름
sieve tube 체관
sieving 체질
sieving method 체분리법
sifter 시프터
sifting 시프팅
Siganidae 독가시치과
Siganus fuscescens 독가시치
sigeumchinamul 시금치나물
sigma factor 시그마인자
sigmoid colon 구불창자
significance level 유의수준
significant figure 유효숫자
sika deer 일본사슴
sikhae 식해
sikhye 식혜
silage 사일리지
silane 실레인
silanyl 실란일
silbaek 실백
silent cutter 사일런트커터
silibinin 실리비닌
silica 실리카
silica gel 실리카젤
silica sand 규사
silicate 규산염
silicic acid 규산
silicon 규소
silicon dioxide 이산화규소
silicone oil 실리콘오일
silicone resin 규소수지
silicosis 규폐증
silk 명주
silk banana 라튼단바나나
silk gourd 비단단호박
silk-grass 실유카
silo 사일로
Siluridae 메깃과
Siluriformes 메기목
Silurus asotus 메기
Silurus glanis 유럽메기
Silvanidae 가는납작벌레과
silver 은
silverbelly seaperch 볼기우럭
silver chimaera 은상어
silver ear fungus 흰목이
silver maple 은단풍
silver mirror reaction 은거울반응
silver nitrate 질산은
silver pomfret 병어
silver vine 개다래나무
silver warehou 흑점샛돔
Silvetia siliquosa 뜸부기
Silybum marianum 밀크시슬
silymarin 실리마린
Simaroubaceae 소태나뭇과
simazine 시마진
similarity 닮음
simmering 시머링
Simmondsia chinensis 호호바
Simmondsiaceae 호호바과
simmondsin 시몬드신
simple calorimeter 간이열량계
simple carbohydrate 단순탄수화물
simple correlation 단순상관
simple correlation coefficient 단순상관계수
simple cubic lattice 단순입방격자

simple difference test 단순차이검사
simple distillation 단순증류
simple eye 홑눈
simple koji fermentor 간이고지발효기
simple lattice 단순격자
simple leaf 홑잎
simple lipid 단순지방질
simple monopoly 완전독점
simple paired comparison 단순이점대비법
simple paired difference test 단순이점차이검사
simple protein 단순단백질
Simplesse 심플레세
simple substance 홑원소물질
simple sugar 단순당
simulated gastric condition 모의위상태
simultaneous saccharification and alcohol fermentation 병행복발효
sinalbin 시날빈
sinapic acid 시납산
sinapine 시나핀
sinapinic acid 시나핀산
Sinapis alba 흰겨자
single bond 단일결합
single cell 단세포
single cell culture 단세포배양
single cell oil 단세포기름
single cell protein 단세포단백질
single cream 싱글크림
single cropping 일모작
single effect evaporator 단일효용증발기
single grain 홑알
single leaf 홑잎
single malt whisky 싱글몰트위스키
single market 단일시장
single nucleotide polymorphism 단일염기다형성
single nucleotide polymorphism consortium → SNP consortium
single pan balance 한쪽접시저울
single screw extruder 단축압출성형기
single step fermentation 단발효
single step fermented alcoholic beverage 단발효주
singlet oxygen 일중항산소
sinigrin 시니그린
sinigrinase 시니그린가수분해효소
Siniperca scherzeri 쏘가리
sink 싱크
Sinonovacula constricta 가리맛조개
sinseollo 신선로
sinus gland 시누스샘
siphon 사이펀
Siraitia grosvenorii 나한과
siru 시루
sirutteok 시루떡
sister chromatid 자매염색분체
site directed mutagenesis 위치지정돌연변이유발
Sitophilus 시토필루스속
Sitophilus granarius 곡물바구미
Sitophilus oryzae 쌀바구미
sitostanol 시토스탄올
sitosterol 시토스테롤
SI unit 국제단위계
size 사이즈
size 크기
size sorter 크기선별기
sizing 사이징
skates 홍어류
skatole 스카톨
skeletal muscle 뼈대근육
skeletal muscle tissue 뼈대근육조직
skeletal system 뼈대계통
skeleton 뼈대
skeleton fork fern 솔잎난
skim milk 탈지우유
skim milk cheese 탈지치즈
skim milk powder 탈지분유
skin 껍질
skin 피부
skin cancer 피부암
skinfold 피부주름
skinfeel characteristics 피부느낌특성
skinfold measurement 피부주름측정
skinfold thickness 피부주름두께
skinless jowl 항정살
skinless sausage 무피소시지

skinned carcass meat 박피지육
skinned ham 스킨드햄
skinning 박피
skinning machine 스키닝머신
skin packaging machine 스킨포장기
skin reaction 피부반응
skin reaction test 피부반응검사
skin spot 스킨스폿
skipjack tuna 가다랑어
skirt 스커트
skull 머리뼈
slaked lime 소석회
slant culture 사면배양
slant medium 사면배지
slate grey saddle 안장버섯
slaughter 도축
slaughterhouse 도축장
slender bamboo shark 얼룩상어
slendid 슬렌디드
sliced bacon 슬라이스베이컨
sliced cheese 슬라이스치즈
sliced ham 슬라이스햄
slicer 슬라이서
slicing 슬라이싱
slide 슬라이드
slide culture 슬라이드배양
slide glass 받침유리
slime 점액
slime bacterium 점액세균
slime mold 점균류
sliminess 끈적끈적
slimy 끈적끈적한
slipperiness 미끌거림
slippery jack 비단그물버섯
slit 슬릿
sloe 슬로
sloe gin 슬로진
slope 물매
slow cooker 슬로우쿠커
slow food 슬로우푸드
slow freezing 완만냉동
sludge 슬러지
slurry 슬러리
slurry transportation 슬러리운반
Smallanthus sonchifolia 야콘
small cranberry 애기월귤
small intestine 작은창자
small round structured virus 작은구형구조 바이러스
small round virus 작은구형바이러스
small yellow croaker 참조기
smear cheese 스미어치즈
smell of animal fat 누린내
smen 스멘
smetana 스메타나
S–methylmethionine 에스-메틸메싸이오닌
Smilacaceae 청미래덩굴과
smilax 청미래덩굴
Smilax 청미래덩굴속
Smilax china 청미래덩굴
Smilax regelii 사사파릴라
smiley scale 미소척도
smog 스모그
smoke 스모크
smoked and dried product 훈제건조품
smoked broiler 훈제브로일러
smoked cheese 훈제치즈
smoked chicken 훈제닭고기
smoked dry sausage 훈제건조소세지
smoked duck 훈제오리
smoked eel 훈제뱀장어
smoked egg 훈제달걀
smoked fish 훈제물고기
smoked flavor 훈제향미
smoked food 훈제
smoked liver 훈제간
smoked mackerel 훈제고등어
smoked meat 훈제고기
smoked oyster 훈제굴
smoked product 훈제품
smoked ring 훈제링
smoked salmon 훈제연어
smoked sausage 훈제소시지
smoked tuna 훈제다랑어
smoked turkey 훈제칠면조
smoke flavor 스모크향
smoke flavoring 스모크향미료
smoke generator 스모크발생기

smokehouse 훈제실
smoke point 발연점
smoker 훈연기
smoking 훈제
smoking agent 훈연제
smoking method 훈제법
smoking temperature 훈제온도
smoking wood 훈제목재
smoky odor 훈제내
smooth endoplasmic reticulum 무과립세포질그물
smoothie 스무디
smooth muscle 민무늬근육
smooth muscle fiber 민무늬근육섬유
smoothness 매끄러움
smooth oreo 남방달고기
smooth roll 매끈한롤
smoothshell shrimp 민새우
smoothy 스무디
smorgasbord 스모가스보드
smut 깜부기
smut 깜부깃병
smut fungus 깜부기진균
snack 스낵
snack bar 스낵바
snack food 스낵식품
snail meat 달팽이고기
snake 뱀
snake bean 아스파라거스콩
snake fruit 살락열매
snake gourd 뱀오이
snake's beard 맥문동
snap bean 꼬투리강낭콩
snap cookie 스냅쿠키
snap pea 설탕완두
snappers 퉁돔류
SNF → solids not fat
sniffing 냄새맡기
sniffing test 흡입시험
snow crab 대게
snowfall 강설량
snow fungus 흰목이
snow pea 스노우완두
SNP → single nucleotide polymorphism
SNP consortium 스닢컨소시엄
so 소
soaking 침지
soap bark tree 퀼라야
soapy odor 비누내
soapy taste 비누맛
sobagi 소박이
sockeye salmon 홍연어
SOD → superoxide dismutase
soda 소다
soda ash 소다회
soda bread 소다빵
soda cracker 소다크래커
soda lime 소다석회
soda water 소다수
sodium 소듐
sodium acetate 아세트산소듐
sodium acid pyrophosphate 산성파이로인산소듐
sodium alginate 알긴산소듐
sodium arsenite 비소산소듐
sodium benzoate 벤조산소듐
sodium bicarbonate 탄산수소소듐
sodium bisulfite 아황산수소소듐
sodium carbonate 탄산소듐
sodium carbonate decahydrate 탄산소듐십수화물
sodium carboxymethyl cellulose 카복시메틸셀룰로스소듐
sodium carboxymethyl starch 카복시메틸녹말소듐
sodium caseinate 카세인소듐
sodium chloride 염화소듐
sodium chlorite 아염소산소듐
sodium chondroitin sulfate 콘드로이틴황산소듐
sodium citrate 시트르산소듐
sodium copper chlorophyllin 구리클로로필린소듐
sodium cyclamate 사이클람산소듐
sodium cyclohexyl sulfamate 사이클로헥실설팜산소듐
sodium dehydroacetate 데하이드로아세트산소듐

sodium diacetate 다이아세트산소듐
sodium dichloroisocyanurate 이염화아이소사이아누르산소듐
sodium dihydrogen phosphate 인산이수소소듐
sodium dithionite 아다이싸이온산소듐
sodium DL-malate 디엘-말산소듐
sodium dodecyl sulfate 도데실황산소듐
sodium erythorbate 에리토브산소듐
sodium ethanethiolate 에테인싸이올산소듐
sodium ferric pyrophosphate 파이로인산철(III)소듐
sodium ferrocyanide 페로사이안화소듐
sodium fluoride 플루오린화소듐
sodium gluconate 글루콘산소듐
sodium glycyrrhizinate 글리시리진산소듐
sodium guanylate 구아닐산소듐
sodium hydrogen phosphate 인산수소소듐
sodium hydrogen sulfide 황화수소소듐
sodium hydrosulfite 하이드로설파이트
sodium hydroxide 가성소다
sodium hydroxide 수산화소듐
sodium hydroxide solution 가성소다용액
sodium hydroxide solution 수산화소듐용액
sodium hypochlorite 하이포염소산소듐
sodium inosinate 이노신산소듐
sodium iodide 아이오딘화소듐
sodium ion 소듐이온
sodium iron chlorophyllin 철클로로필린소듐
sodium iron(III) pyrophosphate 파이로인산철(III)소듐
sodium lactate 젖산소듐
sodium L-ascorbate 엘-아스코브산소듐
sodium lauryl sulfate 로릴황산소듐
sodium malate 말산소듐
sodium metabisulfite 메타아황산수소소듐
sodium metaphosphate 메타인산소듐
sodium metasilicate 메타규산소듐
sodium methoxide 메톡사이드소듐
sodium molybdate 몰리브데넘산소듐
sodium nitrate 질산소듐
sodium nitrite 아질산소듐
sodium oleate 올레산소듐
sodium pantothenate 판토텐산소듐
sodium phosphate 인산소듐
sodium polyacrylate 폴리아크릴산소듐
sodium polyphosphate 폴리인산소듐
sodium potassium exchange pump 소듐포타슘교환펌프
sodium potassium pump 소듐포타슘펌프
sodium propionate 프로피온산소듐
sodium pump 소듐펌프
sodium pyrophosphate 파이로인산소듐
sodium pyrosulfite 파이로아황산소듐
sodium saccharin 사카린소듐
sodium saccharin formulation 사카린소듐제제
sodium selenate 셀레늄산소듐
sodium selenite 아셀레늄산소듐
sodium sesquicarbonate 세스퀴탄산소듐
sodium silicate 규산소듐
sodium silicoaluminate 실리코알루민산소듐
sodium starch phosphate 녹말인산소듐
sodium stearoyl lactylate 스테아로일젖산소듐
sodium succinate 석신산소듐
sodium sulfate 황산소듐
sodium sulfite 아황산소듐
sodium tetrahydroborate 테트라하이드로보르산소듐
sodium thiosulfate 싸이오황산소듐
sodium tripolyphosphate 트라이폴리인산소듐
sodium 5'-guanylate 5'-구아닐산소듐
sodium 5'-inosinate 5'-이노신산소듐
soemureup 쇠무릎
soft 부드러운
soft biscuit 소프트비스킷
soft brown sugar 연질갈색설탕
soft candy 소프트캔디
soft caramel 소프트캐러멜
soft cheese 연질치즈
soft curd 연질커드
soft curd milk 연질커드우유
soft custard 소프트커스터드
soft diet 연질식사
soft diet 연한음식
soft drink 소프트드링크

soft dry sausage 연질건조소시지
softener 연화제
softening 연화
softening point 연화점
softening spoilage 연화변질
soft glassware 연질유리기구
soft ice cream 소프트아이스크림
softness 연함
soft persimmon 연시
soft polyethylene film 연질폴리에틸렌필름
soft pork 연지육
soft red wheat 연질붉은밀
soft rice 연질미
soft roll 소프트롤
soft rot 무름병
soft-shell clam 우럭
soft shell egg 연란
soft soybean curd 연두부
soft swell 가벼운 팽창
soft water 단물
soft wheat 연질밀
soft wheat flour 연질밀가루
soft wheat quality 연질밀품질
soft white sugar 연질흰설탕
soft white wheat 연질흰밀
Sogatella furcifera 흰등멸구
sogdan 속단
sogginess 눅눅함
soggy 눅눅한
sogukju 소국주
soil 토양
soil acidity 토양산도
soil bacterium 토양세균
soil fertility 토양비옥도
soil microorganism 토양미생물
soil pollution 토양오염
soju 소주
sojugori 소줏고리
sokseongju 속성주
sol 졸
Solanaceae 가짓과
solanidine 솔라니딘
solanine 솔라닌
Solanum 가지속
Solanum lycopersicum var. *cerasiforme* 방울토마토
Solanum melongena 가지
Solanum muricatum 페피노
Solanum nigrum 까마중
Solanum quitoense 나랑히야
Solanum sessiliflorum 코코나
Solanum tuberosum 감자
solar cell 태양전지
solar drier 태양열건조기
solar drying 태양열건조
solar drying facility 태양열건조시설
solar energy 태양에너지
solar heat 태양열
solar light 태양광
solar radiation 태양복사
solar radiation energy 태양복사에너지
Soleidae 납서댓과
Solen corneus 맛조개
Solenidae 죽합과
Solenocera melantho 대롱수염새우
Solenoceridae 대롱수염새웃과
solenoid 솔레노이드
solenoid valve 솔레노이드밸브
soles 납서대류
sol-gel transition 졸젤전이
solid 고체
solid chocolate 고형초콜릿
solid content 고형물함량
solid culture 고체배양
solid diet 고형음식
solid extracted tea 고형추출차
solid fat 고형지방
solid fat index 고형지방함량
solid food 고형식품
solid friction 고체마찰
solid fuel 고체연료
solidification 고형화
solidifying point 응고점
solidifying point depression 응고점내림
solidity 고체성
solid koji method 고체고지법
solid-liquid extraction 고체액체추출
solid matter 고형물

solid medium 고체배지
solid medium culture 고체배지배양
solid phase 고체상
solid phase extraction 고체상추출
solid phase microextraction 고체상미량추출
solids not fat 무지고형물
solid solution 고용체
solid state 고체상태
solid state fermentation 고체상발효
Solieriaceae 솔리에리아과
solitary fishtail palm 공작야자나무
Solomon's seal 진황정
solubility 용해도
solubility coefficient 용해도계수
solubility curve 용해도곡선
solubility product 용해도곱
solubility product constant 용해도곱상수
solubility test 용해도시험
solubilization 가용화
soluble 가용성
soluble dietary fiber 가용식품섬유
soluble nitrogen 가용질소
soluble protein 가용단백질
soluble salts 가용염류
soluble solid 가용고체
soluble starch 가용녹말
solute 용질
solution 용액
solvation 용매화
solvent 용매
solvent effect 용매효과
solvent extraction 용매추출
solvent extraction method 용매추출법
solvent migration distance 용매이동거리
somatic cell 몸세포
somatic cell cloning 몸세포복제
somatometry 신체측정
somatometry 신체측정법
somatostatin 소마토스타틴
somatotropic hormone 생장호르몬
somatotropin 생장호르몬
somdae 솜대
sommelier 소믈리에
Somogyi method 소모기법
somyeon 소면
Sonchus 방가지똥속
Sonchus oleraceus 방가지똥
songhwadasik 송화다식
songpyeon 송편
songwhadan 송화단
sonication 음파처리
Sophora 회화나무속
Sophorae fructus 괴각
Sophora japonica 회화나무
sorbate 소베이트
sorbestrin 소베스트린
sorbet 소르베
sorbic acid 소브산
sorbitan 소비탄
sorbitan ester 소비탄에스터
sorbitan fatty acid ester 소비탄지방산에스터
sorbitol 소비톨
sorbitol dehydrogenase 소비톨수소제거효소
sorbitol solution 소비톨액
sorbose 소보스
Sorbus alnifolia 팥배나무
Sorbus americana 아메리카로완
Sorbus aucuparia 로완
Sorbus commixta 마가목
Sordariaceae 소르다리아과
Sordariomycetes 소르다리아강
Sørensen's buffer solution 쇠렌센완충용액
sorghum 수수
sorghum beer 수수맥주
Sorghum bicolor 수수
Sorghum bicolor var. *dulciusculum* 단수수
sorghum color 수수색소
sorghum malt 수수엿기름
sorghum starch 수수녹말
sorghum syrup 수수시럽
sorption 흡착
sorption isotherm 등온흡착곡선
sorrel 수영
sorter 선별기
sorting 선별
sorting by weight 무게선별
sorting test 선별시험

sorva 소르바
souffle 수플레
soundness 건전성
soup 수프
soup base 수프베이스
soup mix 수프믹스
soup mixture 혼합수프
soup stock 수프스톡
sour butter 사워버터
sour candy 사워캔디
source of infection 감염원
sour cheese 사워치즈
sour cherry 신버찌
sour cream 사워크림
sour cream butter 사워크림버터
sourdough 사워반죽
sourdough bread 사워반죽빵
sour fig 신무화과
sour milk 사워밀크
sour milk cheese 사워밀크치즈
sourness 신맛
sour odor 쉰내
sour orange 광귤
sour orange 광귤나무
sour pickle 사워피클
soursop 가시여지
sous-vide 수비
sous-vide food 수비식품
sous-vide meal 수비음식
Southern blotting 사던블롯팅
southern bluefin tuna 남방참다랑어
southern cassowary 화식조
Southern Common Market 남미공동시장
southern eland 일런드영양
southern hake 은민대구
southern kingfish 남방부시리
southern right whale 남방긴수염고래
southern rough shrimp 꽃새우
south Pacific hake 가이민대구
sow 어미돼지
sowing 파종
sow thistle 방가지똥
Soxhlet extraction apparatus 속슬렛추출기
Soxhlet extraction method 속슬렛추출법
soya bean 콩
soyakgwa 소약과
soybean 콩
soybean cake 콩깻묵
soybean curd 두부
soybean curd in bag 자루두부
soybean hull 콩껍질
soybean koji 콩고지
soybean oil 콩기름
soybean phospholipid 콩인지방질
soybean powder 콩가루
soy beverage 콩음료
soy casein 콩카세인
soy cheese 콩치즈
soy dietary fiber 콩식품섬유
soy globulin 콩글로불린
soy 11S globulin 콩십일에스글로불린
soy 7S globulin 콩칠에스글로불린
soy glycinin 콩글리시닌
soy ice cream 콩아이스크림
soy infant formula 콩유아식품
soy isoflavone 콩아이소플라본
soy lecithin 콩레시틴
soymilk 두유
soymilk odor 두유내
soymilk product 두유제품
soy oligosaccharide 콩올리고당
soy paste 콩페이스트
soy peptide 콩펩타이드
soy product 콩제품
soy protein 콩단백질
soy protein beverage 콩단백질음료
soy protein concentrate 농축콩단백질
soy protein food 콩단백질식품
soy protein isolate 분리콩단백질
soy puree 콩퓌레
soy sauce 간장
soy saponin 콩사포닌
soy sauce cake 간장박
soy sauce koji 간장고지
soy sauce mash 간장덧
soy trypsin inhibitor 콩트립신억제인자
soy yoghurt 콩요구르트
space flight food 우주비행식품

space lattice 공간격자
space time yield 공간시간수율
spaghetti 스파게티
spaghetti squash 스파게티스쿼시
Spanish chestnut 밤나무(유럽계)
Spanish onion 스페인양파
Sparassidaceae 꽃송이버섯과
Sparassis 꽃송이버섯속
Sparassis crispa 꽃송이버섯
Sparidae 도밋과
sparkling beverage 발포음료
sparkling water 탄산수
sparkling wine 발포포도주
sparkling winemaking 발포포도주제조
sparrow meat 참새고기
Sparus aurata 귀족도미
spastic constipation 경직변비
spawning period 산란기
SPC → soy protein concentrate
spearmint 스피어민트
spearmint oil 스피어민트방향유
spear shrimp 긴뿔민새우
Special Act on Safety Control of Children's Dietary Life 어린이식생활안전관리특별법
special grade 특수등급
Special Supplemental Food Program for Women, Infants, and Children 저소득층임산부와영유아를위한특별보충식품프로그램
specialty crop 특용작물
specialty food 특수용도식품
specialty restaurant 전문식당
species 종
specific activity 고유활성도
specification 규격
specification 명세서
specific conductivity 비전도도
specific dynamic action 특이동적작용
specific gravity 비중
specific gravity balance 비중저울
specific gravity test 비중검사
specific heat at constant pressure 일정압력비열
specific heat at constant volume 일정부피비열
specific heat capacity at constant volume 일정부피비열용량
specific heat 비열
specific humidity 비습
specific immunity 특이면역
specific ionization 고유이온화도
specificity 특이성
specific loaf volume 로프빵비부피
specific rotation 고유광회전도
specific surface area 비겉넓이
specific viscosity 비점성
specific volume 비부피
specific weight 비중량
specified risk material 특정위험물질
speck 스펙
specked butter 반점버터
spectinomycin 스펙티노마이신
spectrofluorometry 분광형광법
spectrogram 스펙트로그램
spectrometer 분광계
spectrometry 분광분석법
spectrophotometer 분광광도계
spectrophotometry 분광광도법
spectroscope 분광기
spectroscopy 분광법
spectrum 스펙트럼
spectrum descriptive analysis 스펙트럼묘사분석
spectrum distribution 스펙트럼분포
speed 속력
spelt 스펠트
sperm 정자
spermaceti 경랍
spermatocyte 정모세포
spermatophyte 꽃식물
sperm bank 정자은행
sperm cell 정자세포
spermidine 스페미딘
spermine 스페민
sperm whale 향고래
Sphagnales 물이끼목
Sphagnidae 물이끼아강
sphagnum moss 물이끼
Sphenostylis stenocarpa 아프리카얌콩

spheroplast 스페로플라스트
sphincter 조임근육
sphincter of Oddi 오디조임근육
Sphingobacteriaceae 스핑고박테륨과
sphingolipid 스핑고지방질
Sphingomonadaceae 스핑고모나스과
Sphingomonas 스핑고모나스속
Sphingomonas paucimobilis 스핑고모나스 파우시모빌리스
sphingomyelin 스핑고미엘린
sphingophosphatide 스핑고포스파타이드
sphingosine 스핑고신
Sphyma zygaena 귀상어
Sphyraena pinguis 꼬치고기
Sphyraenidae 꼬치고깃과
Sphyrnidae 귀상엇과
SPI → soy protein isolate
spice 향신료
spice mix 향신료믹스
spice oleoresins 향신료올레오레진류
spicy hot pepper 매운고추
spicy odor 향신료내
spider angioma 거미혈관종
spina bifida 척추갈림증
Spinacea oleracea 시금치
spinach 시금치
spinal cord 척수
spinal ganglion 척수신경절
spinal nerve 척수신경
spinal reflex 척수반사
spindle body 방추체
spindle fiber 방추사
spindle tree 참빗살나무
spine 척추
spinetail mobula 쥐가오리
spinnability 실뽑힘성
spinning 방사
spin quantum number 스핀양자수
spiny cockle 가시꼬막
spiny dogfish 곱상어
spiny red gurnard 성대
spiny top shell 소라
spiracle 숨구멍
spiral bacterium 나선세균
spiral freezer 스파이럴냉동기
spiral kneader 스파이럴반죽기
spiral separator 스파이럴선별기
spiral wrack 스파이럴랙
spiramycin 스피라마이신
Spirillaceae 스피릴륨과
Spirillum 나선세균속
Spirillum minus 스피릴륨 미누스
spirit 증류주
Spirochaeta 스피로헤타속
Spirochaetales 스피로헤타목
spirochetosis 스피로헤타증
spironolactone 스피로놀락톤
spirulina 스피룰리나
Spirulina 스피룰리나속
spirulina color 스피룰리나색소
splanchnic artery 내장동맥
spleen 지라
split gene 분할유전자
split plot design 분할구설계
splitted pearled barley 할맥
splitting 분할
spoilage 변질
spoilage bacterium 변질세균
spoilage microorganism 변질미생물
spoilage yeast 변질효모
spoiled rice 변질쌀
Spondias cytherea 암바렐라
sponge 스펀지
sponge cake 스펀지케이크
sponge dough method 스펀지반죽법
sponge food 스펀지식품
sponge gourd 수세미외
sponges 해면동물
sponginess 스펀지상
spongy protein 스펀지단백질
spongy tissue 스펀지조직
spontaneous change 자발변화
spontaneous decay 자연붕괴
spontaneous emulsification 자발유화
spontaneous generation 자연발생
spontaneous generation 자연발생설
spontaneous reaction 자발반응
spoon 스푼

spoon and chopsticks 수저
spoon test 스푼법
sporangiophore 홀씨주머니자루
sporangiospore 주머니홀씨
sporangium 홀씨주머니
spore 홀씨
spore cell 홀씨세포
spore-forming bacterium 홀씨생성세균
sporic plant 홀씨식물
Sporidiobolaceae 스포리디오볼루스과
Sporidiobolales 스포로디오볼라목
Sporobolomyces 스포로볼로미세스속
Sporobolomyces roseus 스포로볼로미세스 로세우스
Sporobolomycetaceae 스포로볼로미세스과
sporogenous yeast 홀씨형성효모
sporogony 홀씨생식
sporophyll 홀씨잎
sporophyte 홀씨체
Sporothrix 스포로스릭스속
Sporothrix thermophile 스포로스릭스 서모필레
Sporotrichum 스포로트리쿰속
Sporotrichum pruinosum 스포로트리쿰 프루이노숨
Sporozoa 포자충강
sporozoans 포자충류
sports anemia 스포츠빈혈
sports drink 스포츠음료
sports food 스포츠식품
sports medicine 스포츠의학
sporulation 홀씨형성
spot analysis 스폿분석
spot spoilage 스폿변질
spotted armoured-gurnard 별성대
spotted maigre 수조기
spotted toughshank 점박이버터버섯
spotty belly greenling 노래미
spray 분무
spray ball 분무볼
spray chamber 분무실
spray cleaning 분무세정
spray dried food 분무건조식품
spray dryer 분무건조기
spray drying 분무건조
spray drying method 분무건조법
sprayer 분무기
spray freezing 분무냉동
spray nozzle 분무노즐
spray sterilization apparatus 분무살균장치
spray tower 분무탑
spray washer 분무세척기
spread 스프레드
spreadability 퍼짐성
spreading yew 주목
spread plate 도말평판
spread plate method 평판도말법
spring balance 용수철저울
springbok 스프링복
springbok meat 스프링복고기
springer 스프링어
springiness 탄력성
spring onion 파
spring water 샘물
spring wheat 봄밀
sprout 싹
sprouted bean 발아콩
sprouted brown rice 발아현미
sprouting 발아
sprue 스프루
SPS Agreement 에스피에스협정
spuit pipet 스포이트피펫
sputum 가래
squalene 스콸렌
Squalidae 돔발상엇과
Squalus acanthias 곱상어
square 제곱
square can 사각캔
squash 스쿼시
squash seed 스쿼시씨
Squatina japonica 전자리상어
Squatinidae 전자리상엇과
Squatiniformes 전자리상어목
squeezer 스퀴저
squid 오징어
squid ink 오징어먹물
squid oil 오징어기름
squid press roller 오징어압연롤러

Squillidae 갯가잿과
Sri Lanka cinnamon 실론계피나무
SRM → specified risk material
ssal 쌀
ssalbap 쌀밥
ssam 쌈
ssamjang 쌈장
ssanghwatang 쌍화탕
ssembagwi 씀바귀
SSL → sodium stearoyl lactylate
SSOP → sanitation standard operating procedure
ssukgaepitteok 쑥개피떡
ssukguridanja 쑥구리단자
ssukgyeongdan 쑥경단
ssukseolgi 쑥설기
ssuktteok 쑥떡
stab culture 천자배양
stability 안정성
stability constant 안정도상수
stabilization 안정화
stabilization energy 안정화에너지
stabilizer 안정제
stable state 안정상태
Stachybotrys atra 스타키보트리스 아트라
Stachybotrys chartarum 스타키보트리스 카르타룸
stachyose 스타키오스
Stachys 석잠풀속
Stachys affinis 두루미냉이
Stachys sieboldii 두루미냉이
staining 염색
stainless steel 스테인리스강
stale odor 군내
staling 노화
stalk 종
stalked sea squirt 미더덕
standard 보통쇠고기
standard 표준
standard atmospheric pressure 표준대기압
standard body height 표준키
standard body weight 표준몸무게
standard curve 표준곡선
standard deviation 표준편차
standard electrode potential 표준전극퍼텐셜
standard enthalpy 표준엔탈피
standard error 표준오차
standard free energy 표준자유에너지
standard grade 표준등급
standard heat of formation 표준생성열
standard hydrogen electrode 표준수소전극
standard inoculating loop 표준백금루프
standardization 표준화
standardized clarifier 표준화청정기
standardized milk 표준화우유
standard normal distribution 표준정규분포
standard oxidation potential 표준산화퍼텐셜
standard plate count 표준평판수
standard plate count method 표준평판법
standard pressure 표준압력
standard reduction potential 표준환원퍼텐셜
standard refrigeration cycle 표준냉동사이클
standard sample 표준시료
standard scale 기준척도
standard sieve 표준체
standard solution 표준용액
standard state 표준상태
standard temperature 표준온도
standing pouch 고정형파우치
stand-on weight scale 입식체중계
stanol 스탄올
stanol ester 스탄올에스터
stapes 등자뼈
Staphyleaceae 고추나뭇과
staphylococcal infection 포도알세균감염
staphylococcal poisoning 포도알세균중독
staphylococcus 포도알세균속
Staphylococcus 스타필로코쿠스속
Staphylococcus aureus 황색포도알세균
Staphylococcus aureus food poisoning 황색포도알세균식품중독
Staphylococcus chromogenes 스타필로코쿠스 크로모게네스
Staphylococcus epidermidis 스타필로코쿠스 에피데르미디스
staple food 주식
star anise 스타아니스
star anise oil 스타아니스방향유

star aniseed 스타아니스
star apple 스타애플
starch 녹말
starch acetate 아세트산녹말
starch crystallization 녹말결정화
starch degradation 녹말분해
starch derivative 녹말유도체
starch determination 녹말정량
starch equivalent 녹말당량
starch ester 녹말에스터
starch ether 녹말에테르
starch fermentation 녹말발효
starch film 녹말필름
starch gel 녹말젤
starch gel electrophoresis 녹말젤전기이동
starch granule 녹말입자
starch hydrolysate 녹말가수분해물
starch hydrolysis test 녹말가수분해시험
starch industry 녹말공업
starch milk 녹말젖
starch mill 녹말공장
starch noodle 녹말국수
starch paste 녹말페이스트
starch phosphate 인산녹말
starch phosphate monoester 녹말인산모노에스터
starch phosphorylation 녹말인산화
starch pulp 녹말박
starch recovery rate 녹말수율
starch sediment 녹말앙금
starch slurry 녹말슬러리
starch sodium octenyl succinate 옥테닐석신산소듐녹말
starch solution 녹말용액
starch sugar 녹말당
starch sulfate 황산녹말
starch synthase 녹말합성효소
starch syrup 물엿
starch value 녹말값
starfish 불가사리
starfruit 카람볼라
star gooseberry 스타구스베리
starry puffer 꺼끌복
starter 스타터
starvation 굶주림
stasis hypertension 울혈고혈압
state 상태
state diagram 상태도
state function 상태함수
static balance 정적평형
static culture 정치배양
static electricity 정전기
static fermentation 정치발효
static friction 정지마찰
static headspace gas chromatography 정치헤드스페이스가스크로마토그래피
static mixer 정치믹서
static organ 평형기관
static pressure 정압
statics 정역학
static sense 평형감각
static solid state fermentation 정치고체배양
static sterilization 정치살균
static sterilization method 정치살균법
static viscoelasticity 정치점탄성
stationary phase 정지상
statistical analysis 통계분석
statistical significance 통계유의성
statistical variability 통계변이성
statistics 통계
statistics 통계학
Staudinger's equation 슈타우딩거식
steady flow 정상흐름
steady state 정상상태
steak 스테이크
steam 스팀
steam bakery oven 스팀베이커리오븐
steam baking 스팀구이
steam condensate 응축수
steam cooker 스팀솥
steam distillation 스팀증류
steamed and dried tea 증건차
steamed bread 찐빵
steamed eomuk 찐어묵
steam ejector 스팀이젝터
steamer 찜통
steam-flow sealing 스팀분사밀봉
steam hammer 스팀해머

steaming 자숙
steam jacket 스팀재킷
steam oven 스팀오븐
steam rendering method 스팀렌더링법
steam sterilization 스팀살균
steam sterilizer 스팀살균기
steam table 스팀테이블
steam trap 스팀트랩
steapsin 스테압신
stearic acid 스테아르산
stearidonic acid 스테아리돈산
stearin 스테아린
stearorrhea 지방변증
stearorrhea test diet 지방변증검사식사
stearoyl lactylate 스테아로일락틸레이트
steel 강철
steel pipe 강관
steeping 침지
steeping tank 침지탱크
steeping water 침지수
steer 불친소
stellar 스텔라
Stellaria 별꽃속
Stellaria media 별꽃
Stelleroidea 불가사리강
stem 줄기
stem cell 줄기세포
stem lettuce 줄기상추
stem vegetable 줄기채소
stenophagous 협식성
stenosis 협착증
Stenotrophomonas 스테노트로포모나스속
Stenotrophomonas maltophilia 스테노트로포모나스 말토필리아
Stenotrophomonas nitritireducens 스테노트로포모나스 니트리티레두센스
Stephanolepis cirrhifer 쥐치
stepwise regression 단계회귀
stepwise regression analysis 단계회귀분석
steradian 스테라디안
Sterculiaceae 벽오동과
sterculia gum 스테쿨리아검
Sterculia urens 카라야검나무
sterculic acid 스테쿨산
stereochemistry 입체화학
stereoisomer 입체이성질체
stereoisomerism 입체이성질현상
Stereolepis doederleini 돗돔
stereospecificity 입체특이성
steric effect 입체효과
steric hindrance 입체장애
steric inhibition 입체억제
sterigmatocystin 스테리그마토시스틴
sterile 무균
sterile air 무균공기
sterile box 무균상자
sterile culture 무균배양
sterile filtration 무균거르기
sterile room 무균실
sterility 불임
sterility rate 살균율
sterilization 살균
sterilization and disinfection 살균소독
sterilization apparatus 살균장치
sterilization by boiling 끓임살균
sterilization by filtration 거름살균
sterilization method 살균법
sterilizer 살균기
sterilized market milk 살균시유
sterilized milk 살균우유
sterilized sausage 살균소시지
sterilizing chamber 살균실
steroid 스테로이드
steroid hormone 스테로이드호르몬
sterol 스테롤
sterol ester 스테롤에스터
Steven's law 스티븐법칙
stevia 스테비아
Stevia rebaudiana 스테비아
steviol 스테비올
steviolbioside 스테비올바이오사이드
steviol glycoside 스테비올글리코사이드
stevioside 스테비오사이드
stew 스튜
St. George's mushroom 밤버섯
Stichaeidae 장갱잇과
stick 스틱
stickiness 점착성

sticking 들러붙음
stick packaging machine 스틱형포장기
sticky bun 비단그물버섯
stiffness 강성도
stigma 암술머리
stigmastadiene 스티그마스타다이엔
stigmasterol 스티그마스테롤
stilbene 스틸벤
still wine 스틸와인
Stilton cheese 스틸톤치즈
stimulant 기호료
stimulant 흥분제
stimulant crop 기호료작물
stimulus 자극
stimulus control 자극조절
stimulus error 자극오차
stinging nettle 서양쐐기풀
stink bean 페타이
stir frying 스터프라잉
stirrer 젓개
stirring 젓기
STM → scanning tunneling microscope
stock 스톡
stock culture 보존균주
stock microorganism 보존미생물
stoichiometric end point 화학량종말점
stoichiometry 화학량론
stokes 스토크스
Stokes' law 스토크스법칙
stoma 기공
stomach 위
stomach cancer 위암
stomach cramp 위경련
stomacher 스토마커
stomachic 건위제
stomach poison 소화중독제
stomatitis 입안염
stone 돌
stone 핵
stone cell 돌세포
stone crab 바위게
stone flounder 돌가자미
stone fruit 핵과
stone grinder 돌절구
stone moroko 참붕어
stone parsley 파드득나물
stone pine 우산소나무
stoner 석발기
stone weight 누름돌
stoneworts 윤조류
stool 대변
stool examination 대변검사
stop codon 종결코돈
stopper 마개
stoppered bottle 마개달린병
storability 저장성
storage 저장
storage by heat insulation 보온저장
storage condition 저장조건
storage damage 저장피해
storage disease 저장병해
storage disorder 저장장애
storage facility 저장시설
storage in ice 빙장
storage method 저장방법
storage modulus 저장탄성률
storage organ 저장기관
storage polysaccharide 저장다당류
storage protein 저장단백질
storage room 저장고
storage stability 저장성
storage tank 저장탱크
storage temperature 저장온도
storage test 저장시험
storage under reduced pressure 감압저장
stored grain 저장곡물
stored grain insect 저장곡물해충
Stork process 스토르크공정
story-telling marketing 스토리텔링마켓팅
stout 스타우트
stove 스토브
St. Paulswort 털진득찰
straight coffee 스트레이트커피
straight dough method 직접반죽법
straight flour 스트레이트밀가루
straight grade flour 스트레이트밀가루
straight juice 착즙주스
straightnose coastal shrimp 좁은뿔꼬마새우

straight whisky 스트레이트위스키
strain 균주
strain 스트레인
strain coefficient 스트레인계수
strain deformation 스트레인변형
strainer 스트레이너
strata cook process 성층살균법
strawberry 딸기
strawberry furanone 딸기퓨라논
strawberry guava 딸기구아버
strawberry jam 딸기잼
strawberry juice 딸기주스
strawberry tree 딸기나무
strawberry tree fruit 딸기나무열매
strawberry wine 딸기술
strawboard 마분지
straw mushroom 볏짚버섯
straw mushroom 풀버섯
streak culture 긋기배양
streak plate 긋기평판
streak plate method 긋기평판법
street food 길거리음식
strength 세기
strengths, weaknesses, opportunities, and threats analysis → SWOT analysis
streptobacillus 사슬막대세균
Streptococcaceae 스트렙토코쿠스과
streptococcal infection 사슬알세균감염
streptococcus 사슬알세균
Streptococcus 스트렙토코쿠스속
Streptococcus agalactiae 스트렙토코쿠스 아갈락티아에
Streptococcus lactis 스트렙토코쿠스락티스
Streptococcus mutans 스트렙토코쿠스 무탄스
Streptococcus pneumoniae 폐렴사슬알세균
Streptococcus pyogenes 스트렙토코쿠스 피오게네스
Streptococcus salivarius subsp. *thermophilus* 스트렙토코쿠스 살리바리우스 아종 서모필루스
Streptococcus thermophilus 스트렙토코쿠스 서모필루스
Streptococcus uberis 스트렙토코쿠스 우베리스
Streptomyces 스트렙토미세스속
Streptomyces albulus 스트렙토미세스 알불루스
Streptomyces ambofaciens 스트렙토미세스 암보파시엔스
Streptomyces antibioticus 스트렙토미세스 안티비오티쿠스
Streptomyces fradiae 스트렙토미세스 프라디아에
Streptomyces globisporus 스트렙토미세스 글로비스포루스
Streptomyces griseus 스트렙토미세스 그리세우스
Streptomyces lincolnensis 스트렙토미세스 린콜넨시스
Streptomyces mediterranei 스트렙토미세스 메디테라네이
Streptomyces natalensis 스트렙토미세스 나탈렌시스
Streptomyces orchidaceus 스트렙토미세스 오르키다세우스
Streptomyces spectabilis 스트렙토미세스 스펙타빌리스
Streptomyces virgineae 스트렙토미세스 비르기니아에
Streptomycetaceae 스르렙토미세스과
streptomycin 스트렙토마이신
Streptoverticillium mobaraense 스트렙토베르티실륨 모바라엔세
stress 변형력
stress 스트레스
stress fracture 피로골절
stress protein 스트레스단백질
stress relaxation 변형력완화
stress relaxation time 변형력완화시간
stress resistance 스트레스저항성
stress response 스트레스반응
stress strain curve 변형력스트레인곡선
stress susceptible pig 스트레스감수성돼지
stretching 스트레칭
streusel 소보로
striated muscle 가로무늬근육
strict psychrophile 절대저온생물
stricture 협착

string bean 꼬투리강낭콩
stringy stone crop 돌나물
stripe virus disease 줄무늬잎마름병
striped bass 줄무늬농어
striped beakfish 돌돔
striped bonito 줄삼치
striped jewfish 돗돔
striped jewfish poisoning 돗돔중독
striped marlin 청새치
striped puffer 까치복
striploin 채끝
striploin steak 채끝스테이크
strobilurin 스트로빌루린
strobilus 솔방울
Strobilurus tenacellus 솔방울캡
stroke 뇌졸중
stroke volume 일회박출량
stroma 스트로마
stroma protein 스트로마단백질
Stromateidae 병엇과
strong acid 강산
strong ammonium solution 강암모니아수
strong base 강염기
strong bond 강한 결합
strong electrolyte 강전해질
strong wheat 강력밀
strong wheat flour 강력밀가루
Strongylura anastomella 동갈치
strontium 스트론튬
Strophariaceae 독청버섯과
structural formula 구조식
structural gene 구조유전자
structural isomer 구조이성질체
structural protein 구조단백질
structural viscosity 구조점성
structure 구조
structure breaking ion 구조파괴이온
structured lipid 구조지방질
structure forming ion 구조형성이온
structurome 스트럭투롬
structuromics 스트럭투로믹스
strudel 스트루델
Struthio camelus 타조
Struthionidae 타조과
Struthioniformes 타조목
struvite 스트루바이트
strychnine 스트리크닌
strychnine tree 마전
Strychnos nux-vomica 마전
student's t test 스튜던트티검정
stuffing 스터핑
stunning 기절
sturgeon 철갑상어
sturgeon roe 철갑상어알
St. Venant body 성베난트체
Styela 흰멍게속
Styela clava 미더덕
Styelidae 미더덕과
styrax 소합향
styrene 스타이렌
styrene paper 스타이렌종이
styrene resin 스타이렌수지
styrofoam 스타이로폼
Suaeda 나문재속
Suaeda glauca 나문재
subacute 아급성
subacute toxicity 아급성독성
subacute toxicity test 아급성독성검사
subchronic toxicity 아만성독성
subchronic toxicity test 아만성독성시험
subclass 아강
subclavian vein 빗장밑정맥
subclinical deficiency 무증상결핍
subclinical disease 무증상병
subculture 계대배양
subcutaneous fat 피부밑지방
subcutaneous injection 피부밑주사
subcutaneous tissue 피부밑조직
suberin 코르크질
subjective analysis 주관분석
sublimation 승화
sublimation curve 승화곡선
sublingual gland 혀밑샘
sublingual medication 혀밑투약
submandibular gland 턱밑샘
submerged culture 액침배양
submerged culture of koji 액침고지배양
submerged culturing tank 액침배양탱크

submerged fermentation 액침발효
submerged plant 침수식물
suborder 아목
subphylum 아문
subshell 부껍질
subspecies 아종
substance 물질
substitution 치환
substitution chromatography 치환크로마토그래피
substitution reaction 치환반응
substrate 기질
substrate level phosphorylation 기질수준인산화
substrate specificity 기질특이성
substratum 기층
subtilin 수브틸린
subtilisin 수브틸리신
subtropical fruit tree 아열대과수
subtropical rain forest 아열대우림
subunit 소단위
succinamide 석신아마이드
succinate dehydrogenase 석신산수소제거효소
succinic acid 석신산
succinimide 석신이미드
succinoglucan 석시노글루칸
succinylation 석시닐화
succulence 다즙
succulent fruit 다육과일
succulent plant 다육식물
sucking 포유
suckling 젖먹이
sucralose 슈크랄로스
sucrase 슈크레이스
sucrose 슈크로스
sucrose acetate isobutyrate 슈크로스아세테이트아이소뷰티레이트
sucrose ester 슈크로스에스터
sucrose fatty acid ester 슈크로스지방산에스터
sucrose phosphate synthase 슈크로스인산합성효소
sucrose polyester 슈크로스폴리에스터
sucrose synthase 슈크로스합성효소
sucrose 1-fructosyltransferase 슈크로스1-프럭토실전달효소
sucrose α-glucosidase 슈크로스알파글루코시데이스
suction flask 흡입플라스크
suction pump 흡입펌프
sucuk 수쿡
sudan 수단
suet 수어트
sufficient condition 충분조건
sufu 수푸
sugar 당
sugar 설탕
sugar acid ratio 당산비율
sugar alcohol 당알코올
sugar almond 슈거아몬드
sugar-apple 슈거애플
sugar beet 사탕무
sugar bloom 슈거블룸
sugarcane 사탕수수
sugarcane juice 사탕수수즙
sugarcane molasses 사탕수수당밀
sugarcane sugar 사탕수수설탕
sugarcane syrup 사탕수수시럽
sugar composition 당조성
sugar concentration 당도
sugar cone 슈거콘
sugar confectionery 설탕과자
sugar crop 설탕작물
sugared ginseng 인삼설탕절임
sugared kumquat 금감설탕절임
sugar ester 당에스터
sugar fermentation 당발효
sugar-free food 무설탕식품
sugaring 당절임
sugar juice 설탕즙
sugar manufacture 제당
sugar maple tree 사탕단풍나무
sugar palm 사탕야자나무
sugar pan 설탕팬
sugar pea 설탕완두
sugar process 설탕공정
sugar refinery 제당공장

sugar refractometer 당굴절계
sugar substitute 대체감미료
sugar substitute 설탕대용물
sugar syrup 당시럽
sugar tolerance 당내성
sugar tolerant yeast 당내성효모
sugyoui 수교의
suicide gene 자살유전자
Suidae 멧돼짓과
Suillus 비단그물버섯속
Suillus luteus 비단그물버섯
sujebi 수제비
sujeonggwa 수정과
sujuk 수죽
sukhoe 숙회
sukjunamul 숙주나물
suksilgwa 숙실과
suksu 숙수
Sulculus 오분자기속
Sulculus diversicolor supertexta 오분자기
suldeot 술덧
sulfadiazine 설파다이아진
sulfamate 설파메이트
sulfamethazine 설파메타진
sulfane 설페인
sulfanilamide 설파닐아마이드
sulfanilic acid 설파닐산
sulfate 설페이트
sulfate ion 황산이온
sulfathiazole 설파싸이아졸
sulfatide 설파타이드
sulf clam 동죽
sulfhydryl group 설프하이드릴기
sulfide 설파이드
sulfide spoilage 흑변
sulfitation 아황산염처리
sulfite 아황산염
sulfite reductase 아황산환원효소
sulfite waste liquor 아황산펄프폐액
sulfolipid 황지방질
Sulfolobaceae 술폴로부스과
Sulfolobus 술폴로부스속
Sulfolobus solfataricus 술폴로부스 솔파타리쿠스
sulfonamide 설폰아마이드
sulfonation 설폰화반응
sulfonic acid 설폰산
sulfonylurea 설포닐유레아
sulforaphane 설포라판
sulfoxide 설폭사이드
sulfur 황
sulfur compound 황화합물
sulfur–containing amino acid 황함유아미노산
sulfur dioxide 이산화황
sulfuric acid 황산
sulfuric ester hydrolase 황산에스터가수분해효소
sulfur oxide 황산화물
sulfurous acid 아황산
sulfurous odor 황내
sulfur trioxide 삼산화황
sulfuryl 설퓨릴
sulfuryl chloride 염화설퓨릴
sulgamju 술감주
suljigemi 술지게미
sulmit 술밑
sultana 설타나
suluguni cheese 설루구니치즈
sumac 옻나무류
suminoe oyster 갓굴
summer citrus 여름귤나무
summer crop 여름작물
summer oyster mushroom 여름느타리
summer sausage 서머소시지
summer savory 여름사보리
summer squash 여름스쿼시
sum of square 제곱합
sunburn 볕에탐
sundae 순대
sun drying 천일건조
sun drying method 천일건조법
sun dried salt 천일염
sundubu 순두부
sundubujjigae 순두부찌개
sunflower 해바라기
sunflower meal 해바라기박
sunflower oil 해바라기기름

sunflower seed 해바라기씨
sungnyung 숭늉
sunlight 햇빛
sunlight odor 일광내
sunray surf clam 개량조개
sunset yellow 선셋노랑
sunset yellow FCF 식용노랑5호
sunset yellow FCF aluminum lake 식용노랑5호알루미늄레이크
Super Allospas system 슈퍼알로스파스장치
superbacteria 슈퍼박테리아
superconducting phenomenon 초전도현상
superconduction 초전도
superconductor 초전도체
supercooled liquid 과냉각액체
supercooled water 과냉각수
supercooling 과냉각
supercritical carbon dioxide extraction 초임계이산화탄소추출
supercritical fluid chromatography 초임계유체크로마토그래피
supercritical fluid extraction 초임계유체추출
supercritical fluid 초임계유체
supercritical high performance liquid chromatography 초임계고속액체크로마토그래피
supercritical pressure 초임계압력
superheated condensed milk 과열농축우유
superheated solvent vapor 과열용매증기
superheated steam 과열스팀
superheated vapor 과열증기
superheater 과열기
superheating compression 과열압축
superhelix 고차나선
superior vena cava 위대정맥
supermarket 슈퍼마켓
super mouse 슈퍼마우스
supernatant 상층액
superoxide 초과산화물
superoxide dismutase 초과산화물제거효소
superoxide ion 초과산화물이온
superposition 중첩
supersaturated solution 과포화용액
supersaturation 과포화
supersolubility curve 과용해도곡선
supertexta 오분자기
supplement 보충
supplementary feeding program 보충식사프로그램
supplementary food 보충식품
supporting cell 버팀세포
supporting material 버팀물질
supporting tissue 버팀조직
suppository 좌약
suppression 억압
suppressor 억압인자
suppressor gene 억압유전자
surface 표면
surface active agent 표면활성제
surface activity 표면활성
surface activity property 표면활성성질
surface area 겉넓이
surface charge 표면전하
surface chemistry 표면화학
surface cooler 표면냉각기
surface corrosion 표면부식
surface culture 표면배양
surface denaturation 표면변성
surface energy 표면에너지
surface evaporation 표면증발
surface fermentation 표면발효
surface fermentation method 표면발효법
surface fried soybean curd 겉튀김두부
surface heat exchanger 표면열교환기
surface heat transfer rate 표면열전달률
surface pasteurization 표면살균
surface reaction 표면반응
surface resistance 표면저항
surface structure 표면구조
surface tension 표면장력
surface-treated fresh vegetable 표면처리신선채소
surface viscosity 표면점성
surfactant 표면활성제
surfactin 서팩틴
surgeon 외과의사
surge tank 서지탱크
surichwi 수리취

surichwitteok 수리취떡
surimi 수리미
surinam cherry 수리남버찌
survival curve 생존곡선
survival rate 생존율
Sus 멧돼지속
susam 수삼
susceptibility 감수성
sushi 초밥
susijang 수시장
suspected endocrine disrupter 내분비교란의심물질
suspended material 현탁물질
suspended solid 부유고형물
suspension 서스펜션
suspension culture 서스펜션배양
Sus scrofa 멧돼지
Sus scrofa domesticus 돼지
sustainable agriculture 지속농업
susugyeongdan 수수경단
suyuk 수육
Svedberg unit 스베드베리단위
swallowing 삼키기
swan goose 개리
sweat 땀
sweat gland 땀샘
swedes 스웨드
Swedish balance 막대저울
Swedish turnip 스웨드
sweet almond 스위트아몬드
sweet and sour pork 탕수육
sweet basil 바질
sweet biscuit 단비스킷
sweetbread 스위트브레드
sweet bread 단빵
sweet butter 스위트버터
sweet cherry 양벚나무
sweet chestnut 단밤
sweet chestnut 밤나무(유럽계)
sweet cicely 시슬리
sweetcorn 단씨
sweet cream 스위트크림
sweet cream butter 스위트크림버터
sweet dough 단과자반죽
sweet dough bread 단과자빵
sweetened condensed butter milk 가당농축버터밀크
sweetened condensed cream 가당농축크림
sweetened condensed egg 가당농축알
sweetened condensed milk 가당연유
sweetened condensed skim milk 가당탈지연유
sweetened condensed whey 가당농축유청
sweetened condensed whole milk 가당전지연유
sweetened egg 가당알
sweetened milk powder 가당분유
sweetener 감미료
sweetfish 은어
sweet flag 창포
sweet flavor 단내
sweet food 단식품
sweet lemon 스위트레몬
sweet lime 스위트라임
sweet marjoram 스위트마저럼
sweet milk 단우유
sweetness 감미도
sweet olive 목서
sweet onion 스위트어니언
sweet orange 당귤나무
sweet orange 스위트오렌지
sweet osmanthus 목서
sweet pepper 단고추
sweet persimmon 단감
sweet pickle 스위트피클
sweet potato 고구마
sweet potato chips 절간고구마
sweet potato jam 고구마잼
sweet potato stalk 고구마줄기
sweet potato starch 고구마녹말
sweet protein 단단백질
sweets 단과자
sweet sauce 스위트소스
sweet sorghum 단수수
sweet taste 단맛
sweet violet 향기제비꽃
sweet wine 단포도주
swell 팽창

swelled can 팽창캔
swelling 팽윤
swelling power 팽윤력
swimming crab 꽃게
swine 돼지
swine back rib 돼지등갈비
swine cholera 돼지열병
swine erysipelas 돼지단독
swine eye of loin 돼지알등심살
swine farming 양돈
swine fever 돼지열병
swine inside round 돼지볼기살
swine kidney 돼지콩팥
swine loin 돼지등심
swine loin 돼지등심살
swine muscle 돼지근육
swine outside round 돼지설깃살
swine picnic 돼지앞다리
swine picnic 돼지앞다리살
swine rib 돼지갈비
swine rump round 돼지보섭살
swine shank 돼지사태살
swine shoulder butt 돼지목심
swine skin 돼지껍질
swine tenderloin 돼지안심
Swinhoe's storm petrel 바다제비
Swiss chard 근대
Swiss cheese 스위스치즈
Swiss cheese plant 몬스테라
Swiss mocha 스위스모카
Swiss roll 스위스롤
sword bean 작두콩
swordfish 황새치
SWOT analysis 스왓분석
syabu syabu 샤부샤부
Syagrus 시아그루스속
Syagrus romanzoffiana 여왕야자나무
symbiosis 공생
symbol 기호
symbol of element 원소기호
symmetry 대칭
sympathetic nerve 교감신경
sympathetic nerve system 교감신경계통
Symphytum officinale 컴프리
Symplocaceae 노린재나뭇과
symptom 증상
symptomatic obesity 증후성비만
symptomatic therapy 대증요법
synapse 시냅스
synapsis 시냅시스
synaptic vesicle 시냅스소포
synbiotics 신바이오틱스
Synbranchidae 드렁허릿과
Synbranchiformes 드렁허리목
syncaryon 합핵
Syncerus caffer 아프리카물소
syndrome 증후군
Synechococcaceae 시네초코쿠스과
Synechococcus 시네초코쿠스속
Synechocystis 시네초시스티스속
Syneilesis aconitifolia 애기우산나물
Syneilesis palmata 우산나물
syneresis 시너레시스
synergism 상승작용
synergist 상승제
synergistic effect 상승효과
synergy 상승작용
Synodontidae 매퉁잇과
Synsepalum dulcificum 미러클과일나무
synthesis 합성
synthetase 합성효소
synthetic alcohol 합성알코올
synthetic cream 합성크림
synthetic detergent 합성세제
synthetic fiber 합성섬유
synthetic fiber paper 합성섬유종이
synthetic flavoring substance 합성착향료
synthetic food 합성식품
synthetic magnesium silicate 합성규산마그네슘
synthetic medium 합성배지
synthetic milk 합성우유
synthetic preservative 합성보존료
synthetic resin 합성수지
synthetic resin paint 합성수지도료
synthetic rubber 합성고무
Synurus 수리취속
Synurus deltoides 수리취

synzyme 인공효소
Syrian hamster 골드햄스터
Syringa 수수꽃다리속
syringic acid 시링산
syrup 시럽
system 계통
system biology 시스템생물학
System of International Unit 국제단위계
system of unit 단위계
systematic error 계통오차
systematic sampling 계통추출법
systemic circulation 온몸순환
systemic insecticide 침투살충제
systems analysis 시스템분석
systeome 시스테옴
systolic pressure 수축기혈압
Syzygium aromaticum 정향나무
Syzygium cumini 자문
Syzygium jambos 로즈애플
Syzygium malaccense 말레이사과
Syzygium polyanthum 살람잎
Syzygium samarangense 왁스사과

T

T2 phage 티투파지
T2 toxin 티투독소
Tabasco 타바스코
Tabasco sauce pepper 타바스코고추
Tabasco sauce 타바스코소스
Tabebuia impetiginosa 핑크라파초
table 표
table cream 커피크림
table grape 생식용포도
table jelly 테이블젤리
table knife 식탁나이프
table of random numbers 난수표
table salt 식탁소금
tablet 정제
table ware 식기
taco 타코
taco shell 타코셸
tactile organ 촉각기관
tactile receptor 촉각받개
tactile sensation 촉감
tactile sense 촉각
Taenia 조충속
Taenia saginata 무구조충
Taenia solium 유구조충
Taeniidae 조충과
taffy 태피
tagatose 타가토스
Tagetes 천수국속
Tagetes erecta 천수국
Tagetes extract 마리골드색소
Tagetes patula 만수국
tagliatelli 타글리아텔리
taheebo 타히보
Tahiti lime 페르시아라임
Tahitian gooseberry 스타구스베리
Tahitian vanilla 타히티바닐라
tail 꼬리
taint 테인트
Taka-amylase 타카아밀레이스
Taka-diastase 타카다이아스테이스
take away food 테이크어웨이푸드
takeout food 테이크아웃푸드
Takifugu chinensis 참복
Takifugu obscurus 황복
Takifugu pardalis 졸복
Takifugu poecilonotus 흰점복
Takifugu porphyreus 검복
Takifugu rubripes 자주복
Takifugu vermicularis 매리복
Takifugu xanthopterus 까치복
takju 탁주
Talaromyces 탈라로미세스속
Talaromyces flavus 탈라로미세스 플라부스
Talaromyces macrosporus 탈라로미세스 마크로스포루스
talc 활석
taleggio cheese 탈레기오치즈
tallow 수지
talose 탈로스
talus 복사뼈

tamale 타말리
tamarillo 타마릴로
tamarind 타마린드
tamarind color 타마린드색소
tamarind gum 타마린드검
tamarind seed polysaccharide 타마린드씨탄수화물
Tamarindus indica 타마린드
tamper-evident closure 손댄흔적이남는마개
tamper-evident packaging 손댄흔적이남는포장
Tanacetum vulgare 탄지
Tanaka's snailfish 꼼치
tang 탕
tangelo 탄젤로
tangental stress 접선변형력
tangent line 접선
tangerine 탄제린
tangerine juice 탄제린주스
tangor 탱고르
tank 탱크
tank lorry 탱크로리
tannase 타닌가수분해효소
tannia 타니아
tannic acid 타닌산
tannin 타닌
tannin cell 타닌세포
tanoor 타누
tapai 타파이
tape 타페
tape 테이프
tape ketela 타페케텔라
Tapes 타페스속
tapeworm 조충
Taphrinales 타프리나목
tapioca 타피오카
tapioca starch 타피오카녹말
tapping test 타검
tap water 수돗물
tar 타르
tara gum 타라검
tarakjuk 타락죽
tarama 타라마
tara tree 타라나무
Taraxaci herba 포공영
Taraxacum 민들레속
Taraxacum officinale 서양민들레
Taraxacum platycarpum 민들레
tar color 타르색소
tar color formulation 타르색소제제
target cell 표적세포
target market 표적시장
target organ 표적기관
tarhana 타하나
taro 토란
tarragon 타라곤
tarragon essential oil 타라곤방향유
tartar sauce 타타르소스
tartaric acid 타타르산
tartary buckwheat 타타리메밀
tarte 타르트
tartrate 타트레이트
tartrazine 식용노랑4호
tartrazine aluminum lake 식용노랑4호알루미늄레이크
Tasmanian blue gum 유칼립투스
taste 맛
taste analyzer 식미분석기
taste blindness 미맹
taste bud 맛봉오리
taste cell 맛세포
taste interaction 맛상호작용
taste modifying substance 미각변형물질
taste organ 미각기관
taste panel 맛패널
taste receptor 미각받개
taste threshold 미각문턱값
tasting 맛보기
TATA box 타타상자
taurine 타우린
taurocholic acid 타우로콜산
Taurotragus oryx 일런드영양
tautomer 토토머
tautomerase 토토머레이스
tautomerism 토토머화
tautomerization 토토머화반응
tawny daylily 원추리

Taxaceae 주목과
Taxales 주목목
Taxodiaceae 낙우송과
taxol 택솔
taxonomist 분류학자
taxonomy 분류학
Taxopsida 주목강
Taxus 주목속
Taxus cuspidata 주목
Tay-Sachs disease 테이삭스병
TBA → thiobarbituric acid
TBA reactive substance 티비에이활성물질
TBA value 티비에이값
TBHQ → *tert*-butylhydroquinone
T-bone steak 티본스테이크
TCA → trichloroacetic acid
TCA cycle → tricarboxylic acid cycle
T cell 티세포
TD_{50} → tumorigenic dose for 50% test animals
TDI → tolerable daily intake
t distribution 티분포
TDS → total dissolved solid
TDT → thermal death time
tea 차
tea and confectionery 다과
tea aroma 차향기
tea bag 티백
tea beverage 차음료
tea catechin 차카테킨
tea extract 차추출물
tea leaf 찻잎
tea olive 목서
tea plant 차나무
teapot 찻주전자
tearing strength 인열강도
tea seed oil 차기름
teaspoon 티스푼
tea tree oil 차나무방향유
technetium 테크네튬
tef 테프
TEF → thermic effect of food
teff flour 테프가루
teff grass 테프
Teflon 테플론
Tegillarca granosa 꼬막
tehineh 테히네
teichoic acid 테이코산
telolecithal egg 단황란
telomerase 말단소체복원효소
telomere 말단소체
TEM → transmission electron microscope
temephos 테메포스
tempe 템페
tempeh 템페
temper 템퍼
temperature 온도
temperate fruit tree 온대과수
temperate phage 온순파지
temperature abuse indicator 온도잘못표시기
temperature coefficient 온도계수
temperature control 온도조절
temperature detector 온도검출기
temperature gradient 온도기울기
temperature programmed chromatography 승온크로마토그래피
temperature sense 온도감각
temperature sensitive mutation 온도감수성 돌연변이
tempering 템퍼링
template 주형
temple juniper 노간주나무
temporary hardness 일시경도
temporary hard water 일시센물
tempura 템푸라
tenant 소작농
tenant farming 소작농업
tench 유럽잉어
tenderinization 연화
tenderloin 안심
tenderloin ham 안심햄
tenderness 연함
tenderometer 텐더로미터
tendon 힘줄
tendon cell 힘줄세포
tendon reflex 힘줄반사
tendril 덩굴손
Tenebrio molitor 갈색거저리

Tenebrionidae 거저릿과
tensile force 인장력
tensile strain 인장스트레인
tensile strength 인장세기
tensile stress 인장변형력
tensile test 인장시험
tensiometer 텐시오미터
tensiometry 인장학
tension 인장
tentacle 촉수
Tenualosa ilisha 힐사
tenuazonic acid 테누아존산
tepary bean 테파리콩
Tephritidae 과실파리과
teppo snapping shrimp 딱총새우
tequila 테킬라
tequila agave 청색용설란
teratogen 기형유발물질
teratogenesis 기형발생
teratogenicity 기형발생능력
teratogenicity test 기형발생능력시험
terbuthylazine 터뷰틸라진
terminal elevator 터미널엘리베이터
Terminalia ferdinandiana 카카두플럼
terminal infection 말기감염
terminal point 종점
terminal threshold 말단문턱값
terminal velocity 끝속도
termination codon 종결코돈
termination reaction 종결반응
termination step 종결단계
terminator 종결자
terminology 용어
terpene 터펜
terpenoid 터페노이드
terpinene 터피넨
terpineol 터피네올
terpinyl acetate 아세트산터피닐
terrine 테린
tert-butyl 삼차뷰틸
tert-butyl alcohol 삼차뷰틸알코올
tert-butylamine 삼차뷰틸아민
tert-butylhydroquinone 삼차뷰틸하이드로퀴논
tertiary consumer 삼차소비자
tertiary function of food 식품의삼차기능
tertiary structure 삼차구조
tertiary structure of protein 단백질삼차구조
testa 씨껍질
testicle 고환
testis 고환
test meal 검사식사
test mill 시험제분기
test milling 시험제분
test of significance 유의차검정
testosterone 테스토스테론
test tube 시험관
test tube with side arm 가지달린시험관
Testudinata 거북목
test weight 단위무게
tetanus 파상풍
tetany 테타니
tetany disease 테타니병
Tetilla cheese 테틸라치즈
tetraboric acid 테트라보르산
tetrachlorodibenzo-*p*-dioxine 테트라클로로다이벤조파라다이옥신
tetrachloromethane 테트라클로로메테인
tetracoccus 네알세균
Tetracoccus 테트라코쿠스속
Tetracoccus sojae 테트라코쿠스 소자에
tetracosanoic acid 테트라코산산
tetracycline 테트라사이클린
tetradecanoic acid 테트라데칸산
tetradifon 테트라다이폰
tetraenoic acid 테트라엔산
Tetragonia tetragonoides 번행초
tetrahedron 사면체
tetrahydro-1,4-oxazine 테트라하이드로-1,4-옥사진
tetrahydrofolate 테트라하이드로폴레이트
tetra kiss azo dye 테트라키스아조염료
tetramer 사합체
tetramine 테트라민
Tetraodontidae 참복과
Tetraodontiformes 복어목
Tetraonidae 들꿩과
tetraploid 네배수체

Tetra Pak 테트라팩
Tetrapturus 청새치속
Tetrapturus audax 청새치
tetrasaccharide 사당류
tetrazole 테트라졸
tetrazolium 테트라졸륨
tetrazolium test 테트라졸륨검사
tetrodotoxin 테트로도톡신
tetrose 테트로스
Teuthoidea 살오징어목
Texas wild rice 텍사스와일드라이스
texture 텍스처
texture profile analysis 텍스처프로필분석
textured soy protein 조직콩단백질
textured vegetable protein 조직식물단백질
texturization 텍스처화
texturizer 텍스처화제
texturizing agent 텍스처화제
texturometer 텍스처측정기
thalamus 시상
Thalarctos maritimus 북극곰
thale cress 애기장대
Thaliacea 탈리아강
Thallophyta 엽상식물문
thallophyte 엽상식물
thallus 엽상체
Thamnaconus modestus 말쥐치
Thamnidium 가지곰팡이속
thaumatin 타우마틴
Thaumatococcus daniellii 카템페
thawer 해동기
thawing 해동
thawing by Joule's heat 줄열해동
thawing–cooking 조리해동
thawing curve 해동곡선
thawing in running water 유수해동
thawing in water 물해동
thawing medium 해동매체
thawing rigor 해동경직
the first law of thermodynamics 열역학제일법칙
The Korean Federation of Science and Technology Societies 한국과학기술단체총연합회
The Korean Nutrition Society 한국영양학회
The Korean Society for Microbiology and Biotechnology 한국미생물생명공학회
The Korean Society of Fisheries and Aquatic Science 한국수산과학회
The Korean Society of Food and Cookery Science 한국식품조리과학회
The Microbiological Society of Korea 한국미생물학회
the second law of thermodynamics 열역학제이법칙
the third law of thermodynamics 열역학제삼법칙
the zeroth law of thermodynamics 열역학제영법칙
Thea 차나무속
Theaceae 차나뭇과
theaflavin 테아플래빈
Theales 차나무목
theanine 테아닌
thearubigin 테아루비긴
theine 테인
Thelephoraceae 굴뚝버섯과
Theobroma cacao 코코아나무
Theobroma grandiflorum 쿠푸아수
theobromine 테오브로민
theogallin 테오갈린
theophylline 테오필린
theoretical maximum daily intake 이론최대하루섭취량
theoretical physics 이론물리학
theory of linear viscoelasticity 선형점탄성이론
theory of natural selection 자연선택설
therapeutic diet 치료식사
therapy 요법
therapy 치료
Theregra chalcogramma 명태
thermal analysis 열분석
thermal bacterium 발열세균
thermal circulation 열순환
thermal conductivity 열전도도
thermal conductivity detector 열전도검출기
thermal death time 가열치사시간

thermal death time curve 가열치사시간곡선
thermal diffusion 열퍼짐
thermal diffusion coefficient 열퍼짐계수
thermal diffusivity 열퍼짐도
thermal dissociation 열해리
thermal drying 열건조
thermal efficiency 열효율
thermal energy 열에너지
thermal equilibrium 열평형
thermal equilibrium state 열평형상태
thermal equivalent 열당량
Thermales 서무스목
thermal expansion 열팽창
thermal expansion coefficient 열팽창계수
thermal motion 열운동
thermal oxidation 열산화
thermal processed food 열가공식품
thermal processing 열가공
thermal property 열특성
thermal radiation 열복사
thermal resistance curve 내열곡선
thermal stability 열안정도
thermic effect of exercise 신체활동대사량
thermic effect of food 식품이용대사량
thermistor 서미스터
thermistor thermometer 서미스터온도계
thermization 가온처리
Thermoanaerobacter 서모아나에로박터속
Thermoanaerobacteriaceae 서모아나에로박테륨과
Thermoanaerobacterium 서모아나에로박테륨속
Thermoanaerobacterium thermosaccharolyticum 서모아나에로박테륨 서모사카롤리티쿰
Thermoascus 서모아스쿠스속
Thermoascus aurantiacus 서모아스쿠스 아우란티아쿠스
thermochemical equation 열화학반응식
thermochemistry 열화학
Thermococcaceae 서모코쿠스과
thermocouple 열전기쌍
thermocouple thermometer 열전기쌍온도계
thermoduric bacterium 내열세균
thermodynamic property 열역학특성
thermodynamics 열역학
thermodynamic temperature 열역학온도
thermoelectric thermometer 열전온도계
thermoelectromotive force 열기전력
thermogenesis 열발생
thermograph 온도기록계
thermogravimetry 열무게분석
thermoluminescence 열발광
thermolysin 서몰리신
thermometer 온도계
Thermomonospora 서모모노스포라속
Thermomonosporaceae 서모모노스포라과
Thermomyces 서모미세스속
Thermomyces lanuginosus 서모미세스 라누기노수스
thermopeeling 가열박피
thermophile 고온생물
thermophilic bacterium 고온세균
thermophilic microorganism 고온미생물
thermophysical property 열물리성질
thermoplasticity 열소성
thermoplastic resin 열소성수지
thermoplastics 열소성수지
thermoregulation 체온조절
thermoregulatory center 체온조절중추
thermosetting plastic 열경화플라스틱
thermosetting resin 열경화수지
thermostability 열안정성
thermostable enzyme 내열효소
thermostat 온도조절기
thermostatic expansion valve 온도조절팽창밸브
Thermotoga 서모토가속
Thermotogaceae 서모토가과
Thermotoga maritima 서모토가 마리티마
Thermotoga neapolitana 서모토가 네아폴리타나
Thermus 서무스속
Thermus aquaticus 서무스 아쿠아티쿠스
Thermus thermophilus 서무스 서모필루스
thiabendazole 싸이아벤다졸
thiamin 바이타민비원
thiamin 싸이아민
thiaminase 싸이아민가수분해효소

thiamin dilaurylsulfate 바이타민비원다이로릴황산염
thiamin dilaurylsulfate 싸이아민다이로릴황산염
thiamin hydrochloride 바이타민비원염산염
thiamin hydrochloride 싸이아민염산염
thiamin mononitrate 바이타민비원질산염
thiamin mononitrate 싸이아민질산염
thiamin naphthalene-1,5-disulfonate 바이타민비원나프탈렌-1,5-다이설폰산염
thiamin naphthalene-1,5-disulfonate 싸이아민나프탈렌-1,5-다이설폰산염
thiamin naphthalene-2,6-disulfonate 바이타민비원나프탈렌-2,6-다이설폰산염
thiamin naphthalene-2,6-disulfonate 싸이아민나프탈렌-2,6-다이설폰산염
thiamin phenolphthalinate 바이타민비원페놀프탈린염
thiamin phenolphthalinate 싸이아민페놀프탈린염
thiamin pyrophosphate 싸이아민파이로인산
thiamin salt 싸이아민염
thiamin thiocyanate 바이타민비원싸이오사이안산염
thiamin thiocyanate 싸이아민싸이오사이안산염
thiamphenicol 싸이암페니콜
thiazole 싸이아졸
thiazolidinedion 싸이아졸리딘다이온
thick albumen 진한흰자위
thick-boiling starch 고점성녹말
thickener 점성증가제
thickening 진해짐
thick fermented milk 진한발효우유
thick filament 굵은 필라멘트
thickness 두께
thickness 진함
thidiazuron 티다이아주론
Thielaviopsis 티엘라비옵시스속
Thielaviopsis basicola 티엘라비옵시스 바시콜라
Thielaviopsis paradoxa 티엘라비옵시스 파라독사
thimbleberry 팀블베리
thin-boiling starch 산처리녹말
thin filament 가는필라멘트
thin film 박막
thin flank 치마살
thin layer chromatography 얇은막크로마토그래피
thinning 묽어짐
thinning 솎기
thin skirt 갈매기살
thinstiped yam 각시마
thin syrup 묽은시럽
thio 싸이오
thioalcohol 싸이오알코올
thiobarbituric acid 싸이오바비투르산
thiobarbituric acid test 싸이오바비투르산시험
thiobarbituric acid value 싸이오바비투르산값
thiocarbonyl 싸이오카보닐
thioctic acid 싸이옥트산
thiocyanate 싸이오사이안산염
thiocyanate ion 싸이오사이안산이온
thiocyanic acid 싸이오사이안산
thioester 싸이오에스터
thioester hydrolase 싸이오에스터가수분해효소
thioether 싸이오에테르
thioglucosidase 싸이오글루코시데이스
thioglycolic acid 싸이오글리콜산
thioglycoside 싸이오글리코사이드
thioic acid 싸이오산
thiokinase 싸이오인산화효소
thiol 싸이올
thiol group 싸이올기
thiolprotease 싸이올단백질가수분해효소
thionin 싸이오닌
thionyl chloride 염화싸이오닐
thiophanate-methyl 싸이오파네이트메틸
thiophene 싸이오펜
thiopropanal S-oxide 싸이오프로판알황산화물
thiosulfate 싸이오설페이트
thiosulfuric acid 싸이오황산
thiouracil 싸이오유라실
thiourea 싸이오유레아

thiram 티람
thirst 갈증
thixotropic fluid 틱소트로피유체
thixotropic material 틱소트로피물질
thixotropy 틱소트로피
Thomson's gazzelle 톰슨가젤
Thoracica 완흉목
thoracic and cardiovascular surgery 흉부외과
thoracic cavity 가슴안
thoracic duct 가슴림프관
thoracic vertebrae 등뼈
thornless blackberry 가시없는블랙베리
thousand island dressing 사우전드아일랜드드레싱
thousand kernel weight 천립중
threadsail filefish 쥐치
three dimension 삼차원
three major nutrients 삼대영양소
three primary colors 삼원색
three primary lights 삼원광
three-spined shore crab 방게
three way control valve 세방향조절밸브
three way layout 삼원배치
threonine 트레오닌
threose 트레오스
thresher 탈곡기
threshing 탈곡
threshing roller 탈곡롤러
threshold 문턱값
threshold determining test 문턱값결정시험
threshold energy 문턱값에너지
threshold frequency 문턱값진동수
threshold limit value 허용문턱값
threshold value 문턱값
thrifty metabolism 절약대사
Thripidae 총채벌레과
thrips 총채벌레류
thrombin 트롬빈
thromboelastograph 트롬보엘라스토그래프
thrombolysis 혈전용해
thromboplastin 트롬보플라스틴
thrombosis 혈전증
thromboxane 트롬복세인
thrombus 혈전
throttle valve 스로틀밸브
Thuja 측백나무속
Thuja orientalis 측백나무
Thujae semen 백자인
thujone 투존
Thunnus alalunga 날개다랑어
Thunnus albacares 황다랑어
Thunnus maccoyii 남방참다랑어
Thunnus obesus 눈다랑어
Thunnus thynnus 참다랑어
Thunnus tonggol 백다랑어
thylakoid 틸라코이드
thylakoid disk 틸라코이드층판
thylakoid membrane 틸라코이드막
thyme 타임
thyme oil 타임방향유
Thymelaeaceae 팥꽃나뭇과
thymidine 티미딘
thymidine kinase 티미딘인산화효소
thymine 티민
thymitis 가슴샘염
thymol 티몰
thymol blue 티몰블루
thymolphthalein 티몰프탈레인
thymus 가슴샘
Thymus 백리향속
Thymus citriodorus 레몬타임
Thymus serpyllum 야생타임
Thymus vulgaris 백리향
thyristor 사이리스터
thyroglobulin 갑상샘글로불린
thyroid cancer 갑상샘암
thyroid follicle 갑샘샘소포
thyroid function 갑상샘기능
thyroid gland 갑상샘
thyroid hormone 갑상샘호르몬
thyroiditis 갑상샘염
thyroid releasing hormone 갑상샘분비호르몬
thyroid stimulating hormone 갑상샘자극호르몬
thyroid stimulating hormone releasing hormone 갑상샘자극호르몬분비호르몬
thyromegaly 갑상샘비대

thyrotoxicosis 갑상샘항진증
thyroxine 티록신
thyroxine binding globulin 티록신결합글로불린
TIBC → total iron binding capacity
tick 진드기
tidal mud flat 조류갯벌
tide 조류
tidepool gunnel 베도라치
tiger lily 참나리
tigernut 타이거너트
tiger nut 기름골
tiger puffer 자주복
tilapia 틸라피아
Tilia amurensis 피나무
Tiliaceae 피나뭇과
Tiliacora triandra 야낭
Tilia europaea 유럽피나무
Tilletiaceae 틸레티아과
Tilletia indica 밀깜부기진균
tilmicosin 틸미코신
time-dependent fluid 시간의존유체
time error 시간오차
time intensity 시간세기
time intensity descriptive test 시간세기묘사분석
time order error 시간순서오차
time temperature indicator 시간온도표시기
time temperature integrator 시간온도집적기
time-temperature meal service 적온배식
time-temperature tolerance 시간온도한계
tin 주석
Tinca tinca 유럽잉어
tinder fungus 말굽버섯
tin-free steel can 무주석강철캔
tin plate 양철
tin plate can 양철캔
tin poisoning 주석중독
tint 농담
tint 색조
tintometer 색조계
tipburn 끝마름
Ti plasmid 티아이플라스미드
tissue 조직
tissue culture 조직배양
tissue cultured ginseng 조직배양인삼
tissue fat 조직지방
tissue fluid 조직액
tissue lipid 조직지방질
tissue system 조직계통
titanium 타이타늄
titanium dioxide 이산화타이타늄
titanium knife 타이타늄칼
titanium oxide 산화타이타늄
titer 역가
titin 티틴
titratable acidity 적정산도
titration 적정
titration curve 적정곡선
titration error 적정오차
titrimetry 적정법
TLC → thin layer chromatography
T lymphocyte 티림프구
TMAO → trimethylamine oxide
TMDI → theoretical maximum daily intake
toast 토스트
toast bread 토스트빵
toaster 토스터
toaster oven 토스터오븐
toasting 토스팅
tobacco plant 담배
tocol 토콜
tocopherol 토코페롤
tocotrienol 토코트라이엔올
TOD → total oxygen demand
Todarodes pacificus 살오징어
toddy 야자술
toddy palm 공작야자나무
toddy palm 팔미라야자나무
toenail 발톱
toffy 토피
tokoro yam 도꼬로마
tolerable daily intake 일일섭취감내량
tolerable upper intake level 상한섭취량
tolerance 내성
tolerance 허용량
tolerance for pesticide residue 잔류농약허용량

tolerant plant 내성식물
Tollens reagent 톨렌스시약
toluene 톨루엔
tomatillo 토마티요
tomatine 토마틴
tomato 토마토
tomato color 토마토색소
tomato concentrate 농축토마토
tomato cream soup 토마토크림스프
tomato juice 토마토주스
tomato ketchup 토마토케첩
tomato paste 토마토페이스트
tomato pickle 토마토피클
tomato plant 토마토
tomato pulp 토마토펄프
tomato pulper 토마토펄퍼
tomato puree 토마토퓌레
tomato sauce 토마토소스
tomato seed 토마토씨
tomato seed oil 토마토씨기름
tomato skin 토마토껍질
ton 톤
toned milk 성분조정우유
tongbaechukimchi 통배추김치
tongue 혀
tongue fish 참서대류
tongue sausage 혀소시지
tongue sole 박대
tonic 강장제
tonic water 토닉워터
toning 색조절
tonoplast 액포막
tonsil 편도
tonsillitis 편도염
tooth 치아
toothpacking 어금니에끼는성질
top blade 부채살
top fermentation 상면발효
top fermented beer 상면발효맥주
top fermenting yeast 상면발효효모
top loading balance 윗접시저울
top patent 톱패턴트
topping 토핑
top round 우둔
top round 우둔살
top yeast 상면효모
toranguk 토란국
Torilis japonica 사상자
torque 토크
Torr 토르
Torreya 비자나무속
Torreya nucifera 비자나무
torsion balance 비틀림저울
torte 토테
tortellini 토텔리니
tortilla 토티야
tortilla chip 토티야칩
tortoise shell 귀갑
Torulaspora 토룰라스포라속
Torulaspora delbrueckii 토룰라스포라 델부루에키이
torula yeast 토룰라효모
Torulopsis 토룰롭시스속
Torulopsis utilis 토룰롭시스 우틸리스
tossa jute 토사주트
tot 톳
total acid value 총산값
total acidity 총산도
total aerobic count 총산소세균수
total bacterial count 총세균수
total cholesterol 총콜레스테롤
total dietary fiber 총식품섬유
total digestible nutrient 총소화영양소
total dissolved solid 총용존고형물
total energy expenditure 총에너지소비량
total inspection 전수검사
total iron binding capacity 총철결합능력
total material balance 총물질수지
total milk solid 총우유고형물
total nitrogen 총질소
total oxygen demand 총산소요구량
total parenteral nutrition 완전정맥영양
total pressure 총압력
total quality control 종합품질관리
total quality management 종합품질경영
total solid 총고형물
total soluble solid 총가용고형물
totipotency 개체형성능력

toughness 인성
toxemia 독소혈증
toxic agent 독극물
toxicant 독물
toxic dose 중독량
toxic fish 독성물고기
toxic fungus 독성진균
toxicity 독성
toxicity test 독성시험
toxicodynamics 독성발현론
toxicokinetics 독물동태론
toxicological assessment of food additive 식품첨가물독성평가
toxicology 독성학
toxicosis 중독증
toxic plankton 독성플랑크톤
toxigenicity 독소생성능력
toxin 독소
toxin−antitoxin reaction 독소항독소반응
toxin food poisoning 독소식품중독
toxoflavin 톡소플래빈
toxohormone 독소호르몬
toxoid 변성독소
Toxoplasma 톡소플라스마속
Toxoplasma gondii 톡소포자충
toxoplasmosis 톡소포자충증
toxoprotein 독소단백질
TPA → texture profile
TPP → thiamin pyrophosphate
TQC → total quality control
TQM → total quality management
trace 흔적량
trace analysis 흔적량분석
trace element 미량원소
trace metal 미량금속
trace mineral 미량무기질
tracer 추적자
trachea 숨관
tracheid 헛물관
Trachichthyidae 납작금눈돔과
Trachurus japonicus 전갱이
Trachysalambria curvirostris 꽃새우
Trachyspermum ammi 아요완
traditional fishery product quality certification 수산전통식품품질인증
traditional tea 전통차
Tragopogon porrifolius 선모
trahana 트라하나
trained panel 숙련패널
Trametes 트라메테스속
Trametes hirsuta 흰구름버섯
Trametes versicolor 구름버섯
tranquilizer 신경안정제
transaction standard for dressed carcass 지육거래규격
transacylation 아실기전달반응
transaldolase 트랜스알돌레이스
transaminase 아미노기전달효소
transamination 아미노기전달반응
transcarboxylase 카복실기전달효소
transcarboxylation 카복실기전달반응
transcriptase 전사효소
transcription 전사
transcription factor 전사인자
transcriptome 전사체
transcriptomics 전사체학
transducer 변환기
transduction 형질도입
transesterification 에스터결합전달반응
trans−fat 트랜스지방
trans−fatty acid 트랜스지방산
transfer 전달
transferase 전달효소
transfer coefficient 전달계수
transfer of heat energy 열에너지이동
transferrin 트랜스페린
transferrin saturation 트랜스페린포화도
transfer RNA 운반아르엔에이
transformation 형질전환
transformer 변압기
transgene 전이유전자
transgenic animal 형질전환동물
transgenic organism 형질전환생물
transgenic plant 형질전환식물
transglucosidase 포도당전달효소
transglutaminase 트랜스글루타미네이스
transglycosylation 글리코실기전달반응
transhydrogenase 수소전달효소

transient time in gastrointestinal tract 위창자길이동시간
trans–isomer 트랜스이성질체
transition 전이
transitional flow 전이흐름
transition element 전이원소
transition metal 전이금속
transition point 전이점
transition state 전이상태
transition temperature 전이온도
transketolase 케톨기전달효소
translation 번역
translation inhibitory protein 번역억제단백질
translation termination codon 번역종결코돈
translocation 자리옮김
translucence 반투명
translucency 반투명성
translucent body 반투명체
transmangamin 트랜스망가민
transmembrane protein 막관통단백질
transmission electron microscope 투과전자현미경
transmission electron microscopy 투과전자현미경법
transmissivity 투과율
transmittance 투과율
transmitted light 투과광선
transparency 투명성
transparent body 투명체
transparent ice 투명얼음
transpeptidase 펩타이드전달효소
transpeptidation 펩타이드전달
transpiration 증산
transpiration 증산작용
transport 운반
transportation 운반
transporter protein 운반단백질
transport host 운반숙주
transport protein 운반단백질
transposase 트랜스포존자리바꿈효소
transposition 자리바꿈
transposon 트랜스포존
transverse colon 가로잘록창자
Trapa 마름속
Trapaceae 마름과
Trapa japonica 마름
Trappist cheese 트라피스트치즈
tray 접시
tray culture 트레이배양
tray pack 트레이팩
tray package 트레이포장
tray service 트레이서비스
treadmill 트레드밀
tree 교목
tree 나무
tree 수목
tree mallow 당아욱
tree of heaven 가죽나무
tree tomato 타마릴로
trehalose 트레할로스
Trematoda 흡충강
trematode 흡충
Tremella 흰목이속
Tremellaceae 흰목이과
Tremella fuciformis 흰목이
Tremellales 흰목이목
tremor 떨림
tremorgen 트레모겐
trenbolone acetate 트렌볼론아세테이트
trench 트랜치
TRG → thyroxine binding globulin
triacetate 트라이아세테이트
triacetin 트라이아세틴
triacylglycerol 트라이아실글리세롤
triacylglycerol lipase 트라이아실글리세롤라이페이스
triadimefon 트라이아디메폰
triangle 삼각석쇠
triangle intensity test 삼점세기검사
triangle test 삼점검사
tri azo dye 트라이아조염료
triazole 트라이아졸
triazophos 트라이아조포스
tribasic acid 삼염기산
Tribolium castaneum 밤빛쌀도둑
Tribolium confusum 어리쌀도둑거저리
tributyltin 트라이뷰틸틴

tricalcium diphosphate 이인산트라이칼슘
tricaprylin 트라이카프릴린
tricarboxylic acid 트라이카복실산
tricarboxylic acid cycle 트라이카복실산회로
Trichinella 선모충속
Trichinella spiralis 선모충
Trichinellidae 선모충과
trichinosis 선모충증
Trichiuridae 갈칫과
Trichiurus lepturus 갈치
trichloroacetic acid 트라이클로로아세트산
trichloroanisole 트라이클로로아니솔
trichloroethylene 트라이클로로에틸렌
trichlorofon 트라이클로로폰
trichloromethane 트라이클로로메테인
Trichocephalida 편충목
Trichocomaceae 트리코코마과
Trichoderma 트리코데르마속
Trichoderma hazianum 트리코데르마 하지아눔
Trichoderma viride 트리코데르마 비리디
trichodermin 트라이코데민
Trichodontidae 도루묵과
Tricholoma 송이속
Tricholoma giganteum 상아색다발송이
Tricholoma matsutake 송이
Tricholoma muscarium 독송이
Tricholomataceae 송이과
tricholomic acid 트라이콜롬산
Trichomonas 세모편모충속
Trichosanthes anguina 뱀오이
Trichosanthes cucumerina var. *anguina* 뱀오이
Trichosporon 트리코스포론속
trichothecene 트라이코테센
trichothecin 트라이코테신
Trichothecium 트리코테슘속
Trichothecium roseum 트리코테슘 로세움
trichotomine 트라이코토민
Trichuridae 편충과
Trichuris trichiura 편충
triene 트라이엔
trienoic acid 트라이엔산
triethanolamine 트라이에탄올아민
triethylamine 트라이에틸아민
trifle 트리플
trifluralin 트라이플루랄린
trifoliate orange 탱자
trifoliate orange tree 탱자나무
Trifolium pratense 붉은토끼풀
trigeminal nerve 삼차신경
trigeminal sensation 삼차신경감각
Triglidae 성댓과
triglyceride 트라이글리세라이드
Trigonella faenum-graecum 호로파
trigonelline 트라이고넬린
trihalomethane 트라이할로메테인
triiodobenzoic acid 트라이아이오도벤조산
triiodothyronine 트라이아이오도타이로닌
trilinolein 트라이리놀레인
trimagnesium diphosphate 이인산트라이마그네슘
trimagnesium phosphate 인산트라이마그네슘
trimer 삼합체
trimester 세달
trimethoprim 트라이메토프림
trimethyl 트라이메틸
trimethylamine 트라이메틸아민
trimethylamine oxide 트라이메틸아민옥사이드
trimethylglycine 트라이메틸글리신
trimethyllysine 트라이메틸라이신
trimming 다듬기
triolein 트라이올레인
Trionychidae 자랏과
triose 트라이오스
triose phosphate 트라이오스인산
triose phosphate isomerase 트라이오스인산이성질화효소
triose reductone 트라이오스리덕톤
tripalmitin 트라이팔미틴
tripe 양
tripeptide 트라이펩타이드
Triphasia trifolia 라임베리
triphosphate 삼인산염
triple bond 삼중결합
triple helix 삼중나선

triple point 삼중점
triple purpose automatic centrifuge 삼원자동원심분리기
triplet code 세염기조합
triplet oxygen 삼중항산소
triploid 세배수체
tripod 삼발이
tripolyphosphate 트라이폴리인산염
tripotassium phosphate 인산트라이포타슘
trisaccharide 삼당류
trisodium citrate 시트르산트라이소듐
trisodium glycyrrhizinate 글리시리진산트라이소듐
trisodium phosphate 인산트라이소듐
tristearin 트라이스테아린
tristimulus 삼자극치
tristimulus colorimeter 삼자극색도계
triticale 트리티케일
Triticum aestivum 밀
Triticum compactum 클럽밀
Triticum dicoccum 에머밀
Triticum durum 듀럼밀
Triticum monococcum 외알밀
Triticum spelta 스펠트
tritium 삼중수소
tritordeum 트라이토데움
tRNA → transfer RNA
trochophore 담륜자
trolley 트롤리
Tropaeolaceae 한련과
Tropaeolum 한련속
Tropaeolum majus 한련
Tropaeolum tuberosum 마슈아
trophic hormone 촉진호르몬
trophic ulcer 영양장애궤양
tropical disease 열대병
tropical fruit tree 열대과수
tropical fruit 열대과일
tropical plant 열대식물
tropical rain forest 열대우림
tropocollagen 트로포콜라겐
tropomyosin 트로포마이오신
troponin 트로포닌
trout 민물송어
trub 트룹
Trubinidae 소랏과
truck 트럭
truck dryer 트럭건조기
true abalone 참전복
true cinnamon 실론계피나무
true forget-me-not 물물망초
true fruit 참열매
true fungi 진균류
true hypha 참균사
true mycelium 참균사체
trueness 진실도
true protein 참단백질
true sago palm 사고야자나무
true solution 참용액
true specific gravity 참비중
true volume 참부피
truffle 트뤼플
trussing 묶기
trusted farming 위탁영농
truth value 참값
trypsin 트립신
trypsin inhibitor 트립신억제제
trypsinogen 트립시노겐
tryptamine 트립타민
tryptone 트립톤
tryptophan 트립토판
tryptophanase 트립토판가수분해효소
tryptophol 트립토폴
TSH → thyroid stimulating hormone
TTC test 티티시시험
tteok 떡
tteokbokki 떡볶이
tteokgalbi 떡갈비
tteokguk 떡국
tteokmanduguk 떡만둣국
tteokme 떡메
tteokso 떡소
t-test 티검정
tteumbugi 뜸부기
tuba 투바
tube 튜브
tube feeding 튜브영양
tube feet 관족

tuber 덩이줄기
Tuber 투베르속
Tuberaceae 덩이버섯과
tuberculin reaction 투베르쿨린반응
tuberculosis 결핵
Tuber magnatum 흰트뤼플
Tuber melanosporum 검정트뤼플
tuberous root 덩이뿌리
tubular bowl centrifuge 관형원심분리기
tubular cooler 관형냉각기
tubular filter 관형거르개
tubular heater 관형히터
tubular heat exchanger 관형열교환기
tubulin 튜불린
tucum 투쿰
tularemia 야생토끼병
tulobuterol 툴로뷰테롤
tumbler 텀블러
tumbling 텀블링
tumbling mixer 텀블링믹서
tumor 종양
tumorigenic dose for 50% test animals 반수종양생성량
tumor initiator 종양개시인자
tumor marker 종양마커
tumor promoter 종양촉진제
tumor suppressing peptide 종양억압펩타이드
tumor suppressor gene 종양억압유전자
tuna 다랑어
tuna oil 다랑어기름
tung oil 동유
tung oil tree 유동
tungsten 텅스텐
tung tree 유동
tunnel dryer 터널건조기
turanose 투라노스
turbidimeter 탁도계
turbidimetry 탁도측정법
turbidity 탁도
turbine 터빈
turbine agitator 터빈휘젓개
turbine pump 터빈펌프
turbot 대문짝넙치
turbulent flow 난류
turgor pressure 팽압
turkey 칠면조
turkey frankfurter 칠면조프랑크푸르트
turkey ham 칠면조햄
turkey liver 칠면조간
turkey meat 칠면조고기
turkey mince 칠면조민스
turkey patty 칠면조패티
turkey sausage 칠면조소시지
turkey's egg 칠면조알
turkey tail 구름버섯
Turkish delight 터키시딜라이트
Turkish hazel 터키개암나무
turmeric 강황
turmeric oleoresin 강황색소
turmeric yellow 쿠쿠민
turmerone 투메론
turner 뒤집게
Turner's syndrome 터너증후군
turnip 순무
turnip cabbage 콜라비
turnip-rooted celery 셀러리액
turnover number 전환횟수
turnover rate 회전율
turron 터론
turtle 거북
TVP → textured vegetable protein
Tween 트윈
tweezers 핀셋
twigak 튀각
twin screw extruder 이축압출성형기
twist bean 페타이
twist-boat form 뒤틀린보트형
twist-off cap 트위스트오프캡
two-crop farming 이모작
two-dimensional electrophoresis 이차원전기이동
two out of five test 오이점검사
two piece can 투피스캔
two-rowed barley 두줄보리
two-sided hypothesis 양측가설
two-sided test 양측검정
two-step freezing 이단계냉동

two-way layout 이원배치
Tyler standard sieve 타일러표준체
Tylopilus 쓴맛그물버섯속
Tylopilus eximius 은빛쓴맛그물버섯
tylosin 틸로신
tympanic membrane 고막
Tyndall phenomenon 틴들현상
type 1 diabetes 제일형당뇨병
type 2 diabetes 제이형당뇨병
Typhaceae 부들과
typhoid 장티푸스
typhoid fever 장티푸스
typhus 발진티푸스
typhus fever 발진티푸스
tyramine 티라민
Tyrophagus 티로파구스속
Tyrophagus putrescentiae 긴털가루진드기
tyrosinase 타이로시네이스
tyrosine 타이로신
tyrosol 타이로솔

U

Ubbelohde viscometer 우베로드점도계
ubiquinone 유비퀴논
ubiquitin 유비퀴틴
udon 우동
UDP → uridine diphosphate
UDP-galactose → uridine diphosphate galactose
UDP-galactose-4-epimerase 유디피갈락토스-4-에피머화효소
UDP-glucose → uridine diphosphate glucose
ugba 우그바
ugeoji 우거지
ugeojitang 우거지탕
UHF → ultrahigh frequency
UHT → ultrahigh temperature
UL → tolerable upper intake level
ulcer 궤양
ulcerative colitis 궤양잘록창자염
ulcerative esophagitis 궤양식도염
ulluco 울루코
Ullucus tuberosus 울루코
Ulmaceae 느릅나뭇과
Ulmi cortex 유백피
Ulmus 느릅나무속
Ulmus davidiana var. *japonica* 느릅나무
Ulmus macrocarpa 왕느릅나무
Ulmus parvifolia 참느릅나무
Ulmus pumila 비술나무
ultimate acidity 최종산도
ultimate pH 최종피에이치
ultracentrifugation 초원심분리
ultracentrifuge 초원심분리기
ultrafiltration 한외거르기
ultrafiltration method 한외거르기법
ultrahigh frequency 극초단파
ultrahigh temperature 초고온
ultrahigh temperature cream 초고온처리크림
ultrahigh temperature milk 초고온처리우유
ultrahigh temperature sterilization 초고온살균
ultrahigh temperature treatment 초고온처리
ultramicroanalysis 초미량분석
ultrapasteurization 초고온순간살균
ultrasonic dryer 초음파건조기
ultrasonic drying 초음파건조
ultrasonic homogenizer 초음파균질기
ultrasonics 초음파학
ultrasonic sealing 초음파밀봉
ultrasonic sterilization 초음파살균법
ultrasonic washer 초음파세척기
ultrasonic wave 초음파
ultrasonography 초음파검사
ultrastructure 초미세구조
ultraviolet A 자외선에이
ultraviolet absorbent 자외선흡수제
ultraviolet B 자외선비
ultraviolet B phototoxicity inhibitor 자외선비광독성억제제
ultraviolet C 자외선시
ultraviolet germicidal lamp 자외선살균램프
ultraviolet irradiation 자외선조사

ultraviolet microscope 자외선현미경
ultraviolet proof film 자외선차단필름
ultraviolet radiation 자외선복사
ultraviolet ray 자외선
ultraviolet spectroscopy 자외선분광법
ultraviolet sterilization 자외선살균
ultra Viscon consistometer 울트라비스콘컨시스토미터
Ulva 갈파래속
Ulvaceae 갈파랫과
Ulva lactuca 참갈파래
Ulvales 갈파래목
Ulvophyceae 갈파래강
umami 우마미
Umbelliferae 산형과
umbilical cord 탯줄
Umbilicariaceae 석이과
Umbilicaria esculenta 석이
umbrella pine 우산소나무
umbrella polypore 저령
umegitteok 우메기떡
UMP → uridine monophosphate
unbalanced growth 불균형생장
unbalanced scale 비균형척도
unbiased variance 불편분산
unbleached flour 무표백밀가루
unconditioned reflex 무조건반사
uncoupling agent 짝풂림제
Undaria 미역속
Undaria pinnatifida 미역
undecanone 운데카논
underground storage 지하저장
undernutrition 영양부족
underwater weighing 물속체중측정법
underweight 저체중
undulant fever 파상열
UNEP → United Nations Environment Programme
unfermented bread 비발효빵
unfermented tea 비발효차
unfertilized egg 무정란
UNICEF 유니세프
UNICEF → United Nations Children's Fund
unicellular animal 단세포동물
unicellular organism 단세포생물
unicellular plant 단세포식물
uniform acceleration 등속가속도
uniform circular motion 등속원운동
uniformity 균일성
uniform motion 등속운동
unilayer epithelium 단층상피
unit 단위
unit area 단위넓이
unit cell 단위격자
unit length 단위길이
unit operation 단위조작
unit price 단가
unit process 단위공정
unit vector 단위벡터
unit volume 단위부피
United Nations Children's Fund 유엔아동기금
United Nations Environment Programme 유엔환경계획
United States Department of Agriculture 미국농무부
unit-load system 유닛로드시스템
universal double seamer 만능이중시머
universal gravitation 만유인력
universal grinder 만능연삭기
universal indicator 만능지시약
universal material testing machine 만능재료시험기
universal pH paper 만능피에이치시험지
unlawful color additive 부정색소
unlawful food 부정식품
unleavened bread 비팽창빵
unpaired electron 홀전자
unpleasing taste 불쾌한맛
unripe chestnut 풋밤
unripe fruit 풋과일
unripe pear 풋배
unripe soybean 풋콩
unsalted butter 무염버터
unsaponifiable lipid 비비누화지방질
unsaponifiable matter 비비누화물질
unsaturated bond 불포화결합
unsaturated compound 불포화화합물

unsaturated condition 불포화상태
unsaturated fat 불포화지방
unsaturated fatty acid 불포화지방산
unsaturated hydrocarbon 불포화탄화수소
unsaturated solution 불포화용액
unsaturated vapor pressure 불포화증기압
unsaturation 불포화
unshared electron 비공유전자
unshared electron pair 비공유전자쌍
unsteady state 비정상상태
unstructured scale 비구간척도
upland cotton 육지면
upland crop 밭작물
upland rice 밭벼
upland soil 밭토양
upper-body obesity 상체비만
upper esophageal sphincter 상부식도조임근육
upper limit 상한값
uptake rate 섭취율
UR → Uruguay Round
uracil 유라실
uranium 우라늄
urate oxidase 요산산화효소
urate stone 요산돌
urbanization 도시화
urd bean 검정녹두
urea 요소
urease 요소가수분해효소
urea cycle 요소회로
urea nitrogen 요소질소
urea resin 요소수지
urea-PAGE 요소피에이지이
Urechidae 개불과
Urechis 개불속
Urechis unicinctus 개불
Uredinales 녹병균목
Urediniomycetes 녹병균강
uremia 요독증
uremic acidosis 요독산증
ureter 오줌관
urethane 우레탄
urethane foam 우레탄폼
urethane resin 우레탄수지
urethra 요도
urethral stone 요도돌
urethritis 요도염
uric acid 요산
Uricales 쐐기풀목
uricase 요산산화효소
uricolytic pathway 요산분해경로
uricosuria 요산뇨
uridine 우리딘
uridine diphosphate 우리딘이인산
uridine diphosphate galactose 우리딘이인산갈락토스
uridine diphosphate glucose 우리딘이인산포도당
uridine monophosphate 우리딘일인산
uridine 5'-triphosphate 우리딘5'-삼인산
uridylic acid 우리딜산
urinalysis 오줌검사
urinary bladder 방광
urinary organ 비뇨기관
urinary system 비뇨계통
urinary tract 요로
urinary tract infection 요로감염
urine 오줌
urobillinogen 우로빌리노겐
urocanic acid 우로칸산
Urochordata 미삭동물아문
urochordates 미삭류
urogenital system 비뇨생식기계통
urokinase 우로키네이스
urolithiasis 요로돌증
urology 비뇨기과
Urolophidae 흰가오릿과
Urolophus aurantiacus 흰가오리
uronic acid 우론산
Urophycis 우로피시스속
Urophycis tenuis 흰메를루사
urotoxicity 요독성
urotoxin 요독소
Ursidae 곰과
Ursus americanus 아메리카흑곰
Ursus arctos 큰곰
Ursus thibetanus 반달가슴곰
Ursus thibetanus ussuricus 우수리반달곰

Urticaceae 쐐기풀과
urticaria 두드러기
Urtica thunbergiana 쐐기풀
Urtidca dioica 서양쐐기풀
Uruguay Round 우루과이라운드
USDA → United States Department of Agriculture
use by date 최종사용날짜
use test 사용검사
USP → US Pharmacopia
US Pharmacopia 미국약전
Ussurian pear 산돌배나무
Ussuri black bear 우수리반달곰
Ustilaginaceae 깜부기병균과
Ustilaginales 깜부기병균목
Ustilago maydis 옥수수깜부기진균
ustilispore 깜부기홀씨
uterine cancer 자궁암
uterine tube 자궁관
uterus 자궁
utgi 웃기
utgitteok 웃기떡
utrthral gland 요도샘
UV → ultraviolet ray
uvula 목젖

V

vaccenic acid 박센산
vaccination 예방접종
vaccine 백신
Vaccinium 산앵두나무속
Vaccinium angustifolium 로우부시블루베리
Vaccinium corymbosum 하이부시블루베리
Vaccinium macrocarpon 아메리카크랜베리
Vaccinium myrtillus 빌베리
Vaccinium oxycoccus 크랜베리
Vaccinium uliginosum 들쭉나무
Vaccinium vitis-idaea 월귤
vacuole 액포
vacuole membrane 액포막
vacuum 진공
vacuum bottle 보온병
vacuum concentration 감압농축
vacuum can tester 통조림진공계
vacuum cooling 감압냉각
vacuum dehydration 감압탈수
vacuum deodorization 감압탈취
vacuum desiccator 감압데시케이터
vacuum distillation 감압증류
vacuum dryer 감압건조기
vacuum drying 감압건조
vacuum drying method 감압건조법
vacuum egg sucker 달걀감압흡착기
vacuum evaporation 감압증발
vacuum evaporator 감압증발기
vacuum exhausting 감압배기
vacuum filler 감압충전기
vacuum filter 감압거르개
vacuum filtration 감압거르기
vacuum method 진공방법
vacuum packaging 감압포장
vacuum packaging machine 감압포장기
vacuum pan 감압팬
vacuum pasteurization 감압저온살균
vacuum pump 진공펌프
vacuum sealer 감압밀봉기
vacuum seamer 감압시머
vacuum shelf dryer 감압선반건조기
vacuum thawing 감압해동
vagus nerve 미주신경
valence 원잣값
valence electron 원잣값전자
Valencia orange 발렌시아오렌지
valency 원잣값
valeraldehyde 발레르알데하이드
valerian 발레리안
Valeriana 쥐오줌풀속
Valerianaceae 마타릿과
Valeriana dageletiana 넓은잎쥐오줌풀
Valeriana fauriei 쥐오줌풀
Valeriana officinalis 발레리안
Valerianella locusta 콘샐러드
valeric acid 발레르산
valine 발린

valorimeter value 발로리미터값
value 값
value added 부가가치
value added tax 부가가치세
valve 밸브
vanadium 바나듐
vanaspati 바나스파티
vancomycin 반코마이신
vancomycin-resistant enterococci 반코마이신내성창자알세균
vancomycin-resistant *Staphylococcus aureus* 반코마이신내성황색포도알세균
van der Waals equation 판데르발스방정식
van der Waals equation of state 판데르발스상태방정식
van der Waals force 판데르발스힘
vanilla bean 바닐라콩
vanilla essence 바닐라에센스
Vanilla planifolia 바닐라
vanilla souffle 바닐라수플레
Vanilla tahitensis 타히티바닐라
vanillic acid 바닐산
vanillin 바닐린
Van Slyke method 판슬라이크법
van't Hoff equation 판트호프식
van't Hoff factor 판트호프인자
van't Hoff rule 판트호프법칙
vapor 증기
vapor compression refrigerating machine 증기압축냉동기
vaporization 기화
vapor pressure 증기압력
vapor pressure curve 증기압력곡선
var 바
variability 변이성
variable 변수
variance 분산
variant 변이체
variation 변이
varicose vein 하지정맥류
variegated flavor 착색향료
varietal characteristics 품종특성
variety 변종
variety 품종
variety meats 잡고기
varnish 바니시
Vasconcellea × *heilbornii* 바바코
vascular bundle 관다발
vascular plant 관다발식물
vascular system 혈관계통
vaseline 바셀린
vasopressin 바소프레신
vat 큰 통
VAT → value added tax
VBN → volatile basic nitrogen
veal 송아지고기
vector 벡터
vee 비
vegan 비건
vegan diet 비건식사
vegan food 비건식품
vegetable 채소
vegetable burger 채소버거
vegetable byproduct 채소부산물
vegetable casein 식물카세인
vegetable cream 식물크림
vegetable cutter 채소절단기
vegetable fat 식물지방
vegetable fat and oil 식물유지
vegetable hydrolysate 식물가수분해물
vegetable insulin 식물인슐린
vegetable juice 채소즙
vegetable juice beverage 채소즙음료
vegetable marrow 페포호박
vegetable nectar 채소넥타
vegetable oil 식물기름
vegetable pear 불수과
vegetable pickle 채소피클
vegetable preserve 채소프리서브
vegetable protein 채소단백질
vegetable pulp 채소펄프
vegetable puree 채소퓌레
vegetable rennet 식물레닛
vegetable salad 채소샐러드
vegetable shreds 채
vegetable storage 채소저장
vegetable worm 동충하초
vegetal hemisphere 식물반구

vegetarian diet 채식주의자식사
vegetarian 채식주의자
vegetarian food 채식주의자식품
vegetarianism 채식주의
vegetation 식생
vegetative cell 영양세포
vegetative growth 영양생장
vegetative growth period 영양생장기
vegetative organ 영양기관
vegetative propagation 영양번식
vegetative reproduction 영양생식
veiled lady 망태버섯
Veillonella 베일로넬라속
Veillonellaceae 베일로넬라과
vein 정맥
Velarifictorus aspersus 귀뚜라미
velocity 속도
velocity distribution 속도분포
velocity gradient 속도기울기
velocity of light 빛속도
velvet bean 벨벳콩
vena cava 대정맥
vendace 흰송어
vending machine 자동판매기
Veneridae 백합과
Veneroida 백합목
venerupin 베네루핀
Venerupis 베레루피스속
venison 사슴고기
venoclysis 정맥주사
venom 독
venom gland 독샘
venous blood 정맥피
ventilation 환기
ventilating fan 환기팬
ventilator 환기장치
ventral side 복부
ventricle 심실
venule 세정맥
Verasper moseri 노랑가자미
veratryl alcohol 베라트릴알코올
verbal category scale 구두항목척도
verbascose 베바스코스
Verbenaceae 마편초과
Verbeneneae 마편초아목
verification 검증
verjuice 신과일즙
vermicelli 베미첼리
vermiculated puffer 매리복
vermiform appendix 막창자꼬리
vermouth 베무트
vernolic acid 베놀산
Vernonia 베르노니아속
Vernonia amygdalina 쓴잎
Vernonia galamensis 아이언위드
vernonia oil 베노니아기름
verocytotoxin 베로세포독소
verotoxin 베로독소
verrucosidin 베루코시딘
verruculogen 베루쿨로겐
versicolorin 베시콜로린
vertebra 척추뼈
Vertebrata 척추동물아문
vertebrate 척추동물
vertical dryer 수직건조기
vertical mixer 수직믹서
vertical screw mixer 수직스크루믹서
vertical short-tube evaporator 수직단관증발기
Verticillium 베르티실륨속
very hard cheese 고경질치즈
very high frequency 초단파
very low-calorie diet 초저열량식사
very low density lipoprotein 초저밀도지방질단백질
vessel wall 혈관벽
vetch seed 가는살갈퀴씨앗
veterinary drug 동물의약품
veterinary drug residue 동물의약품잔류물
VHF → very high frequency
viability 생존력
viable cell count 생균수
vibrating screen 진동체
vibration 진동
vibration conveyer 진동컨베이어
vibrio 비브리오
Vibrio 비브리오속
Vibrio cholerae 콜레라세균

Vibrio disease 비브리오병
Vibrionaceae 비브리오과
Vibrio parahaemolyticus 창자염비브리오
Vibrio parahaemolyticus food poisoning 창자염비브리오식품중독
vibrio septicemia 비브리오패혈증
Vibrio vulnificus 패혈증비브리오세균
Vibrio vulnificus septicemia 비브리오패혈증
vichyssoise 비시스와즈
Vichy water 비시광천수
Vicia 나비나물속
Vicia amoena 갈퀴나물
Vicia angustifolia 가는살갈퀴
Vicia faba 누에콩
vicilin 바이실린
vicine 바이신
Vicugna pacos 알파카
video image analysis 영상이미지분석
Viener 비너
Vienna bread 비엔나빵
Vienna coffee 비엔나커피
Vienna sausage 비엔나소시지
Vietnamese balm 향유
Vietnamese cinnamon 육계나무
Vietnamese coriander 베트남고수
Vietnamese ginseng 베트남인삼
Vietnamese mint 베트남고수
Vigna 동부속
Vigna angularis 팥
Vigna mungo 검정녹두
Vigna subterranea 밤바라땅콩
Vigna umbellata 덩굴팥
Vigna unguiculata 동부
Vigna unguiculata subsp. *sesquipedalis* 아스파라거스콩
vilia 빌리아
villus 융털
vin de Champagne 뱅드샹파뉴
vine 넝쿨식물
vinegar 식초
vinegar fly 초파리
vinegar starter 식초스타터
vine leaf 포도잎
viniculture 포도재배
vintage 빈티지
vinyl 바이닐
vinyl acetate 아세트산바이닐
vinyl alcohol 바이닐알코올
vinyl chloride 염화바이닐
vinyl chloride monomer 염화바이닐단량체
vinyl group 바이닐기
vinylidene 바이닐리덴
vinylidene chloride 염화바이닐리덴
vinylon 바이닐론
Viola 제비꽃속
Violaceae 제비꽃과
Violales 제비꽃목
Viola mandshurica 제비꽃
Viola odorata 향기제비꽃
violation rate 부적합률
violaxanthin 바이올라잔틴
viomellein 바이오멜레인
viomycin 바이오마이신
viral arthritis 바이러스관절염
viral diarrhea disease 바이러스설사병
viral disease 바이러스병
viral dysentery 바이러스이질
viral encephalitis 바이러스뇌염
viral enteritis 바이러스창자염
Virales 바이러스목
viral hepatitis 바이러스간염
virgin olive oil 버진올리브기름
virginiamycin 버지니아마이신
virginia strawberry 버지니아딸기
viridicatin 바이리디카틴
viridicatol 바이리디카톨
viriditoxin 바이리디톡신
virion 바이리온
virogene 바이러스유전자
virologist 바이러스학자
virology 바이러스학
virulence 발병력
virulence factor 발병인자
virus 바이러스
viscera 내장
viscera pigment 내장색소
visceral fat 내장지방
visceral fat obesity 내장비만

visceral muscle 내장근육
visceral skeleton 내장뼈대
viscoelastic fluid 점탄성유체
viscoelasticity 점탄성
viscoelastic measurement 점탄성측정
viscometer 점성계
viscometry 점성측정법
viscose 비스코스
viscose rayon 비스코스레이온
viscosity 점성
viscosity coefficient 점성계수
viscosity index 점성지수
viscosity measurement 점성측정
viscous deformation 점성변형
viscous flow 점성흐름
viscous fluid 점성유체
Viscum 겨우살이속
Viscum album var. *coloratum* 겨우살이
visible fat 가시지방
visible light spectrum 가시광역
visible radiation 가시복사
visible ray 가시광선
visible spectrum 가시스펙트럼
vision 시각
vision system 시각시스템
visual accommodation 시각순응
visual cell 시각세포
visual center 시각중추
visual disturbance 시각장애
visual inspection 외관검사
visual observation 육안관측
visual organ 시각기관
visual pigment 시각색소
visual receptor 시각받개
Vitaceae 포도과
vital capacity 폐활량
vital gluten 활성글루텐
vitamer 바이타민물질
vitamin 바이타민
vitamin A 바이타민에이
vitamin A in oil 유성바이타민에이지방산에스터
vitamin antagonist 바이타민길항제
vitamin A palmitate 바이타민에이팔미테이트
vitamin B 바이타민비
vitamin B complex 바이타민비복합체
vitamin B group 바이타민비그룹
vitamin B_1 바이타민비원
vitamin B_2 바이타민비투
vitamin B_6 바이타민비식스
vitamin B_{12} 바이타민비트웰브
vitamin B_{13} 바이타민비서틴
vitamin C 바이타민시
vitamin D 바이타민디
vitamin D deficiency 바이타민디결핍증
vitamin D2 바이타민디투
vitamin D3 바이타민디스리
vitamin deficiency 바이타민결핍
vitamin E 바이타민이
vitamin E acetate 바이타민이아세테이트
vitamin enriched milk 바이타민강화우유
vitamin fortified egg 바이타민강화달걀
vitamin K 바이타민케이
vitamin K_1 바이타민케이원
vitamin K_2 바이타민케이투
vitamin K_3 바이타민케이스리
vitamin P 바이타민피
Vitellaria paradoxa 시어나무
vitellin 바이텔린
viticulture 포도재배
Vitis 포도속
Vitis californica 캘리포니아야생포도
Vitis coignetiae 머루
Vitis girdiana 사막야생포도
Vitis labrusca 포도(미국종)
Vitis rotundifolia 무스카딘
Vitis vinifera 포도(유럽종)
vitreosity 유리질성
vitreous body 유리체
vitrification 유리화
Viviparidae 논우렁이과
viviparity 태생
VLCD → very low-calorie diet
VLDL → very low density lipoprotein
vodka 보드카
Voges-Proskauer test 포게스-프로스카우어시험
voice frequency 음성주파수

void 공극
void ratio 공극비
void volume 공극부피
volatile acid 휘발산
volatile acidity 휘발산도
volatile amine 휘발아민
volatile basic nitrogen 휘발염기질소
volatile compound 휘발화합물
volatile compound analysis 휘발화합물분석
volatile fatty acid 휘발지방산
volatile organic compound 휘발유기화합물
volatile solid 휘발고형물
volatile solvent 휘발용매
volatility 휘발성
volatilization 휘발
voltage 전압
voltammetry 전압전류법
voltmeter 전압계
volume 부피
volume analysis method 부피분석법
volume flow meter 부피유량계
volumeter 부피계
volumetric analysis 부피분석
volumetric flask 부피플라스크
volumetric pipette 부피피펫
volume viscosity 부피점성
voluminous-latex milky 배젖버섯
voluntary muscle 맘대로근육
voluntary standard 자발기준
volute pump 벌류트펌프
Volvariella volvacea 풀버섯
volvatoxin 볼바톡신
vomit fruit 구토과일
vomiting 구토
vomitoxin 구토독소
vortex 소용돌이
votator 보테이터
votator heat exchanger 보테이터열교환기
VRE → vancomycin-resistant enterococci
VRSA → vancomycin-resistant *Staphylococcus aureus*

W

wafer 웨이퍼
waffle 와플
wagyu beef 와규
waist girth 허리둘레
waist hip ratio 허리엉덩이비율
Waldhof fermentor 발트호프발효기
walk-in refrigerator 워크인냉장고
Wallemia 왈레미아속
Wallemiales 왈레미아목
Wallemia sebi 왈레미아 세비
walnut 호두
walnut oil 호두기름
walrus 바다코끼리
wanggodeulppaegi 왕고들빼기
wanja 완자
wapiti 엘크
Warburg apparatus 바르부르크장치
warehouse 창고
warfarin 와파린
Waring blendor 와링블랜더
warmed brewing method 온양법
warmed-over flavor 가열이취
warming 가온
warm odor 온취
warm up sample 맛보기시료
wasabi 와사비
Wasabia 고추냉이속
Wasabia japonica 와사비
Wasabia koreana 고추냉이
washer 세척기
washing 세척
washing bottle 세척병
washing brush 세척솔
washing effect 세척효과
washing soda 세탁소다
waste 폐기물
waste disposal 폐기물처리
waste heat 폐열
waste pollution 폐기물공해
waste purification 폐기물정화

wastewater 폐수
wastewater treatment 폐수처리
wasting disease 소모병
wasting syndrome 소모증후군
watch glass 시계접시
water 물
water absorption 수분흡수
water absorption capacity 수분흡수능력
water absorption ratio 수분흡수비율
water activity 수분활성도
water analysis 수질검사
water balance 수분평형
water bath 물중탕
water binding capacity 물결합능력
waterborne infection 물매개감염
water buffalo 물소
water calorimeter 물열량계
water celery 미나리
water chestnut 마름
water content 함수량
water cooled condenser 수랭응축기
water cooled cooling system 수랭냉각장치
water cooling 수랭
water cooling method 수랭법
watercress 물냉이
water culture 물재배
water dropwort 미나리
water forget-me-not 물물망초
water for living 생활용수
waterfowl 물새
water glass 물유리
water hardness 물경도
water holding capacity 보수력
water holding capacity by salting and heating 가염가열보수성
water ice 물얼음
water ice 워터아이스
wateriness 물기많음
water in oil 기름속물형
water in oil emulsion 기름속물에멀션
water intoxication 물중독
water lily 수련
water loss 수분손실
water management 물관리
watermelon 수박
watermelon seed 수박씨
water metabolism 수분대사
water mimosa 물미모사
water mold 물곰팡이
water oats 와일드라이스
water of crystallization 결정수
water pepper 여뀌
water permeability 투수성
water pollutant 물오염물질
water pollution 물오염
water proof test 내수시험
water purification 정수
water purifier 정수기
water quality 수질
water resistance 내수성
water resource 수자원
water-shield 순채
water softener 물연화제
water-softening process 단물화공정
water-soluble 수용성
water-soluble annatto 수용아나토
water-soluble dietary fiber 수용식품섬유
water-soluble film 수용필름
water-soluble nutrient 수용영양소
water-soluble pentosan 수용펜토산
water-soluble polysaccharide 수용다당류
water-soluble protein 수용단백질
water-soluble tar dye 수용타르색소
water-soluble vitamin 수용바이타민
water spinach 물시금치
water standard 수질기준
water stress 수분스트레스
water supply 급수
water supply equipment 급수장치
water taste 물맛
water thawing equipment 물해동장치
water treatment 물처리
water vapor 수증기
water vapor permeability 투습성
water vapor pressure 수증기압력
water vascular system 수관계통
water washing 수세
watt 와트

wave 파동
wave energy 파동에너지
wavelength 파장
wave property 파동성
wax 왁스
wax apple 왁스사과
wax bean 왁스강낭콩
wax ester 왁스에스터
wax gourd 동아
waxiness 왁스질
waxing 왁스처리
wax jambu 왁스사과
wax paper 왁스종이
waxy barley 찰보리
waxy corn 찰옥수수
waxy laccaria 졸각버섯
waxy rice 찹쌀
waxy sorghum 찰수수
waxy starch 찰녹말
waxy wheat 찰밀
weak acid 약산
weak base 약염기
weak electrolyte 약전해질
weak wheat 박력밀
weak wheat flour 박력밀가루
weaning 이유
weaning food 이유식
wear resistance 내마멸성
Weber-Fechner's law 웨버-페흐너법칙
Weber fraction 웨버비율
webfoot octopus 주꾸미
weed 잡초
weed control 잡초방제
weep 윕
weeping 위핑
weeping milk cap 배젖버섯
weevil 바구미
weighing 칭량
weighing bottle 칭량병
weighing machine 저울
weight 가중값
weight 무게
weight analysis method 무게분석법
weight control food 체중조절식품
weight cycling 요요현상
weighted mean 가중평균
weight inspection 무게검사
weightlessness 무중력
weight method 무게법
weight of liquid 액량
weight sorter 무게선별기
weight training 웨이트트레이닝
Weissella 와이셀라속
Weissella paramesenteroides 와이셀라 파라메센테로이데스
Weisswurst 바이스부르스트
Welchii 웰치세균
welfare management 복지후생관리
wels catfish 유럽메기
Welsh onion 파
Wernicke-Korsakoff syndrome 베르니케-코르사코프증후군
western blotting 웨스턴블롯팅
western grey kangaroo 서부회색캥거루
western juneberry 사스카툰열매
Western larch 서양잎갈나무
western serviceberry 사스카툰열매
western vegetable 서양채소
West Indian gherkin 게르킨
west Indian lemongrass 서인도레몬그라스
wet and dry bulb hygrometer 건습구습도계
wet basis 습량기준
wet-bulb 습구
wet-bulb temperature 습구온도
wet-bulb thermometer 습구온도계
wet classification 습식분급
wet cleaning 습식세정
wet corrosion 습기부식
wet curing method 습식큐어링법
wet digestion method 습식분해법
wet gluten 생글루텐
wet grain threshing 생탈곡
wet grinding 습식분쇄
wet lamination 습식라미네이션
wetland crop 습지작물
wet milling 습식도정
wetness 축축함
wet noodle 생면

wet rendering 습식렌더링
wet sea mustard 물미역
wettability 젖음성
whale 고래
whale meat 고래고기
whale oil 고래기름
wheat 밀
wheat beer 밀맥주
wheat berry 밀알
wheat bran 밀기울
wheat bread 밀빵
wheat dietary fiber 밀식품섬유
wheat flour 밀가루
wheat flour nuruk 밀가루누룩
wheat germ 밀배아
wheat germ meal 밀배아가루
wheat germ oil 밀배아기름
wheat gluten 밀글루텐
wheat malt 밀엿기름
wheat smut fungus 밀깜부기진균
wheat starch 밀녹말
wheel wingnut 청전류
whey 유청
whey beverage 유청음료
whey butter 유청버터
whey cheese 유청치즈
whey concentrate 농축유청
whey draining 유청빼기
whey powder 유청가루
whey protein 유청단백질
whey protein cheese 유청단백질치즈
whey protein concentrate 농축유청단백질
whey protein hydrolysate 유청단백질가수분해물
whey protein isolate 분리유청단백질
whip 휩
whipped cream 휩크림
whipper 휘퍼
whipping 휘핑
whipping capacity 휘핑성
whipping cream 휘핑크림
whipping property 휘핑성질
whipworm 편충
whisky 위스키
white 흰색
white adipose tissue 흰색지방조직
white-backed planthopper 흰등멸구
white bacon 소금절이돼지고기
whitebait 치어
white bean 흰강낭콩
white bellflower 백도라지
white blight 흰갯병
white blood cell 백혈구
white bread 흰빵
white cabbage 흰양배추
white cheese 흰치즈
white chocolate 흰초콜릿
white core rice kernel 심백미
white croaker 보구치
white currant 화이트커런트
white dextrin 흰덱스트린
white egg 흰달걀
white fish meal 흰색어분
white goosefoot 흰명아주
white-fleshed pitaya 붉은용과
white hake 흰메를루사
white horehound 쓴박하
white ice 흰얼음
white jelly mushroom 흰목이
white koji mold 흰고지곰팡이
white leadtree 줌배이
white light 백색광
white liquor 흰술
white lupin 흰루핀
white matter 흰색질
white meat 흰살코기
white mold 흰곰팡이
white mold cheese 흰곰팡이치즈
white mulberry 뽕나무
white muscardine 백강병
white muscle 흰색근육
white muscle fish 흰살물고기
white mustard 흰겨자
whitener 화이트너
whiteness 흰색도
white nuruk 흰누룩
white pepper 흰후추
white popinac 줌배이

white rice 흰쌀
white ricefield eel 드렁허리
white rot 양파잎노랑병
white sapote 화이트사포테
white sauce 화이트소스
white sesame 흰참깨
white soybean 흰콩
white soy sauce 흰간장
white spindles 국수버섯
white spot 흰색반점
white spot phenomenon 흰색반점현상
whitespotted conger 붕장어
white sugar 흰설탕
white taste 백미
white-tailed gnu 흰꼬리누
white tea 흰차
white truffle 흰트뤼플
white tuna 흰색참치
white vinegar 증류식초
white walnut 버터너트
white whale 흰돌고래
white whole wheat flour 흰통밀가루
white wine 백포도주
white worm coral 국수버섯
white yam 흰마
white yolk 흰노른자위
WHO → World Health Organization
WHO 더블유에이치오
whole barley 통보리
whole egg 전란
whole egg liquid 전란액
whole egg powder 전란가루
whole food 홀푸드
whole grain 통곡물
whole grain food 통곡물식품
wholemeal 통곡물가루
wholemeal flour 통밀가루
whole milk 전지우유
whole milk cheese 전지우유치즈
whole milk powder 전지분유
whole red pepper 통고추
wholesale 도매
wholesale business 도매업
wholesale dealer 도매업자
wholesale market 도매시장
wholesale price 도매가격
wholesaler 도매상
wholesomeness 온전성
whole soybean curd 전두부
whole wheat 통밀
whole wheat flour 통밀가루
whole wheat flour bread 통밀가루빵
WIC → Special Supplemental Food Program for Women, Infants, and Children
wide-mouth bottle 광구병
wild amaranth 개비름
wild angelica 야생안젤리카
wild animal 야생동물
wild boar 멧돼지
wild boar meat 멧돼지고기
wild cabbage 야생양배추
wild carrot 야생당근
wild date palm 야생대추야자나무
wild duck 들오리
wildebeest 누
wildflower 야생화
wild garlic 곰파
wild goat 야생염소
wild jujube 멧대추
wild jujube 산조인
wild jujube tree 멧대추나무
wild leek 램프
wildlife 야생생물
wild mango 아프리카망고
wildmeat 야생동물고기
wild mushroom 야생버섯
wild plant 야생식물
wild rice 와일드라이스
wild sow 야생암퇘지
wild soybean 돌콩
wild species 야생종
wild thyme 야생타임
wild type 야생형
wild yeast 야생효모
wilford swallowwort 큰조롱
Willia 윌리아속
willow 버드나무
willow leaf 홍귤나무

Willstätter-Schudel method 빌슈테터-슈델법
Wilson's disease 윌슨병
wilt disease 시듦병
wilting 시듦
wimbi 아프리카기장
wine 포도주
wineberry 붉은가시딸기
wine cooler 와인쿨러
wine distillate 포도주증류액
wine grape 포도(유럽종)
wine gum 와인검
winemaking 포도주제조
winemaking grape 포도주포도
wine odor 포도주내
wine palm 공작야자나무
wine pomace 포도주박
wine raspberry 붉은가시딸기
winery 포도주양조장
wine vinegar 포도식초
wine vinegar 포도주식초
wine yeast 포도주효모
winged bean 날개콩
winged spindle 화살나무
winnower 풍구
winter crop 겨울작물
winterization 윈터리제이션
winter melon 동아
winter savory 겨울사보리
winter squash 서양호박
winter wheat 겨울밀
wire gauze 쇠그물
WOF → warmed over flavor
wolfberry 구기자
Wolfiporia cocos 복령
wonder berry 까마중
wonji 원지
wood 목재
wood ear 목이
wood forget-me-not 숲물망초
wood hedgehog 턱수염버섯
woodland strawberry 알프스딸기
woodland wormwood 그늘쑥
wood smoke 목재연기
wood smoke flavor 목재연기향
wood vinegar 목초산
woody odor 나무내
woody plant 목본
woolliness 양털같음
Worcester sauce 우스터소스
Worcestershire sauce 우스터소스
work 일
worker 연압기
work function 일함수
work index 일지수
working 연압
World Health Organization 세계보건기구
World Trade Organization 세계무역기구
worm 벌레
worm 웜
worm gear 웜기어
wormseed 정가
wormwood 쓴쑥
wort 엿기름즙
wound 상처
wrap 랩
wrapping 랩핑
wrapping machine 랩핑장치
wrapping paper 랩핑종이
wrinkled giant hyssop 배초향
wrinkled rate 주름척도
wrist 손목
WTO → World Trade Organization
WTO 더블유티오
wusannamul 우산나물

xanthan 잔탄
xanthan gum 잔탄검
xanthene dye 잔텐염료
Xanthidae 부채겟과
xanthine 잔틴
xanthine dehydrogenase 잔틴수소제거효소
xanthine oxidase 잔틴산화효소

xanthohumol 잔토휴몰
xanthoma 황색종
xanthomegnin 잔토메그닌
Xanthomonadaceae 잔토모나스과
Xanthomonas 잔토모나스속
Xanthomonas campestris 잔토모나스 캄페스트리스
xanthone 잔톤
xanthophyll 잔토필
xanthoprotein reaction 잔토프로테인반응
xanthoprotein test 잔토프로테인시험
xanthopterin 잔톱테린
Xanthosoma sagittifolium 타니아
X chromosome 엑스염색체
xenobiotic 생체이물
xenon 제논
Xerocomus 산그물버섯속
Xerocomus subtomentosus 산그물버섯
xerogel 건성겔
xerophilic 호건성
xerophthalmia 안구건조증
xerophyte 건생식물
xerosis 마름증
xerotic keratitis 건조각막염
Xiphias gladius 황새치
Xiphiidae 황새칫과
X-ray 엑스선
X-ray crystallography 엑스선결정학
X-ray diffraction 엑스선회절
X-ray diffraction method 엑스선회절법
X-ray fluorescence spectroscopy 엑스선형광분석법
$\bar{x}$-R chart 엑스아르관리도
xylan 자일란
xylan degrading enzyme 자일란분해효소
xylan endo-1,3-β-xylosidase 자일란내부-1,3-베타자일로시데이스
xylan-1,4-β-xylosidases 자일란-1,4-베타자일로시데이스
xylanase 자일란가수분해효소
xylem 물관
xylene 자일렌
xylenol orange 자일레놀오렌지
xylitol 자일리톨
xylitol dehydrogenase 자일리톨수소제거효소
xylobiase 자일로바이에이스
xylobiose 자일로바이오스
xyloglucan 자일로글루칸
xylol 자일올
xylooligosaccharide 자일로올리고당
xylose 자일로스
xylose isomerase 자일로스이성질화효소
xylose reductase 자일로스환원효소
xylulose 자일룰로스

yacon 야콘
yak 야크
yakbap 약밥
yakgwa 약과
yakju 약주
yak meat 야크고기
yak milk 야크젖
yaksul 약술
Yakult 야쿨트
yalapin 얄라핀
yam 마
yam bean 히카마
yam flour 마가루
yam starch 마녹말
yanang 야낭
yangjeup 양즙
yangmei 소귀나무
yardlong bean 아스파라거스콩
yard pound method 야드파운드법
yarrow 서양톱풀
Yarrowia 야로위아속
Yarrowia lipolytica 야로위아 리폴리티카
Y chromosome 와이염색체
yeast 효모
yeast-based food 효모식품
yeast biomass 효모바이오매스
yeast bread 효모빵
yeast culture 효모배양

yeast dehydrator 효모탈수기
yeast doughnut 이스트도넛
yeast extract 효모추출물
yeast fermentation 효모발효
yeast fermented beverage 효모발효음료
yeast food 효모먹이
yeast odor 효모내
yeast protein 효모단백질
yellow bean 노란강낭콩
yellow corvina 조기
yellow-cracked bolete 산그물버섯
yellow croaker 부세
yellow drum 수조기
yellow enzyme 황색효소
yellow fat cell 황색지방세포
yellow fever 황열병
yellow fever virus 황열병바이러스
yellowfin goby 문절망둑
yellowfin tuna 황다랑어
yellow fish 황색생선
yellow foot 갈색털뿔나팔버섯
yellowish brown 황갈색
yellow lantern chili 노란랜턴칠리
yellow morel 곰보버섯
yellow onion 노란양파
yellow pitaya 노란용과
yellow rice 황변미
yellow rice toxin 황변미독소
yellow sea bream 황돔
yellow strawberry guava 노란딸기구아버
yellowtail 방어
yellowtail amberjack 부시리
yellowtail flounder 노란꼬리각시가자미
yellowtail kingfish 남방부시리
yellow tea 황차
yellow yolk 황색노른자위
yeolmukimchi 열무김치
yeonggyebaeksuk 영계백숙
yeonpotang 연포탕
yeonyakgwa 연약과
yeot 엿
yeotgangjeong 엿강정
yeoukong 여우콩
yerba mate 마테차나무
Yersinia 예르시니아속
Yersinia enterocolitica 예르시니아 엔테로콜리티카
Yersinia pestis 페스트세균
Yersinia pseudotuberculosis 가성결핵세균
yersiniosis 예르시니아증
yesso scallop 큰가리비
yessotoxin 예소톡신
yield 수율
yield point 항복점
yield stress 항복변형력
yoghurt 요구르트
yoghurt beverage 요구르트음료
yoghurt starter 요구르트스타터
yoho grape 거봉포도
yolk 노른자위
yolk index 노른자위계수
yolk membrane 노른자위막
yolk powder 노른자위가루
yongbongtang 용봉탕
yongdunggulle 용둥굴레
yongsu 용수
Yorkshire 요크셔
youngberry 영베리
Youngia sonchifolia 고들빼기
Young's modulus 영률
yo-yo effect 요요현상
yuba 유부
yucca 유카
Yucca brevifolia 유카나무
yucca extract 유카추출물
Yucca filamentosa 실유카
yugwa 유과
yuja 유자
yujacha 유자차
yujacheong 유자청
yuja tree 유자나무
yuju 유주
yukgaejang 육개장
yukhoe 육회
yukjang 육장(肉漿)
yukjang 육장(肉醬)
yukjeot 육젓
yuktang 육탕

yulmucha 율무차
yulmujuk 율무죽
yulran 율란
yumilgwa 유밀과

Z

zabadi 자바디
zabady 자바디
zabaglion 자바글리온
Zacco platypus 피라미
Zanthoxylum 산초나무속
Zanthoxylum piperitum 초피나무
Zanthoxylum schinifolium 산초나무
Zanthoxylum simulans 중국산초나무
Zea mays 옥수수
zearalenol 제아랄레놀
zearalenone 제아랄레논
zeatin 제아틴
zeaxanthin 제아잔틴
Zebrias fasciatus 노랑각시서대
zebu 제부
zedoary 봉술
zefir 제피르
zein 제인
Zeleny value 젤레니값
zeolite 제올라이트
zeranol 제라놀
zero-order reaction 영차반응
zero point 영점
zero tolerance 영허용량
z disc 제트디스크
zinc 아연
zinc gluconate 글루콘산아연
zinc oxide 산화아연
zinc sulfate 황산아연
zineb 지네브
zingerone 진제론
Zingiberaceae 생강과
Zingiberales 생강목
zingiberene 진기베렌
Zingiberidae 생강아강
Zingiber mioga 양하
Zingiber officinale 생강
ziram 지람
zirconium 지르코늄
zireh 지레
Zizania 줄속
Zizania aquatica 와일드라이스
Zizania latifolia 줄
Zizania palustris 노던와일드라이스
Zizania texana 텍사스와일드라이스
Ziziphus 대추나무속
Zizyphus jujuba 멧대추나무
Zizyphus jujuba var. *hoonensis* 보은대추나무
Ziziphus jujuba var. *inermis* 대추나무
z line 제트선
Zoanthidea 말미잘목
zonal centrifugation 띠원심분리
zonal centrifuge 띠원심분리기
zonal electrophoresis 띠전기이동법
zone of ice crystal formation 얼음결정생성대
zone of maximum ice crystal formation 최대얼음결정생성대
zoonosis 사람동물공통감염병
zooparasite 동물기생체
zooplankton 동물플랑크톤
zoosporangium 운동홀씨주머니
zoospore 운동홀씨
Zosimus aeneus 울긋불긋부채게
z-Trim 지트림
zucchini 주키니
zucchini squash 주키니스쿼시
zulu potato 줄루감자
z-value 제트값
Zwieback 즈비백
zwitterion 양쪽성이온
Zygomycetes 접합균강
Zygomycota 접합균문
Zygophyllaceae 남가샛과
Zygopichia miso 지고피키아 미소
Zygosaccharomyces 접합효모속
Zygosaccharomyces bailii 지고사카로미세스

바일리이
Zygosaccharomyces japonicus 지고사카로미세스 자포니쿠스
Zygosaccharomyces rouxii 지고사카로미세스 룩시이
zygospore 접합홀씨
zygote 접합자
zygotic gene 접합유전자
zygotic mutation 접합체돌연변이
zymase 지메이스
zymogen 효소원
zymography 지모그래피
Zymomonas 지모모나스속
Zymomonas anaerobia 지모모나스 아나에로비아
Zymomonas mobilis 지모모나스 모빌리스

Number and α, β and γ

(2-hydroxyethyl)trimethylammonium bitartrate (2-하이드록시에틸)트라이메틸암모늄바이타트레이트
(2-hydroxyethyl)trimethylammonium chloride (2-하이드록시에틸)트라이메틸암모늄클로라이드
(9Z)-octadecenoic acid 시스-9-옥타데센산
1,2,3,4,5-pentahydroxypentane 1,2,3,4,5-펜타하이드록시펜테인
1,2,3,4,6-pentagalloyl glucose 1,2,3,4,6-펜타갈로일포도당
1,2,3,4,6-penta-O-galloyl-β-D-glucose 1,2,3,4,6-펜타-오-갈로일-베타-디-포도당
1,2-dibromoethane 1,2-다이브로모에테인
1,3-butadiene 1,3-뷰타다이엔
1,4-α-D-glucan 6-glucanohydrolase 1,4-알파-디-글루칸6-글루카노하이드롤레이스
1,4-α-D-glucan 6-α-D-glucosyltrasferase 1,4-알파-디-글루칸6-알파-디-글루코실기전달효소
1,4-α-D-glucan maltotetrahydrolase 1,4-알파-디-글루칸말토테트라하이드롤레이스
1,4-α-glucan branching enzyme 1,4-알파글루칸분지효소
1,8-cineol 1,8-시네올
11S globulin 십일에스글로불린
12D concept 십이디개념
1-aminocyclopropane-1-carboxylate synthase 1-아미노사이클로프로페인-1-카복실산합성효소
1-aminocyclopropane-1-carboxylic acid 1-아미노사이클로프로페인-1-카복실산
1-kestose 1-케스토스
1-methylcyclopropene 1-메틸사이클로프로펜
1-naphthol 1-나프톨
1-octen-3-ol 1-옥텐-3-올
2,3-butylene glycol 2,3-뷰틸렌글리콜
2,4,5-T → 2,4,5-trichlorophenoxyacetic acid
2,4,5-trichlorophenoxyacetic acid 2,4,5-트라이클로로페녹시아세트산
2,4-D → 2,4-dichlorophenoxyacetic acid
2,4-dinitrophenol 2,4-다이니트로페놀
2,4-DNP → 2,4-dinitrophenol
2,4-dichlorophenoxyacetic acid 2,4-다이클로로페녹시아세트산
24-hour recall method 스물네시간회상법
2-aminobutane 2-아미노뷰테인
2-aminosuccinamic acid 2-아미노석시남산
2-heptanone 2-헵타논
2-hexenal 2-헥센알
2-methylisoborneol 2-메틸아이소보네올
2-pentyne 2-펜타인
2-propanol 2-프로판올
2-propanone 2-프로파논
2-methylpropanal 2-메틸프로판알
3-(methylthio)-1-propanol 3-(메틸싸이오)-1-프로판올
3-(methylthio)propionaldehyde 3-(메틸싸이오)프로피온알데하이드
3,4-dihydroxyphenylalanine 3,4-다이하이드록시페닐알라닌
3,4-dihydroxyphenylethanol 3,4-다이하이드록시페닐에탄올
3,4,5-trihydroxybenzoic acid 3,4,5-트라이하이드록시벤조산
3-alternative forced choice test 삼자택일검사
3-A sanitary standard 쓰리에이위생규격
3-deoxyglucosone 3-데옥시글루코손

3-hexen-1-ol 3-헥센-1-올
3-methylhistidine 3-메틸히스티딘
4-hexylresorcinol 4-헥실레소신올
4-hydroxyphenylalanine 4-하이드록시페닐알라닌
4-methylpentanoic acid 4-메틸펜탄산
4-methylvaleric acid 4-메틸발레르산
4-oxopentanoic acid 4-옥소펜탄산
4-tetradecenoic acid 4-테트라데센산
4,1',6'-trichlorogalactosucrose 4,1',6'-트라이클로로갈락토슈크로스
4-α-glucanotransferase 4-알파글루카노트랜스퍼레이스
4-β-D-xylan xylohydrolase 4-베타-디-자일란자일로하이드롤레이스
5'-adenylic acid 5'-아데닐산
5'-cytidylic acid 5'-시티딜산
5'-deaminase 5'-아미노기제거효소
5'-GMP → guanosine 5'-monophosphate
5'-IMP → inosine-5'-monophosphate
5'-uridylic acid 5'-우리딜산
6-kestose 6-케스토스
70% milled rice 칠분도쌀
7S globulin 칠에스글로불린
α,α-trehalase 알파알파트레할로스가수분해효소
α-1,4-glucosidase 알파-1,4-글루코시데이스
α-1,4-linked glucan 알파-1,4-결합글루칸
α-acetolactate decarboxylase 알파아세토락테이트카복실기제거효소
α-acetolactic acid 알파아세토락트산
α-acid 알파산
α-actinin 알파액티닌
α-albumin 알파알부민
α-amino acid 알파아미노산
α-amylase 알파아밀레이스
α-amylase inhibitor 알파아밀레이스억제제
α-amylcinnamaldehyde 알파아밀시남알데하이드
α-bond 알파결합
α-carotene 알파카로텐
α-cell 알파세포
α-decay 알파붕괴
α-dextrin-endo-1,6-α-glucosidase 알파덱스트린내부-1,6-알파글루코시데이스
α-dicarbonyl compound 알파다이카보닐화합물
α-galactosidase 알파갈락토시데이스
α-gliadin 알파글리아딘
α-glucosidase 알파글루코시데이스
α-glucosidase inhibitor 알파글루코시데이스억제제
α-glucuronidase 알파글루쿠로니데이스
α-helix 알파나선
α-helix structure 알파나선구조
α-ionone 알파이오논
α-isolupanine 알파아이소루파닌
α-keratin 알파케라틴
α-keto acid 알파케토산
α-keto acid carboxylase 알파케토산카복실화효소
α-ketoglutaric acid 알파케토글루타르산
α-lactalbumin 알파락트알부민
α-linolenic acid 알파리놀렌산
α-lipoic acid 알파리포산
α-L-rhamnosidase 알파-엘-람노시데이스
α-mannosidase 알파마노시데이스
α-mercaptoacetic acid 알파메캅토아세트산
α-naphthol 알파나프톨
α-N-arabinofuranosidase 알파-엔-아라비노퓨라노시데이스
α-particle 알파입자
α-phylloquinone 알파필로퀴논
α-pinene 알파피넨
α-ray 알파선
α-solanine 알파솔라닌
α-starch 알파녹말
α-terpinyl acetate 알파터피닐아세테이트
α-tocopherol 알파토코페롤
α-tocopherol acetate 알파토코페롤아세테이트
α-tocopheryl acetate 알파토코페릴아세테이트
α-vinyl guaiacol 알파바이닐구아이아콜
α-wave 알파파
αs-casein 알파에스카세인
β-acid 베타산
β-adrenergic agonist 베타아드레날린작용약
β-amino acid 베타아미노산

β-amylase 베타아밀레이스
β-apo-8'-carotenal 베타아포-8'-카로텐알
β-bond 베타결합
β-carboline 베타카볼린
β-carotene 베타카로텐
β-carotene food 베타카로텐식품
β-casein 베타카세인
β-casomorphin 베타카소모르핀
β-cell 베타세포
β-conglycinin 베타콘글리시닌
β-cryptoxanthin 베타크립토잔틴
β-cyanin 베타사이아닌
β-cyclodextrin 베타사이클로덱스트린
β-decay 베타붕괴
β-D-fructopyranose 베타디-프럭토피라노스
β-D-glucose 베타디-포도당
β-fructofuranosidase 베타프럭토퓨라노시데이스
β-galactosidase 베타갈락토시데이스
β-glucan 베타글루칸
β-glucanase 베타글루칸가수분해효소
β-glucomannan 베타글루코마난
β-glucosidase 베타글루코시데이스
β-glucuronidase 베타글루쿠로니데이스
β-glycosidase 베타글리코시데이스
β-ionone 베타이오논
β-keratin 베타케라틴
β-lactam antibiotic 베타락탐항생물질
β-lactamase 베타락타메이스
β-lactoglobulin 베타락토글로불린
β-limit dextrin 베타한계텍스트린
β-mannosidase 베타마노시데이스
β-oxidation 베타산화
β-particle 베타입자
β-phylloquinone 베타필로퀴논
β-pleated sheet 베타병풍구조
β-ray 베타선
β-sitosterol 베타시토스테롤
β-structure 베타구조
β-xylosidase 베타자일로시데이스
γ-aminobutyric acid 감마아미노뷰티르산
γ-aminobutyric acid tea 감마아미노뷰티르산차
γ-casein 감마카세인
γ-cellulose 감마셀룰로스
γ-decalactone 감마데카락톤
γ-globulin 감마글로불린
γ-glutamylethylamide 감마글루탐일에틸아마이드
γ-glutamyl hydrolase 감마글루탐일가수분해효소
γ-glutamyl transferase 감마글루탐일전달효소
γ-irradiated meat 감마선조사고기
γ-irradiation 감마선조사
γ-lactone 감마락톤
γ-linolenic acid 감마리놀렌산
γ-linolenic acid containing fat and oil 감마리놀렌산함유유지
γ-nonalactone 감마노나락톤
γ-oryzanol 감마오리자놀
γ-radiation 감마선복사
γ-ray 감마선
γ-ray dosimetry 감마선량측정
γ-ray emission 감마선방출
γ-undecalactone 감마운데카락톤
ε-polylysine 입실론폴리라이신
κ-casein 카파카세인
π-bond 파이결합
π-electron 파이전자
π-orbital 파이오비탈
σ-bond 시그마결합
σ-orbital 시그마오비탈
ω-3 fatty acid containing fat and oil 오메가-3지방산함유유지
ω-3 fatty acid 오메가-3지방산
ω-6 fatty acid 오메가-6지방산
ω-oxidation 오메가산화

집필진

식품과학용어위원회(2011~2014)

김성곤 단국대학교 명예교수 (위원장)
경규항 세종대학교 식품공학과 교수
김대중 충북대학교 수의과대학 교수
신성균 한양여자대학 식품영양과 교수
정동효 중앙대학교 명예교수
최은옥 인하대학교 식품영양학과 교수

제3판
식품과학용어집

2015년 1월 2일 초판 인쇄 | 2015년 1월 6일 초판 발행

지은이 사단법인 한국식품과학회 | **펴낸이** 류제동 | 펴낸곳 **교 문 사**

전무이사 양계성 | **편집부장** 모은영 | **책임편집** 김선형 | **디자인** 김재은
홍보 김미선 | **영업** 이진석 · 정용섭 · 송기윤
출력 현대미디어 | **인쇄** 동화인쇄공사 | **제본** 과성제책

주소 413-756 경기도 파주시 교하읍 문발리 출판문화정보산업단지 536-2
전화 031-955-6111(代) | **팩스** 031-955-0955
등록 1960. 10. 28 제406-2006-000035호
홈페이지 www.kyomunsa.co.kr | **이메일** webmaster@kyomunsa.co.kr

ISBN 978-89-363-1443-9 (91590) | 값 35,000원

*저자와의 협의하에 인지를 생략합니다.
*잘못된 책은 바꿔 드립니다.

한국식품과학회(www.kosfost.or.kr)와 교문사(www.kyomunsa.co.kr) 홈페이지에 용어와 수정사항이 수시로 업데이트될 예정입니다. 확인하시기 바랍니다.